濮阳黄河志

濮阳黄河河务局　编

黄河水利出版社
·郑州·

图书在版编目（CIP）数据

濮阳黄河志/濮阳黄河河务局编．—郑州：黄河水利出版社,2019.8
ISBN 978－7－5509－2485－7

Ⅰ.①濮…　Ⅱ.①濮…　Ⅲ.①黄河－水利史－濮阳
Ⅳ.①TV882.1

中国版本图书馆 CIP 数据核字(2019)第 180685 号

出 版 社:黄河水利出版社
地址:河南省郑州市顺河路黄委会综合楼 14 层　邮政编码:450003
发行单位:黄河水利出版社
发行部电话:0371－66026940、66020550、66028024、66022620(传真)
E-mail:hhslcbs@126.com
承印单位:河南瑞之光印刷股份有限公司
开本:889 mm×1 194 mm　1/16
印张:64.5　插页:12
字数:1400 千字　印数:1—2 000
版次:2019 年 8 月第 1 版　印次:2019 年 8 月第 1 次印刷

定价:380.00 元

《濮阳黄河志》编纂委员会

第一届(1987.5～1989.5)

第二届(1989.6～1993.3)

第三届(1993.3～1998.4)

第四届(1998.10～1999.12)

主　任　王金虎

副主任　杨增奇

成　员　赵明河　王玉俭　王云宇　张学明　郑跃华　李玉成
宋益周　郭自超　孙绪明　牛广轩　李方立　王荣芳
江云濮　崔庆华　李同香　宗正午

第五届(2005.5～2009.8)

主　任　郭凤林

副主任　王云宇

成　员　朱麦云　王　伟　杨增奇　赵明河　郑跃华　张遂芹
宋益周　柴青春　王荣芳　吴修柱　江云濮　倪鸣阁
鲁世京　刘洪波

第六届(2009.9～2011.4)

主　任　边　鹏

副主任　王云宇

成　员　张献春　王　伟　杨增奇　郑跃华　柴青春　宋益周
管金生　张怀柱　王荣芳　江云濮　倪鸣阁　鲁世京
杨国胜　张振江　王汉文　王其霞

第七届(2011.5～2014.12)

主　任　边　鹏

副主任　王云宇　王　伟

成　员　仵海英　杨增奇　郑跃华　柴青春　宋益周　吴兴明
宗正午　管金生　张怀柱　丁世春　江云濮　倪鸣阁
鲁世京　张振江　杨国胜　王汉文　牛银红

黄河流域简图

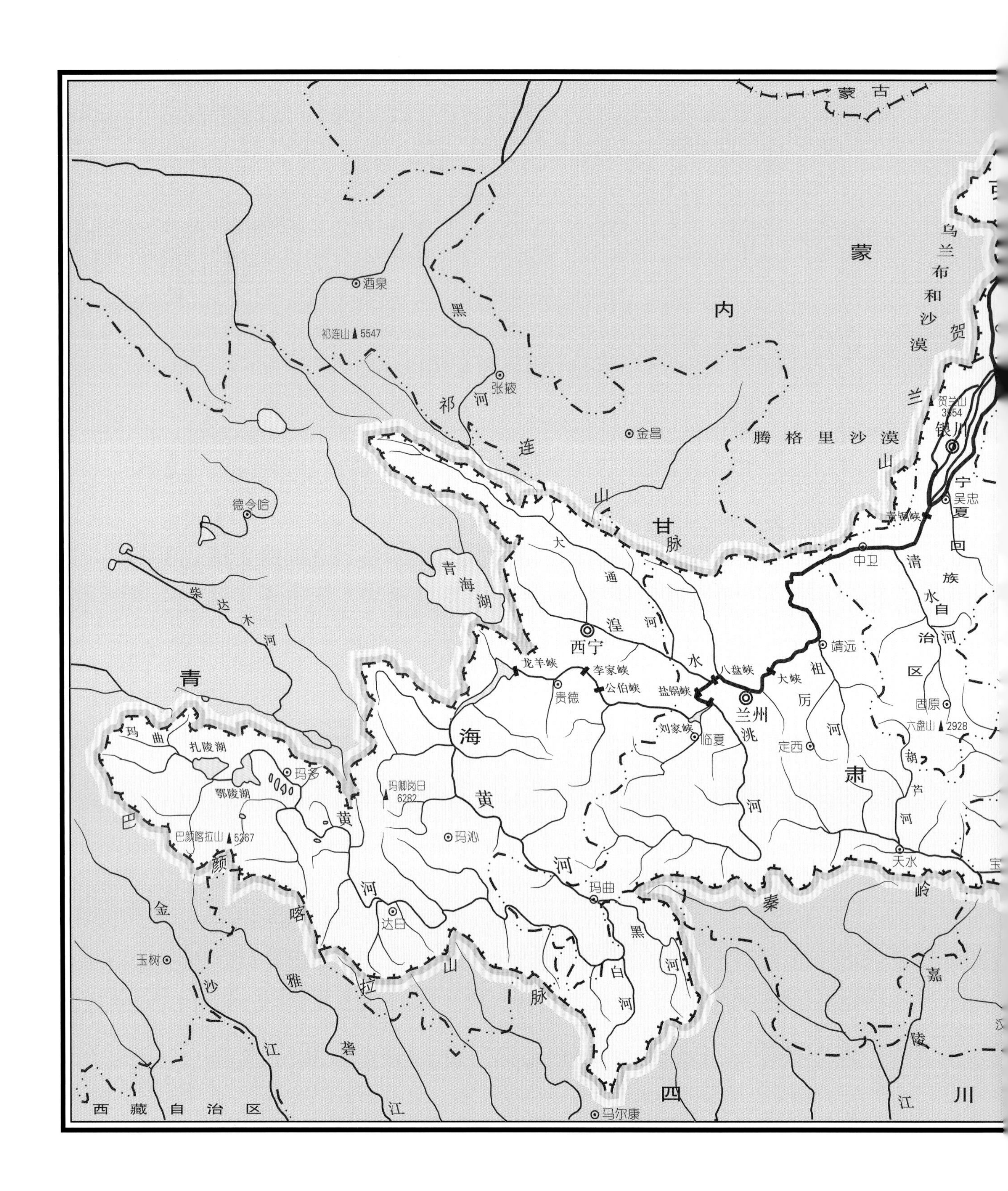

蒙古
内蒙
乌兰布和沙漠
贺兰山
贺兰山 3554
银川
宁夏回族自治区
吴忠
青铜峡
中卫
清水河
酒泉
黑河
祁连山 5547
张掖
祁连山脉
金昌
腾格里沙漠
甘肃
大通河
湟水
西宁
青海湖
德令哈
柴达木河
青海
龙羊峡
李家峡
公伯峡
贵德
盐锅峡
八盘峡
兰州
刘家峡
临夏
洮河
大峡
靖远
祖厉河
固原
六盘山 2928
葫芦河
定西
天水
秦岭
玛曲
扎陵湖
鄂陵湖
玛多
巴颜喀拉山 5267
巴颜喀拉山脉
玛卿岗日 6282
玛沁
黄河
玛曲
达日
黑河
白河
金沙江
雅砻江
玉树
西藏自治区
马尔康
四川
嘉陵江

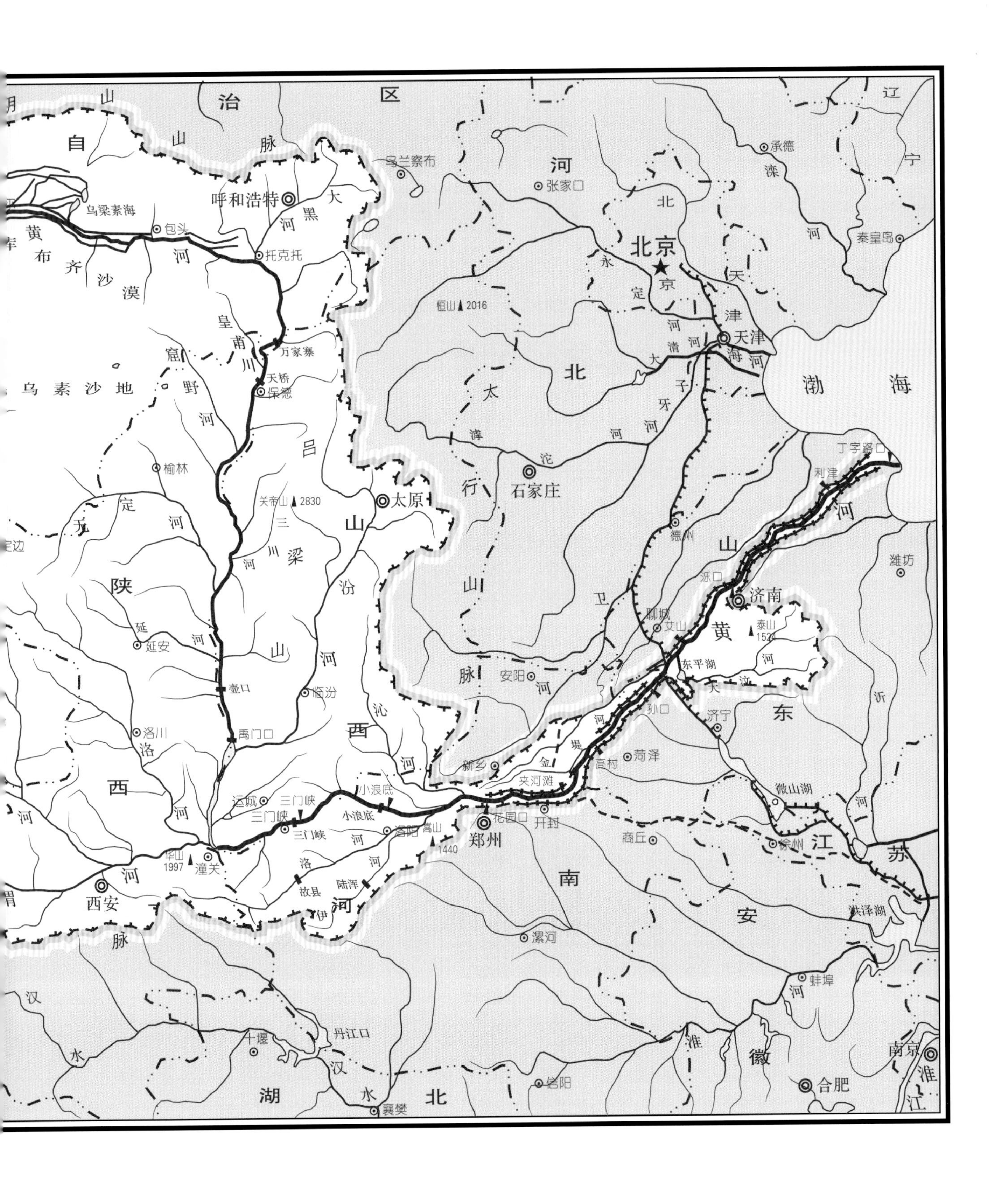

治
区
自
山
脉
呼和浩特
乌梁素海
包头
黄
布
齐
沙
漠
托克托
河
黑
大
乌兰察布
张家口
河
北
北京
京
承德
滦
河
秦皇岛
辽
宁
永
定
河
天
津
天津
海
河
恒山 2016
清
大
子
牙
河
渤
海
北
太
行
山
脉
滹
沱
石家庄
太原
皇
甫
川
万家寨
窟
野
河
天桥
保德
乌素沙地
吕
梁
山
关帝山 2830
三
川
河
榆林
定
边
无
定
河
陕
西
延
河
延安
洛川
洛
河
壶口
临汾
禹门口
汾
河
沁
河
西
山
丁字路口
利津
德州
泺口
济南
泰山 1524
黄
河
东平湖
大汶河
聊城
艾山
卫
河
安阳
新乡
金
堤
河
孙口
济宁
东
菏泽
高村
夹河滩
花园口
开封
郑州
商丘
微山湖
徐州
江
苏
沂
河
潍坊
运城
三门峡
小浪底
洛阳
嵩山 1440
华山 1997
潼关
西安
渭
河
故县
陆浑
伊
河
南
脉
漯河
安
洪泽湖
蚌埠
淮
河
汉
水
十堰
丹江口
湖
北
襄樊
信阳
徽
合肥
南京
淮
江

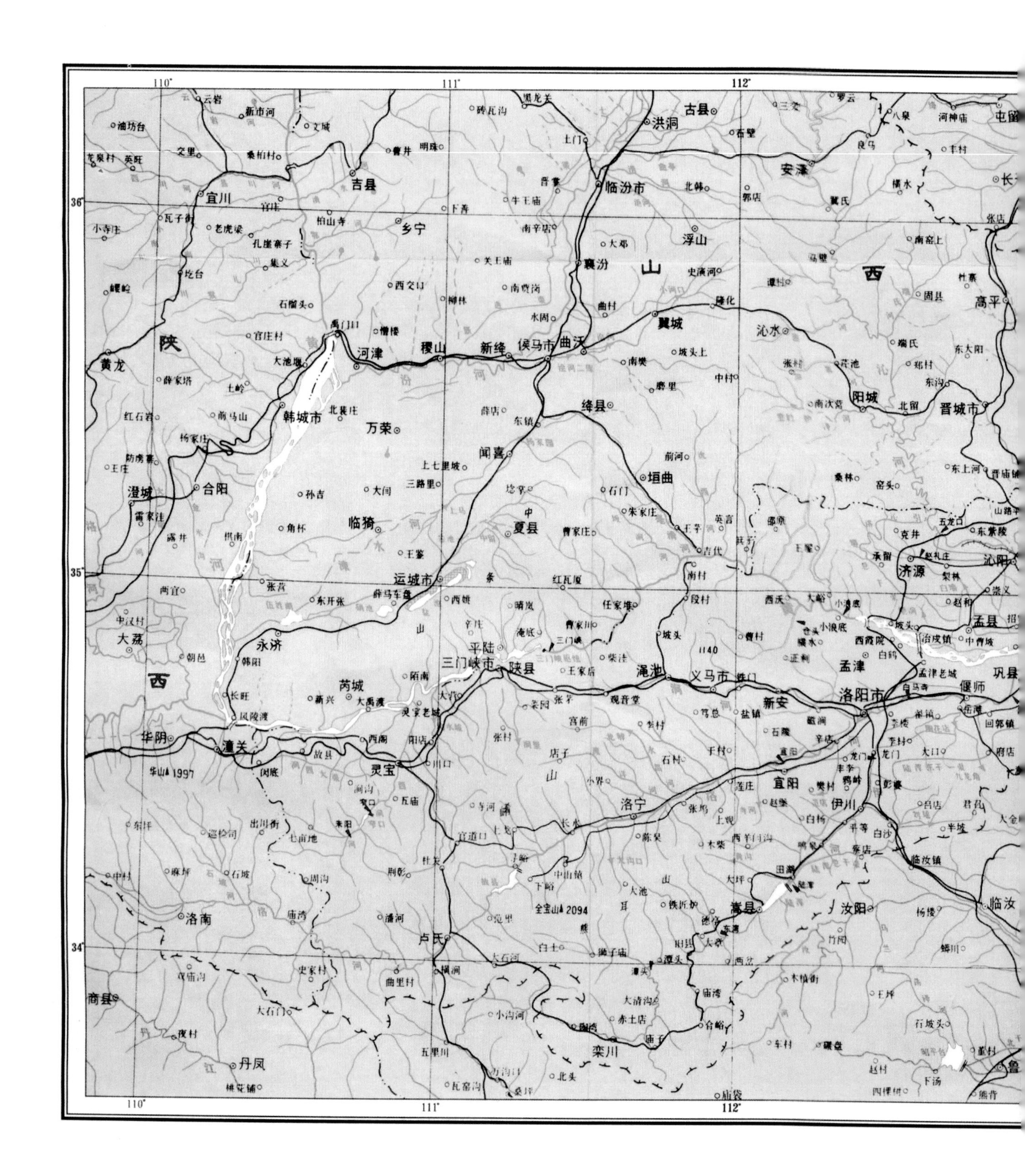

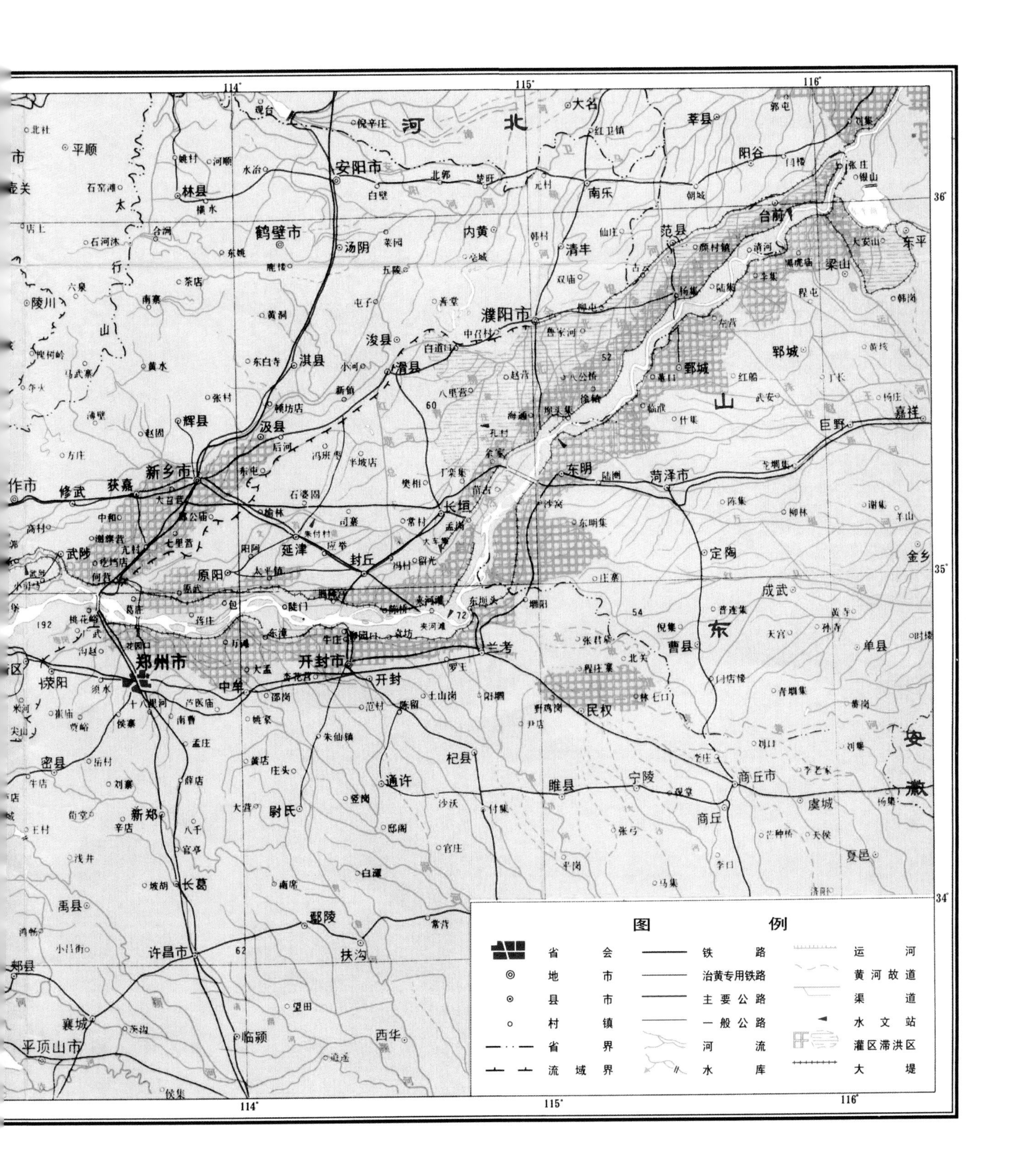

114°
115°
116°
36°
35°
34°
河北
山东
安徽
太行山
安阳市
鹤壁市
濮阳市
新乡市
郑州市
开封市
菏泽市
商丘市
许昌市
平顶山市
林县
汤阳
内黄
清丰
南乐
范县
台前
梁山
东平
阳谷
莘县
大名
淇县
浚县
滑县
辉县
汲县
获嘉
修武
武陟
原阳
延津
封丘
长垣
东明
鄄城
郓城
巨野
嘉祥
定陶
成武
曹县
单县
金乡
兰考
中牟
荥阳
密县
新郑
长葛
禹县
郏县
襄城
临颍
鄢陵
扶沟
西华
尉氏
通许
杞县
睢县
宁陵
民权
商丘
虞城
夏邑
开封
图例
省会
地市
县市
村镇
省界
流域界
铁路
治黄专用铁路
主要公路
一般公路
河流
水库
运河
黄河故道
渠道
水文站
灌区滞洪区
大堤

濮阳黄河标准化堤防

2008 年濮阳黄河堤防

2002 年濮阳黄河堤防

濮阳黄河北金堤

濮阳县青庄险工

范县李桥险工

台前县影堂险工

濮阳县连山寺控导工程

范县杨楼控导工程

台前县孙楼控导工程

濮阳县徐镇工程养护班

范县彭楼堤防管理班

濮阳黄河水利工程维修养护第三分公司及台前县影堂工程管理班

濮阳县渠村引黄闸

渠村引黄入冀补淀渠首闸

范县彭楼引黄闸

台前县刘楼引黄闸

北金堤滞洪区分洪闸与退水闸

1978 年建成的渠村分洪闸

2018 年除险加固后的渠村分洪闸

张庄退水闸

序

黄河发源于青海高原巴颜喀拉山北麓约古宗列盆地，蜿蜒东流，穿越黄土高原及黄淮海大平原，注入渤海。干流全长5464千米，水面落差4480米。流域总面积79.5万平方千米（含内流区面积4.2万平方千米）。黄河是中华民族的母亲河，黄河流域是中华民族的摇篮，在中国五千年的文明史中，黄河流域作为我国政治、经济、文化中心地区曾长达三千多年。

周定王五年（公元前602年），黄河在宿胥口决堤改道始流经濮阳境，后几经改道迁徙，截至2015年，在濮阳实际行河1800多年。黄河给濮阳这片土地带来水利之便，促使历代濮阳经济社会繁荣发展。因黄河多沙、善淤、善决、善徙，历史上黄河下游曾发生改道26次，其中发生在濮阳境内大的改道有6次，决溢灾害更为频繁，给濮阳人民带来沉重的灾难。濮阳人民修堤筑坝堵决口，世世代代为防御黄河洪水进行了长期不懈的斗争，但由于社会制度和生产力发展水平的限制，未能从根本上改变黄河在濮阳地区为患的历史。

20世纪40年代中期，中国共产党领导下的濮阳黄河治理事业，揭开了新的篇章。1938年，国民党军队扒决花园口大堤，黄河改道，濮阳黄河断流，堤防逐渐荒废。1946~1949年，在解放战争的炮火硝烟中，濮阳人民群众和黄河员工，一手拿枪，一手拿锨，紧急修复破残的大堤，保证了1947年3月黄河回归故道和1949年大洪水时的防洪安全。中华人民共和国成立后，濮阳黄河治理开发进入了新纪元。在党和国家的高度重视下，濮阳黄河开展大规模的防洪工程建设。20世纪50年代至2015年，持续修筑加固堤防，消除堤身隐患，多次大规模加高加培大堤，放淤固堤，种草植树，将大堤建成了防御黄河洪水的铜墙铁壁。20世纪50年代末起，濮阳河段持续进行河道整治，淤堵黄河滩区串沟洼地，修建险工、护滩、控导等整治工程，固定中水河槽，控制主流摆动，规顺河势，从而改变了整治前主流多变，河势游荡，发生“横河”、“斜河”，河水顶冲大堤，顺堤行洪，塌滩掉村，危害堤防和滩区群众生命财产安全的不利局面。在滩区修建避水台、撤退路，供滩区群众避洪。20世纪50年代，按照“上拦下排，两岸分滞”的治河方略和“舍小救大”的原则，国家在濮阳境内开辟北金堤滞洪区，以保证黄河遭遇特大洪水时黄河下游防洪安全。根据规划，濮阳人民在滞洪区内修建大量的围村堰、避水台、撤退路、撤退桥等安全设施。濮阳是比较干旱的地区，黄河是濮阳宝贵的水资源。自20世纪50年代起，造虹吸、建涵闸、筑渠道，濮阳境内建成9大灌区、3大濮清南引黄补源工程、2处城市生活用水工程和1座引黄灌溉调节水库，引黄灌溉面积占全市总耕地面积的72%。还利用黄河泥沙资源淤垫背河洼地，治理盐碱，改良土壤，种植水稻。黄河水资源的开发利用遍及濮阳大地、各行各业。黄河水利工程贵在日常管理。1946年以来，濮阳建立健全工程管理机构和规章制度，加强堤防、险工、控导工程、涵闸及河道的管理，及时进行工程维修养护，保证了工程的安全和完整，增强了工程的抗洪能力。1946年以来，濮阳依靠不断完善的防洪工程体系和非防洪体系，加之沿河广大人民群众、军队和黄河职工的严防死守，战胜历年洪水，确保濮阳黄河岁岁安澜，扭转了历史上濮阳黄河频繁决溢的险恶局面。回首70年，濮阳黄河治理开发与管理事业取得了历史上任何一个时期都无法比拟的、举世瞩目的成就。

黄河在濮阳源远流长，濮阳境内遍布它的足迹，历史上也留下濮阳人民与黄河洪水顽强斗争的印记。我们有责任为后人留下一部系统的、翔实的濮阳黄河变迁和治理的史料，为今后濮阳黄河治理事业提供借鉴。

《濮阳黄河志》的编纂工作坚持以马列主义、毛泽东思想、邓小平理论、“三个代表”重要思想、科学发展观，以及习近平新时代中国特色社会主义理论统领全局，客观地记述濮阳黄河历史变迁及现代治理开发与管理发展的过程，上限力求上溯事物发端，下限止于2015年。全志共12章，140万字，从历代黄河在濮阳境内变迁、现代濮阳黄河基本特征、堤防建设、河道整治、北金堤滞洪区建设、防汛抗洪抢险、黄河水资源开发利用、治河科技、工程建设与运行管理及综合管理、治河机构和治河人物等方面，比较完整、集中、清晰地记载历代黄河在濮阳变迁的史实，重点记载1946年以来，在中国共产党的领导下，濮阳人民治理开发与管理黄河的历程、取得的成就、经验和教训，秉笔勾勒了濮阳黄河发展的真实轨迹。《濮阳黄河志》是濮阳第一部通观濮阳黄河历史、文约事丰的资治之书、教化之篇、存史之册。

尽管我们付出了很大努力，但由于水平有限，资料收集困难，书中疏漏和不足之处在所难免，恳请各级领导及各方贤能，不吝赐正，在《濮阳黄河志》续写时予以补充和更正。

祝濮阳黄河治理开发与管理事业，承前启后，继往开来，继续推向前进，为濮阳人民带来更多福祉。

《濮阳黄河志》编纂委员会

2019年6月

凡　例

一、本志编纂工作以马克思列宁主义、毛泽东思想、邓小平理论、“三个代表”重要思想、科学发展观、习近平新时代中国特色社会主义思想为指导，坚持辩证唯物主义和历史唯物主义的立场、观点和方法，按照中国地方志指导小组《地方志书质量规定》要求，全面客观地记述濮阳黄河治理开发与管理事业发展的全过程。

二、本志上限力求上溯事物的发端，以阐明历史演变过程；下限止于2015年。按照略古详今、略远详近的原则，重点记述1946年人民治黄以后，特别是中华人民共和国成立以来的濮阳黄河历史和现状。下限后的重要工程建设及濮阳河务局重要人事变更情况，采用限外大事记或章下附的形式加以记述。

三、本志记述的地域范围以下限时间的濮阳市行政区划为界。因行政区划变动或其他原因而需越境记述的适当变通。

四、本志体裁采用述、记、志、传、图、表、录等，以志为主体；以类系事，横排综述。

五、本志人物坚持生不立传的原则。凡在濮阳黄河发展中有重要影响的人物，不受籍贯的限制，分别以传略、简介、列表的方式入志。

六、本志中记述有关人称、职务、地名和机构时，以记事年代的名称为准。机构名称首次出现时用全称，并加括号注明简称，再次出现时可用简称。人名首次出现时，或人物职务、身份有变动时，在人名前写明职务和身份，再次出现时，可直书其名。古今地名不同的，首次出现时加注今名。

七、本志记事使用现代语体文，行文力求严谨、朴实、简洁、流畅，述而不论，寓褒贬于记事中；使用文字、数字、计量单位、标点符号等按国家规定的统一规范书写。中华人民共和国成立前有些计量单位照实转录。

八、本志对中华民国及其以前的纪年采用历史纪年，并适当括注公元纪年；中华人民共和国成立后的纪年使用公元纪年。

九、本志资料主要来源于濮阳河务局机关档案，治河研究成果，有关志书、图书、文物等，以及调查采访的口述资料等，一般不注明出处。

目　录

综　述

黄河是中国的第二大河，全长5464千米，流域面积75.3万平方千米。黄河流域是中华民族的摇篮和文化发源地，对中国的繁荣昌盛做出了重大贡献。黄河以“善淤、善决、善徙”而著称，是一条难以治理的河流。历代对黄河治理都甚为关注，有许多治河实践和治河方略。大禹疏川导河；春秋时期筑堤防洪；秦始皇“决通川防，夷去险阻”，河防统一治理；西汉贾让提出治河“三策”；东汉王景治河后，迄唐末800余年间，水患记载较少；宋代黄河在濮阳3次回河故道，均告失败；明代潘季驯“以堤束水，以水攻沙”治河方略影响至今；清咸丰五年（1855年）河决改道，当局主持就新河筑堤；民国治河专家李仪祉，主张治河要上、中、下游综合治理，并付诸实践，把治河方略向前推进一大步。历代治河，因限于社会制度和科学技术条件，治理成效不大。自公元前602年至1938年的2540年间，黄河改道迁徙26次，大的改道6次，决口1500余次，洪水泛滥，灾害频仍。

濮阳地处中原，濒临黄河，历史悠久。上古时期，五帝之一颛顼即居于濮阳一带，故濮阳古名帝丘，史称“颛顼之墟”。春秋时期，公元前602年，黄河决宿胥口，改道流经濮阳，为这片土地带来水利，农业生产水平大幅度提高，并带动纺织、皮革、竹木、冶铸等手工业和商业的发展。黄河岸边的戚城（今濮阳市戚城公园一带），交通便利，经济繁荣，成为诸侯国图强争霸、联此击彼的重要会盟之地。秦代，在濮阳修金堤，治黄河。西汉元封二年（公元前109年），汉武帝亲自指挥官吏、将士数万人，堵塞濮阳瓠子河决；汉成帝建始四年（公元前29年）秋，河决东郡，朝廷遣官发众往堵，增建金堤；东汉明帝永平十二年（公元69年），王景治河，筑堤千里，固定河道于濮阳城南，水利兴，农业盛，经济显著发展。魏晋南北朝时期，兵连祸结，干戈纷然，水利失修，濮阳经济萧条、文化滞后。至唐代，兴修水利，黄河安流，濮阳农业、手工业得到长足发展，经济日趋繁荣。北宋时期，濮阳成为保卫京师和河朔安全的屏障。宋庆历八年（1048年），河决澶州商胡埽（今濮阳县东北栾昌湖附近），为害达8年之久。宋仁宗嘉祐元年（1056年），朝廷采纳濮阳民工高超“三埽合龙门”的建议，终于堵住决口。到神宗熙宁二年（1069年），濮阳纺织业发展更快，成为宋代“衣被天下”，百姓衣丰食足。北宋以后，连年战乱，无暇治河，黄河经常决溢。南宋高宗建炎二年（1128年），东京留守杜充在滑县李固渡掘堤，黄河南徙入淮长达700余年，濮阳免遭河患，但也失去水利。清咸丰五年（1855年）河决，再次入注濮阳，黄河水患频仍，金堤以南变为泽国，横流泛滥，为害29年，濮阳农业每况愈下，文化经济衰落。民国时期，内有军阀混战，外有日本帝国主义侵略，河防工程年久失修，黄河在濮阳决溢依旧。1938年，国民党军队在花园口掘堤，黄河改道南流，至1947年黄河归故的9年间，濮阳河防工程荒废。几千年来，濮阳人民为生存，世世代代同黄河洪水灾害进行不懈的斗争，为黄河的治理做出了很大贡献。历史记载，发生在濮阳的著名黄河堵口事件主要有瓠子堵口、东郡堵口、商胡埽堵口、曹村堵口、双合岭堵口等；在濮阳形成的黄河堵口技术主要有“平堵法”“立堵法”“沉船法”“三埽合龙门法”。

濮阳现行黄河是1855年河决铜瓦厢后形成的河道，自濮阳县渠村乡入境，流经濮阳县、范县、台前县3县南部，从台前县张庄出境，入山东阳谷县，河道长167.5千米，流域面积2278平方千米。

在中国共产党的领导下，濮阳黄河治理事业揭开新的一页。1945年，抗日战争胜利后，国民政府在发动内战的同时，积极筹划花园口堵口工程，企图引黄归故，水淹解放区。1946年5月，冀鲁豫黄河水利委员会成立，濮阳及沿河各县成立修防处和修防段，领导和组织沿河人民进行大规模的复堤运动。国民政府一方面加紧堵口，一方面派飞机和军队破坏、阻扰复堤整险。在极其艰难困苦的条件下，经过濮阳人民的艰辛努力，濮阳残破的大堤得到初步修复加固，保证了黄河归故和1949年大洪水期间濮阳河段的安全，迎来中华人民共和国的诞生。

中华人民共和国成立后，党中央、政务院对黄河治理极为重视。1950年，成立负责统一治理黄河的机构——黄河水利委员会（简称黄委会，1994年3月后简称黄委）。1952年10月，毛泽东主席亲临黄河视察，发出“要把黄河的事情办好”的号召；以后又多次听取黄河治理工作汇报，在黄河治理重大问题上，有许多重要指示和意见。1955年7月，第一届全国人民代表大会第二次全体会议批准黄河流域综合治理与开发规划，并通过《关于根治黄河水害和开发黄河水利的综合规划的决议》，绘制出黄河治理的宏伟蓝图。从此，黄河的治理与开发进入一个新的时期。20世纪50年代，黄委会提出“宽河固堤”“蓄水拦沙”的治河方略；70年代，在汲取治河正反两方面经验教训的基础上，提出“上拦下排、两岸分滞”的治河方略；2002年，提出“上拦下排、两岸分滞和拦、排、放、调、挖”的方略，以解决黄河防洪减淤、水资源管理和保护、水土保持3大问题；2004年，提出黄河治理的终极目标——“维持黄河健康生命”和“稳定主槽、调水调沙、宽河固堤、政策补偿”的下游河道治理方略。数十年来，在水利部、黄委、河南黄河河务局和各级人民政府及社会各界的支持下，濮阳沿河广大人民群众，按照不同时期的治河方略，艰苦奋斗，顽强拼搏，对黄河进行大规模的治理开发与有效管理，取得了历史上任何一个时期都无法比拟的巨大成就。

堤防建设 堤防是抗御洪水的有力屏障。20世纪50～90年代，根据“宽河固堤”的治河方针，把巩固堤防作为防洪的主要措施。根据不同时期河道淤积情况和防洪标准，濮阳境内的黄河大堤历经4次大规模加高培厚。同时，采取锥探灌浆的方式，处理大堤内部历史留下的隐患；采用黏土斜墙、抽槽换土、前后戗、放淤固堤等措施，对大堤进行加固；采取植草种树措施，防止风浪、雨水侵蚀大堤。经过4次大规模和小规模的修堤，濮阳黄河堤防达到了防御花园口站2000年水平年的设防标准。进入21世纪，黄委提出建设黄河下游集“防洪保障线、抢险交通线、生态景观线”为一体的标准化堤防体系。2004~2015年，通过帮宽堤身、改建险工、硬化堤顶、种植防浪林和生态防护林等工程建设，濮阳河段建成标准化堤防86千米。截至2015年，濮阳151.72千米的黄河大堤堤顶宽8~12米，均为三级沥青柏油路面；堤顶两旁门树成行，堤身绿草如茵，郁郁葱葱；背河80~100米淤区生态防护林带，生机盎然；堤防各类标志醒目，整齐划一。1946~2015年，濮阳堤防建设共投资35.01亿元。

河道整治　河道整治是人民治黄史上的一大创举。河道整治前，濮阳河道由于主溜游荡不定、变化无常，滩地坍塌、村庄掉河现象时有发生；个别河段出现“横河”“斜河”和畸形河弯，危及堤防安全。河势得不到控制，致使防汛抗洪处于被动局面。20世纪50年代，黄河下游河道开始整治。首先，在山东省窄河段进行河道整治试验，经过从易到难，不懈地探索和实践，终于取得成功。60年代中期，濮阳河道被黄委会列入重点整治规划。按照微弯整治方案，采用以坝护弯、以弯导流的办法修建河道整治工程，控导河势。在对已有险工进行整修的同时，在滩地新建控导（护滩）工程。根据河道的淤积情况和不同时期的河势变化，整治工程不断改建、续建，进行完善。截至2015年，濮阳河段建有河道整治工程43处、坝垛护岸739道（座、段），工程总长75.34千米，共投资3.66亿元。河道整治包括滩地整治，20世纪50年代，清除群众在滩区自行修建的民埝，并开始采用放淤方式淤垫串沟、堤河和低洼滩地，既利于防洪，又增加滩区耕地；70年代，废除生产堤，开始修建避水台，由单台到连台；80年代，在滩区兴建水利工程，改善生产条件；1996~2000年，滩区避水连台改建为村台。2002年后的调水调沙和“二级悬河”治理试验工程，刷深河槽，疏浚河道卡口，主槽平滩过流能力从1800立方米每秒提高到3500立方米每秒。经过大规模的河道整治，濮阳河段主槽摆动被有效限制，河势相对稳定，“横河”“斜河”和塌滩掉村现象不再发生，防洪由被动变为主动，并为滩区群众生产、生活和经济发展创造了良好条件。

辟设滞洪区与金堤河治理　北金堤滞洪区是处理黄河下游特大洪水的一项重要工程，位于黄河大堤与北金堤之间，始建于1951年，设计滞洪面积2919平方千米，分洪口门为长垣石头庄溢洪堰。1960年，三门峡水库建成投入运用后，北金堤滞洪区停止建设与管理。借鉴1963年海河流域发生特大洪水的教训，1964年恢复北金堤滞洪区建设与管理。是年，修建张庄退水闸。1976年，北金堤滞洪区改建，设计滞洪区面积2316平方千米。在濮阳渠村修建分洪闸，分洪流量1万立方米每秒，分泄洪量20亿立方米。北金堤滞洪区在濮阳面积1699平方千米，涉及濮阳、范县、台前3县的42个乡镇、1789个村庄，人口130.56万人，耕地10.84万公顷。北金堤滞洪区建设中，北金堤得到加高培厚，设防标准为分洪1万立方米每秒洪水后不决口。在区内修建大量的围村堰、避水台、撤退路、撤退桥等安全设施，供滞洪时群众防守或迁移。截至

2015 年，北金堤滞洪区建设共完成投资 3.64 亿元。金堤河是黄河下游左岸一条支流，全长 158.6 千米。濮阳境内金堤河长 131.6 千米，流域内人口 135 万人，耕地 11.2 万公顷。金堤河干流位于北金堤滞洪区内，是泄洪的主要通道。20 世纪 50 年代以来，金堤河曾进行过多次治理，但未进行全线规划整治，水灾屡有发生。1995 年后，金堤河开展大规模治理，2012 年 6 月竣工。金堤河治理后，干流河道防洪标准由 3 年一遇提高到 20 年一遇，除涝标准由 1 年一遇提高到 5 年一遇。截至 2015 年，国家投资金堤河治理 3.84 亿元。

防汛抗洪 濮阳地理位置特殊，黄河防洪任务繁重，既防守临黄堤，又防守北金堤；既有滩区群众救护，又有滞洪区群众迁安。濮阳历届党委和政府都把黄河防汛抗洪作为大事来抓，年年开展防汛宣传，组织培训防汛队伍，筹备防汛抢险料物，督促检查防汛准备等，扎实做好迎战大洪水的各项准备。1987 年以后，各级黄河管理部门增设防汛办公室，负责防汛日常管理；开展防汛正规化、规范化建设，加强防汛基础性工作，推进依法防汛进程；落实防汛行政首长负责制，完善各种防洪非工程措施，精心编制防汛预案，开发和应用防汛指挥调度决策支持等系统，防汛现代化水平大幅度提升；加强防汛队伍建设，不断完善群众防汛队伍管理，先后组建 1 支水上抢险队和 4 支专业机动抢险队，防汛抢险机械化水平逐步提高，抢险效能大为增强。1946 ~ 2015 年，依靠防洪工程和沿河军民与黄河职工的严密防守，战胜高村站 8000 以上立方米每秒洪水 12 次，特别是战胜 1958 年高村站 17900 立方米每秒和 1982 年 13000 立方米每秒的大洪水，赢得濮阳黄河 70 年岁岁安澜的伟大胜利。

水资源开发利用 濮阳黄河水资源的开发利用，经历了曲折的发展道路。1957 年，濮阳始建引黄工程，至 1962 年建成引黄闸 5 座、虹吸 1 座、金堤河上水库 7 座，大搞“引、蓄、灌”联合运用。由于大水漫灌，有灌无排，造成土地盐碱化，产量下降。1962 年，国务院副总理谭振林在范县主持召开会议，决定停止引黄灌溉，废渠还耕。1965 年，由于沿河干旱，提出有计划地恢复引黄。之后，逐渐发展扩大。20 世纪 70 年代，濮阳修建虹吸 10 座、引黄闸 2 座，并建灌排配套工程，以提灌为主，部分自流，强调畦灌，禁止大水漫灌。80 年代，濮阳建成 9 大灌区，并修建濮阳市居民生活引黄供水工程和第一、第二濮清南补源工程。90 年代，建成第三濮清南补源工程和引黄入鲁工程。2010 年，引黄入邯工程建成通水。2014 年，濮阳市引黄灌溉调节水库建成蓄水。2015 年，引黄入冀补淀工程开工建设。截至 2015 年，濮阳市建有引黄渠首工程 10 处，引黄灌区 9 个，补源灌区 3 个，水库 1 座。设计灌溉面积 25.80 万公顷，补源面积 13.43 万公顷，居民生活引黄供水工程 2 处，跨区供水工程 2 处。1966 ~ 2015 年，濮阳共引水 264.47 亿立方米。引黄灌溉的发展，使濮阳农业抗御水旱灾害的能力得到大幅度提高，促进粮食稳产高产，产量比引灌前提高 5 ~ 13 倍。同时，还利用黄河泥沙资源，对背河洼地进行大规模治理，放淤改土，压碱种稻，使昔日“夏秋水汪汪，冬春白茫茫”的盐碱涝洼不毛之地，变成稻谷飘香的沃野良田。

治河科技与信息化 科技进步促进濮阳黄河治理事业的发展。20 世纪五六十年代，开展以改革落后生产工具、施工方式和管理方法，提高劳动效率等为主要内容的群众性发明创造和技术革新活动。70 年代，开展机械压力灌浆加固堤防、河道整治技术、深基筑坝等修防技术革新。80 年代以后，重点开展铲运机修堤技术的试验与应用，配合河南黄河河务局开展堤防加固技术、机械化抢险等方面的研究试验。进入 21 世纪后，堤防加固、河道整治等防洪工程建设中推广应用新技术、新材料和新工艺，工程建设施工全部实现机械化；防洪抢险由传统的人工抢险逐步过渡到机械化抢险。黄河通信被誉为黄河防汛的“顺风耳、千里眼”。20 世纪 50 年代，濮阳黄河专用通信工程开始建设，至 60 年代，建成上至河南黄河河务局，下至局属各单位、工程班的通信网。90 年代，有线通信技术被淘汰，一跃发展为以微波传输、程控自动交换为主的现代通信技术。计算机网络始建于 1998 年，至 2003 年，基本建成省、市、县三级黄河计算机专网。相继各类工作软件的使用，推进了濮阳黄河治理开发与管理信息化水平的不断提高。濮阳黄河在治理开发与管理中，形成了系统完整的治河档案，成为宝贵的财富。

工程建设管理　1950 ~ 1986 年的计划经济体制下，濮阳黄河工程建设实行“修、防、管、营”为一体的自营制管理模式，工程项目一般由当地县、公社（乡）成立施工指挥部，组织民工施工；河务部门为建设单位，主要负责技术指导、质量检查、工程验收和收方结账等工作。1986 ~ 1998 年，工程建设实行投资包干（承包）责任制，河南黄河河务局为主管单位，修防处为建设单位，修防段为施工单位，工程建设完成后修防段又是管理单位。1998 年建设管理改革后，实行项目法人责任制、招标投标制和建设监理制。濮阳市黄河河务局为工程建设项目法人，工程施工队伍和监理单位通过招标确定。2011 年后，河南黄河河务局为工程建设项目法人，濮阳河务局受河南黄河河务局委托，行使濮阳黄河工程建设项目现场管理职能。

工程运行管理　工程运行管理以防洪保安全为中心，以维护工程完整、提高工程抗洪强度、充分发挥工程效益为目标。20 世纪 50 ~ 70 年代，沿河县、乡（公社）建立堤防管理机构，建立健全工程管理制度，实行群众队伍和专业队伍相结合的管理模式。1978 年，水利部针对“重建设，轻管理”的问题，提出把水利工作的重点转移到管理上来的要求后，工程管理逐渐被重视起来。自 80 年代起，开始制订工程管理 5 年规划和年度计划。并制定工程管理检查标准，开展月、季、半年、年终检查评比工作。1988 ~ 1997 年，开展工程管理达标活动。1999 年后，开展示范工程建设。达标活动和示范工程建设，旨在以点带面，促进工程管理水平全面提高。2003 年，基层水管单位改革，分别成立工程养护处，负责工程的维修养护工作。群众管理队伍完成历史使命，开始解体。2005 ~ 2006 年，水利工程管理体制改革全面展开，濮阳河务局成立濮阳黄河水利工程维修养护公司、濮阳供水分公司，各基层水管单位设立工程运行观测机构，群众护堤员全部下堤。水管体制改革后，工程维修养护实行合同管理；建立健全工程运行管理与维修养护管理制度和管理标准，工程运行管理步入专业化、正规化、规范化、科学化的道路。

依法治河 1991年，根据《中华人民共和国水法》的要求，濮阳河务局自上而下组建水政管理机构，开始行使黄河水行政执法职能，依法开展黄河水利工程建设和依法管理河道、管理工程，查处河道管理范围内和工程管理范围内的违法水事案件，维护黄河正常水事秩序，使濮阳黄河治理开发与管理工作逐步走上法治轨道。

财务管理 20世纪80年代以前，濮阳黄河部门实行“统收统支”“统一领导、分级管理”的财务管理体制，治河经费由国家拨款，治河物资由河南黄河河务局统一供给。80年代，实行“划分收支、分级包干、结余留用”到“统一核算、以收抵支、财务包干”的财务管理体制。90年代初，所属单位分别实行全额、差额和自收自支3种财务管理体制，经费不足部分靠发展黄河经济弥补。1996年后，取消全额、差额和自收自支3种财务管理体制，实行“核定收支、定额或者定项补助、超支不补、结余留用”的财务管理体制。2003年以后，实行部门预算、资金国库支付、物资政府采购的财务管理体制。

审计监督 1987年增设审计科，按照国家和黄委会、河南黄河河务局的有关规定，逐渐开展财务收支、领导干部经济责任、基本建设项目、经济效益、维修养护经费、施工项目部等方面的审计和审计调查，提交审计报告和审计调查报告，强化干部管理和监督，防范财务风险，促进领导干部廉洁自律。

人事制度改革 20世纪80年代以前，濮阳黄河职工队伍发展缓慢，正式干部少，职工文化程度低。80年代，开展职工扫盲、文化补课、学历教育和技术补课活动；通过考核，一些“以工代干”的职工转为正式干部；领导干部实行聘任制、任期制；职称改革，实行专业技术职务评聘制。80年代后，干部制度改革不断深化和完善，选拔任用干部实行任（聘）前公示制度，领导干部选拔引入竞争机制，打破干部、工人身份界限，拓宽民主监督渠道。工人实行技能等级鉴定和技师评聘制度。2002年，进行机构改革，实行定编、定岗、定员，竞争上岗，择优录用制度。2004年，水管单位机关实施依照国家公务员制度管理。多次工资制度改革，基本建立了分类管理的工资制度。90年代初，改公费医疗为职工医疗费包干，2001年后实行社会医疗保险制度。

黄河经济 20世纪80年代初，根据国家经济体制改革的要求，全面开展种植、养殖、加工、商店、服务、运输、建筑工程施工等经营项目。90年代初，调整经营结构，重点发展建筑施工业和种植、养殖业。其间，建筑施工业得到快速发展壮大，具备修建高等级公路、特大桥梁和大型水利工程等能力；土地开发面积逐年增大，建成3大种植基地和3大养殖基地。2001～2015年，种植、养殖业因效益低或亏损而相继下马，建筑施工业、土地开发和引黄供水逐步发展为三大支柱产业。濮阳黄河经济的发展，相应弥补一些事业经费不足，保证了黄河治理开发和管理工作的正常开展。

党建、工会和精神文明建设 1979年，安阳地区黄河修防处机关中共党员从中华人民共和国成立时的17人发展到30人。1980年，安阳地区黄河修防处新增4个直属单位，党员增加到145人。1982年6月，中共安阳地区黄河修防处直属机关委员会成立。截至2015年，中共濮阳黄河河务局直属机关委员会共有党支部14个，党员421

人。按照党中央的部署和安排，在各个时期，各基层党组织坚持对党员开展党章、党史教育，开展党的理论、党风党纪、廉洁自律等方面的教育，提高其理论水平和反腐防变能力，牢记全心全意为人民服务的宗旨，在濮阳黄河治理开发与管理的各项工作中充分发挥模范带头作用。1950 年，濮阳黄河修防处建立工会组织，截至 2015 年，濮阳河务局共有工会组织 13 个，会员 1767 人。自 20 世纪 50 年代起，濮阳黄河各级工会坚持行使维护职工的合法权益；完善职代会制度，组织职工参与单位民主管理，发挥职工参政议政的作用；坚持开展多种形式的劳动竞赛、技术革新和提合理化建议等活动，激发职工工作热情，提高工效和质量；帮助职工不断提高思想政治觉悟和文化素质，努力建设“四有”治河队伍；坚持开展“职工之家”和班组建设活动，不断改善职工的工作和生活条件。坚持开展精神文明建设，20 世纪 50 年代，向职工进行共产主义、社会主义基本理论教育，提高职工思想政治水平，树立新的劳动态度。60 年代，在职工中开展总路线再教育和学习毛泽东著作活动，开展学雷锋、学大庆、学“王铁人”活动，激发干部职工的工作热情。80 年代以后，广泛开展以坚持共产主义理想和社会主义信念，坚持党的领导，坚持社会主义制度和爱国主义为主要内容的思想道德教育、公民道德教育、职业道德教育，提高职工的综合素质。积极开展文明单位创建活动，截至 2015 年，濮阳河务局有省级文明单位 5 个、市级文明单位 5 个、黄委文明窗口单位 3 个。

在中国共产党的领导下，濮阳黄河治理事业走过 70 个春秋，取得了历史上最为辉煌的成就。黄河治理是一项艰巨而复杂的事业，在今后治理开发与管理的进程中仍然会出现诸多的问题和矛盾，所面临的形势依然严峻。实现濮阳黄河长治久安，维持濮阳黄河健康生命，责任重大，任务艰巨，仍然需要濮阳人民一代一代矢志不渝、坚持不懈地探索和奋斗。

大事记

一、北宋以前（公元前602年~公元954年）

周定王五年（公元前602年）

据《汉书·沟洫志》记载，大司空掾（为大司空的助理官员）王横言："禹之行河水，本随西山下东北去。《周谱》云：'定王五年河徙'，则今所行，非禹之所穿也。"清胡渭在《禹贡锥指》中说："周定王五年，河徙自宿胥口（在今河南浚县）。"一般认为这是黄河第一次大改道。河徙后的河道，大致从滑县附近向东，至河南濮阳西，转而北上，在山东冠县北折向东流，到茌平以北，折向北流经德州，渐向北，经河北沧州，在今河北黄骅市以北入于渤海。自此，濮阳境始有黄河流经。

秦始皇帝年间（公元前221~前210年）

秦始皇为束黄河之水，诏令于东郡濮阳一带修筑金堤（原黄河故道堤防），并兼作御道。

汉文帝前元十二年（公元前168年）

十二月，"河决酸枣（今延津县境内），东溃金堤，于是东郡大兴卒塞之"（《史记·河渠书》）。这是汉代黄河最早的一次决口。

汉武帝元光三年（公元前132年）

"春，河水徙自顿丘，东南流，入渤海"（嘉靖《开州志》）。

夏，"河决于瓠子（濮阳瓠子河），东南注巨野，通于淮、泗"（《史记·河渠书》）。当年堵口失败，汉武帝听信丞相田蚡之言，故未再堵合，以致泛滥20余年。到元封二年（公元前109年），汉武帝发卒数万人，亲到河上督工，令群臣从官自将军以下背着薪柴堵决口，终于堵合。并于堵塞决口处筑宣房宫。

汉宣帝地节元年（公元前69年）

光禄大夫郭昌主持举办濮阳至临清间的黄河裁弯取直工程。施工3年，虽未成功，却是整治黄河的一次重要实践（《汉书·河洫志》）。

汉成帝建始四年（公元前29年）

河决馆陶及东郡（约当今河南省东北部和山东省西部部分地区）金堤，洪水“泛溢兖、豫，入平原、千乘、济南，凡灌四郡三十二县，水居地十五万余顷，深者三丈，坏败官亭室庐且四万所……河堤使者王延世使塞，以竹络长四丈，大九围，盛以小石，两船夹载而下，三十六日河堤成”（《汉书·河洫志》）。

新莽始建国三年（公元11年）

《汉书·王莽传》记载：“河决魏郡，泛清河以东数郡”，经平原、济南，流向千乘入海。在此以前，王莽常恐“河决为元城（今河北大名附近）家墓害，及决东去，元城不忧水，故遂不堤塞”，致使黄河又一次大改道。河漫流于清河以东各郡达59年。

汉明帝永平十二年（公元69年）

《后汉书·王景传》记载：“永平十二年，议修汴渠，乃引见景，问以理水形便。景陈其利害，应对敏给，（明）帝善之。夏，遂发卒数十万，遣景与王吴修渠筑堤，自荥阳东至千乘海口千余里。”经王景、王吴主持治河筑堤（现为金堤），自荥阳起，经今濮阳县、范县、台前县，东至千乘海口千余里。王景治河后的黄河河道，大致经浚县、滑县、濮阳、平原、商河等地，最后由千乘（今山东利津）入海。自此，黄河从今濮阳县城西北移至今城南侧（今金堤河）故道，折向东北流出今台前境。王景治河后，黄河安流900多年。

唐德宗建中四年（公元783年）

是年五月乙巳，滑州、濮州河清（《唐书》）。

后梁末帝龙德三年（公元923年）

梁、晋两国于魏地交战。梁将谢颜章率兵驻朝城。梁将段凝以唐兵相逼，自酸枣决黄河，东注入郓州（今山东省东平县西北），以阻唐兵南下，谓之“护驾水”，水患曹州、濮州、范县及今台前县境。

后唐明宗天成五年（公元930年）

是年，滑州节度使张敬询“以河水连年溢堤，乃自酸枣县界至濮州，广堤防一丈五尺，东西二百里”（《旧五代史·张敬询传》）。

后晋出帝开运三年（公元946年）

“九月河决澶、滑、怀州”，澶州等地皆遭大水（《新五代史·晋本纪》）。

后周太祖显德元年（公元 954 年）

“十一月，帝遣李谷诣澶、郓、齐按视堤塞，役徒六万，三十日而毕”（《资治通鉴》二百九十二卷）。

二、宋代（公元 960~1279 年）

宋太祖乾德三年（公元 965 年）

“秋，……澶、郓亦言河决，诏发兵治之”（《宋史·河渠志》）。

宋太祖乾德五年（公元 967 年）

正月，“帝以河堤屡决”，分派使者行视黄河，发动当地丁夫对大堤进行修治。自此以后，每年都在正月开始筹备动工，春季修治完成。黄河下游“岁修”之制，从此开始。

宋太祖开宝四年（公元 971 年）

十一月，黄河决口于澶州，泛滥濮、郓二州，民舍倒塌甚多。团练使曹翰、濮州知州安守忠率众堵塞决口。

宋太宗太平兴国八年九年（公元 983、984 年）

八年五月，“河决滑州韩村，泛澶、濮、曹、济诸州民田，坏居人庐舍，东南流至彭城界，入于淮”。九年春，“滑州复言房村河决，帝曰：近以河决韩村，发民治堤不成，安可重困吾民，当以诸军代之，乃发卒五万……未几役成”（《宋史·河渠志》）。

宋端拱元年（公元 988 年）

二月，澶濮二州河清二百余里（嘉靖《开州志》）。

宋太宗淳化四年（公元 993 年）

九月，河决澶州，冲陷澶州北城，坏居人庐舍、官署、库房殆尽，民溺死者甚重。诏给殓具澶人千钱，仍发廪以赈之（嘉靖《开州志》）。水入御河（今卫河），灾及顿丘、清丰、南乐等地，淹没大名府城。

宋真宗天禧三年（1019 年）

“六月乙未夜，滑州河溢城西北天台山旁，俄复溃于城西南，岸摧七百步，漫溢州城，历澶、濮、曹、郓，注梁山泊，又合清水、古汴渠东，入于淮”，州邑罹患者三十二。当时即遣使征集诸州薪、石、楗、芟、竹之数千六百万，发兵九万人治之，于次年二月堵合（《宋史·河渠志》）。

宋仁宗景祐元年（1034年）

七月，“河决澶州（今河南濮阳县境）横陇埽”。庆历元年（1041年）皇帝下诏暂停修决河，从此“久不堵复”（《宋史·河渠志》）。决水经聊城、高唐一带流行于唐大河之北分数支入海。后称此道为横陇故道。

宋仁宗庆历八年（1048年）

“六月癸酉，河决商胡埽（今河南濮阳境）”（《宋史·河渠志》）。决水大致经大名、馆陶、清河、枣强、衡水至青县由天津附近入海，形成一次大改道，宋代称为北流。

宋仁宗至和二年（1055年）

是年，治水工匠高超（濮阳人）发明用竹筐盛石头、草禾等沉水中，堵堤防决口。此治理河患的技术方法沿用至今。

宋仁宗嘉祐元年（1056年）

皇祐二年（1050年）河决馆陶县郭固，四年（1052年）塞郭固口而河势仍壅塞不畅。议者请开六塔河，回横陇故道。至和二年（1055年）翰林学士欧阳修曾两次上疏反对回河。“嘉祐元年（1056年）四月壬子朔，塞商胡北流，入六塔河，不能容，是夕复决。溺兵夫，漂刍藁，不可胜计”（《宋史·河渠志》）。此为宋代第一次回河。

是年，河决小吴埽破东堤顿丘口（《宋史·河渠志》）。

嘉祐五年（1060年）

《宋史·河渠志》称：是年“河流派别于魏之六埽”（在今河北大名县境）。即黄河向东分出一道支河，名“二股河”。宋代称二股河为东流，大体经今冠县、高唐、平原、陵县、乐陵，在今无棣东入海。

宋神宗熙宁二年（1069年）

六月，命司马光督修二股河工事。七月二股河通利，北流渐渐断流，全河东注，此为第二次回河。但北流虽塞，而河又自其南40里许家巷东决，“泛滥大名、恩、德、沧、永静五州军境”（《宋史·河渠志》）。

熙宁十年（1077年）

《宋史·河渠志》记载：七月，大雨，黄河“大决于澶州曹村（曹村埽）澶渊北流断绝，河道南徙……分为二派，一合南清河（泗水）入淮；一合北清河（大清河）入于海”。元丰元年（1078年）四月决口塞，皇帝下诏改曹村为灵平（今濮阳县陵平），河复北流。

此次决口，形成方圆数百里水泊，今范县、台前县境内潴水数十年。澶州南城圮于黄水，从此州治移至北城，并将北城扩建，城垣周长6千米，南列而北拱，形似卧虎，即今濮阳县城旧城。

宋神宗元丰四年（1081年）

四月，河决澶州小吴埽，注入御河，东流断流，又恢复北流。哲宗继位，“回河东流之议起”。至绍圣元年（1094年）春，北流断绝，全河之水，东回故道。此为第三次回河（《宋史·河渠志》）。

宋哲宗元符二年（1099年）

六月末，“河决内黄口”，东流复断，河又恢复北流，北宋前后达80年之久的回河之争至此结束（《宋史·河渠志》）。

宋高宗建炎二年（1128年）

秋，金将粘罕自黎阳渡河，攻破澶州、濮州，尽屠其城。“是冬杜充决黄河（在今滑县西南李固渡人为决口），自泗入淮以阻金兵”，北流之局从此基本结束。黄河改道南流，下游分三支，其中一支流经濮、范、郓等州县地，至徐州汇泗入淮（《濮州大事记》）。

三、明代（1368~1644年）

明英宗正统二年（1437年）

十月，河溢濮州、范县，泛滥成灾（光绪《开州志》）。

正统十三年（1448年）

七月，河决河南新乡八柳树村，漫流山东曹州、濮州（在今河南范县境），抵东昌，坏沙湾堤。

明代宗景泰二年（1451年）

“河决濮州，城圮”（光绪《开州志》）。

景泰三年（1452年）

河决濮州，州治迁王庄（今濮城镇）（光绪《开州志》）。

河决沙湾，直冲大洪口（在今河南台前县东北）（光绪《开州志》）。

景泰四年（1453年）

王永和治河之后，又命洪英、王暹、石璞等治河，均未成功，沙湾一度塞而复决。

是年十月，朝廷命徐有贞为佥都御史，专治沙湾，徐提出治河三策。

景泰六年（1455 年）

七月，徐有贞沙湾治河工程告竣，“沙湾之决垂十年，至是始塞”，漕运得以恢复。

四、清代（1644~1911 年）

清世祖顺治八年（1651 年）

七月，黄河又决荆隆口，水复溢开州、濮州、范县、寿张等州、县，城乡皆为泽国，陆可行舟。顺治十二年（1655 年），河塞水退，地始干涸，草木繁茂，少居民，豺狼狐兔盈野。

顺治九年（1652 年）

河决封丘大王庙，冲圮县城，水经长垣、濮阳趋东昌（今山东聊城）坏安平堤，北入海。

清圣祖康熙六十年（1721 年）

八月，河决武陟詹家店、马营口、魏家口，大溜北趋，经滑县、长垣、东明，直冲沙湾（今台前东）夺运河，至张秋，由五空桥入盐河（大清河）归海。

清仁宗嘉庆八年（1803 年）

九月十三日，封丘衡家楼（今封丘大功）因大溜顶冲，堤身塌陷决口。洪水由东明入濮州境，向东奔注，经范县、寿张沙河入运。次年二月中堵复合龙。三月二十二日水循故道仍由东南入海。

清文宗咸丰五年（1855 年）

六月十五日至十七日，上游各河洪水汇注下游，以致洪水漫滩，一望无际，兰阳铜瓦厢三堡以下“无工之处登时塌宽三四丈，仅存堤顶丈余”。十九日决口过水，于二十日全行夺溜，下游正河断流。

黄河决口后，先向西北斜注，淹没封丘、祥符各县村庄，再折向东北，淹及兰、仪、考城及直隶长垣等县村庄，行至长垣县属之兰通集溜分两股：一股由赵王河下注，经山东曹州府以南至张秋镇穿过运河。一股由长垣县之小清集行至东明县之雷家庄，又分两股，一股由直隶东明县南门外下注，水行七分，经曹州府以北，与赵王河下注漫水会流入张秋镇穿过运河；一股由东明县北门外下注，水行三分，经茅草河由山东濮州城及白杨阁集、逯家集、范县，东北行至张秋镇穿过运河，归大清河入海。至此，黄河结束了南流夺淮 700 多年的历史。

河决铜瓦厢后，开州、濮州、范县受灾，数百村被淹没，人畜伤亡甚众，泛滥29年未治理。至光绪十年（1884年），新黄河堤防建成，河患方被控。濮阳境内现行黄河河道自此逐渐形成。

咸丰十一年（1861年）

是年“河决金堤，水围濮州城，汪洋极一百四十余里”。

清穆宗同治元年（1862年）

十一月，范县唐连庄（今名唐梁庄）因卡凌河水暴涨，大溜淘刷，抢修不及而决口，口门宽120丈。当年凌开堵干口。

同治三年（1864年）

三月十七日，直隶总督刘长佑请示修筑开州、东明、长垣堤埝，拨给银三万两。

是年，开州河北徙抵金堤，渠村、郎中、清河头等村庄俱被淹没。

同治四年（1865年）

秋，黄河自关家屯决。濮州（今范县濮城镇）城尽被水漂，民溺死无数，以致官署迁徙流移，数年后才得以安定。

同治五年（1866年）

七月二十九日，山东巡抚阎敬铭奏，本年黄流盛涨倍于往昔，六、七两月大雨滂沱连宵彻旦，雨水广多，从来未有。范县、东阿、阳谷、寿张等处，此次漫溢尤广。濮州为黄流顶冲，新旧城圩均在巨浸之内，七月十四、十五等日霖雨倾盆，河声如吼，二十二日，东西水势高出城基数尺。建瓴直灌城内，水深丈余，新圩亦被漂荡，城北金堤冲刷亦为危险。现在设法雇船救出难民数千人，安置沙岗口栖住，按日给食。因就行营军需项下筹拨银二千两，发给被灾民人俾资口食，即用民力补修城北金堤，堤工以工代贩，既可救灾也可修堤，两有裨益。

同治六年（1867年）

三月十五日，上命户部拨银二十万两，修直隶开州金堤。这是铜瓦厢改道后的首次官修北金堤。

是年，河决濮州，河两岸皆大水。

同治十三年（1874年）

是年，开、濮、范等州、县修筑北金堤，将原残堤加高培厚，至次年六月完工，修补金堤一百数十里，津贴银二万二千六百二十两。

清德宗光绪元年（1875年）

是年，开州牧陈兆麟，督集民夫，筑埝数千丈，即现在临黄堤。

光绪二年（1876年）

是年，复修北岸长堤，自开州白堽历北桑科至范县朱家庄长一万八百二十丈、宽五丈、高八尺，每丈发津贴银一两七钱。

光绪三年（1877年）

一月，自濮州直（隶）、（山）东交界之小新庄起，经范县、寿张、阳谷至东阿共长三万丈有奇（约85千米）民堤兴工。四月间工竣，堤身均高一丈，顶宽一丈六尺，底宽六丈，用银十六万两。填平濮州、范县、寿张境内缺口溜沟十处、支河两道，用银一万七千两。

光绪四年（1878年）

正月十七日，凌汛河决濮州李家桥。范县等地受重灾，人多疫死。

九月十四日夜，水复陡涨，直隶开州境安儿头一带地方民埝决口，金堤以外村庄当时水深二、三、四尺，幸早晚田禾已收，麦多未种，尚无大损。

十月初六，开州民埝漫水下注东境，濮、范、寿、阳各州、县猝遇水患，情殊可悯，直隶总督李鸿章饬属赶紧堵塞，毋稍延缓。

光绪七年（1881年）

润七月，濮州、范县两处大河逼近，险要堤防加修民堤一万六千六百余丈，用银四千九百八十两。寿张白家楼、濮州范屯两处险要堤段加筑月堤套堤一千余丈，用银三千五百两。

光绪十二年（1886年）

六月，孙楼、双合岭抢险。六月七日以后连日大雨，风狂汛涨，孙楼埽段陡蛰十四处，双合岭埽大溜顶冲，多处下蛰，经分头抢险，登时抢厢孙楼鱼鳞埽二十九段，护沿埽二千九百余丈。双合岭加厢鱼鳞埽三十四段，磨盘埽三座，挑水坝一道，抢护七十余日，始化险为夷。

六月二十八日，河由徐沙窝圈堤漫溢，适上游直、豫境内漫出黄水直灌濮、范，与寿张之水并合东流。

秋，寿张城东金堤北溢十余里，沿堤村庄屋舍多倾倒。

光绪十三年（1887年）

五月二十七日，开州大小辛庄民堰漫决，水灌濮州、范县、寿张、阳谷境，至张秋穿运而过。大堤南北皆水，濮州城外水深丈余。续修护城堤宽一丈、高五尺。

光绪十四年（1888年）

开州修金堤九十里。

光绪十五年（1889年）

二月二十二日以后，濮州境内辛寨对岸河内新生沙嘴，逼溜北趋，河滩刷尽，临黄埝身被刷坍塌，原有埽坝先后冲走，河防参将张士忠、知县李国恺驰往辛寨昼夜抢护，先筑护圈埝，高出水面六七寸，又加厢料土连日抢修，终使平稳。于该处加筑套堤一道，计长一百八十三丈。

七月初一、初二两日，濮州刘柳村一带堤根被水淘刷透气，愈塞则愈大，计长五十余丈，节节塌陷，即被漫溢，水由范县、寿张至张庄归入大河，已饬速将堤头裹筑坚固，以免坍塌愈宽。

是年，“寿张、阳谷县民修北小埝，埝在寿张县南二十里，西起范县张集杨庄界，东止孙家码头大堤”。

光绪十六年（1890年）

二月至五月，濮、范等州、县培修金堤、临黄堤。濮州、范县、寿张、阳谷、东阿五州、县金堤共长一百一十里一百三十八丈，节次被淤，高宽不足。加宽六丈，加高八尺，收顶两丈五尺。金堤尾闾接筑十八里，加宽三丈，加高四尺，收顶两丈五尺。濮、范两州县临黄堤长九十二里一百五十五丈，加宽三丈，加高五尺，收顶两丈五尺。寿张、阳谷两县临黄堤长五十一里三十四丈五尺，加宽三丈，加高四尺，收顶两丈五尺。经广集人夫，自二月二十日动工，金堤于五月九日完工，临黄堤于五月十五日告竣。

六月，黄河北岸河溢长垣东了墙，濮州等三十七州、县村庄被淹。

光绪二十二年（1896年）

六月，黄河冲决寿张杨庄（今属台前县）大堤，金堤南尽淹，民饥疫死者甚众。

光绪二十四年（1898年）

六月二十一日，寿张县知县庄洪烈禀称县境杨家井临黄堤漫溢，平地水深盈丈，被淹四百余村。

是年，黄河决口范县。

光绪二十七年（1901年）

六月二十三日，时值大雨，河涨，水从开州陈家屯路口冲开大堤，口门宽二百二十五丈。水落后，当年在临河修圈堤闭气，后将原堤决口处修复。陈家屯现名陈屯，或称司马村决口。

光绪二十八年（1902年）

六月，山东寿张北岸大寺张庄、米家、徐家、陈楼北、刘桥与范县北岸之邵家集、邢沙窝等处民埝均因秋汛水大，以致多处漫溢成口 。

光绪二十九年（1903年）

六月十五日，寿张孙口民埝扒决。

是年，黄河北岸开州牛寨（在孟居之南偏西）等村漫决后堵筑。又决开州白堽，濮州城外大水。

光绪三十二年（1906年）

是年，黄河北岸开州杜寨村漫决，旋即堵合。

光绪三十三年（1907年）

三十三年六月，寿张王庄大河顶冲决口。

三十三年九月，河决王城堌（今王称堌），十月堵合。次年桃汛复决，又堵合。原堤自李密城至前陈为一直线，堵口时就当时河湾，向北绕行修堤，上自开州耿密城，下至濮州温庄九十度弯堤，长一千八百五十丈。

光绪三十四年（1908年）

三十四年六月，河决开州北岸孟居民埝，次年五月堵合。修筑临黄堤，上起开州辛庄，经濮州彭楼、廖桥至范县境。修复北金堤，自开州城东陈庄起，逶迤经范县马陵、高堤口，向东北入观城界。

清溥仪宣统元年（1909年）

五月二十五日，开州孟居、牛寨等村决口，口门宽二十八丈，过水量占全河五分之一。次年元月以单坝单柜堵复。当夜桃汛到来复决。二月开始进堵，用双坝双柜，合龙前水深达二三丈，至五月堵复，共用银二十万三千数百余两。

是年，河决开州王称堌、习城集。

宣统二年（1910年）

八月，黄河北岸长垣县二郎庙、开州李忠凌漫决。

宣统三年（1911年）

七月，北岸临黄民埝廖桥四坝之第四埽平蛰入水，牵动五、六埽全行刷去，立即催上秸料补做整齐，并挑筑坝基二道，以备厢护。抢险历时月余，方得恢复。

是年，开州刁城集东民埝决口，寿张梁集严善人民埝漫决，霜降后淤塞，即堵旱口。

五、中华民国（1912~1949年9月）

民国元年（1912年）

1月1日，中华民国成立。直隶省南岸河务由大名府管河同知负责办理，北岸则为民修民守的民埝。

民国2年（1913年）

7月，开县（今濮阳县）土匪刘春明在双合岭（今刁城西）扒掘民埝，造成决口，泛水流向东北，沿北金堤淹濮、范、寿张等县，至陶城埠流归正河。当时口门不宽，流势平缓，本不难堵合，因正值内战，无人过问，次年口门扩宽至800余丈，分流八成，灾情加重，堵合困难。

夏，直隶省裁撤大名管河同知，设立东明河务局，仍住东明高村，以冀南观察使兼理。濮阳县、长垣县属民修民守民埝。

伏、秋汛间，濮县杨屯、黄桥、落台寺、周桥及范县宋大庙、陈楼、大王庄民埝先后决口，当年及次年春先后堵合。

12月19日，开县双合岭未堵口门进入积凌水，造成郎中村死绝23户，冻饿死87人。

民国3年（1914年）

11月18日，袁世凯令徐世光督办濮阳双合岭黄河堵口事宜。

民国4年（1915年）

1月，濮阳双合岭堵口工程开工，6月合龙。因工程质量差，合龙后不久又决。由大名道尹姚联奎负责堵筑，10月又合龙。双合岭口门合龙进占时厢修秸料坝埽58段，竣工后称为“老大坝”（现临黄堤千米桩号62+900处）。

7月24日，因上游降暴雨，河水陡涨6尺，溜势下挫，黄河于刁城集决堤，口门刷宽600余丈，同年10月堵合。

11月12日，袁世凯任命大名道尹姚联奎兼任直隶河务局局长，兼辖东明河务局。

民国6年（1917年）

经国务会议议决，将直隶省黄河北岸濮阳民埝改为官民共守。北岸河防事宜划归东明河务局管理。

是年，河决寿张（今台前）梁集、影唐。各口门当年堵合。范县陈楼民埝、高庄小埝（民埝）决口，旋即堵合。

民国7年（1918年）

1月，直隶省设立黄河北岸河务局及河防营，并将长垣、濮阳两县河堤划分5个堤段，设立5个汛部修守。

8月，濮县土匪仪洪亮扒开黄河民埝，水淹双李庄（今鄄城县双李庄），汛后口门断流，冬季堵合。

民国8年（1919年）

3月2日，撤销直隶北两岸河务局和东明河务局，成立直隶黄河河务局（驻濮阳北坝头），并设南、北岸分局，辖长垣、濮阳、东明3县两岸堤埝。姚联奎兼任直隶黄河河务局局长。

4月6日，任命叶树勋为南岸分局局长，程长庆为北岸分局局长（驻濮阳北坝头）。

伏汛间，寿张县的梁集、影唐民埝决口，当年堵合。

是年，柳园埝工局局长吴茂荣修建濮县大王庄险工，建坝40道，长4500米。

民国9年（1920年）

5月，《濮阳河上记》出版。该书由双合岭堵口工程督办徐世光著，姚联奎、车保成、赵凌云、潘德蔚、周学俊校订，共四编，记述双合岭堵口工程程序、图说、料物、器用、工匠、夫役、日记、职员录等，尤其对料物、器用记述详备。

是年，兴建习城集村南南小堤险工，首建第3坝。

民国11年（1922年）

7月12日，濮县廖桥、邢庙（今属范县）间民埝决口。口门分流三成，泛水向东北由陶城埠归入正河，淹濮县、范县、寿张、阳谷、东阿五县土地四千余顷。9月24日堵合。

民国12年（1923年）

6月3日，廖桥上年堵口处因边流淘刷决口，淹濮、范、寿张、阳谷各县400余村。

8月，廖桥、柳园民埝同时出险。山东河务局局长林修竹呈请山东督办补助工款1万元，新筑坝基7道，始获安全。

民国14年（1925年）

8月13日，濮县南岸李升屯（今属山东鄄城）民埝决口，口门宽六百余丈，泛水东北流，南金堤与民埝间濮县、范县、寿张县土地尽成泽国。次年，决口合龙。

民国18年（1929年）

2月18日，河北省（1928年直隶省改为河北省）政府委员会第67次会议通过“河务局组织规程”，直隶黄河河务局改称河北黄河河务局，局部设在濮阳坝头镇，掌理濮阳、长垣、东明3县黄河河务。任命李国钧为局长。南岸东明高村设立办事处。

民国19年（1930年）

8月6日，黄河水涨，濮县廖桥、王庄一带民埝埽坝被溜冲刷，走失塌蛰殆尽，遂致冲决，口门宽二百三十余丈，分流四成，溃水东北流由陶城埠回归正河，淹北金堤以南的濮县、范县、寿张、阳谷、东阿五县土地四千余顷。12月12日动工堵筑，28日合龙。次年1月2日积凌复决，当即修埽抢堵，11日合龙。

8月11日，伏汛水涨顶冲南小堤工程，7坝（秸料埽）被冲垮，圈堤被冲决口，口门宽七丈，两天后淤塞，用土填堵。

是年，濮县、范县、寿张、郓城、阳谷五县滩地居民在临河修筑的民埝（今临黄大堤），由五县的埝工局自行修守，河务局只负责监督。修守民埝的费用，由埝工圈护的土地（一万七千余顷）按每亩农田每年两角摊交，每年收二十一万元。该款只能用于埝工修守，不得挪用，由民埝专款保管委员会负责管理。

是年，河北黄河河务局局长李国钧离职，孙庆泽继任。

民国20年（1931年）

2月2日，濮县廖桥民埝因凌汛漫溢决口八丈余，4日动工堵合。

6月14日，寿张县影唐东群众扒堤决口。次年7月8日用秸料填堵合龙。

民国21年（1932年）

是年，上自沁河两岸，下至河北堤界（今濮阳段），下界沿河各段、汛先后均安设电话。

是年，河北黄河河务局局长孙庆泽去职，朱延平继任。

民国22年（1933年）

8月3日，长垣土匪姬兆丰扒开长垣石头庄黄河大堤。10月，洪水到达濮阳县、濮县、范县等地而成巨灾，损失惨重。

8月9日，黄河洪水暴涨，陕县站洪峰流量23000立方米每秒，为有实测记录以后的最大洪峰。洪水期间，濮阳河段决口45处。此次洪水造成温县、武陟县、考城县、民权县、封丘县、长垣县、滑县、濮阳县、濮县、范县、寿张县等14个县4038平方千米受灾，受灾人口130万人，伤亡1.24万人，财产损失1.46亿元。

9月，在山东刘庄险工处（今濮阳县刁城对岸）架设一条过河电话线路，供山东、河北两省联系水情和公务传递。这是黄河上架设的第一条过河专用电话线路。

民国23年（1934年）

2月5日，《黄河水利委员会报汛办法》公布实施，共计7条。

5月9日，《黄河防护堤坝规则》公布实施，全文20条。

5月16日，河北省黄河善后工程处会同东明、长垣、濮阳3县政府，征雇民工，修筑河北黄河堤防，7月下旬先后竣工。

6月，经行政院核准，并转呈国民政府备案，《黄河修防暂行规定》由黄河水利委员会咨行各省政府，并通告各河务局遵照执行。

7月20日，山东濮县、范县、寿张、阳谷、鄄城、郓城6县各派代表联名申请将民埝改归官修官守未果。直到1938年花园口决口，民埝始终未改为官修官守。

8月20日，行政院电饬河北省政府将朱延平撤职，遗缺由滑德铭接任。

是年，寿张张堂（今台前县十里井）民埝冲决，口门宽150米，次年4月用土合干口。

是年，始建寿张孙口险工坝9道、垛4个。

是年，民国时期第一次培修北金堤，自高堤口起至陶城埠止，共长83千米，培修用土137.4万立方米，投资29.29万元。

民国24年（1935年）

3月7日，河北黄河河务局局长滑德铭去职，齐寿安继任。

4月16日，再次培修金堤工程开工，上自河南滑县西河井，下至山东陶城埠，共长183.68千米，堤顶高于1933年洪水位1.3米，堤顶宽7米，堤内外边坡1∶3，实用土方165.09万立方米，用款33.17万元。

是年，南小堤险工续建秸料坝埽1~10坝。

民国25年（1936年）

3月，河北河务局局长齐寿安辞职，河北省政府任命马庚年接任。4月，马庚年辞职，杜玉六接任。

7月，黄河伏秋大汛入汛日，由7月15日改为7月1日。

是年，南小堤险工续建11~13坝。

民国26年（1937年）

2月16日，河北河务局改称河北修防处，杜玉六任修防处主任。

7月14~22日，黄河在范县大王庄和寿张王集、陈楼（今台前县境）3处民埝决口。当年秋至次年2月先后堵合。

8月1日，山东菏泽发生7级地震。濮阳县、濮县境内黄河大堤均属7度区，震后大堤普遍裂缝，堤后有涌水冒沙现象。

是年，南小堤险工续建11~13坝。

民国27年（1938年）

6月6日晚，国民党为阻止日军西进，政府新军8师在河南花园口开始决堤，至9日扒口完成，黄河主流穿堤而过，导致豫、皖、苏3省44县成为黄泛区，长垣、濮阳、濮县、范县、寿张县（今台前县）黄河断流近9年。

是年，河北黄河修防处西迁，所属机构撤销。

民国35年（1946年）

1月31日，解放区冀鲁豫行政公署令长垣、滨河（今长垣、滑县、东明、濮阳县一部分）、昆吾（今濮阳县一部分）、濮阳、濮县、范县、寿张（今台前县）等县，立即调查黄河故道的耕地、林地、村庄、房屋、户口及堤坝破坏情况。

2月22日，晋冀鲁豫解放区冀鲁豫行政公署决定在菏泽成立冀鲁豫治河委员会，由冀鲁豫行署主任徐达本兼任主任委员。其主要工作是：沿河各专区、县分别成立治河委员会，广为延揽治河人才，征求人民对治河的意见，以便有计划地进行工作；立即勘察两岸堤埝破坏情形，测量河身地形情况；调查两岸间村庄人口及财产数目，筹划迁移及救济事宜。

3月12日，冀鲁豫治河委员会召开第三次会议，决定在黄河南北两岸成立黄河修防处和县黄河修防段。

4月1日，民国黄河水利委员会恢复河北修防处，并任命齐寿安为修防处主任，负责河北省境内的黄河河务。机关暂驻郑县北郊东赵村，后迁开封刘家胡同。

5月底6月初，冀鲁豫治河委员会改为冀鲁豫黄河水利委员会，王化云任主任，下设第一、二、三、四修防处。濮阳、昆吾（今属濮阳）修防段归属第二修防处，濮县、范县、寿北（今台前县）修防段归属第三修防处。

6月1日，冀鲁豫边区行政公署命令沿河故道各专属、县政府、修防处、修防段，立即动员和组织群众即日开工，将堤上的獾洞、鼠穴、大堤缺口等修补完毕，在旧堤基础上加高2市尺，堤顶加宽至2丈4尺。

6月3日，冀鲁豫行署召开沿河专员、县长、修防处主任和修防段段长参加的复堤会议，部署堤防修整工程。

6月10日至7月23日，冀鲁豫解放区沿河的18个县组织23万民工，在西起长垣大车集，东至齐禹水牛赵，长达300千米的大堤上（包括北金堤），掀起修堤整险高潮，堤防普遍加高2米，培厚3米，共修土方530万立方米，破残的大堤得到初步修复。

民国36年（1947年）

3月3日，冀鲁豫军区和行署在寿张县常刘村成立冀鲁豫解放区黄河河防指挥部，王化云兼任司令员，后由曾宪辉接任司令员，郭英任政委。其主要任务包括保卫黄河两岸大堤；征集、建造和管理船只，建立渡口，保证战时交通；组织并训练水兵等，为刘邓大军渡黄河做前期准备。河防指挥部实行军事编制，下设政治处及作战、供给和船管等部门。沿黄各县成立船管所10处，召集水兵2000余人，拥有船只200余艘。

是年夏，各船管所改编为5个水兵大队及1个警卫营，分别驻扎濮阳县、范县、东阿县、齐河县。在濮阳县、濮县、范县和昆吾县等地设造船厂4个；在濮阳县相城、濮县李桥、范县李翠娥、寿张孙口等沿黄村庄建立4个军渡渡口。

3月15日凌晨4时，花园口堵口合龙，黄河回归故道。21日河水入濮阳境。

5月3日，冀鲁豫行署发布《关于抢修黄河大堤的布告》，号召黄河下游沿河各县群众“立即行动起来修堤自救，一手拿枪，一手拿锨，用血汗粉碎蒋、黄（指蒋介石的军事进攻和黄河洪水造成的威胁）的进攻”。

6月12日，冀鲁豫四分区组织5万人，抢修濮阳县、昆吾县、长垣县等处大堤。

6月30日，刘伯承、邓小平率领中国人民解放军晋冀鲁豫野战军12.6万人，从东阿、寿张、范县、濮县、濮阳沿河150千米的黄河线上，击溃国民党的黄河防线，渡过黄河天险。刘邓首长签发嘉奖令，表彰黄河各渡口员工协助大军过河之功绩。

7月7日晚，刘伯承、邓小平从寿张县孙口渡过黄河。后人称此渡口为“将军渡”。

7月28日，冀鲁豫边区行政公署发出通令，为增强两岸黄河修防工作，特决定增设冀鲁豫黄河水利委员会第五修防处。濮阳县、昆吾县修防段仍归属第二修防处，濮县、范县、寿北修防段归属第五修防处。

8月2日，冀鲁豫解放区濮县史王庄大堤出现漏洞，浑水涌流不止。农妇李秀娥发现后立即呼喊报警，濮县修防段副段长廖玉璞闻警后发出警报，附近20余村群众闻警赶来抢修，经过29小时抢堵，将漏洞堵死，转危为安。

8月14日，河防指挥部撤销。10月初，指挥部的干部、工人和船只分别组建为平原黄河河务局石料运输处和平原省航政管理局。

是年，架设山东观城百寨（冀鲁豫黄河水利委员会驻地）至濮县李桥30千米电话线路和长垣经渠村集、孙口至关山250千米电话线路；同时还架通濮阳北坝头至鄄城县苏泗庄30多千米的线路，并在渠村、北坝头安设电话交换机。

是年，濮阳县南小堤险工在黄河归故前旱工修筑14坝；黄河归故后，对1~13坝进行大规模整修加固，并修建6~9坝4段下护岸。

民国37年（1948年）

3月1日，冀鲁豫黄河水利委员会在观城百寨召开春季复堤会议，提出“确保临黄，固守金堤，不准决口”的方针。确定的复堤标准为：超过1935年最高水位1~1.2米，顶宽7米。

4月5日，冀鲁豫解放区行政公署决定在沿河村庄的村政委员会中增设护堤委员1

人，负责保护黄河堤防工作。

6月24日，冀鲁豫党委要求各级党委建立有力的防汛机构，上堤领导防汛，重点堤段每10华里设一指挥点，每1华里设一防汛屋，沿堤10华里以内的村庄各成立护堤抢险队，做好防汛的工具料物准备，闻警立即上堤抢险。

7月27日，冀鲁豫边区行政公署发出通令：在紧急情况下，各修防处主任、段长，可不经过县以上战勤指挥部，直接调用抢险、防汛区的民工和大车，以应防汛抢险的急需。

民国38年（1949年）

2月20~27日，冀鲁豫黄河水利委员会在菏泽召开修防处主任、段长、工程科科长联席会议，王化云主任传达华北人民政府治黄会议关于建立统一治黄机构的精神。调整冀鲁豫黄河水利委员会所属机构，确定中原区河南各段为第一修防处；原冀鲁豫区第一、二修防处合并为第二修防处，主任邢宣理，管辖堤段南岸上起四明堂下至马堂，北岸上起陈桥下至彭楼，下辖东明、南华、曲河、长垣、濮阳、昆吾6个修防段；原冀鲁豫区第三、第五修防处合并为第三修防处，主任刘传朋，管辖堤段南岸上起马堂下至耿山口，北岸上起彭楼下至陶城铺，下辖鄄城、郓北、昆山、范县、濮县、寿张6个修防段和2个造船厂、1个石料厂。原冀鲁豫区第四修防处不动，豫北沁、黄河段设第五修防处。

4月5日，冀鲁豫黄河水利委员会抄转冀鲁豫行署《关于黄河大堤留地办法》，通知各修防处、段贯彻执行。

4月，邢宣理调离，张慧僧任第二修防处主任。

5月2日，冀鲁豫黄河水利委员会印发《复堤须知》，内容包括组织领导、估工、分工、工具、劳力分配、上土、硪工、收方等。该文件总结冀鲁豫区1945~1948年的复堤经验，对以后复堤起到指导作用。

5月，寿张孙口险工续建坝7道。南小堤险工续建10坝下护岸。

5月，冀鲁豫行政公署颁布《保护黄河大堤公约》。这是人民治黄历史上制定的第一个具有法律性质的保护黄河工程安全的文献。

6月16日，华北、华东、中原三大解放区联合治河机构黄河水利委员会成立。

7月6~10日，黄河出现5次洪峰，其中2次流量大于10000立方米每秒。7月27日花园口洪峰流量11700立方米每秒。

8月10日，黄河水利委员会在濮阳县坝头建立前方防汛指挥部。

8月20日，平原省成立，管辖新乡、安阳、湖西、菏泽、聊城、濮阳等6个专区；冀鲁豫黄河水利委员会撤销；同日，平原黄河河务局在新乡成立，辖第二、三、四修防处及东明、菏泽、鄄城、郓城、梁山、曲河、长垣、濮阳、昆吾、濮县、范县、寿张、东阿、河西、齐禹等修防段。

8月21日，在山东省梁山县赵堌堆乡蔡楼村成立孙口水文站。

9月14日，花园口洪峰流量12300立方米每秒。其间1万立方米每秒以上洪水持续49小时。濮阳境内堤顶一般出水2.5米，最低的1.4米。濮县李桥至寿张枣包楼58千米堤顶出水1米左右。枣包楼以下，水位超过堤顶0.5~0.8米。沿黄5县（寿张、范县、濮阳、濮县、长垣）组织6万多人抗洪抢险，所出险情均被抢堵，化险为夷。

9月16日，寿张县枣包楼民埝决口，金堤与临黄堤之间受灾面积130平方千米，水深3~4米，被淹村庄400多个，房屋倒塌近半，受灾人口18万人。这次洪水持续12天。当年汛后堵复。

9月18日，平原省建立省、地、县三级防汛指挥部。省防汛指挥部设在濮阳北坝头，王化云为指挥长，刘宴春任政委。专区按照行政辖区，结合修防处机关建立分指挥部。县级指挥部以县长为指挥长，修防段段长为副指挥长，县委书记为政委。

9月30日，民国黄河水利工程总局及其河南、河北、山东三省修防处被民国政府下令撤销。

1946~1949年，濮阳堤段共完成培修堤防土方693.75万立方米，用工442.72个，投资259.97万元（折合今人民币）。

六、中华人民共和国（1949年10月~2015年12月）

1949年

10月1日，中华人民共和国成立。

10月30日，中央决定从11月1日起，黄河水利委员会（简称黄委会，1994年3月后简称黄委）归属政务院水利部领导。

11月5日，根据平原省政府《关于修防处、段组织与区划问题》的文件精神，平原黄河河务局第二修防处，受濮阳行政公署和河务局双重领导。原第三修防处的濮县、范县修防段划归第二修防处领导。区划调整后，第二修防处下辖封丘县、长垣县、濮阳县、濮县、范县5个黄河修防段，其中濮阳县修防段设1个分段。全处共有职工280人。

1950年

1月25日，水利部转发政务院水字1号令，决定将黄河水利委员会改为流域性机构，山东、平原、河南3省的黄河河务机构统一归黄河水利委员会直接领导，并受各省人民政府指导。黄河水利委员会统一管理全河由此开始。

3月上旬，平原黄河河务局第二修防处封丘修防段工人靳钊发明锥探堤身隐患方法。

3月15日，濮县修防段桑庄护堤员吴清芝首次在黄河大堤上试种葛芭草，保护堤坡的效果明显，黄委会遂在黄河下游推广。

3月，濮阳县、范县、寿张县组织民工，开展濮阳河段（包括北金堤）中华人民共和国成立后的第一次大修堤。

4月6日，平原黄河河务局委任李延安为第二修防处副主任，副主任仪顺江调出。

4月20日，黄委会通令豫、平、鲁3省河务局，在黄河南北两岸堤顶上统一设置石质公里桩。

5月20日，平原黄河河务局第二修防处改组为濮阳黄河修防处，机关设工程、财务、秘书3个科，编制46人，其中，干部36人，杂务人员10人。

8月，濮阳黄河修防处设联合工会。

是年，始建濮县邢庙险工，建坝1道；濮阳县南小堤险工续建14坝。

1951年

5月，根据中央人民政府财政经济委员会4月30日《关于防御黄河异常洪水的决定》开辟北金堤滞洪区。

5月，平原省濮阳和新乡两专署，组织长垣县、濮阳县、濮县、范县、寿张县（今台前县）群众4万多人，在太行堤、临黄堤、北金堤共长256.5千米的堤线上，开展声势浩大的群众复堤运动。

7月1日，濮阳专署金堤修防段成立。段部设在濮县葛楼，管辖滑县、濮阳、濮县、观城、朝城5县金堤修防工作。

8月20日，石头庄溢洪堰工程竣工。该工程于4月30日经中央批准兴建，5月4日建立机构进行筹备，6月初开工。

8月22日，石头庄溢洪堰工程管理处成立，主任李献堂，隶属平原黄河河务局领导。濮阳专署和有关县成立滞洪（治黄）处、科，并拨专款开始在北金堤滞洪区修建避水工程。

8月，平原黄河河务局制定《平原省黄沁河工程养护暂行办法》。

是年，共完成复堤土方1007.4万立方米，用人工2427.83万个，投资407.3万元；邢庙险工续建9坝、10坝。

1952年

3月，平原黄河河务局制定《1952年护岸护坡、闸坝建设工程施工办法》。

6月，濮阳修防处和所属修防段职工的待遇由供给制调整为工资津贴制。

7月20日，平原省副主席罗玉川赴长垣、滑县、濮阳、濮县、范县、寿张等县视察北金堤滞洪区准备工作。

8月，邢庙险工续建2~4坝、8坝、11坝。

11月中旬，根据平原省政府指示，滞洪区1米以下的浅水村庄开始修筑护村堰。濮阳专区及有关县建立各级指挥部，组织动员民工近3万人参加施工，共完成护村堰202个。

11月30日，平原省撤销。菏泽、聊城修防处及濮阳修防处所属的濮县、范县、金堤修防段划归山东黄河河务局。新乡修防处、濮阳修防处及所属封丘、长垣、濮阳3县修防段和石头庄溢洪堰管理处划归河南黄河河务局。

1953年

4月8日，濮阳修防处主任张慧僧调离，副主任李延安主持工作。

4月10日，石头庄溢洪堰管理处划归濮阳修防处。

6月，始建寿张石桥险工，建柳石垛8道。

7月16日，河南省人民政府主席吴芝圃带领省黄河防汛检查组到濮阳检查防汛工作。

是年，南小堤险工续建15~17坝，邢庙险工续建5~7坝。

是年，中共濮阳黄河修防处党分组成立。

1954年

1月，濮阳专属金堤修防段更名为濮阳金堤修防段，归濮阳修防处领导。

2月下旬，河南黄河河务局对北金堤滞洪区水情和防洪工程进行重新设计，约700余村需新修防洪工程。

3月，河南省境内北金堤滞洪区护村堰开工建设，4月底完成，共修筑护村堰345个，用土620多万立方米，投资209万元。

8月5日，黄河武陟秦厂出现15000立方米每秒的洪峰，并于8日、10日和14日连续出现8110、9090、8780立方米每秒的洪水，9月8日又出现12300立方米每秒的洪水。濮阳境内有6400多人上堤防守，抗洪抢险。这次洪水造成濮阳境内22处工程出险，其中范县邢庙险工12道坝发生重大险情。部分滩区被淹，淹没村庄104个，落入河内村庄1个，淹没耕地3.04万公顷，受灾人口6万多人，倒塌房屋838间，损失粮食210万千克。滩区迁出群众1527人，运出粮食11.1万千克，包袱913件，牲口368头，抢收庄稼118公顷，抢堵串沟80条，保秋苗6667公顷。

9月13日，黄委会任命李延安为濮阳黄河修防处主任。

9月25日，根据中央人民政府政务院的决定，濮阳专员公署撤销，其辖区并入安阳专员公署。

10月12日，中共河南省委发出《为确保黄河安全贯彻废除民埝政策的指示》，要求黄河滩区“必须继续贯彻废除河床民埝政策，未修者杜绝再修；新修者立即有步骤地废除；对年久的老民埝，不修不守”。

11月，始建寿张影唐险工，修建柳石工盘头坝3道（11~13坝），范县邢庙险工续建12坝。

12月28日，濮阳县南小堤险工以下125千米河道冰封。

是年，《北金堤滞洪区部分地形图测绘完成》。该项工作始于1953年，由河南黄河河务局测绘队承担。测图范围为濮阳县渠村至濮县彭楼，占北金堤滞洪区面积的32%，共960平方千米。按1∶10 000比例，绘制地形图32幅，高程采用大沽系统。

1955年

2月1日，河南省委确定原濮阳修防处改名为安阳修防处，辖濮阳县、长垣县、封丘县3个修防段和濮阳金堤修防段。

4月，黄委会在寿张修防段（今台前河务局）进行各种硪具夯实质量试验，碌碡硪夯实的质量和效率均优于灯台硪和片硪。运土工具改为胶轮推车，工效显著提高。为此，在黄河下游修堤中推广使用碌碡硪和胶轮推车。

5月，封丘修防段划归新乡修防处领导。

10月23日，濮县大王庄险工34~41坝发生重大险情，抢险整修10道坝，又下续修2道坝。此12道坝，后称为桑庄险工。

1956年

3月，濮县撤销，并入范县。山东黄河河务局将原濮县修防段改为范县第一修防段，原范县修防段改为第二修防段。

4月，李延安被任命为安阳黄河修防处主任。

7月19日，山东黄河河务局为加强金堤的管理和养护，将范县第一、第二修防段所属分段撤销，成立金堤修防段。

8月27日，濮阳县于林护滩堵串工程开工。8月21~22日，秦厂站7200立方米每秒洪水通过时，于林湾发生冲刷，河水顺串沟流进堤河，随时可能过大溜而危及堤防安全，采取堵串措施。该工程9月15日完工，共修筑挂柳缓溜工程4道、长1463米，透水柳坝30道、长3734米。

是年，水利工程事业费的岁修工程预算改为年度编造。

是年，青庄始建护滩工程，修建3座垛。始建濮阳县杜寨防护坝工程，修建2道坝。始建濮阳县北习防护坝工程，修建2道坝。始建濮阳县抗堤口防护坝工程，修建2道坝。始建濮阳县高寨防护坝工程，修建3道坝。始建濮阳县温庄防护坝工程，修建1道坝。南小堤险工续建11坝下护岸。

1957年

1月24日，安阳黄河修防处主任李延安调离，副主任赵又之主持工作。

3月，濮阳县习城乡南小堤13坝兴建豫北第一个虹吸管引黄工程。次年10月竣工。

6月15日，根据水文史料记载，6月下旬黄河涨水屡见不鲜，故自1957年起，将黄河伏秋大汛入汛日改为每年的6月15日。

6月29日，黄委会任命赵又之任安阳黄河修防处主任。

7月19日19时，花园口站流量13000立方米每秒，水位93.37米。7月20日21时高村流量12400立方米每秒，水位62.41米。7月22日9时孙口流量10400立方米每秒，水位48.66米。长垣大车集至寿张县（今台前县）枣包楼临黄堤长176千米和枣包楼至张庄北长18.6千米的民埝全部偎水，堤脚水深1~3.5米。堤身发生裂缝10处（最长150米）、蛰陷26处，抢修柳坝垛9道。濮阳境内有2249人上堤防守，抗洪抢险。

是年，河南黄河河务局决定将石头庄溢洪堰管理处与长垣黄河修防段合并，长垣黄河修防段增设滞洪股。

是年，青庄续建控导工程3道坝。

是年，第一次大修堤完成（1950年开工），濮阳河段共修堤176千米（包括长垣县堤段），用土方1925.11万立方米，用工883.62万个，投资933.12万元。

1958年

2月，引黄灌溉枢纽工程之一的引黄（河）济卫（河）工程（大功河）开工，自封丘县黄河北岸的大功村起，经长垣、滑县、内黄、濮阳县境西北上清丰、南乐至佛堂村西南入卫河。10月底竣工。

3月，濮阳金堤修防段并入濮阳修防段。

4月8日，根据国务院决定，安阳、新乡两专区合并为新乡专区。

5月6日，新乡黄河修防处改为新乡黄河第一修防处，原安阳黄河修防处改为新乡黄河第二修防处，任命赵又之为新乡黄河第二修防处主任，苏金铭为副主任。

6月10日，渠村引黄闸动工兴建，设计流量30立方米每秒。

6月16日，山东河务局根据行政区划的调整，决定将范县黄河第二修防段改为范县黄河修防段，范县黄河第一修防段改为分段，划归范县黄河修防段领导。

6月，金堤河干流范县境内建平原水库，上起范县高堤口，下至古城，全长31.86千米，以北金堤为北围堤，修筑南围堤；修建4道拦河坝及4座水闸，总蓄水库容2500万立方米。1961年7月，河南省委根据国家黄河防汛总指挥部的通知，废除平原水库及沿河围堤坝，暂停引黄灌溉。后于1963年将沿河堤、坝和平原水库拆除，恢复金堤河流势，以利排水分洪。

7月17日24时，花园口站出现洪峰流量22300立方米每秒洪水。18日，洪水进入濮阳境内。长垣县至寿张张庄194.6千米临黄堤全部偎水，堤根水深1.4~3米，最深的5.8米（范县境）。有12.91万人上堤防守。这次洪水共发生渗水12处，漏洞1个，管涌1处，裂缝8处，蛰陷77处。滩区全淹，积水3~4米，损失严重。7月21日，洪水安全出境。

10月，寿张刘楼引黄闸开工建设，12月竣工。

11月，新乡黄河第二修防处主任赵又之调离，由副主任苏金铭主持工作，张兆伍任副主任。

12月26日，山东黄河河务局根据行政区划调整，将金堤、范县两段合并为范县黄河修防段；寿张一、二段和东阿第一修防段合并为寿张黄河修防段（驻寿张县张秋镇，后迁孙口，今台前县河务局）。

是年，始建濮阳县后辛庄险工，修建4道坝，1960年工程脱河，20世纪90年代改为防护坝。

1959年

3月，青庄原来修建的6个单元控导工程因不起作用而拆除，重新布局为险工，修建2~3坝、9~11坝、1坝、4~8坝，还修建了3~10坝6段护岸及垛1座。

4月，在濮阳青庄险工修建柳石沉排坝，做护底试验，取得成功。柳石沉排10坝、11坝，坝长120米，坝顶宽10米，坝顶高3.2~3.8米，背河边坡1∶2，临河边坡1∶0.7，全坝裹护长173米。沉排结构坝在枯水季节旱地施工。

10月9日，黄委会工程局提出于林湾与密城湾的治理意见。

12月，寿张县兴建王集引黄闸，次年3月竣工。设计引水流量30立方米每秒，灌溉面积4.67万公顷，实际灌溉面积0.87万公顷。

是年，始建濮阳县胡寨控导护滩工程，建坝1道（13坝）。始建濮阳县尹庄控导工程，建坝1道。

1960年

3月，范县彭楼引黄闸竣工（上年9月开工建设），设计引水流量50立方米每秒。

4月22日，黄委会任命苏金铭为新乡黄河第二修防处主任。

4月28日，黄委会规定，沿黄破堤建闸统由黄委会审批，虹吸工程亦需经河务局同意后始得兴建。

6月3日，为保证对岸刘庄闸正常引水，山东黄河河务局在濮阳县习城公社南小堤险工下首于林湾修建的截流坝竣工，坝长2000米，顶宽12米，坝顶高程63米。1962年11月，黄委会将工程移交濮阳县修防段防守。

9月30日，河南黄河河务局任命张兆吾为新乡黄河第二修防处副主任。

是年，岁修养护、河道整治、闸坝管理3项预算与工程计划合并为水利事业费计划预算，以工务部门为主，财务部门配合编制。

是年，濮阳县青庄险工续建12坝。尹庄控导工程续建2~4坝；兴建范县李桥护滩工程1~5坝，1961年放弃；濮阳南小堤引黄闸建成，设计引水流量80立方米每秒，设计灌溉面积3.53万公顷；寿张王集引黄闸建成，设计引水流量30立方米每秒。

1961年

1月，恢复金堤管理机构，并改称濮滑金堤修防段。

5月23日，濮阳县尹庄大坝挑溜及马张庄大坝进修引起对岸山东鄄城县滩岸急剧坍塌，威胁堤防安全。

8 月 21 日，钱正英副部长在京主持召开山东、河南黄河河务局有关人员参加的协调会，处理两省修坝纠纷，确定了拆除濮阳尹庄工程的原则。之后，按照尹庄至营房的整治线，尹庄 4 坝全部和 3 坝坝头被拆除。黄委会重新绘制该河道整治线。

12 月 18 日，国务院批准，恢复安阳专员公署。

1962 年

1 月，《河南省黄河沁河堤防工程管理养护办法》颁布实施。

1 月 24 日，河南黄河河务局将新乡黄河第二修防处改称为安阳黄河修防处，主任苏金铭，副主任张兆伍。辖长垣、濮阳、金堤 3 个修防段。

2 月 10~17 日，河南省人民委员会在郑州召开引黄渠首闸交接会议，决定将河南省黄河大堤上的 10 处引黄渠首工程移交河南黄河河务局统一管理。引黄灌溉计划由河南省水利厅提出。

3 月 15~17 日，国务院副总理谭震林在山东范县召开引黄会议，会议确定：停止引黄，积极采取排水措施。水电部副部长钱正英、黄委会副主任韩培诚、中共山东省委书记周兴、河南省委书记刘建勋等领导参加会议。

4 月，始建寿张县梁集险工坝 4 道（3~6 坝）；始建寿张县后店子险工，建坝 3 道。

7 月，濮滑金堤修防段改称濮阳县金堤修防段。

8 月 2~4 日，山东黄河河务局局长王国华会同聊城、菏泽、范县、鄄城等有关领导，处理范县毛楼护滩工程纠纷。经过讨论达成协议：毛楼护滩工程停止修守。

9 月 13 日，水电部批准，在张庄（今台前县临黄堤下界）临黄堤破堤放金堤河涝水，排入黄河流量 100 立方米每秒左右，至 23 日基本排完。据预报黄河涨水，24 日开始堵复临黄堤口门，10 月 2 日堵复。

是年，始建范县彭楼险工，修建护村坝 2 道（12 坝、13 坝）。南小堤险工整修 15~17坝及 11~12 坝下护岸。

是年，濮阳河段开始第二次大修堤。

1963 年

1 月 22 日，河南省人委颁发《河南省滩地管理使用办法》，明确规定黄河滩地为国家所有，持土地证，历年负担征购任务的滩地，属生产队所有，其余滩地，各社、队只有使用权，不得自行处理。

3 月，范县彭楼险工续建坝 6 道（1~6 坝），8 月完工。

4 月，黄河通信线杆由杉木杆全部更换为水泥杆，11 月底完成。

5 月 13 日，黄委会主任王化云、办公室主任仪顺江、处长田浮萍，来山东处理濮阳县尹庄大坝工程纠纷。山东黄河河务局副局长刘传朋及菏泽黄河修防处主任、河南黄河河务局局长刘希骞及安阳黄河修防处主任苏金铭等参加查勘研究。

6月，国务院批准成立金堤河治理工程局，局机关设在范县，机构编制60人。7月改为金堤河工程管理局，韩培诚兼任局长。1964年3月该局撤销。

7月，寿张县梁集险工续建1坝、2坝。

8月上旬，金堤河流域出现有记载以来的特大暴雨，17日破张庄临黄大堤向黄河退水，最大退水量737立方米每秒。

8月，寿张县石桥险工续建坝3道。

10月，根据上年河南省人民委员会"引黄渠首闸交接会议"精神，安阳专区水利部门将渠村、南小堤引黄闸正式移交濮阳县黄河修防段管理，成立管理所。

11月20日，国务院发布《关于黄河下游防洪问题的几项决定》，其中，当花园口发生超过22000立方米每秒洪峰时，应利用长垣石头庄溢洪堰或河南省的其他地点，向北金堤滞洪区分滞洪水，以控制到孙口的流量不超过12000立方米每秒；大力整修和加固北金堤的堤防，确保北金堤的安全。在北金堤滞洪区内，应逐年整修恢复围村埝、避水台、交通站以及通信设备，以保证滞洪区内群众的安全。

12月17日，水电部提出金堤河治理问题的意见。

1964年

3月，张庄闸管理所建立，直属于黄委会。

5月27日，河南省人民委员会召开北金堤滞洪工作会议，研究讨论《北金堤滞洪区工作方案》《黄河滞洪区迁移、安置和赔偿救济工作意见》等事宜。会后，河南黄河河务局组织力量，进行查勘，规划设计，着手滞洪区恢复工作。

6月21日，经河南省委同意，黄委会任命艾计生为安阳黄河修防处副主任（列张兆吾之后）。

7月30日，河南省人民委员会同意恢复长垣县、滑县、濮阳县、范县的滞洪机构，设滞洪办公室。公社配备专职滞洪助理员，编制共111人，所需经费由治黄事业费供给。

7月，始建濮阳县吉庄险工，修建4道坝。

8月，范县彭楼险工续建坝5道（7~11坝）。

9月9日，国务院将山东省范县、寿张两县金堤以南和范县城附近地区划归河南省。随着行政区划调整，黄委将原山东省的范县、寿张两个修防段交由河南黄河河务局管辖，并确定将原范县黄河修防段改名为范县黄河第一修防段，原寿张修防段改名为范县黄河第二修防段，隶属于安阳黄河修防处领导。

9月26日，恢复河南黄河河务局石头庄溢洪堰管理段，隶属于安阳黄河修防处，编制40人。

9月，李桥险工续建1~7坝，恢复整修8坝。

1965 年

1 月 15 日，水电部提出《关于河南省金堤河治理工程安排意见》；安阳黄河修防处撤销人事科，建立政治部；各修防段设政治指导员 1 人。

5 月，范县彭楼险工续建坝 20 道（14~33 坝）。

6 月 30 日，金堤河入黄口的张庄闸竣工验收（1963 年 3 月开工）。设计排涝流量 270 立方米每秒，挡黄水头差 7.0 米，最大泄水流量 1000 立方米每秒。

6 月，天然文岩渠河道疏浚及堤防培修第一期工程完工。

6 月 29 日，国务院批复同意建设北金堤滞洪区避水工程设施，避水台按每人 5 平方米修建。全部工程和设施在 3 年内分期完成。

7 月，濮滑金堤修防段恢复为濮阳县金堤修防段。

8 月 2 日，国务院关于河南省引黄放淤问题的批复：同意利用渠村引黄闸放淤试验，面积 220 公顷，本年放淤 1~2 次，每次引水总量不超过 150 万立方米。范县彭楼闸由于缺乏退水出路，且工程未做准备，不同意放淤。

8 月 21 日，国家劳动部批复同意黄河修防工人列入特别繁重体力劳动工种。

9 月 6 日，河南黄河河务局通报表扬范县黄河第一修防段坚持业余教育办学 7 年，取得显著成绩。

是年，第二次大修堤完成。长垣、濮阳、范县、寿张（今台前县）共组织上堤民工 6 万余人，用工 1013.21 万个，完成土方 2110.65 万立方米，投资 1819.42 万元。

1966 年

10 月，始建范县孙楼控导工程，修建 1~20 坝。李桥险工续建 8 坝下 1 坝、2 垛、9 坝下 1 垛和 11~26 坝。

11 月，修建范县南姜庄护岸 440 米。

12 月，范县影唐险工上续建坝 3 道（8~10 坝）。

1967 年

1 月 14 日，安阳专区黄河河道冰封 13 段，共长 162.3 千米。

4 月，始建濮阳县连山寺控导工程，修建 27 道坝（21~47 坝）。

6 月，范县石桥险工续建垛 2 道。

5 月，范县彭楼险工续建坝 3 道（34~36 坝）。

9 月，范县影唐险工抢修 11 道坝。

12 月，范县孙楼控导工程续建 24~27 坝。

是年，始建范县旧城护滩控导工程，修建 19 坝、30~32 坝、36~39 坝。续建李桥险工 27~37 坝。

1968年

2月，安阳黄河修防处建立革命委员会，下设政工组、办事组、行政组、工务组、财务组。

3月，安阳专区改为安阳地区，安阳黄河修防处改称安阳地区黄河修防处。

5~8月，始建范县梁路口控导工程，修建1~38坝。

7月25日，组织抢护范县李桥险工27~37坝，动员民工2000多人，安阳地区黄河修防处抽调干部、工人200人，昼夜抢修，使险情趋向好转。

7月，范县孙楼控导工程续建28~30坝。

8~10月，始建范县赵庄控导工程，修建1~15坝。

9月，安阳地区黄河修防处、濮阳县黄河修防段、濮阳县金堤修防段合并，成立安濮总段革命委员会。河南黄河河务局革命委员会调李继元任主任。

9月18日至10月15日，范县李桥险工46坝与47号坝后溃，46坝坝身被冲开宽35米、深2米的缺口，47坝坝身被冲开宽53米、深8米的缺口，河水直冲大堤脚。至11月缺口堵复。

11月，始建张堂险工，修建护岸工程1段（8坝），长390米。

是年，李桥险工重新规划，新建41~51坝（因裆距小，42坝未建）；青庄险工续建13~15坝；连山寺控导工程续建46坝下护岸；旧城护滩控导工程续建27~29坝。

1969年

1月，濮阳县南小堤以下河道冰封125千米；濮阳县董楼顶管工程竣工（1968年3月9日开工），工程设计引水4.5立方米每秒，工程验收后交安阳地区黄河修防处管理。

3月，濮阳县青庄险工续建13~15坝。

4月，范县李桥险工续建52~61坝，旧城护滩控导工程续建15~18坝、20~26坝。

6月，始建濮阳县马张庄控导工程，建坝23道和护岸1段。

7月，范县影唐险工续建坝3道（14~16坝）。

8月，濮阳县黄河修防段从安濮总段分出，建立濮阳县黄河修防段革命委员会。

是年，范县赵庄控导工程续建16~18坝。

1964~1969年，滞洪区修筑第二期避水工程，共完成避水台1919个、围村埝360个，共用土方1914.6万立方米，投资761.6万元。

1970年

1月5日，安阳地区黄河河道冰封23段，共长100千米，冰厚15~20厘米。

2月2日，安阳地区革命委员会决定，将安阳地区滞洪办公室及长垣、滑县、范县、濮阳4县滞洪办公室所管的黄河滞洪工作移交给安阳地区黄河修防处及各县黄河修防段，但人员编制未移交。1972年6月29日，河南省革命委员会同意河南黄河河务局接受北金堤黄河滞洪区机构人员编制，其95人编制列入黄河事业费指标，隶属于安阳地区黄河修防处管理。

3月，安阳地区革命委员会调王景周任修防处革命委员会副主任。

4月10日，滑县黄河管理段成立，隶属河南黄河河务局，担负滑县的滞洪和金堤修防管理工作。

4月21日，黄委会调李成良任安阳地区修防处革命委员会主任。

5月，恢复濮阳县金堤修防段。

6月，始建范县韩胡同控导工程，修建23~38坝和40~52垛；濮阳县连山寺控导工程续建26~29坝、35坝、36坝下护岸及34坝、35坝上护岸。

7月，中共河南黄河河务局安阳修防处革命委员会党的核心小组成立。

8月，河南黄河河务局至安阳地区黄河修防处革命委员会开通三路载波机。

11月，修建范县前董护岸长170米。范县孙楼控导工程续建31~38坝。

是年，范县旧城护滩控导工程续建33坝。

1971年

3月，撤销安濮总段，恢复安阳地区黄河修防处革命委员会、濮阳县黄河修防段革命委员会、濮阳县金堤修防段。苏金铭任修防处革命委员会副主任，艾计生调离。

8月，安阳黄河修防处革命委员会主任李成良病故，由副主任王景周主持工作。

11月，始建濮阳县龙长治控导工程，建坝5道（1~5坝）。濮阳县连山寺控导工程续建37坝下护岸。

是年，安阳地区黄河修防处革命委员会增设引黄组。

1972年

1月22日夜，寒流突袭，雨雪交加，造成电话线路断线连线400多处，电话队除话务员值班人员外，全部出动，冒雪抢修2日，线路恢复。

3月21日，河南省黄河管理机构实行以地方为主的双重领导。

4月，修建范县邢庙虹吸管2条。

5月，修建濮阳县老大坝虹吸管2条；按护滩工程标准修建范县张堂工程1~7坝，1979年改为险工。

6月，范县孙楼控导工程续建21~23坝。

是年，濮阳县连山寺控导工程续建24坝下护岸，龙长治控导工程续建6~17坝；范县韩胡同控导工程续建2~22坝。

1973年

3月3日至4月24日，安阳地区黄河修防处革命委员会组织各段职工108人，分

20个检查组，对堤防、险工、涵闸、滞洪区进行工程大检查。

5月，始建濮阳县南小堤险工上延工程，修建10~20坝及10坝、11坝、13坝、16坝上护岸。濮阳县连山寺控导工程续建16~20坝及22坝、23坝下护岸，龙长治控导工程续建18坝、19坝。

10月24日，黄河水利委员会革命委员会颁发黄河下游滩区修建避水台的初步方案，避水台高程超过1958年实际水位2~2.5米，边坡为1：2。上台路坡1：6。每人按3平方米修建。

12月5日，黄委会《关于黄河下游滩区生产堤实施的初步意见》提出“废除生产堤，修筑避水台，滩区生产实行‘一水一麦’一季留足全年口粮”的政策。

是年，始建濮阳县张李屯防护坝工程，修建9坝、10坝、14坝、15坝；濮阳县胡寨控导护滩工程续建1~6坝，尹庄控导工程续建1坝上护岸。

1974年

1月1日，析范县东部7个公社设中共范县台前工作委员会和范县台前办事处(为县级机构)。1975年改称中共台前工作委员会和台前办事处。

7月2日，成立安阳地区长南治黄铁路指挥部，开始修建长垣县城至濮阳县南小堤治黄窄轨铁路。1977年12月，长垣县城至渠村分洪闸43.67千米的铁路建设竣工。

9月16日，濮阳县南上延控导工程续建4~9坝、22~35坝及3坝、6坝、8坝、9坝上护岸。

是年，新建濮阳县王称堌顶管式引黄闸，设计引水流量6.6立方米每秒，工程投资27.3万元；续建濮阳县胡寨控导护滩工程8坝、9坝；续建范县韩胡同控导工程1坝、39坝。

是年，开始第三次大修堤。

1975年

3月22日，中共安阳地委任命董文虎为安阳地区黄河修防处革命委员会主任，任命韩洪俭为副主任。

10月2~4日，花园口站连续出现7580立方米每秒和7420立方米每秒洪峰，长垣县、濮阳县、范县、台前工委均受灾，淹地2.39万公顷，倒塌毁坏房屋2.3万多间。这次洪水有240道坝出险，抢险471坝次，用石8.92万立方米，铅丝56.18吨，柳杂料605.92万千克，麻绳2.4万条。黄河滩区迁出8.28万人，有19.54万人迁至避水台或高房台。

8月，濮阳县王称堌引黄闸竣工。

12月底，安阳地区黄河修防处革命委员会制造简易吸泥船1只，用于放淤固堤。

是年，续建濮阳县胡寨控导护滩工程7坝、10坝、11坝、12坝。

1976年

2月5日，黄委会《北金堤滞洪区改建规划的实施意见》决定：修建濮阳县渠村和范县邢庙两座分洪闸，废除石头庄溢洪堰；加高加固北金堤；落实滞洪区群众避水台和临时撤离措施等。

2月25日，河南黄河河务局分配给安阳地区黄河修防处革命委员会胶轮车14000辆。3月29日，又分给33000辆，共47000辆。这些胶轮车用于第三次大复堤施工。修防处分给长垣县11000辆，滑县3500辆，濮阳县13919辆，范县7378辆，南乐县1930辆，台前工委5900辆，清丰县2873辆，下余500辆，由复堤指挥部和地区农机公司掌握。

3月29日，河南黄河河务局分给安阳地区黄河修防处拖拉机37台，分给长垣县10台，濮阳县11台，范县和台前工委各8台。

5月3日，国务院批复《关于防御黄河下游特大洪水意见的报告》：国务院原则同意，即可对各项重大防洪工程进行规划设计（其中有改建北金堤滞洪区和加速实现黄河施工机械化项目）。

8月17~31日，黄河连续出现5次洪峰，其中31日的第5次洪峰，濮阳河段高村站流量9060立方米每秒，安阳地区临黄堤偎水135千米，水深0.5~1.5米。滩区淹地面积2.43万公顷，461个村庄进水，28万多人受灾。房屋倒塌数万间，人畜有伤亡。

12月，岳海岭任安阳地区黄河修防处革命委员会副主任。

12月，台前韩胡同控导工程续建上延-1~-6坝。濮阳县连山寺控导工程续建9~15坝、30坝、45坝下护岸。

12月，河南黄河河务局报送《关于北金堤改建规划的实施意见》，改建工程计划包括滞洪区临时撤离区划分，修建临时撤退道路，濮阳县城防护工程及北金堤的加固，修建防护堤和避水台、埝，配备滞洪区迁安工具和通信设施，扩建退水闸等项目。

是年，安阳地区黄河完成基建、岁修土方1643.94万立方米，整修和新修坝垛148道，采运石料4.9万余立方米，7个县的干部1490人、临干1540人、民工11.2万人参加施工。

1977年

2月，安阳地区黄河修防处革命委员会副主任岳海岭调离。

3月，长南铁路管理处（后改为管理段）成立，隶属于安阳地区黄河修防处领导。

5月，中共安阳地委任命何文敬为安阳地区黄河修防处革命委员会副主任。

6月9日，河南省委转发河南黄河河务局《关于加强黄河修防处、段领导的请求报告》，黄河各修防处、段实行地方党委和河南黄河河务局双重领导，业务工作以河务局领导为主，党的工作、干部配备等以地方党委负责为主；建议恢复安阳黄河滞洪处。

7月，安阳地区黄河修防处革命委员会增设范县水泥造船厂。

8月8日12时，黄河花园口站出现流量10800立方米每秒洪峰，安阳地区临黄大堤偎水113千米，堤根水深0.5~1.5米，最深3米。险工及控导工程14处出险71道坝，护岸2段，抢险96坝次。滩区365个村庄，31.65万人被洪水围困，淹死7人，倒塌房屋2.94万间，伤亡牲畜115头（匹）。沿黄各县抓住洪水含沙量大的时机，引水淤滩2.04万公顷，落淤总量为1.03亿立方米。

9月15日，中共安阳地委任命姚朋来、王棠、张凌汉为安阳地区黄河修防处革命委员会副主任。

10月11日，中共安阳地委任命孟祥风、李主信为安阳地区黄河修防处革命委员会副主任。

10月17日，安阳地区建立北金堤滞洪区管理机构，地区设滞洪处，县设滞洪办公室，人员编制121人。

12月22日，河南省革命委员会发出《关于不准在黄河滩区修建任何挑水和阻水工程的通知》。

是年，修建濮阳县陈屯虹吸管3条，设计引水量3立方米每秒。

1978年

1月，安阳地区黄河修防处革命委员会运输队建立，配置拖拉机63台。1980年后，陆续购进“黄河牌”7吨自卸汽车10部。

2月6日，黄河下游河务管理机构回归黄委会建制，实行以黄委会为主的双重领导。业务领导和干部调配由黄委会负责，党的关系由地方党委负责。

3月，安阳地区黄河修防处革命委员会建立机械化施工队，配置铲运机49台、推土机6台、碾压机2台。年底，施工队招收知识青年74人。

3月20日，安阳地区黄河修防处革命委员会范县黄河第二修防段在全国水利管理会议上获得“全国水利管理先进单位”称号。

3月，根据河南黄河河务局通知，取消修防处、段“革命委员会”，恢复安阳地区黄河修防处和某某黄河修防段。

4月，安阳地区黄河修防处在濮阳县白堽堤段进行近2个月的铲运机修堤试验，共完成土方1.7万立方米。

5月，渠村分洪闸主体工程建成（1976年11月开工），共完成土方136万立方米，混凝土12万立方米，石方12.51万立方米，钢材6900吨，木材9000立方米，水泥5.58万吨。总投资8100万元。

6月21日，《河南省黄（沁）河堤防工程管理办法》颁布实施。

7月，修建北金堤濮阳县城南险工坝30道。

7月29日，黄委会任命韩洪俭为安阳地区黄河修防处主任（未到职），苏金铭、张兆吾为安阳地区黄河修防处顾问。

8月8日，渠村分洪闸管理处建立，隶属于河南黄河河务局，赵庆三任第一副主任，张再业任副主任。

8月27日，《黄河水利委员会放淤固堤工作几项规定》颁发实施。

12月29日，经国务院批准，将范县东部划出的7个公社设立台前县。

12月，北金堤滞洪区改建工作基本完成，总面积2316平方千米，其中，山东省莘县、阳谷县共93平方千米，河南省长垣县、滑县、濮阳县、范县、台前县共2223平方千米。

是年，南上延控导工程续建1~3坝；新建范县于庄顶管式引黄闸，设计引水量5.5立方米每秒。

1979年

1月22日，渠村分洪闸通过验收，交由河南黄河河务局渠村分洪闸管理处管理。

1月，范县第二黄河修防段改称为台前县黄河修防段，范县第一黄河修防段改称范县黄河修防段。

2月21~22日，遭受强冷空气侵袭，风雨交加，最大风力9级，刮断安阳地区黄河电话水泥电杆132根、木杆443根，造成经济损失10万多元。经过1个多月的抢修，修复通话。

4月29日，《黄河下游工程管理条例》实施。

5月16日，安阳地区黄河滞洪处建立，隶属于河南黄河河务局，编制90人，下设滑县滞洪管理段和长垣县、濮阳县、范县、台前县滞洪办公室。范县水泥造船厂划归滞洪处管理。调修防处主任董文虎任滞洪处主任，孟祥风、何文敬任副主任。

7月9日，河南黄河河务局任命姚朋来为安阳地区黄河修防处主任。副主任李主信调离。

9月11日，《黄河水利委员会关于组建黄河下游施工专业队伍的意见》指出：施工专业队伍担负工程施工、黄河防汛防凌、发展多种经营等任务。

9月，安阳地委组织部撤销河南黄河河务局安阳修防处革命委员会党的核心小组，成立中共安阳地区黄河修防处党组。

是年，始建濮阳县吉庄防护坝工程，修建1道坝。

1980年

1月，安阳地区革命委员会批准安阳地区黄河修防处招工1394名；安阳地区黄河修防处组建挖泥船队，驻长垣县石头庄。

4月14日，河南黄河河务局任命王云亭为渠村分洪闸管理处副主任（列张再业前）。

4月19日，水利部颁发实施《黄河下游引黄灌溉的暂行规定》。

5月，赵庆三任安阳地区黄河修防处副主任。

6月20日，濮阳县黄河修防段在青庄险工开始进行混凝土杩杈坝工程试验，7月

19 日结束。

6 月 25 日，渠村引黄闸通过验收，交由安阳地区黄河修防处接管，濮阳县黄河修防段具体管理。该闸于 1978 年 3 月改建，1979 年 12 月竣工。设计流量 100 立方米每秒，设计灌溉面积 18.75 万公顷，工程总投资 227.5 万元。

8 月，安阳地区黄河修防处的机械施工队改称铲运机施工队。

12 月 18 日，水利部原则同意《金堤河流域综合治理规划》，提出金堤河治理规划应重点突出滞洪区的安全应用，所做工程应尽可能在滞洪期和平时都能发挥作用。

是年，成立多种经营办公室，机构设在财务科，撤销引黄科。

是年，财务管理实行“预算包干、结余留用”的办法。

1981 年

1 月下旬，安阳地区河段冰封壅水，范县、台前县共有 5 个公社的滩区漫滩，水深一般 1~1.5 米，最深 3.0 米，淹地 3414 公顷，52 个村庄 4.2 万多人受灾，倒塌房屋 298 间。

2 月，恢复工会组织（工会活动 1966 年停止）。

3 月 19 日，河南黄河河务局任命胡全舜为安阳地区黄河修防处副主任。

4 月，范县黄河修防段被授予“全国水利系统职工教育先进单位”。

5 月，安阳地区黄河修防处运输队和施工队合并为安阳地区黄河修防处施工大队。

6 月 20 日，黄委会《黄河下游防洪工程标准（试行）》颁布实施。

9 月 10 日，花园口站出现 8060 立方米每秒洪水，安阳地区黄河滩区淹地 1.85 万公顷，11.8 万人受灾。上堤防守 3548 人，有 9 处险工 21 道坝出险。

10 月，渠村分洪闸增设的启闭机房工程竣工（1980 年 2 月开工），总建筑面积 3722 平方米，投资 63.32 万元。

12 月 21~23 日，濮阳县黄河修防段作为河南黄河河务局职工代表大会制度试点单位，召开职工代表大会。

是年，南上延控导工程续建 12 坝、15 坝、17 坝、19 坝上护岸。

1982 年

1981 年 12 月至 1982 年 2 月，安阳地区黄河修防处连续发生两起简易吸泥船沉船重大责任事故，造成经济损失 11 万元。事故原因均为管理不善，遇风浪造成船底筏管道进水沉船。

汛期，河南黄河河务局、安阳地区黄河修防处、渠村闸管理处及所属修防段、险工或防汛点的无线电台配套成网。

6 月 26 日，水电部《黄河下游引黄渠首工程水费收缴和管理暂行办法》颁布实施。河南省第五届人民代表大会常务委员会第十六次会议通过《河南省黄河工程管理条例》。

6月27日，中共安阳地区黄河修防处直属机关委员会成立，并召开第一次代表会议。

8月2日19时，花园口出现洪峰流量15300立方米每秒，相应水位94.64米（大沽），是1958年以后最大的一次洪水，安阳地委组织沿黄群众抗洪抢险。滩区受灾村庄618个，受灾人口41.42万人，倒塌房屋33.6万间，淹没耕地造成绝收的4.85万公顷，伤亡1423人，死亡17人，损失1.28亿元。

10月14日，河南黄河河务局任命陆书成为安阳地区黄河修防处副主任。

11月5日，河南省政府印发《关于不准在黄河滩区重修生产堤的通知》，要求加强避水台建设，严禁以堵串沟为名堵复生产堤。

1983年

1月28日，安阳地区在濮阳县召开黄河滩区村台建设工作会议，安排村台建设工作。截至3月20日，全区累计完成村台土方1500万立方米，占任务的56%。

5月8日，黄河防汛总指挥部颁发实施《黄河防汛管理工作暂行规定》。

6月16日，河南黄河河务局任命慕光远为安阳地区黄河修防处主任，戴耀烈任副主任。姚朋来、赵庆三离休。张凌汉调滞洪处任副主任。

7月6日，黄委会批复渠村分洪闸运用操作办法。

7月26日，李元贵任安阳地区黄河修防处副主任。

8月2日22时，花园口站出现8370立方米每秒洪峰。有6928人上堤巡堤查水，严密防守，保证堤防安全。这次洪水淹没耕地2.72万公顷，384个村庄受灾，倒塌房屋2694间，受灾群众24.07万人。

9月1日，经国务院批准，成立濮阳市，管辖长垣、滑县、濮阳、清丰、南乐、范县、台前7县。安阳地区黄河修防处更名为濮阳市黄河修防处。

9月15日20日，渠村分洪闸管理处在分洪闸下游1千米处进行修筑模拟闸前围堤和爆破试验。

11月，濮阳县南小堤引黄闸改建竣工（1982年12月开工）。该闸设计流量50立方米每秒，控制灌溉面积3.33万公顷，总投资162.72万元。

是年，濮阳县龙长治控导工程续建20~22坝，青庄险工续建12坝下护岸。

是年，第三次大修堤完成。濮阳河段193.8千米（包括长垣县河段）的临黄堤防帮宽7~18米，加高1.15~3.05米，共完成土方4186.32万立方米，总投资5394.99万元。

是年，第一条濮（濮阳县）清（清丰县）南（南乐县）引黄补源工程建成投入使用。该工程总干渠全长92.9千米，补源灌溉总面积11.05万公顷。

1984年

2月27日，经河南省政府批准，河南省公安厅和河南黄河河务局发出联合通知，沿黄修防处、段及渠村分洪闸管理处设公安特派员。

3月21日，河南黄河河务局任张再业为濮阳市黄河滞洪处副主任，免去其渠村分洪闸管理处副主任职务。

3月，根据河南黄河通信系统机构改革意见，濮阳市黄河修防处设通信分站，负责全处通信业务管理。

4月26日，中共濮阳市黄河修防处直属机关委员会成立，并召开首次代表大会。

5月26日，中原油田在南小堤险工以下用爆破法埋设濮阳至开封输气过河管道。该输气管线需要穿越濮阳县和东明县之间的黄河河床9036米，其中有940米通过主河槽。这部分管道采用爆破成沟、底拖牵引、气举沉管的施工方法。爆破施工地点在濮阳县习城集和东明县菜口屯之间，爆破段中心距左岸大堤1900米，距南小堤引黄闸2300米，距南小堤险工下端坝头700米。经水电部同意，5月26日下午3时42分正式起爆，用炸药61.43吨，完成一条上口宽20米、深2米的大沟，随后埋管。爆破前后，河南黄河河务局勘测队对南小堤险工、南小堤引黄闸和大堤进行变形观测，认为爆破对黄河工程影响不大。之后，石油工业部拨付150万元，由濮阳市黄河修防处对黄河工程进行加固整修。

6月21日，河南黄河河务局将航运大队运输二队成建制划归濮阳市黄河修防处，成立濮阳市黄河修防处航运队。

7月，北金堤滞洪区无线通信网建成，网络控制面积2316平方千米（滞洪区域）。

10月26日，濮阳市黄河修防处由坝头搬迁至濮阳县城南关金堤北侧滞洪处院内。

11月底，台前县刘楼引黄闸改建工程竣工（1983年11月开工），该闸设计引水流量15立方米每秒，灌溉面积6333公顷，投资120万元。

是年，濮阳县龙长治控导工程续建23坝；1982年改建的濮阳县南小堤引黄闸改建工程竣工，设计引水流量50立方米每秒，设计灌溉面积4万公顷，工程总投资167.8万元。

是年，第四次大修堤开始。

1985年

3月19日，濮阳市黄河修防处、濮阳市黄河滞洪处、渠村分洪闸管理处3个单位合并为河南黄河河务局濮阳市黄河修防处。修防处增设滞洪科，负责滞洪业务。渠村分洪闸降为段级单位，负责渠村分洪闸的管理和分洪工作。河南黄河河务局任命慕光远为濮阳市黄河修防处主任，张凌汉、陆书成、戴耀烈、李元贵为副主任，张再业任工会主席（副处级），董文虎为调研员（处级），王棠为副调研员（副处级），胡全舜调离。

3月，撤销铲运机施工队，在其人、财、物的基础上建立濮阳市黄河修防处第一施工队和第二施工队。

4月1日，河南黄河河务局任命王云亭为濮阳市黄河修防处党组纪检组组长，史宪敏为主任工程师。

8月3日傍晚，濮阳、范县境内，突发狂风暴雨，致使临黄堤、金堤上的树木、通信线路和防汛建筑物遭到严重破坏。电话线杆刮倒113根，断裂杆28根，294对千米线条变形。

8月20日，彭楼引水闸改建工程竣工（1984年11月开工），设计流量50立方米每秒，设计灌溉面积9.33万公顷，工程投资189万元。

8月，濮阳县岳辛庄金堤河公路滞洪桥和濮阳县南关金堤河公路滞洪桥建成。

8月，濮阳市黄河修防处增设濮阳市黄河建筑公司。

9月17日16时，花园口站出现流量8260立方米每秒洪峰。濮阳、范县、台前3县临黄堤偎水8段，长86.82千米，堤根水深1~3米，最深的4米，8处险工43道坝出险。

12月，濮阳市黄河修防处进行劳动工资改革。新的工资制度是以基础工资加职务工资为主要内容的结构工资制。

是年，濮阳市黄河修防处共有93名“以工代干”人员转为正式干部。开始实行“预算包干和增收节支分成办法”。

是年，濮阳县青庄险工修建控导工程3道坝。

1986年

3月22日，行政区划调整，滑县、内黄两县划归安阳市，长垣县划归新乡市。

5月2日，濮阳市黄河修防处主任慕光远调离，由陆书成副主任主持工作。

5月7日，第一条濮清南引黄补源工程总干渠最后一期拓宽工程动工。该干渠全长35千米，可灌溉农田4.47万公顷。

7月21日，黄河花园口站出现洪峰流量4030立方米每秒，濮阳市境内洪水没有出槽漫滩。

是年，梁路口控导工程续建上延-1~-3坝。濮阳市政府开始对黄河背河洼地进行治理。

1987年

2月12日，河南黄河河务局任命陆书成为濮阳市黄河修防处主任。

6月30日，河南省副省长刘玉洁和省人大常委、原黄委会主任袁隆，检查濮阳市滩区生产堤破除、河道行洪障碍和堤防违章建筑物清除等工作。

7月16日，濮阳市黄河河段堤防违章建筑和河道行洪障碍全部清除。其中，清除违章建筑房屋278间，砖窑9座，水井5眼，坟6座；破除生产堤口门37处，长11.6千米。

7月22日，水电部钱正英部长按照李鹏副总理的指示，会同河南省政府副省长刘玉洁、黄委会主任龚时旸等领导，对北金堤滞洪区内的防汛问题进行现场调查研究。

7月，始建范县吴老家控导工程，建坝10道（4~13坝）；始建范县杨楼控导工程，建6~10坝。

8月30日，台前县王集新闸建成（1986年11月20日开工）。该闸设计引水流量30立方米每秒，设计灌溉面积2万公顷，工程总投资150万元。

是年，开始在具有中专及其以上学历的工人中聘用干部。

是年，濮阳县张李屯防护坝工程续建18~20坝。台前县王集引黄闸改建工程竣工（1986年11月开工），设计引水流量30立方米每秒，设计灌溉面积0.69万公顷，工程总投资127.6万元。

1988年

2月13日，苏茂林任濮阳市黄河修防处副主任。

3月20日，水电部工管司副司长陈德坤、黄委会副主任杨庆安等，检查濮阳市滞洪区工程设施。

4月6~9日，河南黄河河务局和河南省水利厅筹办的河南黄河东坝头以下滩区治理工作会议在濮阳召开。会议主要研究讨论滩区治理规划和有关政策、措施。黄委会主任钮茂生出席会议。

6月9~11日，河南省副省长宋照肃带领省农经委主任杨风岗、黄委会副主任庄景林，检查濮阳市黄河防汛滞洪工作。

8月26日，河南黄河河务局决定撤销濮阳市黄河修防处航运队，组建濮阳市黄河修防处水上抢险队，定员80人，主要承担汛期水上抢险和防汛运石任务。

8月，范县邢庙虹吸改闸工程竣工（是年1月开工），投资140万元。新闸设计引水流量15立方米每秒，灌溉面积1.33万公顷。

11月29日，中共濮阳市黄河修防处直属机关委员会召开第二次代表大会。

是年，范县杨楼控导工程续建11坝、12坝。

1989年

2月13日，王德智任濮阳市黄河修防处副主任，王玉俭任濮阳市黄河修防处主任工程师。

2月14日，水电部《黄河下游引黄渠首工程水费收缴和管理办法（试行）》颁发实施。

2月15日，濮阳县青庄险工16号、17号坝出现险情。27日又因大溜顶冲，16号坝前头淘刷下蛰4~5米，迎水面坝身有30米长、2米宽，下蛰2米多深。28日上午17号坝又出现类似险情。经过20多天的抢险，工程转危为安。

3月13日，濮阳市黄河修防处增设防汛办公室和综合经营办公室。

3月，黄河水利委员会在濮阳市建立金堤河管理局筹备组。

5月24~25日，国家防总办公室主任李兴洲、黄委会副主任黄自强，检查渠村分洪闸、北金堤和临黄堤险工、薄弱堤段及滞洪区避水工程。

5月31日至6月2日，河南省副省长宋照肃率省防汛检查组来濮阳市检查防汛工作。

6月3日，经国务院批准，黄河水利委员会定位副部级机构。

6月21~23日，黄委会第一副主任亢崇仁，检查渠村分洪闸、临黄堤险工、控导工程、引黄涵闸和度汛工程防汛准备情况。

6月26日，滑县滞洪管理段列为河南黄河河务局直属单位。

6月27日，商家文任濮阳市黄河修防处副主任。

7月25日10时10分，花园口站出现流量6300立方米每秒洪峰，26日20时洪峰进入濮阳市境。

8月8日，濮阳市黄河修防处组织范县、台前县黄河修防段职工在李桥险工举行漏洞抢堵演习，以锻炼提高漏洞抢堵技术。

8月25日，濮阳市黄河修防处增设行政监察科，定员2~3人，与纪检组合署办公。濮阳县、范县、台前县黄河修防段各设专职行政监察员1人，其他单位各设兼职行政监察员1人。

11月，影唐虹吸改建引黄闸工程竣工（1988年12日21日开工），设计引水流量10立方米每秒，设计灌溉面积6333公顷，工程总投资162.46万元。

是年，范县杨楼控导工程续建13坝、14坝。

1990年

4月27日，参加4省（山东、河南、山西、陕西）黄河防汛会议的水利部副部长钮茂生，以及黄委会、4省政府、河务局等领导乘坐两架直升飞机检查濮阳市黄河防洪工程。上午10时30分，飞机降落在渠村分洪闸前草地上。市领导林治开、周沛、孔德钦，以及修防处主任陆书成等领导前往迎接，并汇报濮阳市黄河防汛基本情况。

4月30日至5月2日，国家防总办公室副主任周振先检查北金堤滞洪区工程，观看渠村分洪闸启闭试验。

5月15日，濮阳市黄河修防处组织濮阳县、范县、台前县黄河修防段工程队共120人，在范县杨楼续建坝工地举行工程抢险技术演习。

5月26日，国务院副秘书长李昌安受田纪云副总理的委托，带领国家防总防汛检查组来濮阳市检查黄河防洪工程、北金堤滞洪区工程和渠村分洪闸闸门启闭等防汛准备情况。

6月12日下午，国务院总理李鹏视察黄河北金堤滞洪区和渠村分洪闸防汛准备情况。

7月4~5日，河南省副省长宋照肃率省防汛检查组来濮阳市检查黄河防汛工作。

8月11日，濮阳市城市供水引黄工程竣工。

8月18日，濮阳县青庄险工发生重大险情。

8月31日，水利部《黄河下游浮桥建设管理办法》颁发实施。

11月，河南黄河河务局所属黄河修防处更名为河务局，规格为正县级；各修防段也更名为河务局，规格为副县级。

是年，范县杨楼控导工程续建15坝、16坝，李桥险工续建38~40坝。

1991年

1月，经水利部批准，黄河水利委员会金堤河管理局（正局级）正式成立，驻濮阳市中原路。张庄闸管理所成建制归属金堤河管理局。

2月，濮阳市黄河修防处航运队更名为濮阳市黄河河务局水上抢险队。

3月12~14日，国家防汛办公室副主任李兴洲、总工程师黄文宪，以及黄委会、河南黄河河务局等领导，检查濮阳市黄河防洪基建工程计划安排情况，察看濮阳、范县、台前3县黄河堤防计划培修、淤背的堤段。

3月，濮阳市黄河河务局机关增设水政水资源科和河南黄河河务局濮阳市水政监察处。

4月22日，在撤销濮阳市黄河河务局水泥造船厂的基础上，成立河南黄河河务局濮阳机动抢险队（科级）。

5月21日，参加黄河4省防汛工作会议的河南省省长李长春、山东省副省长王建功、水利部副部长周文智等40余人，乘飞机视察渠村分洪闸及濮阳市黄河防洪工程。

5月26~28日，国家防总办公室总工程师董文宪、水利部副部长周文智来濮阳市检查黄河防汛工作。

5月，濮阳市黄河河务局成立水泥制品厂，濮阳市黄河建筑公司改称濮阳市黄河工程处。

6月13日，濮阳市黄河河务局设通信管理科（正科级），濮阳、范县、台前3县黄河河务局增设通信科（副科级）。

7月4日晚9时，范县临黄堤上界彭楼附近遭受龙卷风夹带冰雹的突然袭击，130余棵柳树被大风刮倒或连根拔起，2千米电话线路遭到不同程度的破坏。郑州至济南、坝头至范县、台前县的线路全部中断。14日全部修复通话。

9月5日，京九铁路台前孙口黄河特大桥开工建设，国务院副总理邹家华出席仪式并剪彩。

9月16~17日，水利部副部长严克强带领有关专家、学者以及新闻部门一行38人，来濮阳市研讨黄河下游宽河道治理问题，先后察看台前县梁路口控导工程、范县李桥险工、濮阳青庄险工和渠村分洪闸。

9月16日，渠村分洪闸管理段更名为濮阳市黄河河务局渠村分洪闸管理处，规格为副县级。

9月25日，根据《黄委内部审计机构设置意见》，河南黄河河务局定员濮阳市黄河河务局审计科为5人。

11 月 5 日，东（东明县）濮（濮阳县）黄河公路大桥动工兴建。于 1993 年 12 月 28 日建成通车。后易名为东明黄河公路大桥。

是年，范县杨楼控导工程续建 17 坝、18 坝，李桥险工续建 36 坝、37 坝。

1992 年

4 月 25 日，中共濮阳市黄河河务局直属机关委员会，召开第三次代表大会。

4 月 26~27 日，水利部副部长王守强来濮阳市检查黄河防汛工作。

5 月 7 日，国务院副总理田纪云来濮阳市视察黄河防汛工作。

6 月 19~20 日，河南省省长李长春、副省长宋照肃，黄委会主任亢崇仁等领导检查濮阳黄河防汛准备工作。

7 月 4~6 日，解放军某部在渠村分洪闸进行闸前围堤爆破试验。

8 月 3 日，《河南省黄河河道管理办法》颁布实施。

12 月 27 日，濮阳市黄河河务局机关由濮阳县南关搬迁至濮阳市金堤路 45 号。

12 月，濮阳县梨园引黄闸竣工（是年 1 月开工），投资 230.66 万元。该闸设计引水流量 10 立方米每秒，灌溉面积 0.5 万公顷。同时，1969 年建设的董楼顶管拆除。

是年，事业单位划分为全额、差额和自收自支 3 种预算管理形式。

是年，濮阳县南上延控导工程在 1 坝处上延-1 坝，范县杨楼控导工程续建 19 坝、20 坝。

1993 年

1 月 28 日，河南省财政厅、物价局、黄河河务局联合印发《河南省黄河河道采砂收费管理规定》。

3 月 10 日，濮阳市黄河河务局局长陆书成调离，商家文接任局长，戴耀烈、李元贵、赵明河、郭凤林任副局长，张学明任工会主席（原工会主席张再业退休），王玉俭任总工程师，李玉成任副总工程师。

3 月 22 日，濮阳市黄河河务局组织机关副科级以上干部 36 人去天津市水利局、宝抵县水利局、塘沽区水利局、大邱庄等地参观学习综合经营。

4 月，濮阳市黄河工程处更名为濮阳市黄河工程公司。

5 月 14 日，黄河防汛总指挥长、河南省代省长马忠臣到濮阳市检查黄河防汛工作。

5 月 25 日，滑县滞洪管理段更名为滑县滞洪管理局，规格不变。

5 月 31 日，濮阳县金堤管理段更名为濮阳县金堤管理局，规格不变。

5 月，范县于庄顶管式闸改建工程竣工（1992 年 11 月开工），投资 220 万元。新闸设计引水流量 10 立方米每秒，灌溉面积 1 万公顷。

7 月 18 日，国务委员、国家防汛总指挥陈俊生，水利部副部长周文智，河南省省委书记李长春、副省长李成玉等来濮阳市视察黄河防汛工作。

11 月，濮阳市黄河河务局原归地方管理的全民合同制工人养老保险金移交河南黄河河务局。

12月，濮阳市黄河河务局实现对水利部、黄委会、河南黄河河务局的电话直拨。

是年，台前县影唐险工上延1垛、2垛，濮阳县南上延控导工程上延-2坝。

1994年

2月，第一施工队更名为第一工程处，第二施工队更名为第二工程处，运输队更名为运输处。

2月19日，郑跃华任濮阳市黄河河务局纪检组组长。

3月8日，濮阳市黄河河务局水泥制品厂“三·八”钢筋班被中华全国总工会命名为先进集体。

4月7日，黄委主任綦连安来濮阳市黄河河务局调研。

4月22日，黄委副总工程师胡一三、黄委会河务局副局长宋玉山、河南黄河河务局副局长王渭泾等前来查勘范县李桥河段河势，确定在李桥险工上首上延河道整治工程，以控制河势。

4月28日，修改后的《河南省黄河工程管理条例》公布实施。

5月4日，黄委首届十大杰出青年颁奖仪式在郑州举行，濮阳县黄河河务局副局长柴青春名列十大杰出青年。

6月，始建李桥控导工程，建27~31坝；范县杨楼控导工程续建上延3~5坝。

7月6~9日，黄河工会主席吴书深等检查濮阳市黄河河务局水泥制品厂、水上抢险队、机动抢险队3个单位的工会工作开展情况。

7月13日5时，黄河首次洪峰进入濮阳市境，洪峰流量3690立方米每秒，7月14日15时洪峰安全通过濮阳市境。

12月6~7日，濮阳市黄河河务局召开《濮阳市黄河志》评审会议。

12月22日，黄委副主任魏炳才、河南黄河河务局副局长王渭泾前来水上抢险队慰问，送给水上抢险队一次性补贴和救济款。

是年，上级下达濮阳市黄河河务局基建总投资3182.12万元，土方383.79万立方米，石料2.02万立方米，均按计划完成。

1995年

3月，始建台前枣包楼控导工程，修建17~22坝。

4月22~23日，水利部财务司副司长史瑞和等领导来水上抢险队调研，现场决定提供60万元贷款，用于水上抢险队购买泵淤设备，以增加生产能力，发展多种经营。

4月27日，濮阳县王称固虹吸改闸工程竣工（1994年12月28日开工），设计流量10立方米每秒，设计灌溉面积6333公顷，工程总投资310.8万元。

5月20日，京九铁路孙口黄河特大桥竣工通车。大桥全长6685米，共148孔，151个墩台。中共中央政治局委员、国务院副总理吴邦国为通车剪彩，国家有关部委和沿线6省市党政主要领导出席典礼仪式。

5月4日，中共濮阳市黄河河务局直属机关委员会召开第四次代表大会。

5月，濮阳县三合村控导工程新修1~3坝。

6月3日下午，中共中央政治局委员、书记处书记、国务院副总理姜春云来濮阳视察黄河防汛工作。

10月26日，水利部水政水资源司王国新处长一行3人到水上抢险队慰问，向该队困难职工捐献越冬棉被、棉衣255件和现金6400元。

12月26日，金堤河干流治理工程和引黄入鲁灌溉工程分别在台前张庄闸和山东高堤口举行开工典礼。

是年，台前县韩胡同控导工程续建上延-7~-9坝。

是年，上级安排濮阳黄河基建总投资3202.95万元，完成土方444.84万立方米，石方2.81万立方米，混凝土1482立方米。

1996年

2月8日，对濮阳、范县、台前3县河务局、滞洪办公室，以及濮阳县金堤管理局、渠村分洪闸管理处、机动抢险队等单位的职能配置、机构设置和人员编制进行重新核定。

3月14日，濮阳机动抢险队由濮阳市黄河河务局直接管理，不再由范县黄河河务局代管。

4月8日，撤销运输处，人、财、物分别并入第一工程处和第二工程处。

5月16日，撤销滞洪科，滞洪业务工作由防汛办公室和工务科负责。

7月15日，水泥制品厂划归濮阳市黄河工程公司管理，隶属于公司二级成本核算单位，机构规格不变。

7月，台前县枣包楼控导工程新修23坝、24坝。

8月6日，黄河花园口出现7600立方米每秒第一号洪峰。10日0时，第一号洪峰到达濮阳市境，高村水文站流量为6810立方米每秒，相应水位为63.87米。8月15日凌晨2时，黄河2号洪峰（13日花园口流量5200立方米每秒）入濮阳市境，高村流量4360立方米每秒，相应水位63.34米。此次洪水期间，滩区全部被淹，积水深2~3米，最深达6米，沿黄各县滩区2.9万公顷农田全部受淹绝收，受灾人口35.6万人，损失粮食621万千克，倒塌房屋3.8万间，死亡大牲畜近5000头，直接经济损失13.5亿元。

8月7~8日，中共河南省委书记李长春来濮阳检查黄河防汛工作。

8月15~16日，国家防汛抗旱总指挥部副总指挥、水利部部长钮茂生等13人来濮阳视察黄河防汛工作，现场察看渠村分洪闸启闭情况及濮阳堤防守护、群众安置等情况。

9月11日，河南省省长马忠臣带领河南黄河河务局局长王渭泾，以及省水利厅、民政厅、财政厅等部门领导来濮阳县黄河滩区察看和询问灾情及生产自救情况，并与当地干部群众研究生产救灾的措施。

9月，将水上抢险队更名为第三工程处，并与第一工程处、第二工程处一起划归濮阳市黄河工程公司。

10月18日，濮阳市纪念人民治黄50周年大会在濮阳宾馆召开。市委书记张世军、市长黄廷远等领导，以及市防指各成员单位的主要领导、先进集体代表、劳动模范等共350余人出席会议。

10月21日，濮阳市黄河河务局第二工程处建成山东济南黄河二桥第一棵孔径2.0米、钻深88.05米的钻孔灌注桩，打破用潜水钻机钻孔的最深国家记录。

10月29日，濮阳市黄河滩区避水连台开工建设。持续5年的建设，累计筹集资金5亿元，动用土方1亿立方米，黄河滩区380个村建成380个避水连台。

11月21日，濮阳市金堤河治理工程正式开工。此次治理工程西起濮阳县五爷庙、东至台前县张庄闸，总长131千米，投资2亿元。工程竣工后，该河防洪标准由3年一遇提高到20年一遇，除涝标准由1年一遇提高到3年一遇。

11月，范县吴老家控导工程续建14坝、15坝。

12月28日，河南黄河河务局任命戴耀烈、李元贵为濮阳市黄河河务局调研员，免去副局长职务。

是年，开始编制《濮阳市黄河防汛预案》。

1997年

1月10日，台前县河段冰封32.5千米，冰厚平均11厘米，壅高水位，滩区进水，淹地6667公顷。

1月22日，中共河南省委副书记、河南省人民政府省长马忠臣，省委常委、省纪检委书记董雷，河南省人大常委会副主任马宪章等率团来濮阳县、台前县、范县黄河滩区，慰问特困职工和受灾农民。

1月27日，受国务院副总理姜春云委托，国家民政部副部长范宝俊等来台前县视察黄河凌汛灾害情况，并乘船到被水围困的马楼乡尚岭村慰问受灾群众，转达党中央、国务院对灾区群众的慰问。

2月13日，濮阳市黄河河务局档案管理工作晋升为部级标准。

4月6日，黄委主任鄂竞平来濮阳市检查黄河防汛工作。

6月6日至8月4日期间，台前河段断流52天，濮阳县河段断流25天。

6月，濮阳县南上延控导工程续建-3坝，范县李桥控导工程续建32坝、34坝。

7月31日，河南黄河河务局任命王玉俭、杨增奇为濮阳市黄河河务局副局长。

8月4日2时36分，黄河花园口站出现4020立方米每秒首次洪峰，濮阳市滩区部分漫滩。

12月25日，水利部《黄河下游浮桥建设管理办法》颁布实施。

是年，台前县韩胡同控导工程上首修建4道坝。

是年，通信实现微波传输，同时安装程控交换机和拨号电话机，有线传输线路、磁石电话交换机和磁石电话机等落后的通信设备被淘汰。

1998年

2月25日，濮阳、范县、台前3县黄河河务局档案管理工作晋升为部级标准。

4月6日，河南黄河河务局调整濮阳市黄河河务局领导班子，任命王金虎为濮阳市黄河河务局局长，王云宇为副局长，商家文、郭凤林调离。

6月18~20日，黄委副主任李国英、总工胡一三、河务局副局长刘红宾等，前来检查濮阳县南上延控导工程、台前县韩胡同控导工程、渠村分洪闸、张庄退水闸以及北金堤滞洪区路、桥、堰台等工程情况。

6月19日，河南黄河河务局同意将濮阳县、范县、台前县3个滞洪办公室分别划归濮阳县、范县、台前县黄河河务局。

6月19~20日，河南省委副书记范钦臣前来察看濮阳县南上延控导工程、范县李桥险工、濮阳县滩区生产堤破除及范县毛楼滩区避水台建设情况。

7月18日14时，1号洪峰进入濮阳县河段，高村站流量3020立方米每秒，水位63.40米，在持续过流44小时后，于7月20日10时洪峰顺利通过台前县邵庄险工。

7月18日，黄委主任鄂竟平、黄委河务局副局长罗启民等来濮阳抗洪现场检查黄河防守工作。

9月9日，河南黄河河务局批复濮阳市黄河河务局体制改革方案，进行体制改革，重点是精简行政管理人员，组建经济实体。

9月23~24日，河南省代省长李克强来濮阳考察黄河防汛、金堤河治理情况。

11月，范县吴老家控导工程续建16~19坝。

12月19日，濮阳市黄河河务局网络系统成功启用，实现了文件、报表、图像、视频、邮件等网上传送。

是年，黄河防洪工程建设实施“项目法人制、招标承包制、建设监理制”三项制度改革。

1999年

1月7日，河南黄河河务局将滑县滞洪管理局成建制划归濮阳市黄河河务局管理。

1月26~27日，水利部部长汪恕诚、副部长张基尧，国家计委副主任张超，检查渠村分洪闸、濮阳堤防加高及沿程放淤固堤等防洪工程建设和滩区避水连台建设情况。

1月，濮阳市黄河河务局组建水政监察支队，局属各水管单位成立水政监察大队。

2月26日，单恩生调任濮阳市黄河河务局副局长。

3月8~9日，河南省人大副主任亢崇仁一行，察看渠村分洪闸、台前县韩胡同控导工程和范县李桥险工。

4月28日下午，由黄委主任鄂竟平率领的黄河防总河南检查组一行检查渠村分洪闸管理处的防汛准备工作。

5月8日，机动抢险队经上级批准更名为濮阳市黄河河务局第一机动抢险队，归属范县黄河河务局管理，防汛调度权归濮阳市黄河河务局。

5月19日，濮阳市黄河河务局第二机动抢险队成立，编制70人，归属濮阳县黄河河务局管理，防汛调度权归濮阳市黄河河务局。

6月29日，张庄闸改建加固主体工程完成（1998年10月21日开工），工程总投资2129.27万元。

7月7~8日，中共河南省委副书记、河南省人民政府省长李克强在河南黄河河务局局长王渭泾、省财政厅厅长夏清成、新华社河南分社社长赵德润陪同下，来濮阳县、范县部分滩区村庄视察，了解群众生产生活、防汛物料准备，迁安救助明白卡发放，避水连台、围村堰、迁安道路建设等情况。

7月14日，黄委副主任黄自强、黄委河务局副局长刘红宾等，前来检查渠村王窑大堤加培施工、生产堤口门破除、渠村分洪闸前围堤施工，以及渠村翟庄险点沙、石料储备和范县李桥险工常备料物储备等工作开展情况。

7月15日，国家防总工程师尚全民前来视察濮阳滩区生产堤破除情况。

8月，范县吴老家控导工程续建20~24坝，台前梁路口控导工程续建-4~-11坝。

8月3日下午6时20分，渠村分洪闸管理处对所储13.8吨液体炸药进行抽样性能爆破试验，由济南军区五十四军爆破人员操作。

2000年

1月29日，台前河段出现封河，范县、濮阳县河段出现不同程度封冻，全市共封河83千米。2月上旬逐步开河，没有出现大的险情。

2月，河南立信工程咨询监理有限公司濮阳分公司成立。

4月，濮阳三合村控导工程续建4~11坝，上延-1~-5坝。

5月，范县吴老家控导工程续建25坝、26坝，李桥控导工程续建34坝，杨楼控导工程续建21~23坝。

5月30日，河南省委副书记范钦臣检查濮阳黄河防汛工作和滩区安全建设。

6月10日，濮阳市黄河河务局机关、濮阳县黄河河务局的档案管理晋升为国家二级标准，渠村分洪闸管理处和濮阳县金堤管理局档案管理晋升为部级标准。

7月1~4日，国家稽查特派员高雪涛带领水利部建管司、规划司、经调司、稽查办等部门组成的稽查组前来检查濮阳市黄河防洪基建工作。

7月7~10日，金堤河发生严重内涝，是1974年以后的最大洪水。7日16时，金堤河范县站流量270立方米每秒。10日，台前县南关金堤河桥水位43.22米，接近历史最高水位。9日10时50分，启动张庄闸泄洪，至10日10时，6孔闸门全部开启，泄洪流量达148.9立方米每秒。

7月16日，台前县黄河河务局职工刘孟会获水利部“全国水利技能大奖”。

7月22日，水利部常务副部长敬正书来濮阳市检查黄河防汛工作。

7月，台前县影唐险工续建上延垛4道（-4~-1垛）。

11月23日，河南省政府颁发《关于规范我省黄河堤防养护补偿费征收管理工作的通知》。

12月1日，国家计委调整黄河下游引黄渠首供水价格。

12月26日，引黄入鲁通水典礼在范县举行。

是年，第四次大修堤完成。这次修堤主要是加高堤顶高程低于2000年水平年设计标准0.5米以上的堤段，加培浸润线出逸点高出背河地面的堤段，共用土方915万立方米，投资19542.75万元。

2001年

3月1日，濮阳市黄河河务局局长王金虎调离，郭凤林接任局长。

6月12日，水利部部长汪恕诚在黄委干部大会上提出“堤防不决口、河道不断流、污染不超标、河床不抬高”的黄河治理目标。

7月19~20日，黄委副主任石春先来濮阳市调研黄河防洪工程建设工作。

7月24~25日，河南省委副书记范钦臣带领省水利厅、省民政厅、省河务局等部门负责人来濮阳市检查防汛工作。

8月30日，河南黄河河务局局长王渭泾来濮阳市黄河河务局调研基层单位治黄建设和经济发展状况。

11月，赵永贵任濮阳市黄河河务局工会主席。

12月30日，中共濮阳市黄河河务局直属机关委员会召开第五次代表大会。

是年，濮阳黄河堤防临河修建截渗墙11段，总长14.3千米。濮阳县张李屯防护坝工程续建1~8坝、11~13坝、16~17坝。

2002年

1月，濮阳市黄河河务局工会主席张学明退休。

3月9~10日，来自国家防总、水利部和黄委的30名技术专家组成的查勘小组，现场查勘濮阳、范县、台前3县黄河防洪基建“十五”规划项目。

3月14日中午12时，受大溜顶冲，范县彭楼险工24坝、李桥控导工程29~31坝相继出险。

4月，金堤河管理局机构撤销，其财产和部分人员并入河南黄河河务局。

5月10日，张庄闸管理处成立，归属濮阳市黄河河务局领导。

5月，濮阳黄河河务局将所属的差额预算管理单位划定为企业管理单位，不再实行事业预算管理。

6月1~2日，黄委副主任廖义伟、防汛办副主任王震宇率领黄河防汛检查组来濮阳市检查黄河防汛准备情况。

6月3日，范县黄河河务局研制的KPZ-2型捆抛枕机和台前县黄河河务局研发的锥体橡皮包堵漏技术，在湖南岳阳参加全国防汛抢险新技术、新机具演示会议。

6月5日，河南省委书记陈奎元来濮阳市检查黄河防汛工作。

6月9日，台前县黄河河务局档案管理晋升为国家二级档案管理标准。

6月30日，濮阳市黄河滩区380个村的避水连台主体工程建设全部完工。

6月，濮阳三合村控导工程续建12坝、13坝。

7月5日18时，黄河首次调水调沙洪水进入濮阳市河段三合村站，于7月22日14时出濮阳市下界张庄闸，历时17天。调水调沙期间，高村站最大流量2930立方米每秒，水位63.75米；孙口站最大流量2860立方米每秒，水位48.98米。

7月7日上午11时30分，高村站流量1800立方米每秒，濮阳县习城滩万寨生产堤决口，习城滩全部被淹，平均水深为1.5米，最大为2.5米，淹没面积1.5万公顷。7月31日凌晨4时，生产堤口门堵复；河南省委常委、副省长、黄河防汛副总指挥长王明义前来范县李桥险工、濮阳县梨园后任寨和渠村后园村等地检查抢险情况，慰问滩区受灾群众。

8月7~8日，中共河南省委副书记、河南省省长李克强，中共河南省委常委、省军分区政委张建中带领省直有关部门的负责人来濮阳市察看黄河滩区灾情和防汛工作。

8月14日，黄委主任李国英、副主任廖义伟，河南黄河河务局局长赵勇等前来检查濮阳县黄河防汛工作。

9月19日，水利部批复濮阳市黄河河务局升格为副局级管理机构。

9月19日，黄委副主任徐乘、财务局局长夏明海、人劳局副局长李向阳、建管局副局长朱太顺等来濮阳市黄河河务局就机构改革进行调研。

9月，濮阳市黄河河务局召开首届职工代表大会。

10月31日至11月1日，黄委主任李国英、副主任苏茂林等前来考察濮阳市河段陆集滩于庄断面、辛庄滩大王庄断面及习城滩双合岭断面的“二级悬河”情况。

11月13日，调整濮阳市黄河河务局升格后的领导班子：郭凤林任副局长（主持工作），周念斌、王云宇任副局长，杨增奇任纪检组组长，赵明河任工会主席，张遂芹、李玉成任副总工程师，刘云生任局长助理，王伟任调研员，赵永贵任工会副主席。副局长单恩生调离。

11月，范县李桥控导工程续建22~26坝，台前县枣包楼控导工程续建6~16坝、25~28坝。

12月12日，在第六届中华技能大奖和全国技术能手表彰大会上，台前县黄河河务局职工刘孟会荣获中华技能大奖，水利部部长汪恕诚为其颁发奖章、奖杯和证书。

12月，事业单位进行机构改革，调整事业单位职能配置，合理设置机构及其规格，核定人员编制并确定领导职数。机构改革时，濮阳县金堤管理局升格为副处级管理机构；成立濮阳市黄河河务局第三机动抢险队和濮阳市黄河河务局直属机动抢险队，分别归属台前县黄河河务局和张庄闸管理处。

是年，濮阳黄河堤防临河修建截渗墙2段，总长3.59千米。

是年，黄委在南小堤、彭楼和王集引黄闸安装涵闸远程监控系统。

2003年

1月10日，濮阳市河段出现不同程度的凌情，全市共封河77.65千米。

1月13日，河南省副省长王明义来濮阳市检查黄河防凌工作。

1月19~21日，黄委在濮阳市组织召开黄河下游“二级悬河”治理对策专题研讨会，提出疏浚主槽、淤堵串沟、淤填堤河、修建防滚河工程、淤背固堤，形成“相对地下河”的治理措施。

2月26日，河南省委、省政府命名濮阳市黄河河务局为省级文明单位。

4月10日，濮阳县三合村控导工程4~6号坝因受大溜顶冲淘刷，3道坝相继发生根坦石下蛰坍塌险情。13日，险情得到控制。

4月18日，濮阳市黄河防洪工程建设管理局成立，为濮阳黄河防洪工程建设的法人。

4月30日，濮阳市黄河河务局机关，濮阳、范县、台前3县黄河河务局，金堤管理局、张庄闸管理处的局域网全部开通，投入使用。

5月11日，濮阳黄河网站正式开通运行。

5月14日，黄河水利委员会任命郭凤林为濮阳市黄河河务局局长、党组书记。

5月20~21日，黄委副主任徐乘带领的黄河防汛检查组来濮阳检查黄河防汛工作。

5月，濮阳县南上延控导工程续建上延-4~-6坝。

6月3日，财政部副部长廖晓军带领黄河流域防汛抗旱检查组来濮阳市检查指导黄河防汛工作。

6月6日，黄河下游“二级悬河”治理试验工程开工仪式在濮阳县黄河双合岭断面举行，河南省政府、黄委等领导在郑州分会场主持开工仪式，黄委主任李国英宣布开工令。

6月9日，《濮阳黄河近期重点治理开发规划实施方案》（防洪部分）编制完成。实施方案涉及堤防、河道整治、险工改建、防洪坝建设、“二级悬河”治理、滩区安全建设、机动抢险队建设、滞洪区安全建设、金堤河二期治理、工程管护设施等内容。

6月10日，河南黄河河务局河道清障动员会在濮阳市黄河河务局召开，安排部署清除违章片林工作。

6月18日，中共濮阳市黄河河务局直属机关委员会召开第六次代表大会。

6月25~26日，组织局属有关单位参加黄河防总举办的防汛合成演练，完成了各项演练项目。

7月19日，濮阳市黄河河道违章片林清除工作通过黄委验收。

7月26~29日，水利水电规划总院副总工马毓淦率专家组来濮阳审查南小堤至彭楼河段疏浚河槽、淤堤堤河及淤堵串沟试验工程实施方案。

7月，台前韩胡同控导工程续建上延-10坝。

8月，范县吴老家控导工程续建27~32坝。

9月4日13时38分，濮阳县南上延控导工程-3~-4联坝受回溜冲刷，发生坍塌险情。市长杨盛道等领导坐镇指挥抢险。5日17时险情得到控制，7日堵复。

9月8日0时，2003年度黄河调水调沙洪水进入濮阳市河段三合村站，9月26日8时出濮阳市下界张庄闸，历时424小时。调水调沙期间，高村站最大流量2680立方米每秒，水位63.51米；孙口站最大流量2550立方米每秒，水位48.88米。

9月13日，黄委主任李国英、副主任廖义伟来濮阳市检查指导黄河抗洪抢险工作。

10月11日4时，受洪水回流冲刷和长时间浸泡，范县李桥控导工程28坝发生溃决，口门60米。19日13时40分决口堵复。

10月15日，河南省省长李成玉来范县李桥险工护滩工程决口堵复现场，查看水势险情，了解堵复进度、物料准备、人员组织等情况，并就防汛工作提出意见和要求。

10月，濮阳市黄河河务局局域网建成。

11月25日，濮阳市黄河河务局开通DID通信，实现局域网与公网的连接。

11月，台前县梁路口控导工程续建上延-12垛、-13垛。

12月1日，濮阳县金堤管理局档案管理晋升为国家二级标准。

12月22~23日，三合村、李桥、梁路口等工程班模范职工小家建设通过河南黄河河务局的验收。

12月26日，濮阳黄河防洪工程有8项（险工加固和放淤固堤工程各1项，河道工程2项，截渗墙工程4项）通过河南黄河河务局的竣工验收，其中3项获优良工程。

12月，濮阳天信工程咨询监理有限公司成立，撤销河南立信工程咨询监理有限公司濮阳分公司。

是年，濮阳黄河堤防临河修建截渗墙2段，总长2.28千米。

是年，濮阳市境内的引黄闸全部安装涵闸远程监控系统。

2004年

4月26日，台前黄河河务局职工刘孟会被授予河南省“劳动模范”称号。

4月，濮阳市黄河河务局副局长周念斌调离，朱麦云任局长助理。

6月21日20时，2004年度黄河调水调沙第一阶段洪水进入濮阳市河段三合村站，7月2日12时出濮阳市下界张庄闸，历时256小时。调水调沙期间，高村站最大流量2750立方米每秒，水位62.90米；孙口站最大流量2820立方米每秒，水位48.57米。

6月22日至7月13日，河南黄河河务局在范县徐码头上下20千米河段内组织实施人工扰沙试验工程，疏浚河道。

7月5日12时，2004年度黄河调水调沙第二阶段洪水进入濮阳市河段三合村站，7月17日8时出濮阳市境，历时284小时。调水调沙期间，高村站最大流量2870立方米每秒，水位 63.02 米；孙口站最大流量 2950 立方米每秒，水位 48.72 米。

7 月 6 日，濮阳市政府发布《濮阳市黄河滩区、北金堤滞洪区洪涝灾害救助应急预案》。

7 月 9 日，黄委主任李国英、黄河工会主席郭国顺等来范县徐码头河段现场察看人工扰沙情况。

7 月 11~12 日，濮阳市黄河河务局组织技术人员，并邀请有关专家对所辖 167 千米河道进行河势查勘，了解高含沙量洪水对濮阳市河段河势及防洪工程的影响。

7 月 27~30 日，金堤河干流近期治理和范县彭楼引黄入鲁灌溉工程通过水利部竣工验收。

9 月 6 日，亚行贷款项目范县陆集村台建设清障动员大会在范县陆集乡召开，该项工程正式启动。

10 月 6 日，濮阳市黄河河务局 122.53 千米的堤防道路全线完工通车。

10 月 20 日，全河河道修防工职业技能鉴定培训班在濮阳市黄河河务局举行，来自陕西、山西、河南等单位的学员共计 139 人。

10 月，根据河南黄河河务局制定的《濮阳黄河河务局机构名称规范》，濮阳市黄河河务局及局属各单位机构名称变更，并要求一般使用单位简称。濮阳市黄河河务局更名为河南黄河河务局濮阳黄河河务局，简称濮阳河务局。

12 月 1 日，黄委副主任苏茂林率委财务局、规计局、离退局等有关部门领导来濮阳河务局调研职工工资发放情况及生活状况。

12 月 14 日，濮阳县防浪林（44+000~47+000）和台前县姜庄控导、截渗墙（191+000~193+650）等 3 项防洪工程，通过河南黄河河务局的竣工验收。

是年，按照《流域机构各级机关依照公务员制度管理人员过渡实施办法》，事业单位机关开始实施公务员管理制度，全局依照公务员管理的人员编制共 175 人。

2005 年

2 月 28 日，濮阳河务局撤消水泥制品厂，其人、财、物分别划归濮阳第二河务局和渠村闸管理处。

3 月 1~5 日，濮阳河务局组织 200 多人，对所辖的黄河堤防和北金堤共 191 千米、涵闸虹吸 18 座、险工控导 35 处等防洪工程进行普查。

3 月 12 日，黄委防办、黄科院和河南黄河河务局组成的联合查勘组前来就范县河道断面过流情况进行调研。

3 月 29 日，中共河南黄河河务局党组任命朱麦云、王伟为濮阳河务局副局长，张遂芹为濮阳河务局总工程师。

4 月 22 日，台前县黄河河务局职工刘孟会在 2005 年全国劳动模范和先进工作者表彰大会上，被评为“全国先进工作者”。

5 月 3~6 月 1 日，濮阳第一河务局、渠村分洪闸管理处作为水管体制改革试点单位进行水管体制改革。

5月22日，国家发改委副主任刘江率国家防总防汛抗旱检查组来濮阳检查黄河防汛工作。

6月11日3时，2005年度第一次调水调沙洪水进入濮阳市河段三合村站，7月4日20时出濮阳市下界张庄闸，历时569小时。调水调沙期间，高村站最大流量3510立方米每秒，相应水位62.93米；孙口站最大流量3430立方米每秒，相应最高水位48.89米。

6月20日至7月2日，河南黄河河务局在台前县葛庄至徐沙洼约10千米的河段内实施人工扰沙，疏浚河道。

6月30日，黄委主任李国英率黄河下游调水调沙河势查勘组前来查勘“二级悬河”严重的濮阳河段，并在扰沙现场查看人工扰沙效果。

7月7日10时，第二次调水调沙洪水进入濮阳市河段三合村站，7月11日21时出濮阳市下界张庄闸，历时107小时。调水调沙期间，高村站最大流量为2730立方米每秒，相应水位62.34米；孙口站最大流量为2800立方米每秒，相应水位48.37米。

7月12日，河南省副省长刘新民等领导前来濮阳检查督导黄河防汛工作。

7月15日，濮阳市政府邀请黄委副主任苏茂林及相关技术专家来濮阳考察渠村引黄闸引水口门改建项目。

7月19日，濮阳河务局召开第二届职工代表大会。

7月25日，金堤河流域普降大到暴雨，水位暴涨，范县站出现288立方米每秒洪峰。张庄闸适时提闸放水入黄，至8月15日累计排除涝水1.78亿立方米。

7月26日，濮阳黄河防洪工程有29个标段通过河南黄河河务局竣工验收。其中河道工程5个标段，防浪林、适生林5个标段，放淤固堤4个标段，截渗墙1个标段，堤防道路14个标段。

8月5日，濮阳市有阻水片林清除任务的乡镇，共组织近500余人开展片林清障大会战。

8月9~10日，濮阳、聊城两市河务、水利部门的主要领导及有关人员在聊城市就金堤河干流治理续建工程有关问题进行商讨，并就续建工程的重要性、重点建设项目及前期工作达成一致意见。

8月16日，濮阳河务局启动事业单位试行人员聘用制度改革。本次改革精简人员30人，精简机构4个，38人走上新的工作岗位。

8月16日，山东省水利厅、山东黄河河务局、聊城市政府、河南省水利厅、河南黄河河务局、濮阳市政府等单位有关领导及专家在濮阳市召开金堤河续建治理工程会商会议。

9月，濮阳河务局获黄委办公室系统先进集体荣誉称号。

10月20日，濮阳河务局第二工程处归并到第一工程处，两处合并后更名为濮阳河源路桥公司，为局属二级机构。

10月25日，濮阳黄河水利风景区被水利部正式批准为国家级水利风景区。

11月15日，河南省中原水利水电工程集团有限公司被水利部命名为全国水利水电优秀施工企业，孙廷臣被授予全国水利水电优秀企业家称号。

11月24日，濮阳河务局10个一线班组建设通过河南黄河河务局检查验收。

11月，台前县影唐险工班被河南省总工会命名为河南省“模范职工小家”荣誉称号。

12月6日，经国家建设部审查核准，河南省中原水利水电工程集团有限公司取得公路工程施工总承包一级资质。

12月29日，濮阳河务局4个防洪工程建设项目通过河南黄河河务局竣工验收和交付使用验收。

2006年

1月6日，张堂、枣包楼、影唐、梁路口、韩胡同、孙楼、李桥、吴老家等8个站点出现不同程度的冰松，凌情较严重的影唐站淌凌密度为40%，冰块面积8平方米，厚2厘米。

3月9日，濮阳河务局印发《职工重大疾病医疗救助办法（试行）》，以解决职工重大疾病看病难问题。

5月，濮阳河务局进行水利工程管理体制改革。改革后，濮阳黄河防洪工程管理由各水管单位负责；濮阳黄河工程的维修养护，由新组建的濮阳黄河水利工程维修养护有限公司负责；濮阳市引黄供水的生产与管理，由新组建的河南黄河河务局供水局濮阳供水分局负责。

6月12日8时，调水调沙洪水到达濮阳市河段三合村站，7月2日12时出濮阳市下界张庄闸，历时21天。调水调沙期间，高村站最大流量3900立方米每秒，水位62.85米；孙口站最大流量3720立方米每秒，水位48.81米。

6月23~24日，全国政协原副主席、中国工程院院士钱正英，在黄委主任李国英、总工程师薛松贵等陪同下，来濮阳市调研黄河滩区建设工作。

7月5日，“二级悬河”试验工程通过竣工验收。“二级悬河”治理试验工程共完成疏浚河道主槽5.2千米，淤填堤河8.25千米，淤堵串沟500米，工程土方249.1万立方米。

8月10日，河南省副省长刘新民率领河南黄河河务局、省发改委、水利厅、民政厅等单位的领导来濮阳市检查指导黄河防汛工作。

10月10日，濮阳河务局召开纪念人民治理黄河60周年座谈会。

10月20日，濮阳河务局“模范职工之家”建设通过黄委考核验收。

12月19日，移址重建的濮阳渠村引黄闸竣工通水。原渠村引黄闸取水口因受天然文岩渠污染，直接威胁濮阳市生活用水安全，于2005年9月28日移址建设新闸。该闸投资7000余万元，设计引水流量为100立方米每秒，供濮阳市城区50余万人生活用水、工业用水、环境用水，以及渠村灌区12.8万公顷农田灌溉用水。

12月，范县黄河滩区陆集村台工程通过黄委验收，交付地方政府使用，转入村民搬迁建设阶段。

2007年

1月9日，黄委印发《黄河堤防工程管理标准（试行）》，规范堤防工程的管理、保护、监测和现代化建设的标准。

1月26日，黄委发布实施《黄河水利工程建设项目招投标工作若干规定（试行）》。

5月30日，由国家发改委副主任杜鹰带队的国家防总防汛抗旱检查组前来濮阳市检查黄河防汛工作。

6月20日20时，2007年度第一次调水调沙洪水到达濮阳市河段三合村站，7月6日20时出濮阳市下界张庄闸，历时384小时。调水调沙期间，高村站最大流量3940立方米每秒，水位62.89米；孙口站最大流量3920立方米每秒，水位49.03米。

6月21日15时10分，台前县影堂险工1坝、2坝发生猛墩猛蜇重大险情。

6月30日，刘邓大军强渡黄河60周年纪念活动在台前县孙口乡刘邓大军渡河纪念馆隆重举行。河南省委书记徐光春等党政领导和应邀前来的刘伯承元帅之女刘解先，以及各地来宾、当地群众千余人参加纪念活动。

7月31日8时，2007年度第二次调水调沙洪水到达濮阳市河段三合村站，8月10日8时出濮阳市下界张庄闸，历时10天。调水调沙期间，高村站最大流量3720立方立方米每秒，水位62.66米，孙口站最大流量3740立方米每秒，水位48.68米。

8月31日至9月1日，由中国科学院院士、中国科学院原常务副院长孙鸿烈，中国工程院院士任继周、徐乾清、王浩，中国科学院院士袁道先、赵其国、童庆禧、陆大道，以及来自中国科学院、黄委科技委、河南财经学院、中国农业大学、兰州大学、河南大学等单位的专家组成的“黄河下游滩区安全和发展问题”考察组，来濮阳专题调研黄河滩区安全和发展问题，并在濮阳市与河南省政府进行座谈。

9月，濮阳河务局被全国水利系统工会授予“全国水利系统模范职工之家”称号。

11月，2004年度濮阳亚行贷款堤防加固项目完工（2005年7月开工）。

12月3日，河南省人民代表大会常务委员会第81号公告公布修改后的《河南省黄河工程管理条例》。该条例自2008年3月1日起施行。

12月3~4日，黄委副主任赵勇、建管局局长刘栓明等来濮阳河务局就水管体制改革后有关工作进行调研。

12月11日，创新开展的濮阳县三合村、范县李桥、台前县影唐3个河道一线班组通过河南黄河河务局的验收。

是年，南小堤险工6~16坝按险工标准、17~23坝按控导标准进行改建。

2008年

2月，河南省公安厅批复设立濮阳县公安局黄河派出所、范县公安局黄河派出所、台前县公安局黄河派出所。

5月18日，濮阳河务局组织机动抢险队员48名、自卸车3台、推土机1台、发电机组3台及照明车1台，分两批驰援四川地震灾区抢险救灾。

5月20日，濮阳河务局组织水上抢险队12名职工、自卸车1台、大功率泥浆泵4套和200千瓦发电机1组，日夜兼程，赶赴四川广元市剑阁县汉阳镇灯煌水库参加排水除险，支援汶川震后救灾。

6月21日1时，2008年度调水调沙洪水到达濮阳市河段三合村站，7月6日0时出濮阳市下界张庄闸，历时359小时。调水调沙期间，高村站最大流量4170立方米每秒，水位62.79米；孙口站最大流量4090立方米每秒，水位48.89米。

6月24日，黄委主任李国英、副主任徐乘带领黄委防汛办公室、水文局、黄科院等单位和部门负责人，来范县、台前县黄河滩区检查指导黄河防汛工作。

7月8日，河南省常委、政法委书记李新民来濮阳检查黄河防汛工作。

7月26日，濮阳河务局水管体制改革工作，通过水利部直属水管体制改革抽验组的验收。

7月，濮阳河务局被河南省总工会授予“河南省模范职工之家”称号。台前河务局影唐险工班被中华全国总工会授予“全国模范职工小家”称号。

8月8日，中共濮阳黄河河务局直属机关委员会召开第七次代表大会。

8月15日，全国总工会农林水工会卞元荣部长来濮阳河务局调研职工“大病救助”工作情况。

8月29日，范县河务局通过水利部国家一级水利工程管理单位考核验收组的验收，晋升为国家一级水利工程管理单位。

8月，濮阳河务局援川抢险救灾队被河南省总工会授予“抗震救灾重建家园工人先锋号”荣誉称号，并授锦旗一面；濮阳河务局总工程师张遂芹调离。

9月2日，濮阳市副市长阮金泉带领河务、水利、公安、安监、交通、土地等有关部门及沿河三县政府负责防汛工作的副县长，对黄河河道禁止非法采淘铁砂工作进行督促检查，并现场召开禁采淘铁砂工作会，再次部署专项整治河道采淘铁砂工作。

10月22日，河南省副省长刘满仓在河南黄河河务局局长牛玉国等陪同下，视察濮阳黄河标准化堤防建设情况。

10月28日，黄委副主任徐乘带领委财务局、建管局、规计局、审计局等部门负责人来濮阳河务局调研预算管理工作。

11月4日，以国家水利部副部长胡四一为组长的黄河滩区治理调研组，来濮阳市就黄河滩区治理与发展进行专题调研。

11月，濮阳三合村控导工程续建14~16坝。范县杨楼控导工程续建上延1坝、2

坝。始建濮阳长村里防护坝，修建6道坝。濮阳县南小堤险工24坝改建为控导标准，续建25~27坝（控导标准）。

2009年

2月16日，河南省副省长刘满仓在省水利厅、河务局等领导陪同下，来濮阳市督促检查引黄抗旱浇麦工作。

3月10~11日，水利部财务司张红兵司长一行在黄委副主任徐乘等陪同下，来濮阳河务局就人员经费收支情况开展工作调研。

4月，濮阳河务局春季植树63.63万株。

6月20日1时，2009年度调水调沙洪水到达濮阳市河段三合村站，7月6日12时出濮阳市境下界张庄闸，历时395小时。调水调沙运行期间，高村站最大流量3890立方米每秒，水位62.28米；孙口站最大流量3900立方米每秒，水位48.46米。

6月23~24日，黄委副主任苏茂林率领调水调沙检查组来濮阳督促检查调水调沙工作。

7月31日，陈屯虹吸改建引黄闸工程竣工（2007年2月开工），设计引水流量10立方米每秒，设计灌溉面积1万公顷，工程总投资372.6万元。

8月17日，黄委和河南黄河河务局任命边鹏为濮阳河务局局长、党组书记，任命张献春为濮阳河务局副局长、党组副书记。郭凤林、朱麦云调离。

8月，2005年7月开工建设的濮阳放淤固堤工程（亚行贷款项目）通过黄委组织的竣工验收。该工程共2个自然段，总长9.27千米，共用土方809.85万立方米。

9月，王云宇任濮阳河务局工会主席。

12月19~20日，国家发改委组织专家组来濮阳市调研黄河防洪工程建设工作。

是年，始建台前县刘楼至毛河防护坝工程，修建5道坝。

2010年

3月3日，黄委副主任廖义伟等就防汛责任制落实、防办能力建设、机动抢险队运行管理及新思路和新方法、险情抢护中存在的问题等，来濮阳河务局进行工作调研。

3月31日，濮阳河务局完成春季植树54.97万株。

4月，河南黄河河务局任命柴青春为濮阳河务局副局长、党组成员，兼任濮阳河务局总工程师。

5月19日，水利部副部长周英带领国家防总黄河防汛抗旱检查组，在黄委主任李国英的陪同下，来濮阳市检查指导黄河防汛抗旱工作。

5月，濮阳河务局事业单位实施无纸化办公，所有公文通过电子政务系统处理，不再发纸质文件。

6月20日0时，2010年度调水调沙洪水到达濮阳市河段三合村站，7月10日8时出濮阳下界张庄闸，历时488小时。调水调沙期间，高村断面最大流量4700立方米每秒，相应水位 62.42 米；孙口断面最大流量 4510 立方米每秒，相应水位 48.62 米。

9 月，濮阳河务局南上延工程班和李桥工程班荣获河南省“模范职工小家”荣誉称号。

10 月，濮阳第一河务局工会、范县河务局工会被黄河工会授予“全河先进工会组织”荣誉称号。

11 月 23 日，引黄入邯工程正式通水。引黄入邯工程通过濮阳市濮清南引黄工程引调黄河水，穿卫河入邯郸市东风渠，用于邯郸市东部 7 县农业灌溉、生态用水及地下水补源。

12 月 15 日，濮阳 2006 年度放淤固堤工程通过黄委竣工验收（2008 年 1 月开工）。该工程共 5 个自然段，总长 18.63 千米，用工程土方 1427 万立方米。

12 月，濮阳河务局被黄委授予“黄河防洪工程优秀项目法人”荣誉称号。

是年，按《黄河档案馆关于接收档案的规定》要求，濮阳河务局机关、濮阳第一河务局、濮阳第二河务局、范县河务局、台前河务局、渠村闸管理处、张庄闸管理处等 7 个单位的 1966~1985 年的重要档案全部移交黄委档案馆。

2011 年

1 月 18 日，受持续降温的影响，黄河濮阳出现淌凌，淌凌密度 2%~35%，冰块厚度 0.2~4 厘米，冰块面积 0.4~4 平方米。台前县韩胡同控导工程以下封河 9 千米。

2 月 12 日，由国家水利部党组成员、办公厅主任陈小江带队的国家防总抗旱检查工作组来濮阳市检查抗旱浇麦工作。

3 月 29 日，河南黄河河务局任命仵海英、郑跃华为濮阳河务局副局长、党组成员。副局长张献春调离。

3 月 30 日，濮阳河务局春季植树 70.73 万株。

4 月 29 日，濮阳河务局荣获河南省“五一劳动奖状”。

6 月 5 日，国家发改委农经司司长高俊才，在黄委主任陈小江等领导陪同下，来濮阳调研黄河防洪工程建设情况。

6 月 19 日 9 时，2011 年调水调沙生产运行开始实施。6 月 21 日 20 时，洪水到达濮阳上界，7 月 10 日 16 时出濮阳下界，历时 452 小时。调水调沙行期间，高村断面最大流量 3640 立方米每秒，相应水位 61.91 米；孙口断面最大流量 3560 立方米每秒，相应水位 47.93 米。有 15 处工程 84 道坝出险 177 次，其中，较大险情 2 次，重大险情 3 次。

6 月 26 日 12 时 40 分，濮阳县黄河青庄险工河势明显下挫，16 坝迎水面至上跨角受大溜顶冲发生根坦石下蛰较大险情。险情发生后，濮阳第一河务局立即组织抢险人员采用抛铅丝笼固根、抛散石恢复根石和坦石的方法进行抢护，6 月 27 日 0 时抢护完成。

6 月 27 日，青庄险工 16 坝由于受大溜顶冲，迎水面至坝前头再次发生猛墩猛蛰重大险情。

11月7日，范县河务局通过水利部一级水利工程管理单位复验。

10月13~14日，水利部水利水电规划设计总院专家组前来对渠村分洪闸进行安全鉴定核查，同意三类水闸鉴定意见。

2012年

3月16日，濮阳河务局黄河工会被授予河南省"六好"基层工会称号。

4月26~27日，国务院南水北调办公室原副主任、全国政协委员宁远带领黄河下游河道与滩区调研专家组来濮阳黄河滩区调研下游河道和滩区治理工作。

6月19日9时，2012年调水调沙生产运行开始实施。6月22日0时，洪水到达濮阳上界，7月12日20时出濮阳下界，历时500小时。调水调沙期间，高村断面最大流量3810立方米每秒，相应水位61.84米；孙口断面最大流量3770立方米每秒，相应水位48.21米。有13处工程54道坝出险99次，其中较大险情2次。

6月，范县河务局筹建全国水利行业河道修防工首席技师林喜才工作室，开展河道修防技术攻关和技能人才培训工作。2015年11月24日，林喜才工作室被河南省总工会命名为河南省示范性劳模（技能人才）创新工作室。

7月6日，2007年度濮阳堤防加固工程通过黄委组织的验收，工程转入正常管理。该工程于2009年3月20日正式动工，工程长25.525千米，总投资4.67亿元。

7月13日，河南省副省长张广智来濮阳黄河一线检查指导防汛工作。

7月19日，台前县防汛抗旱指挥部举行黄河滩区迁安救护实战演练。

7月，宋益周任濮阳河务局工会主席。

7月，2009年开工的"2007年度放淤固堤工程"通过黄委组织的竣工验收。该工程共10个自然段，总长25.53千米，共完成土方1643.44万立方米。

8月14日，中共濮阳河务局直属机关党委被黄委授予"2010~2012年创先争优活动先进基层党组织"荣誉称号。

2013年

3月26日，国家防汛抗旱总指挥部办公室主任张志彤，在黄委副主任苏茂林、河南河务局局长牛玉国陪同下，来濮阳检查黄河防汛工作。

4月26日，《濮阳北金堤防洪工程治理规划》通过评审。规划的工程建设项目主要包括北金堤加高帮宽、险工加高改建和续建、穿堤建筑物改建、堤顶道路硬化等。

5月29~30日，黄委科技委主任委员、黄委原副主任陈效国带领专家调研组来濮阳专题调研黄河滩区居民外迁与安置工作。

6月19日9时，2013年调水调沙生产运行开始实施。6月20日8时，洪水到达濮阳上界，7月11日8时出濮阳下界，历时22天。调水调沙期间，高村断面最大流量3810立方米每秒，相应水位61.74米；孙口断面最大流量3880立方米每秒，相应水位

48.00米。有14处工程76道坝出险163次，其中较大险情3次。抢险投资332.94万元。

6月26~27日，黄河防总秘书长、黄委副主任苏茂林带领黄委防汛检查组，来濮阳检查指导黄河防汛工作。

7月30日，黄河防总副指挥长、河南省副省长王铁来濮阳检查指导黄河防汛工作。

9月15日，濮阳河务局创建省级文明单位工作通过考核验收。2014年2月，河南省委、省政府命名河南黄河河务局濮阳黄河河务局为省级文明单位。

11月20日，濮阳第一河务局南上延工程班被中华全国总工会授予“全国模范职工小家”荣誉称号。

2014年

6月19日，黄委副主任薛松贵带领防汛工作检查组，来濮阳检查指导黄河防汛工作。

6月29日8时，2014年调水调沙生产运行开始。7月2日0时洪水到达濮阳上界，7月11日20时出濮阳下界，历时236小时。调水调沙生产运行期间，高村断面最大流量3480立方米每秒，相应水位61.41米；孙口断面最大流量3350立方米每秒，相应水位47.51米。共有12处工程84道坝出险166次。

11月27~28日，濮阳河务局机关水利档案工作规范化管理二级单位通过黄委专家组评估验收。

12月15日，2013年2月开工的放淤固堤工程完工，工程共9个自然段，总长32.69千米，共完成土方1824.87万立方米。

12月31日，边鹏、仵海英调离，河南黄河河务局任命耿新杰为濮阳河务局局长、党组书记。

是年，修建堤防截渗墙4段，其中，濮阳县境内3段、长2330米，范县境内1段、长600米。

2015年

2月6日，河南黄河河务局任命李永强为濮阳河务局副局长、党组成员，兼任濮阳河务局总工程师；郑跃华任濮阳河务局纪检组组长、党组成员。

5月19~20日，以国家发改委农经司司长吴晓为组长的国家防汛抗旱总指挥部黄河下游防汛抗旱检查组来濮阳市检查指导黄河防汛工作。

6月4日，范县杨楼控导工程上延3道垛的应急抢修工程完工，共完成土方填筑5.11万立方米，石料裹护1.04万立方米。

6月29日9时，2015年调水调沙生产运行开始实施。7月1日8时，洪水到达濮阳上界，7月15日8时出濮阳下界，历时336小时。调水调沙期间，高村断面最大流量3220立方米每秒，相应水位61.21米；孙口断面最大流量3300立方米每秒，相应水位 47.43 米。共有 12 处工程 49 道坝出险 186 次。

7 月 31 日，濮阳供水分局柳屯闸管所王建国因水中救人荣登中央文明办“中国好人榜”。

9 月 7~9 日，台前河务局、范县河务局和濮阳第一河务局的档案管理工作，经黄委专家组评估验收为水利档案工作规范化管理二级标准。

8 月 11 日，范县彭楼堤防管护班院示范工程通过黄委示范工程验收组的验收。

8 月 5 日，水利部人才资源开发中心副主任史明瑾等来范县河务局调研全国水利行业河道修防工首席技师林喜才工作室。

10 月 14 日，金堤河干流河道治理工程（黄委项目河南段）开工。项目主要包括险工改建加固 58 道坝（垛）、涵闸除险加固及涵洞拆除 7 处、堤顶道路硬化 38.3 千米等。

11 月 16~17 日，濮阳河务局基层班组优化管理活动五年规划任务圆满完成，全局 13 个一线班组优化管理活动通过河南黄河河务局考核验收。

2015 年 12 月，位于范县境内的德商高速鄄城黄河公路大桥建成通车。该桥于 2006 年 12 月开工，全长 5623 千米，宽 28 米。

附：限外大事记

2017 年

6 月，濮阳河务局局长耿新杰调离。张怀柱任濮阳河务局副局长、党组成员。

7 月，李永亮任濮阳河务局副局长、党组成员，兼任濮阳第一河务局局长、党组书记。

9 月，刘同凯任濮阳河务局局长、党组书记。濮阳河务局副局长李永强调离。艾广章任濮阳河务局副局长、党组成员。

渠村引黄入冀补淀渠首闸工程竣工。该工程于 2016 年 10 月开工。

11 月 16 日，引黄入冀补淀工程建成通水（该工程于 2015 年 12 月全线开工建设）。

2018 年

1 月，濮阳河务局纪检组长郑跃华调离。

11 月，渠村分洪闸除险加固工程竣工，共完成投资 1.2 亿元。该工程于 2017 年 3 月开工。

第一章 濮阳黄河概况

自公元前602年至2015年，黄河在濮阳境行河1800多年。濮阳现行黄河是1855年黄河在兰阳铜瓦厢决口改道后的河道。黄河自长垣县何寨东流入濮阳境，流经濮阳、范县、台前3县南界，于台前县张庄北出境入山东，河道长167.5千米，流域面积2278平方千米，其支流有天然文岩渠和金堤河。濮阳河段年均径流量345.74亿立方米。河道严重淤积，1855～2015年，濮阳河段平均淤厚6.18米，“二级悬河”形态十分突出。濮阳黄河洪水来自黄河中游，1949～2015年，出现6000立方米每秒以上的洪水27次。濮阳黄河滩区总面积443平方千米，北金堤滞洪区在濮阳市的面积为1699平方千米。

周定王五年（公元前602年），黄河在宿胥口改道，黄河始入濮阳。至宋高宗建炎二年（1128年），河决滑县李固渡南流后的700多年黄河不经濮阳。清咸丰五年（1855年），黄河在铜瓦厢决口后，黄河再次入濮阳境。1938年，国民党军队扒决花园口大堤，黄河南流9年，濮阳黄河再次断绝。1947年3月，花园口决口堵复，黄河回归濮阳故道至今。据历史文献记载，历史上黄河下游较大的改道有26次，决口泛滥1593次，其变迁范围，北到海河，南达江淮。濮阳境内黄河决口迁徙10次，决口泛滥155次，给濮阳人民带来沉重的灾难。

濮阳古称帝丘，夏建方国昆吾，顾（国）、观（国）并存。周为卫国属地。战国时期，因帝丘处于濮水之北而得名濮阳。秦置东郡治濮阳，延及两汉。其后，濮阳郡、顿丘郡、昌乐郡屡有置废。唐置澶州，宋为开德府，金改开州。此间，境内各县时析时合，归属纷乱。明清两代，因统治所需，开州、濮州并存境内，分属直隶和山东，后由直隶州降为散州，至民国再降为县。民国时，河北省置濮阳为第十七行政督察区，后改称第十行政督察区。1945年10月至1946年11月，冀鲁豫边区政府曾在濮阳县设立濮阳市。1949年8月，成立平原省濮阳专区，1952年12月改为河南省濮阳专区。1954年9月，濮阳专区并入安阳专区。1983年9月，濮阳市建立。建市以来，全市实施以工兴市、科教兴濮、开放带动和可持续发展战略，积极推进国有企业改革，加大项目投资力度，扶持大型企业集团、培育支柱产业，推进全市经济社会发展。2015年，全市生产总值1333.64亿元，全社会固定资产投资1324.34亿元。20世纪90年代后，濮阳河段跨河工程从无到有，逐渐增多。至2015年，跨河工程主要有铁路桥梁、公路桥梁、浮桥、输气管道、通信电缆等。

濮阳为国家历史名城，境内存有裴李岗文化、仰韶文化、龙山文化遗址和古墓群，是人类社会活动的历史见证。至2015年底，濮阳有国家级重点文物保护单位6处、省级文物保护单位23处、市级重点文物保护单位29处。几千年间，濮阳人民深受黄河决溢泛滥和改道迁徙之害，与水患进行顽强的抗争，留下了瓠子决口堵塞、王景筑堤固河、高超巧合龙门、马庄村东汉黄河大坝等治河工程胜迹，以及有关治河的碑、诗歌、民间传说等，是濮阳人民富于智慧、改造自然、顽强不屈的绝好实证。

第一节　濮阳黄河自然特征及其他水系

清咸丰五年（1855年），黄河在兰阳铜瓦厢决口改道再次流经濮阳境。初，两岸无堤防，河道多股漫流。清光绪元年（1875年），两岸堤防筑成，黄河被约束在两堤之间，逐渐演变成现行河道。濮阳河道长167.5千米，属于由游荡型向弯曲型过渡河段。濮阳河段的支流有天然文岩渠和金堤河。

黄河是濮阳境内主要的过境河流，年均径流量345.74亿立方米，是濮阳经济社会发展不可或缺的基础性自然资源。濮阳河段洪水来自黄河中游，伏汛洪水洪峰高、历时短、含沙量大，秋汛洪水洪峰低、历时长、含沙量大。黄河泥沙主要来源于河口镇至龙门和龙门至潼关两个区域。大量泥沙随洪水一起进入下游，濮阳河道发生严重淤积。1855~2015年，濮阳河段平均淤厚6.18米，其中主槽平均淤厚7.96米。

濮阳黄河滩区总面积443平方千米，以河槽和生产堤为界，分为9个自然滩。区内共有人口26.44万人，耕地3.11万公顷。北金堤滞洪区在濮阳市的面积为1699平方千米，区内共有人口135.65万人，耕地10.84万公顷，以及油井及工业集聚区。

濮阳境内除黄河水系外，还有海河水系的卫河、马颊河、潴龙河、徒骇河等河流。北金堤为黄河水系与海河水系的分水岭。

一、河道特性与支流

（一）地质地貌

濮阳河段为平原淤积型河段。两岸靠大堤约束河流，河床一般高出堤背地面3~5米，成为地上悬河。地震基本烈度为6~8度。主要工程地质为河道淤积，闸、坝基础均置于深厚、饱和、疏松的软基上，易产生砂基液化、渗透变形和不均匀沉陷等问题。

濮阳河段为“槽高、滩低、堤根洼”的自然地貌（见图1-1）。主河槽高于滩地；滩面存在串沟、洼地；大堤临河地势低洼，形成堤河。濮阳县习城滩双合岭断面，滩唇高于堤脚4.17米，滩面横比降千分之1.04，河道纵比降为千分之0.17，滩面横比降是河槽纵比降的6.1倍。范县辛庄滩大王庄断面，主槽较滩地平均高出0.89米，滩唇较临河堤脚高3.7米，滩面横比降为千分之1.4，河道纵比降为千分之0.13，滩面横比降是河道纵比降的 11 倍。滩区有大量的村庄集市，以及河道整治工程和生产堤。

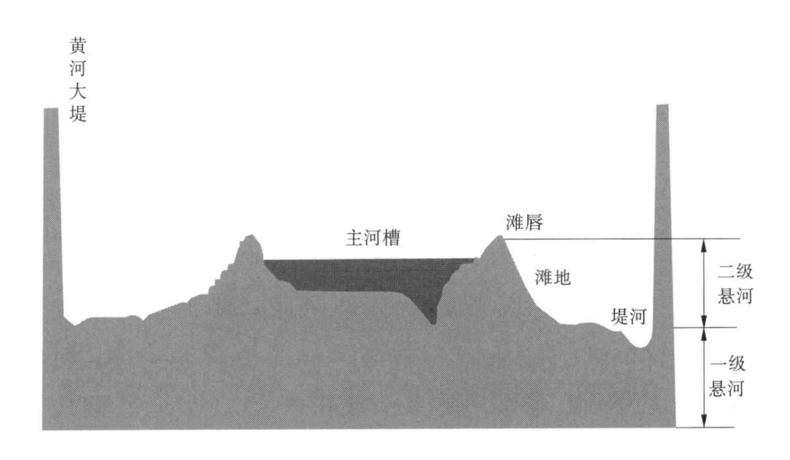

图 1-1　濮阳河段地貌示意图

（二）黄河河道自然特征

濮阳黄河现行河道长 167.5 千米，为 1855 年铜瓦厢黄河改道后形成的河道。改道后的 20 年间，濮阳河道主溜迁徙不定，南北摆动“百余里”。1875 年，濮阳境内大堤基本形成，洪水被约束，主流摆动范围缩小。但由于主溜缺乏工程控制，摆动幅度仍然很大，河势极不稳定。濮阳河段具有“涨水冲刷，落水淤积”“大水淤滩，小水淤槽”的特点。滩地黏性土的含量较高，还有一些含黏性很高的耐冲的胶泥嘴分布，水流多为一股，具有明显的主槽。但自然滩岸对水流的约束作用有限，河势的平面变形仍然很大。20 世纪 60 年代起，濮阳河道开展集中整治，中水河势得到有效控制，水流集中归股，位置相对稳定。

濮阳河道上界至高村长 10.7 千米，属于游荡型河段，河床宽浅，水流散乱，主流摆动频繁；高村至张庄闸河道长 156.8 千米，属于由游荡型向弯曲型转变的过渡型河段，河床逐渐变窄，主流摆动减弱，河床落差 20.5 米。堤距上宽下窄，上段一般 6～8 千米，下段一般 3～4 千米。最大堤距 8.5 千米，位于濮阳县孙庄与山东鄄城营房之间；最小堤距 1.4 千米，位于台前县姜庄与山东东平县十里堡之间。相应河槽也上宽下窄，一般为 0.7～3.7 千米。流量为 1000 立方米每秒时，弯道段河宽一般为 200～300 米，直河段河宽上段 600～800 米，下段 400～600 米，河床纵比降平均为千分之 12.2，横比降为千分之 0.51～3.04。河道平面形态曲直相间，比较著名的河湾有密城弯、旧城湾等，河湾半径 600～6600 米，河道弯曲率 1.28。直河段长短不一。长的直河段经洪、中、枯水后，往往发生弯曲。历史上曾有李桥至苏阁、苏阁至旧城、梁路口至梁集等长河段，后因河势变化均遭破坏。

（三）支流水系

濮阳境汇入黄河的支流有天然文岩渠和金堤河。

1. 天然文岩渠

天然文岩渠位于河南省黄河以北、太行堤以南，全长 149 千米，流域面积 2727 平方千米。南支天然渠发源于原阳县的王逯村，沿黄河大堤左侧东行，经封丘至长垣县大车集与文岩渠相汇，流域面积658平方千米，河道长101千米。北支文岩渠发源于原阳县的祝楼村，流经原阳、延津、封丘、长垣4县，流域面积1627平方千米，河道长113.3千米。两支流经长垣县大车集汇合后称天然文岩渠，沿黄河大堤右侧向东北流行，长46千米，流域面积227平方千米。河底宽80米，堤距220米，设计流量155立方米每秒。天然文岩渠于濮阳县渠村乡王窑村入濮阳境，至濮阳县渠村乡三合村控导工程13号坝附近汇入黄河，濮阳境内长4.6千米。

天然文岩渠流域属于黄河冲积平原，地势西南高、东北低。大车集水文站3年一遇的洪峰流量为151立方米每秒，10年一遇的洪峰流量为432立方米每秒。大车集以下因受黄河水位顶托，最大泄量为432立方米每秒。

2. 金堤河

金堤河是黄河下游左侧一条重要支流，属平原河道，因河道北临金堤而得名。金堤河流域历史上为黄河故道，由于黄河多次决口改道，洪水漫流，形成岗洼相间，坡岗、沙岗很多。1855年，黄河在铜瓦厢决口改道北流，黄河河道两岸逐步修建堤防，太行堤、北临黄大堤与北金堤之间的水系，几经演变为今日的金堤河。

金堤河发源于新乡县荆张排水沟口，流经新乡、延津、滑县、濮阳县、范县、台前县，至台前张庄闸入黄河。滑县耿庄以下为金堤河干流，全长158.6千米。金堤河自滑县五爷庙村入濮阳境，境内流长131.6千米，流域面积1750平方千米，约占濮阳市总面积的42%。它在境内的主要支流有回木沟、三里店沟、五星沟、房刘庄沟、胡状沟、濮城干沟、孟楼河等。濮阳水文站的资料表明，金堤河年平均流量为5.26立方米每秒，年平均径流量为1.66亿立方米。

金堤河流域因地处黄泛平原，河道宽浅，比降平缓，长期以来水系紊乱，排水不畅，洪、涝、旱、碱、沙等灾害频繁。随着黄河河道逐渐淤高，金堤河入黄日益困难。1965年以后，疏浚金堤河干流和主要支流河道，修建张庄入黄闸，排水系统基本形成，在除涝、防洪、治碱等方面发挥了良好的作用。但由于没有进行全面治理，河道淤积，堤防残破，阻水作物和阻水建筑物较多，洪涝水出路不畅，加之涉及豫鲁两省，管理困难重重，造成流域内屡屡发生洪涝灾害。1995～2011年，国家投资对金堤河干流进行大规模治理，使金堤河防洪标准达到20年一遇，除涝标准达到5年一遇。

二、水文特征

（一）水资源

黄河是濮阳境内最大的过境河流，水资源丰富。濮阳河段的径流主要来自其以上黄河干流。1951～2015年，濮阳河段年均径流量345.74亿立方米，年径流量最大为872.9亿立方米（1964年），为历年平均值的2.52倍。年径流量最小为103.4亿立方米（1997年），为历年平均值的30%，年际变幅为8.44倍。黄河中游暴雨，多集中在每年7～10月，因此造成下游径流量在年内分配也特别集中。1951～2015年，高村水文站汛期（7～10月）年均径流量为238.3亿立方米，非汛期（11月至翌年6月）年径流量为162.9亿立方米，汛期与非汛期多年平均径流量分别为多年年平均径流量的59.4%及40.6%。月平均径流量以8月为最大，以2月为最小。高村水文站1958年8月径流量为155亿立方米，占该年径流量606.5亿立方米的25.6%。2月径流量为11.7亿立方米，占该年平均年径流量的1.9%。

由于黄河流域内降水量偏小，水资源贫乏，沿河工农业和生活引黄用水迅速增加，黄河水资源开发利用严重浪费，水库调节能力低等原因，20世纪70～90年代黄河下游曾出现断流现象。高村、孙口水文站观测记载，1981年6月、1995年7月、1996年6月、1997年6月、1998年2月濮阳河段断流，最长时间是1997年的65天（见表1-1）。

表1-1　1981～1998年濮阳河段断流情况

年份	水文站名	断流时间（月-日）		断流次数	断流天数（天）		
		最初	最终		全日	间歇性	总计
1981	孙口	06-14	06-25	1	10	2	12
	高村	06-12	06-22	1	9	2	11
1995	孙口	05-22	07-02	3	46	6	52
	高村	07-07	07-17	1	7	1	8
1996	孙口	05-29	06-01	1	11	2	13
	高村	05-31	06-06	1	5	2	7
1997	孙口	06-06	11-04	3	60	5	65
	高村	06-23	07-17	1	23	2	25
1998	孙口	02-15	07-08	2	4	4	8

（二）洪水

1. 黄河洪水来源及特性

黄河干流洪水主要来自黄河上游兰州以上地区、黄河中游的河口镇至龙门区间和黄河中游的河口镇至龙门区间（简称河龙间）、龙门至三门峡区间（简称龙三间）、三门峡至花园口区间（简称三花间）。

黄河上游兰州以上地区洪水特点是洪峰低、历时长，过程为矮胖型，主要威胁兰州河段和宁蒙河段的防洪安全，对黄河下游防洪影响不大。

黄河中游的河口镇至龙门区间洪水特点是含沙量高、泥沙粒径粗，直接威胁黄河龙门至潼关河段两岸滩区防洪的安全，对黄河下游防洪安全具有一定威胁，是形成黄河下游高含沙洪水和造成河道淤积的主要原因。

黄河下游洪水主要来自中游的河龙间、龙三间、三花间3个地区。花园口的大洪水和特大洪水以黄河中游来水为主所形成，来自上游的洪水，构成黄河下游洪水的基流。花园口以下为地上河，仅有金堤河和大汶河汇入，洪水来量不大，一般与黄河干流洪水不相遭遇。黄河中游不同来源区的洪水，以不同的组合形式形成花园口站的大洪水和特大洪水。

以三门峡以上的河龙间和龙三间来水为主，三花间来水量较小，简称“上大型”洪水，如1843年和1933年洪水。这类洪水主要是由西南东北向切变线带低涡暴雨所形成的。其特点是洪峰高、洪量大，含沙量也大，对黄河下游防洪威胁严重。

以三门峡以下的三花间来水为主，三门峡以上来水较小，简称“下大型”洪水，如1761年、1958年和1982年洪水。这类洪水主要是由南北向切变线加上低涡或台风间接影响而产生的暴雨所形成的。其特点是洪水涨势猛、洪峰高、含沙量小、预见期短，对黄河下游防洪威胁很大。

由龙三间和三花间共同形成（洪峰约各占50%），简称“上下较大型”洪水，如1957年和1964年8月洪水。这类洪水是由东西向切变线带低涡暴雨所形成的。其特点是洪峰较低、历时较长、含沙量较小。

黄河下游洪水特性，不仅与洪水的地区来源有关，而且与洪水发生的季节有关，伏汛（7、8月洪水）与秋汛（9、10月洪水）有所不同。伏汛洪水的洪峰形式为尖瘦型，洪峰高、历时短、含沙量大。秋汛洪水的洪峰形式较为低胖，多为强连阴雨的暴雨所形成，具有洪峰低、历时长、含沙量大的特点。“上大型”容易形成高含沙量洪水，使河床产生强烈冲淤，水位出现骤跌猛涨现象，这种带有突然袭击性质的水位涨落，对防洪工程威胁十分严重。

黄河下游大洪水与上游洪水不遭遇。从实测资料看，花园口站大于8000立方米每秒的洪峰流量，都是以中游地区来水为主造成的，兰州以上来水一般仅2000～3000立方米每秒，组成花园口洪水的部分基流。少数年份上游大洪水可与中下游小洪水遭遇。如1981年兰州出现7090立方米每秒（还原值）的洪峰与渭河洪水相遭遇，形成花园口洪峰流量7000立方米每秒的洪水。这类洪水历时长，含沙量较小。

黄河小浪底水库投入使用后，进入黄河下游的大洪水概率大大减小。小浪底与三门峡、故县、陆浑等水库联合调度，调蓄洪水，能显著削减黄河下游稀遇洪水，使花园口断面百年一遇洪峰流量由29200立方米每秒削减到15700立方米每秒，千年一遇洪峰流量由42100立方米每秒削减到22600立方米每秒，接近花园口设防流量22000立方米每秒。但是，小浪底水库运用以后，花园口站百年一遇的洪水为15700立方米每秒，十年一遇的洪水为10000立方米每秒。特别是小浪底至花园口区间2.7万平方千米的无工程控制区内产生的洪水仍不能控制，且该地区产生的暴雨洪水上涨速度快，预见期短（只有8小时），此区域百年一遇设计洪水洪峰流量为12900立方米每秒，对黄河下游防洪威胁仍然严重。

2. 濮阳河段洪水特征

濮阳河段高村水文站水文资料记载，1949～2015年，濮阳河段出现10000立方米每秒以上的洪水5次，8000～10000立方米每秒的洪水7次，6000～8000立方米每秒的洪水15次，4000~6000立方米每秒的洪水14次，4000立方米每秒以下的洪水26次（其特征见表1-2、表1-3）。大流量洪水主要发生在每年7、8月的主汛期，1958年7月19日出现17900立方米每秒大洪水，1982年8月5日出现13000立方米每秒大洪水，1954年8月6日出现12600立方米每秒大洪水，1957年7月20日出现12400立方米每秒大洪水。小流量河水一般发生在非汛期，高村水文站1961年2月6日河水8.2立方米每秒，1968年6月19日河水9.5立方米每秒，1979年3月5日河水8.7立方米每秒。

花园口至高村（距离172千米）洪水传播时间：3000~5000立方米每秒时为40~33小时，5000~10000立方米每秒时为33~25小时，10000~15000立方米每秒时为25~26小时，15000~20000立方米每秒时为26~29小时。高村至邵庄（距离137千米）洪水传播时间：3000~5000立方米每秒时为16~19小时，5000~10000立方米每秒时为19~27.5小时，10000~15000立方米每秒时为27.5~33小时，15000~20000立方米每秒时为33~43.5小时（见表1-4）。

表1-2　1949~2015年高村水文站历年水文特征值

年份	径流量（亿 m^3）	输沙量（亿t）	年均含沙量（kg/m^3）	最大含沙量（kg/m^3）	年均流量（m^3/s）	年最大流量			年最小流量		
						月-日	水位（m）	流量（m^3/s）	月-日	水位（m）	流量（m^3/s）
1949	—	—	—	—	—	09-15	62.21	9850	—	—	—
1950	—	—	—	—	—	10-23	60.74	7240	—	—	—
1951	487.1	9.44	19.4	83.6	1540	08-18	60.29	8510	01-10	58.69	510
1952	451.0	7.13	15.8	46.9	1430	08-13	60.32	6570	01-23	58.77	380
1953	442.7	12.64	28.5	15.98	1404	08-05	60.85	10300	01-19	58.70	170
1954	571.2	20.00	35.0	161.0	1810	08-06	61.53	12600	02-02	58.86	353
1955	558.9	13.20	23.5	63.4	1770	09-15	61.38	6710	12-31	59.28	350
1956	469.5	14.30	30.5	130.0	1480	08-05	61.53	8290	01-12	59.14	136
1957	352.3	9.24	26.2	109.0	1120	07-20	63.32	12400	01-14	—	105
1958	606.5	25.60	42.2	153.0	1820	07-19	62.87	17900	06-26	58.73	56.9
1959	335.0	17.50	52.2	244.0	1060	08-23	62.49	8650	01-15	58.79	53.4
1960	152.3	4.65	30.5	127.0	482	08-07	61.47	4660	03-01	58.22	5
1961	543.2	7.72	14.2	4.41	1720	10-21	61.66	6240	02-06	58.33	8.2
1962	452.0	6.66	14.7	53.3	1430	08-17	61.00	5730	02-07	58.17	65.8
1963	558.2	8.32	14.9	58.6	1770	09-25	60.60	5470	02-22	58.72	88.6
1964	872.9	17.50	20.0	86.0	2760	07-29	61.32	9050	02-25	58.73	150

续表 1-2

年份	径流量（亿 m^3）	输沙量（亿 t）	年均含沙量（kg/m^3）	最大含沙量（kg/m^3）	年均流量（m^3/s）	年最大流量			年最小流量		
						月-日	水位（m）	流量（m^3/s）	月-日	水位（m）	流量（m^3/s）
1965	382.3	5.48	14.3	46.5	1210	07-23	60.62	6110	07-06	58.38	244
1966	440.2	17.2	39.1	147.0	1400	08-02	61.13	8440	06-18	58.63	60
1967	702.5	21.4	30.5	112.0	2230	09-30	61.40	7160	02-19	58.44	54.4
1968	579.9	14.3	24.7	74.6	1830	10-15	61.31	7210	06-19	58.31	9.5
1969	288.1	7.34	25.5	173.0	914	08-03	60.90	4040	02-18	59.31	46
1970	362.9	13.80	38.0	179.0	1150	09-01	61.45	5660	02-05	59.16	73.5
1971	339.2	11.20	33.0	121.0	1080	11-12	61.59	3976	03-05	59.08	8.8
1972	281.9	5.88	20.8	83.4	891	09-04	62.15	4330	06-15	59.61	69.9
1973	349.7	13.30	38.0	348	1110	09-02	62.29	4100	08-19	59.39	56.9
1974	273.3	5.78	21.1	93.8	867	10-07	62.34	4000	07-06	59.5	30.8
1975	513.6	14.20	27.6	104	1630	10-04	62.95	7200	06-02	59.66	76.1
1976	501.5	10.6	21.1	54.5	1590	08-31	62.86	9060	11-29	59.54	188
1977	319.0	12.9	40.4	405	1010	07-09	62.4	6100	02-01	59.57	184
1978	313.0	11.5	36.7	160	993	09-22	62.57	4970	06-24	59.75	53.3
1979	348.0	9.45	27.1	110	1100	08-17	62.67	5340	06-29	59.31	8.7
1980	254.0	4.44	17.6	77.3	802	07-07	62.4	3690	08-02	60.46	176
1981	426.0	12.00	28.1	96.2	1350	09-12	63.37	7390	06-12	—	断流
1982	398.0	6.31	15.9	66.9	1260	08-04	64.13	13000	12-24	60.25	205
1983	569.0	9.46	16.6	40.2	1810	08-04	63.19	7030	02-07	60.50	275
1984	514.0	8.51	16.5	63.4	1630	09-27	62.82	6530	01-15	60.30	330
1985	447.0	7.61	17.0	58.2	1420	09-18	63.33	7500	07-06	60.37	320
1986	261.0	2.88	11.0	62.1	827	07-14	62.16	3450	06-16	59.98	140
1987	185.0	1.69	9.11	55.00	587	08-03	62.13	3200	10-11	59.83	140
1988	312.0	10.1	32.5	139	987	08-22	62.87	6550	07-02	60.13	28
1989	373.0	7.2	19.3	114	1180	07-26	62.77	5270	07-04	60.45	165
1990	333.0	5.33	16.0	53.2	1050	07-01	62.53	4150	01-03	59.98	225
1991	199.0	3.46	16.8	95.1	631	06-15	62.53	2790	10-27	59.97	51
1992	192.0	6.65	31.5	177	608	08-19	62.38	3930	07-09	60.4	16
1993	262.2	5.42	17.7	63.9	831	08-09	63.12	3420	06-09	61.04	147
1994	279.83	8.15	29.1	175	890	08-10	62.36	3440	06-03	61.04	55
1995	201.15	5.77	28.7	105	640	09-08	62.84	2270	07-07	—	断流

续表 1-2

年份	径流量（亿 m^3）	输沙量（亿 t）	年均含沙量（kg/m^3）	最大含沙量（kg/m^3）	年均流量（m^3/s）	年最大流量			年最小流量		
						月-日	水位（m）	流量（m^3/s）	月-日	水位（m）	流量（m^3/s）
1996	235.1	5.3	22.6	141	743	08-01	63.87	6200	05-31	—	断流
1997	103.4	2.07	20	171	328	08-04	63.8	2200	06-23	—	断流
1998	183.1	4.12	22.5	84.9	581	07-18	63.4	3050	02-01	59.98	13.6
1999	169.1	3.79	22.4	149	536	07-26	63.31	2710	07-04	61.26	61
2000	136.9	1.16	8.45	22.4	433	11-28	62.8	1000	06-15	61.91	50
2001	129.5	0.84	6.5	64.3	411	04-07	62.94	1430	08-26	61.94	74
2002	157.6	1.23	7.8	136	500	07-11	63.75	2930	02-04	61.42	106
2003	257.4	2.75	10.7	82.4	816	10-13	63.32	3930	02-11	61.22	104
2004	231	2.36	10.2	199	730	07-11	63.02	2870	10-02	60.67	225
2005	243.4	1.64	6.74	71.5	772	06-26	62.93	3510	02-28	60.27	208
2006	265.9	1.44	5.43	73.3	843	06-23	62.79	3800	12-24	60.38	206
2007	259.1	1.32	4.69	42.5	1305	06-30	62.99	3940	02-07	59.85	178
2008	219.9	0.94	7.94	73	1244	06-27	62.79	4170	08-20	59.7	214
2009	209.93	0.60	2.28	9.41	916	06-30	62.28	3890	01-08	59.58	274
2010	258.32	1.65	6.03	89.8	1316	07-06	62.42	4700	02-02	59.67	255
2011	261.17	0.72	4.85	53.2	834	06-30	61.94	3640	02-06	59.51	220
2012	359.1	1.86	7.89	42.1	1130	07-02	61.84	3810	02-23	59.44	270
2013	313.2	1.75	5.68	24.8	991	06-03	61.74	3810	12-31	59.55	376
2014	200.96	0.34	4.11	22.5	656	07-01	61.41	3490	01-28	59.15	192
2015	224.8	0.42	1.25	5.18	714	07-07	61.26	3220	10-05	58.84	232

表 1-3　1951～2015 年孙口水文站历年水文特征值

年份	径流量（亿 m^3）	输沙量（亿 t）	年均含沙量（kg/m^3）	最大含沙量（kg/m^3）	年均流量（m^3/s）	年最大流量			年最小流量		
						月-日	水位（m）	流量（m^3/s）	月-日	水位（m）	流量（m^3/s）
1951	484.7	9.31	19.21	83.56	1537	09-11	46.69	7000	01-10	43.04	480
1952	457.6	7.87	17.8	43.2	1447	08-14	46.43	6440	01-25	43.11	370
1953	432.0	12.17	28.2	157.5	1370	08-05	47.47	8120	01-19	42.93	210
1954	586.4	20.7	35.3	122.0	1860	08-11	47.73	8640	12-28	43.85	113
1955	582.8	13.6	23.3	59.8	1856	09-02	46.82	6200	01-01	44.01	202
1956	476.0	13.5	28.4	92.0	1510	08-07	47.27	6940	01-13	43.12	175

续表 1-3

年份	径流量(亿 m^3)	输沙量(亿 t)	年均含沙量(kg/m^3)	最大含沙量(kg/m^3)	年均流量(m^3/s)	年最大流量			年最小流量		
						月-日	水位(m)	流量(m^3/s)	月-日	水位(m)	流量(m^3/s)
1957	347.6	6.89	19.8	88.2	1100	07-22	48.59	11600	01-14	43.00	93
1958	616.0	22.1	35.8	132.0	1950	07-20	49.28	15900	06-28	42.99	56.7
1959	339.7	15.7	46.2	182.0	1080	08-24	47.25	8530	01-16	43.00	50.3
1960	141.4	4.28	31.3	98.2	447	08-08	47.21	4740	06-16	41.06	6
1961	530.8	7.83	14.7	55.8	1680	10-21	47.93	6180	01-01	43.25	0.42
1962	462.8	7.46	16.1	53.5	1470	08-18	47.46	5900	02-07	43.35	75.6
1963	557.5	8.5	15.2	53.6	1770	09-27	47.52	5530	02-17	43.26	97.5
1964	895.7	19.3	21.5	84.5	2830	07-03	47.97	8780	02-24	43.78	163
1965	387.5	5.25	13.5	50.4	1230	07-24	46.46	5940	07-06	43.44	245
1966	426.2	16.1	37.8	138.0	1350	08-03	47.24	8300	07-01	42.47	52.4
1967	694.5	19.9	28.7	101.0	2200	09-15	46.98	7270	02-21	42.37	67.0
1968	574.4	13.8	24.0	64.5	1820	10-15	47.11	7200	06-20	42.97	7
1969	284.2	6.78	23.8	122.0	901	08-04	45.93	3680	02-17	43.37	71
1970	358.9	13.1	36.5	171.0	1140	09-02	47.38	6000	02-06	43.56	120
1971	326.6	9.94	30.4	123.0	1040	11-11	46.92	3930	03-03	42.81	21
1972	266.3	5.44	20.4	84.7	842	09-05	47.23	4160	06-20	44.15	27
1973	331.9	12.8	38.6	267	1050	09-04	47.43	3950	08-18	44.85	66
1974	261.5	5.31	20.3	110	829	10-09	47.44	3520	06-27	44.68	35
1975	502.4	12.20	24.3	98.1	1590	10-06	48.57	7240	06-21	44.87	40
1976	490.6	9.75	19.9	53.9	1550	09-03	49.18	9100	05-25	45.03	220
1977	295.0	11.30	38.3	235.0	936	07-12	47.74	6060	01-03	44.74	127
1978	296.0	11.50	38.9	143.0	937	09-22	47.58	5000	06-27	44.11	25
1979	334.0	9.08	27.2	139.0	1060	08-17	48.03	5400	06-29	44.08	5
1980	235.0	4.16	17.6	82.5	743	07-07	47.43	3690	08-20	45.16	120
1981	396.0	11.6	29.3	102.0	1260	09-14	48.75	6500	06-14		断流
1982	373.0	5.63	15.2	62.7	1180	08-06	49.60	10100	12-26	45.19	133

续表 1-3

年份	径流量（亿 m^3）	输沙量（亿 t）	年均含沙量（kg/m^3）	最大含沙量（kg/m^3）	年均流量（m^3/s）	年最大流量			年最小流量		
						月-日	水位（m）	流量（m^3/s）	月-日	水位（m）	流量（m^3/s）
1983	556	9.8	17.7	46.7	1760	08-07	48.44	6200	06-27	45.48	240
1984	493	8.66	17.6	62.5	1560	09-29	48.50	6500	03-05	45.41	287
1985	419	7.17	17.1	56.9	1330	09-19	48.69	7100	07-07	45.01	240
1986	261	2.56	10.7	60	758	07-20	47.15	3360	08-14	44.76	108
1987	175	1.52	8.67	48.3	555	08-31	47.18	2880	10-13	44.80	100
1988	292	9.21	31.5	122	923	08-23	48.62	6120	07-03	44.26	19
1989	376	7.65	20.4	102	1190	07-26	48.31	5200	07-05	45.31	120
1990	323	5.32	16.5	63.2	1020	07-11	47.79	3950	02-18	45.55	140
1991	188.4	3.43	18.2	193	598	06-16	47.57	3680	10-30	44.66	37
1992	216.4	6.56	30.3	345	686	08-20	48.24	3490	07-12	44	4
1993	278.8	5.56	19.9	212	890	08-10	48.25	3260	06-11	45.39	80
1994	281.16	8.56	30	175	890	08-10	48.31	3490	06-19	44.4	8
1995	203.93	6.93	34	229	646	09-06	47.93	2240	05-22	—	断流
1996	209.3	5	23.9	150	662	08-15	49.96	5540	05-29	—	断流
1997	86.52	1.49	17.2	152	274	08-05	47.80	1850	06-05	—	断流
1998	170.5	4.05	23.7	82.2	541	07-20	48.52	2600	02-13	—	断流
1999	154.2	3.64	23.6	148	489	07-27	48.38	2300	02-13	45.41	18.2
2000	121.7	0.755	6.2	37.4	385	02-24	47.80	1140	02-05	47.16	65
2001	110.5	0.613	5.55	36.6	350	04-10	47.92	1200	08-27	46.13	42.5
2002	133.0	0.982	7.38	110	422	07-17	48.98	2860	02-04	46.11	91.5
2003	242.9	2.93	12.1	77.6	770	10-15	48.9	2750	03-02	45.94	85.5
2004	225.1	2.39	10.6	175	712	07-12	48.72	2950	11-25	46.24	171
2005	237.6	1.78	7.51	67.8	754	06-26	48.89	3430	03-01	45.97	211
2006	259.2	1.52	5.85	69.8	822	06-24	48.81	3720	11-19	45.83	185
2007	250	1.30	5.32	36.7	1302	06-30	49.03	3920	02-08	45.35	175
2008	206.2	0.95	5.13	63.9	1377	06-28	48.89	4090	08-22	45.08	223
2009	203.08	0.59	2.08	14	875	06-28	48.46	3900	01-23	45.43	248
2010	240.02	1.55	7.67	82.7	1232	07-07	48.62	4510	02-25	44.64	221
2011	239.47	0.72	5.32	51	766	07-01	47.93	3560	02-14	44.60	190
2012	342.7	1.88	2.79	27.3	1090	07-03	48.21	3770	11-09	44.99	313
2013	308.1	1.79	6.11	26.1	967	06-28	48.00	3880	11-29	44.86	330
2014	192.77	0.33	3.17	21.8	626	07-05	47.52	3360	01-29	44.31	185
2015	212.3	0.49	1.34	7.2	668	07-08	47.43	3300	09-29	44.14	199

表 1-4　花园口—邵庄洪水沿程传播时间

（单位：小时）

站名	距离（千米）	3000～5000 立方米每秒		5000～10000 立方米每秒		10000～15000 立方米每秒		15000～20000 立方米每秒		20000 以上立方米每秒	
		传播时间	累计时间	传播时间	累计时间	传播时间	累计时间	传播时间	累计时间	传播时间	累计时间
花园口 夹河滩	100	20～18	20～18	18～13	18～13	13～12	13～12	12～14	12～14	14～16	14～16
夹河滩 高村	72	20～15	40～33	15～12	33～25	12～14	25～26	14～15	26～29	15～17	29～33
高村 连山寺	25	3～3.5	43～36.5	3.5～5	36.5～30	5～6	30～33	6～8	32～37	经过分洪后，高村以下流量不超过 20000 立方米每秒	
连山寺 彭楼	25	3～3.5	46～40	3.5～5	40～35	5～6	35～38	6～8	38～45		
彭楼 邢庙	17	2～2.5	18～42.5	2.5～3.5	42.5～38.5	3.5～4	38.5～42	4～5.5	42～50.5		
邢庙 孙楼	22	2.5～3	50.5～45.5	3～4.5	45.5～43	4.5～5.5	43～47.5	5.5～7	47.5～57.5		
孙楼 孙口	25	3～2.5	53.5～49	3.5～5	49～48	5～6	48～53.5	6～8	53.5～65.5		
孙口 邵庄	23	2.5～3	56～52	3～4.5	52～52.5	4.5～5.5	52.5～59	5.5～7	59～72.5		

3. 典型大洪水

1855 年以来，经过濮阳河段的典型大洪水主要有 1933 年、1958 年、1982 年和 1996 年大洪水。

（1）1933 年大洪水。1933 年 8 月上旬，黄河中游河口镇至陕县间发生洪水。造成这次洪水的暴雨面积广、强度大，雨区西自渭河上游，东至汾河上游，波及黄河上游的庄浪河、大夏河和清水河流域。5 天内有两次降雨过程，暴雨区至陕县站断面的洪水汇流时间接近，使龙门以上洪水与龙门以下各支流洪水遭遇，洪水含沙量高，最大 12 天沙量达 21.1 亿吨，是三门峡以上中游地区来水为主的有代表性的典型洪水。

从实测及调查资料得知，8 月 5～10 日共有两次雨峰发展过程。第一次发生在 8 月 6～7 日凌晨，基本上遍及整个雨区。第二次发生在 8 月 9 日，雨区主要在渭河上游及泾河中上游一带，8 月 10 日暴雨基本结束。整个雨区面积约 10 万平方千米，是黄河有实测资料以来最大的一次降雨。暴雨中心有 4 处：一是渭河上游的散渡河、葫芦河；二是泾河支流马莲河的东西川；三是大理河、延水、清涧河中游一带；四是三川河及汾河中游。降雨量最大者为清涧河，清涧站8月5～8日，4天降雨量255毫米。次为无定河绥德站，一日最大雨量（8月6日）71毫米。地方志和碑文有“大雨如注”“倾盆大雨”等记述。这次洪水，陕县站洪峰流量22000立方米每秒，为该站有实测资料以来的第一大洪水。洪水峰高量大，给黄河中下游造成严重灾害。洪水进入河南后，首先在温县决口多处，长垣石头庄一带决口北流，溃水经濮阳境沿北金堤至陶城铺汇入正河。濮阳县、范县、寿张县以南除临黄大堤村未进水外，其余尽被河水淹没。殁人骑屋爬树比比皆是，民舍大部倒塌，秋禾颗粒无收。

（2）1958年大洪水。1958年7月14～18日，黄河三门峡至花园口区间发生大洪水。花园口站7月17日夜，出现自1919年实测以来最大洪峰，流量达22300立方米每秒。这次洪水由4场暴雨组成。第一场暴雨在14日8～20时，第二场暴雨在15日20时至16日20时，两场暴雨区均偏于晋西南和洛河上游。首场暴雨较弱，第二场明显增强，并出现100毫米以上的大暴雨区。第三场暴雨出现在16日20时至17日8时，是本次暴雨全过程的最主要暴雨时段，主要雨区在三花干流区间和伊、洛、沁河中下游及汾河中下游。第四场暴雨在18日8时至19日8时，已渐呈零星暴雨，但局部雨量仍较大。上述的时空分布特点极易造成三花间各支流洪水叠加与遭遇。在实测系列中，这次暴雨是较恶劣的雨型。其最强中心在洛河支流涧河上的仁村（属渑池县）和黄河三门峡至小浪底区间渗水上游的曹村（属新安县）附近。据调查，仁村最大24小时雨量达650毫米，实测最大24小时雨量是晋东南垣曲气候站366.5毫米。本次洪水特点是：三花间各主要河流洪峰绝大部分同在17日出现，洪峰陡涨陡落，洪水来势猛、峰值高、涨落快、沙量小（花园口站最大5天沙量4.6亿吨，三门峡站相应5天沙量4.3亿吨），有利于淤滩刷槽，增加行洪能力。

7月19日5时，洪峰到达濮阳河段的高村站，20日13时到达孙口站（见表1-5）。

表1-5 1958年洪水行进情况

站名	洪峰流量（立方米每秒）	洪峰水位（米）	洪峰出现时间（月-日）
花园口	22300	94.42	07-17
夹河滩	20500	74.31	07-18
高村	17900	62.96	07-19
孙口	15900	49.28	07-20

（3）1982年大洪水。1982年7月29日至8月2日，黄河三花区间降暴雨、大暴雨、局部降特大暴雨，山西、陕西区间和泾、洛、渭、沁、汾等河流域降大到暴雨。黄河三花间干流及伊洛河相继涨水，花园口站8月2日18时出现15300立方米每秒的洪峰，7天洪量50.2亿立方米，10000立方米每秒以上流量持续52小时，是1958年以来的最大洪水。这次洪水，黄河下游滩区普遍漫水偎堤，伊洛河夹滩和两岸洪泛区漫决进水，滞削了洪峰。为减轻艾山以下防洪负担，运用东平湖老湖区分洪蓄水。洪

峰于8月9日入海。

本次降水是由于深入黄淮地区的9号台风外围的低空东南风急流与冷槽相遇而形成。7月29日三花间开始出现暴雨，局部地区特大暴雨。30日雨区有所扩展。7月31日至8月1日台风低压移入三花间南部，并与陕西低涡结合，暴雨和大暴雨面积继续扩大。8月2日雨区北移至沁河、汾河一带，直到3日台风低压消失，暴雨过程基本结束。这次暴雨持续时间长，中心强度大，分布不均匀。最大暴雨中心位于伊河中游嵩县陆浑，7月29日降雨量达544毫米，最大强度为1小时87毫米，连续5天最大降雨量为782毫米。连续暴雨形成三花间干支流接连出现三次洪峰：第一次是花园口站7月31日的6400立方米每秒，第二次是花园口站8月2日的11200立方米每秒，第三次洪峰即是年最大的15300立方米每秒。

8月4日22时，洪峰到达高村站，洪峰流量12800立方米每秒。由于滩区蓄水，孙口站7日9时洪峰流量9810立方米每秒，比花园口站洪峰流量削减5490立方米每秒，较1958年的削减量增加7.2%；花园口站至孙口站洪水传播时间长达111个小时，与1954年洪水传播时间114个小时接近，而1958年洪水传播时间仅为60小时。这次洪水，花园口站平均含沙量32.10千克每立方米，最大含沙量63.4千克每立方米。高村站最大含沙量67.1千克每立方米，孙口站最大含沙量60.3千克每立方米。濮阳河道淤积严重，花园口至孙口段共淤积0.80亿吨，其中67.6%的泥沙淤在濮阳河段（见表1-6）。

表1-6　1982年洪水水情特征值

站名项目	洪峰			
	时间（月-日T时：分）	水位（米）	流量（立方米每秒）	最大含沙量（千克/立方米）
花园口	08-02 T 18：00	93.99	15300	63.4
夹河滩	08-03 T 04：00	75.60	14600	44.1
高村	08-04 T 22：00	64.13	12800	67.1
孙口	08-07 T 09：00	49.66	9810	60.3

（4）1996年大洪水。1996年8月2～4日，因受8号台风的影响，山陕区间的北洛河、泾河、渭河和三门峡与花园口区间的伊洛河、沁河一带普降中到大雨，局部暴雨。8月2日，暴雨中心位于伊河一带，最大降雨鸦岭水文站167毫米。8月3日，暴雨中心移到小浪底至花园口区间及沁河一带，小花间的赵堡水文站最大降雨198毫米。在这场降雨过程中，黄河干支流相继出现洪峰。干流小浪底水文站8月4日2时出现5000立方米每秒洪峰，支流伊洛河黑石关水文站4日10时出现2000立方米每秒洪峰，沁河武陟水文站5日22时出现1640立方米每秒洪峰。8月5日14时，花园口水文站出现第一号洪峰，流量为7600立方米每秒，水位94.73米。8月8～9日，黄河晋陕区间普降大雨局部暴雨。9日，吴堡水文站出现9700立方米每秒洪峰，10日13时，龙

门出现11200立方米每秒洪峰，经三门峡水库调节，8月13日4时30分，花园口水文站出现第二号洪峰，流量5520立方米每秒，水位94.09米。

黄河第一、二号洪峰分别于10日0时和14日2时到达濮阳河段，高村水文站流量分别为6810立方米每秒和4360立方米每秒，相应水位为63.87米和63.34米。第一、二号洪峰在孙口水文站附近汇合后形成单一洪峰向下推进。15日0时，孙口水文站洪峰流量5800立方米每秒。洪水总量（23天）花园口水文站为62.8亿立方米，高村水文站为59.9亿立方米。

这次洪水具有水位表现高、推进速度慢、持续时间长等特点。由于1986年后河道主槽淤积严重，排洪能力降低，该次洪水水位表现异常高。高村水文站水位较1982年15300立方米每秒洪水水位仅低0.26米。孙口水文站水位较1982年最高水位仅低0.09米。按正常洪水推进时间，花园口水文站到高村水文站为32小时，高村到孙口为16小时。这次洪水从花园口到高村108小时，高村到孙口120小时。从花园口传递到孙口长达228小时，超过正常时间180小时。1982年15300立方米每秒洪水，从进入濮阳境到出境共历时49小时，而这次洪水历时120小时，相比较延长71小时。

（三）泥沙

1. 黄河泥沙特征

由于黄河流经不同的自然地理单元，各单元地貌、地质等自然条件差别很大，不同区域又存在不同的气候特性和天气形势，造成水沙来源地区的不均衡性，因而黄河具有水沙异源的特点。河口镇以上黄河上游地区流域面积38.6万平方千米，占全流域面积的51.3%，来沙量仅占全河总沙量的8.7%，而来水量却占全河总水量的54%，是黄河水量的主要来源区；黄河中游河口镇至龙门区间流域面积为11.2万平方千米，占全流域面积的14.9%，来水量仅占14%，而来沙量却占55%，是黄河泥沙的主要来源区；龙门至潼关区间流域面积18.2万平方千米，占全流域面积的24.2%，来水量占22%，来沙量占34%；三门峡以下的洛河、沁河来水量占10%，来沙量仅占2%。

黄河干支流来沙差别很大，在这些主要支流中，年均来沙量在1.0亿吨以上的支流有4条：泾河年均来沙量高达2.62亿吨，占全河来沙量的16.1%；无定河年均来沙量2.12亿吨，占全河来沙量的13.0%；渭河（咸阳站）年均来沙量1.86亿吨，占全河来沙量的11.4%；窟野河年均来沙量1.36亿吨，占全河来沙量的8.4%。这4条支流来沙量合计7.96亿吨，占全河总沙量的48.9%。

黄河流域产沙时期主要集中在汛期，黄河下游干流站多年平均连续最大4个月输沙量多出现在6~9月，中下游干流站均出现在7~10月，连续最大4个月输沙量占全年输沙量的80%以上，与年内最大降水量出现月份一致。年内最大月平均输沙量出现在7、8月，7、8月水量占年降水量的40%以上，而7、8月输沙量：干流站占年输沙量的50%左右，支流站占年输沙量的70%以上，陕北黄土高原各支流均在80%~90%。月平均输沙量最小值出现在1月，特别是中小支流，不少站枯水季节输沙量为零。

黄河流域泥沙的年际变化，比径流的年际变化大得多。干流站最大最小年输沙量变幅在5~9倍，如采用陕县站未受水库影响的1919~1959年统计资料，最大的1933年输沙量为39.1亿吨，而最小的1928年输沙量为4.88亿吨，最大值为最小值的8倍。黄河泥沙往往主要集中在几个大水年份，大沙年的沙量，又往往集中在一次或几次暴雨洪水期间，一年之内最大5~10天沙量可占全年沙量的50%~98%。流域面积越小，这种集中程度越突出，往往可以形成浓度极大的高含沙水流，干流龙门站1966年7月18日含沙量高达933千克每立方米；三门峡、小浪底站1977年8月6日和7日也曾出现过920千克每立方米的高含沙量记录。

黄河下游河道宽阔，比降平缓，水流散乱，是泥沙强烈堆积性河段，在不同来水来沙条件下，河床冲淤变化非常迅速。当来水含沙量较低时（一般小于10千克每立方米），其输沙能力与流量的高次方成正比；当来水含沙量较大时，其输沙能力不仅是流量的函数，而且与来水含沙量的大小密切相关，在一定的流量条件下，输沙率随上站含沙量的增加而加大，在上站含沙量一定的条件下，输沙率随流量的增加而加大。所以黄河下游河道具有“多来、多排、多淤”“少来、少排、少淤（或少冲）”“大水多排、小水少排”等输沙特性。另一方面，下游河道冲淤的年内、年际变化也很大，当来沙多时，年最大淤积量可达20余亿吨；来沙少时，河道还会发生冲刷。由于河床多年淤积抬高，黄河下游成为“地上悬河”“二级悬河”，防洪负担日益加重。

下游河道泥沙淤积的集中性特别明显，一是集中发生在多沙年，如20世纪50年代的1953年、1954年、1958年、1959年这4年，进入下游的沙量达104亿吨，河道共淤积26.4亿吨，占20世纪50年代总淤积量的73%。二是集中发生在汛期，汛期淤积量一般占全年淤积量的80%以上。三是集中发生在几场高含沙量洪水，如1950~1983年11次高含沙量洪水总计历时仅104天，来水量和来沙量分别占1950~1983年总水量和总沙量的2%和14%，但下游河道的淤积量却占总淤积量的54%，而且淤积强度大，平均每天淤积强度达1880万~6100万吨。

2. 濮阳河段泥沙特征

1951~2015年，濮阳河段高村站测量年均输沙量为7.53亿吨，最大年输沙量25.6亿吨（1958年），为年平均输沙量的3.17倍。最小输沙量为0.34亿吨（2014年），为年平均输沙量的4.52%。年际变幅为75.29倍。输沙量年内分配集中，高村水文站观测，汛期年均输沙量为6.6亿吨，为年均输沙量的81.8%。1960年汛期输沙量4.35亿吨，占年输沙量的93.5%。1965年汛期输沙量为3.08亿吨，占年输沙量的56%。月平均输沙量以2月为最小，年均为0.103亿吨，仅占年均输沙量的1.02%。1960年2月输沙量为0.003亿吨，仅占该年输沙量4.65亿吨的0.06%（见表1-7）。

1951~2015年，濮阳河段高村站测量年均含沙量为20.26千克每立方米，汛期为34.7千克每立方米，非汛期为11千克每立方米。以1959年平均含沙量52.2千克每立方米为最大，以2015年平均含沙量1.25千克每立方米为最小。

表 1-7　濮阳河段沙量特征值

项目测站		高村	孙口
输沙量（亿吨）	多年平均	7.53	7.24
	年最大	25.6（1958 年）	22.1（1958 年）
	年最小	0.34（2014 年）	0.33（2014 年）
含沙量（千克每立方米）	多年平均	20.26	19.89
	年最大	52.2（1959 年）	46.2（1959 年）
	年最小	1.25（2015 年）	1.34（2015 年）
	历年最大	405（1977 年 7 月 11 日）	345（1992 年 8 月）
统计时段		1951 ~ 2015 年	

三、河道冲淤

黄河下游河道的冲淤变化主要取决于来水来沙条件、河床边界条件等。其中来水来沙是河道冲淤的决定因素。每遇暴雨，来自黄河中游的大量泥沙随洪水一起进入下游，使下游河道发生严重淤积。尤其是高含沙洪水，下游河道淤积更为严重，河道冲淤年际间变化较大。河道的冲淤，随来水来沙情况的不同而变化。在水多沙少年份，河道发生冲刷；而在水少沙多的年份，则发生淤积。同时，河道淤积与漫滩洪水的大小、出现的机遇、持续时间及滩区生产堤有关。滩地淤积，一般滩唇淤积多，堤根淤积少，生产堤临河淤积厚，生产堤背河淤积薄，加大了滩面横比降，濮阳河段形成“二级悬河”的不利形势。

20 世纪 50 年代发生洪水次数多，大漫滩机遇多。大漫滩洪水一般滩地淤高，主槽刷深；不漫滩洪水和非汛期主槽淤积。该时期滩地淤积量大于主槽淤积量，但由于滩地面积大，淤积厚度基本相等，滩槽同步提高。20 世纪 50 年代，濮阳河段主槽年均淤积 0.15 亿吨，滩地年均淤积 0.78 亿吨。泥沙淤积导致水位抬高，同流量（3000 立方米每秒）水位高村站年均抬高 0.12 米。

20 世纪 60 ~ 90 年代，随着三门峡水库运用方式的不同，濮阳河段河道冲淤相应发生变化。1960 年 9 月，三门峡水库投入运用，在蓄水拦沙和滞洪排沙初期（1960 年 9 月至 1964 年 10 月），濮阳河段滩地没有淤积，河槽剧烈冲刷，年均冲刷泥沙 1.03 亿吨，水位下降，过洪流量增大。1960 年，高村水文站河水流量 1000 立方米每秒时的水位为 60.7 米；1964 年，高村水文站 60.7 米的水位过洪流量为 7285 立方米每秒。滞洪排沙期（1964 年 10 月至 1973 年 10 月），枢纽进行改建，泄流能力逐步加大，水库在降低水位的过程中大量排沙，下游河道在前期冲刷的基础上发生回淤。其间，濮阳河段横向淤积分布发生变化，主槽淤积比重增加，年均淤积 0.35 亿吨；滩地淤积比重减少，年均淤积0.09亿吨；由于生产堤的存在，一般洪水漫滩后，泥沙淤积在生产堤与主槽之间的滩地，逐渐形成“二级悬河”。河槽严重淤积，致使过洪能力降低，高村水文站水位年均上升0.26米，平滩流量下降至2500~3500立方米每秒。河势变化较大，平均摆幅在1000米左右。1973年11月开始，三门峡水库采取蓄清排浑控制运用。在非汛期来水较清的情况下，抬高水位蓄水运用，进行防凌、发电、春灌等综合运用；汛期降低水位控制运用，进行防洪排沙。其间，年内冲淤过程及纵横向淤积部位发生变化，非汛期下泄清水，河道发生冲刷，汛期水库排沙，加大来沙量，河道冲刷或淤积随来水来沙条件而变。1973年11月至1980年10月，来水接近多年平均值，来沙量略小于多年平均值，洪峰流量较大，主槽淤积少，滩地淤积多。濮阳河段主槽年均淤积0.1亿吨，滩地年均淤积0.49亿吨。1980年10月至1985年10月，来水较丰，年均径流量达470.8亿立方米，来沙偏少，年均来沙量8.78亿吨。濮阳河段主槽年均冲刷0.13亿吨，滩地年均淤积0.52亿吨。1985年10月至1990年10月，来水量枯，年均径流量292.8亿立方米，来沙量小，年均来沙量5.44亿吨。濮阳河段主槽淤积加重，年均淤积0.21亿吨，滩地没有淤积。

1991年至1999年9月，濮阳河段汛期来水比例减少，非汛期来水比例增加，洪峰流量减少，枯水历时增长。年均径流量202.76亿立方米，年均来沙4.97亿吨，年均含沙量23.48千克每立方米。这一时期，河道冲淤量年际间变化较大，丰水少沙年河道冲刷或微淤，枯水多沙年则严重淤积；横向分布不均，主槽年均淤积是20世纪50年代年均淤积量的2倍，年均淤积0.32亿吨；高含沙量洪水机遇增多，主槽及嫩滩严重淤积，河槽萎缩，行洪断面面积减小，防洪威胁增大（见表1-8、表1-9）。

表1-8 濮阳河段各时段平均冲淤量纵横向分配情况（单位：亿吨）

时段（年-月）	夹河滩—高村			高村—孙口			孙口—艾山		
	主槽	滩地	全断面	主槽	滩地	全断面	主槽	滩地	全断面
1950-07~1960-06	0.14	0.66	0.80	0.15	0.78	0.93	0.04	0.20	0.24
1960-10~1964-10	-0.84	0.00	0.00	-1.03	0.00	0.00	-0.22	0.00	0.00
1964-10~1973-10	0.51	0.43	0.94	0.35	0.09	0.44	0.23	0.07	0.30
1973-10~1980-11	0.03	0.50	0.53	0.10	0.49	0.59	0.03	0.08	0.11
1980-10~1985-10	-0.29	-0.09	-0.38	-0.13	0.52	0.39	-0.01	0.07	0.06
1985-10~1990-10	0.32	0.00	0.32	0.21	0.00	0.21	0.03	0.00	0.03
1973-10~1990-10	0.02	0.18	0.20	0.06	0.36	0.42	0.02	0.05	0.07

表1-9 三门峡水库建成前后河道冲淤及水位变化情况

水库运用方式		时段（年-月）	河道淤积量（亿吨）		3000立方米每秒水位变化（米）	
			全下游	孙口以上	高村	孙口
建库前		1950～1960	36.1	29.2	1.2	1.7
建库后	蓄水拦沙及滞洪排沙初期	1960-10～1964-10	-23.1	-21.0	-1.3	-1.5
	滞洪拦沙期	1964-10～1973-10	39.5	30.7	2.2	1.9
	蓄水排浑期	1973-10～1980-10	12.7	8.7	0.5	0.3
		1980-10～1985-10	-4.9	-4.0	-0.4	-0.2
		1985-10～1999-10	31.2	25.8	1.7	1.6
		1973-10～1999-10	39.0	30.4	1.8	1.7
	小计	1960-10～1999-10	55.4	40.2	2.7	2.1
合计		1950～1999	91.5	69.3	3.9	3.7

1999年10月，小浪底水库蓄水运用，至2004年10月基本是清水下泄，2002～2015年进行19次调水调沙试验。其间，水量比例增加，沙量比例减少，年平均进入濮阳河段的水量为247.27亿立方米、沙量为1.36亿吨，年均含沙量6.11千克每立方米。2000年至2002年7月调水调沙前，主槽微积。2002年7月至2015年12月，河水未漫滩，主槽全部冲刷，年均冲淤量0.24亿吨。由于原河宽较小和生产堤的影响，河宽变化不大，主槽平均刷深2.38米。

河道冲淤反映在水位的升降上，流量3000立方米每秒时的水位变化基本可以反映主槽的冲淤变化。1950～1960年，濮阳河段同流量的水位普遍升高，升高幅度为高村1.17米、孙口1.72米。1960～1964年，濮阳河道冲剧，水位降低，降幅为高村1.33米、邢庙1.78米、杨集1.85米、孙口1.56米。1964～1973年，濮阳河道严重淤积，水位普遍升高，升高幅度为高村2.37米、邢庙2.94米、杨集2.24米、孙口1.86米。1980～1985年，濮阳河道冲刷，水位降低，降幅为高村0.65米、邢庙0.41米、杨集0.28米、孙口0.31米。1985～1999年，濮阳河道淤积，水位升高，升高幅度为高村1.7米、孙口1.6米。2002～2015年，主河槽全部冲刷，水位降低，降幅为高村2.69米、孙口1.7米。

1950～1995年，濮阳高村至孙口河段共淤积泥沙10.14亿立方米，平均淤积厚度为2.09米，年平均淤积2253万立方米，年平均淤厚4.64厘米。从几个典型断面冲淤变化情况看，高村断面主槽淤积2.85米，年平均淤高6.33厘米；滩地淤积1.80米，年均淤厚4.0厘米。苏泗庄断面主槽淤积4.64米，年均淤高10.31厘米；滩地淤厚1.74米，年均淤厚3.87厘米。杨集断面主槽淤积4.33米，年均淤高9.62厘米；滩地淤厚1.11米，年均淤厚2.47厘米。孙口断面主槽淤高2.03米，年均淤厚4.51厘米；滩地淤高1.63米，年均淤厚3.62厘米。根据15个主要河道断面实测，濮阳河段

1948～2000年平均淤厚2.47米。1855～2015年，濮阳河段平均淤厚6.18米，其中主槽淤积7.96米。濮阳黄河河道1980～2015年历年冲淤情况见表1-10。

表1-10 濮阳黄河河道1980～2015年历年冲淤情况 （单位：亿吨）

水文年	高村至孙口	水文年	高村至孙口	水文年	高村至孙口	水文年	高村至孙口
1980～1981	1.25	1989～1990	0.04	1998～1999	0.17	2007～2008	-0.17
1981～1982	1.06	1990～1991	0.11	1999～2000	0.20	2008～2009	-0.22
1982～1983	-0.20	1991～1992	0.40	2000～2001	0.10	2009～2010	-0.22
1983～1984	-0.34	1992～1993	0.28	2001～2002	0.06	2010～2011	-0.36
1984～1985	-0.15	1993～1994	0.11	2002～2003	-0.42	2011～2012	-0.10
1985～1986	0.42	1994～1995	0.38	2003～2004	-0.30	2012～2013	-0.40
1986～1987	-0.03	1995～1996	1.04	2004～2005	-0.21	2013～2014	-0.09
1987～1988	0.78	1996～1997	0.44	2005～2006	-0.30	2014～2015	-0.08
1988～1989	-0.11	1997～1998	0.26	2006～2007	-0.25	—	—

四、濮阳黄河滩区及滞洪区

（一）黄河滩区

濮阳黄河滩区西起濮阳县渠村乡闵城村，东至台前县张庄，全长150.5千米，沿黄河左岸呈带状分布，最大滩面宽度7千米，滩区总面积443平方千米，蓄洪面积441.5平方千米，设计蓄洪水位67.22～47.51米（黄海），设计蓄洪量为22.1亿立方米。濮阳黄河滩区属黄河下游低滩区，以自然地理特征及修建的工程为界，分为9个自然滩区。滩区自然地貌低洼不平，靠近主河槽修建有河道整治工程，滩面存在生产堤、串沟、洼地。堤防临河堤脚地势低洼，形成堤河。

濮阳黄河滩区内有濮阳县、范县、台前县的17个乡（镇）、373个自然村，共有人口26.44万人，耕地3.11万公顷。濮阳黄河滩区主要农作物有小麦、玉米、大豆、高粱、花生、西瓜等。洪水漫滩往往造成秋季农作物绝收，严重影响群众受益。2015年，滩区国民生产总值33.55亿元，固定资产37.41亿元。

（二）滞洪区

北金堤滞洪区开辟于1951年，后经历停建、恢复和改建3个阶段。北金堤滞洪区在濮阳市的面积为1699平方千米，占北金堤滞洪区总面积的73.35%，位于濮阳境内黄河大堤和北金堤之间。区内有濮阳县、范县、台前县、濮阳市开发区的42个乡（镇）、1789个自然村，共有人口135.65万人，耕地10.84万公顷。区内修建的安全设施主要有滞洪撤退路493.98千米、撤退桥27座、避水堰46条、避水台446个。2015年，滞洪区农业生产总值30.29万元，工业生产总值110.04亿元，固定资产总值526.03亿元，社会资产总值666.36亿元。

五、其他水系

濮阳境内共有黄河和海河两大水系，北金堤是两大水系的分水岭。海河水系在濮阳主要有卫河、马颊河、潴龙河、徒骇河等河流。

（一）卫河

历史上，主要为航运而疏挖，经过利用改造，逐渐形成现有河道。清嘉庆二十一年（1816 年）前，卫河不经南乐流向河北。从嘉庆二十一年由人工开道，从张旺村东北入境，经百尺西、元村北，向东经后什固，折北经谷村西北，到梁村向东北经张浮丘西（百尺到此为黄河故道），转向西北出故道，又西北经邵家庄东，向北经后翟村东北、小翟村西北、孙村东，东北经西崇疃，再向北入大名县境，此后该河线无大的变化。卫河发源于太行山南麓，河南境内干流自新乡合河镇起流经新乡市区、卫辉市、淇县、滑县、浚县、汤阴、内黄、清丰至南乐大北张村入河北省大名县。境长 287 千米，至徐万仓与漳河会流，全长 345 千米，其中濮阳市境内 29.4 千米，流域面积 302 平方千米。卫河支流多出太行山区，源短流急，暴雨集流迅速，支大干小，排泄不及，常泛决成灾，历史上也多有记载。

（二）马颊河

马颊河为古九河之一。因马颊河河势上广下窄，状如马颊而得名。发源于濮阳澶州坡。1949 年前，境内为宽 4 米、深 1.5 米小子槽，大水靠坡洼漫流。中华人民共和国成立初，对马颊河进行疏挖，在清丰北将河线改入潴龙河，称新马颊河。1966 ~ 1972 年，马颊河治理时，将新马颊河在清丰和南乐县交界处的阎王庙改入马颊河。今马颊河自濮阳县南关向北经清丰、南乐入河北大名县境，后入渤海。全长 480 千米，流域面积 9450 平方千米。濮阳市境内长 62.5 千米，流域面积 1150 平方千米。1986 年第一濮清南引黄补源工程建成后，马颊河除防洪排涝外，兼有濮清南干渠输水灌溉作用。

（三）潴龙河

宋仁宗庆历八年（1048 年）六月，黄河决口于商胡埽（今濮阳城东北 10 余千米昌湖村）。河水改道北流，所经濮阳县、清丰县、南乐县的河道，大致是今潴龙河流路。北流中断后，河道淤塞，到南乐水无出路而受淹。1947 年，南乐县疏挖潴龙河，自吉道经张𤩽固，由县城西北向东北至平邑汇入马颊河。潴龙河自濮阳县新城店，经华龙区岳村，清丰县的双庙、纸房、大流向北，在清丰、南乐县界阎王庙入马颊河。河长 68.4 千米，流域面积为 247.9 平方千米。潴龙河多年平均流量为 2.47 立方米每秒，平均年径流量为 0.7 亿立方米。

（四）徒骇河

发源于山东莘县西南隅同智营，干流经南乐的阎村、大清、毕屯以下入山东境。濮阳市境干流长约 15 千米，流域面积为 707 平方千米，有 17 条支沟汇入此河。

第二节 濮阳历代黄河河道变迁与决溢灾害

黄河“善淤、善决、善徙”，有“三年两决口，百年一改道”之说。据历史文献记载，黄河下游较大的改道有26次，决口泛滥1593次，其变迁范围，北到海河，南达江淮。1948年以前，濮阳境内黄河迁徙16次，其中濮阳境内决口迁徙10次，发生决溢155次。每次的迁徙、决溢都给濮阳人民带来沉重的灾难，河水所及，村居为墟；大水过后，田地被淹，颗粒不收，百姓啼饥号寒，被迫离乡乞讨。泥沙大量淤积，一些小河流被淤浅或淤平，自然水系遭到破坏，造成水系紊乱，加重了旱、涝灾害。古代濮阳境内的濮水、瓠子、澶渊等河流和潭坑，大多因黄河决溢而生，或因黄河决溢而消失。

一、濮阳河道变迁

（一）历代河徙变迁

按《尚书·禹贡》“东过洛汭，至于大伾；北过洚水，至于大陆；又北，……入于海”的记载，当时黄河经浚县大伾山东麓，历河北省入海。今修《安阳市志》曰：“禹治水，大河经武陟北流，过淇县东，浚县东，滑县西，内黄西，汤阴东，安阳东，临漳东，成安东，由沧州入渤海”。此河道最早为《禹贡》所载，故称“禹河”。“禹河”未入濮阳境。

《禹贡锥指》记载，“周定王五年（公元前602年），河徙自宿胥口”，改道东行，黄河始入濮阳。金世宗大定八年（1168年），“河（复）决李固渡，改道南流”，黄河不经濮阳700多年，偶有河溢入，不过是新乡八柳树、封丘荆隆口等处决口漫流，非河正流。咸丰五年（1855年），河决铜瓦厢改道，黄河再经濮阳境。1938年，花园口大堤扒决，黄河南流，濮阳黄河断绝近9年。1947年，花园口大堤决口堵复，黄河回归濮阳故道。自周定王五年（公元前602年）至2015年的2618年间，黄河在濮阳境行河1800多年。

1. 周宿胥口河徙

周定王五年（公元前602年），河决宿胥口（今浚县西淇河、卫河合流处），这是历史上最初的河徙，《中国水利史》断为河徙之胚胎。根据《史记·河渠书》《汉书·沟洫志》，参照《水经·河水注》及清胡谓《禹贡锥指》，这次改道自宿胥口起，东行漯川旧道，经滑台城（滑县旧城）北、黎阳城（今浚县城东北隅）南，东北至长寿津（约在今内黄、濮阳、滑县交界处）与漯川分流，走《水经》大河故渎，折向北入濮阳境，经小屯村、张家庄、聂固等村，戚城（今濮阳市区）西，繁阳故城（内黄东北）东，阴安县故城（今清丰西北12.5千米）西，昌乐县故城（今南乐县西北）东，由元城县故城（今河北大名县东）西北，经山东的冠县西，过馆陶镇后，经临清南，高唐东南、平原南，绕平原西南，由德州市东复入河北，自河北吴桥西北流向东北，至沧州市折转向东，在黄骅县西南一带入渤海。宿胥口河徙之后，禹河旧道有时还行水，至战国中期才完全断流。

此故道自周定王五年（公元前602年）至王莽始建国三年（公元11年）止，历613年，史称“西汉河道”（见图1-2）。这条河道行至西汉近400年，河床淤积抬高严重，武帝元光后决溢渐多。汉武帝元光三年河决瓠子南流23年，“西汉河道”在濮阳境实际行河590年。

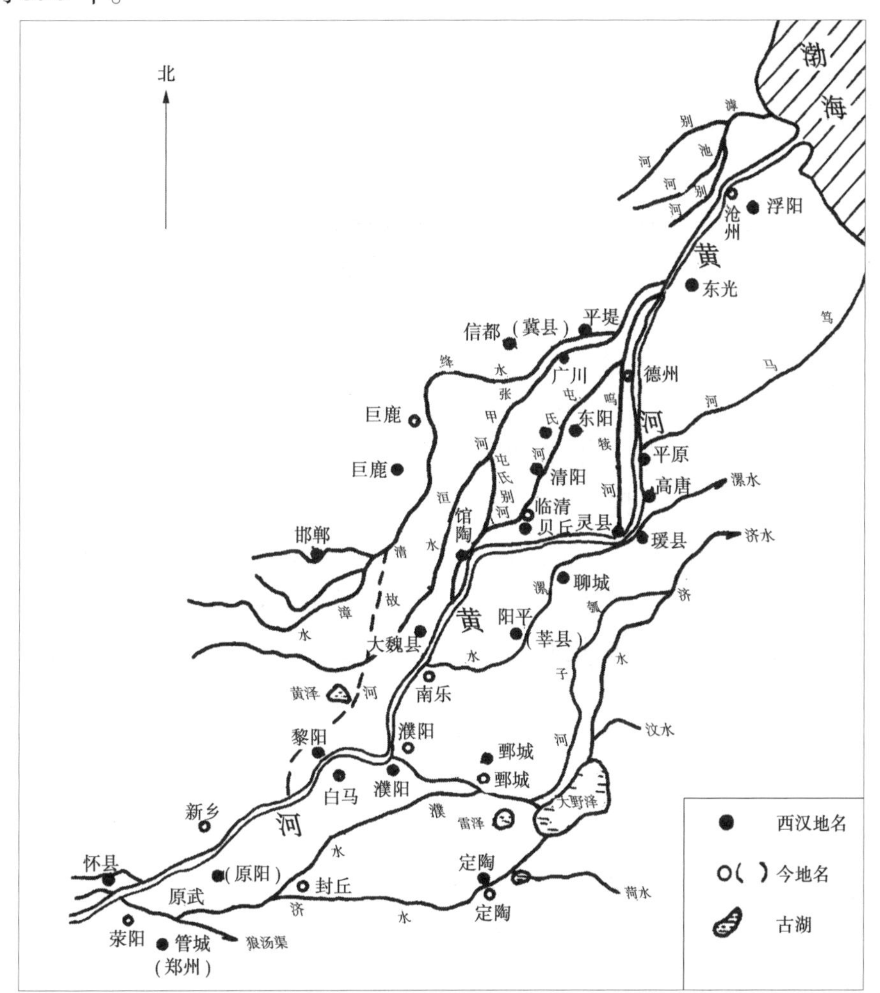

图1-2 公元前602年至公元11年黄河下游河道示意图

2. 汉武帝元光三年顿丘决口

汉武帝元光三年（公元前132年）春，顿丘（今清丰西南）河徙，决水流向东南，历畔观（今清丰县东南）至东武阳（朝城），夺漯川（黄河故道，今范县、莘县、聊城、临邑、滨州）之道东北至千乘（今滨县南）入海。

3. 汉武帝元光三年濮阳瓠子改道

汉武帝元光三年（公元前132年）五月，河决濮阳瓠子堤，东南流，经泗水入淮河，造成黄河大改道。综合《水经》《资治通鉴》《太平寰宇记》的记载，黄河当时自今濮阳西南宋堤口、刘堤口一带溃决，经合河镇（本名瓠河镇，在今山东鄄城县西北）南及临濮集南，东南汇注于巨野泽，复溢出合泗水入淮，这是西汉黄河最著名的一次决溢。20余年后的元封二年（公元前109年），才予堵合，大河又复归“西汉故道”。

4. 汉成帝建始四年东郡决口

汉成帝建始四年（公元前29年）秋，大雨水十余日，河决东郡金堤，泛滥兖、豫及平原、千乘、济南，凡灌四郡、三十二县，水居地十五万余顷，深者三丈；坏败官亭、室庐且四万所。公元前28年春，河堤使者王延世使塞，以竹络长四丈，大九围，盛以石子，两船夹载而下，三十六日河堤成。

5. 王莽时魏郡改道

王莽始建国三年（公元11年），“河决魏郡”。据《黄河水利史述要》考证，决口处当在顿丘以北的阴安（今清丰县城西北）上下，“泛清河数郡”。《汉书·王莽传》载：“莽恐河决为元城（今河北大名附近）冢墓害，及决东去，元城不忧水，故遂不堤塞。”黄河濮阳以下又失故道，东流泛东郡、平原、济南、千乘四郡，经千乘县东北入海。

6. 东汉王景治河固定新河道

公元11年“河决魏郡”后，水患持续60余年。东汉明帝永平十二年（公元69年）夏，王景奉诏治河。王景与王吴“商度地势，凿山阜，破砥碛，直截沟漳，防遏冲要，疏决壅积”，动用劳力数十万，历经一年，疏导治理，筑堤“自荥阳东至千乘（今滨州市蒲城）海口千余里”，固定出一条新的河道，史称“东汉河道”，俗称王景河道。这条河道的流路位置大致是：今浚县以上仍行西汉黄河旧道，以下经濮阳汇入黄龙潭，逶迤东行，由后寨、徐堤口、刘堤口、濮阳县城南门外、清河头、临河寨、田村，至孙固城折转东至东阿西，再转向东北，经茌平东、禹城西、平原东南、临邑西，过临邑折向东南经临邑东、商河西，东过商河南、惠民南、滨州北，至利津东南入海。

“东汉河道”自东汉永平十二年（公元69年），历经三国、晋、南北朝、唐、五代，至宋仁宗景祐元年（1034年），行河900多年，是有史以来维持最久的一条河道（见图1-3）。这个时期，濮阳河道决溢较少，无重大变迁。

7. 北宋澶州横陇改道

宋仁宗景祐元年（1034年）七月，河决澶州横陇埽（在濮阳市华龙区岳村北），于汉唐旧河之北另辟一新道，史称“横陇故道”。据《宋会要辑稿·方域》记载，“河独从横陇出，至平原分金、赤、游三河，经棣、滨之北入海”。姚汉元《中国水利史纲要》说，“河决时弥漫而下，东北至南乐（今为县）、清平（今为镇）县境……自清平再东北至德州平原（今为县）分金、赤、游三河，经棣（治厌次，今惠民县）、滨（治渤海，今滨县北）之北入海”。邹逸麟《宋代黄河下游横陇北流诸道考》定此河“经今清丰、南乐，进入大名府境，大约在今馆陶、冠县一带折而东北流，经今聊城、

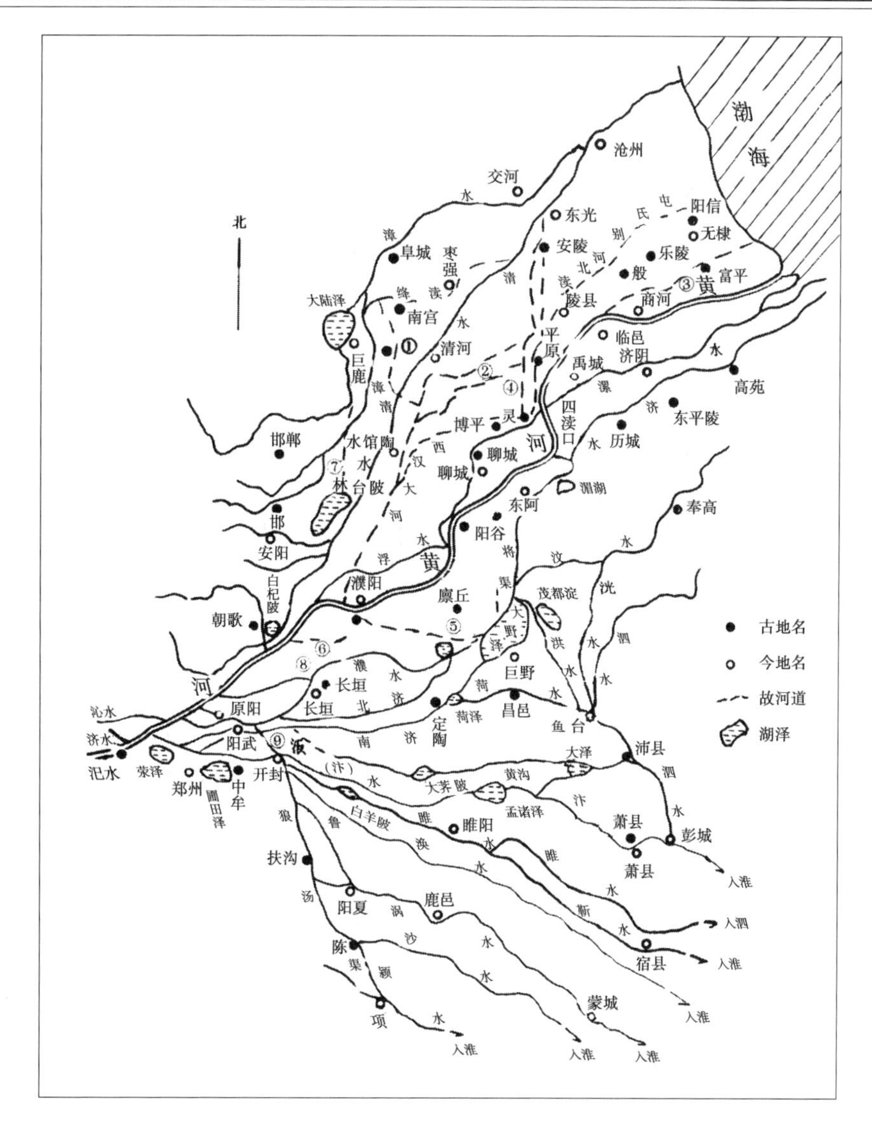

图1-3 王景治河后黄河下游河道示意图

高唐、平原一带，经京东故道之北，下游分成数股，其中赤、金、游等分支，经棣（治今惠民县）、滨（治今滨县）二州之北入海”。今清丰县六塔集以南尚留有一决口深塘，名黄龙潭，“约二十余顷，水渊深，经岁不竭”。此河道形成之初，“水流就下，所以十余年间，河未为患”，直到庆历三四年，“横陇之水，又自下流海口先淤，凡一百四十余里”，“其后游、金、赤三河相次又淤”，下流既淤，必决上流，终于在庆历八年发生商胡决口改道北流，横陇河干涸，历14年。

8. 北宋澶州商胡改道

宋仁宗庆历八年（1048年）六月，黄河在澶州商胡埽（今濮阳东北栾昌胡附近）决口，改道北流，这是黄河又一次大改道。其流路大致是：自濮阳东北栾昌胡，蜿蜒向北经赵庄、六塔集以西，经清丰东、南乐东、大名东、馆陶东、临清西、武城西、故城东、阜城西至武强东折而东北流至青县东、静海西，于天津西循海河尾闾入海，史称“北流”。

濮阳商胡改道后，北流河道已移至西汉屯氏别河和张甲河以西，其下游与禹河主流十分逼近。

9. 宋大名第六埽决口分流

宋仁宗嘉祐五年（1060年），黄河又在大名第六埽（今南乐西）向东决出一支分流，其流路位置大致是：在今南乐西决出，向东北流，经今莘县西北至聊城北入西汉大河故道，循西汉故道东北流至平原西，与故道分流，东合笃马河（今马颊河）经陵县北，又东北经乐陵南、庆云南，于无棣北入海，时称二股河，也称“东流”。

东流与北流并存近40年，且互为开闭。熙宁二年（1069年），为实现全河东流，堵塞北流，使河水尽归二股河入海。黄河单独东流入海持续11年，直至元符二年（1099年）六月末河决内黄口之后，东流遂绝。

宋朝统治阶级内部就黄河是北流还是东流的问题进行激烈的争论，长达数十年之久。

10. 北宋澶州曹村改道

宋神宗熙宁十年（1077年）七月十七日，大雨。黄河决澶州曹村（今濮阳县陵平），“凡灌郡县四十五，而濮、齐、郓、徐尤甚，毁官亭、民舍数万，坏田逾三十万顷”。“澶州北流断绝，河道南徙”，经濮阳、范县东汇梁山张泽泺（今东平湖蓄洪区），流分两股，一股汇北清河，经东阿、平阴、长清、齐河、历城、济阳、武定、宾县，至利津入海；一股经汶上、嘉祥、济宁，汇泗水至徐（州）、邳（县）、淮阴入淮河。这次河决，是黄河一次大的改道，与前几次有明显不同，大河夺流南泛。这是北宋规模最大的一次河决，朝野震动，北宋政府征发13万军民参加堵口。于次年（元丰元年）闰正月开工，四月决口合龙，河复北流（见图1-4）。

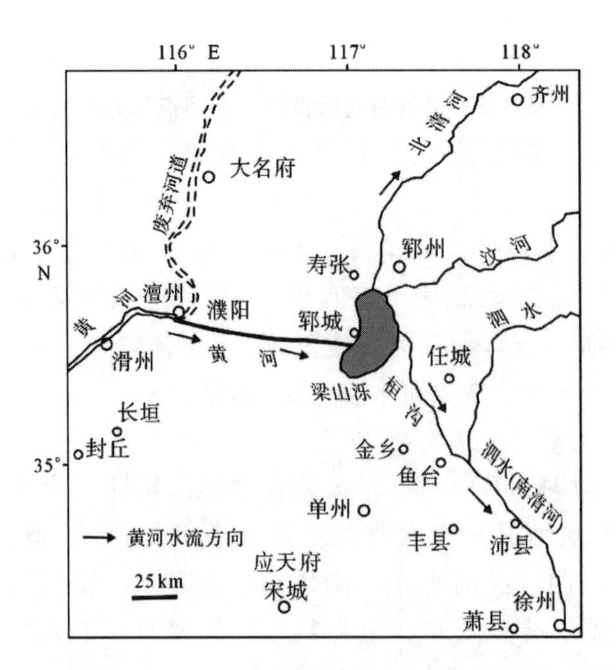

图1-4 熙宁十年七月至元丰元年四月黄河下游河道图

此次决口，水环梁山，形成方圆数百里水泊，今范县、台前境内潴水数十年。澶州南城圮于水中，从此州治移至北城，并将北城扩建，城垣周长6千米，南列而北拱，形似卧虎，即今濮阳县城内旧城。

11. 北宋澶州小吴埽决溢

宋神宗元丰三年（1080年）七月，河决澶州孙村、陈埽及大吴、小吴数处，修塞后于元丰四年（1081年）四月，小吴埽（今濮阳西南）又一次大决，形成一条新河，即小吴北流新河。小吴北流经濮阳、内黄东、清丰西，历南乐、大名、馆陶、丘县、清河、枣强、冀县、衡水等处，从武邑东北流，经武强、阜城、交河，至南皮西汇入御河，北流至独流口会界河，至天津西入海。元祐八年（1093年）又一次人为挽河东流，但没有几年，又于元符二年（1099年）六月末，“河决内黄口，东流遂断绝”。内黄河决北流，仍走元丰小吴北流的旧道，行河29年，至南宋初杜充决河南流入淮以后渐渐断流。宋代黄河下游河道见图1-5。

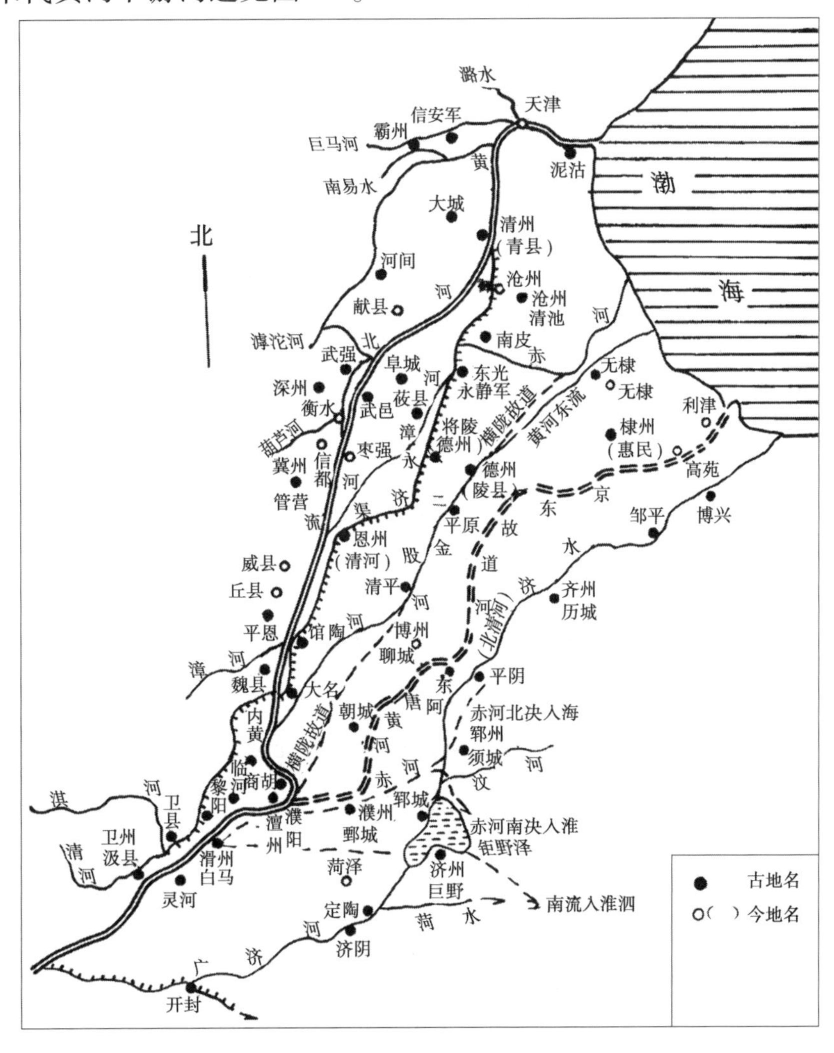

图1-5 宋代黄河下游河道示意图

12. 南宋杜充决河改道

宋高宗建炎二年（1128年）冬，东京留守杜充，“决黄河自泗入淮，以阻金兵”，黄河下游河道从此又一大变。杜充决河的地点及新河流经，史无明文，《中国自然地理·历史自然地理》定在滑县上流的李固渡（滑县西南沙店集南三里许）以西。决口以下，河水经今滑县零河村（宋灵县故址）、妹村（宋韦城县故址）以北东流，经濮阳、东明之间，再东经鄄城、巨野、嘉祥、金乡一带汇入泗水，经泗水南流，夺淮河注入黄海。中国人民大学周继中在《金代黄河下游上段河道的变迁》中认为：“建炎二年至大定七年（1167年）40年间的下游上段河道，自原武，经阳武、卫州、郓城东流，汇于梁山泊，再经南北清河分流或单股自泗入淮。大定七年，河出梁山泊，北溃寿张城，再合北清河入于海，此河道于大定二十年前断绝。”金大定八年（1168年）六月，河复决李固渡（滑县境），流经曹、单两州，较旧道偏南。当时新河过水6分，旧河过水4分。大定二十年（1180年）七月，“河决卫州及延津京东埽”后，形成三河分流的局面，其中一支自汲县、白马、濮阳、范县、郓城等州县至嘉祥入泗。大定二十六年（1186年），河决卫州堤北流，自建炎二年断绝的北流再次恢复。金章宗明昌五年（1194年）八月，“河决阳武固堤，灌封丘而东”，河愈南徙，旧河闭绝。此后600多年黄河不经濮阳。

13. 元代、明代濮阳境黄河

元代、明代濮阳境没有正河，偶有上边决溢洪水在濮阳境形成支流，存在时间较短。元至正二十六年（1366年）黄河在封丘以下北徙，“上自东明、曹、濮，下及济宁皆被其害”。明洪武元年（1368年）、十三年（1380年）黄河决口淹没寿张城。正统十三年（1448年）七月，河决新乡八柳树，洪水大溜经阳武北、延津南、长垣南、濮州南、范县南，至东昌境寿张冲决沙湾运河堤，穿过运河，夺大清河入海。代宗景泰二年（1451年），“河决濮州，城圮”。景泰三年（1452年），濮州遭受黄河水患，州治迁至王庄（今范县濮城镇）。河决沙湾，直冲大洪口（在今河南台前县东北）。

14. 清铜瓦厢改道

清咸丰五年（1855年）六月十九日，黄河于兰阳铜瓦厢三堡下无工堤段溃决，二十日全河夺溜。铜瓦厢决口后，主流西北行，淹及封丘、祥符两地，而后折转东北，淹及兰仪、考城（后兰仪、考城合为兰考县）、长垣等县，河水至长垣县兰通集，“溜分两股，一由赵王河下注；一股由长垣县之小青集行之东明县之雷家庄，又分两股，一股由东明县南门外下注，水行七分，经山东曹州府迤北下注，与赵王河下注漫水汇流入张秋镇穿运。一股由东明县北门外下注，水行三分，经茅草河，由山东濮州城（今范县濮城镇）及白衣阁集、逯家集、范县迤南，渐向东北行，至张秋镇穿运”（《再续行水金鉴》引《黄运两河修防章程》），夺大清河至利津县注入渤海（见图1-6）。

铜瓦厢决口后，水流经过7~10米的跌差，从口门倾泻而下，在下游逐渐形成一个冲积扇，上起口门、下至张秋长约150千米、宽达30多千米的范围内自由漫流达20余

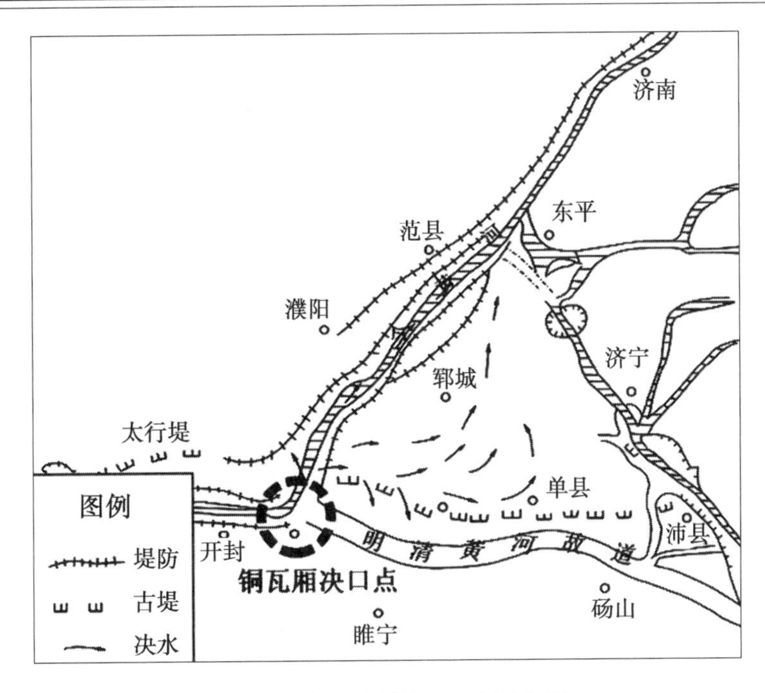

图 1-6　铜瓦厢黄河改道示意图

年。咸丰十一年至同治五年（1861～1866 年），主流北徙灌濮州（今范县、濮城），冲开州（今濮阳）金堤，大溜沿金堤下注。此后泛水南徙，光绪元年（1875 年）修障东堤，至光绪三年（1877）八月，在金堤以南修筑濮州至东阿近河北堤。至此，铜瓦厢以下至张秋间两岸堤防形成，黄河遂被约束于两堤之间，从而结束了长期漫流的形势。

15. 民国 27 年郑州花园口决河南徙

民国 27 年（1938 年）6 月，南京国民政府为阻止日本侵略军西进，派军队扒决黄河。6 月 5 日，将中牟县赵口河堤掘开，因过水甚小，又于 6 日掘郑州花园口堤。9 日花园口河堤掘开过水。后三日，大河盛涨，“洪水滔滔而下，将所掘堤口冲宽至百余米”。大股河水沿贾鲁河入颍河，至安徽阜阳，由正阳关入淮；少股河水顺涡河至安徽亳州，由怀远入淮。濮阳河道遂断流。

16. 民国 36 年河复故道

民国 36 年（1947 年）3 月 15 日，民国政府堵复花园口决口，黄河复归濮阳故道至今。

濮阳境内黄河迁徙变化情况见表 1-11、图 1-7。

表 1-11　濮阳境内黄河迁徙变化情况

时间	迁徙情况	行河时间
周定王五年（公元前 602 年）	河决宿胥口（今淇河、卫河合流处），黄河第一次大改道。河东行漯川，至长寿津（今河南滑县东北）入濮阳境，经清丰、南乐、大名、馆陶，东北行至章武（今河北沧县东北）入海，史称“西汉故道”	590 年

续表 1-11

时间	迁徙情况	行河时间
汉武帝元光三年（公元前 132 年）	春，河决顿丘（今清丰西南）东南流，经范县、聊城，东北行至千乘（滨县南）入海。 夏，河在濮阳县西南瓠子决口，河水东南流，经巨野泽，由泗水入淮河。23 年后，决口堵塞，河复归“西汉故道”	23 年
王莽始建国三年（公元 11 年）	河决顿丘以北阴安（清丰县城西北）东南流，经南乐、聊城，至利津一带入海	58 年
汉明帝永平十二年（公元 69 年）	王景治河，筑堤千里，固定出一条新河道，史称“东汉河道”。这条河道自西汉大河长寿津东北行，入濮阳境，汇入黄龙潭，经濮阳县城南、清河头，至孙固城折转东于东阿西入山东境，至利津东南入海	965 年
宋仁宗景祐元年（1034 年）七月	河决澶州横陇埽（今濮阳市区岳村北），于汉唐旧河之北另辟一新道，史称“横陇故道”	14 年
宋仁宗庆历八年（1048 年）六月	河决澶州商胡埽（今濮阳东北栾昌胡附近），改道北流，自濮阳东决出后，向北流经清丰东、南乐东、馆陶东、故城东、阜城西至武强东折而东北流至静海西，于天津入海，史称“北流”	12 年
宋仁宗嘉祐五年（1060 年）	河在大名第六埽（今南乐西）向东决出一支分流，经南乐西东北流至聊城北入西汉故道，于无棣北入海，时称二股河，也称“东流”	17 年
宋神宗熙宁十年（1077 年）七月	河决澶州曹村（今濮阳陵平），河道南徙，经濮阳、范县东汇梁山张泽泺（今东平湖蓄洪区），流分两股，一股汇北清河，至利津入海；一股汇泗水至淮阴入淮河	4 年
宋神宗元丰四年（1081 年）四月	河决澶州小吴埽（今濮阳西南）北流，经濮阳、内黄、清丰、南乐、大名、馆陶、衡水，从武邑东北流，至天津西入海	18 年
宋哲宗元符二年（1099 年）六月	河决内黄（今内黄县），主流仍走小吴埽北流故道，东流尽绝，唯北流独存。自 1048 年至 1099 年，黄河或北流，或东流，长达 50 年之久	29 年
宋高宗建炎二年（1128 年）冬	东京留守杜充在滑县李固渡决河，以阻金兵。河水东流，经今滑县南，濮阳、东明之间，再东经鄄城、金乡入泗水南流，夺淮河入黄海。自此，黄河南徙，历经元、明、清，至清咸丰五年（1855 年），长达 727 年	南徙 727 年
清咸丰五年（1855 年）六月	河决兰阳（今兰考县境）铜瓦厢，河水经濮州城（今范县濮城镇）、范县，至张秋镇穿运河，夺大清河至利津县注入渤海。其后的 20 年内，洪水以铜瓦厢为顶点，北至北金堤，南至今曹县、砀山一线自由漫流，河势分散，正溜无定。直至 1876 年全线河堤告成，现今黄河下游河道始基本形成	83 年
民国 27 年（1938 年）6 月	国民政府扒开花园口大堤，阻挡日军西进。黄河南徙，由贾鲁河、颍河入淮	9 年
民国 38 年（1947 年）3 月	花园口决口堵塞，河复归故道至今	至 2015 年 69 年

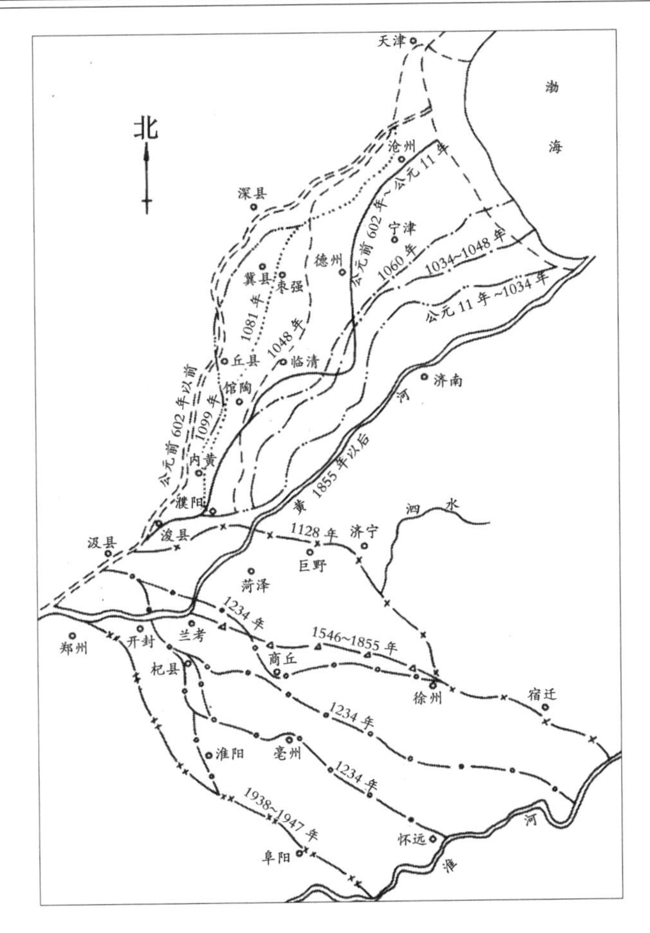

图 1-7　黄河下游河道变迁图

（二）其他古河流及潭坑

1. 河流

濮阳境内的古河流主要有六塔河、濮水、瓠子河、澶渊、澶水、硝河、毛相河、魏河、洪河、清河、土河、广济渠、漳河等。

（1）六塔河。六塔河经清丰县六塔乡、瓦屋头乡、仙庄乡、巩营乡，入南乐县境。宋嘉祐元年（1056 年）四月，塞商胡北流，引黄河水入六塔河，因河小水大不能容，又造成决口。在清丰县东 9 千米筑有六塔西堤，称宋堤。

（2）濮水。又名濮渠。为古黄河、济水的支流。其源有二。其一，《水经注校》卷五：河水“东至酸枣县（今延津县西南）西，濮水东出焉”。《水经注校》卷八：濮水“上承济水于封丘县，即《地理志》所谓濮渠水首受济者也”。其二，济水支流的濮水东经匡城（今长垣县城西南），又东北至长垣县城南与黄河支流的濮水合流。经滑县、濮阳、东明注入古巨野泽。“桑间濮上”“庄周垂钓于濮”等均与濮水有关。因“大河迁决不时，濮水遂至淹废”。

（3）瓠子河。西汉元光三年（公元前 132 年），黄河从濮阳西南瓠子口南决成河，故名。瓠子河“东南注巨野，通于淮泗”，泛滥 20 余年，淹 16 郡。东汉永平十二年（公元 69 年），王景沿黄河筑堤，瓠子河遂绝。

（4）澶渊、澶水。澶渊，古湖泊名，又名繁渊。因澶水注入，故名，遗址在今濮阳县西。澶水自今内黄县南部入濮阳境，经王助一带入澶渊，又东去经高城入山东境。《宋史》载："开宝四年（公元971年），河决澶渊，黄河南去，遂成大陂。"

（5）硝河。源于浚县，经滑县入濮阳县境，经濮阳县城西入马颊河。又东北经戚城北又东汇入赵村陂。再北入清丰县界，今淤。

（6）毛相河。原是小河，清康熙六十年（1721年）黄河从封丘荆隆决口，冲成大河，经长垣、东明流入濮阳境，又入菏泽与洪河汇流，再入濮阳境，东南承漆水，经大、小兰溪等村，西南承仓马河、白沟河诸水；东南承无名水（旧濮水故道），过杨家楼入濮州界与魏河相汇，注入山东巨野泽。

（7）魏河。为瓠子河下游，由濮阳文留东王家桥东流，于石墓头入范县境，东北经傅家庄、常家庄，又东北毛家岗、李家桥、冯家堤口、史家桥，到羊二庄南与洪河汇合。

（8）洪河。为洪水支流。洪水自东明县城东关，东北至濮阳芟河附近，东经冷占、曹桥、韩岗，至史家滩汇毛相河。清嘉庆八年（1803年），黄河漫溢，支流洪河在汉邱分为二：其一后被洪水淤没；另一支经陈家楼、习城，东北经穆家楼、六市，东注仓马河，又东北汇毛相河。洪河自开州梅家桥（今黄河南）入濮州境，东北经董家口、韩家桥、周家桥，又东北经旧城南桥（今鄄城县旧城）、徐家桥，到拐头与小流河汇合，又向北到羊二庄与魏河合流。

（9）清河。在濮阳城东10千米，原为坡洼涝水汇集而成，河水终年澄清不竭。

（10）清河。洪河、魏河在范县羊二庄南汇合后，北行经宋名口至古城南为清河。清河沿金堤南侧东北行，经竹口至张秋镇汇入通河（小运河）。

（11）土河。在台前县南6千米。明洪武二十四年（1391年），河决阳武（今原阳）黑羊山，经长垣、濮县，过东影唐（今台前县东南）北，往东折入张秋运河。现仍存遗迹。

（12）运河。在今台前县东约15千米，经沙湾、张秋，向北经东昌（聊城）到临清汇卫河。今境内运河段堙没。

（13）广济渠。明景泰四年（1453年），中宪大夫、都察院佥都御史徐有贞治河，自黄河北河口（今武陟县北）至山东张秋开挖广济渠，渠经范县入台前县境，穿白岭、古贤桥、影唐等地，以引沁水济会通河漕运。总长245千米。清代改称魏河。

（14）漳河。光绪十四年（1888年），漳河由大名五家井村进入南乐县吴村，向东流经仓颉陵前，又东北经安家庄东、邵家庄北、崔村铺东南与卫河相汇。至1937年，这条河道又滚迁到大名县境，南乐留有故道。现为排涝沟。

2. 潭坑

主要是黄河决口时冲击的坑洼，积水成潭。

（1）濮阳县黑龙潭。汉武帝元光三年（公元前132年）五月，"河决于瓠子（瓠子堤是濮阳新习境内一段黄河大堤，决口地点在土垒头与马寨之间），东南注巨野，通于淮、泗”。至公元前109年决口复堵。濮阳县新习南焦二寨西留有黑龙潭。

（2）清丰县黄龙潭。六塔河决口冲成的跌坑。在清丰县瓦屋头镇碱场村附近。已湮塞。

（3）范县黑龙潭。在县城南7千米处。清顺治六年（1649年）被洪水淹没淤塞，康熙元年至十年（1662～1671年）又挖成潭，后又淤塞。另有龙门口，为廖桥决口的潭坑。

二、决溢灾害

黄河是一条多泥沙和决溢改道频繁的河流。在先秦时期，因无堤防约束，黄河自由泛滥演变。战国后，黄河堤防逐步形成，河水被约束，泥沙淤积限于两堤之间，河床高出两岸地面，形成悬河，遇有大的洪水，就有决口改道之患。黄河决口后，洪水以及所挟带的大量泥沙，所及之处，自然面貌和植被遭到破坏，河湖淤积，造成水系紊乱，进一步加重旱、涝灾害。大量良田严重沙化、碱化，土地荒芜，长期颗粒不收，百姓啼饥号寒，被迫离乡乞讨，维持生计。

从周定王五年（公元前602年），到1938年的2540年中，黄河下游大的改道26次，决口泛滥1593次，平均三年两决口，百年一改道。灾难殃及冀、鲁、豫、苏、皖、津5省1市，在25万平方千米的大平原上，几乎到处都有黄河决口改道留下的痕迹。濮阳境内黄河迁徙16次，其中在濮阳境内改道迁徙的10次，境外河段决口造成濮阳河道迁徙的6次。濮阳境内有记载的118个洪水年中，濮阳河段决溢155处，境外河段决溢殃及濮阳境29次。

周定王五年（公元前602年）河决宿胥口后，黄河入濮阳境，至汉文帝十一年（公元前169年）的433年间，濮阳境内没有黄河决溢灾害记载。

汉文帝十二年（公元前168年），河决酸枣（今河南延津县迪南），至王莽始建国三年（公元11年）河决魏郡元城（今清丰西北）黄河改道的179年间，濮阳境内记载有55个洪水年，共决溢7处，濮阳境外决溢殃及濮阳境内的2次。历时长、损失大的是公元前132年濮阳瓠子决口。决口后洪水东南注巨野，淹及16郡，连续泛滥23年，造成“岁因以数不登”，“人或相食，方一二千里”。

东汉永平十二年（公元69年），王景治河以后，黄河下游有一个较长的安流期，经魏、晋、南北朝至唐代（公元755年）的686年间，濮阳境内黄河没有决徙的记载，只有1次河溢的记载，即唐开元十四年（公元726年）秋，黄河及其支流皆溢，“坏、卫、郑、洛、濮民，或巢舟以居，死者千计”。唐代后期（公元765～880年）124年间，黄河平均7年1次水灾，而多集中在滑澶（今滑县、濮阳）之间河道束窄处，但濮阳境内没有决溢记载，这与唐朝东都战后残破，记载缺略有关。五代（公元907～960年）54年间，濮阳境内记载有7个洪水年，决溢5处，濮阳境外决溢殃及濮阳境内的4次。

北宋前期（公元960～1047年），黄河行流京东故道的88年间，下游有34年决口，共78次。其中有一半以上发生在滑澶之间河道狭窄段及转折处。濮阳境内记载有19个洪水年，共决溢16处，濮阳境外决溢殃及濮阳境内的6次。天禧三年（1019年）六月，滑县城西南岸溃决，延续8年，洪水殃及濮阳境内，造成严重灾害。景祐元年（1034年）七月，河决澶州横陇埽，久而不塞，形成横陇河，“水流就下，所以十余年间，河未为患”。

北宋后期（1048～1127年）的79年间，下游有33年决溢，共55次。濮阳境内记载有10个洪水年，共决溢11次。其间，黄河在濮阳境内有5次大的决口迁徙，每次决溢迁徙，都给濮阳人民带来深重的灾难。

金、元、明、清前期（1128～1884年）757年，黄河夺淮入海，宋建炎二年（1128年）东京留守杜充自河南滑县决河，黄河主流走曹、濮间凡40年。金皇统二年（1142年）以后，黄河河道逐渐稳定在从河南滑县李固渡流向东北，经河南濮阳、山东鄄城南、巨野县北、东折而东南流入古泗水入淮。至清咸丰五年（1885年），记载濮阳境内黄河有23个洪水年，决溢共8处，境外决溢殃及濮阳境内的5次。其中金代决溢1处、殃及3次，元代决溢2处，明代决溢9处、殃及5次，清代前期殃及5次。

清代后期（1855～1911年）57年间，濮阳境内黄河泛滥频繁，记载有40个洪水年，共决溢64处、殃及2次。文宗咸丰五年（1855年），河决兰阳铜瓦厢，“下游之濮州、范县、寿张等州县已据报被淹”。河水在上起口门下至张秋长约150千米、宽达30～35千米的范围内自由漫流达20余年，被漫淹的村庄达6100余个。同治二年（1863年）六月水涨，“直隶之开（州）、东（明）、长（垣）等邑，山东之濮（州）、范（县）等邑，每遇黄水出槽，必多漫溢，而东明、濮州、范县等处水皆靠城行走，尤为可虑”。光绪四年（1878年）正月十七，凌河决濮州李家桥，范县等地受灾，人多疫死。光绪十三年（1887年）五月、六月开州大辛庄黄河漫溢决口，水灌东境，濮、范、寿张等全部受灾。

民国元年至民国26年（1912～1937年）的26年间，濮阳境内黄河水灾比清末更为频繁，大堤、民埝决口不断，河患愈演愈烈，濮阳境内记载有14个洪水年，共决溢36次，境外决溢殃及2次。较严重的水灾发生于民国2年（1913年）7月，开县（今濮阳县）习城双河岭决口，洪水沿北金堤漫淹开县、濮县、范县、寿张等县，水深约2.5米，田禾、民房、牲畜毁淹殆尽。民国3年（1914年）冬，凌汛期间冰积水涨，凌水从决口涌出，附近村庄夜里漫淹，民众呼号之声不绝于耳，灾民因衣食无着，被迫流亡他乡。民国11年（1922年）和民国19年（1930年）汛期，濮县廖桥等处民埝冲决，漫淹濮县、范县、寿张、阳谷等县土地2.67万公顷，霍乱、伤寒等疾病流行，死者甚多。民国14年（1925年）8月，濮阳县李升屯民埝漫决，南金堤与民埝之间的濮县、范县、寿张县尽成泽国。民国22年（1933年）8月，徐州环城黄河故堤决口，河水一路北流，淹没濮州、范县、寿张、阳谷4县。

中华人民共和国成立后的1950～2015年，濮阳河段有8000立方米每秒以上的洪水年12年，未曾发生决溢事件。

濮阳历代黄河决溢情况见表1-12，濮阳历代黄河洪水决溢灾害情况见1-13。

表1-12　濮阳历代黄河决溢情况

朝代	公元纪年		洪水年	决溢处数	殃及次数
	起	止			
总计	—	—	118	155	29
汉代	公元前206年	公元220年	5	7	2
唐代	公元618年	公元907年	—	—	1
五代	公元907年	公元960年	7	5	4
宋代	公元960年	1127年	29	31	4
金代	1115年	1279年	4	1	3
元代	1206年	1368年	2	2	—
明代	1368年	1644年	12	9	5
清代	1644年	1911年	45	64	8
民国	1912年	1949年	14	36	2

表1-13　濮阳历代黄河洪水决溢灾害情况

时代	年份		决溢及受灾情况
	年号	公元纪年	
汉代	文帝十二年	公元前168年	“河决酸枣，东溃金堤。”(《史记·河渠书》) “十二年冬十二月，河决东郡。”(《汉书·文帝纪》) “于是，东郡大兴卒塞之。”(《史记·河渠书》)
	武帝元光三年	公元前132年	“春，河水徙，从顿丘东南流入渤(勃)海。”(《史记·河渠书》) “夏五月，河水决濮阳，泛郡十六。”(《汉书·武帝纪》) “孝武元光中，河决于瓠子，东南注巨野，通于淮泗。”(《汉书·沟洫志》)
	宣帝本世二年	公元前72年	河决濮阳瓠子宣房宫，殃及周围郡县
	成帝建始四年	公元前29年	“秋，桃李实，大水，河决东郡金堤。”淹4郡32县，水深处3丈许，房屋倒塌4万余座。(《汉书·成帝纪》)
	王莽始建三年	公元11年	“河决魏郡，泛清河以东数郡。”(《汉书·王莽传》) “河决治亭改道东流。”(光绪《开州志》)
唐代	玄宗开元十四年	公元726年	秋，黄河及其支流皆溢，“坏卫、郑、洛、濮民，或巢舟以居，死者千计”
五代	后梁末帝 贞明四年	公元918年	八月，梁将谢颜章决黄河，水淹晋军，并涌入今台前县境内
	龙德三年	公元923年	秋，梁将段凝以唐兵相逼，自酸枣(今延津县境)决河，东注于郓州(今东平西北)以阻唐兵南下，因决口扩大，在曹州、濮州、寿张为患
	后晋高祖 天福六年	公元941年	“冬十月，河决滑、濮、郓、澶州。”民众漂溺甚众。(《新五代史·晋本纪》)
	天福七年	公元942年	“瓠子(濮阳)河又涨溢。”《新旧五代史·纪》
	后晋出帝 开运元年	公元944年	六月，滑州河决，侵曹、濮等州
	开运三年	公元946年	“九月，河决澶、滑、怀州。”(《新五代史·晋本纪》)，灾及全境
	后周太祖 显德元年	公元954年	十一月，河决杨柳、博州，水泛郓州、濮州等地

续表 1-13

时代	年份		决溢及受灾情况
	年号	公元纪年	
宋代	太祖乾德二年	公元 964 年	七月,澶州河坏堤,毁护岸石百八十步(嘉靖《开州志》)
	乾德三年	公元 965 年	九月,河决澶州(《宋史·太祖本纪》)
	乾德四年	公元 966 年	“六月,河决澶州观城流入大名境成灾。闰八月,河水流入澶州卫南县。”(《宋史·五行志》)
	太祖开宝四年	公元 971 年	“十一月,河决澶渊,淹郓、濮成灾。”(《宋史·河渠志》)
	开宝五年	公元 972 年	“五月,河大决濮阳,澶、滑、济、郓、曹、濮六州大水。”(《宋史·河渠志》)
	开宝七年	公元 974 年	“澶州河决。”(光绪《开州志》)
	开宝八年	公元 975 年	“五月,河决濮州郭龙村。六月,澶州河决顿丘县。”(《宋史·五行志》)
	太平兴国二年	公元 977 年	六月,孟州河溢涨于澶州,坏英公村堤三十七步(嘉靖《开州志》) “七月河决顿丘。”(《宋史·太宗本纪》)
	太平兴国三年	公元 978 年	“滑州灵河县河塞,复决。”(《宋史·河渠志》)濮阳受水灾,害稼及民舍
	太平兴国八年	公元 983 年	“五月,河大决滑州韩村(又说房村),泛澶、濮、曹、济、诸州居田,坏居人庐舍,东南流至彭城界,入于淮。”(《宋史·河渠志》)
	太平兴国九年	公元 984 年	“春,滑州复言村河决。”(《宋史·河渠志》)濮阳复被淹
	太宗淳化四年	公元 993 年	“九月,澶州河涨,冲陷北城,坏居人庐舍、官署、粮仓殆尽,民溺死者甚众,……十月,澶州河决,水西北流入御河,灾及顿丘、清丰、南乐等地,浸大名府城。”(《宋史·五行志》)
	真宗景德元年	1004 年	“九月,澶州决横陇埽。闰九月发兵修堵。”(《宋史·河渠志》)
	景德二年	1005 年	“河决澶州。”(光绪《开州志》)
	景德四年	1007 年	“七月,河溢澶州,坏王八埽,发兵修堵。”(《宋史·五行志》)
	大中祥符六年	1013 年	“八月河决澶州。”(《宋史·五行志》)
	大中祥符七年	1014 年	“八月河决澶州大吴埽。”(《宋史·本纪》) “九月,河决,坏横陇等埽,役徒数千筑新堤,亘二百四十步”(嘉靖《开州志》)
	真宗天禧三年	1019 年	“六月乙未夜,滑州河溢城西北天台山傍,俄复溃于城西南,岸摧七百岁,漫溢州城,历澶、濮、曹、郓,注梁山泊,又合清水、古汴渠东入淮,州邑罹患者三十二。”(《宋史·河渠志》)
	仁宗天圣六年	1028 年	“八月,河决于澶州之王楚埽,凡三十步。”(《宋史·河渠志》)

续表 1-13

时代	年份		决溢及受灾情况
	年号	公元纪年	
宋代	仁宗景祐元年	1034 年	“七月，河决澶州横陇埽。久不塞，河向北分支至平原”（《宋史·河渠志》）
	景祐二年	1035 年	“河决横陇改而北。”（嘉靖《开州志》）
	仁宗庆历八年	1048 年	“六月癸酉，河决商胡埽，决口广五百五十七步。”（《宋史·河渠志》）
	仁宗至和二年	1055 年	“至河中，河决小吴埽，破东堤顿丘口……”（《宋史·康德舆传》）
	仁宗嘉祐元年	1056 年	“四月壬子朔，塞商胡北流，入六塔河，不能容，是夕复决。河决小吴埽破东堤顿丘口。”（《宋史·河渠志》）
	神宗熙宁四年	1071 年	“八月，河溢澶州曹村。”（《宋史·河渠志》）
	熙宁十年	1077 年	“七月，遂大决于澶州曹村，澶渊北流断绝，河道南徙，东汇于梁山、张泽泺，分为二派，一合南清河入于淮，一合北清河入于海，凡灌郡县四十五，而濮、齐、郓、徐尤甚，坏田逾三十万顷。”（《宋史·河渠志》） “秋，河大决，澶州改道遂绝。”（光绪《开州志》） “元丰元年，决口塞。诏改曹村埽为灵平。”（嘉靖《开州志》）
	神宗元丰三年	1080 年	“七月，澶州孙陈埽及大吴、小吴埽决。”（《宋史·河渠志》）
	元丰四年	1081 年	“四月，小吴埽复大决，自澶（州）注入御河，恩州危甚。”（《宋史·河渠志》）
	元丰五年	1082 年	“七月，决大吴埽，堤以纾灵平下埽危急。”（《宋史·河渠志》）
	哲宗元祐四年	1089 年	都水使者吴安特为解南宫堤防危急，遂开孙村口（今清丰县孙村附近），以为回河之策。孙村口狭窄，德清军等处皆遭水患
	哲宗元符元年	1098 年	“是岁，澶州河溢。”（《宋史·哲宗本纪》）
	南宋建炎二年	1128 年	东京（今开封市旧城）留守杜充决黄河以阻金兵，黄河改道南流，下游分三支，其中一支流经濮、范、郓等州县地，灾情严重
金代	世宗大定七年	1167 年	黄河水破寿张城，县治移于竹口镇（今山东省阳谷县祝口村）。大定十九年（1179 年），复迁旧址
	大定二十七年	1187 年	“河决曹、濮间，濒水者多垫溺。”（《金史·康元弼传》）
	章宗明昌五年	1194 年	八月，“河决阳武故堤，灌封丘而东”。“决水北抵寿张，水围县城，注梁山泺”

续表 1-13

时代	年份		决溢及受灾情况
	年号	公元纪年	
元代	泰定元年	1324 年	“七月,大名路开州濮阳县河溢。”(《元史·泰定帝本纪》)
	惠宗至正二十二年	1362 年	七月,河决范县,范县、寿张皆受灾
明代	太祖洪武元年	1368 年	黄河决口,寿张县城毁,县治移置寿张集东南、梁山之东北脚下,属东平府
	洪武十三年	1380 年	河决杨静口,范县、寿张深受水灾,两县城分别迫迁于古城、王陵店
	洪武二十四年	1391 年	河决阳武黑羊山,水注长垣、濮州、范县,过东影唐北折入张秋漕运。溢水漫处,村聚为墟,受灾严重
	英宗正统二年	1437 年	十月,河溢濮州、范县,泛滥成灾
	正统十三年	1448 年	七月,河决河南新乡八柳树村,漫流山东曹州、濮州(在今河南范县境),抵东昌,坏沙湾堤
	代宗景泰二年	1451 年	河决濮州,城圮
	景泰三年	1452 年	“河决濮州,州治迁王庄。” “六月大雨浃旬,复决沙湾北岸,掣运河之水以东,近河地皆没。”(《明史·河渠志》)
	景泰四年	1453 年	“正月,河复决沙湾新塞口之南。” “五月大雷雨,复决沙湾北岸,掣运河之水入盐河,漕舟尽阻。”(《明史·河渠志》)
	孝宗弘治二年	1489 年	河决封丘荆隆口,泛水经沙湾北冲张秋金堤,寿张全境为患
	弘治五年	1492 年	“秋七月,张秋河决。”(《明史·纪事本末》)(决口地点在张秋金堤南,属今台前县夹河乡)
	弘治七年	1494 年	“春二月,河复决张秋。”(《明史·纪事本末》)
	神宗万历三十五年	1607 年	闰六月,河决原武黑羊滩、澶州等地,殃及濮州、范县、寿张等县,田禾尽淹,房屋多倾倒,“压溺漂死者甚重”
清代	顺治七年	1650 年	八月,兵部尚书、直鲁豫 3 省总督张存仁为淹榆园军决荆龙口黄河堤,水灌范县、寿张,汪洋百里,无复人烟,境内居民溺死逃亡者过半
	世祖顺治九年	1651 年	七月,黄河又决荆隆口,水复溢开州、濮州、范县、寿张等州、县,城乡皆为泽国,陆可行舟
	乾隆十六年	1751 年	“河决荆隆口,没州文留、习城诸村田庐。”(光绪《开州志》) 六月,河决阳武十三堡,经濮州、范县、寿张,穿沙湾运河夺大清河入海

续表 1-13

时代	年份		决溢及受灾情况
	年号	公元纪年	
清代	仁宗嘉庆八年	1803 年	九月十三日，封丘衡家楼（今封丘大功）因大溜顶冲，堤身塌陷决口。洪水由东明入濮州境，向东奔注，经范县、寿张沙河入运
	嘉庆二十四年	1819 年	七月，仪封十堡河决，口门宽四十丈，水漫濮、范、寿等州县，经沙湾至张秋南减水坝归大清河入海
	文宗咸丰五年	1855 年	六月十九日，兰阳铜瓦厢决口夺溜，河先向西北斜注，淹及封丘、祥符二县村庄，复折转东北，漫流兰、仪、考城及直隶长垣等县村庄，复分为三股……至张秋金堤南汇流，穿运至东阿鱼山夺大清河入海
	咸丰十一年	1861 年	河决金堤，水围濮州城，汪洋极一百四十余里
	穆宗同治元年	1862 年	十一月范县唐梁庄，因冰卡河水暴涨，大溜淘刷抢修不及而决口，口门 400 米，当年凌开堵干口
	同治二年	1863 年	“六月，河决司马集，州境被水淹者百余村。”（光绪《开州志》） 六月水涨，“直隶之开（州）、东（明）、长（垣）等邑，山东之濮（州）、范（县）等邑，每遇黄水出槽，必多漫溢，而东明、濮州、范县等处水皆靠城行走，尤为可虑”
	同治三年	1864 年	开州河北徙抵金堤，渠村、郎中、清河头等村庄俱被淹没
	同治四年	1865 年	秋，河决关家屯，一千零四村被河水淹没成灾。濮州（范县濮城）城尽被水漂，民溺死无数，以致官署迁徙流移，数年后才得以安定
	同治六年	1867 年	河决濮州，河两岸皆大水。“州境关家庄等一千一百四十七村，被河水漫淹成灾。”（光绪《开州志》）
	同治七年	1868 年	“州境于州屯等一千一百二十一村，被河水漫淹成灾。”（光绪《开州志》）
	同治八年	1869 年	“州境任家楼等七百一十三村，被河水漫淹成灾。”（光绪《开州志》）
	同治九年	1870 年	“州境南周寨庄等五百五十九村，被河水漫淹成灾。”（光绪《开州志》）
	同治十年	1871 年	“州境孙寨庄等二百六十二村，被河水漫淹成灾。”（光绪《开州志》）
	同治十一年	1872 年	“州境孙寨庄等一百七十二村，被河水漫淹成灾。”（光绪《开州志》）
	同治十二年	1873 年	“州境前柿子园等二百七十二村，被河水漫淹成灾。”（光绪《开州志》）
	同治十三年	1874 年	“州境司马集等一百零九村，被河水漫淹成灾。”（光绪《开州志》）
	光绪元年	1875 年	“州境齐家海等二百七十二村，被河水漫淹成灾。”（光绪《开州志》）
	光绪二年	1876 年	“州境马家海等一百二十一村，被河水漫淹成灾。”（光绪《开州志》）
	光绪三年	1877 年	“州境马家海等八十七村，被河水漫淹成灾。”（光绪《开州志》）

续表 1-13

时代	年份		决溢及受灾情况
	年号	公元纪年	
清代	光绪四年	1878 年	冬,正月十七日,黄河凌成灾,决口濮州李家桥,范县、寿张受重灾,大饥,人多疫死。 "九月大雨十余日,河决茅茨庄,州境被水者百一十余村。"(光绪《开州志》) 秋汛正旺,九月十四日夜水复陡涨,开州民埝安头溃决,金堤以南各村受水淹。 十月初六,开州民埝满水下注东境,濮州、范县、寿张等地水患
	光绪五年	1879 年	"州境铁刀庙等九十二村,被河水漫淹成灾。"(光绪《开州志》) "伏汛期间……河决寿张陶城铺"
	光绪七年	1881 年	濮州河决营坊(《濮州志》)
	光绪十二年	1886 年	六月二十八日,寿张(今台前)民埝(今临黄堤)徐沙窝漫决,口门一百八十丈,水深丈余。 秋,寿张城东金堤北溢十余里,沿堤村庄房舍多倾倒
	光绪十三年	1887 年	五月二十七日,直隶开州境内大辛庄黄河漫溢。 六月,河决开州大辛庄,水灌东境,濮、范、寿张、阳谷、东阿、平阴、禹城均以灾告。(《黄河大事记》)
	光绪十五年	1889 年	七月,澶州刘柳村堤根淘透冲决,淹范县、寿张
	光绪十六年	1890 年	六月,长垣东了墙民埝漫决,澶州等 37 州县村庄被淹
	光绪十八年	1892 年	河决濮阳白罡,水淹寿张城,受灾惨重
	光绪二十一年	1895 年	夏,黄河决口范县武西庄。六月,河决寿张(台前县)高大庙
	光绪二十二年	1896 年	六月,寿张(今台前)北岸杨庄、程庄民埝决口,金堤南尽淹,民饥疫死甚众
	光绪二十四年	1898 年	六月二十一日,黄河决口范县,寿张县杨家井大堤漫溢,被淹四百余村
	光绪二十五年	1899 年	秋,黄河决于周桥口,水大溢,人多疫死
	光绪二十七年	1901 年	六月二十三日,大雨河涨,濮阳陈屯从路口冲决,当年堵复
	光绪二十八年	1902 年	六月,范县邵家集、邢沙窝和寿张大寺张庄、米家、徐家、陈楼北、刘桥等处民埝漫溢成口
	光绪二十九年	1903 年	六月十五日,寿张(今台前)孙口民埝扒决。 开州牛寨等村漫决后堵筑。 又决开州白罡,濮州城外大水
	光绪三十年	1904 年	"夏六月,河决杜家庄,冲本境及寿张、阳谷"
	光绪三十二年	1906 年	开州杜寨民埝漫决,旋即堵合

续表 1-13

时代	年份		决溢及受灾情况
	年号	公元纪年	
清代	光绪三十三年	1907 年	六月，寿张王庄大河冲坝决口，口门 400 米，用秸料三次进占合龙。 九月，濮阳王称堌民埝坍塌决口，口门一百五十丈，水深丈余，分溜二成
	光绪三十四年	1908 年	六月，河决开州孟居民埝，次年 5 月堵合。 是年，河决开州王称堌，即桃汛复决，复围埝一千八百五十丈
	宣统元年	1909 年	五月二十五日，开州孟居、牛寨等村决口，口门宽二十八丈。 是年，开州北岸民埝刁城集、王称堌、马刘家河决；河决寿张东影唐村，寿张县东部受灾
	宣统二年	1910 年	八月，开州李忠陵漫决。河决范县王庄，灾及寿张、阳谷
	宣统三年	1911 年	七月开州南岸杨屯民埝河决。 是年，开州刁城集东决口；寿张梁集严善人堤漫决，霜降后堵干口
民国	民国 1 年	1912 年	6 月，寿张梁集东决口 100 米（170 + 800 ~ 170 + 900）。 伏、秋汛期间，濮县杨屯、黄桥、落台寺、周桥，范县宋大庙、陈楼、大王庄民埝先后决口，寿张徐沙窝溃决口 750 米（151 + 000 ~ 151 + 750）
	民国 2 年	1913 年	7 月，开县土匪刘春明在刁城西双合岭扒决民埝，泛水流向东北，沿北金堤淹濮、范、寿张等县，至陶城铺流归正河。 12 月 19 日，双合岭未堵口门进积凌水，造成郎中寨村死绝 23 户，冻饿死 87 人
	民国 4 年	1915 年	濮阳双合岭堵口工程，阴历正月开工，六月合龙，因工程质量差，合龙后不久又决，由大名道尹姚联奎负责堵筑，十月又合龙。 7 月 24 日，黄河于刁城集决堤，口门宽六百余丈，同年 10 月堵合
	民国 6 年	1917 年	范县高庄、陈楼和寿张县梁集、影唐民埝决，旋即堵合
	民国 8 年	1919 年	秋，民埝决影唐、梁集，当年先后堵合
	民国 11 年	1922 年	7 月 12 日，濮县廖桥、邢庙间民埝冲决，淹濮县、范县、寿张、阳谷等县土地 4000 余顷。9 月退水后堵干口
	民国 12 年	1923 年	6 月 3 日，因河水暴涨，大溜顶冲，抢护不及，廖桥民埝冲决，淹濮、范、寿、阳谷等县 400 余村，平地水深二三尺，房屋半归倒塌，田禾尽行淹没
	民国 14 年	1925 年	8 月 13 日，濮阳县李升屯民埝漫决六百余丈，泛水东北流，南金堤与民埝间的濮县、范县、寿张县尽成泽国。 9 月 20 日晚，黄河将黄花寺大堤冲溃
	民国 19 年	1930 年	8 月 6 日，濮县廖桥、王庄一带民埝埽坝冲决，口门 230 丈，淹濮县、范县、寿张、阳谷等县土地 4000 余顷。 8 月 11 日，大溜顶冲濮阳南小堤险工，7 坝（秸料埽）被冲垮，围堤决口，宽 20 米（现大堤 65 + 250 ~ 65 + 270 处）

续表 1-13

时代	年份		决溢及受灾情况
	年号	公元纪年	
民国	民国 20 年	1931 年	2 月 2 日,濮县廖桥民埝凌汛漫溢,口宽 328 米,随即堵复。 6 月 14 日,寿张影唐民埝群众扒决,次年麦后用秸料合龙
	民国 22 年	1933 年	长垣北堤漫决 44 处,决水沿金堤北流,至陶城铺归正河,濮阳、范县、寿张以南临黄大堤村未进水外,其余尽被河水吞。殁人骑屋爬树比比皆是,民舍大部倒塌,秋禾颗粒无收。 8 月,寿张尹那里民埝被洪水冲决 2 处(现大堤 174 + 405、174 + 665 处),口宽皆 50 米,当年底堵干口。 8 月,徐州环城黄河故堤决口,河水一路北流,淹没濮州、范县、寿张、阳谷 4 县
	民国 23 年	1934 年	寿张夹河区十里井村西堤防溃决,宽 150 米(现大堤 187 + 250 ~ 187 + 400 处)
	民国 26 年	1937 年	7 月 14 日,范县大王庄漏洞致溃决,口宽 550 米(现大堤 140 + 150 ~ 140 + 700 处)。 7 月 21 日,寿张王集大水冲决,口宽 337 米(现大堤 153 + 580 ~ 153 + 917 处)。 7 月 22 日,寿张陈楼北群众扒决,口宽 100 米,水深 1 米。 是年,寿张前董堤溃决
	民国 38 年	1949 年	9 月 16 日 3 时,寿张枣包楼因水势大,民埝土质饱和,枣包楼东南、宋楼村后出现漏洞,抢堵无效,终于溃决,被淹 400 余村,受灾 18 万人

第三节　濮阳建制沿革及区域经济

濮阳市位于黄河下游，冀、鲁、豫三省交界处。疆原平旷，大河萦带，史称河朔奥区，历为冲要之地。濮阳古称帝丘，五帝之一颛顼曾建都于此。夏建方国昆吾，顾（国）、观（国）并存。周为卫国属地。战国时期，因帝丘处于濮水之北而得名濮阳。秦置东郡治濮阳，延及两汉。其后，濮阳郡、顿丘郡、昌乐郡屡有置废。唐置澶州，宋为开德府，金改开州。此间，境内各县时析时合，归属纷乱。明、清两代，因统治所需，开州、濮州并存境内，分属直隶和山东，后由直隶州降为散州，至民国再降为县。民国时，河北省置濮阳为第十七行政督察区，后改称第十行政督察区。抗日根据地建立后，冀鲁豫边区行政公署所辖专署数建于濮阳。因战争形势，境内各县屡有分合，数度划转。1945 年 10 月至 1946 年 11 月，冀鲁豫边区政府曾在濮阳县城设立濮阳市。1949 年 8 月，成立平原省濮阳专区，1952 年 12 月改为河南省濮阳专区。1954 年 9 月，濮阳专区撤销，所辖濮阳、清丰、南乐 3 县并入安阳专区。1983 年 9 月，濮阳市建立，时辖清丰、南乐、范县、台前、长垣、内黄、滑县 7 县。1986 年 3 月，长垣、滑县、内黄3县划出。至2015年，濮阳市总面积4188平方千米，辖濮阳县、清丰县、南乐县、范县、台前县、华龙区，以及经济技术开发区、城乡一体化示范区、工业园区，共有人口391.90万人。

1983年濮阳建市以来，全市上下大力实施以工兴市、科教兴濮、开放带动和可持续发展战略，积极推进国有企业改革，加大项目投资力度，扶持大型企业集团、培育支柱产业，形成石油、化工、食品、造纸、冶金、建材等产业集群，推动了全市经济和社会持续、快速、健康、协调发展。基础设施建设明显改变，经济增长的质量和效益持续提高，综合实力明显增强，财政收入、城乡居民收入明显增加。

20世纪90年代后，濮阳河段跨河工程从无到有，逐渐增多。至2015年，跨河工程主要有铁路桥梁、公路桥梁、浮桥、输气管道、通信电缆等。

一、濮阳建制沿革及濮阳历史图

（一）濮阳建制沿革

濮阳古称帝丘，据传五帝之一的颛顼曾以此为都，故有帝都之誉。濮阳之名始于战国时期，因位于濮水之北（阳）而得名。濮阳是中国古代文明的重要发祥地之一。

上古时代　濮阳一带地处河济平原，是黄帝为首的华夏集团与少昊为首的东夷集团活动的交接地带。黄帝斩杀蚩尤后，其孙颛顼在今濮阳建都，史称帝丘或“颛顼之墟”（其遗址一说在今濮阳县的西南，一说在今濮阳县的东南高城）。颛顼帝时代，濮阳是华夏政治、经济、文化的中心。

夏　帝仲康六年，因昆吾氏有功于王室，故封昆吾氏为“夏伯”。昆吾氏自此在濮阳建立昆吾国。当时境内还有顾（今范县城东南）、观（今清丰南）等封国。

殷商　以契为始祖的子姓集团至相土时迁至商丘，即帝丘（今濮阳境内），活动于今豫北、冀南和豫东一带，势力发展至东海之滨。汤征服昆吾、韦（在今滑县东南）、顾等邦国，后灭夏建商，以帝丘为其陪都。

西周　帝丘一带称东国，为管叔封地。周成王四年，周公旦东征，平定武庚及三监叛乱，封康叔于河、淇之间，建立卫国，帝丘一带受其节制。

春秋　濮阳一带仍属卫国，都朝歌。公元前629年，卫成公迁都帝丘（今濮阳），帝丘成为卫国政治、经济、文化中心，凡388年。

战国　春秋后期，大国争霸，帝丘一带战争频繁，原为西周第一大国的卫国，春秋时已降为中等诸侯国，到战国时更加衰微，最后仅剩濮阳城（濮阳县西南）一弹丸之地。

秦　废分封制，改郡县制。公元前242年，秦置东郡，郡治设在濮阳，辖酸枣（治今延津西南）、燕县（治今封丘北）、长垣（治今长垣东北）、白马（治今滑县城东）、宛朐（治今山东省东明南）等14县。公元前209年，卫君角被废为庶人，卫亡。

汉　沿袭秦制，东郡（郡治设在濮阳）辖濮阳（治今濮阳县西南）、顿丘（治今清丰县城西南）、乐昌（治今南乐县城西北）、范县、畔观（治今清丰县城南）、白马、燕县等22县。还置阴安国（治今清丰县城西北）。王莽将东郡改名治亭，东汉复名东郡（仍治濮阳），辖濮阳、燕县、白马、顿丘、范县（治今山东梁山西北，王莽将范县改名建睦县，东汉复名范县）、聊城等县及卫国（治今清丰南）。阴安县属冀州刺史部魏郡；今台前县境域分属于东郡的范县、东阿县和东平国（治今山东东平东）的寿张县、须昌县。

三国　濮阳境内置濮阳县、顿丘县、阴安县及卫国，濮阳县属兖州东郡。范县及今台前县境域属兖州东平国（治寿张，今山东东平南）。阴安县及今南乐县部分境域属冀州魏郡。顿丘县、卫国及今南乐县部分境域属冀州阳平郡（治馆陶，今河北馆陶）。

西晋　濮阳境内置濮阳国（濮阳郡）、顿丘郡及濮阳县、顿丘县、卫国及阴安县、昌乐县。濮阳国（治濮阳，今濮阳西南）属兖州，辖燕县（曾改名东燕）、白马、濮阳、鄄城、廪丘（兖州治）5县。顿丘郡（治顿丘，今清丰西南）属司州，辖顿丘（郡治）、繁阳（治今内黄西北）、阴安3县及卫国。昌乐县先后属顿丘郡、魏郡。范县及今台前县境域属兖州东平国（治须昌，今山东东平西北）。

北魏　濮阳境内置昌乐郡、顿丘郡、东平郡及濮阳县、卫国县、临黄县、范县、阴安县、昌乐县，分属于相州、济州。顿丘郡（仍治顿丘）属相州，辖顿丘、卫国、临黄、武阳、阴安等县。东平郡属济州，辖范县及今台前县境域。昌乐县属相州魏郡，濮阳县属济州濮阳郡（治今山东鄄城东北）。

东魏　废昌乐郡，置平邑县（治今南乐东北平邑村）。濮阳境域分属司州顿丘郡（治今清丰西南）、阳平郡（治馆陶，今河北馆陶），济州东平郡（治今范县城东南）、濮阳郡（治今山东鄄城北）。

北齐　撤阴安县、顿丘郡和顿丘县、临黄县、平邑县，废东平郡并省范县。境域分属司州（治邺，今河北磁县城南）、阳平郡（治今河北馆陶）及东郡（治滑台，今滑县老城东），济州济北郡（治今山东平阴西）。西周再设昌乐郡，仍治昌乐（治今南乐西北）。

隋　濮阳境内置濮阳县、澶渊县、观城县、顿丘县、临黄县、范县。境域分属东郡（治白马，今滑县城东）、汲郡（治今滑县城西北）、济北郡（治今山东东阿西北）、武阳郡。濮阳县（初属魏州，后改属滑州，炀帝后属东郡）属东郡；范县及今台前县境域属济北郡；澶渊县（治今濮阳西北）属汲郡；顿丘县、观城县、临黄县属武阳郡（治贵乡，今河北大名东北），今南乐县境域大部分属武阳郡繁水县。

唐　濮阳境内置澶州及濮阳县、范县、昌乐县、顿丘县、清丰县、临黄县、观城县。境域分属河南道和河北道。濮阳、范县属河南道濮州（亦称濮阳郡，治鄄城，今山东鄄城北）。顿丘县、临黄县、昌乐县属河北道之魏州（治元城，今河北大名北）；今台前县境域属河南道之郓州（治须昌，今山东东平西北）。

五代十国　濮阳境内置澶州及濮阳县、观城县、范县、顿丘县、临黄县、清丰县、南乐县，大致先后属天雄军节度（治今河北大名）、德清军节度（治清丰陆家店）和镇宁军节度（治澶州，今濮阳县城南）。澶州辖濮阳县、顿丘县、临黄县、清丰县。南乐县先后属大名府（治今河北大名）、兴唐府（治大名）、广晋府（治大名）、大名府（治大名）；观城县、范县属濮州（治鄄城，今山东鄄城北）；今台前县境域分属郓州和濮州。

北宋　濮阳境内置开德府及濮阳县、清丰县、南乐县、范县，大部分属河北东路，小部分属京东西路。开德府（治今濮阳）属河北东路，辖濮阳县、清丰县、朝城县、观城县、临河县（治今浚县东北）、卫南县（治今滑县城东）。南乐县宋初属大名府，后改属开德府。范县属京东西路濮州（治今山东鄄城）。台前县境大部分属京东西路郓州（治今山东东平）寿张县及东阿县；另一部分属范县。

金　濮阳境内置开州及濮阳县、清丰县、南乐县、范县，大部分属大名府路。大名府路开州（治今濮阳）辖濮阳县、清丰县、观城县及临河县。南乐县属大名府。范县属大名府路濮州。今台前县境域大部分属山东西路东平府寿张县及东阿县，另一部分属范县。

元　濮阳境内置开州及濮阳县、清丰县、南乐县、范县，大部分属大名路。大名路开州（治今濮阳）辖濮阳县、清丰县及东明县、长垣县；南乐县属大名路；范县属东平路（1339 年改属济宁路）濮州；今台前县境域大部分属东平路总管府寿张县及东阿县，另一部分属范县。

明　濮阳境内置濮州、开州及清丰县、南乐县、范县，分属北直隶大名府和山东东昌府。开州属北直隶大名府，洪武二年（1369 年）辖长垣县、东明县；万历十年（1582 年），辖清丰县、南乐县。濮州（治今濮城）属山东东昌府，辖范县、观城县及朝城县。今台前县境域大部分属山东兖州府东平州寿张县及东阿县，另一部分属范县。

清　濮阳境内置开州、濮州及清丰县、南乐县、范县，大部分属直隶省大名府，一部分属山东省。清初，开州（仍治今濮阳）辖长垣县，雍正年间以领县属府。濮州（仍治今濮城），清初属山东省东昌府，雍正八年（1730 年）改为直隶州，辖范县、观城县及朝城县。雍正十三年（1753 年），濮州降为散州，与范县均属山东省曹州府。今台前县境域大部分属山东省兖州府寿张县和东阿县，西南部属范县。

中华民国　1913 年曾改开州为开县，1914 年复称濮阳县，濮阳县、南乐县、清丰县归河北省大名府管辖，范县属山东省东昌府，台前县系寿张县一部分，属山东省东临道。1926 年，范县改属曹濮道。1936 年，国民政府设河北省第十七区行政督察专员公署（驻濮阳，1939 年改称第十区行政督察专员公署），辖濮阳、东明、长垣、南乐、清丰 5 县，濮县、范县属山东省第十行政督察专员公署（驻聊城）。1938 年，濮县改属第十六行政督察专员公署（驻菏泽）。1940 年，濮阳地区先后建立清丰、南乐、濮阳、濮县、范县各县抗日民主政府。1945 年 10 月，中共冀鲁豫区党委设立濮阳市。1946 年 11 月，中共冀鲁豫区党委撤销濮阳市建置，并将 7 个地委划分为 8 个地委。二地委下辖中共寿张、范县、郓城、巨野等 9 个县委。四地委辖濮阳、滑县、浚县、长垣等 11 个县委。八地委（又称直南地委）成立后，机关驻清丰，辖南乐、清丰、内黄、濮县等7个县委，台前境属寿张县南5区。1949年8月，冀鲁豫边区撤销，建立平原省，成立平原省濮阳专署（驻濮阳县城）。濮阳专署辖濮阳、滑县、长垣、封丘、内黄、清丰、南乐、濮县、范县、观城、朝城、昆吾、尚和、卫南、高陵、漳南、卫河等17个县和濮阳城区、道口区两个区。同年9月，昆吾、尚和与濮阳县，卫南与滑县，高陵、漳南（一部）与内黄县，卫河与清丰县分别合并后称濮阳县、滑县、内黄县、清丰县，此时濮阳专署辖11县2区。

中华人民共和国　1949年10月，濮阳专员公署辖濮阳、滑县、长垣、封丘、内黄、清丰、南乐、濮县、范县、观城、朝城10个县和濮阳城关区、道口区2个区。1952年11月，濮阳专员公署所辖的濮县、范县、观城、朝城4个县划归山东省聊城地区。1952年12月，平原省撤销，濮阳专区划归河南省领导。1954年6月，濮阳专区所辖的濮阳城关区、道口区分别划归濮阳县、滑县。9月，濮阳专区与安阳专区合并为安阳专区，濮阳、清丰、南乐隶属于安阳专区。1958年3月，安阳专区与新乡专区合并为新乡专区。1961年12月，安阳专区与新乡专区分设，濮阳、清丰、南乐隶属于安阳专区。1964年4月，为便于黄河治理，经国务院批准，寿张县撤销，一部分划归范县。范县由山东聊城地区划归河南省安阳专区。1973年12月，范县东部的9个公社划出成立范县台前办事处，系县级机构，直属安阳地区。1975年3月，范县台前办事处改称台前办事处。1978年12月，台前办事处改称台前县。1983年9月1日，经国务院批准，濮阳市建立，辖长垣县、滑县、内黄县、南乐县、清丰县、范县、台前县。1984年2月，濮阳市郊区成立。1985年12月30日，设立濮阳市市区。1986年1月18日，滑县、内黄县划归安阳市，长垣县划归新乡市。1987年4月20日，撤销濮阳市郊区，恢复濮阳县。1992年9月，成立濮阳市经济技术开发区。2002年12月25日，濮阳市区更名为华龙区。至2015年底，濮阳市辖濮阳县、范县、台前县、清丰县、南乐县、华龙区和国家濮阳经济技术开发区、濮阳市城乡一体化示范区、工业园区3个市政府派出机构。

濮阳历代属辖变更情况见表1-14。

表1-14　濮阳历代属辖变更情况

朝代	时间	建置	治所(驻地)	辖	属
颛顼	上古	都	帝丘,一说在今濮阳西南;一说在今濮阳东南高城	北至于幽陵,南至于交趾,西至于流沙,东至于蟠木	—
夏	公元前2070年～前1600年	都	帝丘	—	—
		昆吾国	帝丘	—	—
		顾国	今范县城东南	—	—
		观	今清丰县城南	—	—

续表 1-14

朝代	时间	建置	治所(驻地)	辖	属
商	公元前 1600 年～前 1046 年	—	—	—	畿内
周 西周	公元前 1046 年～前 771 年	—	—	—	卫国畿辅
周 东周 春秋	公元前 770 年～前 476 年	卫都(公元前 629 年迁此)	帝丘	晋、郑、宋、鲁、齐之间	—
周 东周 战国	公元前 475 年～前 221 年	卫都	帝丘	—	—
秦	公元前 221 年～前 206 年	东郡	濮阳 今濮阳西南	酸枣、燕县、长垣、白马、宛朐、成武、定陶、城阳、鄄城、都关、范阳、东阿、茌平、聊城	—
西汉	公元前 206 年～公元 25 年	东郡	濮阳	濮阳、顿丘、乐昌、范县、东武阳、畔观、离狐、廪丘、茌平、白马、燕县、黎县、寿良、须昌、临邑、东阿、阳平、清县、发干、聊城、博平、利苗	—
		阴安国	今清丰县城西北		冀州魏郡
东汉	25 年～184 年	东郡	濮阳	濮阳、燕县、白马、顿丘、范县、东武阳、阳平、东阿、临邑、发干、乐平、辟城、博平、谷城及卫国	—
		阴安县	今清丰县城西北	—	魏郡
三国	220 年～265 年	东郡	濮阳	濮阳、白马、燕县、鄄城、廪丘	—
		阴安县	今清丰县城西北	—	魏郡
		顿丘县 卫国	今清丰县城西南 今清丰南	—	阳平郡
西晋	265 年～316 年	濮阳县	濮阳	燕县、白马、濮阳、鄄城、廪丘	兖州
		顿丘郡	顿丘 今清丰县城西南	顿丘、繁阳、阴安、卫国、昌乐	司州
北魏	386 年～534 年	顿丘郡	顿丘	顿丘、卫国、临黄、阴安、武阳	相州
		东平郡	秦城 今范县城东南	范县、寿张	济州
		昌乐县	—	—	魏郡(治邺)
		濮阳县	—	—	濮阳郡 (治今鄄城东北)

续表 1-14

朝代	时间	建置	治所(驻地)	辖	属
隋	581 年～618 年	濮阳县	—	—	东郡(治白马)
		澶州县	—	—	汲郡(治今滑县城西北)
		范县	—	—	济北郡(治今东阿西北)
		顿丘、观城、临黄	—	—	武阳郡(治贵乡)
唐	618 年～907 年	濮阳、范县	—	—	濮州(治鄄城)
		顿丘县、临黄县、昌乐县	—	—	魏州(治元城)
五代十国	907 年～960 年	澶州	顿丘、濮阳	濮阳、顿丘、临黄、清丰	—
		观城县、范县	—	—	濮州
		南乐县	—	—	大名府
北宋	960 年～1127 年	开德府	濮阳	濮阳、清丰、朝城、观城、南乐、临河、卫南	河北东路
		范县	—	—	濮州
金	1115 年～1234 年	开州	濮阳	濮阳、清丰、观城、临河	大名府路
		南乐县	—	—	大名府
		范县	—	—	濮州
元	1271 年～1368 年	开州	濮阳	濮阳、清丰、东明、长垣	大名路
		南乐县	—	—	大名路
		范县	—	—	濮州
明	1368 年～1644 年	开州	濮阳	清丰、南乐、长垣、东明	直隶大名府
		濮州	濮州	范县、观城、朝城	山东东昌府
清	1644 年～1911 年	开州	濮阳	—	直隶大名府
		清丰县、南乐县	—	—	直隶大名府
		濮州	濮城	—	山东省曹州府
		范县	—	—	山东省曹州府

续表 1-14

朝代	时间	建置	治所(驻地)	辖	属
中华民国(1912 年～1949 年 9 月)	民国初	濮阳县、清丰县、南乐县	—	—	直隶省大明道
		范县、濮县	—	—	山东省东临道
	1928 年	濮阳县、清丰县、南乐县	—	—	河北省第十四行政督察区(驻大名)
		范县、濮县	—	—	山东省政府
	1936 年	第十七行政督察区	濮阳	濮阳、清丰、东明、长垣	河北省
		南乐县	—	—	河北省第十四行政督察区
		范县、濮县	—	—	山东省第六行政督察区(驻聊城)
	1940 年	冀南六县行政督察专员公署	市区胡村乡安庄	大名、南乐、清丰、濮阳、东明、长垣	中共北方局
		范县、濮县	—	—	运西专署
	1941 年	南乐县、清丰县、卫河县、顿丘县	—	—	冀鲁豫区第一专署
		濮阳县、昆吾县、尚和县、高陵县	—	—	冀鲁豫区第二专署
		范县、濮县	—	—	运西专署
	1942 年	南乐县、清丰县、顿丘县、卫河县	—	—	冀南行署第十八专署
		第十七专署	范县	范县、濮县等	冀鲁豫行署
		濮阳县、尚和县、昆吾县、高陵县	—	—	冀鲁豫行署第四专署(又称第十九专署)
	1944 年	第八专署	范县	范县、濮县、南乐、清丰、卫河、顿丘、昆山、郓城、临泽、南旺、东平、汶上、南峰、观城	冀南行署
		濮阳县、尚和县、昆吾县、滨河县、高陵县	—	—	冀南行署第九专署(驻滑县)

续表 1-14

朝代	时间	建置	治所(驻地)	辖	属
中华民国（1912 年~1949 年 9 月）	1946 年	二专署	范县	范县、寿张、郓城、郓北、郓巨、鄄城、临泽、张秋、巨野	冀鲁豫区
		四专籍	两门	濮阳、昆吾、高陵、滑县、延津、原阳、长垣、封丘、浚县、卫南、曲河	冀鲁豫区
		八专署	清丰	清丰、南乐、内黄、濮县、观城、南峰、卫河	冀鲁豫区
	1947 年	四专署	两门	高陵、滑县、延津、原阳、长垣、浚县、封丘、卫南、曲河	冀鲁豫区
		八专署	清丰	濮阳、昆吾、尚和、清丰、南乐、内黄、卫河	冀鲁豫区
		九专署（濮范专署）	范县	濮县、范县、寿张、南峰、观城、阳谷	冀鲁豫区
	1949 年 8 月	濮阳行政督察专员公署	濮阳	濮阳、滑县、长垣、封丘、内黄、清丰、南乐、濮县、范县、观城、朝城、尚和、卫南、昆吾、高陵、漳南、卫河、濮阳城区、道口区	平原省
	1949 年 9 月	濮阳行政督察专员公署	濮阳	濮阳、滑县、长垣、封丘、内黄、清丰、南乐、范县、观城、朝城、濮县、濮阳城区、道口区	平原省
中华人民共和国（1949 年 10 月~）	1952 年	濮阳专区	濮阳	濮阳、滑县、长垣、封丘、内黄、清丰、南乐、濮阳城区、道口区	平原省 河南省
		范县、濮县、观城、朝城	—	—	山东省 聊城专区
	1958 年	濮阳县、清丰县、南乐县	—	—	河南省 安阳专区
		濮县、范县	—	—	山东省 聊城专区

续表 1-14

朝代	时间	建置	治所(驻地)	辖	属
中华人民共和国(1949年10月~)	1958年	濮阳县、清丰县、南乐县	—	—	河南省新乡专区
		范县	—	—	山东省聊城专区
	1961年	濮阳县、清丰县、南乐县	—	—	河南省安阳专区
		范县	—	—	山东省聊城专区
	1964年	濮阳县、清丰县、南乐县、范县	—	—	河南省安阳专区
	1978年	濮阳县、清丰县、南乐县、范县、台前县	—	—	河南省安阳地区
	1983年9月	濮阳市	安阳	滑县、长垣县、内黄县、清丰县、南乐县、范县、台前县	河南省
	1984年2月	濮阳市	安阳	滑县、长垣县、内黄县、清丰县、南乐县、范县、台前县、郊区	河南省
	1985年12月	濮阳市	市区	滑县、长垣县、内黄县、清丰县、南乐县、范县、台前县、郊区、市区	河南省
	1986年1月	濮阳市	市区	清丰县、南乐县、范县、台前县、郊区、市区	河南省
	1987年4月	濮阳市	市区	濮阳县、清丰县、南乐县、范县、台前县、市区	河南省
	1992年9月	濮阳市	市区	濮阳县、清丰县、南乐县、范县、台前县、市区、经济技术开发区	河南省
	2002年12月	濮阳市	华龙区	濮阳县、清丰县、南乐县、范县、台前县、华龙区、经济技术开发区	河南省
	2015年12月	濮阳市	华龙区	濮阳县、清丰县、南乐县、范县、台前县、华龙区、经济技术开发区	河南省

（二）濮阳历史图

收录的濮阳历史图有夏帝丘附近图、商图、春秋卫国图、战国卫国图、秦东郡图、西汉东郡图、东汉东郡图、隋武阳郡和东郡图、唐河北道魏州和河南道濮州图、北宋河北东路开德府图、北宋京东西路濮州图、元中书省大明路濮州图、明京师（北直隶）大名府和山东东昌府图、清直隶大名府和山东曹州府图，共 14 幅（见图 1-8 ~ 图 1-21）。图中黑体字为古名，楷体字为今名。

图 1-8　夏帝丘附近图

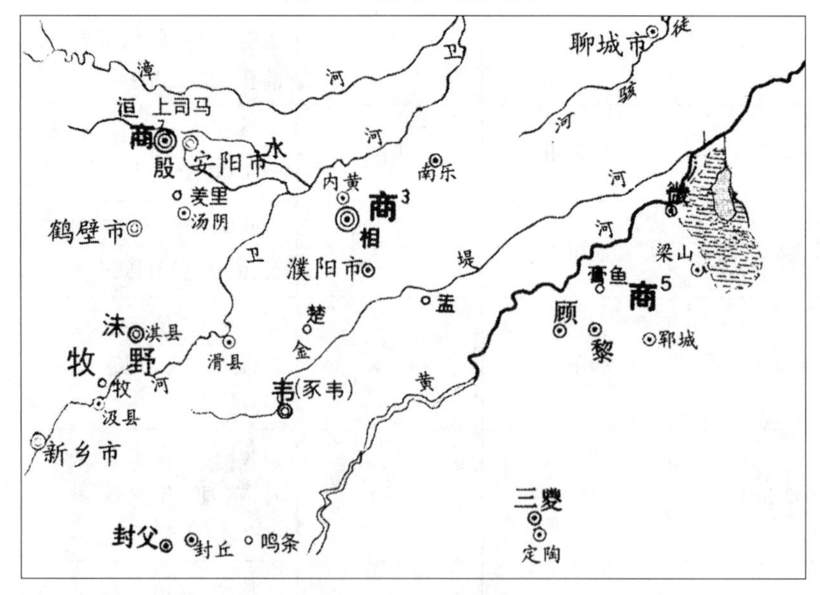

图 1-9　商图

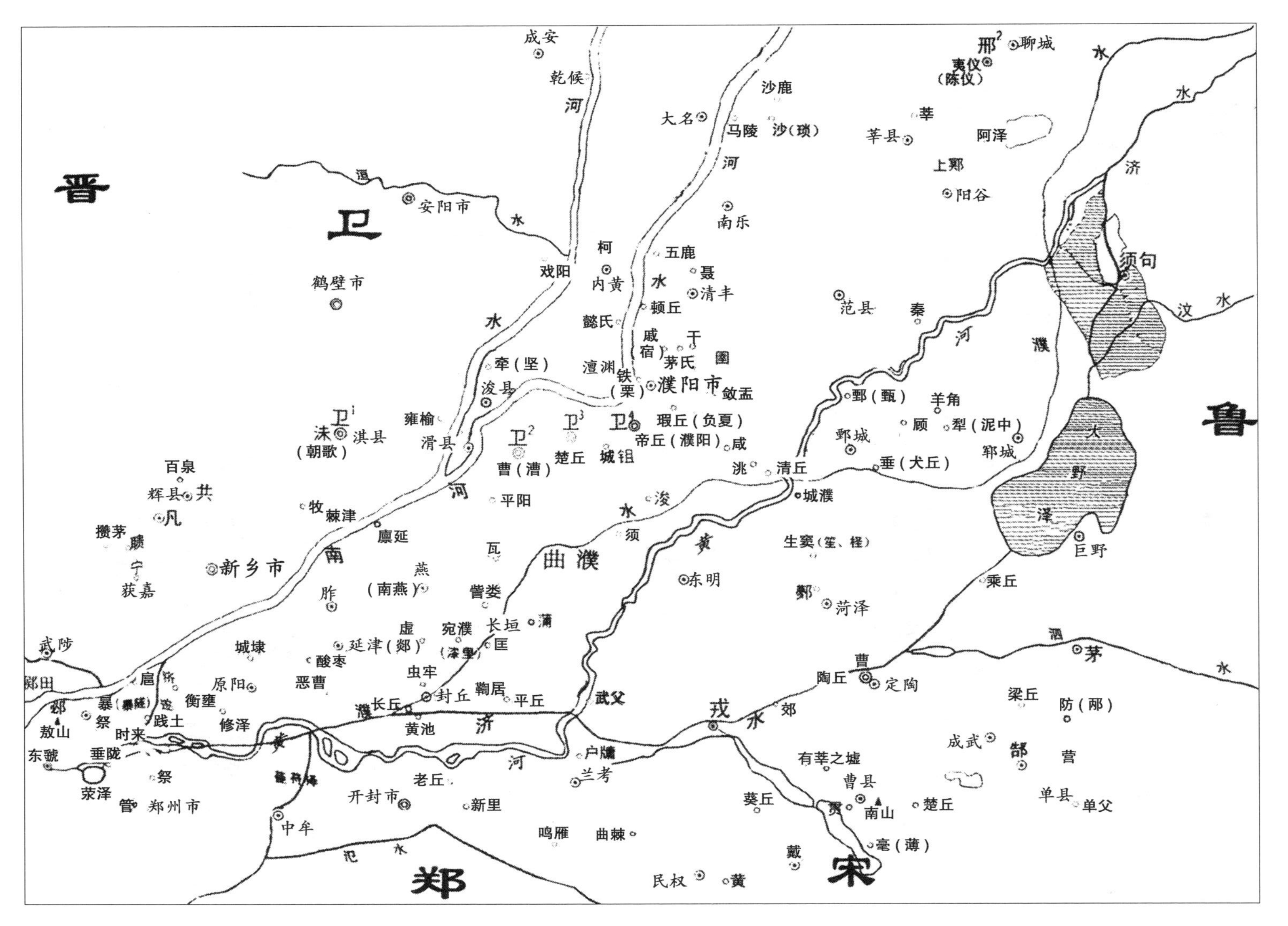
晋
卫
鲁
郑
宋
安阳市
鹤壁市
濮阳市
新乡市
郑州市
开封市
聊城
大名
南乐
清丰
范县
莘县
阳谷
阿泽
上鄄
戏阳
内黄
滑县
淇县
浚县
辉县
获嘉
百泉
郓城
鄄城
巨野
定陶
菏泽
东明
兰考
中牟
荥泽
民权
曹县
单县
单父
陶丘
楚丘
帝丘（濮阳）
清丘
城濮
乘丘
须句
梁丘
成武
葵丘
新里
老丘
长垣
封丘
平丘
武父
黄池
匡
蒲
平阳
敖山
东虢
垂陇
管
祭
修泽
衡雍
原阳
城濮
廪延
曲濮
瓦
戎
菅
南山
鸣雁
曲棘
有莘之墟
亳（薄）
垂（犬丘）
顾
羊角
沙鹿
马陵
乾候
成安

图1-10　春秋卫国图

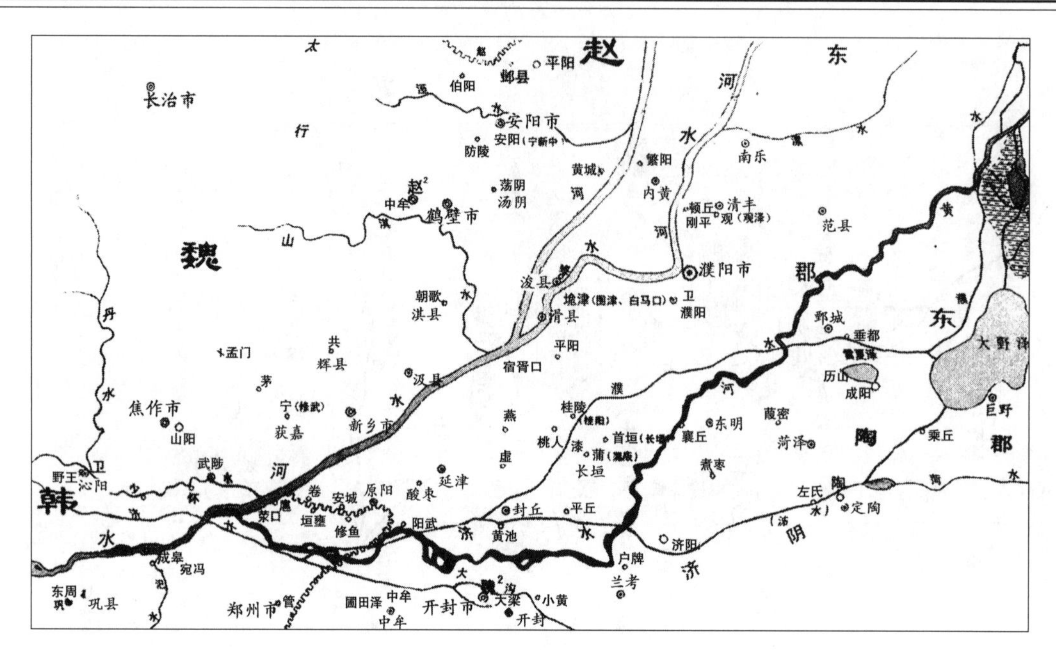

图1-11　战国卫国图

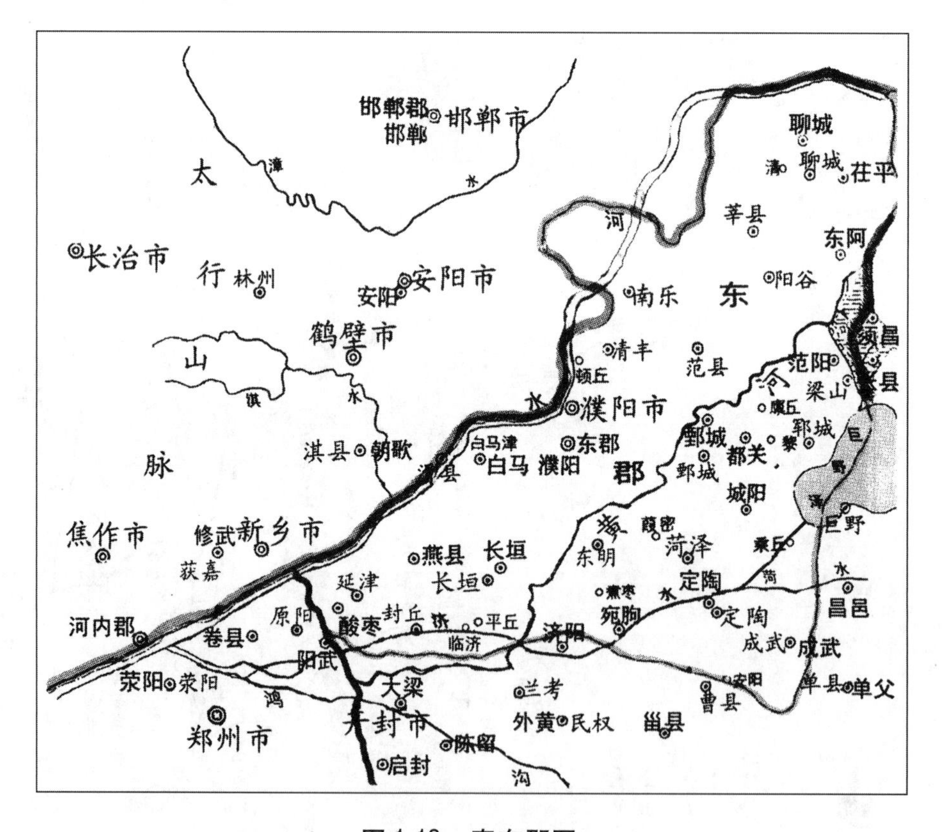

图1-12　秦东郡图

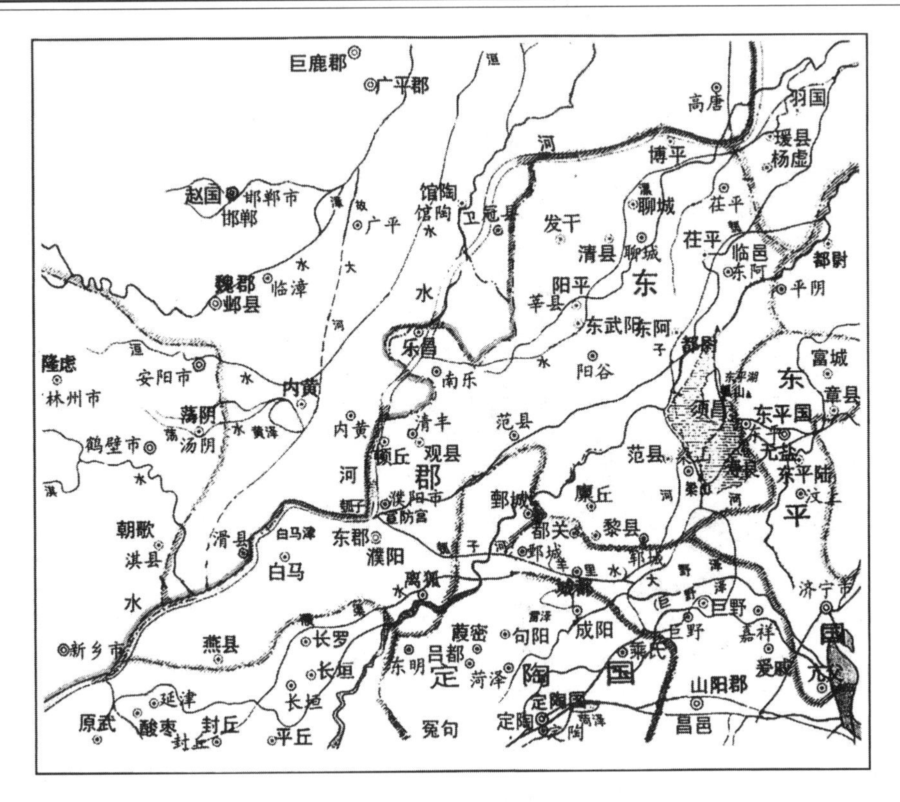

图1-13　西汉东郡图

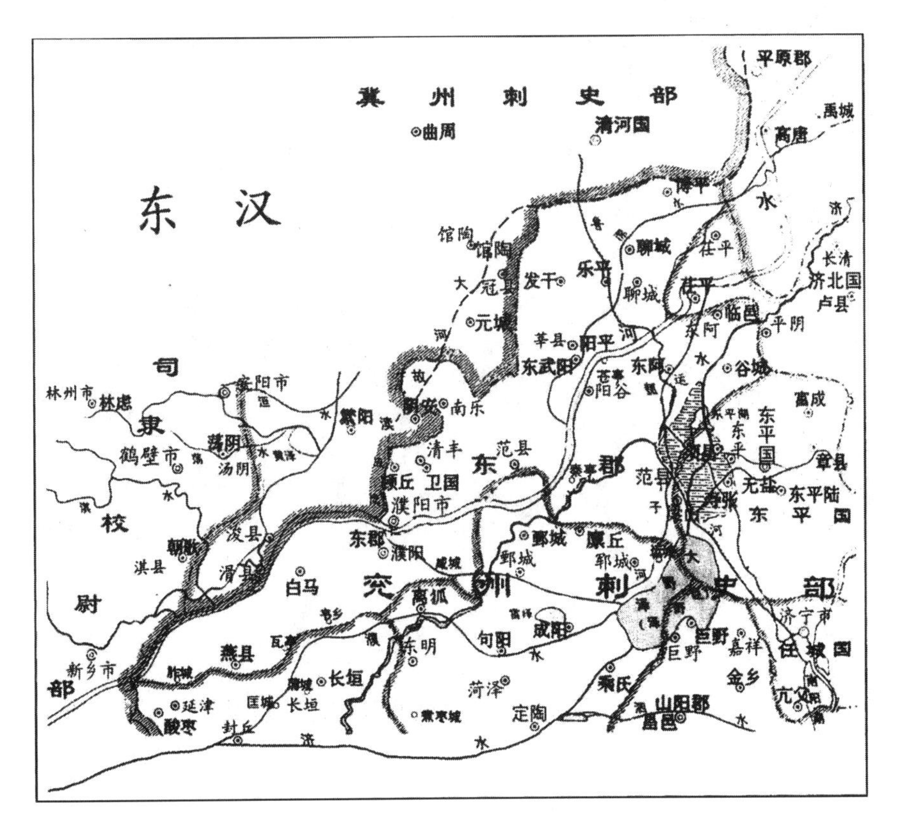

图1-14　东汉东郡图

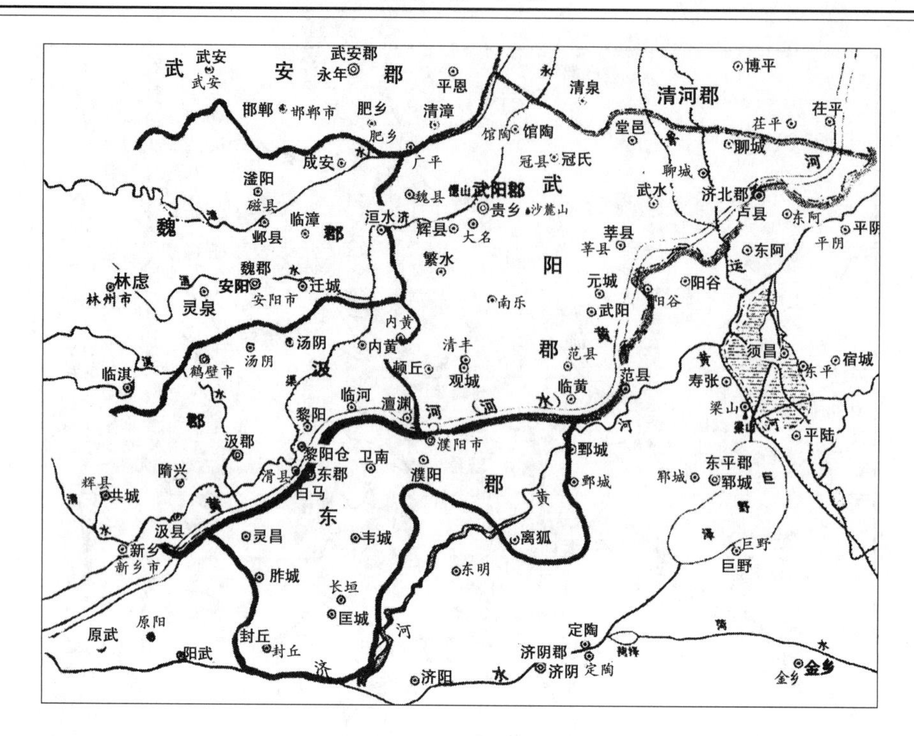

图 1-15　隋武阳郡和东郡图

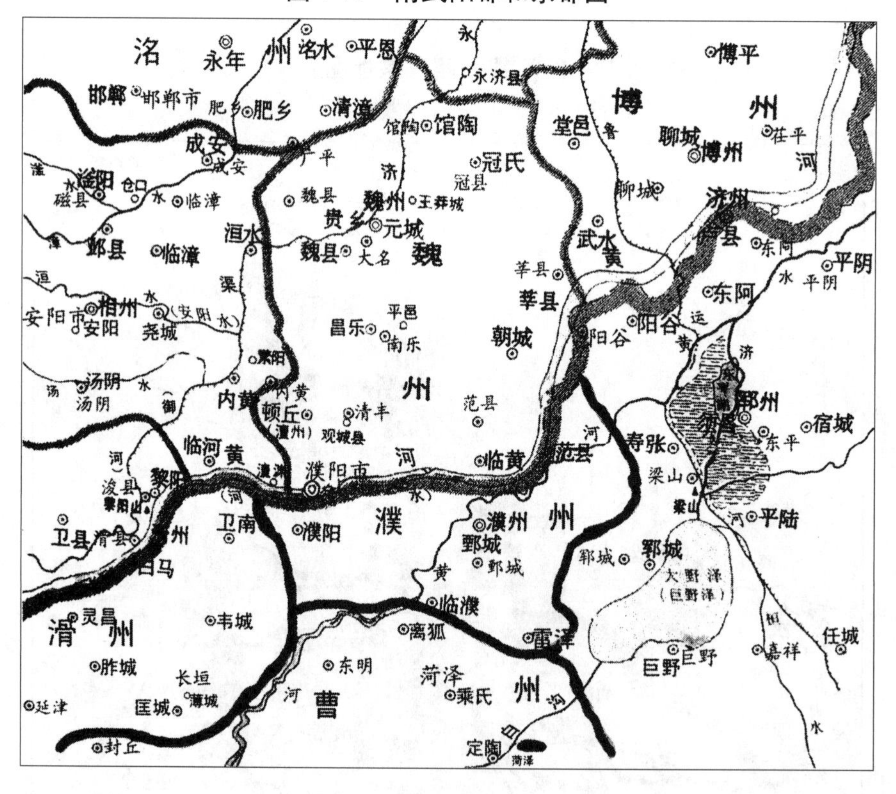

图 1-16　唐河北道魏州和河南道濮州图

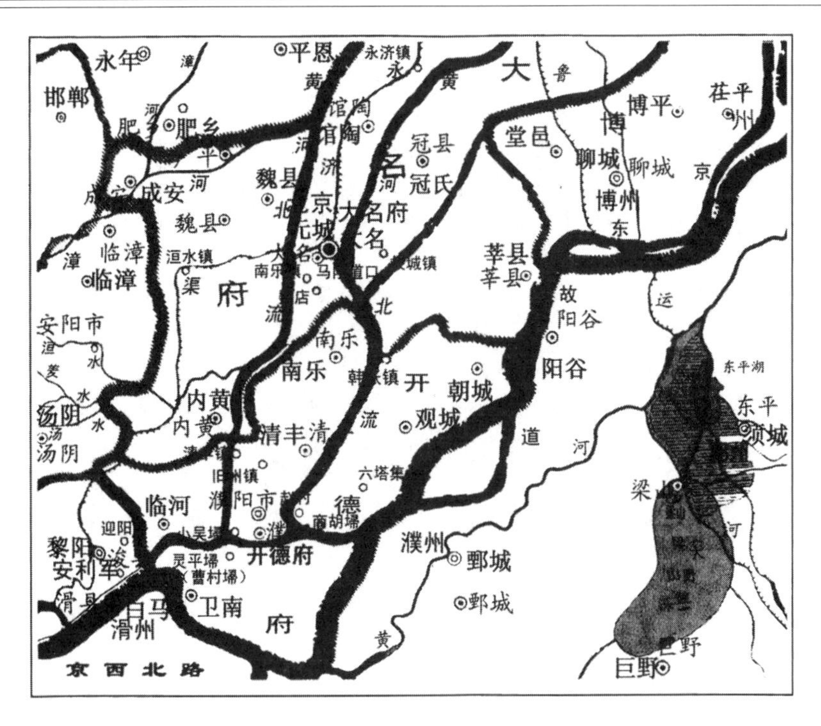

图 1-17　北宋河北东路开德府图

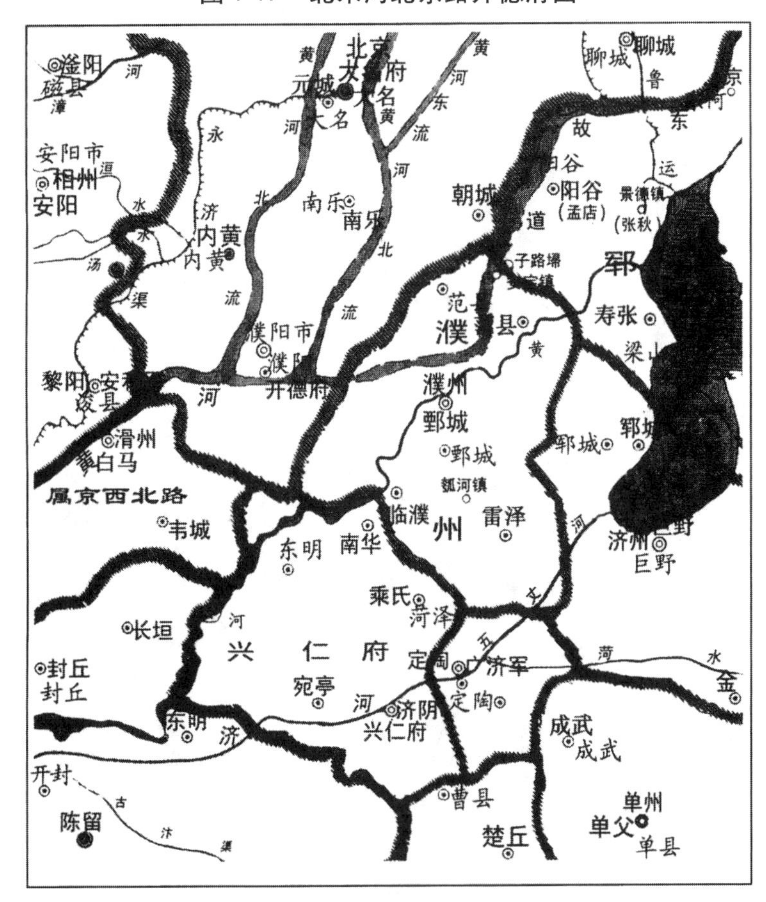

图 1-18　北宋京东西路濮州图

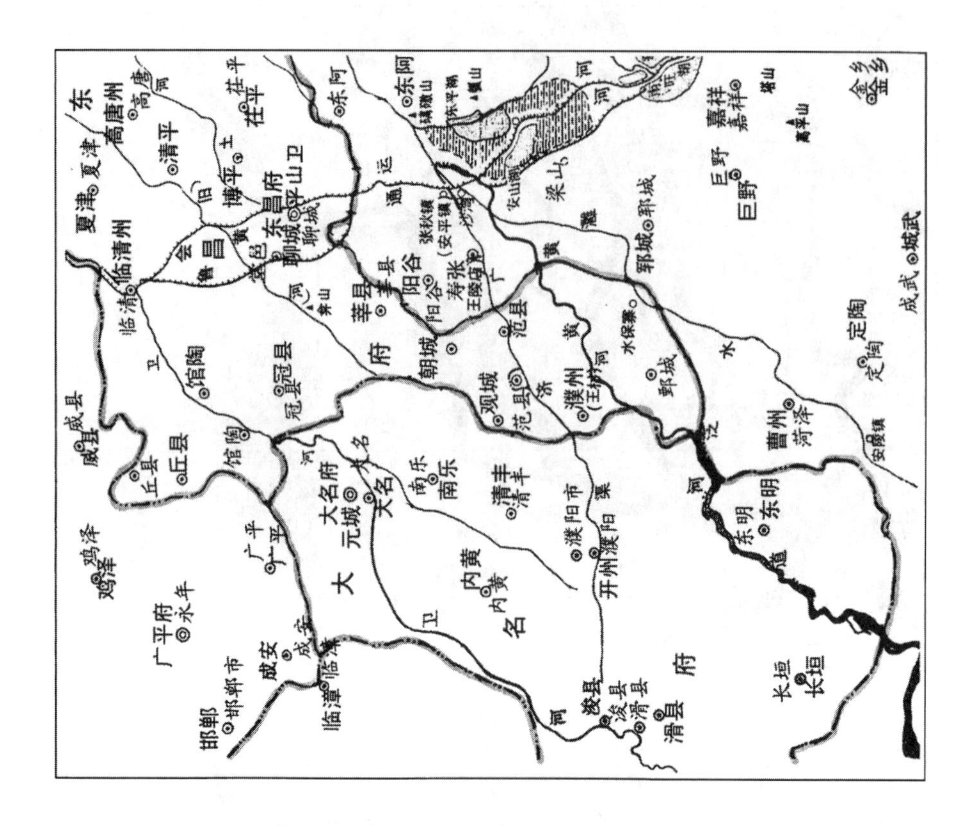

图 1-20　明京师（北直隶）大名府和山东东昌府图

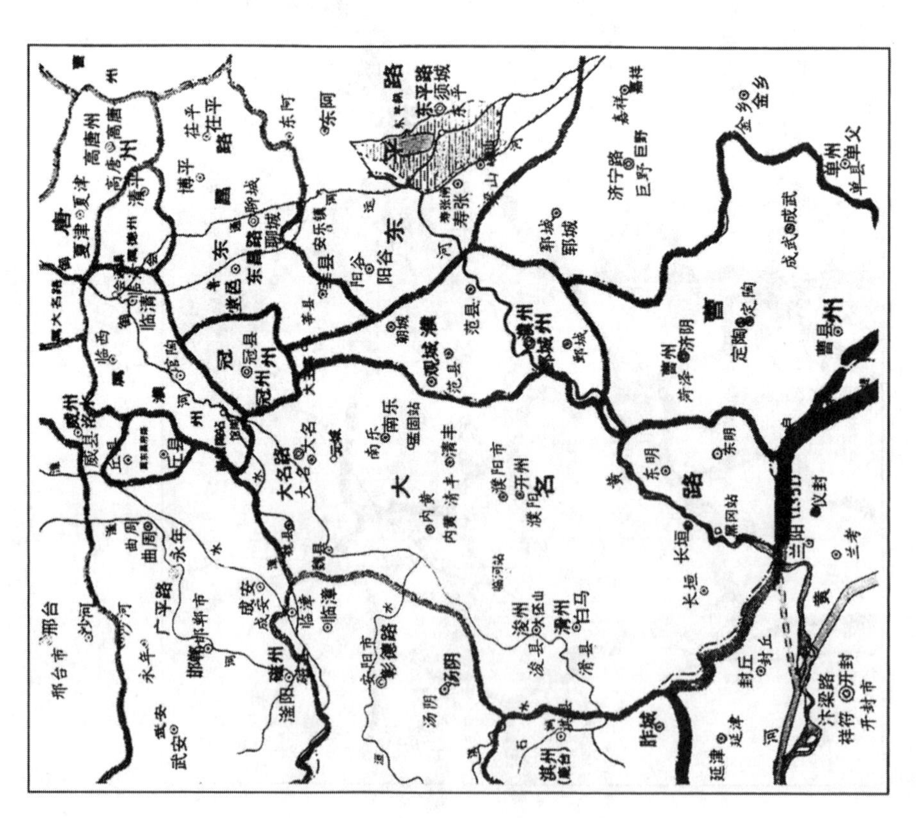

图 1-19　元中书省大明路濮州图

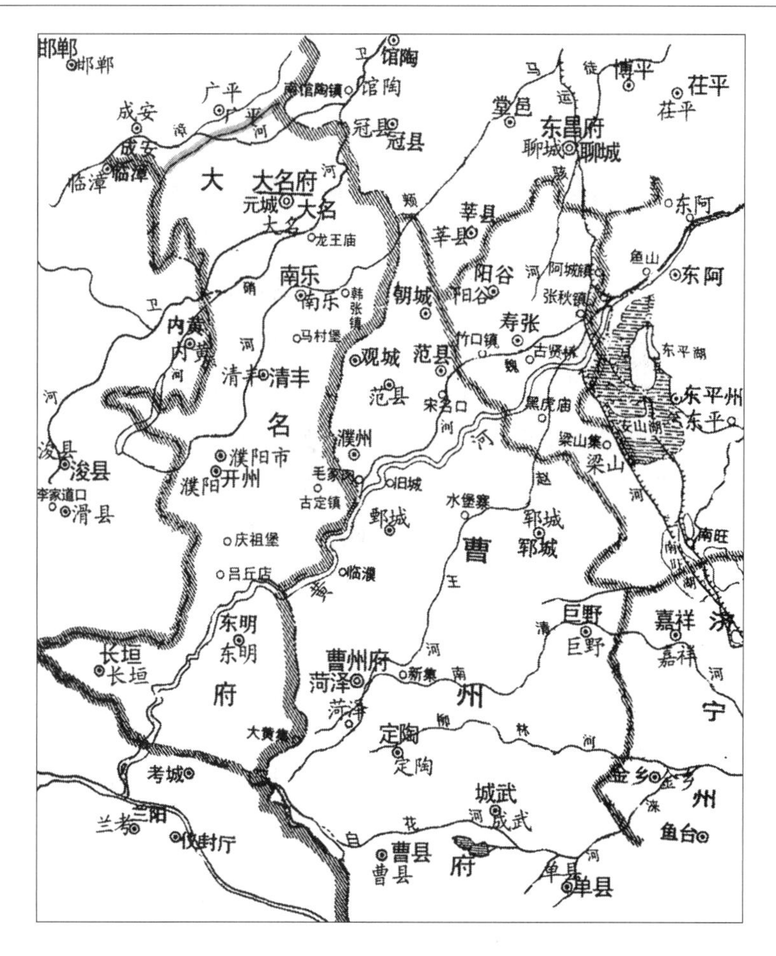

图1-21　清直隶大名府和山东曹州府图

二、濮阳区域经济

（一）区划人口

濮阳市位于河南省东北部，黄河下游北岸冀、鲁、豫三省交界处。东、南部与山东省济宁市、菏泽市隔河相望，东北部与山东省聊城市、泰安市比邻，北部与河北省邯郸市相连，西南部与河南省新乡市相倚，西部与河南省安阳市接壤。地处北纬35°20″0′～36°12′23″、东经114°52″00′～116°05″04′。东西长125千米，南北宽100千米。总面积4188平方千米，约占全河南省总面积的2.5%，其中耕地面积28.27万公顷。

至2015年底，濮阳市辖濮阳县、清丰县、南乐县、范县、台前县、华龙区和国家濮阳经济技术开发区、濮阳市城乡一体化示范区、工业园区3个市政府派出机构，下辖38个镇、37个乡、13个街道办事处，110个居民委员会、98个社区（不含中原油田），2963个村民委员会。2015年底，濮阳市总人口391.90万人（常住人口361.00万人），其中城镇人口145.68万人，乡村人口215.32万人。

（二）自然概貌

1. 地质地貌

濮阳的大地构造属华北地台，其辖区位于东濮凹陷之上。东濮凹陷夹在鲁西隆起区、太行山隆起带、秦岭隆起带大构造体系之间。东有兰聊断裂，南接兰考凸起，北界马陵断层，西连内黄隆起。东濮凹陷是一个以结晶变质岩系及其上地台构造层为基底，在新生代地壳水平拉张应力作用下逐渐裂解断陷而成的双断式凹陷，走向北窄南宽，呈琵琶状。该凹陷形成过程中，在古生界基岩上沉积了完整的巨厚以下第三系为主的中、新生界陆相沙泥岩地层，是油气生成与储存的极有利地区。

濮阳地貌系中国第三级阶梯的中后部，属于黄河冲积平原的一部分。地势较为平坦，自西南向东北略有倾斜，地面自然坡降南北为1/4000～1/6000，东西为1/6000～1/9000。地面海拔一般在48～58米。濮阳县西南滩区局部高达61.8米，台前县东北部最低仅39.3米。由于历史上黄河沉积、淤塞、决口、改道等作用，造就了濮阳平地、岗洼、沙丘、沟河相间的地貌特征。境内有临黄堤、金堤及一些故道残堤。平地约占全市面积的70%，洼地约占20%，沙丘约占7%，水域约占3%。

2. 土地土壤

濮阳市地势平坦，土层深厚，便于开发利用。土地开发利用历史悠久，绝大部分已开辟为农田，土地垦殖率77.5%，垦殖率较高，但人均占有量少，后备资源匮乏。除生产建设和生活用地外，宜农而尚未开垦的荒地所剩无几。

土壤类型有潮土、风砂土和碱土3个土类，9个亚类，15个土属，62个土种。潮土为主要土壤，占全市土地面积的97.2%，分布在除西北部黄河故道区以外的大部分地区。潮土表层呈灰黄色，土层深厚，熟化程度较高，土体疏松，沙黏适中，耕作性能良好，保水保肥，酸碱适度，肥力较高，适合栽种多种作物，是农业生产的理想土壤。风砂土有半固定风砂土和固定风砂土两个亚类，共占全市土地总面积的2.6%，主要分布在西北部黄河故道，华龙区、清丰县和南乐县的西部。风砂土养分含量少，理化性状差，漏水漏肥，不利于耕作，但适宜植树造林，发展园艺业。碱土只有草甸碱土一个亚类，占全市土地面积的0.2%，主要分布在黄河背河洼地。碱土因碱性太强，一般农作物难以生长，改良后可种植水稻。

3. 矿藏资源

濮阳地质因湖相沉积发育广泛，下第三系沉积很厚，对油气生成及储存极为有利。已知的主要矿藏是石油、天然气、煤炭，另外还有盐、铁、铝等。石油、天然气储量较为丰富，且油气质量好，经济价值高。地质资料表明，本区最大储油厚度为1900米，平均厚度1100米，生油岩体积为3892立方千米。其石油远景总资源量达十几亿吨，天然气远景资源量2000亿～3000亿立方米。本区石炭至二叠系煤系地层分布面积为5018.3平方千米，煤储量800多亿吨，盐矿资源储量初步探明1440亿吨。铁、铝土矿因埋藏较深，其藏量尚未探明。

4. 气候气象

濮阳市位于中纬地带，常年受东南季风环流的控制和影响，属暖温带半湿润季风型大陆性气候。特点是四季分明，春季干旱多风沙，夏季炎热雨量大，秋季晴和日照长，冬季干旱少雨雪。光辐射值高，能充分满足农作物一年两熟的需要。年平均气温为13.3℃，年极端最高气温达43.1℃，年极端最低气温为－21℃。无霜期一般为205天。年平均降水量为502.3～601.3毫米。年平均日照时数为2454.5小时，平均日照百分率为58%。年太阳辐射量为118.3千卡每平方厘米，年有效辐射量为57.9千卡每平方厘米。年平均风速为2.7米每秒，常年主导风向是南风、北风。夏季多南风，冬季多北风，春、秋两季风向风速多变。

5. 水文水系

濮阳市属河南省比较干旱的地区之一，水资源不多。地表径流靠天然降水补给，平均径流量为1.86亿立方米，径流深为44.4毫米。境内浅层地下水总量为6.73亿立方米，其中可供开采的6.24亿立方米。濮阳境内有河流97条，多为中小河流，分属于黄河、海河两大水系。过境河主要有黄河、金堤河和卫河。另外，较大的河流还有天然文岩渠、马颊河、潴龙河、徒骇河等。濮阳地下水分布广泛，富水区和中等水区占全市总面积的70%，但近些年，由于地下水大量开采，导致地下水位逐年下降。

（三）区域经济

1983年濮阳建市以来，全市上下大力实施以工兴市、科教兴濮、开放带动和可持续发展战略，推动全市经济和社会持续、快速、健康、协调发展，至2015年，全市生产总值1333.64亿元，全市居民人均可支配收入15345元，农村居民人均可支配收入9790元，农村居民人均消费支出6945元，城镇居民人均可支配收入24928元，城镇居民人均消费支出14802元。

濮阳市地势平坦，属于黄河冲积平原，气候宜人，土地肥沃，灌溉便利，是中国重要的商品粮生产基地和河南省粮棉主要产区之一。主要农作物有小麦、玉米、水稻、大豆、棉花、花生等。全市农作物划分为5个区，即西部黄河故道果树、蔬菜、花生区，金堤北黄河冲积平原粮棉区，金堤南黄河泛滥平原小麦、杂粮区，沿黄背河洼地稻麦轮作区，黄河滩区小麦、大豆区。至2015年，全市粮食种植面积39.51万公顷，粮食总产量271.8万吨。畜牧养殖业已形成肉鸡、蛋鸡、品种羊、瘦肉型猪和牛5大养殖基地。

濮阳市是随着中原油田的开发而兴建的一座石油化工城市，是河南省确定的重点石油化工基地。至2015年，全市规模以上的企业987家，共完成增加值764.14亿元，实现主营业务收入3380亿元，盈亏相抵实现利润253.7亿元。

濮阳交通运输事业得到快速发展，至2015年，全市公路里程达到6522.8千米，公路密度达到每百平方千米155.75千米。全市2964个行政村全部通油（水泥）路，75个乡镇政府所在地全部实现通二级公路。

濮阳同美国、日本、法国、以色列、澳大利亚、新西兰等40多个国家和地区开展经济技术和文化等方面的合作与交流。至2015年，全市出口商品发展到10大类25个品种，产品远销20多个国家和地区，外贸进出口总值7.87亿美元，其中出口总值7.05亿美元。

濮阳高标准建设城市，至2015年，城市绿化覆盖率43.2%，绿地率37.5%，人均公共绿地面积16.4平方米。城市绿化点成景、线成荫、面成林、林成带，被中华人民共和国建设部誉为人居佳境、中原绿洲。城市建成区面积81.56平方千米，城市人口78.91万人，人均居住面积20平方米。城区内城市用水普及率、集中供热普及率和居民生活气化率分别达到100%、88.6%和96.6%。

1. 濮阳县

濮阳县位于濮阳市南部沿黄地区，面积1382平方千米，耕地面积9.25万公顷，辖11镇9乡，995个行政村，11个居委会，人口124.29万人。黄河流经县境61千米。黄河滩区217平方千米，区内有乡（镇）7个，行政村166个，人口11.83万人，耕地1.48万公顷。北金堤滞洪区940平方千米，区内有乡（镇）20个，村庄891个，人口68.85万人。

濮阳县地处黄河中下游冲积平原，地势平坦，土地肥沃，光照充足，雨量适中，黄河、金堤河流经全境，水量充沛。盛产小麦、水稻、玉米、大豆、花生、棉花等，适于猪、羊、鸡等家畜和家禽生长，是国家粮棉油生产核心区。濮阳县依靠黄河水资源，积极调整农业种植结构，大力发展优质作物种植，全县农业、农村经济得到持续健康发展和迅速增长。至2015年，濮阳县建成6.67万公顷优质小麦、2.2万公顷优质专用玉米、2.33万公顷优质水稻、2万公顷瓜菜种植基地；高标准实施农业综合开发中低产田改造工程1.33万公顷。濮阳县以建设全省工业强县为目标，规模以上企业达200家。

2015年，全县实现生产总值342亿元。规模以上工业增加值230.6亿元，粮食总产量95.7万吨，财政一般预算收入10.09亿元，全社会固定资产投资完成额312亿元。社会消费品零售总额137.6亿元，商品出口总额3.21亿元，城镇居民人均可支配收入2.22万元，农村居民人均纯收入10205元。

2. 范县

范县位于濮阳市东南部沿黄地区，面积590平方千米，耕地面积3.54公顷，辖7镇5乡，590个行政村，总人口56.5万人。黄河流经县境47千米，黄河左岸大堤横贯全境，金堤由西向东从本境北部穿过，两堤将范县分割为三大块。黄河滩区面积95平方千米，区内有6个乡（镇），73个行政村，5.03万人，耕地0.77万公顷。滞洪区面积471平方千米，区内有乡（镇）12个，行政村446个，人口36.73万人，耕地2.8万公顷。

范县推进工业化和农业现代化建设，经济得到快速发展。建成濮城、新区、王楼、张庄4个工业发展集中区，形成石油化工、精细化工、玻璃制品等优势产业，成为全国著名的玻璃制品生产基地和全国规模较大的白炭黑生产基地。主要农作物有小麦、水稻、玉米、花生、大豆、棉花等。凭借黄河水源的优势，范县大力发展水稻种植业，全县水稻种植面积2万公顷，其中绿色水稻1.33万公顷，优质大米被国家绿色食品开发中心评定为“绿色食品”，享有“中原米乡”的美誉。

2015 年，全县实现生产总值 168 亿元。实现工业增加值 106.3 亿元，粮食总产量 36.8 万吨。城镇居民人均可支配收入 1.9 万元，人均消费性支出 1.19 万元；农村居民人均纯收入 7697 元，人均生活费支出 5374 元。

3. 台前县

台前县位于濮阳市东南部沿黄地区，豫、鲁两省交界处。黄河、金堤河横贯台前县全境。黄河过境长 59.5 千米，金堤河过境长 46 千米，整个县域处在这两条河交汇的夹角地带。临黄大堤把全县分为黄河滩区和北金堤滞洪区两部分。全县总面积 454 平方千米，耕地 1.74 万公顷，辖 6 镇 3 乡，行政村 372 个，总人口 41.95 万人。其中，黄河滩区面积 131 平方千米，区内有乡（镇）8 个，村庄 134 个，人口 9.58 万人，耕地 0.86 万公顷；北金堤滞洪区面积 257 平方千米，区内有乡（镇）9 个，村庄 290 个，人口 25 万人。

台前县处于优质农作物的主产区，盛产小麦、玉米、大豆等，农业和农村经济发展较快。台前县实施“工业强县”战略，重点培育羽绒及服饰加工、石油化工、机动车配件等 7 大优势产业。2015 年，全县实现生产总值 91.8 亿元。规模以上工业增加值完成 54.8 亿元，粮食总产量 20.5 万吨。城镇居民人均可支配收入 1.71 万元，农村居民人均可支配收入 7434 元。

（四）濮阳跨（穿）河工程

20 世纪 90 年代后，随着社会经济的发展，濮阳跨河工程从无到有，逐渐增多。至 2015 年，濮阳河段跨河工程主要有铁路桥梁 1 座，公路桥梁 3 座，输气管道、通信电缆等 9 处，浮桥 15 座（其中属濮阳市管辖的 4 座）等。桥梁和浮桥连接两岸交通，对促进社会经济发展有重要作用，但这些工程的修建会引起水流形态的改变和河床冲淤的变化，直接影响河势的稳定。因此，处理好防洪安全和桥梁建设的关系，避免桥梁妨碍河道行洪、降低河道泄洪能力，影响堤防、护岸及其他水工程设施的安全和防汛抢险，进而给黄河的防洪、防凌以及治理开发带来诸多不利影响，显得尤为重要。2015 年濮阳境内黄河桥梁情况见表 1-15，2015 年濮阳境内黄河穿堤管线情况见 1-16。

表 1-15 2015 年濮阳境内黄河桥梁情况

桥梁名称	地点	建设时间（年-月）	长度（米）	防洪标准	设计流量（立方米每秒）	设计水位（米）
东明黄河公路大桥	濮阳县至东明县	1991-10 ~ 1993-08	4142.14	300 年一遇	25300	68.70
鄄城黄河公路大桥	范县至鄄城县	2006-12 ~ 2015-12	5623.00	300 年一遇	18200	55.72
京九铁路孙口黄河特大桥	台前县至梁山县	1991-09 ~ 1995-05	6520.00	1000 年一遇	18170	53.31
孙口黄河公路大桥	台前县至梁山县	2003-07 ~	3544.50	300 年一遇	15700	53.31

表1-16　2015年濮阳境内黄河穿堤管线情况

项目名称	建设单位	建设地点	批准日期（年-月）
京九穿堤光缆	河南省长途线路局	范县大堤111+600	1996-03
京广国防电缆	55180部队	濮阳县大堤96+200	1997-05
濮台电缆	濮阳市广播电视局	范县宋海	1999-01
网通北京至武汉光缆	中国网通公司	濮阳县大堤84+203	2000-06
省二级广线光缆	中国联通新乡分公司	濮阳县大堤96+120	2001-07
西气东输穿黄工程	中原油田天然气公司	濮阳县大堤43+800	2003-01
中原油田天然气跨堤管道	中原油田天然气公司	濮阳县大堤69+90	2003-06
南气北输管道	中原油田建设集团公司	濮阳县大堤68+788	2012-11
中原—开封输气管道	中原油田工程建设公司	濮阳县大堤68+788	2012-11

1. 东明黄河公路大桥

东明黄河公路大桥是国道106线跨越黄河的特大桥梁。左岸起始于河南省濮阳县郎中乡（相应黄河大堤左岸桩号63+200），跨越黄河进入山东省东明县菜园集乡周寨村（相应黄河大堤右岸桩号211+970），全长4142.14米，宽18.5米，双向4车道。于1991年10月开工兴建，1993年8月建成通车。江泽民为该桥题词。

东明黄河大桥设计荷载等级为汽－超20、挂－120，地震烈度按Ⅶ度设防。防洪标准300年一遇，设计流量为25300立方米每秒，设计水位68.7米；通航标准4级，通航水位53.5米，满足通航桥孔最低下弦高程61.5米。

大桥由北引桥工程、主桥工程、南引桥工程3部分组成。桥梁上部结构为单箱单室连续刚构梁，下部结构为双墙薄壁墩身，墩顶与箱梁固结。桥跨组成为6×40米+7×40米+6×50米+（75米+7×120米+75米）+7×40米。该桥与堤防左岸为平交、右岸为立交。

大桥所在河段主河槽宽度约400米，河道宽约为4千米，河床平均纵比降为1/8000，属过渡型河段。两岸由险工、控导工程控制河势，中水河槽相对稳定，临背河地面高差一般为3～5米，属“地上悬河”，防洪压力较大。东明黄河公路桥见图1-22。

2. 鄄城黄河公路大桥

鄄城黄河公路大桥是德商高速公路跨越黄河的大桥，左岸起始于河南省范县陈庄乡吴庄村（左岸堤防桩号125+080），跨越黄河进入山东省鄄城县李进士堂村西（右岸堤防桩号272+650）。该桥2006年12月开工建设，2015年12月通过交工验收。

鄄城黄河公路大桥为4车道高速公路特大桥，桥梁宽度28米，设计速度120千米每小时。全长5623米，其中黄河特大桥1座，长度4819米，大桥1座（引桥），长218.2米。全桥共65跨，主桥部分是13跨，当中是11跨120米再加2跨70米，是国内首创的波形钢腹板桥。大桥桥孔设置为9×50米（预应力混凝土T梁）+（70米+11米×120米+70米）（波形钢腹板预应力混凝土连续箱梁）+58×50米（预应力混

图1-22　东明黄河公路桥

凝土T梁）。

鄄城黄河公路大桥防洪设计流量为18200立方米每秒（300年一遇洪水设计流量16500立方米每秒），相应现状设计洪水位55.72米（黄海高程）；通航净空Ⅳ级航道，通航净高8米、净宽35米。地震基本烈度Ⅶ度，按Ⅷ度设防。

鄄城黄河公路大桥建设，对于构建濮阳市“井”字形高速公路网，发挥濮阳市的区位优势，实施以工兴市战略，改善投资环境，带动人流、物流、商品流、信息流，促进濮阳、菏泽及周边地区经济和社会发展将起到巨大的推动作用。鄄城黄河公路大桥见图1-23。

图1-23　鄄城黄河公路大桥

3. 京九铁路孙口黄河特大桥

京九铁路孙口黄河大桥左岸起始于河南省台前县孙口乡刘桥村（相应黄河大堤左岸桩号163+030），跨越黄河进入山东省梁山县境内，经赵堌堆乡范那里村和姚庄村

（相应黄河大堤右岸桩号321＋000），止于郭村西。该大桥全长6520米，宽10米，由北岸引桥工程、主桥工程、南岸引桥工程组成。北岸引桥长1581.8米，为48孔跨度32米预应力异型钢筋混凝土梁。主桥北岸828.15米为20孔跨度40米预应力异型钢筋混凝土梁，主河道1735.2米为4联4孔跨度108米栓焊下承式桁梁，南岸1013.64米为31孔跨度32米预应力异型钢筋混凝土梁。南岸引桥长1091.17米，为33孔跨度32米预应力异型钢筋混凝土梁。它是中国第一座采用整体节点焊接的钢桁梁桥。该桥于1991年9月开工建设，1995年5月竣工通车。

孙口黄河特大桥设计荷载等级为中－活载，地震基本烈度为Ⅵ度，设计洪水频率为千年一遇，设计流量18170立方米每秒。孙口河段属于黄河下游宽浅河道向窄河道过渡的过渡型河段，特点是河段弯道比较多，河道相对较窄。该河段38千米范围内就有7个弯道，桥位处两堤距3.57千米，主河槽宽只有600米左右。两岸由险工、控导工程控制河势，河湾难以自由发展，中水河槽相对稳定。“二级悬河”明显，槽高、滩低、堤根洼。河槽纵比降0.14‰，滩地横比降左岸为0.2‰、右岸为0.5‰。临河滩地在洪水漫滩时滩唇淤得多，堤根淤得少，形成了1～2米深的堤河。堤防临背高差为3米左右。京九铁路孙口黄河特大桥见图1-24。

图1-24　京九铁路孙口黄河特大桥

4．孙口黄河公路大桥

孙口黄河公路大桥左岸起始于河南省台前县孙口乡代庄村（相应黄河大堤左岸桩号163＋260），跨越黄河进入山东省梁山县赵堌堆乡赵家花园（相应黄河大堤右岸桩号321＋260）。该桥2003年7月动工兴建，2004年11月停工，2008年4月再行开工，再次停工。2014年，河南省再次批复该项目建设。

大桥设计运用年限100年，属特大桥，设计荷载等级为汽－超20、挂－120，地震烈度按Ⅶ度设防，设计洪水频率为300年一遇，设计流量为15700立方米每秒。

大桥分上、下两幅桥，由北引桥工程、主桥工程、南引桥工程三部分组成，全长3544.5米，桥宽12米。南、北引桥均为双柱式桥墩，主槽内桥跨组成为20×40米＋（59.93米＋16×108.36米＋59.93米）＋22×40米。该桥采用平交方式与黄河堤防交叉，并修建辅道以保证黄河防汛抢险的交通畅通，其中在左岸临河修建陪坝，坝顶用作辅道，右岸在背河侧修建辅道。

孙口黄河公路大桥所处河段主河槽宽度560米，河床平均纵比降为0.1‰，属弯曲型窄河道。两岸由险工、控导工程控制河势，河湾难以自由发展，中水河槽相对稳定，临背河地面高差一般为3~5米，属“地上悬河”，防洪压力较大。另外，凌汛威胁也相当严重。

该项目的建设可以打破长期困扰豫东北、鲁西南地区公路交通瓶颈，为两省交通运输开辟了一条重要的跨黄河通道，对于完善省级区域干线公路网络、促进黄河两岸地区资源开发和经济发展、加快现代物流服务业和旅游事业发展都将起到巨大的带动作用。

5. 濮阳黄河浮桥

随着社会经济的发展，黄河下游逐渐修建方便两岸群众物资交流、沟通两岸经济发展的黄河浮桥，至2015年，濮阳河段共建有浮桥15座，其中属于濮阳市管辖的有3座。

（1）台前张堂浮桥。建于2002年9月，位于河南与山东两省交界河段，左岸属于河南省台前县吴坝乡（相应堤防桩号186+700，张堂险工下首），右岸属于山东省东平县银山镇。浮桥全长225米，共有浮舟11节，荷载重量60吨（见图1-25）。建设管理单位为台前县吴坝乡将军渡浮桥有限公司。

图1-25　台前张堂浮桥

（2）范县恒通浮桥。建于2004年2月，位于河南与山东两省交界河段，左岸属于河南省范县陈庄乡（相应堤防桩号124+285，邢庙险工下首），右岸属于山东省鄄城县李进士堂镇。该浮桥全长401米，共有浮舟14节，荷载重量60吨（见图1-26）。建设管理单位为范县恒通浮桥有限公司。

（3）范县昆岳浮桥。建于2005年6月，位于河南与山东两省交界河段，左岸属于河南省范县张庄乡（相应堤防桩号140+425，杨楼控导工程下首1000米处），右岸属于山东省郓城县李集乡。该浮桥全长395米，共有浮舟16节，荷载重量60吨。建设管理单位为范县昆岳浮桥有限公司。

图1-26　范县恒通浮桥

第四节　濮阳区域文化

濮阳是中华民族的重要发祥地之一，其丰厚的文化遗存是人类社会活动的历史见证。濮阳市境内考古发现的距今七八千年前的裴李岗文化时期、五六千年前的仰韶文化时期和四五千年前的龙山文化时期遗址，序列完整，分布密集，遗存丰富，充分展示了华夏文明发展轨迹。境内考古发现的新石器时期文化遗址达27处，其中戚城遗址、西水坡遗址、铁丘遗址、马庄遗址、蒯聩台遗址等是该时期原始聚落的典型代表，特别是西水坡仰韶文化遗址，以其丰富的文化内涵，享誉中外。上古时代，濮阳境域以其独特的地理位置，成为华夏、东夷部族活动的交融地带。伏羲、蚩尤、颛顼、帝喾、虞舜、夏禹等部落集团联盟首领，以雷泽、帝丘、顿丘、瑕丘、阳城等聚邑为中心开展活动，为地上地下文物古迹增添了神秘色彩。

夏、商王朝时期的帝丘、斟灌、昆吾等遗址，时为帝都，时为方国，留下了丰富的文化遗存。公元前629年，卫国迁都帝丘（今濮阳）。在春秋战国时期的列国纷争中，卫国诸多城邑的兴废，记录了其盛衰的全过程，位于濮阳市区的古戚城遗址就是这一沧桑历史的见证。《春秋左传》记载，自公元前626年之后的近一个世纪内，各诸侯（包括摄政大夫）在戚会盟7次，涉及14个诸侯国。会盟内容涉及卫国内政、戚地归属、列国结盟续盟、救援等事宜。秦汉以后，濮阳境内作为州郡府县的城邑徙置变化时废时兴，留下不少遗址，如濮阳故城遗址、顿丘城遗址、晋王城遗址、澶州城遗址等，共计12处。

境内现存古墓群（包括家族墓地）35座。这些古墓葬不仅随葬品丰富，而且在墓葬形式上前后时代蝉联，从石器时代的土坑竖穴墓到汉代画像砖墓皆有发现，体现了古代丧葬制度的方方面面。西水坡遗址45号墓出土的三组蚌塑龙虎图案，是震惊世界的重大考古发现，规模较大、场面罕见的东周阵亡士卒排葬坑堪称中国古代战争遗迹奇观。蚩尤冢、仓颉陵、子路坟、闵子骞墓、张公艺墓等历史名人墓葬不仅具有一定的考古价值，且是丰富的旅游资源。

几千年间，濮阳人民深受黄河决溢泛滥和改道迁徙之害，与水患进行顽强的抗争。汉武帝元封二年（公元109年）堵塞瓠子决口、东汉王景筑堤固河、北宋庆历八年（1048年）高超巧合龙门等治河工程留下的胜迹有汉武帝宣房宫遗址、马庄村的东汉黄河大坝、徐有贞奉敕治河的“敕修河道功完之碑”等文物与有关诗歌、碑文、民间传说，是濮阳人民富于智慧、改造自然、顽强不屈的绝好实证。

一、名胜古迹

西水坡遗址

西水坡遗址位于濮阳老城西南隅，是在1987年5月开挖引黄供水调节池工程时发现的。遗址的西、南两面是始建于五代后梁时的雄伟古城墙。该遗址的文化层，自上而下是宋、五代、唐、晋、汉以及黄河淤积层，东周、商文化层，龙山文化层和仰韶文化层。在仰韶文化层发掘出仰韶文化时期三组蚌砌龙虎图案。第一组45号墓穴中有一男性骨架，身长1.84米，仰卧，头南足北。其右由蚌壳摆塑一龙，头北面东，昂首弓背，前爪扒，后腿蹬，尾作摆动状，似遨游苍海。其左由蚌壳摆塑一虎，头北面西，二目圆睁，张口龇牙，如猛虎下山。此图案与古天文学四象中东宫苍龙、西宫白虎相符。距45号墓南20米外第二组地穴中，有用蚌壳砌成龙、虎、鹿和蜘蛛图案，龙、虎呈首尾南北相反的蝉联体，鹿则卧于虎背上，蜘蛛位于虎头部，在鹿与蜘蛛之间有一精制石斧。再南25米处第三组是一条灰坑，呈东北至西南方向，内有人骑龙、人骑虎图案。这与传说“黄帝骑龙而升天”“颛顼乘龙而至四海”相符。另外，飞禽、蚌堆和零星蚌壳散布其间，似日月银河繁星。其人乘龙虎腾空奔驰，非常形象生动，具有很高的美学价值。另外，在三组蚌砌图案周围，还发掘出仰韶时期房基和大量墓葬、器皿及圆雕石刻人像残块，内涵十分丰富。西水坡出土的龙虎图案，在全国考古发现的龙图案中年代最早，据科学测定在距今6460±135年前，故被专家誉为“中华第一龙”。1987年在濮阳出土的蚌砌龙图案见图1-27。

马庄遗址

马庄遗址位于濮阳市华龙区西南部约5千米。地表为一大土丘，高出周围农田3米，南北长250米，东西宽100米，总面积2.5万余平方米。经考古发掘，清理出房基、墓葬、窑址等遗迹和近2000件遗物。它们分别属于汉、殷商、先商、龙山文化四个文化层，其中汉代和龙山文化层的遗迹和遗物最为丰富。

马庄遗址出土的许多器物具有与山东龙山文化相同的特征或具有两地相互吸收的

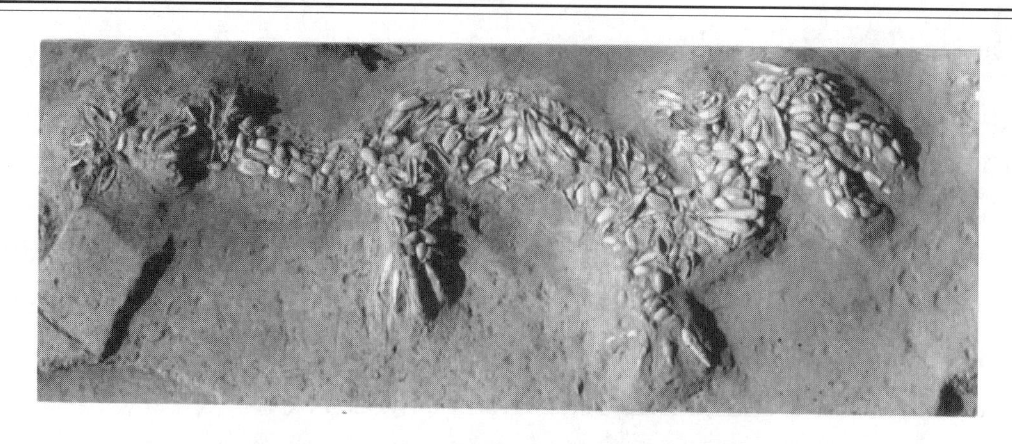

图1-27　1987年在濮阳出土的蚌砌龙图案

文化因素，证明在3000~4000多年前，在今天山东境内和河南境内居住着不同族属的原始居民，学术上称之为“东夷部族”和“华夏部族”。他们不断地进行交往的结果，形成了中华文化的不断趋同。

从龙山文化遗存，我们大致可以了解当时生活在马庄一带的原始部落的社会结构、经济形态。如他们的房基和墙壁已经使用白灰面硬化，显得规整光洁，这种实用和美化兼有的制作，以及种类繁多、造型奇特、工艺精美的石器、骨器、陶器，全面反映了当时发达的手工业技术和部落原始农业的繁荣。值得注意的是，在发现的5座墓葬中，有2座为男女合葬墓。男性仰身直肢，而女性则屈下肢侧向男性，充分说明一夫一妻的血缘家庭已经成为社会结构的基本形式，预示着阶级社会的来临。在一些墓葬中，有的殉葬一个猪下颌骨，有的手握两枚猪獠牙，这种习俗无疑是他们原始宗教巫术崇拜的生动体现。

戚城

戚城也称孔悝城，相传是卫灵公的外孙孔悝的采邑，位于濮阳市区京开大道西侧，北临古城路。戚城古城垣周长1520米，残高最高处8.3米，最厚处16.5米，城内面积14.4万平方米。现存东、西、北三面墙体。戚城是豫北地区保留的年代最久、延续时间最长的古代聚落城池。它地下依次叠压着裴李岗文化、仰韶文化、龙山文化以及商、西周、春秋、汉等文化。该城始建于西周后期，以后历代多有增建。公元前629年，卫成公自楚丘迁都帝丘。公元前602年后，该城因位于古黄河的东岸，东有齐、鲁，西有秦、晋，南有曹、宋、郑、陈、吴、楚等，不仅是卫都帝丘北面的重要屏障，而且是诸侯争霸的战略要地。《荀子·儒效》记载：“武王之诛纣也……朝食于戚……”说明商末周初时，“戚”已闻名遐迩了。

春秋时期是戚城的黄金时代，文献和考古资料都为我们描绘了这一时期戚城经济文化的辉煌。《春秋·经传》中共40次提到戚。而记载最多的是各国诸侯在戚频频会盟，使它成为会盟胜地。据《左传》记载，从公元前626年到公元前531年这95年间，各国诸侯在卫地会盟14次，在戚会盟就有8次之多。戚城遗址东墙外80米处的高4.6米、长20米、宽16米的夯土台（1958年此台尚有一亩多大），就是当年的会盟台基址。

戚城最初是卫国的第十代国君武公之孙孙耳的采邑，孙氏在此袭居六代，为卫世卿，他们世代掌握着卫王室的实权，演出一幕幕活剧来，最大的政治事件发生在公元前496年，太子蒯聩谋害灵公夫人南子未遂，逃到晋国避难，13年后潜入戚城，与其子辄（已立为卫出公）争国。蒯聩勾结其妹控制了执政的外甥孔悝，出公辄被迫出逃鲁国，蒯聩自立为庄公。子路是孔悝的邑宰，为救孔悝而惨死在与蒯聩的甲士的厮杀中。今戚城外貌见图1-28。

图1-28 今戚城外貌

濮阳故城

濮阳故城位于濮阳县城关镇，城址周长12千米，城内面积9平方千米。城墙现存长7千米，最高10米，宽20米，夯窝清晰，墙体内包含有唐、宋、明代的碎瓷片并有夹棍孔眼。城内西北部1~3米以下有文化层，厚3~4米，采集有唐代注子，“开元通宝”铜钱，五代瓷碗，宋代瓷枕、钵、盏等遗物。据清光绪《开州志》载，此城建于五代梁贞明五年（公元919年），为后唐澶州守将李存审所筑，城垣南直北拱，状若卧虎，故又名卧虎城。濮阳城自五代始筑以来，经历了宋熙宁元年（1068年）、明弘治十三年（1500年）、嘉靖十三年（1534年）和清康熙初年的4次大修，每次大修均加高增厚，并建有瓮城、城楼等。有东、西、南、北4门，名称数易。城内名胜和大部分城墙，多毁于抗日战争时期。保存较好的是城西南的部分城墙。濮阳县城四牌楼见图1-29。

图 1-29　濮阳县城四牌楼

子路墓祠

子路墓祠亦称子路坟、仲由墓，位于京开大道西侧、古城路北侧，其西南 250 米是戚城遗址。坟的东北 500 米有蒯聩台遗迹。仲由墓直径 28 米，高 4. 30 米，墓周有青砖砌成的围墙。墓前有碑，上刻“仲夫子之墓”五个遒劲有力的大字，再往南有石象生、卫国公石坊、石阙和望柱，有四通明、清两代重修仲由墓祠祀碑排列两旁。其路东侧有一巨碑，上书“仲夫子落缨处”。墓园原来翠柏葱郁，大者可二人合抱，惜全毁于 1958 年。再往前南为墓祠，其享堂面阔五间，进深三间，单檐歇山，绿琉璃瓦酸覆顶，宏伟壮观。还有东西两庑享堂，内有明、清两代碑刻题咏二十来方，多刻文人官绅赞颂仲夫子的诗词歌赋。

仲由墓曾被盗掘，墓室内有残铁剑一把，陶壶、陶鼎、陶唾各一件。墓基为夯打，墓室为绳纹小砖券砌。专家认为此墓始建于董仲舒提出“罢黜百家，独尊儒术”后的西汉中叶。以后历代均有修葺，明代重修再三，今有碑文在其墓侧。1991 年至 1992 年，濮阳市人民政府对子路墓祠进行了全面整修复原。整修后的享殿、两厢房、山门、石碑坊皆为明清风格。大殿为绿琉璃瓦单檐歇山顶式仿明建筑，面阔五间，进深三间，三交六木宛雪花窗棂。四周有石栏杆环绕。两厢房，面阔十一间，为硬山前抱厦式仿明建筑。山门亦为绿琉璃瓦、面阔三间的仿明式建筑。现在的子路墓祠，雕梁画栋，古色古香，为典型的陵墓式建筑。子路坟见图 1-30。

图 1-30　子路坟

汉代黄河石坝

汉代黄河石坝位于濮阳市西环路马庄遗址西侧。1997 年 10 月，濮阳市文物保护管理所配合基本建设进行考古钻探时发现，距地表 4 米深，南北长 39 米，北面东西宽 19.3 米，南面东西宽 9 米，系不规则青石砌成。该发现引起黄河水利委员会专家的高度重视。结合古墓群，专家鉴定该坝为西汉时期黄河东岸一处防洪设施，为研究黄河变迁、古代治河措施及黄河的利用提供了重要实物资料。

敕修河道功完之碑

明正统十三年（1448 年），黄河于新乡八柳村决口，洪水直冲张秋镇（今属山东阳谷县）、沙湾（今濮阳市台前县八里庙村南）一带，运河河道被毁，南北漕运大动脉几乎中断，朝廷受到很大的震动，先后派工部侍郎王永和、工部尚书石璞等治理沙湾河道，工程均失败。景泰四年（1453 年）十月，明代宗又任命徐有贞为都察院佥都御史，治理沙湾河道。徐有贞到沙湾后，对地形、水势进行详细查勘。最后集思广益，开创性地提出置水门、开支河、浚河道的治河三策。该方案得到朝廷批准后立即开始实施。徐有贞这次治河，采取疏、塞、浚并举的办法，耗费物资数以万计，运角河工 5.8 万人，历时近 2 年，于景泰六年（1455 年）七月完工。此后山东河患减少，漕运通畅。工程竣工后，徐有贞主持在当地（今八里庙村）修建水河神祠，并亲自撰文、书丹，在祠内立“敕修河道功完之碑”。该碑螭首，高 0.91 米，宽 1 米，厚 0.3 米。精雕二龙戏珠图案，中间阳刻篆书“敕修河道功完之碑”。碑身高 2.2 米，宽 0.95 米，厚 0.28 米；四周刻有 0.5 米宽的阳刻云雾图案，书体为行楷，共 31 行，满行 75 字。碑座为龟趺，高 1 米。碑文记载治理河道的过程、用工、用料、建闸地点等。撰文及书丹出自徐有贞之手，书法挺拔秀丽，柔中带刚，气韵神采俱佳，有较高的书法艺术价值。1990年3月，敕修河道功完之碑由八里庙村民挖土时掘出。八里庙治河碑见图1-31。

图1-31　台前八里庙治河碑

二、诗歌

瓠子歌（二首）

（汉）刘彻

一

瓠子决兮将奈何？浩浩洋洋兮虑殚为河。
殚为河兮地不得宁，功无已时兮吾山平。
吾山平兮钜野溢，鱼弗郁兮柏冬日。
正道弛兮离常流，蛟龙骋兮放远游。
归旧川兮神哉沛，不封禅兮安知外。
皇谓河公兮何不仁，泛滥不止兮愁吾人。
啮桑浮兮淮泗满，久不反兮水维缓。

二

河汤汤兮激潺湲，北渡回兮迅流难。
搴长茭兮湛美玉，河公许兮薪不属。
薪不属兮卫人罪，烧萧条兮噫乎何以御水。
隤竹林兮楗石菑，宣防塞兮万福来。

鲧　堤

（宋）司马光

东郡鲧堤古，向来烟火疏；

堤封百里远，生齿万家余。
贤守车才下，疲人意已舒；
行闻歌五袴，京廪满郊墟。

大　河

上天章公顾子敦

（宋）徐积

万物皆有性，顺其性为大。顺之则无变，反之则有害。
禹之治河也，浚川而掘地。水行乎地中，其性安而遂。
因地为之防，犹恐不足制。故附之山足，使循山而行。
山不可必得，或原阜丘陵。水行乎两间，既固而既宁。
及将近下流，山远而地平。渠裂为二道，河分为九形。
虽暴不得怒，虽盛不得盈。所以顺而制，归之于沧溟。
后代蒙其业，历世六七十。凡千有余年，而无所决溢。
国君与世主，岂皆尽有德。盖繇河未徙，一皆循禹迹。
河道既一徙，下涉乎战国。水行平地上，乃堤防堙塞。
其时两堤间，实容五十里。水既有游息，堤无所啮毁。
后世迫而坏，河役始烦促。伐尽魏国薪，下尽淇园竹。
群官皆负薪，天子自临督。其牲用白马，其璧用白玉。
歌辞剧辛酸，姑不至号哭。瓠子口虽塞，宣房宫虽筑。
其后复北决，分为屯氏河。遂不复堤塞，塞亦无如何。
两河既分流，害少而利多。久之屯氏绝，遂独任一渠。
凡再决再塞，用延世之徒。有天时人事，可图不可图。
有幸与不幸，数说不可诬。其后复大决，大坏其田庐。
灌三十一县，言事者纷如。将欲塞之耶，凡役百万夫。
费累百巨万，亦未知何如。如此是重困，是重民叹吁。
言事者不已，亦不复塞诸。李寻解光辈，其言不至迂。
遂任水所之，渠道自割除。当时募水工，无一人应书。
学虽有专攻，术亦有穷欤。诸所说河者，桓谭实主之。
但聚而为书，实无以处之。班孟坚作志，亦无所出取。
事有甚难者，虽知无所补。今之为河堤，与汉无甚殊。
远者无数里，近无百步余。两堤束其势，如缚吞舟鱼。
适足激其怒，使之逃囚拘。又水性隐伏，有容而必居。
浸淫而灌注，日往而月徂。埽材有腐败，土壤有浮虚。
水进而不止，正如人病躯。病已在骨髓，医方治皮肤。
下不漏足胫，上突为背疽。或水如雷声，或埽如人喘。

或决如山倾，或去如席卷。如蛟龙引阵，如虎豹逃圈。
如地户开辟，如谁何生变。如神物主之，不可得而辨。
嗟乎有如此，堤防岂能禁。盖缘平地上，失水之本性。
而又无二渠，分九河所任。以九合为一，所以如此甚。
今之为邑居，多在古堤内。以诸埽准之，高于屋数倍。
以水面准之，亦高数尺外。诸埽正如城，而土有轻脆。
民正如鱼鳖，处破湟畎浍。被溺者常事，不溺者幸大。
又河水重浊，淀淤日以积。又夏秋霖雨，诸水凑以入。
故有必决势，不决者盖鲜。或决彼决此，或决近决远。
或决不可塞，或塞而复决。或决于旦暮，或决于岁月。
或新埽苟完，或旧埽溃裂。譬如千万钧，用一绳持挈。
必有时而败，必有处而绝。而自决大吴，凡害几郡县。
河既北浸边，诸塘皆受患。亡胡与逸马，熟为之隔限。
今虽甚盛时，亦防不虞变。所以议论者，复故道为便。
故道虽已高，可复亦可为。但恐既复后，其变不可知。
我兵学虽陋，公兵学虽奇。我说兵之难，公亦莫我违。
河事异于兵，其难堪嘘欷。智有不可及，力有不可施。
汲黯非不伟，所塞辄复隳。王遵无奈何，誓死而执圭。
若与唐衢说，号哭垂涕洟。未说穿故道，未说治故堤。
且说塞河口，所费不可推。诸所调发者，委积与山齐。
卷埽者如云，进埽者如飞。下埽名入川，其势忧流移。
上埽名争高，少动即势危。万人梯急赴，两大鼓急椎。
作号声号令，用转光指麾。其救护危急，争须臾毫厘。
又闻被灾郡，数路方荐饥。官私无畜聚，民力俱困疲。
朝廷谋已劳，两宫食不怡。生民仰首望，使者忘寝饥。
为之奈何乎，勿计速与迟。事虽有坚定，议论在所持。
如一身数疾，必以先后医。假如移所费，用以业贫民。
偿其所亡失，救其所苦辛。或贷其田租，或享其终身。
独孤有常饩，使同室相亲。露尸与暴骸，收敛归诸坟。
精选强明吏，处之使平均。乡官与胥徒，欺者以重论。
如此庶几乎，可无愁怨人。下酬更生望，上慰再造仁。
然而论议者，至今犹纷纷。或复其故道，或因其自然。
公如决于一，勿使众议牵。在己者有义，在命者以天。
而况行职分，而况本诚忱。圣朝无不察，知子之赤心。
嗟余何为者，草莽且贱微。与公本无素，一见即弗遗。
以伯兄处我，以古人相期。小设犹致说，大事宁无辞。

年且六十一，未作沟中尸。常恐公礼义，如投诸污泥。
岂欲为迂阔，不得已为诗。沥吾之肝胆，但恐同儿嬉。
又恐误公事，公千万慎思。如将从近功，即深图便宜。
如必谋久利，唯古人是希。是询而是度，是访而是咨。
或博物君子，或宿儒老师。或滨河野叟，或市井年耆。
或愚直夫妇，所言无蔽欺。或老胥退兵，耳闻而目窥。
或世为水学，可与讲是非。或博募水工，按地形高卑。
从便道穿渠，稍引河势披。海既为大壑，汴既分一支。
如关窍疏通，脏腑病可治。此说如何哉，但恐出于狂。
如何完障塞，如何复诸塘。观变而待时，亦恐谋不臧。
为复有说者，且须严边防。如魏尚守边，见称于冯唐。
如祭彤久任，使匈奴伏藏。以车制冲突，如卫青武刚。
多置强弩手，如李广大黄。选募如马隆，练卒如高王。
如汉置奔命，使我军势张。短兵斫马胫，冲车乱其行。
赏不以首级，所以严部分。大陷刀如墙，可以坚吾阵。
羊叔子以德，郭子仪以信。光弼战河阳，挥旗令直进。
其时诸军势，如决水千仞。杨素不用车，可汗下马拜。
仅以其身免，号哭而大败。将帅在方略，胜却百万兵。
安边在良将，胜却筑长城。愿子治水功，有以酬明时。
便领铁林兵，尽衣犀牛皮。连营环绣帽，大纛随牙旗。
分金赐勇敢，藏书付偏裨。先声义信远，下令霜风驰。
出塞有丰草，近关无马蹄。穹庐大漠外，别部黑山西。
伐谋为上策，何用长缨羁。本朝正明盛，以德服外夷。
使来不受献，南越回山梯。西闭玉门关，东却高句丽。
四夷无一事，各安巢穴栖。名将更无功，优诏勒鼎彝。
师旋作鼓吹，军容除虎貔。银珰致郊劳，翰林严锁扉。
除书纸用麻，省吏身著绯。公方有所念，山足江之湄。
无心入黄阁，有表辞赤墀。乞得老来身，浩歌还会稽。
白云与绿波，无所不可之。春风桃花坞，秋色黄菊篱。
茶篮与酒榼，壶矢兼琴棋。烹鸡炊黍饭，可倩庞公妻。
岂无会稽老，雪夜同泛溪。亦有二三子，棹歌相追随。
散尽橐中金，留得身上衣。有宅是官借，无田可扶犁。
闲吟题寺观，长啸入云霓。公得我诗后，一梦须先归。

河复（并叙）

（宋）苏轼

熙宁十年秋，河决澶渊，注巨野，入淮泗，自澶魏以北，皆绝流而济，楚大被其害，彭门城下水二丈八尺，七十余日不退，吏民疲于守御。十一月十三日，澶州大风终日，既止，而河流一枝已复故道。闻之喜甚，庶几可塞乎！乃作河复诗，歌之道路，以致民愿而迎神休，盖守土者之志也。

君不见西汉元光元封间，河作瓠子二十年。
巨野东倾淮泗满，楚人恣食黄河鳣。
万里沙回封禅罢，初遣越巫沉白马。
河公未许人力穷，薪刍万计随流下。
吾君盛德如唐尧，百神受职河神骄。
帝遣风师下约束，北流夜起澶州桥。
东风吹冻收微渌，神功不用淇园竹。
楚人种麦满河淤，仰看浮槎栖古木。

庚辰岁人日作

时闻黄河已复北流，老臣旧数论此，今斯言乃验

（宋）苏轼

老去仍栖隔海村，梦中时见作诗孙。
天涯已惯逢人日，归路犹欣过鬼门。
三策已应思贾让，孤忠终未赦虞翻。
典衣剩买河源米，屈指新篘作上元。

黄　河

（宋）苏轼

活活何人见混茫，昆仑气脉本来黄。
浊流若解污清济，惊浪应须动太行。
常假一源神禹迹，世流三患梗尧乡。
灵槎果有仙家事，试问青天路短长？

过澶魏被水民居二首

（宋）贺铸

带沙畎亩几经淤，半死黄桑绕故墟。
未必邻封政如虎，自甘十室九为鱼？
莫问居人溺与逃，破篱攲屋宿渔舠。

中庭老树秋风后，鹳鹤将雏夺鹊巢。

渡　河

（宋）黄庭坚

客行岁晚非远游，河水无情日夜流。
去年排堤注东郡，诏使夺河还此州。
忆昔冬行河梁上，飞雪千里曾冰壮。
人言河源冻彻天，冰底犹闻沸惊浪。

题文潞公黄河议后

（宋）黄庭坚

澶渊不作渡河梁，由是中原府库疮。
白首丹心一元老，归来高枕梦河湟。

金堤行

（清）萧家芝

闻道金堤决，河水尽渗漉。望望千里余，陆地驾舟楫。
棼橑高布翼，毁坠如落木。飞鸟亦沈湮，安问禾与菽。
疑是天河倒，落地恐难复。日月无颜色，星辰惨淡出。
蛟龙困欲号，耸首皆矗矗。鬼神道路迷，欲去去不得。
不知几万井，十室亡五六。虽有数家存，掩泪向空国。
天地岂不仁，造化互复剥。始知为水没，不如就杀戮。
杀戮留家业，永复无完屋。祇今何所有，青浦杂红蓼。
城闉惊兔狐，白昼闻鬼哭。哭声使人哀，况乃赋税蹙。

河工四汛诗

（清）麟庆

桃汛

涨暖桃花阅茨防，金堤宛转束流长。
垂杨遥映春旂绿，秀麦低连汛水黄。
竹箭波翻飞羽急，皮冠人到献獾忙。
书生自问无长策，仗节深渐服豸章。

伏汛

风轮火伞日无休，来往通堤大道头。
黄绽野花沿马路，绿纷细草衬龙沟。
关心水势逢金旺，屈指星期近火流。

获蔮豆花将次到，先时修守费前筹。

秋汛

节交白露又巡行，秋水弥漫望里平。
搜底不同桃浪暖，盖滩已见秋苗生。
长堤梭织劳参伍，列堡环排肃弁兵。
传语通工休玩愒，大家跟踪待霜清。

凌汛

河冰冻合朔风粗，策马巡行历旧途。
夹岸积凌全涨白，沿堤插柳半涂朱。
桩排雁齿参差挂，垛比鱼鳞上下铺。
预祝安澜来岁庆，殷勤修守勖兵夫。

闻河决堤画竹

（清）丘逢甲

瓠子尚未塞，淇园已全伐。
图中写此数竿秋，留向海天扫寒月。

子路堤

（清）王广寒

前贤负米气纵横，信步登临势不平。
洪水汪洋堤作岸，绿荫围绕柳为城。
累朝共赖金汤固，寰海新瞻玉镜清。
久旱乍逢时雨足，丰年乐岁有同声。

咏临黄堤

（清）刘全寿

何必宣防诩汉宫，予来却喜庶民同。
蜿蜒不断真如带，无虑河称豫北雄。

注：刘全寿，清代寿张（今台前县）西影唐村人。

渡黄河歌

陈毅

黄河悠悠吾其济，大军反攻从此去。
江淮河汉入掌握，南京群丑苦无计。
党团统一竟贪污，棘门霸上等儿戏。
老贼花甲飞来去，满眼战局皆丧气。

徘徊古城系人心，岂知动摇更加剧。
绝望挣扎难苟延，婉转哀怜求美帝。
杜马困难何其多，侵略援助索高利。
扶助倭寇事第一，可怜位置次奴隶。
皇皇华夏岂无人，解放军旗申正义。
中原已告堤防决，长江何处能守御？
国贼受首看日近，狗党狐群失依据。
人民法院早安排，海角天涯难逃避。
吁噫一歌兮歌黄河，黄河稳渡不吾弃。
吁噫再歌兮歌反攻，革命风雷动大地。
吁噫三歌兮歌民主，群众翻身今何遂。
吁噫四歌兮歌胜利，华夏独立新世纪。
濡笔淋漓我兴豪，但恐才薄难抒意。

注：陈毅元帅，四川省乐至县人，此歌1948年赋于孙口。

使　命

曾宪辉

千艘竞航渡大军，完成使命震人心。
冲破防线转反攻，四十万敌化灰尘。
蒋贼统治齐溃败，南京群丑乱飞奔。
三年奋战如一日，全国解放现曙晨。

注：曾宪辉，江西于都县人，时任黄河河防指挥部司令员。此诗1948年题于孙口。

将军渡

管桦

1947年秋天，解放军反攻的时候，刘伯承将军率领大军从山东寿张县渡过黄河。是夜，黄河有风浪。但大将上船，忽然风平浪静，平安渡过黄河。从此，这一带人民称寿张渡口为“将军渡”。

山东大路千万条，遍地红旗飘飘。
烟尘卷着马刀，飞云掠过大炮，转眼已过山河万座桥。
一轮红日西落，已是茫茫夜色。
将军刘伯承，飞马来到大渡口，
马在风中嘶叫，风在浪涛下吼，
将军挥手，大家上船渡急流。
渡船千万艘，将军站立在船头，

船头好似将军台，浪涛滚滚涌上来。
暴风吹得刀枪呜呜响，吹得马鬃飞扬，
渡船在旋转，渡船在摇荡。
啊！黄河，黄河，快快起风波，让我大军渡黄河。
浪涛在大军脚下伏倒。
暴风躲入云霄，千万艘渡船过水面。
好象飞鸟穿云间，人马跃进大别山。

黄河上

段维中

河道仍是以往那样弯曲、宽阔、淤沙、积滩，
黄水仍是以往那样急湍、奔流、冲激、吼叫。
但是在大进军的今天，
以集体的智慧，
在世界著名的黄河天险上，
创造了历史上新的奇迹——一座由船作的大浮桥。
虽然大雨不停地在下，
道路泥泞难走，
但是阻不住热情支前的群众。
他们肩扛着车不能拉架桥用的木板，
冒雨向黄河上运送。
情绪极其高涨的水手，
饭也顾不上吃，
忙着架桥。
他们下锚、拉缆，
跳下水里安木桩。
虽然都是光着身子下水，
却还是满身大汗。
船靠船，链扣链。
平船上面铺木板，虽然船只有高、低、大、小，
但是这创造的浮桥，
却非常的平坦、坚牢。
不光能走人和马，
还能走汽车、坦克和大炮。
桥长：有二百米，
桥宽：足有五丈，

两端：红绿标语、彩门、松坊、船桅像电杆一样。
猛一看，看不出是桥来，
好像城市里的马路一样。
解放军步伐整齐，精神雄壮，
六路纵队走在桥上，
摄影记者拍照忙，
宣传队的音乐多响亮。
战士们前进的歌声，
水手们的欢呼口号声，
奏出了伟大的交响乐——
“打过长江去，解放全中国。”

注：此诗为林彪、罗荣桓两将军率领的中国人民解放军第四野战军在孙口浮桥过黄河南下时随军记者段维中所作。

刘邓大军渡河六十周年祭

陆诗秦

九州风雷起，风台水火地。逐鹿问鼎意，中原鏖战急。
将军列神兵，晋冀延鲁豫。山河戏洛数，宇内博巨弈。
谈笑轻强虏，击筑赋新词。中流挥楫歌，满弩向鹰翼。
弹矢如簧雨，中军自闲娱。泰然抚髭须，号角惊马嘶。
怒涛扑飞舸，浊浪溅征衣。离弦驰舴艋，壮士乘劲镝。
千帆万民心，壶浆连金堤。相携将军手，南征还几时？
只为劈枷锁，悬舞农奴戟。华夏红旗展，复来话桑梓。
一抔泰山土，一釜黍粝食。一湾鱼水情，一腔屠龙志。
朝饮黄河水，夕踏伏牛地。请缨赴大别，淮河布战局。
摧朽焚腐林，千里传捷曲。摇摇大厦倾，四海扬赤旗。
六秩劫三元。古渡草萋萋。旧城掩枯骨，淘尽沧桑事。
不毛鱼米灿，亭榭危楼立。修龙呼啸过，天堑易通衢。
金井饮甘醴，遥想饥肠时。酹酒祭河魂，将军何处觅？
长堤起连绵，远山松云霁。九曲投东海，春秋万世徙。
今朝风还巢，英灵归来兮！共飨汗青事，永怀英雄绩！

黄河夜半防汛

刘华亭

远处荒鸡似有声，浪摧石坝频传惊。
万人严阵浑如铁，灯火长堤竞月明。

醉花荫　金堤行

杨俊生

今晓独行长堤路，两岸烟笼树。
鱼跃绿荷池，碧水新蒲，隐约藏鸥鹭。
坡头屋谁家住，半在林深处。
回首看朝阳，蓦见鱼帆，驶出黄河渡。

黄河行

甲申夏夜，同诗友畅游黄河，咏而归

葛广乾

人生一何幸，大河共良朋。
沉沉月西斜，遍撒满天星。
孤灯竹杆挂，群蛾舞相迎。
设案陈野蔌，把盏对蛙声。
酒意三分爽，赤足水畔行。
银汉贯南北，白水横西东。
滩阔浊流缓，道熟船自轻。
睡欧浮波上，闲虫草间鸣。
人生天地间，无异草与萤。
秋来流萤去，匆匆何匆匆。
随缘且为乐，长吟纵狂情。
莫道山阴好，此处胜兰亭。

硪号硪硪歌

领呼：喂呀嗨，喊！喊！喊！
众应：喊喊、喊喊扬！
领呼：嚎嚎来两号呀！
众应：喊喊喊、喊扬！
领呼：拉上去呀！
众应：喊喊呀嗨呀！
领唱：远远跑来修大堤，
众唱：嗨扬嗨，嗨扬嗨。
领唱：听我唱个新硪曲，
众唱：嗨扬嗨，嗨扬嗨。
领唱：自从来了共产党，
众唱：嗨扬嗨，嗨扬嗨。

领唱：杨勇将军呀领导我们打游——
合唱：击呀哈，嗨呀哈，喂呀！
俺的家乡呀变成根据地，
民主政府呀减租又减息。
俺老百姓呀跟着共产党，
自由平等呀衣食足。
黄河水呀黄又黄，
蒋介石呀毒心肠。
害了俺老百姓呀又打共产党，
国民党呀好像野心狼。
解放区人民呀一条心，
把进犯的反动派呀消灭光。

三、碑文

澶州灵津庙碑文

熙宁十年秋，大雨霖，河洛皆溢，浊流汹涌，初坏孟津浮梁，又北注汲县，南泛胙城，水行地上，高出民屋。东郡左右，地最迫隘，土尤疏恶，七月己丑，遂大决于曹村下埽。先是积年稍背去，吏惰不虔，楗积不厚，主者又多以护埽卒给它役，在者十才一二，事失备豫，不复可补塞，堤南之地陡绝三丈，水如覆盎破缶，从空中下。壬申，澶渊以河绝流闻。河既尽徙而南，广深莫测坼岸，东汇于梁山张泽泺，然后派别为二，一合南清河以入于淮，一合北清河以入于海。大川既盈，小川皆溃，积潦猥集，鸿洞为一，凡灌郡县九十五，而濮、齐、郓、徐四州为尤甚，坏官亭民舍巨数万，水所居地为田三十万顷。天子哀悯元元，为之旰食。初，遣公府椽往，俾之循视，又遣御史往，委之经制，虚仓廪，开府库，以振救之。徙民所过无得呵，吏谨视遇，不使失职，假官地予民使之耕，而民不至于太转徙。质私牛于官，贷之牛，而牛不至于尽杀食。其蠲除约省，劳来安集，凡以除民疾苦其事又数十，然后人得不陷于死亡矣。天子乃与公卿大议塞河，初献计者有欲因其南溃，顺水所趋筑为堤河，输入淮海。天子按图书，准地形，览山川，视水势，以谓河所泛溢绵地数洲，其利与害可不熟计，今乃欲捐置旧道，创立新防，弃已成而就难冀，惮暂费而甘长劳，夹大险绝地利，使东土之民为鱼鳖食，谓百姓何？国家之事固有费而不可省，劳而不获已者也。天赞圣德，圣与神谋，诏以明年春作始修塞。乃命都水吏考事期，审功用，计徒庸，程畚筑，峙餱粮，伐薪石。异时治河皆户调楗民，多贱鬻货产，巧为逃匿。上虑人习旧常，而胥动以浮言也，先期戒转运使明谕所部，告之以材出于公，秋毫不以烦民，然后民得安堵矣。物或阙供，皆厚价私市，材须徙运，皆官给僦费。唯是丁夫古必出于民者，乃赋诸九路，而以道里为之节，适凡郡去河颇远者，皆免其自行而听其输钱以雇，更则众虽费可不至于甚病，而役虽劳可不至于甚疲矣。材既告备矣，工既告聚矣，明年，立号元丰，天子遣官以牲玉祭于河，而以闰正月丙戌首事。方河盛决时广六百步，既更冬春益侈大，两涘之间，遂逾千步。始于东西签为堤以障水，又于旁侧阏为河以脱水，流渠为鸡距以酾水，横水为锯牙以约水。然后河稍就道，而人得奏功矣。既左右堤强而下方益伤矣，初仞河深得一丈八尺，白水深至百一十尺，奔流悍甚，薪且不属，士吏失色，主者多疾，置闻请调急夫，尽彻诸埽之储以佑其乏。天子不得已为调于旁近郡，俾得蠲来岁春夫以纾民，又以广固壮城卒数千人往奔，命悉发近埽积贮，而又所蓄荐食藁数十万以赴之。诏切责塞河吏，于是人益竭作，吏亦毕力，俯瞰回渊重埽九緷而夹下之。四月丙寅河槽合，水势颇却而埽下湫流尚驶，堤若浮寓波上，万众环视，莫知所为。先是运使创立新意，制为横埽之法，以遏绝南流，至是天子犹以为意，屡出细札，宣示方略，加精致诚，潜为公祷，祥应感发，若有灵契。五月甲戌朔，新堤忽自定武还北流，奏至，群臣入贺，告类郊庙，劳飨官师，遂大庆赐，自督师而下至于勤事小吏，颁器币各有差第，功为三品，各以次增秩焉。濮齐郓徐四州守臣，以立堤救水，城得不没，皆赐玺加奖。吏卒自下楗至竣事而归，凡特支库钱者四。初天子闵徒之遭疠者，连遣太医十数辈往救治之，以车载药而行，春尚寒赐以襦袍，天初暑给以台笠。人悦致力，用忘其劳。于是又命籍其物故者，厚以分恤其家，逃亡者听自出以贯编户，乘急出夫者蠲春径一岁有半，仁沾而恩洽矣。自役兴至于堤合，为日一百有九，丁三万，官健作者无虑十万人。材以数计之为一千二百八十九万，费钱米合三十万，堤百一十有四里，诏名曰灵平，立庙曰灵津，归功于神也。方天子忧埽于合未固，水道内讧，上下惴恐，俄有赤蛇游于埽上，吏置蛇于盆祝而放之，蛇亡而河塞。天子闻而异之，命褒神以显号，而领于祠官，曲加礼焉。有诏臣洙作为庙碑以明著神贶，臣洙窃迹汉唐而下，河决常在于曹卫之域，而列圣以来泛澶渊为尤数，虽时异患殊而成功则一，然必旷岁历年，穷力殚费而后仅有克济，固未有洪流横溃，经费移徙不逾二年，一举而能塞者也。何则？孝武瓠子甚可患也，考今所决适值其地，而害又逾于此焉。然宣房之塞，远逾三十年，费累亿万计，乃至天子亲临沈玉，从官咸使负薪，作为歌诗，深自郁悼，其为艰久，亦已甚矣。视往揆今，则知圣功博大宏远，古未有也。呜呼，河之为利害大矣，功定事立，夫岂易然哉？主吏诚能揆明诏，规永图，不苟务裁费径役，以日为功而使官无旷职，卒无乏事，缮治废堤常若水至，庶几河定民安，无决溢之患矣。臣洙既奉诏为庙金石刻，因得述明天子所以御灾捍患，计深虑远，独得于圣心而成是，殊尤绝迹遂及治河，曲折在官调度与夫，小大献力，内外协心，概见其□，使后世有考焉。臣洙谨拜手稽首而献文曰：浑浑河源，导自积石，逆折而东，久辄羡溢。维古神禹，行水地中，顺则所适，不为防庸。降及战国，濒齐赵魏，陂障以流，与水争地。酾为之渠，利用灌溉，水无所由，因数为败。由汉迄今，千三百岁，出地而行，患又滋大。明明天子，缵尧禹服，恩均蛮貊，泽润草木。丁巳孟秋，淫雨漏河，河徙而南，千里涛波。天子曰咨，水实儆予，勤民之力，其得已乎？

申命群司，鸠材庀工，上志先定，庶言则同。人乐输费，□□遗力，圣诚感通，河即顺塞。巨野既潴，淮泗既道，川无狂澜，民得烝罩。东土其乂，徐方复宁，芒芒原隰，既夷且平。水所渐地，更为沃野，人恣田牧，施及牛马，盈宁士女，相与歌呼。微我圣功，人其为鱼，四郡守臣，舞蹈上章。微我圣功，城其为隍，帝厘山川，鱼兽咸若，万方归之，如水赴壑。凡厥士吏，迨及庶民，其谨护视，烝徒孔勤。维是汤河，作固京室。在庭圣独，前识九类，攸叙六府，允修丕冒，日出覃被，海陬归惠。尔新庙春秋承祀，以祈灵保。

注：选自《皇朝文鉴》卷七十六。作者孙洙，字巨源，广陵人，博闻强记，善文章。

敕修河道工完之碑文

明正统十三年（1448 年）河决新乡八柳树。由故道东经延津、封丘漫流曹州、范县，东抵阳谷县入运河，洪水直冲张秋镇沙湾（今台前县夹河乡八里庙村南 1 千米），决大洪口而东入海，堤岸毁坏，运道淤塞，南北漕运中断。明廷十分惊恐，先后派王永和、洪英、王暹、石璞等人前去治理，但旋治旋决，均不见根本成效。景泰三年（1452 年）六月黄河又冲决沙湾运道北岸，挟运河水东流入海。次年五月，再次决开沙湾北岸，“掣运河水入盐河，漕舟尽阻”。是年十月，明廷命徐有贞为佥都御史，主持治理沙湾。徐到任后，即对河情水势进行实地勘查，“逾济、汶，沿卫、沁，循大河，道濮范”。明确提出恢复运河步骤，“先疏其水，水势平乃治其决，决止乃浚其淤。”景泰五年开始施工，先后开沙湾北张秋金堤向西南经寿张、濮州，西接黄河沁水的广济渠，长 500 余里。渠首建通源闸，渠旁筑堰截流。此渠既可分水济运，又可分黄消洪。沙湾作溢流堰，“水小则可拘之以济运河，水大则疏之使趋于海”。终于解除沙湾漕运受阻之患。徐有贞遂撰文立石，以记其详。

碑文：

惟景泰四年冬十月十有一日，天子以河决沙湾，久弗克治，集左右丞弼暨百执事之臣于文渊阁，议举可以治水者。佥以臣有贞应诏，乃锡玺书命之行。天子若曰：“咨尔有贞，惟河之决，于今七年，东方之民，厄于昏垫，劳于堙筑，靡有宁居。既屡遣治，而弗即功，转漕道阻，国计是虞，朕甚忧之。兹以命尔，尔其往治，钦哉!”臣有贞祇承惟谨。既至，乃奉扬明命，戒吏饬工，抚用士众，咨询群策，率兴厥事。已乃周爰巡行，自北东徂南西，逾湾汶，沿卫及沁，循大河，道濮、洮以还。既究厥源，因度地行水，乃上陈于天子曰：“臣闻凡平水土，其要在得天时、地利、人事而已，天时既经，地利既纬，而人事于是乎尽，且夫水之为性可顺焉以导，不可逆焉以堙。禹之行水，行所无事，用此道也。今或反是，治所以难。盖河自雍而豫，出险隘而之夷旷。其势既肆，又由豫而兖，土益疏水益肆，而沙湾之东，所谓大洪之口者，适当其冲，于是决焉，而夺济、汶入海之路以去，诸水从之而泄，堤以溃，渠以淤，涝则溢，旱则涸，此漕途所为阻者。然欲骤而堙焉则不可。今欲救之，请先疏其水势，平乃治其决，决止乃浚其淤，困为之方，以时节宣，俾无溢涸之患，必如是而后有成。”制曰："可!"臣有贞乃经营焉。作治水之闸，疏水之渠，起张秋今堤之首，西南行九里而至于濮阳之泺，又九里而至于博陵之陂，又六里而至于寿张之沙河，又八里而至于东西影塘，又十有五里而至于白岭之湾，又三里而至于李堆之涯，由李堆而上又二十里，而至于竹口莲花之池，又三十里而至于大潴之潭，乃逾范暨濮，又上而西，凡数百里，经澶渊以接河、沁。河、沁之水过则害，微则利，故遏其过而导其微，用平水势。既成，名其渠曰"广济"，闸曰"通源"。渠有分合，而闸有上下。凡河流之旁出而不顺则堰，堰有九，长袤皆至丈万。九堰既设，其水遂不东冲沙湾，乃更北出，以济漕渠之涸。阿西、鄄东、曹南、郓北沮洳而资灌溉者，为顷百数十万。行旅既便，居民既安，有贞知事可集，乃参综古法，择其善而为之，加神用焉。爰作大堰，其上建以水门，其下缭以虹堤，堰之架涛截流，栅木络竹，实之石，键之铁，盖合土木火金而一之，用平水性。既乃导汶泗之源而出诸山，汇澶濮之流而纳诸泽，遂浚漕渠，由沙湾而北至于临清，凡二百四十里，南至于济宁，凡二百一十里。复作放水之闸于东昌之龙湾、魏湾，凡八，为水之度，其盈过丈，则放而泄之。皆通古河以入于海，上制其源，下放其流，既有所节，且有所宣，用平水道，由是水害以除，水利以兴。

初，议者多难其事，至欲弃渠弗治，而由河、沁及海以漕，然卒不可行也。时又有发京军疏河之议，有贞因奏蠲濒河州县之民马役庸役，而专事河防，以省军费，纾民力，天子从之。是役也，凡用人工聚而间役者四万五千有奇，分而常役者万三千有奇。用木大小之材九万六千有奇，用竹以竿计倍木之数，用铁为斤十有二万，铤三千，絙百八，釜二千八百有奇，用麻百万，荆倍之，藁秸又倍之，而用石若土则不计其算。然其用粮于官以石计，仅五万而止。自始告祭兴工至于工毕，凡五百五十有五日。于是治水官佐咸以为兹地当两京之中，天下之转输贡赋所由以达，使终弗治，其为患孰大焉？夫白之渠以溉不以漕，郑之渠以漕不以贡，而工皆累年，费者钜亿。若武之瓠子不以溉，不以漕，又不以贡，而役久弗成，兵民俱敝，至躬劳万乘投璧马籲神祇而后已。乃今役不再期，费不重科，以溉焉，以漕焉，无弗可者，是以军国之计、生民之资大矣厚矣。其可以无纪述于来世。

臣有贞曰：凡此成功，惟我圣天子之致，所以俾臣之克效，不夺浮议，非天子之至明，孰恃焉？所以俾民之克宁，不苦重役，非天子之至仁，孰赖焉？有贞之于臣职，惟弗称是惧，矧敢贪天之功，惟夫至明至仁之德不可以弗纪也。臣有贞尝备员翰林，国史身亲承之，不可以嫌辍，乃拜手稽首而为之文曰：皇奠九有，历年维久，延天之佑，既豫而丰。有部以蒙，见沫日中，阳九百六，数丁厥鞠。龙地起陆，水失其行，河决东平，漕渠以倾。否泰相乘，运维中兴，殷忧乃凝，天子曰吁！是任在予，予可弗图？图之孔亟，岁行七易。曾靡底绩，王会在兹，国赋在兹，民便在兹。孰其干济，其为予治，去害而利，惟汝有贞。勉为朕行，便宜是经，臣拜受命，朝严夕儆。将事惟敬，载驱载询，载谋载度，以为乃分厥势，乃堤厥渍，乃疏厥滞。分者既顺，堤者既定，疏者既浚，乃作水门，键制其根，河防永存。有埽如龙，有堰如虹，护之重重，水性斯从，水利斯通，水道斯同，以漕以贡，以莫不用。邦计维重，惟天子明，浮议弗行，功是用成。惟天子仁，加惠东民，民用是宁。臣拜稽首，天子万寿，仁明是懋。爰纪厥实，勒兹贞石，昭示无极。

中宪大夫都察院佥都御史徐有贞载拜　谨书

滚水坝碑文

此碑现位于台前县城东北 15 千米夹河村，1958 年出土。碑高 1.96 米，宽 0.84 米，厚 0.2 米。碑趺遗失，字迹清晰工整，楷书。碑文十一行，满行 24 字，题为“滚水坝估修长宽丈尺”九个大字，碑文记述了“闸”的尺寸和结构形状以及各个部分的尺寸。

碑文：

“龙”脊南北长十三丈，宽四丈三尺二寸，西墙由身长五丈七尺，高一丈八尺，上雁翅各长九丈，高一丈八尺，下里头各长二丈，高一丈八尺，上迎水南北长宽各十二丈，高一丈五尺，漫坡北宽十二丈，下唇宽二十一丈，东西长二丈五尺，坡下平铺趺水南北宽二十六丈八尺。坝上木桥一座，长十二丈四尺，宽一丈五尺。

大清廪贡生侯选训导乔尚贤功德碑文

此碑位于县城西南清水河乡。民国 22 年（1933 年）立，时寿张、阳谷、范县、郓城诸县区长、乡长、里长、商会会长及清遗秀才、社会志士计 300 百余人，为昭彰乔尚贤修埝治水之功德而立。

碑文：

赏读孟子之言曰：禹思天下有溺者由已溺之也，稷思天下有饥者由已饥之也。是知水土平而嘉谷殖美哉！禹功明德矣。沿及近代，我国大川有三：曰珠江、曰长江、曰黄河。黄河发源星宿，为害甚烈，谷、寿、范境无患其灾遭。历年以来，濒河筑埝，虽有收获，时复开决，共有其渔之叹矣！惟先生承训鲤庭，恪守家范，受业鳝堂启训迪，以故学养深邃。弱冠游庠，越岁食饩，而且赋性仁厚，存心慈爱。目睹时艰，深怀泽国之险；心节拯溺，思登衽席之上，□是耆宿乡董公举先生领袖一方，宣勤埝务，栉风沐雨不辞劳。清宣统二年，范境罗台寺、罗家坟、汪家庄三处决口，苦难堵合，先生约同埝董堵合完固。民国五年，潘集一带坍塌，无可退修，又筑草坝三十道，数年来家给人足，物阜民康，皆先生之力也。不与已溺已饥之忧，后光先有同揆乎！惜年未花甲，遽作古人食德服畴之侣。昔曾公送扁额，大书“望重一方”，并屏书而壁悬之，而品高德厚，殁世难忘。今又思勒诸石以垂不朽，乃以文嘱余。余忘固陋乐其德，及当时声施后世也。不禁为之颂曰：先生梦黄粱，哲人游帝乡。巷妇捐环珥，士人奠酒浆，功成身退长逝，德成名立永扬。爰勒贞珉，胜表旌常。不与草木同腐，直与日月争光。

邑庠生刘怀信拜撰

邑庠生冀指南书丹

民国二十二年岁次癸酉阳月上浣谷旦

培修金堤纪念碑文

民国24年（1935年）6月黄河水利委员会立石。碑现在山东莘县与河南濮阳金堤交界高堤口村附近。碑高177厘米，宽68厘米。李仪祉撰文。

碑阳楷书“黄河水利委员会培修金堤纪念碑”。碑文刻于背面：

金堤始筑于东汉永平十三年（公元70年），自荥阳东至千乘（今山东利津一带）海口千余里。自清咸丰五年（1855年）黄河铜瓦厢改道以来，“冀省北堤频遭漫决”。因有金堤遥峙，尚能范束洪流。但年久日深，金堤残破。1933年大水之后，在黄河水利委员会委员长李仪祉倡仪与主持下，对年久失修的金堤进行全面培修。1935年4月兴工，当年竣工，自河南滑县起经过河北濮阳县（今属河南），以迄山东东阿县陶城铺为止，培修金堤共长183.68公里，堤顶高出1933年洪水位1.3米，动用土方165万余方，实用工款35万余元。

第二章　堤防工程

黄河堤防是黄河下游防洪工程体系中的重要工程。自周定王五年（公元前602年），黄河流经濮阳后，濮阳境内黄河堤防逐渐形成，至春秋战国时期，已具有相当规模。秦汉时期堤防逐渐完备，今濮阳境内有秦汉时古堤遗存。宋代，黄河在濮阳多次改道，新的堤防也随之建立，主要有横陇河新堤、北流新堤、东流新堤等，并修有十三埽。清咸丰五年（1855年），黄河在兰阳铜瓦厢决口改道后，由于清王朝财政困难，无力治河，濮阳境内沿河各地自修民埝，逐渐形成堤防。至民国，濮阳河段堤防、埽坝工程逐渐完善。1938年，黄河在花园口改道南流，濮阳境内堤防荒废。

1946～1949年，在中国共产党的领导下，濮阳沿河各地进行大规模的复堤，保证了黄河回归故道和1949年洪水安全过境。中华人民共和国成立后，党中央、国务院对黄河治理极为重视，统一规划和建设黄河下游堤防工程。1950～2015年，根据“宽河固堤”治河方略，黄河下游先后进行5次大修堤，濮阳黄河堤防达到了2000年水平年设防标准。

第一节　堤防沿革

《太平寰宇记》中有濮阳境内“鲧堤”“尧堤”的记载。春秋前期，黄河下游堤防规模已相当可观。战国时期，黄河下游堤防已成体系，比较完整。秦时修驰道，其中包括黄河下游堤防。两汉时期，黄河下游堤防面貌与秦时相比没有显著变化，但其格局发生了大的变化，出现多重堤防，河床缩窄。西汉时，已有“石堤”。东汉时，王景筑堤千里。濮阳境内现有汉时堤防遗存。魏晋至隋唐五代，河堤消息不多。宋时，黄河在濮阳境内多次决口改道，新河一旦出现便有新的堤防建立。南宋高宗建炎二年（1128年）黄河在滑县李固渡决口改道南流700多年，濮阳境内黄河堤防渐废。清咸丰五年（1855年），黄河在铜瓦厢改道再次流经濮阳。决口初的20多年内，黄河在濮阳境内无堤防，至到1877年堤防才筑成。1938年6月，黄河在郑州花园口决口南流近9年，濮阳堤防遭受自然和战争的破坏。1946年5月，濮阳人民在中国共产党的领导下修复残破的大堤，迎接黄河归故。至1949年，濮阳境内大堤已修整为较为完整的堤防。中华人民共和国成立后至2015年，濮阳境内151.72千米的黄河堤防先后经过5次大规模的整修。

一、宋代及其以前堤防

（一）鲧堤

宋代以前，有称“秦堤”“汉堤”者，未见有称“鲧堤”者。“鲧堤”一说始见于宋，此后各种地方志则相继沿革。宋乐史《太平寰宇记》中多处记载“鲧堤”，其中濮阳境内的有：澶州临河县（今浚县东北）下，“鲧堤，在县西一十五里，自黎阳（今浚县）入界。尧命鲧治水，筑堤无功，其堤即所筑也”。德清军（今清丰县西北），“尧堤，在城东南五十里”。

清光绪《开州志》记载，“濮阳县有鲧堤，在州西十里”。

（二）春秋战国时期堤防

《黄河堤防》（胡一三著）认为，黄河下游堤防应起源于西周前期，至春秋时（公元前770～前476年）其规范已相当可观。《汉书·沟洫志》记载：“盖堤防之作，近起战国。”战国时期，黄河下游堤防进一步发展，诸侯国沿河筑堤，各以自利。魏迁都大梁（今开封市西北隅）后，其北境由今郑州至浚县、滑县、濮阳、内黄、清丰、南乐等，为濒河地带，魏惠王属下大臣白圭曾筑河堤。此时，黄河下游两岸的大堤已经发展得较为完整、系统。

（三）秦时堤防

民间有秦始皇修金堤的传说。明万恭《治水筌蹄》记载，始皇堤“厚可三十丈，崇可五六丈，始皇筑以象天之二河”，“东人言，起咸阳，迄登莱，一以障河之南徙，一以为驰道”。明正德《大名府志·山川》记载：“清丰县有金堤，在县西三里，南入开州，北入南乐。”《太平寰宇记》清丰县下记载：“金堤，上源在县西南四十五里，故老传云，金堤头上有秦女楼，下入顿丘县界。”据《河南武陟至河北馆陶黄河故道考察报告》所记，“早在春秋战国时，黄河下游已开始修筑堤防，秦汉时已相当完整，……清丰境内之金堤为故黄河右堤之一段”。今清丰县西关尚存金堤长约500米，高约2米。

（四）汉时堤防

两汉治河，重在守堤。西汉时，每年都要用很大一部分经费从事筑堤治河，“濒河十郡治堤，岁费且万万”（《汉书·沟洫志》）。西汉早期，堤防面貌与秦时相比没有显著的变化。至汉武帝时，社会发展达到鼎盛，经济繁荣，人口增加，农业开垦，与河争地，堤防格局发生变化，魏郡和东郡河段内，多重堤防层层向河水逼近，河道严重缩窄。王莽时，长水校尉关并以为，“秦汉以来，河决曹、卫之域（今滑县、濮阳至山东曹州、单县），其南北不过百八十里者，可空此地，勿以为官亭民室而已”，提出对洪水实行滞蓄的主张。

西汉末年，黄河在清丰、南乐县之间改道，经平原、济南至千乘入海。东汉之初，数十年不治。直至明帝永平十二年（公元69年），王景主持修筑新河堤防，“发卒数十万”，“筑堤自荥阳东至千乘海口千余里”。此次筑堤是一次大规模的堤防建设。

西汉右堤。起自河南省原阳县，中经延津、滑县、浚县、濮阳、清丰、南乐入河北大名境东，向北经馆陶入山东冠县，至平原县西止。在濮阳境内遗存的残堤有两段，第一段是自旧滑县城、渔池，入濮阳境西南，沿李林平村，东北经夹堤、徐堤口、刘堤口、宋堤、火厢头止。该段大堤基本相连，断面底宽60米，背河高5～6米，临河侧1.5米左右。第二段自濮阳市区疙瘩庙村起，北经清丰城西，正北经南乐县之近德固，折向东北至崔方山固向北，经运古宁甫，王崇町入河北大名县境，至苑湾止。

东汉左堤。起自清丰县吴堤口向东，经卫城北、李古北，入山东莘县境，下经同智营北、红庙南、樱桃园北、吕堤北、黄堤口南、曹营北，由赵家楼西折而向北。今清丰县吴堤口至曹营的40余千米残堤，保存较好。

东汉右堤。大清《一统志》记载：“堤绕古黄河，历开州、清丰、南乐、大名，东北接馆陶，即汉时古堤也。”起自濮阳县城南之南堤村，蜿蜒向东经吴堤口、清河头、官人店，至兴张折而向北，由虎山寨南转向东北，至高堤口入山东莘县，下经孙堤口、王堤口、樱桃园南、古城南，入阳谷县境，经子路堤向北，至金斗营止。

西汉已有“石堤”，是当时堤防的险工。据《汉书·沟洫志》记载，“河从河内北至黎阳为石堤，激使东抵东郡平刚；又为石堤，使西北抵黎阳观下；又为石堤，使东北抵东郡津北；又为石堤，使西北抵魏郡昭阳；又为石堤，激使东北”。

魏晋至隋唐五代，河堤消息甚少。后唐长兴初（公元931年）滑州节度使张敬询“自酸枣县至濮州，广堤防一丈五尺，东西二百里”，是一次规模较大的修堤记载。

（五）宋时堤防

北宋前数十年的筑堤活动，主要是保护汉唐遗留下来的旧堤。1034年后，黄河在濮阳境内多次改道，新河一经出现，便会有新的堤防建立，以防护新河。旧河之上除堵塞决口外，没有可称道的修堤工程。宋时，黄河堤防种类增多，计有正堤、副堤、遥堤、缕堤、月堤等。正堤，即黄河两岸临河的主要干堤，也称大堤；副堤，是黄河的辅助性堤防；遥堤，是黄河最外的一道堤防；缕堤，也称缕河堤，起束水归槽的作用；月堤，筑于堤防险要处所，两端弯曲与大堤相接，状如新月，有进一步加强堤防的作用。

明嘉靖《开州志》记载，濮阳境内有“宋堤，在州南一里，宋熙宁间河决澶州，明道判州卷埽以塞，东西两岸高三丈”。

1. 横陇河新堤

宋仁宗景祐元年（1034年），河决澶州横陇埽（今濮阳县东，清丰六塔集南），“自是河东北行，不复由故道”（《续资治通鉴长编》118卷）。横陇新河出现后，首先是大名府境内修筑新堤，此后沿河各州也相继修起堤防。新堤因势利导而设，堤距宽窄悬殊甚大，“自横陇以及澶、魏、德、博、沧州，两堤之间，或广数十里，狭者亦十余里，皆可以约水势，而博州（今聊城）延辑两堤，相距才二里”（《续资治通鉴长编》131 卷）。

2. 商胡北流和二股河东流新堤

宋仁宗庆历八年（1048 年），河决澶州商胡埽（今濮阳县东北 15 千米昌湖），“经北都（今河北省大名县东北）之东，至于武城（今山东省武城西），遂贯御河，历冀、瀛二州之域，抵乾宁军南达于海”（《续资治通鉴长编》165 卷），史称北流。嘉祐元年（1056 年），李仲昌等主持塞治商胡决口，导水入六塔河，结果失败，六塔河“隘不能容，是夕复决，溺兵夫，漂刍藁不可胜计”（《宋史 卷九十一 志第四十四 河渠一黄河》）。自此以后，商胡北流“专治西堤，以卫北京及契丹国信路，不复治东堤”（《续资治通鉴长编》184 卷）。朝廷重治西堤，东岸则疏于防范，遂于嘉祐五年商胡北流又在魏州境内的第六埽向东分出一支，称二股河，“其广二百尺”，“自魏、恩东至于德、沧，入于海”（《续资治通鉴长编》184 卷）。二股河，时亦称“东流”，自此东流与北流并存。二河的堤防，北流着力较多，工程相对较为完备，东流显得不甚得力。据《宋史·河渠志》记载，神宗熙宁元年（1068 年），北流的堤防自澶州下至乾宁军（今河北省青县）创生堤千有余里。而东流此时的情况是：或言“南北堤防未立”，或言“东流浅狭，堤防未全”。神宗熙宁三年（1070 年）四月，仍特支修大河东流堤埽役兵缗钱，说明此时东流堤工还在继续。

3. 小吴北流之堤

神宗元丰四年（1081 年），黄河在澶州小吴埽（今濮阳县西）决口，北流合御河，大致沿着王莽河故道入永济渠，经若干州县后入海。自此，东流断流，黄河恢复北流的局面。此次小吴埽决口发生在四月，六月戊午（初三日）诏：“东流已填淤，不可复，将来更不修闭小吴决口，俟见大河归纳，应合修立堤防，令李立之经画以闻。”李立之言：“北京南乐、馆陶、宗城、魏县、浅口、永济、延安镇，瀛州景城镇，在大河两堤之间，乞相度迁于堤外”（《宋史》卷四十五）。于是将规划范围以内的上述各城镇迁出，“分立东西两堤五十九埽”，并根据河势远近和新堤靠河情况分别定为三等。“定三等向著：河势正著堤身为第一，河势顺流堤下为第二，河离堤一里内为第三。退背亦三等：堤去河最远为第一，次远者为第二，次近一里以上为第三”（《宋史》卷四十五）。

4. 南堤、北堤

大清《一统志》记载，濮阳境内有南堤，由滑县来，经州东七十里鄄州乡分五道入山东范县界。有北堤，自滑县入，至清丰，与南堤皆宋时遗迹。

（六）其他堤防

司马堤。清光绪《开州志》记载，在州东南。嘉庆八年秋，封丘漫口，黄水来自长垣、东明流入州境，知府李符清率州判李武曾在司马集雇民夫二千余人，筑堤七十余里。西北数村得免水患。

南宋高宗建炎二年（1128 年），黄河改道自泗入淮后，濮阳境内黄河古代堤防渐废。

黄河下游现存黄河古堤见图 2-1。

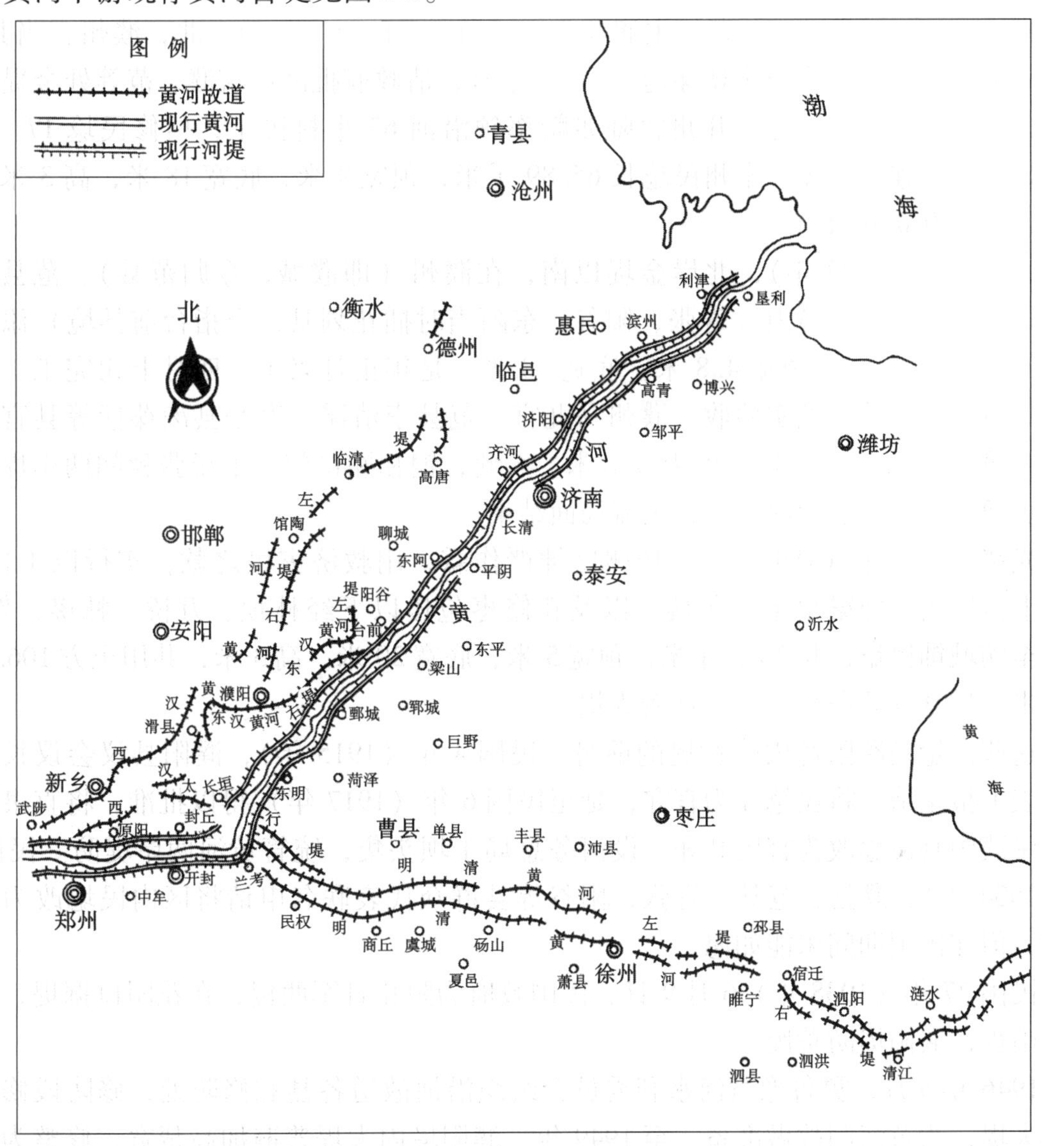

图 2-1　现存黄河古堤示意图

二、现行堤防

濮阳境内现行黄河堤防由黄河大堤（临黄堤）和北金堤两部分组成。北金堤详见第四章第二节。

黄河大堤起自濮阳县王窑村至台前县张庄闸北，全长 151.72 千米，是清咸丰五年 (1855 年) 黄河在兰阳铜瓦厢决口改道后逐渐形成的。决口时，正值太平天国和捻军起义，清王朝忙于镇压起义军，财政困难，无力堵口，任其泛滥。咸丰五年七月，文宗帝诏谕："现值军务未平，饷糈不继，若能因势利导，使黄河畅通入海，则兰阳决口即可暂缓堵筑。”又“令直隶、河南、山东各督抚妥为劝办”。于是沿河各州县皆劝民筑埝自卫。

同治三年（1864年），黄河主溜顺金堤而行，“自西南斜趋东北，濮州直当其中，由濮而范又东北过寿张至张秋穿运”。是年十月，清政府批准修筑濮、范等处金堤。

光绪元年（1875年），开州牧陈兆麟率领沿河63个村民工，增修民埝17千米，将开州境民埝连成一体，全州民埝长65.89千米，顶宽9米，底宽18米，高3米，用土方296.5万立方米。

光绪三年（1877年），北岸金堤以南，在濮州（即濮城，今归范县）、范县、寿张、阳谷、东阿5县境内（寿张、阳谷、东阿当时插花划县，今指台前县境）添筑近河北堤，长85千米，顶宽4.8米，底宽18米。是年正月兴工，四月上旬完工。经东昌府知府程绳武前往核实验收。濮州马九官、范县李清溪、寿张县凌葆恬等县官带领民工修筑，共完成土方318.75万立方米。至此，铜瓦厢口门以下至张秋间两岸堤防形成，黄河被约束于这段河道内，漫流局面结束。

光绪二十四年（1898年），扬州巨绅严作霖，用救济灾民之款，实行以工代赈，加修上接影唐、经梁集至枣包楼，以及新修枣包楼以下经林坝、万桥、林楼、贺洼、姜庄至陶城铺民埝，长28.5千米，顶宽5米，底宽20米，高3米，共用土方106.3万立方米。群众称此段堤防为“严善人堤”。

这些民埝是濮阳境内临黄堤的前身。民国4年（1915年），濮阳县议会议长孙万善代表上报呈请，将民埝改为官守，延至民国6年（1917年）得以批准，将直隶省黄河北岸濮阳县民埝改为官民共守，设河务总局于坝头集，统管黄河两岸堤防。民国23年（1934年），濮县、范县、寿张、阳谷等县群众代表联名申请将区内民埝改为官修官守，但在民国期间未能如愿。

民国27年（1938年）6月9日，民国政府为阻止日军西侵，在花园口掘堤，黄河改道南徙，濮阳堤防荒废。

1946年5月，冀鲁豫黄河水利委员会组织沿河故道各县和修防处、修防段修复残破的大堤，为黄河归故做准备。至1949年，濮阳境内大堤普遍加高帮宽，修整为较完整的堤防。

中华人民共和国成立后，黄河流域进行统一治理，黄河下游先后经过5次大规模修堤，至2015年，濮阳黄河151.721千米的堤防达到2000年设计防洪标准，渠村分洪闸（大堤桩号47+775）以上堤防超高2000年设防水位3米以上，堤顶宽9米，临、背河堤坡1∶3；渠村分洪闸（大堤桩号48+525）以下堤防超高2000年设防水位2.5米以上，堤顶宽8～12米，临、背河边坡1∶3。堤顶相对于临河地面高5.31～11.75米，相对于背河地面高6.50～14.24米。1946～2015年，濮阳黄河堤防共完成堤防建设土方2.13亿立方米，堤防建设投资35.01亿元，其中移民赔偿0.79亿元（见表2-1）。2015年濮阳黄河临黄堤基本情况见表2-2，黄河下游堤防示意图见图2-2。

表2-1　1946～2015年濮阳黄河堤防工程完成投资情况

项目	长度（千米）	完成土方（万立方米）	完成投资（万元）	说明
堤防培修	—	10280.07	39254.80	
压力灌浆	—	103	445.24	
抽槽换土与黏土斜墙	8107	43.91	36.44	
修筑前后戗	183.217	1252.69	20886.71	
截渗墙	23.5	89.34	11977.29	墙面积42万平方米，土工膜面积72.45万平方米
堤顶硬化	151.721	—	8946.24	
放淤固堤	295.808	9579.51	178124.89	
移民赔偿	—	—	78780.55	
防护坝	10.15	—	3779.16	石料11.67万立方米，柳秸料34.86万千克
生物防护工程	12.6677	—	7874.76	
合计	—	21348.52	350106.08	

表2-2　2015年濮阳黄河临黄堤基本情况

大堤所在地及桩号	长度（千米）	堤顶相对地面高度（米）		堤顶超设防水位（米）	堤顶宽（米）	说明
		临河地面	背河地面			
濮阳市	151.721	5.31～11.75	6.50～14.24	2.11～4.00	8～12	—
濮阳县	61.127	7.46～11.10	8.18～14.24	2.50～3.00	9～12	—
42+764～47+775	5.011	8.15～9.46	9.89～11.87	3.00	10.00	—
47+775～48+525	0.750	—	—	—	—	渠村分洪闸段
48+525～54+500	5.975	8.46～8.85	11.70～12.29	2.50以上	9.00	—
54+500～55+000	0.500	8.29～9.31	9.36～11.73	2.50以上	12.00	—
55+000～56+000	1.000	8.29～9.31	9.36～11.73	2.50以上	12.00	截渗墙段
56+000～61+600	5.600	7.79～9.07	8.18～10.45	2.50以上	9.00	—
61+600～62+900	1.300	7.46～10.73	8.28～14.24	2.50以上	12.00	截渗墙段
62+900～65+700	2.800	8.27～9.60	12.57～12.69	2.50以上	9.00	—
65+700～66+340	0.640	8.26～9.50	12.56～12.68	2.50以上	12.00	—
66+340～70+320	3.980	8.25～9.49	12.55～12.68	2.50以上	9.00	—
70+320～71+040	0.720	8.25～9.49	12.54～12.67	2.50以上	12.00	—
71+040～71+670	0.630	8.24～9.48	12.54～12.67	2.50以上	12.00	截渗墙段
71+670～77+020	5.350	8.24～9.47	12.54～12.66	2.50以上	9.00	—

续表 2-2

大堤所在地及桩号	长度（千米）	堤顶相对地面高度（米）		堤顶超设防水位（米）	堤顶宽（米）	说明
		临河地面	背河地面			
77+020~77+900	0.880	8.23~9.49	12.53~12.66	2.50 以上	12.00	—
77+900~90+000	12.100	8.25~9.49	12.55~12.68	2.50 以上	9.00	—
90+000~91+000	1.000	8.25~9.49	12.54~12.67	2.50 以上	12.00	—
91+000~94+000	3.000	9.66~9.68	12.77~13.46	2.50 以上	12.00	截渗墙段
94+000~94+500	0.500	8.98~9.55	10.23~10.89	2.50 以上	9.00	—
94+500~95+300	0.800	8.98~9.55	10.23~10.89	2.50 以上	12.00	截渗墙段
95+300~96+650	1.350	8.97~9.54	10.24~10.88	2.50 以上	9.00	—
96+650~97+500	0.850	8.97~9.53	10.22~10.88	2.50 以上	12.00	—
97+500~98+350	0.850	8.47~11.10	9.56~13.90	2.50 以上	12.00	截渗墙段
98+350~103+891	5.541	8.47~11.10	9.56~13.88	2.50 以上	9.00	—
范县	41.595	5.31~11.75	8.43~13.90	2.50 以上	9~12	—
103+891~111+300	7.409	8.97~9.53	10.22~10.88	2.50 以上	9.00	—
111+300~111+900	0.600	8.47~11.10	9.56~13.90	2.50 以上	12.00	截渗墙段
111+900~112+400	0.500	8.47~11.10	9.56~13.88	2.50 以上	9.00	—
112+400~114+200	1.800	9.57~9.90	9.05~12.70	2.50 以上	12.00	截渗墙段
114+200~114+610	0.410	8.36~10.00	9.00~13.65	2.50 以上	9.00	—
114+610~115+735	1.125	8.26~9.90	8.90~13.55	2.50 以上	12.00	—
115+735~116+115	0.380	8.25~9.85	8.75~13.40	2.50 以上	9.00	—
116+115~117+220	1.105	8.09~9.73	8.48~13.13	2.50 以上	12.00	—
117+220~117+535	0.315	8.09~9.73	8.48~13.13	2.50 以上	9.00	—
117+535~118+500	0.965	7.79~9.43	8.43~13.08	2.50 以上	12.00	—
118+500~126+200	7.700	5.72~7.64	9.72~11.34	2.50 以上	9.00	—
126+200~127+500	1.300	5.31~9.50	9.88~13.06	2.50 以上	12.00	—
127+500~130+675	3.175	7.79~9.10	9.48~12.66	2.50 以上	9.2~12	—
130+675~130+800	0.125	7.79~9.10	9.48~12.66	2.50 以上	12.00	—
130+800~134+000	3.200	8.75~11.68	12.36~13.68	2.50 以上	12.00	截渗墙段
134+000~138+500	4.500	8.68~11.75	9.47~13.18	2.50 以上	10~11.6	—
138+500~141+850	3.350	7.75~10.82	8.54~12.25	2.50 以上	9.00	—
141+850~142+350	0.500	8.75	9.26	2.50 以上	12.00	截渗墙段
142+350~145+486	3.136	8.55~11.63	9.06~13.63	2.50 以上	9.00	—
台前县	48.999	6.58~10.27	6.50~12.53	2.11~4.00	8~12	—
145+486~162+600	17.114	7.97~10.27	8.48~12.27	2.11~2.68	12.00	—
162+600~166+500	3.900	7.97~10.27	8.48~12.27	2.50 以上	8.0~9.5	—
166+500~169+450	2.950	7.60~9.50	8.40~12.23	2.35~2.56	12.00	—

续表 2-2

大堤所在地及桩号	长度（千米）	堤顶相对地面高度（米）		堤顶超设防水位（米）	堤顶宽（米）	说明
		临河地面	背河地面			
169 +450 ~ 170 +440	0.990	7.60 ~ 9.40	8.40 ~ 12.53	2.38 ~ 2.70	12.00	截渗墙段
170 +440 ~ 172 +000	1.560	8.09 ~ 8.56	10.00 ~ 10.09	2.50 以上	8 ~ 9	—
172 +000 ~ 173 +000	1.000	8.09 ~ 8.56	10.00 ~ 10.09	2.50 以上	12.00	截渗墙段
173 +000 ~ 174 +000	1.000	7.83 ~ 8.43	9.88 ~ 11.16	2.50 以上	8.0 ~ 8.5	—
174 +000 ~ 175 +000	1.000	7.71 ~ 7.87	9.56 ~ 11.04	2.50 以上	12.00	截渗墙段
175 +000 ~ 178 +000	3.000	7.66 ~ 9.18	9.35 ~ 10.30	2.50 以上	8 ~ 9	—
178 +000 ~ 180 +050	2.050	8.81 ~ 10.15	8.13 ~ 9.93	2.50 以上	12.00	截渗墙段
180 +050 ~ 184 +000	3.950	9.72 ~ 10.07	7.70 ~ 10.79	2.50 以上	8 ~ 9	—
184 +000 ~ 186 +000	2.000	9.22 ~ 9.57	7.20 ~ 10.29	2.50	8.0 ~ 9.5	—
186 +000 ~ 187 +000	1.000	8.92 ~ 9.27	6.90 ~ 9.99	2.50	12.00	截渗墙段
187 +000 ~ 188 +700	1.700	8.72 ~ 9.07	6.70 ~ 9.79	2.50	9 ~ 10	—
188 +700 ~ 189 +880	1.180	8.52 ~ 8.87	6.50 ~ 9.59	2.50	12.00	截渗墙段
189 +880 ~ 191 +000	1.120	8.00 ~ 8.77	9.49	2.50	9.0 ~ 9.5	—
191 +000 ~ 193 +650	2.650	8.00 ~ 8.77	9.49	2.50	10 ~ 12	截渗墙段
193 +650 ~ 193 +860	0.210	8.00 ~ 8.77	9.49	4.00	12.00	提排站段
193 +860 ~ 193 +930	0.070	—	—	—	—	张庄闸段
193 +930 ~ 194 +485	0.555	6.58 ~ 7.63	9.5	2.50	9.0 ~ 9.5	—

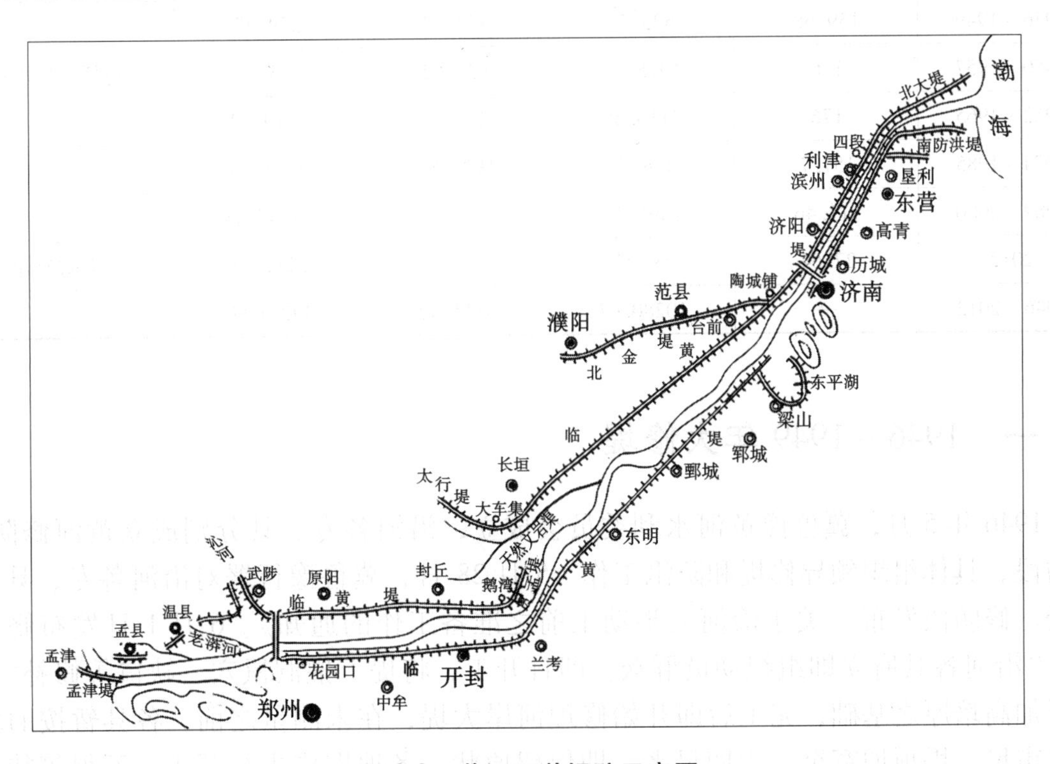

图 2-2　黄河下游堤防示意图

第二节 堤防培修

1938年，国民党军队扒开郑州花园口黄河大堤，黄河改道近9年，黄河下游堤防经战争破坏，多年失修，残破不堪，故道内有40多万人居住耕种。1946年，民国政府决定堵复花园口口门，使黄河回归故道。中国共产党以大局为重，提出先复堤和迁移故道居民而后堵口的意见，与民国政府举行谈判并达成部分协议。但民国政府却一再违反协议，提前堵口。中国共产党领导黄河下游两岸人民，开展故道堤防大规模修复，保证了黄河安全归故。

中华人民共和国成立后，黄河由分区治理走向统一治理，首要任务是保证临黄堤不决口。黄河下游采取“宽河固堤”的治理方针，把巩固堤防作为防洪的主要措施。根据各个时期河道淤积情况和防洪标准，1950～2000年，濮阳境内的黄河大堤先后进行4次大规模的加高培厚。2012年，对个别堤段进行改建。1950～2015年，濮阳堤防共计完成培修土方10280.07万立方米，人工4311.42万工日，机械台班53.44万个，投资39254.8万元。1946～2015年濮阳河段堤防培修情况见表2-3。

表2-3　1946～2015年濮阳河段堤防培修情况

年份	堤防长度（千米）	土方（万立方米）	工日（万工日）	投资（万元）	说明
1946～1949	159.68	693.75	442.72	259.97	包括长垣堤段
1950～1957	176	1925.11	883.62	933.12	
1962～1965	176	2110.65	1013.21	1819.42	
1974～1985	151.7	4099.81	1971.87	5203.43	—
1989～2000	111.46	1391.53	—	25807.83	—
2012	27.64	59.22	—	5231.03	堤防改建
1946～2012	—	10280.07	4311.42	39254.80	—

一、1946～1949年大修堤

1946年5月，冀鲁豫黄河水利委员会成立，沿河各专、县分别成立黄河修防处、修防段，具体组织领导修堤和防汛工作。5月28日，冀鲁豫行署对沿河各专、县、修防处、修防段发布《关于治河大举动工前之准备工作的通知》。6月1日发布修堤命令：“沿河各县府立即组织动员群众，即日开工，将堤上獾洞鼠穴、缺口等修补完毕，打下加高培厚之基础，完工后即开始修理河岸大堤，在未测量之前，各县暂按旧堤加高二市尺，堤顶加宽至二丈四尺者，即保留原状。各地即应先行开工，不得等待，以保证任务之及时完成。”6 月 3 日，在粮款、器材、医药等极端困难的条件下，冀鲁豫黄河水利委员会召开沿河各县修防段段长会议，部署修堤任务。至 6 月 10 日，西起长垣、濮阳县，东至平阴、长清县，上堤民工达 23 万人。远离黄河的内黄等县，也动员大批民工自带工具，支援沿河人民复堤。为防止敌特破坏，保卫河防，保卫施工，沿河各县还成立河防大队。在复堤紧张之际，国民党军队派飞机、军警、特务破坏复堤工作，不断袭击复堤工地，杀害修堤干部、民工，烧毁、抢劫治河料物，冀鲁豫解放区鄄城、郓城、濮县、昆山、寿张、范县等 6 县被国民党军烧毁的秸料达 70 多万千克，麻和麻绳 9 万多千克，以及大批木桩、麻袋等。解放区军民奋起抗争，“一手拿枪反蒋，一手拿锨治河”，打退国民党军队的进攻，坚持一个多月的培修，残破的大堤得到初步修复。

1947 年 3 月，冀鲁豫黄河水利委员会在山东东阿县郭万庄召开治河工作会议，提出在北岸“确保临黄，固守金堤，不准决口”的方针。5 月，冀鲁豫解放区人民掀起第二次大复堤高潮。是年，濮阳、昆吾两县组织民工 7000 人，连续三次抢修临黄堤 44.18 千米，加高 0.53 ~ 0.76 米，帮宽 2.1 ~ 3 米，完成土方 80.79 万立方米。濮阳县还组织民工 6650 人支援长垣，抢修小苏庄至香亭长 9.8 千米大堤，加高 0.5 米，完成土方 3.79 万立方米。范县每年组织民工 1.5 万人，连续 3 年培修临黄堤 41.6 千米，完成土方 221.3 万立方米。寿张县组织民工 2.2 万人，加修临黄堤和民埝 64.1 千米，帮宽 6 ~ 8 米、加高 0.6 ~ 1.3 米、完成土方 332.97 万立方米。是年，范县河段堤防修筑情景见图 2-3。

图 2-3　1947 年修筑范县河段堤防

1948 年，解放区的治河斗争进入新阶段，冀鲁豫黄河水利委员会在观城召开春季复堤会议，确定进一步开展复堤运动，力争达到临黄堤顶超出 1935 年最高洪水位 1.2 米的标准。

从 1946 ~ 1949 年，濮阳境内共完成培堤土方 693.75 万立方米，用工 442.72 万个，投资259.97万元（折人民币）。大堤普遍加高0.53~1.3米，帮宽2.1~8米，把残破的堤防培修成顶宽5~8米，临河边坡1:3，背河边坡1:2的完整堤防，为战胜黄河归故后的多次洪水奠定了基础。

二、1950~1957年大修堤

这是中华人民共和国成立后的第一次大复堤。此次修堤从1950年开始，至1957年结束。其主要任务是修残补缺，加固堤防的薄弱环节。堤防培修标准各年有所不同。根据黄委会1950年治河工作会议提出的“以防御比1949年更大的洪水为目标，加强堤坝工程，大力组织防汛，确保大堤，不准溃决”的要求，平原省拟定的复堤标准是：以防御陕州流量18000立方米每秒为标准，设计堤顶高出1949年洪水位1.5米，卡水堤段高出1.8米，堤顶宽7~9米，临河堤坡及加高部分边坡均为1:3，背河坡为1:2。

根据1951年黄委会提出的“继续加强堤防，巩固坝埽，大力组织防汛，在一般情况下，保证发生比四九年更大的洪水时不生溃决”的治河方针，平原省拟定新的复堤标准：堤顶高出1949年洪水位2.0~2.5米，堤顶宽9~11米，堤边坡为1:2~1:3。1955年，黄委会提出防御黄河秦厂站25000立方米每秒为标准，制定沿河设防水位和培修标准。1955年防御秦厂站25000立方米每秒水位情况见表2-4，1955年濮阳河段修堤工程标准见表2-5。

表2-4　1955年防御秦厂站25000立方米每秒水位情况

项目	秦厂	大车集	石头庄	高村	邢庙	孙口
流量（立方米每秒）	25000	23200	23000	14850	11400	10800
设计水位（米）	98.94	69.78	67.60	62.20	54.00	48.50

注：水位系大沽基点高程。

表2-5　1955年濮阳河段修堤工程标准

起止地点	桩号	堤顶超高水位（米）	顶宽（米）		边坡	
			平工	险工	临河	背河
长垣县桑园至濮阳县孟居	30+000~57+500	2.3	10	—	1:3	1:3
濮阳县孟居至濮阳县下界	57+500~103+891	2.3	9	—	1:3	1:3
濮阳县下界至台前县枣包楼	103+891~176+000	2.3	8	11	1:3	1:3
台前县枣包楼至山东陶城铺	176+000~194+600	1.3	7	—	1:2.5	1:2.5
后戗标准：顶宽2~4米，边坡1:5，戗顶低于设防水位1.5米，或按1:8浸润线考虑						

1950~1957年，按照规定的黄河修堤工程标准，每年都编制修堤计划，建立复堤指挥部，沿河各县组织民工4万余人，于每年的3~6月和10~12月施工。1952年以后，修堤推行“按方计资，多劳多得”的工资政策。施工中贯彻质量与效率并重的精神，要求坯土厚0.3米，硪实为0.2米，每立方米土壤干容重达到1.5吨每立方米为

合格。施工工具由挑篮（见图2-4）、土车，逐渐改进为胶轮车、平车，效率不断提高。按100米运距1立方米土作为一个标准方计算。1950年开始修堤时，修堤土方日工效为2立方米。1955年以后，日工效提高至4立方米，甚至不少县和土工队日工效达到5~8立方米。硪实工具由片硪、灯台硪改进为碌碡硪，实行逐坯验收，开展评比竞赛，工程质量显著提高，达到规定标准。

图2-4　20世纪50年代群众挑土复堤

1950~1957年8年间，共复堤176千米（包括长垣县堤段），堤防帮宽5~14米，加高0.7~2.1米；修复民埝18.6千米，帮宽17~19米，加高3.4~3.85米。共完成土方1925.11万立方米，用工883.62万个，投资933.12万元。1955年，在黄河大堤上，每500米堤防建1座实用面积10.56平方米的防汛屋。

堤防经过培修，抗洪能力得到提高，为战胜1958年黄河花园口站22300立方米每秒大洪水打下了坚实的物质基础，使当年洪水在不分洪的情况下安全通过濮阳境。

三、1962~1965年大修堤

1960年三门峡水库建成后，由于过分乐观地估计形势，对黄河下游修防工作有所放松，堤防工程一度失修。三门峡水库运用初期，“蓄水拦沙”的运用方式造成水库泥沙严重淤积。1962年4月，三门峡水库运用方式改为“滞洪排沙”后，下游河道淤积加重，黄河下游的防洪任务，由防御花园口站洪峰流量25000立方米每秒降为18000立方米每秒。为恢复河道的排洪能力，1962年黄委会确定“黄河下游近期防洪标准，以防御花园口站22000立方米每秒洪水为目标”，并开始进行中华人民共和国成立后的第二次大修堤。

这次设防水位比1955年设防水位有所升高（见表2-6）。高村升高0.78米，孙口升高1.16米。升高的原因一是河道淤积，二是高村以下河段排洪流量提高。高村站流量由14850立方米每秒提高到18400立方米每秒，孙口站流量由10800立方米每秒提高到16200立方米每秒。

表2-6 1962年花园口及濮阳境内黄河大堤设防水位

项目	花园口	石头庄	高村	孙口
流量（立方米每秒）	22000	19840	18400	16200
设防水位（米）	94.44	68.38	63.46	49.66
比1955年设防水位升高（米）	—	0.78	1.26	1.16

工程标准根据1962年黄河大堤设防水位而制定。长垣石头庄至山东省堤防交界堤顶超高水位2.5米，顶宽9米，险工段11米，边坡为1∶3。在大堤培修中，对相应的辅道、房台及土牛辅助土方，本着节约的精神进行加修。

这次大复堤由村组织土工队，实行包工包做，按方计资，土工内部实行多劳多得，调动了劳动积极性。施工工具比第一次大修堤有显著改进，挑篮、抬筐和木轮车被淘汰，由胶轮车替代（见图2-5）；灯台硪被淘汰，由碌碡硪夯实或拖拉机碾压（打硪情景见图2-6）；有些工地利用机械拉坡，运土道路木板化，工效和质量显著提高。这次大复堤于1962年开始，1965年基本完成，沿河县共组织民工6万余人，共完成土方2110.65万立方米，用工1013.21万个，投资1819.42万元。

图2-5 20世纪60年代独轮车推土复堤

四、1974～1985年大修堤

三门峡水库改建工程投入运用后，泄流能力增大，水库仍实行“滞洪排沙”的运用方式，下游河道主槽淤积更加严重。孙口以上河段1969～1973年淤积22.19亿吨，

图2-6　20世纪60年代复堤打硪

平均每年淤积4.14亿吨，河道排洪能力大为降低。1973年11月，黄河治理领导小组在郑州召开黄河下游治理工作会议，根据黄河下游出现的河道淤积严重、排洪能力降低、河势摆动加剧、严重威胁堤防安全的新情况、新问题，提出黄河下游治理措施。1974年，黄委会根据黄河下游治理会议精神，拟定《黄河下游大堤近期（1974～1983年）加高加固工程初步设计》，确定以防御花园口站22000立方米每秒洪水为设计标准，确保大堤不决口；并制定黄河下游1974～1983年设计防洪流量和水位及工程标准(见表2-7、表2-8)，开始中华人民共和国成立后的第三次大修堤。

表2-7　1974～1983年濮阳临黄堤设防流量水位

站名	堤线桩号		流量（立方米每秒）	水位（米）
	左岸	右岸		
花园口	94+810	9+888	22000	96.80
高村	55+000	207+950	20000	65.42
彭楼	104+106	254+500	18700	59.04
邢庙	123+057	272+965	18200	57.00
孙口	163+750	323+750	17500	52.47
张庄闸	194+034	（山）	11000	47.50

注：水位系新大沽高程。

表 2-8　1974～1983 年濮阳临黄堤工程标准

堤别	起止地点	堤顶超高（米）	顶宽（米）		边坡	
			平工	险工	临河	背河
临黄堤	京广铁路至濮阳渠村分洪闸	3.0	10	12	1:3	1:3
	渠村分洪闸至台前张庄	2.5	9	11	1:3	1:3

这次大修堤，1974 年开工，1985 年基本完成。沿河濮阳、范县、台前 3 县每年组织民工 5 万余人参加修堤。1976 年，安阳地区复堤指挥部还组织非沿河的滑县、清丰、南乐 3 县群众 38476 人（其中：滑县 6387 人、南乐 14401 人、清丰 17688 人）支援修堤。此次修堤工具，仍由民工自带，运土以胶轮车为主，开始使用拖拉机、铲运机运土，推土机、拖拉机碾压。历经 11 年，共培修堤长 151.7 千米，帮宽 7～18 米，加高 1.15～3.05 米，完成土方 4099.81 万立方米，用劳力 1971.87 万工日，投资 5203.43 万元。20 世纪 70 年代大复堤情景见图 2-7。

图 2-7　20 世纪 70 年代大复堤

五、1990～2002 年大修堤

这是第四次大修堤。此次修堤主要是对堤防高度、宽度未达到设计标准的堤段进行加高、帮宽。1989～1999 年，按照防御花园口站流量 22000 立方米每秒的防洪标准（见表 2-9），参照第三次复堤的标准（见表 2-10），加高堤防 25.89 千米，完成土方 355.34 万立方米，投资 3955.55 万元（见表 2-11）。1998～2002 年，加高加培堤防 85.57 千米，完成土方 1036.19 万立方米，完成投资 21852.28 万元（见表 2-12）。

这次修堤，全部实现机械化，施工用铲运机（见图 2-8）、自卸车、推土机、翻斗车、碾压机、震动碾等施工机械 1070 台，施工操作及管理人员 1684 名，实用 28.17 万个台班。

表 2-9　花园口及濮阳堤防 2000 年水平年设防水位及流量

站名	大堤桩号（左岸）	流量（立方米每秒）	水位（米）		
			大沽高程	大沽高程 - 黄海高程	黄海高程
花园口	97 + 100	22000	95. 650	1. 188	94. 462
	40 + 000		68. 550	1. 246	67. 304
	50 + 000		67. 310	1. 257	66. 053
高村	55 + 000	20000	66. 380	1. 262	65. 118
	60 + 000		65. 860	1. 282	64. 578
	70 + 000		64. 463	1. 323	63. 140
	80 + 000		63. 065	1. 364	61. 701
	89 + 000		62. 092	1. 376	60. 716
	90 + 000		—	—	60. 610
	91 + 000		61. 888	1. 384	60. 504
	100 + 000		60. 950	1. 399	59. 551
	110 + 000		59. 630	1. 415	58. 215
	120 + 000		58. 560	1. 432	57. 128
邢庙	124 + 200	18200	58. 110	1. 439	56. 671
	130 + 000		57. 300	1. 487	55. 813
	140 + 000		55. 910	1. 570	54. 340
	150 + 000		54. 520	1. 653	52. 867
	160 + 00		53. 110	1. 736	51. 374
孙口	163 + 950	17500	52. 560	1. 769	50. 791
	170 + 000		52. 130	1. 562	50. 568
	180 + 000		50. 731	1. 421	49. 310
	190 + 000		48. 980	1. 413	47. 567
	194 + 000		48. 837	1. 410	47. 427

表 2-10　1990 ~ 2002 年濮阳临黄堤工程标准

起止地点	堤顶超高（米）	顶宽（米）		边坡	
		平工	险工	临河	背河
渠村分洪闸以上	3. 0	10	12	1∶3	1∶3
渠村分洪闸至张庄闸	2. 5	9	11	1∶3	1∶3

表2-11 1989～1999年濮阳黄河堤防加高工程完成情况

单位	大堤起止桩号	加高长度（千米）	完成土方（万立方米）	完成投资（万元）	完成年份
濮阳市黄河河务局	合计	25.889	355.34	3955.55	—
濮阳县黄河河务局	46+954～47+750	0.796	10.13	136.05	1995
	47+775～48+525	0.75	—	—	—
	81+150～81+800	0.65	9.79	70.71	1990
	80+500～81+150	0.65	31.68	225.65	1991
	81+800～83+050	1.25			
	83+050～84+530	1.48	25.05	181.46	1992
	84+530～85+420	0.89	16.73	162.76	1994
	85+420～88+280	2.86	49.84	493.86	1993
	88+280～89+700	1.42	23.94	259.26	1994
	89+700～90+670	0.97	19.41	219.06	1995
	90+670～92+130	1.46	20.27	362.01	1996
	92+130～94+500	2.37	36.83	738.15	1997
范县黄河河务局	103+891～105+300	1.409	19.73	148.32	1992
	105+300～108+100	2.8	2.8	30	1991
	108+100～109+340	1.24	1.24	15.08	1992
	109+340～111+580	2.24	33.46	318.66	1993
	111+580～112+400	0.82	10.36	102.7	1994
	112+400～112+780	0.38	5	87.66	1997
	115+980～116+600	0.62	8.29	63.76	1990
	124+820～126+000	1.18	15.57	154.63	1994
	126+000～127+000	1	12.12	133.88	1995
	127+000～127+200	0.2	3.1	51.89	1996

表 2-12 1998 ~ 2002 年濮阳黄河大堤加高加培工程完成情况

<table>
<tr><th>单位</th><th>大堤起止桩号</th><th>加高长度（千米）</th><th>完成土方（万立方米）</th><th>完成投资（万元）</th><th>完成年份</th></tr>
<tr><td>濮阳市黄河河务局</td><td>合计</td><td>85.571</td><td>1036.19</td><td>21852.28</td><td>—</td></tr>
<tr><td rowspan="8">濮阳县黄河河务局</td><td>42 + 764 ~ 46 + 954</td><td>4.19</td><td>46.02</td><td>1147.8</td><td>2000</td></tr>
<tr><td>48 + 525 ~ 56 + 500</td><td>7.975</td><td>106.2</td><td>2564.6</td><td>1999</td></tr>
<tr><td>56 + 500 ~ 66 + 100</td><td>9.6</td><td>73</td><td>1667.24</td><td>2002</td></tr>
<tr><td>66 + 100 ~ 68 + 100</td><td>2</td><td>37.06</td><td>861.61</td><td>1999</td></tr>
<tr><td>68 + 100 ~ 80 + 500</td><td>12.4</td><td>162.74</td><td>3419.57</td><td>2000</td></tr>
<tr><td>94 + 500 ~ 96 + 700</td><td>2.2</td><td rowspan="2">71.06</td><td rowspan="2">1385.67</td><td>1999</td></tr>
<tr><td>96 + 700 ~ 99 + 500</td><td>2.8</td><td>1999</td></tr>
<tr><td>99 + 500 ~ 103 + 891</td><td>4.391</td><td>61.11</td><td>1292.99</td><td>2000</td></tr>
<tr><td rowspan="6">范县黄河河务局</td><td>112 + 780 ~ 114 + 750</td><td>1.97</td><td rowspan="2">107.82</td><td rowspan="2">1955.46</td><td rowspan="2">1999</td></tr>
<tr><td>114 + 750 ~ 115 + 980</td><td>1.23</td></tr>
<tr><td>116 + 600 ~ 120 + 400</td><td>3.8</td><td>57.34</td><td>1325.5</td><td>1999</td></tr>
<tr><td>120 + 400 ~ 124 + 820</td><td>4.42</td><td>45.63</td><td>1126.2</td><td>2000</td></tr>
<tr><td>127 + 200 ~ 134 + 000</td><td>6.8</td><td>95.69</td><td>2021.94</td><td>2000</td></tr>
<tr><td>134 + 000 ~ 145 + 486</td><td>11.486</td><td>89.84</td><td>2186.01</td><td>2000</td></tr>
<tr><td rowspan="2">台前县黄河河务局</td><td>184 + 000 ~ 190 + 000</td><td>6</td><td>45.03</td><td>1209.12</td><td>2000</td></tr>
<tr><td>190 + 000 ~ 194 + 485</td><td>4.309</td><td>37.65</td><td>836.37</td><td>2000</td></tr>
</table>

图 2-8 20 世纪 80 年代铲运机复堤

六、标准化堤防建设

1998 年“三江”大水后，国务院提出“加固干堤，建设高标准堤防”的目标。2002 年，黄委根据国务院批准的《关于加快黄河治理开发若干重大问题的意见》和《黄河近期重点治理开发规划》，以及水利部部长汪恕诚提出的“堤防不决口，河道不断流，水质不超标，河床不抬高”的黄河治理目标，确定建设黄河下游标准化堤防。即通过对堤防实施堤身帮宽、放淤固堤、险工改建加高、修筑堤顶道路、建设防浪林和生态防护林等工程，形成“防洪保障线、抢险交通线、生态景观线”为一体的标准化堤防体系，确保花园口站 22000 立方米每秒洪水时大堤的安全，构造维护可持续发展和维持黄河健康生命的基础设施，达到人与自然和谐。其标准为：堤防帮宽 12 米，临背河堤坡均为 1∶3，修筑宽 6 米的堤顶道路，堤顶两侧各种植一行风景树，堤肩种植花草，平工段临河种植 50 米宽的防浪林，背河为 100 米宽的防渗加固淤背体，其高程与 2000 年设防水位平，淤区种植适生林。

濮阳境内于 2004 年开始建设标准化堤防。工程大部分为放淤固堤（见本章第四节）。

2013 年 2 月，为减少大堤背河放淤固堤工程占压区房屋拆迁量，将濮阳县、范县境内背河近堤村庄较集中的堤段拆除至低于 2000 年设防水位 2 米（与淤区顶平），原大堤位置向临河方向位移 100 米筑新堤，新老堤之间实施放淤。本期工程共 10 段，总长 10.105 千米，筑新堤土方共 381.61 万立方米。新堤临背河边坡均为 1∶3，堤顶为三级沥青柏油路面，高出 2000 年设防水位 2.5 米，顶宽 12 米（见表 2-13）。对范县、台前县境内，宽度达不到标准的 4 段堤防进行背河帮宽至 12 米，共长 27.639 千米，堤顶高出 2000 年设防水位 2.5 米。帮宽土方共 59.22 万立方米，投资 5231.03 万元（见表 2-14）。

表 2-13　2013 年临村堤段位移情况

县域	大堤桩号	位移堤长（千米）	筑新堤土方（万立方米）	竣工日期（年-月）
濮阳县	54+500~55+000	0.500	23.25	2014-12
	66+340~68+000	1.660	45.44	
	70+320~71+040	0.720	16.37	
	77+020~77+900	0.880	27.53	
	90+000~91+000	1.000	59.71	
	96+650~97+500	0.850	50.60	

续表 2-13

县域	大堤桩号	位移堤长（千米）	筑新堤土方（万立方米）	竣工日期（年-月）
范县	114 +610 ~ 115 +735	1. 125	40. 25	2014-12
	116 +115 ~ 117 +220	1. 105	42. 87	
	117 +535 ~ 118 +500	0. 965	35. 23	
	126 +200 ~ 127 +500	1. 300	40. 36	
合计		10. 105	381. 61	

表 2-14　2013 年濮阳堤防帮宽情况

县域	大堤桩号	帮宽长度（米）	土方（万立方米）	投资（万元）
范县	145 +486 ~ 162 +600	17114	48. 5	4260. 7
	166 +500 ~ 169 +450	2950		
台前县	134 +100 ~ 138 +500	3175	3. 31	330. 94
	127 +500 ~ 130 +675	4400	7. 41	639. 39
合计	—	27639	59. 22	5231. 03

第三节　堤防加固

濮阳黄河大堤是晚清和民国时期在民埝的基础上修筑起来的，并经过 9 年的废弃和战争的破坏，堤身隐患和缺陷较多。20 世纪 50 ~ 80 年代，采取锥探灌浆技术对堤身内部隐患进行处理。在大修堤的同时，采取修做前后戗、抽槽换土、黏土斜墙、截渗墙和堤顶硬化等工程措施，对堤防进行加固。

一、消除堤身隐患

20 世纪 50 年代，按照《堤防大检查实施办法》的要求，濮阳黄河修防处及所属修防段，每年都组织一定的人力，对堤顶、堤坡进行全面的普锥检查，对隐患重点堤段进行密锥检查，还号召沿河群众举报隐患。全面登记查出大堤隐患，并制订方案加以处理。按其成因，堤身隐患可归纳为生物隐患、人为隐患、自然隐患和施工质量差带来的隐患等。

生物隐患，一是獾（狐）、鼠等害堤动物在堤防上掏洞筑巢形成的洞穴。对堤身危害最大的是獾（狐），它的洞穴一般比较深、大，纵横分布，相互连通，甚至有的洞穴横穿堤身形成漏洞，严重威胁到堤防的安全。二是树干、树根、柳秸料等埋于堤内，年久腐烂形成的孔洞。由于堤防培修时清基不彻底等原因，致使树木、树根、墓穴、柳秸料、草皮等杂物埋藏于堤身内部，这些杂物年久腐烂之后，就会形成大小不同的空隙、空洞，若遇大洪水，堤防极易发生险情；历史上决口堵复时，由于堵口技术和方法的客观限制，使用大量的树枝、木桩、麻绳等柳秸料，这些柳秸料留在堤身或堤基内，年久腐烂将形成较大的堤防隐患（口门处背河遗有潭坑，常年积水），对堤防危害非常大。

人为隐患，主要是在堤防上建造的窑洞、墓穴、战沟、碉堡、防空洞、藏物洞、排水沟、房屋、宅基、废井、废弃建筑物等。此类隐患原为明患，大部分能看得见，但在堤防培修时或将其压在堤身内，或开挖填筑不彻底、不规范，将其压在堤身内形成隐患。在大洪水时，这些隐患也是造成堤防险情和决口的主要原因。

自然隐患，是由于历史原因，大堤修在干裂淤泥、透水性大的沙质土基础上，或受客观条件限制，修堤时土料不适当，造成堤身基础土质干裂、不均匀沉陷、透水性强，或堤身土质裂缝、透水性强等。在大洪水时，这些隐患易造成堤防渗水、管涌等险情的发生。

施工质量差带来的隐患，是新修堤段因土质不好，或质量不均，经大雨冲刷成沟，严重的甚至横穿大堤，在填垫时往往因质量不好，松土棚盖而造成隐患；修堤时由于土料选择不当，夯实不均匀，两工接头或新旧结合不严，引起不均匀沉陷所造成的隐患；堤身与涵闸结合部位处理不好，产生裂缝渗水而造成的隐患等。

1951～1985年，濮阳黄河堤防采取锥探灌浆的方式消除堤身隐患，加固堤防。其形式主要有普锥探查、密锥灌浆、压力灌浆等。

（一）普锥探查

1950年开展群众性普查堤防隐患时，濮阳黄河修防处封丘修防段靳钊把用钢丝锥在黄河滩地找煤块的技术，用于查找大堤隐患。是年3月，陈玉峰段长和靳钊带领工人、民工共45人用钢丝锥在大堤上进行锥探隐患试验。开始使用直径5毫米、长4～6米的钢丝锥探查堤身隐患，锥探3～5米，凭锥探感觉判断隐患。他们在10天内锥探5万余眼，发现獾狐洞、藏物洞、地窖、鼠洞等90余处，并随时进行开挖回填处理。黄委会及时把靳钊锥探隐患的技术在黄河下游全面推广。但由于钢丝锥细软，锥深不够，且对较小隐患不易发现，效果不够理想。

（二）密锥灌浆

1953年，锥具改为长7～10米、直径13～16毫米的钢锥。采用锥孔间距0.5米左右的密锥方式，增加隐患查找密度；锥深6～8米，以扩大探查隐患的纵向范围。用重力自流方式向锥眼内灌入沙土或泥浆，以发现或灌实隐患。但此法易堵塞，灌不满，对内部孔洞、裂缝等隐患不易发现。20世纪50年代人工锥探堤防隐患情景见图2-9。

（三）压力灌浆

1959年，开始使用人工打锥和手摇压力灌浆机相结合的堤防压力灌浆技术，锥具长10～12米，直径18～20毫米，以提高灌浆效果。1972年，将人工灌浆机改制为机

图 2-9　20 世纪 50 年代人工锥探堤防隐患

械动力灌浆机，锥具改为杠杆式夹子锥，以减轻劳动强度，提高锥灌效率。1974 年，改用“黄河 744”型 12 马力柴油机自动打锥机，每台班可锥 300 眼左右，相当于人工打锥工效的 10 倍（见图 2-10）。

图 2-10　20 世纪 80 年代机械压力灌浆

压力灌浆孔一般布置成梅花形，孔距 1.5 米，行距 1.0 米，险工段和建筑物土石结合部适当加密。孔深达到堤基以下 0.5 米，但由于锥具所限，一般锥深仅 8 ~ 9 米，机械打锥机可达 12 米。泥浆配制，用两合土（中粉质壤土），具有析水快、收缩率小、悬浮性和黏结性好的特点；泥浆稠度根据隐患情况，灌旧缝用稀浆，灌较大孔洞用稠浆，并根据进浆情况及时调整。一般泥浆比重为 1.4 ~ 1.6 吨每立方米，水土比为 1∶1.2 ~ 1∶1.6。灌浆压力要求以能灌实缝隙又不致破坏堤身结构为宜，一般为 1.0 ~ 1.5 千克每平方厘米，一次升压不分级；对洞径较大的隐患，增加复灌次数，以灌实为止；对进浆量大、孔洞大的锥孔，标明位置，查明原因，再用其他措施加固。

1950～1985年，濮阳堤防完成锥探灌浆4～6遍，重点堤段达到6～7遍，共锥探1996万眼，灌入土方103万立方米，消灭处理隐患5.58万处，翻修土方20.37万立方米，捕捉害堤动物29.94万只，用劳力89.22万工日，投资445.24万元。

二、加固工程

黄河堤防加固工程按照“临河截渗，背河导渗”的原则进行。临河加固工程主要包括抽槽换土、黏土斜墙、黏土铺盖、截渗墙、前戗等工程措施；背河加固工程主要包括后戗、填塘固基、砂石反滤、圈堤、淤背固堤等工程措施。

（一）抽槽换土与黏土斜墙工程

该工程修做在堤身堤基土质不好或堤身裂缝发生严重渗水的堤段，起到临河截渗的作用。1955～1959年，根据1954年大水时堤防发生的漏洞、渗水、管涌等险象，在牛寨、刘海、老大坝、西格堤、马屯、苇庙、毛岗、徐固堆等处，修做抽槽换土与黏土斜墙工程（见表2-15），计长8107米，完成土方32.52万立方米，投资27.64万元。

表2-15　1955～1959年濮阳黄河堤防黏土斜墙及抽槽换土加固工程情况

县别	地点	起讫桩号	长度（米）	黏土斜墙（米）			抽槽换土（米）			完成土方（立方米）
				高	底宽	顶宽	深	底宽	顶宽	
濮阳县	牛占	52+500～53+800	1300	4.0	3.0	3.0	2.0	2.0	4.0	51480
	刘海	55+400～55+900	500	4.0	3.0	3.0	2.0	2.0	4.0	19800
	孟居	56+050～57+050	1200	4.5	2.0	2.0	2.0	1.0	2.0	41040
	老大坝	62+200～62+717	517	4.0	3.0	3.0	2.0	2.0	4.0	20473
	西格堤	63+100～63+600	500	3.0	3.0	3.0	2.0	2.0	4.0	16200
	马屯	63+800～64+400	640	3.0	3.5	2.5	3.0	2.0	5.0	24653
	苇庙	95+000～95+250	250	4.5	3.5	3.5	3.0	2.0	5.0	12825
范县	毛岗	108+000～111+000	3000	5.0	4.0	4.0	—	—	—	136800
台前县	徐固堆	192+600～192+800	200	—	—	—	2.0	2.0	6.0	1920
合计		—	8107	—	—	—	—	—	—	325191

工程标准如图2-11所示。工程所用土料选择黏粒含量30%左右的黏土，严格控制填筑质量，压实密度干幺重达到1.6吨每立方米。

抽槽换土：抽槽深度应挖至黏土层，如开挖困难，一般与背河地面平或低1米，槽底宽2～2.5米，边坡1∶0.5～1∶1，设计挖槽长度要超过加固堤段两端各20米，也可视情况而定。

黏土斜墙：墙顶高于设防水位0.5～1米，垂直于堤坡厚度1～2米，墙边坡1∶2.5～1∶3，黏土墙外有壤土保护层，保护层高于斜墙顶1～1.5米，垂直堤坡厚度0.8

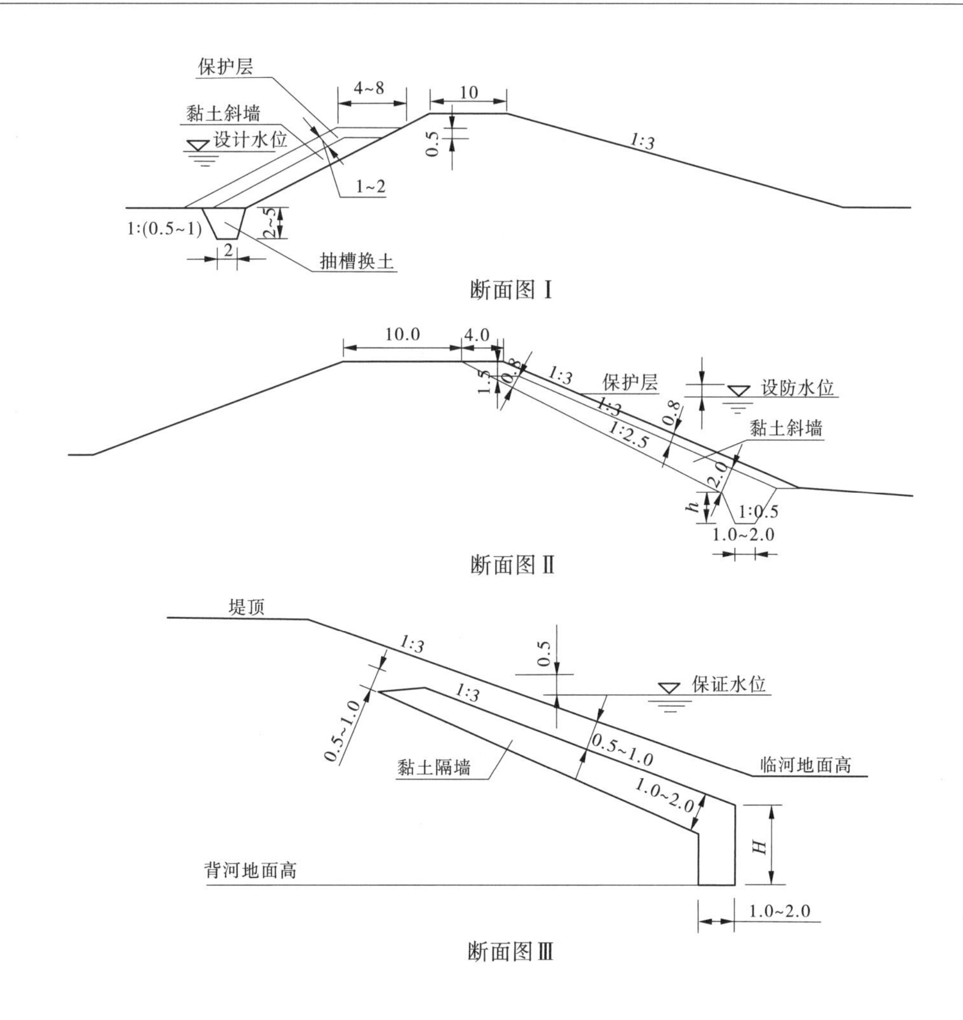

图 2-11　抽槽换土与黏土斜墙加固堤防断面图　（单位：米）

米，以保护黏土墙身不干裂、不冻裂和其他侵害的影响。

（二）月堤工程

在大堤重要险段的背河修筑“重堤”，加固堤防，以保证堤防的安全。“重堤”两端仍接于原堤，平面上堤形弯曲如新月，故名月堤，也称“越堤”。在险工堤段又称“圈堤”“套堤”。

1909 年 5 月，濮阳孟居大堤漫决，口门宽 94 米，1910 年堵复而留有隐患。1947～1954 年,该处大堤下蛰 2 米多。1954 年大水期间，该处堤防严重渗水。汛后开挖，发现地面下有裂缝深 1. 5 米，宽 3～5 厘米。1955 年春，用锥探摸，锥眼冒臭气，发现堤基下有秸料层，料腐空虚。且背河堤脚坡陡，紧靠潭坑，长年积水。

1955 年 6 月 28 日至 7 月 25 日，在临河修月堤一道，长 1200 米，顶宽 5 米，临背河坡均为 1∶3。月堤堤基，下挖槽深 2 米，底宽 1 米，上口宽 2 米，逐坯填淤土夯实，上做黏土墙，底宽 2 米，顶宽 2 米，高 4. 5 米，月堤、斜墙、抽槽共用土方 11. 39 万立方米，用人工 8. 75 万个工日，投资 8. 8 万元。

（三）修做前戗、后戗工程

堤身断面单薄或土质不好，加修前戗或后戗，以增加堤身稳定性。前戗修做于大堤临河，以增大堤防断面，兼有截渗和降低浸润线的作用。戗顶高出设防水位1米，顶宽6~10米，边坡与大堤同（见图2-12）。后戗用沙壤土作土料，以有利排泄堤内渗水，增加堤坡稳定性。施工要求与培修大堤同。

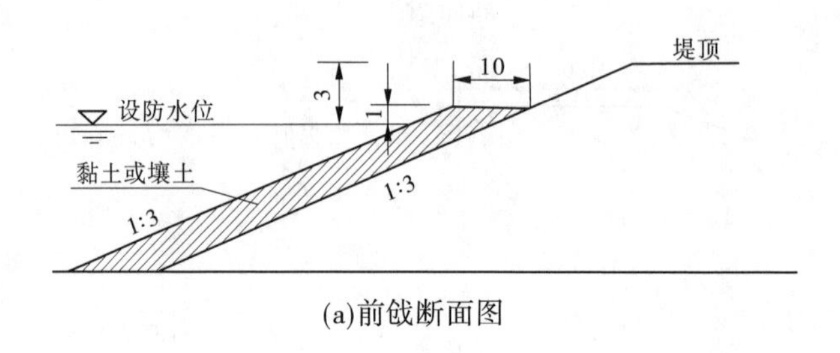

(a)前戗断面图

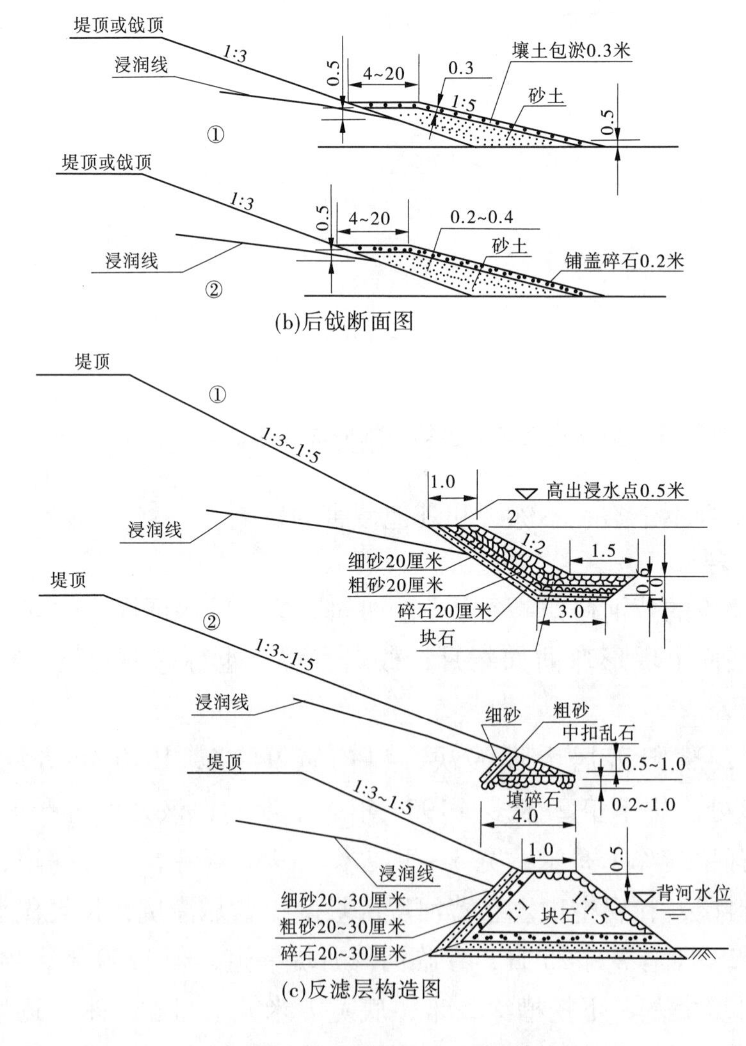

图2-12 堤戗断面及反滤层构造示意图 （单位：米）

1952年，黄河下游防洪工程以防御陕州站洪水23000立方米每秒流量（争取29000立方米每秒流量）为目标。根据这一目标，濮阳堤防选择重点堤段开始修建后戗加固工程。1955年，黄委会提出以防御黄河秦厂站25000立方米每秒流量为目标，制定沿河设防水位和工程培修标准。1962年第二次大修堤时，濮阳堤防修筑部分前后戗工程。1980年结合抗震的要求，重点堤段增修后戗工程。综合1985年以前设计标准，前戗戗顶一般高出设防水位1米，顶宽6~10米，边坡与大堤坡相同；后戗戗顶一般高出浸润线在背河坡逸出点的0.5~1.0米，戗顶宽4~8米，边坡1∶3~1∶5。浸润线的坡度一般平工段规定为1∶8，险工堤段为1∶10。20世纪50年代至1985年，濮阳堤防修筑前戗工程很少，共完成后戗加固工程长度90.863千米，土方331.32万立方米，总投资673.76万元（见表2-16）。

表2-16 1985年以前濮阳堤防后戗加固工程情况

县别	起止桩号	长度（千米）	工程尺度（米）			低于1983年设防堤顶（米）
			顶宽	高度	边坡	
濮阳县	42+764~49+100	6.336	4~5	6~8.5	1∶3	2.0~3.0
	54+100~55+100	1.000	4~4.5	5~6	1∶3	3.0~4.5
	62+200~64+100	1.900	5~15	4	1∶4~1∶5	4.0~4.7
	71+100~78+100	7.000	4	3.0~4.0	1∶4~1∶5	5.0~6.0
	78+100~89+100	11.000	4~6	3.0~5.4	1∶5	4.0~3.5
	91+000~103+891	12.891	4~8	2.5~5.4	1∶4~1∶5	5.4~5.7
范县	115+000~145+486	30.486	4~6	4.5	1∶3	4.0~6.0
台前县	156+000~157+450	1.450	5	4.5	1∶5	7.5
	158+000~160+000	2.000	4~6	3.0~3.5	1∶3	3.5~4.5
	161+000~165+000	4.000	4~6	6.4~7.7	1∶3	4.4~6.0
	181+000~193+800	12.800	6	2.5~4.0	1∶5	5.4~7.0
小计	—	90.863	—	—	—	—

1986~1989年，黄委会确定的堤防后戗加固工程设计标准是：以防御花园口站1995年（设计水平年）22000立方米每秒流量相应水位为设防水位，并以堤防设计标准断面为准，按浸润线平工段坡度1∶8，险工段1∶10，算出浸润线背河逸出点，设计后戗顶高出浸润线逸出点0.5~1.0米，戗顶宽4~6米，边坡1∶5~1∶6。堤防后戗加固工程一般为每年汛后上报设计项目申请，翌年春季批准实施，当年完成建设任务。其间，因国家经济比较困难，对黄河治理投资较少，濮阳堤防共完成后戗加固工程10.187千米，土方77.46万立方米，总投资287.84万元（见表2-17）。

表2-17　1986～1989年濮阳堤防后戗加固工程情况

<table>
<tr><th>大堤桩号</th><th>加固长度（千米）</th><th>工程土方（万立方米）</th><th>投资（万元）</th><th>完成年份</th></tr>
<tr><td>合计</td><td>10.187</td><td>77.46</td><td>287.84</td><td>—</td></tr>
<tr><td>89＋000～90＋360</td><td>1.36</td><td rowspan="2">20.3</td><td rowspan="2">73.98</td><td rowspan="2">1986</td></tr>
<tr><td>95＋000～95＋950</td><td>0.95</td></tr>
<tr><td>84＋287～88＋912</td><td>4.625</td><td>30.25</td><td>113.45</td><td>1987</td></tr>
<tr><td>49＋200～50＋700</td><td>1.5</td><td>8.55</td><td>38.82</td><td>1989</td></tr>
<tr><td>130＋050～130＋500</td><td rowspan="2">0.88</td><td rowspan="2">5.95</td><td rowspan="2">21.28</td><td rowspan="2">1986</td></tr>
<tr><td>127＋030～127＋460</td></tr>
<tr><td>120＋900～121＋000</td><td rowspan="2">0.872</td><td rowspan="2">12.41</td><td rowspan="2">40.31</td><td rowspan="2">1987</td></tr>
<tr><td>124＋728～125＋500</td></tr>
</table>

1990～1991年，堤防后戗加固工程设计标准与1986～1989年相同。1991年以后，戗加固工程以防御花园口站2000年（设计水平年）立方米每秒流量洪水为设防标准，设计后戗顶高出浸润线（平工段坡度1∶8，险工段1∶10）逸出点一般为0.5～1.0米，个别堤段为1.5米，戗顶宽4～6米，边坡1∶5～1∶6，均为二级后戗。1990～1998年汛前，濮阳堤防共完成后戗加固工程21.984千米，土方241.50万立方米，总投资3110.40万元（见表2-18）。

表2-18　1990～1998年汛前濮阳堤防后戗加固工程情况

<table>
<tr><th>大堤桩号</th><th>加固长度（千米）</th><th>工程土方（万立方米）</th><th>投资（万元）</th><th>完成年份</th><th>说明</th></tr>
<tr><td>合计</td><td>21.984</td><td>241.50</td><td>3110.40</td><td></td><td>—</td></tr>
<tr><td>97＋500～99＋500</td><td>2.00</td><td>10.20</td><td>74.18</td><td>1990</td><td rowspan="3">按1995年设防标准，设计二级后戗，戗顶高浸润线逸出点0.5～1.0米</td></tr>
<tr><td>99＋500～101＋600</td><td>2.10</td><td>14.75</td><td>126.21</td><td rowspan="2">1991</td></tr>
<tr><td>80＋500～83＋200</td><td>2.70</td><td>29.87</td><td>243.17</td></tr>
<tr><td>90＋300～90＋400</td><td>0.10</td><td>0.88</td><td>23.55</td><td rowspan="2">1995</td><td rowspan="5">按2000年设防标准，设计二级后戗，戗顶高出浸润线逸出点0.5～1.0米</td></tr>
<tr><td>90＋400～90＋670</td><td>0.27</td><td>4.87</td><td>56.51</td></tr>
<tr><td>90＋670～91＋200</td><td>0.53</td><td>7.71</td><td>141.18</td><td rowspan="2">1996</td></tr>
<tr><td>91＋600～92＋200</td><td>0.60</td><td>7.76</td><td>168.50</td></tr>
<tr><td>94＋000～94＋500</td><td>0.50</td><td>5.29</td><td>148.98</td><td>1997</td></tr>
<tr><td>111＋000～111＋580</td><td>0.58</td><td>6.24</td><td>66.13</td><td>1993</td><td rowspan="7">按2000年设防标准，设计二级戗台，其中1993～1996年戗顶高出浸润线逸出点1.0米，1997年戗顶高出浸润线逸出点0.5～1.0米</td></tr>
<tr><td>125＋500～126＋000</td><td>0.50</td><td>5.25</td><td>61.51</td><td>1994</td></tr>
<tr><td>126＋000～126＋600</td><td>0.60</td><td>8.26</td><td>100.97</td><td rowspan="2">1995</td></tr>
<tr><td>126＋600～127＋000</td><td>0.40</td><td>5.29</td><td>63.37</td></tr>
<tr><td>127＋000～127＋600</td><td>0.60</td><td>7.04</td><td>128.18</td><td>1996</td></tr>
<tr><td>127＋600～128＋050</td><td>0.45</td><td>10.37</td><td>204.83</td><td rowspan="2">1997</td></tr>
<tr><td>128＋050～128＋270</td><td>0.22</td><td>5.08</td><td>96.15</td></tr>
</table>

续表 2-18

大堤桩号	加固长度（千米）	工程土方（万立方米）	投资（万元）	完成年份	说明
158+950~161+000	2.05	13.57	103.23	1990	按1995年设防标准，设计二级后戗，戗顶高出浸润线逸出点0.5~1.0米
158+450~159+050	0.60	5.01	39.62	1991	
174+000~176+000	2.00	10.00	86.43		
146+260~146+750	0.69	10.00	91.01	1992	按2000年设防标准，戗顶高出浸润线逸出点1.5米
149+200~149+400					
145+486~146+260	0.774	14.98	156.57	1993	按2000年设防标准，设计二级后戗，戗顶高出浸润线逸出点1.0米
149+200~149+850	0.65	9.94	116.57		
149+850~150+500	0.65	10.44	112.55	1994	
151+300~151+650	0.35	5.33	68.79	1995	
151+650~152+000	0.35	5.44	65.41		
152+000~152+410	0.41	7.23	144.87	1996	按2000年设防标准，设计二级后戗，戗顶高出浸润线逸出点0.5~1.0米
152+410~152+750	0.34	5.28	107.75		
152+750~153+400	0.65	10.35	207.28	1997	
153+400~153+720	0.32	5.07	106.9		

1998年汛后，按照防御花园口站2000年设防标准，河南黄河河务局组织勘测设计、工程管理等单位对濮阳黄河堤防建设进行全面规划设计。其中设计堤防后戗加固工程戗顶高出浸润线逸出点一般为1.0~1.5米，戗顶宽4~6米，边坡一般为1:5~1:6，个别边坡为1:7，一般为二级或三级后戗，个别为一级或四级后戗。1998年汛后至2002年底，濮阳黄河堤防共完成后戗加固工程60.183千米，土方602.41万立方米，总投资16814.71万元（见表2-19）。

表2-19 1998年汛后至2002年底濮阳堤防后戗加固工程情况

工程所在地及大堤桩号	加固长度（千米）	工程土方（万立方米）	投资（万元）	完成年份	说明
濮阳市	60.183	602.41	16814.71		
濮阳县	28.857	239.94	7096.68		
48+503~49+200	5.147	76.47	2093.98	1999	按2000年设防标准，设计为三级后戗
50+550~55+000					
66+100~68+100	2.00	25.72	690.23	1999	
94+500~95+000	2.05	22.02	1314.05		按2000年设防标准，设计为二级后戗
95+950~97+500					

<table>
<caption>续表 2-19</caption>
<tr><th>工程所在地及大堤桩号</th><th>加固长度（千米）</th><th>工程土方（万立方米）</th><th>投资（万元）</th><th>完成年份</th><th>说明</th></tr>
<tr><td>68+100~80+500</td><td>12.40</td><td>73.26</td><td>1841.60</td><td>2000</td><td rowspan="4">按2000年设防标准，设计为一级后戗</td></tr>
<tr><td>56+000~61+800</td><td>5.80</td><td>30.19</td><td>1043.56</td><td rowspan="3">2002</td></tr>
<tr><td>62+900~64+060</td><td>1.16</td><td>11.95</td><td>98.42</td></tr>
<tr><td>65+800~66+100</td><td>0.30</td><td>0.33</td><td>14.84</td></tr>
<tr><td>范县</td><td>25.496</td><td>273.87</td><td>7166.32</td><td></td><td></td></tr>
<tr><td>124+100~124+500</td><td>0.40</td><td>12.31</td><td>356.67</td><td rowspan="4">1999</td><td rowspan="2">按2000年设防标准，设计为二级后戗</td></tr>
<tr><td>114+200~115+980</td><td>1.78</td><td>12.00</td><td>684.10</td></tr>
<tr><td>115+980~119+000</td><td>3.02</td><td>42.60</td><td>1182.30</td><td rowspan="3">按2000年设防标准，设计为三级后戗</td></tr>
<tr><td>119+000~120+400</td><td>1.40</td><td>20.77</td><td>534.95</td></tr>
<tr><td>128+270~130+800</td><td>2.53</td><td>39.50</td><td>883.32</td><td rowspan="7">2000</td></tr>
<tr><td>107+248~111+000</td><td>3.752</td><td>32.84</td><td>821.42</td><td rowspan="3">按2000年设防标准，设计为三级或四级后戗</td></tr>
<tr><td>134+000~141+850</td><td rowspan="2">10.986</td><td rowspan="2">101.22</td><td rowspan="2">2258.61</td></tr>
<tr><td>142+350~145+486</td></tr>
<tr><td>120+400~121+000</td><td>0.60</td><td>4.63</td><td>138.04</td><td rowspan="3">按2000年设防标准，设计为三级后戗</td></tr>
<tr><td>123+300~124+100</td><td>0.80</td><td>5.81</td><td>234.25</td></tr>
<tr><td>124+500~124+728</td><td>0.228</td><td>2.19</td><td>72.66</td></tr>
<tr><td>台前县</td><td>5.83</td><td>88.60</td><td>2551.71</td><td></td><td></td></tr>
<tr><td>153+720~155+200</td><td rowspan="2">2.58</td><td rowspan="2">38.46</td><td rowspan="2">959.82</td><td rowspan="3">1999</td><td rowspan="2">按2000年设防标准，设计为二级后戗</td></tr>
<tr><td>170+400~171+500</td></tr>
<tr><td>155+200~158+450</td><td>3.25</td><td>50.14</td><td>1591.89</td><td>设计为三级后戗</td></tr>
</table>

20世纪50年代至2002年（2002年后没有修筑后戗任务），濮阳堤防共完成后戗（基本上未修筑前戗）加固工程总长183.217千米，其中濮阳县86.219千米、范县61.084千米、台前县35.914千米；共完成工程土方1252.69万立方米，投资20886.71万元。参加施工的铲运机、自卸车、推土机、翻斗车、碾压机、震动碾等1252台，用台班25.27万个；施工操作及管理人员1440名，检测干幺重10.34万点次，合格率达97.8%以上。

（四）截渗墙工程

濮阳堤防的个别堤段因临背河村庄、鱼塘等分布较多，且村民人均土地较少、工程征地困难等因素，一直未进行加固处理，不能满足防御大洪水的要求。遵照“临河截渗”的原则，自2000年开始，采取修建截渗墙的方式加固这些堤段，使其达到防御花园口站洪峰流量22000立方米每秒的设计防洪标准。

截渗墙法加固堤防技术可以提高堤身、堤基的防渗效果，有效阻断贯穿堤身的横向裂缝、獾洞穴，亦能阻止树根横穿堤身，防止新的洞穴隐患产生。而且工程占地少，基本不需要房屋拆迁，带来的社会问题比较少。

濮阳堤防截渗墙有堤脚截渗墙和堤顶截渗墙。堤脚截渗墙布置在临河堤脚外1米处，墙顶低于地面0.5米，墙厚0.20～0.22米，墙深7～33米。堤身防渗采取铺设复合土工布措施。铺设前，先清除堤身草皮、树根等杂物。土工膜沿堤坡铺设，上面铺设高度至2000年设防水位以上1.5米，下面与截渗墙墙顶相连接，其方法是：先将墙顶消除0.5米，整平后浇0.4米高的二期混凝土墙，预埋镀锌螺栓，再用不锈钢钉及防腐木条将土工膜固定，衔接部位的两侧均回填黏土保护。土工膜外采用回填土覆盖，其高度至堤顶。堤顶帮宽至12米。在墙顶以上1.5米处（绝大部分）设置宽3.0～3.5米的土方平台，平台以上覆盖土坡度为1∶3，以下为1∶3或1∶2。堤顶截渗墙位于临河侧堤肩位置，距堤顶外边沿一般为2米，墙顶略低于现有堤顶，墙厚0.2米，墙深11～13米。

截渗墙按其结构分混凝土截渗墙和水泥土搅拌桩截渗墙。混凝土截渗墙采取机械开槽，灌注混凝土造墙；水泥土搅拌桩截渗墙利用水泥作为固化剂，通过深层搅拌机械，把水泥浆（固化剂）喷入地层中，使土体与水泥浆强制搅拌，利用水泥浆和土体之间产生的一系列理化反应，使水泥土硬结相继搭接而形成连续截渗墙体。

2000～2015年，濮阳堤防共修筑堤防截渗墙加固工程21段，总长23.5千米，截渗墙面积42万平方米，铺设土工膜72.45万平方米，用土方89.34万立方米，工程总投资11977.29万元。

截渗墙断面情况见图2-13、图2-14，截渗墙施工现场见图2-15。濮阳堤防截渗墙工程设计标准见表2-20，2000～2015年濮阳堤防截渗墙工程情况见表2-21。

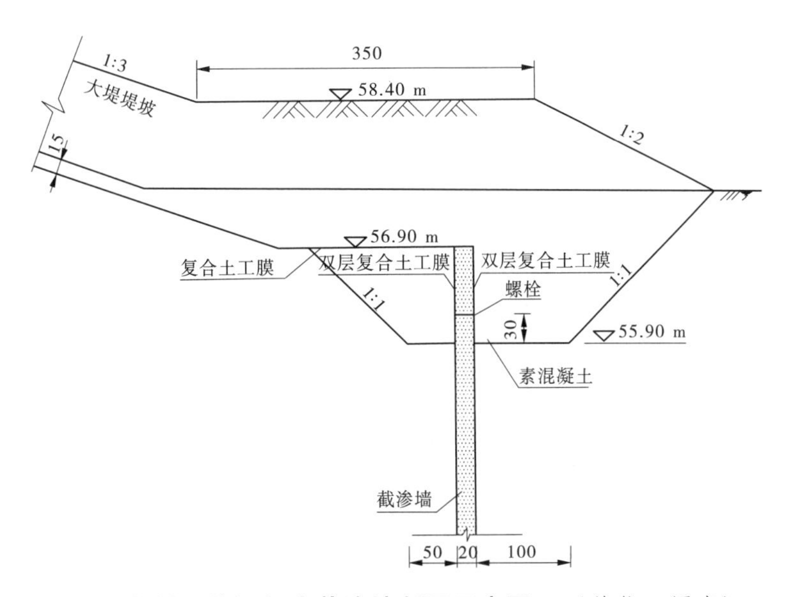

图2-13　临河堤脚截渗墙断面示意图　（单位：厘米）

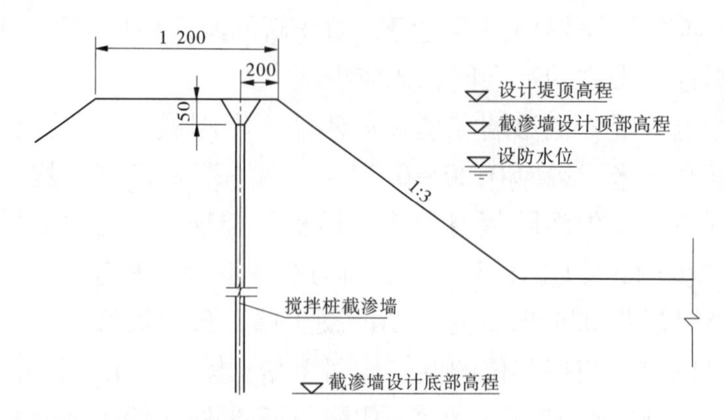

图2-14　堤顶截渗墙断面示意图　（单位：厘米）

表2-20　濮阳堤防截渗墙工程设计标准

大堤桩号	加固长度（千米）	加固位置	截渗墙尺寸（米）		土方工程尺寸（米）			
			厚度	深度	土方平台		边坡	
					比墙顶高	宽度	平台以上	平台以下
合计	23.50	—	—	—	—	—	—	—
55+000~56+000	1.00	堤脚	0.22	12~14	1.5	3.0	1:3	1:3
61+600~61+800	0.20	堤脚	0.20	20	1.5	3.5	1:3	1:2
61+800~62+900	1.10	堤脚	0.20	14~26	1.5	3.0	1:3	1:3
71+040~71+670	0.63	堤脚	0.20	20	1.5	3.5	1:3	1:2
91+000~92+200	1.20	堤脚	0.20	20	1.5	3.5	1:3	1:2
92+200~94+000	1.80	堤脚	0.22	12~17	1.5	3.0	1:3	1:3
94+500~95+000	0.50	堤脚	0.22	18~19	1.5	3.0	1:3	1:3
95+000~95+300	0.30	堤脚	0.20	20	1.5	3.5	1:3	1:2
97+500~98+350	0.85	堤脚	0.22	17~19	1.5	3.0	1:3	1:3
111+300~111+900	0.60	堤脚	0.20	20	1.7	3.5	1:3	1:2
112+400~114+200	1.80	堤脚	0.22	11~18	1.5	3.0	1:3	1:3
130+800~132+250	1.45	堤脚	0.22	11~18	1.5	3.0	1:3	1:3
132+250~134+000	1.75	堤脚	0.22	7~21	1.5	3.0	1:3	1:3
141+850~142+350	0.50	堤脚	0.20	9~10	1.5	3.0	1:3	1:3
169+500~170+440	0.94	堤脚	0.20	15~26	1.5	3.0	1:3	1:3
172+000~173+000	1.00	堤脚	0.22	19~25	1.5	4.6	1:3	1:3
174+000~175+000	1.00	堤脚	0.22	23~25	1.5	4.6	1:3	1:3
178+000~180+050	2.05	堤脚	0.22	16~24	1.5	4.6	1:3	1:3
186+000~187+000	1.00	堤顶	0.20	12~13	—	—	—	—
188+700~189+880	1.18	堤顶	0.20	11~13	—	—	—	—
191+000~193+650	2.65	堤脚	0.22	29~33	1.5	4.6	1:3	1:3

图 2-15　2001 年濮阳截渗墙施工现场

表 2-21　2000～2015 年濮阳堤防截渗墙工程情况

大堤桩号	长度（千米）	截渗墙面积（万平方米）	土工膜面积（万平方米）	工程土方（万立方米）	总投资（万元）	完成时间	说明
合计	23.50	42.004	72.45	89.34	11977.29	—	
55＋000～56＋000	1.00	1.527	3.30	4.40	433.79	2002	临河堤脚截渗墙
61＋600～61＋800	0.20	0.591	0.81	1.17	182.35	2014	
61＋800～62＋900	1.10	1.988	3.60	4.56	616.27	2001	
71＋040～71＋670	0.63	1.643	2.58	3.67	553.71	2014	
91＋000～92＋200	1.20	2.727	4.83	5.74	914.64		
92＋200～94＋000	1.80	2.859	5.64	8.82	979.91	2003	
94＋500～95＋000	0.50	1.204	1.46	2.68	346.12		
95＋000～95＋300	0.30	0.857	1.43	1.48	265.64	2014	
97＋500～98＋350	0.85	1.864	3.00	4.41	578.12	2003	
111＋300～111＋900	0.60	1.488	2.55	2.84	458.80	2014	
112＋400～114＋200	1.80	1.819	6.17	7.46	722.24	2003	
130＋800～132＋250	1.45	5.077	4.81	6.03	655.91	2002	
132＋250～134＋000	1.75		5.96	7.80	974.77	2003	
141＋850～142＋350	0.50	0.587	1.73	1.36	211.03	2003	
169＋500～170＋440	0.94	2.082	3.16	3.02	589.21	2002	
172＋000～173＋000	1.00	2.767	3.24	3.04	479.94	2003	
174＋000～175＋000	1.00	2.907	3.36	3.74	594.23		
178＋000～180＋050	2.05	4.466	7.15	8.23	963.98		
191＋000～193＋650	2.65	2.617	7.69	8.19	1111.97		
186＋000～187＋000	1.00	2.934	—	0.32	172.33		堤顶截渗墙
188＋700～189＋880	1.18		—	0.38	172.33		

三、堤顶硬化

黄河大堤不仅是防洪工程体系的重要组成部分，也是防汛抢险的重要交通道路。2004年以前，濮阳黄河堤顶大多为土路，每逢降雨，路面泥泞，行车十分困难，每年7~9月，不仅是黄河汛期，也是濮阳地区多雨季节，大堤路况难以保证防汛物资的运输和防汛抢险的交通需要，不利于防洪安全，亟须改善。小浪底水库的应用，为堤防道路建设提供了可行性。堤防道路建设，能解决大堤土路雨季行车困难的问题，满足防汛抢险交通的需要，给机动抢险提供快速通道，同时为堤防工程管理创造良好条件，还为沿堤区域经济发展提供方便。

1999年，台前县境内151+700~156+300黄河堤段，为方便车辆过浮桥，由当地乡政府投资对这4600米堤顶进行硬化。2000年，黄委安排范县黄河堤防10159米的堤顶硬化项目，当年完成建设任务。2001~2002年，上级批复濮阳黄河堤防总长136.963千米的道路建设项目。该项目于2004年基本完成，2005年通过验收交付使用。至此，濮阳境内的151.722千米黄河大堤堤顶全部建成柏油道路。2008年，对台前县4.6千米（151+700~156+300）的堤防道路进行改建。至2008年，国家共投资濮阳堤防道路建设8946.24万元。濮阳黄河堤顶硬化工程完成情况见表2-22，堤防道路施工情景见图2-16。

表2-22　濮阳黄河堤顶硬化工程完成情况

<table>
<tr><th>大堤桩号</th><th>长度（千米）</th><th>开工时间（年-月）</th><th>完成时间（年-月）</th><th>投资（万元）</th><th>说明</th></tr>
<tr><td>42+764~194+485</td><td>151.721</td><td>—</td><td>—</td><td>8946.24</td><td>—</td></tr>
<tr><td>42+764~103+891</td><td>61.127</td><td>2003-11</td><td>2004-11</td><td>3561.54</td><td>—</td></tr>
<tr><td>103+891~114+050</td><td>10.159</td><td>2000-06</td><td>2000-09</td><td>501.43</td><td>—</td></tr>
<tr><td>114+050~145+486</td><td>31.436</td><td>2003-10</td><td>2004-07</td><td>1933.66</td><td>—</td></tr>
<tr><td>145+486~151+700</td><td rowspan="2">44.399</td><td rowspan="2">2003-10</td><td rowspan="2">2004-10</td><td rowspan="2">2650.61</td><td>—</td></tr>
<tr><td>156+300~194+485</td><td>—</td></tr>
<tr><td>151+700~156+300</td><td>4.600</td><td>2008-03</td><td>2008-07</td><td>299.00</td><td>旧路重修</td></tr>
</table>

堤防道路设计参考同标准平原微丘三级公路（荷载按汽-20级、挂100级，沥青柏油路），设计年限10年，计算行车速度60千米每小时。路面宽度6米，基层宽度6.5米。沥青砂上封层厚1.5厘米，沥青碎石面层厚4厘米，石灰土上、下基层各厚15厘米。临背侧均为土路肩，路缘石100厘米×15厘米×23厘米。

图 2-16　2004 年濮阳黄河堤防道路施工

第四节　放淤固堤

黄河放淤固堤始于清代。据《河渠纪闻》记载，“遇大水溢涌，缕堤著重时，开倒沟放水入越堤，灌满堤内，回流漾出，顶溜开行，塘内渐次填淤平满”，即利用洪水多沙时机，把浑水由倒沟灌入大堤与圈堤之间，待落淤之后，清水再顺沟流回黄河。经过一两个汛期，即能将圈堤内淤平，这种放淤办法，不但加宽堤身，还降低临背悬差，是加固堤防的一项有效措施。

濮阳黄河大堤是在原民埝基础上修筑起来的，历史上遗留下来的隐患较多。中华人民共和国成立后，曾采用抽槽换土、黏土斜墙、锥探灌浆、后戗等多种方式加固堤防，均取得显著的成效。但随着对堤防抗洪规律的进一步认识，以及科学技术的发展和现代作业方式的不断改变，上述堤防加固的方式逐渐被放淤固堤方式所替代。放淤固堤的优点是：可以显著提高堤防的整体稳定性，有效解决堤身质量差问题，减轻原堤身和堤基隐患对堤防安全的影响；较宽的淤筑体可为防汛抢险提供宽阔的场地和料源培育基地；从河道中挖取泥沙，可起到疏浚减淤的作用，减轻河槽淤积的程度和速度；淤区顶部可种植适生林、苗木花卉等，形成绿化林带，有利于改善沿河的生态环境；利用黄河泥沙淤高背河地面，可以使黄河逐步形成“相对地下河”，从而实现黄河的长治久安。其缺点主要是工程占地多、房屋拆迁量大等。

濮阳黄河放淤固堤分 4 个阶段。第一阶段（1957～1969 年），主要为自流放淤阶段，与引黄灌溉相结合，利用背河的洼地、潭坑沉沙加固大堤，沿堤普遍淤高 0.5～1.0 米。第二阶段（1970～1985 年），利用简易吸泥船，以高压水枪冲搅泥沙，通过管道将泥沙输送到背堤淤区内，经沉淀后固堤。第三阶段（1985～2003 年），本着先险工，后平工堤段，先重点河段，后一般河段的次序，采用机械放淤，对重点堤段进行加固。第四阶段（2004 年～），把放淤固堤作为标准化堤防建设的主要工程项目，采取船泵组合挖沙输沙，将泥沙远距离输送到背堤淤区沉沙固堤，淤区宽 80～100 米。

一、放淤固堤工程标准

放淤固堤是基于历年汛期背河地面发生渗透变形的位置，多数分布在距背河堤脚 50 米范围内；历史上决口的老口门附近的渗透变形可延伸到距堤脚 70～90 米范围。放淤固堤在不同时期采用过不同的工程标准。

1972 年，《河南黄河近期治理规划》中提出：本着平时防洪、战时防炸的目标，规定险工淤背、平工淤临，淤宽 200 米，自流放淤结合改土，可淤宽 200～500 米，淤高超过 1958 年洪水位 1 米。

1978 年，黄委会在《关于黄河下游放淤固堤工作的几项暂行规定》中，将放淤固堤标准统一规定为：平工堤段淤宽 50 米，险工和老口门等薄弱堤段淤宽 100 米，背河淤高到 1983 年设防水位以上 0.5 米。按照“临河截渗、背河导渗”的原则，背河可淤沙土，临河淤黏土或两合土；沙土淤成后，用黏土包坡盖顶，包坡厚度不少于 0.5 米，盖顶厚度不少于 0.3 米；边坡为 1∶3～1∶5。

1981 年 6 月，黄委会根据国民经济进一步调整、压缩基本建设的精神，将放淤固堤标准调整为：险工淤宽 50 米，平工 30 米，自流和扬水站可结合放淤改土适当放宽；为满足堤身浸润线的要求，淤背高度按高于浸润线出逸点 1 米；淤临高度要高出 1983 年设防水位 0.5 米，边坡 1∶3～1∶5。淤临必须用两合土或淤土淤筑。

20 世纪 90 年代的放淤固堤标准为：平工堤段淤宽 30～50 米，险工、老口门堤段淤宽 50～100 米，边坡 1∶3，淤背顶高程超过设计浸润线出逸点 0.5 米。

1999～2000 年，采用的标准是淤区宽度原则上为 100 米，重点确保堤段、险点、险段顶部高程与设防水位平，一般堤段顶部高程超出浸润线逸出点 1.5 米。

进入 21 世纪后，放淤固堤标准为：宽度原则为 100 米（含包边），移民迁占确有困难的堤段其淤区宽度不小于 80 米；淤区顶部高程与 2000 年设防水位平或低于 2 米。1986 年后濮阳黄河放淤固堤工程标准见表 2-23。

二、工程质量

经放淤固堤施工中测定和检查，机淤固堤土料适于细沙和粉细沙，淤区尾部近似轻质沙壤土，其渗透性能较强，平均渗透系数为 8.4×10^{-4}厘米每秒，用于背河导渗符合要求，同时在放淤过程中排水快、固结快，能够使放淤工作连续进行。机淤土干密度表层小，底层大，表层 1～3 米为 1.4～1.46 吨每立方米，底层 4～5 米为 1.4～1.58 吨每立方米，平均为 1.45 吨每立方米，挖深 3 米以下相对密度为 0.5。沙土的中数粒径 D_{50}平均为 0.081 毫米，粒径 0.05～0.005 毫米的粉粒平均占 20%，没有凝聚力，内摩擦角较大，平均为 31 度。据孙口淤区取样试验分析，机淤固堤土质的平均物理性质情况见表 2-24。

表 2-23　1986 年后濮阳黄河放淤固堤工程标准

时间（年）	淤区宽度（米）	淤区顶部高度	淤区边坡	说明
1986～1989	50	按 1995 年设防标准，高出浸润线逸出点 0.5～1.0 米	1∶3	浸润线险工段按 1∶10，平工段按 1∶8
1990～1991	50～70	濮阳县、范县境内按 1995 年设防标准，高出浸润线逸出点 1 米，台前县境内高出北金堤滞洪区滞洪水位 1 米	1∶3	
1993～1998	50（濮阳县、范县） 90～95（台前县）	濮阳县、范县境内按 2000 年设防标准，高出浸润线逸出点 1.5 米，台前县境内高出北金堤滞洪区滞洪水位 1 米	1∶3	
1999～2002	50～100	按 2000 年设防标准，高出浸润线逸出点 1.0～1.5 米	1∶3	
2005～2007	100	与 2000 年设防水位平	1∶3	—
2007～2015	80～100	低于 2000 年设防水位 2 米	1∶3	村庄段宽 80 米

表 2-24　机淤沙土平均物理性质

指标名称	单位	平均值	指标名称	单位	平均值
湿密度	吨/立方米	1.82	内摩擦角	度	31
干密度	吨/立方米	1.45	凝聚力	-	-
饱和密度	吨/立方米	1.91	渗透系数	厘米/秒	8.4×10^{-4}
浮密度	吨/立方米	0.91	D_{10}	毫米	0.039
比重	—	2.67	D_{50}	毫米	0.081
天然空隙比	—	0.844	D_{60}	毫米	0.087
相对密度	—	0.576	不均匀系数	—	2.3

三、放淤固堤形式

放淤固堤本着先自流淤，后机械提水淤，先险工，后平工，先重点薄弱堤段，后一般堤段的原则进行。淤前的准备工作，主要有征购土地、编制放淤计划；修筑围堤和进水、退水建筑物；组织放淤期的围堤防守，开挖退水沟渠；根据动力来源、河势情况，组织落实好机械选型和配套等工作。汛期抓住含沙量大、水位高的有利时机进行放淤，放淤退水可与农田灌溉相结合。

（一）自流放淤固堤

自流放淤固堤是利用引黄涵闸、虹吸等引黄供水工程，将含沙量比较高的黄河水送至大堤背河或临河侧低洼处、潭坑、沙荒盐碱地沉沙后，再将清水灌溉农田，达到沉沙固堤的目的。自流放淤固堤工程主要由围格堤、进水闸、退水闸组成。

自流放淤固堤具有淤积的土质好、放淤量大、面积大、设备简单、时间短、投资省等优点。利用引黄涵闸放淤一般可达 8 ~ 15 立方米每秒流量，平均含沙量可达每立方米 20 千克，一昼夜可放淤 1.2 万立方米左右，平均土方单价仅为 0.1 元左右，相当于同期人工土方单价的十分之一。主要缺点是：由于泥沙分选现象，造成淤区上端土质以沙土为主，末端土质以黏土为主，黏土析水固结较慢；退水量大，汛期（雨季）易与内涝发生矛盾，常需给涝水让路，有时不得不停止放淤；同时，受引水高度的限制，不能进一步满足加固堤防设计高程的要求。20 世纪 80 年代以后，自流放淤很少应用。

（二）扬水站放淤

堤防的背水侧高到一定高度就不能采用自流放淤。为把水送到高处，在引黄闸、虹吸的消力池或临堤险工靠河处修建扬水站，提水放淤固堤，退水还可与灌溉相结合。同自流放淤一样，只有在汛期进行效果好，但往往退水与内涝发生矛盾。扬水站主要建在闸下游稍远一点的干渠一侧，建站的条件是临河靠河比较稳定，具有网电动力。若抽水时大河含沙量不低于每立方米 20 千克，设计为 1 立方米每秒流量的扬水站，一般一年可淤 4 万 ~6 万立方米，在汛期抢沙峰提淤者，年淤量可达 11 万 ~12 万立方米。濮阳建有彭楼、姜庄、邵庄 3 处扬水站。

（三）吸泥船放淤

吸泥船放淤固堤，是利用吸泥船配制的高压水枪或绞刀，松动河床或滩地土质，形成高含沙泥浆，再由泥浆泵抽吸泥浆，通过管道输送到放淤地点沉沙固堤。由于造浆方式不同，吸泥船又可分为冲吸式和绞吸式两种形式。冲吸式船主要是采用高压水枪冲击河底造浆，绞吸式船主要是采用绞刀松动滩岸或河底造浆，二者造浆含沙量均可达 200 千克每立方米以上。两者不同点在于冲吸式多抽吸沙质土，绞吸式多抽吸两合土。其共同点是机动灵活、退水量较小、运转时间长，抽吸含沙量高。一般一只船每年可完成土方 20 万立方米，可输送泥沙距离 180 ~ 1500 米。20 世纪 80 年代，土方单价仅为 1.2 ~ 1.5 元。简易吸泥船最佳工况区的输沙距离为 400 ~ 600 米，效率可达 70%，最远输送距离可达 2000 米以上，但超过 1500 米时泵的效率仅为 40% 左右。吸泥船还可以根据需要流动放淤，且不受季节和大河自然含沙量的限制，除冬季由于冰冻不便施工外，其他时间均可施工。简易吸泥船放淤固堤示意图见图 2-17。

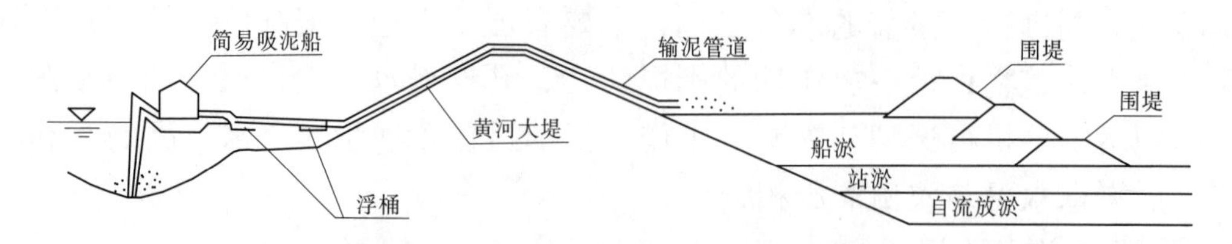

图 2-17　简易吸泥船放淤固堤示意图

濮阳采用吸泥船放淤固堤工作始于 1974 年。当年，安阳地区黄河修防处在范县杨集组建造船厂，在建造水泥救生船的同时，建造简易钢质吸泥船。简易吸泥船安装 6160A 型 135PS 柴油机一台，配备有泥浆泵，用 3B57 型离心泵为高压水枪泵。利用水枪冲挖河底土质，提高含沙量，泥浆泵随时抽吸泥浆，通过管道送往放淤地点。后又为在黄河滩地抽吸两合土，从河南黄河河务局西郊工厂、安徽蚌埠造船厂等地购进绞吸式挖泥船7只。冲吸式吸泥船主要性能情况见表2-25，全液压绞吸式挖泥船主要性能情况见表2-26。

表2-25　冲吸式吸泥船主要性能情况

船型	设计生产量（立方米每小时）	满载排水量（吨）	柴油机			泥浆泵型号	设计排距/排高（米）
			主机型号	持续功率（千瓦）	副机型号		
简易吸泥船	70	40	6160A	99	东风295	250ND	300/3
简易吸泥船	80	50～59	6160-13A	136	295	10PNK-20	800/8
液压冲吸式吸泥船	80	48	12V135ACB	220	X2105C-4	1000/7	1000/7

表2-26　全液压绞吸式挖泥船主要性能情况

船型	设计生产量（立方米每小时）	满载排水量（吨）	柴油机			泥浆泵型号	设计排距/排高（米）
			主机型号	持续功率（千瓦）	副机型号		
拼装式JYP250B型	80	40	12V135Ca	169	—	800-42	350/3
拼装式260型	80	54.3	12V135ACa	190.5	东风195/5kW	800-40	500/3
拼装式80 m^3/h型	80	54.3	12V135ACa	190.5	东风195/6kW	800-40	1000/8
整体式80 m^3/h型	80	69	12V135ACa	190.5	6135Caf/75kW	800-40	1500/10

（四）泥浆泵放淤

泥浆泵放淤固堤，是将泥浆泵直接放在黄河滩地上，利用高压水枪射出的高压水流冲击土体，使其湿化崩解，稀释成泥浆流到泵的吸水口，再由叶轮高速旋转，使泥浆进入输泥管道，然后送到淤区使泥沙沉淀，清水退走，起到固堤作用。20世纪70年代末，濮阳河务部门将泥浆泵用于涵闸清淤，泵淤固堤始于20世纪80年代初期。泥浆泵放淤的优点是：可以解决不靠河堤段的放淤固堤问题，泵体质量轻、机动灵活，安装方便，操作简单，土方单价低，功效高。不足之处是排距较小，必须有水源、电源和滩地等条件，且黏性土质效率低。

（五）组合放淤

随着黄河堤防放淤固堤的全面发展，输沙排距不断增大，普遍达到2000米以上，一部分达到5000米以上。随着排距的增加，水力输沙管道的沿程能量损失也相应增加，机械生产率会随之降低，甚至无法将泥浆送到淤区位置。为提高机械生产率，确保将泥浆送到淤区位置，通常采用中间增加加压泵接力输送的方式进行远距离输沙。在大堤距河槽较远时，放淤固堤需采用组合式放淤来实现远距离输沙。

1. 泵泵组合

泵泵组合即大小泵组合。用10台左右小泥浆泵挖沙，供给一个大泵输沙，运距达3000米。1988年，水上抢险队在开挖濮阳市供水工程预沉池时，在小泥浆泵挖沙的基础上，试用大泵输沙，取得成功。遂用11台4吋泵挖沙，用120马力、输沙800立方米每小时的大泵输沙，最远输沙距离3500米。1991年，水上抢险队将此技术应用到范县堤段的放淤固堤工程，取得成功。后在濮阳县马屯堤段、武祥屯堤段等放淤固堤中，也均使用大小泵组合施工。大小泥浆泵联合挖沙输沙放淤克服自流放淤和吸泥船放淤受地势和输沙距离限制的弊端。是年，该技术获得河南黄河河务局科学技术进步五等奖。泵泵组合放淤固堤布置示意图见图2-18。

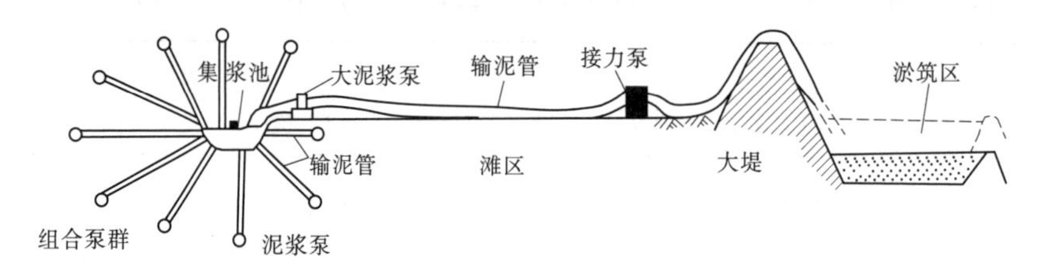

图2-18　泵泵组合放淤固堤布置示意图

2. 船泵组合

船泵组合是在吸泥船输沙管道中设加压泵接力输送泥浆放淤。在2004年以后的放淤固堤中，水上抢险队将抽沙船与大泥浆泵联合挖沙输沙，一级加压输沙距离可达6000米，二级加压输沙距离可达9000米。船泵组合解决了远距输沙的问题，成为标准化堤防建设中放淤固堤的主要施工设备。

四、放淤固堤施工

（一）施工方法

20世纪70年代以来，濮阳放淤固堤采用吸泥船、挖泥船、组合泵（大小泵组合）等方法施工。施工时，根据淤筑堤段的取土土质、排距、水源、退水条件等情况，以及淤筑设备的性能、适用条件等，选用适宜的施工方法。

若排距较大，取土场位于黄河主河槽内，且不靠主溜，宜采用吸泥船施工；若取土场位于黄河主河槽内，且靠主溜，采用吸泥船施工困难（危险）、效率低时，采用滩岸组合泵施工；当取土场位于滩地上时，采用组合泵施工；当取土场位于靠水的边滩上时，采用吸泥船或组合泵施工。

淤区采用分块（段）交替淤筑施工，以利于泥沙沉淀固结。输沙管道布置力求顺直，以减少排距。为将淤区淤平，输沙管道出泥口设多个小的支管出泥，并根据淤筑情况，及时调整出泥口位置。淤区退水口高程随着淤面的抬高及时提高，其抬高速度既不能过慢，又不能过快，以保证淤区退水通畅。随时控制淤区水深，以防威胁围堤安全。

（二）土场选择

机械不同，选择的土场也不同。冲吸式船以沙性土为主，土场往往选择在险工下首；绞吸式船以挖取嫩滩两合土为主；泥浆泵以挖取滩地和渠道内的两合土为主。因此，对土场的土质应事先进行颗粒分析，黏粒含量低于15%的土料适宜于冲吸式船作业，黏粒含量为15%～20%的土料适宜于绞吸船作业。黏粒含量大于20%的土场，可用绞吸船作业，但因淤区易出现团粒状土层，或不易固结，或固结后又易出现裂缝，故不宜选用此类土场。

挖土坑应位于大堤100米以外，以免影响大堤及河道整治工程的安全。土场附近的流势要基本稳定，不得产生横向摆动现象。取土坑尽量靠近河槽，既有利于施工用水，又有利于汛期大水时回淤，尽早淤平取土坑。

（三）围堤修筑

泵淤和船淤因受机械性能的限制，应分段实施，便于固结和多次复淤。放淤固堤需修筑围堤，以保证泥浆在围堤约束下，泥沙逐渐沉淀下来，加固堤防。由于淤区围堤（格堤）具有挡水、防渗作用，故采用壤土或黏性土修筑。

根据泥沙沉淀固结需要和多年的实践经验，若淤筑土质黏粒含量大于10%，因淤土沉降固结较慢，淤筑期间不宜加修围堤，应按照当年计划的淤筑高度一次性完成围堤修筑任务，并层土层压，确保质量；若淤筑土质黏粒含量小于10%，因淤土沉降固结较快，围堤可分期修筑。第一期（基础）围堤修筑高度一般为2.5～3.0米，顶宽2米，第二期、第三期围堤修筑高度一般为2.0～2.5米，顶宽2.5米。围堤外边坡与堤防背河边坡一致，即1∶3，内边坡为1∶2.5。第一期围堤修筑一般在淤区占压范围内取土（有坑塘或水的地方需要外调土），第二期、第三期围堤修筑应在淤区内挖取已固结的淤筑土方。

在较长放淤固堤段，需在淤区内修筑格堤将淤区分成若干个小区，以便于分段淤筑、穿插施工。格堤一般顶宽为1米，两侧边坡为1∶2，可利用淤区内土分期修筑。淤区每个小区的长度可根据土质黏粒含量多少及背河地形、上堤路口位置来确定。按照黏粒含量划分淤区小区长度情况见表2-27。

表2-27　按照黏粒含量划分淤区小区长度

土质名称	黏粒（<0.005毫米）含量（%）	小区控制长度（米）
中粉质壤土	20～15	100
轻粉质壤土	15～10	150
沙壤土	10～3	200
粉土或粉细沙	<3	不限制

围堤须设专人防守，以及时发现和抢护险情，尤其要注意围堤滑坡、水漫堤顶及

大雨时淤区决口。特别是在夜间和雨季、冬季，增加巡查次数，随身携带必要的抢险工具和物料，力保做到万无一失。

（四）退水与防渗

淤区退水（排水）要求与进水相适应，力求排清不排浑。沙性土沉降快，一般由淤区上游进水，经淤区落沙，尾水变清，由退水管路将尾水排走，含沙量一般不超过3千克每立方米；黏性土沉降慢，退水较难处理，一般将退水管路做成简易可调装置，适时升降退水管口，保持管口在水面内浮动，同时根据淤区情况、流路变化、积水等适时改变退水口位置，以便淤得平而均匀。

退水出路与引黄灌溉相结合，或与当地排水体系连通，以免淹没农田、村庄等。尤其是雨季，若淤区退水与内涝发生矛盾，采用机泵提排入黄河，即“清水回黄河”。

淤区都有渗水问题，尤以沙性土渗水严重，一般浸渗范围达20～30米。长期渗水会引起农田渍化，影响农业生产。为防止浸渗，一般在淤区外挖截渗沟，利用挖沟土方修筑围堤，沟深1米，底宽0.5米，边坡1∶1.5，截渗沟与排水沟连通，渗水由排水沟排走。

五、放淤固堤成果

1957～2015年，濮阳堤防放淤固堤（有的堤段多次放淤）总长295.808千米，共完成放淤土方9579.51万立方米，工程总投资178124.89万元（见表2-28）。其中，属于标准化堤防标准的堤段86.084千米，完成土方5288.69万立方米；工程共永久征地761.16公顷，临时占地2028.12公顷，拆迁房屋总面积34.30万平方米；工程投资157355.60万元，其中占、压土地及移民安置投资78780.55万元（见表2-29）。

表2-28　1957～2015年濮阳堤防放淤固堤情况

工程名称	加固堤防（千米）	完成土方（万立方米）				投资（万元）	说明
		淤筑	包边盖顶	围格堤	合计		
合计	295.808	8660.71	449.19	469.61	9579.51	178124.89	—
自流放淤固堤	113.790	910.33	0	0	910.33	115.61	仅算有效土方
扬水站放淤固堤	18.000	293.00	0	0	293.00	181.66	1985年以前
机淤固堤	36.500	1301.77	0	0	1301.77	1041.42	1974～1985年
机淤固堤	3.424	121.20	0	0	121.20	174.24	1986～1989年
机淤固堤	10.174	406.16	0	0	406.16	1434.30	1990年至1998年汛前
机淤固堤	27.836	1258.36	0	0	1258.36	17822.06	1998年汛后至2003年
亚行贷款放淤固堤	9.270	755.63	54.22	0	809.85	13657.00	2005～2007年
2006年度放淤固堤	18.630	912.73	97.80	0	1010.53	26751.42	2008～2010年
2007年度放淤固堤	25.525	1285.48	141.16	216.8	1643.44	47697.18	2009～2011年
濮阳近期放淤固堤	32.659	1416.05	156.01	252.81	1824.87	69250.00	2012～2015年

表 2-29 2005～2015 年濮阳放淤固堤工程占地赔偿和移民安置情况

工程名称	永久占地（公顷）	临时占地（公顷）	房屋拆迁（万平方米）	投资（万元）
合计	761.16	2028.13	34.30	78780.55
亚行贷款项目放淤固堤	83.75	161.70	3.10	4932.97
2006 年度放淤固堤	149.49	393.40	5.31	12815.52
2007 年度放淤固堤	216.03	568.37	19.59	24766.47
近期放淤固堤（2012～2015 年）	311.89	904.66	6.30	36265.59

（一）1986 年以前防淤固堤

1957 年，濮阳县习城乡试办引黄自流放淤。20 世纪七八十年代，濮阳开展有组织有计划的自流放淤。特别是老潭坑、老口门、背河低洼地带临河靠水条件好的，都首先自流放淤。其间，濮阳自流放淤加固堤防 113.79 千米，共完成土方 910.33 万立方米，工程总投资 115.61 万元。

在自流防淤的同时，濮阳还利用提水泵站提淤加固堤防 18 千米，共完成放淤土方 293.00 万立方米，工程总投资 181.66 万元。20 世纪 90 年代初，因灌溉作用不大，又没有放淤任务以及管理等方面的原因，提水站相继拆除。

濮阳采取简易船放淤固堤工作始于 1974 年，至 1985 年共加固堤防 36.50 千米，完成土方 1301.77 万立方米，工程总投资 1041.42 万元。1986 年前濮阳放淤固堤情况见表 2-30。

表 2-30 1986 年前濮阳放淤固堤情况

工程名称	放淤方式	加固堤防（千米）	完成土方（万立方米）	投资（万元）	说明
合计	—	168.29	2505.10	1338.69	
自流放淤固堤	自流放淤	113.79	910.33	115.61	仅算有效土方
扬水站放淤固堤	扬水站提淤	18.00	293.00	181.66	1985 年以前
机淤固堤	船、泵放淤	36.50	1301.77	1041.42	1974～1985 年

（二）1986～1989 年放淤固堤

1986～1989 年，以船、泵放淤为主，放淤固堤工程项目一般为一次性完成（某一堤段）设计申请任务，上级按照设计总规模每年仅批复（某一堤段）部分淤筑土方，年年复淤，多年施工才能达到淤区设计标准。其间，濮阳共完成放淤固堤长 3.42 千米，完成土方 121.20 万立方米，工程总投资 174.24 万元（见表 2-31）。

表2-31　1986～1989年放淤固堤情况

工程所在地及大堤桩号	加固长度（千米）	完成土方（万立方米）	投资（万元）	完成年份
濮阳市	3.424	121.20	174.24	
范县	0.873	28.50	56.19	
122+270～122+820	0.55	8.50	28.45	1987
		10.00	5.50	1988
124+100～124+423	0.323	10.00	22.24	1989
台前县	2.551	92.70	118.05	
182+170～182+911	1.421	37.50	43.26	1986
185+000～185+610				
185+620～185+690				
180+050～181+080	1.030	22.20	33.17	1987
182+170～182+911	复淤段			
185+000～185+610	复淤段			
166+385～166+485	0.100			
185+620～185+690	复淤段			
182+170～182+911	复淤段	15.00	10.20	1988
180+050～181+080	复淤段	18.00	31.42	1989

（三）1990～1998年汛前放淤固堤

其间，以组合放淤为主。放淤固堤工程项目，上级仍按照设计总规模每年仅批复某一堤段的部分放淤任务，年年复淤，共完成放淤固堤长10.174千米，完成土方406.16万立方米，工程总投资1434.30万元（见表2-32）。

表2-32　1990～1998年汛前放淤固堤情况

工程所在地及大堤桩号	加固长度（千米）	完成土方（万立方米）	投资（万元）	完成年份	说明
濮阳市	10.174	406.16	1434.30		
濮阳县	6.566	190.92	828.58		
52+600～53+600	1.000	36.64	9.08	1991	按1995年设防标准，淤区宽50米，顶高出浸润线逸出点1.0米
64+064～64+879	0.815	25.00	77.91		
64+064～64+879	复淤段	6.00	17.35	1992	
64+064～64+879	复淤段	34.75	132.35	1993	

续表 2-32

工程所在地及 大堤桩号	加固长度 （千米）	完成土方 （万立方米）	投资 （万元）	完成 年份	说明
42 +764 ~45 +000	2. 236	36. 53	161. 02	1994	按 2000 年设防标准，淤区宽 50 米，顶高出浸润线逸出点 1. 5 米
52 +600 ~53 +600	复淤段				
64 +064 ~64 +879	复淤段				
42 +764 ~47 +515	2. 515	12. 00	101. 75	1995	
42 +764 ~46 +000	复淤段	15. 00	133. 68	1996	
42 +764 ~46 +515	复淤段	25. 00	195. 44	1997	
范县	1. 578	91. 24	236. 65		
122 +570 ~122 +878	0. 308	4. 34	14. 00	1990	按 1995 年设防标准，淤区宽 70 米，顶高出浸润线逸出点 1. 0 米
121 +120 ~122 +270	1. 150	34. 50	69. 79	1991	
121 +000 ~122 +270	0. 120	20. 00	42. 60	1992	
121 +000 ~122 +270	复淤段	27. 60	97. 13	1994	2000 年设防标准，顶高出浸润线逸出点 1. 5 米，淤区宽 70 米
121 +000 ~122 +270	复淤段	4. 80	13. 13	1995	
台前县	2. 030	124. 00	369. 07		
180 +050 ~181 +080	1. 030	30. 80	64. 48	1990	按 1995 年设防标准，淤区顶高出滞洪区滞洪水位 1 米，淤区宽 90 ~95 米
180 +050 ~181 +080	复淤段	32. 00	66. 34	1991	
180 +050 ~181 +080	复淤段	6. 00	10. 64	1992	
180 +050 ~181 +080	复淤段	18. 00	63. 16	1993	按 2000 年设防标准，淤区顶高出北金堤滞洪区滞洪水位 1 米，淤区宽 90 米 ~95 米
180 +050 ~181 +080	复淤段	22. 80	93. 19	1994	
166 +350 ~167 +350	1. 000				
180 +050 ~181 +080	复淤段	4. 80	14. 50		
180 +050 ~181 +080	复淤段	9. 60	56. 76	1995	

（四）1998 年汛后至 2003 年放淤固堤工程

1998 年“三江”大水之后，国家加大水利基础设施投资力度，安排放淤固堤任务较多。这一时期，仍以组合放淤为主施工。工程勘测设计由具备设计相应资质的设计单位承担，一次性完成某一堤段放淤固堤设计申请任务，上级按照设计总规模一次性全部给予批复，由中标承建单位在 2 ~3 年时间内完成建设任务。1998 ~2003 年，濮阳共完成放淤固堤 27. 84 千米，完成放淤土方 1258. 36 万立方米，工程总投资 17822. 06 万元（见表 2-33）。

表2-33　1998年汛后至2003年放淤固堤情况

<table>
<tr><th>工程所在地及
大堤桩号</th><th>加固长度
（千米）</th><th>完成土方
（万立方米）</th><th>投资
（万元）</th><th>完成
年份</th><th>说明</th></tr>
<tr><td>濮阳市</td><td>27.836</td><td>1258.36</td><td>17822.06</td><td></td><td></td></tr>
<tr><td>濮阳县</td><td>7.042</td><td>227.34</td><td>2727.28</td><td></td><td></td></tr>
<tr><td>42+764~46+150</td><td>3.386</td><td>40.80</td><td>383.92</td><td>1999</td><td rowspan="2">淤区宽50米</td></tr>
<tr><td>42+764~47+515</td><td>1.365</td><td>47.98</td><td>585.97</td><td>2003</td></tr>
<tr><td>101+600~103+891</td><td>2.291</td><td>138.56</td><td>1757.39</td><td>2002</td><td>淤区宽100米</td></tr>
<tr><td>范县</td><td>3.804</td><td>153.28</td><td>2188.39</td><td></td><td></td></tr>
<tr><td>103+891~105+200</td><td>1.309</td><td>46.42</td><td>579.91</td><td>2002</td><td>淤区宽50米</td></tr>
<tr><td>105+550~107+248</td><td>1.698</td><td>74.85</td><td>1196.86</td><td>2003</td><td>淤区宽100米</td></tr>
<tr><td>124+728~125+525</td><td>0.797</td><td>32.01</td><td>411.62</td><td>2004</td><td>淤区宽50米</td></tr>
<tr><td>台前县</td><td>16.990</td><td>877.74</td><td>12906.39</td><td></td><td></td></tr>
<tr><td>176+960~178+000</td><td>1.040</td><td>52.11</td><td>703.94</td><td rowspan="5">2001</td><td rowspan="5">淤区宽50米，顶高压浸润线逸出点1.5米</td></tr>
<tr><td>187+000~188+800</td><td>1.800</td><td>60.69</td><td>1096.32</td></tr>
<tr><td>171+500~172+000</td><td>0.500</td><td>10.83</td><td>168.10</td></tr>
<tr><td>173+000~174+000</td><td>1.000</td><td>24.53</td><td>362.88</td></tr>
<tr><td>194+000~194+486</td><td>0.486</td><td>6.04</td><td>88.23</td></tr>
<tr><td>167+184~167+774</td><td>0.590</td><td>53.76</td><td>338.92</td><td>1999</td><td>淤区宽65米</td></tr>
<tr><td>166+320~166+900</td><td>0.580</td><td>29.67</td><td>365.24</td><td rowspan="3">2000</td><td>淤区宽100米</td></tr>
<tr><td>166+900~167+184</td><td>0.284</td><td>12.68</td><td>163.43</td><td>淤区宽65米</td></tr>
<tr><td>180+050~181+080</td><td>1.030</td><td>8.35</td><td>186.33</td><td>淤区宽100米</td></tr>
<tr><td>161+050~163+800</td><td>2.750</td><td>134.86</td><td>1670.51</td><td rowspan="2">2002</td><td>淤区宽100米</td></tr>
<tr><td>167+774~169+500</td><td>1.726</td><td>94.58</td><td>1116.66</td><td>淤区宽100米</td></tr>
<tr><td>145+486~146+000</td><td>0.514</td><td>23.79</td><td>503.85</td><td>2005</td><td>淤区宽50米</td></tr>
<tr><td>150+836~151+886</td><td>1.050</td><td>94.58</td><td>1548.76</td><td>2004</td><td rowspan="3">淤区宽100米</td></tr>
<tr><td>152+386~153+666</td><td>1.280</td><td>129.09</td><td>2257.56</td><td>2005</td></tr>
<tr><td>158+450~158+850</td><td>0.400</td><td>37.66</td><td>617.21</td><td>2004</td></tr>
<tr><td>175+000~176+960</td><td>1.960</td><td>104.52</td><td>1718.45</td><td>2005</td><td>淤区宽50~80米</td></tr>
</table>

（五）2005~2015年放淤固堤工程

2005年以后，濮阳开始建设标准化堤防，放淤固堤是其中的重要工程。工程施工全部实行机械化。

淤区顶宽100米，顶部高程与2000年设防水位平，淤区外边坡1∶3。淤区在达到设计顶高程内包坡盖顶，以防沙土飞扬。包边土料要求为黏粒含量大于15%的壤土或黏土。盖顶土料采用可耕种土，以利于淤区的开发利用。盖顶前要将淤区顶面整平，要求淤区外侧高于内侧0.1米，虚土厚度按不小于0.67米控制，自然蛰实后的厚度为0.5米，水平包边宽度1米。在淤区顶部种植适生林（毛白杨），株、行距为2米×3米。淤区边坡栽植葛巴草（每平方米16墩），其顶面与堤坡交会处沿淤区纵向布设排水沟一条，淤区边坡每隔100米设横向排水沟1条。淤区背河护堤地植树5排（柳树），株、行距2米×2米。

2005~2015年，濮阳放淤固堤长86.084千米，共完成土方4346.96万立方米，工程投资157355.60万元，占地赔偿及移民安置投资81825.20万元。

1. 亚行贷款项目濮阳放淤固堤工程

工程位于濮阳县梨园、王称堌乡境内，共2个自然段、4个标段，淤区沿堤线布置在背河侧，长度9.27千米。该工程于2005年7月28日开工建设，2009年8月通过黄委组织的竣工验收。工程共完成土方809.85万立方米，其中淤筑土方755.63万立方米（其中设计变更增加土方37.25万立方米），包边盖顶土方54.22万立方米（见表2-34）。工程永久占地83.75公顷，临时占地161.70公顷，房屋拆迁3.10万平方米。工程总投资13657万元，其中占地补偿及移民安置投资4932.97万元。

表2-34　亚行贷款项目濮阳放淤固堤工程土方完成情况

标段	大堤桩号	加固长度（千米）	主要工程土方（万立方米）			
			淤筑	盖顶	包边	合计
合计	—	9.27	755.63	46.96	7.26	809.85
第Ⅰ标	80+500~83+000	2.50	213.98	12.76	2.27	229.01
第Ⅱ标	83+000~84+350	1.35	101.47	6.37	1.09	108.93
第Ⅲ标	84+350~86+700	2.35	173.50	12.23	1.47	187.20
第Ⅳ标	98+530~101+600	3.07	229.43	15.60	2.43	247.46
设计变更增加		37.25	—	—	37.25	

2. 2006年度放淤固堤工程

工程位于濮阳县渠村、郎中、徐镇、白堽乡（镇）境内，共5个自然段、4个标段，总长度18.63千米。该工程于2008年1月开工建设，2010年12月通过黄委组织的竣工验收。工程共完成土方1010.53万立方米，其中：淤筑土方912.73万立方米，包边盖顶土方98.80万立方米（见表2-35）。工程永久占地149.47公顷，临时占地393.40公顷，房屋拆迁5.31万平方米。工程总投资26751.42万元，其中占地补偿及移民安置投资12815.52万元。

表2-35　2006年度濮阳放淤固堤工程土方完成情况

大堤桩号	加固长度（千米）	主要工程土方（万立方米）			
		淤筑	盖顶	包边	合计
合计	18.63	912.73	83.52	14.28	1010.53
48+525~54+500	5.975	264.46	26.12	4.39	294.97
56+050~61+600 62+859~64+064	6.755	317.61	29.26	5.05	351.92
77+900~80+500	2.6	146.55	12.09	2.12	160.76
86+700~90+000	3.3	184.11	16.05	2.72	202.88

3. 2007年度濮阳放淤固堤工程

工程位于范县、台前县境内，共10个自然段、9个标段，总长度25.525千米。该工程于2009年3月开工建设，2012年7月通过黄委组织的竣工验收。工程共完成土方1643.44万立方米，其中：淤筑土方1285.48万立方米，包边盖顶土方141.16万立方米，围堤土方216.80万立方米（见表2-36）。工程永久占地216.03公顷，临时占地568.37公顷，房屋拆迁19.59万平方米；工程总投资47697.18万元，其中占地补偿及移民安置投资24766.47万元。2007年度濮阳放淤固堤见图2-19。

表2-36　2007年度濮阳放淤固堤工程土方完成情况

大堤桩号	加固长度（千米）	主要工程土方（万立方米）			
		淤筑	包边盖顶	围格堤	合计
合计	25.525	1285.48	141.16	216.80	1643.44
105+200~105+550	0.350	13.53	1.38	1.55	16.46
111+900~112+400	0.500	29.87	2.91	4.48	37.26
124+728~125+525	0.797	25.32	2.58	5.95	33.85
107+248~111+300	4.052	193.11	22.31	33.83	249.25
134+000~137+000	3.000	191.69	17.86	27.55	237.10
137+000~139+700	2.700	153.14	16.08	24.79	194.01
142+950~145+486	2.536	120.90	13.29	22.87	157.06
146+000~150+836	4.836	200.39	26.29	31.62	258.30
153+666~156+000	2.334	116.96	13.49	19.76	150.21
156+000~158+450	2.450	129.94	14.16	20.75	164.85
158+850~159+350	0.500	19.99	2.43	3.84	26.26
163+800~165+270	1.470	65.92	7.86	11.22	85.00
设计变更增加	—	24.72	0.52	8.59	33.83

图 2-19　2007 年度濮阳放淤固堤

4. 2012 ~ 2015 年放淤固堤工程

工程位于濮阳县、范县境内，共 9 个自然段、13 个标段，总长度 32.659 千米（含与筑新堤重复的放淤长度）。工程分两期招标，于 2013 年 2 月陆续开工建设，2014 年 12 月 15 日全部完成主体工程建设任务。2015 年 12 月 18 日，全部通过黄委或濮阳河务局组织的投入使用验收。工程共完成土方 1824.87 万立方米，其中：放淤固堤土方 1416.05 万立方米，包边盖顶土方 156.01 万立方米，隔水层土方 41.36 万立方米，围格堤土方 211.45 万立方米（见表 2-37）。工程永久占地 311.89 公顷（含筑新堤占地），临时占地 904.66 公顷，房屋拆迁 6.30 万平方米。工程投资 69250.00 万元，其中占地赔偿和移民安置投资 36265.59 万元。

表 2-37　2012 ~ 2015 年濮阳放淤固堤工程土方完成情况

大堤桩号	放淤长度（千米）	主要工程土方（万立方米）				
		淤筑	包边盖顶	隔水层	围格堤	合计
合计	32.659	1416.05	156.01	41.36	211.45	1824.87
54 + 500 ~ 55 + 000 64 + 064 ~ 65 + 150	1.586	39.46	7.14	1.72	5.78	54.10
65 + 700 ~ 68 + 000	2.300	51.80	9.54	2.10	5.00	68.44
68 + 000 ~ 71 + 040	3.040	127.40	16.76	5.33	14.47	163.96
71 + 670 ~ 75 + 000	3.330	180.22	19.29	5.69	18.75	223.95
75 + 000 ~ 77 + 900	2.900	140.87	14.46	4.28	12.91	172.52
90 + 000 ~ 91 + 000 94 + 000 ~ 94 + 500	1.500	48.87	6.06	1.66	5.29	61.88
95 + 300 ~ 97 + 500	2.200	94.13	9.68	0.93	12.61	117.35
114 + 200 ~ 116 + 115	1.915	92.18	8.11	1.89	24.34	126.52

续表 2-37

大堤桩号	放淤长度（千米）	主要工程土方（万立方米）				
		淤筑	包边盖顶	隔水层	围格堤	合计
116+115~117+535	1.420	49.48	5.26	1.40	14.40	70.54
117+535~120+734	3.199	150.15	16.46	3.51	37.23	207.35
120+734~124+728	3.994	125.91	16.35	4.74	25.34	172.34
125+525~127+500	1.975	82.60	7.83	2.05	7.23	99.71
127+500~130+800	3.300	232.98	19.07	6.06	28.10	286.21

六、放淤固堤效益

（一）提高堤防强度和稳定性

经过放淤固堤，临黄大堤得到不同程度的加固，提高了防御洪水的能力。2005 年以前，大堤背河侧地面普遍淤高 1 米左右，临背差缩小。并淤填渠村、张李屯、陈屯、北坝头、南小堤、习城、丁寨、邢庙、宋大庙、大王庄、陈楼北等背河潭坑 11 个，消除堤防险点 11 个。凡经过淤背的堤段，在历次洪水过程中均安然无恙；未经过淤背的堤段，遇到洪水时则险象环生。

2005 年以后，按新标准放淤固堤，淤背宽度为 80~100 米，淤区高度在设计洪水位以下 2~3 米或接近设计洪水位，堤防断面加大，渗径延长，堤防的稳定性增强，防御洪水的能力大幅度提高；对解决堤身漏洞，背河冒水翻沙、渗水、管涌等险情起到显著作用。

（二）提高堤防抗震能力

濮阳堤防位于 7 度地震烈度区，其基础多为沙土，在大堤背河一定范围内通过放淤增加盖重，对于堤防抗震和防止浅层地基液化非常有效，与其他措施相比，更经济、更简便。

（三）有利于农业生产和城市供水

在自流放淤阶段，背河洼地放淤后，地面普遍抬高 0.5~1 米，在改善防汛环境的同时，耕种面积得以扩大，土壤得到改造，使原来的沙碱难成苗之地，变成高产稳产的稻、麦良田。背河洼地淤高还耕后，放淤固堤与引黄沉沙结合，可缓解无处沉沙的问题。城市供水预沉池与淤背区结合，沉沙固堤，清水送入城市。濮阳市和中原油田的水源工程，在建设预沉池时，将开挖的 160 多万立方米泥沙全部用于淤背固堤。预沉池的泥沙处理仍用于加固堤防。

（四）少挖耕地，节约投资

放淤固堤比人工或机械施工具有成本低、省劳力、省投资、少挖耕地等优点，减少了修堤与生产之间的矛盾。

（五）改善生态环境

淤区包边盖顶后，可植树种草、营造生态适生林，形成大规模绿化带的生态景观线，有利于防风固沙、改善生态环境，同时也为抗洪抢险提供了场地和物料资源。

第五节　防护坝工程

防护坝是依堤修建的丁坝，又称“滚河防护坝”、“防滚河坝”或“防洪坝”。防护坝一般是下挑丁坝，其坝轴线与堤线下游侧夹角较大，主要作用是在洪水漫滩后挑溜御水，控制河势，防止发生“滚河”后洪水顺堤行洪，冲刷堤身、堤根，确保堤防安全。

晚清和民国时期，根据河势变化情况，濮阳境内曾修建一些防护工程。在20世纪50年代以来的多次大修堤中，除吉庄防护坝以外，其他防护工程因不再起作用而逐渐被压没废弃（见表2-38）。

表2-38　濮阳境内废除的防护坝

工程地址	大堤桩号	修建时间	坝数	说明
王芟河	49+000～50+000	清末	2	1道坝长125米，宽8米；1道坝长70米，宽8米
孟居	55+700～56+800	清末	3	刘海村东1道坝长50米，宽8米；圈堤后的2道坝长分别为100米、115米，宽均为8米
西格堤	63+000～64+000	民国	3	3道坝长分别为27米、55米、105米，宽分别为14米、16米、10米
西柳村	88+000～89+000	清光绪年间	2	
后陈	99+500偏南	清光绪年间	1	长160米
东辛庄	82+000～83+000	1956年	6	临背河各3道

20世纪50年代，为保护大堤安全，在易发生滚河、顺堤行洪的堤段修建防护坝6处（1974年废弃1处）；20世纪70年代修建防护坝2处、修复旧防护坝1处；2008～2009年修建防护坝2处。至2015年，濮阳河段有防护坝10处，工程总长10150米，裹护总长3592米，共有坝垛46道。修建和整修防护坝工程累计用石料11.67万立方米，柳秸料34.86万千克，铅丝1.47吨，工日13.73万个，共计投资3779.16万元。2015年濮阳黄河堤防防洪坝工程情况见表2-39。

一、长村里防护坝

长村里防护坝工程修建于2008年，位于濮阳县渠村乡王窑村南，相应大堤桩号42+816～43+421，工程平面布局为平顺型，工程长度605米，共有6道坝，坝顶高程为70.00～69.90米。该工程位于渠村分洪闸上游5千米左右，此处大堤临河紧靠天然文岩渠，堤根低洼，“二级悬河”特征明显，若渠村分洪闸分洪运用或黄河发生较大洪水时，极易发生滚河，顺堤行洪，威胁堤防安全。为此，2008 年修建该工程。截至 2015 年底，该工程修建、整修累计完成工程土方 16.13 万立方米，石方 1.69 万立方米，用工 1.18 万个，共计投资 943.59 万元。

表 2-39　2015 年濮阳黄河堤防防洪坝工程统计

工程名称	起止桩号	工程长（米）	坝（道）	石料（万立方米）	柳秸料（万千克）	铅丝（吨）	工日（万个）	投资（万元）	始建年份
合计	—	10150	46	11.67	34.86	1.47	13.73	3779.16	—
长村里	42 +816 -43 +421	605	6	1.69	—	—	1.18	943.59	2008
张李屯	44 +050 ~47 +000	2950	20	6.02	4.74	0.42	5.69	1574.69	1973
杜寨	76 +410 ~76 +586	176	2	0.09	—	—	0.26	5.05	1957
北习	78 +278 ~78 +358	80	2	0.18	—	—	0.28	7.10	1957
抗堤口	79 +690 ~79 +780	90	2	0.19	—	—	0.30	7.12	1957
高寨	82 +795 ~83 +262	467	3	0.35	—	—	0.52	15.12	1957
后辛庄	90 +031 ~90 +422	391	4	0.09	30.12	1.05	1.50	10.17	1958
温庄	98 +837 ~98 +873	36	1	0.08	—	—	0.12	5.74	1975
吉庄	102 +410 ~102 +425	15	1	0.11	—	—	0.12	7.49	光绪年间
刘楼—毛河	147 +325 -152 +665	5340	5	2.87	—	—	3.76	1203.09	2009

二、张李屯防护坝

张李屯防护坝始修于 1973 年，位于濮阳县渠村乡张李屯村东南，相应大堤桩号 44 +050 ~47 +000,工程平面布局为平顺型，总长度 2950 米，共有 20 道坝。坝顶高程为 69.82 ~69.43 米。

该堤段弯曲凸出，堤根洼，此处堤河从上界至 48 +000 处；上游滩面宽，客水多，尤其是罗家以上串沟经闵城入堤河，冲刷次堤段堤脚；天然文岩渠距大堤较近，常年积水，大水时靠堤。为保护该堤段安全，1973 年始建 9 坝、10 坝、14 坝、15 坝。1979 年复堤时，张李屯防护坝接长、加高、帮宽。至 1983 年，用散石护坦。1978 年，渠村分洪闸建成。此河段“二级悬河”特征明显，若渠村分洪闸分洪运用或黄河发生较大洪水，易发生滚河，顺堤行洪，威胁堤防和渠村分洪闸安全。为此，1987 年续建 18 ~20 坝，2001 年续建 1 ~8 坝、11 ~13 坝、16 坝、17 坝。2007 年改建加固 9 坝、10 坝、14 坝、15 坝及 18 ~20 坝。截至 2015 年底，该工程修建、整修累计用石料 6.02 万立方米，柳秸料 4.74 万千克，铅丝 0.42 吨，工日 5.69 万个，共计投资 1574.69 万元。

三、杜寨防护坝

杜寨防护坝工程始修于 1957 年，位于濮阳县徐镇镇杜寨西南，相应大堤桩号 76 +

410～76+586，工程平面布局为平顺型，总长度176米，共2道坝，坝顶高程为64.51～64.47米。该堤段处滩面高，堤河深。1956年大水时，于林、李拐串沟过水量占全河1/3，经闫寨、西六市村东入该段堤河，对堤防安全威胁很大。为防止顺堤行洪，保护堤防安全，1957年修建该工程，共3道坝。1958年大水时，坝前水深5～7米，及时对3道坝进行柳石搂厢裹护，推溜外移，保护了大堤安全。1974年大堤复堤时，坝基大部分被埋在堤身下。1977年接长、加高、帮宽1坝、3坝。1982年，该工程进行整修加固。截至2015年底，该工程修建、整修累计用石料900立方米，工日2600个，共计投资5.05万元。

四、北习防护坝

北习防护坝工程始修于1957年，位于濮阳县徐镇镇北习城寨东北，相应大堤桩号78+278～78+358，工程平面布局为平顺型，总长度80米，共2道坝，坝顶高程为64.21～64.19米。该堤段堤河深、宽。1956年大水时，于林、李拐串沟之水和陈寨湾之水经杜寨进入该段堤河，严重冲刷堤脚。当时采取软搂护岸方式抢护堤脚。为防止顺堤行洪，保护堤防安全，1957年修建该工程2道坝，截堵堤河，推水外移，保护堤脚。1958年大水时，进行过抢护。1974年复堤时，被压没。1977年恢复。1982年，该工程进行整修加固。截至2015年底，该工程修建、整修累计用石料0.18万立方米，工日0.28万个，共计投资7.10万元。

五、抗堤口防护坝

抗堤口防护坝工程始修于1957年，位于濮阳县徐镇镇晁庄西北，相应大堤桩号79+690～79+780，工程平面布局为平顺型，总长度90米，共2道坝，坝顶高程为64.25～64.23米。该堤段比较凸出，堤河深，过水多，大水冲刷堤脚，常出险情。1956年大水时，对该处堤脚进行柳枝软搂护岸抢护。为防止顺堤行洪，保护堤防安全，1957年修建该工程2道坝。1958年大水时，2道坝进行挂柳与搂厢抢护，推溜外移，保护堤身与堤脚安全。1974年复堤时，2道坝被埋过半。1977年对2道坝接长、加高、帮宽。1982年，该工程进行整修加固。截至2015年底，该工程修建、整修累计用石料0.19万立方米，工日0.30万个，共计投资7.12万元。

六、高寨防护坝

高寨防护坝工程始修于1957年，位于濮阳县梨园乡高寨东南，相应大堤桩号82+795～83+262，工程平面布局为平顺型，总长度467米，共3道坝，坝顶高程为61.19～61.46米。该段堤防比较凸出；20世纪50年代，抗堤口拐弯处堤河下泄之水和此堤段西南方大小串沟之水在西张水坑汇集，从西韩寨西入此处堤河，冲刷堤脚。为防止顺堤行洪，保护堤防安全，1957 年建防洪坝 1 道（82 + 795），又对高寨旧坝(83 +262，修建年代不详)1 道进行加高补残，1982 年，续建坝1 道（83 +000）。1984 年，对该工程进行整修加固。截至 2015 年底，该工程修建、整修累计用石料 0. 35 万立方米，工日 0. 52 万个，共计投资 15. 12 万元。

七、后辛庄防护坝

后辛庄防护坝原为险工，始修于 1958 年，位于濮阳县白堽乡后辛庄东南，相应大堤桩号 90 +031 ~90 +422，工程平面布局为平顺型，总长度 391 米，共 4 道坝，坝顶高程为 57. 50 米（为筑新堤平移后的高程）。

由于密城湾河势的逐年深入发展，到 1958 年大河至后辛庄大堤段堤脚约 300 米。为确保堤防安全，随即修建 4 道坝，并做桩柳护坡。该工程修建后，经多次抢险加固，至 1960 年尹庄控导工程兴建后，逐渐脱河至今。20 世纪 90 年代后辛庄险工被列为防护坝工程。

2013 年，濮阳近期防洪工程（筑新堤）施工时被占压，被迫平移至新堤外，并于 2015 年 11 月完成重新修建任务，共完成投资 22. 56 万元。其具体平移方案是：1 ~2 坝长度较短，被占压后按原标准、原规模、原功能重新修建，1 坝实际修筑长度 100 米，2 坝实际修筑长度 119 米；3 坝被占压一部分后实际接长 43 米，总长度为 258 米；4 坝长度较长，被占压后剩余部分进行整修，使 4 道坝坝前头基本在一条线上。该工程平移后为土坝基，未采用石料裹护。

截至 2015 年底，该工程修建、整修、抢险累计用石料 0. 09 万立方米，柳秸料 30. 12 万千克，铅丝 1. 05 吨，工日 1. 50 万个，共计投资 10. 17 万元（不含工程平移恢复投资）。

八、温庄防护坝

温庄防护坝工程始修于 1975 年，位于濮阳县王称堌乡前陈村东南，相应大堤桩号 98 +837 ~98 +873，工程长度 36 米，共 1 道坝，坝顶高程为 62. 00 米。此坝为耿密城至温庄民埝断头坝，1957 年前被大水冲刷，后在培堤时埋没。该处堤防上起韦庙(95 +000)，下至前陈村（99 +000），为东西向堤段，长 4 千米。大堤由向东忽而陡折向北，构成大堤方向和密城湾的洪溜方向为直角相交，存在洪溜北行直冲大堤串河改道之危险。此处堤河较深，且湾大兜水，转弯处堤脚淘刷严重。尤其是密城湾形成后，1958 年大水时，此处堤脚坍塌长 5 米，抢护 2 天 1 夜。1975 年大复堤时，在原坝址加高坝长 25 米，宽 36. 5 米。1984 年，该工程进行整修加固。截至 2015 年底，该工程修建、整修累计用石料 0. 08 万立方米，工日 0. 12 万个，共计投资 5. 74 万元。

九、吉庄防护坝

吉庄防护坝工程始修于清光绪年间，位于濮阳县王称堌乡吉庄西南，相应大堤桩号102+410~102+425，工程长度15米，共1道坝，坝顶高程为62.00米。

20世纪50年代及以前，此处大堤转弯较陡，临河堤河深，距正河约500米，背河低洼渗水，又是王称堌滩区积水下泄入正河之处。以上原因造成村庄壅水和卡水，不但吉庄村受害大，而且冲刷堤脚更为严重。此处原有清光绪年间修建的2道坝。1949年大水时，堤河冲刷吉庄大堤，堤脚坍塌，抢做秸料护岸，旧1坝抢做挂柳，顺溜外移，保护了堤湾堤身安全。1951年，结合堵串沟，靠村南沿接大堤修防洪小堤1道，长224米。1955年，防洪小堤随大堤培修改为防洪翼堤，顶宽10米、低于大堤顶2米。1957年，对2道旧坝和翼堤进行加高，并在翼堤前头接修防洪小埝（长166米，顶宽5米），与吉庄东头齐。1957年时，旧1坝长98米，坝顶宽7米、低于大堤顶1.7米；旧2坝长137米，坝顶宽7.5米、低于大堤顶1.7米。1956年、1958年大水时，工程亦进行过挂柳抢护。

1964年，吉庄兴建险工时，将翼堤和旧2坝改建为险工1坝、2坝。旧1坝仍为防洪坝。1974年复堤时，旧1坝压埋较多。1977年对旧1坝进行接长、加高、帮宽。1984年，对该工程进行整修加固。截至2015年底，工程修建、整修累计用石料0.11万立方米，工日0.12万个，共计投资7.49万元。

十、刘楼—毛河防护坝

刘楼—毛河防护坝工程修建于2009年，位于台前县清水河乡路庄村南和侯庙镇前付楼村南，相应大堤桩号147+325~152+665（其中1坝大堤桩号为147+325，2坝为147+735，3坝为147+950，4坝为152+215，5坝为152+665），工程平面布局为平顺型，总长度5340米，共5道坝，坝顶高程为54.76~54.00米。

该段堤防属于顺堤行洪段。为防止在洪水漫滩时发生顺堤行洪，冲刷堤防，于2009年汛前修建该工程。截至2015年底，工程修建、整修累计用石料2.87万立方米，工日3.76万个，共计投资1203.09万元。

十一、马寨防护坝

马寨防护坝始建于1957年，位于濮阳县习城乡李寨村偏西北，相应大堤桩号72+418~72+585。南小堤险工以下的徐寨至李拐之间有3条大的串沟，在李寨（李寨距大堤仅百米）处汇合，溜水湍急，直冲堤脚。1949年和1956年大水时，此处堤脚都进行过抢护。为保护大堤安全，1957年在此处修建防护坝3道。1958年和1959年，3道坝都生险抢护。1958年大水过后，坝前存有长80米、宽50米、深4米的水坑。

1962 年，南小堤截流坝建成后，该处脱险。1974 年，大堤培修时该工程废除。

第六节　生物防护工程

在水流、风吹等自然力和人类活动诸多因素作用下，黄河下游堤坝工程常被侵蚀，造成土方流失，影响工程的完整和强度。生物防护措施是维护工程完整的有效方法。生物防护工程主要是在堤坝植树、植草。生物防护不仅绿化、美化和保护工程，而且还有较好的经济效益、生态效益和社会效益。1947 ~ 2015 年，濮阳黄河堤防累计植树 4300.45 万株，投资 7874.76 万元。截至 2015 年底，堤防存活树木 209.38 万株，其中堤顶门树 10.52 万株，临河防浪林、护坝树 140.48 万株（丛），背河生态林 62.91 万株，育各种树苗 36.88 公顷，培育苗木 55 万株；堤防植草 2325.43 万平方米（见表 2-40）。

表 2-40　2015 年濮阳河务局工程绿化存活树木统计

单位	合计	堤防（株）	其中行道林（株）	临河防浪林和护坝树（株）	背河生态林（株）	树苗（公顷）	培育苗木（株）
濮阳河务局	4677762	2093810	105193	1404807	629145	36.88	550000
濮阳第一河务局	2543199	1265753	38307	954934	272512	3.33	50000
范县河务局	344814	185243	25672	57503	102068	—	—
台前河务局	1751213	634158	25538	392370	224685	33.33	500000
濮阳第二河务局	22800	—	14100	—	22800	0.22	—
渠村闸管理处	15736	8656	1576	—	7080	—	—

一、植树造林

黄河堤防植树历史悠久。早在春秋战国时期，齐国宰相管仲就讲到植树的重要性。“大业年中隋天子种柳成行夹流水。西至黄河东至淮，绿荫一千三百里”，这便是很早人工栽植的水边柳树林带。到宋代，宋太祖赵匡胤下诏大力推广河堤植树。明代刘天和总结堤岸植柳经验，归纳为植柳六法，即卧柳、低柳、编柳、深柳、漫柳、高柳。除植柳以外，还因地制宜在堤前“密栽芦苇和麦草”，防浪护坡。至清代已明确规定“堤内外十丈”都属于“官地”，培柳成林，既可护堤，还可就地取材，提供修防物料。民国时期沿袭旧制，仍保留柳荫地，植树护堤。

1949 年后，总结历史经验，黄委会提出“临河防浪，背河取材”的原则，将植树种草绿化堤防列入工程计划，每年春冬季开展堤防植树。

1956年，黄委会规定，临黄堤及北金堤在临河堤坡栽植白蜡条、紫穗槐、杞柳等灌木。在临河柳荫地内，从距堤脚外沿1米开始，栽植丛柳、低柳各一行，高柳两行。

1958年，根据“临河防浪，背河取材”的原则，对绿化堤防、发展河产实行统一规划，规定凡设防的堤线，堤身一律暂不植树，除堤顶中心酌留4～5米交通道外，普遍植草。

1959年3月，河南黄河河务局在濮阳北坝头召开堤防绿化现场会。河南各黄河修防处、修防段及山东聊城修防处和菏泽、鄄城修防段的负责人参会。与会人员参观濮阳沿河堤及滩区的绿化。新乡第二黄河修防处（安阳、新乡专区合并）介绍堤旁、滩区园林化规划和植树造林情况。

1970年，在水利电力部的倡导下，黄河绿化工作会议决定：“黄河大堤临背河柳荫地、临背堤肩、背河堤坡和临河防洪水位以上堤坡种植乔木；临河柳荫地和临河防洪水位以上堤坡也可乔灌结合，适当种植条料；临河堤坡（包括戗坡）全部种植葛巴草，废堤废坝、空闲地带除留作育苗的部分外，其他一律植树。”

1976年，黄委会《关于临黄堤绿化的意见》提出：为便于防汛抢险，避免洪水期间倒树出险和腐根造成隐患，临河堤坡一律不植树，均种葛巴草护堤，临背河堤坡原有乔灌木，应结合复堤逐步清除。临河柳荫地可植丛柳，缓溜护堤，使其成为内高外低的三级防浪林。背河柳荫地以发展速生用材林为主。堤肩可植行道林，选植根少、浅的杨树、苦楝、泡桐等。

1979～1985年，堤防植树均按照“临河堤坡设防水位以下不植树；背河堤坡已经淤背的全部可以植树，没有淤背的在计划淤背的高程以上可以植树；临河柳荫地植一行丛柳，其余为高柳，背河柳荫地因地制宜，种植经济用材林；临背堤肩以下半米各植两行行道林，但不准侵占堤顶，堤顶两旁（除行车道外）及临背堤坡种植葛巴草，逐步清除杂草；淤背区主要发展用材林和苗圃”。但研究发现，在堤身植树对堤身有破坏作用，也不利于查水抢险。

1987年，黄委会对堤防植树做出新的规定：临黄堤身上除每侧堤肩各保留一排行道林外，临、背坡上一律不种树。已植树木的，临河坡1988年底前全部清除，背河坡1990年底以前全部清除。堤肩和堤坡全都植草防护，草皮覆盖率不低于98%。临河护堤地植低、中、高三级柳林防浪，背河护堤地植柳树或其他乔木。淤背区有计划种植片林或发展其他树种。自此，濮阳黄河堤防临、背坡上不再种树。

在不同时期，濮阳黄河堤防都按黄委制定的植树原则开展植树活动，堤顶两侧俗称门树，以种植杨树、泡桐、国槐等高大成材树种为主。临河柳荫地、防浪林全部植高、低卧柳，起缓溜防浪作用。背河淤区、柳荫地为经济林，以杨树及其他成材树为主，间育树苗，苗圃主要育白蜡、紫槐、桐树、花卉等经济作物。临河堤坡防洪水位线以下不植树。废堤、废坝植成材树。引黄闸及其庭院植观赏树。植树的方法曾采取修防段出钱、出树苗，包给沿堤群众或护堤员种植管理的方式。在植树中推行“春季植树，秋季验收，按照成活率90%、保存率80%付资”的办法。1950年以后，濮阳黄河堤防经过多次大修复、加培，随着工程施工，堤防树木也进行多次的更新。濮阳堤防逐年进行植树造林和采伐更新，不仅绿化堤防，营造黄河防护林带，改善生态自然环境，而且为防洪工程建设和防汛抢险提供大量的木材和梢料。

20世纪90年代后期，水利部要求把黄河下游生物防洪工程建成堤防“第一道防线”。据此，1998年，黄委编制《黄河下游生物防洪措施规划》和《1998~2000年黄河防洪建设意见》。河南黄河河务局依据黄委的规划和意见，于1998年编制《河南黄河工程生物防洪措施规划》，明确要求堤防行道林树种应选择适宜北方地区气候、适宜堤防土壤条件、耐干旱的优良品种，逐年砍伐更换；护堤地、临河防浪林以植柳为主，背河以杨树、桐树等速生成材树种为主。是年，濮阳堤防开始种植以柳树为主的防浪林，并对堤防树种进行更新，2003年完成更新任务。至2015年，濮阳堤防临河共种植防浪林126.68千米，植高柳55.66万株、丛柳207.74万株，投资4491.64万元（见表2-41）。2010年春季标准化堤防淤区植树情景见图2-20，标准化堤防绿化情景见图2-21。

表2-41 2015年濮阳河务局防浪林情况

管理单位	大堤桩号	长度（米）	工程量（万株）		投资（万元）	年份
			高柳	丛柳		
合计	—	126677	55.66	207.74	4491.64	
濮阳第一河务局	80+500~84+500	4000	1.21	8.92	102.73	1998年汛后
	69+500~72+400 72+650~73+700 74+300~78+300 79+100~79+600	8450	3.55	14.19	256.73	2000年汛前
	50+750~65+200 66+700~69+500	17250	11.81	19.86	499.53	2000年汛后
	49+780~50+600 66+100~66+500 79+800~80+500 88+500~103+861	17310	7.5	29.95	517.93	2001年第一期工程
	44+000~47+000	3000	1.95	7.8	150.72	2001年汛前
范县河务局	112+400~115+400	3000	0.91	6.69	72.12	1998年汛后
	116+400~120+400 129+000~134+000	9000	3.78	15.12	304.42	2000年汛前
	104+660~105+460 105+610~112+400 115+590~115+920 115+940~116+010 124+350~129+000 134+000~145+486	24126	7.72	35.11	1574.24	2007年

续表 2-41

管理单位	大堤桩号	长度（米）	工程量（万株）		投资（万元）	年份
			高柳	丛柳		
合计	—	126677	55.66	207.74	4491.64	
台前河务局	145+486～148+228 148+560～149+250 150+641～151+720	4511	1.4	9.58	96.65	1998 年汛后
	151+720～157+820 152+200～154+600 154+800～159+200 159+700～162+800	10000	4.9	16.8	271.58	2000 年汛前
	163+700～164+300 166+500～170+550	4650	1.95	7.81	112.6	2000 年汛后
	165+000～165+750 170+750～174+181 174+281～185+550 186+000～186+900 187+160～190+840 190+990～192+000 194+150～194+486	21380	8.98	35.91	532.39	2001 年第一期工程

图 2-20　2010 年春季标准化堤防淤区植树

图 2-21 标准化堤防绿化情景

2005~2015 年，在新建长 86.084 千米、宽 80~100 米的淤区内种植适生林 101.02 万株，该堤段护堤地植树 22.99 万株，行道林植树 2.57 万株。

二、种草护坡

1949 年以前，黄河大堤杂草丛生，护堤作用差，堤坡易出水沟浪窝和隐患，并影响巡堤查水。1950 年 3 月，在第一次黄河大复堤时，濮县修防段开始种植葛巴草，由吴清芝负责先在桑庄堤段试种，3 天种完 3 个村的护堤段。3 月 15 日雨后，又植草 10 余里。葛巴草根浅枝蔓，节生根，叶旺盛，就地爬，棵不高，每平方米 4 丛，可以将地面覆盖严实，对黄河大堤起到明显的保护作用。1951 年，黄委会将濮县植草经验在全河推广，彻底消除大堤上的杂草，在大堤堤坡堤肩普遍种植葛巴草。经比较，有无草皮防护工程，其土方流失量差异很大。凡草皮覆盖率较高、生长旺盛的堤段，很少出现水土流失。而一些无草皮覆盖或覆盖率低、草皮生长差的堤段，集中降雨时往往会有大量水土流失，形成较大的水沟浪窝。濮阳黄河大堤每次加培修复后，都及时种植葛巴草，保护大堤。每年还对堤坡上的残缺草皮进行补植，保证堤坡草皮完整。并组织人员集中力量清除堤防高秆杂草 3~5 遍，使堤草更加平坦美观。2005~2015 年，在新建 86.084 千米的标准化堤防上植草 293.02 万平方米。

至 2015 年，濮阳堤防植草面积 2325.43 万平方米，临背河堤坡、险工坝岸草皮覆盖率 98%。2013 年濮阳堤防葛巴草被见图 2-22。

图2-22　2012年濮阳堤防葛巴草被

第三章　河道整治

黄河河道整治以防洪为主要目的，是人们为防治水害而采取的稳定河槽、缩小主槽游荡范围、改善河流边界条件与水流流态的工程措施。历史上黄河下游决口改道频繁，泛滥成灾，因此历代都重视下游的防洪，修建大量的堤防、埽坝等防洪工程。但缺少统一规划，采取的工程措施多属被动。直到水刷大堤时才临堤下埽，往往因措手不及而招致决口。中华人民共和国成立以后，在有利防洪的前提下，本着因势利导、左右岸兼顾的原则，从控导主流、稳定河势出发，有计划地持续开展河道整治工作，在利用、完善已有险工的同时，在滩区修建大量的控导护滩工程。

濮阳河段属于由游荡性向弯曲性转变的过渡性河段，河道虽然有明显的主槽，但由于自然滩岸对水流的约束作用有限，河势变化速度快、范围大，经常威胁堤防安全。1947 年至 20 世纪 60 年代，濮阳密城湾内先后有 28 个村庄掉河；20 世纪五六十年代，范县旧城湾曾 2 次形成畸形河湾，塌滩掉村，危及堤防。

1947 ~1964 年，濮阳河段曾修建一些试验性的河道整治工程，为有计划地进行河道整治积累了经验。1965 ~1974 年，有计划地开展河道集中整治。依据河势变化情况，逐弯修建整治工程，限制不利河势发展。在整治实践中，不断总结经验、教训，提高河道整治技术，由抢险防护到控制河势，由被动抢险修工到主动布点、续建，逐步控制河势。1974 ~2015 年，按照河势变化进一步续建、完善河道整治工程，濮阳河段的河势基本得到有效控制。通过河道整治，防洪压力减轻，防洪主动性得到提高；塌滩掉村现象减少，滩区居民生产、生活环境安定，滩区经济得到发展；为引黄用水提供良好的条件，并有利于跨河桥梁及交通设施的安全。

第一节　河道整治目的、原则与方案

黄河下游河道整治，通过控制主流、护滩保堤、固定中水河槽，达到保证防洪防凌安全、利于淤滩刷槽，以及利于滩区居民生产、生活和安全的目的。河道整治须综合考虑自然条件、治河技术与社会因素。濮阳河段河道整治主要采用微弯型整治方案。

一、河道整治目的

黄河下游是堆积性河道，河势处于不停的变化之中。水流作用于河床，将引起滩槽的变化，滩槽的变化又将会改变对水流的约束条件，使水流产生相应的变化；来水量及其过程可以改变水流在河床中的运动形式，来沙量及其过程将会影响滩槽的冲淤，改变河势状况；高含沙水流通过滩槽，将会塑造相应的断面形态。因此，河势将会处于永不休止的变化过程之中。但河势变化在宏观上也有相对的稳定性，在某一段时间内，甚至在某一较长的时间内，河势不会发生明显的变化。在长期与洪水斗争的过程中体会到，河势变化尤其是主流的提挫与摇动常会造成堤防抢险，甚至造成堤防决口。溜势的大幅度提挫会造成长期被动抢险，河势游荡会使堤防布满险工，增加防洪负担。畸形河湾尤其是“横河”又会直接危及堤防安全。黄河是沿黄地区的主要水源，工农业及城市的发展在某种程度上受制于从黄河的引水量，引水的可靠程度直接影响发展速度。黄河堤距宽，跨河交通桥梁的安全直接与主流的位置和方向有关。滩区的居民，在河势变化的过程中会承受塌滩塌村造成的灾难。因此，不论从黄河两岸保护区考虑，还是从滩区考虑，黄河下游必须有计划地进行河道整治。

黄河下游河道整治的目标是：“以防洪为主，控导主流，护滩保堤，固定中水河槽”。其目的，一是有利于预防新险，保证防洪防凌安全。黄河在高水位时，水流动量大，一般主流线趋直，险工多不靠溜。在落水时期，河水归槽，塌滩坐湾，险工靠溜，最易发生险情。同时在洪水涨落过程中，河道形态变化剧烈，在宽河道内往往发生横河直冲大堤，造成巨险，甚至有决口之患。古代治河就有“守堤不如守滩”“滩存而堤固”的经验。因此，整治中水河槽，可以控制主溜摆动，使河势趋于规顺，预防出现新险，以保堤防安全。二是有利于淤滩刷槽。一般洪水期，河水漫滩，有淤滩刷槽的作用。多年来统计表明，在洪水时期，主槽水深，糙率小，排洪能力一般占全断面流量的80%以上，每年主槽向海中输送泥沙约12亿吨。说明河道宣泄水沙，主要靠中水河槽。根据花园口站30年来汛期来水来沙情况，中水河槽时的平槽流量大体为5000立方米每秒，这时输水输沙能力很强。因此，固定中水河槽，可进一步加大淤滩刷槽和排泄洪水的作用。三是有利于滩区居民生产、生活和安全。河道整治以前的洪水时期，滩岸坍塌十分严重，村庄落河的现象时有发生，给滩区人民造成很大损失。固定中水河槽，可以防止滩岸严重坍塌，有利于滩区生产和居民生命财产安全。四是有利于沿河涵闸引水灌溉和河道航运。

二、河道整治原则

河槽整治是一项复杂的系统工程，除河道条件、水流运动、气象水文等自然因素外，还与社会因素有关。因此，进行河道整治时，须综合考虑自然条件、治河技术与社会因素。在河道整治的过程中，随着国民经济的发展和治河技术水平的提高，河道整治的原则也在不断补充完善，概括起来有以下诸点：

（1）上下游、左右岸统筹兼顾原则。整治河道以防洪为主，但还涉及国民经济的多个区域和部门，因其对河道的要求各不相同，甚至会有矛盾之处。因此，河道整治时，既要以防洪为主，又必须充分考虑上下游、左右岸、国民经济各部门的利益，协调各区域、各部门之间的关系，做到统筹兼顾、团结治河，使河道整治的综合效益最大。

（2）河槽和滩地综合治理原则。河道是由河槽与滩地组成的。河槽是水流的主要通道，是整治的重点；滩地是河槽赖以存在的边界条件的一部分。河槽是整治的重点，河槽的变化会塌失滩地，并迅速影响防洪安全和各个部门的利益；滩地的稳定是维持一个有利河槽的重要条件，如滩地不治理，滩地的串沟在洪水期间有可能发展为新的河槽，原河槽转变为新的不能耕种的低滩地。治槽是治滩的基础，治滩有助于稳定河槽，二者互相依存，相辅相成。

（3）遵循河势演变规律，确定整治流路原则。在进行整治之前，既要进行现场查勘，又要全面收集各个河段历年的河势演变资料，分析研究河势演变的规律，概化出各河段河势变化的几条基本流路。根据河道两岸的边界条件与已建河道整治工程的现状，以及国民经济各部门的要求，并依照上游河势与本河段河势状况预估河势发展趋势，在各个河段河势演变的几条基本流路中选择一条作为诸河段的整治流路。

（4）中水整治，考虑洪枯原则。整治河道按中水整治是古今中外水利专家的一贯主张。中水期的造床作用最强，中水塑造出的河床过洪能力很大，对枯水也有一定的适应性。濮阳河道按中水整治，在工程布置上留有一定的河势变化幅度和必要的过洪断面，保持河槽有足够的泄洪能力，以保防洪安全。枯水的造床能力小，但枯水的时间长，如遇到连续枯水年，小水河势的长期作用对中水河势流路有可能起到破坏作用。按中水整治河道时，需考虑洪水期、枯水期的河势特点及对工程的要求。

（5）依照实践，确定方案原则。河道整治的过程是个较长的过程，在整治的实践中必须及时总结经验教训，抛弃与河情或与国民经济发展不相适应的方案，完善选用的整治方案。在濮阳河道整治的实践过程中，经过总结，采用弯道治理；又经补充、完善、比选，采用微弯型整治方案。

（6）以坝护弯，以弯导流原则。以坝护弯是以弯导流的必要工程措施。水流进入弯道后，对弯道岸边有很强的冲淘破坏作用，如不采用强有力的保护措施，弯道凹岸就会坍塌变形，进而影响凹岸对水流的调控作用，使弯道已有的导流方向改变，以致影响下游的河势变化。保护弯道可采用丁坝、垛（短丁坝）、护岸等多种建筑物形式。

（7）因势利导，优先旱工原则。河道整治工程施工分旱地施工（旱工）和水中施工（水中进占）两种。在工程安排上抓住有利时机，尽量采用旱地修做整治工程。随时掌握河势变化状况，当河势演变到接近规划流路时，适时修建工程，当塌至工程前面时，利用水流冲刷进行加固抢险，增加工程的稳定性。在一年内施工也应尽量安排在枯水期，对于水深较浅、流速小于0.5米每秒的情况，仍可采用旱地施工方法。

（8）主动布点，积极完善原则。主动布点是指开始修建一处河道整治工程，初建时可能只修2～5道坝。一处河道整治工程布点并靠河后，应加强河势溜向观测，按照工程的平面布局积极完善工程。

（9）分清主次，先急后缓原则。河道整治的战线长、工程量大，要全面地进行整治，所需要的投资浩大，难以短期完成，在实施的过程中，必须分清主次，先急后缓地修建。

（10）因地制宜，就地取材原则。河道整治工程的规模大、战线长，需用的料物多。河道整治建筑物的结构和所用材料要因地制宜，尽量就地取材，以节约投资。

三、河道整治方案

自20世纪50年代初，黄河下游有计划地进行河道整治以来，曾研究、实践过纵向控制整治方案、平顺防护整治方案、卡口整治方案、麻花型整治方案和微弯型整治方案。濮阳河段主要采用微弯型整治方案。微弯型整治方案是在充分分析河势演变规律的基础上，选择一条中水流路作为整治流路。此中水流路与洪水、枯水流路相近，能充分利用已有的工程，对防洪、引水、护滩具有很好的综合效果。这种流路较一般蜿蜒性河型的弯曲系数小，故称为微弯型。整治中采用单岸控制，仅在弯道凹岸一侧修建整治工程。按照规划整治，两岸工程的长度达到河段长度的80%～90%时，可以基本控制河势。该方案具有修建的工程短、投资省等优点。

第二节　河道整治规划

黄河下游河道整治由黄委统一规划。濮阳河段按照20世纪60年代黄委确定的规划流路、治导线、河道整治工程位置开展河道整治，并在实践中不断对规划进行修改、补充、调整，使其更符合河道整治目的的要求。

一、规划沿革

黄河下游的河道整治规划提出的较早，有的包括在黄河综合治理规划中，有的包括在黄河下游的防洪规划中，有的为单独的黄河下游河道整治规划。濮阳河段河道整治规划多包括在黄河下游的河道整治规划中。河道整治规划，随着时间的推移，在实践中不断完善，从治导线的总体布局到具体的设计参数都适时地进行补充、调整，使其更符合实际，以达到河道整治的目的。

20世纪60年代中期，濮阳河段河道开始重点整治，按照历次规划意见修建整治工程，起到控制河势的作用。在已建工程的基础上，1969年，黄委会《关于黄河下游东坝头至位山河段河道整治的意见》中提出的规划流路为：由高村险工至南小堤险工，送溜至刘庄险工，经连山寺控导至苏泗庄险工，经龙常治、马张庄控导至营房险工，再经彭楼控导至桑庄险工（右岸），经芦井工程调整进入史楼，以下为顺直河段至苏阁险工，以下溜入旧城湾再至杨集险工，经韩胡同至伟庄险工，送溜至杨庄湾，以下经梁路口、蔡楼控导至影唐险工，经赵庄送溜到路那里险工，路那里险工以下力争维持现有河势流路。

1972年，黄委会制定的《黄河下游河道整治近期规划》中提出的河道整治的指导思想为：以防洪防凌为前提，因势利导，控导主溜，护滩定槽，有利于涵闸引水，有利于滩区农业生产，有利于航运。近期河道整治的目标为，在高村至陶城铺河段，两岸工程已大体布设，需进一步利用，补充、完善现有工程，以稳定河势。通过治理使主流稳定，缩短险工堤段，减轻防洪负担；滩区耕地少塌或不塌，引水较为可靠，航运得以改善；使下游河道为社会主义建设发挥更大的作用。整治中必须遵循的原则为统筹兼顾，团结治河，统一规划，积极治理，因势利导，以弯导流，不失时机地修筑控导护滩工程。整治的标准主要有整治流量、平面布置和坝顶高程。整治流量采用造床流量，造床流量与平槽流量接近，20世纪50年代平槽流量6000～7000立方米每秒，经1969～1972年严重淤积，平槽流量仅3000～4000立方米每秒，考虑到平槽流量有个变化范围，整治流量暂定为5000立方米每秒；平面布置，弯道采用“上平、下缓、中间陡”的形式，以便于迎溜、送溜，河弯半径一般为直河段河宽的3～5倍，直河段长一般为河宽的1～3倍；坝顶高程，按当地5000立方米每秒的水位加超高1.0米确定。

1986年，黄委会《黄河下游第四期堤防加固河道整治设计任务书》（1986～1995），对黄河下游河道整治提出的目标是：以防洪为主，规顺中水河槽，控制主流，减小游荡范围。整治的目的是：护滩保堤，防止新险，兼顾引水和航运。整治的原则是：全面规划、统筹兼顾；因势利导、重点整治；充分利用已有工程和天然节点；因地制宜，就地取材。根据当时的情况，濮阳河段的整治任务是：已是流路单一、河势稳定的河段，巩固完善已有工程；在3处未控制的河弯，修建工程，进一步稳定河势。在河道整治中选用的整治流量为：与平槽流量相当的5000立方米每秒。整治河宽为800米，排洪河槽宽度为不小于2500～3000米。河弯要素：弯曲半径为整治河宽的2～5倍,直河段长度为整治河宽的1～3倍，河弯弯曲幅度为整治河宽的2～4倍。控导工程的坝顶高程，为当年当地5000立方米每秒流量的相应水位加超高1米。

1993年，黄委会《黄河下游防洪工程近期建设可行性研究报告》规定的河道整治原则为：以防洪为主；全面规划，重点治理；统筹兼顾，团结治水；充分利用现有工程，因势利导。整治流量仍采用5000立方米每秒。整治河宽，高村至孙口为800米，孙口至陶城铺为600米。河弯要素：弯曲半径为整治河宽的2～5倍，直河段长度为整治河宽的2～4倍，河弯弯曲幅度为整治河宽的2～4倍。控导工程顶部高程，采用当年当地5000立方米每秒流量相应水位加超高确定。超高由弯道横比降壅高、波浪爬高和安全加高3部分组成，其值取为1.0米。濮阳河段1984～1995年河道整治工程规划情况见表3-1，濮阳河段河道整治规划流路及工程位置见图3-1。

表 3-1　濮阳河段 1984～1995 年河道整治工程规划情况

地点		岸别	中心角度（度）	弯道半径（米）	弧长（米）	直线段（米）	工程现状
						—	
青庄		左	70	2000	2500		弯道下段利用青庄旧工，上段续建
						2500	
高村		右	38	2000	1500		利用高村旧工中段，上段续建
						3800	
南小堤	（上）	左	40	7000	4800		上段续建新工，中段利用南小堤上延工程，下端利用截流大坝
	（下）		32	2000	1150		
						3800	
刘庄		右	65	4000	4500		弯道下段利用刘庄旧工，上段新建
						9000	
连山寺		左	46	3500	2800		利用连山寺现有工程
						350	
苏泗庄		右	100	1300	2350		此弯道为苏泗庄险工上延段，以下仍利用该险工
						4400	
龙常治		左	50	2500	2500		利用龙常治、马张庄旧工控制密城湾，上首尹庄工程在直线段上
						1600	
马张庄		左	78	1500	2000		利用马张庄旧工作弯道下段，其上接新建工程
						1250	
营坊		右	85	1000	1500		弯道下段利用营坊旧工，并上延新工
			25	4100	1500		
						6900	
彭楼		左	60	2900	2200		利用吉庄、彭楼部分工程，改善彭楼下段陡弯
						6250	
桑庄		右	44	3100	2400		利用桑庄旧工，其上老宅庄工程正处在直线段，与桑庄工程连为一气，其下大罗庄、芦井两工逐步废除
						3800	
邢庙		左	33	1300	1200		利用邢庙、李桥部分工程，弯道上段须续建新工
			30	2800	1500	4100	
郭集		右	53	2500	2300		利用郭集旧工
						3750	
吴老家		左	34	3500	2100		尚未修建工程
						2200	
苏阁		右	105	1500	2300		弯道下段利用苏阁旧工，上段新修导流段
						7900	
孙楼		左	136	1500	3500		旧城湾利用芦庄、巡楼九宫孙楼旧工，废弃旧城护滩工程

续表 3-1

<table>
<tr><th colspan="2">地点</th><th>岸别</th><th>中心角度（度）</th><th>弯道半径（米）</th><th>弧长（米）</th><th>直线段（米）</th><th>工程现状</th></tr>
<tr><td colspan="2" rowspan="2">杨集</td><td rowspan="2">右</td><td rowspan="2">119</td><td rowspan="2">1500</td><td rowspan="2">2950</td><td>1500</td><td rowspan="2">弯道下段利用杨集旧工，上段新修导流段</td></tr>
<tr><td rowspan="2">2350</td></tr>
<tr><td rowspan="2">韩胡同</td><td>（上）</td><td rowspan="2">左</td><td>53</td><td>1500</td><td>1300</td><td rowspan="2">弯道下段利用韩胡同旧工，上段需修上延新工</td></tr>
<tr><td>（下）</td><td>19</td><td>2500</td><td>2350</td><td rowspan="2">3550</td></tr>
<tr><td colspan="2" rowspan="2">伟庄</td><td rowspan="2">右</td><td rowspan="2">30</td><td rowspan="2">1500</td><td rowspan="2">800</td><td rowspan="2">弯道下段利用伟庄旧工，上段新修导流新工</td></tr>
<tr><td rowspan="2">2850</td></tr>
<tr><td colspan="2" rowspan="2">程那里</td><td rowspan="2">右</td><td rowspan="2">110</td><td rowspan="2">2200</td><td rowspan="2">4200</td><td rowspan="2">利用于楼、程那里全部旧工</td></tr>
<tr><td rowspan="2">2550</td></tr>
<tr><td colspan="2" rowspan="2">梁路口</td><td rowspan="2">左</td><td rowspan="2">118</td><td rowspan="2">1500</td><td rowspan="2">2800</td><td rowspan="2">利用梁路口现有工程</td></tr>
<tr><td rowspan="2">2100</td></tr>
<tr><td colspan="2" rowspan="2">蔡楼</td><td rowspan="2">右</td><td rowspan="2">85</td><td rowspan="2">1450</td><td rowspan="2">2100</td><td rowspan="2">利用蔡楼现有工程</td></tr>
<tr><td rowspan="2">1650</td></tr>
<tr><td rowspan="2">影唐</td><td>（上）</td><td rowspan="2">左</td><td>51</td><td>1000</td><td>1000</td><td rowspan="2">利用影唐现有工程</td></tr>
<tr><td>（下）</td><td>34</td><td>2000</td><td>1150</td><td rowspan="2">2900</td></tr>
<tr><td colspan="2" rowspan="2">朱丁庄</td><td rowspan="2">右</td><td rowspan="2">125</td><td rowspan="2">6000</td><td rowspan="2">1250</td><td rowspan="2">利用朱丁庄工程下段</td></tr>
<tr><td rowspan="2">500</td></tr>
<tr><td colspan="2" rowspan="2">枣包楼</td><td rowspan="2">左</td><td rowspan="2">37</td><td rowspan="2">5000</td><td rowspan="2">3200</td><td rowspan="2">尚未修建工程</td></tr>
<tr><td rowspan="2">3850</td></tr>
<tr><td colspan="2" rowspan="2">路那里</td><td rowspan="2">右</td><td rowspan="2">106</td><td rowspan="2">1000</td><td rowspan="2">1500</td><td rowspan="2">设计弯道为导流入路那里险工。24坝以上按设计弯道改建，以下利用旧工</td></tr>
<tr><td></td></tr>
</table>

经水利部审查通过的《黄河下游1996年至2000年防洪工程建设可行性研究报告》中，仅对1993年可研报告的内容做部分修改，将直河段长度修改为整治河宽的1~3倍。

1999年编制的黄河防洪规划，关于濮阳河段的河道整治部分，在充分利用已有成果的基础上，又进行修改补充，整治流量由5000立方米每秒降为4000立方米每秒。

二、规划治导线

治导线也称整治线，是河道经过整治后在设计流量下的平面轮廓。一般用两条平行线表示。治导线示出的是一种流路，给出流路的大体平面位置，而不是某河段固定的水边线。由于影响流路的因素很多，流路及相应的河宽均处在变化的过程中，尤其是经过丰水、中水、枯水的过程，即使经过河道整治，其流路也会产生一些提挫变化，弯道的靠溜部位、直河段的左右位置等都可能有所变动。

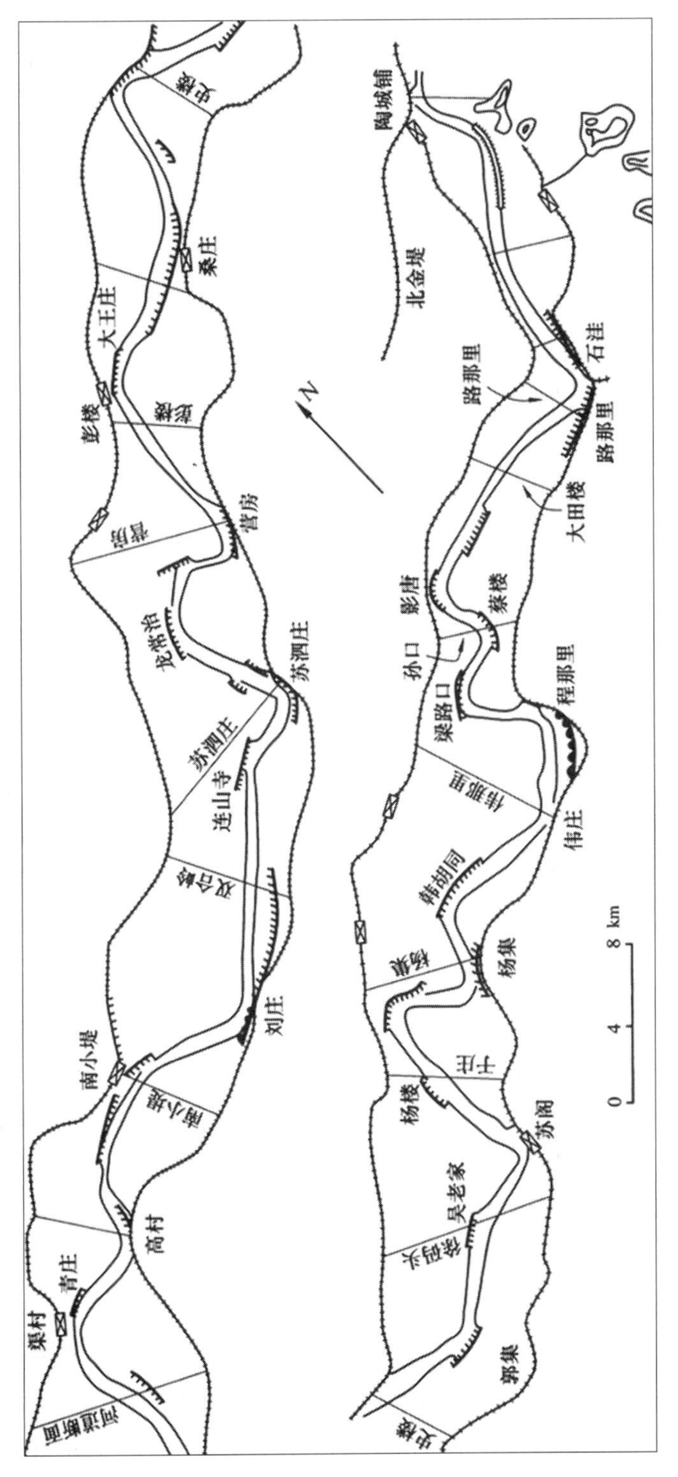

图 3-1　濮阳河段河道整治规划流路及工程位置

治导线的规划设计参数主要包括设计流量、设计水位、设计河宽、排洪河槽宽度以及河湾要素。

（一）河弯形态关系

河弯形态可利用弯曲半径 R、中心角 φ、河弯间距 L、直河段长度 d、弯曲幅度 P、河弯跨度 T、直河段宽 B 来描述，符号的定义见图 3-2（近似地以中心线代替主流线）。

在一个河段内，河床组成变化不大。流量是决定河弯形态的主要因素，流量又和河宽成一定的指数关系，所以河弯间距 L、直河段长度 d、弯曲幅度 P 等与直河段宽 B 存在一定的关系。

河弯中心角与河弯半径的关系密切。在确定一个河弯的中心角时，要考虑该河弯的地形地物情况、控导河势的要求与上下弯道工程连接等因素，一般取值范围为 40 ~ 90 度。河弯半径一般为河宽的 3 ~ 5 倍。河弯要素示意见图 3-2。

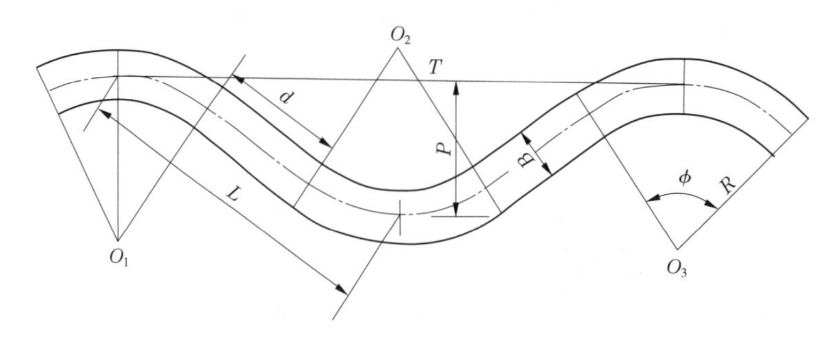

图 3-2　河弯要素示意图

（二）治导线的绘制与修订

拟定治导线由上而下进行，由整治河段进口直至河段末端。其一般步骤和方法是：第一个弯道作图前首先要分析来溜方向，然后分析第一个弯道凹岸的边界条件，根据来溜方向、河岸形状和导溜方向规划第一个弯道。若凹岸已有整治工程可利用的或要求长期靠河的建筑物，根据来溜及导溜方向选取能充分利用的工程段落规划第一个弯道。具体作图时选取不同的弯道半经进行适线，绘出弯道处凹弯治导线，并使圆弧线尽量多地切于现有工程各坝头或可利用的建筑物。按照设计河宽缩短弯曲半径，绘出与其平行的另一条圆弧线。接着确定下一弯道的部位，并绘出第二个弯道的治导线。再用公切线把上弯的凹（凸）岸治导线与下弯的凸（凹）岸治导线连接起来，切线的长度即为两弯之间的直河段长度。按此做出第三个弯道的治导线，并检查三个弯道间的河弯要素之间的关系，直至最后一个河弯。至此，初步绘出某河段的治导线。继而检查、分析各弯道形态、上下弯道之间的关系、控导溜势的能力、弯道位置等，发现问题及时修改调整，并对比分析天然河弯个数、弯曲系数、河弯形态、导溜能力、已有工程的利用程度以及对国民经济各部门的照顾程度等，进一步论证拟定治导线的合理性。

在拟定凹岸部分的治导线时，为更合理地确定线位，可采用复合圆弧线。

拟定一个河段的治导线后，随着时间的推移，河势会发生一定的变化，国民经济各部门对河道整治还会提出更多的要求，已修建工程对河势也会发生一定的控导作用。因此，过几年之后一般需要对治导线进行修订，一个切实可行的治导线往往需要经过若干次的调整后才能确定。

（三）治导线验证

一个河段的治导线确定之后，进而确定整治工程位置线，并依此修建河道整治工程。修建每一处河道整治工程，都希望其尽可能多地靠河着溜，并很好地发挥控导河势的作用。已建河道整治工程的靠河概率，是验证治导线是否可行的主要标志。整治初期由于修建的整治工程少，对河势的约束能力弱，靠河概率偏低；在大部分整治工程修建之后，工程的靠河概率会明显提高。

三、整治工程位置线

（一）整治工程的平面形式

（1）凸出型。工程的平面布局凸入河中，其上段、中段、下段不同部位靠溜时，其出溜部位不同，且出溜方向变化很大，不能控导水流，造成险工以下河道水流散乱，下弯的河道整治工程也难以确定位置。由此，凸出型是不好的平面形式。

（2）平顺型。工程的平面布局比较平顺或呈微凹微凸相结合的外形。这种平面形式，当靠溜部位改变或来溜方向改变时，出溜部位和出溜方向也随之发生很大的变化，它不能很好地控制出溜方向，也不是很好的平面形式。

（3）凹入型。工程的平面布局外形是一个凹入的弧线。这种平面形式，尽管来溜方向和靠溜部位变化较大，但在水流入弯后，经过工程的调整，出溜方向基本趋于一致。因而凹入型是好的平面形式。

濮阳河段的13处险工中有8处凹入型、3处平顺型，20处控导（护滩）工程中有10处平顺型、4处凹入型。

（二）整治工程位置线的形式

每一处河道整治工程的坝、垛头的连线，称整治工程的位置线，简称工程位置线或工程线，其作用是确定河道整治工程的长度及坝头位置。工程线按照与水流的关系自上而下可分为3段。上段为迎溜段，采用大的弯曲半径或与治导线相切的直线，使工程线退离治导线，以适应来溜的变化，利于迎流入弯，但不能布置成折线，以避免折点上下出溜方向改变。中段为导溜段，弯道的半径较小，以便在较短的距离内控导溜势，调整、改变水流方向。下段为送溜段，其弯曲半径比中段稍大，以利顺利地送溜出弯，控导溜势至下一处河道整治工程。由于河势变化的多样性，单靠弯道段的工程还不能送溜至下一弯道时，有些在弯道以下的直线段也修有少量的坝垛。这种工程位置线的形式，习惯上称为“上平、下缓、中间陡”。

整治工程位置线的形式主要有两种。

（1）分组弯道式。这种形式的工程位置线是一条由几个圆弧线组成的不连续曲线，即将一处工程分成几个坝组，每个坝组自成一个小的弯道，各个坝组之间有些还留有一定的空当不修工程。有的坝组还采用长短坝相结合，上短下长的形式。不同的来溜由不同的坝组承担，优点是靠溜后便于重点防守；缺点是每个坝组适应溜势变化的能力差，导溜送溜能力弱，当来溜发生变化时，着溜的坝组和出溜的方向就会发生变化，达不到控制河势的目的，给下弯工程的防守也会造成困难。在有计划地进行河道整治初期采用较多，以后很少采用。

由于一处河道整治工程长达3～5千米，难以在一两年内完成，对于工程线为由几个圆弧线组成的连续的复合圆弧线，分若干时段修建工程，中间未修工程而出现的空当不属于分组弯道式。

（2）连续弯道式。这种形式的工程位置线是一条光滑连续的复合圆弧线（见图3-3），呈以坝护弯、以弯导流的形式。工程线无折转点，水流入弯之后，诸坝受力较为均匀。其优点是水流入弯后较为平顺，导溜能力强，出溜方向稳，堤前淘刷较轻，较易防守，是一种好的工程线形式。濮阳河段修建的河道整治工程主要采用连续弯道式的整治工程位置线。

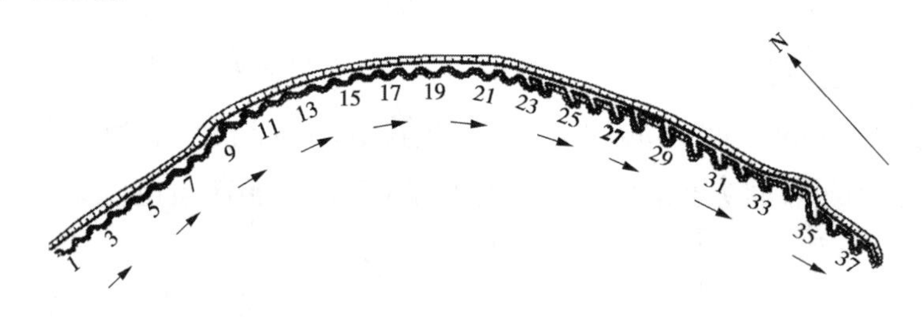

图3-3　台前梁路口控导工程平面图

（三）整治工程位置线与治导线的关系

治导线是描述一个河段的河道经过整治后在设计流量下的平面轮廓，而整治工程位置线描述的是一个河弯即一处整治工程坝垛头的位置。后者仅是前者的一个局部，前者强调宏观溜势，后者是对前者的细化。因此，整治工程位置线是依治导线而确定的，但又区别于治导线。治导线在一些河弯常为单一弯道；工程位置线一般都采用复式弯道，在满足治导线整体要求的前提下做必要的调整。在一般情况下，在工程线中下部分多与治导线重合，而工程线的上部都要采用放大弯曲半径或沿治导线上段某点的切线退离治导线，以适应不同的来溜情况。整治工程位置线与治导线的关系如图3-4所示。

（四）改造不利的工程位置线形式

形成不利的工程位置线形式的原因是多方面的，如历史上修建的老险工，沿堤修建，形状各异；由于投资力度不够，不能抓住有利时机修建工程；有的因为塌滩速度过快，抢修工程的速度赶不上坍塌的速度而修建的工程，以后又未按照治导线的要求进行改建等。例如1966年10月、11月，台前甘草堌堆一带的滩地坍塌迅速，为防洪安全，于是年11月在甘草堌堆一带开始抢修工程，不仅坝头连线很不规则，各丁坝的

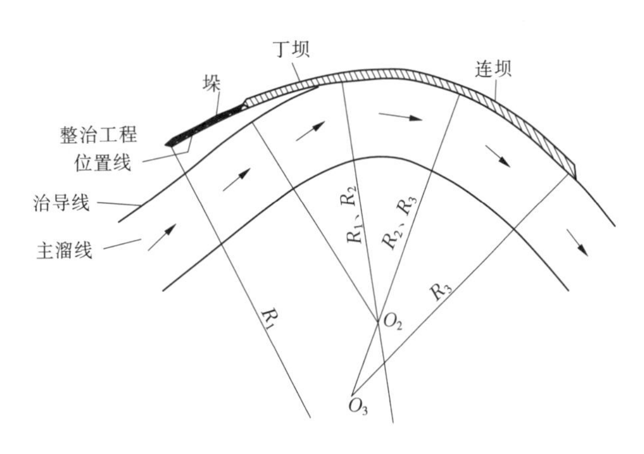

图 3-4　整治工程位置线与治导线关系

平面形状和布置都很不合理。以后在上段孙楼一带又接修工程，但对中间部分至今没有改造，成为不利的工程位置线形式（见图 3-5）。

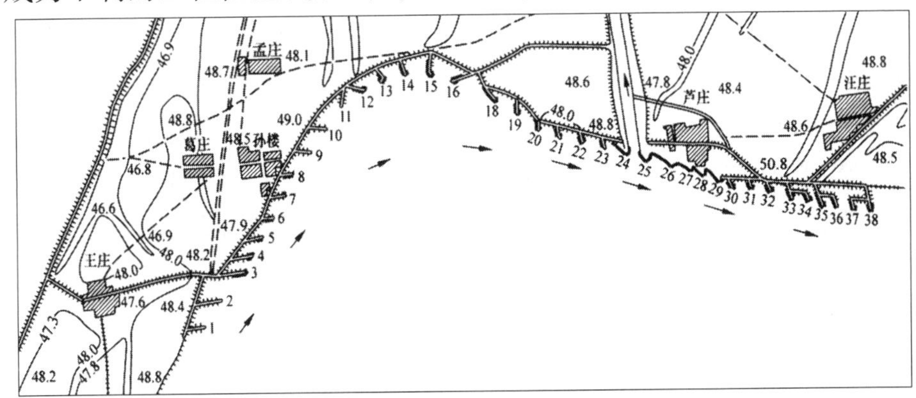

图 3-5　孙楼控导工程平面

第三节　河道整治建筑物

河道整治建筑物是组成河道整治工程的丁坝、垛、护岸。丁坝、垛、护岸常简称为坝垛。

一、建筑物的类型

（一）丁坝

丁坝是河道整治工程中最主要的一种建筑物，广泛用于险工、控导工程、护滩工程中。

丁坝按其方位角分为上挑丁坝、正挑丁坝、下挑丁坝 3 种形式。丁坝方位角是丁坝的迎水面与工程位置线或堤线或岸线的夹角。夹角大于 90 度为上挑丁坝，等于 90 度为正挑丁坝，小于90度为下挑丁坝（见图3-6）。根据黄河特点，一般都采用下挑丁坝，个别丁坝如彭楼工程5坝和6坝原是由彭楼引黄闸引水渠堤头裹护而成的，为上挑丁坝。

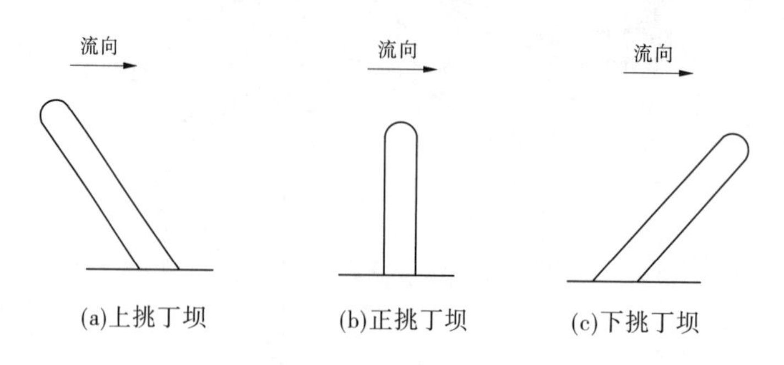

图3-6　三种丁坝示意图

1. 丁坝坝长

丁坝坝长前起于坝头最前端，后止于丁坝生根处。险工丁坝多是根据河势情况修建，丁坝长短不一，长的达200～300米，短的仅50～60米。修建控导护滩工程时，已有工程位置线的概念，各坝坝头形成一条弧线，弧线位置常由滩岸形式决定，然后按一定间距布置丁坝，在距弧线适当距离确定连坝位置，由此决定坝长，这时坝长基本相同。但也常遇一些特殊情况改变坝长，当连坝遇到村庄民房的，坝长就要短一些。自20世纪70年代起，无论险工或是控导护滩工程，都已按规划治导线修做，圆头丁坝坝长多为100米。

2. 丁坝方位角

下挑丁坝方位角小于90度。由于丁坝具有挑溜功能，方位角越大，挑溜能力越强，坝长越长，挑溜能力也越大。因此，长坝与大的方位角结合后挑溜能力是很大的。基于此，早期修建的丁坝方位角都比较大，一般40～60度，个别达到80度，希望能用几道丁坝把溜挑出，减少修坝数量并保大堤安全。但是实践表明，丁坝挑溜外出的距离是有限的，在中水或大水时几乎挑不出溜，真正能使溜势外移的是形成弯道的丁坝群。丁坝方位角大，对水流的干扰也大，坝上坝下回溜大，坝前冲刷坑深，抢险防守十分困难。因此，新修丁坝方位角都适当减小，近期一般按30～45度确定，并以30度为最多，如吴老家控导工程、杨楼控导工程等。

3. 丁坝平面形式

坝的平面形式主要有直线形、拐头形、椭圆头形，极个别还有“T”形等，如图3-7所示。

直线形丁坝设计施工较简单，采用最多。其防守重点范围小，主要集中在坝头段，当坝的方位角采用30度时，坝上坝下回溜较小，裹护用料也比较少。拐头形丁坝是在直线形丁坝的坝头增设一拐头，20世纪70年代前，拐头形式、长度不一。张堂险工3坝拐头为曲线形。70年代，修建的控导工程中有一部分工程大量采用拐头形丁坝，并作定型设计，拐头长度20～30米，拐角135～150度，如杨楼控导工程（见图3-8）。

直线形丁坝在坝长、间距、方位角均较大或与来溜方向夹角较大时，丁坝阻水壅

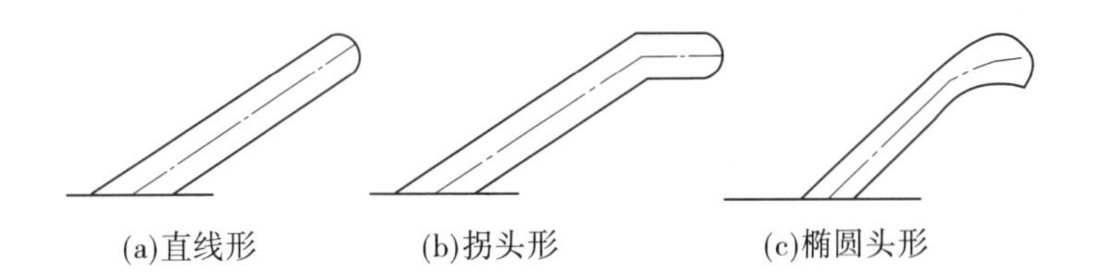

图 3-7　丁坝平面示意图

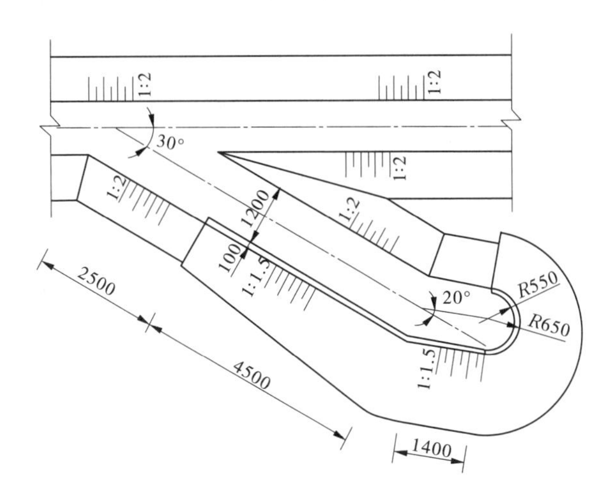

图 3-8　杨楼工程拐头丁坝平面示意图　（单位：米）

水现象严重，常使坝下产生较大的回溜，当坝下回溜与下一道坝的坝上回溜叠加时，回溜范围和回溜强度都相当大，使得上一丁坝的背水面和下一丁坝的迎水面裹护长度都相当大，不仅耗工费料，而且防守被动。为改变这种现象，考虑两种途径：一方面避免修长坝、大间距，减小丁坝方位角；另一方面修拐头丁坝，利用拐头增加丁坝送溜至下一道丁坝的能力，并使回溜远离丁坝背水面。

4. 坝头形式

丁坝坝头是丁坝伸入河中的前端部分，一般包括上跨角、前头、下跨角 3 个部分，有时也包括迎水面紧靠上跨角的一部分和背水面紧靠下跨角的一部分（见图 3-9）。前头是丁坝伸入河中的最前端，上跨角是前头与迎水面间的拐角部分，下跨角是前头与背水面间的拐角部分，迎水面和背水面分别是丁坝上、下游坡的跨角至坝根部分。坝头是丁坝承受大溜顶冲的主要部位，当来溜方向和河床组成一定时，其平面形式决定丁坝附近的水流结构，相应决定丁坝冲刷坑的大小和深度。冲刷坑的大小和深度对丁坝的安全与造价有着直接的影响。冲刷坑大，出险次数多，险情重，抢险用料多，因此丁坝坝头平面形式与防洪关系极为密切。

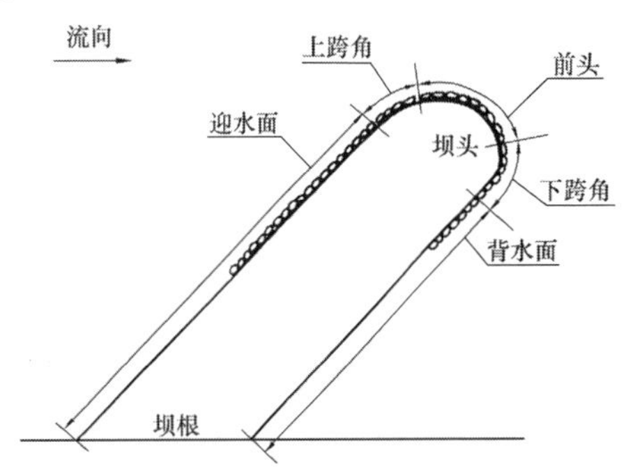

图 3-9　丁坝各部位名称示意图

（1）圆头形丁坝。丁坝坝头为半圆形（见图 3-10），圆弧半径等于 1/2 坝顶宽度。这种坝头的优点是在溜势变化较大时适应性强；上跨角和前头受溜最重，是丁坝出险最多、险情最严重的部位，但段落不长，防守时重点明确；由于仅坝前头一段为圆弧形，施工简单，标准易于掌握，因此在险工、控导、护滩工程中采用最多。主要缺点是缺少送溜段，导溜效果不如流线形丁坝，尤其是在丁坝长、间距大、来溜方向与坝轴线近乎垂直时，过坝水流分离严重，能产生较大的回溜，使得丁坝背水面的裹护段很长，有时达20～30米，个别情况下达50余米。

（2）流线形丁坝。流线形丁坝（见图3-11）坝头的特点是坝前头、上跨角及与之相连的迎水面后一部分为一平缓的曲线。这种坝头的优点是曲线各点的切线与水流方向的夹角比较小，丁坝在靠溜后阻水壅水现象较轻，水流结构比较简单，与其他坝头形式相比，在上游来溜方向相同的条件下，具有迎溜顺、出溜利、坝上回溜小、坝下回溜轻的特点，所以迎水面和下跨角裹护段比较短，坝前冲刷坑小，险情发生后抢护也比较容易，工料投资耗用较少，是一种比较优越的坝头形式。其主要缺点是曲线形式没有具体规定，施工放样比较复杂，抢险后易于变形，难以恢复原状。另外，坝顶宽度较小，抢险场地狭窄，操作不方便。

（3）斜线形丁坝。斜线形丁坝（见图3-12）的前头为一直线，直线与坝顶上口夹角为150度或大于150度。这种坝头的优点是溜出上跨角后有一段直线送溜段，可限制回溜向坝的背水面发展，另外施工也比较简单。缺点是上、下跨角都比较尖突，水流分离后形成的环流较大，坝前头受坝基顶宽限制比较短，即送溜段短，对回溜约束作用有限，因此坝头外冲刷坑较大，抢险机遇多。

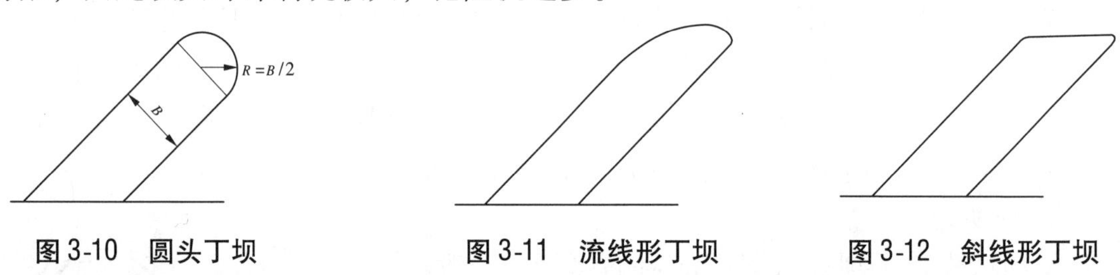

图3-10　圆头丁坝　　**图3-11　流线形丁坝**　　**图3-12　斜线形丁坝**

5. 回溜

坝头形式是影响丁坝回溜大小的重要因素，但不是唯一的因素。其他因素有：一是丁坝的受溜大小，当丁坝受溜严重时，坝头形式对回溜的影响才起重要作用；二是丁坝的方位角，方位角大时回溜大，方位角小时回溜小；三是丁坝间距，丁坝间距大，回溜大，间距小，回溜小；四是丁坝所处工程位置，一般工程上段丁坝小水靠溜，溜势轻，回溜也不严重，但当中水靠溜时，回溜就严重。工程下段丁坝大水靠溜，但因有大水趋中之由，坝常靠大边溜，溜势也不强，回溜也不大。工程中段的丁坝在中水时常受大溜顶冲，且十分严重。因此，位于工程中部的丁坝回溜大，这时丁坝的方位角、间距、坝头形式决定回溜的大小。

（二）垛

垛是丁坝的一种特殊形式，具有丁坝的迎水面、上跨角、前头、下跨角、背水面等部位。但长度较短，一般10～30米。

垛的平面形式比较复杂，其原因之一是来源于埽工。黄河埽工类似于垛的平面形式有如下几种（见图3-13、图3-14）。

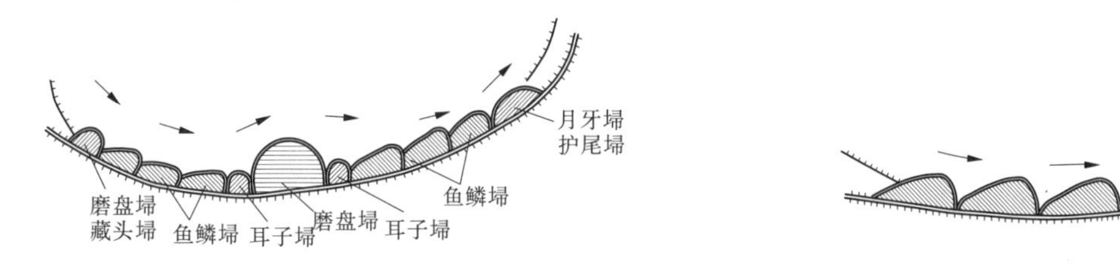

图3-13　各种护岸埽　　　　**图3-14　雁翅埽**

（1）磨盘埽。是半圆形的丁厢埽，用于弯道正溜回溜交汇处，可上迎正溜，下抵回溜，是一种主埽。

（2）月牙埽。是形似月牙的丁厢埽。用于一处工程的首尾，作为藏头或护尾用。它比磨盘埽小，也可抵御正溜和回溜。

（3）鱼鳞埽。形状是头窄尾宽，互相连接，形似鱼鳞。头窄易藏，生根稳定，尾宽便于托溜外移。多用于大溜顶冲或大溜顺岸段。在较大回溜处修建时头尾颠倒，称为倒鱼鳞埽。

（4）雁翅埽。形似雁翅的丁厢埽。具有抗御正溜和回溜的作用。

上述各埽如不连续使用便成为垛。因此，垛的形状有磨盘垛、月牙垛、鱼鳞垛、雁翅垛以及经过改进演变出现的人字垛、抛物线垛等形式。人字垛使用最多。

（三）护岸

单一护岸工程修建的较少。一般多在坝的间距或垛的间距较大时，为防水流淘刷坝裆处的连坝或滩岸而修建。护岸外形平顺，在平面上呈直线形。险工上的护岸一般距堤顶有5~20米宽的存料平台，在平台前沿即临河侧修裹护体，如图3-15所示。控导护滩工程上的护岸一般直接修在连坝上，无存料平台，料物多存放在连坝上。

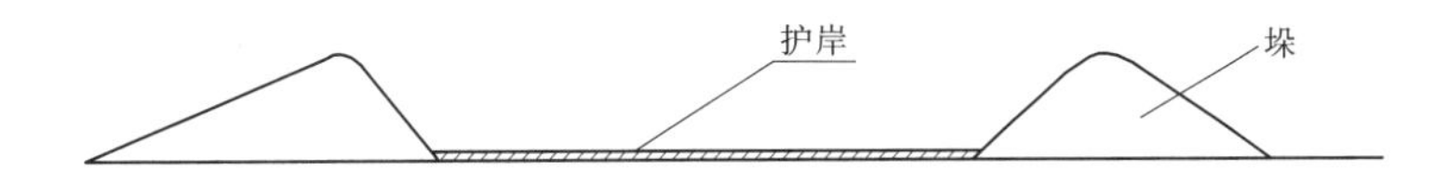

图3-15　护岸平面示意图

由于护岸一般受上端的坝或垛的掩护，且不突出于河中，因此多靠边溜或回溜，对水流干扰小，冲刷坑也较小，根石深度一般较浅。但对于长达数百米的护岸，因上面无坝垛掩护，各部位都可能在不利来溜方向时形成深而大的冲刷坑，并且一旦出险，因长度较大，且无后退余地，抢险就比较困难。

二、建筑物结构

（一）基本结构形式

丁坝、垛、护岸在结构上基本一致，都是由土坝体、护坡、护根3部分组成（见

图 3-16)。

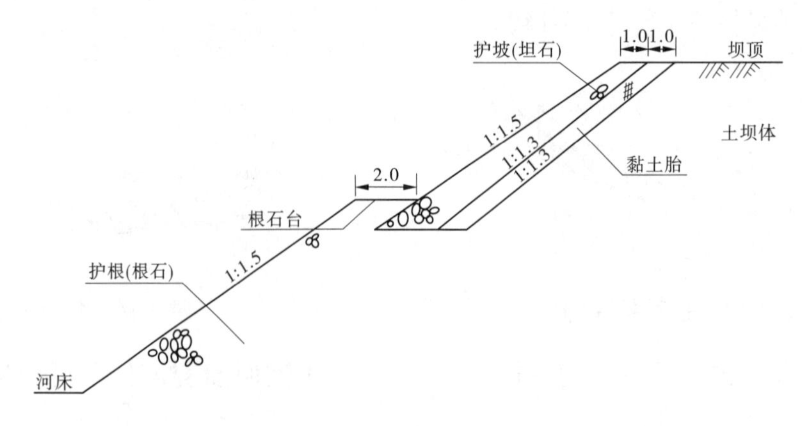

图 3-16 险工坝垛横断面示意图 (单位:米)

1. 土坝体

土坝体是护坡、护根依托的“基础”,因此又称为坝基或土坝基。土坝体由土料筑成,因一般采用就近取土,土料较杂,但多为壤土,间或使用黏土或沙土。早期施工要求“好土包边盖顶”,以防止雨水冲刷。近期施工,裹护段修筑水平宽 0.5 ~ 1.0 米的黏土层,俗称黏土胎,非裹护段黏土水平宽 0.5 米。土坝体非裹护段采用草皮防护,以免雨水冲刷。

连坝是将各丁坝坝根连接在一起的土堤,顶宽为 10 米。连坝顶是防汛查险、抢险及日常管理时的交通道路。由于垛掩护的距离短,垛间往往修有护岸。垛间无护岸者也往往修有连坝。

2. 护坡

护坡的主要作用是防止水流、风浪冲刷土坝体。护坡一般由石料修筑。护坡依石料修筑方式分为乱石、扣石和砌石 3 种。按照护坡形式将丁坝、垛、护岸均分成 3 种坝型,即乱石坝、扣石坝、砌石坝。

护坡与护根的界限:险工坝垛因设根石台,界限比较明显,根石台顶以上部分为护坡,但其断面延伸到根石台以下(见图 3-16),根石台顶以下部分为护根。控导工程坝垛按规定不设根石台,常以设计枯水位为界,枯水位以上部分为护坡,枯水位以下部分为护根。

扣石护坡不同部位石料有不同称谓(见图 3-17)。护坡表层石料称为沿子石,又称面石,里层石料称为腹石。腹石与沿子石连接部位的石料称二脖子石。护坡顶面一层石料称封顶石,封顶石最外沿一块石料称眉子石。河工上常将界线边线称为口,封顶石外边沿称为外口,内边沿称为里口或内口。里口是土石的共用边界线。为防雨水由此进入冲刷土坝体,有些坝垛常用黏土或三合土封盖成土埂,埂高 0.15 米,外坡 1:1,内坡 1:3 ~ 1:5,此土埂称为土眉子。护坡在修筑时常分段,每段 10 ~ 15 米,各段端面要求大致平整光滑,以便形成立缝,沉陷变形时不影响相邻段护坡,端面表层石料称为倒眉子石。内口、外口、眉子土、倒眉子石等称谓均来自黄河埽工。

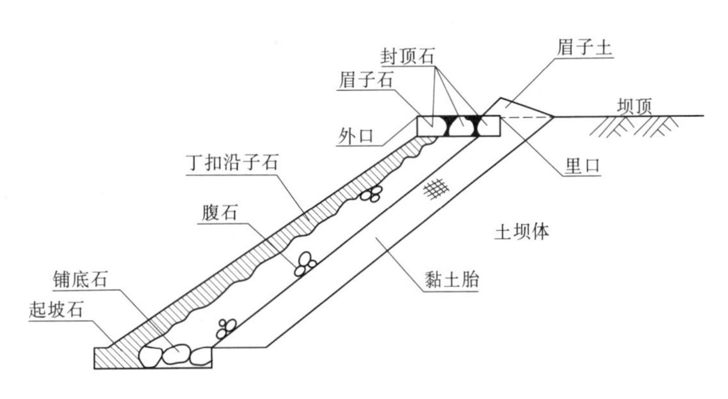

图 3-17 扣石护坡各部位名称

3. 护根

护根是护坡的基础，也是土坝体下部的保护层。为使护坡稳定，防止土坝体被冲刷破坏，要求护根有一定的深度、坡度、厚度，并保持护根相对稳定。

护根的相对稳定深度一般需 12～15 米，大者达 20 米以上，坝垛护根需在不同来溜方向、不同含沙水流、较大溜势的长期冲淘作用下才能达到这一深度。由于黄河年内年际来水来沙变化大，河势不稳定，因此多数部位坝前冲刷坑深度不到 12 米，有时不足 10 米，修建丁坝时又多在枯水时进行，因此丁坝修建时根基很浅，不能一次做到稳定深度，需要在运用中经不断抢险逐渐加深护根深度，即抢险是护根施工的继续。护根只有通过丁坝多次靠大溜，多次抢险，历经数年甚至几十年才能修至相对稳定深度。

护根坡度指其外坡，其设计值视石料、财力等情况确定。20 世纪 80 年代及其以前按 1∶1 掌握，缓于 1∶1 时认为护根处于暂时稳定状态，陡于 1∶1 时认为护根处于不稳定状态。护根不稳定可能发生坍塌，甚至危及护坡安全，这时有险要抢，无险也要抛石加固，抛石以使护根坡度达到 1∶1 为度。80 年代以后，护根外坡按 1∶1.3～1∶1.5 掌握，缓于 1∶1.3 时认为处于暂时稳定状态，陡于 1∶1.3 时即认为处于不稳定状态，按 1∶1.5进行加固。

护根的材料主要为石料或柳石料，年久柳料腐烂后也用石料补充，因此护根习惯上称为根石。

根石顶称为根石台。由于黄河河床冲淤变化剧烈，河岸边坡变化很大，施工时难以按设计坡度进行，多靠抛投物自然塌落形成，因此护根宽度很难确定。

护根的构件主要是散石或丁扣块石、铅丝笼、柳石枕等。所用构件依坝垛施工条件、运用阶段及不同部位确定。新修工程多用柳石枕护根，用石较少，为防止柳石枕外爬，使用铅丝笼护脚。进入正常运用期以散抛石为主，多在坝头抛投部分铅丝笼或大块石，对于达到相对稳定程度的坝垛护根，其枯水位以上坡面多采用较大块石丁扣，以防止走失。

（二）乱石坝

护坡由乱石构成的坝称为乱石坝。乱石坝因其护坡表层石料排整程度不同分为乱石捡平和乱石粗排两种类型。乱石捡平是用乱石散抛修筑护坡时，坡面常不平整，需要捡高填洼，使坡面大致平整，做到没有孤石、游石。乱石捡平护坡一般适用于新修工程、抢修工程；乱石粗排是对表层石料进行比较规顺的排整，按石块排整方式不同又分为扣排、平排、“牛舌”排等。扣排是使石块长轴方向垂直于坡面且有一个较大端面平行于坡面。扣排坡面比较平整美观，石块间缝隙小，能较严密地阻止水流浸淘土坝体，因此运用比较广泛。平排又称鱼鳞粗排，是将石块短轴方向垂直坡面，水平放置，层层压茬，排整后呈鱼鳞状。平排施工简单、效率高。“牛舌”排是使石块长轴方向垂直坡面，与扣排不同的是不使一个端面朝外面而是使一个尖端朝外，坡面修成后每块石料如“牛舌”伸于坡面，边坡控制严格后也很坚实美观。缺点是施工工艺要求较高，工效较低，抢险修复较难。乱石粗排坝一般是对比较有根基的乱石坝在拆除翻修时进行修筑，施工时自下而上，按小石在里、大石在外、内外咬茬、层层排垒的原则修筑。

乱石坝护坡标准在20世纪70年代以前顶宽0.7米，外坡1∶1，内坡1∶0.75，后逐渐加大改为顶宽1.0米，外坡1∶1～1∶1.3，内坡1∶0.8～1∶1，至90年代改为外坡1∶1.3～1∶1.5，内坡1∶1.1～1∶1.3，顶宽仍为1.0米。

乱石坝由于坡度较缓，护坡石依托在土坝基上，因此稳定性较好。由于石块之间嵌制作用较差，一旦根石蛰动，产生险情，坦石也跟随蛰动，一方面自动增补根石，减缓险情发展，另一方面险情也能被及早发现，及早抢护。乱石坝的这些优点对保护坝的安全十分重要，因此这种坝型被广泛采用。乱石坝的缺点是表面比较粗糙，有失美观。管理工程量较大，雨水、河水对土坝体冲刷作用较强，护坡下常出现水沟浪窝，需要不断进行翻修。

（三）扣石坝

扣石坝是护坡沿子石用扣砌的方式修筑。沿子石间缝隙较小，比较严密，各石间镶嵌也很坚实。沿子石后腹石填筑比较密实。沿子石和腹石一般采用干砌形式。

扣石坝有丁扣、平扣之分。丁扣是沿子石长轴垂直于坡面，且端面平行于坡面。平扣是沿子石短轴垂直于坡面，有一个较大平面平行于坡面。丁扣较平扣沿子石坚实，一般不易损坏，故使用较多，平扣沿子石往往在运用一个阶段后会变形，需要翻修，故很少使用。20世纪50年代，曾修过干砌平扣坝，后因破坏严重，于60年代淘汰。

丁扣采用的沿子石一般要从大块石中挑选，然后进行适当加工。加工时按长轴方向选出一平面作为端面，加工成长方形或正方形，俗称“四边见线”，端面用錾子凿打使之平整。靠近端面的四个侧面为石长的1/3～1/2凿打成平面，其余只要不突出已凿打好的平面，依其自然形状即可。

丁扣沿子石施工工艺要求较高。坡面要平顺，不得有里入外拐石；缝宽一般1厘米，最大不超过2厘米，不得有宽缝、窄缝；石块厚度不能小于18厘米，厚度如小于18厘米称为小石，应严加限制；口面接触不能用碎石垫子承重等。除此之外，还要防止对缝、咬牙缝、坝面洞、燕子窝、悬石、虚石等弊端出现。

丁扣坝腹石填筑要求比乱石排整更为严格。一般每砌一层沿子石后就填一层腹石，要做到大石在外，小石在内，大石排紧，小石密严，不得有大于10厘米的空隙。沿子石与腹石搭接处的二脖子石要用较大石块顶紧卡严，不能用碎石填塞。

（四）砌石坝

砌石坝是护坡沿子石用平砌的方式修筑。沿子石水平放置，顶底面和外露端面加工平整，两侧面大致平整，里面即靠腹石一面一般依石料自然形状，不做加工处理，且砌筑时上层沿子石要比下层沿子石后退一段距离，使沿子石成台阶状。后退距离的大小取决于石料长度和设计坡度，即上下两层石料搭压不少于20厘米，上下两层石料上口连线所成的坡度等于设计坡度。除此之外，沿子石和腹石施工要求与丁扣坝基本相同。

由于砌石坝护坡坡度依靠沿子石后退成台阶状形成，而沿子石长度有限，因此砌石坝的外坡较陡，一般为1∶0.35～1∶0.4，内坡垂直或呈1∶0.2～1∶0.4的坡，成挡土墙式，又称重力式。这种坝稳定性差，当根石受水流冲刷，坡度变陡以后会发生严重滑塌险情，因此已被淘汰，不再新建，已有的需拆改成乱石坝或扣石坝。扣石砌石坝挖槽戴帽加高标准见表3-2。

表3-2 扣石砌石坝挖槽戴帽加高标准

项目		扣石坝		砌石坝	
		+	−	+	−
铺底高程（厘米）		10	5	10	5
砌体总高（厘米）		10	10	10	5
砌体宽度（厘米）	顶宽	5	5	5	5
	底宽	10	10	10	10
砌体坡度（%）		4	3	3	2

三、建筑物施工

河道整治建筑物施工有旱地施工和水中施工。旱工施工比较简单，水工施工比较复杂。

（一）旱工施工

1. 放样

按设计图纸及所给坐标在地面进行放样，先定出连坝及丁坝轴线位置，然后依据坝高和坡度，依不同设计断面处地势高低，定出坡脚位置，打上边桩及清基范围桩，用灰线连接，标示出清基范围。清基后，校正边桩，发现丢失的补上、错误的纠正。各边线桩之间用灰线连接即为丁坝坡脚线，要控制第一坯土倒土范围及起坡的边线。

2. 坝基填筑

坝基施工程序：清基、土场选择、土料运输、土料填筑、土料压实、工程尺度控制和质量控制等，与筑堤施工要求基本相同。

3. 石方施工

20世纪90年代及其之前，旱工坝裹护有3种情况：一是坝距河较远，河势变化不稳，这时不予裹护，待行将靠河时再予裹护。一般不挖槽，仅抛柳石枕；二是坝距河较近，根据河势发展趋势，近期有靠河可能，预先进行裹护。一般在坝脚挖宽3米、深1米的抛石槽，先用柳石枕自下而上按3、2、1、1、1个枕排列裹护，裹护高约4米，外抛散石覆盖，靠河下蛰时再抛枕抢护。旱工柳石结构见图3-18。

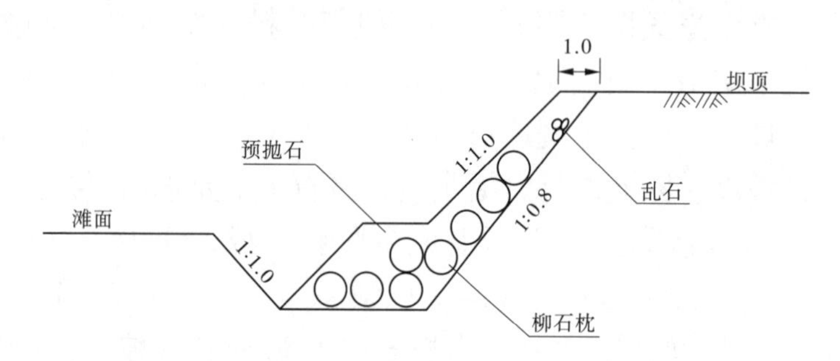

图3-18　旱工柳石结构示意图　（单位：米）

20世纪90年代后，旱工裹护全用乱石，坝脚挖槽，深1～3米，底宽2.5～4米，堆石厚1.5～2.0米。槽内填石每延米6立方米，内外坡1∶1.5，护坡顶宽1.0米，外坡1∶1.5，内坡1∶1.3。旱工乱石结构见图3-19。

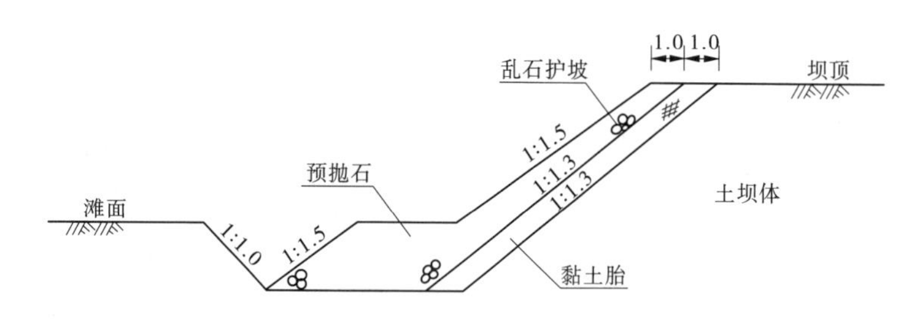

图3-19　旱工乱石结构示意图　（单位：米）

石方裹护有两种结构，一是乱石散抛，二是乱石粗排。一般都在基槽和坝基土方施工后进行。

（1）散抛乱石施工。首先自坝顶在裹护段向基槽内倾倒乱石，至厚1.0米时进行大致捡平，外坡接近1∶1.5，顶面基本找平。然后继续抛并随时捡坡捡顶，直至抛石至坝顶。最后自下而上全面捡平坝坡，并使边坡达到1∶1.5。

捡顶时，要求大石在外，小石在内，内外咬茬，衔接紧密。捡坡时要求坝坡平整一致，无孤石、浮石、小石。

坦石顶面一层石料称为封顶石，封顶石最外一块石料称为眉子石。坝坡捡平后应用薄片石干砌封顶，做到眉子石外沿边口整齐。封顶石与黏土胎结合处应用高0.15米、外坡1∶1、内坡1∶3的土埂封填，此土埂称土眉子。

（2）粗排乱石施工。粗排乱石施工与散抛乱石施工程序基本相同，但各工序要求较高，质量控制较严。具体施工步骤和方法如下：

①铺工放样。先将基槽平整清理，定出沿子石（即护坡面石）边脚线。

②底坯粗排。由坝顶投放较大块石，选择块长且端面平的石料作为沿子石，长边

垂直于坡面排砌，端面坡度为1∶1.5。底层沿子石全部排好后，再填腹石。底层厚约为0.3米。

③续排。由坝顶放石厚0.5米，均选较大块石排砌沿子石1～3层，然后再排腹石，直至基槽内设计填石高度，槽区施工完毕。

④坦石排砌。在槽石顶下0.5米处清出坦石外坡脚，定出坡脚线，按每10～15米定出1∶1.5坡度的立线，然后排底层沿子石和腹石，再按槽石排整方法逐层加高，直至坝顶。

⑤整修槽石顶和坦石顶。槽石顶用具有较大平面的块石整排，内外口整齐。坦石顶用封顶石浆砌或干砌封顶，培修土眉子，至此粗排结束。

乱石粗排质量要求是：沿子石要排砌紧密，石块有飞角棱口在排前要用手锤打去。坡面要平整，坝头曲面要平顺，无扭曲现象发生。腹石填放时要分层进行，注意上下咬茬，要使大石在外、小石在内，与沿子石要结合紧密。

如工期较紧，腹石每层填放厚度可增至0.5～1.0米，但沿子石仍需分层排列。

乱石粗排施工方法同样适用于老坝改建。当老坝需要全部拆除翻修时即可完全按上述方法进行。当旧坝仅沿子石需要翻修时，则填腹石一项可省略，仅对沿子石排砌，并注意沿子石与腹石结合紧密。

（二）水工施工

水中进占筑坝的施工程序是：设置控制桩→进占→进土→抛枕→抛石→整理。其中进占施工比较复杂，是筑坝成败的关键。

1. 设置控制桩

有两种控制桩，一是坝轴线桩，控制丁坝轴线方向，用于土坝体填土控制；二是占体控制桩，控制占体上口即占顶上游侧边线。在坝后滩地上，各设3根位于直线上的桩，其中中间一根桩为主桩，测有桩顶高程，其他两根为辅桩，主要控制筑坝方向。坝长则由测距确定。桩的位置以不影响施工为原则，尽量靠近坝后，但也不宜过近，以防在施工中破坏。

2. 进占

进占的目的是修筑土坝体，土坝体一旦修够长度，则进占任务就已完成，占后修建土坝体，其安全依靠柳石枕和散石保护。

当岸边水流较浅，如不足2.0米，流速不大，如小于0.5米每秒时，则不必采取水中进占方法，可直接向水中倒土填筑土坝体。当水深较大、流速较快、倒土被明显冲走时，可在土坝体上游侧接近上口用土袋抛投挡水，在土袋下游侧倒土筑坝。至倒土抛袋均有困难时才开始用柳石搂厢进占。当然，如岸边水深溜急，则进占从岸边开始。

柳石搂厢进占筑坝施工步骤和方法如下：

（1）打桩拴绳。根据水深和溜势，确定使用绳的种类和数量。用绳一般有过肚绳、占绳、底钩绳、练子绳。除练子绳由底钩绳上生出外，其余均拴于岸上的顶桩上，每桩一条。水深、占宽者，用绳要多；水浅、占窄者，用绳要少，多依经验确定。

（2）捆厢船到位。将普通大木船拆除中舵棚板、前桅后舵，放上横木（顺船方向，称为龙骨），用绳与船捆牢，牵拉到岸边。将过肚绳由船底穿过活扣于龙骨上，占绳和底钩绳由水上面直接活扣于龙骨上（见图3-20、图3-21）。

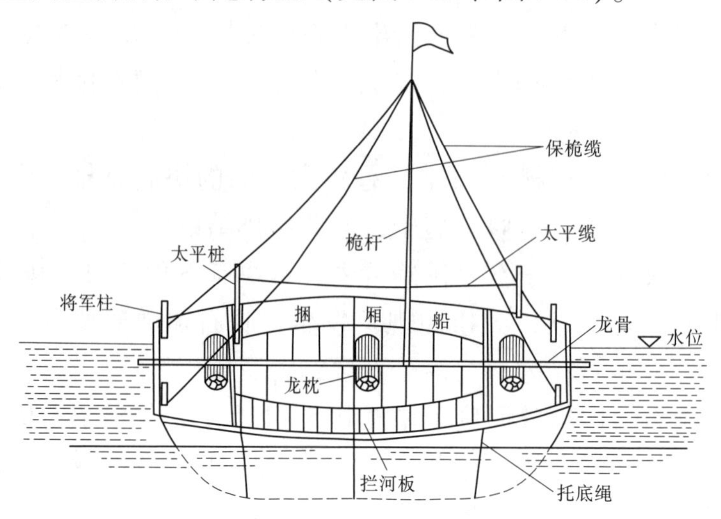

图3-20　搂厢船示意图

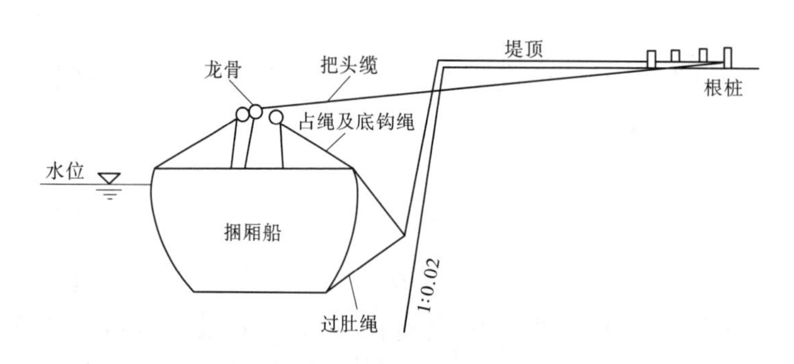

图3-21　进占绳缆示意图

（3）进占。船上船下人员分工到位后，将船撑离岸边5～9米，然后将柳料顺船方向铺于绳上，待船与岸间用柳填满，高齐人胸，再上料有困难时，就上多人跳踩，此称跳埽，使柳下沉外挤，船松绳外移，并留出空当，再在靠船附近上料至齐胸再跳埽，并松绳移船，直至一占长度。在埽接近占长时，应在底钩绳上生练子绳，并活扣于龙骨上。然后在埽上打桩、搂回练子绳和部分底钩绳，压石或土袋，此为第一坯。在第一坯上继续上料，除不跳埽外，一切同前，即打桩拴绳，压石或土袋，再第三、第四……坯,直至使埽到河底，此称到家，搂回占绳，第一占完成。再修第二、第三……占（见图3-22）。

占的宽度一般等于水深，但不少于3米，因为柳枝一般为3米长，不宜再截短。另外占上行人需要安全，占过窄行人不便。占的最大宽度一般不超过船长。每占长度依水深溜势确定，3～4米水深每占长可为15米左右，4～6米水深可为10米左右，

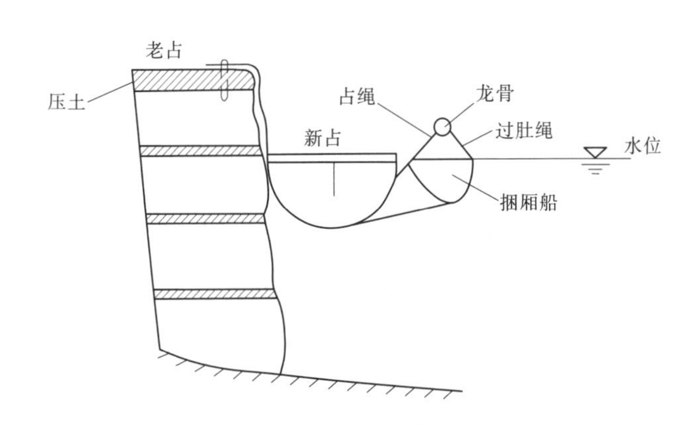

图 3-22　搂厢船承载埽体下沉示意图

6～10 米水深可为 6～8 米。占的高度等于水深加入泥 0.5～1.0 米、出水 0.5～1.0 米。占的压石量一般为每立方米占 0.25 立方米石料，依溜势确定，水浅溜缓可少，水大溜急可多，以能保持占体稳定为原则。

从岸边进占长 5～6 米后即可在占后倒土筑坝。倒土高与占平，宽一般与占宽相同。主要作用是保持占的稳定。占前水浅溜缓不应抛枕，以免分散人料，影响进占速度。占前溜淘河底时，应适当抛枕，防止河床冲深，占体前倾不稳。如占前水深溜急，河床迅速下切，则抛枕宜出水面，以便能发现枕下蛰出险，及时补枕抢护。进占过程中抛枕是为维护占体的安全，根椐安全需要确定抛枕数量。但是，当进占完成后，应在丁坝设计裹护范围内占前普遍抛枕，使枕前外坡达到 1∶1.3，这时抛枕目的主要是为抛石固根提供依托，与进占过程中抛枕有一定区别。

进占全部完成后，将过肚绳搂回占顶或截断，捆厢船撤离。

3. 修筑土坝体

修筑土坝体共分三个施工阶段。第一阶段为进占进土阶段，第二阶段为加高阶段，第三阶段为整修阶段。

（1）进占进土。在进占过程中，为维持占体稳定，于占后倒土，进筑速度以不被水流冲走为度，如进土被冲失严重，可降低速度，使进土前沿距进占前沿距离长些，否则可短些。进土宽度与占等宽，如施工力量较强也可宽些，进土高度与占顶平。待进占接近完成时应加快，集中完成坝头填筑。

（2）帮宽加高。对坝基倒土帮宽达相应高程（占体顶高）、宽度，至此水中倒土筑坝完成。然后整平坝顶，定出坝轮廓线，按规定厚度分层铺土，分层压实，直至设计坝高，同时用人工进行修坡，使之满足设计要求。需要注意的是第一层加高时临河铺土边线的确定。常用的做法是起自占顶外口，这样使占全部作为坝宽的一部分。如进一步分析，不如后退半占宽度开始铺土，既省投资又有利于坝坡的稳定，这在设计时应予考虑。

（3）整修。对坝顶、坝坡全面进行整修。除满足设计尺度外，还要做到口齐、坡顺、坦平、外表美观。

4. 裹护体修筑

占前抛枕，在进占过程中，是为保护工程占体；在占体稳定后，继续抛枕出水，外坡达到1∶1.3，此时枕属于坝基的一部分。当坝基出现大的墩蛰险情后，如枕仍比较完整，则这些枕有固根性质，成为裹护体的一部分，上部续抛的枕仍属于坝基的一部分。在枕作为坝基一部分时，短期内具有护土作用，长期将失效，最终仍是石料起裹护作用。因此，在施工期，占前外层枕可视为裹护的一部分，正常运用期，枕将逐步失去裹护作用，只有石料包括铅丝笼才是真正意义上的裹护体。说明这一点很重要，因为在施工中常有许多误解，如枕的数量、枕的用石量比设计降低时就认为是一个问题。实际上，只要能把坝筑起来，枕包括搂厢数量越少，用石量越少，越符合节约原则。

当枕的顶高、坡度满足要求时，即可在枕外抛石。一般在坝加高前抛投，以满足施工期保护坝基要求。抛石高度与占平，顶宽不少于1米。待坝高修成后再补抛剩余部分。水上抛石需要分层进行，每层厚1米左右，随抛随捡，做到大石在外、小石在内，压茬排垒。最后进行捡平，做到顶平、坡顺、口齐，坦石表面无孤石、浮石（见图3-23）。

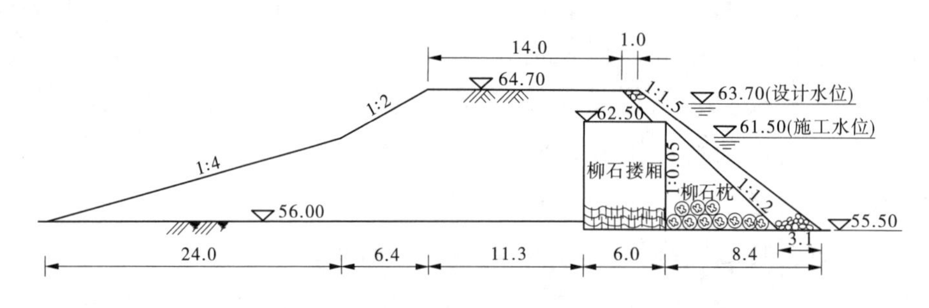

图3-23　水中进占筑坝断面示意图　（单位：米）

第四节　河道整治工程

河道整治工程主要由险工、控导（护滩）工程组成，至2015年，濮阳河段共有险工14处，工程总长21.28千米，控导（护滩）工程20处，工程总长44.37千米。

一、河道整治工程建设沿革

河道整治工程是黄河防洪的重要工程，清光绪十四年（1888年），署河南山东河道总督吴大澂向上奏称：“筑堤无善策，镶埽非久计，要在建坝以挑溜，逼溜以攻沙。溜入中洪，河不著堤，则堤身自固，河患自轻。”吴大澂在荥泽八堡老滩前，筑石坝1

座，工竣立碑，碑文："老滩土坚，遇溜而日塌，塌之不已，堤亦渐圮，今我筑坝，保此老滩，滩不去则堤不单，守堤不如守滩。"阐明了他固滩保堤的治河思想。但铜瓦厢决口改道至晚清时期的56年间，清政府政治腐败，财政困难，内忧外患，封建统治摇摇欲坠，无力顾及黄河治理，河防工程失修，决溢频繁，河患严重。当时仅顾修堤、抢险、堵口，未能进行河道整治。民国时期，水利专家李仪祉也曾提出"固定中常水位河槽，依各段中常水位流量，规定河槽断面，修正主河线，设施工程，以求河槽冲深，滩地淤高"。但限于当时的社会制度和科学技术条件，提出的工程措施，未能施行。

中华人民共和国成立后，黄河下游才开始有计划地修建工程，整治河道。20世纪50年代，黄委会在山东省窄河段开始进行河道整治试验，在滩区修建大量的控导（护滩）工程，并与堤防险工相结合，共同稳定主溜，控制河势，取得很好的效果，为以上河段河道整治提供了经验。与此同时，濮阳河段也进行了一些河道整治的尝试。至1959年，濮阳河段才正式进行河道整治，在探索中，逐步修建河道整治工程。1965～1974年，是濮阳河段河道集中整治阶段，大量修建河道整治工程，河势逐步受到控制。1974年以后，濮阳河段河道整治进入稳定建设期，河道整治工程建设稳步推进。2000年以后，濮阳河道整治工程进一步完善，河势基本得到有效控制。综述濮阳河段河道整治工程建设大致经历5个阶段。河道整治工程建设历程也就是河道整治历程。

（一）第一阶段（1947～1958年）

1938年，国民党在花园口扒口，黄河南流夺淮，濮阳河道断流9年，险工坝岸历经风雨侵蚀、战争破坏，残破不堪，丧失抗洪能力。1946年，冀鲁豫解放区开展"反蒋治河"斗争，在大规模复堤的同时，大力整修险工坝岸。为粉碎敌人的封锁，解决石料困难，掀起群众献砖献石运动，残破不堪的王芟河、南小堤、老大坝、史王庄、邢庙、大王庄、刘楼、孙口等8处险工得以整修恢复。

20世纪50年代，濮阳河段的防洪目标是防御标准内洪水堤防不决口，防洪工程建设主要是大堤加高加固和险工的修建与完善，增强堤防抗洪能力。

1950年，范县史王廖、邢庙2处险工合并重建；1953年，新建寿张县石桥险工，续建南小堤险工；1954年，新建寿张县（今台前县）影唐险工；1955年，在抢修范县大王庄险工时，形成桑庄险工；1958年，新建濮阳县后辛庄险工。当时，险工有石坝、砖坝和秸埽3种类型。

1952年，开始对险工进行第一次整修。其标准是以1933年洪水为坝高的控制指标，主坝超高1.5米，一般坝超高1米。此次整修，主要是埽工石化。根据工程基础情况，分别采用石料干砌、平扣、丁扣、排垒、散抛护坡，用铅丝笼或铅丝网片护底固根。坦石和砌石坡度1∶0.3，丁扣石坡度1∶1，散抛乱石坡度1∶1.5。根石顶宽1.0～1.5米，根石坡度1∶1～1∶1.5。整修方法分干砌、平扣、丁扣、排垒、散抛数种。至1957年险工整修工程全部完成，所有秸埽均改为石护工程。

1955年前，河道整治以滩地治理为主，发动群众治理滩地串沟，清除滩地民埝等。

1955年始转为治湾护滩为主的河道整治工作。根据护滩的要求，1955年，寿张县新建邵庄护滩工程1道坝，是濮阳境内最早的护滩工程。1956年，在濮阳县青庄新建护滩工程3座垛，1957年续建3道坝。1958年，修建濮阳县聂堌堆护滩工程3道透水坝，1959年全部落河。

第一阶段，濮阳境内共新修和改建坝、垛、护岸63道（座、段），其中改建坝13道（见表3-3）。

表3-3 1947～1958年濮阳修建改建河道整治工程情况

工程名称	始建时间（年）	坝（道）	垛（座）	护岸（段）	合计	说明
合计		47	10	6	63	其中改建坝13道
一、险工		40	7	6	53	其中改建坝13道
王芟河	不详	5	-	-	5	属旧险工，具体修建年代不详
南小堤	1920	16	—	6	22	其中改建坝13道
邢庙	1950	12	—	—	12	
石桥	1953	—	7	—	7	
影唐	1954	3	—	—	3	
后辛庄	1958	4	—	—	4	
二、护滩工程		7	3	—	10	
青庄	1956	3	3	—	6	当时为护滩工程，后因不起作用被废除
聂堌堆	1958	3	—	—	3	为密城湾治理创造条件而修建
邵庄	1955	1	—	—	1	护滩保村性质

（二）第二阶段（1959～1964年）

20世纪50年代后期，随着三门峡水库开工修建，认为水库建成后，下游防洪问题基本解决，今后的主要任务就是兴利，于是在下游一方面修建拦河枢纽，一方面整治河道。1959年10月，黄委会工程局提出濮阳河段于林湾与密城湾的治理意见。

1962年4月，武陟庙宫河道整治现场会提出“纵向控制与束水攻沙并举，纵横结合，堤坝并举，泥柳并用，泥坝为主，柳工为辅，控制主溜，淤滩刷槽”的下游河道治理方针。并在李桥、徐码头、苗徐等河湾处修筑淤泥潜坝、淤泥堆、雁翅林、活柳坝、柳盘头等轻型结构形式的试点工程。

濮阳河段（左岸）采用柳淤搂厢和柳淤枕盘头裹护坝基方法，修建冯楼、青庄、于林、魏寨、王密城、潘集等滩区重点控制工程，还在马寨、芟河等处修做柳盘头19个，雁翅林135道。但这些工程一着溜很快就被冲毁，最后彻底被水冲垮。实践证明，完全采用轻型结构治河，不适应黄河下游的水沙条件，加之三门峡水库1960年拦洪之后，清水下泄，冲刷河床，中水持续时间长，所修建的“树、泥、草”工程，绝大部分被冲垮，造成人力、物力的浪费，是河道整治工作的一次教训。1964 年，黄河下游来水偏丰，河势发生强烈的变化，造成工程不断出险，塌滩现象多而严重，给滩区群众生命财产和堤防安全带来很大的威胁。

这一时期的河道整治工程，主要是修建和完善险工，同时也修建了一些护滩工程。1959 年新修濮阳县青庄险工，1960 年新建范县李桥险工，1962 年新建范县彭楼、寿张县梁集、后店子 3 处险工，1964 年新建范县吉庄险工，并对青庄、南小堤、彭楼、李桥、梁集、石桥 6 处险工进行续建，采用土石、柳秸料等材料（黄河传统方法）进一步完善南小堤、石桥 2 处险工。1959 年新建濮阳县尹庄、胡寨、于林、王刀庄、密城湾 5 处护滩工程，1960 年新建濮阳县兰寨护滩工程。1959～1964 年，濮阳河段共新修和改建坝、垛、护岸 119 道（座、段），其中改建坝 3 道、修建护岸 3 段（见表 3-4）。这些工程的修建，使濮阳河道河势主溜线最大摆动幅度缩小为 0.3～3.5 千米。

表 3-4　1959～1964 年濮阳河段河道整治工程修建改建情况

工程名称	始建时间（年）	坝（道）	垛（座）	护岸（段）	合计	说明
合计		102	1	16	119	改建坝 3 道、修建护岸 3 段
一、险工		61	1	16	78	改建坝 3 道、修建护岸 3 段
青庄	1959	12	1	6	19	
南小堤	1920	10	—	10	20	改建坝 3 道、修建护岸 3 段
吉庄	1964	4	—	—	4	
彭楼	1962	13	—	—	13	
李桥	1960	10	—	—	10	
梁集	1962	6	—	—	6	
后店子	1962	3	—	—	3	
石桥	1953	3	—	—	3	
二、控导工程		41	—	—	41	
胡寨	1959	1	—	—	1	堵复串沟时修建的护滩工程
尹庄	1959	4	—	—	4	1962 年第 4 坝被拆除
于林	1959	14	—	—	14	防止于林湾发展而修建
王刀庄	1959	5	—	—	5	
密城湾	1959	11	—	—	11	
兰寨	1960	6	—	—	6	

濮阳县尹庄控导工程，是在过渡型河段修建的第1处控导工程（土石结构），因缺乏统一规划和经验，盲目修建的3～4坝过长，造成对岸滩岸坍塌坐弯严重，1962年奉上级命令将4坝全部及3坝前部120米拆除。

（三）第三阶段（1965～1974年）

1965年2月6日，黄委会在《关于黄河下游河道整治工作的安排意见》中指出，河道整治主要是结合现有险工和控导护滩工程，修建一些新的控导工程，控制主溜，稳定险工溜势，避免发生新险，以争取防洪主动。通过总结经验教训，黄委会扭转了靠“树、泥、草”治河的设想，在结构上恢复以柳、石为主体的结构形式。

1969年，在三门峡召开的晋、陕、豫、鲁4省治河会议上，提出制定规划，整治河道，继续兴建必要的控导护滩工程，控制主溜，护滩保堤，以利防洪和引黄灌溉的要求。是年10月，黄委会提出河道整治规划治导线和拟安排的工程项目。这标志着河道整治进入由被动到主动、由盲目到有计划的整治阶段。

1972年10～11月，黄委会利用一个月的时间召开黄河下游河道整治会议。会议通过《黄河下游河道整治规划》《黄河下游河道管理工作的几项暂行规定》；会议对高村至陶城铺河段整治取得的成绩和经验进行全面总结，对控导工程在稳定河势、固定险工、护滩保堤、引黄淤灌发挥的重大作用给予肯定；提出河道整治的基本原则，明确整治流量、整治河宽等重要规划设计参数。河道整治工作不仅在思想认识上得到统一、巩固和提高，而且在技术上也走向成熟。

这一时期，濮阳河段是黄委会安排的河道重点整治河段。按照上级批复的河道整治规划和整治工程项目，新建、续建和改建河道整治工程。1968年，新建范县张堂险工。1966年，新建范县孙楼、贺洼、姜庄3处控导（护滩）工程；1967年，新建濮阳县连山寺、范县旧城控导工程；1968年，新建范县梁路口、赵庄控导工程；1969年，新建濮阳县马张庄控导工程；1970年，新建范县韩胡同、白铺控导工程；1971年，新建濮阳县龙常治控导工程；1973年，新建濮阳县南上延控导工程。这一时期，对青庄、吉庄、彭楼、李桥、影唐等5处险工和南上延、连山寺、龙常治、胡寨、旧城、孙楼、韩胡同、赵庄等8处控导（护滩）工程进行续建；险工进行第二次整修，此次整修主要是险工加高改建，以防御花园口站22000立方米每秒洪水为标准，相应孙口流量为16000立方米每秒，濮阳河段加高改建的工程，一般加高0.51～1米。由于加高高度不大，均按照坝垛的实际情况，顺坡往上接修，按计划如期完成。1965～1974年，共新建险工1处、控导工程11处，共新修、续建和加固坝、垛、护岸417道（座、段）（见表3-5）。其中，李桥险工有29道坝废弃被拆除，于1968年重新规划和建设。随着濮阳县连山寺、马张庄、龙常治控导工程的修建，濮阳密城湾治理圆满成功。

表3-5　1965～1974年濮阳河道整治工程修建续建加固情况

工程名称	始建时间（年）	坝（道）	垛（座）	护岸（段）	合计	说明
合计		374	20	23	417	其中拆除废弃29道坝
一、险工		99	7	—	106	其中拆除废弃29道坝
青庄	1959	3	—	—	3	
吉庄	1964	3	—	—	3	加固1坝和3～4坝
彭楼	1962	23	—	—	23	
李桥	1960	49	—	—	49	其中拆除废弃29道坝
影唐	1954	13	4	—	17	
张堂	1968	8	—	—	8	
石桥	1953	—	3	—	3	
二、控导工程		275	13	23	311	
南上延	1973	32	—	8	40	
胡寨	1959	8	—	—	8	控导护滩工程
连山寺	1967	32	—	13	45	
尹庄	1959		—	1	1	
龙常治	1971	19	—	—	19	
马张庄	1969	23	—	1	24	
旧城	1967	25	—	—	25	控导护滩工程
台前县		136	13	—	149	
孙楼	1966	38	—	—	38	
韩胡同	1970	39	13	—	52	
梁路口	1968	38	—	—	38	
赵庄	1968	18	—	—	18	
贺洼	1966	1	—	—	1	控导护滩工程
姜庄	1966	1	—	—	1	控导护滩工程
白铺	1970	1	—	—	1	控导护滩工程

1965～1974年，濮阳河道河势主溜线最大摆动幅度缩小为0.3～3.0千米。

（四）第四阶段（1975～2000年）

1974年以后，濮阳的河道整治进入稳定的建设时期。1987年，新建范县吴老家、杨楼控导工程；1994年新建范县李桥控导工程；1995年新建濮阳县三合村、台前县枣包楼控导工程。这一时期，对青庄、彭楼、李桥、邢庙、影唐、张堂等6处险工和李桥、吴老家、杨楼、韩胡同、梁路口、枣包楼等6处控导工程进行上延或下续，进一步完善整治工程体系。随着防洪标准的提高以及工程暴露出的新问题，对11处河道整治工程进行加固、改建，提高工程抗洪和控制河势能力。

1975～1987年，根据第三次大修堤的要求，对险工坝岸进行一次全面的加高改建。为统一改建方案，黄委会于1978年7月印发《黄河下游险工坝岸加高改建意见》。据此，结合濮阳河段险工具体情况，制定各种坝岸的标准断面（包括根石），明确规定坝岸加高改建的原则、方法及施工质量要求。加高改建的原则是：在满足工程稳定要求，保持工程控导能力，稳定共有溜势，保证工程安全的前提下，力求做到经济合理。对个别影响溜势，不起好作用的坝做适当调整。多年脱溜的坝岸暂不改建，次要的短小坝头有的则改为护岸。改建工程仍以防御花园口站22000立方米每秒洪水为目标，渠村分洪闸以上超高设计防洪水位2米，渠村分洪闸以下至张庄为1.5米。坝基顶宽9～11米，扣石坝和乱石坝坦石顶宽0.7～1米，超出设计防洪水位0.8～1.5米。坦石坡度因坝型不同而异。砌石坝1:0.3～1:0.5，扣石坝和乱石坝一般1:1～1:1.5。根石顶宽1～1.5米，超出枯水位1～2米。根石坡度1:1～1:1.5。此外，考虑以后续修的需要，铺底宽度按上述设计坝顶再加2米实施。加高改建的标准为：丁扣护岸，顺坡加高，根石也相应抬高；丁扣坝和乱石坝，外坡保持不变，内坡加陡，以增加填石，一般从原设计洪水位进行拆改，拆改起点处填石厚30～50厘米，根石亦相应加高；砌石坝，可顺坡加高，外坡不变，内边抽槽加0.5～1米，抽槽深4米左右，根石相应加高。浆砌石坝也可改为丁扣坝或乱石坝。凡是接高根石台的，一律遵守退坦加高根石的原则。

这一时期，共新修和改建坝、垛、护岸262道（座、段），其中新建坝、垛、护岸139道（座、段），改建加固123道坝（见表3-6）。

1975～1984年，通过对河道整治工程体系的进一步完善，濮阳河道河势主溜线最大摆动幅度缩小为0.2～1.6千米。1986～2000年，针对上游来水来沙偏小，造成河道严重淤积，河势普遍上提的情况，又对个别河段的河道整治工程体系进一步完善，河势得到有效控制（除青庄以上个别河段外），河势主溜线摆动幅度基本控制在0.1～0.4千米。

表 3-6　1975～2000 年濮阳河道整治工程修建改建情况

工程名称	始建时间（年）	坝（道）	垛（座）	护岸（段）	合计	说明
合计		244	12	6	262	其中改建加固 123 道坝
一、险工		34	4	—	38	其中改建加固 26 道坝
青庄	1959	8	—	—	8	其中改建加固 5 道坝
彭楼	1962	9	—	—	9	全部为改建加固工程
李桥	1960	6	—	—	6	改建 1 道坝
邢庙	1950	5	—	—	5	全部为改建工程
影唐	1954	—	4	—	4	其中 3 座垛为控导标准
张堂	1968	6	—	—	6	全部为改建工程
二、控导工程		210	8	6	224	其中改建 97 道坝
三合村	1995	16	—	—	16	
南上延	1973	43	—	4	47	其中改建 37 道坝
胡寨	1959	4	—	—	4	
连山寺	1967	29	—	2	31	其中改建 22 道坝
龙常治	1971	4	—	—	4	
李桥	1994	8	—	—	8	
吴老家	1987	35	—	—	35	其中改建 12 道坝
杨楼	1987	39	—	—	39	其中改建 18 道坝
韩胡同	1970	13	—	—	13	
梁路口	1968	3	8	—	11	
枣包楼	1995	16	—	—	16	其中改建 8 道坝

（五）第五阶段（2001 年～）

2000 年后，濮阳河段的河势基本得到控制，河道整治工作进入扫尾阶段。这一时期，主要是根据河势变化和防洪标准的提高，对青庄、南小堤、桑庄、影唐、梁集等 5 处险工的 57 道坝进行改建加固，按控导标准新修南小堤险工 25～27 坝；对三合村、南上延、李桥、吴老家、杨楼、韩胡同、梁路口、枣包楼等 8 处控导工程进行上延或下续，共修建坝、垛 42 道（座）；对马张庄、韩胡同 2 处控导工程的 26 道坝进行改建加固。这一时期，共修建和改建加固坝、垛 128 道（座），其中新修坝、垛 45 道（座），改建坝 83 道（见表 3-7）。

2002 年后，随着黄河每年的调水调沙，濮阳主河道逐步刷深、展宽。高村以下河段河势变化不大，主要表现为靠河工程河势上提或下挫，但高村以上河段河势变化较大，主要表现为三合村控导护滩工程河势外移、脱河，青庄险工河势下挫。

表 3-7　2001 ~ 2015 年濮阳河道整治工程修建改建情况

工程名称	始建时间（年）	坝（道）	垛（座）	合计	说明
合计		106	22	128	其中改建加固 83 道坝
一、险工		60	—	60	其中改建加固 57 道坝
青庄	1959	13	—	13	全部为加高改建
南小堤	1920	22	—	22	其中改建加固 19 道坝
桑庄	1919	12	—	12	全部为裹护加固
影唐	1954	7	—	7	全部为加高改建
梁集	1962	6	—	6	全部为加固改建
二、控导工程		46	22	68	其中改建加固 26 道坝
三合村	1995	5	—	5	3 道为钢筋混凝土透水桩坝
南上延	1973	3	—	3	
马张庄	1969	9	—	9	全部为加固改建
李桥	1994	5	—	5	
吴老家	1987	6	—	6	
杨楼	1987	2	3	5	2015 年汛前抢修 3 座垛
韩胡同	1970	1	17	18	其中改建加固 17 道坝
梁路口	1968	—	2	2	
枣包楼	1995	15	—	15	

二、险工

险工有悠久的历史，据《史记·河渠书》记载，西汉成帝时（公元前 32 ~ 前 6 年），黄河下游“河从河内北至黎阳为石堤，激使东抵东郡平刚；又为石堤，使西北抵黎阳、观下；又为石堤，使东北抵东郡津北；又为石堤……”。又《水经·河水注》记载，东汉永初七年（公元 113 年），在黄河荥口石门以东修筑八激堤，“积石八所，皆如小山，以捍冲波”，所有这些石堤都是当时的险工。

濮阳境内有记载的黄河险工修建于宋天禧、天圣年间（1017 ~ 1023 年），澶州有濮阳、大韩、大吴、小吴、商胡、王楚、横陇、曹村、依仁、大北冈、孙陈、固明、王八等 13 埽，濮州（今范县）有任村及东、西、北 4 埽。每一埽都是大堤险工。

金、元、明及清初，黄河南徙入淮，濮阳河道断流，险工也随之废弃。

清咸丰五年（1855 年），黄河在铜瓦厢决口，改行现河道。铜瓦厢决口后的 20 多年，黄河无正槽，河水自然漫流。至光绪三年，陶城铺以上两岸堤防基本形成，溜势逐渐归一，输入下游泥沙逐渐增加。“淤垫日高，水势稍大便不能容，是以泛决之患年甚一年”。清末时期，濮阳河段河势提挫变动迅速，且幅度大，为防御大堤溃决，而修守险工埽坝。由于河槽变迁无常，当时所建险工大多数是临时性险工，险工地段不固定。因河道堤距较宽，故险工平面布局多为坝身较长的下挑式丁坝，护岸工程较少。当时修筑险工一是因河势变化，紧急出险、抢修而成；二是堵口合龙后筑坝形成险工。至民国26年（1937年）濮阳境内修有王芟河、南小堤、老大坝、董楼、史王庄、邢庙、大王庄、刘楼、孙口等9处险工。

中华人民共和国成立后，对南小堤、老大坝险工进行整修加固，史王庄、邢庙两处险工合并为邢庙险工，并进行整修加固。根据不同时期防洪标准和河势变化的要求，以及河道整治规划，新建11处险工，并对所有险工进行续建、改建，至2015年，濮阳黄河河段共有险工13处，坝171道（其中控导工程标准10道），垛15道，护岸22段，工程总长20813米（占堤防总长度的13.72%），工程裹护总长15422米（见表3-8）。险工修建、改建、抢险等共用石料119.28万立方米，柳秸料4185.49万千克，铅丝513.09吨，工日258.94万个，投资12606.20万元（见表3-9）。

表3-8　2015年濮阳黄河堤防险工统计

工程所在地	工程名称	起止桩号	工程长度（米）	裹护长度（米）	坝垛数量（道）				始建年份
					坝	垛	护岸	合计	
濮阳市	—	—	20813	15422	171	15	22	208	—
濮阳县	青庄	48+680~51+750	2329	2290	18	1	7	26	1959
	老大坝	62+910	150	—	1	—	—	1	1915
	南小堤	64+179~66+032	3571	2749	27	—	15	42	1920
	吉庄	102+852~103+578	726	140	4	—	—	4	1964
范县	彭楼	103+918~107+248	3330	2781	36	—	—	36	1962
	桑庄	114+980~116+450	1470	—	12	—	—	12	1919
	李桥	120+450~122+771	2321	2457	25	—		25	1960
	邢庙	122+711~124+257	1486	838	12	—	—	12	1950
台前县	影唐	165+240~167+060	2020	2044	16	4	—	20	1954
	梁集	170+842~171+642	800	156	6	—	—	6	1962
	后店子	180+447~180+847	400	180	3	—	—	3	1962
	张堂	186+000~186+910	910	1016	8	—	—	8	1968
	石桥	192+800~193+200	1300	771	3	10	—	13	1953

表 3-9 濮阳堤防险工用工用料及投资情况

工程名称	石料（万立方米）	柳秸料（万千克）	铅丝（吨）	工日（万个）	投资（万元）
合计	119.28	4185.49	513.09	258.94	12606.2
青庄	23.67	1164.00	138.31	38.01	3613.25
老大坝	0.10	14.50	0.78	0.74	4.21
南小堤	18.24	614.31	122.79	31.06	2246.59
吉庄	0.06	—	—	4.91	10.02
彭楼	17.12	449.73	73.83	41.57	1130.21
桑庄	0.96	77.00	2.60	0.56	86.22
李桥	25.07	980.88	80.73	48.64	2861.07
邢庙	5.72	591.13	42.62	74.65	342.57
影唐	19.23	229.50	31.68	10.79	1748.18
梁集	0.61	—	1.83	0.28	73.04
后店子	0.36	—	1.63	0.11	12.85
张堂	7.04	32.65	14.37	7.28	456.84
石桥	1.10	31.79	1.92	0.34	21.15

（一）青庄险工

青庄险工位于濮阳县渠村乡青庄、大芟河村南，始建于 1959 年，1990 年修建完成。工程为凹入型平面布局，相应大堤桩号 48 +680 ~51 +750，总长 2329 米，裹护长度 2290 米，共有 18 道坝、1 道垛、7 段护岸，坝顶高程 67.76 ~67.83 米（黄海）。16 ~18 坝为控导标准，坝顶高程为 65.48 米。该工程是黄河下游河道整治规划中的工程之一，它上迎对岸黄寨、霍寨、堡城河道工程以及三合村控导护滩工程来溜，下送溜至对岸的高村险工。

1947 年黄河归故后，由于青庄滩岸地不断坍退而引起其下游的一系列变化，高村、南小堤、刘庄险工河势逐年下挫，以至脱河。1956 年修建青庄护滩工程 3 道垛，1957 年又修建 3 道坝。因这 6 道坝未能起到控制河势的作用，于 1959 年废弃，工程改为险工，重新布局。当年汛前修建 2 ~3 坝、9 ~11 坝，汛中修建 1 坝、4 ~8 坝，还修建 3 ~10坝 6 段护岸及垛 1 道。1960 年续建 12 坝，1969 年续建 13 ~15 坝，1983 年修建 12 坝下护岸。1985 年后，对岸堡城险工河势由于逐年上提，使高村、南上延工程河势下挫脱河，南小堤河势上提，该段河势逐渐恶化，为稳定和改善其下游河势，保滩护村，确保堤防安全，1988 年和 1990 年分别续建 16 坝、17 坝和 18 坝（控导标准），1997 年对 16 ~18 坝进行加高帮宽。2000 年和 2003 年分别对 1 ~2 坝和 3 ~15 坝进行帮宽加高改建。

青庄险工经过 50 多年来的整修、改建、抢险与加固，除 1 ~2 坝基础较浅外，3 ~

18 坝及垛、护岸的基础均较深、较牢固，御水抗冲刷能力较强，但该河段河床属于层淤层沙的格子底，易发生较大和重大险情。

截至 2015 年，该工程修建、整修、抢险累计用石料 23.67 万立方米，柳秸料 1164 万千克，铅丝 138.31 吨，工日 38.01 万个，共计投资 3613.25 万元。

青庄险工位置见图 3-24。

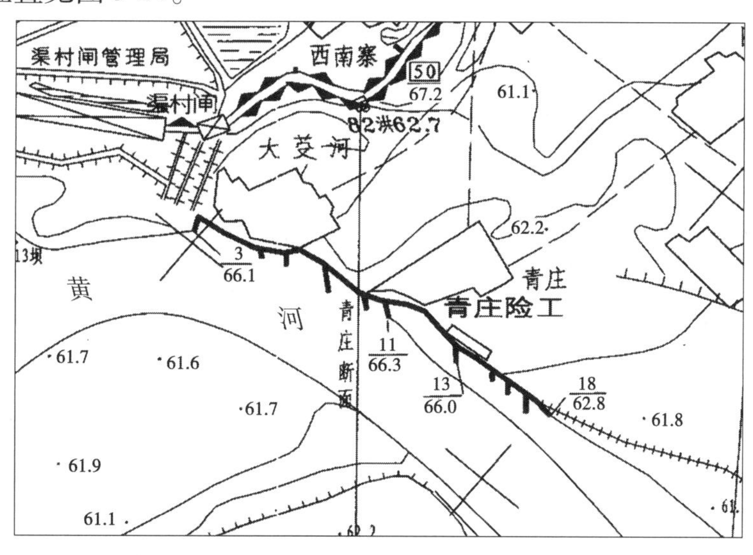

图 3-24　青庄险工位置示意图

（二）老大坝险工

老大坝险工位于濮阳县郎中乡前赵屯村南，相应大堤桩号 62 +910，始建于 1915 年，属于历史老险工，有坝 1 道，工程长 150 米。坝顶高程为 66.68 米。民国初年，青庄上首大河坐弯，导溜至高村险工上首，溜出高村险工后，直冲北岸司马集一带坐弯，司马集、安头两村落河，陈屯及坝头村前坐成大弯，为防止溜势冲堤生险，于 1915 年 9 月修大坝 1 道，亦即老大坝。1932 年大坝接长 1000 米，红砖护坡，故称红砖坝。

1933 年被大水冲断，以后即开始脱河。1947 年黄河归故后，司马集一带坐弯，致使对岸永乐着溜，造成老大坝于 1951 年着溜抢险，1952 年河势下挫，脱河至今。1973 年修建南上延控导工程后，老大坝险工只有在洪水漫滩时才偎水。

截至 2015 年年底，该工程修建、整修、抢险累计用石料 0.1 万立方米，柳秸料 14.5 万千克，铅丝 0.78 吨，工日 0.74 万个，共计投资 4.21 万元。

（三）南小堤险工

南小堤险工始建于 1920 年，位于濮阳县习城集南，相应大堤桩号 64 +179 ~66 +032。险工所在地为历史决口旧址，因在大堤外修小堤，故名南小堤。工程平面布局为凹入型，总长 3571 米。共有坝 27 道坝（24 ~27 坝为控导标准）、15 段护岸。6 ~23 坝坝顶高程为 66.50 ~66.33 米，24 ~27 坝坝顶高程均为 62.66 米。

该工程是黄河下游河道整治规划中的一处工程，它与南小堤上延控导工程组成一河湾，上迎东明县高村险工来溜，下送溜于菏泽市刘庄险工。

1915 年坝头堤防决口后，河势逐渐下挫，根据河势下延的趋势，于 1920 年首建第 3 坝。1935 年左右陆续修建 1 ~ 10 坝（秸料坝埽），6 ~ 10 坝系一道蜿蜒的龙尾坝。1935 年后，工程即着溜生险，抢险后逐渐改为砖坝。1936 年，由于河势下挫，续建 11 ~ 13坝。1938 年，工程脱河。

1947 年，对 1 ~ 13 坝进行大规模整修加固，整修乱石坝 2 道（3 坝、12 坝）、秸埽坝 7 道（6 ~ 12 坝、13 坝）及 6 ~ 9 坝下护岸 4 段。1949 年修建 10 坝下护岸。1949 年大水时，10 ~ 13 坝大溜顶冲生险，水深溜急，抢护不及被洪水冲断 10 坝长 30 米、13 坝长 50 米。

1951 年、1952 年将原有柳石坝及砖坝大部分改建为土石坝。1953 年续修 15 ~ 17 坝（后因兴建山东大坝而废除），1956 年修建 11 坝下护岸。1956 年随着河势下挫，造成习城乡万寨、于林一带塌滩坐弯，至 1959 年大河经胡寨冲向对岸刘庄下首后郝寨一带，致使对岸刘庄险工脱河，刘庄引黄闸引水困难。1960 年（利用三门峡水库下闸蓄水时机）为对岸刘庄引黄闸引水，由山东省负责修建 18 ~ 24 坝支坝及 17 ~ 23 坝 7 段下护岸，故称“山东大坝”（也叫“截流大坝”），至 1962 年移交安阳黄河修防处管理。1960 年、1962 年，整修加固 15 ~ 17 坝及 11 ~ 12 坝下护岸。2007 年，对 6 ~ 16 坝按险工标准、17 ~ 23 坝按控导标准改建。2008 年，将 24 坝改建为控导标准，并新修 25 ~ 27 坝（控导标准）。

南小堤工程属于历史老险工，经过近百年来的整修、改建、抢险与加固，6 ~ 24 坝及 15 段护岸基础较深、较牢固，御水抗冲刷能力很强，25 ~ 27 坝属于新修未经抢险加固的坝，御水抗冲刷能力差，若着溜极易出大险。2003 年后，非汛期一直脱河，汛期工程下首仅个别坝靠河或偎水。1 ~ 5 坝因修建南上延控导工程早已脱河，失去作用。

截至 2015 年底，该工程修建、整修、抢险（不含山东坝修建）累计用石料 18. 24 万立方米，柳秸料 614. 31 万千克，铅丝 122. 79 吨，工日 31. 06 万个，共计投资 2246. 59 万元。

南小堤险工位置见图 3-25。

（四）吉庄险工

吉庄险工位于濮阳县王称堌乡吉庄村南，相应大堤桩号 102 + 852 ~ 103 + 578，始建于 1964 年，平面布局为平顺型，总长 726 米，裹护长 140 米，共有坝 4 道，坝顶高程为 61. 89 ~ 61. 80 米。

1963 年对岸营房险工导溜，使吉庄村东严重塌滩。为达到与彭楼险工衔接成一弯道，既能起到防洪固堤作用，又有利于河道整治，于 1964 年汛期在吉庄险工建坝 4 道，1965 年 7 月将 1 坝、3 坝、4 坝前挖槽深 1 米，抛散石裹护。之后，两岸相继修建护滩工程固定险工溜势，主溜下挫至彭楼险工而脱河，仅在洪水漫滩时才靠河。该工程未经过抢险加固，根基浅，御水抗冲刷能力差。

截至 2015 年底，该工程修建、整修累计用石料 0. 06 万立方米，工日 4. 91 万个，

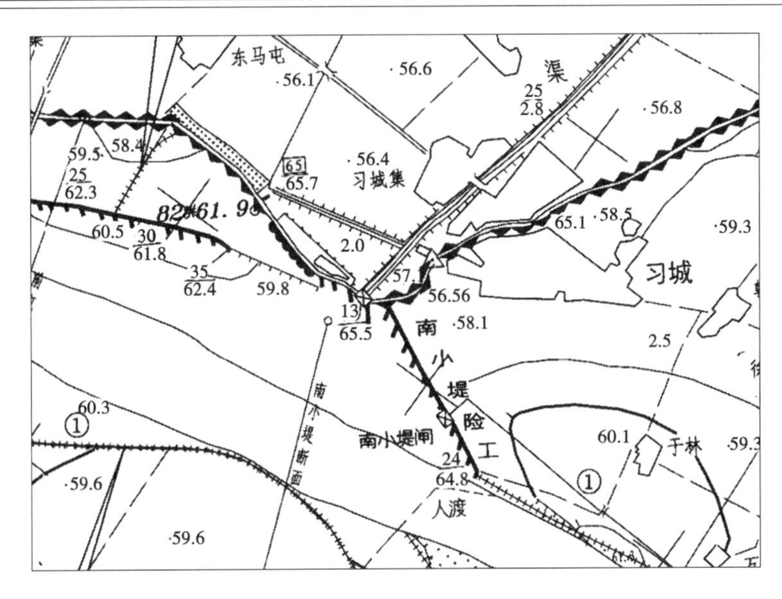

图 3-25　南小堤险工位置示意图

共计投资 10.02 万元。

（五）彭楼险工

彭楼险工始建于 1962 年，位于范县辛庄乡于庄、马棚村南，相应大堤桩号 103 + 918 ~ 107 + 248，工程平面布局为凹入型，长 3330 米，裹护长 2781 米。共有坝 36 道，坝顶高程为 58.35 ~ 56.02 米。

该工程是黄河下游河道整治规划中的一处工程，它上迎鄄城县营房险工来溜，下送溜于鄄城县梅庄、老宅庄、桑庄、芦井工程。

1962 年，由于右岸营房险工挑溜作用，大河顶冲彭楼河湾，滩岸迅速坍塌后退，威胁堤防安全。为保护堤防安全、护滩保村、控制河势的恶性变化而修建此工程。1962 年建 12 坝、13 坝 2 道护村坝。1963 年 3 月定为险工，建 1 ~ 6 坝。1964 年溜势下挫，8 月建 7 ~ 11 坝。1965 年主溜又下挫，5 月建 14 ~ 33 坝和垛 20 道。1967 年 5 月续建 34 坝、35 坝、36 坝 3 道。1970 年修建 34 ~ 36 坝。1998 年 6 月对 22 ~ 30 坝联坝加高改建。在中常洪水情况下，12 ~ 36 坝靠河，15 ~ 33 坝靠主溜。

彭楼险工经过 50 多年来的整修、改建、抢险与加固，12 ~ 36 坝基础相对较深、较牢固，御水抗冲刷能力较强，1 ~ 11 坝基础相对较浅，御水抗冲刷能力较为薄弱，这些坝几乎常年不靠河。

由于历史等原因，彭楼工程布局有缺陷，需要进行改造，主要是消除“鱼肚”问题，应采取截短 30 ~ 35 坝和对 6 ~ 29 坝接长相结合的方法，以达到坝头连线组成平顺的送溜段，从而将溜送至老宅庄工程 13 坝以下。

截至 2015 年底，该工程修建、整修、抢险累计用石料 17.12 万立方米，柳秸料 449.73 万千克，铅丝 73.83 吨，工日 41.57 万个，共计投资 1130.21 万元。

彭楼险工位置见图 3-26。

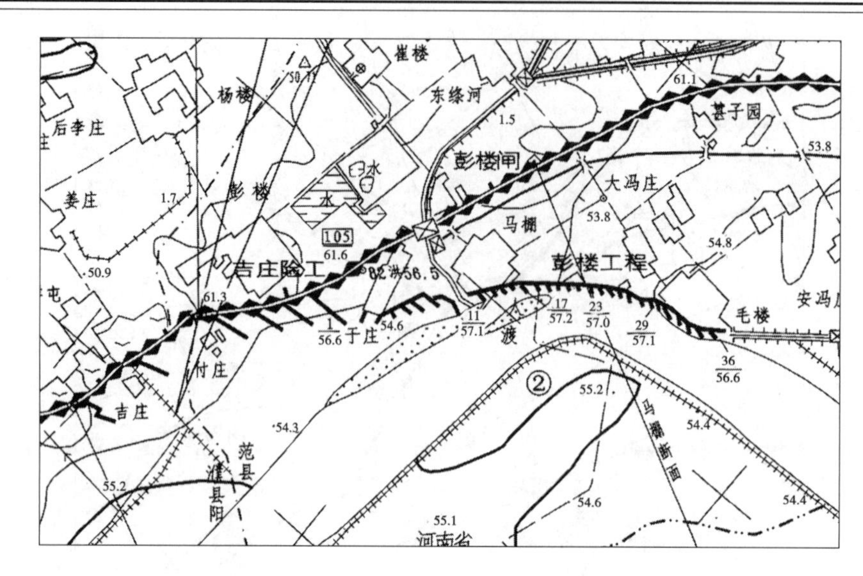

图 3-26　吉庄和彭楼险工位置示意图

（六）桑庄险工

桑庄险工位于范县杨集乡西桑庄南，原是大王庄险工的一部分，相应大堤桩号114＋980～116＋450，始建于1919年，共12道坝，工程总长度1470米。

1955年10月下旬，大王庄险工38坝、39坝靠溜出险。溜势上提下挫，险情向上下两头发展。上头整修大王庄险工坝10道，下续建坝2道，共12道坝，工程长1220米。1957年7月，高村站流量12400立方米每秒，溜势外移脱险。1958年大水过后脱河。

2011年，投资77.20万元，对该工程进行裹护改建，共完成工程土方1.30万立方米，石方2847立方米，混凝土58.50立方米。2013年，随着该段堤防移址，1～6坝和9～12坝按原标准、原规模、原功能重新修建，1～6坝、9坝和12坝平移修建丁坝长度为35米，10～11坝修建丁坝长度为40米，坝顶高程为53.87～53.71米。2015年10月竣工，共完成工程投资57.24万元。

截至2015年底，该工程修建、整修、抢险累计用石料约0.96万立方米，柳秸料77万千克，铅丝2.60吨，工日0.56万个，总投资86.22万元。

（七）李桥险工

李桥险工始建于1960年，位于范县陈庄镇罗庄村南，相应大堤桩号120＋450～122＋771，工程为凹入型平面布局，长2321米，裹护总长2457米，有25道坝，坝顶高程为58.59～58.38米。

该工程是黄河下游河道整治规划中的工程之一，自修建以来，与邢庙险工形成一弯道，上迎对岸芦井、桑庄等工程来溜，下送溜于对岸郭集控导等工程。

1960年，由于河在右岸大罗庄坐弯，主溜导向李桥，致使李桥河湾急剧坍塌至李桥村头，遂兴建李桥护滩工程1～5坝。1961年，1坝、2坝被冲垮，李桥护滩工程放弃，该河湾形成“S”形，河势上提，距大堤约300米，直接威胁堤防安全。1964年9月，在原工程上首建1～7坝，并恢复整修8坝（老3坝）。1965年10月，对8坝、9

坝（老5坝）、10坝进行整修加固，保住李桥滩岸不再坍塌后退。因8坝至9坝裆距偏大，1966年10月修8坝下1～2垛、9坝下1垛，并建11～26坝，边修土坝基边抢护。1967年续建27～39坝。1968年，由于河势进一步下挫，37～39坝因抢护不及坍入河中，39坝以下塌滩坐弯，弯弧长750米，弯深250米，37坝以上工程全部脱河而报废。

1968年，李桥险工重新规划，当年8月修建41～51坝（因裆距小，42坝未建），1969年4月续建52～61坝。1981年汛后，经河势查勘议定规划的治导线为：将48～58坝头联成一直线，截去50坝多余长度，在50坝坝根至51坝间作一裹头。此调整方案于1982年完成。1990年修建38～40坝，1991年修建36坝、37坝。由于1982年水毁的右岸芦井控导工程恢复后，大溜直冲李桥工程上首300米处坐死弯，加速该工程上首滩落河，严重威胁大堤安全。为改变河势状况，确保堤防安全，1994年上延兴建李桥控导工程。2000年，李桥险工调整平面布置，填平中间陡弯，削短下部长坝，使工程整体上趋于合理。

李桥险工经过几十年来的整修、改建、抢险与加固，坝体基础较深、较牢固，御水抗冲刷能力非常强，因此多年来虽靠河靠溜，但出险极少。

截至2015年底，该工程修建、整修、抢险累计用石料25.07万立方米，柳秸料980.88万千克，铅丝80.73吨，工日48.64万个，共计投资2861.07万元。

（八）邢庙险工

邢庙险工是1950年在原史王廖险工和邢庙险工的基础上修建的，位于范县陈庄镇史楼村东南，相应大堤桩号122+771～124+257。工程平面布局为凹入型，总长1486米，裹护总长838米，共计12道坝，均为扣石坝，坝顶宽为8～12.5米，坝顶高程为57.27～56.26米。

该工程与李桥险工形成一弯道，上迎对岸芦井等工程来溜，下送溜于对岸郭集控导等工程。

邢庙险工原为史王廖险工，始建于清代光绪年间。据《再续行水金鉴》记载，宣统三年（1911年）濮县北岸临黄民埝的廖桥4坝之第4埽平蛰入水，牵动5、7两埽，形势岌岌，各埽全行刷去，立即催上秸料补做整齐，并修筑挑水坝基2道。由于右岸滩地坐弯，不断变化，邢庙险工靠河不稳定，修守抢险持续27年，1938年脱河。

1947年黄河归故后，濮县史王廖险工有坝3道，范县邢庙险工有坝4道，均是以前的老坝，坝身短、低、残缺不全，失去抗洪作用。根据险工靠河先后，1950年7月修建1坝，1951年修建9坝、10坝，1952年8月修建2坝、3坝、4坝、8坝、11坝，1953年修建5坝、6坝、7坝，1954年修建12坝。为控制河势洪水流路，1988年和1989年接长长度不足的坝，8坝接长30米，9坝接长42米，10坝接长62米，11坝接长65米，12坝接长130米。

该工程经过多年的抢险加固，坝体基础较为坚固，御水抗冲刷能力强。因此，近十几年来出险很少。由于邢庙险工着溜坝垛较少，工程位置偏后，挑溜能力差，再加之恒通浮桥紧靠12坝下首，河出该工程后河势散漫，不能把主溜顺利输送到右岸郭集控导工程，造成郭集控导工程着溜点上提下挫，变化频繁。

截至2015年底，该工程修建、整修、抢险累计用石料5.72万立方米，柳秸料591.13万千克，铅丝42.62吨，工日74.65万个，共计投资342.57万元。

李桥和邢庙险工位置见图3-27。

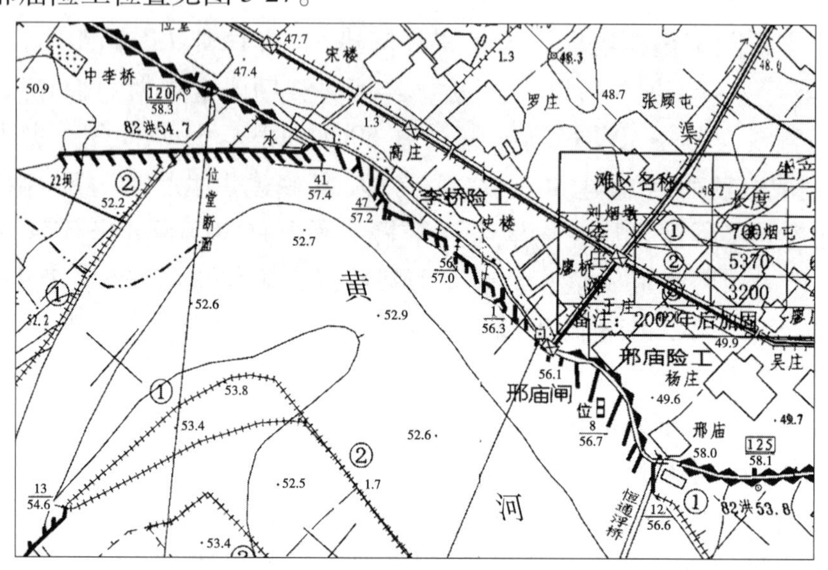

图3-27 李桥和邢庙险工位置示意图

（九）影唐险工

影唐险工始建于1954年11月，位于台前县孙口乡打渔陈镇影唐村南，相应大堤桩号165+240~167+060。工程平面布局为凹入型，总长度2020米，裹护长度2044米，有坝16道、垛4座，坝顶高程为52.50~49.47米。

该工程是黄河下游河道整治规划中的工程之一，上迎对岸蔡楼控导工程来溜，下送溜于对岸朱丁庄控导工程。

台前县影唐险工属于历史老口门，黄河曾分别于1917年、1919年和1920年在此处决口。1947年黄河归故后，大河主流在右岸程那里险工下首钟那里和王老君村庄之间坐弯挑溜。1954年11月，大溜顶冲塌滩，威胁堤防，修建柳石工盘头坝3道（11~13坝）抵御。次年春修建土坝基，靠河防守2年。1956年，右岸蔡楼湾下端淤泥冲掉，主溜靠右岸，影唐险工脱河。1957~1963年为脱河阶段。1964年汛期，对岸艾那里至蔡楼坐弯，导溜至影唐险工。1965年，蔡楼湾继续淘深，使影唐险工溜势上提。1966年12月，上续建垛3道（8~10坝）。1967年6月，艾那里至蔡楼河湾愈淘愈深，导溜至左岸，顶冲孙庄至影唐险工间，7~9月，修坝垛11道（1~7坝和4~7垛），后来4道垛被淤平。1968年蔡楼工程修建后，送溜至影唐险工偏下。1969年7月，续建坝3道（14~16坝）。1993年，上延恢复1垛、2垛，2000年，上延垛4道（-4~-1垛），其中-2~-4垛为控导标准。2013年，对10~16坝进行退坦帮宽改建。

影唐险工经过60多年来的整修、改建、抢险与加固，目前坝体基础较深、较牢固，御水抗冲刷能力比较强。

截至2015年底，该工程修建、整修、抢险累计用石料19.23万立方米，柳秸料229.50万千克，铅丝31.68吨，工日10.79万个，共计投资1748.18万元。

影唐险工位置见图3-28。

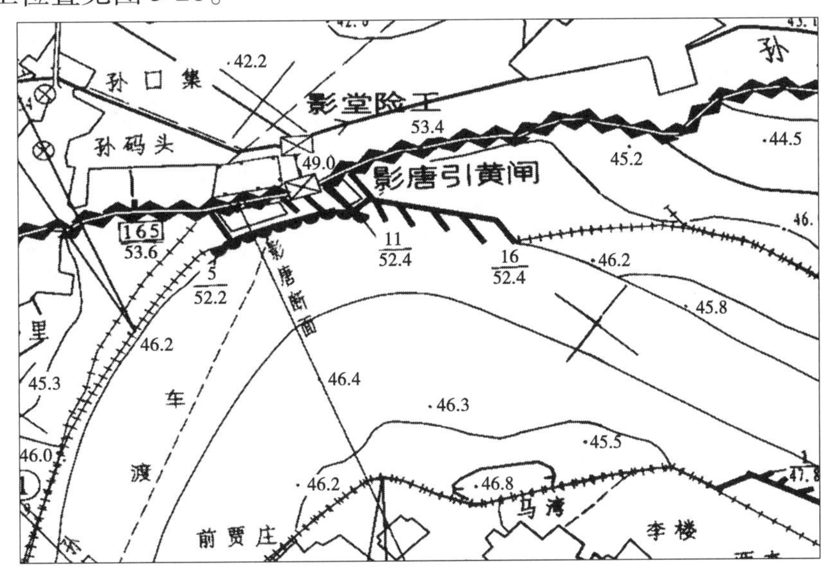

图3-28　影唐险工位置示意图

（十）梁集险工

梁集险工始建于1962年4月，位于台前县打渔陈镇梁集村东，相应大堤桩号170+842～171+642。工程平面布局为平顺型，总长800米，裹护总长156米，有坝6道，坝顶高程为48.97米。

1959～1962年，河势由龙湾导流直冲梁集至邢同一带，塌滩宽300～600米，河唇距堤仅150米，为防冲堤生险，于1962年4月修坝4道（3～6坝），前头挖槽抛石护坡。1963年7月上续1坝、2坝。2011年，国家投资69.49万元，整修、加固（裹护）1～6坝，共完成工程削坡土方9873立方米，石方4967.53立方米。

该工程自修建后，从未靠河生险，仅在洪水漫滩时偎水，因此工程基础浅，御水抗冲刷能力差。

截至2015年底，该工程修建、整修累计用石料0.61万立方米，铅丝1.83吨，工日0.28万个，共计投资73.04万元。

梁集险工位置见图3-29。

（十一）后店子险工

后店子险工始建于1962年4月，位于台前县夹河乡黄口村东，相应大堤桩号180+447～180+847。工程平面布局为平顺型，总长400米，裹护总长180米，有坝3道，坝顶高程为50.92米。

1961年10月，洪水主溜自西南斜趋东北林坝至前店子之间下泄，堤湾凸处（大堤桩号181+000）堤根冲刷0.4米，洪水撇湾走滩，为防止大洪水顺堤行洪，危及堤

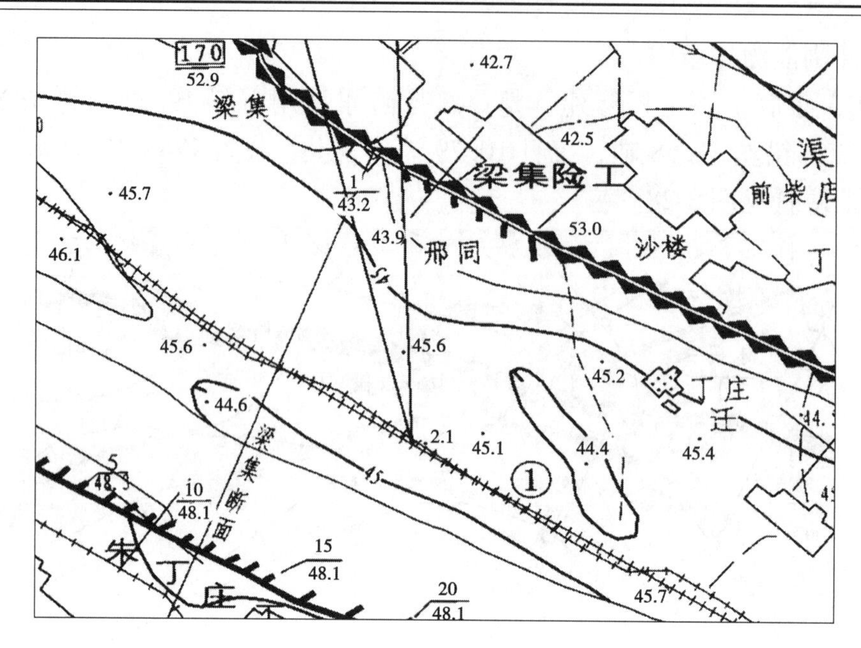

图 3-29　梁集险工位置示意图

防，于1962年4月建后店子险工，修坝3道。

该工程自修建后，从未靠河生险，仅在洪水漫滩时偎水，因此工程基础浅，御水抗冲刷能力差。

截至2015年底，该工程修建、整修累计用石料0.36万立方米，铅丝1.63吨，工日0.11万个，共计投资12.85万元。

后店子险工位置见图3-30。

图 3-30　后店子险工位置示意图

（十二）张堂险工

张堂险工始建于1968年11月，位于台前县吴坝镇张堂村南，相应大堤桩号186+000~186+910。工程平面布局为凹入型，总长910米，裹护总长1016米，共有8道坝。

该工程是黄河下游河道整治规划中的工程之一，上迎梁山县同那里险工、东平县十里堡险工来溜，下送溜至东平县丁庄、战屯、肖庄、徐巴士工程。

20 世纪 60 年代，由于河势发生变化，左岸滩地坍塌严重，黄河在该处形成弯道，紧靠堤防行洪，对堤防造成很大威胁。1968 年 11 月，根据两岸群众要求，修建护岸工程 1 段（8 坝），长 390 米。1972 年 5 月，按护滩工程标准建 1 ~7 坝。后经整修加高，于 1979 年改为险工。1998 年，对 1 ~6 坝进行土工布护胎、坝面平扣的改建加固。

张堂险工经过近 50 年的整修、改建、抢险与加固，坝体基础较深、较牢固，御水抗冲刷能力比较强，虽常年靠溜，但未发生过较大险情。

截至 2015 年底，该工程修建、整修、抢险累计用石料 7.04 万立方米，柳秸料 32.65 万千克，铅丝 14.37 吨，工日 7.28 万个，共计投资 456.84 万元。

张堂险工位置见图 3-31。

图 3-31　张堂险工位置示意图

（十三）石桥险工

石桥险工始建于 1953 年 6 月，位于台前县吴坝镇石桥村北，相应大堤桩号 192 + 800 ~193 +200。工程平面布局为凹入型，长 1300 米，裹护长 771 米，共有坝 3 道、垛 10 座。该工程抢险 37 次，由于河势变化，曾两次靠河、两次脱河。

1952 年对岸大洪口村上河势坐弯，产生横河，溜势顶冲石桥村，威胁堤防。为护滩保堤，1953 年 6 月在村东侧建柳石垛 8 道，修守持续 5 年。1957 年 7 月 22 日，孙口站出现 11600 立方米每秒洪峰，流量大，水位高，大洪口与徐把士之间过水，冲深刷宽，夺溜自然裁弯，溜势直趋陶城铺险工，石桥工程脱河，大洪口村从河东到河西“干过河”。

1959 ~1962 年，徐把士一带塌滩后退，村上坐弯，又产生横河，顶冲石桥工程下头，威胁堤身。1963 年 8 月，修坝 3 道抵御。

对岸徐把士湾愈淘愈深，挑溜至左岸，使石桥工程溜势上提，1967 年 6 月上续建垛 2 道，又修守持续 5 年。1967 年 8 月、9 月，孙口站曾发生 6720 立方米每秒、7200 立方米每秒洪峰两次，将徐把士村黏土冲掉，再次自然裁弯，主溜顺右岸直趋陶城铺险工，石桥险工脱河至今。

该工程靠河抢险时间较短，因此工程坝体基础相对较浅，御水抗冲刷能力不强。

截至 2015 年底，该工程修建、整修、抢险累计用石料 1.1 万立方米，柳秸料 31.79 万千克，铅丝 1.92 吨，工日 0.34 万个，共计投资 21.15 万元。

（十四）后辛庄险工

后辛庄险工位于濮阳县白罡乡后辛庄，相应大堤桩号 90 +031 ~90 +422，始建于 1958 年，有坝 4 道，长 391 米。由于对岸苏泗庄险工挑溜，溜势直冲密城，造成密城坐弯，滩地逐年落河，至 1958 年河距临黄堤仅有 300 米，为防止冲堤出险，是年修建坝 4 道，桩柳护坡。1959 年 4 道坝靠溜抢险，下抛柳石枕护根，上用柳石搂厢裹护。1960 年建尹庄护滩工程，该险工脱河。20 世纪 90 年代，该工程列为防护坝工程。

后辛庄险工位置见图 3-32。

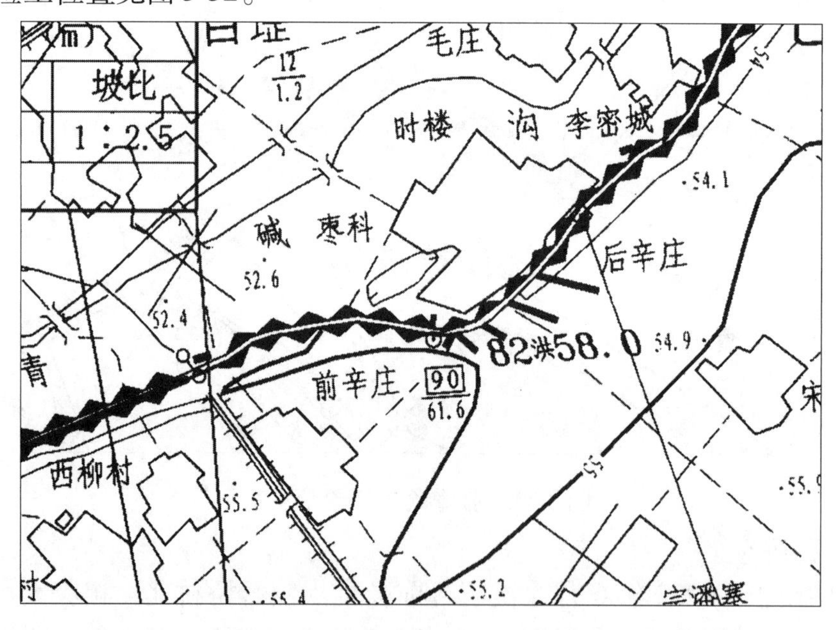

图 3-32　后辛庄险工位置示意图

（十五）王芟河险工

王芟河险工是旧险工，始建时间不详，位于濮阳县渠村乡王辛庄东，相应大堤桩号 48 +275 ~48 +775。工程由 1 道联坝和 4 道支坝组成。1947 年 3 月，黄河归故。为防止大溜顶冲堤防或坝前串沟堤河引洪夺溜，在河水来前，对王芟河险工进行秸料裹护和桩护岸，并对该险工以下大堤由东转北的拐弯处的老 4 坝（大堤桩号约 50 +000）进行裹护。1948 年春，对坝头埽面和护岸的残缺部位进行修补。1958 年，修建渠村引黄闸引渠时，该险工联坝和 2 支坝被挖掉。1978 年，修建渠村分洪闸时，该险工位置被占用，王芟河险工消失。该工程维修共用铅丝10千克，麻绳1356千克（471条），秸料25.39万千克，木桩4290根，工日0.92万个，投资2.05万元。

（十六）董楼险工

董楼险工始建于1933年，位于濮阳县梨园乡董楼村东。1933年，左岸马海村南淤砌靠河导溜至右岸江苏坝上首，江苏坝挑溜至左岸姜庄淤泥砌阻溜坐弯。江苏坝与姜庄之间有苏泗庄坝托溜，形成弯道出口挑溜，河走张庄西、聂堌堆村后，弯道溜势逐渐向西偏南深入发展，距董楼大堤仅有100米。为保护大堤安全，即时修建砖坝6道和石坝6道，共12道坝。1934年，工程着溜生险。1935年，右岸董庄决口，董楼险工脱险。1947年黄河归故后，未对该险工进行整修恢复。1958年大水时，董楼险工被淤成平地而消失。

（十七）大王庄险工

大王庄险工始建于民国8年（1919年）。1919年，大河由营房趋北，在吉庄堤弯突出处坐弯，挑溜至右岸周桥堤北1千米处，滩地坐弯，由此挑流至左岸柳园、大王庄一带威胁堤防，柳园埝工局局长吴茂荣上报批准修坝40道，长4500米。1920年靠溜抢险，1935年溜势外移，1937年脱河。1947年整修。1955年，38坝、39坝出险，并向上下两头发展。当时抢护10道坝，又下续建2道坝。后称这12道坝为桑庄险工。

（十八）孙口险工

孙口险工始建于1934年，修坝9道，垛4个，共13道，其中裹护12道计围长585米。1949年险工溜势下挫，坝垛间断续建，工程长1820米。

1934年春，右岸钟那里滩地坐弯，挑溜顶冲左岸王黑村至孙口间，严重威胁堤防，堰工局呈报上级批准，于是年5月修筑上挑丁坝，土坝基6道，6月秸埽裹护，7月大溜顶冲3～5坝，修守抢险5年。

1946～1947年，整修坝埽，将挑水坝改建为顺水坝，1坝、2坝、3坝、5坝做柳石楼厢裹护，4坝、6坝做秸埽裹护。1947年3月，黄河回归故道。右岸王老君至钟那里，河势坐弯挑溜至左岸，顶冲孙口险工2～5坝，险情极为严重。当时，对岸国民党军队向抢险工地开枪射击，抢险群众立即撤离工地，5坝被溜冲断10米。抢险人员冒着敌人的炮火，立即做秸埽抢护。缺乏石料，政府发动群众献砖献石，提出“多献一块石，多救一条命”的口号，把孙口以西、以北20千米以内的古庙拆除，石牌拉倒、砸烂，夜间用牛车送到工地。由于险工坝垛护岸，固定滩岸，1947年6月在此搭建浮桥，渡送刘邓大军过黄河起到很大作用。

1949年5月，溜势下挫，为护村保堤，续建坝垛7道，柳石搂厢裹护，抛柳石枕护根。1954年，工程脱河。1968年，梁路口和蔡集控导工程修建后，孙口险工废弃。

三、控导（护滩）工程

20世纪50年代，河道整治处于试验阶段，濮阳河段修建控导（护滩）工程7处，废除4处，保留下来的有3处。20世纪60年代中期，濮阳河段开始有计划地进行河道整治，1966～1973年，共新建控导（护滩）工程12处。1987～1995年，根据河势变化情况，对整治工程进行完善，共新建控导（护滩）工程5处。自20世纪60年代起，根据不同时期的防洪标准和河势的变化情况，对控导（护滩）工程不断进行改建、续建。截至2015年，濮阳黄河滩区共有控导（护滩）工程20处，工程总长度44.372千米，占河道总长度的26.49%，共有坝、垛、护岸485道（座、段），其中坝426道、垛30座、护岸29段（见表3-10）。截至2015年底，濮阳河段修建、整修（抢险）控导（护滩）工程累计用石料168.58万立方米，柳秸料7670.41万千克，铅丝1134.06吨，工日240.19万个，共计投资24024.48万元（见表3-11）。

表3-10　2015年濮阳黄河控导（护滩）工程统计

工程名称	始建年份	相应大堤桩号	工程长度（米）	裹护长度（米）	坝（道）	垛（座）	护岸（段）	合计
合计			44372	31927	426	30	29	485
三合村	1995	44+780～46+380	2054	1717	21	—	—	21
南上延	1973	57+800～65+000	4440	3629	41	—	12	53
胡寨	1959	—	1300	117	13	—	—	13
连山寺	1967	77+620～85+500	3018	3355	39	—	15	54
尹庄	1959	86+375～86+874	499	597	3	—	1	4
龙常治	1971	87+500～90+210	2647	1860	23	—	—	23
马张庄	1969	98+200～99+781	1581	1579	23	—	1	24
李桥	1994	119+000～120+300	1300	1308	13	—	—	13
吴老家	1987	130+800～133+120	2320	2443	29	—	—	29
杨楼	1987	139+500～141+384	2193	2072	23	3	—	26
旧城	1967	139+530～141+810	2280	2000	25	—	—	25
孙楼	1966	144+000～146+500	3580	2904	38	—	—	38
韩胡同	1970	147+600～154+600	4850	3333	49	17	—	66
梁路口	1968	159+450～162+550	3330	2296	41	10	—	51
赵庄	1968	172+700～173+350	1200	762	18	—	—	18
枣包楼	1995	176+350～177+250	1980	1955	23	—	—	23
贺洼	1966	180+000～182+000	2276	—	1	—	—	1
姜庄	1966	182+000～183+000	724	—	1	—	—	1
白铺	1970	182+300～184+000	1700	—	1	—	—	1
邵庄	1955	184+200～185+300	1100	—	1	—	—	1

表 3-11　濮阳黄河控导（护滩）工程用工用料及投资情况

工程名称	石料（万立方米）	柳秸料（万千克）	铅丝（吨）	工日（万个）	投资（万元）
合计	168.58	7670.41	1134.06	240.19	24024.48
三合村	9.15	152.03	22.07	5.55	4070.24
南上延	18.00	738.34	136.20	36.26	2388.15
连山寺	12.57	305.32	144.78	26.44	1628.05
尹庄	3.90	520.99	42.90	24.49	306.43
龙常治	12.01	353.57	70.95	31.82	1461.69
马张庄	11.15	144.23	54.75	13.54	685.34
胡寨	1.74	127.71	27.46	6.35	98.97
李桥	7.28	666.41	64.01	10.46	1755.20
吴老家	13.73	1071.49	96.40	14.58	3611.46
杨楼	15.16	1054.24	73.09	19.93	2999.32
旧城	2.80	235.02	34.21	6.18	95.20
孙楼	14.81	495.27	62.37	11.59	932.28
韩胡同	17.76	783.10	127.51	10.69	777.45
梁路口	12.25	232.69	79.71	8.82	1040.96
赵庄	0.73	49.76	1.94	0.32	14.70
枣包楼	11.02	420.92	80.77	5.66	1928.08
贺洼	1.00	14.65	0.33	0.95	40.00
姜庄	1.00	14.66	0.32	0.96	39.28
白铺	1.26	0.62	-	0.45	74.02
邵庄	1.19	41.30	2.17	0.56	59.35
于林（废弃）	0.05	211.39	9.19	2.54	12.53
聂堌堆（废弃）	—	22.94	2.42	0.11	1.37
王刀庄（废弃）	0.02	0.77	—	1.06	1.16
密城湾（废弃）	—	10.24	0.5	0.46	1.24
兰寨（废弃）	—	2.75	0.01	0.42	2.01

（一）三合村控导工程

三合村控导工程始建于1995年，位于濮阳县渠村乡三合村东，距青庄险工上首2千米处，相应大堤桩号44+780~46+380。工程平面布局为平顺型，总长2054米，裹护长1717米，共有21道坝，其中14~16坝为钢筋混凝土透水桩坝。设计坝顶高程为64.69~63.60米。该工程上迎对岸堡城工程来溜，下送溜于青庄险工。

对岸山东省堡城险工至青庄险工直河段长达10千米，河势上提下挫变化较大。从

1991年开始，青庄险工河势逐渐上提，到1993年河势上提至三合村东开始坐弯，至1995年滩岸坍塌到三合村小学处（1间房屋落河），坍塌长度约2.5千米，宽约0.6千米，坍塌土地约150公顷。其河势直接威胁到村庄和学校安全。为改善三合村至青庄河势，护滩保村，经河务部门与地方政府协商，共同出资，于1995年冬被动修建控导工程1～3坝，2000年汛前修建－1～－5坝和4～11坝，2002年续建12～13坝。2008年，为既不影响渠村分洪闸分洪，又能起到控制河势作用，采用钢筋混凝土透水桩坝结构又续建14～16坝。

该工程仅有20年历史，工程坝体基础浅（除14～16坝外），特别是－1～－5坝未经过抢险加固，御水抗冲刷能力特别差。2009～2015年，三合村工程处溜势外移，工程全部脱河，仅在大水时偎水，致使渠村引黄闸引水困难。2015年12月，按2020年4000立方米每秒流量设防标准，上延修建4道坝，增加工程长度400米，以防止河势上提，避免形成大河抄工程后路的态势。

截至2015年底，该工程修建、整修、抢险累计用石料9.15万立方米，柳秸料152.03万千克，铅丝22.07吨，工日5.55万个，共计投资4070.24万元。

三合村控导工程位置见图3-33。

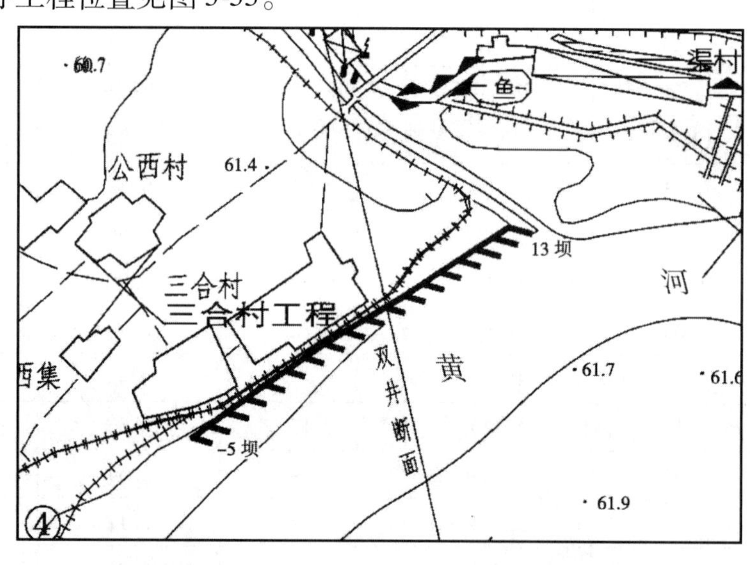

图3-33　三合村控导工程位置示意图

（二）南上延控导工程

南上延控导工程始建于1973年，位于濮阳县郎中乡安头村、赵屯村和马屯村南，相应大堤桩号57＋800～65＋000，工程平面布局为平顺型，总长度4440米，裹护长度为3629米，共有坝41道、护岸12段，坝顶高程62.78～64.04米。该工程上迎高村险工来溜，下送溜至南小堤、刘庄险工。

1973年前，由于青庄险工上下无工程控制，河势难以固定，引起下游河势不断变化。1973年，高村险工河势上提，南小堤至安头村及南小堤以下新庄户村坍塌坐弯，引起南小堤、刘庄两处险工脱河，若南小堤至安头一带继续坍塌后退，将导致左岸大堤老大坝险工处靠河生险，引起下游河势进一步恶化。为防患于未然，于1973年修建南小堤上延工程（简称南上延工程）10～21坝及10坝、11坝、13坝、16坝上护岸，1974年修建4～9坝、22～35坝及3坝、6坝、8坝、9坝上护岸，1978年修建1～3坝，1981年修建12坝、15坝、17坝、19坝上护岸。随着河势的不断上提，1992年、1993年在1坝上游上延修建－1坝、－2坝，1997年上延修建－3坝。1998年对－2～35坝进行帮宽加高，2003年又上延修建－4～－6坝。

南上延控导工程经过40多年来的整修、改建、抢险与加固，坝体基础较深、较牢固，御水抗冲刷能力比较强。

截至2015年底，该工程修建、整修、抢险累计用石料18万立方米，柳秸料738.34万千克，铅丝136.20吨，工日36.26万个，共计投资2388.15万元。

南上延控导工程位置见图3-34。

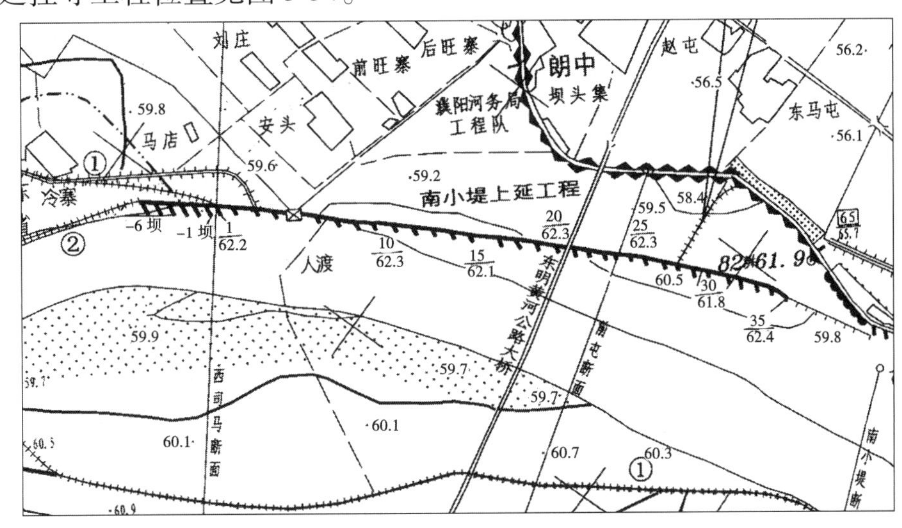

图3-34　南上延控导工程位置示意图

（三）胡寨控导护滩工程

胡寨控导护滩工程始建于1959年，位于濮阳县习城乡胡寨村南，工程长1300米，裹护长177米，共有13道坝。该工程是为控制河势、护滩保村而修建的，但随着河势的变化，20世纪80年代脱河。

1956年，习城乡万寨、于林等村庄因滩岸坍塌而落河，并将于林一带滩面刷出多条串沟，其中较大的串沟有3条，当高村站流量超过3000立方米每秒时串沟即可行船。到1959年汛前，河弯已发展成反“S”形，郑庄户至胡寨主流线弯曲率达4.1。到1959年汛期，串沟过溜夺河，自然裁弯，大河经胡寨冲向对岸刘庄下首后郝寨。为此，1959年为堵复串沟而修建该工程13坝，1973年修建1～6坝，1974年修建8坝、9坝，1975年修建7坝、10坝、11坝、12坝。

截至2015年底，该工程修建、整修、抢险累计用石料1.74万立方米，柳秸料127.71万千克，铅丝27.46吨，工日6.35万个，共计投资98.97万元。

（四）连山寺控导工程

连山寺控导工程始建于1967年，位于濮阳县梨园乡连山寺村东北，相应大堤桩号77+620~85+500，工程平面布局为凹入型，总长度3018米，裹护长3355米，共有坝39道、护岸15段，坝顶高程为61.50~59.52米。该工程上迎对岸刘庄等险工来溜，下送溜于对岸苏泗庄险工。

1962年以后，南小堤及刘庄险工河势下挫，引起下游河势变化，连山寺受大溜顶冲，滩岸不断坍塌后退。至1964年11月，连山寺村落河，到1965年南小堤河势仍继续下挫，导致连山寺至王刀庄一带大溜顶冲、坐弯。1967年，为防止聂堌堆胶泥嘴坍塌后退，稳定苏泗庄河势，根据河道治导线，抓住时机修建该工程21~47坝，1968年修建46坝下护岸，1970年修建26~29坝、35坝、36坝下护岸及34坝、35坝上护岸，1971年修建37坝下护岸，1972年修建24坝下护岸，1973年修建16~20坝及22坝、23坝下护岸，1976年修建9~15坝、30坝、45坝下护岸。1979年开始按1983年防洪标准进行整修，1998年对40~47坝进行帮宽加高，1999年汛前对9~22坝土坝基进行帮宽加高和裹护。

连山寺控导工程经过近50年来的整修、改建、抢险与加固，23~47坝坝体基础和15段护岸基础较深、较牢固，御水抗冲刷能力较强；9~22坝因靠溜抢险加固少，坝体基础较浅，御水抗冲刷能力较弱。

截至2015年底，该工程修建、整修、抢险累计用石料12.57万立方米，柳秸料305.32万千克，铅丝144.78吨，工日26.44万个，共计投资1628.05万元。

连山寺控导工程位置见图3-35。

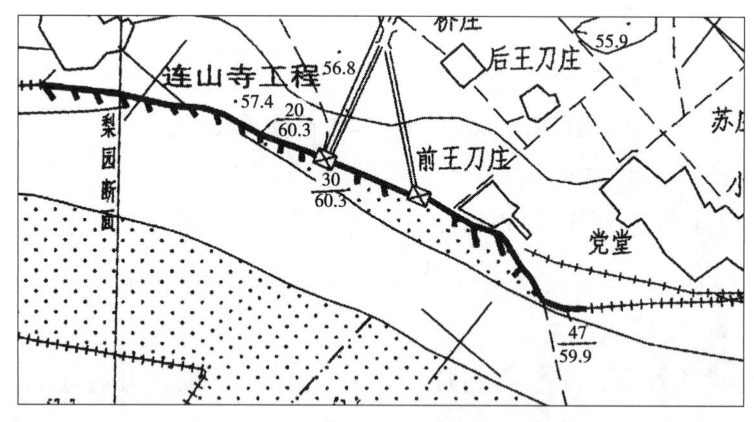

图3-35　连山寺控导工程位置示意图

（五）尹庄控导工程

尹庄控导工程始建于1959年，位于濮阳县梨园乡尹庄东北，相应大堤桩号86+375~86+874。工程平面布局为平顺型，总长度499米，裹护长597米，共有坝3道、护岸1段，坝顶高程为59.54~59.44米。该工程是治理密城湾的门户工程，上迎苏泗庄险工来溜，下送溜于营房险工、龙常治和马张庄控导工程。

1948~1958年，由于山东鄄城苏泗庄堤防险工呈南北方向，与大河流势垂直挑流，致使密城湾塌地数万亩，落河村庄 28 个，大河距大堤甚近，危及濮阳县白堽乡后辛庄至密城村段黄河大堤安全，密城湾治理非常必要。经研究决定裁弯取直，从尹庄修坝截河（原计划在房长治建坝），使河势直趋对岸营房险工。于是从 1959 年冬修建尹庄控导工程 1 坝及联坝，1960 年修建 2 ~ 4 坝。该工程的修建，造成对岸滩岸坍塌和营房险工出险，致使两岸水事矛盾激化。1962 年，奉上级指示对进入治导线部分的第 4 坝全部及第 3 坝前部（约 120 米）拆除。1973 年，随着河势的上提，又修建 1 坝上护岸。

尹庄控导工程是濮阳开展河道整治工作最早修建的一处土石结构工程，经过 50 多年的整修、改建、抢险与加固，工程坝体基础深而坚固，御水抗冲刷能力强。

截至 2015 年底，该工程修建、整修、抢险累计用石料 3.9 万立方米，柳秸料 520.99 万千克，铅丝 42.90 吨，工日 24.49 万个，共计投资 306.43 万元。

尹庄控导工程位置见图 3-36。

图 3-36　尹庄控导工程位置示意图

（六）龙常治控导工程

龙常治控导工程始建于 1971 年，位于濮阳县白堽乡辛寨村东，相应大堤桩号 87 + 500 ~ 90 + 210。工程平面布局为平顺型，总长度 2647 米，裹护长 1860 米，共有 23 道坝（锯齿坝），坝顶高程为 58.67 ~ 57.53 米。该工程处于密城湾的中部，位于尹庄和马张庄控导工程的中间，是治理密城湾的关键性工程。该工程与尹庄、马张庄工程形成一弯道，上承接苏泗庄险工来溜，下送溜于营房险工，使密城湾畸形河势得到治理。

濮阳河段密城湾上起聂堌堆，下至马张庄，弯道弧长 16 千米，半径约为 6000 米，大水时主溜入湾，长期刷滩切尖，加深该湾的畸形发展，使该湾下首宋集、马张庄一带靠河着溜，滩岸坍塌后退，直接威胁堤防及马张庄附近群众财产的安全。为治理密城湾，分别于 1959 年和 1969 年修建尹庄、马张庄控导工程，控制了密城湾的上、下两端，但未能从根本上解决密城湾的畸形河势问题。为彻底解决密城湾的畸形河势，决定在尹庄、马张庄两工程正中间修建龙常治控导工程。1971年，修建龙常治控导工程1~5坝，1972年修建6~17坝，1973年修建18坝、19坝。因工程的施修规模和控导效益均未达到原规划设计要求，不能适应河势下挫的变化，加之对岸苏泗庄险工送溜不稳，致使19坝以下，石寨至王河渠一带河岸自1981年以来不断坍塌坐弯，直接威胁到石寨、王河渠、常河渠等村庄的安全。为保证这些村庄的安全，1983年修建20~22坝，1984年又修建23坝。

龙常治控导工程经过40多年的整修、改建、抢险与加固，工程坝体基础较深，御水抗冲刷能力比较强。

截至2015年底，该工程修建、整修、抢险累计用石料12.01万立方米，柳秸料353.57万千克，铅丝70.95吨，工日31.82万个，共计投资1461.69万元。

龙常治控导工程位置见图3-37。

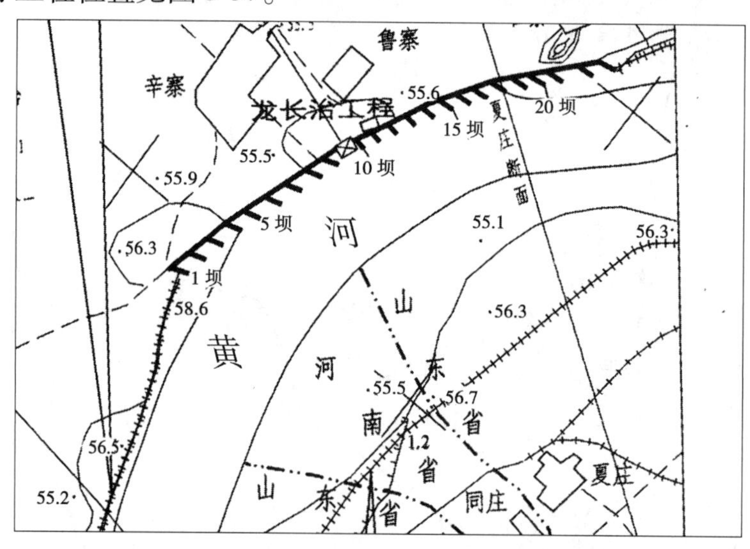

图3-37　龙常治控导工程位置示意图

（七）马张庄控导工程

马张庄控导工程始建于1969年，位于濮阳县王称堌乡马张庄村南，相应大堤桩号98+200~99+781。工程平面布局为平顺型，丁坝为锯齿形，总长度1581米，裹护长1579米，共有坝23道、护岸1段，坝顶高程为58.59~58.42米。马张庄控导工程处于密城湾的下端，是密城湾治理的关门工程。该工程与尹庄、龙常治工程形成一弯道，上迎苏泗庄险工来溜，下送溜于营房险工。

由于密城湾河势长期恶化向纵深发展，马张庄处滩岸坍塌后退严重，加之，孟楼、宋集、马张庄一带串沟密布，遇特大洪水时，有发生串沟主槽改道的危险。1969年，始建马张庄控导工程1~23坝和1段护岸。2011年，国家投资55.20万元，对1~9坝进行土方整修，对5~9坝进行石料裹护。

马张庄控导工程经过40多年的整修、改建、抢险与加固，10~23坝坝体基础较深，御水抗冲刷能力较强；1~9坝坝体基础浅，抵御洪水能力差。

截至2015年底，该工程修建、整修、抢险累计用石料11.15万立方米，柳秸料144.23万千克，铅丝54.75吨，工日13.54万个，共计投资685.34万元。

马张庄控导工程位置见图3-38。

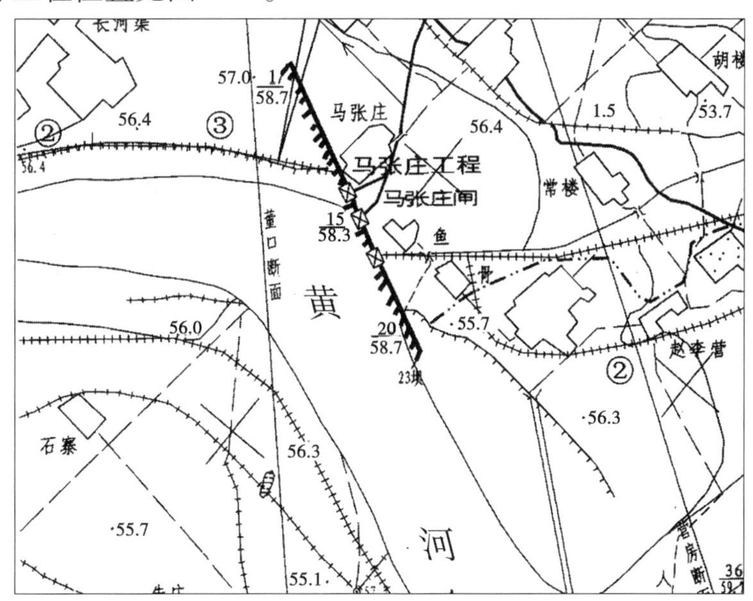

图3-38　马张庄控导工程位置示意图

（八）李桥控导工程

李桥控导工程属于李桥险工上延工程，始建于1994年6月，位于范县杨集乡位堂村南，相应大堤桩号119+000~120+300。工程平面布局为平顺型，总长度1300米，裹护长度1308米，共有13道坝，坝顶高程为56.49~55.23米。该工程上迎对岸芦井工程来溜，下送溜于李桥、邢庙险工。

1982年，李桥对岸芦井控导工程水毁恢复后，李桥险工河势逐年上提，逐渐在其工程上首300米处坐死弯，威胁到堤防安全，并有抄李桥险工后路的危险。为控制河势，保护李桥险工和该处堤防安全，于1994年始建李桥控导工程27~31坝，1997年修建32~34坝，2002年修建22~26坝。

李桥控导工程仅有20年的历史，工程坝体基础较浅，御水抗冲刷能力较差。

截至2015年底，该工程修建、整修、抢险累计用石料7.28万立方米，柳秸料666.41万千克，铅丝64.01吨，工日10.46万个，共计投资1755.20万元。

李桥控导工程位置见图3-39。

（九）吴老家控导工程

吴老家控导工程始建于1987年，位于范县陆集乡东、西吴老家村南，相应大堤桩号130+800~133+120。工程平面布局为平顺型，总长2320米，工程裹护长度为2443米，共有29道坝（4~32坝），坝顶高程为54.97~53.59米。该工程上迎对岸郭集控导工程来溜，下送溜于对岸苏阁险工。

该工程位于范县陆集乡南侧，上距鄄城郭集工程5千米，下距郓城苏阁险工4千

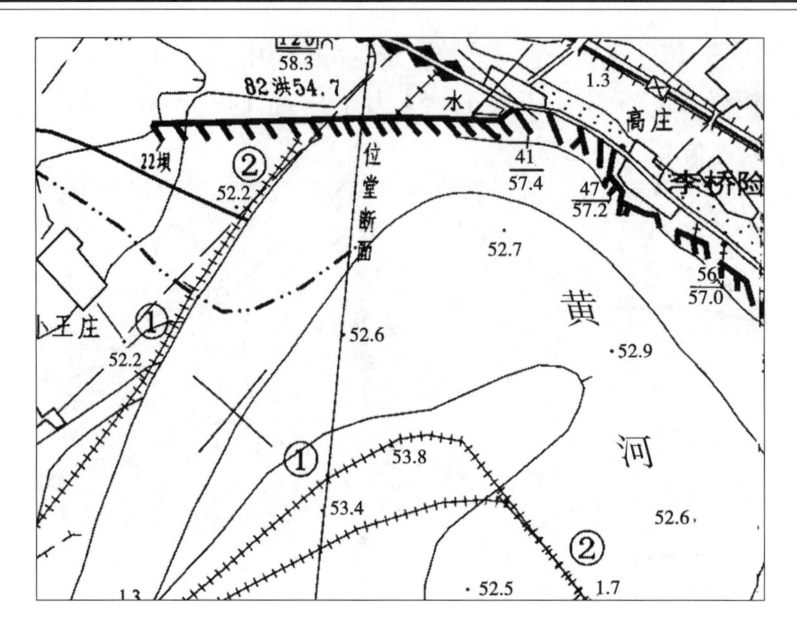

图 3-39 李桥上延控导工程位置示意图

米，为控制河势，护滩保村，确保对岸苏阁引黄闸引水，于 1987 年 7 月始建该工程 4～13坝，1996 年修建 14 坝、15 坝。1997 年对 4～15 坝进行加高改建。1998 年修建 16～19坝，1999 年修建20～24 坝，2000 年修建25 坝、26 坝，2003 年修建27～32 坝。

吴老家控导工程不足 30 年的历史，工程坝体基础较浅，御水抗冲刷能力较差。

截至 2015 年底，该工程修建、整修、抢险累计用石料 13.73 万立方米，柳秸料 1071.49 万千克，铅丝 96.40 吨，工日 14.58 万个，共计投资 3611.46 万元。

吴老家控导工程位置见图 3-40。

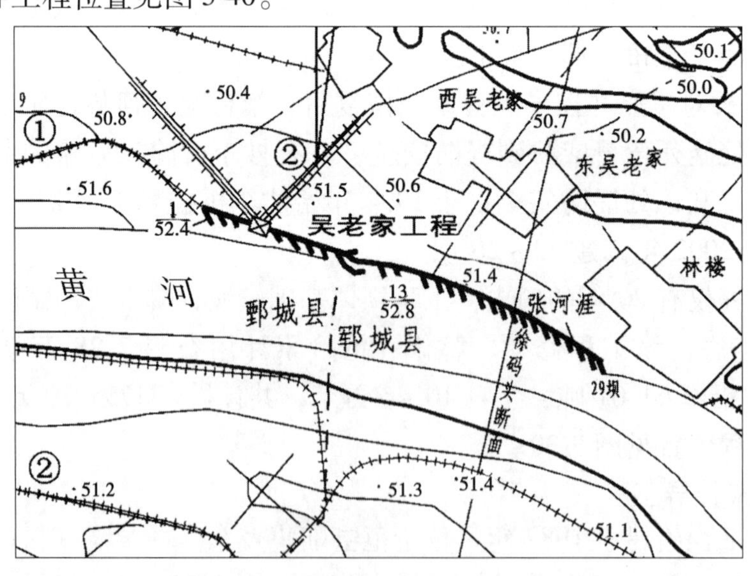

图 3-40 吴老家控导工程位置示意图

(十) 杨楼控导工程

杨楼控导工程始建于 1987 年，位于范县张庄乡高庄村东，相应大堤桩号 139 +

500～141＋384。工程平面布局为平顺型，总长度2193米，裹护长度2072米，共有坝23道、垛3座，1～23坝坝顶高程为53.77～52.50米，3座垛顶部高程为51.27米。该工程上迎对岸苏阁险工来溜，下送溜于孙楼控导工程。

由于对岸苏阁险工河势下挫，造成杨楼村东滩岸坍塌严重。为控制河势，护滩保堤，于1987年始建该工程6～10坝，1988年修建11坝、12坝，1989年修建13坝、14坝，1990年修建15坝、16坝，1991年修建17坝、18坝，1992年修建19坝、20坝，1994年上延3～5坝，1998年对3～20坝进行加高改建，2000年修建21～23坝，2008年上延1坝、2坝。2008年修建1～2坝后，溜势继续上提，并在1坝以上塌滩坐弯，形成畸形河势，时有抄工程后路的危险，为此于2015年汛前抢修－1～－3垛，增加工程长度289米，河势恶化得到遏制。

杨楼控导工程不足30年的历史，工程坝体基础较浅，御水抗冲刷能力较差。

截至2015年底，该工程修建、整修、抢险累计用石料15.16万立方米，柳秸料1054.24万千克，铅丝73.09吨，工日19.93万个，共计投资2999.32万元。

杨楼控导工程位置见图3-41。

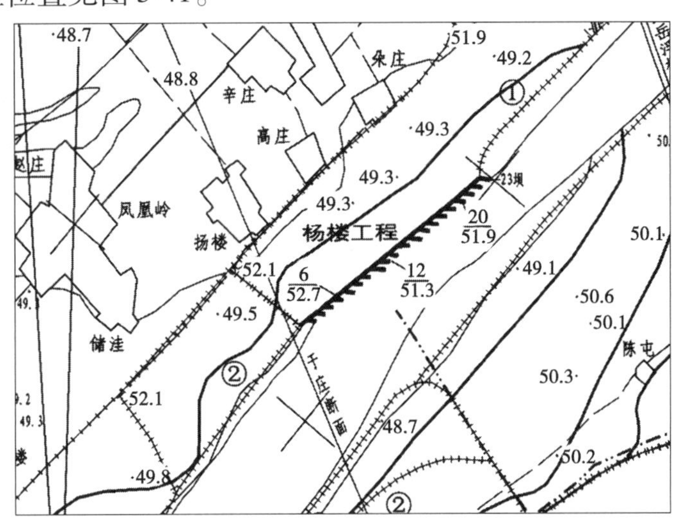

图3-41　杨楼控导工程位置示意图

（十一）旧城护滩控导工程

旧城护滩控导工程始建于1967年，位于范县张庄乡旧城村东南，相应大堤桩号139＋530～41＋810。工程长2280米，裹护长2000米，共有25道坝。1971年前，该工程上迎对岸苏阁险工来溜，下送溜于孙楼控导工程。1971年汛期，全部脱河至今。

1965年，由于对岸苏阁险工河势上提，主溜直冲旧城村，临近几个村庄均受到威胁，至1967年形成旧城河湾，距大堤约300米。在极其被动的情况下，是年修建该工程19坝、30～32坝、36～39坝，1968年修建27～29坝，1969年修建15～18坝、20～26坝，1970年修建33坝。

截至2015年底，该工程修建、整修、抢险累计用石料2.80万立方米，柳秸料235.02万千克，铅丝34.21吨，工日6.18万个，共计投资95.20万元。

旧城控导工程位置见图3-42。

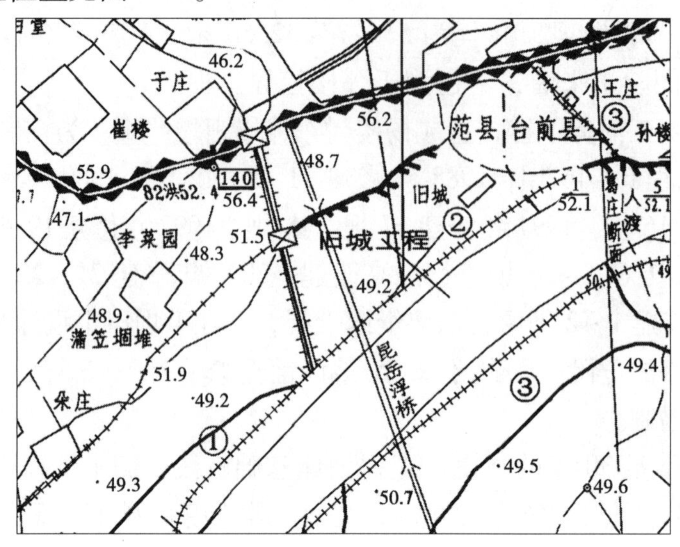

图3-42 旧城控导工程位置示意图

（十二）孙楼控导工程

孙楼控导工程始建于1966年，位于台前县清水河乡甘草堌堆村南，相应大堤桩号144+000~146+500。工程平面布局为凹入型，长度3580米，裹护长度2904米，共有38道坝，坝顶高程为52.45~51.10米。该工程上迎旧城、杨楼控导工程来溜，下送溜于对岸杨集险工等工程。

1966年汛期，甘草湾河势变化恶劣，大流紧靠左岸行洪，坍塌后退严重，对孙楼和甘草两村造成很大威胁。为保护村庄，控导主溜，稳定河势，1966年10月修建1~20坝，1967年12月修建24~27坝，1968年7月修建28~30坝，1970年11月修建31~38坝，1972年6月修建21~23坝。

由于该工程是在逐年抢险情况下修建的，存在工程河湾陡、工程结构和平面布置不合理、坝形差别大，致使主溜下泄不畅、送溜不稳等问题。

孙楼控导工程经过近50年的整修、改建、抢险与加固，工程坝体基础较深，御水抗冲刷能力较强。

截至2015年底，该工程修建、整修、抢险累计用石料14.81万立方米，柳秸料495.27万千克，铅丝62.37吨，工日11.59万个，共计投资932.28万元。

孙楼控导工程位置见图3-43。

（十三）韩胡同控导工程

韩胡同控导工程始建于1970年，位于台前县马楼镇韩胡同村南，相应大堤桩号147+600~154+600。工程平面布局为凹入型，总长度4850米，裹护长度3333米，共有坝49道、垛17座，坝顶高程为51.90~50.36米。该工程上迎对岸杨集险工来溜，下送溜于对岸伟庄、程那里险工。

韩胡同控导工程初建时，为使上游对岸杨集工程下送的主流通过该工程再送往下

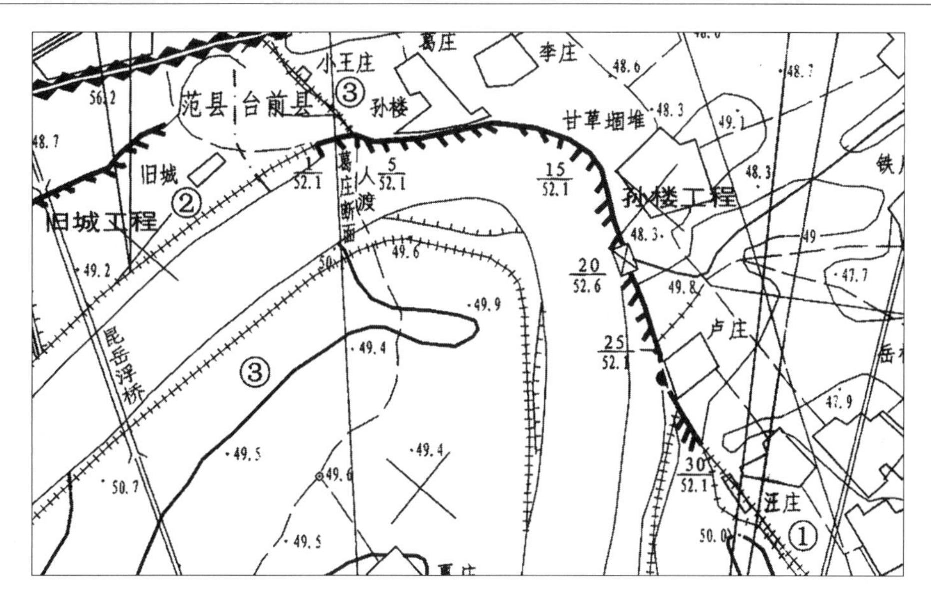

图 3-43　孙楼控导工程位置示意图

游对岸伟庄险工，以防止左岸滩地落河，保滩护村。1970 年，始建该工程 23 ~ 38 坝和 40 ~ 52 垛，1972 年修建 2 ~ 22 坝，1974 年修建 1 坝、39 坝，1976 年上延 -1 ~ -6 坝，1995 年上延 -7 ~ -9 坝。在 1996 年 8 月洪水期间，当地流量 5540 立方米每秒时，该工程上首坍塌，滩地掉河，主溜紧靠左岸，抄工程后路，冲垮 -6 ~ -9 坝。1997 年汛前工程恢复。1998 年，为护滩保村，防止洪水再抄工程后路，在工程的上首修建 4 道坝，2000 年完工，被编为临 1 ~ 临 4 坝。2003 年，在 -9 坝与临 1 坝之间又修建 1 道坝，编号为 -10 坝，并将该工程 36 坝以下 17 道坝（垛）重新规划、改建为 17 座垛。

韩胡同控导工程经过 40 多年的整修、改建、抢险与加固，大部分坝道基础较深，御水抗冲刷能力较强。

截至 2015 年底，该工程修建、整修、抢险累计用石料 17.76 万立方米，柳秸料 783.10 万千克，铅丝 127.51 吨，工日 10.69 万个，共计投资 777.45 万元。

韩胡同控导工程位置见图 3-44。

（十四）梁路口控导工程

梁路口控导工程始建于 1968 年 5 月，位于台前县马楼镇梁路口村东，相应大堤桩号 159 +450 ~ 162 +550。工程平面布局为凹入型，工程长度 3330 米，裹护长度 2996 米，共有坝 41 道、垛 10 座，坝顶高程为 50.41 ~ 49.62 米。该工程上迎程那里险工来溜，下送溜于蔡楼工程。

1968 年，为彻底制止梁路口弯道发展趋势，防止滩地落河，始建该工程 1 ~ 38 坝，1986 年上延 -1 ~ -3 坝，1999 年修建 -4 ~ -11 垛，2003 年修建 -12 ~ -13 垛。该工程是在滩岸不断坍塌，某些村庄落河，堤防受到威胁（有串沟直通堤河）的情况下，经两岸统筹兼顾、统一规划，抓住有利时机修建的，是“上平、下缓、中间陡”的典型工程。它奠定了河道整治采用“短丁坝、小裆距、以坝护弯、以弯导溜”的工程布置原则，是黄河下游河道整治最成功的工程之一。

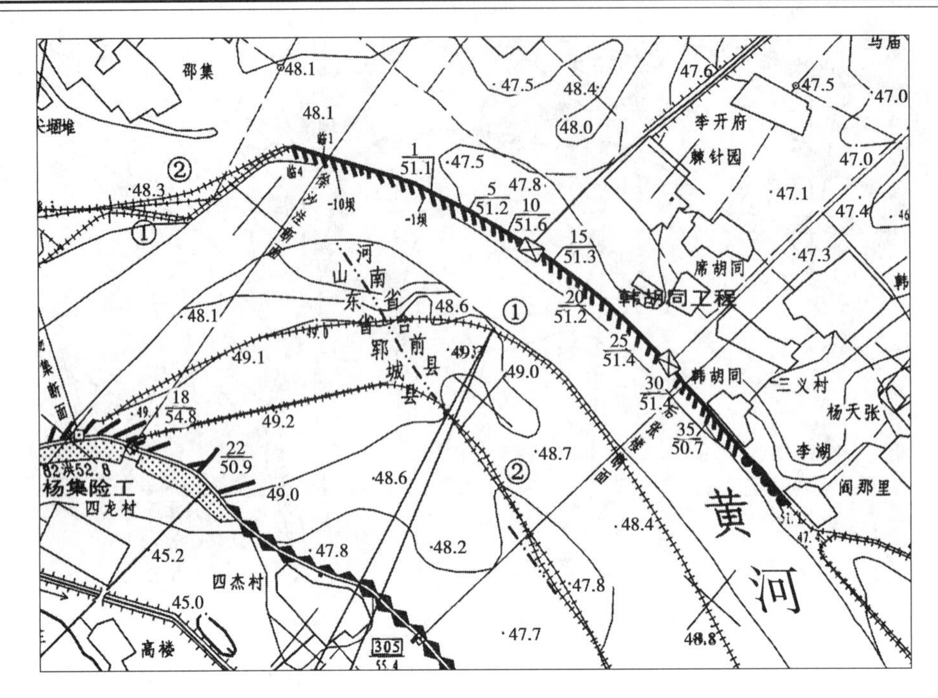

图 3-44 韩胡同控导工程位置示意图

梁路口控导工程经过近 50 年的整修、改建、抢险与加固，大部分坝体基础较深，御水抗冲刷能力较强。

截至 2015 年底，该工程修建、整修、抢险累计用石料 12.25 万立方米，柳秸料 232.69 万千克，铅丝 79.71 吨，工日 8.82 万个，共计投资 1040.96 万元。

梁路口控导工程位置见图 3-45。

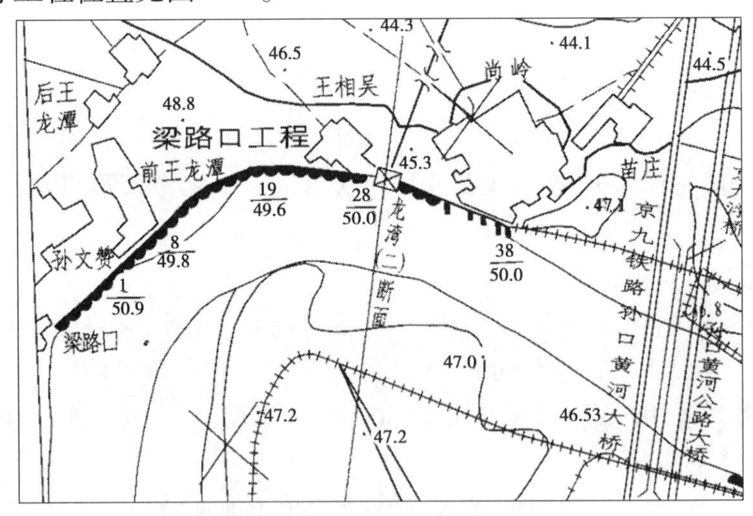

图 3-45 梁路口控导工程位置示意图

（十五）赵庄控导工程

赵庄控导工程始建于 1968 年 10 月，位于台前县打渔陈镇赵庄村南，相应大堤桩号 172 + 700 ~ 173 + 350 处。工程平面布局为平顺型，总长度 1200 米，护砌长度 762 米，共有 18 道坝。

因影唐险工靠河后，梁集溜势下延，赵庄村南塌滩400余米，已临近村根，为防止河势发展恶化，本着控制河势、固定险工，有利于防洪和群众的生命安全为目的，于1968年抢修始建1~15坝，1969年修建16~18坝。

1969年9月，梁路口、蔡楼工程建成，影唐险工下续建坝3道，控制水流运动南移，溜走中泓，是年10月后脱河至今，失去作用。

截至2015年底，该工程修建、整修、抢险累计用石料0.73万立方米，柳秸料49.76万千克，铅丝1.94吨，工日0.32万个，共计投资14.70万元。

（十六）枣包楼控导工程

枣包楼控导工程始建于1995年1月，位于台前县打渔陈镇张书安村南，相应大堤桩号176+350~177+250。工程平面布局为平顺型，总长度1980米，裹护长度1955米，共有23道坝，坝顶高程为47.39~47.16米。该工程上迎对岸朱丁庄控导工程来溜，下送溜于对岸国那里、十里铺险工。

由于主溜直逼左岸，滩地落河严重，为护滩保堤，于1995年1月始建17~22坝，1996年4月修建23坝、24坝。在1996年8月洪水期间，当地流量5540立方米每秒时，该工程发生漫溢。1997年，对17~24坝进行帮宽加高。由于河势不断上提，致使该工程17坝靠大溜，造成17坝以上滩岸坍塌，随即于2002年黄河首次调水调沙前上延修建6~16坝，并下续25~28坝。

枣包楼控导工程仅有20年的历史，工程坝体基础较浅，御水抗冲刷能力较差。

截至2015年底，该工程修建、整修、抢险累计用石料11.02万立方米，柳秸料420.92万千克，铅丝80.77吨，工日5.66万个，共计投资1928.08万元。

枣包楼控导工程位置见图3-46。

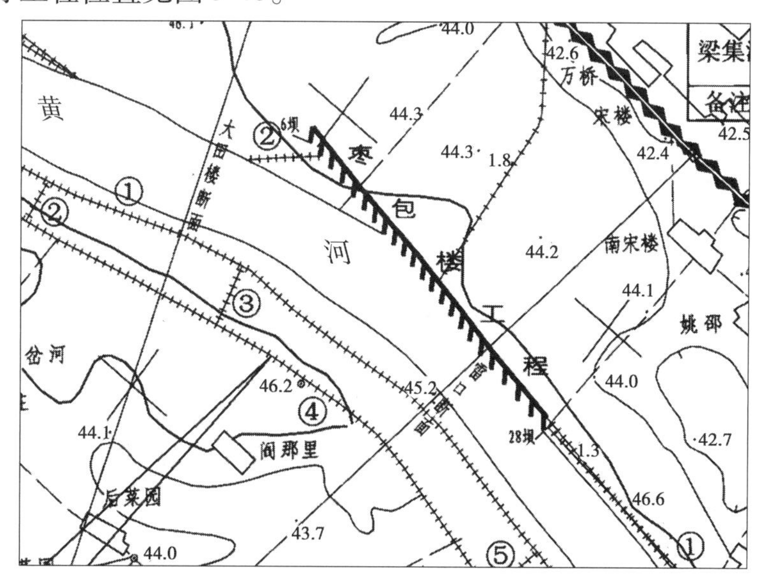

图3-46　枣包楼控导工程位置示意图

（十七）贺洼至邵庄护滩工程

20世纪50年代，由于对岸路那里险工横截河势，扭转溜向，挑溜冲刷左岸，滩地长达5000余米。为控制溜势，护滩保堤，1955年7月在后董村建护岸250米，1956年6月在朱庄建护岸450米，1964年11月在邵庄建垛2道，1966年11月在姜庄建护岸440米，在白铺建护岸156米，1970年11月在前董村建护岸170米，1971年12月在贺洼村建护岸2段长408米，姜庄3段长460米，1973年6月在白铺建护岸5段长1005米。2003年以后分为4段护滩工程。

贺洼控导护滩工程属于护滩保村工程性质，修建于1966年，位于台前县夹河乡贺洼村东南，相应大堤桩号180+000~182+000。工程长度2276米，共有1道坝（护岸性质），坝顶高程为45.96米。

贺洼控导护滩工程虽然已有50年历史，但因靠河时间短，抢险加固少，故坝体基础浅，御水抗冲刷能力差。

截至2015年底，该工程修建、整修、抢险累计用石料1万立方米，柳秸料14.65万千克，铅丝0.33吨，工日0.95万个，共计投资40万元。

（十八）姜庄控导护滩工程

姜庄控导护滩工程属于护滩保村工程性质，修建于1966年，位于台前县夹河乡姜庄村南，相应大堤桩号182+000~183+000。工程长724米，共有1道坝（护岸性质），坝顶高程为46.00米。

姜庄控导护滩工程虽然已有50年历史，但因靠河时间短，抢险加固少，故坝体基础浅，御水抗冲刷能力差。

截至2015年底，该工程修建、整修、抢险累计用石料1万立方米，柳秸料14.66万千克，铅丝0.32吨，工日0.96万个，共计投资39.28万元。

（十九）白铺控导护滩工程

白铺控导护滩工程属于护滩保村工程性质，修建于1970年，位于台前县夹河乡白铺村南，相应大堤桩号182+300~184+000，工程长1700米，共有1道坝（护岸性质），坝顶高程为46.00米。

白铺控导护滩工程虽然有40多年的历史，但因靠河时间短，抢险加固少，故坝体基础浅，御水抗冲刷能力差。

截至2015年底，该工程修建、整修、抢险累计用石料1.26万立方米，柳秸料0.62万千克，工日0.45万个，共计投资74.02万元。

（二十）邵庄控导护滩工程

邵庄控导护滩工程属于护滩保村工程性质，建于1955年，位于台前县吴坝镇邵庄村西南，相应大堤桩号184+200~185+300。工程长度1100米，共有1道坝（护岸性质），坝顶高程为45.43米。

邵庄控导护滩工程虽然已有60多年历史，但因靠河时间短，抢险加固少，故坝体基础浅，御水抗冲刷能力差。

截至2015年底，该工程修建、整修、抢险累计用石料1.19万立方米，柳秸料41.30万千克，铅丝2.17吨，工日0.56万个，共计投资59.35万元。

贺洼至邵庄护滩工程位置见图3-47。

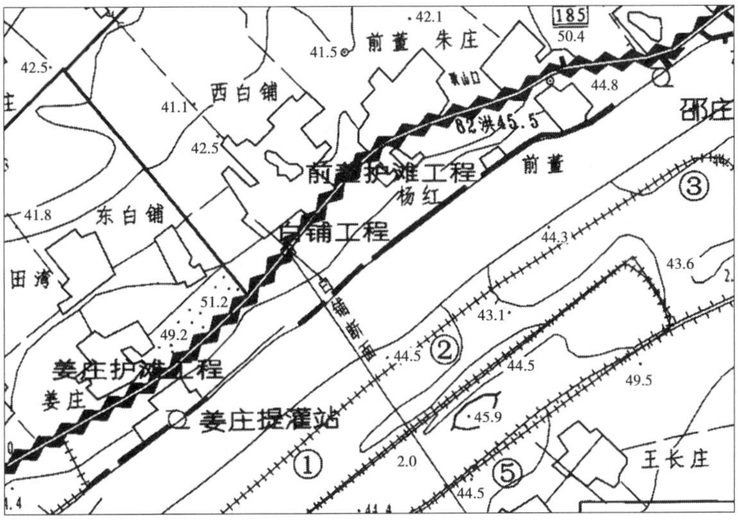

图3-47　贺洼至邵庄护滩工程位置示意图

（二十一）于林护滩工程

于林护滩工程建于1959年，位于濮阳县于林村东、李拐村西南，共14道坝。该工程就滩沿修建，用柳淤草搂厢、柳石淤枕固根修坝垛11道，以郭寨生产堤为联坝修土坝基3道（未裹护）。

为防止于林湾扩大发展，避免从于林串沟行洪夺溜，危及堤防安全而修建于林护滩工程。1962年春，修建南小堤截流坝后，该工程废除。该工程用石500立方米，土方6.27万立方米，柳料211.39万千克，铅丝9.19吨，麻绳3.78千克，工日2.54万个，共投资12.53万元。

（二十二）兰寨护滩工程

兰寨护滩工程建于1960年，位于濮阳县兰寨村东南。为防止右岸郝寨工程出险，在兰寨塌滩坐弯而修建该工程。工程以生产堤为联坝，修土坝基6道，用树泥草裹护（其中4道柳盘头、2道淤泥草）。是年汛期，柳盘头被边溜冲掉落河，但滩岸未发生变化。1962年，南小堤截流坝修建后，河势趋于平稳而废弃。该工程修建用土方1.67万立方米，铅丝10千克，麻绳608条，柳杂料2.75万千克，工日0.42万个，共投资2.01万元。

（二十三）聂堌堆护滩工程

1958年，为改变密城湾河势恶化，并为密城湾治理创造有利条件，在聂堌堆滩尖上下分别修建聂堌堆挂柳工程和王刀庄筑坝工程，统称聂堌堆护滩工程。

聂堌堆挂柳工程，建于1958年，位于濮阳县聂堌堆村北偏东。是年汛末，在滩沿大溜脱边处做透水柳坝3道，累计长450米，使其逆水顺流，加速落淤还滩，为治理密城湾建坝位置（基础）创造条件。1959年3月，该工程被河水抄后路而全部落河。该工程用铅丝2.42吨，柳枝22.94万千克，草绳10条，蒲绳2588条，工日0.11万个，共投资1.37万元。

王刀庄筑坝工程，位于濮阳县王刀庄和党堂村之间。为护滩平顺聂堌堆滩尖，改变河势流向，使密城湾的恶化河势向好的方面发展，用坝防止在连山寺湾下嘴坐弯，致使聂堌堆滩尖挡水挑溜，苏泗庄河势上提到密城湾上端，再向纵深扩大发展的险恶局面而修建该工程。1959 年，就该处生产堤筑坝 1 道，长 497 米，在该坝 400 米处向下接筑联坝长 461 米，就联坝身筑支坝 4 道。1960 年，5 道坝着边溜，用泥草料对工程做临时维护，并在 3 坝、4 坝上做柳盘头。是年，尹庄控导工程起作用后，柳盘头和泥草均被冲掉。1967 年，连山寺控导工程修建时，该工程成为连山寺工程的一部分。该工程修建用土方 2.5 万立方米，柳杂料 0.77 万千克，工日 1.06 万个，共投资 1.16 万元。

（二十四）密城湾护滩工程

密城湾护滩工程位于濮阳县李密城村东、张密城村稍偏于南。1959 年前，由于后辛庄险工下挫脱河，耿密城附近塌滩严重，危及李密城至张密城段堤防安全，于 1959 年 10 月就生产堤前滩沿修建该工程，共 11 道坝，用柳淤杂料搂厢，淤石柳杂草绳捆枕固根。1960 年尹庄控导工程建成后，该工程脱河，后逐渐废弃。该工程修建用土方 1.17 万立方米，石料 164 立方米，铅丝 500 千克，柳杂料 10.24 万千克，工日 0.46 万个，共投资 1.24 万元。

第五节　河道整治历程及河势演变

濮阳河段河道整治包括河槽整治、滩区整治和“二级悬河”治理。河槽治理主要采用修筑险工和控导工程的办法，控导主流，稳定河槽。河道整治大致经历 4 个阶段：第一阶段（1949～1957 年），濮阳河段没有开始修建护滩控导工程，只是对旧险工进行改建，固守堤防。第二阶段（1958～1974 年），分两个时期。1964 年以前，因缺乏整治经验，黄委会曾提出一些不符合自然规律的整治目标和口号，实施简单化的整治措施，导致新修的护滩工程受溜后便被冲垮的后果。1965 年，黄河下游河道整治工作重新启动，濮阳河段被确定为集中整治河段。在汲取以前教训的基础上，黄委会提出并不断完善河道整治指导思想和原则，开展整治工程平面布置研究，整治工作取得良好成绩。第三阶段（1975～2000 年），河道整治进入平稳建设时期。按规划修建新的控导工程，对部分工程进行调整改建，根据河势发展情况对工程进行上延下续。第四阶段（2000～2015 年），整治工程进一步完善，根据河势变化情况，对一些工程进行改建或上延下续。滩地治理始于 20 世纪 50 年代，主要任务是：废除滩地民埝，破除生产堤口门，淤垫滩区串沟、洼地和堤河等，从而改善滩地行洪形势，利于滩区农业生产，改善滩区居民生活条件。2003 年，黄委在濮阳河段开展疏浚河槽、淤填堤河与串沟的“二级悬河”试验工程，取得显著效果，为今后的“二级悬河”治理积累了经验。通过河道整治，濮阳河段的河势得到有效控制，塌滩掉村的现象得到遏制，堤防安全有了较大保障。

一、河槽整治历程与河势演变

（一）1938 年前河势演变

铜瓦厢决口改道之初，濮阳河段无堤防，河水自由漫流，河道歧流支汊众多，河道主槽摆动范围南到菏泽，北到金堤，宽约 75 千米，溜势变化频繁，主溜迁徙不定。1878 年，两岸民埝初具规模，河道摆动范围缩窄到两岸民埝之间。河势演变的特点是主槽单一，摆动频繁；小水塌滩，主槽弯曲；大水趋直，切割边滩形成新的河槽，往往造成主槽变迁。

1. 濮阳上界至青庄

河道平面形态，弯曲和缓，尚有陡弯。至 1890 年，东明堡城一带河势坐弯，陡转左岸，在长垣瓦屋寨至濮阳王窑一带滩地，坐一个凹曲的“Ω”形大弯，宽深均为 7 千米左右，其后各年未再出现。清代宣统元年（1909 年）大河顶冲渠村堤防，产生巨险，修建土坝 4 道，厢护秸埽 8 段。

2. 青庄至刘庄

1890～1908 年，为顺直河段，以后河势渐向弯曲发展，形成青庄→高村→南小堤→刘庄流路。1909 年，溜出瓦屋寨湾后，直趋高村上首，挑溜向北经柿子园东、刘海村西、趋孟居一带堤防。孟居堤决，1910 年堵合。1910～1914 年，河势下挫，高村送溜直趋司马集一带，司马集和安头两村落河，陈屯至坝头坐弯，坝头河势下延。1915 年在双合岭堵口处的相庄修建老大坝。1920 年老大坝靠溜抢险，同年首建南小堤第 3 坝，溜势由此趋东南刘庄。1925 年以后，这段河道河势相对稳定。1932 年老大坝接长 1000 米。1933 年，老大坝被大水冲断，河水危及马屯和南小堤一带堤防，1935 年以前南小堤险工陆续修建 13 道坝。

3. 刘庄至苏泗庄

该段河道，多数年份流路基本顺直，河靠南岸。1919 年，河自刘庄斜趋东北，至左岸胡寨一带坐弯，挑溜至右岸贾庄堤防，顺堤行河至双河岭，以微弯河势斜趋东北，经段寨、连山寺之间，龙常治西，冲刘柳村塌滩。

4. 苏泗庄至苏阁

该段河道河势变化较大，河弯坐深下移，外形很不规则，各年流路交叉呈麻花状。1907 年前后，耿密城河势坐弯，大溜直趋马刘庄一带，同年 9 月王称堌民埝靠溜坍塌决口，10 月堵合。1919 年大河由营房趋北，在吉庄堤弯突出处坐弯，挑溜至右岸周桥堤北 1 千米处，滩地坐弯，由此挑流至左岸柳园、大王庄一带威胁堤防，柳园埝工局长吴茂荣禀准修坝 40 道。1925 年，河势外移脱险。1933 年，河出苏泗庄，斜趋西北至董楼堤防，建坝防守，在此坐弯挑溜至右岸营房湾附近。1935 年，河由左岸马棚南东趋，在康屯突堤处趋北，入1919年河道至柳园；河出邢庙趋东南，至右岸朱庄坐陡弯，转溜向北至前石胡同又坐陡弯，趋东南至右岸苏阁上首。

5. 苏阁至杨庄湾

1912年后，主槽基本靠近右岸大堤，杨庄湾至梁集主槽又多靠近左岸大堤。梁集至路那里大体保持直顺河道，主槽横向摆动1~2千米。路那里主流坐弯入袖，河势相对稳定。1919年河势由左岸南党村坐弯，陡转向南至井那里、王石楼一带坐弯，挑流至左岸白庄，河由此陡转向南，雷口南入路那里湾。1934~1935年，杨庄湾下钟那里河势坐弯，挑溜至左岸孙口，威胁堤防，柳园埝工局禀准在孙口修坝6道。1935年，孙口以下河靠左岸至林坝，慢弯转路那里，险工横截河势，扭转溜向，趋陶城铺。

1938年以前濮阳河段河势变迁情况见图3-48。

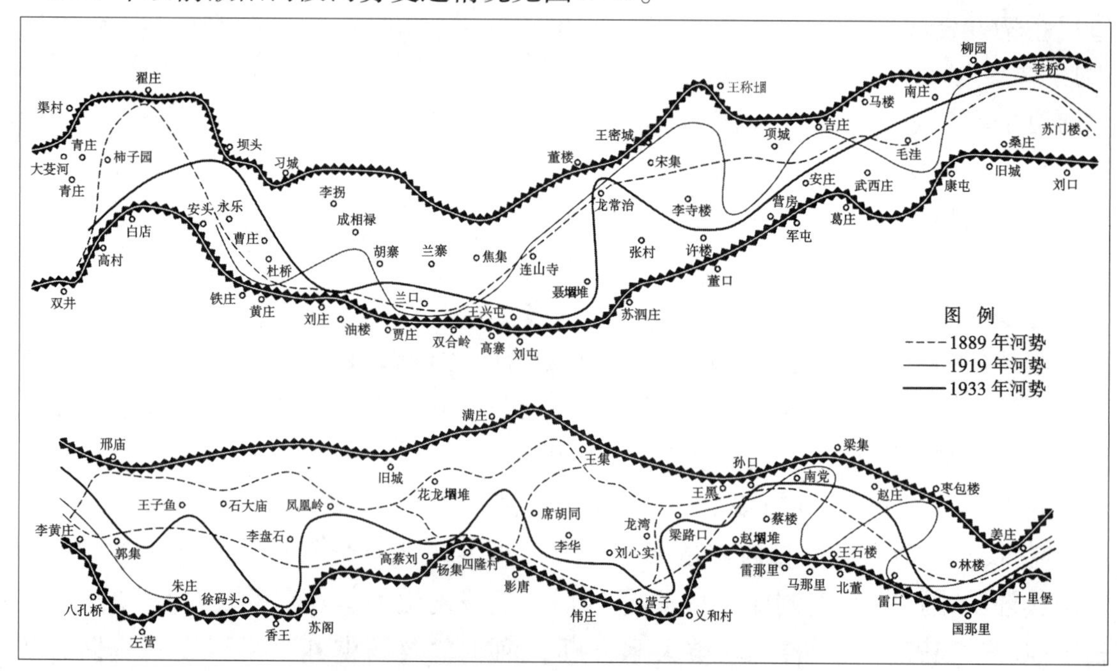

图3-48　1938年以前濮阳河段河势变迁情况

（二）1949~1959年河槽整治与河势演变

1. 濮阳上界至高村河段

濮阳上界至高村为游荡型河道，具有较强的滞洪沉沙作用，长约10.7千米，仅占濮阳河道总长度的6.39%，1959年以前左岸基本没有河道整治工程控制（1956~1957年曾修青庄护滩工程3道坝、3座垛）。青庄以上河势大部分年份比较顺直，经对岸山东黄寨、霍寨等险工送溜至青庄，然后转向东南至高村险工。1949年和1953年与其他年份相比，河势变化较大。1949年主溜过对岸黄寨险工后，在左岸马寨坐弯，直达高村险工，青庄离河较远；1953年主溜过对岸堡城险工后，在左岸薛寨、北何店处坐微弯，然后直达高村险工，青庄离河较远。1955~1956年，对岸东明县在黄寨、霍寨、堡城连续续建险工坝垛，将主溜送至青庄一带，造成该处滩岸不断坍塌后退，致使下游高村、南小堤、刘庄险工河势逐年下挫脱河。

为改变河势，1956 年修建青庄护滩工程 3 座垛，1957 年又修建 3 道坝，但工程没有起到作用而被拆除。1959 年，重新布局，将青庄护滩工程改为险工，当年汛前修建 2 ~ 3 坝、9 ~ 11 坝，汛中修建 1 坝、4 ~ 8 坝，还修建 3 ~ 10 坝 6 段护岸及垛 1 座。青庄至高村河势基本稳定，未发生大的变化，但受上游来溜和左岸大芟河、青庄村一带滩岸消长的影响，高村险工靠溜部位有所变化，约 60% 的年份为 29 坝以上靠溜，约 40% 的年份为 29 坝以下靠溜或脱河。1949 ~ 1959 年高村至濮阳上界河势主溜线最大摆动幅度情况见表 3-12。

表 3-12　1949 ~ 1959 年高村至濮阳上界河势主溜线最大摆动幅度情况

地点	比较年份（年）		摆动幅度（千米）	说明
河道断面处	1953	1958	2. 90	均选用汛后摆动幅度最大的年份进行比较
濮阳县三合村控导工程处	1953	1959	2. 10	
濮阳县青庄险工处	1949	1959	2. 15	
东明县高村险工处	1949	1956	1. 60	

2. 高村至苏泗庄河段

高村至鄄城苏泗庄河道长约 31. 51 千米，占濮阳河道总长度的 18. 81%，为过渡型河道。1959 年以前，该河段修建有高村、老大坝、南小堤、刘庄、苏泗庄等 5 处险工，其中 4 处险工均修在堤防决口的老口门处，为堵口合龙时抢修而成，故工程长度短，外形均凸向河中，显著优点是顶溜外移，对下游堤防有较好的防护作用；缺点是导流作用弱，不同部位着溜，送溜方向均不一样。胡寨控导护滩工程为 1959 年临时堵复串沟修建的，仅有 1 道坝，起不到迎溜送溜作用。1949 ~ 1959 年高村至苏泗庄河势主溜线最大摆动幅度情况见表 3-13。

表 3-13　1949 ~ 1959 年高村至苏泗庄河势主溜线最大摆动幅度情况

地点	比较年份（年）		摆动幅度（千米）	说明
濮阳县南上延控导工程处	1953	1958	2. 0	均选用汛后摆动幅度最大的年份进行比较
濮阳县南小堤险工处	1956	1958	1. 0	
濮阳县习城乡胡寨村处	1950	1959	3. 0	
山东刘庄险工处	1955	1959	1. 3	
双河岭断面处	1955	1959	1. 5	
濮阳县梨园乡焦集村处	1955	1958	1. 8	
濮阳县连山寺控导工程处	1949	1959	2. 0	
山东苏泗庄险工处	1949	1959	1. 7	

（1）高村至刘庄河段。高村至刘庄河段长约 14. 69 千米，占濮阳河道总长度的 8. 77%，河势基本流路为高村→南小堤→刘庄，或高村以下→南小堤以下→刘庄。

高村险工为顺凸形堤弯修建的工程，坝头连线为上提下挫形式，对溜势控制能力较弱，当高村险工在29坝以上靠溜时，经挑溜后主溜趋向东北直达南小堤险工7～9坝，然后趋向东南约呈90度折向刘庄险工；当高村险工在29坝以下靠溜或脱河时，河势下滑到桥口一带，在永乐滩地坐弯后，折向南小堤险工下首。

随着永乐滩地的逐步坍塌后退，弯顶逐渐接近安头村（右岸）和永乐村，造成南小堤险工河势从1949年开始下滑，1951年脱溜并在其以下塌滩坐弯，至1954年弯顶下挫0.8～1.0千米。1955～1956年，该河弯继续发展，濮阳县习城乡于林、万寨等村庄因滩岸坍塌而落河。1956年高村站洪峰流量8360立方米每秒漫滩时，于林一带滩面被冲刷出多条串沟，其中较大的串沟有3条。1958年大水后，南小堤险工继续脱河，于林湾继续向纵深发展，郑庄户、万庄户等村庄落河，先后有576户、2314人搬家，塌失耕地139公顷。至1959年汛前，河弯发展成反“S”形（见图3-49），郑庄户至胡寨主溜线弯曲率达4.1。汛期串沟过溜夺河，自然裁弯，大河经胡寨冲向刘庄险工下首后郝寨，刘庄险工脱河，致使刘庄引黄闸引水困难。1959年，为堵复串沟濮阳修建胡寨控导护滩工程13坝，同时山东为防止堤防出险，被迫下延刘庄险工13道坝。

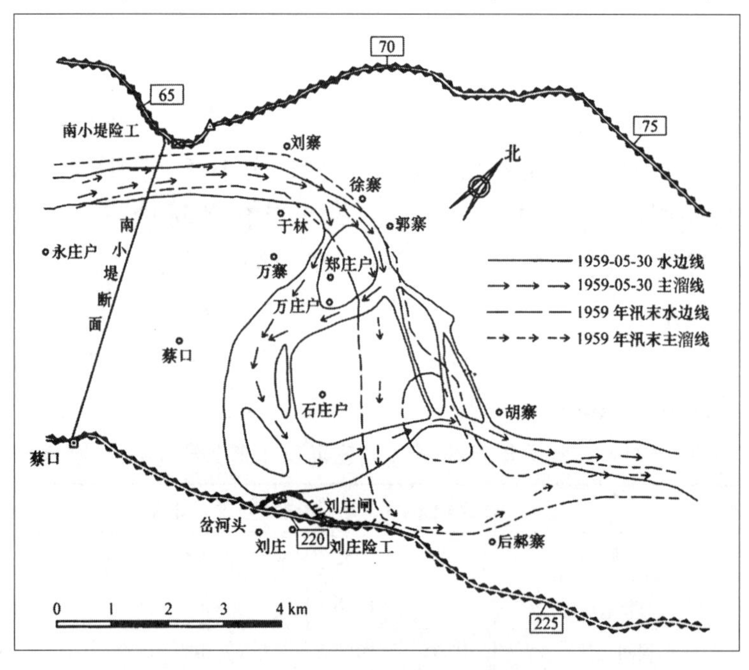

图3-49 濮阳庄户裁弯前后河势变迁情况

（2）刘庄至苏泗庄河段。刘庄以下至苏泗庄河段为长约16.82千米的相对直河段，占濮阳河道总长度的10.04%，主溜线的弯曲幅度不大，其最大摆动幅度为1.3～2.0千米。该河段除1949年、1955年、1958年和1959年外，其他年份河势基本流路为刘庄→连山寺→苏泗庄。1949年河势流路为刘庄→胡寨→阎楼→王盛屯→苏泗庄险工上首（江苏坝险工）；1955年河势流路为刘庄→胡寨→侯寨→兰口→焦集→段寨→连山寺→苏泗庄；1958年河势流路为刘庄→胡寨→薛楼→兰口→阎楼→连山寺→苏泗庄；1959年河势流路为刘庄→张楼（左岸）→潘寨→连山寺→苏泗庄（见图3-50）。

由于刘庄险工靠溜部位时常上提下挫，水流不能持续坐弯，且刘庄至苏泗庄之间

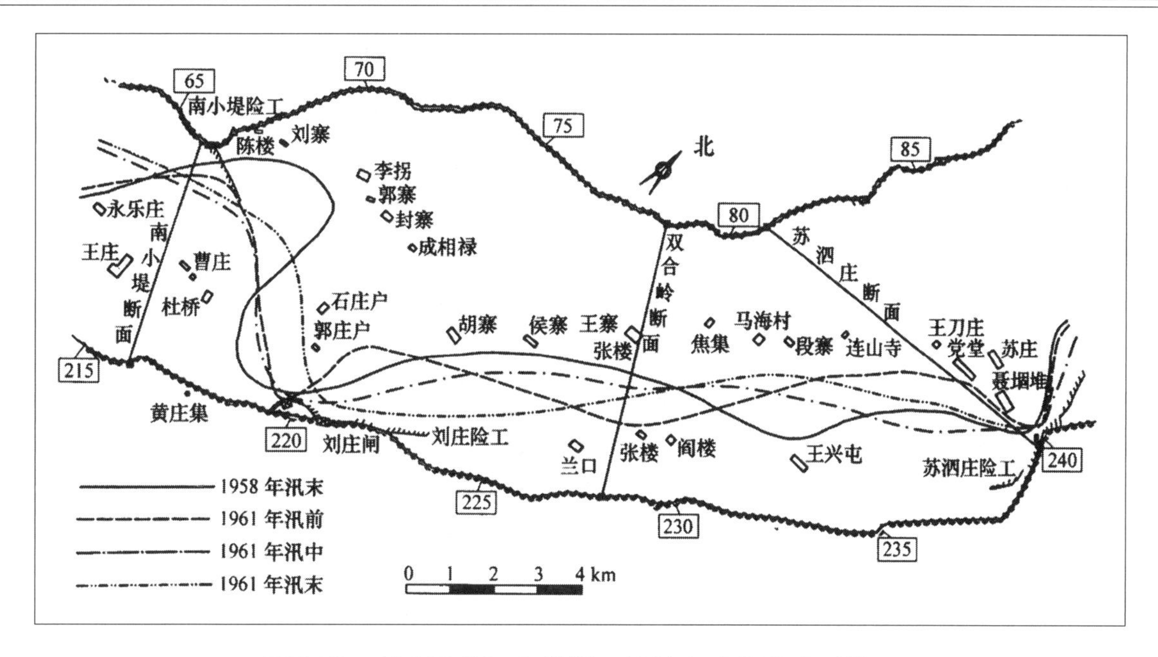

图 3-50　刘庄至苏泗庄 1958～1961 年主溜线变迁情况

两岸滩地广泛分布有耐冲的黏土透镜体，导致河弯发育不完善，最终形成较长的直河段。

3. 苏泗庄至范县邢庙河段

鄄城苏泗庄至范县邢庙河道是河势变化最剧烈的河段之一，全长约 40.17 千米，占濮阳河道总长度的 23.98%，为过渡型河道。苏泗庄至营房河段长约 12.79 千米，左岸没有任何河道整治工程控制，河势变化具有典型弯曲型河道的特点；营房至邢庙河段长约 27.38 千米，没有布设整治工程，河道平面外形相对比较顺直，主槽摆动幅度虽远小于营房以上河段，但摆动频率较大，具有一定的游荡性。1949～1959 年苏泗庄至邢庙河势主溜线最大摆动幅度情况见表 3-14。

表 3-14　1949～1959 年苏泗庄至邢庙河势主溜线最大摆动幅度情况

地点	比较年份（年）		摆动幅度（km）	说明
濮阳县尹庄控导工程处	1949	1958	1.3	均选用汛后摆动幅度最大的年份进行比较
濮阳县龙常治工程（密城湾）处	1949	1959	6.5	
濮阳县马张庄工程（密城湾）处	1950	1959	5.6	
山东营房险工处	1951	1956	1.6	
彭楼断面处	1949	1957	1.8	
范县彭楼险工处	1949	1959	1.7	
大王庄断面处	1954	1959	2.1	
范县李桥险工处	1955	1959	2.6	
范县邢庙险工处	1954	1959	2.1	

（1）苏泗庄至营房。1948 年，苏泗庄以上左岸李申屯（现小屯）滩嘴托溜，导致江苏坝险工着溜，苏泗庄险工靠溜不紧，主流偏向西北，在尹庄附近开始坐弯，并逐渐发育成不完整的“Ω”形河弯，1949 年汛期，李申屯滩嘴坍塌后退，河势下滑至苏泗庄险工 27～32 坝，挑溜向北将原弯道取直后在龙常治一带坐弯，至 1950 年在 1949 年以前的弯道东北处再次形成“Ω”形河弯（见图 3-51）。

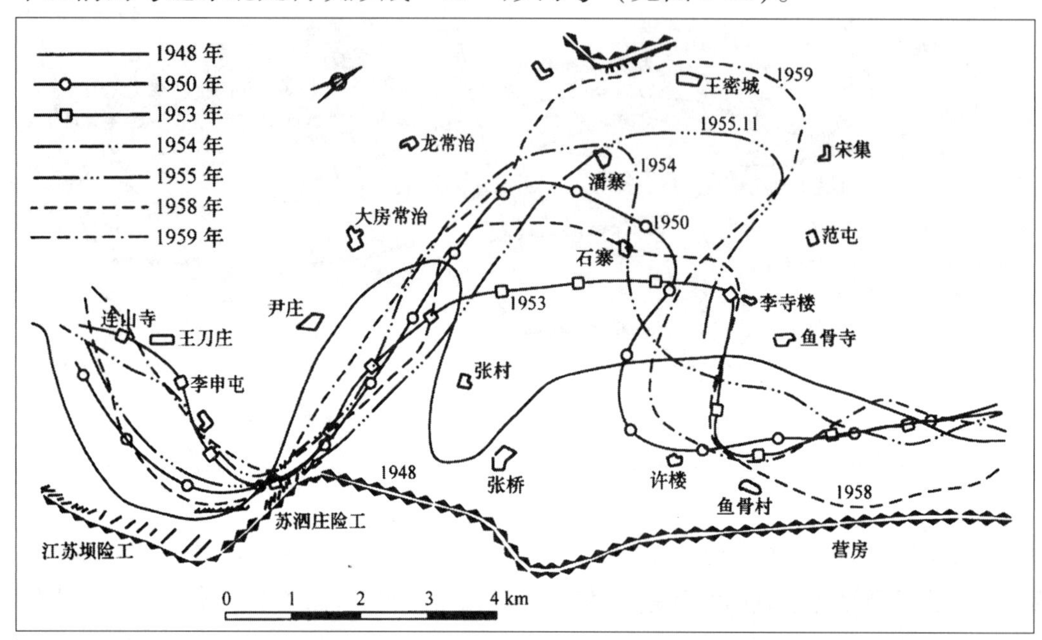

图 3-51　苏泗庄至营房河段 1948～1959 年主溜线变迁情况

1950～1955 年初，随着苏泗庄险工靠溜部位及来水来沙条件的变化，左岸河弯时常变化，龙常治和范屯两处河弯此消彼长，年最大塌滩达 2500 米，先后有忠寨、潘寨、石寨、王河渠等 7 个村庄相继掉进河中。1955 年汛期，苏泗庄险工中小水靠溜部位在 24～28 坝，出溜冲王密城、宋集、范屯一带，此处土质疏松，塌滩速度快，包李庄、常河渠 2 个村庄掉入河中，形成密城湾。密城湾湾嘴以下长约 650 米、宽 150 米的李寺楼（范屯西南 500 米）淤泥滩，抗冲性强，限制密城湾的进一步发展。

1955 年汛后至 1958 年汛前，大小水不入弯顶，密城湾基本停止向纵深发展。但随着上游来水来沙情况的变化，其主溜时而出弯，时而入弯，弯内水面宽浅，出现了心滩和歧流（见图 3-52）。其主要原因是，聂堌堆滩嘴黏土冲蚀，苏泗庄河面展宽，溜势下滑到 28～32 坝，28 坝较长突出河中，28 坝靠溜长短决定着送溜方向，常出现两股流。中常洪水时，28 坝靠溜段较长，送溜的溜势较集中，直接送入密城湾；小水或大水时，溜势下滑，28 坝靠溜较短，出溜后偏右，水面展宽，溜势减弱，水流下行不远将向右转，密城湾即出滩。

许楼至营房之间河势与上游密城湾密切相关。当密城湾靠溜较好，其主溜直冲对岸许楼、鱼骨一带，营房处出滩；当密城湾内出滩，溜势下滑营房一带，造成营房一带坍塌后退。

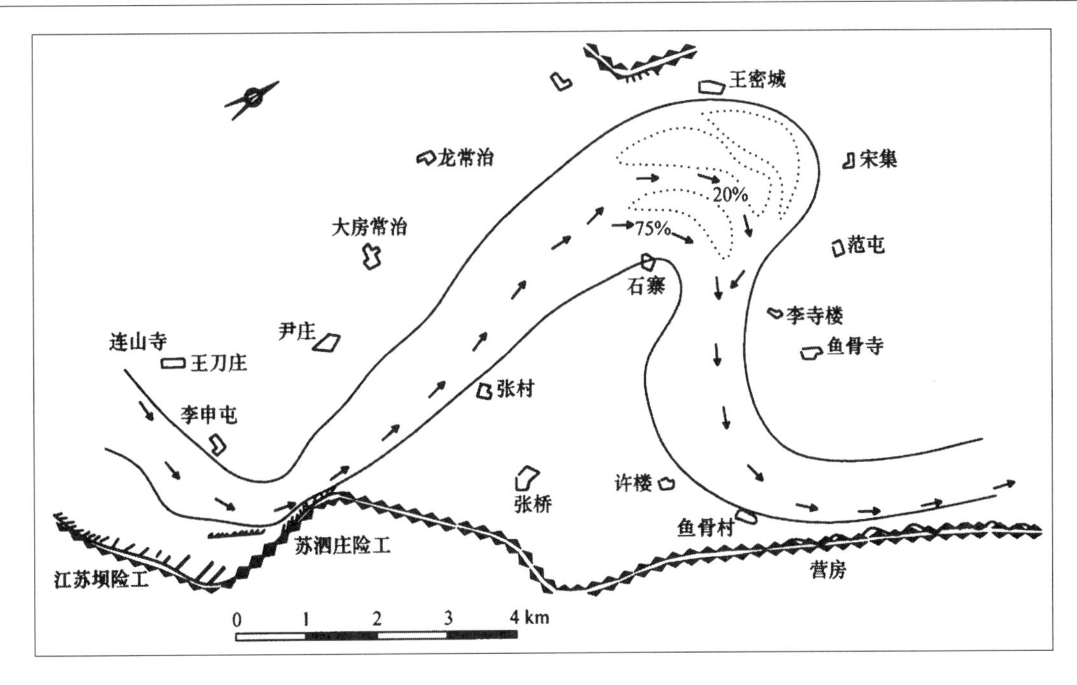

图 3-52　密城湾 1959 年 6 月 15 日河势图

1958 年汛期至 1960 年汛期，密城湾又开始向纵深发展，主要原因是 1957 年汛前，苏泗庄险工 28 坝水上部分截掉 51 米，经过 2 年时间的冲刷，水下部分已被冲蚀，28 坝及以下坝垛基本形成比较规顺的导流段，导流能力有所增强，出溜方向直，溜势集中，直接进入密城湾，致使密城湾继续发展，冲毁白堽乡王密城，弯顶紧贴王称堌乡孟楼、宋集、范屯一带，李寺楼滩嘴黏土层部分虽被冲蚀，但底部仍能起到托溜作用。溜出密城湾后趋向对岸许楼至鱼骨（右岸）一带坐弯，营房湾脱溜。此时密城湾的弯颈比达 2.81，具有典型的蜿蜒型河道的特点。

（2）营房至邢庙。1949～1953 年，营房至邢庙河段比较顺直，主溜虽有摆动，但摆动幅度仅有 1 千米左右，主溜在营房以上许楼至鱼骨一带坐弯，营房、彭楼脱溜，主溜基本沿左岸滩沿至邢庙。

1954 年 5 月至 1955 年 9 月，上游来水较丰，密城湾发展较快，许楼至鱼骨村靠溜不稳，营房一带开始塌滩坐弯，溜趋向左岸武祥屯、吉庄，并逐步下滑至付庄、于庄、马棚一带。于庄以上滩地土质黏粒含量高，抗冲力强，但马棚以下滩地主要由粉细沙组成，抗冲力差，塌滩较快，马棚附近滩后退约 1.5 千米，吉庄至马棚之间形成一个比较顺直的河弯。河出弯后向东北沿梅庄、老宅庄、刘庄至桑庄（右岸）坐弯（见图 3-53），一年之内弯道后退 1.5 千米，折向西北柳园坐弯后又折向东北，在右岸苏门楼、尖堌堆一带再坐弯后入邢庙险工，形成典型的“S”形河弯。

1956 年，“S”形河弯的两弯顶有所发展，张庄户、毛堌堆掉河，史楼、邢庙脱河。1957～1958 年，老宅庄以下至李桥出现多处心滩，主溜一般分为两股，右股分流比为 70%～85%，两股水流在李桥上游合在一起，邢庙险工脱河。1958 年，梅庄以下主溜偏向右岸，左股逐步萎缩消亡，李桥以下主溜逐渐右偏。从 1958 年 11 月至 1959

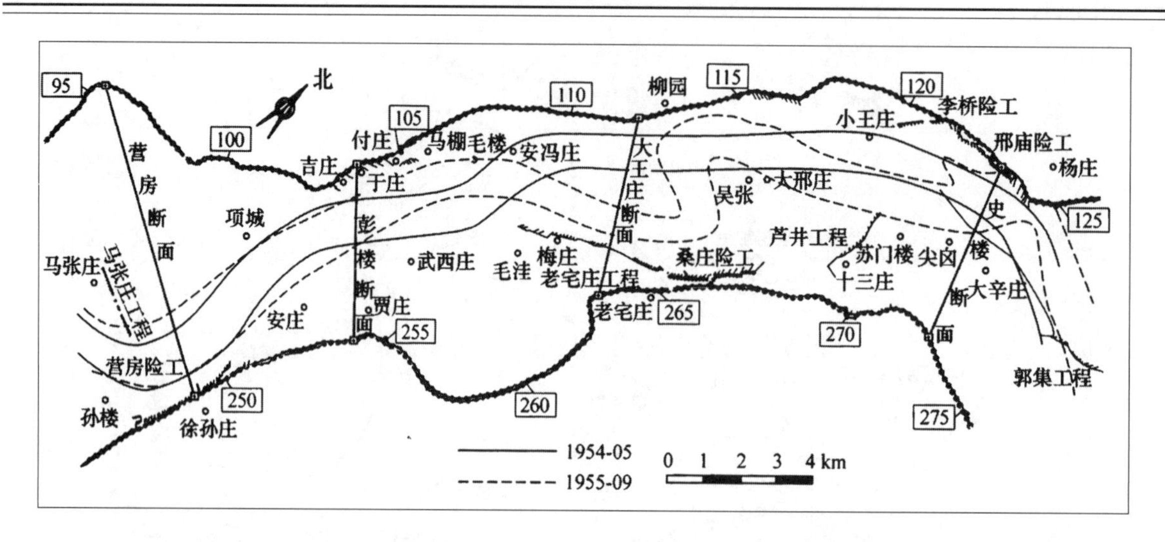

图 3-53　营房至邢庙 1954～1955 年河势变迁情况

年 5 月，邢庙一带滩沿向南推进约 500 米（见图 3-54）。

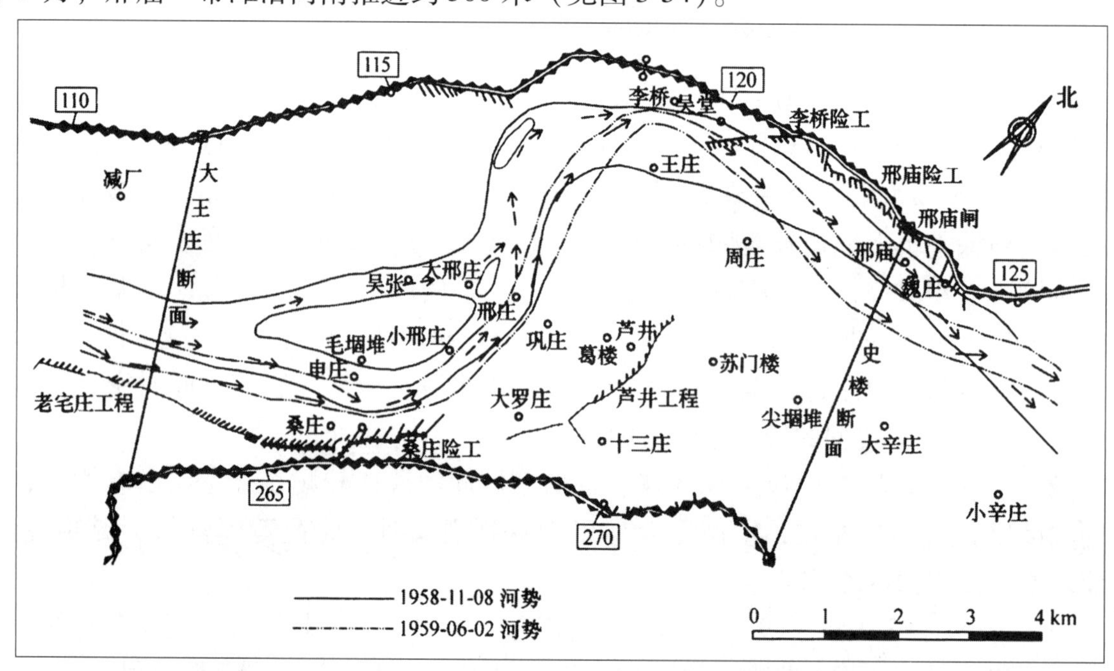

图 3-54　老宅庄至邢庙 1958～1959 年河势变迁情况

4. 邢庙至程那里河段

范县邢庙至梁山县程那里河道长约 46.66 千米，占濮阳河道总长度的 27.86%，为过渡型河道，右岸有苏阁、杨集、伟庄 3 处险工，左岸基本没有工程（除堤防外）控制。该河段两岸滩地多由沙壤土组成，抗冲性能差，主河槽不稳，主溜摆动频繁，摆动范围较大，但险工附近的河势比较稳定。1949～1959 年邢庙至程那里河势主溜线最大摆动幅度情况见表 3-15。

表 3-15 1949~1959 年邢庙至程那里河势主溜线最大摆动幅度情况

地点	比较年份（年）		摆动幅度（千米）	说明
山东郭集控导工程处	1949	1954	2.9	均选用了汛后摆动幅度最大的年份进行比较
范县吴老家控导工程上首	1955	1959	3.2	
范县杨楼控导工程处	1958	1959	2.0	
台前县孙楼控导工程处	1951	1957	3.0	
台前县韩胡同控导工程处	1949	1959	2.3	
伟那里断面处	1956	1958	1.0	
台前县梁路口控导工程上首	1949	1959	3.2	

（1）邢庙至苏阁。邢庙至苏阁河段长约 15.35 千米，占濮阳河道总长度的 9.16%。1948 年汛期李桥险工（前李胡与东桑之间，后被冲毁，1960 年重建）靠河，在此坐弯后主溜导向右岸，沿苏门楼、小辛庄一带下行，冲塌石奶奶庙（近右岸石庙村）、观音寺（位于石奶奶庙以东 0.5 千米）、魏屯（位于石奶奶庙以东 1 千米）一带滩地，撇开朱庄（今石庙南 0.5 千米，后迁移至背河）、王鸭子、徐码头一带的弯道，流向仲堌堆一带，在这期间邢庙至苏阁河势比较顺直。1949 年汛期，李桥险工脱河，主溜在右岸苏门楼坐弯后趋向左岸，滑过邢庙险工后在左岸宋楼坐微弯趋向观音寺，再到吴老家（见图 3-53）。河势在吴老家至林楼之间坐弯导溜，造成仲堌堆上首滩岸坍塌，弯顶上提约 0.8 千米，与前一年相比主溜摆动较剧烈，向北推进 1.5~2.5 千米。1950~1951 年，邢庙至苏阁主溜比较顺直，仅在右岸小辛庄和左岸王子圩与吴老家之间坐有微弯，仲堌堆河势进一步上提至苏阁，危及堤防安全，故从下到上抢修苏阁险工坝垛 10 道（座）。1952~1955 年，邢庙险工开始着溜，并逐年下挫，右岸滩地多为粉细沙，小辛庄坐弯较深。1952 年弯顶在小辛庄以北约 0.5 千米，1953 年塌滩至（向南）小辛庄，1954 年 7 月至 9 月向东下挫 2.5~3.0 千米，向南又塌进 1.0~1.2 千米，到朱庄附近，共塌掉张庄、崔庙、李汴庄等 9 个村庄。河流出朱庄后由东转向西北直冲王子圩、前石胡同（今前石村），在此坐弯后流向苏阁险工 9 坝附近。1955 年汛前，河在郭集附近分成两股，右股占 70%，因滩地的分流作用右岸弯顶下挫，汛期大水时，前石胡同附近河弯取直，溜势直冲苏阁险工，汛后朱庄湾完全断流，主溜又全部行左股（见图 3-55）。1956 年邢庙险工仍不靠河，其以下 6 千米为直河段，至石奶奶庙坐弯挑溜流向左岸林楼，并坐弯导流至苏阁险工 9~11 坝。1957 年靠溜部位由李桥下挫接近邢庙，邢庙以下至石奶奶庙直河段出现两个弯道。石奶奶庙以下弯顶均较 1956 年下挫，7 月中旬至 8 月上旬，黄河连续发生 7 次洪峰，特别是后 2 次洪峰在高村以下汇合后，水量大、持续时间长，将该河段的多处滩嘴冲消，主槽趋直，水流直冲仲堌堆以下北徐庄、庙庄滩地，苏阁险工距离主溜 0.1~0.5 千米。1957 年洪水过后至 1959 年汛前，李桥以下至徐码头 14 千米的直河段维持近 2 年。右岸徐码头、左岸林楼坐弯不深，苏阁险工脱河，1958 年北徐庄村掉入河中（见图 3-56）。

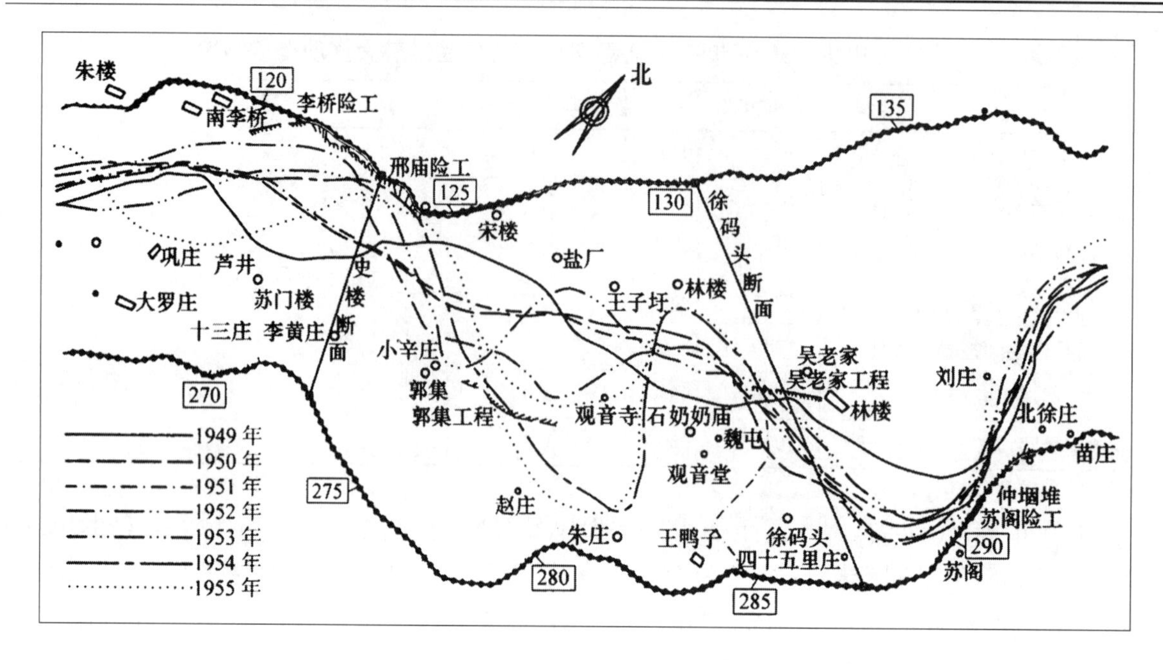

图 3-55　李桥至苏阁 1949～1955 年主溜线变迁情况

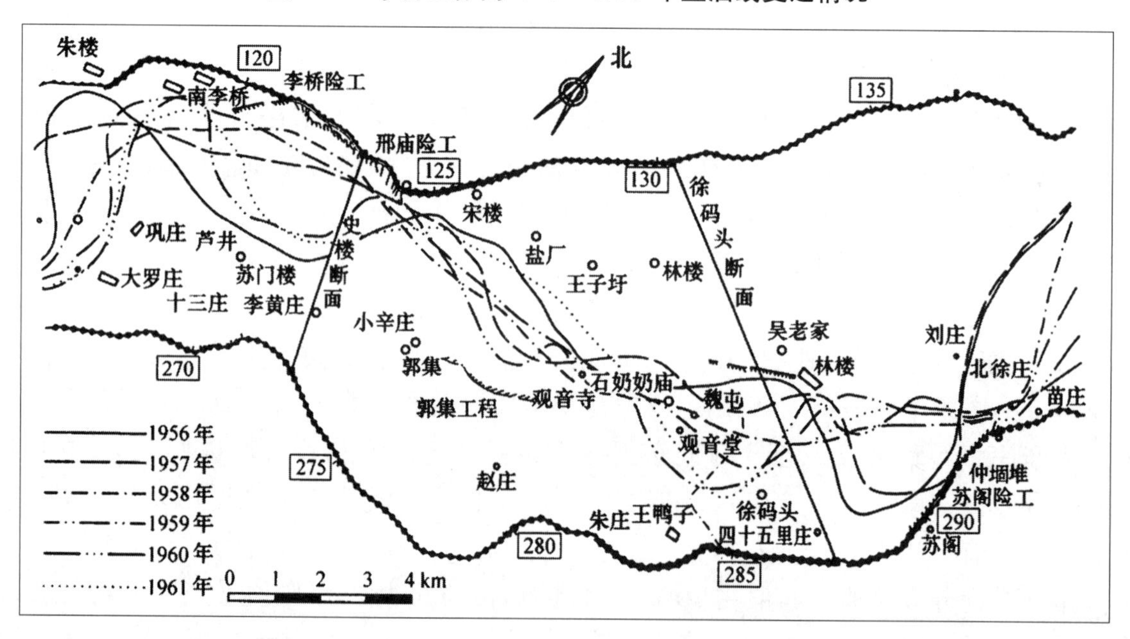

图 3-56　李桥至苏阁 1956～1961 年主溜线变迁情况

（2）苏阁至程那里。苏阁至程那里河段长约 31.31 千米，占濮阳河道总长度的 18.69%。1948 年，苏阁险工 21～23 坝靠溜不紧，河在此坐弯后趋向北，下行 1 千米多在徐庄以东 500 米处坐弯再折向东北，绕过杨集险工流向四杰村，致使大堤出险。河出四杰村后，在左岸李华至张罐（今姜贯）之间坐微弯后冲向程那里，在程那里以西 800 米处坐急弯转向对岸龙湾。1949 年，苏阁险工靠溜部位上提至 9 坝以上。1950～1954年汛前，虽然吴老家以上主溜摆动幅度大、变化快，但吴老家以下至苏阁河势变化不大，苏阁险工靠溜部位随来水来沙情况上提下挫，但一直维持在 9 坝以上。

由于苏阁险工靠溜段较长，导溜能力明显增强，苏阁以下至程那里河势在该段时间内变化也不大，基本流路和弯道是苏阁→储洼（杨楼）→李庄→刘垓（今刘垓以西600米）→邵集→伟庄。伟庄以下河势在距离程那里村西南2千米的于楼坐弯，约呈90度折向西北的龙湾。

1954年汛前，苏阁险工3～6坝靠溜，左岸杨楼以下至白堂坐弯，白堂胶泥嘴托溜，主溜折向东，在潘集以南1千米处坐弯转向东南至杨集险工。1954年汛期，杨楼溜势上提至储洼，随着储洼至高庄一带滩地坍塌后退，白堂胶泥嘴被水流逐渐冲消，仅7、8月两个月左岸储洼以下4.5千米滩沿向后塌退300～500千米，新高庄、白堂部分塌入河中，主溜在距旧城500米处折向东南，冲掉夏庄、李庄，再冲向杨集8坝，造成该坝出险（见图3-57），同时还抢修3道坝。1955年汛前，白堂一带继续向西坍塌，左岸已形成一大的弯道。1955年汛期，苏阁险工靠溜部位下挫至9坝，左岸着溜点下挫至杨楼以下，截至11月上旬，杨楼以下至旧城滩沿较汛前平均后退0.8千米，弯顶向北塌退了1.4千米，旧城湾曲率半径进一步缩小，导流至右岸焦庙及高庄一带（距杨集险工1坝西南1千米）坐弯，滑过杨集险工。1954年汛前至1955年汛末，两岸共有7个村庄全部或部分掉入河中。1956年汛前至1957年汛前，除旧城湾弯顶向东北下挫至花龙堌堆，引起新李庄（从左岸迁来的）弯顶上提外，其他地方没有大的变化，主要原因是苏阁险工靠溜部位上提下挫不稳，造成杨楼至旧城之间左岸滩沿后退或前进，主溜不再一味坍塌坐弯，同时主溜在旧城村中遇到胶泥层，也阻止了滩地的进一步坍塌。1957年7月至1958年6月，苏阁险工溜势下挫至22坝以下北徐庄和苗庄，该处滩地由抗冲性较好的黏粒组成，经滩地导溜后仍入旧城湾，杨楼一带淤出嫩滩宽近0.5千米。

1958年大水，主溜在右岸徐码头略坐微弯后，撇开苏阁险工冲掉北徐庄、罗纹、新李庄，旧城湾脱河，杨集险工7～8坝靠边溜。大水过后，弯顶仍归花龙堌堆，溜出弯后急转冲掉潘集村，仍在焦庙及高庄一带坐弯，杨集险工着边溜。因杨集险工外形凸出，一般靠溜在8坝以上，经挑溜至对岸邵集一带坐弯，经过近6千米的顺直河段，导流至伟庄险工4～6坝，经于楼到程那里，1955年前基本维持这种河势。

1956年，邵集坐弯较深，薛庄（今棘针园西南1千米）胶泥嘴凸出挑溜至右岸影唐（义和庄以西约1千米）坐弯。1957年，邵集以下至薛庄平均塌滩宽度近200米，弯顶退至宋庄，大溜入影唐与义和庄之间，弯顶后退350米，下首土质抗冲性强，挑溜外移，伟庄险工逐步脱河。1958年汛初，随着邵集至薛庄、影唐附近两个弯道的不断发展，义和庄滩嘴挑溜到左岸李华至刘心实之间，形成一“几”字形河弯（见图3-58），伟庄险工上首后师滩地坐弯，主溜经伟庄险工1～6坝略微托溜后在程那里西北0.7千米处坐弯流向左岸龙湾。于楼出滩，滩宽近1千米。

5. 程那里至濮阳下界（张庄）

程那里至濮阳下界张庄河道长约38.46千米，占濮阳河道总长度的22.96%，为过渡型河道的最下端。该河段右岸有路那里（含国那里）、十里堡等险工，左岸有孙口

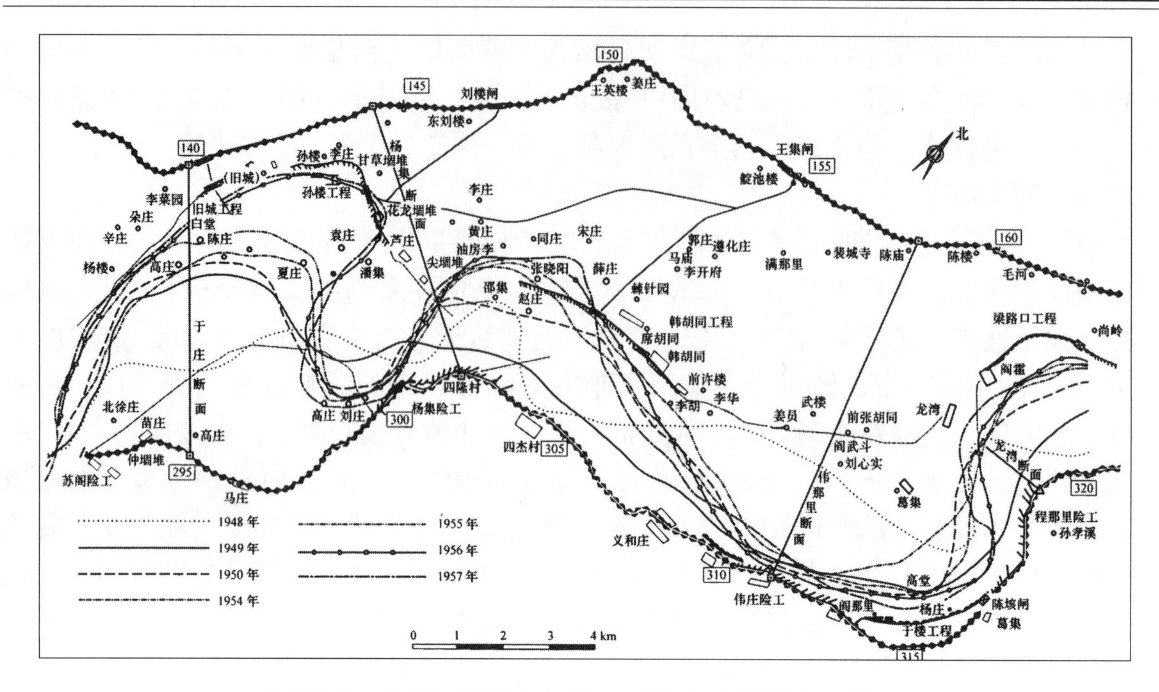

图3-57　苏阁至程那里1948～1957年主溜线变迁情况

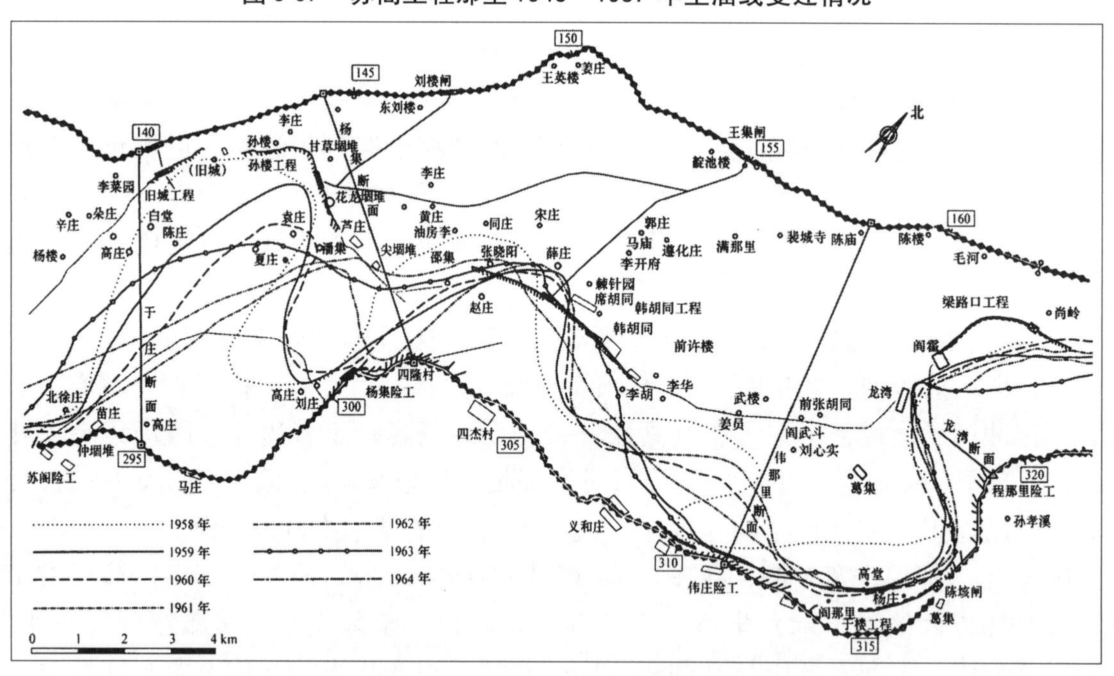

图3-58　苏阁至程那里1958～1964年主溜线变迁情况

(今孙口断面附近，后废除)、石桥、影唐险工。该河段以对岸十里堡为界可分为上下两段，上段长约26.95千米，为自然河道，下段长约11.51千米。1958年以前，右岸无堤防，河道与东平湖一道为黄河和汶河洪水的自然滞洪区。因此，下一段主槽的摆动明显弱于上一段。1949～1959年程那里至张庄河势主溜线最大摆动幅度情况见表3-16。

表 3-16　1949～1959 年程那里至张庄河势主溜线最大摆动幅度情况

地点	比较年份（年）		摆动幅度（千米）	说明
台前县梁路口控导工程上首	1949	1959	3.2	均选用汛后摆动幅度最大的年份进行比较
孙口断面处	1951	1954	1.7	
台前县影唐险工下首	1949	1956	1.7	
大田楼断面处	1949	1957	0.8	
路那里断面处	1951	1957	0.5	
十里堡断面处	1956	1958	0.4	
台前县白铺护滩工程处	1956	1958	0.4	
台前县张堂险工处	1958	1959	0.3	
台前县石桥险工处	1956	1959	0.8	

1948 年，黄河在程那里以西 800 米坐急弯转向对岸龙湾，又折向右岸的范那里，再折向左岸孙口险工上首坐弯后，沿左岸李那里（今赵庄东 1 千米，后搬到右岸背河）、赵庄，在黄那里（今孙那里）坐弯，河出弯后趋向右岸路那里险工。大溜靠路那里险工 5～6 坝，至 34 坝出流向左岸贺洼，沿左岸姜庄、白铺至张堂（见图 3-59）。

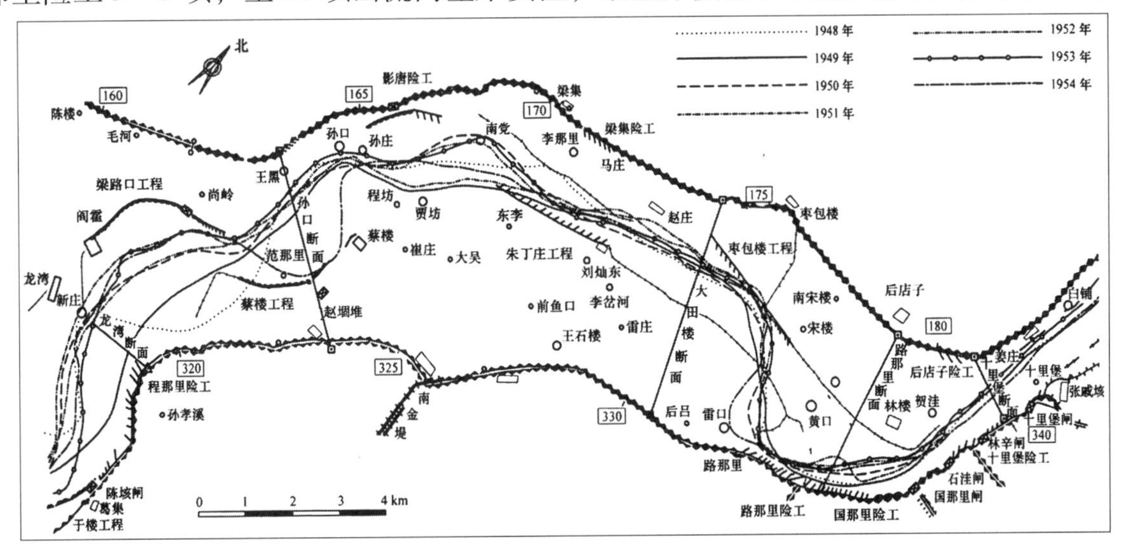

图 3-59　程那里至白铺 1948～1954 年主溜线变迁情况

1949 年，程那里以西弯道上提到于楼，程那里以下大河趋中偏右，经范那里西直冲孙口险工下段，龙湾、范那里两弯道脱河。孙口以下河比较顺直，主溜略偏向右摆至赵庄，以下入右岸刘灿东（今林坝西 1 千米）、左岸黄那里与万桥之间的河弯，弯顶后退，以下河势基本没有变化。

1950～1953 年，于楼湾坐深，导流入龙湾，贴左岸阎霍（庄），经尚岭、孙口险工，以下至张堂基本没有大的变化。

1954 年汛期，伟庄溜势下挫到 6 坝以下，于楼湾进一步坍塌后退，致使龙湾弯顶后退近200米，刷掉阎霍、新（辛）庄两个村庄，从龙湾至尚岭形成一个大弯，托溜入蔡楼湾，蔡楼村滩岸塌宽0.12千米。溜势从孙口险工下滑到孙庄（今邢同南500米，1952年掉河）与南堂（今刘郯东）之间，为确保堤防安全，随即抢修影唐险工11~13坝3道坝。以下河贴左岸下行至梁楼（今东影唐南0.5千米，1955年掉河）坐陡弯后直冲路那里险工4坝。1955年，于楼、龙湾、蔡楼弯道继续发展，左岸南堂坍塌近0.5千米，村庄掉河，刘灿东河势上提至朱丁庄导流向左岸赵庄、白店（在现今枣包楼工程上首）间坐弯，河出弯后直冲路那里险工11坝以下。1956~1960年梁集以上河势变化不大（见图3-60）。

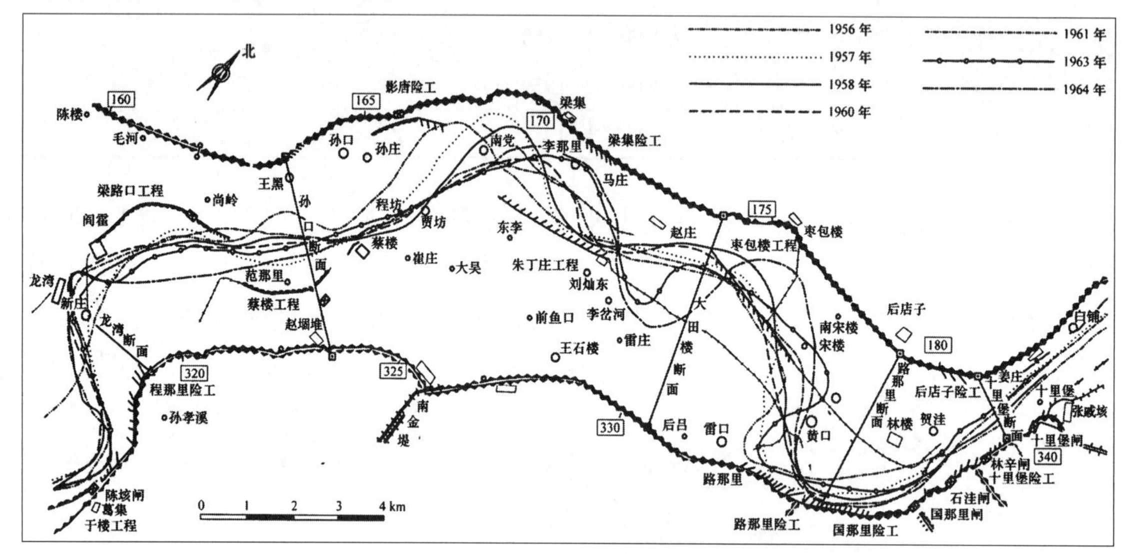

图3-60　程那里至白铺1956~1964年主溜线变迁情况

张堂至濮阳下界河段，受路那里（包括国那里、十里堡）险工导流和两岸抗冲滩沿的制约，张堂靠溜稳定。1952年以前，张堂出溜在刘庄（今徐巴士南1.5千米，1958年掉河）以西坐微弯，送溜至左岸张庄并坐弯后，滑过陶城铺入黄庄。1952年，右岸大洪口村靠河坐弯挑溜，产生横河，溜势顶冲石桥村一带，并威胁到堤防安全，故于1953年6月抢修石桥险工1~7垛（柳石垛）。1953~1957年，刘庄湾不断刷深，弯下嘴大洪口村为较厚的黏性土层，抗冲性强，将溜挑向左岸，冲刷左岸石桥以上的周庄，并形成“S”形河弯。1957年7月22日，孙口站发生11600立方米每秒洪水，水位高、流量大，主溜从大洪口与徐巴士之间串沟穿过，撇开石桥（石桥险工脱河），直冲陶城铺险工下段，发生自然裁弯（见图3-61），大洪口从黄河右岸变成左岸。1958年以后，丁口至徐巴士河势逐步右移，徐巴士河岸抗冲性比较强，在上首逐渐坐弯，将溜导向左岸石桥与张庄一带，沿左岸至陶城铺险工。

（三）1960~1974年河槽整治与河势演变

1960年9月，三门峡水库开始蓄水运用，在蓄水运用初期，水库拦蓄洪水，清水下泄，下游河道普遍发生冲刷，主槽在下切的同时展宽，高村至郓城伟庄主槽宽度由0.6~0.8千米展宽到1.2~1.8千米，平滩流量由5000立方米每秒左右增加到6000~

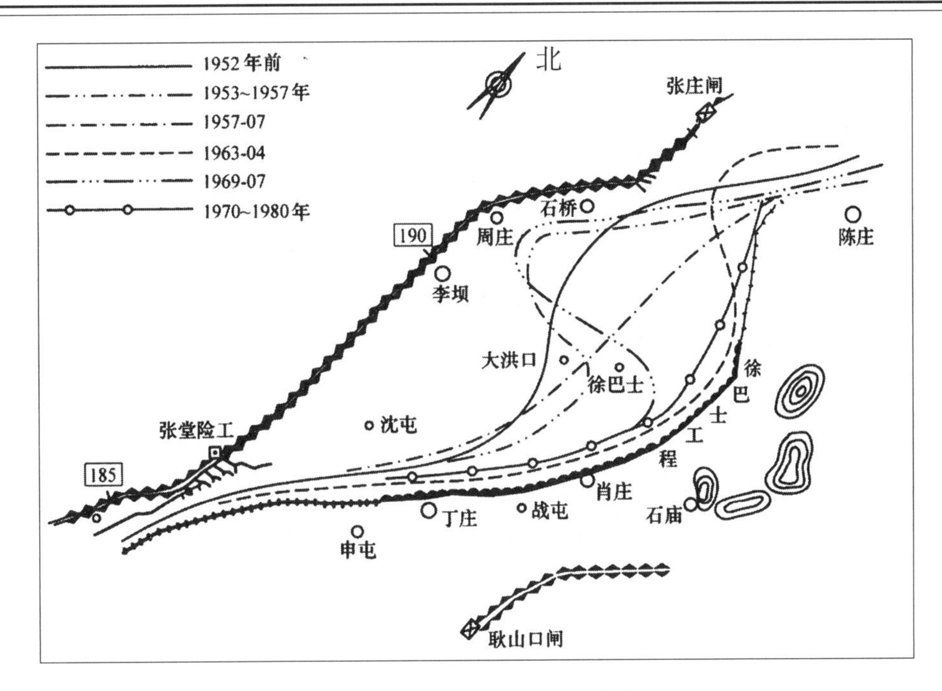

图 3-61　20 世纪 70 年代石桥裁弯示意图

7000 立方米每秒。

1960～1964 年，濮阳黄河河道整治处于初期，为防止三门峡水库清水下泄带来的滩岸坍塌和河势摆动，采用柳淤搂厢和柳淤枕盘头裹护坝基（主要以“树、泥、草”为原材料），修建一些控导（护滩）工程，但因强度不足，很快被洪水冲垮；有些工程缺乏统一规划，修建以后很快又被拆除。这些工程临时对控制河势起到一定的作用，但达不到河道整治的预期目的，河势仍处于快速变化、剧烈摆动之中。

1965 年 1 月，三门峡水库开始第一次改建，随后进行第二次改建。水库运用方式也由“蓄水拦沙”“滞洪排沙”改为“蓄清排浑”。同时，黄河下游河道整治方针也由“纵向控制，束水攻沙”改为“控导主溜，护滩保堤”，并明确河道整治要统一规划，重点整治高村至濮阳下界的过渡型河段。

1965～1974 年，河道整治技术逐步走向成熟。这一时期，按照统一规划，濮阳河段河道集中整治，修建大量的河道整治工程，强化河床边界条件，河势变化基本得到控制，并使局部河段自然状态下的不利演变状况得到改善。濮阳河道整治采取微弯型整治方案，单岸修建整治工程，从总体看，除主槽摆动强度明显减弱外，河道的平面形态并没有发生大的变化，仍然具有过渡型河道的演变特点。

1. 濮阳上界至高村河段

1960～1964 年，濮阳上界至高村河势总的来看变化不大，主要体现是河势上提下挫。

1960 年，溜势在长垣于林坐微弯后导向东，在山东霍寨、堡城险工外（西北）约 1.4 千米处坐微弯，然后转向北直达青庄险工上首，并在青庄以下坐微弯后导流至高村险工，为此，青庄险工下续 12 坝。

1961 年，溜出堡城险工转正北，直达青庄险工下首，然后导流至高村险工，较 1960 年高村险工河势有所上提。

1962 年，青庄险工以上河势与 1961 年基本一致，但过青庄险工后河势下滑至高村以下（高村河势下挫）。

1963 年，溜出堡城险工后至右岸河道工程，经河道工程送溜至青庄险工下首，然后导流至高村险工，较 1962 年高村险工河势进一步下挫，右岸滩嘴后退。

1964 年，河在霍寨、堡城工程之间坐微弯后趋向北，在堡城险工、河道工程之间再次坐弯后导流向北，然后在左岸北何店坐微弯后趋向东北，撇开青庄险工在其以下左岸柿子园（高村险工对岸）坐弯，导流至高村以下安头（右岸）、永乐一带坐弯流向南小堤山东坝。1960 ~ 1964 年，该河段河势主溜线最大摆动幅度 0.8 ~ 1.4 千米。1960 ~ 1964 年高村至濮阳上界河势主溜线最大摆动幅度情况见表 3-17。

表 3-17 1960 ~ 1964 年高村至濮阳上界河势主溜线最大摆动幅度情况

地点	比较年份（年）		摆动幅度（千米）	说明
河道断面处	1962	1963	1.0	均选用汛后摆动幅度最大的年份进行比较
濮阳县三合村控导工程处	1960	1964	0.8	
濮阳县青庄险工处	1960	1964	1.3	
山东东明高村险工处	1961	1964	1.4	

1965 年，河出对岸堡城险工后靠右岸蜿蜒下行，于青庄、高村两险工中间蜿蜒穿过（两处险工均脱河），在左岸南上延工程以上坐弯后导流至右岸周寨、安头、郭庄一带坐弯。

1966 年，河出堡城险工后仍靠右岸蜿蜒下行，过河道工程后直驱东北，于青庄、高村险工之间穿过，两处险工仍脱河，在左岸柿子园坐微弯后导流至右岸高村以下并坐微弯。

1967 年，河出堡城险工后转向北靠左岸直行至青庄险工中部，然后导流至高村险工 25 坝上下，过高村险工后直趋山东坝以下。

1968 年，河靠堡城工程上首，之后导流向北直行至左岸三合村，于三合村一带坐微弯后转向正东，在高村工程上首滩地坐弯后又转向正北至左岸柿子园南，再次坐弯后趋向高村工程以下桥口工程。

1969 年，河在霍寨、堡城工程之间坐弯后趋向正北，于河道断面处左岸坐微弯后转向东北，蜿蜒穿过青庄、高村两工程之间至桥口工程，青庄险工下续 13 ~ 15 坝。

1970 年，河出堡城险工后先沿右岸下行，慢转向左岸至青庄险工下首，然后趋向高村险工，高村险工 21 ~ 33 坝于汛期开始靠河，汛后河势有所下滑。

1971 ~ 1972 年，河出堡城险工后趋向正北，逐渐靠左岸行流至青庄险工中、下部，河过青庄工程后流向高村险工上中部。1972 年高村河势比 1971 年有所上提，过高村险工后导流至左岸南小堤以上（今南上延工程）滩地坐弯。

1973 年，河在霍寨、堡城之间坐弯后转向正北，于左岸（堡城工程对岸）坐弯后转向东北至堡城工程以下坐弯，然后趋向西北至左岸坐弯（河道断面处）后再转向东北，在右岸坐弯后转向正北至青庄工程中下部，送溜至高村险工上首。

1974 年，河势比较顺直，河在霍寨、堡城之间坐弯后转向正北，直达青庄险工中部，然后送溜至高村工程上首。1965～1974 年，该河段河势主溜线最大摆动幅度 1.6～2.9 千米。1965～1974 年高村至濮阳上界河势主溜线最大摆动幅度情况见表 3-18。

表 3-18　1965～1974 年高村至濮阳上界河势主溜线最大摆动幅度情况

序号	地点	比较年份（年）		摆动幅度（km）	说明
1	河道断面处	1965	1971	1.9	均选用汛后摆动幅度最大的年份进行比较
2	濮阳县三合村控导工程处	1969	1971	2.7	
3	濮阳县青庄险工处	1974	1969	2.9	
4	山东东明高村险工处	1965	1972	1.6	

2. 高村至苏泗庄河段

（1）高村至刘庄。1960 年初，于林湾继续向纵深发展，冲掉韩岗、张庄户、李拐等 6 个村庄，有 1004 户、4361 人搬迁，塌失耕地 500 公顷，大河沿封寨、成相楼下泄，石庄户村从河北变为河南，刘庄险工脱河，刘庄引黄闸引水困难。山东菏泽地区为使刘庄引黄闸靠河引水，在南小堤险工 14 坝以下修建挑溜大坝长 1500 米（该大坝称“山东坝”，1961 年被洪水冲断 200 米，剩余长 1300 米）。

1961 年 6 月，高村险工河势上提，导流至左岸南小堤险工上游坐弯，滩地坍塌后退，山东坝靠溜部位下挫。7 月，山东坝下段 6 道坝因强度较弱被洪水冲毁，造成下游濮阳县习城乡庄户滩不断坍塌后退，最大一天滩地塌退近 300 米，致使郑庄户、石庄户、张庄户村先后掉入河中，刘庄险工靠河部位下挫。至 11 月，南小堤上游滩地坍塌近 1.2 千米，刘庄险工由 7 坝靠大溜下挫到 20 坝靠大溜（见图 3-48）。

1962 年汛期，高村险工河势下挫，南小堤险工及山东坝靠溜，刘庄险工河势上提。

1963 年汛期，高村站 3000 立方米每秒流量以上的洪水持续达 70 多天，高村险工河势进一步下挫，右岸滩嘴坍塌后退，致使南小堤山东坝靠溜不紧，在山东坝以下河面展宽出现心滩，形成两股河。当南小堤险工和山东坝上段靠溜时，主溜行右股；当南小堤险工脱溜山东坝靠溜部位偏下时，主溜行左股。受滩岸导流及两股流分流比的变化，刘庄险工靠溜部位在 10～30 坝之间摆动，刘庄引黄闸引水困难的问题仍没有得到很好的解决（见图 3-62）。1964 年汛末，山东坝以下至刘庄两股河并为一股。

1960～1964 年，高村至南小堤之间河势较以前并没有改善。一般情况下，当高村险工靠溜偏上，南小堤险工上游滩地坍塌坐弯导流至南小堤险工下段，因靠溜部位较短，控溜不力，河势下滑，右岸刘庄险工靠溜部位下挫；当高村险工下段靠溜，因工程后败，主溜在其下滩地坐弯，导流至南小堤险工，其下段山东坝靠溜较好，送溜能力强，刘庄险工靠溜部位上提。

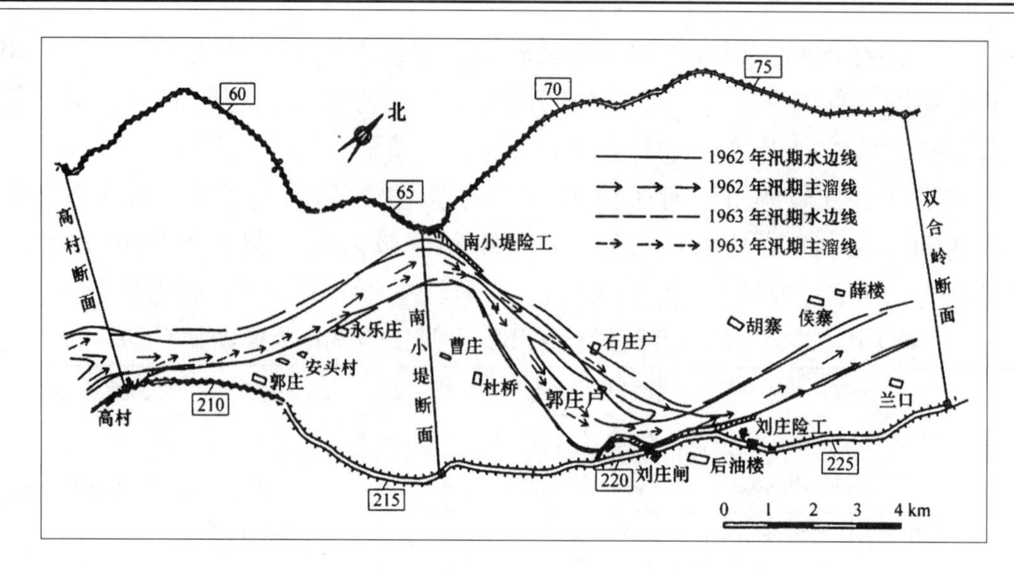

图 3-62 南小堤至刘庄 1962～1963 年河势变迁情况

1965～1974 年，该河段的河势演变与以前年份很相似，即刘庄以上河势仍比较散乱。1970 年以前，主溜从青庄与高村两处险工之间穿过，由于离工程较远，缺乏工程控制，溜势比较散乱，南小堤和刘庄两处险工时靠时不靠，基本失去控溜的作用。高村至南小堤及南小堤至刘庄险工之间常有心滩存在，主溜摆幅达 2.5 千米，河势摆动严重危及防洪安全。1970 年汛期，高村险工 21～33 坝开始靠溜，南小堤险工山东坝大水时靠河，此后高村险工河势逐年上提，主溜在南小堤险工上首坐弯，南小堤险工山东坝脱河。1972 年汛末以后，南小堤以下河势摆动加剧（见图 3-63）。

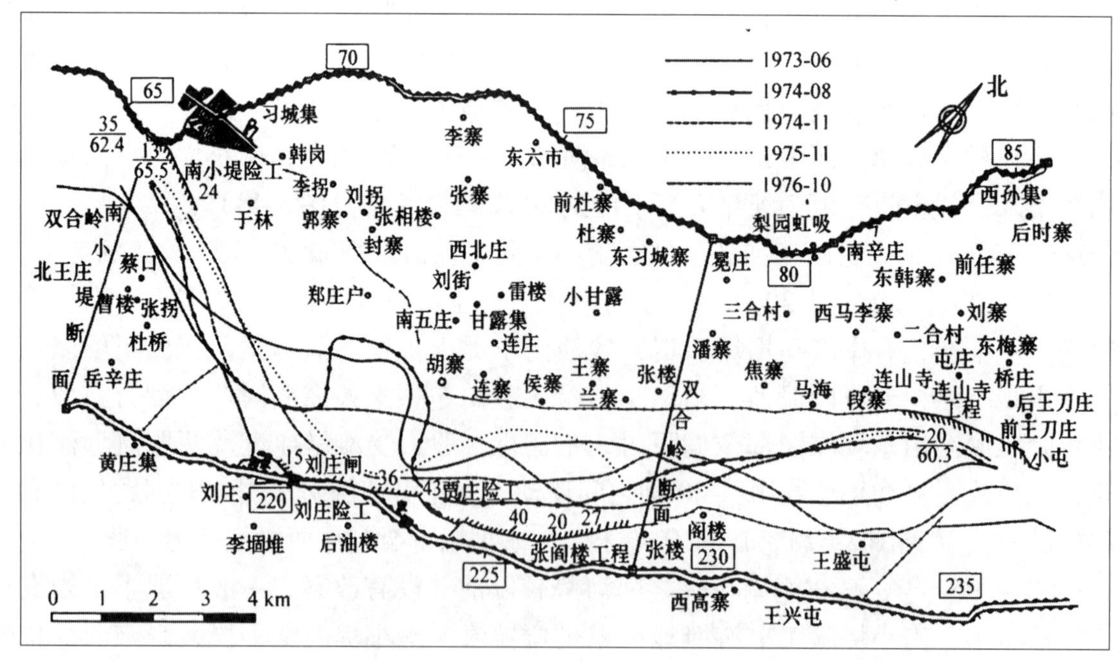

图 3-63 南小堤至连山寺 1973～1976 年主溜线变迁情况

1973 年汛前，主溜在右岸杜桥以下坐弯，将流导向左岸胡寨，以下贾庄、张阎楼脱河。由于高村险工河势的继续上提，造成左岸南小堤以上至安头村（左岸）滩岸继续坍塌坐弯，老大坝险工有靠河的危险。为防患于未然，确保堤防安全，是年修建南小堤上延工程（简称南上延工程）10～20 坝及 10～11 坝、13 坝、16 坝上护岸。

1974 年，高村险工溜势上提到 14 坝，南上延上首（2～5 坝位置）开始靠溜，刘庄险工上段滩地与 1973 年汛前相比塌退 1.3 千米。

（2）刘庄至苏泗庄。刘庄险工受来溜方向的影响，送溜方向有所变化。1962 年，溜势在右岸阎楼附近出现河心滩（见图 3-64），主溜由北股转向南股，连山寺以下主槽不稳定，导致苏泗庄险工靠溜部位上提下挫。

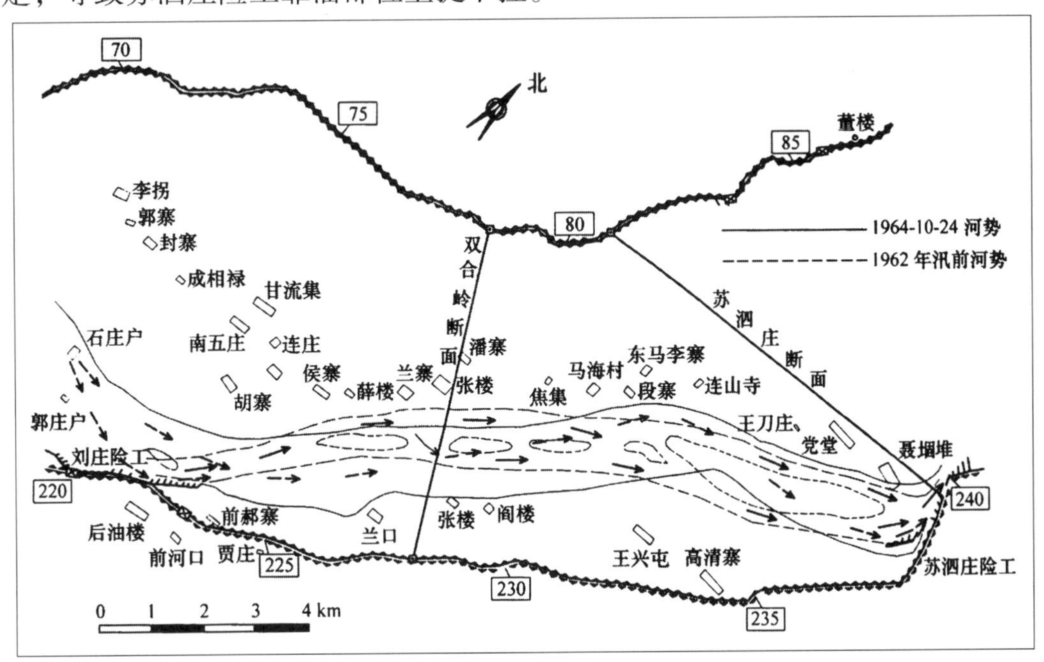

图 3-64　刘庄至苏泗庄 1962～1964 年河势变迁情况

1963 年 4 月，主溜靠刘庄险工 10～12 坝，受河心滩及三门峡水库持续下泄清水的影响，阎楼至王兴屯之间右岸滩地坐弯，送溜至左岸连山寺形成弯道，造成苏泗庄险工溜势上提至龙门口护岸（1935 年决口合龙）处。5 月，高村站出现 5000 立方米每秒流量左右的洪峰，苏泗庄溜势下滑。

1964 年汛末，刘庄险工河势下挫到 31 坝以下，右岸弯顶上提到兰口，左岸上提到连山寺上游 1 千米的段寨，苏泗庄险工靠溜部位相应上提。

1965 年后，刘庄险工以下河势基本为顺直河段，但刘庄以上河势散乱，主溜摆动较大，甚至威胁到堤防安全。

1967 年，修建张阎楼工程，以防止大溜顶冲堤防，同时修建连山寺配套工程，迎接刘庄至张阎楼方向来溜，并导流至苏泗庄工程。

1968 年，在刘庄至张阎楼之间修建贾庄工程，使刘庄引黄闸以下工程长度达到 10 千米，南小堤以下河势向右岸摆动的现象基本得到控制，并导流至连山寺工程。

1973 年汛前，因主溜在右岸杜桥以下坐弯，将溜导向左岸胡寨，致使以下右岸贾庄、张阎楼脱河。

1974 年，刘庄险工上段滩地继续坍塌后退，与 1973 年汛前相比坍塌后退 1.3 千米，致使刘庄以下溜势进一步右摆，贾庄主溜线向右摆动近 1.1 千米。以下经连山寺工程汇流后至苏泗庄险工，其溜势比较稳定。

1960～1974 年高村至苏泗庄河势主溜线最大摆动幅度情况见表 3-19，1965～1974 年高村至苏泗庄河势主溜线最大摆动幅度情况见表 3-20。

表 3-19　1960～1964 年高村至苏泗庄河势主溜线最大摆动幅度情况

地点	比较年份（年）		摆动幅度（千米）	说明
濮阳县南上延控导工程处	1960	1964	0.6	均选用汛后摆动幅度最大的年份进行比较
濮阳县南小堤险工处	1960	1963	1.0	
濮阳县习城乡胡寨村处	1962	1963	2.1	
山东刘庄险工处	1960	1964	1.5	
双河岭断面处	1962	1964	1.4	
濮阳县梨园乡焦集村处	1960	1962	1.4	
濮阳县连山寺控导工程处	1960	1964	1.4	
山东苏泗庄险工处	1961	1964	0.6	

表 3-20　1965～1974 年高村至苏泗庄河势主溜线最大摆动幅度情况

地点	比较年份（年）		摆动幅度（千米）	说明
濮阳县南上延控导工程处	1965	1972	3.0	均选用汛后摆动幅度最大的年份进行比较
濮阳县南小堤险工处	1965	1972	2.5	
濮阳县习城乡胡寨村处	1969	1974	2.6	
山东刘庄险工处	1966	1971	2.5	
双河岭断面处	1972	1974	0.7	
濮阳县梨园乡焦集村处	1965	1969	1.0	
濮阳县连山寺控导工程处	1967	1974	0.6	
山东苏泗庄险工处	1966	1970	1.0	

3. 苏泗庄至范县邢庙河段

1965 年以前，该河段建有苏泗庄、营房、彭楼、李桥 4 处险工，在苏泗庄至营房之间还有尹庄、鱼骨控导（护滩）工程。该河段河势变化的特点是“两头乱，中间稳”，两头分别是密城湾、大罗庄湾和李桥湾，其弯顶上提下挫，变化不定，中间营房至旧城近 12 千米河势比较稳定。因彭楼以下河段两岸堤距较窄，从防洪角度考虑，首先对其进行有计划的整治，在总结经验的基础上，又对彭楼以上河段进行整治。到 1974 年底，该河段主槽摆动的不利局面基本得到有效控制。

(1) 苏泗庄至营房。1958~1960年，该河段内利用“树、泥、草”等材料修建的9处护滩工程（有坝垛80多道），在1960~1964年间，相继靠河出险。为防止滩岸进一步坍塌和河势的摆动，在工程抢险加固和建设中大量使用石料，工程强度明显得到增强，对控制局部河势起到一定的作用。特别是苏泗庄下游1.3千米处左岸的尹庄工程挑溜能力较强，使主溜偏右，水流在大房长治附近仍分为两股，但左股明显减弱，密城湾弯顶开始淤积，曲率半径增大；李寺楼滩嘴托溜作用减弱，右岸着溜点由许楼与鱼骨村之间下挫至鱼骨与营房之间，营房一带塌滩迅速，仅1960年6月25日至7月8日，即向营房方向塌滩宽200米，1961年又塌宽200米。7月上旬，原营房险工4~6坝（今12~14坝）土坝基开始靠溜出险，随后抢修7~11坝，上延新1坝、新2坝。

1962年，受上游张楼、阎楼至王兴屯河心滩的消长作用，苏泗庄险工靠溜很不稳定。汛期流量在2000~4000立方米每秒时，苏泗庄险工靠溜在30坝左右，流量增大靠溜下挫，流量减小靠溜上提。尹庄控导工程对中小水的挑溜作用非常明显，造成对岸滩岸坍塌和营房险工下挫出险，而大水时控制溜势较差。为削弱尹庄工程的作用，恢复密城湾的基本特性，缓解营房险工靠溜下挫趋势，于1962年废除尹庄工程4坝，并将3坝削短120米。

1963~1964年，密城湾又恢复到1958年时的河势，鱼骨村护滩工程3~5垛受大溜顶冲。

1967年，连山寺控导工程修建以后，苏泗庄险工河势上提，主溜靠在老口门以上，尹庄控导工程1~3坝受大溜顶冲。其靠溜好坏主要取决于苏泗庄出溜方向，主溜仍经尹庄工程进入密城湾，入弯和出弯处水流经常出现两股河。

1968年，出密城湾处的马张庄滩嘴塌退400多米，造成营房险工河势一度下挫到42坝以下，杨马庄塌滩。若不控制继续发展，可能造成营房以下河势失控。为避免苏泗庄河势进一步上提，规顺苏泗庄以下河势进入密城湾，并防止营房以下出现的不利河势，1969年修建苏泗庄导流坝，抢修马张庄控导工程；1970年修建营房43~45坝。为从根本上改善密城湾坐弯过深，稳定马张庄工程靠河，并导流至营房，1971~1973年，修建并逐步完善龙常治控导工程。龙常治工程修建后，并没有马上靠溜，1973年和1974年又在苏泗庄导流坝至26坝之间修建3道填弯坝，苏泗庄溜势下挫，尹庄工程溜势逐步外移，主溜逐渐靠近龙常治工程，密城湾弯顶的回淤和外移加快。修建和完善龙常治工程，从根本上控制苏泗庄工程的出溜方向，确保入弯水流规顺并导流至马张庄工程，达到了河道整治规划的要求。

(2) 营房至邢庙。1960~1964年，该河段河势变化具有典型的弯曲型河道的特点，主要表现为大罗庄弯道至李桥的河势发展变化。河出许楼（鱼骨）、营房湾后，偏向左岸付庄、于庄、马棚、毛楼一带坐弯，弯顶随营房一带弯顶的变化而上提下挫，但出溜方向变化不大。主溜出湾后，偏向右岸梅庄，沿老宅庄、桑庄至大罗庄坐弯，导向李桥，并在李桥坐弯后偏向右岸苏门楼，再次坐弯后导向邢庙险工。

1961 年汛前，桑庄弯顶下挫至大罗庄，李桥弯顶位置变化不大，但弯道半径减小，导流至东南的苏门楼，然后转向邢庙险工，主槽平面形态成“几”字形。1961 年汛末，大罗庄村部分掉入河中。

1962 年汛前至 1963 年汛前，受毛楼 1 坝（1960 年修建 1 ~ 6 垛，1963 年被大水冲毁）突出挑溜作用，右岸梅庄以下 4 千米出现不同程度的塌滩，大罗庄湾后退约 500 米，大罗庄、巩庄掉入河中，弯顶进一步后退坐深，李桥弯顶相应上提，出溜方向由东南折向正东，邢庙险工以下弯顶由左岸宋楼转到对岸大辛庄（见图 3-65）。

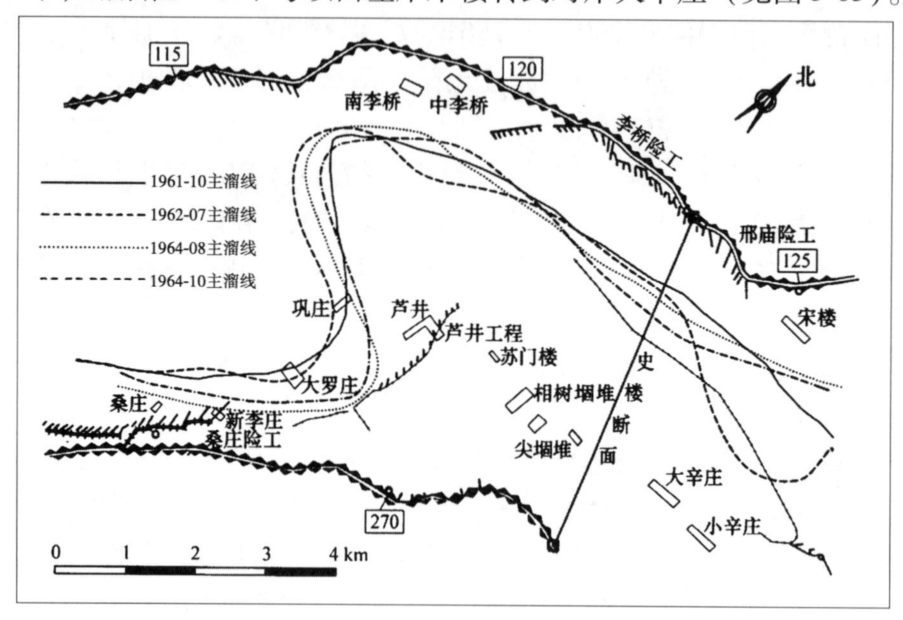

图 3-65　桑庄（左岸）至邢庙 1961 ~ 1964 年主溜线变迁情况

1958 ~ 1962 年间，彭楼主溜左移 1.8 千米，水流靠近大堤。1962 年，因此修建彭楼险工 12 ~ 13 坝。1963 年毛楼工程被冲毁，抢修的彭楼工程 1 ~ 6 坝靠河着溜，梅庄村掉河，李桥河势继续上提。1964 年修建彭楼险工 7 ~ 11 坝，使 13 坝以上形成较好的导流段。同年，为防止主槽继续南进，威胁堤防安全，修建桑庄（右岸）险工 12 ~ 14 坝及大罗庄工程。李桥以下至邢庙基本为一顺直河段，1961 ~ 1964 年邢庙险工均未靠溜。

1964 年，营房险工上首许楼、鱼骨时常靠溜，造成主溜偏离营房险工，当年放弃鱼骨护滩工程，大溜上提顶冲营房工程上首并靠近大堤。1966 年，营房险工上延 24 道坝，其以下出现心滩，受滩地影响，主溜一般在右岸安庄坐微弯，将溜导向彭楼工程，彭楼 4 坝以下至毛楼形成较好的弯道。为防止马棚、毛楼滩地继续塌滩，并保护自然形成的弯道，1965 年彭楼工程下延长约 1.5 千米的 14 ~ 33 坝，使工程以 12 坝为界分上下两个弯道。若上弯靠溜，主溜导向桑庄；若下弯靠溜，主溜偏向老宅庄。该期间以上弯靠溜为主，送溜至桑庄险工（右岸）12 ~ 15 坝。由于桑庄险工原来仅有 4 道坝，控制溜势能力较差，溜势下挫至大罗庄工程，大罗庄以下（河势）基本维持在 20 世纪 60 年代初河势（见图 3-65）。由于彭楼工程下弯曲率半径较小，特别是 24 坝以下突出挑溜，引起桑庄河势不断上提，为预防抄桑庄险工后路，于1966年汛前上延修建该工程5~11坝，汛末桑庄险工靠溜部位上提，大罗庄溜势外移。

1967年，随着溜势的不断上提，桑庄险工又上延1~4坝，同时修建老宅庄工程20~33坝，以防止该处滩岸进一步塌退抄桑庄工程后路。当时对该段河势演变尚缺乏全面的认识，没有认真考虑工程藏头问题，整个工程修筑过于靠前，且平面布置凸出，老宅庄工程靠溜后，不能把溜导入桑庄工程，反而使大罗庄河势下挫至芦井，并造成长1.8千米的滩地平均塌退约370米。

1968年汛期，主溜从芦井村前切割滩地夺溜，李桥弯道自然裁弯（见图3-66）。

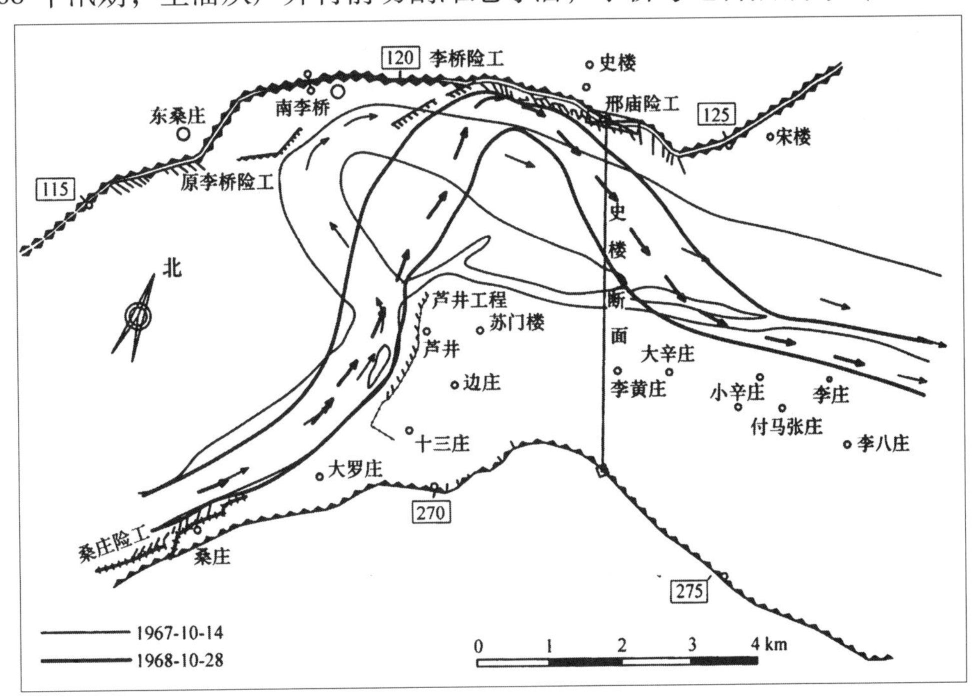

图3-66　20世纪60年代李桥裁弯河势变化情况

1969年，为防止芦井滩地继续坍塌，导致李桥险工脱河，使邢庙以下河势失去控制，修建芦井控导工程，并上延李桥险工。该河段修建工程的突出特点是“背着石头撵河”，即哪里塌滩出险，就在哪里修建工程。

1969~1974年，营房险工靠溜上提下挫，但对彭楼工程河势影响不大。营房险工上、中部靠溜，下首主溜左偏，折向右岸安庄，挑溜至彭楼23坝以上；下部靠溜，主溜下滑至杨马庄坐微弯趋向左岸吉庄、彭楼。1970年，营房险工下延3道坝，避免河势下滑。彭楼工程以下的老宅庄工程靠边溜，桑庄险工（右岸）靠大溜，芦井工程脱河，李桥险工43坝以下靠溜。这一时期，是该河段连续修建工程后的调整期，工程靠溜基本稳定，河势摆动不大，且基本得到控制。

苏泗庄至邢庙河段1960~1964年河势主溜线最大摆动幅度为0.5~3.5千米，1965~1974年为0.4~2.3千米。1960~1964年苏泗庄至邢庙河势主溜线最大摆动幅度情况见表3-21，1965~1974年苏泗庄至邢庙河势主溜线最大摆动幅度情况见表3-22。

表 3-21 1960～1964 年苏泗庄至邢庙河势主溜线最大摆动幅度情况

地点	比较年份（年）		摆动幅度（千米）	说明
濮阳县尹庄控导工程处	1960	1963	0.50	均选用汛后摆动幅度最大的年份进行比较
濮阳县龙常治工程（密城湾）处	1960	1961	3.50	
濮阳县马张庄工程（密城湾）处	1960	1963	1.70	
山东营房险工处	1960	1961	0.80	
彭楼断面处	1961	1962	1.00	
范县彭楼险工处	1961	1964	0.80	
大王庄断面处	1960	1963	0.75	
范县李桥险工处	1960	1962	1.40	
范县邢庙险工处	1960	1961	1.80	

表 3-22 1965～1974 年苏泗庄至邢庙河势主溜线最大摆动幅度情况

地点	比较年份（年）		摆动幅度（千米）	说明
濮阳县尹庄控导工程处	1971	1973	0.4	均选用汛后摆动幅度最大的年份进行比较
濮阳县龙常治工程（密城湾）处	1968	1973	1.5	
濮阳县马张庄工程（密城湾）处	1966	1969	1.1	
山东营房险工处	1971	1972	0.7	
彭楼断面处	1965	1967	0.9	
范县彭楼险工处	1965	1971	0.5	
大王庄断面处	1965	1967	0.6	
范县李桥险工处	1965	1968	2.3	
范县邢庙险工处	1965	1974	1.5	

4. 邢庙至梁山程那里河段

（1）邢庙至苏阁。1960 年，受三门峡水库蓄水影响，下游来水偏小，邢庙至苏阁长 15.35 千米河道内出现 7 个小的河弯。1961～1964 年，因上游来水偏多，该河段平面形态相对顺直，河势变化主要是受上游来溜方向的影响，主溜线摆动较大（见图 3-67）。

1961 年，主溜在邢庙险工以下宋楼坐弯，出弯后维持近 6 千米的相对直河段至右岸徐码头以上坐弯，徐码头以下偏向左岸林楼，在林楼与宋楼间坐弯，导流至仲堌堆以下苗庄。

1962 年，宋楼弯顶摆至对岸小辛庄附近，导流至宋楼以东 2 千米的盐（严）厂坐弯偏向右岸，主溜在李天开坐弯后偏向东直冲徐码头一带。

1963 年，大辛庄、小辛庄一带溜势外移，邢庙以下 10 千米呈相对直河段至徐码头坐弯，导向左岸现今杨楼控导工程一带。

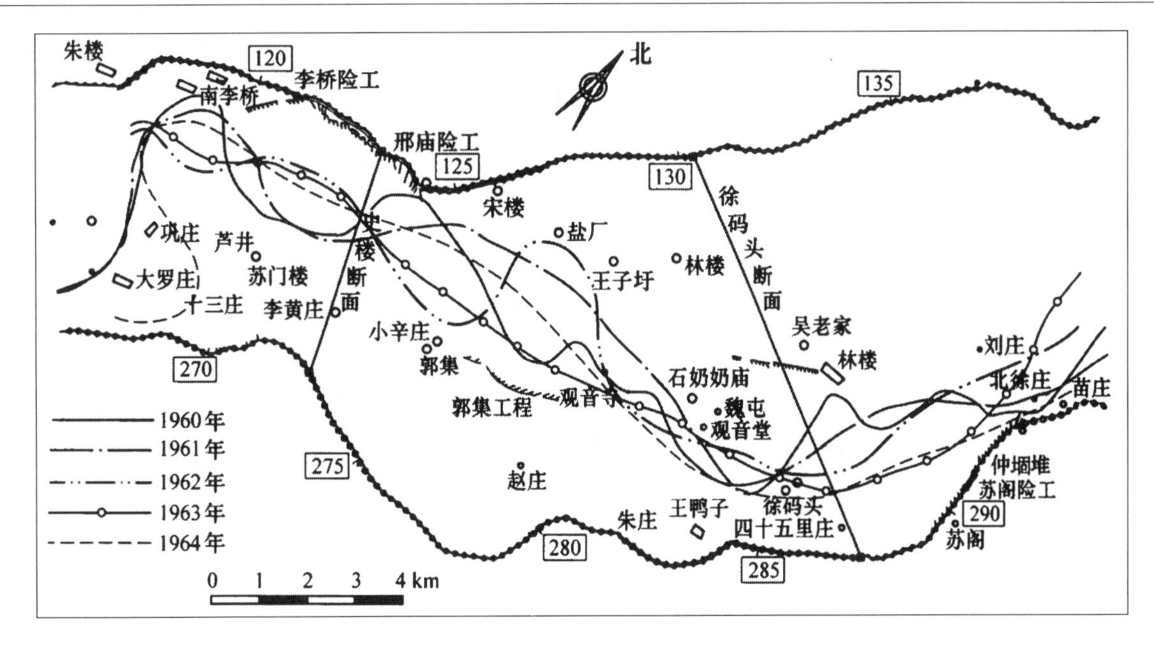

图3-67　李桥至苏阁1960～1964年主流线变迁情况

1964年，徐码头河弯上提近2千米，上下游均为直河段。

1968年，李桥自然裁弯以前，李桥险工靠溜在9～20坝一带，导流到大辛庄、小辛庄，并沿郭集、吴老家、徐码头至苏阁险工。李桥湾裁弯以后溜势下挫2千米，大溜顶冲李桥46坝以下，邢庙险工一直不靠河。邢庙以下河势沿右岸小辛庄、郭集、徐码头至苏阁。

1969年，为防止郭集滩坍塌后退，在徐码头以上坐弯，影响下游河势和防洪安全，右岸修建郭集工程。郭集工程修建以后，苏阁险工河势下挫，送溜能力减弱。

（2）苏阁至程那里。1960年，苏阁险工22坝以下脱溜，主溜直冲花龙堌堆，弯道下部滩嘴受水流冲刷后退，潘集护滩工程汛末被冲垮，右岸杨集险工靠溜部位由3坝下滑至12坝以下，10坝以上出滩，下游左岸弯顶仍在席胡同，以下河势变化不大。

1961年汛期，苏阁险工下首苗庄弯道外移，徐码头以下至尖堌堆主溜基本顺直，芦庄、尖堌堆两村庄逐渐掉入河中，有191户、859人搬家，毁房540间，塌失耕地90公顷。10月，杨集险工脱河，溜势下挫至四龙村。随着尖堌堆滩岸的进一步塌退，四龙村河势进一步下滑，伟庄险工开始着溜，伟庄至程那里溜势沿右岸下行。

1962年，徐码头以下至宋庄主溜基本顺直，在宋庄至棘针园之间坐弯，将溜导向伟庄工程下首沿左岸至程那里。

1963年，徐码头以下主溜以1962年主溜线为轴线摆动，仲堌堆以上主溜偏右、以下主溜偏左，最大偏移1.2千米，杨集险工不靠河，左岸主溜顶冲位置由棘针园下挫至韩胡同，伟庄险工靠溜部位上提至5～6坝。

1964年，苗庄以下主溜趋中，在左岸王庄以西坐弯导流至四龙村，然后转向韩胡同，呈微弯流向伟庄工程下首，伟庄工程以下至程那里河势多年变化不大。

1966年，台前县甘草堌堆一带滩地迅速坍塌后退，被迫于1966年10月抢修形状极不规则的孙楼控导工程（原修时称为甘草堌堆工程，工程经上延下续后改称孙楼工程）。

1967 年，苏阁险工上段靠河，将溜挑向左岸杨楼以下，在范县旧城村以上塌滩坐弯，威胁堤防安全，右岸于当年修建旧城工程，基本控制苏阁方向来溜，并导流到杨集险工上首。

1969 年，郭集工程修建以后，苏阁险工河势下挫，送溜能力减弱，苏阁以下主溜偏右，旧城工程脱溜，孙楼工程大溜顶冲，并导流至杨集险工。杨集险工靠溜对下游河势有一定的影响。由于杨集险工平面呈凸出形，靠溜段较短，送溜能力不强，直接导致左岸河势上提下挫，修建孙楼、郭集工程之后，杨集靠溜基本稳定在 8 坝以上。

1970 年，左岸修建韩胡同控导工程，基本控制了杨集险工河势上提下挫对伟庄以下河势的影响，伟庄以下主溜沿右岸下行，于楼工程靠边溜，程那里险工下段靠溜。这一时期，该河段修建较多的河道整治工程，对稳定河势、护滩保村起到很好的作用。

1960～1964 年邢庙至程那里河势主溜线最大摆动幅度情况见表 2-23，1965～1974 年邢庙至程那里河势主溜线最大摆动幅度情况见表 2-24。

表 3-23　1960～1964 年邢庙至程那里河势主溜线最大摆动幅度情况

地点	比较年份（年）		摆动幅度（千米）	说明
山东郭集控导工程处	1962	1963	2.3	均选用汛后摆动幅度最大的年份进行比较
范县吴老家控导工程上首	1960	1964	1.0	
范县杨楼控导工程处	1960	1964	2.1	
台前县孙楼控导工程处	1960	1961	2.3	
台前县韩胡同控导工程处	1960	1964	2.3	
伟那里断面处	1961	1963	1.0	
台前县梁路口控导工程上首	1960	1963	1.2	

表 3-24　1965～1974 年邢庙至程那里河势主溜线最大摆动幅度情况

地点	比较年份（年）		摆动幅度（千米）	说明
山东郭集控导工程处	1966	1969	1.0	均选用汛后摆动幅度最大的年份进行比较
范县吴老家控导工程上首	1965	1974	1.8	
范县杨楼控导工程处	1969	1971	2.1	
台前县孙楼控导工程处	1965	1974	1.1	
台前县韩胡同控导工程处	1966	1968	1.4	
伟那里断面处	1966	1968	0.5	
台前县梁路口控导工程上首	1965	1968	1.0	

5. 程那里至濮阳下界河段

1961～1964 年，蔡集以下左岸弯道顶在梁集和邢同之间上提下挫，以下各河弯随其变化，但至路那里或国那里后靠右岸险工下行至十里堡。十里堡至张堂河势变化不大。其中，1962 年汛前，为防止大溜顶冲梁集、邢同一带大堤，抢修梁集险工 3～6 坝。1960～1964 年，丁口至徐巴士河势逐渐右靠，徐巴士河岸抗冲性能强，在上首逐步坐弯，并将溜导向左岸石桥与张庄一带，沿左岸至濮阳下界张庄及陶城铺险工。

1965～1974 年，该河段河势变化可分为三个河段、两个时期。影唐险工以上河段河势变化较小，特别是 1968 年修建梁路口、蔡楼控导工程以后，程那里至影唐约长 15 千米范围内有 4 处工程，基本控制了河势的摆动（见图 3-68）。

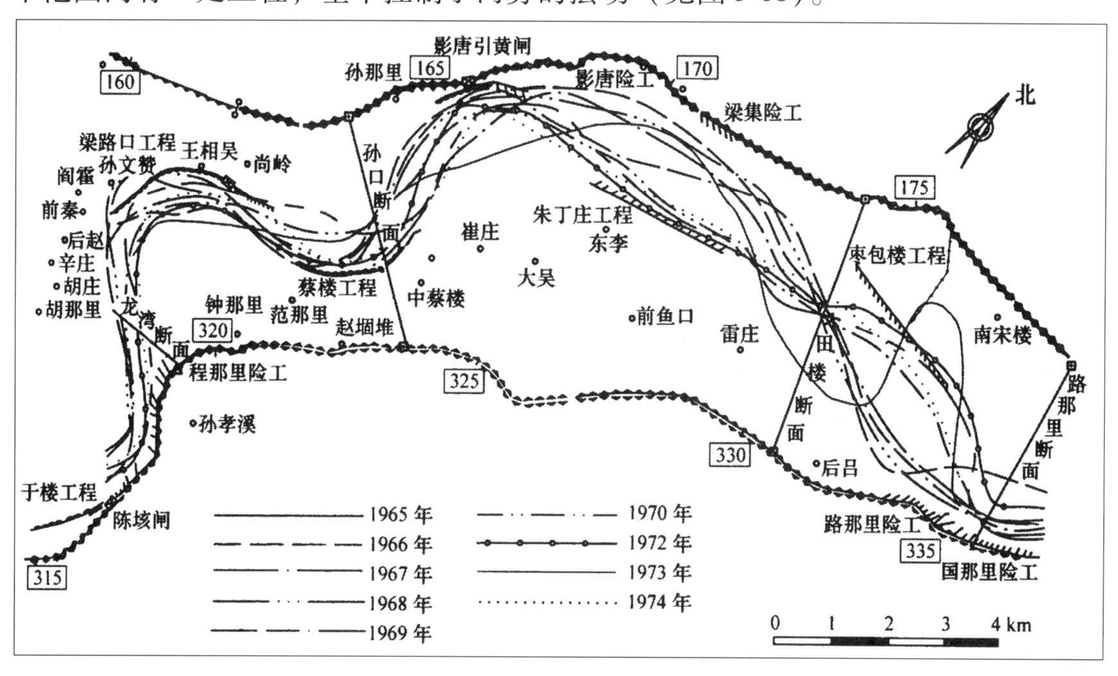

图 3-68　程那里至路那里 1965～1974 年主溜线变迁情况

从图 3-68 中可以看出，影唐以下河势 1970 年以前主溜在左岸梁集、邢同一带坐弯，并导向路那里险工，其中 1965 年主溜线比较弯曲，主溜出邢同后偏向右岸菜园一带坐陡弯，将溜导向姚邵，然后转向路那里险工，主溜线平面成“Ω”形。1966 年汛前河势进一步恶化，3 个弯顶同时向纵深发展，汛期大水，影唐险工原 2～3 坝靠河，畸形河弯自然裁弯。路那里以下河势偏左，沿姜庄、邵庄入肖庄、徐巴士湾，并将溜导向石桥再次形成“S”形河弯，1967 年汛期大水时主槽裁弯。1970 年修建朱丁庄工程，马岔河以下溜势外移，顺左岸而行，林坝坐微弯导向路那里险工。路那里险工以下河势虽变化不大，但主溜摆动范围仍近 0.6 千米。

1960～1964 年程那里至张庄河势主溜线最大摆动幅度情况见表 3-25，1965～1974 年程那里至张庄河势主溜线最大摆动幅度情况见表 3-26。

表 3-25　1960～1964 年程那里至张庄河势主溜线最大摆动幅度情况

地点	比较年份（年）		摆动幅度（千米）	说明
孙口断面处	1963	1964	0.8	均选用汛后摆动幅度最大的年份进行比较
台前县影唐险工下首	1960	1962	0.6	
大田楼断面处	1960	1963	1.0	
路那里断面处	1961	1962	1.6	
十里堡断面处	1963	1964	0.4	
台前县白铺护滩工程处	1963	1964	0.4	
台前县张堂险工处	1961	1964	0.3	
台前县石桥险工处	1960	1961	0.7	

表 3-26　1965～1974 年程那里至张庄河势主溜线最大摆动幅度情况

地点	比较年份（年）		摆动幅度（千米）	说明
孙口断面处	1966	1967	0.6	均选用汛后摆动幅度最大的年份进行比较
台前县影唐险工下首	1965	1966	1.0	
大田楼断面处	1965	1974	1.2	
路那里断面处	1966	1973	1.0	
十里堡断面处	1969	1974	0.6	
台前县白铺护滩工程处	1969	1971	0.4	
台前县张堂险工处	1967	1971	0.4	
台前县石桥险工处	1965	1969	2.1	

（四）1975～2002 年河槽整治与河势演变

1974 年，高村至濮阳下界河段河道整治工程布点基本结束。1974 年以后，河势较整治以前有显著的改善，年均河势摆动幅度由整治前的 450 米缩小为 180 米，并完成密城湾等湾治理任务，在稳定主河槽的同时，堤防的抗洪能力得到极大的提高。但由于受上游来水来沙条件变化的影响，濮阳境内河势仍存在着较大幅度的上提下挫现象，加之以前修建的工程在平面布局上存在不少的缺陷，因此工程还需继续完善。高村以上河道属于游荡型河道，河势变化较为频繁，特别是对岸堡城至青庄为一较长的直河段，长约 10 千米，送溜不稳，青庄险工靠河上提下挫呈周期性变化，造成其上游或下游塌滩坐弯，因此需进一步采取工程措施，控制河势变化。

1974～1985 年，上游来水量较大，河势变化较弱，主溜摆动幅度较小，河道整治工程靠河较好，发挥了控导主溜的作用。1986 年，龙羊峡水库建成，至 1990 年为水库蓄水期，因此汛期进入下游的水量较少。1990 年以后，该水库调节运用，使汛期进入下游的水量减小，非汛期增加，加之刘家峡水库的控制运用，大约汛期减少水量40亿立方米，非汛期增加水量与汛期减小水量基本相等。

又因龙羊峡水库建成后，下游发生连续枯水年，造成河槽淤积严重，滩槽高差减小，非汛期小水作用下的河势，在汛期得不到大洪水的修复，致使河势向不利方向发展，主要表现为工程靠溜部位上提，靠溜段减小，主溜线曲率增大，滩地坍塌，威胁到防洪安全。

1. 濮阳上界至高村河段

1975～1977年，该段河势与1974年相比，没有大的变化，青庄、高村险工靠溜一般在上中部。1978年汛后，河出堡城险工后一直靠左岸行进，并在青庄上游濮阳县三合村、公西集处刷滩坐弯后导流至青庄险工上首（河势上提），然后送溜至高村险工上首。

1979年，河出堡城险工在右岸坐微弯后趋向北偏西，造成左岸三合村、公西集处滩岸继续塌退，主河槽距三合村仅有200米，青庄险工1～4坝靠大溜，主溜下滑至高村险工以下，高村险工不靠河。为此，1979年在三合村处试修几组杩槎坝，对改善河势起到了一定的作用。

1980年，河出堡城险工后在右岸坐微弯转向左岸至三合村，三合村及青庄工程处靠河较前两年没有大的变化，但溜势过青庄后导流至高村工程中上部。

1981年，河出堡城险工后在右岸堡城、河道工程之间坐微弯转向西北至左岸青庄工程上首，三合村河势下挫，青庄至高村工程河势与1980年基本一样。

1982～1984年，河在堡城以下右岸坐微弯后转向正北，经河道工程（河道工程多年不靠河，但1983年靠溜）后导流至青庄险工中下部，三合村处出滩，青庄险工河势逐年下挫，高村险工靠河在上中部。1975～1984年高村至濮阳上界河势主溜线最大摆动幅度情况见表3-27。

表3-27　1975～1984年高村至濮阳上界河势主溜线最大摆动幅度情况

地点	比较年份（年）		摆动幅度（千米）	说明
河道断面处	1978	1983	1.6	均选用汛后摆动幅度最大的年份进行比较
濮阳县三合村控导工程处	1978	1984	1.3	
濮阳县青庄险工处	1979	1984	0.5	
东明县高村险工处	1977	1982	0.7	

1985年至1986年汛前，河在堡城工程以下右岸继续坐微弯，导流至青庄险工，青庄险工河势继续下挫，基本脱河（仅最后一道坝靠边溜），并在青庄工程以下柿子园处坍塌坐弯，高村险工20～38坝靠河。

1986年9月，青庄险工溜势外移，主溜从青庄和高村两险工之间穿过，两处工程均脱河。

1987年至1988年5月，青庄险工以下（东北2千米）柿子园处坍塌后退1.2千米，滩地掉河447公顷。为防止河势进一步恶化，按照控导工程标准先后下续青庄工程16~18坝。该3道坝修建后随即靠大溜，多次连续发生较大和重大险情。

1988年汛期，上游来水较多，4000立方米每秒以上流量洪水持续14天，青庄险工河势上提，9~15坝靠大溜，一个汛期主溜向右摆动1.9千米，高村险工重新靠河，至1989年汛前主溜已上提到26~28坝。

1990~1993年，青庄险工河势逐步上提，由15~18坝上提至10坝左右，相应高村险工溜势也逐步上提，河势在青庄上游三合村处开始塌滩坐弯。

1995年3月，青庄险工3~5坝靠大溜，其上游三合村处弯顶发展威胁到村庄安全（距村庄最近处不足50米，该村小学停课），高村以上河势又基本恢复到1979年的状态。为遏制河势进一步恶化，于1995年冬黄河河务部门与地方政府合资（当地政府承担柳秸料、民工工资等）被动修建三合村控导护滩工程1~3坝。2000年汛前，又修建-1~-5坝和4~11坝。

2. 高村至苏泗庄河段

1975~1976年，上游来水较多，汛期工程靠溜部位下挫。汛期过后，溜势复原，刘庄险工至苏泗庄险工之间主溜摆动频繁，主溜线叠加后呈麻花状（见图3-63），经苏泗庄险工控溜后，主溜沿尹庄工程下行至龙常治。

1977~1985年，高村至苏泗庄河段总体上来看河势比较稳定，主要表现在溜势的上提下挫上，虽有摆动但变化不大，主溜线的摆动范围一般不超过1千米；工程靠溜特点是南上延工程随高村险工靠溜部位不同而上提下挫，南小堤险工大水靠边溜，小水脱河，刘庄险工靠溜，贾庄、张阎楼工程大小水均不靠溜，连山寺工程靠溜概率为50%（靠溜时仅下段靠边溜，聂堌堆滩嘴后退）左右。

1975~1984年高村至苏泗庄河势主溜线最大摆动幅度情况见表3-28。

表3-28　1975~1984年高村至苏泗庄河势主溜线最大摆动幅度情况

地点	比较年份（年）		摆动幅度（千米）	说明
濮阳县南上延控导工程处	1976	1981	0.40	均选用汛后摆动幅度最大的年份进行比较
濮阳县南小堤险工处	1979	1981	0.30	
濮阳县习城乡胡寨村处	1975	1982	0.65	
山东刘庄险工处	1975	1980	0.40	
双河岭断面处	1975	1976	0.80	
濮阳县梨园乡焦集村处	1978	1980	0.85	
濮阳县连山寺控导工程处	1976	1979	1.50	
山东苏泗庄险工处	1976	1978	0.90	

1986年汛前，主溜在堡城至青庄之间向右岸坐微弯，距离多年不靠河的河道工程

仅有100米，青庄险工脱河，高村险工20～38坝靠溜。汛后主溜北移约1千米，高村险工靠溜部位下挫至33～36坝，南上延工程脱河，主溜顶冲南小堤险工15～22坝，刘庄险工河势上提。

1986年9月，青庄险工溜势外移，主溜从青庄和高村两险工之间穿过，两处险工均脱河。1988年汛期，来水较丰（4000立方米每秒以上流量持续14天），青庄险工河势上提，高村险工重新靠河并上提，至1989年汛前主溜上提至26～28坝。

1990～1993年，由于河势在渠村三合村处坐弯，造成高村、南小堤险工溜势上提，被迫上延1～4垛（高村），南小堤山东坝仅下段21～24坝靠河，导送溜不力，造成溜势下滑，在左岸滩地坐弯，刘庄险工河势上提到刘庄引黄闸以上（见图3-69），刘庄险工以下至苏泗庄险工河势变化不大。

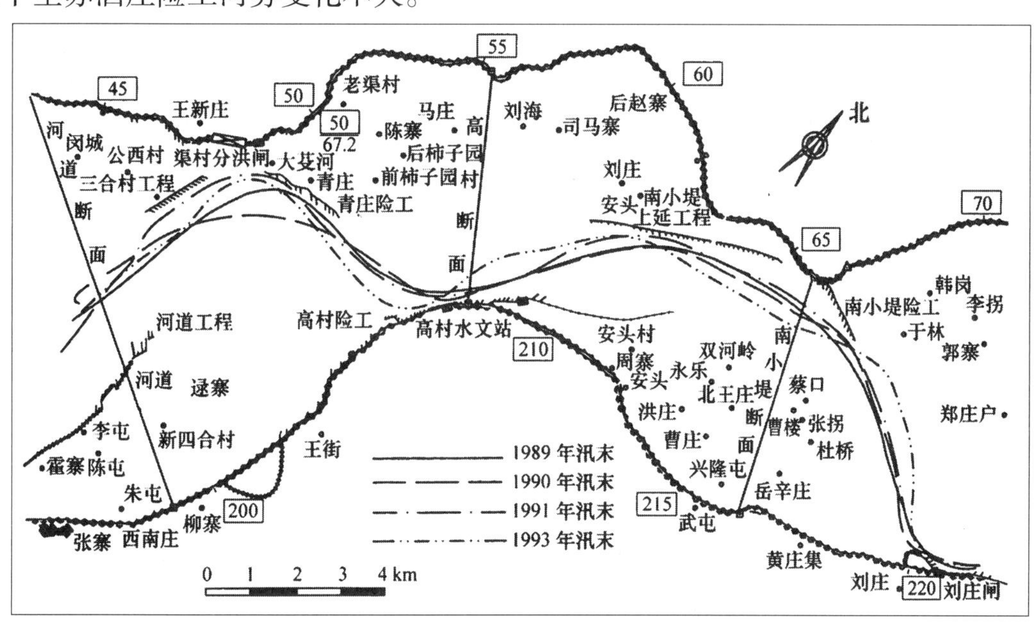

图3-69　青庄至刘庄1989～1993年主溜线变迁情况

3. 苏泗庄至邢庙河段

苏泗庄工程靠溜部位基本维持在导流坝至老口门之间。1975～1977年分别下延导流坝（苏泗庄），左岸聂堌堆滩嘴后退，苏泗庄险工溜势下挫，尹庄工程溜势外移，主溜线趋中，龙常治工程开始靠河着溜发挥作用，导流至马张庄，马张庄工程中下段靠溜，密城湾溜势逐步趋向稳定（见图3-70）；1978～1979年，苏泗庄又分别下延36～38坝、39～40坝，龙常治工程靠溜段加长并下挫，马张庄工程靠溜仍在中下部，大溜顶冲营房工程18～20坝。1982年大水时，将马张庄工程下首左岸滩地刷退，造成营房工程靠溜部位由15～28坝下挫到18～45坝，大溜顶冲部位下挫到28～32坝。1983年，为防止龙常治河势继续下挫塌滩，于当年下续该工程20～22坝，1984年又下续23坝。

营房以下至彭楼河势比较稳定，彭楼断面主溜摆动范围由整治前的2.15千米缩小到0.7千米，年最大摆幅也由整治前的1.15千米缩小到0.4千米。

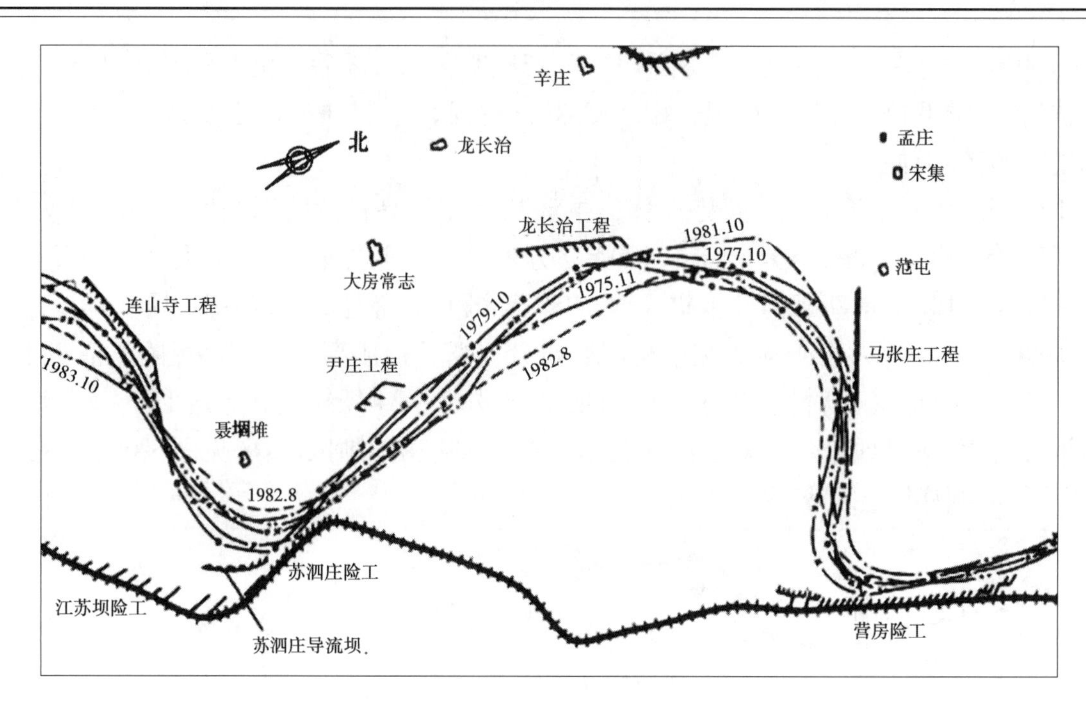

图 3-70　20 世纪 80 年代密城湾整治后主溜线

彭楼工程靠溜部位对老宅庄至芦井工程河势有较大的影响。1978 年以前，彭楼工程靠溜主要在 23 坝以上，老宅庄工程 9 垛以下至右岸桑庄险工 15 坝着溜（其中 1976 年下延 16 ~ 18 坝位置偏后，作用较小），大罗庄工程脱河，芦井工程（今芦井工程以北 400 米）修建后 10 年未靠河，李桥险工主溜靠在 50 坝，邢庙险工脱溜。

1978 年以后，彭楼工程河势下挫，大溜靠在 19 ~ 28 坝之间，27 ~ 33 坝突出挑溜，老宅庄工程上首与彭楼距离较近，且藏头不好，造成老宅庄工程靠溜部位一直上提。1978 年抢修 1 ~ 3 坝，1979 年，这 3 道坝被大溜顶冲，右岸桑庄险工上段河势外移，下段河势由 13 ~ 15 坝逐渐下滑。

1981 年，老宅庄工程 1 坝被冲断。1982 年大水时，老宅庄工程 1 坝被冲垮，落水后该工程仍全线靠溜，右岸桑庄险工仅 17 ~ 18 坝靠溜，芦井工程大水靠溜，落水后，溜势外移，李桥 48 ~ 50 坝靠主溜。

1983 年，大罗庄坝前滩地坍塌后退，工程恢复着溜，汛期连续大水，芦井工程（土坝基，未用石料裹护）被大水冲毁。为防止河势进一步恶化，分别于 1983 年、1985 年下延右岸桑庄险工 19 坝和 20 坝，但仍无法控制河势，主溜在下游芦井坐弯，危及村庄安全，芦井村部分房屋掉入河中，故又于 1985 年依弯重建芦井工程 1 ~ 10 坝，其中 3 ~ 8 坝为弯道，8 ~ 10 坝为一直线段。李桥险工大溜顶冲部位仍在 48 ~ 50 坝。1975 ~ 1984 年苏泗庄至邢庙河势主溜线最大摆动幅度情况见表 3-29。

表 3-29 1975～1984 年苏泗庄至邢庙河势主溜线最大摆动幅度情况

地点	比较年份（年）		摆动幅度（千米）	说明
濮阳县尹庄控导工程处	1983	1984	0.70	均选用汛后摆动幅度最大的年份进行比较
濮阳县龙常治工程（密城湾）处	1976	1979	0.70	
濮阳县马张庄工程（密城湾）处	1975	1982	0.60	
山东营房险工处	1976	1983	0.50	
彭楼断面处	1977	1983	0.90	
范县彭楼险工处	1978	1981	0.50	
大王庄断面处	1977	1980	0.60	
范县李桥险工处	1979	1981	0.75	
范县邢庙险工处	1979	1981	0.40	

1986～1989 年，营房以上河势变化不大，营房险工靠溜部位在 15～26 坝，彭楼险工 7～13 坝靠溜，右岸老宅庄工程 5～9 坝受大溜顶冲，右岸桑庄险工 19～20 坝着边溜，主溜外移，芦井工程 8～10 坝受大溜顶冲，左岸李桥险工 41～44 坝靠大溜（见图 3-71）。

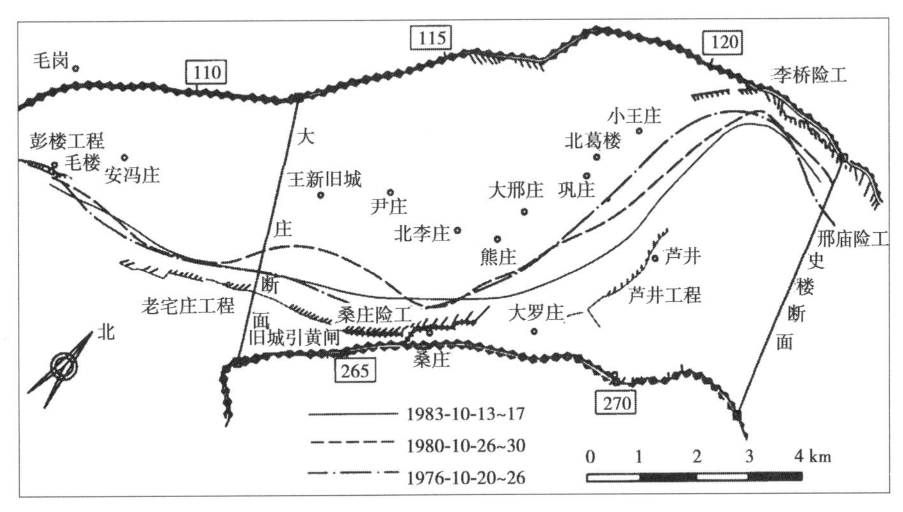

图 3-71 彭楼至邢庙 1976～1983 年主溜线变迁情况

1991 年以后，上游来水偏枯，彭楼入溜由 12 坝下挫到 18 坝，出溜基本维持在 23 坝附近。因彭楼工程下段弯道半径小，导致老宅庄工程靠溜部位上提至 3～7 坝，主溜一直维持在 3 坝与 5 坝之间的空当。受老宅庄 5 坝挑溜，主溜逐渐偏向左岸，右岸桑庄险工脱溜，桑庄工程以下坐弯入芦井工程，芦井河势上提，3～8 坝靠大溜。河出芦井冲向李桥险工上首，造成滩地坍塌长度达 2 千米，最大坍塌宽度近 0.8 千米（见图 3-72），威胁到堤防安全，故 1994 年被迫在李桥险工以南按控导工程标准修建 27～31 坝（新建李桥控导工程）。1994 年以后彭楼以下河势基本上是逐年上提，但上提速度较慢，李桥控导工程的 27～31 坝受大溜顶冲，并在以上塌滩。1996 年汛期，老宅庄工程3坝与5坝之间连坝被冲断，滩区进水，为尽快排退积水，老宅庄工程连坝多处被扒开。1997年，为防止李桥控导工程31坝以上继续塌滩，当年上延修建该工程32～34坝,2002年又修建22～26坝。

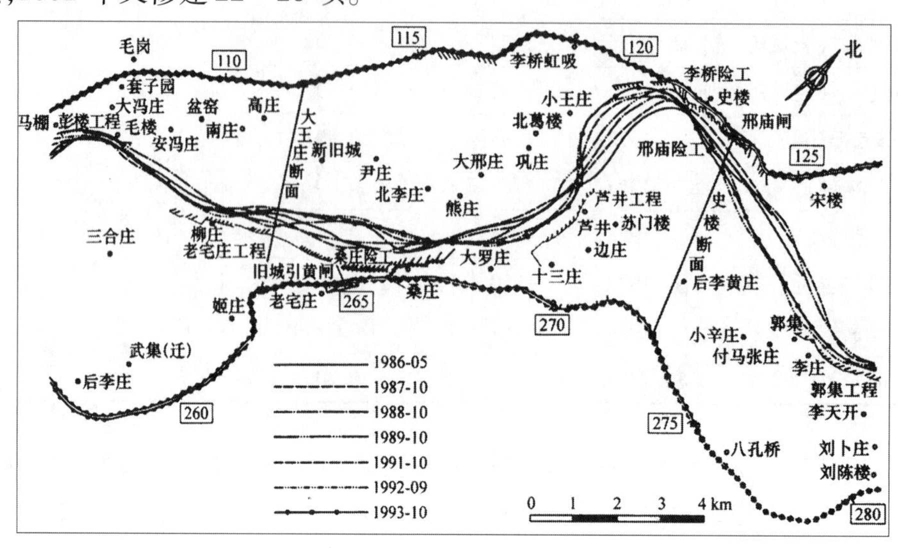

图3-72　彭楼至邢庙1986～1993年主溜线变迁情况

4. 邢庙至程那里河段

1975～1984年汛后，该河段河势主溜线最大摆动幅度为0.25～0.8千米（见表3-30）。1986年，邢庙险工不靠溜，郭集工程修建以后，多年来一直靠溜在18～23坝，控制主溜向右岸徐码头的摆动，将溜挑向吴老家，该处滩地抗冲性能较好，滩岸坍塌速度较慢，逐步形成曲率较小的弯道，导流至苏阁。苏阁溜势逐步上提到9坝以上，靠溜段加长，出溜后偏西，在杨楼村附近坐微弯，以下主溜顶冲孙楼工程上段。

1987年，邢庙以下左岸略有塌滩，郭集工程20～23坝靠溜。因郭集工程靠溜较短，郭集以下至苏阁主溜开始摆动，徐码头断面主溜线年摆幅近400米。为掌握有利时机，控制河势，护滩保村，确保对岸苏阁引黄闸引水，于1987年按规划主动布设范县吴老家控导工程，当年修建4～13坝，但当年并未靠河，苏阁险工靠溜仍不稳定。同时为防止杨楼村附近滩地继续坍塌，对孙楼一带河势带来不利影响，于1987年按规划始建范县杨楼控导工程6～10坝，修建当年即靠河出险。虽然苏阁险工靠溜不稳，主溜出苏阁后偏右，但因杨楼控导工程发挥作用，孙楼以下河势变化不大。

1988～1992年，杨楼控导工程分别下续11～12坝、13～14坝、15～16坝、17～18坝和19～20坝，1994年又上延3～5坝，2000年又下续21～23坝。

1991年，李桥河势继续上提，郭集河势上提至16～20坝，吴老家工程前面滩地坍塌后退，苏阁险工溜势下滑至12～21坝，杨楼工程导流入孙楼工程中部的陡弯，杨集险工6坝以上靠溜，导流至韩胡同工程以上滩地坐弯，并有抄工程后路的危险。为此，于1995年上延韩胡同－7～－9坝，以下伟庄溜势上提，并上延修建6座垛，伟庄以下梁路口、蔡楼等河势均有上提趋势。

1996年，郭集工程溜势上提至5～9坝，吴老家工程靠河下挫，并在工程下首坍塌坐弯。为控制河势，完善吴老家控导工程体系，于当年下续14～15坝。同时，为改善韩胡同以下河势逐年上提的不利局面，于1996年汛前修建杨集上延工程。8月，高村站出现6810立方米每秒洪水，郭集险工5坝受大溜顶冲，杨集上延工程抢险不断，韩胡同工程上首坍塌严重，主溜紧靠左岸，终将－6～－9坝冲垮，抄了工程的后路。

1997～1998年，在恢复韩胡同工程－6～－9坝的同时，为防止再抄工程后路，在其上首加修4道坝，被编为临1～临4坝。虽然杨集上延工程修建以后，杨集险工靠溜部位下挫至6～8坝，但由于杨集险工下首滩地黏粒含量较高，加之近几年没有大水，主溜在下首滩地坐弯后仍靠在韩胡同工程－9坝、临1～临3坝之间，韩胡同以下河势尚未得到改善。1975～1984年邢庙至程那里河势主溜线最大摆动幅度情况见表3-30。

表3-30　1975～1984年邢庙至程那里河势主溜线最大摆动幅度情况

<table>
<tr><th>地点</th><th colspan="2">比较年份（年）</th><th>摆动幅度（千米）</th><th>说明</th></tr>
<tr><td>山东郭集控导工程处</td><td>1976</td><td>1982</td><td>0.55</td><td rowspan="7">均选用汛后摆动幅度最大的年份进行比较</td></tr>
<tr><td>范县吴老家控导工程上首</td><td>1979</td><td>1983</td><td>0.50</td></tr>
<tr><td>范县杨楼控导工程处</td><td>1976</td><td>1983</td><td>0.80</td></tr>
<tr><td>台前县孙楼控导工程处</td><td>1976</td><td>1978</td><td>0.35</td></tr>
<tr><td>台前县韩胡同控导工程处</td><td>1979</td><td>1983</td><td>0.30</td></tr>
<tr><td>伟那里断面处</td><td>1980</td><td>1983</td><td>0.25</td></tr>
<tr><td>台前县梁路口控导工程上首</td><td>1979</td><td>1983</td><td>0.45</td></tr>
</table>

5. 程那里至濮阳下界河段

程那里以下河段，多年来没有发生大的变化。流路仍然是：程那里→梁路口→蔡楼→影唐→朱丁庄→枣包楼→路那里（国那里）→姜庄→白铺→邵庄→丁庄（徐巴士）→濮阳下界。

该河段1975～1984年汛后河势主溜线最大摆动幅度0.2～0.7千米（见表3-31）。

表3-31　1975～1984年程那里至张庄河势主溜线最大摆动幅度情况

<table>
<tr><th>地点</th><th colspan="2">比较年份（年）</th><th>摆动幅度（千米）</th><th>说明</th></tr>
<tr><td>孙口断面处</td><td>1983</td><td>1984</td><td>0.5</td><td rowspan="8">均选用汛后摆动幅度最大的年份进行比较</td></tr>
<tr><td>台前县影唐险工下首</td><td>1978</td><td>1981</td><td>0.2</td></tr>
<tr><td>大田楼断面处</td><td>1976</td><td>1979</td><td>0.4</td></tr>
<tr><td>路那里断面处</td><td>1976</td><td>1979</td><td>0.7</td></tr>
<tr><td>十里堡断面处</td><td>1977</td><td>1980</td><td>0.4</td></tr>
<tr><td>台前县白铺护滩工程处</td><td>1978</td><td>1980</td><td>0.3</td></tr>
<tr><td>台前县张堂险工处</td><td>1978</td><td>1980</td><td>0.2</td></tr>
<tr><td>台前县石桥险工处</td><td>1978</td><td>1980</td><td>0.4</td></tr>
</table>

1986～2000 年，进入下游的水量急剧减少，特别是 1995～1997 年连续 3 年高村站发生断流，高村站年径流量分别为 196 亿立方米、237 亿立方米和 110 亿立方米，较多年平均 345.74 亿立方米分别减少 43.3%、31.5% 和 68.2%。该河段与其他河段一样，河势普遍上提，特别是台前县枣包楼附近主溜紧靠左岸，滩岸坍塌严重，因此于 1995 年 1 月新建枣包楼控导工程 17～22 坝。工程修建后不久开始靠溜，1995 年 5 月，主溜靠在工程下段 21～22 坝，工程作用明显。1996 年 4 月，又下延枣包楼工程 23～24 坝。在 1996 年 8 月洪水期间，该工程发生漫溢，因此于 1997 年又对 17～24 坝进行帮宽加高。由于该工程控制长度较短，难以适应河势上提下挫的需要，造成 17 坝以上和 24 坝以下滩岸坍塌，随即于 2002 年黄河首次调水调沙前上延 6～16 坝，并下续 25～28 坝。

1992 年以后，蔡楼工程靠溜部位上提，为防止抄工程后路，于 1998 年上延该工程 4 座垛，1999 年梁路口工程上延 -4～-11 垛 8 座垛，该河段河势上提的不利局面基本得到控制。

（五）2002～2015 年河道整治工程控制河势情况

1986 年后，由于龙羊峡水库蓄水、调节运用和黄河下游连续多年发生枯水期，至 2001 年，濮阳主河道有 14 年淤积萎缩，河道平槽流量减小，河势普遍上提，不利河势长期得不到洪水修复、调整。2002 年，首次调水调沙期间，濮阳县习城滩区在流量 1800 立方米每秒时河水漫滩，造成灾害。

2002～2015 年，黄河连续调水调沙 14 年，濮阳主河槽被刷深、展宽，河势流路规顺，河道过洪能力增大，2003 年以后没有出现河水漫滩现象。调水调沙期间，濮阳河段共有 20 处工程靠河，发挥着控制河势的作用，河势总体稳定。随着主河槽逐年的刷深、展宽，个别河段的河势也有所变化。这期间，对相应的工程不断进行完善，以保持河势的稳定。

1. 濮阳上界至青庄河段

青庄以上河段有青庄险工和三合村控导工程发挥控制河势的作用。

2002～2007 年，三合村控导（护滩）工程和青庄险工靠河比较稳定。三合村工程 5～13 坝靠河，413 坝靠大溜；青庄险工 1～10 坝靠河，3～8 坝靠大溜。

2008 年汛前，河在三合村工程以上直河段坐弯后，三合村工程主溜外移，工程脱河，仅大水时偎水。是年调水调沙后，主溜脱离三合村工程约 500 米，影响青庄险工河势逐步下挫。

2009～2012 年，三合村工程全年脱河，仅大水时偎水，且主溜脱离工程约 2 千米，造成渠村引黄闸引水困难，青庄险工河势逐渐下挫。

2013～2015 年，三合村工程仍然不靠河，仅在 2015 年调水调沙期间 1～10 坝偎水，调水调沙后工程又全部脱河。青庄险工 13～15 坝靠大溜，高村险工 16～24 坝靠河。

2. 青庄至马张庄河段

青庄至马张庄河段有南上延、连山寺、尹庄、龙常治、马张庄控导工程和南小堤险工等6处工程发挥控制河势的作用。

南上延控导工程，靠河部位在调水调沙前后没有大的变化，一直是工程上首靠大溜，且工程上首时有塌滩现象发生。

连山寺控导工程，在2002～2005年基本不靠河。从2006年汛前开始至2010年汛期，工程中部靠河比较稳定，以后河势有所下挫，11～46坝靠河、靠溜。2015年3月，对岸刘庄险工河势下挫，张阎楼工程靠河，导流至连山寺工程以上焦集、马海村一带靠溜，造成滩岸迅速坍塌后退，河距该村仅有45米，威胁到焦集等村庄安全。为护滩保村，确保人民群众生命财产安全，紧急抢修6座垛及护岸工程。但调水调沙之后，溜势仍靠焦集、马海一带，且上提下挫较为频繁，新抢修的6座垛及护岸工程受大溜淘刷，不断发生险情。

尹庄和龙常治两处控导工程靠河情况，在历年调水调沙期间，均未发生大的变化。

马张庄控导工程靠河、靠溜都比较稳定，一般为15～23坝靠河，工程下部靠大溜，造成工程以下滩地坍塌后退。

3. 马张庄至杨楼河段

马张庄至杨楼河段有彭楼、李桥、邢庙险工和李桥、吴老家、杨楼控导工程等6处发挥控制河势的作用。

彭楼险工、李桥控导工程靠河均比较稳定，没有发生较大的河势变化。但因彭楼险工是在抢险的基础上修建的，缺乏统一规划，工程布局不合理，坝垛长度不等，形不成统一完整的弯道，特别是工程下首弯道半径小，着溜后形成陡弯挑溜，给下游河势带来不利的影响，需对该工程弯道进行改造。

李桥和邢庙两处险工靠河情况均未发生较大变化，基本上不靠大溜，仅靠边溜或偎水。

吴老家控导工程靠河比较稳定，但河势有所下挫。因此，2003年该工程下续27～32坝。之后，工程靠主溜偏下，造成32坝以下滩岸坍塌后退，同时考虑到工程长度较短，需再上延和下续一些坝垛，完善工程控导体系。

杨楼控导工程靠主溜部位不断上提，并在工程3坝以上坍塌坐弯。为此，2008年上延该工程1～2坝。2008年后，溜势继续上提，工程上首常年靠主溜，造成1坝以上滩岸坍塌后退，形成畸形河势，时有抄工程后路的危险。为整治畸形河势，于2015年汛前抢修该工程－1～－3垛，增加工程长度289米，河势恶化得到遏制。

4. 杨楼至濮阳下界河段

杨楼以下至濮阳下界河段有孙楼、韩胡同、梁路口、枣包楼控导工程和影唐、张堂险工等6处工程发挥控导河势的作用。

孙楼控导工程靠溜部位基本上未发生变化，一般为3～5坝和13～16坝靠大溜。孙楼工程本身是在抢险的基础上修建的，缺乏统一规划，工程布局不合理，坝垛长度不等，形不成统一完整的弯道，造成控导河势效果差，送溜不稳，给下游河势带来不利的影响。孙楼工程3～20坝是一个弯道半径仅有420米的局部弯道，且3坝和20坝是最突出的两道坝，该弯道迎溜、送溜和挑溜，是造成下游不利河势的主要原因之一；孙楼工程6～20坝处于工程的弯顶部，位置靠后，坝前头连线与整个工程的治导线未在同一条弧线上，没有较好地起到调整溜势的作用，也是造成下游不利河势的主要原因之一。因此，需对该工程弯道进行改造。

韩胡同控导工程在调水调沙前后，靠溜部位没有发生较大变化，一直是工程上首靠大溜。2003年，在-9坝与临1坝之间新建1道坝，编号为-10坝，并将该工程36坝以下17道坝（垛）重新规划、改建为17座垛。

梁路口控导工程在调水调沙前后，靠河、靠溜都比较稳定。

影唐险工河势上提下挫幅度不大，靠河、靠溜都比较稳定。2013年，对10～16坝进行退坦帮宽改建，增强工程的抗洪能力。

枣包楼控导工程靠河、靠溜都比较稳定，但靠河部位偏下。经多年观测，28坝以下滩地时有坍塌后退现象发生，主要原因是工程控制长度不足，需下续部分坝垛，以增加工程控制长度。

张堂险工靠河、靠溜都比较稳定，且所有工程几乎全部靠河，一般是1～7坝靠边溜，8坝靠大溜。经多年观测，1坝以上滩地时有坍塌后退现象发生，主要原因是工程控制长度太短，需上延部分坝垛，以增加工程控制长度。

二、滩地整治

滩地整治主要是对滩面的串沟、洼地和堤河进行治理。由于滩面上村庄、农作物等的影响，糙率相差很大，在洪水漫滩期间，部分滩面过流集中，冲蚀滩面，形成串沟。在一次洪水漫滩过程中，有的老串沟可能会被淤死，但又会形成新的串沟。漫滩洪水沉沙落淤时，滩唇淤得厚，离滩唇越远淤积越薄，堤防附近是淤积最少的部位。加之历次修堤取土，堤防附近往往形成一个低洼带，漫滩后过流较大，成为堤河。串沟集中过流对滩区群众安全不利，堤河内顺堤行洪又会危及堤防的安全，因此需要对滩地进行治理。濮阳黄河滩区串沟见图3-73。

前人对滩地整治已早有所认识。清代靳辅治河时，观察到黄河滩区有滩唇高、堤根洼，滩面具有横比降的特点后认为，当“涨消水落，堤根之水无处宣泄，积为深沟”，遇“风起浪腾，堤根日被汕刷”，威胁堤防安全。为此，他提出“宜于积水上流，量挖一沟，引黄直灌积水处所，使其停沙于此低洼。俟河水消落之后，再与下流亦量挖一沟，另引清水，从此而去，自然日渐淤平”。此是一种淤高低洼滩区，改善堤河不利形势的措施。20世纪30年代，李仪祉主张在滩面和滩岸上，均要用桩、柳修成“固滩坝”，既可制止滩地被河溜侵削，又可在洪水漫滩时，滞缓水流，促沙沉积，清水归槽，以助冲刷。滩地淤高后，可继续修建，以达到“河滩涨高，河槽刷深”的目的。

图 3-73　濮阳黄河滩区串沟

20 世纪 50 年代，濮阳黄河滩区串沟较多，既深且宽，多数连通堤河。串沟与堤河组成一个水道网，一遇洪水漫滩，串沟过流集中，具有引流至堤河的作用，致使堤河流量加大，堤防拐弯处及一些水流顶冲的平工堤段，常常出现险情。漫滩水流与串沟水集中流向堤根，集中下排，因堤河尾端淤积，致使有些堤段形成常年积水。1949 年大水时，台前枣包楼民埝决口，大溜斜趋东北至陶城铺，水落后形成的串沟宽 200 米、深 3 米左右。濮阳县南小堤险工以下徐寨和李拐之间的 3 条大串沟，在李寨汇合，过流占全河水 1/3，直冲大堤，向下顺堤行洪 6 千米以上。1949～1959 年，李寨附近大堤多次抢险。1958 年大水后，堤前冲造水坑长 80 米、宽 40 米、深 4 米。濮阳县梨园乡晁庄附近大小串沟在张庄汇合后，于西韩寨西入堤河，冲刷堤脚，顺堤行洪。1949 年、1958 年大水时，该处堤脚都进行抢护。1958 年大水时，台前县口草堌堆村两侧进水，形成裤裆溜，水落后形成串沟宽 50～100 米、深 1～2 米。

滩地整治，首先考虑行洪、削峰、沉沙的要求，滩区不得设置行洪障碍，以利淤滩刷槽，保持河道的排洪能力。1950 年前后，群众在滩区自行修建不少民埝，影响排洪，经贯彻“废除民埝”政策，1954 年已全部破除。1958 年汛后，又在滩区修建生产堤。1962 年，按花园口站 10000 立方米每秒流量设生产堤分洪口门。由于生产堤挡水，影响排洪和淤滩，1974 年确定废除生产堤。1987 年按 20% 破除生产堤口门，1992 年又将口门加大到生产堤长度的 50%。

其次，堵截串沟。治理串沟的方法是在上段尤其是在进口段进行堵截，洪水漫滩后，利用修建的临时工程，减小水流速度，促其沉沙，淤填串沟。因漫滩水流流速低，多采用生物措施。如采用柳编坝，即在串沟进口段横截串沟植柳数排，高排与低排相间，排距 1 米，株距 0.5 米，高低排高差 1 米左右。柳成活后，在洪水到来之前高低柳编织在一起，形成高低起伏的柳篱，具有较好的缓流落淤作用。20 世纪 50 年代，濮阳组织动员滩区群众采取在串沟、堤河内种柳，植活柳坝，使其缓流落淤；修筑埝岗堵截串沟。1956 年 8 月，在濮阳县于林修建护滩堵串工程，建挂柳缓溜坝 4 道，长 1463 米，透水柳坝 30 道，长 3734 米，淤填了南小堤险工以下 3 条大串沟和数条小串沟。随着滩区控导护滩工程的修建，不再出现新的串沟，历史串沟不断得到整治。至 1985 年，濮阳滩区还存在串沟共 25 条，总长 146.9 千米，一般宽 100～300 米、深 1～2 米。2001 年，仍有串沟 12 条，总长 69.2 千米。黄河调水调沙使濮阳河槽过洪能力逐年增强，2003 年以后，濮阳滩区不再发生河水漫滩现象，滩区群众为扩大耕种面积和改善耕种条件，大部分串沟得到平整。至 2015 年，濮阳滩区串沟仅剩台前县境内的 3 条，总长 4.5 千米，宽 100～200 米，深 1.2～1.9 米。

其三，淤高堤河及附近滩面。20 世纪 50 年代，丰水年份多，漫滩机遇多，通过淤滩刷槽，河槽基本并长。60 年代之后，受来水来沙、修建生产堤等多种因素，堤河淤积慢，滩面横比降加大。1975 年开始，采取人工引洪淤高堤河和附近低洼滩地。1974 年修堤，造成范县彭楼至李桥的辛庄滩上大量的取土坑接连不断，既不能耕种，又对堤防安全不利。1975 年 8 月洪水期间，在彭楼引水渠堤上扒口放水淤堤河，过流 23 天，最大引水量 200 立方米每秒，引泥沙 2000 万立方米，淤地 1987 公顷，一般淤厚 1 米左右，堤河淤积 544 万立方米，最大淤厚达 3 米以上（放淤前后情况见图 3-74）。淤高辛庄滩堤河及附近低洼滩面的效果明显。1977 年 7 月，花园口站洪峰 10800 立方米每秒时，沿河各县抓住洪水含沙量大的时机，引水淤滩 2.04 万公顷，落淤总量 1.03 亿立方米。其中，在渠村引黄渠扒口放淤 2 个月，淤积土方 1675 万立方米，淤平堤河 16 千米，将 2.5 千米宽的滩地淤厚 1～2 米。1985 年 5 月，在范县邢庙险工下首宋楼挖引渠，汛期共淤堤河及附近滩地近 100 平方千米，普遍淤厚 0.6～1 米，淤土方 8700 万立方米。用开口引水的办法，淤垫串沟、堤河及低洼滩地，既有利于防洪安全，又增加群众耕地。2003 年，采取船淤方式，淤平濮阳县习城堤河 8.25 千米，使昔日坑坑洼洼不长庄稼的堤河，变成 133 公顷的沃土良田。至 2015 年，濮阳境内堤河长 121.3 千米、宽 180～1000 米，面积 1.1 万公顷。濮阳黄河滩区人工淤滩情况见表 3-32。

表 3-32　濮阳黄河滩区人工淤滩情况

滩名	进水地点	淤滩年份	最大流量（立方米每秒）	进水天数（天）	落淤情况			其中堤河		
					淤积土方（万立方米）	淤地（公顷）	淤厚（米）	淤积土方（万立方米）	淤厚（米）	淤长（千米）
范县辛庄滩	彭楼引水渠右堤	1975	200	23	2000	1867	1	543.8	1～3	9
濮阳县渠村东滩	渠村引水渠右堤	1977	250	60	1675	2427	0.7	450	1～2	16
范县陆集滩	张洼生产堤上	1985	—	36	8700	10000	0.6～1	800	1	13
濮阳县习城滩	万寨串沟口门	2003	—	56	20.15	0.13	0.5～1.87	—	—	—
濮阳县习城滩	75+100 处	2003	—	—	—	—	—	200.5	1～3	5.2

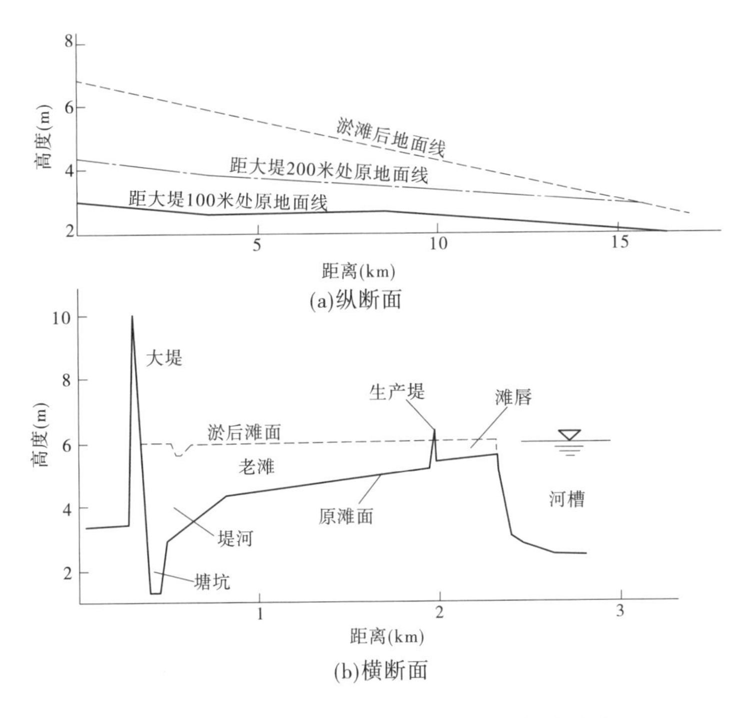

图 3-74　范县辛庄滩 1975 年放淤前后对比

其四，改善滩区生产、生活条件。1974 年，国家在濮阳滩区投资 955 万元，兴建引水涵闸、提灌站、桥梁及机井配套工程，灌溉面积达 1 万公顷。1988 年 8 月，河南省政府决定利用国家土地开发基金安排濮阳黄河滩区水利建设，工程投资 2670. 63 万元。自 1989 年 4 月 10 日动工，至 1991 年完成渠系建筑物 339 座，排水建筑物 13 座，排水设施 20 套，打机井 2218 眼，配套机井 2321 眼，建移动提灌站 1348 处。从而使滩区群众生产条件得到较大改善，粮食连年增产。

三、“二级悬河”治理

黄河下游河道长期处于强烈的淤积抬升状态，使河道滩地逐渐高出背河地面，形成“地上悬河”，即“一级悬河”。随着黄河流域大量水利枢纽工程的修建和人类活动的加剧，黄河下游河道大洪水漫滩的概率愈来愈少，而中小洪水和枯水期淤积主要发生在主河槽和嫩滩上，远离主槽的滩地因水沙交换作用不强，淤积厚度较小，大堤根附近淤积更少，再加之堤防工程建设在临河附近取土等原因，致使主河道平槽水位明显高于主槽两侧滩地，甚至主河槽平均高程高于两侧及堤根的滩地，形成“槽高、滩低、堤根洼”的状态，称“二级悬河”（见图 3-75）。

（一）“二级悬河”成因

黄河下游大漫滩洪水减少、高含沙中小洪水增加，同时滩槽不同部位水动力条件变化，是“二级悬河”形成的主要原因，河道整治工程和生产堤是加剧“二级悬河”形成的原因。

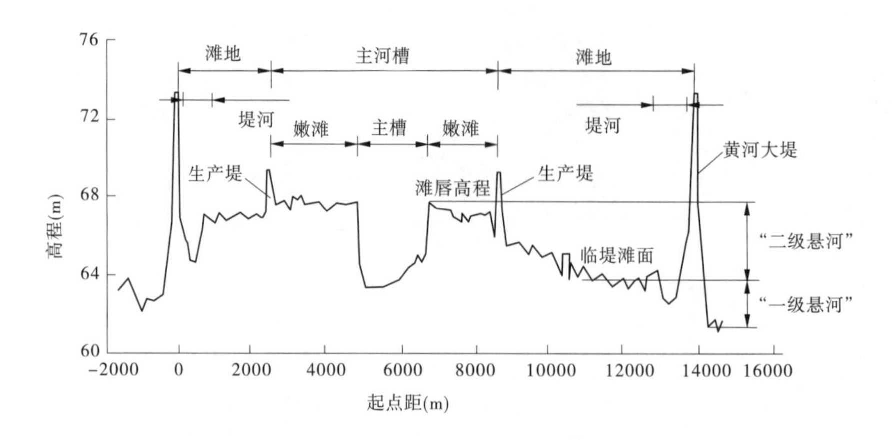

图 3-75 “二级悬河”示意图

1. 水沙条件

水沙条件的显著改变对于“二级悬河”的影响主要体现在两个方面：一方面是来水来沙量明显减少，特别是洪峰频次和洪峰流量显著减少，洪水造床作用明显减弱，河流平面和断面尺度减小，河床冲淤演变涉及的范围也有所减小，致使河道的淤积更加局限在中小水主河槽内，主槽和嫩滩的淤积导致“二级悬河”的发育和发展；另一方面是长期小水塑造严重萎缩的枯水主河槽，主槽河底高程显著抬升、平滩流量明显减小，大大增加“二级悬河”的危害程度。

20 世纪 50 年代，黄河下游水量丰沛，大洪水发生次数多，同时由于滩区阻水建筑很少，河槽和滩地之间，特别是主槽和嫩滩之间没有明显的分界，河槽的游荡摆动和大漫滩洪水期顺堤行洪、滩槽水沙频繁交换，使得泥沙淤积在横断面上分布较为均匀，遏制滩地横比降的发展。

1965～1973 年，三门峡水库“滞洪排沙”运用，下游来沙量明显增大，并经常出现“大水带小沙，小水带大沙”的不利水沙组合，下游河道由冲刷变为大量淤积，滩地淤积量仅占全断面淤积量的 33%。由于河槽的大量淤积和嫩滩高程的明显抬升，部分河段开始出现“二级悬河”的不利局面。

20 世纪 90 年代以来，沿程工农业用水增加以及降雨等因素的影响，黄河下游的来水量进一步减少，汛期来水含沙量由多年平均的每立方米 49 千克增加到每立方米 63 千克。20 世纪 80 年代以前，几乎每年都发生 5000 立方米每秒以上的洪水。80 年代后期，特别是 90 年代以后，最大洪峰流量超过 5000 立方米每秒的洪水只有 3 次。由于洪峰较小，泥沙淤积主要集中在生产堤之间的主槽和嫩滩上，生产堤至大堤间的广大滩区淤积很少。河道年均淤积量为 50 年代的 62%，但主槽淤积量却为 50 年代的 1.96 倍。滩槽淤积分布的不均匀性加剧了滩唇高仰、堤根低洼，临河滩面高程明显低于滩唇高程，背河地面又明显低于临河滩面的“二级悬河”的不利局面。

2. 河床边界条件

随着河道治理进程的不断发展，河床边界条件也发生很大变化。河道整治工程的建设，使河道摆动范围得到控制，主河槽相对稳定，淤积范围缩小。相对稳定的河道也是“二级悬河”发展的条件。

3. 生产堤

滩区群众修建的生产堤，人为缩窄行洪河道，在一般水流条件下，仅河槽过流，泥沙淤积在河槽内。大洪水时挟沙水流漫滩后，滩地落淤，其落淤厚度随滩地距河槽的距离近远而逐步降低，致使泥沙常年淤积在主河槽内和嫩滩上。此外，滩区耕种，特别是在滩唇附近的嫩滩内种植大豆和玉米等稠密的农作物，明显减少主河槽的过流面积，增大行洪阻力，进一步降低河道的输沙能力，一方面造成主河槽进一步淤积，另一方面使水流行进速度缓慢，不利于排洪，也加快了“二级悬河”的发展。

4. 复堤取土

1998 年长江、嫩江、松花江发生大洪水以后，国家加大对防洪工程的投资力度，使防洪工程的抗洪能力进一步增加。修建防洪工程的过程中，因受各种施工条件的限制，大量土方以就近取土为原则，尽量在临河滩地取土，尤其是机淤固堤工程，直接从临河嫩滩取土，土方量大，是造成“堤根洼”的一个重要原因。

（二）“二级悬河”河道形态及危害

1. 濮阳河段“二级悬河”河道形态

濮阳河段“二级悬河”最早出现于20 世纪70 年代。90 年代后，“二级悬河”不断加剧。至2001 年，濮阳河段主槽高于滩地 -0.24 ~1.00 米，平均为0.39 米；断面滩唇高于堤脚 0.4 ~4.9 米，平均为 2.91 米，滩区横比降 0.88‰ ~3.10‰，平均为 1.39‰。2015 年，濮阳河段（左岸）滩唇高于临河堤脚 0.90 ~4.36 米，平均为 2.58 米，滩区横比降 0.23‰ ~3.29‰，平均为 0.95‰。濮阳河段滩区横比降远大于河道纵比降（约 0.12‰），“二级悬河”特征突出，态势严峻。2001 年濮阳黄河河道形态情况见表 3-33，2015 年濮阳黄河河道形态情况见表 3-34。

表 3-33　2001 年濮阳黄河河道形态情况

站名	河床平均高程（米）			断面形态及横比降					深泓点高程（米）	说明
	主槽	滩地	高差	滩唇高（米）	堤脚高程（米）	高差（米）	间距（米）	横比降（‰）		
高村	62.26	61.53	0.73	63.3	59.6	3.7	4200	0.88	60.75	
南小堤	61.44	60.56	0.88	62.3	58.8	3.5	4000	0.88	59.08	
刘庄	60.06	60.05	0.01	61.3	—	—	—	—	58.46	河靠北岸
双合岭	59.81	58.64	0.17	60.7	57.3	3.4	1600	2.10	51.63	
苏泗庄	58.60	58.37	0.23	59.6	—	—	—	—	—	河靠北岸
夏庄	57.53	56.85	0.68	58.7	55.2	3.5	4000	0.88	55.94	
营房	56.86	56.32	0.54	58.2	—	—	—	—	55.44	河靠北岸

续表 3-33

站名	河床平均高程（米）			断面形态及横比降					深泓点高程（米）	说明
	主槽	滩地	高差	滩唇高（米）	堤脚高程（米）	高差（米）	间距（米）	横比降（‰）		
彭楼	56.01	56.12	-0.11	57.4	54.2	3.2	4600	0.70	54.56	
大王庄	55.15	54.26	0.89	56.2	53.7	2.5	800	3.10	53.09	
十三庄	53.86	53.84	0.02	55.2	53.7	1.50	1000	1.50	52.15	
史楼	53.88	53.58	0.30	54.6	51.8	2.8	3600	0.78	51.28	
李天开	52.18	52.42	-0.24	53.9	50.2	3.7	2200	1.70	51.22	
徐码头	52.22	51.22	1.00	53.4	49.9	3.5	3600	0.97	49.29	
于庄	51.51	50.98	0.53	52.4	50.1	2.3	1700	1.40	48.99	
杨集	50.20	49.86	0.34	51.0	—	—	—	—	48.19	河靠北岸
后张楼	48.83	48.19	0.64	50.4	48.5	1.9	1300	1.50	47.39	
伟那里	48.52	47.84	0.68	49.8	—	—	—	—	46.78	河靠北岸
龙湾	48.39	48.21	0.18	49.6	49.2	0.4	400	1.00	46.11	
孙口	47.10	47.22	-0.12	49.4	44.5	4.9	3600	1.36	45.20	

表 3-34　2015 年濮阳黄河河道形态情况

序号	河道断面名称	滩唇高于临河堤脚（米）	滩面宽度（米）	滩区横比降（‰）
濮阳河段平均值		2.58	3735	9.54
一	高村以上平均值	2.25	3018	9.73
1	青庄	1.75	1047	16.71
2	柿子园	2.15	3992	5.39
3	高村	2.85	4015	7.10
二	高村以下平均值	2.63	3828	9.51
4	南小堤			
5	刘庄	1.31	5805	2.26
6	双合岭	2.01	3671	5.48
7	苏泗庄	2.13	6573	3.24
8	夏庄	2.83	2498	11.33
9	营房	3.09	7844	3.94
10	彭楼	2.32	1387	16.73

续表 3-34

序号	河道断面名称	滩唇高于临河堤脚（米）	滩面宽度（米）	滩区横比降（‰）
11	大王庄	2.67	2605	10.25
12	十三庄	2.79	3834	7.28
13	史楼			
14	黄营	2.73	2370	11.52
15	李天开	3.08	4155	7.41
16	石菜园	4.36	4275	10.20
17	徐码头	4.35	5418	8.03
18	苏阁	3.70	7049	5.25
19	于庄	3.91	4103	9.53
20	杨集	2.31	5369	4.30
21	后张楼	3.08	5329	5.78
22	伟那里	3.45	7047	4.90
23	孙口	2.15	1392	15.45
24	梁集	1.34	1425	9.40
25	大田楼	1.74	1257	13.84
26	雷口	2.16	1775	12.17
27	路那里	1.97	2600	7.58
28	白铺	0.90	274	32.85

注：表中均为左岸濮阳滩区数字；滩区横比降平均为9.54‰；河道纵比降平均约为1.22‰。

2.“二级悬河”的危害

一是对堤防安全构成严重威胁，增加堤防防洪负担。“二级悬河”滩区“槽高、滩低、堤根洼”，横比降远大于主河槽纵比降，一旦发生大洪水漫滩，极易发生“横河”“斜河”，顺堤行洪，甚至有发生“滚河”的危险。2002 年，黄河首次调水调沙期间，在流量不足 2000 立方米每秒的情况下，濮阳县万寨生产堤口门决口造成漫滩，由于口门处临背悬差大，且滩区横比降远大于主河槽纵比降，口门发展迅速，不到 2 小时，其宽度达 40 米，且大河边溜很快引至口门处，漫滩洪水斜冲堤防，顺堤而下，部分堤根水深 4～5 米。7 月 24 日调水调沙结束时，口门宽达 300 米，水深达 2.5 米，超过主河槽水深 0.5 米，过水流量达 112.5 立方米每秒，占当时大河总流量 650 立方米每秒的 17.31%。二是对滩区群众生命财产安全构成威胁。“二级悬河”形态能增加中、小洪水时的漫滩概率，且往往造成小水成大灾的局面。2002 年 7 月，调水调沙期间濮阳县习城滩、渠村东滩多处生产堤决口，被洪水围困村庄 133 个，淹没土地 1.18 万公顷，冲毁滩区道路 22 条、总长度 57.30 千米，直接经济损失达 0.74 亿元。三是易降低河道整治工程作用。由于“二级悬河”滩区的横比降大于纵比降，水具有往低处流的特性，故极易造成河势在河道整治工程上首坐弯，抄工程的后路，或者在工程下首滩地分流，大大降低河道整治工程迎、送溜的作用。

（三）治理措施

2002 年 10 月，黄委主任李国英率领有关单位和部门的负责人，对夹河滩至孙口河段的“二级悬河”进行考察，重点调研于庄断面、大王庄断面、双合岭断面、夹河滩断面的“二级悬河”情况。2003 年，黄委在濮阳市召开黄河下游“二级悬河”治理对策研讨会，提出“以防洪为主、统筹兼顾、综合治理、局部利益服从全局利益”的治理原则；通过下游滩区放淤，缓解“二级悬河”加剧的局面；通过加强堤防和河道整治标准化河防工程、滚河防护工程体系建设，提高河道输沙能力，形成高效排洪输沙通道，减少下游河道淤积。

黄委确定的“二级悬河”治理指导思想是：“以防洪为主、统筹兼顾、综合治理，逐步减缓或消除‘槽高、滩低、堤根洼’状况，确保堤防安全”。“二级悬河”治理需要采取综合措施，包括调水调沙、疏浚河道、淤填堤河串沟及河道整治等。

调水调沙是通过干流骨干水库的调节，改变黄河“水少沙多，水沙关系不协调，易于造成河道淤积”的自然状态，使出库流量和含沙量尽可能适应河道输沙能力，最大限度地把泥沙输送入海，减少在河道中的淤积。

对于河道萎缩，直接的措施就是疏浚河道。疏浚方式主要包括水挖和平挖两种。水挖方式的施工工具主要为挖泥船和泥浆泵。旱挖方式的施工工具主要有挖掘机、自卸汽车及推土机等。

对堤河进行淤填，对串沟进行淤堵。根据地形条件采用自流引洪放淤和船泵抽沙放淤两种方法。由于来水偏少，多以船泵抽沙放淤为主。在无法利用黄河泥沙进行自流引洪淤填或船泵抽沙放淤输沙距离过远时，则利用机械运土淤填堤河。

（四）治理试验工程

2003 年，黄委确定在濮阳县习城、徐镇和梨园乡的黄河滩区组织开展“二级悬河”治理试验工程，其主要目的是疏浚河道主槽，增大过流断面面积，改善河道的行洪能力；降低主河槽河底平均高程，减缓“二级悬河”的发展；利用疏浚泥沙淤填堤河，防止顺堤行洪威胁堤防安全；通过试验工程的现场实施、观测和分析，研究其疏浚方法和效果，以及疏浚设备的适应性，为以后开展“二级悬河”治理积累经验。任务包括三方面：一是用挖泥船和泥浆泵在双合岭断面上下（上游 2 千米，下游 3.2 千米）进行主河槽疏浚；二是利用疏浚泥沙，通过泥浆泵和加压泵的二级远程接力，把疏浚泥沙排送淤填至黄河大堤左岸 75 +100 ~ 83 +350 区间临河侧的堤河里，减轻漫滩后顺堤行洪对大堤的威胁，并改善当地群众的耕作条件；三是淤堵万寨串沟，防止小水漫滩。

“二级悬河”试验工程建设单位濮阳市黄河河务局，组织施工队伍 600 多人，动用 120 立方米每小时新型绞吸式挖泥船 8 艘、加压泵站 20 台（套）、泥浆泵 22 组、船淤和泵淤管线 12 条总长 71.4 千米。2003 年 6 月 6 日上午 10 时 20 分，黄委主任李国英在郑州发布开工令，工程开工建设。8 月下旬，黄河发生历史罕见的秋汛，施工场地全部被淹，工程被迫停止，此时完成总工程量的 80%。11 月 30 日，工程恢复正常施工。2004 年 1 月 7 日，疏浚主槽和淤填堤河工程完成施工任务。由于气温较低，加之淤沙工作面需要沉淀，土方盖顶工程于 2004 年 3 月 28 日开始施工，至 2004 年 5 月 12 日工程全部完工。万寨串沟淤堵工程于 2003 年 4 月 8 日正式开工，6 月 4 日竣工。2003 年挖泥沙淤填串沟和堤河施工情景见图 3-76。

图 3-76　2003 年挖泥沙淤填串沟和堤河施工现场

2006 年 7 月 5 日，“二级悬河”试验工程通过竣工验收。“二级悬河”治理试验工程共完成疏浚河道主槽 5.2 千米，淤填堤河 8.25 千米，宽 97.2 ~ 245.8 米，共用淤填土方 200.05 万立方米，堤河高程平均抬高 1.42 米；完成淤堵万寨串沟沟口段 500 米、1340 平方米，共用淤填土方 20.15 万立方米。

“二级悬河”治理试验工程取得初步成效，一是增大河槽断面的排洪能力。河槽平滩流量由治理前的 2244 立方米每秒增大为 2852 立方米每秒，净增大流量 608 立方米每秒，其中由于疏浚增大的平滩流量为 211 立方米每秒。同时，同流量水位平均降低 0.38 米。二是主槽平均河底高程降低 0.89 米（不计洪水作用，疏浚措施使河底平均高程降低 0.27 米），堤河平均河底高程抬高 1.42 米；河水顺堤行洪的威胁得以消除，堤防抗洪强度得到提高，槽高、堤根洼的形势有所改善。三是滩区的生产生活条件和生态环境得到改善。通过淤填堤河，原先 135 公顷的洼坑地变为可耕良田，农民可耕地面积有所增加，耕作条件有所改善；再加上淤堵串沟的措施，相应减少“小水成灾”的可能。四是为下一步开展“二级悬河”治理工作积累了宝贵经验，提供了可靠的科学依据。

（五）疏浚河槽

2004 ~ 2005 年，采取人工扰沙的方式，对濮阳河槽过洪能力最小的河段进行疏浚。人工扰沙就是借助河水的势能，辅以人工扰动河床土质，降低河床土的启动流速或促进启动的方法，实现河床以下切为主、输沙入海，达到疏浚河槽的目的。扰沙的方法为两种：一是利用外力冲搅起河床土；二是利用机械摄取河床土再均匀加入河水。

范县徐码头断面上下河道长约20千米，是“二级悬河”状态最为发育、主槽过洪能力最小的河段，属河势得到控制的弯曲性河道。河段内共有郭集、吴老家、苏阁和杨楼4处河道工程，使该河段水流自上而下出现4个人工形成的弯曲段（郭集、吴老家、苏阁和杨楼工程整治中心角分别为48度、24.5度、79度和128度），河道弯曲明显，对水流形态影响较大。第三次调水调沙试验中，黄委决定在此河段进行人工扰沙疏浚河槽试验，以增加徐码头河段的平滩流量，从而增大整个下游河段主槽过洪能力。

6月19日至7月13日，由河南黄河河务局组织，人工扰沙试验工程在范县徐码头上下大约20千米河段实施。扰沙采取潜吸式扰沙船、80吨自动驳潜吸式扰沙和120型挖泥船三种形式。

濮阳河务局水上抢险队组织80吨自动驳2艘、200吨作业船2艘、120型铰吸式挖泥船2艘、江河FG-10多功能工作船1艘，以及管理和操作人员136人参加人工扰沙试验，圆满完成所担负的扰沙任务。濮阳河务局和濮阳河务局水上抢险队均被黄委授予“黄河第三次调水调沙试验先进集体”荣誉称号。

这次人工扰沙共扰动沙量104.74万立方米，河槽平均下切1.52米。根据黄河水利科学研究院推算，徐码头河段扰沙前平滩流量约为2240立方米每秒，扰沙后徐码头河段的平滩流量约为2900立方米每秒，比扰沙前约增加660立方米每秒。

2005年6月19日至7月2日的调水调沙期间，在台前葛庄至徐沙洼约10千米河段实施人工扰沙。经过泥沙扰动，芦庄至杨集河段普遍展宽10米左右，杨集至韩胡同河段普遍展宽25米左右，断面形态调整成效显著，该河段的排洪能力增加约250立方米每秒。同时，韩胡同控导工程靠河下挫200米左右，使1996年以来长期上提的河势得以缓解。2005年扰沙疏浚河槽施工情景见图3-77。

图3-77　2005年扰沙疏浚河槽施工

四、整治效果

濮阳河道通过整治，河势流向基本得到控制，主流摆动幅度减小，控导主流、护滩保堤、稳定河势的整治目的得以实现，在防洪、护滩、保村、引水、航运等诸方面，均获得显著效果。

（一）水流形态得到改善

在河道整治之前，濮阳河段的溜势往往两股并存，主支汊交替，溜势经常变化。整治后，溜势集中，很少分股，基本是一股河；主溜摆动范围和强度得到缩小。表 3-35示出濮阳县青庄至台前县张庄河段整治前后主溜线的摆动范围和摆动强度。断面最大摆动范围由5400 米减少到1050 米；断面平均摆动范围由1802 米减少到753 米，减少 58%；主溜线的摆动强度由 425 米减少到 160 米，减少 62%。史楼主槽的变化范围由 2 千米减少到 1 千米，主溜位置稳定。如范县大王庄至陆集河段，整治前主溜线摆动范围宽，年际间摆动幅度大（见图 3-78（a））；整治后主溜线基本在一条流路上（见图 3-78（b）），摆动范围和强度明显减小。

表 3-35　青庄至张庄河段整治前后主溜摆动情况

断面名称	摆动范围（米）		摆动强度（米/年）	
	整治前	整治后	整治前	整治后
	1949～1960	1975～1990	1949～1960	1975～1990
高村	720	1100	231	216
南小堤	650	700	159	181
双合岭	1350	1550	450	228
宋集	5400	1050	1273	219
营房	3000	300	505	63
彭楼	1050	1050	204	169
大王庄	2000	500	482	119
史楼	2130	700	592	194
徐码头	2200	1050	700	325
于庄	2250	1850	408	263
杨集	1340	1450	291	130
四杰村	2300	250	427	80
伟那里	950	200	229	57
龙湾	1970	250	270	37
孙口	1780	300	533	77
大田楼	1050	550	351	117
路那里	500	950	122	246
最大值	5400	1850	1273	325
平均值	1802	753	425	160
百分数（%）	100	41.8	100	37.6

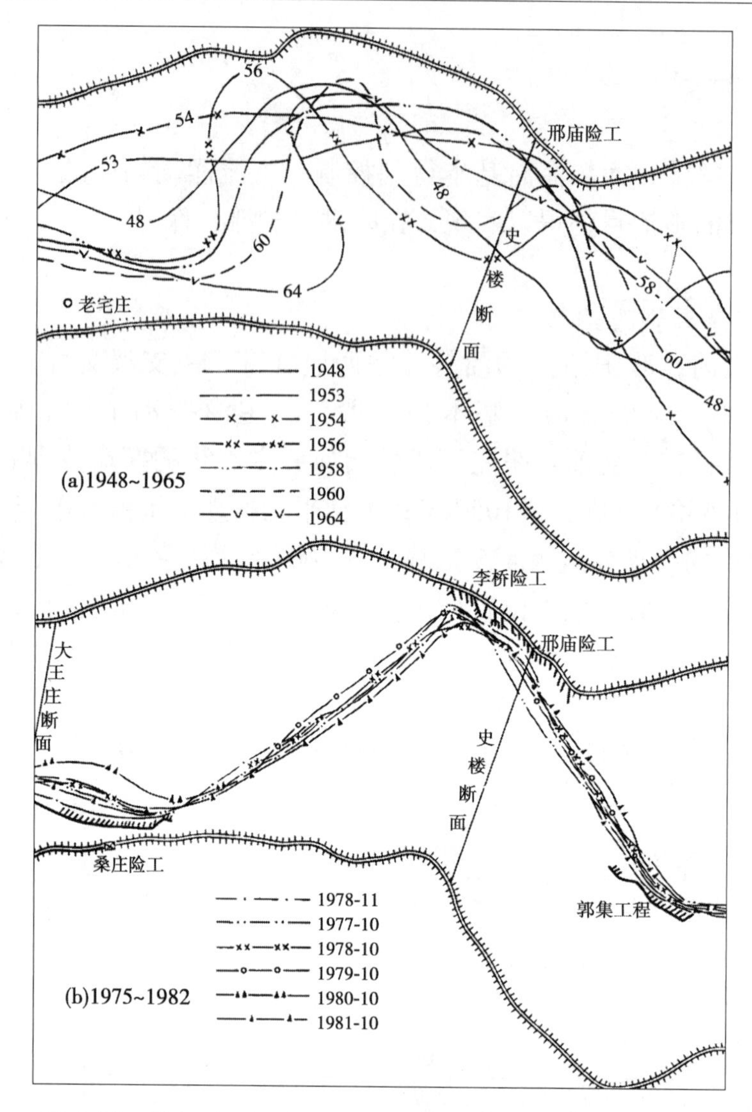

图 3-78 范县大王庄至陆集河段整治前后主溜线变化情况

河道整治后，平槽流量下水深和河宽都发生有利的变化，宽深比也有明显的减少。整治前，濮阳河段平均水深为 1.47 ~ 2.77 米，诸断面平均为 1.95 米；宽深比为 12 ~ 45，诸断面平均为 22.67。整治后，平均水深为 2.14 ~ 4.26 米，诸断面平均为 2.89 米，为整治前的 1.48 倍；宽深比为 6 ~ 19，诸断面平均为 11.50，为整治前的 51%。主槽是洪水的主要通道，主槽愈窄深，宣泄洪水愈有利。

河道整治后，河道弯曲系数变幅减小。河段的弯曲系数 K 为主溜线长度与河段直线长度之比，反映主溜的弯曲程度，由于它制约于河道的比降，在一个较长的时间段内不会单向变化。当河道弯曲系数 K 值增加到一定程度后，就会裁弯，使 K 值变小。河道越稳定，弯曲系数的变幅越小。濮阳河段弯曲系数整治前后的平均值均在 1.3 左右，相差不大。在整治前的 1949 ~ 1960 年从 1.252 变化到 1.44，而在整治后的 1975 ~ 1990 年从 1.295 变化到 1.346，主溜线长度变幅的减小反映出河道平面的稳定。濮阳河段弯曲系数变化情况见图 3-79。

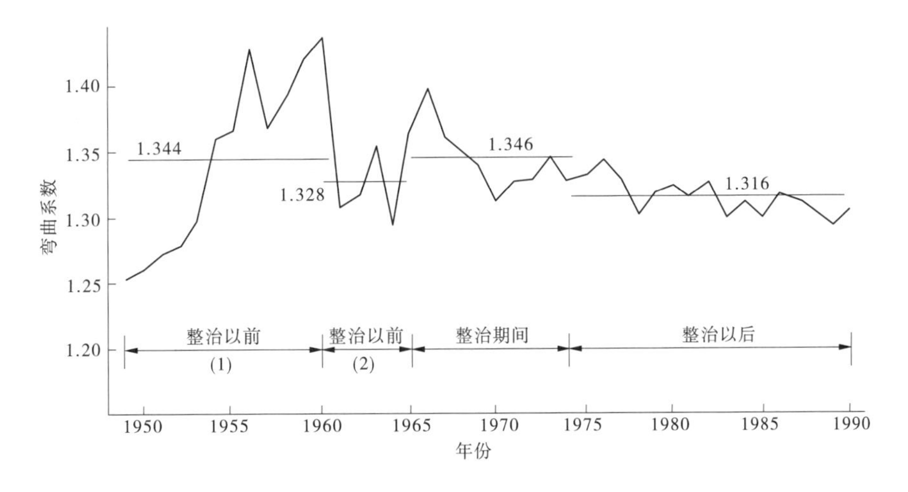

图 3-79　濮阳河段弯曲系数变化情况

（二）有利于防洪

河道整治前，经常出现畸形河湾，如密城湾、范县旧城湾等。图 3-80 为范县李桥畸形河湾，1966 年 7 月弯颈比达 4. 6。这类河湾流路长，阻力大，水流方向改变快，洪水期易造成河势突变，枯水期易造成滩岸坍塌，凌汛期易卡冰造成立封河，甚至形成冰坝，对防洪防凌不利。河道整治前还易出现“横河”。由于“横河”与堤防的交角大，其发展的过程中首先造成滩地的大量塌失，临堤防后，将被动抢险，抢护不及将会造成决口。

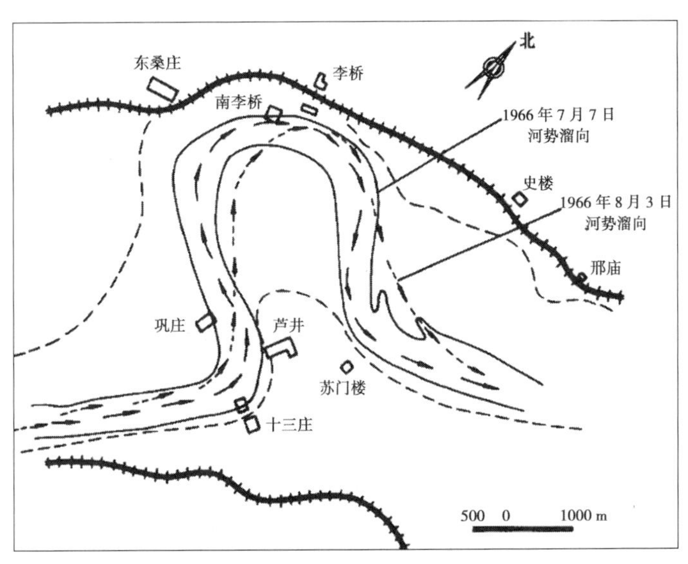

图 3-80　李桥畸形河湾

通过有计划的河道整治，强化河槽边界条件，有效限制主溜的摆动，河势和工程靠溜部位相对稳定，抗洪抢险重点被突出，避免发生因“横河”“斜河”顶冲滩岸或大堤而被迫抢险的局面；同时限制畸形河弯的发展，基本消除因河槽阻力明显增加所导致的局部河段壅水和卡冰现象，对确保防洪、防凌的安全意义重大。

整治工程修建后即开始发挥作用。就一个河段而言，在基本控制河势之后才能明显地表现出来。由于边界条件对水流的约束作用增大，从而稳定河势和险工的靠溜部位，限制出现畸形河湾，防止横河顶冲堤防。险工的靠溜部位变化减小，未再出现一处险工大幅度的提挫变化。整治后，险工长度缩短。险工多为被动抢险时修建，紧靠堤防，靠溜段危险程度大。在整治过程中的40多年来，濮阳河段未修建新的险工，原来的梁集险工还变为平工。

控导工程是以平槽流量5000立方米每秒为设计标准的淹没式建筑物，但由于投资等原因，仍采用非淹没建筑物的结构。因此，洪水期间遭受一些破坏是正常的。在1976年、1982年和1996年大水期间，一些控导工程漫顶，韩胡同工程上首的生产堤决口多处，工程背后过溜；南小堤上延工程在连坝上冲开口门多处，拉沟过水。但是在基本控制河势的河段，河势没有发生大的变化。这是由于在控导工程作用下，形成一个比较稳定的过流主槽，洪峰期间尽管一些控导工程漫顶，并冲垮部分坝垛，或在工程上端冲沟过溜，但是坝垛的护坡石料大部分坍落下滑，在一定程度上仍能约束水流。形成的主槽较深，其周界也有较大的控导作用。洪峰过后，主溜仍走原来的流路。因此，即使大洪水期间水流漫过工程顶部，甚至冲毁部分坝垛，但由于河道整治工程控导所形成的深泓河槽，一般仍可继续对水流发挥决定性的控导作用。

（三）滩地和村庄得到保护

河道整治前，由于缺乏工程控制，濮阳河段主流游荡多变，塌滩掉村现象十分严重。1949～1967年，濮阳河段落河村庄共有114个。其中：濮阳县50个、范县29个、台前县35个；1961～1967年，濮阳滩区塌滩2281公顷。密城湾1958年以前就有28个村庄落河，塌失耕地0.67万公顷。河道整治后，河势基本得到控制，河势变化范围减小，濮阳黄河滩区再未发生严重塌滩掉村的现象，保护村庄179个，护滩面积1.55万公顷，其中：耕地面积1.09万公顷。扭转了以往“十年河东，十年河西”生产、生活动荡不安的局面。同时，对滩区有计划地放淤，堵塞和淤垫滩面上较大的串沟和堤根洼地，以减少串沟进水冲堤危险，并扩大耕种面积。国家和当地政府连续多年在滩区投资，大搞水利建设，进一步安定滩区群众生活，促进了滩区的经济发展。因此，整治河道对安定滩区群众的生活，增加滩区群众生产收入，效果明显。

（四）有利于涵闸引水和航运

20世纪50年代，濮阳境内建有引黄闸5座和虹吸1座。由于主流摆动不定，河势变化频繁，引水口时常脱河，给引水带来很大困难，引水时引时停，要耗用大量劳力开挖引渠，且难长久维持，直接影响农业灌溉用水。河道整治后，河势基本稳定，20世纪70年代相机修建引黄闸2座、虹吸10座，80年代修建引黄闸2座、虹吸2座，引黄涵闸和虹吸的引水基本有保障，年引水量逐年增加。进入21世纪后，濮阳年引水量在8亿立方米以上，引黄有效灌溉面积占全市有效灌溉面积的87%，为濮阳市农业连年增收增产提供了保障。

黄河航运一直比较落后，原因是河道宽浅、溜势散乱、水深不足、无固定航线，码头也不易固定。河道整治前，仅能航行载重10～16吨的木船。河道整治后的青庄以上河段可通航 80 吨的机船，青庄以下在 300～500 立方米每秒流量时，可通航 80～120 吨机船。河道整治工程的修建，也为建立航运码头创造良好条件，青庄、南小堤上延、旧城、孙口等轮渡码头，随着河势的稳定，码头装卸条件得到很大改善，为运输黄河防汛石料和支援沿河两岸生产建设发挥了很大的作用。20 世纪 80 年代以来，黄河水量减少，濮阳河段不再具备航运条件。

河道整治后，濮阳河段的河势流路得到稳定，为黄河两岸建设交通网创造了条件。20 世纪 90 年代以来，国家在濮阳河段建设公路大桥 3 座、铁路大桥 1 座，民间建设浮桥 15 座。

（五）有利于防淤改土

濮阳河段主槽淤积抬高速率大于滩地，多次修堤在临河堤脚附近取土，堤根低洼，河道内横比降远大于河道纵比降，洪水漫滩后易形成串沟过水并逐渐加大，顶冲堤防，直接威胁堤防安全。河道整治工程的修建，不仅消除了这种不利局面，而且为利用较高含沙量洪水防淤、改善堤根低洼状况并改良土壤创做了条件。大规模地开展河道整治前，由于主流摆动频繁，滩地此消彼长，取水口变化无常，放淤时机和地点难以确定。河道整治后，主流发生较大摆动的现象基本消除，利用河道整治靠溜稳定、导流能力强的特点，在河道整治工程下首修建涵闸或开挖引渠，汛期引较高含沙量洪水进滩，在地势低洼的堤根落淤，效益显著。

1970 年，濮阳开始有计划地利用汛期洪水含沙大、有机肥含量高的特点放淤改土，改洼地为耕地，增加耕种面积。至 2015 年，濮阳境内淤垫堤河及附近低洼滩地时改土 1.43 万公顷，淤背河盐碱洼地改土面积达 2.58 万公顷。

附：

濮阳河段密城湾水事纠纷及其治理

1949 年大水期间，濮阳县河段右岸苏泗庄险工着溜，引发河势突变，王密城、胡密城、张密城、孙密城、耿密城一带的滩岸发生大规模坍塌，逐渐形成密城湾畸形河道。20 世纪 50～70 年代，密城湾河势不稳，河水时常危及两岸耕地和村庄的安全，在河道治理过程中，濮阳县和山东省鄄城县水事纠纷不断。水利电力部、黄委会以及省、市、县各级政府和河务局部门多次协调水事纠纷，通过修建大量的河道整治工程，密城湾的河势逐步得到控制和稳定，两县的水事纠纷得到圆满解决。

一、河道特征与演变

（一）密城湾河道特征

从河床演变的形势来看，密城湾的进口为刘庄至苏泗庄间的顺直河段，其出口为营房至彭楼间的顺直河段，密城湾为其间的一道畸形大弯。

密城湾自1949年大水时开始塌滩坐弯，至1959年达到坐弯入袖，弯顶由南向北推进约6千米，与此同时凸岸亦随之推进，而与一般弯曲性河道不同的是，经常出现汊流、心滩。伴随弯顶向纵深发展的同时，弯顶亦向下蠕动。塌滩的地点由上而下，从濮阳县的龙长治、石寨、宋河渠、王密城而到宋集、范屯。密城湾向纵深发展，在弯顶孟楼、宋集一带，形成多条串沟，在弯道下首的马张庄串沟又深又大，大有引流改河的之势。

密城湾形成的主要条件，从洪峰水势和泥沙冲淤情况来看，猛涨猛落之洪水，经过高村以上宽河道调蓄，峰顶有所削平。高村以上粗沙落淤较多，高村以下主槽及滩地上，无论深层及表面均有亚黏土及黏土分布，刘庄至苏泗庄河段为亚黏土和黏土沉积土，河道靠右岸长期保持顺直。而密城湾的聂堌堆、张村和马张庄三处胶泥嘴对密城湾的形成和发展起到重要作用。

（二）密城湾河段河势演变

1887~1910年，河由右岸双合岭险工（原有25道坝）挑流向左岸，中经濮阳县的连山寺、王柳村、王密城北，在马刘庄坐成死弯，然后折而南流，在南鱼骨坐弯复折而北流，经武祥屯下行。1887年，左岸前辛庄决口。1909年，马刘庄又决口，后辛庄和马刘庄形成险工。此后河势下挫，又逢1910年大水，河势外移。

1911~1925年，河在右岸大刘屯坐弯，北冲聂堌堆，转趋西北，至王柳村折向东南，经南鱼骨下行，1925年李申屯决口后，这种河势才有改变。

1926~1937年，右岸河势下延至江苏坝险工。1926~1935年，该段河道曾一度顺直，河由江苏坝前，经张村、南鱼骨而下。1935年右岸董庄决口，1936年堵复。此时江苏坝和苏泗庄同时着溜，大溜直趋西北，顶冲左岸大堤，董楼出险（曾抢修坝12道），河又折而东流，经西张桥、南鱼骨下行。

1937~1949年（实际只行河4年，其余8年河走花园口泛道），董庄1936年堵口时，于姜庄、张村间挖引河一道，当年未形成大河。1937年，河于马堂坐弯，经聂堌堆入引河，过张村、许楼，亦经南鱼骨下行，直至1949年大洪水时，苏泗庄险工靠河，主流北滚。

1949~1951年，系密城湾的形成和发展阶段。1949年，黄河汛期出现5次大水，其中两次大于10000立方米每秒。7月27日，花园口出现11700立方米每秒洪峰；9月14日，花园口又出现12300立方米每秒的洪峰。江苏坝险工脱河，河势下挫到苏泗庄险工。由于该险工与来流略相垂直，又加聂堌堆胶泥嘴嵌制水流，使原来的东西水流，急转西北，大量滩地坍塌，房长治、胡桥、杨庄、代堂、户寨、东石寨等村庄相继落河。1950～1952 年，由于水小，该湾没有向纵深发展。

1953～1955 年，为密城湾变化最为剧烈的 3 年，基本上塑就了密城湾畸形外貌。1953 年汛期，此处形成陡弯，大量耕地掉河，潘寨、忠寨 2 村掉入河中；1954 年汛初，在石寨处形成突出弯嘴，汛期石寨、夏河渠、王河渠等 7 村继又落河，弯顶继续向东北深入。1955 年汛初，王密城、孟楼、宋集、范屯处坍塌严重，长河渠村掉河，弯顶塌到李寺楼、马张庄，由于该处土质好，冲刷困难，故而密城形成“秤钩”湾，至此密城湾入袖形势已经形成。

1956～1957 年，无论大水小水皆不入弯顶，且多分为两股，弯顶淤出一些嫩滩，弯道没有发展。1958～1959 年，弯道又继续向纵深发展。1958 年，王密城村掉入河中。1959 年，王称堌前生产堤塌约 1500 米，是密城湾入湾最甚的一年。1960～1972 年，密城湾没有继续发展，主要原因是尹庄工程有逼流外移作用，再加弯道已基本形成。

1972～1992 年，在此 20 年期间修建龙长治、马张庄工程，密城湾裁弯取顺成功，弯顶外移 2.7 千米。与此同时，密城湾的上游新建连山寺工程，改建苏泗庄险工，下游新建营房险工，至此密城湾河势趋于稳定（见图 3-81）。

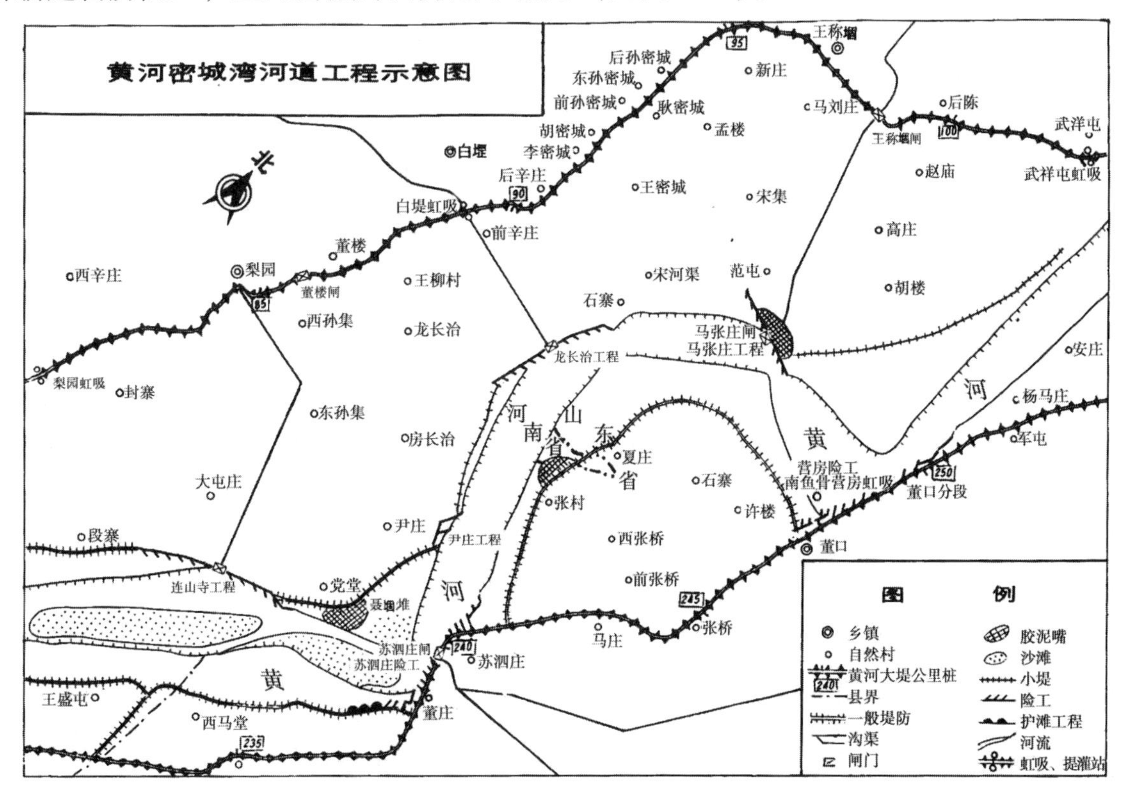

图 3-81　濮阳密城湾河道整治工程示意图

二、纠纷缘由

密城湾的水事纠纷主要是防洪和争滩地问题。

密城湾弯顶共有串沟15条，多数直通堤脚，其中马张庄串沟最大，平滩水位时可通过流量400立方米每秒。右岸张村南系1948年的老河身。若密城湾的畸形弯道任其发展，则有自然裁弯改河的可能，将严重威胁堤防安全。密城湾改河估计有三种可能：一是从弯顶宋集附近改道，顺王称堌、武祥屯入大河；二是从马张庄串沟，冲对岸杨庄、安庄一带；三是从张村、张桥老河身裁弯取顺。无论哪种方式改道，都直接威胁大堤安全，造成河势发生重大变化。

密城湾河段，堤距宽6~10千米，主槽宽1~1.5千米。河道总面积80平方千米，主槽面积约20平方千米，滩地60平方千米。密城湾形成后，濮阳县共塌滩7133公顷（包括部分重复塌滩），掉河村庄30个。山东省鄄城县鱼骨至营房也大量塌滩，鱼骨护滩工程和鱼骨村亦落河。因此，两岸争种滩地形成纠纷。纠纷的焦点是河势流路，也就是河道整治南、北、中三方案之争。

南方案：河走鄄城县张村右、许楼右、马张庄胶泥嘴右。大体是1948年河道形势。

北方案：河仍走密城湾，在弯顶范屯至胡楼开挖引河，于武祥屯复归大河。

中方案：修建工程，逼溜出弯，顺张村、夏庄左、马张庄右，导流到南鱼骨、营房一带。

濮阳县力争实现南方案，而山东省鄄城县力争实现北方案。经多次协商调解，双方都同意中方案，但在工程实施中，两岸围绕着河势流路这个焦点，又纠纷不断。

三、纠纷演变

1956~1963年，是密城湾水事纠纷比较激烈的时期。主要纠纷事件有截短苏泗庄险工第28号坝、挖聂堌堆胶泥嘴、治理于林湾、开挖引河、修建尹庄和马张庄工程、马张庄堵串、新建范屯和宋集工程、尹庄河势上提等。

（一）截短苏泗庄险工第28号坝

右岸苏泗庄险工修建于1925年，其中28号坝特别突出，挑流能力极强，是形成密城湾畸形弯道的主要原因。1956年经过河南、山东黄河河务局协商，将此坝截短51米。截短第28号坝，有利于改善苏泗庄险工形势，减缓第28号坝以上陡弯，防止河势上提。但是，苏泗庄险工处是一个急弯，且以坝护弯，以弯导流，截短单坝后的效果却不明显，1956年后密城湾继续向纵深发展，纠纷未能解除。

（二）挖聂堌堆胶泥嘴

聂堌堆胶泥嘴位于苏泗庄险工对岸，与苏泗庄险工形成嵌制河势的节点，对稳定苏泗庄险工流势有重要作用，如果被冲掉，苏泗庄险工有脱流的可能，河势将发生重大变化，对防洪极为不利。

1959年8月，濮阳县出动数百人挖除聂堌堆胶泥嘴。黄委会立即通知河南黄河河务局说服群众停工，并于8月6日会同河南、山东两局以及新乡第二黄河修防处、濮阳县黄河修防段和菏泽黄河修防处、鄄城县黄河修防段现场查勘，聂堌堆胶泥嘴已开挖长约200米、宽20～30米、深1～1.5米。濮阳县方面认为把聂堌堆尖打掉一部分，使苏泗庄险工河势下移，固定在第32号坝以下，对治理密城湾有利。鄄城县方面认为，聂堌堆胶泥嘴对控制苏泗庄险工不脱流和对下游不出新险极为密切，不同意开挖。双方意见极不一致。黄委会最后提出，聂堌堆胶泥嘴暂不开挖，对密城湾治理，双方可以充分提出意见。

（三）治理于林湾

于林湾和密城湾位于河南的濮阳和山东的菏泽两地区境内。两地区同时提出对两湾的治理，并多次进行协商。但是河南急于治理密城湾，山东更迫切要求治理于林湾，所以在密城湾水事纠纷中于林湾的治理也成为重要组成部分。

1949年大水之后，于林湾河势发生变化，高村、南小堤险工河势逐年下挫，右岸刘庄险工河势相对上提，高村、南小堤和刘庄3处险工多年互相制约控制河势的局面发生改变。1958年特大洪水时，滩面串沟冲刷扩大，过水增多，已有裁弯取直之势。汛后水落，在封寨与胡寨间发展成为“乙”形陡弯，形势日趋恶化。终于1959年8月下旬，在花园口流量9050立方米每秒时，大河由胡寨老串沟冲开，故道淤塞，刘庄险工脱河，在刘庄险工下端郝寨形成新险。正当抗旱需水的紧要关头，刘庄新修的大型灌溉引黄闸不能引水，致使鲁西南灌区51万公顷土地得不到灌溉；濮阳县南小堤和东明高村虹吸引水亦受很大影响。同时改河以后，老险工脱河，新险工未固，对大堤防护带来困难，山东、河南两省特别是山东省积极要求治理于林湾。

1959年10月，黄委会召集山东、河南黄河河务局和有关修防处、段，以及有关专、县的负责人讨论研究对于林湾、密城湾的治理，形成一致意见，即治理于林湾必须从高村上游的青庄着手，在青庄接修挑水坝5道，将溜挑向高村险工，在高村险工下首接修挑水坝两道，挑向南小堤险工；再于南小堤险工下首接修挑水坝，并在故道开挖引河，相机堵塞现行河道，将水流导向刘庄险工。对于密城湾河道流路的南、北、中三个方案，经过讨论，大家同意采用中线方案。1959年12月，黄委会将两个湾的治理意见上报水利电力部。

于林湾于1960年春在南小堤险工下首修筑截流坝。第一次拦河截流时，因引河开挖深度不够，合龙以后引河不通，大坝壅水过高，终于冲决，大坝截流失败。第二次截流时，首先挖好引河（6000多米长，平均挖深3.5米，最大挖深5米），以秸柳淤泥埽进占合龙成功。刘庄险工重新靠溜，刘庄闸顺利引水。

（四）开挖引河

1960年2月下旬，山东、河南黄河河务局及有关修防处、段负责人，在黄河下游治理工作会议上，就密城湾的治理问题及具体实施方案进行协商，一致同意按中线方案执行，原则上以张村和马张庄胶泥嘴为界开挖引河。会议后的3月5日，新乡第二黄河修防处（当时安阳专区归入新乡专区）有关人员到达密城湾工地，研究施工问题。而菏泽黄河修防处负责人去三门峡工地参观，尚未向地方党政领导汇报。3月8日，濮阳县派民工1000多人过河到鄄城县境开挖引河，双方发生纠纷。下午5时左右，群众发生斗殴，双方基层干部立即制止，各自报告上级，要求处理。当时，河南省派新乡专区李副专员、山东省派菏泽专区程副专员于3月10日赶赴现场。11日，黄委会工务处长田浮萍在现场召集新乡、菏泽专区及有关处、段负责人会议。12日下午，双方协商共同达成开挖引河的三项协议：第一，按照治理密城湾中线方案，右岸以张村胶泥嘴为界，左岸以马张庄胶泥嘴为界，对胶泥嘴均不能动；第二，引河线参照黄委会制定的河道治导线勘定；第三，治导线河宽，应能通过花园口10000立方米每秒的相应流量，具体宽度由黄河水利科学研究所计算后确定。

施工前，先共同在右岸张村胶泥嘴边及夏庄生产堤突出点按治导线图向西北400米各钉一桩，此两桩为右岸防守边界。关于引河线，在夏庄生产堤突出点外500米处钉一桩，作为新挖引河中心线，然后依此点平行于治导线，确定引河位置。左岸边界以距右岸治导线能通过花园口流量10000立方米每秒相应河宽（700~800米）为准，但必须在马张庄胶泥嘴的右方。经过协商后，引河开挖工程随即施工。

开挖的引河长约4000米，底宽15米，边坡1:2，挖深2米左右。夏庄北有一淤泥潜层厚1.2~2米，横跨引河，放水后十分耐冲，过水几天后全部淤塞断流。7月8日，濮阳县又组织民工60人，对引河底部的胶泥采取人工开挖和爆破相结合的方法进行开挖。7月18日、19日，山东鄄城县方面出面阻止。7月20日，濮阳县继续开挖、爆破，鄄城县群众认为引河距他们岸边太近，遂将爆破工人1名、干部1名和木船1只扣留。

问题发生后，黄委会又派工务处长田浮萍前往工地，会同山东、河南黄河河务局及有关处、段协商，形成《第二次开挖引河协商纪要》：本河段的治导线是正确的；关于开挖引河的扩宽、挖深问题，右岸以现有滩岸为界，不再用人工开挖扩大，对卡水的胶泥嘴，可待落水出露地面后由鄄城县予以挖除；鄄城张村至夏庄一带，需做防护准备；今后两岸修做工程时，要兼顾对岸，互相协商，取得一致意见后方可进行，如意见不一致，可请上级解决。

开挖引河的纠纷达5个月之久。但引水不久引河即又淤废。单靠开挖引河不能解决问题，只有修建龙长治工程才能逼溜出湾，密城湾裁弯取顺才能成功。

（五）修建尹庄和马张庄工程

1959年底，濮阳县修建尹庄控导工程，适逢花园口枢纽截流，大河流量很小，6月顺利完成3道丁坝的修建任务。

当时，山东黄河河务局和菏泽黄河修防处相继反映尹庄3坝超过治导线，不符合协议，右岸受到威胁，应迅速研究解决。黄委会于7月18日批复山东黄河河务局并抄送河南黄河河务局：①河南濮阳尹庄工程不符合协议规定之工程部分，与治导线有碍，应自动改正；②同意夏庄西及营房维护工程及张村堵串工程。1960年6月18日，黄委会副主任江衍坤召集河南、山东黄河河务局开会，会议《协商纪要》中亦重申上述意见。

1961 年 4 月，尹庄工程进入治导线部分不但没有拆除，又在 3 坝以下接修 1 道丁坝。5 月，又在马张庄修建 1 道长 1700 米的大坝，坝根生在生产堤上，坝头与马张庄胶泥嘴相连。鄄城县对此有意见，要求黄委会迅速处理，并聚集群众准备去对岸拆除工程，密城湾矛盾日趋激化。6 月 16 日，黄委会派办公室主任仪顺江会同两岸修防处、段赶赴现场勘查处理。当晚，鄄城群众准备渡河拆除工程，眼看两岸群众就要动武，仪顺江立即请示黄委会主任王化云，要求马张庄工程立即停工。王化云立即向中共河南省委员会书记吴芝圃报告，吴立即通知新乡专署下令濮阳停止施工。6 月 17～20 日，黄委会和双方代表在苏泗庄协商。协商时，双方在工程性质和工程标准上存在着根本分歧，决定马张庄工程暂时停工。

6 月 30 日，新乡第二黄河修防处要求马张庄工程复工。7 月 3 日，黄委会批复河南黄河河务局："马张庄工程根据目前情况可按堵串工程进行修筑，具体位置为自原修工程与生产堤相接处的生产堤中心线算起 1050～1450 米，计长 400 米，修筑高程 57. 00 米（大沽标高）。该工程只准守护不准加高，堵串范围以外的已修工程不修不守也不破除。"7 月 17 日，新乡黄河第二修防处要求"高程修到 58. 00 米，长度与苇坑连接起来"。因事关两省，7 月 22 日，黄委会向中共河南省委员会报送《关于濮阳马张庄工程的报告》，重申按 7 月 3 日黄委会的批复意见执行。

1961 年 6 月，在尹庄和马张庄工程没有得到处理的情况下，密城湾河势发生较大变化。右岸鄄城南鱼骨以下滩岸严重坍塌，营房土坝基靠河，鄄城县调集民工 2500 人日夜抢护。7 月 10 日，山东黄河河务局向黄委会及水利电力部反映，必须拆除尹庄 4 号坝和马张庄工程，以保堤防安全。

1961 年 7 月 12 日，山东省人民委员会向水利电力部和黄委会电告反映上述事件，请求中央或黄委会迅速派人赴现场监督，并请会同两省再次进行查勘研究，提出今后治理规划。水利电力部派出查勘小组，于 8 月 13～19 日到现场查勘。8 月 20～25 日，会同河南、山东黄河河务局及有关处、段的代表赴京汇报。水利电力部副部长钱正英、张含英，办公室主任李伯宁出席汇报会，并主持就此事件进行协商。参加汇报、协商的有黄委会副主任韩培诚、办公室主任仪顺江，河南黄河河务局副局长田绍松，山东黄河河务局副局长赵登勋等。

1961 年 9 月 19 日，根据北京会议精神，黄委会颁发《密城湾治导线图》，作为拆除尹庄工程进入治导线部分的依据。并于 9 月 30 日，对尹庄工程提出处理意见：尹庄工程，根据治导线套绘结果，第 4 坝及其联坝已全部进入治导线，应全部拆除，第 3 坝进入一部分，除从联坝与第 3 坝坝顶中心线交点起至治导线长 440 米不动外，其余进入治导线部分，应予拆除；拆除深度可先拆至当时水面以下 0. 5 米，以后随着水位降落，应继续拆除，直至底基。3 坝所剩部分及第 1、2 号坝不修不守，留待今后观测处理；马张庄工程裹头拆除（拆除高程与上述相同）。原有串沟及缺口不堵，并在距生产堤中心 600 米及 1000 米处各扒一口，口底宽 15 米，口底高程扒至 56 米。

意见下达后，河南省人民委员会、中共濮阳县委员会、濮阳县人民委员会、河南黄河河务局、新乡第二黄河修防处及濮阳县修防段提出不同意见，要求对尹庄工程拆除后所留部分进行守护。1962 年 1 月 12 日，水利电力部对此批复四项原则：进入治导线部分，按你会确定的长度拆除；没有进入治导线部分，可以守护；坝顶高程暂时不动，将来切削高度由你会确定；今后不经你会批准不得再设新坝。

1962 年 3 月 22 日，河南黄河河务局反映，马张庄堵串工程扒口地点直冲村庄。3 月 23 日，黄委会复文："可由原规定 600 米及 1000 米改为 450 米及 1000 米处。"

1962 年 8 月，尹庄、马张庄工程按规定基本拆除，3 年纠纷至此解决。

（六）马张庄堵串、新建范屯和宋集工程

1962 年 1 月 14 日，菏泽黄河修防处反映濮阳县又在马张庄坝下游 200 米处自串沟向西至南鱼骨修筑副坝。3 月 24 日，鄄城县黄河修防段反映濮阳县在宋集、范屯修筑工程，山东黄河河务局也多次反映此事。4 月 9 日，黄委会派人会同河南黄河河务局及安阳黄河修防处、濮阳县黄河修防段进行调查。3 项工程情况如下：马张庄堵截串沟宽 141 米，堵串土路与串沟两沿相平，顶宽一般 5 ~6 米，最宽处 8. 4 米，两边坡不足 1∶1，一般高出串沟沟底 1. 9 ~2. 7 米，中间部分略高；范屯工程长 441 米，顶宽一般 3 ~4 米，两边坡不足 1∶1，高出滩面 1 ~1. 5 米；宋集工程坝长 50 米，宽 7. 5 米，高出滩地 2 米左右。

黄委会提出如下处理意见并报水利电力部：马张庄堵串基本与两岸滩地平，未超出黄河堵串标准，为照顾群众农业生产和交通问题，应予保留。宋集土坝，属于修复工程，由于坝身不长，与行洪无碍，亦应保留。唯范屯工程，已超出堵串标准，俟麦后濮阳县应坚决拆除。若为堵串，高程不应超出滩面平均高程 56. 5 米。今后密城湾整治方案未确定前，未经批准，均不得在滩区进行任何工程。

以上 3 项工程纠纷，按照黄委会的处理意见，顺利得到解决。

（七）尹庄河势上提

1963 年 5 月，苏泗庄河势上提到龙门口，挑流到尹庄工程 1 号坝以上，因河势突变及尹庄工程抢护问题，使平静半年的密城湾纠纷再次兴起。

5 月 4 日，河南黄河河务局紧急向黄委会报告：因河势上提，尹庄工程 1 号坝受大溜顶冲，需紧急抢修两个垛。5 月 6 日，黄委会批复同意尹庄工程在出险部分进行抢护，但不得在坝上加修小坝或小垛。5 月 9 日，山东黄河河务局转菏泽黄河修防处电：濮阳尹庄工程在原 1 号坝上首加修第 6 垛，此工程挑溜冲张村一带，滩岸急剧坍塌，群众恐慌，情绪极为愤慨，要求立即制止。5 月 10 日，菏泽黄河修防处要求黄委会迅速派员现场解决。5 月 13 日，黄委会主任王化云率有关处、院、所的负责人及河南黄河河务局局长刘希骞、山东黄河河务局局长刘传鹏和有关修防处、段的负责人，在鄄城苏泗庄召开会议。

会议期间，山东方面要求拆除尹庄工程 1 号坝及聂堌堆生产堤。由于意见分歧甚大，会议没有达成协议。这次纠纷是因河势上提引起的，不久进入汛期后，大河流量增加，苏泗庄和尹庄河势下移，两岸纠纷随之消除。

四、纠纷协调

密城湾的水事纠纷围绕着修建工程而展开，同时也随着连山寺、苏泗庄、龙长治、马张庄、营房等处河道治理工程的修建，裁弯取顺成功而得到解决。1962 年 10 月，黄委会召开“黄河下游河道治理学术讨论会”，密城湾河道治理问题作为一个专题进行学术讨论。经过讨论，多数代表就密城湾的河床演变、整治的必要性和整治方案达成共识：①苏泗庄险工的不利形势和聂堌堆、张村、马张庄 3 处胶泥嘴对河势的嵌制作用以及刘庄至苏泗庄顺直河段长期维持是密城湾形成和长期存在的原因。②密城湾河势变化规律是，无论小水大水都入湾，而且大水入湾更甚；随着坍塌，弯顶逐年下移，河面扩宽，河道淤浅，水流分散。③从防洪和保护滩地、村庄等方面考虑都需要对密城湾进行整治。④南、北、中三个方案中，以中方案为优，并建议先修龙长治工程，分期施工。这次讨论会为密城湾治理打下理论基础，提出切实可行的中线方案。

1963 年 10 月，黄委会秘书长陈东明组织有河南、山东黄河河务局的负责人参加的黄河下游河势查勘队，对密城湾进行重点查勘研究。在 1962 年 10 月黄河下游河道治理学术讨论会的基础上，经过实地查勘，对密城湾治理意见更趋一致。第一，密城湾从防洪和治河观点出发，是需要治理的；第二，尹庄工程对改善密城湾起到一定的积极作用；第三，尹庄工程本身尚有不合理地方，需要改造，一种意见将坝顶削与滩面平，坝身适当截短，另一种意见，坝顶削低，不用截短；第四，聂堌堆、张村、马张庄 3 个胶泥嘴有自然控制河势作用，应加保护，马张庄胶泥嘴现在坍塌严重，应适当加修工程，用以控制营房以下河势不发生大的变化。

（一）右岸苏泗庄险工

该险工始建于 1925 年。1956 年，黄委会与河南、山东黄河河务局协商，将苏泗庄第 28 坝截短 51 米。1950～1960 年期间，因主溜下滑，相应下延修建 33～35 坝。1963 年 5 月，曾因河势上提到苏泗庄险工上首老龙门口（23 坝附近），使尹庄工程 1 坝靠溜，引起河势突变，两岸矛盾一度激化。1969 年，又因连山寺下首陡弯挑流，使苏泗庄河势又上提到龙门口，经黄委协调，苏泗庄险工进行改建，修建导流坝。1973～1976 年，调整导流坝与原第 26 坝之间的弯道，增修坝垛 5 段，苏泗庄险工河势得到改善。1977 年，苏泗庄河势下挫。1978 年，下延第 36～38 坝。1979 年，续建第 39 坝、40 坝及 41 坝（压管坝）。1980 年，续建第 42 坝（压管坝）。1985 年，第 41 坝、42 坝两道压管坝被冲垮。苏泗庄险工经多次协调、续建工程，河势上提及顶冲尹庄 1 坝的不利河势得到遏制；保证苏泗庄险工靠河，防止苏泗庄至张村间再生新湾，从而稳定入密城湾的流势。

（二）尹庄工程

该工程始修于 1960 年，先修建 3 道坝，1961 年修建第 4 坝。1962 年，水利部批准拆除第4坝并截短第3坝。尹庄工程的修建对于改善密城湾的入湾形势，起到很好的作用。

（三）右岸营房险工

营房险工始建于1961年，上首与鱼骨护滩工程相接。1964年，因中水持续时间长，河道发生冲刷，鱼骨护滩工程难以防守，被迫放弃，致使营房险工河势上提，1965年，营房险工上提至24道坝。汛期许楼与营房险工之间塌滩，汛末抢修坝10道。1965~1967年，马张庄滩岸塌退约700米，营房河势下移。1970年，下延3道坝。至此营房险工形成。营房险工是密城湾河势发展的产物，它迎托密城湾的来流，送流至彭楼险工，稳定营房至彭楼段直河段。

（四）连山寺工程

1962年以后，南小堤和刘庄险工河势逐年下挫，引起右岸兰庄、左岸连山寺、聂堌堆坐弯顶冲。1964年，连山寺村落河，1968年，连山寺发生大规模塌滩。为稳定河势，防止冲掉聂堌堆和苏泗庄河势上提，避免出现1963年初的恶劣河势，1967年10月14日，黄委会批准兴建连山寺工程。1968年，修工程长1900米，27个垛。1972年，建联坝2350米，丁坝5道。

（五）马张庄控导工程

1960年修建尹庄工程后，密城湾停止向纵深方向发展，塌滩的重点移到范屯、宋集和马张庄一带。1965~1967年，马张庄滩岸塌退700米左右，造成营房险工河势下滑，两岸都要求修建工程保护马张庄胶泥嘴，稳定营房险工河势。经协调，于1969年一次修成23道坝。马张庄工程的作用，一是保护胶泥嘴，控制密城湾的出流方向，稳定营房河势；二是为修建龙长治工程提供条件。只有先修马张庄工程，保护住马张庄胶泥嘴，再修龙长治工程，裁弯取顺，送流于马张庄工程，才不会使营房河势下滑，发生重大变化。

（六）龙长治工程

龙长治工程是治理密城湾的关键工程，经过10多年的争论。1971年，黄委会与河南、山东黄河河务局一致同意密城湾中线方案，并且一致同意兴建龙长治工程。是年10月23日，黄委会批准该项工程，年内修建第1~5坝；1972年，修建第6~17坝；1973年，修建第18~19坝；1983年，修建第20~22坝；1986年，修建第23坝。龙长治工程，依靠尹庄工程掩护，上迎苏泗庄险工来流，送流于马张庄控导工程，导流至营房险工，使密城湾主流外移2.5千米，保证近40年来上自连山寺、下至营房险工河势的稳定。

密城湾河道整治成效，在防洪方面，防止主流顶冲后辛庄至王称堌一带堤防，解除范屯、宋集、马张庄串沟引流改河的威胁，苏泗庄、营房和彭楼3处险工的河势得到基本稳定，使防汛抢险更加主动；从滩区来说，淤出大片土地，滩区村庄不再掉河；从灌溉来说，苏泗庄、王称堌和彭楼3座引黄闸引水更加有利；密城湾河道治理成功也使水事纠纷得到圆满解决。

第四章　北金堤滞洪区与金堤河治理

北金堤滞洪区是处理黄河下游特大洪水的工程措施，是黄河下游防洪工程体系的重要组成部分。它的开辟是在总结和发展历代治河经验的基础上提出来的，是人们正确认识黄河泥沙、洪水危害的结果，是“上拦下排、两岸分滞”总体指导思想的具体体现。北金堤滞洪区位于濮阳河段，在临黄堤与北金堤之间，开辟于1951年，总面积2918平方千米。后经历停建、恢复、改建3个阶段，改建后的北金堤滞洪区总面积2316平方千米。滞洪区建有大量的围村堰、避水台和撤退路、撤退桥等安全设施，以保证滞洪时群众生命财产的安全。当黄河遇到特大洪水时，经运用三门峡、陆浑、故县、小浪底水库滞洪仍不能解除黄河下游堤防危机时，按照“舍小救大”的原则，相机运用北金堤滞洪区，配合东平湖水库分滞洪水，以保黄河下游防洪安全。小浪底水库的运用，使滞洪区运用概率大大降低。但黄河下游千年一遇的洪水，花园口站洪峰流量仍达22600立方米每秒，北金堤滞洪区仍有运用的可能。

金堤河是黄河的一条支流，发源于新乡县，流经12个县，于台前县张庄闸入黄河，流域面积5407平方千米。滑县耿庄以下为金堤河干流，长158.6千米。濮阳境内的金堤河长131.6千米，流域面积1750平方千米。金堤河洪水往往给下游造成洪涝灾害，因洪涝灾害也多次发生水事纠纷。自20世纪50年代至80年代初，金堤河曾进行过多次治理，但未能解决洪涝灾害问题。1995年12月，按照国家批准的方案，开始实施金堤河干流治理。2001年5月，近期治理竣工。2011年10月，实施金堤河二期治理，2012年6月竣工。金堤河治理工程实施后，干流河道防洪标准由3年一遇提高到20年一遇，除涝标准由3年一遇提高到5年一遇。金堤河也是北金堤滞洪区分洪时的主要过洪通道。

第一节　北金堤滞洪区

北金堤滞洪区面积2316平方千米，涉及长垣县、滑县、濮阳县、范县、台前县、莘县、阳谷县等区域。濮阳境内北金堤滞洪区面积1699平方千米，占滞洪区总面积的73.36%，区内有濮阳县、范县、台前县、高新区的42个乡（镇）、1789个村、

130.56万人，有耕地10.84万公顷，以及油井、工业集聚区，社会资产总值923亿元。

北金堤滞洪区开辟于1951年，分洪口门为长垣县境内石头庄溢洪堰，黄河大堤和北金堤是滞洪区的围堤。1961年停止使用，1964年恢复使用和建设，1976年改建，分洪口门移至濮阳县渠村，建渠村分洪闸，最大分洪流量10000立方米每秒。分洪洪水向北于濮阳县南关入金堤河东流，至台前县张庄退水闸入黄河，滞洪区有效分滞水量20亿立方米。滞洪区分主溜区、深水区、库区和浅水区。浅水区建有围村堰、避水台等避水工程，其他区域建有撤退路和撤退桥。分滞洪时，浅水区群众就地防御固守，其他区域群众分别按迁移方案规定的路线和位置撤退转移。

一、北金堤滞洪区概况

（一）自然地理与社会经济

1. 自然地理

北金堤滞洪区地处黄泛平原，是古黄河与现黄河之间的低洼地带，属于黄河一级支流的金堤河流域。金堤河干流长158.6千米，紧临北金堤，贯穿滑县、濮阳县、范县、台前县及山东的莘县、阳谷县。金堤河是渠村分洪闸分洪后洪水下泄的主流区，也是滞洪区群众迁往金堤以北必跨之河流。

金堤河流域形状上宽下窄，呈狭长三角形，长200余千米，最宽处近60千米。地势西南高而东北低，河源至河口高差近40米，平均比降1/5000，下游河段坡度平缓，为1/10000至1/15000，流域面积5048平方千米。塑造这里地形、地貌的成因是黄河决溢。周定王五年（公元前602年）至宋高宗建炎二年（1128年）的1700多年间，黄河在滑县、濮阳境内多次决溢改道，清咸丰五年（1855年）黄河在铜瓦厢决口后，洪水横扫濮阳金堤河流域。黄河频繁的迁徙决溢，使流域地形和土质非常复杂，地形起伏不平，岗洼相间，沙土、黏土交替沉积，垂直层次变化剧烈。

金堤河流域多年平均降水量606毫米，年际变化较大，年降水量大小相差5倍；年内分配更不均匀，全年50%的降水发生在7、8月两个月，并常以暴雨形式出现，最大24小时点降雨量达311毫米。张庄以上流域多年平均径流量2.67万立方米，濮阳站实测最大洪峰流量483立方米每秒，洪水过程较为肥胖型，7日洪量达2.57万立方米。

北金堤滞洪区东西长157千米，南北上宽40千米、下宽7千米，面积2316平方千米。上游高程57.60米（黄海高程，以下同），下游高程41.40米，上下悬差16.20米，纵比降为1/10000。上部的南端渠村分洪闸处地面高程59.1米，北端濮阳县南关高程50.50米，南北悬差8.6米，横比降为1/5000。北金堤滞洪区示意图见图4-1。

2. 社会经济

北金堤滞洪区水利条件便利，区内农业以种植小麦、水稻、玉米等作物为主。1965年，濮阳境内北金堤滞洪区有耕地10.01万公顷，人口68.20万人，由于耕地多

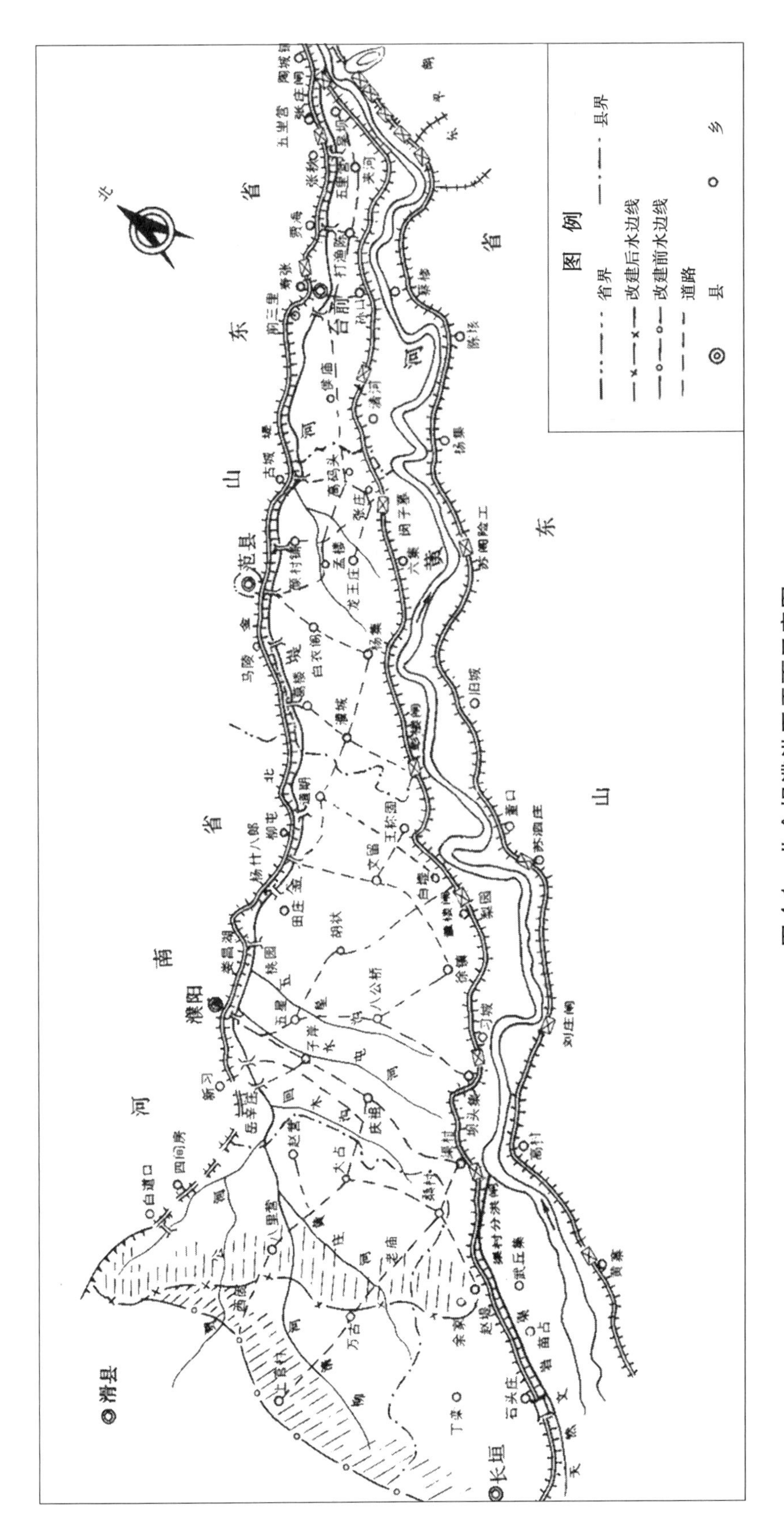

图 4-1　北金堤滞洪区平面示意图

盐碱，农田水利条件差，主要粮食产量每公顷765～1200千克，农业发展缓慢，经济滞后。滞洪区改建后的1978年，濮阳境北金堤滞洪区有耕地11.59万公顷，人口105.91万人。随着引黄灌溉发展和盐碱地、背河洼地治理，农业得到快速发展，在滞洪区内建有渠村、南小堤、梨园、王称堌、彭楼、邢庙、于庄、王集、孙口9大农业灌区，灌溉面积达到9万多公顷，粮食产量由每公顷180千克提高到3800多千克，成为濮阳市主要的产粮基地。20世纪80年代末，滞洪区农林牧渔业总产值9亿元。20世纪末，滞洪区农林牧渔业总产值30.19亿元。

滞洪区内石油蕴藏丰富，含油面积200～300平方千米，原油储量5.4亿多吨，探明天然气面积72平方千米，天然气储量372亿立方米。1975年开始，国家在北金堤滞洪区勘探开发中原油田。采油树、钻油井架林立，输油管道遍布整个滞洪区。中原油田在滞洪区资产达110亿元。

20世纪90年代后期，范县、台前县相继在滞洪区建设县城新区和工业集聚区。两县有化工、羽绒、汽车配件等规模以上的工业企业190余家，年产值370亿元，年利润达30多亿元。

截至2015年，濮阳北金堤滞洪区人口130.56万人，耕地10.84万公顷，房屋146.32万间，农业生产总值30.29亿元，工业生产总值110.04亿元，固定生产总值786.43亿元，社会资产总值926.76亿元，中原油田在滞洪区总资产370.4亿元（见表4-1）。

表4-1　2015年濮阳北金堤滞洪区社会经济统计

区域	城镇（个）	村庄（个）	人口（万人）	房屋（万间）	耕地面积（万公顷）	粮食年产量（万吨）	油年产量（万千克）	棉年产量（万千克）	渔年产量（万千克）	固定资产（亿元）
濮阳市	42	1789	130.56	146.32	10.84	142.26	3487.94	1199.87	289.84	130.56
濮阳县	20	891	68.22	69.24	6.55	87.85	2555.70	962.70	150.00	68.22
范县	12	602	36.73	44.12	2.99	36.37	239.31	179.40	63.40	36.73
台前	9	290	25.00	32.5	1.23	16.77	279.60	9.80	63.10	25.00
高新区	1	6	0.61	0.46	0.07	1.26	413.33	47.97	13.34	0.61
重要企业			中原油田、玻璃制品、造纸、粮油加工、羽绒、化工、面粉厂、造纸厂、塑料厂							
重要道路			62条，493.98千米（濮阳247.42千米，范县119.9千米，台前126.66千米）							
重要桥梁			24座（濮阳10座，范县5座，台前9座）							
农业总产值（万元）			302942							
工业总产值（万元）			1100374							
固定资产总值（万元）			7864300							
社会资产总值（万元）			9267616							
经济发展模式			以农业为基础，以工业为重点，同时发展劳务输出							
产业结构形式			农业、工业							
人均年收入（元）			1800～4000							

（二）滞洪区建设历程

北金堤滞洪区经历开辟、停止建设、恢复建设和改建4个阶段。

1. 开辟缘由与兴建

黄河自孟津以下至东坝头，河道渐宽，堤距一般为14~20千米。东坝头以下河道又渐窄，堤距从10千米逐渐缩至1千米，到艾山口以下平均河宽不足1千米，最窄处仅几百米。由于河道上宽下窄，洪水不能顺畅下泄，历史上黄河洪水决口漫溢灾害绝大部分发生在此河段。

20世纪50年代初，黄河下游堤防防御标准为陕州站流量18000立方米每秒。据历史记载和洪水调查，历史上超过这个设防标准的大洪水出现的机遇不足50年一遇，如以1933年陕州站23000立方米每秒洪水相应水位推演，长垣县石头庄以上堤防高于或平于此水位，而石头庄以下堤防高度低于洪水位，溢决威胁十分严峻。由于黄河艾山口泄洪量所限和超标准洪水的存在，单纯依靠堤防难以确保下游防洪安全。因此，必须在防御设施方面，为超标准洪水寻找安全出路。

经有关专家的反复论证、比较，选定在长垣县石头庄一带向堤外分洪。专家们认为：1933年大水时，石头庄附近临黄堤决口33处，历史上异常洪水在该处决口也较多，以此为分洪口门，有较大的把握顺利分洪。同时，北金堤与临黄堤又是现成的束水边界，所围出的滞洪区域面积较大，形态、纵横比降均较理想，分洪所造成的损失较小，各项条件均能满足滞洪要求。拟报的滞洪区，命名为北金堤滞洪区。1951年，黄委会商得平原、河南、山东3省同意，将北金堤滞洪区作为防御黄河异常洪水的主要措施之一，报请中央水利电力部审批。

1951年4月30日，中央人民政府财政经济委员会《关于预防黄河异常洪水的决定》指出，为预防黄河异常洪水，避免灾害，在中游水库未完成前，同意平原省及华北事务部提议在下游各地分期进行滞洪分洪工程，藉以减低洪峰保障安全；第一期工程以陕州流量23000立方米每秒的洪水为防御目标……在北金堤以南地区及东平湖区，分别修筑滞洪工程。北金堤滞洪区关系较大，其溢洪口门应构筑控制工事。并要求于1951年汛前完成，投资1800万元。

北金堤滞洪区滞洪区位于北金堤与临黄大堤之间，上起长垣县石头庄，下迄寿张县张庄，设计滞洪面积2918平方千米。滞洪区分洪口门建在长垣县石头庄，设计最大水头1.5米，设计分洪流量6000立方米每秒。在滞洪区末端的山东省寿张县陶城铺的北金堤与临黄堤交会处修建退水口门。同时对滞洪区束水工程的临黄堤和北金堤进行加高、帮宽。

1952年，开始在区内修建避水工程，主要是发动群众自修自守。1953年，滞洪管理机构成立。从此开始由国家投资，补助群众修避水台和围村堰。1953~1957年，滞洪区内共修筑避水台、围村堰950个（条），其中，河南省修建围村堰531条。

20世纪50年代的滞洪方针是“以防守为主，少量人员外迁”，即除水深0.5米以下和口门附近大溜顶冲的村庄外，其余均要求做工程，就地防守。由于国家财力所限，有些工程未能按规划完成，所以避水工程不够标准的村庄，以及其他种种原因，滞洪后需要迁移的人口约为63.8万人（河南49万人，山东14.8万人），大部分迁移至本乡有堰、台的村庄里或到滞洪区外投亲靠友。

1958年7月17日，黄河花园口站发生中华人民共和国成立后的最大洪峰22300立方米每秒洪水。根据当时的河道排洪能力及洪水演进情况，北金堤滞洪区处于临界运用状态，运用准备就绪。但为减少损失，在黄委会主任王化云主持下，对雨情、水情和工情进行综合分析，大胆提出不分洪的建议，经报请中央批准，没有使用北金堤滞洪区。在沿河党政军民共同努力下，黄河洪水安全通过濮阳河段，顺利入海。

1958年底，北金堤滞洪区内有耕地24.81万公顷，村庄1852个，人口106.7万人。其中，河南省境内面积2134平方千米，耕地18.70万公顷，村庄1329个，人口76.5万人；山东省面积784平方千米，耕地6.11万公顷，村庄523个，人口30.20万人（见表4-2）。

表4-2　1958年底北金堤滞洪区基本情况

省别	面积（平方千米）	耕地（万公顷）	村数（个）	户数（万户）	人口（万人）
河南省	2134	18.7	1329	17.17	76.51
山东省	784	6.11	523	6.91	30.20
合计	2918	24.81	1852	24.08	106.71

2.滞洪区建设停止与恢复

1959年，黄河几处大、中型水库相继动工，下游也兴修拦河枢纽工程，大搞河道梯级开发。因此，一部分人认为有大、中型水库拦蓄和河道梯级开发，可使下游花园口22000立方米每秒洪水的标准减至6000立方米每秒，防洪任务将大大减轻，不可能再滞洪。1960年，三门峡水库建成投入运用。1961年，水利电力部党组在《关于一九六一年黄河防汛问题的报告》中，向中央提出："……使用石头庄滞洪区不仅损失很大，而且有漫过北金堤淹没广大平原和津浦路、天津市的严重危险，因此石头庄滞洪区不能使用。"故北金堤滞洪区放弃使用，滞洪管理机构被撤销，滞洪区不再建设与管理，滞洪工程逐渐遭到毁坏。

1962年，国家计委《关于金堤河治理规划及今冬明春安排意见》中，同意在原金堤河入黄处，也就是北金堤滞洪区尾闾的张庄修建排水入黄闸。一旦滞洪辅以扒其下游的325米大堤退排滞洪区内蓄滞洪水入黄河，也可兼排金堤河涝水。

1963年8月，海河流域发生特大洪水。是年11月20日，国务院在《关于黄河下游防洪问题的几项决定》中提出："黄河三门峡水库建成后，控制了黄河大部分流域面积的洪水。但在三门峡水库以下，如遇特大暴雨，在花园口仍有发生洪峰流量22000立方米每秒，甚至超过22000立方米每秒的可能。为此，对下游防洪问题，特做如下几项规定：一、当黄河花园口发生22000立方米每秒洪峰时，经下游河道调蓄后到寿张县孙口为16000立方米每秒。二、当花园口站发生超过22000立方米每秒洪峰时，应利用长垣县石头庄溢洪堰或者河南省内的其他地点，向北金堤滞洪区分滞洪水，以控制到孙口的流量最多不超过17000立方米每秒左右。三、大力整修加固北金堤的堤防，确保北金堤的安全，在滞洪区应逐年整修恢复围村堰、避水台、交通站以及通信设备，以保证滞洪区内群众的安全。”故从1964年11月开始，着手恢复北金堤滞洪区。

1964～1969年，北金堤滞洪区恢复使用后的淹没面积无大变化。由于行政区划，区内的长垣县、滑县、濮阳县、范县等4县归属河南省所辖，共计51个公社、2433个自然村、120万人，15.9万公顷耕地（见表4-3）。山东省境内滞洪区有耕地0.9万公顷、人口0.94万人。北金堤滞洪区的恢复，再一次掀起滞洪区安全建设的高潮。在这个阶段内，除要兴建新的工程外，还要恢复在1959～1963年遭到毁坏的工程。至1967年底，全区共完成土方1550.8万立方米。1968～1969年，未建工程。其间，北金堤进行一次复堤，金堤河按20年一遇的防洪标准对干流河道进行综合治理和修建张庄退水闸。

表4-3　1965年河南省北金堤滞洪区社会经济情况

县别	公社（个）	自然村（个）	大队（个）	户数（万户）	人口（万人）	耕地（万公顷）	房屋（万间）	牲口（万头、万只）	车辆（万辆）
长垣县	10	535	307	6.70	28.91	0.75	23.62	2.88	1.90
滑县	13	376	388	5.56	22.92	5.14	19.77	1.42	1.72
濮阳县	17	707	592	8.15	33.57	6.30	28.52	1.42	1.56
范县	11	815	824	8.13	34.63	3.71	13.25	1.45	1.45
合计	51	2433	2111	28.54	120.03	15.90	85.16	7.17	6.63

1970～1976年，滞洪区内仍有部分区域在调整。1974年，范县东部7个公社分出，设中共范县台前工作委员会和范县台前办事处（为县级机构）。此时北金堤滞洪区涉及河南省5个县，社会经济情况无大变化（见表4-4）。国家在此阶段基本没有滞洪基建投资，主要是完成1969年前国家已投资而未完的工程。其间，修补、修建避水台1486个、围村堰303条，可使100万群众利用避水工程固守，其余的43.26万人需要撤迁，占总人数的34.6%。

1951～1976年，国家共向北金堤滞洪区基本建设投资（包括石头庄溢洪堰、张庄退水闸、金堤河治理等项目）6431.30万元。其中避水工程投资约1810.21万元，补助粮食1412万千克，共完成避水工程土方4122.99万立方米，建成成品避水台1486个，成品围村堰303条，半成品避水工程95个（条）。有避水工程的村庄达到1884个，可解决约100万人的就地避洪问题，当时有43.45万人需迁移至滞洪区以外，外迁人数占滞洪区总人数的30.29%。1976年河南省北金堤滞洪区避水工程情况见表4-5。

表 4-4　1976 年河南省北金堤滞洪区改建前社会经济情况

县别	公社（个）	自然村（个）	户数（万户）	人口（万人）	耕地（万公顷）	房屋（万间）	牲畜（万头）	猪羊（万头）	各种车辆（万辆）
长垣县	11	470	6.49	32.57	4.12	25.05	2.46	6.63	1.96
滑县	11	404	6.36	29.33	5.67	27.62	2.52	5.97	1.65
濮阳县	13	546	7.70	36.19	5.67	29.65	1.78	6.73	1.62
范县	8	594	6.08	28.60	3.20	18.81	1.40	8.61	1.53
台前工委	7	280	3.58	16.56	1.50	13.21	0.88	2.34	1.42
合计	50	2294	32.21	143.45	20.16	114.34	9.04	30.28	8.18

表 4-5　1976 年河南省北金堤滞洪区避水工程情况

县别	长垣县	滑县	濮阳县	范县	台前县	合计
自然村数（个）	470	404	546	594	280	2294
有避水工程村庄数（个）	377	240	496	493	278	1884
无避水工程村庄数（个）	93	164	50	101	2	410

3. 北金堤滞洪区改建续建

1975 年 8 月，淮河流域发生特大暴雨后，黄委会经过对 1963 年 8 月海河流域暴雨洪水和 1975 年 8 月淮河流域暴雨洪水进行多种方法计算与综合分析研究，认为利用三门峡水库控制上游来水后，花园口站仍可能出现 46000 立方米每秒的特大洪水。

1975 年与 1952 年相比较，石头庄溢洪堰所处的河势、滩区形势等方面都有很大的变化，一是由于黄河河道多年淤积，河床抬高，与石头庄溢洪堰底的高程差日渐增大，一旦分洪，分洪水头超过标准，分洪量过大，可能夺溜改道。二是石头庄溢洪堰前的黄河滩区上游修建控导工程，溢洪堰前的串沟被淤平，溢洪堰前建有生产堤、红旗干渠渠堤、天然文岩渠渠堤等阻水工程。这些都对分洪时引流入堰十分不利。同时，分洪口门的爆破时机不好掌握，可能抓不住洪峰，达不到分洪效果；而分洪口门一旦冲开后，由于黄河水位比过去抬高，又可能分洪过多，甚至夺流改道。三是北金堤滞洪区避水工程不完善，停用后又遭到不同程度的毁坏，滞洪区内有 140 多万人，社会、集体财产较大，迁安救护任务很重，困难很大。由此利用石头庄溢洪堰分洪无法满足安全可靠的要求。

1975 年 12 月，水利电力部及河南、山东两省革命委员会联名向国务院报送《关于防御黄河下游特大洪水意见的报告》。报告提出："目前三门峡到花园口之间，尚无重大蓄洪工程。如果发生特大洪水，既吞不掉，也排不走。因此，拟采取'上拦下排，两岸分滞'的方针。即在三门峡以下兴建干支流水库工程，拦蓄洪水；改建现有滞洪设施，提高分洪能力；加大下游河道泄洪能量，排洪入海。……为适应处理特大洪水的需要，并保证分洪安全可靠，一致同意新建濮阳县渠村分洪闸，废除石头庄溢洪堰，并加高加固北金堤。”

1976 年 5 月 3 日，国务院批复：原则上同意两省一部报告。可即对各项重大防洪工程进行规划设计。1976 年 12 月 11 日，黄委会颁发《北金堤滞洪区改建规划实施意见》，确定兴建渠村分洪闸，废除石头庄溢洪堰，改建北金堤滞洪区。渠村分洪闸设计分洪流量为 10000 立方米每秒，可分泄黄河洪量 20 亿立方米。

改建后的北金堤滞洪区除长垣县缩小为 2 个公社、濮阳县扩大到整个南部外，其余仍为原状，总面积为 2316 平方千米，比原来减少 602 平方千米，其中河南省面积 2223 平方千米，山东省面积仍为 93 平方千米。

黄委会对渠村分洪闸分洪后的流势、水速、水位进行计算，滞洪后水深在 1.0 米以下的浅水区面积为 351 平方千米，占滞洪区总面积的 16.07%，人口 21.96 万人，占滞洪区总人口的 16.3%，主要分布在滞洪区最上游的长垣县赵堤、佘家，滑县的大寨、老庙、八里营、白道口、万古、留固、枣村、高平和滞洪区靠近黄河大堤的濮阳县郎中、八公桥、徐镇、梨园、白堽、习城、王称堌、梁庄、文留以及范县辛庄等公社区域。水深 1.0～3.0 米的深水区面积为 897 平方千米，占滞洪区总面积的 38.7%，人口 59.19 万人，占滞洪区总人口的 43.32%，主要分布在长垣县赵堤，滑县桑村、赵营、大寨、老庙、八里营、白道口，濮阳县郎中、胡状、梁庄、户部寨、文留、八公桥、鲁河、五星、子岸、王称堌和范县濮城、颜村铺、龙王庄、孟楼、杨集、王楼、白衣阁、辛庄、陈庄、高码头、张庄等公社区域。主溜区面积 562 平方千米，占滞洪区总面积 24.3%，人口 29.83 万人，占滞洪区总人口的 21.83%，主要分布在滑县桑村，濮阳县渠村、海通、庆祖、两门、五星、胡状、户部寨、文留、鲁河、子岸、清河头、新习和范县濮城、孟楼、王楼、白衣阁、高码头等公社区域；库区面积 506 平方千米，占滞洪区总面积的 21.8%，人口 25.67 万人，占滞洪区总人口的 18.78%，主要分布在滞洪区尾端的范县颜村铺、龙王庄、孟楼、高码头和台前县清水河、马楼、侯庙、后方、城关、孙口、打渔陈、夹河、吴坝等公社区域。因分洪口门下移，洪水流路以及水深、水速都有较大的变化，使原有的避水工程绝大部分不能使用，不漫水的围村堰只有 67 个、避水台 79 个。但由于多年管理不善，不对其维修加固也不能使用。

北金堤滞洪区改建后，作为滞洪区南围堤的临黄堤由 180 千米缩短至 146 千米；作为北围堤的北金堤上段滞洪时基本不再利用，仅利用零千米以上的 16 千米和零千米以下的 123.3 千米，共 139.8 千米。因为分洪口门下移，分洪水位在濮阳一带以及以下会有升高，因此对北金堤又进行一次加高。黄河大堤正值进行第三次大复堤。

1976 年 10 月，渠村分洪闸开工建设。由于台前工委地处滞洪区下端，地势低洼，退水较慢，一旦滞洪，当地水深可达 6 米以上。是年，批准兴建台前县城护城堤，堤顶高程 48.3 米，顶宽 8 米，出水高 0.5 米，迎水面坡度 1:3，背水面坡度 1:2，围堰全长 9.85 千米，需加固土方 144 万立方米。

1977 年，开始在区内有计划地修建撤退柏油路和撤退桥，以方便滞洪时群众撤退和平时群众生产、生活。是年 7 月，在范县设水泥造船厂，按每 500 人 1 只水泥船的规划生产水泥救生船，供没有撤出去的群众逃生和部分指挥人员指挥。

1978年5月，渠村分洪闸建成，长垣石头庄溢洪堰随即废除。是年，台前县城护城堤完工，共用土方130万立方米，整个在建县城被护城堤围起来。1978年底，改建后的北金堤滞洪区涉及安阳地区53个公社、2040个自然村、127.64万人，耕地14.95万公顷。1978年河南省北金堤滞洪区社会经济情况见表4-6。

表4-6　1978年河南省北金堤滞洪区社会经济情况

县别	公社（个）	大队（个）	自然村（个）	户数（万户）	人口（万人）	面积（平方千米）	耕地（万公顷）	房屋（万间）	牲口（万头、万只）
长垣县	2	19	50	0.48	2.34	22.00	0.28	3.30	0.13
滑县	11	253	279	4.18	19.39	502.00	3.08	20.09	1.12
濮阳县	20	554	821	12.27	57.97	971.00	7.09	41.19	2.42
范县	11	405	603	6.48	29.83	471.00	3.06	29.92	1.33
台前县	9	246	287	4.08	18.11	257.00	1.44	13.70	0.86
合计	53	1477	2040	27.49	127.64	2223.00	14.95	108.20	5.86

1983年以前，主要采取“少守多迁”的滞洪原则，除1.0米以下的浅水区外，其余区域的群众全部撤迁，全区有撤迁任务的52个公社，撤迁群众达109.75万人，占滞洪区总人数的83.7%。本着打破省界、地市界、县界就近安置的精神，规划迁往山东省境38.23万人，迁往邻近县10.09万人，迁至濮阳县金堤以北41.45万人，还有7.8万人就近迁到黄河大堤上，其余的12.18万人在滞洪区内内迁。经过金堤河桥，迁到金堤以北的（含山东省和邻县的）撤迁人员共有89.77万人，占迁移人员的81.8%。

1983年汛期，水电部和河南省委、省政府、省军区，以及黄委、河南黄河河务局的各级领导，多次深入滞洪区内了解情况，认为滞洪区迁安难度较大，问题较多，急等解决。为此，河南省政府专电报告中央防总和财政部，财政部随即增拨300万元专款，用于滞洪区应急需要。其中，用65万元组建除浅水区外的公社以上无线通信网，用于传送滞洪命令。

1977～1983年，河南省北金堤滞洪区基本建设完成投资2902.40万元（含张庄提排站投资，不含渠村分洪闸投资）。其中，北金堤培修、加固及险工修建投资320.90万元；修建滞洪撤迁道路11条，长度138.39千米，投资683.15万元；修建金堤河桥梁6座，投资291.68万元；建造水泥船930只，投资204.54万元；修建张庄提排站投资1254万元；修建滞洪区无线通信网、电话线架设、购置冲锋舟等，投资300万元。

1983年8月，濮阳郊区子岸、五星公社部分群众听信“马上要滞洪”的谣传，群众自发撤迁。撤迁没有秩序，道路拥挤，造成不应有的损失，说明滞洪时群众顺利撤迁会遇到很大的困难。10月，河南黄河河务局和濮阳市黄河滞洪处就滞洪时群众撤迁和防守问题开展调查研究。调研结果认为，浅水区和深水区的群众可就地防守，主溜区和库区群众必须外迁。据此，提出“防守和转移并举，以防守为主，就近迁移”的滞洪方针。根据这一方针，滞洪管理部门对区内迁移和防守区域进行划分，提出不同要求：水深在1.0米以下的浅水区，要积极管理现有的堰、台，做好多种防御工作；水深在1.0～3.0米的深水区，努力搞好原有避水堰、台的整修和新避水工程的建设工作。在主溜区和库区，要加速路、桥建设，做到安全撤迁。按照上述方案实施后，撤迁任务大大减少，全区需撤迁的只有52.42万人，占滞洪区人口的40%。

1984年，制定滞洪区安全建设规划，其中，堰、台土方1168.4万立方米，撤退桥12座，撤退路307.5千米。1984年，中原油田开采工作在濮阳、东明一带大规模开展，80%的机具都投放在北金堤滞洪区内，为便于勘探和开采，中原油田在滞洪区内修建200多千米的柏油路和4座金堤河高桥。尽管油田所修道路和桥梁为其生产、生活需要，但相当一部分可用于滞洪撤迁。为确保油田机具和人员的安全，油田也相应修建一部分避水防洪工程。1987年河南省北金堤滞洪区基本情况见表4-7。

表4-7　1987年河南省北金堤滞洪区基本情况

县别	乡镇（个）	自然村（个）	人口（万人）	浅水区		深水区		主溜区		退水区	
				自然村（个）	人口（万人）	自然村（个）	人口（万人）	自然村（个）	人口（万人）	自然村（个）	人口（万人）
长垣县	2	50	2.44	20	0.86	30	1.58	—	—	—	—
滑县	11	285	24.33	93	7.13	181	16.53	11	0.67	—	—
濮阳县	19	879	58.07	232	13.35	322	20.53	325	24.19	93	5.52
范县	12	585	31.66	11	0.62	389	20.55	92	4.97	298	20.15
台前县	9	298	20.15	—	—	—	—	—	—	—	—
合计	53	2097	136.65	356	21.96	922	59.19	428	29.83	391	25.67

1984～1987年，在滞洪区内修路、建桥、造船、建避水堰台、加固金堤等，共计投资1993.09万元。

20世纪90年代初，随着小浪底水利枢纽工程的修建，北金堤滞洪区建设速度放缓，基本没有投资。1998～2000年，张庄退水闸进行改建加固，完成投资2103.45万元。2007～2009年，张庄提排站进行改扩建，完成投资8688万元。

至2015年，濮阳境内北金堤滞洪区面积1699平方千米。其中，主流区533.2平方千米，人口33.77万人；库区460.5平方千米，人口30.49万人；深水区531.5平方千米，人口48.96万人；浅水区173.8平方千米，人口17.33万人（见表4-8）。

表 4-8 2015 年濮阳北金堤滞洪区情况

区域	面积总计（平方千米）	主流区			库区			深水区			浅水区		
		面积（平方千米）	村庄（个）	人口（万人）	面积（平方千米）	村庄（个）	人口（万人）	面积（平方千米）	村庄（个）	人口（万人）	面积（平方千米）	村庄（个）	人口（万人）
濮阳市	1699	533.2	420	33.77	460.5	391	30.49	531.5	725	48.96	173.8	253	17.33
濮阳县	940	438.5	328	27.60	—	—	—	330.5	313	23.55	171	250	17.07
范县	471	94.7	92	6.17	203.5	101	5.49	170	406	24.80	2.8	3	0.27
台前县	257	—	—	—	257	290	25.00	—	—	—	—	—	—
高新区	31	—	—	—	—	—	—	31	6	0.61	—	—	—

二、滞洪工程及安全设施

北金堤滞洪区自 1951 年开辟以来，主要建设分洪和退水工程、围堤工程、避水工程、撤迁工程、通信报警设施，生产和筹备漂浮救生器具等；至 2015 年，濮阳市境内滞洪区建设共完成土方 5998.10 万立方米，石方 35.69 万立方米，混凝土 15.48 万立方米，钢材 0.83 万吨，木材 1.09 万立方米，投资 3.64 亿元（见表 4-9）。

表 4-9 1951～2015 年濮阳北金堤滞洪区工程投资情况

项目	完成年份	土方（万立方米）	石方（万立方米）	混凝土（万立方米）	钢材（万吨）	木材（万立方米）	投资（万元）
北金堤灌浆加固	—	2.00	—	—	—	—	6.49
北金堤培修	1951～1988	553.08	—	—	—	—	504.41
北金堤 0 千米以上培修	2008～2015	—	—	—	—	—	1351.35
北金堤堤顶硬化 37.1 千米	2015	—	—	—	—	—	3198.90
险工建设 5 处 68 道坝	1978～1987	72.98	7.44	—	—	—	601.90
险工改建 29 道坝	2015	1.88	2.71	0.01	—	—	281.00
石头庄溢洪堰建设	1951	104.96	10.30	—	—	—	740.80
渠村分洪闸建设	1978	136.00	12.51	12.06	0.69	0.90	8163.32
张庄闸建设	1965	47.00	1.92	2.39	0.11	0.18	1007.40
张庄闸改建	1998	3.15	0.51	0.62	0.03	0.01	2103.45
张庄闸预留口门修建	1984	2.65	0.24	—	—	—	4.44
张庄提排站建设	1980	—	—	—	—	—	1254.00
张庄提排站改建	2009	—	—	—	—	—	8688.00

续表 4-9

项目	完成年份	土方（万立方米）	石方（万立方米）	混凝土（万立方米）	钢材（万吨）	木材（万立方米）	投资（万元）
围村堰建设 531 条	1953～1958	1367.56	—	—	—	—	441.27
新建与修复堰 303 条，台 1483 个	1964～1975	2004.23	—	—	—	—	550.90
新建与修复堰 109 个，台 572 个	1984～1988	1002.65	—	—	—	—	822.82
台前护城堤修建	1976～1978	138.90	—	—	—	—	62.00
避水工程整修	1982～1995	556.52	—	—	—	—	667.82
建避水楼 38 座	1991～1995	—	—	—	—	—	280.19
建撤退路 57 条 470.59 千米	1977～2001	—	—	—	—	—	2133.37
建撤退桥 23 座	1971～2001	—	—	—	—	—	2047.58
建造水泥船 1530 只	1978～1991	—	—	—	—	—	533.41
特大防汛补助费	1983	—	—	—	—	—	300.00
柳屯闸除险加固	2015	1.80	0.03	0.20	—	—	446.00
小涵洞改建重建	2015	0.47	—	—	—	—	23.49
无线通信网组建	1983	—	—	—	—	—	112.36
其他	2015	2.27	0.03	0.20	—	—	81.17
总计	—	5998.10	35.69	15.48	0.83	1.09	36407.84

（一）分洪和退水工程

1. 石头庄溢洪堰

石头庄溢洪堰工程位于河南省长垣县石头庄南黄河大堤之上，为印度式Ⅲ型填石堰，分洪流量5100立方米每秒。堰长原设计1760米，实际长1500米，堰宽49米。设计过堰水深1.5米。堰顶高程65.00米（大沽标高，下同）。堰两端为砌石裹头，裹头顶高程70.00米。裹头下游两边设南北导水堤各1道，北导水堤长620米，南导水堤长470米。导水堤顶高程67.00米。南裹头上游大堤临河做护岸2000米，做丁坝4道；北裹头下游大堤临河做护岸1000米，做丁坝2道。溢洪堰前修一控制堤，堤顶宽8米，堤顶高程68.50米。

石头庄溢洪堰于1951年4月开工建设，河南省、平原省、山东省所属各级河务部门共调集技术人员和管理干部2500名，技工4.5万名，船只1700余条，进行大会战。是年8月竣工，共完成土方104.96万立方米，柳料906.82万千克，铅丝346吨，工程投资704.8万元。石头庄溢洪堰建设情景见图4-2。

石头庄溢洪堰滞洪运用决策权属于黄河防汛总指挥部，河南省防汛指挥部提供黄河下游和郑州铁路大桥受洪水威胁情况，溢洪堰管理处具体执行分洪任务。石头庄溢洪堰运用以陕州流量18000立方米每秒以上为依据。具体运用方案是：①陕州洪峰流

图4-2　1951年修建中的石头庄溢洪堰

量超过13000立方米每秒时，郑州铁路大桥受到威胁或滩区已漫水，陕州洪峰流量仍在上涨或停止上涨，而伊、洛、沁河又有大水下泄时，可根据水量分析，估计下游河道容泄情况，做好分洪准备；②陕州洪峰、洪量不大，但持续时间很长，堤防已受很大威胁，上游仍有大的洪峰，均应准备分洪；③陕州下泄流量虽已超过18000立方米每秒，但对堤防威胁不甚严重，则不必放水。

1978年5月渠村分洪闸建成，石头庄溢洪堰废除。溢洪堰防洪堤经加高加宽成为黄河大堤，桩号为18+430~19+930。

2. 渠村分洪闸

渠村分洪闸位于河南省濮阳县渠村乡，黄河左岸青庄控导工程上首，大堤桩号47+776~48+525处。该闸为一级水工建筑物。1976年设计，当黄河流量38000立方米每秒时，设计水位为63.65米（黄海），设计分洪流量10000立方米每秒。根据河床淤积的趋势，计算到2000年，花园口流量22000立方米每秒时，设计水位为66.75米；花园口流量46000立方米每秒时，校核水位为68.15米。

渠村分洪闸为钢筋混凝土灌注桩（设计混凝土强度为150号）基开敞式结构，分为56孔，闸孔高度4.45米，单孔净宽12米，闸室总宽度749米。分离式底板，闸室顺水流方向长度为15.5米，底板高程为59.0米。闸室胸墙底高程为63.45米，设计混凝土强度250号。闸门为钢筋混凝土平板闸门，尺寸为12.86米×4.35米，每块闸板重80.2吨，设计混凝土强度为400号。闸墩顶高程68.65米（闸前）~64.7米（闸后），中墩厚1.4米，边墩厚1.2米，闸墩设计混凝土强度150号。墩顶设排架，自上游至下游依次布置机架桥、公路桥和小铁路桥。闸室底板每孔跨中分缝、中墩、边墩及岸墙底板，下设钢筋混凝土灌注桩，每孔中墩底板下采用32根桩，边墩底板下采用33根柱，呈梅花形分布，桩中心距2~3米，共1844根，桩径0.85米，桩长13~

17 米；地基为深厚的第四纪冲积层，表层为黏土、壤土，厚 1～2 米，下部为沙壤土、粉土及细沙。闸室上游混凝土铺盖长 54 米，高程 59～58 米。铺盖上游浆砌石护底和抛石槽长度分别为 10 米和 15 米。闸后两级消力池长度分别为 16 米和 21 米，池底板高程分别为 57 米和 55.6 米。消力池后接 55 米长海漫和 15 米长抛石槽，其中，浆砌石海漫和干砌石海漫长度分别为 28 米和 27 米。渠村分洪闸主要技术经济指标见表 4-10。

表 4-10　渠村分洪闸主要技术经济指标

项目		内容
地点		濮阳县渠村乡渠村
黄河大堤桩号		48+150
建设日期（年-月）		1976-11～1978-05
设计	闸上水位	66.75 米
	闸下水位	60.50 米
	过闸流量	10000 立方米每秒
校核	闸上水位	68.15 米
	闸下水位	60.50 米
	过闸流量	10000 立方米每秒

涵闸结构	项目	内容
涵闸结构	结构形式	开敞式
	涵闸孔数	56
	闸孔尺寸	12 米×4.15 米
	闸室宽度	749 米
	闸底栏高程	59.00 米
	机架桥面高程	75.18 米
	两侧堤顶高程	68.16 米
	闸洞室长度	15.5 米
	消能形式	二级消力池
	闸门形式	混凝土平板闸门
	闸门尺寸	12.86 米×4.35 米
	闸门自重	80.2 吨
	启闭力	2×80 吨
	启闭速度	1.8 米/分
	电源动力	2464 千瓦
	备用电源	696 千瓦
	设计抗震裂度	8 度

项目		内容
工程量和投资	土方	136 万立方米
	石方	12.51 万立方米
	混凝土方	12.07 万立方米
	钢材	0.69 万吨
	水泥	5.59 万吨
	木材	0.9 万立方米
	投资	8100 万元
闸基地质		表层主要为黏土
		壤土厚 1.22 米
		下部为沙壤土粗沙
		高程系统：黄海
		—
		—
		—
		—
		—
		—

闸门开启方式：56 孔闸门每孔设 2×80 吨固定卷扬式启闭机，均以电动机带动。1～28 孔每孔装设 2 台 22 千瓦电动机，29～56 孔每孔装设 1 台 28 千瓦电动机，启闭速度 1～28 孔为每分钟 1.47 米、29～56 孔为每分钟 1.8 米。全闸同步开启为 3 分钟，分 8 组开启为 24 分钟。闸门开启总负荷为 2780 千瓦，使用网电，闸门全部开启为 30 分钟，使用备用电源需分 4 组开启，全部开启历时 90 分钟。

为防止泥沙在闸门前堆积而影响闸门开启，在闸前筑有 1200 米长的控制围堤，围堤顶部高程 65.66～66.13 米，顶宽 3 米，临水堤坡 1∶3，背水边坡为 1∶1.5。围堤中段为设计破口段，布设爆破口门 6 个，松动爆破口门 5 个，口门总宽 55 米，破口距围堤两端各 120 米，破口距闸身 133～223 米。设计爆破后过水深度 0.7 米，爆破深度 2.2 米。根据口门爆破设计，爆破网路采用复合线路和两端都起爆的方式，用液体炸药临时装填，实施爆破。为此，围堤内预埋 28 根内径为 7.8～22 厘米的塑料管，总长 3590 米，总装药量约 6 吨。

渠村分洪闸由黄委会规划设计大队设计。国家计委和水利电力部审核批准，河南省革命委员会黄河分洪工程指挥部组织施工，水利水电部第十一工程局承担主体工程施工，安阳地区负责土石方工程和民工调配。1976 年 11 月动工兴建，1978 年 5 月竣工。共完成土方 136 万立方米，石方 12.51 万立方米，混凝土 12.07 万立方米，钢材 0.69 万吨，水泥 5.59 万吨，木材 0.9 万立方米，总投资 8100 万元。1977 年建设中的渠村分洪闸见图 4-3。

图 4-3　1977 年建设中的渠村分洪闸

建闸时没有考虑建设启闭机房，启闭机和电器设备易受风、雨侵蚀，不利于保养。1979 年 10 月开工建设启闭机房，1987 年底竣工，全部工程总投资 63.32 万元。启闭机房全长 750.52 米，建筑面积 3721.98 平方米。启闭机房为钢结构房屋，混凝土墙基，砖墙，屋顶原为石棉瓦，1985 年改为镀锌铁皮波型瓦。1986 年的渠村分洪闸见图 4-4。

图 4-4　1986 年的渠村分洪闸

3. 张庄退水闸

张庄退水闸，位于河南省台前县吴坝乡张庄村北，北金堤滞洪区的最末端，黄河左岸大堤桩号 193 + 895 处。张庄闸为金堤河入黄河的退水、排涝、挡水、倒灌多用闸。张庄附近原为金堤河入黄口门，当金堤河发生洪涝时，可以泄水入黄；当黄河发生洪水时，洪水从口门处倒灌。1949 年，该处民埝培修成临黄堤，金堤河入黄口门被堵截，金堤河涝水利用北金堤上的张秋闸，排水入京杭运河；金堤河发生洪水时，临时扒开临黄堤排水入黄。1951 年开辟北金堤滞洪区时，未设计退水工程。为解决金堤河洪水和滞洪洪水入黄出路，1962 年 12 月，国家计划委员会批复《关于金堤河治理规划及今冬明春工程安排意见》，决定兴建张庄退水闸。当金堤河水位高于黄河水位时，开闸放水；当黄河水位高于金堤河水位时，关闸挡水，防止倒灌。

1）张庄退水闸的建设

张庄退水闸由黄委会设计院设计，马颊河疏浚工程局和山东省水利厅安装二队组成的张庄闸工程处负责主体工程施工。1963 年 3 月初动工，1965 年 5 月竣工，完成土方 47 万立方米，石料 1.92 万立方米，混凝土 2.39 万立方米，钢材 1100 吨，木材 1800 立方米，投资 1007.40 万元。该闸为钢筋混凝土开敞式结构，共 6 孔，每孔宽 10 米、高 4.7 米。闸门为弧形，宽 10 米、高 5 米，自重 24 吨，电源动力 56 千瓦，备用电源 64 千瓦。设计闸上水位 42.22 米、闸下水位 42.14 米时，过闸流量 270 立方米每秒。设计防洪水位 46.00 米，相应挡水水头 7 米。校核防洪水位 46.50 米，相应挡水水头 7.5 米。在北金堤滞洪区运用时，计算其泄洪能力为 1000 立方米每秒。当利用张庄闸倒灌黄河洪水入滞洪区时，过洪能力为 1000 立方米每秒。1965 年建张庄入黄闸主要技术经济指标见表 4-11。

表 4-11　1965 年建张庄入黄闸主要技术经济指标

	项目	指标		项目	指标		项目	指标
地点		台前县吴坝乡张庄	涵闸结构	结构形式	开敞式	工程量和投资	土方	47 万立方米
				涵闸孔数	6		石方	1.92 万立方米
黄河大堤桩号		193 +981		闸孔尺寸	10 米 ×4.7 米		混凝土方	2.39 万立方米
建设日期		1963 ~ 1965		闸室宽度	60 米		钢材	1100 吨
				闸底板高程	37.00 米		木材	1800 立方米
设计与校核水位	金堤河水位	39.00 米		闸顶高程	41.70 米		投资	1007.40 万元
	黄河水位	46.00 米		机架桥面高程	49.40 米	实际运用	闸前最高水位	金堤河 44.03 米
	排涝过闸流量	270 立方米每秒		两侧堤顶高程	49.00 米		日期	1976 年
				闸洞室长度	26 米		最高挡黄水位	44.61 米
	设计水位	46.00 米		消能形式	二级		日期	1976 年
				闸门尺寸	10 米 ×5 米		最大泄流量	363 立方米每秒
	校核水位	46.50 米		闸门自重	24 吨		日期	1969 年
				启闭力	40 吨		设计抗震裂度	6 度
	泄洪过闸流量	1000 立方米每秒		电源动力	56 千瓦			
				备用电源	64 千瓦		高程系统	黄海

北金堤滞洪区分洪运用时，进入滞洪区下部的流量可达6000立方米每秒，而张庄闸最大退水流量仅有1000立方米每秒。因此，在闸北大堤预设临时退水口门，长325米，退水能力2000立方米每秒，以减少淹没损失。

张庄闸经过30多年的使用，出现闸室严重淤积、启闭机陈旧老化等问题，致使防洪标准达不到要求。1998年，黄委决定对该闸进行改建加固。张庄闸改建加固工程由黄委勘测设计院设计并总承包，由濮阳黄河工程公司施工，河南黄河水电工程公司负责工程施工监理。于1998年10月21日开工，1999年6月28日具备下闸挡黄条件，1999年11月30日竣工。张庄闸加固改建工程共完成混凝土6165立方米，土方3.15万立方米，石方0.51万立方米，总投资2103.45万元。

改建后的张庄闸属Ⅰ级水工建筑物，系筏式基础，胸墙式轻型水闸，宽70.2米，共6孔，孔宽10米，孔高4.7米，2孔一联，山字形结构。弧形钢闸门6扇，每孔设有2×500千牛卷扬启闭机一台，由26千瓦电动机启动，设有两台250千瓦自备发电机组，架设1千伏高压线路。闸机房及管理业务用房1271平方米。工程管理范围总占地面积15.7万平方米，闸室顺水流方向长26米，垂直水流方向长70.20米。工程上下游两岸浆砌石护坡1.54万平方米，混凝土总面积1.25万平方米，上下游围堤长1060米。交通桥1座，长139米、宽9米。临金堤工作桥1座，长139米、宽9米，临黄河工作桥1座，长70.2米、宽3米。1998年改建张庄入黄闸主要技术经济指标见表4-12，改建后的张庄退水闸见图4-5。

表4-12　1998年改建张庄入黄闸主要技术经济指标

<table>
<tr><td colspan="2" rowspan="2">地点</td><td>台前县</td><td rowspan="15">涵闸结构</td><td>结构型形式</td><td>开敞式</td><td rowspan="6">工程量和投资</td><td>土方</td><td>3.15万立方米</td></tr>
<tr><td>吴坝乡张庄</td><td>涵闸孔数</td><td>6</td><td>石方</td><td>0.51万立方米</td></tr>
<tr><td colspan="2">黄河大堤桩号</td><td>193+895</td><td>闸孔尺寸</td><td>10米×4.7米</td><td>混凝土方</td><td>0.62万立方米</td></tr>
<tr><td colspan="2" rowspan="2">建设日期</td><td rowspan="2">1998~2000</td><td>闸室宽度</td><td>60.00米</td><td>钢材</td><td>343吨</td></tr>
<tr><td>闸底板高程</td><td>40.00米</td><td>木材</td><td>130立方米</td></tr>
<tr><td rowspan="10">设计与校核水位</td><td>金堤河水位</td><td>43.39米</td><td>闸顶高程</td><td>50.90米</td><td>投资</td><td>2103.45万元</td></tr>
<tr><td>黄河水位</td><td>47.78米</td><td>机架桥面高程</td><td>50.09米</td><td rowspan="6">实际使用</td><td>闸前最高水位</td><td>金堤河44.03米</td></tr>
<tr><td rowspan="2">排涝过闸流量</td><td rowspan="2">620立方米每秒</td><td>两侧堤顶高程</td><td>49.60米</td><td>日期</td><td>2010年</td></tr>
<tr><td>闸洞室长度</td><td>26.00米</td><td>最高挡黄水位</td><td>44.58米</td></tr>
<tr><td rowspan="2">设计水位</td><td rowspan="2">48.08米</td><td>消能形式</td><td>二级消力池</td><td>日期</td><td>2010年</td></tr>
<tr><td>闸门尺寸</td><td>10米×5米</td><td>最大泄流量</td><td>210立方米每秒</td></tr>
<tr><td rowspan="2">校核水位</td><td rowspan="2">49.08米</td><td>闸门自重</td><td>30吨</td><td>日期</td><td>2000年</td></tr>
<tr><td>启闭力</td><td>40吨</td><td rowspan="3"></td><td rowspan="2">设计抗震裂度</td><td rowspan="2">6度</td></tr>
<tr><td rowspan="2">泄洪过闸流量</td><td rowspan="2">1000立方米每秒</td><td>电源动力</td><td>56千瓦</td></tr>
<tr><td>备用电源</td><td>250千瓦×2</td><td>高程系统</td><td>黄海</td></tr>
</table>

图 4-5　1998 年改建后的张庄退水闸

2）张庄闸的使用

张庄闸的作用主要是退水、倒灌分洪、挡黄、排涝等。张庄闸的防洪使用调度由黄河防总指挥部负责，河南省防汛抗旱指挥部组织实施。张庄闸的排涝使用调度由濮阳市防汛抗旱指挥部实施。

（1）退水。当花园口站发生 22000 立方米每秒以上特大洪水启用北金堤滞洪区时，滞洪区分洪总量为 20 亿立方米，加上底水 7 亿立方米，滞洪区共有洪水 27 亿立方米。区内洪水从张庄闸退入黄河，最大泄洪流量 1000 立方米每秒。

（2）倒灌分洪。当黄河花园口站发生 10000 ~ 22000 立方米每秒洪水使用山东东平湖滞洪时，为确保艾山下泄流量不超 10000 立方米每秒，将利用张庄闸向北金堤滞洪区倒灌分洪，最大分洪流量 1000 立方米每秒，分洪总量 3 亿 ~ 4 亿立方米，回水长度 30 余千米，淹没面积 270 平方千米。倒灌时段按 1、2、3 天计算（见表 4-13）。

表 4-13　张庄闸倒灌应用情况

倒灌时段（天）	倒灌洪量（亿立方米）	闸后水深（米）	闸后水位（米）	倒灌淹没末端
1	0. 86	2	42	王堤口
2	1. 73	3	43	高庙
3	2. 60	4	44	金斗营

（3）挡黄。当黄河水位高于金堤河水位时，关闭闸门挡黄防洪。张庄闸设计防洪水位 46. 00 米（黄海高程），校核防洪水位 46. 50 米。设计挡黄水深 7 米。

（4）排涝。当金堤河流域内发生暴雨时，可利用黄河低水时机，启闸排水自流入黄。排涝设计流量 270 立方米每秒，校核 360 立方米每秒。

4. 张庄提排站

张庄提排站建于 1980 年 12 月，位于台前县吴坝乡张庄村，北靠张庄退水闸，东临黄河。该工程设计提排量 64 立方米每秒，站前排涝水位 39. 5 米（黄海高程），站后水位按黄河规划的1990年河床淤高后，流量为6000立方米每秒的相应水位44.96米，以8000立方米每秒的水位进行校核，围站堤顶高程同1990年设计黄河堤顶高程49.60米。工程总投资1254万元。

该工程的具体任务是：集中抽排金堤河下游三角地区293平方千米面积的涝水入黄；在黄河顶托金堤河涝水不能自流入黄时，分排金堤河部分涝水入黄，减轻金堤河防汛压力；当三角地区无涝水时，抽排该地区地下水，以防止土地盐碱化；滞洪区运用后，承担排洪任务。

该工程由厂房及进出口工程、围站堤及进水涵闸、金堤河分水闸、进水渠、退水渠、供水塔和管理房等分部工程组成。提排站安装6421B－50型立式轴流泵8台，单机抽水量8.0立方米每秒，扬程7米，电机定额功率800千瓦，总装机容量6400千瓦。围站堤全长700米，顶宽6米，堤身高程同临黄大堤49.60米。进水涵洞共5孔，每孔净宽4米，基础为井柱，薄壁混凝土倒拱底板，顶部为三曲混凝土结构，混凝土闸安装30吨启闭机。金堤河分水闸共4孔，单孔净宽3米，设计闸底高程40.50米，闸后设有高差为3.9米的陡坎跌入进水渠。进、退水渠总长236米，底宽36米。管理房49间。为保证主机技术供水，建水塔1座，塔容50立方米，塔高36米。

张庄提排站经过20多年的运行，水电设备及建筑物老化损毁严重，而且该站的提排规模偏小，不能满足排涝要求。为此，张庄提排站改扩建工程被列入国家大型排涝泵站更新改造计划。2007年11月，该站改扩建工程开工建设，2009年12月完工，工程总投资8688万元。张庄提排站改扩建工程主要工程项目是：更换8台主水泵和主电机，改造64立方米每秒老泵站；更新金属结构，更新附属设备和部分电力设备，维修水工建筑物，升级计算机监控系统；扩建提排能力40立方米每秒的新泵站，主要有新建泵房、穿堤管道及进出水建筑物，安装4台主水泵、电机及附属机电设备、安装计算机监控系统；拆除重建金堤河分水闸和围站堤进水涵闸，由原来的4孔扩建至9孔，设计流量104立方米每秒，相应扩建进水渠和退水渠；加固围站堤共长800米；拆除重建管理设施，共计1288平方米；架设台前至张庄26千米高压线路。张庄提排站经过改扩建，提排流量由64立方米每秒增加到104立方米每秒，使金堤河的排涝标准由3年一遇提高到5年一遇，多年平均涝灾损失减少457.2万元。工程效益费用比1.72，经济效益现值为8758万元，经济内部收益率17.21%。

（二）围堤工程

北金堤滞洪区的围堤工程主要是黄河大堤和北金堤。

1.黄河大堤

黄河大堤是北金堤滞洪区南部的围堤。北金堤滞洪区改建前黄河大堤束水段全长约190千米，堤防起止桩号为4＋485～194＋485。北金堤滞洪区改建后，黄河大堤束水段长157.985千米，堤防起止桩号为36＋500～194＋485，堤顶高程70.12～49.25米，顶宽8～12米，顶高超过2000年设防水位2.5～3.0米。黄河大堤经过多次的加高培厚，完全能满足滞洪束水的需要。一旦滞洪，这段大堤临背受水，堤上还有滩区和滞洪区避水的群众，它的负担大于其他堤段。

石头庄溢洪堰、渠村分洪闸和张庄退水闸都是以黄河大堤为依托修建的，尽管这些工程均采取一定的防洪措施，但仍是这段大堤防洪薄弱环节。

2. 北金堤

北金堤是北金堤滞洪区北面围堤，始筑于汉代，距今2000多年。东汉明帝永平十三年（公元70年）王景治河时，自荥阳至千乘（今利津一带）沿黄河南岸修筑一道长堤，为北金堤的前身。光绪元年（1875年）将北金堤修培，改为黄河左岸的遥堤。1886~1914年，因长垣县、濮阳县、濮县、范县民埝屡屡决口，致使北金堤溃决8次，多由堤身漏洞所造成。1933年，黄河在长垣县大车集至石头庄之间决口30处，2/3的洪水直趋濮阳县城南，沿北金堤至陶城铺归入黄河，北金堤发生漏洞22处，渗水23段，长3600米。此后，每遇金堤河大水，北金堤均有渗漏险情发生。

清同治二年（1863年）六月和同治三年（1864年）十月，对濮阳县城南火厢头至山东阳谷颜营一段金堤进行过加培。颜营至陶城铺一段为清光绪十四年（1888年）所修。1935年，中华民国对自滑县至陶城铺的北金堤进行过一次大的培修，共培堤长183.68千米，堤顶宽7米，边坡1∶3，用土方165万立方米。堤顶超出1933年洪水位1.3米。1947年，冀鲁豫黄河水利委员会组织培修北金堤，至1949年共完成土方89.5万立方米。

1951年开辟北金堤滞洪区时，北金堤作为滞洪区北围堤进行第一次培修。这次培修，以防御陕州流量23000立方米每秒为目标。黄委会确定的设计水位为：濮阳县南关53.35米（黄海基点，下同），官仁店51.05米，东陈庄48.77米。培修标准为：濮阳县高堤口以上堤顶超高设防水位2米，堤顶宽10米，临背堤坡1∶3。至1958年，累计培修北金堤122千米，共完成土方362.67万立方米，用工147.49万个工日，投资254.44万元。其中，1951~1952年培修堤段长37千米（2+964~39+964），共做土方240.29万立方米；1954年培修堤段长56千米（-16+036~39+964），共做土方72.28万立方米；1956年共做土方8.3万立方米。其中，修筑后戗和抽槽换土、黏土斜墙土方4.63万立方米；1957年培修堤段长29千米，主要位于4+000~7+000堤段，及其濮阳县七公寨至滑县西河景11处薄弱点零星补残和湾子闸门、刘庄、兴庄险工6道坝加修，共做土方41.8万立方米。

濮阳县火厢头以上的北金堤处于金堤岭地带，地势较高，高程56.00~60.00米（黄海标高），由濮阳县经滑县至浚县约40千米。20世纪50年代培修后，堤顶宽度2.5~8.0米不等，平均5米。由于大堤傍依在高岭上，无一定边坡，堤背高地有17个自然村，当地群众为方便生产、生活，曾破堤若干处，作为生产交通路和排水道，对堤防破坏较为严重。因金堤岭地势较高，大部分堤段高于滞洪水位，极个别低洼的涵洞、路口虽低于滞洪水位，但堤背还有一条较高路基可以挡水。有33个护堤员和数名护堤干部对其进行管理。

1959 年，北金堤滞洪区放弃使用，撤销管理机构，北金堤工程不再维护管理。

1963 年 11 月，国务院决定恢复北金堤滞洪区，并要求大力整修加固北金堤，确保北金堤的安全。1964 年，对北金堤进行第二次培修。黄委会《关于大力加固北金堤堤防确保北金堤安全的指示》确定的北金堤设防水位为：濮阳县南关 53.00 米（黄海高程，下同），高堤口 50.20 米，堤顶超高设防水位 2.5 米，顶宽与边坡同第一次。这次培修的重点是山东阳谷斗虎店至陶城铺 49.9 千米堤段。濮阳堤段主要是对堤防进行补残加固，至 1973 年，共完成土方 27.39 万立方米，用工 17.97 万工日，投资 31.20 万元。

1965 年春，河南黄河河务局决定，放弃濮阳县火厢头以上北金堤的防守，护堤员全部撤走。濮阳境内管理的北金堤减少为 39.96 千米。

1976 年 2 月，黄委会《北金堤滞洪区改建规划实施意见》决定改建滞洪区，并加高加固北金堤。据此，1978 年开始对北金堤进行第三次培修。设防水位按渠村分洪闸分洪 10000 立方米每秒，有效分滞黄河水量 20 亿立方米，另加金堤河遭遇涝水水量 7 亿立方米进行设计。张庄闸处大河水位按 1985 年水平设计，滞洪区末端最高水位为 47.6 米。濮阳段北金堤相应水位为：濮阳县南关（1 +000）54.50 米，官仁店（24 +000）52.90 米，东陈庄（39 +500）50.80 米，培修标准与上次同。因分洪后大河直接顶冲濮阳县南关金堤，在该处增修险工 1 处，修坝 50 道，工程长 9680 米。1978 ~ 1979 年进行堤防加培和修坝，两年共完成培堤段 12.83 千米（其中拔沙蒙顶段 6.3 千米），新做坝 50 道，加高坝 25 道，计做培堤土方 43.47 万立方米，投资 53.67 万元，修坝加高做土方 68.9 万立方米，石方 20194 立方米，投资 160.58 万元。截至 1986 年，共完成土方 163.02 万立方米，用工 72.4 万个，完成投资 301.9 万元。1987 年以前濮阳北金堤三次培修工程完成情况见表 4-14。

表 4-14　1987 年以前濮阳北金堤三次培修工程完成情况统计

培修次数	时间（年）	土方（万立方米）	工日（万个）	投资（万元）	其中土坝基			
					坝数（道）	土方（立方米）	工日（万个）	投资（万元）
第一次	1951 ~ 1958	362.67	155.91	171.31	6	2.79	0.93	1.77
第二次	1964 ~ 1973	27.39	17.97	31.20	3	0.98	0.34	0.62
第三次	1978 ~ 1986	163.02	72.44	301.90	50	65.60	35.90	85.42
合计		553.08	246.32	504.41	59	69.37	37.17	87.81

2006 年水管体制改革中，黄委决定将滑县菜胡村至濮阳县火厢头零千米的 35.25 千米北金堤纳入工程管理范围，濮阳河务局管辖的北金堤增加至 75.21 千米，其中，濮阳境内 56.46 千米，滑县境内 18.75 千米，见表 4-15。

表 4-15　2006 年濮阳北金堤基本情况

管理单位	起止地点	起止桩号	堤防长度（千米）
合计	—	—	75.21
滑县河务局	王寨村至菜胡村	－（35＋250）～－（16＋500）	18.75
濮阳第二河务局	新习乡杜寨至柳屯镇东陈庄	－（16＋500）～39＋964	56.46

2008～2015 年，整修北金堤－（12＋100）～－（28＋900）堤段，共 15.3 千米，堤顶平均宽 8 米，临背地坡 1∶3，其中－（13＋100）～－（28＋400）10.2 千米堤顶做水泥路面，共完成投资 1351.35 万元。

2015 年 11 月，北金堤堤顶道路建设被列入金堤河干流治理工程。堤顶道路施工方案为新建和翻修，总长 37.1 千米，其中，新建 24.455 千米，翻修 12.645 千米。硬化辅道共 10 条，长 1.22 千米。工程总投资 3198.9 万元（见表 4-16）。

表 4-16　2015 年濮阳北金堤堤顶道路建设情况

翻新路面		新建路面	
起止桩号	堤顶总长（千米）	起止桩号	堤顶总长（千米）
3＋100～3＋800	0.7	1＋800～2＋500	0.7
3＋800～5＋500	1.7	6＋000～10＋500	4.5
5＋500～6＋000	0.5	11＋100～11＋360	0.26
10＋500～11＋100	0.6	11＋625～17＋150	5.525
11＋360～11＋625	0.265	17＋450～23＋800	6.35
17＋150～17＋450	0.3	27＋000～27＋240	0.24
23＋800～24＋150	0.35	27＋720～28＋180	0.46
25＋640～26＋150	0.51	28＋620～28＋900	0.28
26＋700～27＋000	0.3	31＋000～36＋420	5.42
27＋240～27＋720	0.48	36＋580～37＋000	0.42
28＋180～28＋620	0.44	39＋200～39＋500	0.3
36＋420～36＋580	0.16	—	—
24＋150～25＋640	1.49	—	—
26＋150～26＋700	0.55	—	—
28＋900～31＋000	2.1	—	—
37＋000～39＋200	2.2	—	—
合计	12.645	合计	24.455

堤顶道路设计参考同标准平原微丘三级公路，设计年限 8～10 年。堤顶路面宽度为 6 米，辅道路面宽度为 4 米，设 2% 的双向横坡。路面基层 6.5 米，底基层 6.8 米。设 2% 的双向横坡，总厚 0.3 米，基层和底基层各厚 0.15 米。路基宽度 10 米。路肩宽度 2×0.75 米（含路缘石宽 2×0.10 米），设 3% 单向横坡。路面为次高级路面，面层

类型采用 AC－13C 型热拌沥青混凝土混合料路面。

堤顶道路的修建，一是堤防体系进一步完善；二是滞洪时和金堤河抗洪抢险时，抗洪物资、器材、设备以及人员的运输畅通得到保障；三是方便堤防工程的日常维修养护；四是为沿堤附近村庄群众的出行提供便利条件，促进其经济发展。2015 年濮阳北金堤基本情况见表 4-17，堤顶硬化的北金堤见图 4-6。

表 4-17　2015 年濮阳北金堤基本情况

堤防桩号	堤防现状（米）		设计堤顶高程（米）	设计滞洪水位（米）	说明
	堤顶高程	堤顶宽度			
－(35＋250)	—	—	55.20	52.70	堤防残破
－(30＋000)	—	—	55.50	53.00	堤防残破
－(25＋000)	58.57	7.0	55.80	53.30	2006 年以后，用养护经费整修－(28＋400)～－(13＋100)堤防 15.3 千米
－(20＋000)	58.71	8.0	56.10	53.60	
－(15＋000)	56.40	8.0	56.37	53.87	
－(10＋000)	56.84	—	56.62	54.12	堤防残缺
－(5＋000)	56.98	—	56.85	54.35	堤防残缺
0＋000	57.25	—	57.05	54.55	堤防残缺
1＋000	57.24	—	57.00	54.50	堤防残缺
2＋000	57.00	8.5	56.95	54.45	
5＋000	56.93	7.4	56.81	54.31	
7＋000	56.62	8.0	56.71	54.21	
9＋000	56.64	8.0	56.62	54.12	
11＋000	56.41	8.0	56.52	54.02	
13＋000	56.20	7.0	56.42	53.92	
15＋000	56.10	7.8	56.32	53.82	
17＋000	55.50	7.7	56.21	53.71	
19＋000	55.88	8.2	55.94	53.44	
21＋000	54.77	8.0	55.67	53.17	
23＋000	54.67	8.2	55.40	52.90	
25＋000	55.34	7.0	55.24	52.74	
27＋000	54.12	8.0	55.10	52.60	
29＋000	54.03	7.8	54.96	52.46	
31＋000	53.48	8.0	54.63	52.13	
33＋000	53.35	7.2	54.30	51.80	
35＋000	52.83	7.6	54.00	51.50	
37＋000	52.85	6.5	53.70	51.20	
39＋964	52.96	6.7	53.30	50.80	

图 4-6　堤顶硬化的北金堤

3. 北金堤险工

濮阳境内北金堤建有险工 5 处，共有坝垛 68 道，坝顶宽 10 米，超出设计滞洪水位 1.5～2.0 米。至 2015 年，新建、改建加固共完成工程土方 72.98 万立方米，石方 7.44 万立方米，用工 43.69 万个，共计投资 882.90 万元。

（1）城南险工。

城南险工始建于 1978 年，位于濮阳县城关镇南堤村至清河头乡吴堤口村之间，相应北金堤桩号 1＋595～9＋630。工程平面布局为平顺型，长 8035 米，砌护长度 3785 米，共有 50 道坝，坦石为乱石粗排，坝顶高程为 56.80～56.00 米。

北金堤滞洪区分洪口门下移至渠村分洪闸，分洪主溜将直冲濮阳县南关金堤处，故修建城南险工。1978 年修建 1～30 坝土坝基，1979 年修建 31～50 坝土坝基。1980～1985 年，对土坝基进行石料裹护。该险工累计完成工程土方 62.70 万立方米，石方 4.02 万立方米，用工 39.35 万个，共计投资 499.71 万元。

（2）焦寨险工。

焦寨险工始建于 1979 年 7 月，位于濮阳县清河头乡焦寨村南，相应北金堤桩号 16＋747～16＋985。工程平面布局为平顺型，长 238 米，共有 5 道坝，为土坝基，坝顶高程为 59.90～55.70 米。

金堤河在焦寨处形成弯道，滞洪时洪水将紧靠堤防行洪，对堤防构成威胁，故修建焦寨险工。该工程主要作用是上迎城南险工来溜，并将溜势下挑，以避免顺堤行洪。该险工累计完成工程土方 1.85 万立方米，用工 1.01 万个，共计投资 7.38 万元。

（3）刘庄险工。

刘庄险工始建于 1957 年，位于濮阳县柳屯镇刘庄村南，相应北金堤桩号 21＋474～21＋839。工程平面布局为平顺型，长 365 米，砌护长 339 米，共有 6 道坝，坦石为乱石粗排，坝顶高程为 55.50 ~ 55.30 米。

该处堤防呈外凸形，焦寨险工至兴张险工之间堤段易发生顺堤行洪，故修建刘庄险工。1957 年建土坝基 3 道，1979 年增建土坝基 3 道，1986 年对 6 道土坝基进行石料裹护。该工程主要作用是将上游的来溜下挑，以避免顺堤行洪和洪水淘刷堤身。该险工累计完成工程土方 2.62 万立方米，石方 0.24 万立方米，用工 1.20 万个，共计投资 27.54 万元。

（4）兴张险工。

兴张险工始建于 1957 年，位于濮阳县柳屯镇兴张村南，相应北金堤桩号 28 + 592 ~ 28 + 832。工程平面布局为平顺型，长 240 米，共有 3 道坝，为土坝基，坝顶高程为 52.40 ~ 52.30 米。

该处堤防走向由东转向北，转角约为 60 度，是水流顶冲的尖嘴处，为确保堤防安全，故修建兴张险工。该工程主要作用是将上游的来溜下挑，以避免顺堤行洪和洪水淘刷堤身。该险工累计完成工程土方 1.53 万立方米，用工 1.07 万个，共计投资 4.39 万元。

（5）赵庄险工。

赵庄险工始建于 1965 年，位于濮阳县柳屯镇赵庄村南，相应北金堤桩号 37 + 296 ~ 37 + 539。工程平面布局为平顺型，长 243 米，砌护长度 173 米，坦石为乱石粗排，共有 4 道坝，坝顶高程为 52.35 ~ 51.35 米。

该段堤防比较凸出，为防止大溜顶冲堤防，故修建赵庄险工。1965 年始修土坝基 3 道，1979 年增修土坝基 1 道，2013 年对 4 道土坝基进行石料裹护。该险工累计完成工程土方 2.40 万立方米，石方 0.47 万立方米，用工 1.06 万个，共计投资 62.88 万元。

2015 年 11 月，城南、焦占、兴张 3 处险工的 29 道坝进行改建加固，其中，城南险工 21 道坝，焦占险工 5 道坝，兴张险工 3 道坝。其标准是防护北金堤 20 年一遇洪水，坦石护坡的顶部高程按设计洪水位以上 1.0 米，顶部宽 1.0 米，外边坡 1∶1.5、内边坡 1 ∶ 1.3，坦石深度为 1.5 米。城南险工坦石结构进行局部整修，采用在现状坦石护坡的坡脚补充抛石作为备塌体的形式。1 ~ 20 坝和 50 坝段的备塌体体积，按坦石护坡从平均滩面高程至冲刷深度的体积等量置换。在现状护坡的坡脚处下挖抛石槽，抛石槽顶宽 3 米，边坡为 1∶1.5，深度为 1.5 米。修补 1 坝、50 坝坝面蛰陷部位。焦占险工和兴张险工的现状土坡改造为坦石护坡，采用内侧腹石散抛、外侧乱石粗排形式。坦石护坡底部高程按开挖深度不超过平面滩面以下 1.5 米控制，坦石护坡外侧设置备塌体，其体积按坦石护坡至冲刷深度的体积等量置换。土坝体和坦石之间铺设土工布，在土工布上覆盖一层碎石作为过渡层，以保护土工布，碎石垫层厚度为 0.15 米。3 处险工共用土方 1.88 万立方米，石方 2.71 万立方米，土工布 4652 平方米，混凝土 88 立方米，投资 281 万元。2015 濮阳北金堤险工基本情况见表 4-18。

表 4-18　2015 濮阳北金堤险工基本情况

工程名称	始建时间（年-月）	起止桩号	险工长度（米）	坝数（道）	护砌长度（米）	坝型		堤顶高程（米）	滞洪设计水位（米）
						乱石	其他		
城南	1978-07	1+595~9+630	8035	50	3785	50	—	56.80~56.00	54.50~54.10
焦寨	1978-07	16+747~16+985	238	5	—	—	5	55.7	53.71
刘庄	1957	21+474~21+839	365	6	339	6		55.2	53.1
兴张	1957	28+592~28+832	240	3	—	—	3	52.4	52.5
赵庄	1965	37+296~37+539	243	4	173	—	4	53.2	52.1
合计	—	—	9121	68	4297	—	—	—	—

4. 穿堤建筑物

濮阳境内北金堤穿堤建筑物有城南回灌闸、柳屯引水闸，以及 18 处小型涵洞、提灌站等（见表 4-19）。城南回灌闸由地方政府投资，于 1978 年修建，位于金堤桩号3+100，为濮清南干渠穿北金堤 3 孔涵洞式水闸，高、宽各为 2.5 米，洞深长 42 米，设计流量为 30 立方米每秒。穿金堤小型涵洞和提灌站，建于 20 世纪 50~80 年代，主要用于当地农业灌溉、排涝。工程修建质量次，防渗能力差。

表 4-19　濮阳北金堤穿堤小型涵洞及提灌站统计

工程名称	大堤桩号	结构形式	始建时间（年）	洞底板高程（米）	滞洪水位（米）	说明
芦寨涵洞	-（14+500）	砌石	1964	51.61	54.70	
芦寨涵洞	-（14+450）	砖	1971	50.73	54.70	
弯子涵洞	-（12+000）	砖	1957	51.70	54.67	
常林平涵洞	-（9+815）	砖	1957	51.50	54.64	废弃
鹿斗村涵洞	-（7+200）	砖	1957	51.64	54.61	废弃
徐堤口提灌站	-（3+070）	砌石	1957	55.10	54.55	
刘堤口涵洞	-（2+200）	砖	1957	49.71	54.54	废弃
宋堤口涵洞	-（1+780）	砖	1957	53.45	54.54	废弃
火厢头涵洞	-（0+820）	砖	1957	51.12	54.52	
陈庄提灌站	12+100	砖	1983	53.44	53.97	
西清河头提灌站	13+100	砖	1980	53.40	53.92	
东清河头涵洞	14+788	混凝土管	1960	52.43	53.83	废弃
单什八郎提灌站	25+500	混凝土管	1966	52.50	52.70	
榆林头提灌站	30+200	混凝土	1985	52.30	52.10	
榆林头提灌站	30+950	混凝土管	1985	53.50	52.15	
黄庙提灌站	31+560	混凝土管	1985	53.20	52.04	
虎山寨提灌站	32+150	混凝土管	1985	53.10	51.94	
这合寨提灌站	32+600	混凝土管	1980	51.60	51.90	
这合寨涵洞	33+356	砌石	1980	48	51.80	

濮阳境内北金堤共有27条输油、输气管线和输水管道穿越北金堤，对堤防安全存在不同程度的影响（见表4-20）。

表4-20　濮阳北金堤穿堤管线统计

<table>
<tr><th>北金堤桩号</th><th>建筑类别</th><th>主管规格（直径毫米）</th><th>数量（根）</th><th>底部高程（米）</th><th>滞洪水位（米）</th><th>管理单位</th><th>修建年份</th></tr>
<tr><td>0+887</td><td rowspan="2">输水管线</td><td>1000</td><td>1</td><td>57.12</td><td>54.51</td><td rowspan="2">濮阳市自来水公司</td><td>2013</td></tr>
<tr><td>0+950</td><td>1200</td><td>1</td><td>48.20</td><td>54.50</td><td>1988</td></tr>
<tr><td>11+500</td><td rowspan="2">输油管线</td><td rowspan="2">426</td><td>1</td><td>59.20</td><td>54.00</td><td rowspan="2">中石化新乡输油处</td><td>1990</td></tr>
<tr><td>17+300</td><td>1</td><td>57.30</td><td>53.67</td><td>1989</td></tr>
<tr><td>13+200</td><td>输气管道</td><td>273</td><td>1</td><td>—</td><td>—</td><td></td><td>1986</td></tr>
<tr><td rowspan="2">23+976</td><td rowspan="2">污水管线</td><td>273</td><td>1</td><td rowspan="2">55.80</td><td rowspan="2">52.80</td><td>石化总厂</td><td>1979</td></tr>
<tr><td>400</td><td>1</td><td>第七社区</td><td>1983</td></tr>
<tr><td rowspan="9">25+833</td><td rowspan="2">输油管线</td><td>426</td><td>1</td><td rowspan="9">55.26</td><td rowspan="9">52.68</td><td rowspan="2">油气储运管理处</td><td>1985</td></tr>
<tr><td>325</td><td>1</td><td>2009</td></tr>
<tr><td rowspan="2">输气管道</td><td>426</td><td>1</td><td rowspan="2">天然气产销厂</td><td>1989</td></tr>
<tr><td>720</td><td>1</td><td>1987</td></tr>
<tr><td>输油管线</td><td>325</td><td>1</td><td>油气储运管理处</td><td>1986</td></tr>
<tr><td rowspan="2">输气管道</td><td>325</td><td>1</td><td rowspan="2">天然气产销厂</td><td>1989</td></tr>
<tr><td>630</td><td>1</td><td>2002</td></tr>
<tr><td>输油管线</td><td>159</td><td>2</td><td>油气储运管理处</td><td>2009</td></tr>
<tr><td>污水管线</td><td>不详</td><td>1</td><td>中原乙烯</td><td>不详</td></tr>
<tr><td>26+050</td><td>输气管道</td><td>400</td><td>1</td><td>55.26</td><td>52.67</td><td>河南绿能融创燃气公司</td><td>2012</td></tr>
<tr><td>27+480</td><td>输气管道</td><td>508</td><td>1</td><td>55.07</td><td>52.57</td><td>石油化工有限公司</td><td>2012</td></tr>
<tr><td rowspan="6">28+400</td><td rowspan="2">输气管道</td><td>630</td><td>1</td><td rowspan="6">55.51</td><td rowspan="6">52.51</td><td rowspan="2">天然气产销厂</td><td>1996</td></tr>
<tr><td>529</td><td>1</td><td>1986</td></tr>
<tr><td>输油管线</td><td>426</td><td>1</td><td>油气储运管理处</td><td>1985</td></tr>
<tr><td>输气管道</td><td>273</td><td>1</td><td>天然气产销厂</td><td>1999</td></tr>
<tr><td>输水管线</td><td>1020</td><td>1</td><td>油田供水管理处</td><td>1993</td></tr>
<tr><td>输油管线</td><td>219</td><td>1</td><td>油气储运管理处</td><td>2009</td></tr>
<tr><td>36+500</td><td>输水管线</td><td>114</td><td>2</td><td>54.28</td><td>51.28</td><td>油田采油三厂</td><td>2000</td></tr>
</table>

2015年，柳屯引水闸和陈庄、单什八郎、榆林头3处穿堤涵洞被列入金堤河干流河道治理工程项目。其中，柳屯引水闸进行除险加固，小型穿堤涵洞拆除重建。总投资469.49万元。

（1）柳屯引水闸除险加固。

柳屯引水闸位于濮阳县柳屯镇境内，北金堤桩号26+728处，1989年12月建成，设计防洪水位 52.00 米（黄海高程，以下同），涵闸所在位置堤顶高程 55.00 米，闸底板高程 45.50 米，该工程属于一级建筑物，设计引水流量 30 立方米每秒，地震设防烈度Ⅷ度。柳屯引水闸主要用于解决濮阳县、清丰县、南乐县部分地区的农业灌溉用水问题。

柳屯引水闸为 3 孔钢筋混凝土涵洞式水闸，孔口宽 2.1 米、高 2.5 米，设置混凝土平板闸门，15 吨手摇电动两用螺杆式启闭机。设计引水位 49.10 米，下游渠道水位 47.40 米，设计防洪水位 52.50 米。闸底板上游高程 45.50 米，下游高程 45.30 米，闸墩顶平台高程 50.50 米，机架桥面高程 55.00 米，桥长 10 米、宽 2 米。上下游连接段为浆砌石扭曲面，涵闸全长 50 米，其中闸室长 10 米，涵洞长 40 米（分 5 节，每节 8 米），上游铺盖长 20 米，防冲槽长 4 米，下游消力池长 15 米，海漫长 25 米，建筑物总长度为 114 米。

2013 年 3 月，柳屯引水闸进行安全鉴定，评定为三类闸，按《水闸安全鉴定管理办法》规定，报请除险加固。

除险加固于 2015 年 11 月实施。主要内容包括闸上游铺盖及翼墙拆除重建；机架桥、便桥、启闭机房、下游左右岸浆砌石扭面拆除重建；新建止水和原止水修复；水闸闸墩及胸墙混凝土表面缺陷修复；方砖护坡护面及围墙拆除重建，对上下游砌石勾缝脱落和块石脱落部位进行砂浆勾缝；在闸墩顶、涵洞出口平台处增设防护栏杆，新建浆砌石台阶；更换工作闸门 3 扇，新增固定卷扬式启闭机 3 台，保留原有闸门埋件；修复和新建观测设施。完成土方 1.8 万立方米，石方 268 立方米，混凝土 2005 立方米，拆除砌体 1790 立方米，拆除钢筋混凝土 35 立方米等，工程总投资 446 万元。

（2）穿堤小型涵洞拆除重建。

陈庄提灌站新建涵洞为单孔，宽 0.8 米、高 1.2 米，总长 29.99 米。洞壁为钢筋混凝土结构，厚 0.3 米。洞底板高程 53.44 米，滞洪水位 53.97 米，堤顶高程 56.45 米。完成土方 2848.6 立方米，石方 19.5 立方米，混凝土 77.51 立方米，拆除砖结构洞身 44.23 立方米，工程总投资 16.28 万元。

单什八郎、榆林头提灌站新建涵洞为预制钢筋混凝土管，直径分别为 60 厘米、50 厘米。共完成土方 1867.39 立方米，石方 15.24 立方米，砂砾石 10.71 立方米，拆除混凝土 44.09 立方米。两处工程总投资 7.21 万元。濮阳北金堤小型涵洞重建情况见表 4-21。

表 4-21　濮阳北金堤小型涵洞重建情况

工程名称	大堤桩号	孔数	洞底板高程（米）	滞洪水位（米）	堤顶高程（米）	管数（节）	管径（厘米）	洞深长（米）	投资（万元）
单什八郎提灌站	25+500	1	52.5	52.7	55.3	10	60	20	5.26
榆林头提灌站	30+950	1	52.5	52.15	55.7	7	50	14	1.95
合计	—	—	—	—	—	—	—	—	7.21

（三）避水工程和撤退工程

1. 避水土方工程

避水土方工程主要指围村堰、避水台和安全区等安全设施。避水土方工程是滞洪区主要工程之一。避水工程施工，要求做到层土层硪（夯实、碾压），坯头0.3米，压实至0.2米，干幺重1.45～1.50吨每立方米。成品堰、台要求在边坡上栽种植被，以防止暴雨冲刷，导致工程土体流失。滞洪区避水工程修建分4个阶段。

第一阶段（1951～1957年）。1951年，石头庄溢洪堰建成后，曾在石头庄至濮阳县下界范围内，设置20个断面，断面间距平均4.5千米。按石头庄溢洪堰分洪5100立方米每秒，推算出每个断面的滞洪水位。依据计算水位和当时实测万分之一地形图及横断面图，将滞洪区2294个自然村，按不同水深划分为7个等级，视水深分别做堰或台。这一阶段历时6年，共修筑避水台、围村堰950个（条），完成工程土方2118.76万立方米，投资682.07万元。其中，河南省的长垣县、滑县、濮阳县修建围村堰531个（条），完成工程土方1367.56万立方米，投资441.27万元。山东省在滞洪区末端修筑避水台150个、围村堰269条，共完成土方751.2万立方米，投资240.8万元。1953～1957年濮阳北金堤滞洪区避水工程情况见表4-22。

表4-22　1953～1957年濮阳北金堤滞洪区避水工程情况

年份	项目	单位	长垣县	滑县	濮阳县	合计	说明
合计	围村堰	条	162	168	201	531	成品
	土方	万立方米	493.07	411.33	463.16	1367.56	
	投资	万元	162.05	126.31	152.91	441.27	
1953年	围村堰	条	28	90	58	176	成品或半成品
	土方	万立方米	26.1	44.26	20.21	90.57	
	投资	万元	6.68	11.06	5.84	23.58	
1954年	围村堰	条	80	40	88	208	成品或半成品
	土方	万立方米	122.05	41.75	92.19	255.99	
	投资	万元	32.62	10.49	23.86	66.97	
1955年	围村堰	条	52	32	41	125	成品或半成品
	土方	万立方米	260.01	153	172.77	585.78	
	投资	万元	86.28	47.47	55.07	188.82	
1956年	围村堰	条	15	22	27	64	成品或半成品
	土方	万立方米	44.88	120.95	132.1	297.93	
	投资	万元	17.29	44.37	46.25	107.91	
1957年	围村堰	条	9	6	12	27	成品或半成品
	土方	万立方米	40.03	51.37	45.89	137.29	
	投资	万元	19.18	12.92	21.89	53.99	

第二阶段（1964～1976年）。1964年，主要是修复已有的围村堰和避水台，共完成土方88.73万立方米，投资53.01万元（见表4-23）。其中，计划修复围村堰223条，有44条堰全部完成修复任务，179条堰分别完成部分修复任务，共完成土方81.21万立方米，投资48.40万元；计划修复避水台54个，有34个台全部完成修复任务，20个台分别完成部分修复任务，共完成土方7.52万立方米，投资4.61万元。

表4-23　1964年濮阳北金堤滞洪区避水工程完成情况

项目	堰台数（条、个）	土方量（万立方米）	投资（万元）
一、修复围村堰	223	81.21	48.40
1.已完成	44	27.63	17.44
2.未完成	179	53.58	30.96
二、修复避水台	54	7.52	4.61
1.已完成	34	1.71	1.40
2.未完成	20	5.81	3.21
合计	—	88.73	53.01

1965年3月，安阳专区向河南省人民委员会报送《北金堤滞洪区避水工程和其他设施计划的报告》，凡水深在0.5米以上的村庄（除口门和大溜顶冲村庄外），均可修建避水工程。其中原有围村堰破坏不超过50%的恢复原来标准，避水台须修在村庄附近背水（溜）面的地方。在新测的滞洪水位成果没有下发之前，仍按1958年以前测定的水位，确定避水工程设计标准。是年6月初，河南省人委向国务院报送《关于建设北金堤滞洪区避水工程等问题的请示》，6月29日，国务院批复同意建设北金堤滞洪区避水工程设施，避水台按每人5平方米修建，土方单价按每平方米补助0.3元计算，共投资551万元；滞洪区其他建设投资76.50万元。要求全部工程和设施在3年内分期完成。

1965～1967年，规划修建堰、台共1916条（个），土方1836.12万立方米。实际修筑避水台1120个、围村堰283条，完成避水工程土方1550.80万立方米，占规划的84.46%（见表4-24）。其中，1965年完成土方447.45万立方米，占规划的104.16%；1966年完成土方420.11万立方米，占规划的34.40%；1967年完成土方683.24万立方米，占规划的368.08%。1965年国家对北金堤滞洪区投资158万元，1966年投资393万元，1969年投资134万元，3次共投资685万元，其中避水工程投资497.80万元。至1975年，才完成批复投资，共计完成避水台1486个、围村堰303条，避水土方1915.50万立方米，投资497.80万元。避水工程可解决约100万群众的避洪问题，当时还有约43.26万人需要迁移安置。

1965～1975年濮阳北金堤滞洪区避水工程完成情况见表4-25。

表 4-24　1965 ~ 1967 年濮阳北金堤滞洪区避水工程完成情况

县别	年度	完成避水台和围村堰情况			占规划土方百分数（%）
		避水台数（个）	围村堰数（条）	土方量（万立方米）	
合计		1120	283	1550.80	84.46
长垣县	1965	2	5	35.83	—
	1966	33	13	26.20	
	1967	122	73	194.27	
滑县	1965	54	0	21.65	—
	1966	12	6	20.56	
	1967	64	67	178.78	
濮阳县	1965	7	14	52.00	—
	1966	49	7	92.00	
	1967	104	31	234.00	
范县	1965	336	49	337.97	—
	1966	99	—	76.19	
	1967	238	18	281.35	

表 4-25　1965 ~ 1975 年濮阳北金堤滞洪区避水工程完成情况

县别	计划工程		完成工程		土方量（万立方米）		投资（万元）	迁移人口（万人）	说明
	围村堰（条）	避水台（个）	围村堰（条）	避水台（个）	计划	完成			
合计	377	2179	303	1486	2456.61	1915.50	497.81	43.26	—
长垣县	110	361	79	214	444.79	346.77	90.12	9.85	—
滑县	118	186	99	134	365.50	289.90	75.34	4.80	—
濮阳县	82	489	71	319	555.32	407.71	105.96	9.00	—
范县	67	1143	54	819	1091.00	871.12	226.39	19.61	全部迁至山东省

第三阶段（1977 ~ 1983 年）。因滞洪区改建，分洪流量由原来的 6000 立方米每秒提高为 10000 立方米每秒，水位普遍比 1964 年设计水位抬高 0.7 ~ 3.2 米，区内主流区、深水区都有相应变化，前两期所做的避水土方工程大部分不能满足滞洪时的需要。为保证区内群众生命财产安全，在此期间实行“以外迁为主”的滞洪原则，基本未做避水土方工程。

第四阶段（1984 ~ 1986 年）。1983 年，河南黄河河务局在濮阳召开的滞洪工作会议上，将滞洪原则更改为“防守和转移并举，以防守为主，就近迁移”。据此，重新开始大规模的避水土方工程的修建工作。主流区和库区以迁移为主，加速路桥建设。其余水域需恢复和新建堰台 880 个，需土方 1170 万立方米，计划 3 年完成，可将原来迁移的 110 万人口减少至 52.4 万人。

1984～1986 年，国家投资 822.82 万元，共完成避水堰台土方 1002.65 万立方米，修建围村堰 109 条（其中半成品 10 条），避水台 572 个（其中半成品 30 个）。1986 年以后，国家停止对滞洪区避水工程建设的投资。

至 2015 年，濮阳境内北金堤滞洪区有避水台 446 个，台顶面积 115.6 万平方米；围村堰 46 条，共长 62 千米（见表 4-26）。滞洪时，可供 32.1 万人利用堰、台固守。

表 4-26　2015 年濮阳北金堤滞洪区避水工程统计

县别	围村堰			避水台		
	数量（条）	长度（千米）	可安置人口（万人）	数量（个）	面积（万平方米）	可安置人口（万人）
合计	46	61.95	6.26	446	115.59	25.85
濮阳县	34	47.70	4.90	172	43.13	12.11
范县	12	14.25	1.36	274	72.46	13.74

（1）围村堰。围村堰就是环围村落的封闭式土堰，可以防止洪水流入，起到防淹没、保安全的作用。平堰上一般留一两个出入路口，一旦滞洪，立即用备土将路口封死，只要围村堰不溃、不垮，洪水退后，村庄无恙。围村堰必须保证万无一失，一旦防守不力，发生溃堰，整村全遭水没，损失将十分惨重。

围村堰修建标准：水深在 2.0 米以上的，堰顶超高水位 1.5 米；水深在 1.5～2.0 米的，堰顶超高水位 1 米；水深 1～1.5 米的，堰顶超高水位 0.7 米；水深 0.5～1 米的，堰顶超高水位 0.5 米。堰顶宽均为 2～4 米，边坡 1∶2。滞洪区围村堰照片见图 4-7。

图 4-7　滞洪区围村堰

（2）避水台。避水台是在村边荒芜空地或计划预留地上用土筑成高台，一旦滞洪，村内群众可携部分财产细软迅速撤上土台，躲避洪水。人虽无恙，但村庄房舍往往要遭受洪水侵害。

避水台修建标准：每人按5平方米修建，建台位置放在村的背溜区，以防洪水冲毁。水深2.0米以上，台顶超高水位1.5米；水深1.5～2.0米的，台顶超高水位1米；水深1～1.5米的，台顶超高水位0.5米。避水台边坡均为1:2。滞洪区避水台照片见图4-8。

图4-8 滞洪区避水台

（3）安全区。这种避水工程形式适用于浅水区。主要利用浅水区内较高的渠堤、路基等，再辅做一些简单的堤埝，将一块区域围起来，一旦滞洪，所围成的区域内可保不受水淹。濮阳县安全区面积为4.12平方千米，范县安全区面积为10平方千米，共保护村庄63个。

2.撤迁道路和桥梁

北金堤滞洪区改建前虽有撤迁任务，但由于撤迁人数较少，而且大部分是内迁，距离较近，需外迁的范县和台前县的部分群众，因洪水到达时间约3天，加之当时群众的财产不多，撤迁负担不大，可从容外迁，所以整个滞洪区没有修建搬迁公路和相应的桥梁。1976年北金堤滞洪区改建后，分洪溜势和水深都发生变化，原有的避水工程大部分不能满足滞洪需要，撤迁成为主要的安全措施。仅靠区内原有的几条交通公路和标准相当低的金堤河桥，远远不能满足撤迁的需要。

1977年，滞洪区开始有计划地修建撤迁路、桥。撤迁路、桥由地方政府和黄河滞洪部门联合修建。地方政府负责路基占地征用和路基修筑，黄河滞洪部门供应路面材料。1977～2001年，濮阳境内滞洪区修建撤退路98条，长度865.89千米。其中，黄河部门修建57条，长470.59千米，投资2133.37万元；地方和中原油田修建41条，长395.30千米。2001年以后，滞洪区内没有再新建撤迁路。2007年，滞洪区实现公路村村通，滞洪撤退路的问题得到解决。2003 年濮阳北金堤滞洪区撤迁道路统计见表 4-27，20 世纪 80 年代滞洪区撤退路照片见图 4-9。

表 4-27　2003 年濮阳北金堤滞洪区撤迁道路统计

县别	序号	起止点		长度（千米）	路面级别	路面宽度（米）		竣工时间（年-月）	投资（万元）
		起点	终点			总宽	净宽		
合计	98	—	—	865.89	—	—	—	—	2133.37
濮阳县	1	濮阳	渠村	36	2	10	6	1977	—
	2	八里庄	坝头	27	3	10	6	1978	—
	3	五星	白堽	28	3	10	6	1983-07	133.60
	4	八公桥	徐镇	10.5	3	8	6	1985	—
	5	张庄	习城	3.8	3	8	6	1988	—
	6	陈庄	鲁河	10	3	8	6	1982	—
	7	武寨	渠村	5.4	3	8	6	1977	—
	8	昌湖	田庄	5	3	8	6	1984	27.50
	9	文留	王称堌	9	3	10	6	1983	40.50
	10	子岸	岳辛庄	8	3	10	6	1984	46.00
	11	海通	郎中	11.5	3	10	6	1985	55.25
	12	两门	袁寨	6	3	10	6	1986	36.00
	13	海通	子岸	19.5	3	10	6	1987	117.00
	14	庆祖	潘家	6.1	3	10	6	1986	36.60
	15	渠村	渠村	1.5	3	10	6	1986	8.55
	16	化寨	故县	5	3	10	6	1987	290.00
	17	鲁河	顾头	4.5	3	10	6	1987	11.60
	18	柳屯	大张村	7.4	3	10	6	—	—
	19	什八郎	小屯	17.3	3	10	6	—	—
	20	小濮州	庞楼	12	3	10	6	—	—
	21	侍郎寨	闫楼寨	8.3	3	10	6	—	—
	22	后邢屯	彭贯寨	16.5	3	10	6	—	—
	23	王明屯	徐镇	21.2	3	10	6	—	—
	24	铁刘庄	郭村	19.8	3	10	6	—	—
	25	新村	于屯	10	3	10	6	—	—
	26	邢屯	巴庄	1.8	3	8	6	—	—
	27	花园村	良黄庄	3.3	3	8	6	—	—
	28	良黄庄	陈张庄	2.5	3	8	6	—	—
	29	中国集	西辛庄	13.5	3	10	6	—	—

续表 4-27

县别	序号	起止点		长度（千米）	路面级别	路面宽度（米）		竣工时间（年-月）	投资（万元）
		起点	终点			总宽	净宽		
濮阳县	30	刘庄	冯楼	2.8	3	10	6	—	—
	31	周庙	管庄	5.6	3	10	6	—	—
	32	周庙	肖固堆	4.8	3	10	6	—	—
	33	军寨	沙窝	3.8	3	10	6	—	—
	34	牛庄	闫林寨	5	3	10	6	—	—
	35	梨园	鲍庄	15.8	3	10	6	—	—
	36	聂大寨	习城	13.5	3	10	6	—	—
	37	鲍庄	马寨	1.8	3	10	6	—	—
	38	黄苏庄	张寨	14.2	3	10	6	—	—
	39	前巴河	石槽	6.2	3	10	6	—	—
	40	桃园	薛店	11	3	20	18	—	—
	41	后岗上	朱小丘	17.5	3	10	6	—	—
	42	后辛庄	林尹	4	3	10	6	—	—
	43	庆祖界	子岳路	5.5	3	8	6	1987	33.00
	44	子岳路	故县桥	5	3	8	6	1987	30.00
	45	鲁河	文西干道	2	3	8	6	1987	12.00
	46	渠村	分洪闸	4.5	3	8	6	1992	29.70
	47	庆祖	环城	7	3	8	6	1992	46.20
	48	五星	濮范路	4	3	8.5	6	1994	24.60
	49	东六市	徐镇	5	3	8.5	6	1994	16.50
	50	姚庄	丁寨	10	3	8.5	6	1995	33.00
	51	五星	濮范路	6	3	8.5	6	1995	21.40
	52	逯庄	亲村	5	3	8.5	6	1995	15.00
范县	1	范张路	陈庄	7	3	8	6	1987～1990	42.00
	2	古城	张庄	11.5	3	8	6	1991	69.00
	3	陈庄	邢庙	4.5	3	8	6	1992	29.70
	4	孟楼	王庄	4	3	8	6	1992	26.40
	5	姬楼	王庄	4.5	3	8	6	1993	29.70
	6	葛楼	豆庄	19.5	3	8	6	1981-05	85.09
	7	范县	李桥	20	3	8	6	1977-01	—
	8	范县	张庄	17	3	8	6	1978-01	—
	9	陆集	姬楼	20	3	8	5	1983	97.60

续表 4-27

县别	序号	起止点		长度（千米）	路面级别	路面宽度（米）		竣工时间（年-月）	投资（万元）
		起点	终点			总宽	净宽		
范县	10	杨集	濮城	11	3	8	5	1979.8	—
	11	陈庄	范张路	14	3	8	5	1985	80.66
	12	闵子墓	张庄	3	3	8	5	1982-07	15.80
	13	船厂	杨集	3.4	3	8	5	1981-07	15.75
	14	濮城	赵庄	10	3	6	5	1982	—
	15	辛庄	葛庄	7	—	—	—	—	—
	16	八里村	杨濮路	2.5	3	8.5	6	1995	11.00
	17	史楼	陈庄	4.5	3	8	6	1992-02	20.70
	18	赵亭	杨庄	5.1	3	8	6	1999	162.38
	19	田堌堆	孙庄	3	3	8	6	1999	75.00
	20	胡庄	吴庄	0.7	3	8	6	1999	18.24
	21	王楼	古云	4.9	3	8	6	2001	102
	22	李鲁元	后刘楼	5.9	3	8	6	2001	123
台前县	1	后方	马楼	5	4	8	6	1988	10.00
	2	台前	洪庙	20	3	10	8	1988	—
	3	台前	前三里	2.25	4	8	6	1983	12.03
	4	台前	孙口	7	3	8	6	1993	—
	5	台前	吴坝	28.44	3	8	6	1984	161.78
	6	梁集	贾海	6.1	4	7	6	1981	35.30
	7	侯庙	王英楼	3	4	8	6	1978	—
	8	后坊	马楼	2	3	8	6	1988	10.00
	9	侯庙	王英楼	2	3	8	6	1989	12.00
	10	前三里	寿张	4	3	8	6	1990	24.00
	11	台前	行政街	4.5	3	8	6	1992	30.36
	12	后张	孙口	7.5	3	8	6	1983	49.50
	13	孙口	后张	2.5	3	8.5	6	1994	16.50
	14	顺河路		2	2	10	8	1994	13.50
	15	后店子	张秋	9	3	8.5	6	1995	27.00
	16	顺河街	金堤	10	2	10	8	1995	44.00
	17	红庙	吴坝	45	2	13	12	1999	—
	18	侯庙	王楼	2.5	4	10	7	1997	50.00
	19	侯庙	徐岭	4	4	7	5	1998	—

续表 4-27

县别	序号	起止点		长度（千米）	路面级别	路面宽度（米）		竣工时间（年-月）	投资（万元）
		起点	终点			总宽	净宽		
台前县	20	侯庙	明堤	6	4	7	4.5	1996	—
	21	徐沙沃	濮台路	3.3	4	7	5	1999	—
	22	后方	高庙	4	4	7	5	1996	—
	23	台前	影唐	5.7	4	7	4	1998	—
	24	荆石	张庄	6.7	4	7	5	1999	50.00

图 4-9　20 世纪 80 年代滞洪区撤退路

至 2015 年，濮阳北金堤滞洪区有撤迁干道 62 条，共长 493.98 千米。其中，濮阳县 28 条，长 247.42 千米；范县 15 条，长 119.9 千米；台前县 19 条，长 126.66 千米。路面为 3 级沥青路面，路基宽 6～8 米，路面宽 4～6 米。

群众撤迁方向主要是金堤河背河地区，撤迁时须通过金堤河。因此，在修路的同时，在金堤河上修建滞洪撤迁高桥，使路、桥配套。撤迁桥按防御金堤河 20 年一遇流量 800 立方米每秒洪水设计，桥长最短 22.4 米、最长 270 米，桥面宽 4.5～12 米，载重汽车 8～20 吨。灌注桩基础，上部为混凝土简支梁。至 2001 年底，濮阳境内滞洪区共建撤退桥 23 座，总投资 2047.58 万元。其中 19 座由黄河部门修建，投资 1615.43 万元；4 座由中原油田修建，投资 432.15 万元。2002 年以来，金堤河上未新建撤迁桥。2003 年濮阳北金堤滞洪区撤退桥梁情况见表 4-28，20 世纪 80 年代滞洪区撤退桥见图 4-10。

2015 年，濮阳境内有金堤河撤退桥 23 座，其中，濮阳县 12 座，范县 6 座，台前县 5 座。

表 4-28　2003 年濮阳北金堤滞洪区撤退桥梁统计

序号	县别	桥址	设计标准			桥长（米）	孔数	跨度（米）	桥面宽（米）		竣工时间（年-月）	投资（万元）
			流量（立方米每秒）	水位（米）	载重量（吨）				总宽	净宽		
1	濮阳县	岳辛庄	763.0	52.90	汽－20	178.40	11	16.0	8.5	7.0	1985-10	120.45
2	濮阳县	故县	763.0	51.60	汽－8	163.00	18	9.0	7.5	7.0	1979-10	36.00
3	濮阳县	桃园	786.0	50.80	汽－8	152.00	17	9.0	7.5	7.0	1979-10	34.00
4	濮阳县	南关	800.0	52.10	汽－20	178.40	11	16.0	12.0	9.0	1985-10	134.70
5	濮阳县	昌湖	786.0	50.30	汽－10	160.00	16	10.0	7.5	7.0	1980-11	39.00
6	濮阳县	铁炉	52.0	54.07	汽－20	32.40	3	10.0	7.5	7.0	1990-10	61.54
7	濮阳县	曹家	15.9	53.84	汽－20	22.40	2	8.5	7.5	7.0	1992-10	51.44
8	濮阳县	桃园	116.0	—	汽－20	210.60	13	16.0	11.0	10.0	1987	227.15
9	濮阳县	杨什八郎	786.0	48.38	汽－15	129.60	12	10.0	7.5	7.0	1979-05	60.00
10	濮阳县	李道期	786.0	—	汽－15	129.60	12	10.0	7.5	7.0	1983-06	80.00
11	濮阳县	赵庄	786.0	—	汽－15	129.60	12	10.0	7.5	7.0	1981-05	65.00
12	濮阳县	冯玉堂	714.0	51.25	汽－10	160.00	10	16.0	6.0	5.4	2001-05	160.00
13	范县	葛楼桥	500.0	43.61	汽－10	120.00	8	15.0	5.0	4.0	1971	28.70
14	范县	马陵桥	800.0	46.70	汽－10	160.00	16	10.0	7.0	6.0	1981	49.80
15	范县	十字坡桥	1000.0	45.95	汽－13	161.42	7	23.2	9.0	7.0	1972	46.06
16	范县	古城桥	800.0	44.47	汽－8	118.00	13	9.1	4.5	4.0	1966	28.00
17	范县	孟楼桥	69.0	44.55	汽－20	34.00	4	13.0	9.0	7.0	1988	60.86
18	范县	姬楼桥	—	—	汽－20	234.00	18	13.0	9.0	8.0	1994	229.00
19	台前县	老庄	—	—	—	192	12	16.0	6.0	5.4	2000	130.00
20	台前县	前三里	900.0	45.45	汽－15	238	18	13.0	8.0	7.0	1982-09	75.06
21	台前县	南关	950.0	45.60	汽－20	178.42	11	16.0	10.0	7.0	1988-08	192.42
22	台前县	贾垓	800.0	43.87	汽－10	270	27	10.0	7.5	6.0	1980-04	53.30
23	台前县	五里营	950.0	45.26	汽－13	182	14	12.2	6.8	6.28	1985-10	85.10
合计		—	—	—	—	—	—	—	—	—	—	2047.58

（四）漂浮救生器具

漂浮救生器具主要用于紧急救护和指挥、通信需要，以及运送救护设备和生活、医疗物品。漂浮救生器具主要有水泥船、冲锋舟、救生衣、救生圈、塑料桶、漂浮木材、竹竿等。

图 4-10　20 世纪 80 年代滞洪区撤退桥

水泥船为救生主要器具。1969 年以前，建造的滞洪木船 512 只，维修原有救生木船 471 只，共用木材 2314 立方米，耗资 187.20 万元。后因年久失修，于 1977 年全部报废。为弥补救生船只的不足，1977 年黄河专业造船厂成立，生产钢丝网片水泥船。开始试验生产 8 吨型和 5 吨型水泥船。经试验和论证，1978 年开始正式生产 5 吨型水泥船。船长 9.7 米，船外围宽 2.5 米，内型宽 2.2 米，型深 0.72 米，空载吃水深 0.28 米，满载吃水深 0.62 米，船自重 3.3 吨，载重量 5 吨，密封仓抗沉体体积 3.50 立方米。

为提高船速和便于航行，给其中的 100 只船加挂机械动力（1 台 12 匹马力柴油机驱动推进桨，简易舵），并对其余的船只进行简易配套（配有桨和简易舵）。这种水泥船在结构上充分考虑救生安全，在船头和船尾均设有一密封安全仓，安全仓的排水量大于船的自重，足以使船在不负重的情况下无论处于何种状态都能自浮。20 世纪 80 年代滞洪区水泥救生船见图 4-11。

图 4-11　20 世纪 80 年代滞洪区水泥救生船

1982年，黄河花园口发生15300立方米每秒洪水，兰考东坝头以下滩区几乎全部漫水，一般水深2~3米，为及时抢护滩区未能上避水台的群众生命安全，从北金堤滞洪区紧急调运水泥船60只，在抢险、救护过程中发挥了很好的作用。

根据滞洪需要，原规划造船2478只。到1991年3月造船厂撤销时，共生产1530只，投资354.14万元。按每500人1只水泥船的要求，将水泥船无偿分送至深水区、主流区和库区的各个村庄，并由使用的村庄管理。1977~1987年，共分送水泥船1470只，其中，长垣县6只，滑县205只，濮阳县516只，范县463只，台前县280只。由于水泥船露天存放，经过30多年的风刮雨淋日晒，至2015年，大部分水泥船报废。

表4-29　1977~1987年水泥船建造及分配情况

制造时间（年）	生产数量（只）	投资（万元）	船只分配情况（只）					
			长垣县	滑县	濮阳县	范县	台前县	合计
合计	1530	354.14	6	205	516	463	280	1470
1977	2	2.00	—	—	—	—	—	—
1978	16	12.64	—	—	—	—	—	—
1979	112	39.00	—	—	—	—	—	—
1980	200	38.90	—	—	—	—	—	—
1981	200	36.48	—	—	196	185	54	435
1982	200	40.00	—	50	—	102	81	233
1983	200	35.52	—	—	10	150	22	182
1984	150	30.00	6	112	19	7	36	180
1985	150	34.92	—	21	115	9	—	145
1986	150	38.68	—	—	125	6	8	139
1987	150	46.00	—	22	51	4	79	156

国家储备冲锋舟27艘，救生衣4815件。救生圈、塑料桶、漂浮木材和竹竿等由地方政府或个人准备。

（五）滞洪信息传递

20世纪80代以前，滞洪区没有专用通信设施，滞洪命令的传递是通过黄河和民用普通有线电话把滞洪命令传递到县、乡。由于基层农村电话普及率不高，滞洪命令在县以下区域传达没有可靠保证。为此，每村设“滞洪信使”，每年汛期在公社集合待命。一旦滞洪，速奔各村，辅之敲锣打鼓，或点燃火把等手段传递滞洪信息。

1983年，国家防总和财政部曾增拨300万元防汛费，其中65万元用于滞洪区无线通信网建设，形成以濮阳市为中心，向滞洪区的主溜区、深水区和退水区的36个乡（镇）辐射的通信网络。无线组网的设计、施工由河南黄河河务局通信站承担。1985

年，组网工作完成。市至县的干线配置15瓦的3JDD-2型超短波电台，县至各乡（镇）用5～10瓦的JDD-2/308Ⅱ型双功对讲机。北金堤滞洪区无线通信网组建情况见表4-30。

表4-30　北金堤滞洪区无线通信网组建情况

县别（5个主台）	乡别（36个属台）	基点村（66个基点、对讲机）
长垣县	赵堤（佘家）	—
滑县	白道口、赵营、八里营	刘庄、新庄、东单庄、西乱干、赵营、五爷庙
	大寨乡	延屯、山木村、汴村、肖承相、大寨、娄草坡
	桑村乡	上村、邵大召、路金德、南齐丘、江马厂、桑村
	老庙乡	陈家营、黄村、魏庄、王五寨、西塔丘、老庙
濮阳县	渠村乡	牛寨、刘寨、张李屯、渠村
	海通乡	两门、宁家、沙固堆、甘吕丘、海通
	庆祖乡	环城、大潘家、大桑树、张贾村、后贯道、庆祖、张于林头
	子岸乡	岳辛庄、刘梁庄、冯厂村、贾村、子岸、曹寨
	五星乡	后固堆、西各丘、张寨、后吕寨、李桥、五星、东八里庄
	胡状乡	张寨、胡马现、中草庙、程庄、后柏头、胡状
	鲁河乡	寨上、前巴河、李十八郎、前杜固、刘南孟、鲁河、小寺上
	八公桥、户部寨、王称堌、梁庄、文留	—
范县	王楼、濮城、辛庄、白衣阁、杨集、陈庄、孟楼、龙王庄、颜村铺、高码头、张庄	—
台前县	后方、侯庙、孙口、打渔陈、夹河、吴坝	—

虽然主溜区、深水区、退水区的各乡（镇）配置无线电台，但乡（镇）至各村仍靠原始办法传递“命令”。主溜区、深水区的撤迁或固守的群众准备时间本来就很短，所以对通信的要求就更高。1986年汛前，将这些区域的若干邻近村庄（一般4～5个）划为一个基点，共设68个基点。每个基点配置1部对讲机。浅水区和库区，因水浅洪水到达较晚（分洪后3天洪水方可到达库区），乡（镇）以下的报警设备仍选用经济简单的手摇警报器。

1987年，对干线无线通信设施更新换代，淘汰JDD-2型电台，改用M7-1515D13型机，使无线通信能力进一步提高。进入21世纪，通信技术高速发展，滞洪命令等信息可用手机、广播、电视等方式传递，原来配置的无线通信设备均成为落后的淘汰产品，没有使用价值，全部报废。

三、滞洪运用与迁移安置

(一) 滞洪水位的推演和确定

滞洪区滞洪后各地的水深是群众避水或迁移的重要依据。北金堤滞洪区自建设以来，黄委会和河南黄河河务局于1954年、1955年、1964年和1976年进行4次模拟滞洪水位推演。1954、1955年滞洪水位推演后，把处在不同水深区域的村庄分别称为一类村（水深2.01米以上）、二类村（水深1.51～2.0米）、三类村（水深1.01～1.50米）和四类村（水深0.5～1.0米）等4个类型。1964年滞洪水位推演后，也把处在不同水深区域的村庄称为一、二、三、四类村（水深情况基本同前）。1976年推演的结果是：渠村分洪闸最大分洪流量10000立方米每秒，分洪时段3天半，可蓄滞洪水量20亿立方米，洪水出分洪闸后，主溜将沿回木沟、三里店沟和一号河网向北直趋濮阳县南关，在南关折转沿金堤河东流，分洪后约3天时间洪水到达范县县城附近，再约3天半到达台前县张庄。第7天张庄闸开始退水，第13天达到最大退水流量2340立方米每秒，张庄闸以下大河相应流量为7940立方米每秒，最高运用水位47.6米，回水至范县。由于大河的顶托作用，届时将有5.5亿立方米的水不能自排入黄，需张庄提排站提排。按照2000年水平考虑河床淤积，以及张庄闸前的黄河水位—流量关系进行推演计算，滞洪区末端最高水位为48.5米，届时滞洪区自排不出的水量为14.4亿立方米。按水深的不同，并参考水流速的因素，滞洪区划分为主溜区、深水区、库区和浅水区4个区域。1976年北金堤滞洪区各断面设计水位情况见表4-31，北金堤滞洪区水位、淹没面积、洪水容积关系见表4-32。

表4-31　1976年北金堤滞洪区各断面设计水位情况

断面名称	断面距离		断面平均高程（米）	断面计算宽度（米）	设计流量（立方米每秒）	设计滞洪水位（米）	断面位置	说明
	间距（米）	距分洪闸（千米）						
分洪闸	—	—	—	—	10000	—	—	—
1′	1500	1.50	57.34	6220	10000	60.50	张李屯—业庄	
2′	15500	17.00	53.32	17600	9720	55.00	马村—陈寨村	
6	15000	32.00	51.10	14200	9300	54.50	濮阳南堤村—陈寨村	
23	11250	43.25	51.18	14700	—	54.10	侯五里—小大市	
7	5250	48.50	50.77	13700	7600	53.70	焦寨—西辛庄	
24	4925	53.43	50.42	9850	—	52.90	官人店—东常	
3	5375	58.80	2.09	10450	—	52.50	柳屯—王楼	

续表 4-31

断面名称	断面距离		断面平均高程（米）	断面计算宽度（米）	设计流量（立方米每秒）	设计滞洪水位（米）	断面位置	说明
	间距（米）	距分洪闸（千米）						
25	5100	63.90	49.62	12500	6900	51.80	这河寨—武祥屯	1. 设计流量考虑了金堤河洪水遭遇 700 立方米每秒； 2. 设计滞洪水位系指断面平均洪水位； 3. 滞洪区断面据黄委 1964 年 12 月施测，1′、2′断面系根据黄委 1957 年 1/50000 航测图点绘
9	5650	69.55	48.88	12750	—	50.80	张庄—辛庄集	
26	5250	71.80	47.78	12300	—	50.20	葛楼—前李胡	
10	4850	79.65	46.68	10100	6650	49.40	齐堤口—魏堂	
11	4450	84.10	46.55	16550	6600	49.00	王亭—杨庄	
12	4000	18.10	45.56	12480	6580	48.20	樱桃阳—许楼	
27	6375	94.48	44.94	12850	—	48.15	王庄—陈楼	
28	6050	100.53	45.27	6900	—	48.10	古城—大王庄	
29	5625	106.15	44.14	9700	—	48.00	金斗营—满庄	
13	4850	110.00	43.45	8220	—	47.95	李相—前何楼	
30	5575	116.59	42.39	10200	—	47.90	菌寨—陈楼	
14	5800	122.38	41.75	6320	—	47.80	台前—孙口	
31	4825	127.20	41.12	4240	—	47.75	葛堤口—梁集	
15	5125	112.33	42.30	6400	—	47.70	主堤口—北宋	
32	5500	117.82	41.77	5500	—	47.65	张秋—西白铺	
16	4375	142.20	40.64	3450	—	47.63	董营—西赵桥	
33	3825	146.08	40.13	1860	—	47.60	西铺—西石桥	
张庄闸	675	146.79	—	—	1900	—	—	

表 4-32 北金堤滞洪区水位、淹没面积、洪水容积关系

水位（米）	淹没面积（平方千米）	洪水容积（亿立方米）
40	7.15	0.06
41	25.64	0.24
42	68.89	0.27
43	178.2	2.16
44	244.4	4.43
45	357.9	7.40
46	484.2	11.81
47	593.4	17.11
48	674.1	23.42
49	733.5	30.63

（二）北金堤滞洪运用方案

北金堤滞洪区的运用方案，根据不同时期的防洪任务和河道排洪能力，由黄河防汛总指挥部拟定。运用北金堤滞洪区，须报请国务院批准。运用原则：当黄河花园口站发生特大洪水，若运用三门峡、陆浑及东平湖水库滞洪仍不能解除堤防危急时，即报请中央批准使用北金堤滞洪区分滞洪水，以保证下游堤防安全。

1951 年，北金堤滞洪区开辟建成后，确定黄河陕州站若发生 17000 立方米每秒以上的洪水，即利用石头庄溢洪堰分洪，以保证高村站的泄洪量不超过 12000 立方米每秒，如陕州站发生 30000 立方米每秒的洪水，为确保高村河段的安全，拟定石头庄溢洪堰分洪 5100 立方米每秒。石头庄溢洪堰相应于陕州站各级洪水的分洪量见表 4-33。

表 4-33　石头庄溢洪堰分洪流量计算情况

陕州站流量（立方米每秒）	石头庄断面		溢洪过洪		时间（天）	总量（亿立方米）	分洪后石头庄以下断面	
	流量（立方米每秒）	水位（米）	水头（米）	流量（立方米每秒）			流量（立方米每秒）	水位（米）
23000	18000	68.10	1.50	6000	7.4	14.4	12000	67.56
21000	16450	67.97	1.28	4550	6.4	10.7	11900	67.55
19000	14800	67.82	1.08	3400	5.6	6.6	11400	67.50
17000	13300	67.68	0.84	2300	4.4	3.8	11000	67.40

注：当石头庄水位至 67.50 米时即应开放。

1963 年，国务院《关于黄河下游防洪问题的几项决定》中明确规定："当花园口发生超过 22000 立方米每秒洪峰时，应利用长垣石头庄溢洪堰或河南其他地点分洪，以控制孙口站流量不超过 17000 立方米每秒左右。"

北金堤滞洪区改建后，确定黄河花园口站如发生 22000 立方米每秒洪水时，经河道自然调蓄，到达孙口站洪峰流量为 17500 立方米每秒，在东平湖分洪 7500 立方米每秒，控制艾山下泄 10000 立方米每秒。当花园口站发生 22000 立方米每秒以上至 30000 立方米每秒洪水时，由渠村分洪闸分洪 7000 立方米每秒，东平湖分洪保证艾山不超过 10000 立方米每秒。当花园口站出现 30000 立方米每秒至 46000 立方米每秒特大洪水，除运用三门峡水库、陆浑水库、故县水库、东平湖水库蓄洪外，仍难以保证黄河洪水安全下泄时，即报请中央批准，使用北金堤滞洪区分洪。

滞洪区的运用程序是：根据黄河洪水上涨情况，首先充分利用河道排泄，相机运用东平湖水库、三门峡水库、陆浑水库、故县水库、北金堤滞洪区。

运用条件是：当花园口发生 22000 立方米每秒以上洪水，且 10000 立方米每秒以上洪水量超过 17 亿立方米，运用东平湖水库后还不能解决洪水安全时。

运用时机是：花园口站实际出现 18000～20000 立方米每秒，流量预报 25000～28000 立方米每秒，雨情预报流量仍继续上涨时提出运用方案，报请上级批准。渠村分洪闸分洪时间为：高村站实际出现 20000 立方米每秒，且预报洪水继续上涨时。

分洪水量是：运用东平湖水库后无法解决的剩余水量，黄河最大分洪量不大于20亿立方米。

控制堤的爆破任务，由中国人民解放军担任。一旦接到分洪命令，即按既定方案于启闸前8小时内完成爆破的准备工作。爆破命令在启闸前4小时下达。

分洪闸准备工作，由黄河防汛总指挥部按照当年黄河各级流量洪水位，拟订闸门启闭方案。黄河防汛总指挥部在启闸前24小时下达预备令，闸门启闭操作人员全部上岗到位，进行设备再检查、测试，做好一切准备工作，接到启闸令后，按操作规程实施。

分洪流量由小到大，以保证建筑物的安全。根据模型试验，按设计分洪过程线分洪，达到闸后设计尾水位约需3小时。在尾水位达到设计高程后，方可加快启闸速度，达到设计分洪最大流量。北金堤滞洪区滞洪后，退水方式采取高水位时利用张庄闸泄水自流入黄，低水位时利用张庄电排站抽水入黄，白露以后由金堤张秋闸向徒骇河泄水20立方米每秒。

（三）濮阳市滞洪区运用预案

濮阳市自1996年以来，每年都制定《濮阳市北金堤滞洪区运用预案》，依据运用预案开展滞洪准备和滞洪运用，以保证滞洪时各级责任具体，调度有序，措施落实，群众妥善避水和转移安置，力争最大限度地避免和减少人员伤亡，减轻灾害损失。

1. 成立指挥机构

濮阳市防汛抗旱指挥部全面负责濮阳市北金堤滞洪区蓄滞洪运用工作，组织实施分洪命令，指挥转移安置工作。濮阳市防汛抗旱指挥部设滞洪运用指挥部，成员单位16个，设警报信息发布、转移安置、交通和安全保障、闸门运用、抢险救生、通信保障、物资供应、后勤保障等8个组。各成员单位根据职责范围制定滞洪区运用及群众迁安防守预案。滞洪区内各县（区）、乡（镇）防汛抗旱指挥部负责辖区内北金堤滞洪区滞洪运用工作。

2. 滞洪准备

每年汛前开展滞洪宣传工作，使滞洪区群众能够及时了解滞洪时的淹没情况、撤离路线、转移安置方案和生活保障措施等。建立市、县、乡由群众防汛队伍骨干、人民解放军和武装警察部队组成的蓄滞洪运用抢险救生队伍。同时开展救灾物资准备，救生船只、救生衣、救生圈和交通运输车辆由各级交通运输部门负责筹集，并提供操作人员。救灾帐篷由各级民政部门负责筹集和发放。发动群众自备竹筏、木板、轮胎、塑料桶等漂浮救生工具。

当花园口站发生20000立方米每秒洪水时，各级干部到岗到位，动员滞洪区群众抓紧做好滞洪的各项准备。组织库区、主溜区和深水区无堰台的群众，做好迁移准备，待命迁移。组织固守村庄防守人员，准备抢险工具、料物，堵复围村堰路口，明确防守责任。组织浅水区群众就地防守村庄，充分做好防御准备，落实临时性围堵措施。

3. 工程运用

工程运用执行黄河防汛总指挥部制订的《北金堤滞洪区运用方案》。渠村分洪闸和张庄退水闸的进退、洪调度运用由濮阳市防汛抗旱指挥部按照上级命令组织实施，并统一协调做好有关保障工作。

（1）渠村分洪闸运用。渠村分洪闸闸前围堤由中国人民解放军工兵按照分洪爆破实施方案操作，围堤破除后转为抢险队。渠村分洪闸管理处负责闸门的运用操作和水位流态观测，人员不足时，由濮阳市防汛抗旱指挥部统一协调解决。濮阳县防汛抗旱指挥部负责两岸裹头的防守和抢护。

（2）张庄闸退水运用。张庄闸的排涝运用调度由濮阳市防汛抗旱指挥部实施，张庄闸的防守和险情抢护由台前县防汛抗旱指挥部负责。当黄河发生特大洪水，启用北金堤滞洪区后，张庄闸退水按 1998 年水平，当黄河流量为 8000 立方米每秒时，张庄闸最大退水流量为 1000 立方米每秒。

4. 群众避水和迁移安置

北金堤滞洪区分洪运用后，按照迁安救护方案安排，浅水区 17.34 万人就地防守，46 个围村堰安置 6.26 万人；避水台 446 个，台顶面积 115.6 万平方米，安置 25.85 万人；需外迁移的有 37 个乡（镇）1065 个自然村，81.12 万人。其中过金堤河北迁 73.29万人，不过金堤河北迁 5.97 万人，内迁 1.86 万人。滞洪区内的中原油田人员和设备财产，由中原油田勘探局按照制订的迁安救护方案进行转移安置。

黄河出现特大洪水时，花园口站预见期为 8 小时，洪水由花园口传至渠村分洪闸约为 24 小时，在此期间研究水情上报中央决策需 7 小时，按此推算滞洪区群众迁移时限：濮阳县的渠村、海通、庆祖、郎中 4 个乡（镇）为 17 个小时，高新区的新习和濮阳县的子岸、五星、八公桥、胡状、清河头 6 个乡（镇）为 36 个小时，濮阳县的鲁河、梁庄、王称堌、文留、户部寨和范县的辛庄、濮城、王楼 8 个乡（镇）为 48 小时，范县的城关镇、白衣阁、杨集、陈庄、陆集、孟楼、龙王庄、颜村铺、张庄、高码头 10 个乡（镇）为 60 个小时，台前县的清河、马楼、侯庙、后方、城关镇、打渔陈、孙口、夹河、吴坝 9 个乡（镇）为 72 个小时。2015 年濮阳北金堤滞洪区迁安时序安排情况见表 4-34，群众转移安置计划情况见表 4-35，迁移人口情况见表 4-36。

表 4-34　2015 年濮阳北金堤滞洪区迁安时序安排情况

区划	撤离时限（小时）	人口（万人）	县别	乡（镇）
一	17	13.99	濮阳	渠村、海通、庆祖、郎中
二	36	12.48	高新区	新习
			濮阳	子岸、五星、八公桥、胡状、清河头
三	48	15.05	濮阳	鲁河、梁庄、王称堌、文留、户部寨
			范县	辛庄、濮城、王楼

续表 4-34

区划	撤离时限（小时）	人口（万人）	县别	乡（镇）
四	60	14.60	范县	城关镇、白衣、陈庄、孟楼、颜村铺、龙王庄、高码头、张庄、陆集、杨集
五	72	25.00	台前	清河、马楼、侯庙、后方、城关、打渔陈孙口、夹河、吴坝
合计		81.12	—	—

表 4-35　2015 年濮阳北金堤滞洪区群众转移安置计划情况

区域	乡（镇）	村（个）	总人口（万人）	就地安置（万人）	计划转移（万人）	转移方式	安置地点
濮阳市	42	1789	130.56	49.44	81.12	车辆	—
濮阳县	20	891	68.22	34.07	34.15	车辆	濮阳
范县	12	602	36.73	15.36	21.36	车辆	山东莘县
台前	9	290	25.00	—	25.00	车辆	山东阳谷
开发区	1	6	0.61	—	0.61	车辆	濮阳

注：人口不包括中原油田。

表 4-36　2015 年濮阳市北金堤滞洪区迁移人口情况

<table>
<tr><th rowspan="3">县别</th><th rowspan="3">人数（万人）</th><th colspan="6">迁移方向</th><th colspan="3" rowspan="2">安置方</th></tr>
<tr><th colspan="2">北迁（过金堤河）</th><th colspan="2">北迁（不过金堤河）</th><th colspan="2">内迁</th></tr>
<tr><th>村庄</th><th>人口（万人）</th><th>村庄</th><th>人口（万人）</th><th>村庄</th><th>人口（万人）</th><th>县别</th><th>村庄</th><th>人口（万人）</th></tr>
<tr><td>合计</td><td>81.12</td><td>991</td><td>73.29</td><td>43</td><td>5.97</td><td>31</td><td>1.86</td><td></td><td>1065</td><td>81.12</td></tr>
<tr><td>濮阳县</td><td>34.15</td><td>395</td><td>31.48</td><td>17</td><td>1.62</td><td>18</td><td>1.05</td><td>濮阳</td><td>430</td><td>34.15</td></tr>
<tr><td rowspan="2">范县</td><td rowspan="2">21.36</td><td rowspan="2">326</td><td rowspan="2">20.54</td><td rowspan="2">—</td><td rowspan="2">—</td><td rowspan="2">13</td><td rowspan="2">0.82</td><td>范县</td><td>13</td><td>0.82</td></tr>
<tr><td>莘县</td><td>326</td><td>20.54</td></tr>
<tr><td>台前</td><td>25.00</td><td>270</td><td>21.27</td><td>20</td><td>3.73</td><td>—</td><td>—</td><td>阳谷</td><td>290</td><td>25.00</td></tr>
<tr><td>高新区</td><td>0.61</td><td>—</td><td>—</td><td>6</td><td>0.61</td><td>—</td><td>—</td><td>濮阳</td><td>6</td><td>0.61</td></tr>
</table>

5.应急抢险与救生

当花园口站发生 22000 立方米每秒以上超标准洪水，启用北金堤滞洪区实施分洪时，北金堤、撤迁道路、撤迁桥梁、围村堰、避水台是应急抢险和救生的对象。主要采取以下措施：一是全市各级政府进行全民动员，组织社会上所有可能投入的人力、物力，参加抗洪抢险。人民解放军和武警部队一线队伍进入防守区段，二线部队适时赴抗洪一线；市、县（区）组织的大型抢险设备集结待命，随时听候调遣；各专业机动抢险队在重点堤段待命，亦工亦农抢险队分堤段上堤待命，随时听候调遣；由各类防汛专业队伍和人民解放军、民兵、企事业单位职工组成的抢险攻坚队伍，严防死守北金堤，昼夜巡查堤防，全力抢护出险堤段，确保金堤不决口。一旦堤防或堰、台发生重大险情，事发地政府按照预案立即提出紧急处置措施，迅速调集抗洪抢险资源和力量，提供技术支持；组织当地有关部门和人员，迅速开展现场处置或救援工作，最大限度地避免和减少人员伤亡，减轻财产损失。二是沿黄各县（区）、乡（镇）的滞洪运用机构，组织群众转移到安全地带，确实来不及转移的，及时组织群众上避水堰、台临时避洪，待水位平稳后通过救生船只逐步转移到安全地带。三是存放在滞洪区的救生衣、冲锋舟由各乡（镇）转移安置机构负责组织分发和投掷给转移的灾民救生。四是由舟桥部队和武警部队利用冲锋舟等水上救生工具，对滞洪区水围村庄进行巡查，搜救受灾人员，同时负责灾民外迁运输工作。

6. 人员返迁与善后

民政部门负责受灾群众生活救助，及时调配救灾款物，做好受灾群众临时生活安排，保证灾民有粮吃、有衣穿。帮助受灾群众恢复重建倒塌房屋，保证受灾群众有房住，并按照《蓄滞洪区运用补偿暂行办法》的规定，对受灾村庄进行范围界定和人口统计，做好相关的赔偿工作。卫生部门负责调配医务技术力量，抢救因灾伤病人员，对污染源进行消毒处理，对灾区重大疫情、病情实施紧急处理，防止疫病的传播、蔓延。

第二节 金堤河治理

金堤河是黄河下游一条支流，为平原坡水河道。金堤河发源于新乡县荆张村，流经河南省的延津县、封丘县、新乡县、卫辉县、浚县、长垣县、滑县、濮阳县、范县、台前县和山东省的莘县、阳谷县等 12 个县，流域面积 5407 平方千米。流域呈狭长三角形，上宽下窄，东西长 200 千米，南北最大宽度 60 千米，平均宽度 25.5 千米。流域内人口 300 多万人，耕地 35.2 万公顷，主要农作物为小麦、玉米、棉花等。

自滑县的耿庄至台前县东部的张庄闸为金堤河干流，全长 158.6 千米，流域面积 3942 平方千米。濮阳市境内金堤河长 131.6 千米，流域面积 1750 平方千米（约占全市总面积的 41%），人口 135 万人，耕地 11.2 万公顷。

金堤河地势西南高、东北低，河源到河口落差 30 米，比降平缓。由于历史上黄河多次在这一区域决口改道，洪水漫流，泥沙淤积，造成很多坡洼、沙岗，地势起伏不平，水系紊乱，加之面上排水工程不配套，往往形成洪涝、盐碱灾害。20 世纪 50 ~ 70 年代，金堤河曾进行过多次治理，但未能从根本上解决洪涝灾害问题。由于金堤河干流跨越 2 省、3 市、6 县，历史上多有防洪、排涝、灌溉等方面的水事纠纷。自 20 世纪 60 年代起，水利部、黄河水利委员会等部门对金堤河水事纠纷进行过多次协调和行政区划调整。

随着黄河河床逐年淤积抬高，金堤河涝水受黄河顶托，不能自流入黄河。加之水土流失、河沿边坡坍塌和人为筑坝壅水等原因，致使金堤河淤积严重，防洪、排涝能力下降，沿岸人民群众生产、生活和经济发展受到严重影响。20 世纪 80 年代，黄河水利委员会编制《金堤河流域综合治理规划》，开展金堤河干流治理工程设计等工作，但因在治河与排涝标准上豫、鲁两省分歧较大，治理工程未能安排。

1993年，豫、鲁两省与水利部正式签订金堤河治理协议。9月，国家农业综合开发办公室批复金堤河治理和彭楼引黄入鲁两项工程项目建议书。1995年12月，两项工程同时开工，2000年12月竣工。金堤河治理工程实施后，干流河道防洪标准由3年一遇提高到20年一遇；除涝标准由1年一遇提高到3年一遇。同时，山东省莘县、冠县的引黄灌溉问题也得到妥善解决。2011年后，金堤河干流实施二期治理工程，除涝标准由3年一遇提高到5年一遇。

一、河流特征和流域灾害

（一）河流特征

1. 河流的形成

金堤河并非古河道，由历史上黄河迁徙、决泛而产生。现今北金堤为东汉黄河的南堤。古代北金堤以南有清河、魏河、濮水、洪河、瓠子河、澶水、小流河等水系，多自西向东注入巨野泽，或自西南向东北汇入会通河，因受黄河变迁影响，水系变迁频繁，有的河流因黄河改道而被侵占，有的河流因黄河决溢泛滥而被淤塞，成为洼淀，一遇大水，由于北金堤的阻挡，水流沿北金堤向东北流，久而久之形成泛道。

明景泰四年（1453年），徐有贞开挖广济渠，自北河口（今河南武陟县北）引黄河水至张秋济会通河，成为金堤河的基础。据《范县志》记载，从滑县经濮阳到范县，金堤南一线洼地相连，涝年常有积水，到古城南汇入清河。其古城附近一段，名曰马厂河，系明成化七年（1471年）知县郑铎为泄周望坡水而挖。清咸丰五年（1855年），黄河在铜瓦厢北决口改道后，黄河无一定河槽，在金堤以南漫流20多年，金堤变为黄河北堤。1875年，临黄堤逐步形成后，金堤便成为黄河左岸的第二道防线。

黄河大堤和金堤之间，地势南高北低，每到雨季，卫辉县、延津县、封丘县、长垣县、浚县、滑县、濮阳县、范县、台前县等5000多平方千米内的雨水汇积金堤以南，常常酿成严重的内涝。若遇黄河决溢泛滥，洪水漫流，金堤以南往往形成巨大的洪灾。1929年，濮阳县群众沿金堤挖一引水沟疏浚，深仅及膝，宽不逾丈，名为“引河”，即金堤河的前身。为排除洪涝灾害，人们不断顺堤挖河疏浚，久而久之，逐渐形成半自然半人工的河流。因河傍金堤而行，故名金堤河。

2. 干支流形势

金堤河上游为大沙河，发源于新乡县境。滑县耿庄以下为金堤河干流，经濮阳县、范县、莘县、阳谷县，于台前县张庄流入黄河，长158.6千米。金堤河支流大部分位于干流南侧，东北走向，沿河共66条（南岸57条、北岸9条）支流汇入干流。滑县与濮阳县交界处五爷庙以上的支流，大都在五爷庙附近汇入干流。五爷庙以下支流较多，均从右岸汇入，形似木梳。根据河道自然特点，金堤河干流大体可分为4段。

（1）耿庄至五爷庙，河段长27.2千米，区间流域面积1855平方千米，连同耿庄以上1105平方千米，共计2960平方千米。该段河道河槽浅，是有名的白马坡老碱地。1965年开挖疏浚后，沿河涝洼盐碱地已大部分变成良田。1979年，为开挖卫河导流的需要，按过流80立方米每秒的规模进行开挖。本段汇入的最大支流为黄庄河、贾公河和分洪道，大都在五爷庙附近汇入干流，入干流处排水能力很小，附近地势低洼，经常积涝。其中黄庄河（包括柳青河）流域面积1300平方千米，贾公河和分洪道流域面积也在100平方千米以上。

（2）五爷庙至高堤口，河段长51.4千米，区间流域面积1270平方千米，高堤口以上累计流域面积4230平方千米。原河槽很小，1965年按底宽88～104米开挖，过流能力达到240～280立方米每秒。后因河槽淤积厚度1～1.5米，过流能力减少约50%。本段河道大部分靠北金堤，支流较多，均从右岸汇入，状如木梳。流域面积最大的是回木沟，为205平方千米。其他流域面积在100平方千米以上的还有三里店沟、五星沟、水屯沟、董楼沟、胡状沟、房刘庄沟、青碱沟等。

（3）高堤口至古城，河段长31千米，区间流域面积474平方千米，古城以上累计流域面积4704平方千米。该河段河道宽阔，滩地宽度达500～1000米，没有明显的深槽。河槽淤厚1米左右，河道芦苇丛生，行洪、排涝能力显著下降。区间最大的支流为孟楼河，流域面积349平方千米，东西贯穿范县。其次流域面积在100平方千米以上的还有濮城干沟、总干排。

（4）古城至张庄，河段长49千米（其中河南境内长12千米，山东境内长37千米），区间流域面积343平方千米。本河段洪水常受黄河水位顶托，行洪水位高出南岸地面3米左右，南岸修有南小堤。梁庙以下无明显深槽。河道普遍淤高1～1.5米，张秋闸以下河底较高，形成倒坡。本段河道支流较多，均从右岸汇入，但规模相对较小，流域面积均在100平方千米以下。较大的有张庄沟、刘子鱼沟、梁庙沟、庙口沟等。

金堤河干流涝水主要由张庄闸排入黄河。按1956年规划，上游地区的麦涝水直接分排入卫河。白露以后的涝水由张秋闸分排15～26立方米每秒入徒骇河。

金堤河支流一般属于黄泛冲沟或自然坡洼，有一定的排水能力，但河床宽浅，并有局部的驼峰和桥梁路梗阻碍排涝，造成河道淤积。特别是引黄灌溉，大量退水退沙，使金堤河沿岸的排水河道普遍淤积，大大降低排涝能力，使地下水位抬高，潜藏着滋生盐碱化的威胁。濮阳金堤河支流基本情况见表4-37。

（二）金堤河流域涝旱灾害

1. 气象和洪涝水特征

金堤河流域地处中原，属暖温带季风气候，年平均气温13.7℃，最高42.6℃，最低-19.9℃。无霜期210天，光照充足，全年日照时数达2500～2600小时。流域多年平均降水量606.4毫米，降水年际变化较大，年内分配不均，冬春缺雨雪，汛期多暴雨，春旱夏涝，旱涝交替频繁出现；多年平均蒸发量为1109毫米，干旱持续时间较长，最大月蒸发量多出现在5～6月。

表4-37 濮阳金堤河支流基本情况

序号	名称	流域面积（平方千米）	长度（千米）	排洪能力（立方米每秒）	起止地点
1	回木沟	205.50	29.00	62.00	两门镇—子岸乡岳辛庄西
2	三里店沟	100.40	30.10	39.14	海通乡河弯—濮阳南关
3	董楼沟	89.60	30.15	32.70	郎中马海南—鲁河乡中巴头西
4	五星沟	92.30	27.80	33.20	郎中安头—城关镇田丈南
5	胡状沟	129.80	24.80	44.50	徐镇乡九章—鲁河乡杨家
6	房刘庄沟	151.00	30.00	48.60	徐镇乡晁楼—户部寨乡王庄
7	杜固沟	64.70	32.60	29.20	兰古南—和庄入房刘庄沟
8	青碱沟	128.24	45.20	49.24	习城集—户部寨赵庄西南
9	大张村沟	39.60	12.80	29.20	半坡店—大张村入青碱沟
10	濮城干沟	102.70	18.00	44.00	辛庄乡徐庄—建林村
11	杨楼河	104.90	18.00	39.57	范县徐庄—范县金堤河
12	彭楼总干排	107.00	28.17	27.50	辛庄乡舟徐庄—西李庄
13	十字坡沟	35.00	9.80	8.50	白衣乡陈楼—金堤河
14	凌花店沟	45.30	16.80	21.50	辛庄乡毛岗—总干排
15	孟楼河	342.70	21.50	115.00	白衣乡钱樊江—颜村铺乡教场
16	张大庙沟	95.80	20.30	40.00	陈庄邢庙—高码头新石楼
17	张庄沟	50.70	7.70	21.00	翁庄—颜营南
18	大屯沟	38.60	10.50	18.72	宋楼—孟楼河
19	廖桥沟	19.60	13.70	11.59	刘烟屯—孟楼河
20	梁庙沟	117.00	9.92	48.00	高掌西南—台前梁庙
21	顾头沟	38.00	12.40	22.20	刘肖寨—西十八郎入金堤河
22	李皮匠沟	14.70	4.50	9.00	后三里南—李皮匠西
23	后坊沟	20.20	14.00	8.00	小扬西—高庙南
24	水屯沟	93.75	21.09	33.70	孟居东南—西八里北入金堤河
25	固堆沟	28.20	16.70	18.00	郭花园—东八里庄
26	刘口沟	25.50	7.80	12.50	赵彬—武口
27	苗口沟	35.20	6.05	15.00	苗口南—明堤南
28	刘子渔沟	24.00	4.60	10.00	后柴东—王堤口东南
29	岳鲁沟	11.30	4.30	6.80	梁集—金堤河
30	四合沟	23.80	6.50	10.00	三教堂—四合村北
合计		2375.09	534.78	—	—

夏季雨水较多，降水特点是时空分布不均，从地域上看，上游降水略为充沛。从年际分布看，降水变化大，最大年降水量高达1158毫米，最小年降水量为199.3毫米。从年内分配看，更不均匀，70%左右降水集中在6～9月4个月内，而7、8月两月又占4个月的70%左右、多者达76%，并常以暴雨形式出现。主要成灾暴雨的天气系统大多为锋面雨，雨区面积大，暴雨历时一般为3天，连续两次降雨达7天，历时最长达9天。流域内最大24小时点雨量达310.6毫米，3天最大点雨量为354.6毫米，7天最大降雨量为450毫米。一般1天降雨量约占3天的60%以上。3天最大点降雨量，出现在7天雨量中前部的约各占统计雨次的40%，位于后部的约占20%。流域内一般同时降雨，但雨量分布极不均匀，较大降雨的中心雨区多偏于上游，约占雨次的83%。该流域夏季受西太平洋副热带高压控制，水汽充沛，冷热气团交绥，雨量较多且集中，多锋面雨和气旋雨。冬季和春秋两季受西伯利亚冷高压控制，雨雾稀少，风多干冷，空气干燥，干旱持续时间较长。

金堤河流域径流来源主要有本流域降水、引黄灌溉退水及黄河侧渗补水等。金堤河干流濮阳水文站1963～2013年实测流量资料统计，多年平均实测年水量为1.51亿立方米，范县站1964～2013年多年平均实测年水量为1.87亿立方米。径流的年际变化较大，如范县站实测最大年水量为5.03亿立方米（1976年），最小年水量为0.05亿立方米（1997年）。年内分配不均，汛期（7～10月）径流濮阳站占全年的比例为68.3%，范县站为75%。据估算，金堤河流域3天洪量5年一遇涝水为1.92亿立方米，20年一遇为3.45亿立方米。

金堤河流域为狭长三角形地带，上宽下窄，地势平缓，支流源短而干流长，洪水演进至下游所形成的洪水过程较为肥胖，历时较长，一次洪水历时一般在8天以上，两次降雨洪水历时可达13天。1963年8月发生的洪水，张庄站洪峰流量为735立方米每秒，洪水总量6.5亿立方米，历时达22天。濮阳金堤河实测较大洪水情况见表4-38。

表4-38　濮阳金堤河实测较大洪水情况

发生时间		濮阳站		范县站		张庄站	
年	月	洪峰（立方米每秒）	洪量（亿立方米）	洪峰（立方米每秒）	洪量（亿立方米）	洪峰（立方米每秒）	洪量（亿立方米）
1963	8	483	—	608	—	735	6.5
1969	8	323	0.94	374	1.32	—	—
1974	8	424	1.05	452	1.44		—
1975	8	274	0.43	—	—	—	—
1994	7	142	—	112	—	—	—
1998	8	51	—	84	—		—
2000	7	170	—	276	—	—	—

2. 洪涝灾害

金堤河流域洪涝灾害比较严重，从1949～1964年的15年间，金堤河流域几乎年年有涝灾，受灾面积3万～7万公顷。进入20世纪90年代，受灾次数剧增，损失加大，给流域人民生产、生活带来很大灾难。

1953年7～8月，聊城地区连降大雨，平均雨量500毫米以上，各河水位急剧上涨，堤防溃决成灾，雨后洼地积水最深者3米。洪涝灾害波及阳谷、莘县、朝城、范县、寿张等县，成灾面积39.8万公顷。7月9～12日，濮阳地区普降大雨，淹地4万多公顷；8月9～13日，第二次降雨，滑县、濮阳、清丰、内黄、南乐5县洼地成灾0.5万公顷。

1962年7～8月，金堤河流域降雨集中，出现大到暴雨6次，金堤河发生较大洪水，决口39处。

1963年，金堤河流域普降暴雨，加之卫河洪水漫溢，横流入金堤河，金堤河发生特大洪水。8月3日，濮阳站洪峰流量483立方米每秒，高堤口站洪峰流量608立方米每秒。8日，范县十字坡水位49.89米，超过保证水位1.39米，十字坡拦河大坝冲决，古城拦河大坝被迫扒开，洪水下泄，南小堤多处决口，抢堵不及，金堤以南一片汪洋，被淹耕地面积25.6万公顷，占总耕地面积的73%，损失严重。濮阳县全年降水量1067.60毫米，全县受灾面积达8.9万公顷。

1964年8月，金堤河涨水，遇黄河水顶托37天，金堤河水位猛涨，南小堤出险23处，支流倒灌漫溢，淹地4.7万公顷。

1974年7月，金堤河流域大雨，降雨量仅为200毫米，发生10年一遇洪水，范县十字坡出现洪峰流量452立方米每秒，被淹耕地9.33万公顷，占总耕地面积的25%。

1991年7月中旬，金堤河中下游地区连续出现3次降雨过程，造成金堤河大水，范县、台前县1.3万公顷土地受灾。

1992年8月，滑县、长垣、濮阳等县普降暴雨，受灾面积12.4万公顷，成灾面积约6.63万公顷，绝收面积2.5万公顷，倒塌房屋1.2万间，冲坏桥梁104座，中原油田报废设备20余台（套），直接经济损失1.7亿元。

1993年汛期，流域内滑县、长垣、濮阳、范县、台前等地连降暴雨，因涝水排泄不畅，豫、鲁两省7县受灾面积约10.07万公顷，绝收4.38万公顷，倒塌房屋约1.33万间，冲坏桥梁112座，死亡7人，中原油田604口油井、145千米电力及通信线路被淹，影响原油产量7700吨，直接经济损失达6.06亿元。

1994年7月，流域内滑县、长垣、濮阳、范县、台前等地连降暴雨，因涝水排泄不畅，豫、鲁两省7县受灾面积约12.08万公顷，成灾面积3.77万公顷，绝收2.90万公顷，倒塌房屋约3265间，冲坏桥梁155座，死亡5人，受伤45人，直接经济损失达2.26亿元。

1998年8月，流域中下游普降暴雨，濮阳、范县、台前三县境内的月降雨量分别为325毫米、416毫米和511毫米，金堤河发生严重的洪涝灾害，三县受灾面积8.26万公顷，成灾面积6.67万公顷，绝收面积3.93万公顷，中原油田部分设备被淹，直接经济损失达到4.9亿元。

2003年9～10月，流域降雨量达400～600毫米，造成台前、范县、濮阳三县近7万公顷良田一片汪洋，尽管采取多种措施，仍造成6万多公顷绝产，并影响当年6600多公顷耕地种植。

2005年，金堤河发生中华人民共和国成立以来仅次于1963年的特大暴雨，洪峰流量288立方米每秒，由于干流治理，河道疏通，出口遭遇黄河水位较低，使得受灾面积大大减少，受灾面积5.17万公顷，房屋倒塌258间，经济损失1亿元。

1963～2005金堤河流域主要年份受灾情况见表4-39。

表4-39　1963～2005金堤河流域主要年份受灾情况

年份	降雨情况	降雨地点	受灾面积（万公顷）	成灾面积（万公顷）	绝收面积（万公顷）	房屋倒塌（间）	经济损失（亿元）	说明
1963	特大暴雨	全流域	25.60	—	—	—	—	—
1974	中雨	全流域	9.33	—	—	—	—	—
1992	暴雨	滑县、长垣	12.40	6.63	2.5	11998	1.70	部分油井被淹
1993	暴雨	全流域	10.07	—	4.38	13287	6.06	部分油井被淹，死亡7人
1994	大暴雨	全流域	12.08	3.77	2.90	3265	2.26	死7人、伤45人
1996	中雨	全流域	1.20	—	1.27	1469	1.99	部分油井被淹
1998	暴雨	濮阳、范县、台前	8.26	6.67	3.93	6431	4.90	部分涵闸冲毁
2000	特大暴雨	濮阳	5.53	—	2.53	—	2.00	部分油井被淹
2002	大雨	全流域	1.62	1.62	1.62	800	1.37	内涝
2003	大暴雨	全流域	8.16	6.90	4.50	2220	4.37	下游内涝为主
2004	暴雨	全流域	5.13	1.96	1.24	1400	3.21	下游内涝为主
2005	特大暴雨	濮阳、滑县	5.17	—	—	258	1.00	下游滩地绝产0.3万公顷

3.旱灾

金堤河流域旱情较为严重，多年平均干旱指数为2.14，秋季1.34，麦季3.89。濮阳县1953～2015年的气象记录统计，春旱年份占60%，夏旱年份占49%，秋旱年份占51%。旱灾最为严重的年份有1965年、1966年、1978年、1981年、1988年。1965年和1966年年降水量分别为276.4毫米、264.5毫米，不足常年降水量的50%，是中华人民共和国成立后第一个连续大旱年，旱灾面积分别为16.72万公顷、17.22万公顷，占耕地总面积的60%以上。1978年降水量330.3毫米，只有常年降水量的55%，春旱、伏旱严重发生，旱灾面积18.48万公顷，占境内耕地面积的69.7%。1981年降水量365.7毫米，只有常年平均降水量的61%，秋旱严重，当年秋粮减产20%左右。1988年降水量406.5毫米，只有常年平均降水量的68%，春、秋季降水稀少，境内旱灾面积16.67万公顷，占耕地面积的66%。20世纪90年代以后，农业灌溉条件得到根本性改善，抗御旱灾的能力明显增强，旱灾的影响明显减少，如1995年、1996年、1997年连续三年降水量持续偏少，分别比常年偏少31%、22%和39%，每年都有春旱、伏旱或秋旱发生，但全市粮食却连年增产。

二、金堤河防洪工程

1948年以前，金堤河没有河防工程。1948年后，开始清淤、扩宽、疏浚，建设桥梁。20世纪60年代，金堤河流域连降大到暴雨，遭受水灾严重，为防御洪水漫溢，减少水涝灾害，在下游平原水库围堤的基础上，修筑南北小堤，建设一些涵闸工程。80年代，在北金堤滞洪区和中原油田建设中，增建一些交通桥梁。

金堤河中下游主要水利工程如图4-12所示。

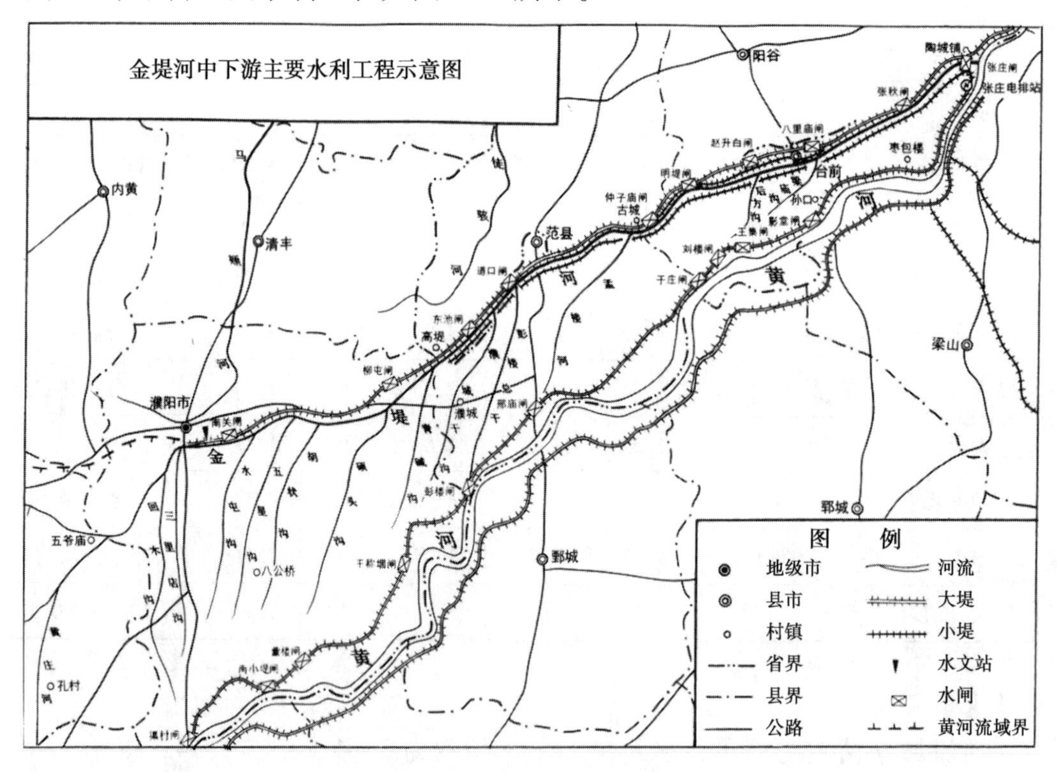

图4-12　金堤河中下游主要水利工程示意图

(一) 堤防

金堤河中下游北岸筑有北金堤（详见本章第一节）。北金堤起自金堤河左岸濮阳县城的南关，至张庄入黄闸，全长123.3千米。20世纪60年代，在北金堤中段内侧又凸出设置两段北小堤，分别为3千米和20千米，以保护左岸金堤河与北金堤之间的部分农田和城镇。南岸在金堤河与黄河大堤之间的三角地带筑有南小堤，以保护其间的城镇、村庄和土地。南小堤起自金堤河的南岸范县的宋海，至张庄入黄闸，全长80千米，是金堤河右岸的防洪堤防。

1962年，黄委会向国务院提出《金堤河排水出路方案报告》的意见，请求在金堤河下游修筑南、北小堤。1963年3月，山东省动工修筑南、北小堤，当年修筑66千米，其中，从古城到张庄修南小堤48千米，从子路堤到刘海修北小堤18千米。1964年春，对南、北小堤又继续整修，并完成复堤37千米，其中，南小堤32千米，北小堤5千米。至此，金堤河下游北金堤以内共修筑堤防工程103千米，其中，南小堤80千米，北小堤23千米。堤顶宽2.5～3米，堤高1.5～3米，边坡1∶3，防洪标准10年一遇。1965年，根据河南省水利厅制定的《金堤河排涝治碱规划报告》的意见，按3年一遇除涝和20年一遇防洪标准，又整复南小堤，堤顶平均高6.8米，堤顶扩宽到6米，边坡1∶3，堤距300～360米。

2000年，南小堤加培49千米（张庄至古城），北小堤加培23千米，顶宽6米，内外边坡1∶3，设计堤顶高程按20年一遇水位超高1.1米。2012年，南小堤有4段进行加培和堤顶硬化，总长13.37千米。顶宽6米，内外边坡1∶3，设计堤顶高程按20年一遇水位超高1.42米；堤顶硬化为泥结碎石路面，宽4米。

（二）跨河桥梁

金堤河干流桥梁开始是群众自发修建，共建生产便桥12座。1953年金堤河疏浚时，建大车桥3座。1964年金堤河治理时，建大车桥3座、漫水桥5座。1965～1970年，金堤河干流疏浚时建桥57座。1974年金堤河清淤时，建交通桥8座。20世纪70～90年代，在北金堤滞洪区改建中，为防御黄河特大洪水，以利滞洪区群众迁安，由黄河部门投资，新建金堤河撤退桥19座，同时中原油田投资新建交通桥4座（详见本章第一节）。90年代金堤河干流一期治理时，改建生产交通桥3座，新建交通桥1座。2011年，金堤河干流二期治理时，重建跨河生产交通桥12座，维修加固台前南关公路桥1座。随着濮阳市交通网和新桥梁的修建，20世纪80年代以前的生产桥有的长久失修成危桥而被改建或废弃。至2015年，濮阳境内金堤河干流上各类桥梁主要有46座，其中铁路桥（京九铁路、濮台铁路）2座，公路桥8座，生产桥17座，滞洪桥19座。

（三）涵闸

金堤河涵闸工程除张庄退水闸、柳屯拦河闸（见本章第一节）外，还有张秋闸、孟楼河教场闸，以及前三里、李皮匠、任庄防洪闸，花园坑、五里后、刘郎村排涝闸等。

1. 濮城干沟防洪闸

该闸位于王楼乡建林村，建于1999年，为开敞式带胸腔钢筋混凝土水闸，闸底板高程43.60米，3孔，钢筋混凝土平板闸门，宽3.5米、高5.2米，螺杆电动启闭机3台，启闭能力5吨。设计排涝流量45立方米每秒，防洪水位47.51米，排涝水位

45.81米。闸后带交通桥，桥宽4.5米。

2. 总干排防洪闸

总干排防洪闸位于范县白衣阁乡，建于1999年，为开敞式带胸腔钢筋混凝土水闸，闸底板高程42.7米，3孔，钢筋混凝土平板闸门，宽3.5米、高5.2米，螺杆电动启闭机3台，启闭能力5吨。设计排涝流量45立方米每秒，防洪水位47.13米，排涝水位45.16米。闸后带交通桥，桥宽4.5米。

3. 孟楼河教场闸

孟楼河是金堤河下游最大的一条支流，长22.25千米，承担着范县3个引黄灌区的退水任务，流域面积349平方千米，保护耕地2.33万公顷，占范县耕地的67%。孟楼河教场闸为节制闸，位于教场村东南孟楼河水入金堤河出口处，其作用一是防止金堤河水倒灌淹地、二是引用孟楼河水灌溉。教场闸共10孔，全长56米，闸门为钢丝网水泥梁格式板，启闭机为螺杆直升式，闸门北5孔为10吨，南5孔为8吨，设计流量120立方米每秒。该闸为两次建成，1963年建5孔，为砖拱结构，单跨净宽3米，总宽24米。1973年，在闸北头接原闸续建生产桥1座，5孔，桥面宽3.5米，钢筋混凝土柱梁板结构。1977年又在原桥位置，保留此桥改建为闸，仍为5孔，孔跨4.5米，总宽29米，胸墙顶高程46米，胸墙底高程43米，闸底高程40米，闸墩为支撑式钢筋混凝土柱墩。

该闸虽多次改建，但由于防洪标准低，仍经常受金堤河大水顶托倒灌，出现较大的倒灌12次。1974年，金堤河洪峰流量405立方米每秒，金堤河相应水位45.7米，超出闸口附近地面2.03米，孟楼河倒灌长达20千米，漫溢长度11.4千米，造成各支流顶托，范县淹地1.82万公顷，其中绝收面积0.74万公顷，有92个自然村房屋倒塌。

4. 张秋涵闸

张秋涵闸位于阳谷县张秋镇东南的北金堤上，既是金堤河涝水向小运河排泄的通道，也是张秋灌区引金灌溉的渠首闸。历史上就有旧闸，中华人民共和国成立以后曾3次改造。1955年兴建新张秋闸。由于该闸闸底板偏高，不能满足排涝、泄洪要求，1962年废除，在北金堤桩号113+750处新建1座两孔箱式涵闸。1983年11月拆除旧闸，在原闸址前缘处新建钢筋混凝土2×2.4（米）箱式涵洞。洞身全长107.8米，安装手摇、电动两用30吨启闭机1台。该闸为Ⅰ级建筑物，设计防洪水位50.01米（大沽高程），校核防洪水位51.01米，设计流量15立方米每秒，加大流量26立方米每秒。张秋闸改建后，在除害兴利方面发挥了很好的作用，1984～2010年共北排涝水3.4亿立方米，实际灌溉面积达6493公顷。

濮阳金堤河重要水闸情况统计见表4-40。

表 4-40　濮阳金堤河重要水闸情况统计

水闸名称	用途	建设时间	孔数	闸孔尺寸（米）		底板高程（米）	闸门顶部高程（米）	启闭设备能力			设计过水能力			闸门结构形式
				高	宽			结构方式	台数	启闭力（吨/台）	标准年遇	上游水位（米）	流量（立方米每秒）	
柳屯引水闸	引水	1991	13	2.7	6.0	44.6	47.4	双吊点	9	7×5	5	48.63	455	卧式钢闸门
濮城干沟防洪闸	防洪	1999	3	5.2	3.5	43.6	—	螺杆电动	3	5	—	—	—	钢筋砼平板门
总干排防洪闸	防洪	1999	3	5.2	3.5	42.7	—	螺杆电动	3	5	—	—	—	钢筋砼平板门
十字坡防洪闸	防洪	1975	2.0	3.0	2.0	—	—	螺杆	2	—	—	—	—	—
教场防洪闸	防洪	1976	10	3.0	3.0	40.0	43.5	螺杆	10	10	20	45.86	800	—

（四）提排站

金堤河提排站主要有张庄提排站（见第本章第一节）、梁庙、刘子渔提排站和尚庄沟、四合村沟排涝闸提排站。

1. 梁庙提排站

梁庙提排站位于金堤河南小堤打渔陈乡梁庙村北，金堤河南岸，始建于 1970 年，有污水泵 2 台，135 马力柴油机 2 部，排水能力 2 立方米每秒。1974 年又扩建轴流泵 8 台，配 20 马力柴油机 8 部，排水能力 2 立方米每秒。1975 年改建为机电两用提排站，配电泵机组 4 台，每台 155 瓦，共 620 瓦，排水能力每台 1.5 立方米每秒，共计 6 立方米每秒，配 135 马力柴油机 4 台，共计 540 马力，排水流量每台 0.5 立方米每秒，共计 2 立方米每秒，两项共计排水 8 立方米每秒。控制积水面积 11.6 平方千米。

2. 刘子渔提排站

刘子渔提排站位于金堤河南小堤打渔陈乡刘子渔村北，金堤河南岸，始建于 1974 年，安装 12 马力柴油机 12 台，轴流泵 12 台，排水能力 1.2 立方米每秒。共计 144 马力，排水流量 0.8 立方米每秒。后又安装 3 台 135 马力柴油机，提排能力约 1.0 立方米每秒。

三、金堤河干流治理

（一）20 世纪 90 年代以前治理情况

1948～1949 年秋，冀鲁豫边区行政公署组织民工 4 万多人，对三里营到子路堤的金堤河段进行首次清淤，当时金堤河宽仅 5.0 米、深 1.0～1.5 米。

1951 年汛期，金堤河发生大水，因张庄入黄口门被堵死，金堤河涝水只能从张秋闸向北排泄。至9月初，沿河及坡洼仍有积水面积1.54万公顷。为排除积水，及时种麦，经平原省水利局批准，濮阳专区于9月下旬至10月中旬，组织长垣县、滑县、濮阳县、濮县、范县民工3.1万多人，疏浚金堤河，排除积水，用17天时间，完成土方16.4万余立方米。

1952年5月，根据平原省和山东省协议，平原省在滑县五爷庙建节制闸，利用滑县卫南陂滞洪，控制下泄流量不大于25立方米每秒。在濮阳县南关修建金堤闸，向马颊河排水15立方米每秒，向东入金堤河10立方米每秒，至张秋闸入小运河。平原省还组织濮阳县、濮县、范县受益群众义务开挖金堤河，按照下游寿张县挖好的标准，开挖一条底宽2米、加深0.7米、边坡1∶1.5～1∶2的小河槽，并修建金堤河桥9座，涵洞29个。

1953年3月，濮阳县组织10万民工疏浚金堤河，范县疏通排入金堤河的各排水沟。6月，濮阳专区的滑县疏浚白道口以西金堤河19.8千米，底宽2～10米，完成土方13万余立方米。濮阳县疏浚濮开公路桥以下至东陈庄40余千米河段，建大车桥5座（冯仪堂、桃园、老寨、官仁店、清河头）。

1954年3～4月，上游下泄10立方米每秒洪水，因金堤河两岸无堤，漫流成灾，淹地宽300～2000米。濮阳县动员民工8400人，在濮开公路以下筑堤29.85千米，30天完成土方48.5万余立方米。

1958～1961年，在“以蓄为主”的方针指引下，大搞引黄蓄灌工程，在高堤口至古城31千米长的金堤河干流上，筑起4道7米高的拦河坝，兴建金堤河竹节水库。同时从高堤口至张庄修筑南小堤，以金堤为北围堤，形成葛楼、十字坡、姬楼、古城4座平原水库，总蓄水库容1亿立方米。另外修建节制闸4座，出水闸9座，水电站4座。并命名葛楼以上为“春景湖”，姬楼以上为“跃进湖”，古城以上为“红星湖”。当时灌溉量大，水源充沛，较受群众欢迎。但时隔1年，土地碱化，北金堤坍塌严重，影响防洪安全和金堤河来水下泄。

1962年3月，豫、鲁两省协议，相继废除山东的葛楼、姬楼、斗虎店等拦河坝。是年金堤河发生大洪水，南小堤多处决口，损失严重。1963年3月，国务院副总理谭震林在范县主持召开会议，会议决定：废除金堤河水库，恢复自然流向，停止引黄，采取措施为金堤河排水找出路。

根据水利电力部“抓紧进行（金堤河）规划，提出方案，规划批准后逐步实施”的指示，以及报送《金堤河流域规划》的通知，河南省水利厅于1964年6月，完成《金堤河流域排涝治碱工程设计任务书》的编制。是年11月，又与黄委会联合召开关于金堤河规划问题的讨论会。随后编制《金堤河排涝治碱规划要点汇报提纲》，并报送水利电力部、黄委会及山东省水利厅。是年，金堤河实施改善修复工程，濮阳县境疏挖河长38.7千米，平均挖深1.5米，底宽34米，建桥9座。范县疏挖莲花池至台前河长13千米，修复金堤河南小堤25.1千米，建曹庄至吴坝退守堰，建大车桥3座（范县、葛楼、寿张），漫水桥5座（姬楼、关门口、明堤、莲花池、张秋），涵洞6

座。两县共出劳动力13万人，完成土方366.8立方米，投资324万元。

1965年1月，水电部提出《关于河南省金堤河治理工程安排意见》，明确规划原则：在不影响黄河下游和金堤安全的前提下，金堤河应尽可能争取入黄，入黄流量可利用张庄闸控制；除白马坡、金堤二级水库（均在五爷庙以上）等4处利用洼碱地滞蓄外，其余来水尽量自流入黄，当黄河顶托时，在寿张下游三角地带集中滞蓄；近期治理标准可按3年一遇除涝，20年一遇防洪考虑；红旗干渠以西原金堤河流域的1000平方千米地区汛期洪涝仍由金堤河入黄；金堤向北泄水的张秋闸，恢复1949年前的使用惯例，不泄汛期涝水，白露以后排泄金堤河积水，最大流量不超过20立方米每秒。是年11月，水电部批复《金堤河流域排涝治碱工程规划》，批准疏浚金堤河，近期治理标准可按3年一遇除涝（240～280立方米每秒），20年一遇防洪（800立方米每秒）。河南省立即成立由省、地、县组成的河南省金堤河工程指挥部，从1965年春季开始施工，水利电力部重机队来濮协助。至1970年，疏挖河道70千米。其中，五爷庙至道期长43千米，河底宽88～104米，边坡1∶3，比降1/11000；古城至梁庙长27千米，河底宽70米（3年一遇排涝流量210立方米每秒），边坡1∶3，比降1/16700。开挖道期至葛楼、梁庙至张庄共长33.5千米河内子槽，底宽8～30米。加高、加宽古城到张庄长49千米南小堤和莲花池至梁庙长23.1千米北小堤，干流建桥57座，涵洞11座。共完成土方近3500万立方米，国家总投资3738万元。1965年金堤河五爷庙以下纵横断面开挖成果见表4-41。

表4-41　1965年金堤河五爷庙以下纵横断面开挖成果

桩号	地名	控制流域面积（平方千米）	排涝水位（米）	水面比降	流量（立方米每秒）	底宽（米）
0+000	五爷庙	2960	51.70			
				(0/000)	240	88
5+900	回木沟口	2980	51.16			
				(0/000)	260	96
22+240	五星沟口	3533	49.67			
				(0/000)	280	104
48+700	张堂	4090	47.27			
				(0/000)	280	10
51+140	大张村口	4180	47.05			
				0.0	280	10
56+770	葛楼	4230	46.40			
				0.0	280	10
76+370	姬楼	4300	44.50			
				0.0	280	10
84+150	古城	4703	43.70			
				0.6	210（75%×280）	90
108+000	寿张	4703	42.30			
				壅水曲线	210	50
111+600	梁庙	4703	42.11			
				壅水曲线	210	10
135+636	张庄闸	5047	41.70			
				壅水曲线	—	—

经过系统治理，金堤河排洪能力得到提高，初步解除金堤河流域的洪灾，涝碱面积减到1957年前的5.3万~6.7万公顷。但由于引黄退水等原因，河道逐年淤积。

1974年春季，河南省水利厅投资150万元，由金堤河工程指挥部组织沿河各县民工，对五爷庙至道期43千米淤积严重河段进行清淤，共完成土方284万立方米。同时建桥8座（张秋、姬楼、梁庙、道期、王堤口、高堤口、刘庄、莲花池）。

1979年6月，根据河南省水利厅的安排，金堤河耿庄至五爷庙段结合卫河清淤导流工程，按断面过流量80立方米每秒开挖。由滑县卫河治理工程民兵团负责施工。

1980年8月，黄委会向水利部报送《金堤河流域综合治理规划》报告。规划干流治理范围包括滑县耿庄以下的干流和范县以东的三角地带。规划原则是“以排为主，兼顾其他”，规划的重点是研究排水出路。研究的方案有4个，即上游滞涝方案、北排方案、东排方案和张庄入黄方案。经过4大方案的比较，《金堤河流域综合治理规划》报告推荐增建200立方米每秒的抽排站，作为解决金堤河干流排水出路的主要措施。干流治理工程除兴建张庄抽排站外，还有4项工程：耿庄至张庄158.6千米干流河道疏浚；南、北小堤加培103千米，其中南小堤80千米，北小堤23千米；改建、新建桥梁87座，其中铁路桥1座，公路桥33座，生产桥53座；改建涵闸12座等。是年，水利部给予批复，原则同意《金堤河流域综合治理规划》报告，并对干流治理工程要求“干流开挖疏浚分期分段进行，逐步达到标准。近期先按1965年开挖标准进行清淤”，同时要求按工程分项做出设计，按轻、重、缓、急提出分期分批实施方案报审。是年12月，在金堤河入黄口建张庄电力提排站，设计提排能力64立方米每秒，可排除孟楼河以下三角地区293平方千米的涝水，并可用于金堤河干流排水。

1984年1月，黄河勘测规划设计院完成《金堤河干流治理工程设计报告》，提出干流治理工程按近、远二期逐步实施，报部审批。1985年3月，补充编制《金堤河干流治理工程设计任务书》，上报水电部和规划总院审批。1987年10月，黄河勘测规划设计院在原设计方案的基础上，提出《金堤河干流近期治理工程安排意见》报水利部。1988年10月，遵照水利部指示，黄河勘测规划设计院编制完成《金堤河干流近期治理工程设计任务书》，同时提出《金堤河流域洪涝水补充分析初步成果》。10月，经水利部初审，提出对有关规划问题的一些补充论证。1989年4月，黄河勘测规划设计院重新编制《金堤河干流近期治理工程设计任务书》和补充说明，由水利部组织审议和两省协调。由于豫、鲁两省对一些规划方案、工程实施意见认识不尽一致，致使治理工程未能安排建设。

20世纪80年代，金堤河治理只是实施个别河段疏卡清淤和堤防维修加固等度汛工程。

（二）20世纪90年代以来治理情况

1.金堤河近期治理

1989年3月，黄委会成立金堤河管理局筹备组，1991年正式成立金堤河管理局，协调豫、鲁两省治理金堤河干流。1993年5月，由水利部和豫、鲁两省共同提出《金堤河干流近期治理和彭楼引黄入鲁灌溉工程项目建议书》，报送国家农业综合开发办公室，请求立项。是年10月，国家农业综合开发办公室批复同意立项。

1994年9月，黄河勘测规划设计院编制完成《金堤河干流近期治理工作可行性研究报告》；10月，国家农业综合开发办公室批复立项；12月，国家农业综合开发办公室批复水利部报送的《金堤河干流近期治理和彭楼引黄入鲁灌溉工程可行性研究报告及审查意见》。至此、金堤河干流近期治理工程（一期工程）进入实施阶段。

按照国家农业综合开发办公室的批复，金堤河干流治理工程主要包括：疏浚滑县五爷庙到台前张庄闸干流131.3千米河道，疏浚土方1798万立方米；南小堤加培49.2千米，加培土方373万立方米；北小堤加培22.6千米，加培土方117万立方米；新建、改建跨河桥梁8座；新建南、北小堤上涵闸2座；检修张庄电排站工程；改造流域水文站；南、北小堤上的小型提灌设施建设及河道清障等。金堤河干流治理工程总投资2.13亿元，其中，中央农发资金7100万元，河南省配套资金7145万元，水利部以工代赈资金7100万元（该项资金从1997年后取消，1998年改为非经营性资金1825万元和财政预算内专项资金5275万元）。1999年，水利部增加财政预算内专项资金1725万元。累计下达投资计划2.31亿元，其中，中央农发资金7100万元，非经营性资金1825万元，财政预算内专项资金7000万元，河南省配套资金7145万元，其中河南省水利厅4145万元，濮阳市政府1500万元，中原油田1500万元。

1995年12月26日，金堤河干流治理工程和彭楼引黄入鲁灌溉输水工程（该工程建设情况见本志第六章黄河水资源管理与开发利用）分别在河南省台前县张庄和山东省莘县高堤口举行开工典礼。1996年11月21日，濮阳市人民政府在濮阳县南关金堤河畔举行金堤河治理工程开工典礼。金堤河干流治理工程建设实行项目法人制和工程监理制。金堤河管理局为工程建设单位，全面负责各项工程筹建、计划实施、工程管理、监督、协调等。金堤河干流近期治理工程，大部分为土方开挖、回填，工程量大，战线长，为加快施工进度，缩短工期，降低造价，采用以机械开挖为主。河道开挖与南、北小堤加高培厚从下至上同时进行，由地方组织施工，分片包干。交通桥梁、排水闸、排洪站等建筑物，由有关市、县组织专业队伍施工，实行投资包干。2001年5月，金堤河近期治理工程所有项目全部完成。主要项目：一是河道疏浚，总长度131.6千米。五爷庙至张庄闸河段除涝标准按3年一遇设计，设计流量为216～288立方米每秒；防洪标准按20年一遇设计，设计流量为714～780立方米每秒。五爷庙至青碱沟口长49千米，河底宽90～105米，边坡1∶3，比降1/11000；青碱沟口至台前长57千米，河底宽65～90米，边坡1∶3，比降1/9365；台前至张庄闸长25.6千米，河底宽10米，边坡1∶3，比降1/16480，共完成清淤土方1846万立方米。二是南、北小堤加培，顶宽6.0米，内外边坡1∶3，设计堤顶高程按20年一遇水位超高1.1米。南小堤从张庄至古城加培49.3千米，北小堤加培23.88千米，共完成加培土方557万立方米。三是新建、重建跨河桥梁10座。四是新建、改建堤防涵闸8座。五是检修张庄电排站1座，新建尚庄沟电排站1座等。其中，河南省境内的项目主要有：疏浚河道长度72.55千米，完成清淤土方1278.27万立方米；堤防加培28.48千米（包括台前护城堤5.54千米），完成加培土方189.62万立方米，清基土方10万立方米；新建汽-20级台前南关公路桥1座，改建汽-10级老庄、张堂、冯仪堂跨河生产桥3座；新建总干排、濮城干沟防洪闸2座，改建前三里、李皮匠、任庄3座防洪闸；检修张庄电排站，新建尚庄沟提排站等。金堤河近期治理工程完成总投资23070万元，其中河南省境内投资12097.99万元。

2001年金堤河疏浚现场情景见图4-13，濮阳金堤河干流近期治理河道疏浚标准见表4-42，濮阳金堤河近期干流治理土方工程完成情况见表4-43，濮阳金堤河干流近期治理南、北小堤加培标准见表4-44，濮阳金堤河干流近期治理桥梁新建改建情况见表4-45，濮阳金堤河干流近期治理防洪闸建设情况见表4-46。

图4-13 2001年金堤河疏浚

表4-42 濮阳金堤河干流近期治理河道疏浚标准

地点	桩号	河段长（米）	设计底宽（米）	设计纵比	河槽边坡	设计河底高程（米）
五爷庙—回木沟	131+600~126+389	5211	90	1/11000	1:3	48.01~47.54
回木沟	126+389~125+989	400	105~90	1/11000	1:3	47.54~47.50
回木沟—青碱沟	125+989~83+030	42959	105	1/11000	1:3	47.50~43.60
青碱沟	83+030~82+630	400	105~75	1/11000	1:3	43.60~43.56
青碱沟—省界	82+630~81+088	1542	75	1/11000	1:3	43.56~43.39
张青营—刘郎庄	62+675~55+704	6971	75	1/9365	1:3	41.43~40.70
老庄—寿张（台前）	33+000~26+000	7000	65	1/16480	1:3	39.01~38.58
寿张（台前）	26+000~25+600	400	65~10	1/16480	1:3	38.58~38.55
寿张（台前）—师庄	25+600~19+400	6200	10	1/16480	1:3	38.55~38.18
张庄闸上游	1+500~0+000	1500	10	1/16480	1:3	37.07~37.00

表 4-43　濮阳金堤河近期干流治理土方工程完成情况

单位工程名称	开竣工日期（年-月-日）	计划工程量（万立方米）	实际完成工程量（万立方米）		说明
河道疏浚工程（濮阳县 33.56 千米）	1996-11-21 ~ 1998-05-30	724	709.938	255.240	回木沟至濮阳南关段
				228.698	濮阳南关至清河头桥
				226.000	清河头桥至柳屯闸
河道疏浚工程（岳辛庄上游 5.6 千米，柳屯闸下游 9.8 千米，濮范边界 2.1 千米）	1998-11-18 ~ 2001-05-30	318	313.677	86.147	五爷庙至岳辛庄段
				193.810	柳屯闸下游 9.8 千米
				33.724	濮范边界 2.1 千米
河道疏浚工程（范县 7 千米）	2000-11-07 ~ 2001-05-25	90	90.650	—	—
河道疏浚和南、北小堤加培工程（台前县）	1999-03-25 ~ 2000-04	100（疏浚）	164.100	—	—
		199.2（堤防加培）	199.200	—	—
合计		1341.20	1477.565	—	—

表 4-44　濮阳金堤河干流近期治理南、北小堤加培标准

地点	桩号	20 年一遇设计水位（米）	设计堤顶高程（米）	设计堤顶宽度（米）	设计边坡（临、背河）
张庄闸	0 + 150	45.60	46.70	6.0	1:3
张秋	9 + 100	45.66	46.76	6.0	1:3
贾海桥	17 + 500	45.75	46.85	6.0	1:3
梁庙桥	22 + 100	45.82	46.92	6.0	1:3
台前南关	25 + 600	45.92	47.02	6.0	1:3
老庄桥	32 + 800	46.09	47.19	6.0	1:3

表 4-45　濮阳金堤河干流近期治理桥梁新建改建情况

桥名	桥址	桥长（米）	桥孔数（孔）	桥面宽度（米）	梁底标高（米）	荷载等级	备注
台前南关	台前县	176	11	净 - 7.0	46.60	汽 - 20，履 - 100	新建
老庄	台前县	192	12	净 - 5.4	46.59	汽 - 10，履 - 50	改建
张堂	濮阳县	160	10	净 - 5.4	48.96	汽 - 10，履 - 50	改建
冯仪堂	濮阳县	160	10	净 - 5.4	51.64	汽 - 10，履 - 50	改建

表 4-46　濮阳金堤河干流近期治理防洪闸建设情况

闸名	设计流量（立方米每秒）	防洪水位（米）	排涝水位（米）	底板高程（米）	孔口尺寸（孔数×宽×高，米）
濮城干沟防洪闸	45.00	47.51	45.81	43.60	3×3.5×3.0
总干排防洪闸	45.00	47.13	45.16	42.70	3×3.5×3.0

金堤河干流经过近期治理后，金堤河防洪能力得到提高，干流河道防洪标准和除涝标准得到提高，为流域内人民脱贫致富、油田正常生产等创造了良好的环境。一是通过河道疏通，上游洪水顺畅下泄，预计平均每年可减免洪灾 2667 公顷，减少涝灾 8333 公顷；二是南、北小堤的加高培厚，使南、北小堤外的大量耕地、村庄和油井免遭洪水淹没；三是部分桥梁和灌溉引水闸地改建，使当地的生产生活条件得到改善。

金堤河干流近期治理后，金堤河仍存在一些问题：一是干流洪涝水出路不畅。金堤河干流主要依靠张庄闸自流排水入黄，随着黄河河床的日益抬高，张庄闸出流受黄河水位顶托，自流排水入黄日益困难。二是中下游地区内涝灾害严重。黄河水位顶托金堤河洪涝，致使金堤河水位大幅度提高，一方面造成支沟涝水不能顺利排入金堤河，另一方面在下游段河道会出现内水外流、支沟倒灌的现象，形成严重的内涝和淤积。三是南小堤残缺。金堤河干流近期治理时，范县宋海至莘县古城 33.9 千米南小堤未加培，该段堤防沟口、路口较多，堤身单薄，残缺不全。四是引水涵闸标准低、损坏严重。台前县、范县境内南小堤上的引水闸已运行三四十年，无法发挥工程效益，成为南小堤防洪的重要险点。五是桥梁工程标准低、损坏严重。金堤河上的桥梁多修建于 20 世纪六七十年代，其荷载标准低、桥面窄（3～4 米）。且年久失修，老化、损坏严重，多数已成危桥。六是金堤河干流近期治理时，五爷庙以下河段和耿庄以上河道滑县都进行了开挖，形成耿庄至五爷庙河段河底高、两头低，使上下游水流不平顺，上游河道呈回淤状态，影响干支流排洪等。

2. 金堤河二期治理

由于金堤河治理采取“高水高排”方案，汛期因黄河顶托致使金堤河水位高出地面 3～5 米，范县、台前县的排涝支沟涝水不能自流入金堤河。加之张庄提排站提排能力不足，以及金堤河一期治理工程时支沟口多数未建排灌闸站，致使流域三角地带极易发生内涝，一旦遇到暴雨仍将造成难以估量的损失。

2004 年，水利部在《对十届全国人大二次会议第 2306 号建议的答复》中，充分肯定金堤河干流近期治理一期工程的建成对保障该地区防洪安全、促进当地经济社会发展起到的重要作用，同时也提出金堤河流域在防洪、除涝等方面仍然存在着诸多问题，并影响已建工程的效益发挥和当地经济社会的可持续发展，要求河南、山东两省在总结金堤河一期工程建设管理经验的基础上，进一步协调完善二期治理工程的前期工作，为尽快开展金堤河二期治理工程创造条件。

2004 年以来，河南、山东两省本着求同存异、团结治水的原则，就金堤河二期治理进行多次座谈和沟通。聊城和濮阳两市水利局建立水利工作定期会商制度，就金堤河存在的问题及二期项目的开展进行充分协商，并与两市黄河河务部门磋商。2005年8月10日，在聊城市召开两市水利局和黄河河务局参加的金堤河二期治理工程4方座谈会。2005年8月16日，在濮阳举行由河南省水利厅、山东省水利厅、河南黄河河务局、山东黄河河务局、濮阳市人民政府、聊城市人民政府领导参加的6方会谈。会议就实施金堤河干流二期治理工程建设的必要性、重要性和紧迫性进行讨论，就工程建设内容及前期工作开展等问题进行协商，达成高度的共识，形成《金堤河治理续建工程（濮阳）会商会会议纪要》，成立由濮阳市人民政府市长任组长，聊城市人民政府副市长、濮阳市人民政府副市长任副组长，有关部门为成员的金堤河流域综合治理工作领导小组，全面开展金堤河干流二期治理工程的有关工作。2005年9月、10月，山东省水利厅和河南省水利厅分别请示水利部，要求尽早实施金堤河治理续建工程。同时，聊城市人民政府和濮阳市人民政府分别致函黄委会，要求实施金堤河治理续建工程。

2006年，黄河勘测规划设计院有限公司受濮阳市水利局和聊城市水利局委托，编制完成《金堤河干流二期治理工程项目建议书》。是年9月，黄委在聊城组织有关人员对项目建议书进行预审查；11月，黄委在郑州组织有关专家复审，黄河勘测规划设计院有限公司修改完成《金堤河干流二期治理工程项目建议书》。

2008年12月，黄河勘测规划设计有限公司受濮阳市水利局、滑县水务局和聊城市水利局的委托，承担金堤河干流二期治理工程可行性研究的设计工作。2009年2月，编制完成《金堤河干流二期治理工程可行性研究报告》。

2010年12月，河南省发展和改革委员会《关于金堤河干流二期治理工程可行性研究报告的批复》，同意金堤河干流二期治理。濮阳、安阳两市境内主要建设内容为：加培南小堤13.37千米，加固北小堤5.5千米；南小堤堤顶修建防汛道路13.37千米；支沟口新建防洪排涝闸站4座；干流河道疏浚42.75千米（其中滑县段长26.1千米，濮阳段长16.65千米）；改建跨河生产桥15座（其中滑县段3座）；水文及工程管理设施建设等。工程估算总投资15457.3万元，其中濮阳市11337.6万元，安阳市4119.7万元。金堤河干流通过二期治理，防洪标准达到20年一遇，除涝标准达到5年一遇。

2011年3月，河南省水利勘测设计研究有限公司受濮阳市水利局委托，承担濮阳市境内金堤河干流近期治理二期工程初步设计工作。

濮阳金堤河二期治理工程于2011年10月相继开工，2012年6月全部竣工。完成的项目主要有：14个支沟口段干流清淤，总长15.65千米；南小堤加培、堤顶硬化13.668千米；新建、重建、维修加固支沟口防洪排涝闸站5座；拆除重建跨河交通桥12座，维修加固跨河公路桥1座。以上4项工程共完成投资11767万元，其中中央投资9070万元。

（1）支沟口处干流清淤。金堤河干流濮阳县河段（82+600～131+600）总长约49千米，对其中14处支沟口（含桥口及拦河闸口）河道清淤，总长15.65千米。河道按3年一遇排涝标准进行清淤。完成清淤土方为179万立方米。支沟口清淤高程及清淤范围见表4-47。

表4-47 濮阳金堤河干流二期治理支沟口清淤高程及清淤范围

序号	位置	清淤底高程（米）	清淤底宽（米）	清淤范围（米）
1	青碱沟	43.79	91.8	750
2	房刘庄沟	44.38	106.8	600
3	拦河闸上	44.68	106.8	2000
4	顾头沟	44.96	106.8	1200
5	胡状沟	45.20	106.8	750
6	董楼沟	45.67	106.8	750
7	五星沟	46.19	106.8	750
8	濮阳南关大桥下游	46.66	106.8	3000
9	三里店沟	46.72	106.8	450
10	故县沟	47.05	106.8	600
11	回木沟	47.71	95.8	3000
12	草坡沟	47.79	91.8	300
13	赵营沟	47.98	91.8	750
14	黄庄沟	48.16	91.8	750

（2）南小堤加培和堤顶硬化。南小堤加培共4段（81+500~79+582、74+672~71+358、61+308~54+492、50+420~49+100），工程总长13.368千米，顶宽6.0米，内外边坡1:3，设计堤顶高程按20年一遇水位超高1.42米。堤顶采用泥结碎石硬化，路面厚0.2米、宽4米。完成主要工程量：清基土方3.93万立方米，土方开挖1.59万立方米，土方填筑8.38万立方米，泥结碎石路面5.4万平方米。

（3）支沟口防洪排涝闸站。主要项目有：新建四合村沟防洪排涝闸站和花园坑沟、五里后沟、刘郎庄沟3座排涝闸，尚庄沟闸站加固改造。排涝闸、站级别均为4级，按金堤河20年一遇洪水标准设计。

四合村沟防洪排涝闸站设计排涝流量7立方米每秒，提排流量4立方米每秒，除涝闸上水位42.00~42.50米，闸下水位3年一遇43.94米，5年一遇44.10米，20年一遇45.49米。工程由上游段、闸室及泵房段、涵洞及出口防洪闸段、消力池、海漫段、变电站、管理房交通道路等部分组成。泵站供水泵采用150QSG20-72/11型深水泵1台，排水泵采用100QW65-15-5.5型潜水泵1台。防洪排涝闸共2孔，宽2米、高2米，进、出口闸门启闭均采用3千瓦手电动两用螺杆机。提排站进口共3孔，宽2.5米、高2.56米。

花园坑沟、五里后沟、刘郎庄沟3座排涝闸均为1孔，宽1.2米、高1.8米，闸门启闭采用2.2千瓦手电动两用螺杆机。

尚庄防洪排涝闸站主要是对工程损坏部分进行改造，增加启闭机房和管理房。尚庄排涝闸为1孔，宽1米、高1.7米，闸门启闭采用2.2千瓦手电动两用螺杆机，泵站采用500QZ－70G型潜水轴流泵2台。

二期治理防洪排涝闸站工程完成主要工程量：土方开挖1.53万立方米，土方回填1.00万立方米，混凝土1621立方米，钢筋115吨，浆砌石916立方米，粉喷桩1668立方米。

濮阳金堤河干流二期治理支沟口防洪排涝闸站基本情况见表4-48，支沟口防洪排涝闸站主要工程量见表4-49。

表4-48　濮阳金堤河干流二期治理支沟口防洪排涝闸站基本情况

闸站名称	桩号	流域面积（平方千米）	排涝流量（立方米每秒）	底宽（米）	设计水深（米）	边坡系数	沟底高程（米）	闸上水位（米）	闸下3年水位（米）	闸下20年水位（米）
台前四合村沟闸站	45＋500	23.8	7	6.00	2.10	2	40.40	42.50	43.94	45.49
范县花园坑沟闸	46＋455	6.3	2	1.20	2.00	2	41.40	43.40	44.00	45.52
范县五里后沟闸	51＋455	2.3	1	1.00	2.50	2	42.00	44.50	44.30	45.69
范县刘郎庄沟闸	56＋084	8.3	2	1.20	3.50	2	41.00	44.50	44.59	45.93
台前尚庄闸站	27＋100	5.0	2	5.7	0.8	2	40.50	41.30	43.38	45.94

表4-49　濮阳金堤河干流二期治理支沟口防洪排涝闸站主要工程量

序号	项目	土方开挖（立方米）	土方回填（立方米）	混凝土（立方米）	钢筋（吨）	浆砌石（立方米）	粉喷桩（立方米）
1	台前四合村沟	6845	4501	1078	80	420	1302
2	范县花园坑沟	3020	1794	185	12	156	98.6
3	范县五里后沟	3084	2504	173	11	186	112.3
4	范县刘郎庄沟	2310	1223	185	12	154	155.4
小计		15259	10022	1621	115	916	1668.3

（4）干流桥梁工程。金堤河干流桥梁是汛期两岸防洪抢险的通道，同时担负着当地群众生产生活交通及北金堤滞洪区分洪时的撤退任务。干流桥梁桥面高程按20年一遇洪水水位加净空0.5米设计。二期治理的项目主要有：重建梁庙等生产交通桥12座，维修加固台前南关公路桥。生产交通桥上部采用16米跨径的预应力混凝土空心梁板，下部采用双柱式墩台，基础桩采用2根直径1.2米的钻孔灌注桩。桥面净宽为6米＋2×0.5米。桥面由100毫米厚C40混凝土垫层、三涂FYT－1改进型防水层和100毫米厚C50水泥混凝土面层铺装组成。桥梁两端接线引道均采用土筑路基，采用四级

公路标准设计，设计速度每小时20千米，以5%纵坡与两岸堤防或现有道路相衔接。路基边坡为1∶1.5，桥两端接线引道路面宽6.5米，其中行车道为2米×3.0米，土路肩宽为2×0.25米。完成主要工程量：混凝土2.59万立方米、土方11.24万立方米、拆除混凝土0.44万立方米。濮阳金堤河干流二期治理跨河交通桥建设情况见表4-50。

表4-50　濮阳金堤河干流二期治理跨河交通桥建设情况

名称	河道桩号	桥长（米）	桥面宽（米）	设计荷载	建设性质
台前县梁庙桥	21+940	176	7.0	公路－Ⅱ级	重建
台前县徐岭桥	22+900	176	7.0	公路－Ⅱ级	重建
台前南关桥	125+600	178	21.0	公路－Ⅱ级	维修加固
范县张青营桥	61+056	160	7.0	公路－Ⅱ级	重建
范县王亭桥	66+008	160	7.0	公路－Ⅱ级	重建
濮阳县王道期桥	87+327	144	7.0	公路－Ⅱ级	重建
濮阳县官仁店桥	96+380	144	7.0	公路－Ⅱ级	重建
濮阳县刘庄桥	97+903	144	7.0	公路－Ⅱ级	重建
濮阳县西大韩桥	100+712	144	7.0	公路－Ⅱ级	重建
濮阳县清河头桥	103+803	144	7.0	公路－Ⅱ级	重建
濮阳县田丈桥	106+748	144	7.0	公路－Ⅱ级	重建
濮阳县管五星桥	107+432	144	7.0	公路－Ⅱ级	重建
濮阳县牛庄桥	122+210	144	7.0	公路－Ⅱ级	重建

（5）入黄口治理工程。该工程主要解决张庄闸门出口退水渠道淤积问题。工程完成后，将增大行洪、排涝能力，提高防洪、治涝标准。项目内容包括：上下游岸坡砌石改建加固、退水渠堤修筑、退水渠道清淤、上下游塘坑淤填、下游围堤整修等。

该工程于2010年8月开工，2011年3月完工。完成主要工程量：干砌石拆除5120立方米，浆砌石护坡3026立方米，浆砌石基础1062立方米，碎石垫层1045立方米；退水渠渠堤土方填筑9296立方米，浆砌石护坡2321立方米，浆砌石基础802立方米，碎石垫层797立方米，退水渠清淤土方33150立方米；上下游塘坑清基土方8346立方米，填筑土方67111立方米；排泥管安拆1500米，翼墙土方填筑9265立方米，下游围堤整修土方填筑5762立方米；南北小堤整修土方填筑24940立方米。工程总投资415.12万元。

（6）金堤河二期治理黄委部分工程。该工程于2015年11月实施，主要工程有：新修和翻修堤顶道路37.1千米，险工改建加固29道坝，柳屯引水闸除险加固，3处穿堤小型涵洞拆除重建（详见本章第二节）。

附：

一、渠村分洪闸除险加固

渠村分洪闸自1978年建成运行30年来，未进行过大规模维修养护，工程存在启闭时异常卡阻、启闭机机架桥梁与柱承载力不满足规范要求等多种病险问题。2009年，渠村分洪闸进行安全鉴定，被评定为三类闸，需进行除险加固才能保证安全运行。渠村分洪闸除险加固工程于2017年3月开工，2018年11月竣工。

（一）渠村分洪闸安全鉴定

2009年5月，渠村分洪闸进行安全鉴定。鉴定内容包括水闸稳定性和抗渗稳定性、抗震稳定性、消能防冲、水闸过水能力、混凝土结构、闸门和启闭机、电气设备和观测设施。安全鉴定结论见表4-51。

表4-51　2009年渠村分洪闸安全鉴定结论

项目	鉴定结论
防洪标准	满足规范要求
闸室段	局部表面混凝土脱落、钢筋外露锈蚀；混凝土强度满足设计要求；钢筋无锈蚀活动性。复核计算表明，各工况下的抗滑稳定安全系数均满足规范要求
过流能力	满足要求
闸基渗流	在各种工况下，闸基渗流稳定均满足规范要求
水闸沉降	水闸无明显不均匀沉降破坏现象，闸前最大沉陷量88.2毫米，闸后最大沉陷量100.5毫米，闸前最大水平位移46.5毫米。不影响工程正常运用
消力池和海漫	在各种工况下，消力池和海漫均满足消能防冲要求
闸室底板、闸墩和胸墙	闸室底板、闸墩和胸墙等部位的构件强度、裂缝开展宽度均满足规范要求
	机架桥排架在地震工况下计算配筋不满足要求；启闭机大梁结构满足要求
	公路桥排架在地震工况下计算配筋不满足要求；公路桥原设计为汽－15，挂－80，桥板结构不满足现行规范的荷载要求
	闸墩、胸墙、闸门板局部表面混凝土掉块、钢筋外露、锈蚀
	桩基础竖向承载力、水平承载力和桩身配筋均满足设计要求
启闭设备	已超过规定折旧年限，不能保证正常运行
电气设备	严重老化
启闭机室	墙体裂缝、变形严重

2014年6月，进行补充鉴定，内容包括闸门外观质量、混凝土抗压强度及碳化深度、钢筋锈蚀程度、混凝土闸门结构复核及零部件强度复核等。现场安全检测及工程复核计算分析成果见表4-52。

表 4-52　渠村分洪闸现场安全检测及工程复核计算分析成果汇总

评价项目			主要分析成果
结构安全	闸室	复核计算	闸室底板、闸墩和胸墙等部位的构件强度、裂缝开展宽度均满足规范要求
			机架桥排架在地震工况下计算配筋不满足要求，启闭机大梁结构满足要求
			公路桥排架在地震工况下计算配筋不满足要求；公路桥原设计为汽－15，挂－80，桥板结构不满足现行规范的荷载要求
			桩基础竖向承载力、水平承载力和桩身配筋均满足设计要求
	机架桥	现场检测	排架柱掉块，钢筋外露锈蚀，排架柱3条裂缝，机架桥梁3条裂缝
闸门和启闭机	闸门及其附属结构	现场检测	闸门橡胶止水不同程度的老化、损坏；16孔闸门卡阻严重，3米以上很难提起；闸门预埋铁件、轨道锈蚀；所有闸门背水面混凝土均有脱落、钢筋外露、锈蚀现象
	启闭机	现场检测	启闭设备已超过规定折旧年限，多数钢丝绳、卷筒、滑轮组出现锈蚀；34台启闭机减速器、联轴器出现漏油现象，部分钢丝绳出现断股现象，所有电机绝缘度达不到安全技术指标，卷扬式启闭机需要更换
电气控制系统		现场检测	该闸共有高压线路长1.5千米，线杆存在着裂缝，裸体铝铰线老化、瓷瓶破损严重
			该闸共有低压配电盘5面，其中电厂配电盘2面，启闭机室配电盘3面，其中启闭机室内3面配电盘已经使用30多年，经常出现故障
			经检测发现有51台电机绝缘值均低于0.5兆欧，不能保证正常运行
观测措施		现场检测	沉降点可正常使用，测压管全部堵塞
闸门补充检测及复核		现场检测	所有闸门主梁下翼板混凝土碳化严重，箍筋外露并严重锈蚀；主梁腹板及上翼板混凝土碳化严重，部分区域由于内部钢筋锈蚀，表面混凝土鼓胀；主梁预埋钢板、连接钢板锈蚀严重；上翼板迎水面主梁连接处钢板锈蚀；门槽轨道埋件锈蚀严重，门槽主轨、反轨埋件锈蚀严重，闸门吊耳锈蚀严重
			闸门主梁回弹钻芯修正法混凝土强度值在37.1～46.4兆帕。闸门主梁混凝土保护层厚度较薄，混凝土保护层厚度不满足现行规范，局部钢筋鼓胀外露，尤其在下翼板外侧多数箍筋鼓胀外露，下翼板钢筋锈蚀严重，上翼板和腹板钢筋锈蚀
			主梁预埋钢板与连接钢板（厚度10.0毫米）焊接处严重锈蚀剥落，严重影响闸门拼装的整体性
		复核计算	多数闸门存在不同程度的卡阻现象，有16孔闸门卡阻严重且不能正常启闭。闸门门槽向上游倾斜
			闸门预应力混凝土主梁复核计算结果均满足现行规范要求
			闸门吊耳复核计算均超过规范容许值

综合以上情况，鉴于该闸存在机架桥、公路桥在设计条件下不满足强度要求，启闭设备已超过规定折旧年限，不能保证正常运行，电气设备严重老化等问题，该闸安全类别评定为三类闸。根据《水闸安全鉴定规定》（SL 214—98）要求，渠村分洪闸需进行除险加固。

（二）渠村分洪闸除险加固工程

2009 年 9 月，渠村分洪闸除险加固工程列入《水利部黄委直管病险水闸除险加固专项规划报告》，并上报水利部。

2013 年 2 月，渠村分洪闸除险加固工程列为《全国大中型病险水闸除险加固总体方案》第 1 位。

2014 年 9 月，水利部对《河南黄河渠村分洪闸除险加固工程可行性研究报告》进行审查。

2016 年 3 月，国家发展和改革委员会批复《河南黄河渠村分洪闸除险加固工程可行性研究报告》；6 月，水利部审查《河南黄河渠村分洪闸除险加固工程》初步设计报告；10 月，国家发展和改革委员会对《河南黄河渠村分洪闸除险加固工程》初步设计报告进行评估。

2017 年 2 月，水利部批复《河南黄河渠村分洪闸除险加固工程》初步设计报告，核定总投资 12134 万元。

工程建设标准，除险加固仍维持原工程规模，设计分洪流量 10000 立方米每秒，工程等别为Ⅰ等，建筑物级别为 1 级，水闸建筑物按地震基本烈度 8 度设防。防洪标准与黄河大堤的防洪标准相同，即分洪闸设防流量为 20000 立方米每秒（相应花园口站 22000 立方米每秒），设计水位 66.75 米，校核水位 68.1 米。

渠村分洪闸除险加固工程内容：机架桥拆除重建，公路桥拆除重建，启闭机室及两侧楼梯间拆除重建，闸室段缺陷处理，更换启闭机和闸门，更新电气设备，发电厂房拆除重建，废弃的铁路桥拆除，观测设施恢复，消力池土方清理。

（1）闸室段混凝土缺陷处理。根据不同的缺陷情况进行处理，针对闸墩及胸墙混凝土掉块、脱落、剥蚀、干裂起皮等病害问题，采取混凝土表层置换修补技术、混凝土表面水泥基砂浆涂层封闭等方法进行处理；采用沥青油膏重新填充胸墙止水填料脱落部分；更换底板沉陷缝脱落、老化的止水带。

（2）启闭机室拆除重建。现启闭机室砖砌外墙厚度为 120 毫米，且无抗震构造措施，与屋面连接缺乏整体性，存在一定的安全隐患。为保证启闭机室结构的安全可靠性，对现启闭机室外墙及屋面拆除重建，采用轻型钢结构，重建后启闭机室总建筑面积为 4495 平方米。

（3）机架桥改建。根据安全鉴定结论，对现机架桥排架以及启闭机梁拆除重建，包括中墩排架 55 榀、边墩排架 2 榀、启闭机梁 56 跨、新建机架桥的两个排架柱均生根于 67.15 米高程。考虑到植筋最小边距的要求，初拟排架柱的截面尺寸，中墩柱为 1.2 米×0.6 米，边墩柱为 0.6 米×0.6 米。中墩排架梁截面尺寸 1.2 米×0.7 米，边墩排架梁 0.6 米×0.7 米。

排架采用现浇混凝土，强度等级为 C30。排架柱：柱净高 5.65 米。排架梁：梁净跨 2.52 米。

启闭机梁采用预应普通混凝土，强度等级为 C40，梁跨度 13.4 米。

（4）公路桥改建。根据安全鉴定结论，对现有公路桥上部结构拆除，按照公路 - Ⅱ级标准进行重建，公路桥上部结构采用预应力空心板，桥跨布置为：（6.9 + 56 × 13.4 + 6.9）米（两边跨为普通钢筋混凝土板梁），全长为 764.20 米。

公路桥下部在闸墩相应位置植筋，布置双柱式桥墩，墩柱直径采用 0.9 米，盖梁高度采用 1.1 米，以保证承载力满足要求。

（5）观测设施恢复。对公路桥上的沉 58 ~ 沉 76 等 19 个观测点，在原位置上方的新建公路桥防护栏处进行恢复。

由于所有原测压管全部堵塞不能使用，故重新钻孔埋设测压管。在左、右翼墙后各布设一个观测断面，每个观测断面由 6 个测压管组成。

由于原墩身水尺刻度已模糊不清，不能正常使用，故在原位置重新布设水位标尺。

（6）闸后消力池土方清理。一级消力池淤泥、二级消力池及海漫段东北角处泥沙约 8353 立方米，挖出经晾晒后用于填筑施工便道。

（7）金属结构。闸门更换为潜孔式平面定轮钢闸门，尺寸为 12.8 米 × 4.45 米（宽 × 高），门叶结构采用三主横梁等荷载布置，门体结构主材料为普通碳素结构钢（Q235 - C）。主轮轮径 900 毫米，材料为铸钢（ZG310 - 570），轴承采用自润滑复合材料，为防止泥沙进入轴承，轴承两端增加密封装置。顶、侧止水布置在上游面，与面板同侧，采用 P 型橡皮，压缩量 4 毫米，底止水采用 I 型橡皮，压缩量 5 毫米。主轨材料采用铸钢（ZG310 - 570），封水座板材料采用不锈钢，其他埋件材料均为普通碳素结构钢（Q235 - B）。闸门启闭设备选用固定卷扬式启闭机，启闭容量为 2 × 630 千牛，扬程 10 米。

（8）电气工程。供电电源引接于渠村 35 千伏变电所。闸门启闭机为 56 台双吊点卷扬启闭机。设计整个闸区装设 3 台电力变压器，其中 1 台厂用变，2 台工作变压器。厂用变压器容量 160 千伏安，为平时闸管所管理区工作生活照明及启闭机室照明供电，为 SCB11 系列干式变压器，布置在变配电房的低压室，与低压柜同排平列布置。2 台箱式变压器容量均为 400 千伏安，为美式箱变，分别为 1 ~ 28 号、29 ~ 56 号启闭机供电。

主体工程工程量主要有消力池土方清淤 8353 立方米；拆除原混凝土 7834 立方米，浇筑混凝土 0.9 万立方米，钢筋 1665 吨；拆除原混凝土闸门 56 扇、启闭机 56 套；制安钢闸门 56 孔、卷扬式启闭机 56 台，启门力 2 × 630 千牛。

该工程于 2017 年 3 月 25 日开工建设，2018 年 2 月 28 日完成闸门安装任务，6 月 20 日完成闸门联合启闭试验，11 月工程全部竣工。工程土建部分由河南省中原水利水电工程集团有限公司中标，金属结构部分由郑州黄河机械厂中标。

二、滑县北金堤滞洪区基本情况

（一）社会经济基本情况

滑县境内北金堤滞洪区面积505.4平方千米，涉及11个乡（镇）的285个自然村、33.19万人、4.09万公顷耕地。2015年，区内农业生产总值5.74万元，工业生产总值18.01亿元，固定生产总值16.47亿元，社会资产总值40.22亿元（见表4-53）。

表4-53　2015年滑县北金堤滞洪区社会经济情况

乡（镇）名称	村数（个）	人口（万人）	耕地（万公顷）	房屋（万间）	财产（亿元）
桑村	33	4.48	0.33	5.54	3.90
大寨	44	4.86	0.45	6.87	4.10
赵营	26	4.67	0.56	5.77	4.30
老庙	53	5.20	0.47	8.96	4.00
八里营	59	6.01	0.69	9.69	3.40
白道口	28	3.28	0.55	4.93	1.10
万古	20	2.75	0.32	4.18	1.40
留固	13	0.93	0.52	1.92	0.80
高平	3	0.67	0.05	0.93	0.30
枣村	6	0.35	0.07	0.35	0.30
四间房	—	—	0.10	—	—
合计	285	33.20	4.11	49.14	23.60

（二）工程设施

滑县北金堤滞洪区主要工程设施有北金堤、避洪工程及撤退道路、桥梁等。

（1）北金堤。滑县境北金堤自滑县的李村至濮阳县杜寨村，长18.75千米，桩号为-(35+250)~-(16+500)。其中，白道口镇境内北金堤长6.75千米，桩号为-(35+250)~-(28+500)；四间房乡境内北金堤长12.00千米，桩号为-(28+500)~-(16+500)。

（2）撤退道路、桥梁。撤退道路主要有10条，全长141千米。其中向西迁移主干道2条，分别为道桑路和道大路，向北迁移主干道2条，分别为四万路和赵营至赵拐撤退路。撤退道路级别为2、3级，分别为沥青路面和混凝土路面，路基宽度8~10米，路面宽度6~8米。撤退桥梁4座，桥梁结构为钢筋混凝土，桥面宽8~10米，最大跨度为16米。

（3）避水工程。主要有避水台、围村堰。

截至2015年，滑县北金堤滞洪区深水区有避水台116个，面积32.55万平方米，可安排6.51万人避洪；围村堰53条，共计长70.94千米，可安排10.37万人避洪。

（三）滞洪区域及迁移防守情况

渠村分洪闸分洪后，按洪水流势，滑县北金堤滞洪区划分为主溜区、深水区、浅水区。主溜区面积10.70平方千米，区内有11个村、1.22万人；深水区面积346平方千米，区内有187个村、21.96万人；浅水区面积148.70平方千米，区内有87个村、9.25万人（见表4-54）。

表4-54　滑县北金堤滞洪区区域情况

区域名称	面积（平方千米）	村庄（个）	人口（万人）
主溜区	10.70	11	1.22
深水区	346.00	187	21.96
浅水区	148.70	87	9.25

滞洪时，滑县浅水区利用本村有利地形进行防御的村庄有87个，防御人口10.17万人。利用防洪工程进行防守的村庄有142个，防守人口19.41万人。需要迁移的村庄有56个，人口6.99万人。其中，桑村乡迁移人员沿道桑路向西过孔村桥，安置到万古乡；大寨乡迁移人员沿留袁路过黄庄河冢上桥、柳清河安上桥向西，安置到留固镇；赵营乡迁移人员沿赵四路过金堤河小韩桥、黄庄河刘庄桥向北，安置到四间房乡（见表4-55）。

表4-55　2015年滑县北金堤滞洪区迁移防守规划情况

乡（镇）名称	基本情况		迁移情况		防守情况		防御情况	
	村数（个）	人口（万人）	村数（个）	人口（万人）	村数（个）	人口（万人）	村数（个）	人口（万人）
桑村	33	4.65	17	2.00	16	2.66	—	—
大寨	44	4.86	14	1.16	30	3.70	—	—
赵营	26	5.10	4	1.14	22	3.96	—	—
老庙	53	5.32	6	0.53	38	4.16	9	0.63
八里营	59	6.84	11	1.24	25	3.36	23	2.24
白道口	28	4.19	4	0.92	9	1.22	15	2.05
万古	20	3.40	—	—	2	0.35	18	3.06
留固乡	13	1.09	—	—	—	—	13	1.09
高平	3	0.43	—	—	—	—	3	0.43
枣村	6	0.67	—	—	—	—	6	0.67
合计	285	36.55	56	6.99	142	19.41	87	10.17

三、金堤河防洪排涝纠纷与协调

1855年，铜瓦厢决口改道后，黄河在北金堤以南漫流20多年。后来虽曾修筑临河堤埝，决溢泛滥仍十分频繁。群众为保护田园，乡与乡之间、村与村之间，因堵水、排水之争，时有械斗发生。

1949 年以前，金堤以南涝水尚可顺金堤下泄至陶城铺、张庄间自流入黄。1949 年汛期，枣包楼民埝因黄河大水决口。汛后复堤时，金堤河张庄入黄口门被堵死，金堤河积水只能在每年白露后从张秋闸向北排泄一部分入小运河。但由于连年涝灾严重，上下游排水纠纷逐渐增多。

在冀鲁豫解放区人民政府和平原省人民政府领导时期，这一地区水事纠纷还不很突出，主要是统一规划，统一治理，防洪、除涝都能顺利进行。1952 年 11 月，平原省建制撤销，将聊城专区划归山东省，将濮阳、安阳、新乡专区划归河南省。从此，豫、鲁两省间金堤河排水矛盾日益突出。1954 年 10 月，河南省撤销濮阳专区，将封丘、长垣两县并入新乡专区；滑县、濮阳并入安阳专区。这样一来，在河南省内，新乡与安阳两地区之间也常发生排水纠纷。

1957 年 8 月，滑县五爷庙闸南黄庄河堤决口，淹没濮阳、范县、寿张 3 县的大片土地，上下游的排水矛盾更为加剧。上下游对五爷庙闸的管理运用和放水大小，屡有争议，多次协商没有结果。

1958 年，在金堤河干流上修筑数条拦河大土坝，形成 10 余座平原围堤水库。因水库水位高出地面，长期蓄水引起两岸土地盐碱化，庄稼减收，房屋倒塌，金堤多处塌陷，加以排水孔道被截断，雨后大面积水涝成灾。1960 年，彭楼引黄闸建成后，彭楼引黄干渠和金堤河水库联合运用，水量增大，水位增高，干渠堤和水库围堤多次决口，濮阳、范县、寿张、清丰、南乐、莘县多次发生水事纠纷。

1961 年汛期，金堤河上游水位陡涨，河水漫溢，淹地甚多，边界水利纠纷增加。仅范县内就发生纠纷 41 起。7 月 22 日，水电部派黄委会王云亭、新乡专署代表郭延庆和聊城专署代表申怡之组成金堤河 3 人执行小组，专往范县解决金堤河排水及水利纠纷问题。

1962 年 2 月，河南省对平原地区实行以除涝治碱为中心的排、灌、泄兼施的方针，扒除阻水工程，恢复自然流势。而山东省决定保留金堤河水库用于滞洪，两省矛盾随之又起。3 月，国务院副总理谭震林在范县主持召开会议决定：①废除金堤河水库；②停止引黄灌溉；③采取措施为金堤河排水找出路。以解决冀、鲁、豫 3 省水利纠纷。6 月 13 日，中央防汛总指挥部就相邻省边界水利问题电告黄委会。电文指出，凡平原地区关系到两省边界的引水涵闸，应按照中央批示的《水利电力部关于五省一市平原地区水利问题的处理原则的报告》和 1962 年春双方达成的协议，认真检查处理。电文对黄河流域内边界地区涵闸的归属做如下规定：金堤河上的五爷庙闸、濮阳县金堤闸、樱桃园闸、古城闸，应由河南、山东两省水利厅移交给黄委会管理。是年，五爷庙闸被拆除，其纠纷遂消除。

1963 年 2 月，黄委会提出《金堤河排水出路方案报告》，根据这个报告，于 3 月动工兴建金堤河张庄入黄闸，修筑南、北小堤，并成立金堤河工程管理局，以解决这一地区的水事纠纷。

1963年9月，国务院副总理谭震林和水利电力部副部长钱正英又来濮阳视察引黄灌溉和金堤河排水工程。12月17日，水利电力部向国务院提出《关于金堤河问题的请示报告》。报告提出，建议把金堤以南山东省的范县、寿张一部分地区约1000余平方千米（包括黄河滩区）划归河南省。将金堤以北的范县县城（樱桃园）划归河南省，作为县党、政领导机关的驻地。这样不仅有利于解决金堤河问题，对黄河特大洪水的处理也有好处。12月26日，国务院立即批转同意这个报告，将山东省的范县、寿张金堤以南和范县城附近的土地划归河南省。1964年金堤河流域大水，11月19日，水利电力部规划局批文："现金堤河下游大量积水，我部意见请山东省水利厅，按照国务院去年12月26日的批示，白露后打开张秋闸放水的规定，立即开闸放水排水，流量以不超过原规定20立方米每秒为限。徒骇河施工应根据这个情况加以安排，不能因徒骇河施工而关张秋闸，不要再拖延下去。"

1965年，水利电力部批示：红旗渠以西涝水尽量排入卫河，今后不再自濮阳县南关分水入马颊河；张秋闸在白露以后排除金堤河积水，最大不超过20立方米每秒。

但是，上下游排水的矛盾始终未得到解决。

1979年12月，水利部钱正英部长召集黄委会和豫、鲁两省水利厅，研究决定进行金堤河流域综合治理规划。规划的指导思想是"统一规划，洪、涝、旱、碱、淤综合治理"。干、支流治理的原则是"以排为主，兼顾其他"。干流治理的关键是寻找金堤河洪、涝水的出路。

1980年，黄委会编制《金堤河流域综合治理规划》，对东排方案、北排方案、分排方案和张庄强迫入黄、张庄抽排入黄方案等进行分析比较后，推荐张庄抽排方案，新建抽排站能力为200立方米每秒。南小堤维修按金堤河20年一遇洪水设防，不考虑北小堤的作用。山东省水利厅的意见是抽排规模不小于300立方米每秒；要求北小堤亦按20年一遇洪水标准设防。

1988年，金堤河治理列入黄淮海平原综合治理开发项目。1989年3月，河南省水利厅提出，当金堤河涝水入黄困难时，山东应允许接受金堤河涝水北排入卫河、徒骇河、马颊河。山东省则认为，徒骇河、马颊河年久失修，淤积严重，不能承受金堤河涝水，不同意北排。8月，山东省要求干流近期治理工程应首先安排好排水出路，并应自上而下实施。11月，水利部在北京召开金堤河干流近期治理工程和彭楼引黄入鲁输水工程协调会，会议为协调两省水事纠纷做了大量工作，终因南、北小堤标准等问题存在分歧，而没有达成协议。

1990年4月，水利部在北京召开第二次金堤河干流治理和彭楼引黄入鲁输水工程协调会。会上，就南、北小堤问题，山东省代表提出南、北小堤设防标准一致的意见，河南省代表提出南、北小堤设防标准要尊重1980年总体规划方案的意见。6月，山东省针对《关于金堤河干流治理和彭楼引黄入鲁工程意见》提出，金堤河干流治理近期方案，放弃了河南省境内的四个滞洪坡洼但未解决好下游的排水出路。同时，濮阳市人民政府关于对《金堤河干流治理和彭楼引黄入鲁工程协调会议纪要》提出：鉴于金堤河汛期涝水不能自然排入黄河的现状，解决其排水出路是治理金堤河的根本问题。

1991 年 1 月，黄委会成立金堤河管理局，主要负责豫、鲁两省金堤河水事纠纷协调，以及金堤河干流治理等工作。

1992 年 10 月 9 日，金堤河管理局在解答山东省关于金堤河排水出路问题时指出，金堤河排水出路有 3 条：一是由张庄闸自流入黄河；二是通过张庄电排站抽排入黄；三是由张秋闸自流入运河。

1993 年 10 月，山东省对金堤河排水出路提三个方案：一是压排入黄；二是提排入黄；三是分排入黄。认为第一方案比较好，采取强排和现有抽排站相结合的办法，并按同样标准修筑南、北小堤，压排入黄。可以解决近期金堤河排水出路。

1994 年 1 月，水利部复函山东省人民政府，金堤河治理后的排水出路问题，在治理规划中将作为一个很重要的问题加以研究解决，以充分利用现有的排水闸、站，争取做到“高水高排，低水抽排”，以减轻排涝负担。

1994 年 2 月 18 日，黄委在报送《金堤河干流近期治理和彭楼引黄入鲁灌溉工程可行性研究报告》（以下简称《可研报告》）的函中提到：“为部分解决金堤河下游的排水出路和适当满足山东引水的要求，建议下阶段研究在北金堤建张秋等闸的引（排）水规模，以创造相机北引（排）的条件。”

1994 年 3 月，在濮阳市召开的《可研报告》审查会议上，山东省代表提出，《可研报告》中对排水出路这一关键问题并没有解决，这势必造成水灾搬家，下游形成滞蓄水库。

1994 年 5 月，水利部规划计划司、水政水资源司、水利管理司、国家防总办公室、水利水电规划设计总院、黄委会等单位的代表，对山东省人民政府关于干流排水出路问题的意见进行讨论研究，认为目前增建 200 立方米每秒的张庄抽排站不现实，也不经济合理。现应充分利用已建成的闸、站排水设施以及利用河道滞蓄。《可研报告》提出的对张庄闸出口进行清淤，为自流入黄创造条件，对张庄 64 立方米每秒抽排站进行检修维护后便可能按设计能力抽排入黄，是可行的。同时，对该站的排水能力的潜力还应进一步研究。向北排涝水入张秋闸，仍需坚持每年白露开闸，自流排水入运河，目前暂不考虑扩大张秋闸的排水规模。6 月，经金堤河管理局和水利部规划计划司协调，山东、河南两水利厅就南、北小堤设防标准达成一致意见：南、北小堤均按 20 年一遇设防。11 月，在北京召开的《可研报告》（修改稿）审查会议上，山东、河南两省代表的意见尽管在某些方面仍存在分歧，但本着团结治水、互利互让的原则，基本同意《可研报告》。

1995 ~ 2011 年，金堤河治理项目的实施，使金堤河下游排水矛盾得到缓和。

第五章 黄河防汛

历代治河，为防决溢，黄河下游沿河两岸均设有专职官员和兵夫负责汛期防守。西汉时，“濒河吏卒，郡数千人”。宋代，沿河州府各置河堤判官。金元时期，令沿河府、州、县皆提举河防事。明代治河，重视人防，建立“三里一铺，四铺一老人巡视”的护堤组织。清代沿袭旧制，除设专职河官外，还建河防营，分段防守。民国时期，沿袭清末河兵制度，河防营改为组分段和工程队。

1946 年，冀鲁豫解放区成立黄河水利委员会、修防处、修防段。冀鲁豫边区党委和行署领导沿河人民修复荒废的大堤，迎接黄河归故，战胜了 1949 年的大洪水。中华人民共和国成立后，在党和国家的高度重视下，按照“宽河固堤”的黄河下游治理方策，濮阳逐步建立健全黄河修、防管理体制，多次加高加固黄河大堤，整治河道，开辟北金堤滞洪区，逐渐形成了防御黄河特大洪水的防洪工程体系。濮阳历届的各级党委、政府始终把黄河防洪保安全列为首要任务，建立各级防汛指挥机构，组织强大的防汛队伍，加强汛期防守，紧紧依靠沿河广大干部和群众，战胜花园口站出现的 10000 立方米每秒以上的洪水 12 次，特别是战胜 1958 年花园口站 22300 立方米每秒洪水、1982 年 15300 立方米每秒洪水和 1996 年 7600 立方米每秒的异常洪水等，实现了濮阳黄河岁岁安澜。

第一节 防汛方针与任务

黄河一年内的汛期划分为桃汛、伏汛、秋汛、凌汛。濮阳每年黄河防汛大致分为防凌、防汛准备、主汛期、冬修 4 个阶段。濮阳河段上宽下窄，是自然的蓄滞洪水河段，堤防易出险。“二级悬河”突出，易生横河、斜河，危及堤防安全。濮阳河段既抗洪又滞洪，滩区、滞洪区群众迁安救护任务重。黄河下游防汛方针，在 20 世纪 90 年代以前多有变化。1991 年以来，执行“安全第一，常备不懈，以防为主，全力抢险”的方针，濮阳河段的防汛任务是，确保花园口站 22000 立方米每秒以内洪水大堤不决口，遇超标准洪水，做到有准备，有对策，确保防洪安全，确保滩区、滞洪区群众生命安全。

一、黄河汛期

黄河在一年内的涨水期称为汛期，素有桃汛、伏汛、秋汛、凌汛之称。

每年3～4月为桃汛期，流域内冰雪融化及宁夏、内蒙古河段前期河槽蓄水下泄，下游水量增加，出现较小洪峰，时值桃花盛开季节，故称“桃汛”。花园口站实测最大桃峰流量为1968年的3480立方米每秒。

7～8月为伏汛期，黄河流域进入雨季，中游常降暴雨，形成大洪水或特大洪水，称为“伏汛”。黄河历史大洪水多发生在伏汛期间。1933年8月10日，陕县站出现22000立方米每秒洪峰；1958年7月17日，花园口站出现22300立方米每秒洪峰；1982年8月2日，花园口站出现15300立方米每秒洪峰。

9～10月为秋汛期，秋雨连绵，黄河基流加大，若遇暴雨，也会出现大洪水，称之为“秋汛”。1949年9月14日，花园口站曾发生12300立方米每秒洪水。伏、秋两汛相连，又是黄河主汛期，习惯上称为“伏秋大汛”。

12月至翌年的1～2月为凌汛期，寒流侵袭，气温下降，河道冻封，1～2月，自上而下封冰融解，冰块壅积阻水，形成的冰洪称为“凌汛”。

濮阳黄河全年防汛分为4个阶段：

（1）防凌汛阶段（1～2月）。河道在封冻期和解冻期进行冰凌观测，及时掌握凌情变化，严密监视封河情况和冰塞形成与发展，防止冰凌灾害，保障凌汛安全。

（2）防汛准备阶段（3～6月）。抓紧完成度汛工程，开展防洪工程安全检查；做好行洪、分洪、滞洪准备工作；组织好防汛队伍、筹集料物、开展抢险技术培训；制订和修订各种防汛方案及抢险预案。

（3）主汛期阶段（7～10月）。密切注视天气形势，及时掌握雨情、水情、河势、工程变化；加强上下级的汛情联系；分析、预测洪水变化；准备迎战洪水；专业防汛队伍处于临战状态；对出现的险情及时组织抢护，确保安全。

（4）冬修阶段（11～12月）。及时搜集、整理汇编防汛资料，总结防汛工作的经验、教训；处理汛期工程抗洪抢险出现的问题；全面完成本年度防汛基建和岁修任务，做好防凌准备工作。

二、防汛形势

濮阳黄河处于黄河的“豆腐腰”河段，历史记载堤防决溢频繁。濮阳黄河现有堤防是在历史民埝的基础上修建的，其质量参差不齐，存在基础差、土质杂（多为沙性土）、接头多、不密实等问题。尤其是50个历史老口门堤段，当时堵复口门时使用大量的柳秸、砖石等材料，堤身基础存在强透水层的安全隐患。堤防虽进行多次加固处理，但因未经大洪水的考验，堤防出险的可能性仍然存在。

濮阳河段是由游荡型向弯曲型过渡的河段，河道整治前，主流迁徙频繁，大水时顺堤行洪，危及堤防安全，往往造成被动抢险局面。濮阳河道上宽下窄，台前河道最窄处1.4千米，上游宽河道下泄的洪水至此受阻，不能顺畅下泄，于是濮阳河段便成为自然的蓄滞洪水河段，洪水相对滞留时间长，易发生溃堤险情。由于生产堤的修建和多年来水来沙条件变化，黄河处于小流量下泄等原因，濮阳河段漫滩机遇减少，主河槽淤积抬高加快，槽高、滩低、堤根洼的“二级悬河”形势濮阳河段最为突出，部分滩区存在串沟，一旦洪水漫滩，易形成横河、斜河或顺堤行洪，甚至发生滚河，洪水将直接冲刷堤防，严重威胁堤防安全。

濮阳黄河滩区属低滩区，面积大，人口多，大洪水时迁安救护和防守任务繁重。北金堤滞洪区是处理黄河下游洪水下泄矛盾的重要工程，其工程绝大部分在濮阳境内，一旦滞洪，防洪形势更加艰巨，防洪责任更加重大。届时，不但要保证滩区、滞洪区群众顺利迁移和防守，确保生命和财产安全，更重要的是必须保证黄河大堤和北金堤的安全，确保堤防不决口。

三、方针与任务

黄河下游防汛方针是根据不同时期的国家经济状况、防洪工程建设程度以及防洪任务的要求而提出的。濮阳黄河防汛全面贯彻执行历年的黄河下游防汛方针，并结合濮阳的实际做进一步的细化。

1946～1949年，冀鲁豫解放区提出“依靠群众，保证不决口，以保障人民生命财产安全和国家建设”与“确保临黄，固守金堤，不准决口”的黄河下游防汛方针。在此方针指导下，濮阳修复堤防工程，组织群众防汛队伍，加强防守，战胜了1949年花园口站12300立方米每秒的洪水。

1950年，黄委会治黄工作会议提出“以防比1949年更大洪水为目标，加强堤坝工程，大力组织防汛，确保大堤，不准溃决”的黄河下游防汛方针。

1951年4月30日，政务院财经委员会《关于预防黄河异常洪水的决定》中要求，以陕县流量23000立方米每秒的洪水为防御目标，在濮阳北金堤以南至北岸大堤之间修建滞洪工程。是年确定的防汛方针与任务是：“强化堤防、消灭隐患、掌握重点、防守全线、灵通情报、全面动员，大力组织防汛、充分准备抢险、保证大堤不生溃决”。

1955年7月18日，第一届全国人民代表大会第二次会议上通过的《关于根治黄河水害和开发黄河水利的综合规划的报告》提出“除害兴利，综合利用”的指导思想。

1958年4月，周恩来总理在三门峡主持召开现场会，进一步明确三门峡水库“以防洪为主，其他为辅，先防洪，后综合利用，确保西安安全，确保下游安全”的原则。

1959年，黄河下游防洪以防御花园口站流量22300立方米每秒洪水（1958年型）为目标。

1962年以后，黄委会确定的黄河下游防汛方针与任务是：“以防御花园口流量

22000米每秒为目标，确保大堤不决口，遇到特大洪水时，尽最大努力，采取一切办法缩小灾害”。

1975年8月，淮河遭受特大暴雨灾害后，黄委会根据黄河实测洪水资料，参考历史洪水，经综合分析，认为利用三门峡水库控制上游来水后，花园口站仍可能出现46000立方米每秒左右的特大洪水。是年12月，水利部在郑州召开黄河下游防洪座谈会，总结历史经验，提出“上拦下排，两岸分滞”的黄河下游洪水处理方针。即在三门峡以下兴建干支流工程拦蓄洪水，改建现有滞洪设施，提高分洪能力，加大下游河道泄量，排洪入海，以保证防洪安全。

1982年6月，河南省人大常委会批准的《河南省黄河工程管理条例》要求，沿河各级人民政府、各级治河部门，都要认真贯彻执行“以防为主，防重于抢”的防汛方针，加强对防洪工程和防汛工作的管理。规定“黄河防汛工作和工程的管理运用，必须高度集中统一”。

1991年后，黄河下游防汛工作贯彻实行《中华人民共和国防汛条例》中规定的“安全第一，常备不懈，以防为主，全力抢险”的方针。

20世纪90年代至2015年，濮阳黄河防汛任务一直是：“确保花园口站22000立方米每秒以内洪水大堤不决口，遇超标准洪水，做到有准备，有对策，尽最大努力，采取一切措施减小灾害；确保黄河河道整治工程设计标准内防洪安全；及时做好黄河滩区、北金堤滞洪区群众的迁安避洪工作，确保群众生命安全，尽最大努力减少洪灾损失”。1950～2015年濮阳黄河防汛任务及保证水位见表5-1。

表5-1　1950～2015年濮阳黄河防汛任务及保证水位

年份	防汛任务			高村		孙口	
	站名	流量（立方米每秒）	水位（米）	流量（立方米每秒）	水位（米）	流量（立方米每秒）	水位（米）
1950	陕州	17000	—	11000	—	—	—
1951	陕州	23000	—	12000	—	—	—
1952	花园口	20000	93.60	12600	61.30	—	—
1953	花园口	20000	93.60	12500	61.30	—	—
1954	花园口	20000	93.60	14800	61.30	—	—
1955	秦厂	25000	98.94	14800	62.20	10800	48.50
1956	秦厂	25000	98.94	14800	62.20	10700	48.50
1957	秦厂	25000	98.94	14800	62.20	11000	48.50
1958	秦厂	25000	98.94	14800	62.20	11000	48.50
1959	秦厂	30000	99.59	21000	63.34	18000	49.80
1960	花园口	25000	94.60	19700	63.52	16500	49.50
1961	花园口	20000	94.52	15900	63.15	13900	49.50

续表 5-1

年份	防汛任务			高村		孙口	
	站名	流量（立方米每秒）	水位（米）	流量（立方米每秒）	水位（米）	流量（立方米每秒）	水位（米）
1962	花园口	18000	94.44	16000	63.54	14000	49.60
1963	花园口	20000	93.90	16000	63.20	14000	49.60
1964	花园口	20000	94.24	16000	63.20	14000	49.60
1965	花园口	20000	94.24	16000	63.20	14000	49.60
1966	花园口	20000	94.21	16000	63.00	14000	48.49
1967	花园口	22300	94.43	19600	63.05	17100	49.94
1968	花园口	22000	94.27	19600	63.44	17100	49.77
1969	花园口	22000	94.49	19600	63.00	17100	49.92
1970	花园口	22000	94.52	20300	63.06	17700	49.50
1971	花园口	22000	94.61	20300	63.53	17700	49.54
1972	花园口	22000	94.66	20000	63.47	17500	49.96
1973	花园口	22000	94.68	20000	63.49	17500	50.28
1974	花园口	22000	95.89	20000	64.45	17500	51.05
1975	花园口	22000	95.75	19800	64.45	17500	51.20
1976	花园口	22000	94.42	19200	64.83	17300	51.12
1977	花园口	22000	95.34	19200	64.58	17500	50.96
1978	花园口	22000	95.30	19200	64.60	17500	51.10
1979	花园口	22000	95.38	19200	64.80	17500	51.13
1980	花园口	22000	95.40	20000	64.79	17500	51.03
1981	花园口	22000	95.40	20000	64.91	17500	51.29
1982	花园口	22000	95.47	20000	65.01	17500	51.86
1983	花园口	22000	95.40	20000	65.03	17500	51.67
1984	花园口	22000	95.40	20000	65.03	17500	51.67
1985	花园口	22000	95.40	20000	65.03	17500	51.67
1986	花园口	22000	95.40	20000	65.03	17500	51.67
1987	花园口	22000	95.40	20000	65.03	17500	51.67
1988	花园口	22000	95.40	20000	65.03	17000	51.38
1989	花园口	22000	95.60	20000	65.03	16500	51.38
1990	花园口	22000	95.60	20000	65.03	16000	51.38
1991	花园口	22000	95.60	20000	65.03	16000	51.38
1992	花园口	22000	95.60	20000	65.03	15730	51.38

续表 5-1

年份	防汛任务			高村		孙口	
	站名	流量（立方米每秒）	水位（米）	流量（立方米每秒）	水位（米）	流量（立方米每秒）	水位（米）
1993	花园口	22000	95.74	20000	65.16	15710	51.36
1994	花园口	22000	95.74	20000	65.16	15500	51.38
1995	花园口	22000	95.74	20000	65.16	17500	51.36
1996	花园口	22000	95.74	20000	65.16	17500	51.36
1997	花园口	22000	95.77	20000	65.16	17500	51.36
1998	花园口	22000	95.77	20000	65.13	17500	51.36
1999	花园口	22000	95.00	20000	65.13	17500	51.38
2000	花园口	22000	95.21	20000	65.13	17500	51.56
2001	花园口	22000	95.30	20000	65.76	17500	52.30
2002	花园口	22000	95.30	20000	65.76	17500	52.30
2003	花园口	22000	95.31	20000	65.76	17500	52.24
2004	花园口	22000	95.31	20000	65.67	17500	52.24
2005	花园口	22000	95.25	20000	65.43	17500	52.16
2006	花园口	22000	95.25	20000	65.43	17500	52.16
2007	花园口	22000	95.21	20000	64.98	17500	51.78
2008	花园口	22000	95.21	20000	64.98	17500	51.78
2009	花园口	22000	95.21	20000	65.27	17500	52.08
2010	花园口	22000	95.21	20000	65.13	17500	51.94
2011	花园口	22000	95.16	20000	65.13	17500	51.94
2012	花园口	22000	95.17	20000	65.13	17500	51.94
2013	花园口	22000	95.17	20000	65.13	17500	51.94
2014	花园口	22000	95.22	20000	65.22	17500	51.93
2015	花园口	22000	95.17	20000	65.15	17500	51.93

第二节　防汛组织及职责

黄河防汛是一项事关大局极其复杂的工作，需要动员整个社会力量。因此，必须建立强有力的领导机构，统一领导，才能保证各项防汛工作的顺利进行，夺取抗洪斗争的胜利。历代黄河下游防汛，两岸均设专职官员和兵夫负责汛期防守，并定有防汛责任制。1950年起，黄河中下游设黄河防汛总指挥部，沿河省、市、县、乡、村均设相应的组织机构，防汛队伍实行专业防汛队伍和群众防汛队伍相结合、军民联防的体系，建立防汛管理制度。1987年以后，防汛实行以各级行政首长为核心的责任制。1993年以来，按照《河南省黄河防汛正规化、规范化若干规定》，不断建立健全防汛管理制度，濮阳黄河防汛逐步走上正规化、规范化的道路。

一、民国及其以前黄河下游防汛组织

远古时代，人们为生存，对洪水采取躲而避之的办法，后来氏族部落定居，开始用围堵的方法防御洪水。共工"壅防百川，堕高堙庳"就是用堤埂把居住地及农田围护起来以御洪水。春秋战国时，开始修筑堤防防御洪水。

历代治河，为防决溢，沿河两岸均设有专职官员和兵夫负责汛期防守。西汉时，"濒河吏卒，郡数千人"。宋代沿河17州府各置河堤判官，并明确规定治河责任制度。金元时期，令沿河府、州、县皆提举河防事，农历六至八月轮流守涨。金泰和二年（1202年）颁发的《河防令》，是中国最早的防洪法令，它以法律形式规定了防汛的管理体制、各级地方官与河官的防汛职责、防汛检查制度、汛情传递、夫役调集等。明代治河，重视人防的作用。潘季驯曾提出："河防在堤，而守堤在人，有堤不守，守堤无人，与无堤同矣。"同时还制定"四防二守"制度。四防，即风防、雨防、昼防、夜防。在汛期大水时，无论风雨昼夜，都要加强防守。二守，即官守、民守。所谓官守，即沿河设置管河机构，下有河兵分段修守。所谓民守，朱衡、万恭治河时，规定黄河堤上"每里十人一防"，建立"三里一铺，四铺一老人巡视"的护堤组织。"伏秋水发时，五月十五日上堤，九月十五日下堤"。清代沿袭旧制，除设专职官员外，另设河防营分段驻守。每届大汛增调民夫协助防守，霜降裁撤。

民国时期堤防有官堤、民埝之分。在防汛组织上沿袭清末河兵制度，由18个河防营防守官堤，民埝由当地群众自防。民国14年（1925年），沿河各县于汛期每一里设窝铺一处，派民夫驻工协助防守。各县县长亦须时常赴工会同员工防汛抢险。民国19年（1930年），将河防营改组为10分段，分段以下设工程汛、防守汛，分段防守官堤。后将汛兵改组为工程队。汛期另雇民夫协防。

1946年5月，冀鲁豫解放区成立冀鲁豫黄河水利委员会，下设4个修防处，沿河各县成立修防段。至1949年，冀鲁豫解放区行署组织沿河各县群众修复大堤，抗洪抢险。

二、黄河下游防汛组织机构

自1950年开始，根据中央人民政府政务院决定，在国家防汛总指挥部的领导下，建立黄河防汛指挥系统。黄河中下游成立黄河防汛总指挥部（简称黄河防总），中下游的沿河省、市、县在防汛抗旱指挥部专设黄河防汛办公室。

黄河防汛总指挥部主要负责领导黄河下游和中游的防汛工作。黄河上游防汛工作由所在的各省防汛指挥部负责。黄河防汛总指挥部的正、副总指挥，1950～1952年，由河南、平原、山东三省人民政府及黄委会负责人分别担任；1953～1961年，改由河南、山东两省及黄委会负责人担任；1962年以后，改由河南、山东、陕西、山西4省负责人及黄委会主任担任。黄河防汛总指挥部一般每年召开一次黄河防汛会议，研究制订方针任务和洪水处理方案，部署防汛工作，洪水时协同各省指挥防汛工作。

1983年以后，黄河防汛总指挥部由河南省省长任总指挥，河南、山东、山西、陕西4省主管农业的副省长担任副总指挥。1987年4月，国家防总召开的防汛工作汇报会会议纪要中指出，“要进一步明确各级防汛责任制”，并规定“地方的省（区、市）长、地区专员、县长要在防汛工作中负主要责任，并责成一名副职主抓防汛工作”。以后统称之为“防汛行政首长负责制”。根据这一精神，确定全国范围内的防汛由国务院负责，国家防汛抗旱总指挥部负责具体工作，对一个省、一个地区来说，防汛的总责就落在省长、市长、县长的身上。

1997年，国家防总发出《关于调整黄河、长江防汛总指挥部领导成员的通知》，决定由黄委主任、长委主任分别担任黄河、长江防汛总指挥部常务副总指挥。黄河防总制定的《黄河防汛工作职责若干规定》中规定河南省省长任总指挥，对黄河防汛负总责；黄委主任任常务副总指挥，晋、陕、豫、鲁4省主管农业的副省长、济南军区副参谋长任副总指挥。各省的副总指挥对本省黄河防汛负总责。有黄河防汛任务的地（市）、县（市、区）防汛抗旱指挥部（简称防指）负责本辖区黄河防汛工作，各级政府行政首长担任指挥，并对本辖区黄河防汛负总责。1999年起，借鉴长江、松花江、嫩江大水的抗洪经验，省、市、县成立三级防汛督察组织，分级督察，逐级负责。黄河下游防汛组织机构见图5-1。

三、濮阳黄河防汛机构

1950年，濮阳专员公署成立濮阳专区黄河防汛指挥部，下设组教科、秘书科、工程科、供给科、公安科。1954年，濮阳专区黄河防汛指挥部下设防汛和滞洪两个办公室。1955年行政区划后，成立安阳专属黄河防汛指挥部。1956年，成立安阳专属黄河防汛滞洪指挥部，下设防汛办公室、滞洪办公室和物资器材支援办公室。1957年，成立安阳专区防汛指挥部，设防汛、滞洪办公室。1958年行政区划后，成立新乡专区黄河内河防汛指挥部。1962年行政区划后，成立安阳专区防汛指挥部。1969年后，成立安阳地区防汛指挥部。1983年濮阳建市以后，成立濮阳市防汛指挥部，下设内河和黄河两个分指挥部。1987年以后，濮阳市防汛抗旱指挥部设黄河防汛办公室。1987年及以前历年的防汛指挥部除1956年由黄河修防处主任李延安担任指挥长外，全部由地方行政领导任指挥长（主任）、政委，黄河河务部门负责人担任副指挥长。1987年以后，

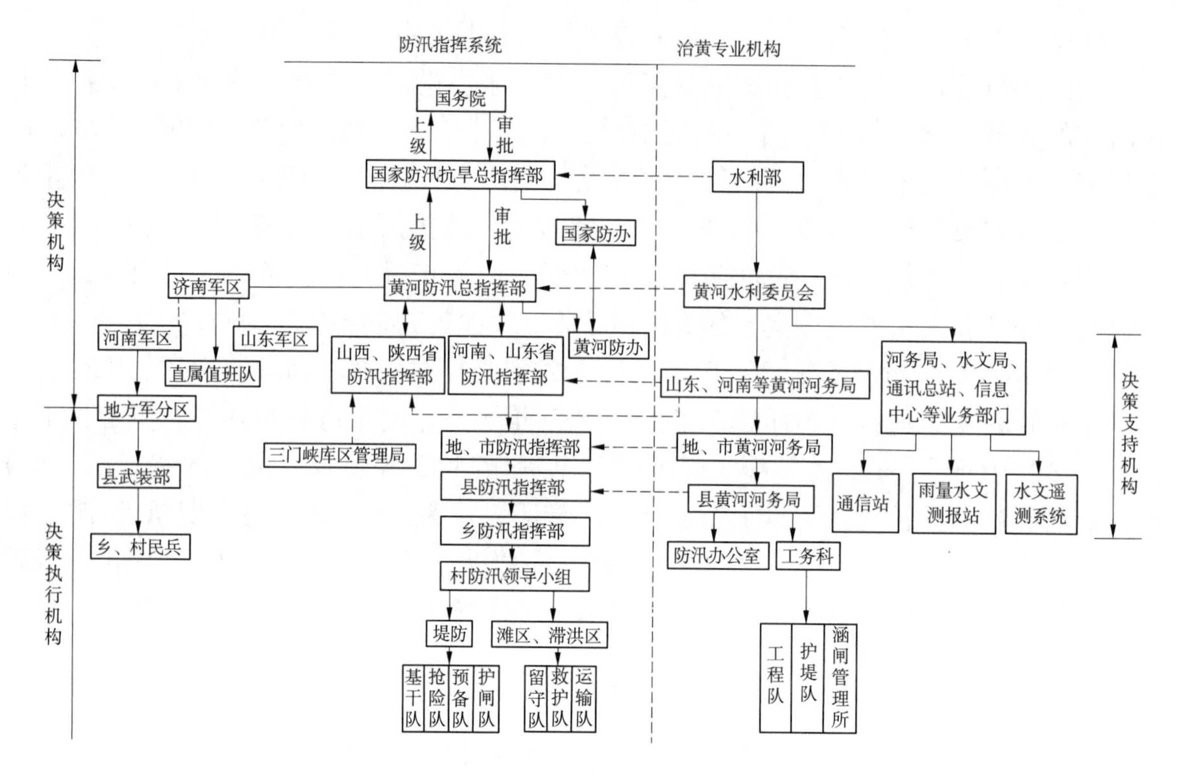

图 5-1　黄河下游防汛组织机构

濮阳市防汛抗旱指挥部指挥长由市长担任，黄河河务部门负责人仍担任副指挥长。1951～2015 年濮阳历年防汛指挥长情况见表 5-2。

表 5-2　1951～2015 年濮阳历年防汛指挥长情况

年份	防汛职务	姓名	工作单位	党政职务	年份	防汛职务	姓名	工作单位	党政职务
1951	主任	刘镜西	濮阳专署	专员	1958	指挥长	耿启昌	新乡地委	第一书记
	政委	魏晓云	中共濮阳地委	书记		政委	陈东升	中共安阳地委	副书记
1952	指挥长	逯昆玉	濮阳专署	专员	1959	指挥长	耿启昌	新乡地委	第一书记
	政委	宋玉玺	中共濮阳地委	书记		政委	侯松林	新乡地委	书记处书记
1953	主任	陈东升	中共濮阳地委	第一副书记	1960	指挥长	张建民	新乡地委	第一书记
	政委	宋玉玺	中共濮阳地委	书记		政委	陈东升	新乡地委书记处	书记
1954	主任	孙乃东	濮阳专署	副专员	1961	指挥长	李新发	新乡专署	副专员
	政委	陈东升	中共濮阳地委	副书记		政委	陈东升	新乡地委书记处	书记
1955	主任	段秀杰	安阳专署	第一副专员	1962	主任	王林	安阳地委	副书记
	政委	陈东升	中共安阳地委	副书记	1963	主任	王林	安阳地委	副书记
1956	指挥长	李延安	黄河修防处	主任	1964	指挥长	李炳源	安阳专署	专员
	政委	陈东升	中共安阳地委	第一副书记	1965	政委	崔光华	安阳地委	书记
1957	指挥长	刘峰生	安阳军分区	司令员	1966	指挥长	李炳源	安阳专署	专员
	政委	陈东升	中共安阳地委	副书记		政委	崔光华	安阳地委	书记

续表 5-2

年份	防汛职务	姓名	工作单位	党政职务	年份	防汛职务	姓名	工作单位	党政职务
1967	指挥长	李士林	安阳军分区	司令员	1990	指挥长	周沛	濮阳市政府	市长
	政委	董连池	安阳地委核心小组	组长	1991	指挥长	周沛	濮阳市政府	市长
1968	指挥长	李士林	安阳军分区	司令员	1992	指挥长	张作栋	濮阳市军分区	司令员
	政委	董连池	安阳地委核心小组	组长	1993	指挥长	周沛	濮阳市政府	市长
1969	指挥长	李士林	安阳军分区	司令员	1994	指挥长	张以祥	濮阳市政府	市长
	政委	董连池	安阳地委核心小组	组长	1995	指挥长	黄廷远	濮阳市政府	市长
1970	指挥长	董连池	安阳地区革委会	主任	1996	指挥长	黄廷远	濮阳市政府	市长
	政委	孙焰	安阳军分区	政委	1997	指挥长	黄廷远	濮阳市政府	市长
1971	指挥长	李秋恒	安阳军分区	司令员	1998	指挥长	黄廷远	濮阳市政府	市长
	政委	董连池	安阳地区革委员	主任	1999	指挥长	黄廷远	濮阳市政府	市长
1972	指挥长	李秋恒	安阳军分区	司令员	2000	指挥长	黄廷远	濮阳市政府	市长
1973	指挥长	李秋恒	安阳军分区	司令员	2001	指挥长	黄廷远	濮阳市政府	市长
1974	指挥长	时文吉	安阳地委	书记	2002	指挥长	杨盛道	濮阳市政府	市长
1975	指挥长	盖良弼	安阳地区革委会	副主任	2003	指挥长	杨盛道	濮阳市政府	市长
1977	指挥长	张立木	安阳地委	书记	2004	指挥长	梁铁虎	濮阳市政府	市长
1978	指挥长	张立木	安阳地委	书记	2005	指挥长	梁铁虎	濮阳市政府	市长
1979	指挥长	吕克明	安阳专专署	副专员	2006	指挥长	梁铁虎	濮阳市政府	市长
1980	指挥长	韩增茂	安阳地委	副书记	2007	指挥长	梁铁虎	濮阳市政府	市长
1981	指挥长	韩增茂	安阳地委	副书记	2008	指挥长	梁铁虎	濮阳市政府	市长
1982	指挥长	韩增茂	安阳专署	副专员	2009	指挥长	王艳玲	濮阳市政府	市长
1983	指挥长	韩增茂	安阳专署	专员	2010	指挥长	王艳玲	濮阳市政府	市长
1984	指挥长	赵良文	濮阳市政府	市长	2011	指挥长	王艳玲	濮阳市政府	市长
1985	指挥长	赵良文	濮阳市政府	市长	2012	指挥长	盛国民	濮阳市政府	市长
1986	指挥长	林治开	濮阳市政府	市长	2013	指挥长	赵瑞东	濮阳市政府	市长
1987	指挥长	林治开	濮阳市政府	市长	2014	指挥长	赵瑞东	濮阳市政府	市长
1988	指挥长	周沛	濮阳市政府	市长	2015	指挥长	赵瑞东	濮阳市政府	市长
1989	指挥长	周沛	濮阳市政府	市长					

（一）濮阳市黄河防汛抗旱指挥部

1. 机构设置

濮阳市防汛抗旱指挥部（简称市防指）是市委、市政府负责全市防汛抗旱工作的常设机构。

濮阳市防汛抗旱指挥部下设黄河防汛抗旱办公室（简称黄河防办），办公地点设在濮阳黄河河务局。

黄河防汛是一项社会性的防灾、减灾工作，需要动员和调动各部门、各行业的力量，在各级党委、政府的统一领导下，同心协力共同完成抗御洪水的任务。根据不同时期政府部门及其职能调整，濮阳市防汛抗旱指挥部成员单位及其防汛职责有所变动。2015年濮阳市防汛抗旱指挥部成员单位主要有濮阳黄河河务局、濮阳市气象局、濮阳供电公司、濮阳市移动公司、濮阳市联通公司、濮阳市电信公司、濮阳市国资委、濮阳市供销社、濮阳市交通运输局、濮阳市民政局、濮阳市卫计委、濮阳市公安局、濮阳市文化广电新闻出版局、濮阳市农业畜牧局、濮阳市旅游局、濮阳市安全生产监督管理局、濮阳市邮政管理局、濮阳市财政局、濮阳市水利局、武警濮阳市支队、濮阳军分区等。

濮阳、范县、台前3县及市开发区防汛抗旱指挥部，在市防指和本级人民政府的领导下，组织指挥本辖区黄河防汛抗旱工作，其办事机构设分别设在濮阳、范县、台前3县黄河河务局和市开发区水利局。

2. 黄河防汛职责

（1）濮阳市防汛抗旱指挥部职责。

市防指受市委、市政府和河南省防汛抗旱指挥部的共同领导，行使防汛抗旱指挥权，组织并监督防汛抗旱工作的落实；贯彻国家防汛工作方针、政策、法规，执行上级防汛抗旱指挥部指令，负责向市委、市政府和上级防汛抗旱指挥部报告工作；按照黄河防洪总体要求，负责组织编制全市防御黄河洪水预案，研究制订工程防洪抢险方案；组织督促防汛指挥部成员单位按照本单位防汛职责及承担的具体防汛任务，根据全市防洪预案和应急抢险方案，制订本部门防汛方案或保障方案以及应急保障措施，报市防指审批、备案；组织召开全市防汛抗旱工作会议和防汛工作例会，全面部署防汛抗旱工作；安排部署宣传部门、社会媒体广泛开展防汛抗旱宣传，增强全社会防洪减灾意识；组织防汛检查，督促协调防汛抗旱工作，完善防洪工程的非工程防护措施，落实防汛物资储备；黄河发生洪水后，负责组织动员各方力量投入黄河防汛抢险和迁安救灾等工作；发生设防标准以内洪水，全力确保堤防工程安全，完成防洪任务；遇超标准洪水，尽最大努力，想尽一切办法减小灾害损失；全面负责黄河防汛抗洪工作，负责防汛指挥部各成员单位综合协调，确保各项防洪措施落实到位。负责制定下达本辖区防汛调度命令，并监督贯彻落实；对黄河防汛抗洪工作进行督促检查，推广应用现代防汛科学技术，总结防汛抗洪经验教训；依照规定对防汛抗洪工作中有关单位和个人进行奖惩。

（2）防汛抗旱指挥部成员单位职责。

濮阳黄河河务局，负责市黄河防汛办公室的日常工作；具体负责黄河防洪预案和防洪工程抢护方案的草拟；当好行政首长防汛参谋，及时向市政府、市防指和有关部门通报水情、工情，分析防洪形势、预测各类洪水可能出现的问题，提出应对方案；负责抗洪抢险技术指导工作；全面负责黄河防洪规划的实施，负责黄河河道及各类防洪工程运行管理及水毁工程恢复；负责国家储备防汛物资的日常管理、补充与调配；负责警戒水位以下河道和涵闸工程的查险、报险工作；负责督促清除河道内违章建筑。

市气象局，负责监测暴雨和异常天气，根据防汛需求，按时向防汛部门提供长期、中期、短期气象预报和有关天气公报。

濮阳供电公司，保证防汛抗洪期间电力供应，尤其是各级防指、黄河防办以及防指成员单位等重要机构、重要部门的电力供应。负责滩区蓄滞洪运用、北金堤滞洪区运用期间供电设施及供电线路的调度指挥，为迁安救护群众安置提供电力保障。

市移动、联通、电信公司，负责为黄河防汛抗洪工作提供有效的通信网络保障，确保各类信息准确高效传递。防汛抗洪期间，为防汛部门提供优先通话权，优先保证濮阳市各级防汛指挥机构、各级黄河河务部门之间的通信网络畅通，保证同上级防汛指挥机构、省黄河河务局之间的通信联系。负责重大险情抢护现场通信系统的安装架设。落实黄河滩区、北金堤滞洪区蓄滞洪运用期间的通信应急措施，保障各类防汛命令信息的高效传递。

市国资委、供销社，负责市直各部门及各县区社会、集体和群众储备防汛抢险物资的供应及调度工作。

市交通运输局，负责黄河河道航运、航道管理；负责黄河河道内水上船舶、浮舟等水上浮动设施的审核发证、检验、安全监督，清除无证水上浮动设施，确保水上交通安全。为抗洪抢险提供运输工具，优先运送防汛抢险人员和抢险物料。滩区、北金堤滞洪区蓄滞洪运用时，全面负责群众迁安救护所需车辆、船只、冲锋舟等设施的筹集，并提供操作人员完成群众迁安转移运输任务，负责抗洪抢险应急道路抢修。

市民政局，负责编制黄河滩区、北金堤滞洪区群众迁安救护实施方案，确保运用时群众安全转移并合理安置。负责转移群众生活必需品的筹集、调运和分发，保障群众基本生活。负责抗洪救灾物资的接收、管理和发放；负责向上级防汛指挥部及民政部门统计上报洪水灾害损失，落实运用补偿。

市卫计委，负责防汛抗洪卫生防疫及医疗救护工作。负责黄河灾区卫生消杀等防疫工作，做好转移群众的医疗救护及巡堤查险抢险人员的防疫、防暑工作。

市公安局，负责防汛抗洪期间的治安管理和安全保卫工作。严厉打击破坏防洪工程、水文测报和通信设施以及盗窃防汛物资的案件。抗洪抢险期间，确保濮阳市至沿黄 3 县交通干道，交通干道至黄河大堤、险工控导工程所有防汛道路畅通。滩区、滞洪区运用时，实行交通管制，负责维持道路交通秩序，确保群众有序安全转移；负责黄河滩区、北金堤滞洪区易燃、易爆及剧毒物品的安全转移和储藏工作。

市文化广电新闻出版局，负责利用广播、电视、报纸、官方新闻网站等新闻媒体开展防汛宣传，提高公众防汛意识；防汛抗洪期间，经授权后发布防汛警报、防汛指令及防汛抢险公告等；负责抗洪抢险新闻报道工作。

市农业畜牧局，负责洪水受灾地区农业生产恢复。

市旅游局，负责黄河毛楼、孙口等水利风景旅游区的防汛抗洪工作，负责河道管理内旅游船只等旅游设施管理；洪水期间，执行防汛指令，所有游乐设施一律停止使用，及时疏散游客，确保人员和设施安全。

市安全生产监督管理局，负责河道内涉水项目及群众迁安救护安全生产监督管理工作。

市邮政管理局，负责做好防汛抗洪邮件的及时投递、送达。

市财政局，负责黄河防汛抗洪经费、抗洪抢险资金的安排和筹措工作。

市水利局，负责滩区、滞洪区地方水利设施的管理和维护，负责黄河滩区护滩工程观测防守工作。

武警濮阳市支队，负责组织驻地武警部队、基干民兵参加抗洪抢险，承担急难险重等重大险情应急抢护任务。

濮阳军分区，负责联系接洽抗洪抢险部队，组织动员所属部队人员组成辖区民兵抢险突击队，参与抗洪抢险。

其他部门、人民团体及企事业单位也要不折不扣地执行防汛指令，围绕黄河防洪，根据各自职责，积极主动做好相应的工作。

（二）防汛队伍

1946年以后，黄河防汛队伍实行专业队伍和群众队伍相结合、军民联防的防汛队伍体系，主要由沿河群众防汛队伍、黄河防汛专业队伍及中国人民解放军和武装警察部队抢险队3个部分组成。

1. 群众防汛队伍

群众防汛队伍由县、乡（公社）防汛抗旱指挥部负责组织，于每年6月底以前全部组建完成，同时做好思想发动、技术培训和料物准备等方面的工作，随时听从调动，上堤防守和抗洪抢险。

群众防汛队伍是黄河防汛的主力军，主要负责堤线防守、防洪工程查险、抢险、料物运输及滩区、蓄滞洪区群众迁移安置等。群众防汛队伍以青壮年为主，吸收有防汛经验的人员参加，组成不同的防汛队伍。根据堤线防守任务大小和距离远近，划分一线、二线防汛队伍。一线防汛队伍为沿堤5千米以内的乡（公社）、村党团员和基干民兵为主组成的基干班、抢险队、护闸队。一线群众防汛队伍必须组织健全，官兵相识，纪律严明，有明确的防守堤段，经过抢险技术培训，做到思想、组织、工具、料物和抢险技术五落实，能达到召之即来、来之能战、战之能胜的要求。其主要任务是负责大堤、涵闸、虹吸工程的防守、巡堤查险和一般险情抢护。二线群众防汛队伍为由沿堤5千米以外组织的防大水、抢大险的预备队，他们必须详细了解黄河防汛的重要性和防汛要求，服从命令、听从指挥。其主要任务是运送抢险物料，必要时上堤参加防护工作。群众防汛队伍上堤防守，视水情而定。当堤根水深2～4米时，每千米一般上堤人数为120～240人；堤根水深4～6米时，每千米一般上堤人数为480～720人，涵闸、虹吸每处一般上30～50人。洪峰过后，视洪水位回落情况逐步撤防。濮阳每年组织的群众防汛队伍总数为 9 万 ~ 15 万人，最高达到 35 万人。在计划经济时期，群防队伍很好落实。20 世纪 90 年代以来，沿河农村青壮年常年外出打工，给黄河防汛队伍的组建落实带来困难。1980 年濮阳市黄河防汛队伍组成情况见表 5-3，1990 年濮阳市黄河防汛队伍组成情况见表 5-4，2000 年濮阳市黄河防汛队伍组成情况见表 5-5，2010 年濮阳市黄河防汛队伍组成情况见表 5-6，2015 年濮阳市黄河防汛队伍组成情况见表 5-7。

表 5-3　1980 年濮阳市黄河防汛队伍组成情况　　（单位：人）

单位	总人数	查水队	基干班	抢险队	护闸队	预备队
合计	95294	7242	59232	2040	2443	24337
范县	31810	—	14970	—	210	16630
台前县	17530	—	15500	1580	450	—
金堤	24084	4265	10972	—	1140	7707

表 5-4　1990 年濮阳市黄河防汛队伍组成情况　　（单位：人）

单位	总人数	基干班	抢险队	护闸队	迁安队	运输队	预备队
合计	148048	51593	9195	1170	5250	8750	72090
濮阳县	51267	14378	4889	—	5250	8750	18000
范县	41600	18740	1610	360	—	—	20890
台前县	28296	12840	1896	360	—	—	13200
濮阳金堤	26885	5635	800	450	—	—	20000

表 5-5　2000 年濮阳市黄河防汛队伍组成情况　　（单位：人）

县别	濮阳县	范县	台前县	清丰县	南乐县	市区	总计
合计	148980	96465	80345	20000	20000	20000	385760
一线	39790	81465	80345	—	—	—	201600
二线	40400	15000	—	—	—	—	55400
三线	68790	—	—	20000	20000	20000	128760

表 5-6　2010 年濮阳市黄河防汛队伍组成情况　　（单位：万人）

县别	濮阳县	范县	台前县	清丰县	南乐县	华龙区	开发区	总计
合计	11	7	9	2	2	1	1	33
一线	9	6	8	—	—	—	—	23
二线	2	1	1	—	—	—	—	4
三线	—	—	—	2	2	1	1	6

表 5-7　2015 年濮阳市黄河防汛队伍组成情况　（单位：万人）

县别	濮阳县	范县	台前县	华龙区	开发区	中原油田	总计
合计	10.0	5.2	5.9	0.5	0.5	0.5	22.6
一线人数	5.4	2.8	3.1	—	—	—	11.3
二线人数	4.6	2.4	2.8	0.5	0.5	0.5	11.3

基干班是群众防汛队伍中的骨干力量，每班 15 人，主要负责防洪工程的查险、报险、抢险。基干班上堤数量根据堤根水深、后续洪水和堤防强度而定。险点、险段上堤查险和防守的基干班人数视情况而增加。基干班上堤后，配备国家干部带班。2000～2015 年濮阳黄河防汛基干班防守班组成情况见表 5-8。

表 5-8　2000～2015 年濮阳黄河防汛基干班防守班组成情况

堤根水深（米）	<2	3	4	5	6	>6
上防班数（班/千米）	4	10	15	30	50	70
带班国家干部（人/千米）	4	10	15	30	50	70

滩区和滞洪区组织迁安救护队伍的主要任务是，组织库区、主流区和深水区无堰台的群众迁移，组织固守村庄堵复围村堰路口，防守围村堰工程等。

县级防汛抗旱指挥部在每年 6 月 15 日前，按有关规定建立完善群众抢险队、护闸队、运输队、预备队等一、二线抢险队伍。在每年 6 月 30 日前对一线队伍进行必要的抢险技术培训，并建档立卡。

2. 黄河防汛专业队伍

黄河防汛专业队伍是防汛抢险的技术骨干力量，主要担负水情与工情测报、通信联络、河势观测、工程防守与抢险和群众队伍防汛抢险技术指导等任务。专业队伍由各县级河务部门的工程队员以及堤防、险工、涵闸等工程管理单位的管理人员、护堤员、养护班、护闸员等组成，平时根据管理养护掌握的情况分析工程的抗洪能力，划定险工、险段的部位，做好出险时抢险准备。进入汛期即投入防守岗位，密切注视汛情，加强检查观测，及时分析险情。黄河大洪水时，作为机动性队伍，负责水情、工情测报，抢险技术指导，执行工程出险时的紧急抢险任务。

为适应黄河险情多变的特点和提高抢险效果，20 世纪 90 年代以来，濮阳市黄河河务局组建 4 支机动抢险队和 1 支水上抢险队，担负黄河重大险情抢护和水上救护任务。各队配备 50 人，共 250 人。机动抢险队共配置挖掘机、装载机、推土机、自卸车等抢险机械 40 台。防汛抢险时，由濮阳市黄河防汛办公室统一指挥调动。特殊情况下由河南省黄河防汛办公室或黄河防总办公室调动。各机动抢险队和水上抢险队每年在 6 月 30 日前完成抢险技术练兵、抢险机械设备维修等准备工作，汛期集结待命。机动抢险队和水上抢险队自建立至 2015 年，参加重大险情抢护 29 次，其中到外省、市抢险 11 次。2007 年濮阳黄河防汛专业抢险队设备配置情况见表 5-9，2015 年濮阳机动抢险队基本情况见表5-10，2010年濮阳机动抢险队见图5-2。

表5-9　2007年濮阳黄河防汛专业抢险队设备配置情况

抢险队及设备名称	单位	规格或型号	设备购入时间	数量	设备原值（万元）
合计	—	—	—	45	2139.47
一、濮阳第一机动抢险队	—	—	—	19	845.21
自卸载重汽车	辆	TAFR4815-2	1997年6月	2	106.06
自卸载重汽车	辆	1491-280K	1997年3月	4	172.00
自卸载重汽车	辆	TNT1171	1995年11月	1	18.70
起重车	台	XZJ52400	2000年12月	1	48.50
挖掘机	台	MAH6AZ	1996年9月	1	83.00
挖掘机	台	CAT320BL	1998年9月	1	103.04
挖掘机	台	CAT325BL	1999年7月	1	124.50
推土机	台	TSY220-D85	1999年5月	1	68.31
装载机	台	WA300-1	1991年6月	1	28.00
装载机	台	ZLM50E	1999年8月	1	34.50
指挥车	辆	CJY6421D	1999年12月	1	30.03
生活车	辆	WGLG215F	1998年10月	1	14.90
发电机	台	20kW	1996年6月	1	3.60
发电机	台	90kW	2000年12月	1	10.07
宇通交通车	辆	—	2006年5月	1	—
二、濮阳第二机动抢险队	—	—	—	9	489.68
挖掘机	辆	CAT325BL	1999年7月	1	124.53
装载机	辆	ZLM50E	1999年7月	1	34.05
推土机	辆	TSY220-D85	1999年7月	1	68.31
自卸载重汽车	辆	ND3229K6×4	1999年7月	3	206.04
起重运输车	辆	HZC5103ISQC	2000年10月	1	27.50
指挥车	辆	CJY6421D	1999年6月	1	29.25
宇通交通车	辆	—	2006年5月	1	—
三、濮阳第三机动抢险队	—	—	—	7	373.60
挖掘机	台	CAT325BL	2002年4月	1	130.00
装载机	台	WA380-3	2002年4月	1	69.00
自卸载重汽车	辆	ND2627K6×4	2002年4月	3	156.00
指挥车	辆	QL6470DY11	2002年4月	1	18.60
宇通交通车	辆	—	2006年5月	1	—
四、濮阳第四机动抢险队	—	—	—	5	308.35

续表 5-9

抢险队及设备名称	单位	规格或型号	设备购入时间	数量	设备原值（万元）
自卸载重汽车	辆	ND3320S2	2004 年 4 月	3	206.04
推土机	台	TSY220-D85	2004 年 4 月	1	68.31
装载机	台	ZLM520F	2004 年 4 月	1	34.00
五、濮阳水上抢险队	—	—	—	5	122.63
自动舶船	艘	VCS80T	1975 年 4 月	3	83.43
自动舶船	艘	VCS80T	1983 年 4 月	1	28.20
冲锋舟	艘	YMH150	2004 年 11 月	1	11.00

表 5-10　2015 年濮阳机动抢险队基本情况

抢险队名称	驻地	人员情况（人）	主要抢险机械设备情况						
			挖掘机械	推土机械	吊装设备	运输车辆	其他	总资产价值（万元）	其中设备价值（万元）
合计		200	3	3	2	13	1	1947.06	1688.15
濮阳第一机动抢险队	范县	50	1	1	1	4	—	745.18	492.27
濮阳第二机动抢险队	濮阳县郎中乡坝头	50	1	1	1	3	—	521.04	515.04
濮阳第三机动抢险队	台前县影唐险工	50	1	—	—	3	—	374.16	374.16
濮阳直属机动抢险动	张庄闸管理处	50	0	1	0	3	1	306.68	306.68

图 5-2　2010 年濮阳机动抢险队

3. 中国人民解放军和武装警察部队抢险队

中国人民解放军和武装警察部队抢险队是抗洪抢险的突击力量，主要承担重点河段、重大险情抢险，分洪闸闸前围堰和行洪障碍爆破，滩区群众紧急迁安救护等任务，在历年的防洪斗争中都做出了重大贡献。

汛前，由河南省防汛指挥部与省军区商定，明确中国人民解放军和武装警察部队抢险队防守堤段和任务。担任防洪抢险任务的部队于汛前对责任河段进行现场勘查，制订防洪抢险方案。当遇大洪水和紧急险情需调动部队时，市、县防汛抗旱指挥部立即报请省黄河防汛办公室，请求中国人民解放军和武装警察部队抢险队参加抗洪抢险工作。2002 年武警部队抢险现场情景见图 5-3。

图 5-3　2002 年武警部队抢险现场情景

四、防汛责任制

1987 年，国务院提出“要进一步明确各级防汛责任制”的要求以后，黄河防汛逐步建立健全各种防汛责任制，实行黄河防汛正规化、规范化管理，使各项防汛工作有章可循、各司其职。

（一）行政首长负责制

贯彻国家、河南省防洪法律、法规和政策，执行上级防汛指令，统一指挥全市的防汛工作，对全市的防汛抗洪工作负总责；督促建立健全防汛机构，负责组织制度全市有关防洪政策和制度，并贯彻实施，明确各级、各部门防汛职责，做好防汛抗洪的组织和发动工作；统一指挥市、县两级防汛工作，协调解决抗洪经费和物资储备供应等问题，确保防汛工作顺利开展；负责组织制订全市黄河洪水防洪方案和黄河防汛应急预案，制订黄河滩区、北金堤滞洪区蓄滞洪运用预案及群众迁安救护方案；主持全市防汛抗旱会议，研究部署黄河防汛工作，并进行督促检查，确保落实到位；负责督促全市防洪工程建设，不断提高防洪工程抗御洪水的能力，清除黄河河道障碍，确保河道行洪；抗洪期间，负责组织调动人力、物力投入抗洪抢险，做好工程防守、险情抢护，确保完成防洪任务；洪灾发生后，负责全面部署滩区群众迁安救护、生产救灾、防洪工程水毁修复等工作，确保灾区群众生活有序，保持社会稳定；按照分级管理的原则，对县级防汛抗旱工作负有检查、监督、考核的责任。

（二）分级负责制和分部门负责制

分级负责制，根据黄河堤防险工、控导工程和滞洪等防洪工程所处的行政区域、工程等级和重要程度以及防洪任务等，确定濮阳市和沿河3县及乡（镇）的管理运用、指挥调度的权限责任。在市防指的统一领导下，实行分级管理、分级调度、分级负责。

分部门负责制，根据各司其职、分工负责的原则，濮阳市和沿河县、乡（镇）机关各部门，结合各自特点和承担的防汛职责分项承包防汛任务，实行分部门负责制。

（三）岗位责任制

黄河业务部门实行岗位责任制，主要有全员岗位责任制和班坝责任制。

全员岗位责任制以市、县级河务部门机关工作人员为主，分别成立防汛抗洪指挥决策中心及综合组、工情组、水情及灾情组、物资设备供应组、通信及信息保障组、水调组、后勤保障组、督察组、重大险情现场指导组、应急机动队、综合分析及后评估组，明确指挥中心和指挥长、副指挥长、成员的职责。按照各组岗位职责要求，结合每人所从事工作性质，优化组合各组，并明确各组职责。当花园口出现4000立方米每秒以上流量洪水或水位、工情异常、险情重大时，由局长宣布全员岗位责任制启动运行，指挥中心和各组成员上岗到位，按照责任分工开展防汛工作。

班坝责任制，根据每段堤防、每处险工和控导工程的长度与坝垛的数量及防守力量等情况，把管理和防守任务落实到班、组或个人，并提出明确的任务和要求，由班、组制订实施计划，认真落实，确保工程的完整与安全。各工程队员应熟悉掌握河势观测及查险的制度、方法，险情的判别和报险的规定等内容。具有指导群众队伍基干班查险及一般险情抢护的技能。

（四）黄河防洪工程抢险责任制

堤防工程查险由堤段所在县、乡（镇）人民政府防汛责任人负责组织，群众防汛基干班承担，县级河务部门岗位负责人负责技术指导。险工、控导和涵闸工程的查险在大河流量低于平滩流量时，由县级河务部门负责人组织，岗位责任人承担。达到或超过平滩流量时，由县、乡（镇）人民政府防汛责任人负责组织，由群众防汛基干班承担，县级河务部门岗位责任人负责技术指导。

（五）技术人员责任制

技术人员是行政首长的参谋。为在防汛抗洪斗争中实现优化调度，科学抢险，提高防汛指挥的准确性和可行性，避免因失误造成不必要的损失，凡有关预报数值、工程抗洪能力评价、调度方案制订、抢险技术措施等应由黄河防汛办公室技术负责人负责，建立技术人员责任制。关系重大的技术决策，组织相应级别的技术人员进行研究咨询，博采众议，以防失误。

五、防汛规范化建设

1988年以前，濮阳黄河河务部门未设置防汛日常管理机构，往往是汛前抽调有关部门人员组成临时的黄河防汛办公室，处理汛期黄河防汛事宜，汛后即解散临时防汛办公室，致使防汛工作不能连贯一致。1988年2月，根据国家防总提出的“加强防汛工作正规化、规范化建设，建立健全防汛工作制度，认真纠正汛期临时抓，汛后没人管的现象”的要求，濮阳市黄河修防处和濮阳县、范县、台前县3个黄河修防段增设防汛管理常设机构“防汛办公室”，作为市、县防汛抗旱指挥部黄河防汛办公室的核心部门。并开展防汛正规化、规范化建设。防汛正规化就是按照水法要求，把防汛工作纳入日常工作范畴，做到常抓不懈、常抓不停，有计划、有步骤地把防汛工作常年坚持下去；防汛规范化，就是把多年积累的一套行之有效的经验、方法、制度加以总结，形成规范和规定，使防汛中的各项工作都能做到有章可循，按部就班地进行。

1993年3月，河南省发布《河南省黄河防汛正规化、规范化若干规定》，要求在迎战洪水时，必须逐段、逐级地跟踪洪水和检测；沿河各市、县必须制订所辖河段与分滞洪区的具体调度运用方案和迎战超标准洪水的非常措施；沿河各市、县都必须制定各级洪水处理实施步骤，分滞洪区必须明确运用机制、标准以及淹没范围与历时的关系；必须明确机动抢险队与抢险的时机，工程队、群众防汛队伍的上堤防守与抢险的时机、人数、携带工具、料物及对不同险情的观测检查时间、次数和方法；具体明确以地方行政首长负责制为核心的防指成员、社会有关部门及专业队伍的防汛责任制体系，划分省、市、县三级防汛指挥部、指挥长、副指挥长及各级黄河防汛办公室的职责。还明确防汛队伍组织、防汛料物筹集、河道行洪障碍清除所采取的措施和途径等。按照《河南省黄河防汛正规化、规范化若干规定》的要求，濮阳市黄河河务局及时制定措施，有计划、有步骤地进一步开展防汛工作正规化、规范化建设。首先建立健全各项防汛制度，先后制定《濮阳市黄河防汛巡堤查险办法》《濮阳市黄河防汛督查办法》《濮阳市黄河防洪工程班坝责任制》《濮阳市黄河巡堤查险办法》《濮阳市黄河防汛物资管理实施细则》《濮阳市黄河防汛考核办法》，使防汛的各项工作做到有章可循；其次，编制《濮阳市黄河防汛培训教材》和《防汛抢险技术手册》，在全局范围内坚持开展防汛知识培训，以提高黄河专业防汛队伍的整体素质。建成濮阳市黄河防汛指挥中心，范县、濮阳、台前三县均设黄河防汛值班室、会商室。2001年，濮阳市黄河防汛办公室建成上下三级计算机网络，实现防汛办公自动化。2005年，配置防汛信息采集车，实现远程图像、语音及数字的实时采集和传输。各级防汛办公室工作人员得到充实，防汛办公室的力量得到加强。制定《防汛办公室人员岗位责任制》，明确分工，严格考核，使防汛工作达到制度化。

防汛“两化”建设收到较好的效果。一是强化各级领导和广大干部群众的水患意识，增强做好黄河防汛工作的历史责任感；二是完善防洪预案，迎战各类洪水有充分的准备和措施；三是加强工程的日常管理，工程面貌发生巨大变化；四是防汛队伍的组建出现新的形式和方法；五是洪水测报等基础观测工作得到不断的完善；六是防汛指挥调度有新的进步。

第三节 防汛准备

黄河洪水灾害的发生有一定的规律性，防汛工作就是根据掌握的洪水特征，有针对性地做好预防工作，采取积极防守措施，减少洪水灾害损失。对汛期洪水，首先是立足于防。每年汛期到来之前，市、县、乡（公社）各级政府和有关部门都把防汛准备列为首要的议事日程，按照可能出现的情况，扎实开展各项防汛抢险准备。通过周密安排部署，完善组织机构，组建抢险队伍，储备防汛物料，修订防汛预案，开展汛前检查等，落实思想、组织、工程、物资、通信、水文预报和防御方案等方面准备工作，做到有备无患，为战胜洪水打下可靠基础。

一、责任制落实和预案编制

（一）防汛责任制落实

市、县人民政府于每年汛前都根据领导变化情况调整指挥部指挥长、副指挥长和指挥部成员，组织召开防汛工作会议。会议通过气象资料、历史防洪经验和防汛工作中存在的问题，分析预估当年的黄河防汛形势，对年度防汛工作进行全面的安排部署，发动各级领导干部和群众高度重视黄河防汛工作，扎实开展防汛准备，确保黄河度汛安全。

1987 年实行防汛责任制以后，市、县、乡各级签订黄河防汛责任书，明确防汛任务和责任，要求各级领导熟悉防汛责任段内的防汛工作，掌握群防队伍和防汛料物储备等情况。各级行政领导和黄河部门负责人的防汛责任还通过媒体向社会公布，便于社会监督。黄河河务部门机关落实全员防汛岗位责任制，一线班组落实班坝责任制。指挥部各成员单位按承包的防汛任务落实所承担的责任。根据每年行政首长变动情况，由市、县防汛抗旱指挥部组织，河务部门授课，对行政首长进行防汛知识培训。培训的内容主要有濮阳市黄河防汛基本情况、黄河防汛行政首长责任制、黄河防洪预案的作用与实施、防汛信息的收集传递和发布、防汛调度与指挥、巡堤查险及险情抢护、滩区群众迁安救护等知识，以提高行政首长准确判断、科学决策、正确指挥的能力。

（二）黄河防汛宣传

黄河防汛宣传是防汛准备工作中的一项重要任务。1949 年以后，各级领导在防汛工作中都十分重视群众的思想教育和宣传发动工作，牢固树立水患意识，克服麻痹思想，以充分调动人民群众参加防汛工作的积极性、自觉性。宣传教育的方式主要采取召开专题会议（见图5-4）、开展防汛知识培训、出动宣传车、刷写防汛和迁安标语、利用电视和广播制作专题节目等。宣传的主要内容是《水法》《防洪法》《黄河防汛条例》，以及黄河防汛的方针、任务、规定、要求，使广大干部群众明白防汛做什么、怎样做。宣传国家社会主义建设发展的大好形势，黄河防汛和国家、集体、个人的关系，认清黄河安危事关大局的重要意义；黄河历史洪水灾害情况，用事实教育干部群众克服麻痹思想和侥幸心理，时刻提高警惕；面临的黄河防汛形势和防洪中存在的问题，要求做到心中有数，保持清醒头脑，树立战胜洪水的信心；宣传防汛的责任段、警号规定、组织纪律，认真做好各项准备，达到召之即来，常备不懈；宣传滩区、滞洪区迁安救护方案、迁移路线，使其达到家喻户晓，人人皆知；宣传避险逃生知识，提高自救能力。

图5-4　濮阳市年度防汛抗旱工作会议

（三）防洪预案编制

1996年以前，濮阳的黄河防汛抢险工作主要以每年的防汛工作意见为依据，没有形成系统的防洪预案。1996年4月，国家防总根据《中华人民共和国防汛条例》关于制订防御洪水方案的规定，提出《防洪预案编制要点（试行）》，要求有防汛任务的县级以上人民政府及有关部门、单位、企业都应编制防洪预案。是年5月，黄河防总制订《黄河防洪预案编制提要（试行）》，明确黄河防洪预案的编制目标、预案遵循的原则和编制办法、预案内容和编制要求、编制分工等，黄河防洪预案编制工作正式实施。黄河防洪预案主要由以下几个方面组成：洪水处理、工程防守与抢险、滩区蓄滞洪区迁安避洪、通信保障、物资保障、后勤保障等。防洪预案设一个总体预案和多个子预案。总体预案是各种防洪预案的总纲，确定各种防洪标准、指标及各级洪水处理原则，明确防洪目标任务、防守对象、保护范围，制定防守对策、防洪调度、部署原则、程序等。子预案是对总体防洪预案的支持、细化，根据总体预案确定的防洪任务、标准，按照防守对策、调度原则、程序，进行分解、细化，分项制定具体的实施措施及各种保障措施等。

是年，濮阳市黄河河务局按照河南黄河河务局的要求，组织各县级河务部门预案编制人员认真学习黄河预案编制提要，熟悉掌握预案编制要求，结合各单位实际情况分别编制。为提高预案编制质量，将各单位预案编制人员集中到局机关一起编制，统一标准，统一格式。还组织编制人员到预案编制先进单位学习，取长补短。1996 年以后，每年汛前，都组织有关专家和相关人员结合预案实施中存在的问题和工情、河势的变化情况，对上年度的防洪预案进行认真细致的修订完善，作为本年的防洪预案。

2002 年，河南省防汛抗旱指挥部黄河防汛办公室印发有关防洪预案、工程抢险预案、滩区迁安救护预案、防汛物资供应调度保障预案、通信保障预案等编制细则。根据编制细则的要求，结合濮阳黄河河段的情况，对《濮阳市黄河防汛预案》做进一步的修订完善，并在预案中插入图表，方便阅读和理解。

2003 年，在总结历年防洪预案编制经验的基础上，河南黄河河务局对编制工作提出新的要求：一是根据“二级悬河”形势不断加剧的新情况、新问题，提出新的防洪对策；二是在制定的防洪措施中，考虑运用新材料、新机具和新技术、新方法；三是建立完善防洪预案计算机管理系统，提高可视性、可读性。是年 8 月，黄河中游流域发生历史上罕见的秋汛。根据秋汛洪水流量小、持续时间长的特点，濮阳市黄河河务局组织沿河三县级河务局对工程抢险预案进行修订，完善中小量级洪水防守方案，制定非常情况下的抢险组织、物资调运、通信保障等措施，以及大型抢险设备和抢险新技术、新材料、新工艺在抢险中的运用方案。

濮阳市黄河防洪预案由濮阳河务局编制，濮阳市人民政府审查后颁发。《濮阳市黄河防洪预案》为总体预案，下设 13 个子预案，即《濮阳市黄河防汛应急预案》《濮阳市黄河滩区蓄滞洪区运用预案》《濮阳市北金堤滞洪区蓄滞洪运用预案》《濮阳市黄河堤防度汛预案》《濮阳市黄河滚河防护预案》《濮阳市黄河涵闸（虹吸）抢险预案》《濮阳市黄河防汛通信保障预案》《濮阳市黄河防汛物资供应调度保障预案》《濮阳市黄河防御大洪水夜间照明保障预案》《濮阳市北金堤防洪预案》《濮阳市渠村分洪闸运用实施方案》《濮阳市张庄入黄闸运用实施方案》《濮阳市黄河防汛形势》等。图 5-5 为濮阳市人民政府印发的黄河防洪预案。

二、工程与技术准备

（一）工程隐患处理

各县级河务部门根据上级规定的防汛任务与要求，于每年汛前组织工程技术人员对堤防、险工、控导、涵闸等工程进行徒步拉网式检查（见图 5-6），对查出的隐患逐一登记造册，逐项处理。对一时无法处理的隐患和在黄委挂号的险工、险段，制定度汛措施。

堤防工程主要检查堤防的完整情况（高度、堤坡、隐患等），大堤辅道缺口，穿堤涵洞、管线、涵闸、虹吸、放淤工程进出口等不安全因素，跨河桥梁、渡口、浮桥等

濮阳市人民政府文件

濮政〔2015〕28号

濮阳市人民政府
关于印发2015年黄河防汛预案的
通　知

各县(区)人民政府，开发区、工业园区管委会，市城乡一体化示范区，市人民政府有关部门：

现将《濮阳市2015年黄河防洪预案》、《濮阳市2015年黄河防汛应急预案》、《濮阳市2015年黄河滩区蓄滞洪运用预案》、《濮阳市2015年北金堤滞洪区蓄滞洪运用预案》印发给你们，请结合实际，认真贯彻执行。

2015年[illegible]月14日

目　录

— 1 —

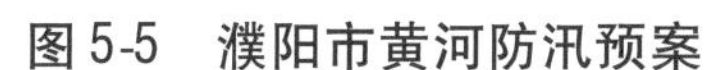

图5-5　濮阳市黄河防汛预案

图5-6　徒步拉网式检查堤防隐患

建筑物对防洪的影响等。险工和控导工程主要检查坝顶坡面是否平整，备防石料是否备足数量，存放地点是否合适，抢险道路是否通畅，坝垛石坦、根石坡度是否平顺完整。探摸根石的坡度情况。探摸根石一般每年汛前和汛后进行。对当年靠溜的坝垛进行普遍探摸，了解根石坡度情况，作为整修的依据。对经过严重抢险的坝垛，在抢险结束后进行一次探摸，对于水下坡度陡于1∶1.5的工程，及时补抛根石，以保持坝基稳定。滞洪区每年汛前进行分洪闸和退水闸启闭动力设备检修与闸门启闭试验，保证启闭灵活；同时，做好口门临时爆破的各项准备，保证按指令顺利分洪。检查滩区、滞洪区避水台、围村堰、撤退路、撤退桥准备情况，及时处理安全设施隐患，保证群众迁安救护时，能有秩序地就地避洪和迁移安置，确保群众生命财产安全。

（二）河势查勘

黄河下游河道每年都要进行查勘，以便积累资料，研究河势演变规律及河道冲淤，预估河势发展趋势，为防洪、河道整治、工程抢险、引黄灌溉、工程规划设计等提供科学依据。1950年，平原省河务局下发《关于汛期河势工情调查的通知》。1957年以后，每年汛前、汛后各进行一次河势查勘成为定例。根据任务与要求，市（地区）、县河务部门先进行预查勘，再由河南黄河河务局或黄委会自上而下统一组织查勘。汛前一般在5～6月进行，着重查勘河势溜向的变化与发展趋势，检查险工、控导工程岁修完成情况，度汛措施及防汛物料储备等，为安全防汛做好准备；汛后查勘一般在10月底或11月初进行，着重检查河势经过汛期的发展演变及水毁工程情况等，为编制来年工程计划与河道整治提供信息依据。查勘方法多是以乘船为主，顺流而下，在河湾、塌岸、控导工程、险工等重点地方，下船登陆徒步查勘，利用望远镜、激光测距仪辅助设施，在宽阔的河道里观察河势的汊流、沙洲等分布情况。每年河势查勘均绘制1/50000的河势图，将汛前汛后河势套绘在1/50000图上，对照比较一年来的河势变化，作为一年的基本河势图。汛期遇有大洪水，随时组织查勘河势，绘制河势图，掌握河势变化，对局部河段发生严重变化导致堤防出险或引黄工程脱河等河势，由市（地区）、县级河务部门增绘河势图。

河道查勘除了解和掌握河势变化趋势外，还重点调查以下内容：对堤河、串沟的方向、大小、深度都应调查清楚，标于河势图上，以便研究堤河、串沟的治理方案和对堤防的影响；调查滩面淤积，一方面按照河床大断面测验作为依据，但断面间距较大，代表性差，还须对大洪水后漫滩淤积进行补充调查，按照当地房屋、树木、滩面桩等标志，访问群众，调查了解，记载滩面淤积厚度；对重要的滩区生产堤、民埝、引水高渠堤、高路基进行测量标在图上，大面积阻水片林、堆积泥沙等现象标明位置、范围、高度，为河道清障提供依据。河道查勘后，由查勘组进行座谈讨论，根据市、县级河务部门汇报所辖河段的河势变化、存在问题及应修工程等，编制河势查勘报告，绘制河势图。

（三）行洪障碍清除

濮阳河段河道行洪障碍主要是滩区生产堤、阻水片林和河道中阻水的浮桥等建筑物。

20世纪50年代以前，群众为保护滩区农作物，在滩区自行修建不少民埝。1950年，黄河防汛总指挥部把废除民埝确定为下游治河政策之一，民埝修筑停止。1954年，根据河南省委《关于废除滩区民埝问题的报告》，濮阳河段滩区的民埝得到全部废除。1958年以后，由于对黄河泥沙预计问题的认识不足，片面地认为在三门峡水库建成后，黄河防洪问题基本得到解决，致使滩区群众在汛期普遍修建生产堤（新的民埝）。上起长垣县、下至台前县，滩区共兴建生产堤193.5千米。此后，对生产堤的兴废有不同认识，曾执行过“防小水不防大水”的政策。1960年，黄河防汛总指挥部确定，黄河下游生产堤的防御标准为花园口站流量10000立方米每秒，超过这一标准时，根据“舍小救大，缩小灾害”的原则，有计划地自下而上，或自上而下分片开放分滞洪水。此后，每年都执行生产堤破口计划。

生产堤的修建，缩窄河道行洪断面，打破原行洪规律，使洪水漫滩的概率降低，泥沙大部分淤积在主槽内，滩地长期得不到淤高，加剧滩地横比降的发展，使“二级悬河”的不利局面进一步恶化。1974年3月，国务院在批转黄河治理领导小组《关于黄河下游治理工作会议的报告》中指出，“从全局和长远考虑，黄河滩区应迅速废除生产堤，修筑避水台，实行‘一水一麦’，一季留足群众全年口粮的政策”。由于生产堤直接关系到群众生产生活的切身利益，又系多年形成，彻底破除阻力很大，仍执行汛期安排生产堤破口计划。

1982年汛前，濮阳黄河河段滩区的长垣县、濮阳县、范县、台前县共有生产堤192.5千米。是年，黄委会《关于进一步贯彻国务院指示，不准在黄河滩区重修生产堤的报告》中指出：“凡今年已破除冲掉的生产堤，一律不准堵复，更不准新修；现存生产堤尚未废除的，要继续坚决废除。”为进一步贯彻废除生产堤政策，对拒不执行生产堤破除政策的要追究责任，严肃处理。因此，大部分生产堤按其长度的20%破除。1982年濮阳黄河滩区生产堤情况见表5-11。

表5-11　1982年濮阳黄河滩区生产堤情况

县别	地点	长度（千米）	宽度（米）	高出滩区（米）
合计		144.6	—	—
濮阳县	小计	39.2	—	—
	青庄—南上堤	7	4	2.2
	习城—连山寺	16.9	4	2.3
	连山寺—龙长治	5.1	3.8	2
	龙长治—马张庄	2.7	4.5	2.3
	马张庄—吉庄	7.5	6.8	1.8
范县	小计	60.6	—	—
	毛楼—西桑庄	9.6	2~2.5	2
	南庄—位堂	11	2~3	1~1.2
	黄营—旧城	18.5	3	2.5~3
	邢庙—林楼	10.5	1.5~2	1
	林楼—小王庄	11	1~1.5	1.5

续表 5-11

县别	地点	长度（千米）	宽度（米）	高出滩区（米）
台前县	小计	44.8	—	—
	甘草—韩胡同	4	4.6	2.2
	李胡—梁路口	7.8	5	3
	苗庄—王黑	1.5	6	3.5
	姜贾—龙湾	7.5	4	2～3
	梁路口—影唐	5	1	1
	影唐—赵庄	4.5	4	2
	赵庄—贺洼	9.5	4	2
	前高庄—石桥	5	1～4	2.5

注：1. 生产堤长度为 1982 年汛前统计数。
2. 一般高 2 米左右，能防当地流量 5000～8000 立方米每秒。
3. 生产堤应破除宽度，按黄委会规定为长度的 1/5，每年汛期都强调破除。

1987 年后，生产堤破除任务实行责任制，汛前基本完成生产堤口门破除任务。1992 年后，按照国家防汛总指挥部“生产堤破除口门宽度不小于总长度的二分之一”的要求，汛前完成破除任务。1996 年 8 月黄河洪水过后，群众又开始加修、新修和堵复生产堤口门。2002 年调水调沙期间，濮阳县滩区万寨生产堤口门决口，造成小流量漫滩，受灾较重。之后，部分群众又开始修筑生产堤，并不断向主河槽外延，其区域扩大、防御标准提高。至 2015 年，濮阳黄河滩区有生产堤 51 段，总长 151.24 千米。2006 年濮阳黄河滩区生产堤情况见表 5-12，生产堤口门破除情景见图 5-7。

表 5-12　2006 年濮阳黄河滩区生产堤情况

滩区名称	生产堤段号	长度（米）	顶宽（米）	高度（米）	坡比	起止位置	说明
渠村东滩	1	6900	7.0	3.0	1:2.5	青庄险工—南小堤险工	2002 年后加固
	2	4200	3.0	2.0	1:1.5		
	3	550	6.5	2.8	1:2.0		
习城滩区	1	2000	10.0	3.5	1:1.5	南小堤险工—连山寺控导工程	
	2	3000	8.7	3.0	1:1.5		
	3	7300	3.6	2.3	1:1.5		
	4	8100	7.0	2.3	1:1.5		
	5	1600	5.5	2.5	1:1.5		
	6	2700	7.5	3.2	1:2.0	连山寺控导工程—尹庄控导工程	
	7	2600	7.8	3.0	1:2.5	尹庄控导工程—龙长治控导工程	

续表 5-12

滩区名称	生产堤段号	长度（米）	顶宽（米）	高度（米）	坡比	起止位置	说明
习城滩区	8	110	6.5	2.2	1∶1.3	龙长治控导工程—马张庄控导工程	2002 年后加固
	9	2350	7.0	3.4	1∶1.6		
	10	2500	2.0	1.3	1∶1.5		
	11	7900	6.0	2.7	1∶2.2	马张庄控导工程—营房－吉庄险工	2002 年后加固
	12	1950	5.3	3.4	1∶1.8		
	13	1500	2.5	1.8	1∶1.5		
	14	1850	5.3	2.5	1∶1.5		
辛庄滩区	1	1500	6.0	2.0	1∶2.5	毛楼—李桥险工	2002 年后加固
	2	3500	6.0	1.6	1∶2.0		
	3	6500	4.2	1.4	1∶1.5		
	4	400	5.0	3.8	1∶1.5		
	5	450	6.4	2.0	1∶1.2		
李庄滩区	1	700	9.0	2.9	1∶2.0	邢庙险工—吴老家控导工程	2002 年后加固
	2	5370	6.0	2.0	1∶2.5		
	3	3200	4.0	2.3	1∶1.5		
	4	2750	6.0	2.8	1∶1.2	吴老家控导工程—西吴庄	
	5	800	5.0	1.8	1∶1.5		
陆集滩区	1	7120	6.0	2.5	1∶1.5	吴老家控导工程—杨楼控导工程—旧城控导工程	2002 年后加固
	2	1250	4.0	1.7	1∶1.1		
	3	1250	4.0	2.0	1∶1.0		
	4	1850	5.0	2.2	1∶1.0		
	5	650	6.4	3.4	1∶2.0		
清河滩区	1	1800	3.0	1.7	1∶1.1	孙楼控导工程—韩胡同控导工程	2004 年后新修
	2	2400	9.0	2.3	1∶1.1		
	3	3400	5.6	1.7	1∶1.5		2002 年后加固
	4	1200	5.6	2.9	1∶1.2		
	5	4170	2.0	1.5	1∶1.5	韩胡同控导工程—前李胡村南	围村堰
	6	2900	6.0	3.5	1∶1.5		
	7	700	3.0	2.5	1∶1.24	前李胡村南—胡那里	围村堰
	8	4820	4.0	2.0	1∶1.3		
孙口滩区	1	5000	4.5	1.7	1∶1.5	梁路口控导工程—影唐险工	2002 年后加固
	2	2200	2.0	1.5	1∶1.0		

续表 5-12

<table>
<tr><th>滩区名称</th><th>生产堤段号</th><th>长度（米）</th><th>顶宽（米）</th><th>高度（米）</th><th>坡比</th><th>起止位置</th><th>说明</th></tr>
<tr><td rowspan="4">梁集滩区</td><td>1</td><td>7200</td><td>7.0</td><td>2.2</td><td>1∶1.5</td><td rowspan="2">影唐险工—赵庄南</td><td rowspan="4">2002 年后加固</td></tr>
<tr><td>2</td><td>1400</td><td>5.0</td><td>3.0</td><td>1∶1.0</td></tr>
<tr><td>3</td><td>5000</td><td>3.0</td><td>3.0</td><td>1∶1.5</td><td rowspan="2">枣包楼控导工程—姜庄控导工程</td></tr>
<tr><td>4</td><td>2450</td><td>4.0</td><td>2.0</td><td>1∶1.5</td></tr>
<tr><td rowspan="5">赵庄滩区</td><td>1</td><td>2100</td><td>4.0</td><td>2.0</td><td>1∶1.5</td><td rowspan="2">张庄—沈吞</td><td rowspan="5">2002 年后加固</td></tr>
<tr><td>2</td><td>700</td><td>4.0</td><td>1.5</td><td>1∶2.0</td></tr>
<tr><td>3</td><td>3600</td><td>1.7</td><td>0.7</td><td>1∶1.0</td><td rowspan="3">西赵桥—石桥</td></tr>
<tr><td>4</td><td>3300</td><td>3.0</td><td>2.0</td><td>1∶1.2</td></tr>
<tr><td>5</td><td>2500</td><td>3.0</td><td>2.0</td><td>1∶4.5</td></tr>
<tr><td>合计</td><td>51</td><td>151240</td><td>—</td><td>—</td><td>—</td><td>—</td><td>—</td></tr>
</table>

图 5-7　生产堤口门破除

对滩区片林、公路路基、渠道等，清除的标准为与当地滩面平，最高不高于当地地面 0.5 米。对堤防两侧的违章建筑物，如房屋、砖瓦窑、坟头等，按照黄河下游工程管理规定进行清除。濮阳境内的黄河浮桥要求在花园口预报 3000 立方米每秒流量到来前拆除（见图 5-8）。根据黄河河道内不同程度地存在着违章种植片林、修建影响行洪构筑物的现象，2003 年 5 月 30 日，黄河防汛抗旱总指挥部发出《黄河河道障碍清除令》，要求各级防指深刻认识黄河河道内种植片林的危害性，紧急行动起来，开展片林清除工作。至 2010 年，濮阳河段主河槽内的阻水片林得以全部清除。

（四）防汛抢险技术准备

防汛抢险技术培训是防汛准备工作的一项重要内容，每年都有计划、有组织地开展这项工作。黄河河务部门的抢险工程队，是防汛抢险的常备技术骨干力量，平时结

图 5-8　浮桥拆除

合修防施工，边干边学。汛前或汛期举办抢险技术学习班，对黄河职工、工程队进行短期轮训，重点组织抢险堵漏模拟演习，学习捆枕、搂厢、堵漏等抢险技术，逐步提高其技术水平。1983 年，黄委会、河南黄河河务局按工种分别编写应知应会提纲，开始对初级工、中级工、高级工分别培训，学习技术理论和实际操作技能训练，通过有关部门的考试鉴定，为应知应会及格的发给合格证书。2000 年以来，装载机、挖掘机、推土机、大型自卸汽车等大型机械在黄河防洪工程抢险中得到广泛应用，4 支专业机动抢险队，平时开展挖掘机装抛铅丝笼、装载机抛铅丝笼、挖掘机和自卸车配合装抛铅丝笼等大型机械抢险技能演练，并开展技能竞赛，相互学习，共同提高。

专业防汛抢险队伍技术演练见图 5-9，培训群防队伍防汛抢险技术骨干见图 5-10。

图 5-9　专业防汛抢险队伍技术演练

图5-10 培训群防队伍防汛抢险技术骨干

群众防汛队伍的技术培训，一般采取两种办法：一是汛期举办短期训练班，由县防汛抗旱指挥部负责组织，主要培训基干班长、抢险队长，重点学习巡堤查险办法、报警信号和一般抢险技术知识，学习时间2～5天。有时采用实地演习的办法，进行巡堤查险、探摸漏洞、抢堵漏洞等抢险技术实际操作训练。二是组织群众性的技术学习，一般由基干班长、抢险队长、县级河务部门职工分别到沿河各村向群众防汛队伍宣讲防汛抢险技术知识，并辅以抢险挂图和模型，进行直观教学，便于群众领会掌握。

三、防汛料物筹备

黄河防汛抢险料物主要由国家储备、社会团体储备和群众备料三部分组成。

国家储备料物，由市、县级黄河河务部门按照定额和防汛抢险需要进行储备与管理，主要包括石料、铅丝、麻料、木桩、篷布、袋类、土工织物、发电机组、柴油、汽油、冲锋舟、橡皮船、抢险设备、查险用照明灯具及常用工器具等（见图5-11、图5-12）。

社会团体储备料物，由地方政府各级行政机关、企事业单位、社会团体筹集和管理，主要包括各种抢险机械设备、交通运输工具、通信工具、救生器材、发电照明设备、铅丝、麻料、袋类、篷布、木材、钢材、水泥、砂石料及燃料等。

群众备料，由沿河群众筹备，主要包括抢险工器具、各种运输车辆、树木及柳秸料等。

各种抢险料物均实行定额储备。国家储备的主要料物定额由黄河防汛总指挥部办公室负责制定，报国家防总办公室批准。常用工器具定额由省黄河防汛办公室负责制定，报黄河防汛总指挥部办公室批准。社会团体储备料物和群众备料的数量，由市、县、乡人民政府根据当地的防汛任务和防洪预案的要求确定。

图5-11　国家备料库存防汛专用冲锋舟

图5-12　国家备料库存防汛专用麻料

20世纪90年代以前，国家储备防汛料物的采集实行计划管理。汛前都要采运到险工、险点和仓库。有些大宗防洪物资，如苇席、竹竿、麻料、草袋、帆布、电线、电池、照明工具等，每年汛期由防汛指挥部下达防汛用料计划，物资、商业、供销部门按照计划代储。20世纪90年代以来，随着市场经济的进一步发展和黄河防汛抢险形势的变化，黄河防总确定主要防汛料物采购面向市场实行招标制和监理制。防汛料物的储备实行实物储备与资金储备相结合的方式。市场供应不足、采购较困难的物资，采取实物足额储备；市场供应充足并通过委托、代储等措施能保证供应的，采取部分储备实物，部分储备资金。仓储实行分散与集中相结合的方式。对于便于调运、仓储条件要求高的大宗防汛物资，采取定点专业库相对集中储备；对于防汛抢险常用、不便调运的防汛物资，采取分散储备。

社会团体储备料物、群众备料采取汛前号料、备而不集、用后付款的办法。抢险需要时，及时组织群众把料物运送到抢险工地。各种机动运输车辆，由交通、公安部门负责编制序列，逐车逐人登记，以备防洪抢险调用。储备期一般是每年6~10月，由当地防汛部门在汛前进行登记落实，汛期急需时加以调用。

防汛动用河务部门储备的国家防汛物资，一律由各级黄河防汛办公室具体办理。国家储备的防汛物资，在黄河抗洪抢险的紧急情况下，需要异地调度时，由河南黄河防汛办公室下达调度通知。社会储备的防汛物资调度工作，由各级政府及上级防指下达调度指令。群众备料由各级黄河防汛办公室根据抗洪抢险部署的方案，指令乡、村政府备足到位。

国家储备的石料凡一次抢险消耗1000立方米、袋类凡一次抢险消耗10000条以上的，须报黄河防总办公室审批；抢险动用社会储备的防汛物资，事前须征得省黄河办公室同意，紧急情况下可边用边请示，逐级上报，危急情况下可越级向上请示。各级防汛指挥部组织部队、企事业单位和群众参加抗洪抢险，必须自带交通工具、通信设备、抢险小机具及生活用品，抢险所需国家储备料物由黄河防汛办公室负责组织供应和调度。动用社会储备物资、器材、设备用于黄河抗洪抢险的，一律由各级黄河河务局财务部门负责接收、验收，并出具收据，以此为结算依据。濮阳黄河国家储备防汛主要物资情况见表5-13。

表5-13　濮阳黄河国家储备防汛主要物资情况

年度	储备单位	石料（万立方米）	铅丝（吨）	麻料（吨）	麻袋（万条）	编织袋（万条）	发电机组（千瓦/台）	救生衣（件）
2002	合计	19.14	83.00	91.00	7.17	66.34	468/22	—
	濮阳县黄河河务局	7.77	21.00	28.00	0.08	24.42	126/6	—
	范县黄河河务局	6.51	45.00	33.00	1.56	20.55	90/8	—
	台前县黄河河务局	4.66	12.00	25.00	5.53	20.37	52/5	—
	渠村分洪闸管理处	0.20	5.00	5.00	—	1.00	20/1	—
	濮阳金堤管理局	—	—	—	—	—	180/2	—
2010	合计	17.21	39.72	89.37	4.81	23.06	432/20	293.00
	濮阳第一河务局	7.01	2.50	40.70	—	0.70	126/6	168.00
	范县河务局	5.03	9.32	24.16	1.36	14.15	19876	—
	台前河务局	4.78	22.51	24.51	3.39	8.11	19115	60.00
	渠村分洪闸管理处	0.2	3.85	—	—	—	42389	15.00
	濮阳第二河务局	—	—	—	—	—	180/2	—
	张庄闸管理处	0.19	1.54	—	0.06	0.10	432/20	50.00

续表 5-13

年度	储备单位	石料（万立方米）	铅丝（吨）	麻料（吨）	麻袋（万条）	编织袋（万条）	发电机组（千瓦/台）	救生衣（件）
2015	合计	15.71	53.38	95.15	—	26.85	606/28	760.00
	濮阳第一河务局	5.72	19.83	16.27	—	7.90	148/8	200.00
	范县河务局	4.37	15.32	39.10	—	13.85	79/7	300.00
	台前河务局	5.28	16.69	39.78	—	5.00	89/9	160.00
	渠村分洪闸管理处	0.20	—	—	—	—	180/2	—
	濮阳第二河务局	0.14	—	—	—	0.10	10/2	—
	张庄闸管理处	—	1.54	—	—	—	—	50.00
	水上抢险队	—		—	—	—	—	50.00

四、水情观测

水文情报预报是防洪的耳目。黄河水文情报预报历史悠久，但历史上只有一些经验和简单的方法。如，反映洪水涨落规律的“凡黄水消长，必有先兆，水先泡则方盛，泡先水则将衰”；反映黄河下游冰情的“天冷水小北风托，湾多流缓易封河”“三九不封河，就怕西风戳”“一九封河三九开，三九不开等春来”等。1949 年以后，黄河水情工作得到迅速发展。1989 年，全河水文站网已有水文站 458 处，水位站 58 处，雨量站 2376 处。进入 21 世纪，黄委已建成覆盖黄河流域的、水情观测技术和传递技术先进的黄河水文信息系统，为黄河流域内洪水的有效管理和控制提供不可或缺的基础资料。濮阳河段设有高村和孙口 2 个水文站，负责该河段的水位、流量、含沙量、降雨量、水温、气温、冰情等水文要素的测报工作。高村水文站建立于 1934 年 4 月，1938 年 5 月停测，1947 年 6 月恢复；孙口水文站建立于 1949 年 8 月。2 个水文站由黄委水文局管理。汛期洪水预报，由黄河防总发布。濮阳市黄河防汛办公室接到上级发布的预报后，根据本区河段实际情况，具体分析、发布本区河段的漫滩预报和各险工洪水预报，据此组织人员上坝、上堤做防守准备。

濮阳河段安设 19 处水位观测站，主要测报水位、降水量、水温、气温、冰情等变化情况。其中青庄、南小堤、连山寺、马张庄、彭楼、邢庙、吴老家、杨楼、韩胡同、梁路口、枣包楼、邵庄 12 个站为常年观测站，三合村、南上延、尹庄、龙长治、孙楼、影唐、张庄闸 7 个站为汛期观测站。水位测报由水位观测站所在的险工、控导工程班负责。

汛期（6 月 1 日至 10 月 31 日）和非汛期观测：平水时每日观测 2 次（8 时、20 时）。洪水过程中视洪峰流量大小及涨落情况确定每日观测次数：大河流量在 2000 立方米每秒以下时，每日观测 2 次（8 时、20 时）；流量 3000 ~ 4000 立方米每秒时，每日观测4次（2时、8时、14时、20时）；流量5000立方米每秒以上时，每日观测12次（双时观测）；涨落率较大时，逐时观测；抢险非常情况下，随时观测。不论汛期还是非汛期，只要有洪峰出现，均测出起涨、峰顶、落平等转折点水位；水位有较大波动时进行加测。水情观测情景见图5-13。

图5-13　水情观测

险工、控导工程水位观测：汛期水位平稳、大河流量无大变化时，每日观测2次（8时、20时）；水位变化缓慢、大河流量略有变化时，每日观测4次（2时、8时、14时、20时）；洪水时期或一日内水位涨落急剧变化时，每1～6小时观测1次；暴涨暴落时，观测人员严守水尺，随时增加测次，特别加强起涨、洪峰、落平等转折点的观测。

涵闸工程观测：在放水过程中，每日8时观测1次闸前、闸后水位（闸门开启高度变更时随时加测），并经常测试放水流量。在大河流量7000立方米每秒以上时，闸门停止放水期间，应逐日观测闸前、闸后水位及闸身变化。

凌汛期（11月20日至次年2月底）观测：水位观测，平水时每日观测2次（8时、20时）；在开始流冰、流冰密度增大、封冻前后、开河前后和卡冰阻水、产生冰塞等特殊冰情，水位急剧升降时，随时观测，随时上报。

冰清观测：结冻封河初期，主要观测气温、水温、结冻地点、面积、冰量、淌凌密度、凌速等；封冻期观测封冻地点、长度、宽度、封冻形式、平封、插封、冰厚等；解冻开河期观测冰色、冰质变化，岸冰脱边滑动，解冰开河位置、长度、速度、冰凌插塞、堆积、形成的位置等。

第四节　抗洪抢险

1949～2015年的60多年间，濮阳河段出现大于10000立方米每秒的洪水5次，

6000～10000立方米每秒的洪水22次，4000～6000立方米每秒的洪水14次，3000～4000立方米每秒的洪水12次。每当洪水来临之际，各级党委和政府及时组织沿河广大群众和治河职工与洪水做不懈的斗争。特别是战胜1949年高村站9850立方米每秒、1958年高村站17900立方米每秒、1982年高村站13000立方米每秒3次大洪水和1996年高村站6200立方米每秒异常洪水。濮阳黄河岁岁安澜，为经济社会的发展提供了稳定的环境。

黄河汛期，由于水位涨落或河势变化，常使防洪工程出现各种险情，抢险成败关系黄河安危，故遇大水时都严密组织巡堤（坝）查险，及时发现险情，争取抢早抢小。工程抢险一般由县级防汛抗旱指挥部负责。发生较大险情或重大险情时，成立工程抢险现场指挥部。抢险指挥部由本级政府行政首长任指挥长，黄河河务部门负责技术指导。1985～2015年濮阳河段发生险情9111次（其中，险工险情1742次，控导护滩工程险情7369次，堤防工程险情0次），均得到有效抢护，保证了防洪工程的安全。

一、抗洪纪实

1949～2015年，濮阳河段出现6000立方米每秒的洪水27次。每次洪水到来，各级党委、政府都及时组织各方力量参加抗洪斗争，保证了濮阳河段的安全，并尽最大努力减少洪涝灾害。由于资料缺失，仅记述重大抗洪4例、其他抗洪8例。

（一）重大抗洪

1. 1949年抗洪

1949年是丰水年，花园口站年径流总量为676.5亿立方米。汛期共发生7次洪峰。伏汛4次，涨水历时61天，其中7月27日花园口站最大洪峰流量11700立方米每秒；秋汛3次，涨水历时48天，其中9月14日花园口站最大洪峰流量12300立方米每秒。是年汛期洪水的特点是：洪峰次数多、水位高、持续时间长。高村站9月15日最大流量为9850立方米每秒，最高洪水位62.21米，9月16日孙口站流量为9350立方米每秒，最高水位47.31米。

当时黄河归故不久，堤坝工程尚未来得及彻底整修加固，抗洪能力很差。9月，濮阳境内黄河滩区全部漫滩，洪水迫岸盈堤。濮阳县河段堤顶一般出水2.5米，最低1.4米；濮县李桥至寿张县枣包楼58千米堤顶出水1米左右；寿张陈楼一段，水位几乎与堤平，特别是枣包楼以下，水位超过埝顶0.5～0.8米，全靠子埝挡水。在高水位长时间的考验下，堤坝工程内部的隐患和弱点全部暴露出来，险象丛生。

濮阳专署和沿河政府立即调集专、县、区干部5000余人，沿河群众6万余人，日夜防守抢护。平原省防汛指挥部政委刘晏春、河务局副局长袁隆等领导亲赴一线坐镇指挥，在30小时内抢修近百千米子埝，抢堵66个漏洞，抢修5000米长的风波护岸。按照平原省防汛指挥部“废除民埝，保全大局”的指示，除动员说服滩区群众全部破除临河民埝外，还于9月15日24时，主动扒开寿张县张庄民埝，倒灌蓄洪，随后枣包楼民埝亦相继溃决，溃水进入北金堤与临黄堤之间，起到蓄洪削峰作用，减轻了位山以下窄河段的堤防负担。沿河长垣、濮阳、濮县、范县、寿张等5县共淹滩区村庄708个，受淹人口24.9万人，淹地5.69万公顷，90%面积绝产。房屋倒塌40%以上。由于当时条件所限，仅组织公私船只500余只，用于抢救滩区群众和财产。滩内大部分群众被救出，淹死25人，家庭粮食、衣物等财产损失严重。临时防汛指挥部见图5-14。

图5-14　1949年平原省黄河河务局设在北金堤上的临时防汛指挥部

在紧张抢险的日子里，濮阳地区6万多群众所组成的抢险大军，堤防有漏洞就抢堵，有渗水就加宽，不够高就加高，遇埽坝坍塌就抢护，堤坝垮就重修，料物不够后方送，干部、工人、部队、群众、学生，在雨里、泥里、水里守着堤坝，日夜抢护，经过40多个日日夜夜的顽强奋战，终于战胜黄河归故后的首次较大洪水，迎来了中华人民共和国的成立。

此次抗洪抢险，共用秸料209.11万千克，柳枝120.71万千克，石料9745立方米，砖30.96万块，铅丝3013千克，麻料7.15万千克，木桩3.63万根，竹缆57根，麻袋979条，草袋340个，动用土方5.37万立方米，用工24.9万个工日。

2.1958年抗洪

1958年入汛后，雨量充沛，黄河流域连续降雨。自7月14日开始，山、陕区间和三花间干支流又连降暴雨，使黄河下游接连出现洪峰。7、8月两月花园口站共出现5000立方米每秒以上的洪峰13次，10000立方米每秒以上的洪峰5次，其中7月17日24时，花园口站出现的洪峰流量22300立方米每秒，是黄河有水文观测以来实测的最大洪水。洪峰具有水位高、水量大、来势猛、含沙量小、持续时间长的特点。花园口站10000立方米每秒以上的流量持续8小时，7天洪水总量61亿立方米，12天洪水总量86.76亿立方米。7月19日5时，洪峰到达高村站，流量17900立方米每秒，水位62.96米；20日13时到达孙口站，洪峰流量16000立方米每秒，水位49.28米。

洪峰到达濮阳境内，所辖河段普遍漫滩偎堤，堤段水位大部分超过保证水位。高村水文站超出堤防保证水位0.38米，孙口站超出保证水位0.78米。堤根水深一般3~4米，个别堤段达5.5~6.8米。枣包楼至姚邵（大堤桩号176+000~178+500）2.5千米堤段，水位与堤顶平，其中有1千米水位超过堤顶0.2米；181+000~194+600堤段，堤顶出水0.75~1.35米。洪水追岸，险情相继发生。

黄河防汛总指挥部及时分析当时的雨情、水情、工情，认为花园口出现洪峰后，主要来水区的三花区间雨势已减弱，后续水量不大。据此，黄河防汛总指挥部研究决定并征得河南、山东两省同意后，报请国务院批准，采取“依靠群众，固守大堤，不分洪，不滞洪，坚决战胜洪水”的方案。

中共河南省委、省人委迅速做出决定和部署，发出《关于紧急动员起来，战胜特大洪水的紧急指示》，号召全党全民紧急动员起来，全力以赴，调集一切人力、物力，参加抗洪斗争，保证战胜特大洪水。副省长彭笑千、黄委会副主任赵明甫亲赴石头庄溢洪堰指导，安阳地区各级党委、政府主要负责人刘东升、孙乃东、吕克明、侯松林、王惠民等驻守一线指挥，带领干部群众抗洪抢险。领导干部分段包干负责，大批干部深入各乡、社防守责任段，和群众一起巡堤查水，抗洪抢险。在洪水到来之前及时组织黄河滩区20余万群众迁移、救护，后方组织物资支援和撤离群众的安置工作。寿张县（今台前县）调集2万余群众连夜抢修加高枣包楼至张庄18.6千米的大堤子埝。沿河县、乡全民总动员，上堤抗洪的各级干部4800余人，防汛队伍12.9万多人。濮阳县、范县、寿张县（今台前县）被淹村庄349个，11.37万人。在新乡专署领导下，组织救生船423只、各种车辆2600辆，救护滩区群众和财产。经大力抢救，滩区群众全部救出，同时救出牲畜8250头、猪3.82万头、羊2.15万只、家禽1.73万只、粮食439.4万千克、农具1.63万件、包袱或家具1.30万件。广大干部、群众以“人在堤在，水涨堤高”的英雄气概，巡堤查险，抢险堵漏，连续奋战7个昼夜，战胜了这次大洪水。1958年花园口站22300立方米每秒洪水濮阳河段偎堤与上堤防守力量情况见表5-14，1958年花园口站22300立方米每秒洪水濮阳黄河滩区迁安救护情况见表5-15。

表5-14　1958年花园口站22300立方米每秒洪水濮阳河段偎堤与上堤防守力量情况

县名	洪水偎堤长（千米）	堤顶出水高（米）	堤脚水深（米）	防守力量（人）			
				县乡干部	地专干部	防汛员	小计
濮阳	61.127	1.0~2.9	2.0~4.8	1292	100	35993	37385
范县	41.595	2.2~2.9	2.0~5.0	600	50	9000	9650
寿张	48.999	0~2.1	5.0~5.5	787	60	12072	12919
合计	151.721	—	—	2679	210	57065	59954

表5-15　1958年花园口22300立方米每秒洪水濮阳黄河滩区迁安救护情况

县别	救护力量			迁安救护情况								
	干部（人）	船只（只）	车辆（辆）	救村（个）	救人（人）	牲畜（头）	猪（口）	羊（只）	家禽（只）	粮食（千克）	农具（件）	包袱家具（件）
濮阳	328	213	1300	139	44823	3310	28310	8939	6769	179.4	16289	130000
范县	250	80	500	80	27000	1820	4000	4800	4000	100	—	—
寿张	250	130	800	130	41880	3120	5850	7800	6500	160	—	—
合计	828	423	2600	349	113703	8250	38160	21539	17269	439.4	16289	130000

洪水过程中，全区防洪工程共出现各种险情110处、段，其中渗水12段，长1540米，漏洞1处，管涌1处，裂缝8处，大堤蛰陷77处，堤、坝坡严重冲刷11处。在不分洪、不滞洪的情况下，夺取1958年抗洪斗争的胜利，保证了黄河安全。

3.1982年抗洪

1982年是枯水少沙年。花园口站汛期水量246亿立方米，沙量5.17亿吨，分别较多年平均值偏少9%和53%，但洪水集中。7月29日至8月2日，三门峡到花园口干支流4万多平方千米区域普降暴雨或大暴雨，局部地区降特大暴雨。5日累计雨量，伊河陆浑站782毫米，洛河赵堡站645毫米，沁河山路平站452毫米，干流仓头站423毫米，形成伊、洛、沁、黄4河洪水并涨。洪水汇流，来势迅猛。8月2日，花园口站出现15300立方米每秒的洪峰，最大5日洪量40.84亿立方米，12日洪量为65.24亿立方米。10000立方米每秒以上洪水持续52小时，是仅次于1958年的大洪水。

此次洪水，在濮阳境内的表现特点是：其一，持续时间长。8月3日4时洪水进境到夹河滩，8月7日12时洪峰过邵庄出境，历时104小时。其二，水位偏高。高村水位64.13米、邢庙水位55.28米、孙口水位49.75米、邵庄水位46.95米，与1958年22300立方米每秒水位比较，高村高出1.20米、邢庙高出1.82米、孙口高出0.47米、邵庄高出0.61米，是中华人民共和国成立以来的最高洪水位。其三，含沙量小。高村站7日平均含沙量33.1千克每立方米，孙口站7日平均沙量20.3千克每立方米。花园口至孙口间共淤积0.8亿吨，主要淤在滩上。由于高村至孙口滩区滞蓄水量较多，67.6%的泥沙淤积在这一河段。其四，传递速度上快下慢。花园口洪峰传到高村，距离189千米，历时38小时，平均传递速度每小时4.79千米；高村传到孙口，距离130千米，历时49个小时，平均传递速度每小时2.65千米。

8月1日，黄委会副主任李延安及部队首长，到长垣孟岗防汛一线指导抗洪抢险。8月2日，安阳地委书记王英，副书记宋国臣、谭枝生，副专员郭福兴，沿河长垣、濮阳、范县、台前县4县县委书记韩洪俭、赵良文、杨道卓、林英海及安阳地区防汛指挥部成员，在长垣县孟岗修防段召开紧急会议，部署抗洪抢险工作。从8月1日至8月10日，地、县、社和部队主要负责人亲临一线，指挥抗洪斗争。4000余名各级干部和近2000名黄河职工，实行岗位责任制，包堤段、包险工、包涵闸，率领82300多名防汛队伍，昼夜巡堤查险、抢险堵漏、屯堵涵闸、搬迁安置滩区群众，顶风冒雨坚持在抗洪第一线。

按照国家防总命令，8月3日破除生产堤口门44个后，滩区进水，滩面水深一般在1米以上，深的达4～6米。濮阳县、范县、台前县受淹村庄共618个，受淹群众41.42万人，倒塌房屋33.6万间，淹没耕地造成绝收的4.85万公顷，伤1423人，死17人。冲毁滩区涵闸212座、桥梁735座、渠道809条长1845千米、通信线路180千米，淹没机井2185眼、提灌站65座，群众财产和水毁工程损失折合人民币1.28亿元。从8月1～10日，地、县、社和部队主要负责人亲临一线，指挥滩区群众上避水台避洪和组织搬迁安置。组织各级干部1128人、船562只、车辆3500辆，抢救村庄488个，救出人员20.86万人、牲畜2.04万头、猪4.51万头、羊2.99万只、粮食1563.6万斤、农具2.62万件等。人民解放军是滩区救护的突击力量，舟桥部队的指战员驾驶冲锋舟，昼夜不停连续奋战，辗转于黄河滩区被洪水包围的村庄，扶老携幼，全力营救群众。

洪水过程中，濮阳境内临黄大堤全线偎水，一般水深3～4米，最深达5～6米。发现并及时处理堤身裂缝19处，长565米，缝宽一般1～4厘米，最宽20厘米，陷坑8处，其他险情4处。险工和控导工程出险较多。濮阳南上延控导工程19～35坝普遍漫溢，顶部被冲，坝裆、连坝冲决多处；台前孙楼工程19～20坝裆冲溃，口门宽140米，引水闸冲毁，水深8.5米，过水量约1000立方米每秒，韩胡同新建1坝至老1坝连坝冲决，口门宽210米，水深5米，过水量约500立方米每秒。险工、控导工程总计有14处，77道坝出险，抢护110道坝次，用石8920立方米，用柳枝55万千克、铅丝8977千克、麻绳1236条、木桩695根。在洪水到来之前，对南小堤、董楼、彭楼、刘楼、王集5座涵闸，采取屯堵措施，用土3.7万立方米、秸料5万千克、麻草袋14317条、木桩292根、铅丝350千克、麻绳287根、电石400千克、帆布篷3块等。参加抢堵干部370人、技术工人155人、民工2600人、推土机6台。彭楼引黄闸围堤因水位高、压力大，被大水冲垮，后经二次围堵成功；王集闸围堤，在水面下1.5米处发生漏洞，直径0.8米，在临河采取盖帆布、沉土袋等抢护措施，确保了围堤安全。

在与洪水搏斗中，广大军民团结战斗，涌现出不少英雄模范人物，做出感人的事迹。8月5日，濮阳习城公社兰寨会计兰风初，奋不顾身救护群众27人，最后自己精疲力尽落水光荣牺牲。安阳水泥厂工人马二印，回家探亲期间遇上黄河涨水，在濮阳滩区群众搬迁时，一小孩落水，他不顾个人安危，跳入水中抢救，当他把小孩推向岸边时，自己却沉没在洪水中，献出宝贵的生命。范县高码头公社寇庄大队基干民兵牛茂存等5人，在深夜巡堤查水时，发现一只满载货物无人驾驶的小船，他们跳进5米深的急流中，将小船拖到岸边，船内载有5辆自行车、3台缝纫机，还有家具、衣物等，价值5000余元，他们通过县、社指挥部找到失主。在这次抗洪斗争中，党、政、军、民表现出高度的组织纪律性，干群一致，军民团结，取得了抗洪斗争的胜利。

4.1996 年抗洪

1996 年 8 月 1 ~4 日，由于受第 8 号台风的影响，山陕区间的北洛河、泾河、渭河和三花间伊洛河、沁河一带普降中到大雨，局部暴雨。8 月 5 日 14 时，花园口水文站出现 1996 年第一号洪峰，流量为 7600 立方米每秒，水位 94.73 米。8 月 13 日 4 时 30 分，花园口水文站出现第二号洪峰，流量 5200 立方米每秒，水位 94.09 米。

8 月 5 日上午，濮阳市委、市政府召开防汛抗旱指挥部紧急会议，传达黄河防汛总指挥部、河南省防汛抗旱指挥部《关于迎战今年黄河第一号洪峰的紧急通知》和黄委《第二号洪水预报》，全面安排濮阳市黄河抗洪工作，要求濮阳县、范县和台前县防汛抗旱指挥部迅速组织防汛抗洪队伍，奔赴黄河抗洪一线，做好投入抗洪抢险和滩区迁安救护的充分准备。各级黄河防汛办公室上岗到位，昼夜值班，密切注视水情、工情变化。群众巡堤查水人员上岗到位，熟悉责任堤段。当日下午，市长、市防汛抗旱指挥部指挥长黄廷远带领防指成员沿河冒雨查看汛情和防洪工程。晚 21 时，河南省委副书记宋照肃、河南黄河河务局副局长赵民众来濮阳市连夜召开紧急会议，研究迎战黄河 1 号洪峰的对策和各项措施。会议决定派出 6 名市级领导、从市直各单位抽派 50 名副处级以上干部，分赴沿河 3 县指导抗洪抢险和滩区迁安救护工作。濮阳市黄河河务局 4 位副局长，分赴 3 县做行政首长的参谋。

8 月 6 日，濮阳市委、市政府在濮阳县郎中乡坝头濮阳县黄河河务局机关院内成立黄河前线防汛指挥部，宋照肃、黄廷远、赵民众、商家文（濮阳市黄河河务局局长）等领导坐镇指挥。全市迅速组织起各类防汛队伍 14 万人，投入抗洪抢险。中国人民解放军某部 700 人和济南军区舟桥团 218 人增援濮阳市抗洪抢险和滩区救护。濮阳市的抗洪抢险和滩区迁安救护工作进入紧张状态。

8 月 10 日 0 时和 14 日 2 时，第一号、二号洪峰分别到达濮阳河段，高村水文站流量分别为 6810 立方米每秒和 4360 立方米每秒，相应水位为 63.87 米和 63.34 米。15 日 0 时，一号、二号洪峰演进到孙口河段，并汇合成单一洪峰，孙口水文站流量为 5540 立方米每秒，水位 49.66 米，较 1982 年 15300 立方米每秒洪水低 0.09 米。这次洪水在濮阳河段历时 120 多个小时。此次洪水具有水位表现高、推进时间慢、持续时间长的特点。按照正常黄河洪水传递时间计算，花园口站到高村站为 32 小时，高村到孙口为 16 小时。而一号洪峰从花园口站到高村站历时 106 个小时，高村到孙口历时 120 个小时。从花园口站传递到孙口站长达 226 个小时，超出正常时间 178 小时。

洪水期间，濮阳市境内 151.7 千米的黄河大堤全部偎水，堤根水深 2 ~4 米，个别堤段达 5 米。每千米堤防安排 10 个基干班日夜巡堤查水。濮阳堤防共出险 3 处，分别是李桥虹吸陷坑、堤防 119 +850 处临河横向裂缝（长 9 米、宽 0.2 米）、堤防 120 处陷坑。由于险情发现得早、抢护得早，险情得到及时控制，没有发展。各险工、控导工程班职工，日夜坚守，监测水情、工情变化，巡坝查险。在洪水到来之前的 5 日和 7 日，濮阳县南上延控导工程和范县李桥控导工程分别发生重大险情。经过艰难紧张的抢护，工程化险为夷，并加强防守力量和措施，保证了洪水期间工程安全。洪峰过程中，濮阳12处险工、17处控导（护滩）工程相继出险，4处控导工程的17道坝河水漫顶0.2～0.5米。险工和控导工程发生各类险情后，各县防汛抗旱指挥部及时组织黄河职工和群众抢险队伍抢护，使险情都得到有效控制。8月12日13时，台前县韩胡同控导工程发生重大险情，且抢险出现艰难困苦局面，险情不断扩大。国务院副总理姜春云批示："这一段工程的抢险加固需要重视，应加大防守力量，确保安全。"在各级领导的高度重视和指挥下，400多名抢险人员艰苦奋战13昼夜，最终使险情得到控制。洪水期间，堤防、涵闸、险工和河道整治工程共发生险情567次，抢险共用石料3.96万立方米、铅丝47.06吨、麻料44.48吨、编织袋1.2万条、木桩2659根、柳料1402.8吨，用工2.68万个，投资651.72万元。

洪水到来前，濮阳市防汛抗旱指挥部下达群众迁移令，各县、乡、村动员群众抓紧迁移。市政府从市直各单位抽派的副处级以上干部，在沿河3县指导滩区迁安救护工作。沿河县、乡也组织干部到防洪抢险第一线，滩区每个迁安村庄都有3～4名干部负责迁安工作，群众不迁出，包村干部不撤离。由于部分干部群众存在严重的麻痹思想和侥幸心理，准备工作不充分，影响了迁移进度。在县、乡组织当地船只、车辆迁移滩区群众的同时，市政府请示舟桥部队，218名部队官兵立即赶到濮阳援助群众迁移。在各级政府、河务部门、民政部门的密切配合下，在舟桥部队官兵的协助下，洪水期间共迁移群众15.5万人，其中按照迁安合同对口安置的有6.1万人，内迁上避水台的5.3万人，投亲靠友的有3.9万人，有2000余人在黄河大堤上临时避洪，还帮助山东籍群众7900人顺利迁移安置。

抗洪期间，国家防总副总指挥长、水利部部长钮茂生和国家防总成员、财政部副部长李延龄分别来濮阳检查指导抗洪斗争，河南省委副书记宋照肃在濮阳坐镇指挥，市、县、乡各级领导坚持在抗洪一线指挥抗洪抢险和迁安救护，群众防汛队伍、黄河干部职工和部队官兵团结一致，密切配合，克服雨淋风刮、蚊虫叮咬、忍饥挨饿等诸多困难，日夜奋战在抗洪抢险和迁安救护一线，取得了抗洪斗争的胜利，保证异常洪水安全过境，确保了黄河防洪安全。

在抗洪抢险中，涌现出许多可歌可泣的英勇事迹，表现了广大干部职工不怕苦、不怕累，顽强奋战、无私奉献的大无畏精神。濮阳县黄河河务局工程队女子班在南上延工程抢险中和男同志一样，冒雨奋战在抢险工地，克服比男同志更多的困难，没有一个人叫苦叫累或退却。濮阳机动抢险队连续作战，先后参加范县大堤、李桥31号坝、吴老家控导工程、彭楼险工和台前县韩胡同工程等重大险情的抢护。在韩胡同抢险时，48名抢险队员白天冒酷暑、顶烈日，夜间被蚊虫叮咬，抢险队员坚持奋战，无一人叫苦喊累，连续奋战20个日日夜夜，完成了抢险任务。濮阳县黄河河务局王月平在抢险捆柳石枕中，突然脚下石块坍塌，人和塌方一起掉到滚滚黄河中，把他救起时已成泥人，仍坚持抢险。张华民、侯加歧等离休干部，王德来等退休职工不顾年迈体弱，也都加入了抗洪抢险斗争。

由于这次洪水在濮阳河段持续时间长，加之河槽淤积严重，槽高、滩低、堤根洼的形势严峻，黄河滩区全部被淹，滩面水深2.8～5.7米，淹耕地2.57万公顷。被洪水围困村庄351个，人口26.12万人，受灾人口30多万人。房屋被水浸泡80%的村庄有306个，房屋倒塌惨重的村庄56个，倒塌房屋11万余间，损坏房屋20万余间。农田水利设施被破坏，淤积机井2196眼，冲毁桥涵闸1867座。损坏通信线路25千米，倒断线杆462根。淹没公路101千米。144家乡镇企业被淹，损失7100万元。伤病群众1.94万人。死亡大牲畜0.5万头。

（二）其他抗洪

1.1954年抗洪

1954年8月5日，黄河武陟秦厂出现15000立方米每秒的洪峰，并于8日、10日和14日相继出现8110、9090、8780立方米每秒的洪水。9月8日，又出现12300立方米每秒的洪水。8月4日，濮阳专区党委、行署召开紧急会议，安排抗洪抢险工作。临时抽调专、县干部458人，由各级党政领导带领连夜冒雨到达各自责任防守区。抽调乡干部378人，组织基干队和临时防守员5159人。黄河修防职工全力以赴，共计6400多人的防汛大军上堤防守，抗洪抢险。

组织县、区、乡干部1236名，赶赴滩区开展救护搬迁工作。迁出群众296户2343人，迁出牲口2280头，搬出粮食8.4万千克，搬出其他物资1.18万件。受灾村庄309个，淹地1.98万公顷，倒房1199间。

洪水期间共出险22处，范县邢庙险工12道坝出险严重，其中11道坝普遍平墩掉蛰，范县、濮县两县干部工人90人，山东河务局调工程总队40名工人支援，组织群众近2000人，连续抢护8昼夜才转危为安。共用石料6934.91立方米、柳枝244.53万千克、木桩8185根、铅丝4705.5千克、铅丝绳567.6千克、麻绳1.8万千克、竹缆784根、蒲绳3053根，使用各种人工6.2万个。

2.1957年抗洪

1957年黄河共发生9次洪峰，其中第7次洪峰最大。7月19日19时，花园口站流量13000立方米每秒，水位93.37米。7月20日21时，高村站流量12400立方米每秒，水位62.41米；7月22日9时，孙口流量10400立方米每秒，水位48.66米。

长垣大车集至寿张县（今台前县）枣包楼长176千米的临黄堤，枣包楼至张庄北长18.6千米的民埝，普遍偎水，堤脚水深1～3米，深者达3.5米以上。寿张民埝顶比临黄堤低1米，堤顶出水高1.1～1.4米。安阳、聊城两专区（当时长垣、濮阳归河南省安阳专区，范县、寿张归山东省聊城专区）党政领导分赴一线指挥抗洪抢险。地、县、区组织干部1000余名，组织基干班1249人，巡堤查险，严防死守。洪水期间，堤身裂缝10处，严重的长150米；堤身蛰陷仅王称堌区就有26处，长垣、濮阳2县抢修柳坝垛9道。经7昼夜严密防守，各种险情均及时得到处理，保证了堤防安全。

长垣滩区部分漫滩，其他县全部漫滩，被水包围村庄471个，其中长垣县114个、濮阳县141个、范县74个、寿张县142个。各县对黄河滩区救护工作都很重视，共组织救护船500余只，由500余名干部带领，开展水上救护，共救救群众8万余人，抢出粮食430万千克、牲口3000多头。此次洪水共淹地4.49万公顷，损失粮食25万多千克，倒塌房屋7万余间，溺死7人，伤16人。

3.1975年抗洪

1975年8～10月，花园口站出现12次洪峰。10月2～4日花园口站连续出现7420立方米每秒以上的洪峰，7000立方米每秒以上流量持续70多小时。安阳地区大部分河段水位高于1958年水位0.81米，偎堤104千米，一般水深0.5～2米，最深4米。长垣县、濮阳县、范县、寿张县均受灾。地、县、社各级党委和防汛指挥机构的主要领导到第一线指挥抗洪抢险，经过3万防汛员工12昼夜紧张奋战，汛期安全度过。

洪水期间，组织国家干部3662名、医务人员201名，救护木船215只、救护橡皮舟160只、救护木筏568只，进入滩区抢救受淹群众，共迁出8.28万人，迁出粮食562万千克，还有其他物资多件。有19.54万人迁至避水台或高房台避洪。这次洪水淹地2.39万公顷，占滩区总耕地面积的68.4%，有459个村庄进水，倒塌毁坏房屋2.36万间。险工和控导工程有240道坝出险，抢险471坝次，用石8.92万立方米，铅丝56.18吨，柳杂料605.92万千克，麻绳2.40万条。

4.1976年抗洪

1976年汛期，花园口站出现7次洪峰。9月1日出现的9400立方米每秒洪峰为最大，到达安阳地区水位与1975年相似。临黄堤偎水135千米，水深0.5～1.5米。滩区淹地面积2.43万公顷，滩区有461个村庄进水，28万多人受灾。洪水期间，地、县、社领导坐镇一线指挥抗洪抢险和滩区迁安救护。此次洪水安全度过。

5.1977年抗洪

1977年花园口站先后发生7000立方米每秒以上洪水3次。7月9日，花园口站流量8400立方米每秒，是1954年以来洪峰出现最早的一次，含沙量达每立方米546千克，是1934年花园口站建站以来含沙量最大的一次。8月8日12时出现的第三次洪峰流量为10800立方米每秒。洪水期间，临黄大堤偎水113千米，堤根水深0.5～1.5米，最深3米。沿河各级党政军民，齐心协力，严密防守，使洪水安全通过安阳地区河段。险工及控导工程共有14处71道坝和2段护岸出险，抢险96坝次，用石0.93万立方米，柳杂料37.7万千克。滩区365个村庄进水，被洪水围困31.65万人，倒塌房屋2.94万间，伤亡牲畜115头（匹），淹死7人。由于含沙量大，沿黄各县引水淤滩2.04万公顷，落淤总量10272.6万立方米。

6.1981年抗洪

1981年9月10日，花园口站出现8060立方米每秒洪水。洪水进入安阳地区后，各级党委、政府组织3548人上堤防守。滩区淹地1.85万公顷，滩区有11.8万人受灾。有9处控导工程、21道坝出险，均得到及时抢护。

7.1983年抗洪

1983年8月2日22时，花园口站出现8370立方米每秒洪峰。8月3日，洪峰到达安阳地区河段。长垣、濮阳、范县、台前4县滩区24处口门先后进水，洪水偎堤121.5千米，堤根水深2米左右，最深处4米。安阳地委吕克明副书记、吴贵增副专员等领导及沿河4县主要领导，立即赶赴抗洪第一线，坐镇指挥抗洪抢险。组织6928人上堤巡堤查水，严密防守。这次洪水淹没耕地2.72万公顷，淹没机井1178眼，冲毁桥涵116座，进水村庄384个，倒塌房屋2694间，受灾群众24.07万人。

8.1985年抗洪

1985年9月17日16时，花园口站出现流量8260立方米每秒洪峰。9月18日上午，洪水进入安阳地区境，20日早晨出台前县境。濮阳、范县、台前3县临黄堤偎水8段，长86.82千米，堤根水深1~3米，最深4米。组织1884人上堤防守。有8处险工、控导43道坝出险，均得到及时抢护。这次洪水有618个村庄的34.39万人受灾，淹地2.7万公顷，倒塌房屋1.8万间。

二、巡堤查险与险情抢护

（一）巡堤（坝）查险

1949年以来，各级防汛指挥部制定和颁发《巡堤查险办法》和《抢险技术手册》等有关规定，供各级防汛组织和防汛队伍学习掌握与执行。1997年，黄委制定的《黄河防洪工程抢险责任制》规定，根据洪水预报，黄河河务部门岗位责任人应在洪水偎堤前8小时驻防黄河大堤。县、乡（镇）人民政府防汛责任人应根据分工情况，在洪水偎堤前6小时驻防黄河大堤，群众防汛队伍应在洪水偎堤前4小时到达所承担的查险堤段（工程）。群众防汛队伍上堤后，县、乡（镇）防汛指挥部应组建防汛督察组，对所辖区域内工程查险情况进行巡回督察。黄河河务部门组成技术指导组巡回指导群众查险。巡堤查险人员按要求填写查险记录，并由带班和堤段责任人签字。堤段责任人将查险情况以书面或电话形式当日报县黄河防汛办公室。

汛期洪水到来之前，由防汛指挥部根据水情和工情，确定上堤防守和查险的人数，调集防汛队伍上堤，逐级划分防守责任堤段，实行领导干部分级包工程的责任制度。平工堤段以防汛屋为单位，由乡镇选派干部驻堤上防汛屋（堤上防汛屋每500米1座，2004年全部拆除），领导基干班巡堤查险。险工坝岸以工程队为主，组织巡查。险工坝岸巡查重点是坚持摸水制度，及时探摸根石走失情况；观察溜势变化，检查坝垛护岸是否出现裂缝、下蛰、位移、滑动等险情，发现险情及时上报、抢护。

巡查队伍组成后，先将负责巡查段内的高秆杂草、刺棵、蒺藜等割除，以免妨碍巡查，并在临河临水附近和背河堤坡、堤脚，各平整出查水小道一条。然后由干部带领全体防汛人员到现场熟悉责任段的堤防情况，做到心中有数。

一般水情，可由一个组（3人为宜，1人持灯，1人拿摸水杆，1人拿工具料物）

沿临、背河巡回检查，去时走临河，返回走背河，巡查堤段内两头要超过责任段20米左右。巡查时一人走水边用摸水杆不断探摸水下有无险情，一人走堤半坡，看堤防工程有无裂缝、陷坑等，一人背草捆走堤顶，其他工具放在防汛屋待用。夜间一人持马灯或手电筒于水边照明。背河堤脚以外20～50米范围内的潭坑，应另派小组巡查。水情紧张时，由两组同时一临一背交换巡查。水情严重或发生暴雨时，应适当增派巡查组，每小组出发间隔时间要均匀。如发生特大洪水上堤人数增多时，也可按人分段进行监视。巡查中发现险象或险情，一边留人观察抢护，一边上报，若遇重大险情，要立即发出报险信号，迅速组织抢护。1996年8月洪水期间巡堤查险情景见图5-15。

图5-15　1996年8月洪水期间巡堤查险

巡堤查险是一项极为重要和艰苦细致的工作，越是天气恶劣（狂风、暴雨、黑夜），查险工作越要认真。根据以往经验，巡堤查险要做到“六时”“五到”“三清三快”。“六时”是：黎明时（人最疲劳）、吃饭时（思想易松劲）、换班时（容易间断）、天黑时（容易看不清）、刮风下雨时（易出险分辨不清）、水位陡涨陡落时（易于出险），注意“六时”不可松懈巡查。“五到”是：眼到（用眼细心查看）、耳到（用耳细听水声有无异常声音，以及风浪和坍岸等响声）、手到（随时用摸水杆探摸水深及根石有无走失、坍塌等情况）、脚到（用赤脚查探险情，注意脚下湿软、渗水等情况）、工具料物随人到（以便发现险情及时抢护）。“三清三快”是：险情要查清、报告险情要说清、报警信号要记清，发现险情快、报告快、抢护快。

巡查人员必须听从指挥，尽职尽责，严格按巡查办法和要求操作。交接班在巡查堤线上就地交班，接班者提前到达工地，交班者全面交待巡查情况，对尚未查清的可疑险点，共同巡查一次。驻堤屋干部和带队队长轮流值班，及时掌握换班时间，了解巡查情况，做好巡查记录，并及时向上级汇报情况，有险情立即组织抢护。

防洪工程报险，按照“及时、全面、准确、负责”的原则上报。险情依据严重程度、规模大小、抢护难易等分为一般险情、较大险情、重大险情三级。险情报告除执行正常的统计上报规定外，一般险情报至市黄河防汛办公室，较大险情报至省黄河防汛办公室，重大险情报至黄河防总办公室。查险人员发现险情或异常情况时，黄河河务部门带班干部立即对险情进行初步鉴别，并在10分钟内电话报至县级黄河防汛办公室。县级黄河防汛办公室接到险情报告后，30分钟内将出险尺寸、险情类别及抢护方案报至市级黄河防汛办公室，并录入工情险情会商系统；若为较大、重大险情，60分钟内将险情书面报市级黄河防汛办公室。市级黄河防汛办公室接到较大、重大险情电话报告后，30分钟内报至省黄河防汛办公室，并在接到书面报告后，60分钟内审核上报省黄河防汛办公室。县级黄河防汛办公室报告险情的基本内容包括：险情类别，出险时间、地点、位置，各种代表尺寸，出险原因，险情发展经过与趋势，河势分析及预估，危害程度，拟采取抢护措施，工料和投资估算等。各级黄河防汛办公室在接到险情报告并核实后，10分钟之内向同级人民政府行政首长报告。黄河防洪工程主要险情分类分级标准见表5-16。

表5-16　黄河防洪工程主要险情分类分级标准

工程类别	险情类别	险情级别与特征		
		重大险情	较大险情	一般险情
堤防工程	风浪淘刷	堤坡淘刷坍塌高度1.5米以上	堤坡淘刷坍塌高度0.5～1.5米	堤坡淘刷坍塌高度0.5米以下
	跌窝	水下，与漏洞有直接关系	水下，背河有渗水、管涌	水上
	裂缝	贯穿裂缝，滑动行纵缝	其他横缝	非滑动性横缝
	渗水	渗浑水	渗清水，有沙粒流动	渗清水，无沙粒流动
	坍塌	堤坡坍塌堤高1/2以上	堤坡坍塌堤高1/2～1/4	堤坡坍塌堤高1/4以下
	滑坡	长50米以上	长20～50米	长20米以下
	管涌	出浑水	出清水，出口直径大于5厘米	出清水，出口直径小于5厘米
	漏洞	各种险情	—	—
	漫溢	各种险情	—	—
险工护岸工程	根石坍塌	—	根石台墩蛰入水2米以上	其他情况
	坦石坍塌	坦石顶墩蛰入水	坦石顶坍塌至水面以上坝高1/2	坦石局部坍塌
	坝基坍塌	坦石与坝基同时滑塌入水	非裹护部坍塌至坝顶	其他情况
	坝裆后退	坝塌坝高1/2以上	坝塌坝高1/2～1/4	坍塌坝高1/4以下
	坝垛漫顶	各种情况	—	—
控导护滩工程	根石坍塌	—	—	各种情况
	坦石坍塌	—	坦石入水2米以上	坦石未入水
	坝基坍塌	根坦石与坝基土同时消失	坦石与坝基同时滑塌入水2米以上	其他情况
	坝裆后溃	—	连坝全部冲塌	连坝被冲塌1/2以上
	漫溢	裹坝段坝顶冲失	坝顶原形全部破坏	顶原形尚存

续表 5-16

工程类别	险情类别	险情级别与特征		
		重大险情	较大险情	一般险情
涵闸工程	闸体滑动	各种情况	—	—
	漏洞	各种情况	—	—
	管涌	出浑水	出清水	—
	渗水	渗浑水，土与混凝土结合部出水	渗清水，有沙粒流动	渗清水，无沙粒流动
	裂缝	因基础渗透破坏等原因产生	—	非基础破坏原因产生

（二）险情抢护

1965 年以前，濮阳河段洪水期间险情多发生在大堤上，险情主要有大堤裂缝、蛰陷、渗水、管涌等，相对次数不多，但危害极大，若抢护不及时或无效，将可能发生大堤溃决重大险情。如，1949 年发生漏洞 66 处，1957 年发生堤身蛰陷、裂缝 36 处，1958 年发生裂缝、渗水、漏洞、管涌、蛰陷等险情 110 处。1966 年，濮阳河段开始修建控导工程，并不断续建、新建，至 2015 年濮阳河段共建控导（护滩）工程 20 处、456 道坝（垛）。由于控导工程长年靠河，新修工程未经洪水考验，1966 年后的洪水期间，险情多发生在控导工程或险工上。控导工程险情最多的 2004 年发生 1000 多次。

1947 年以来，在各级党委、政府的领导下，濮阳河段抢险达 1 万多次，每次险情都得到及时有效抢护，保证了防洪工程和人民财产的安全。险情一般分堤防险情、险工坝岸险情、涵闸虹吸工程险情 3 类。各种险情都有不同的抢护方法，关键是巡堤查险时要认真，切实做到早发现、早抢护。发生较大重大险情时，市、县防汛抗旱指挥部及时成立抢险现场指挥部，组织协调各方面力量共同抢险。较大重大险情抢险现场指挥部设置见图 5-16。1985 ~2015 年濮阳河段共抢险 9111 次，其中险工险情 1742 次、控导工程险情 7369 次，抢险用石 73.77 万立方米，抢险费用 10866.82 万元。

1. 堤防险情

（1）渗水。因堤基透水性强，堤身断面不足，或土质不好，或筑堤质量差，当洪水偎堤，河水上涨，水压力增大，时间稍长，河水透过堤基或堤身在背河坡或堤脚出现渗水。开始多为清水，若不及时抢护，冲出堤基，变成浑水，发展成管涌、漏洞就会酿成大险。抢护方法一般按照“临河截渗、背河导渗”的原则进行，在临河坡用淤土加筑前戗，以减渗水。或可同时在背河用沙壤土筑后戗。若临河水深，不能施工，可在背河堤坡开导渗沟或做沙石反滤体。

（2）脱坡。即堤身严重渗水，堤顶或堤坡出现裂缝，土体向下滑坠。严重脱坡若不及时处理，则会发展成为堤身崩坍、堤顶下陷，甚至造成决口。防护背河脱坡，一般采用沙壤土做滤水土撑和后戗，或用柴土还坡。临河脱坡多加修前戗或抛土袋固堤。

（3）裂缝。裂缝有纵、横之分，垂直于大堤轴线的为横缝，平行顺堤的为纵缝，

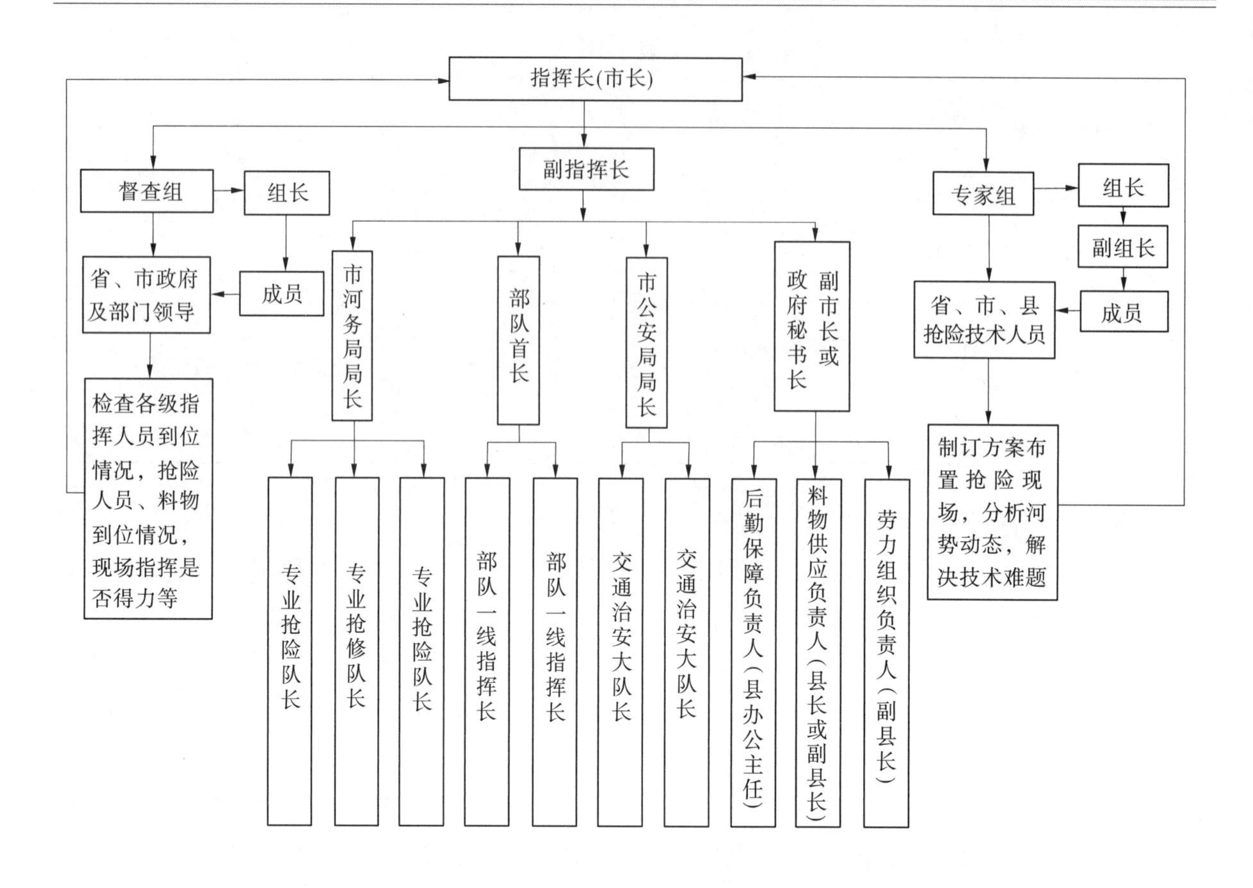

图 5-16　较大重大险情抢险现场指挥部设置

干缩裂缝多在表层呈不规则网纹。横缝最危险，须及时处理。可先开槽挖至无裂缝之处，再层土夯实，至稍高于原堤顶，防止雨水渗入。

（4）管涌。在汛期高水位作用下，背河堤脚或地面出现冒水小泉眼，周围形成沙环，即为管涌现象。抢护管涌以做反滤围井为好，汛后再做彻底处理。

（5）漏洞。因堤内原有隐患，或堤质量差、结合不严等弱点，洪水期承受高水位压力，或浸水时间长，渗流集中，在堤内形成贯穿临背河的孔洞，从背河堤坡或堤脚附近流出浑水，即为漏洞。它是造成决口溃堤最严重险情的主要原因。历史上的决口多因漏洞所致。根据多年抢险和实战演习的经验，抢堵漏洞的关键在于及早找到洞口，抢早抢小。首先要迅速调集一支抢险队伍，有一个坚强的领导现场指挥，果断地做出正确的判断和决断；要有正确的抢堵方法；要有充足的料物和照明设备。抢堵漏洞掌握“临河截堵断流，背河反滤导渗，临背并举”的原则，迅速在临河找到洞口及时堵塞，同时在背河出水口处抢修滤水工程，制止堤土流失，防止险情扩大。在临河堵漏多用草捆、土麻袋、棉被等抢堵。若洞口较大、范围较广或有多处洞口，可用篷布在临河将洞口覆盖，上压土袋及浇土闭气，背河抢修反滤围井。若水大溜急，土袋易被冲走，可用搂厢截堵后，再浇土筑戗闭气。

（6）风浪坍岸。即堤身受风浪冲蚀，造成临河堤坡坍塌。堤坡坍塌如不及时处理，将破坏堤身，甚至造成决口。汛期临时抢护，多采用挂柳、排柳、挂枕防浪，或用柴草护岸。若堤坡坍塌，可签桩顺厢或用土袋、草袋抛护还坡。若临堤水深坍塌严重，也可搂厢抢护。

（7）漫溢。汛期洪水上涨，堤高不够，或因风大浪高，水漫堤顶，是为漫溢。当预报洪水继续上涨，可能超过现有堤顶高程有漫堤危险时，必须突击加修子埝。

2. 险工坝岸险情

根石走失或下蛰，采取抛石护根；主坝大溜顶冲，抛大块石或铅丝笼装石；如坝身坍塌或墩蛰入水，采用柳石枕抛护；若坍塌墩蛰急剧，危及堤身，捆枕不及时，采用柳石搂厢方法抢护，层柳层石，并用桩绳联结为整体，直到抓底，埽前还需抛石护堤，以期稳固。黄河上的传统埽工，用秸、苇、柳枝和桩绳，在出险的地方做埽抢护，仍是抢大险的方法之一（见图 5-17）。

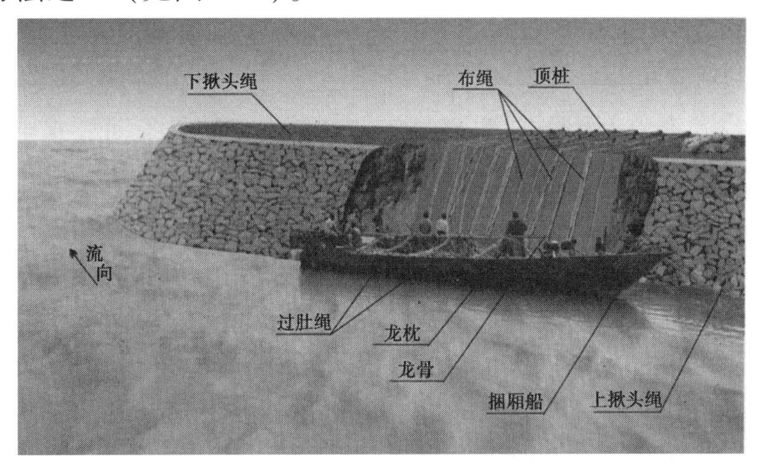

图 5-17　墩蛰险情抢险示意图

3. 涵闸虹吸工程险情

（1）闸基渗水和管涌。抢护原则是上游截渗、下游导渗和蓄水平压，减小上下游水位差。抢护方法主要有：闸上游落淤阻渗；闸下游管涌或冒水冒沙区修筑反滤围井；下游围堤蓄水平压，减小上下游水头差；下游滤水导渗。

（2）涵闸与土石结合部漏洞。堵塞漏洞的原则是临水堵塞漏洞的进水口、背水反滤导渗。抢护方法主要有：堵塞漏洞的进水口，背河反滤导渗，中堵截渗。

（3）涵闸工程土石结合部的裂缝及建筑物不均匀沉陷引起的贯通性裂缝。抢修方法主要有：防水快凝砂浆堵漏，环氧砂浆堵漏，丙凝水泥浆堵漏。

（4）闸门滑动险情。抢护原则是增加抗滑力，减少滑动力，以稳固工程基础。抢护方法主要有：加载增加摩阻力，下游堆重阻滑，下游围堤蓄水平压，圈堤围堵。

1999 年，在临黄堤涵闸（虹吸）闸后修做围堤预堵，围堤留有口门，当发生较严重渗水险情时，将预留围堤口门填堵，抬高背河水位，降低水头差，利用平衡静水压力抵抗渗水漏出，促使堤身稳定。

4. 机械化抢险

20 世纪 90 年代以后，随着装载机、挖掘机、推土机、大型自卸车等大型机械抢险在黄河防洪工程中的广泛应用，黄河防汛从传统的人工抢险逐步向现代机械化抢险转型。机械化抢险能缩短抢险时间，节约抢险投资，减轻劳动强度，使抢险技术得到质的提高。

装载机是在险工、控导工程抢险或根石加固中应用较多的一种土石方机械，采用装载机抛石加固工程速度快，自铲自运，转移工作场地方便，每小时可抛 200 立方米石块，相当于 100 个民工工日的劳动量。挖掘机是挖掘和装载土、石料的一种主要工程机械。1 台 1 立方米单斗挖掘机每班生产能力相当于 300～400 名工人 1 天的工作量。利用挖掘机从坝面上抛石更为方便。挖掘机可直接抛石到距坝肩较远部位，并能准确到位。利用挖掘机整修坝坡、整修铅丝笼更为快捷方便。当工程出险处距抢险石料的距离超出 50 米时，则利用大型自卸汽车运石，直接将石料卸放至出险部位，恢复工程原状，达到抢护险情的目的。在抢险中，利用推土机能及时修复、拓宽道路，遇有故障车辆挡道时，将其拖放至闲散地方，具有保证路况、维护交通的作用。利用装载机、挖掘机、自卸汽车等设备相互配合，制作、运送、抛投铅丝笼，改变人工装抛铅丝笼的方式，可降低劳动强度、提高抢险速度。利用挖掘机、推土机相互配合实现柳石混杂、层柳层石进占抢险机械化，能在短时间内修筑大体积柳石混合体，快速稳定险情。机械化厢枕进占筑坝，挖掘机与自卸车配合，加工大厢埽，运送至抢险现场将其抛投、进占。大型机械抢险大大缩短从发现出险到开始抢险的时间，易做到抢早抢小，避免继发大险；利用大型机械可将大型钢筋笼、大型土工包技术应用到抢险中；在多处出险、大范围出险、平工段全线出险，采取以点护线的方法抢护时，利用大型抢险机械能够做到多点抢护；利用大型机械进行石料进占或土工包进占，具有速度快、占体小等特点。同时，也出现了一些用于抢险的新机具、新材料，如铅丝笼封口机、打桩机、网片编织机，以及土工织物系列产品等。挖掘机抛石护根情景见图 5-18。

图 5-18　挖掘机抛石护根

1985～2015年濮阳河段抢险统计见表5-17。

表5-17　1985～2015年濮阳河段抢险统计

行政区域	时间	花园口最大流量（立方米每秒）	险情合计（次）			险工险情（次）			控导险情（次）			抢险用石（万立方米）	抢险费用（万元）
			重大	较大	一般	重大	较大	一般	重大	较大	一般		
濮阳市	总计	—	8	20	9083	4	3	1735	4	17	7348	73.77	10866.82
濮阳县	小计	—	3	5	2685	3	3	530	—	2	2155	30.06	4854.38
	1985	8260	—	—	82	—	—	12	—	—	70	0.64	41.59
	1986	4130	—	—	56	—	—	10	—	—	46	0.96	62.87
	1987	4600	—	—	3	—	—	—	—	—	3	0.04	1.11
	1988	7000	—	—	196	—	—	38	—	—	158	1.98	135.58
	1989	6100	—	—	118	—	—	71	—	—	47	1.44	108.43
	1990	4440	—	—	177	—	—	43	—	—	134	1.88	268.99
	1991	3190	—	—	15	—	—	6	—	—	9	0.15	12.34
	1992	6430	—	—	122	—	—	33	—	—	89	1.57	256.22
	1993	4300	—	—	129	—	—	50	—	—	79	2.37	281.02
	1994	6300	—	—	24	—	—	1	—	—	23	0.19	35.85
	1995	3630	—	—	10	—	—	7	—	—	3	0.07	22.06
	1996	7860	—	—	155	—	—	44	—	—	111	1.45	219.78
	1997	3860	—	—	34	—	—	1	—	—	33	0.31	36.70
	1998	4660	—	—	58	—	—	17	—	—	41	0.24	25.98
	1999	3340	—	—	3	—	—	—	—	—	3	0.03	7.85
	2000	1220	—	—	3	—	—	—	—	—	3	0.02	3.48
	2001	1170	—	—	60	—	—	—	—	—	60	0.47	74.27
	2002	3080	—	—	276	—	—	47	—	—	229	2.11	316.19
	2003	2780	—	1	340	—	—	51	—	1	289	2.54	414.25
	2004	3550	—	—	181	—	—	24	—	—	157	1.33	309.88
	2005	3550	—	—	153	—	—	23	—	—	130	1.27	307.15
	2006	3920	—	—	78	—	—	5	—	—	73	0.65	147.10
	2007	4290	—	—	113	—	—	4	—	—	109	0.90	200.49
	2008	4610	—	—	75	—	—	10	—	—	65	0.61	132.78
	2009	4170	—	—	66	—	—	11	—	—	55	0.50	108.45
	2010	6680	—	2	79	—	1	22	—	1	57	0.7	143.90
	2011	4100	3	2	107	3	2	—	—	—	79	1.24	275.66
	2012	4320	—	—	—	—	—	—	—	—	—	0.72	148.78
	2013	4310	—	—	—	—	—	—	—	—	—	1.72	346.76
	2014	4000	—	—	—	—	—	—	—	—	—	0.89	190.02
	2015	3520	—	—	—	—	—	—	—	—	—	1.07	218.86

续表 5-17

单位	时间	花园口最大流量（立方米每秒）	险情合计（次）			险工险情（次）			控导险情（次）			抢险用石（万立方米）	抢险费用（万元）
			重大	较大	一般	重大	较大	一般	重大	较大	一般		
范县	小计	—	—	2	2478	—	—	368		2	2110	18.77	3249.55
	1985	8260	—	—	11	—	—	11	—	—	—	0.37	17.83
	1986	4130	—	—	3	—	—	3	—	—	—	0.04	3.94
	1987	4600	—	—	28	—	—	2	—	—	26	0.30	5.06
	1988	7000	—	—	76	—	—	30	—	—	46	0.25	24.53
	1989	6100	—	—	47	—	—	17	—	—	30	0.52	23.89
	1990	4440	—	—	59	—	—	16	—	—	43	0.56	43.64
	1991	3190	—	—	57	—	—	21	—	—	36	0.57	31.43
	1992	6430	—	—	58	—	—	33	—	—	25	0.83	28.16
	1993	4300	—	—	67	—	—	26	—	—	41	0.53	35.14
	1994	6300	—	—	81	—	—	63	—	—	18	1.08	80.44
	1995	3630	—	—	20	—	—	6	—	—	14	0.17	38.48
	1996	7860	—	—	118	—	—	30	—	—	88	1.34	252.43
	1997	3860	—	—	13	—	—	—	—	—	13	0.23	23.64
	1998	4660	—	—	57	—	—	17	—	—	40	0.51	32.87
	1999	3340	—	—	—	—	—	—	—	—	—	—	—
	2000	1220	—	—	15	—	—	2	—	—	13	0.19	12.97
	2001	1170	—	—	39	—	—		—	—	39	0.34	30.33
	2002	3080	—	—	189	—	—	6	—	—	183	1.36	216.75
	2003	2780	—	—	380	—	—	8	—	—	372	2.10	345.15
	2004	3550	—	—	295	—	—	10	—	—	285	1.83	451.19
	2005	3550	—	—	195	—	—	25	—	—	170	1.25	343.92
	2006	3920	—	—	133	—	—	14	—	—	119	0.74	203.48
	2007	4290	—	—	139	—	—	12	—	—	127	0.76	211.99
	2008	4610	—	—	54	—	—		—	—	54	0.33	86.50
	2009	4170	—	—	39	—	—	1	—	—	38	0.22	59.09
	2010	6680	—	2	94	—	—	10	—	2	84	0.77	250.98
	2011	4100	—	—	32	—	—	5	—	—	27	0.29	81.00
	2012	4320	—	—	59	—	—	—	—	—	59	0.46	108.95
	2013	4310	—	—	88	—	—	—	—	—	88	0.63	156.16
	2014	4000	—	—	19	—	—	—	—	—	19	0.10	24.78
	2015	3520	—	—	13	—	—	—	—	—	13	0.10	24.83

续表 5-17

单位	时间	花园口最大流量（立方米每秒）	险情合计（次）			险工险情（次）			控导险情（次）			抢险用石（万立方米）	抢险费用（万元）
			重大	较大	一般	重大	较大	一般	重大	较大	一般		
台前县	小计	—	5	13	3920	1	—	837	4	13	3083	24.94	2762.89
	1985	8260	—	—	72	—	—	30	—	—	42	0.47	24.84
	1986	4130	—	—	36	—	—	3	—	—	33	0.20	13.21
	1987	4600	—	—	64	—	—	25	—	—	39	0.25	10.01
	1988	7000	—	—	91	—	—	3	—	—	88	0.71	25.20
	1989	6100	—	—	20	—	—	8	—	—	12	0.09	1.50
	1990	4440	—	—	6	—	—	1	—	—	5	0.03	1.42
	1991	3190	—	—	1	—	—	1	—	—	—	—	0.12
	1992	6430	—	—	71	—	—	31	—	—	40	0.43	17.17
	1993	4300	—	—	155	—	—	39	—	—	116	1.04	41.55
	1994	6300	—	—	67	—	—	28	—	—	39	0.41	17.97
	1995	3630	—	—	89	—	—	3	—	—	86	0.55	10.51
	1996	7860	4	—	147	—	—	47	4	—	100	1.90	187.78
	1997	3860	—	—	102	—	—	4	—	—	98	0.40	43.54
	1998	4660	—	4	72	—	—	24	—	4	48	1.17	67.91
	1999	3340	—	—	27	—	—	7	—	—	20	0.19	22.43
	2000	1220	—	1	49	—	—	—	—	1	49	0.62	80.36
	2001	1170	—	—	31	—	—	4	—	—	27	0.10	10.15
	2002	3080	—	1	307	—	—	106	—	1	201	1.30	203.65
	2003	2780	—	1	548	—	—	77	—	1	471	2.69	327.44
	2004	3550	—	1	314	—	—	40	—	1	274	1.53	227.40
	2005	3550	—	—	538	—	—	136	—	—	402	2.81	351.47
	2006	3920	—	2	226	—	—	60	—	2	166	1.19	153.26
	2007	4290	1	2	132	1	—	36	—	2	96	1.25	183.43
	2008	4610	—	—	68	—	—	31	—	—	37	0.40	53.87
	2009	4170	—	—	52	—	—	19	—	—	33	0.34	48.62
	2010	6680	—	—	61	—	—	10	—	—	51	0.38	61.57
	2011	4100	—	—	39	—	—	2	—	—	67	0.49	63.50
	2012	4320	—	1	46	—	—	10	—	1	36	0.37	44.08
	2013	4310	—	—	114	—	—	6	—	—	108	0.79	91.91
	2014	4000	—	—	188	—	—	18	—	—	170	1.67	230.69
	2015	3520	—	—	157	—	—	28	—	—	129	1.17	146.33

（三）重大较大险情抢护纪实

1.1954 年邢庙险工抢险

1947 年 3 月黄河归故后，河走中泓，流势顺直，邢庙险工距河约 2000 米，并不靠河。1949 年洪水期间，上湾对岸吴张庄至大邢庄间胶泥岸坍塌，坐弯挑溜，河势逐渐北移。1953 年 7 月，邢庙险工 8 ~ 11 坝靠溜生险，进行抢护。

1954 年是丰水年，汛期秦厂发生 19 次洪峰，4000 ~ 7000 立方米每秒洪峰出现 8 次，7000 ~ 10000 立方米每秒洪峰出现 8 次，10000 立方米每秒以上洪峰出现 3 次，中水流量洪水持续时间长。邢庙险工系流沙质坝基，裹护单薄没有根基，一遇溜势顶冲淘刷，各坝相继频繁出险。7 月中旬，水流冲刷 1 坝、2 坝、3 坝出险，柳石裹护平墩下蛰。8 月 5 日，溜势下挫，8 ~ 12 坝普遍平墩掉蛰，继而 5 坝、6 坝、7 坝也相继出险。险情频繁，情况危急。濮县、范县防汛指挥部迅速抽调干部 46 名，组织工程队 50 人、群众 2000 多人进行抢护。山东黄河河务局抢险总队派 40 名技术工人赶赴工地支援。采用柳石搂厢加高、外抛柳石枕护根方法抢护。边墩蛰边抢护，连续奋战 8 昼夜，于 8 月 14 日，工程得到稳固。各坝抢护围长 45.5 ~ 76 米，墩蛰抢护深度 3.3 ~ 9.6 米，搂厢均宽 3.5 米，共抢护体积 18726 立方米。其中，柳石搂厢 15185 立方米，柳石枕 2537 立方米，散抛块石 1006 立方米。实用柳料 242 万千克，铅丝 5844 千克，石料 5548 立方米，木桩 7846 根，麻绳 1.72 万千克，竹缆 784 根，蒲绳 3053 根，用人工工日 6.10 万个。

2.1955 年大王庄险工抢险

1954 年 6 月至 1955 年 10 月，高村站流量 4000 ~ 6000 立方米每秒，河右岸毛堌堆、申庄一带黏土岸河势坐弯，导溜至左岸，塌滩宽 2000 余米。1955 年 10 月 21 日，大王庄险工 38 坝、39 坝靠溜出险。溜势上提下挫，险情向上下两头发展。23 日，34 ~ 37 坝及 40 ~ 41 坝也相继出险。

濮县县政府迅速建立大王庄抢险指挥部，副县长房磊森任指挥长、修防段段长张和庭任副指挥长，抽调 40 多名干部，组织民工 2106 人，运石胶轮车 640 辆，马车 37 辆。同时，山东黄河河务局调来长清、齐河、东阿、寿张工程队和山东黄河河务局工程总队的队员，与濮县、范县工程队共同组成 120 人的抢险技术队伍。采取水上柳石搂厢、水下抛柳石枕固根方法抢护。10 月 23 ~ 31 日，连续 9 昼夜奋力抢护，工程化险为夷。上头整修大王庄险工 10 道坝，下续建坝 2 道，共 12 道坝，工程长 1220 米。抢险 40 余次，抢护体积 4820 立方米。其中，柳石搂厢 4000 立方米，柳石枕 820 立方米，共用柳料 63.6 万千克，乱石 725 立方米，铅丝 1870 千克，各种绳缆 6830 根，蒲包 2091 个，木桩 2256 根，实用工日 3424 个，投资 4.02 万元。

3.1976 年台前韩胡同控导工程抢险

台前韩胡同控导工程始建于 1970 年，至 1976 年有坝 44 道、垛 14 道。主要作用是防止左岸滩地落河，保滩护堤。

1976年8月，黄河连续发生5次洪峰，黄河孙口水文站最大流量9100立方米每秒。因河道逐年淤高，洪峰水位超过1958年大洪水时水位。台前护滩生产堤全线溃圮，滩区一片汪洋。

9月1日，黄河第6次洪峰进入台前河段，波浪汹涌的大溜直冲韩胡同控导工程。一旦工程出险溃坝，洪水将直驱东北方向，不仅滩区数万群众的生命财产安全受到严重威胁，而且有冲决临黄大堤的危险。中共台前工委及时做出紧急抢险、死守韩胡同控导工程的决定。是日，国务院发来紧急通知，要求确保韩胡同控导工程和黄河大堤的安全。台前工委和侯庙公社党政领导，带领210名抢险突击队员乘船到达韩胡同控导工程。此时，韩胡同工程已成为汪洋中的"孤岛"，近1000米长的联坝已被洪水漫溢。为防止道路被切断，决定在联坝上抢修子埝。抢险突击队在联坝背河水中苦战8个多小时，挖取泥土2600立方米，在联坝上筑起一道子埝，抵御洪水越坝。

9月3日凌晨，1坝两面的土埝决口，急流滚滚，浊浪咆哮，串串旋涡冲刷着坝身，坝正面砌石出现塌陷险情。抢险突击队员们踏着联坝的泥水，用小车运片石近千立方米，抛石到深夜才遏制住坝正面的塌方。正当抢险队员准备休息一下的时候，1坝侧背面又出险情，地基被倒流的旋涡淘刷出现严重塌方。若险情继续发展，不仅1坝要陷入河底，抢险人员也有被卷入洪水中的可能。情形十分紧急，突击队在修防段抢险班的指导下，决定采用"推柳石枕"的抢险方法抢护。抢险人员共捆近5吨重的柳石枕20余个，一直干到4日下午，1坝才转危为安。5日傍晚，下起小雨，且东南风骤起，惊涛拍岸，时有急浪冲过子埝的危险，全体抢险人员又顶风冒雨运土加固子埝，持续干到6日上午10时，才排除联坝上所有的险情，韩胡同控导工程转危为安。

9月7日，新华社记者撰稿，由中央人民广播电台播发，高度赞扬此次抗洪人员无私奉献、奋力拼搏的精神。9月8日，黄委会、河南黄河河务局和省、地领导奔赴工地慰问。10月8日，《人民日报》头版头条报道台前抗洪抢险护坝的事迹，全国各大报纸、各省党报均予以转载。10月30日，《河南日报》以《战胜洪峰的人们》为题，报道这次抗洪抢险斗争的事迹。事后，国家防汛总指挥部和省、地政府对此均予以通报表彰。

4.1982年王集引黄闸前围堤抢险

台前县王集引黄闸为3孔涵洞式水闸，修建于1960年，至1982年没有经过大洪水的考验。由于该闸防洪标准低，闸门漏水，隐患较多，防洪安全没有保障。1982年8月1日，预报花园口站将发生10000立方米每秒以上洪水。按照防洪要求，2天以内必须完成对王集引黄闸的围堵任务，以确保堤防和涵闸安全。台前县立即组织民工500人，于8月2日开始施工。闸前围堤高为超过15000立方米每秒洪水水位1米，顶宽5米，临背边坡1:3，约需土方5600立方米。由于施工场地狭窄，施工进度慢，人员逐渐增加到1000人，经过3昼夜的奋战，完成围堵任务。同时将临河围堤坡进行双层麻袋灌土厢护。

8月5日，大堤开始偎水，随着水位的不断上涨，新围堤临河坡发生蛰裂下陷险情，防守人员立即做夯实填筑处理。8月6日，孙口站最大流量10100立方米每秒，最高水位49.75米，超过1958年特大洪水水位0.47米。堤防全部偎水，闸前围堤坡脚前水深4~6米。洪水的强大压力对新修围堤造成极大威胁，情况紧急。县、社和修防段200多名防汛人员日夜固守围堤，抱定“水涨堤高，人在堤在”的坚定信念，一面认真防汛查水，一面对围堤加高增厚。是日晚18时许，发现背河冒水，围堤出险，堤根发生漏洞。抢险人员即刻肩扛草捆、手持铁锨投入战斗。年愈花甲的台前修防段职工王玉彬冒着生命危险，第一个跳入水中，探摸漏洞位置。之后，许多职工纷纷下水，手摸脚踩，终于在水下1.5米、距西岸25米处发现漏洞。洞径很快扩展到0.8米，洞长15米。抢险人员立即将装满黄土的麻袋抛入水中，但大部分沉入水底，未能切中要害，背堤继续冒水，且愈来愈烈。抢险队员随之将帆布篷抛入水中堵漏，仍未奏效。此刻，正在患病的黄河职工聂保省见状心急，竟不顾个人安危，跳河潜入水中探摸，发现帆布篷在水中飘浮着，抢险人员遂将百余条装土的麻袋排在帆布篷上，增加压力，使其与堤坝凝结在一起，终将漏洞堵复。紧接着对围堤进行帮宽加固，险情得以消除。

造成围堤出险的原因主要是，围堤为突击修筑，没有按修筑大堤的程序施工，且场地窄，人员挤，时间紧，坯土厚，虚土推筑，工程质量没有保证。

5.1990年青庄险工抢险

濮阳县青庄险工始建于1959年，共有18道坝、1座垛、7段护岸，其中16~18坝为控导标准，工程设防标准为防御高村站流量5000立方米每秒。1988年续建16~17坝，1990年续建18坝。1990年8月17日至9月14日，高村站流量一直持续在2000立方米每秒左右，青庄险工18坝在大溜顶冲下发生大小险情20次。

1990年8月18日8时，由于河势下挫，青庄18坝靠大溜首次出险，上跨角及迎水面根坦石下蛰入水1米，长46米、宽1米、高2.4米，体积110.4立方米。濮阳县黄河修防段迅速组织工程队38人紧急抢护。由于河势不断变化，18日15时30分及20时险情两次迅速发展，坝上跨角及迎水面长50米的根坦石全部坍塌。濮阳县黄河修防段连夜组织机关及局属施工队86人，火速赶赴现场，投入抢险战斗。同时紧急向濮阳市黄河修防处和濮阳县政府报告险情，濮阳市黄河修防处和濮阳县政府领导及时赶到现场指挥抢险。

随着河势的不断变化，主流直冲18坝，19日6时，坝前头长15米的根坦石开始下蛰，坝上跨角及迎水面长69米、宽3.9米的坦石及土坝基坍塌入水。参加抢险的黄河职工增加到112人，并组织150名民工配合抢险。到20日16时40分，险情基本得到控制，局部出险部位基本恢复原状。

由于18坝无基础，河床为隔子底，大溜一直顶冲，至20日17时40分，坝迎水面长30米的坦石在30分钟内全部坍塌入水，紧接着土坝基在大溜冲刷下迅速后退，险情危急。抢险人员增加到300多人，并动用搂厢船1只。22时10分，迎水坝面（距坝后尾 64 ~94 米）长 30 米的土坝基坍塌后退 8 ~10 米，备防石坍塌落河约 350 立方米，致使坝前头无法抢护。21 日 0 时，坝前头冲跑 13.5 米；坝迎水面长 40 米（距坝后尾 24 ~64 米）也相继出险，土坝基坍塌后退 2 ~3 米。濮阳市黄河防汛办公室主任、修防处总工等到现场指挥抢险，组织职工 176 人、民工 265 人，动用大小机动车辆 5 部、搂厢船 3 只、人力拉土车 31 辆，昼夜不停，连续奋战，到 22 日 6 时，险情基本得到控制。23 日，开始进占恢复坝前头及坝迎水面。至 8 月 28 日 8 时 30 分出险部分（包括坝前头冲走的 13.5 米）基本恢复原状，转入推枕抛笼巩固阶段。

由于大溜一直顶冲淘刷 18 坝，到 8 月 30 日 17 时 18 分，坝迎水面长 41 米（距坝后尾 23 ~64 米）的根坦石在 30 分钟内猛墩入水，紧接着水流溃塘，土坝基迅速坍塌后退。22 时，土坝基平均坍塌后退 12 米，最大坍塌后退 15 米，坝基基本溃透，坍塌落河备防石约 420 立方米。同时，坝前头在大溜顶冲下也开始坍塌出险，险情十分严峻。濮阳县黄河修防段一方面组织职工 170 人和民工 500 多人，并紧急调用车辆，对迎水面及溃塘部位进行紧急抢护；另一方面立即向濮阳市黄河修防处、河南黄河河务局以及县政府、市政府报告险情。濮阳市黄河修防处主任陆书成、副主任戴耀烈在工地坐镇指挥，2 名副县长到各乡催运柳料。并从中原油田连夜调来 2 部 D80 大型推土机协助抢险。经过两昼夜的奋力抢护，于 9 月 1 日有效控制了溃塘部位的险情向坝后尾发展。但坝迎水面至坝前头长 37 米的坝体被洪水冲跑。9 月 2 ~4 日，对溃塘部位进行搂厢、推枕和抛笼巩固。9 月 5 日，集中职工 170 人、民工 300 余人和翻斗车 11 辆、人力车 50 辆，进行水中进占，开始恢复被冲走的坝前头（当时水深 7.5 ~8 米）。9 月 13 日进占到头，9 月 14 日进行推枕、抛笼加固，抢险基本结束。1990 年 8 月青庄险工抢险情景见图 5-19。

图 5-19　1990 年 8 月青庄险工抢险

抢险共用柳石搂厢及柳石枕 1026 立方米，铅丝笼 1376 立方米，散抛石 580 立方米，土方3959立方米，石料4448.7立方米，柳料150.16万千克，铅丝12861.7千克，麻绳5000千克，木桩1979根，麻袋及编织袋2000条，民工工日7955个，共投资58.14万元。

6.1996年濮阳南上延控导工程抢险

濮阳县南上延控导工程始修于1973年，1993年续建新2坝。由于新2坝设计坝顶高程较低，且没有经受过大洪水的考验。1996年8月洪水期间，大溜顶冲新2坝迎水面和坝后尾，致使发生将连坝冲走16.5米、新2坝冲垮19米的险情。

1996年8月6日3时，高村站流量2860立方米每秒，水位63.14米，刘庄南生产堤口门向滩区进水，口门距南上延新2坝约60米。随着河水上涨，河势上提，南上延工程全部靠流，新2坝迎水面和坝后尾被大溜顶冲。进水口门不断扩宽，河势进一步恶化。8月7日，高村站流量3330立方米每秒。6时30分，新2号坝迎水面、后尾和连坝土坝基下蛰坍塌，长15米、宽5米、高6米，体积为450立方米。若工程失守，洪水将抄工程后路，形成斜河，顶冲堤防，顺堤行洪，威胁堤防安全和刘庄、安头、前汪寨、后汪寨4个村的安全。

8月7日8时，濮阳县防汛抗旱指挥部立即组织黄河职工56名和翻斗车34辆、推土机1部、搂厢船2只等，采取推石头铅丝笼和推柳石枕的方法紧急抢护。随着水位不断上涨，险情继续恶化，濮阳市防汛抗旱指挥部请求部队支援。9时30分，濮阳市黄河河务局局长商家文带领83名解放军官兵赶赴南上延工程抢险。10时，河南省委副书记宋照肃、河南黄河河务局副局长赵民众等领导到现场坐镇指挥。由于新2坝一直受大溜顶冲，加之不断下雨，有时大到暴雨，抢险难度极大，险情边抢边发展。13时，连坝坍塌后退7米。7日14时，险情有所控制。8日14时，完成连坝坍塌面的裹护，并及时抛石加固。8月9日9时，新2坝再次发生险情，出险部位长13米、宽7米、高6米，体积504立方米。全体抢险人员发扬一不怕苦、二不怕累、连续作战的作风，连续奋战20多小时，险情得到有效控制。1996年8月南上延工程抢险情景见图5-20。

抢险首先采用柳石搂厢进占、柳石枕护根、散抛石护坡等措施稳定根基，再采用土方填筑的方法加固。抢险共用石料655立方米，柳料1.9万千克，铅丝1.4吨，土方200立方米，投工550个，投资11.48万元。

7.1996年韩胡同控导工程抢险

台前韩胡同控导工程新6坝修建于1976年12月，新9、新8、新7坝修建于1995年7月，坝基和河床为沙质土，均是旱工坝，未经大水考验。

1996年8月5日，花园口站出现7600立方米每秒洪峰。在洪水向下游传播的过程中，大河在韩胡同上延工程9坝~6坝处坐弯，形成“斜河”，水位异常壅高。8月12日13时15分，洪水在工程上首预留口门开始向滩区进水，口门距新9坝尾200米，因临背水位悬差2.5~3.0米，口门迅速向下游扩展至1000余米。8月12日17时，口

图5-20 1996年8月南上延工程抢险

门扩展到新9坝坝尾与连坝处，导致河道主溜分为两股，一股顺大河行洪，一股顺口门进入滩区。进入滩区的流量约1200立方米每秒，约占当时大河流量的1/3。此时，新9坝腹背受水，17时25分，坝前坝后同时发生重大险情。新8、新7、新6坝因大溜顶冲也相继出险。

台前县防汛抗旱指挥部立即组织黄河职工56人、民工745人、解放军战士27人，采用柳石枕护胎、推笼护枕，然后抛石加固的方法抢护。但终因水大流急，口门流量急速增加，险情无法控制，新9坝于8月13日17时被冲垮，新8坝于8月14日11时10分被冲垮。为阻止险情继续向下发展，指挥部决定在连坝距新7坝上游10米处横向挖沟捆枕阻截，险情有所缓和。但由于口门分流洪水越来越大，两股水流冲击力越来越强，连坝埽体及坝尾迎水面猛墩下蛰入水，新7坝连坝以每小时10米的速度坍塌后退，洪水之凶猛无法抗拒。新7坝、新6坝于8月16日5时同时被冲垮。此时，4道坝已不具备继续抢护的条件，而放弃抢护。

8月19日，国务院副总理、国家防总总指挥姜春云针对韩胡同工程险情给予批示："这一段工程的抢险加固需要重视，应加大防守力量，确保安全。"要求迅速组织人力、物力，采取有效措施予以抢护，尽一切力量保证韩胡同工程险情不再发展。濮阳市防汛抗旱指挥部立即组织濮阳市黄河河务局机动抢险队、水上抢险队和台前黄河河务局等黄河职工191人，民工220人，设备有80吨自动驳1艘、装载机1台、运输汽车3辆、农用汽车1辆、三轮车1辆、翻斗车14辆、马车16辆、冲锋舟2只、发电机2组等，再次抢护。还在工地搭设临时仓库，保证料物供应。黄委、河南黄河河务局、市委、市政府、濮阳市黄河河务局等领导及专家现场指挥。

为维护韩胡同工程新6残坝，减轻洪水对新5坝的压力，确保新5坝的安全，于8

月19日19时开始对新5坝进行抛笼、抛枕加固。并从新5坝的连坝头沿水边线对着残6坝的上跨角抢修裹护，最后藏头于残6坝的上跨角。裹护工程长98米，顶宽4米，出水高1.5米，土坝长75米，顶宽3米，高2米。裹护体采取抛笼、抛枕、抛石等方法进行加固。8月21日13时，沿裹护体新修临时土埝，长60米、顶宽2米、高2米，背水边坡1∶2，用土方660立方米，8月26日完成。

韩胡同工程抢险共用石料1.75万立方米，柳料207.29万千克，铅丝4.67万千克，麻料2.01万千克，木桩1700根，土方6087立方米，工日1.08万个，投资278.52万元。

8.2003年范县吴老家控导工程抢险

吴老家控导工程始建于1987年，共29道坝。2003年8月下旬，黄河发生历史上罕见秋汛，下游持续80余天。8月31日下午5时，范县河段流量800立方米每秒，由于27~32坝为新修工程，根石较浅，在大流淘刷下，27~30坝上跨角及迎水面相继发生根坦石下蛰险情，至20时，31坝、32坝迎水面及上跨角也发生根坦石坍塌险情。

险情发生后，范县防汛抗旱指挥部立即成立县、乡有关领导参加的抢险指挥部，组织抢险，安排附近乡（镇）筹集柳料，限时送达。范县黄河河务局随即组织技术人员查勘险情，及时制订出推枕护脚、推笼固根、抛石还坦的抢护方案；组织抢险队员80余人和自卸车4台、装载机1台、挖掘机1台、推土机2台，连夜抢护。范县防汛抗旱指挥部和范县黄河河务局领导坐镇指挥。

抢险过程中，阴雨连绵，抢险交通道路十分泥泞，丁坝和连坝顶淤泥深达0.45米，造成石料、柳料运送供应十分困难，影响抢险的进度。于是，采取推土机将丁、联坝坝面淤泥逐层推到两边，方便自卸车运载抢险石料。在出险的坝面上，用挖掘机、推土机将石料推送到险情位置。由于持续降雨，抢险环境恶化，濮阳市黄河河务局及时调水上抢险队船只从水上运输石料用于抢险。范县防汛抗旱指挥部又组织范县黄河河务局机关、工程养护处、机动抢险队共130余名干部职工和附近村庄群众300多人参加抢险，轮流上阵，坚持抢险24小时不间断。抢险队员冒着大雨、踏着没膝深的泥浆，拉柳、抛石，不顾浑身泥浆、不顾道路泥泞，不怕苦、不怕累，连续抢险30多天，险情得到有效控制，工程原貌得以恢复。抢险共计用石料6317.4立方米，柳料6.34万千克，铅丝11093千克，麻绳571千克，木桩58根，使用工日3657个，机械台班232.4个。抢险路用碎石4500立方米，生石灰480立方米。

9.2007年台前影唐险工抢险

台前影唐险工1坝修建于1993年，为旱工坝，基础为砂淤夹层土基，没有经受过洪水的考验。

2007年6月21日14时，孙口流量620立方米每秒，相应水位46.02米。影唐险工1坝自6月17日开始，一直靠大边溜、大溜，坝前水深达8米。6月21日15时10分，1坝根坦石猛墩猛垫，入水深4.5米，出水高7.2米，长度35米，平均宽度10.6

米，体积4340.7立方米，出现重大险情。

台前县防汛抗旱指挥部立即成立影唐险工抢险指挥部，并成立现场指挥组、险情分析组、物料供应组、后勤保障组。组织濮阳黄河水利工程维修养护有限公司第三分公司、濮阳第三机动抢险队及民工356人，调用装载机3台、自卸车11辆、三马车65辆、挖掘机1台，采用抛枕抢护法抢护。6月21日21时，工程抢出水面后，随即加高厢枕，然后抛笼抛石加固护根，抢护比较顺利。21日23时，上跨角突然下蛰入水，随即抛石，抢出水面，并在迎水面至上跨角间隔抛铅丝笼，缓解大溜冲刷力，避免险情扩展。但在抢险过程中仍不断出现下蛰、坍塌、走失现象。当时雨下不停，给抢险增加了难度。由于料物供应及时，机械及人员比较到位，抢护方案得力，配合密切，6月23日12时，险情完全得到控制，化险为夷。6月23～27日，由于大溜、大边溜时常顶冲1坝，根坦石又出现稍微下蛰走失现象，及时抛石、推笼加固。6月28日整修根坦石及坝面，6月29日影唐1坝重大险情抢险工作圆满完成。

影唐1坝抢险共用石料3355立方米，石子900立方米，土方950立方米，柳料25.59万千克，铅丝5193千克，麻绳1950千克，木桩225根，用工2025个，机械台班123个，投资67.24万元。

三、历史上的堵口工程

（一）瓠子堵口

历史上著名的“瓠子堵口”是人类古代史上治河的壮举。汉武帝元光三年（公元前132年）五月，黄河在瓠子（今濮阳县新习乡后寨）决口。此次黄河决口，危害巨大，河水向东经山东鄄城、郓城南，冲出一条新河，流入巨野泽，然后夺泗水入淮；后来又折北经梁山西、阳谷东南，至阿城镇东，再折东北经茌平南，东流注入济水。河水泛滥淮泗流域，十六郡被淹没。这是有汉以来最大的一次黄河决口，造成当时梁、楚之地连年被灾，民不聊生的悲惨局面。

黄河决口后，汉武帝即令汲黯、郑当时发兵卒十万人堵口，并建龙渊宫于决河之旁、龙渊之侧，意图镇住河患。瓠子河在汲黯的家乡，因此他比较熟悉当地地理环境，对瓠子决口后的灾害也比较了解。郑当时是著名的治河专家，对瓠子堵口尽职尽责。当时瓠子决口已“广百步，深五丈”，水流湍急，料物不济，堵口非常困难，“徒塞之，辄复坏”。由于多种因素，二人堵口并未成功。丞相田蚡为私利，反对堵口，说“江河之决皆天事，未易以人力为彊塞，塞之未必应天”。汉武帝听信田蚡之言，不再堵口，致使20多年间，河患横行，严重影响农业生产。《汉书·食货志》记述当时的情形说：“是时，山东被河灾，乃岁不登数年，人或相食，方二三千里。”尤其是濮阳一带，尽成泽国，饥民蜂起，民怨沸腾。

元封二年（公元前109年），汉武帝下决心堵塞决口，命令汲仁、郭昌主持，动用几万民工参加。由于黄河23年的泛滥横流，堵口任务非常艰巨，而当地防汛堵口材料又极为缺乏。汉武帝亲率群臣参加，“沈白马玉璧于河，令群臣从官自将军以下皆负薪寘决河。是时东郡烧草，以故薪柴少，而下淇园之竹以为楗”。为堵口需要，竟连“淇园（战国时代卫国的苑囿）”里的竹子都砍下以应急需。通过不懈努力，决口终于被成功堵塞。当时采取的堵口方法是：“树竹塞水决之口，稍稍布插接树之，水稍弱，补令密，谓之楗。以草塞其里，乃以土填之。有石，以石为之。”就是用大竹或巨石，沿着决口的横向插入河底为桩，由疏到密，先使口门的水势减弱，再用草料填塞其中，最后压土压石。此法类似今桩柴平堵法。

瓠子堵口成功后，在堵口处修筑“宣防宫”。后代多用“宣防”表示防洪工程建设。当时，司马迁也参加此次堵口，他在《史记·河渠书》中写道：“甚哉，水之为利害也！余从负薪塞宣房，悲《瓠子》之诗而作《河渠书》。”

（二）东郡堵口

汉成帝建始四年（公元前29年），天降滂沱大雨，连续10余日，洪峰骤起，恣肆暴戾，直摧魏郡馆陶、东郡、金堤一带。黄河先决于馆陶，旋又决东郡（治所在河南濮阳市境）金堤，河水泛滥东下，东郡、平原、济南、千乘以及兖、豫一带30余县均遭水灾，最深处积水两丈余，淹没田地15万顷，冲毁房屋4万多所，10多万人流离失所，人畜伤亡惨重。朝廷除调粮救济灾民，派漕船500艘，迁民9万余口于高地避水外，还命御史大夫尹忠堵此决口。因水深流急，堵塞未成，尹忠不堪受责而自杀。

公元前30年，朝廷授王延世河堤谒者官职，令其赴东郡主持堵口。王延世吸取前任御史的教训，亲临现场勘察，找出症结，决定在馆陶、金堤垒石塞流。采取竹笼堵口法，制成长四丈、大九围的竹笼，中盛小石，由两船夹载沉下，再以泥石为障。仅用36天，决口合龙，河堤始成。成帝闻奏，下诏晋“延世为光禄大夫，秩中二千石，赐爵关内侯，黄金百斤”。并命改建始五年为河平元年（公元前28年），以资庆贺。

据推测，王延世这次采用竹石笼堵口，是先自口门两端分别向中间进堵，待口门缩窄到一定宽度，再用沉船的方法将竹石笼沉下，而后加土使决口塞合。此种方法类似近代立堵之法。

《汉书·沟洫志》记载的王延世竹笼堵口法为“以竹落长四丈，大九围，盛以小石，两船夹载而下之”。竹落即竹络，即古代都江堰使用的竹笼，用来装载块石。竹笼的尺寸长4丈，约合今9.6米；大9围是指竹笼直径，古时称拇指和食指围成的周长为一围，9围的周长约合今1.8米，直径约相当0.6米。

（三）曹村堵口

宋神宗熙宁十年（1077年）秋，大雨，七月乙丑，大河决澶州曹村下埽（今濮阳县新习乡马凌平）。后七日（壬申）“澶州以河绝流闻”，曹村口已全夺大河。决口“广六百步”，“堤南之地，陡绝三丈，水如覆盆破罐，从空中下”（孙洙《澶州灵津庙碑》），下流“灌郡县四十五，而濮、济、郓、徐四州尤甚。坏官亭民舍钜数万，水所居地为田三十万顷”（《宋史·河渠志》）。最初有人主张捐置旧道，顺水所趋，筑为堤防，改道东南经淮河入海。神宗不许，且“诏以明年春作始修塞”。

元丰元年（1078 年）闰正月丙戌日兴工堵塞。此时口门宽已超千步，至四月丙寅日，曹村决口终于被堵塞。此次堵口，从开工到合龙，共计 109 天，“丁三万，官楗作者无虑十万人，材以数计之为一千二百八十九万，费钱米合三十万”（孙洙《澶州灵津庙碑》）。

沈立在《河防通议》中，专门谈了曹村堵口的措施。据称，堵口前，先在口门两侧坝头立表杆，架设浮桥，以便河工通行，并通过浮桥的架设以减缓流势；第二步，在口门的上端，下撒星桩（多桩），抛树石，进一步缓和流速；第三步，于两岸分别进三道草埽、两道土柜，并于中心抛席袋土包；第四步，待进至合龙时，大量抛下土袋土包，并鸣锣击鼓以助声势；第五步，闭河后，于合龙口前压拦头埽，于埽上修压口堤，如果埽草眼出水，再用胶泥填塞，堵口即告完竣。

（四）习城双合岭堵口

1913 年 7 月，濮阳县习城集以西的双合岭处，大河坐弯，顶冲民埝，埝身将近一半被河水冲塌。土匪刘春明为摆脱官兵的追赶，在该处扒掘民埝，造成黄河决口。河水流向东北，沿北金堤漫淹濮阳、范县、寿张等县，至陶城埠归入正河。河水所到之处受灾严重。

当时，北洋政府正忙于内战，对于堵口无暇顾及。翌年大汛时，水情较大，泛滥口门被刷宽至 2000 多米。1914 年冬季奇寒，凌汛期间冰积水涨，凌水从决口涌出，附近村庄在黑夜里被漫淹，灾民因衣食无着，被迫流亡他乡。

1914 年 11 月，北洋政府才过问堵口之事。大总统袁世凯令徐世光负责堵复双合岭决口事宜，又命直隶、山东、河南三省巡按使会同办理。12 月 17 日，徐世光一行到达濮阳县沙固堆，紧接着徒步查勘口门情况。当时大溜已紧靠西坝，大有夺全河之势。在迅急的河水冲击下，旧坝基屡屡下陷，情形十分危急。徐世光当即饬令汛兵对下陷堤段随时加高。12 月 24 日，徐世光将办公地点移至工地附近的船上，与所率官员加紧商议堵口方案。一面选调山东熟悉河务的人员赴工地勘估堵口费用，并调集力量成立堵口机构；一面申请拨款、采办物料。

徐世光首先选调姚联奎等 80 余人，组成双合岭堵口公所，又在西坝头设立了督办公所及文案、稽查、电报、银钱总所；接着从山东抽调 11 个富有堵口经验的河防营赶到工地，每营 120 人，共 1320 人；又采取以工代赈方式组织民夫 4 万人，从事土工、硪工、运料等工作；还组织工匠 380 人，负责打麻绳、砍木桩尖、安铁轨、修铁车及照明等事宜。由于当时土匪活动猖獗，徐世光从冀南商调两个巡防营约 700 余名官兵常驻工地，维护工地治安。直隶冀南巡防营驻西坝，直隶左翼巡防营驻东坝，还组织一支 40 人的马队驻守堵口工地。在东、西两坝各设正料场和杂料场。经过勘查，徐世光决定采取秸料埽进占方式堵复口门，预估堵口经费需大洋 537.65 万元，工期初步估算为 8 个月。

1915年1月，双合岭堵口工程开工。整个工程从上游帮宽西坝开始，将两坝帮至顶宽35米作为进占的基地，堵筑堤埝缺口，加高培厚单薄的临黄堤埝。至2月下旬，西坝大小堤工程先后完工。据事后统计，修临黄埝长5.48千米，用土方224.64万立方米；修堤埝后戗4段，长7163.3米，用土方15.73万立方米；帮宽西坝和修筑临河顺水坝用土方4.31万立方米。加上其他有关工程，共修做土方266.85万立方米。

3月6日，开始修做西坝头裹头工程。为防止回溜淘刷，先在西坝上游厢做了月牙埽、鱼鳞埽。接着，西段正坝、边坝进占开始；东坝不偎水堤段的土工也同时紧张施工，并根据需要适时修做浅水占工。3月底，东坝正坝进占已至深水，东坝边坝也开始进占。至此，东、西两坝双管齐下、紧逼口门。4月中旬，两坝上游出现一道长滩和两处“鸡心滩”，前者足以逼河溜注入原河道，后者足以掩护西坝。这两处河滩的形成，省去做挑水坝和开挖引河的工程。

5月下旬，随着东、西两坝施工的进展，口门越来越窄。时正值麦黄汛发，河水陡涨，口门水流集中，溜势迅急。东坝水深12～15米，西坝水深9～12米。5月24日、25日，大溜横冲上游口门，将西正坝占埽卷走一部分，西边坝失去屏障，也被牵动折裂，连塌两占，导致整个工程失利。这时又加上西坝旁边料场失火，将所有碎料付之一炬，而重新购置料物又需要许多时间。

接连发生的事故，加上大汛将至，施工难度加大，徐世光于是请示北洋政府，待伏秋大汛过后再堵合。但北洋政府不允许停工，徐世光只得一边召集文武官员商议办法，一边派员分头采办堵口料物，做再次施工的准备。

6月2～4日，东坝、西坝的堵筑又相继开工。到月末，东、西两坝均已进入金门占（最后1占）阶段。金门占为两坝的咽喉之处，合龙的根基之地，是最为吃紧之处。6月23日，正、边坝同时实施合龙工程，由于合龙的门帘埽长30米，在合龙过程中，先后克服边坝龙门占倾覆，正坝合龙埽5天不能闭气、门帘埽蛰陷等险情，于6月29日实现两坝“龙门闭气，大功告成”。7月8日，在大坝合龙处临河一侧建立合龙碑一座，由徐世光手书“濮工合龙处”以示纪念。

这次双合岭堵口，工程浩繁，正坝、边坝进占，合龙施工，以及实施各类相关工程，共修做秸料埽体40.49万立方米，用秸料3040万千克、木桩18.24万根、麻绳料91.22万千克，用工3万余人，共用款321.1万余元。1915年双合岭堵口工程东坝进埽踩占及金门占挂龙衣情形见图5-21、图5-22。

由于堵口程系冬季开工，部分工程用冻土修筑，春夏气温上升后，冻土融化，工程蛰陷，给防汛带来严重隐患。是年汛期河水暴涨，所做工程遇溜下挫，8月5日，黄河又在该处决堤，口门宽达2000米。大名道尹姚联奎负责堵筑决口，是年10月实现合龙，用款81.3万元。合龙后，参加堵口的工人就在当地居住下来，后来此地逐渐发展成濮阳县坝头镇。

图 5-21　1915 年双合岭堵口工程东坝进埽踩占情形

图 5-22　1915 年双合岭堵口工程金门占挂龙衣情形

第五节　防　凌

凌汛是黄河常见的一种自然现象。由于黄河所处纬度较高，黄河下游每年冬春时节，多数年份发生结冰、淌凌、封冻和解冻开河等现象。有的年份只淌凌不封冻，有的年份在封冻或解冰时，冰水齐下，冰凌壅塞，水位上涨，形成凌汛洪水，此时期为黄河凌汛期。黄河凌汛对黄河下游形成较大威胁，历史上凌汛决溢屡见不鲜。1855～1938 年的 83 年间，黄河下游因凌汛决溢的有 27 年。中华人民共和国成立后，在党和政府的领导下，依靠沿河群众，采取防守、破冰、分水等措施，战胜了黄河下游历年凌汛，没有发生过凌汛决溢事件。濮阳黄河的凌情在 20 世纪 50 年代初期较为严重，60 年代以后，运用三门峡水库控制调节下游泄流量，特别是小浪底水库的运用，为下游防凌创造了有利条件，凌汛渐趋缓和。但是，凌汛问题尚未彻底解决，仍是黄河治理的一项重要任务。

一、凌汛成因及凌情

（一）凌汛成因

凌汛主要由地理位置、河道形势、气温、流量、流速等因素所决定。

1. 地理位置

黄河下游河道呈西南—东北流向，上首位于北纬 34 度 50 分，濮阳河段位于北纬 36 度 12 分，上下相差 1 度 22 分。气温的变化使上段河道冷得晚，回暖早，负气温持续时间短；下段河道冷得早，回暖晚，负气温持续时间长。沿程纬度不断变化，造成气温“上暖下寒”，上游河段的气温明显高于濮阳河段气温，决定了濮阳河段先封河后解冻的特性。当气温转暖升高时，上段河道先解冻，濮阳河段可能还处于固封或半固封状态，解冻的冰水流至处于固封或半固封状态的河段，造成卡冰结坝。

2. 河道形态

黄河下游河道上游宽浅散乱，下游狭窄多弯，封河、开河期间极易出现冰凌卡塞，形成冰塞、冰坝，致使水位陡涨，冰水漫滩偎堤，造成凌汛灾害。濮阳河段是由游荡型向弯曲型变化的过渡型河段，并且河道由宽逐渐变窄，且弯道较多。河道窄，弯道多，排冰能力小，易卡冰阻水，形成冰坝。河道逐年淤积抬高，河势变化大，滩槽高差逐年减小，也加剧凌汛漫滩机遇。

3. 气温影响

河道冰凌是低气温的产物。气温变化是造成凌汛的重要因素。冬季气温上暖下寒，温差较大，上段河道封冻晚、开河早、冰层薄、封冻时间短，下段河道封冻早、开河晚、冰层厚、封冻时间长，在上段冰层解冻开河、冰水齐下时，下段冰层仍较坚固，容易导致冰凌阻塞，严重时形成冰坝，致使河道水位迅速上涨，形成严重凌洪。

4.流量不均

黄河下游封冻期流量较小，封冻冰盖较低，冰下过流能力小，封冻后，河槽内增加的槽蓄水量大部分积存在宽河道内，当上游河段因气温升高或流量增加时，冰下蓄水量自上而下沿程释放，流量逐渐增大，加上下游河道狭窄，因气温差异开河较晚，在上游来水的动力作用下，迫使冰盖上涨，容易形成水鼓冰开的“武开河”，致使水位陡涨，形成冰坝，壅高水位，漫滩偎堤造成严重的凌汛灾害。小浪底水库与三门峡水库联合运用能够有效控制黄河下游河道的流量，削减凌汛期河道的槽蓄水量，控制开河期凌汛流量，减轻对黄河下游的凌汛威胁。

（二）濮阳河段凌汛特征

1950～2015年的66年间，濮阳高村上下河段有12个封河年度，年平均封冻天数为16.58天，累计平均气温－3.7℃。1954～2010年的62年间，台前孙口上下河段，有13年封河年度，平均封冻天数为20.15天，累计平均气温－3.26℃。

濮阳河段封河开河一般规律是：封河时，先下游后上游，先岸封，后全封；开河时，则先上游后下游，先开溜道，后开岸边。历年插河的地点是陡弯河段，这些陡弯是：青庄、高村、山东坝（南小堤）、苏泗庄、马张庄、营房、彭楼、李桥、杨集、韩胡同、渠路口、蔡楼、影唐、路那里。淌凌开始日期一般在12月，最早淌凌是1960年11月25日，最晚淌凌是1969年1月25日。封河时间多在1月，最早封河是1959年12月16日，最晚封河是1960年2月18日。封冻冰厚一般5～15厘米，最厚达30厘米。濮阳县河段多数年份封河断断续续，全封年份较少；范县河段全封和间断封河的各占50%；台前河段全封偏多，封河时流量最大为1968年2月11日的孙口站636立方米每秒，最小为1960年1月21日的41立方米每秒。

开河日期，一般在1月下旬至2月中旬。开河最早的是1971年12月31日，开河最晚的是1969年3月7日。开河时的流量一般为300～500立方米每秒，最大为1969年2月11日孙口站流量2179立方米每秒，最小为1960年2月3日孙口站流量为23.5立方米每秒。1950～1979年高村站封河开河统计见表5-18，1954～1980年孙口站封河开河统计见表5-19。

（三）濮阳河段凌情统计

1954年12月28日，濮阳县南小堤险工以下125千米河道全封。因封河水位上涨，最高水位59.50米，淹地327公顷。

1956年12月29日，范县老宅庄北至李桥封河3段，共长15.4千米。

1957年1月27日，寿张县孙口以下南贾插凌形成冰坝，孙口水位由27日8时的45.28米上涨到28日14时的47.29米，滩地漫水。2月10日17时，河道插凌，10月8日上午水位58.86米，11日上升到59.71米，淹地1000公顷，14个村庄被水围困。

表5-18 1950～1979年高村站封河开河统计

年度	气温转负		淌凌开始（月-日）	封河						开河					
	月-日	天数		封河（月-日）	当日气温（℃）	平均流量（m^3/s）	最高水位（m）	天数（天）	冰厚（cm）	气温转正 月-日	气温转正 天	月-日	当日流量（m^3/s）	最高水位（m）	凌峰（m^3/s）
1950～1951	01-03	7	01-05	01-09	-6.8	610	59.66	18	—	01-24	4	01-27	560	60.07	580
1954～1955	12-02	26	12-07	12-27	-7.2	575	60.99	31	—	01-23	4	01-26	958	60.99	2180
1956～1957	01-04	16	01-11	01-19	-8.4	265	60.26	2	—	—	—	01-02	295	60.29	295
	—	—	—	01-21		308	60.40	3	—	—	—	01-23	360	60.54	452
	—	—	—	01-21		452	60.96	3	—	—	—	01-26	784	60.96	920
1958～1959	12-27	21	01-02	01-16	-5.1	102	59.41	2	10	—	—	01-17	189	59.41	4.44
	—	—	02-02	02-02	-3.4	290	59.58	1	20	—	—	02-03	265	59.54	265
	—	—	02-25	02-25	-2.7	144	59.19	1	—	—	—	02-25	155	59.55	335
1959～1960	12-26	1	12-17	12-16	-2.4	260	59.93	1	—	—	—	12-17	212	59.86	626
	01-15	8	01-21	01-22	-6.5	35	59.78	4	10	—	—	01-26	170	60.19	335
	—	—	01-28	03-01	-3.1	292	60.08	2	—	—		01-03	192	59.83	205
	—	—	—	02-01	-3.3	45	58.95	1	—	—		02-11	40	58.9	42
	02-12	1	—	02-13	-3.9	39	58.82	1	—	02-13	2	02-14	42	58.82	42
	—	—	—	02-18	-1.5	36	58.80	1	—	—		02-19	39	58.8	39
1960～1961	12-14	5	11-25	12-18	-7.5	0.34	59.56	13	10	—		12-31	111	60.43	565
1966～1967	12-02	12	12-21	12-31	-8.5	440	60.47	26	23	01-02	7	01-26	542	60.42	623
1968～1969	12-03	14	12-26	01-12	-6.5	559	60.52	3	14	01-17	9	01-25	725	60.11	725
	01-24	5	01-25	01-28	-8.5	168	61.03	14	18	02-07	5	02-11	745	60.42	745
	02-13	2	—	02-14	-6.5	70	60.32	1.8	19	03-01	4	03-04	597	60.51	993
1970～1971	—	—	—	03-02	-4.2	14	59.70	5	7			03-07	93	59.87	119
1971～1972	12-19	9	12-19	12-27	-9.5	295	61.77	9	16			01-04	763	61.86	871
1976～1977	12-25	35	12-08	01-28	-5.6	289	61.26	14	15	02-08	3	02-01	342	60.83	342
1978～1979	01-28	4	12-19	01-31	-6.3	75	61.43	6		02-05	2	02-06	360	61.48	727

表 5-19　1954～1980 年孙口站封河开河统计

年度	气温转负		淌凌开始(月-日)	封河						开河						
	月-日	天数		封河(月-日)	当日气温(℃)	平均流量(m^3/s)	最高水位(m)	天数(天)	冰厚(cm)	气温转正 月-日	气温转正 天	月-日	日期(月-日)	当日流量(m^3/s)	最高水位(m)	凌峰(m^3/s)
1954～1955	12-02	29	12-25	12-03	-6.5	187	45.54	29	—	1	22	6	01-27	1030	45.98	2320
1955～1956	12-28	25	12-03	01-21	-7.6	290	45.75	9	—	1	28	2	01-29	1300	46.31	1750
1956～1957	01-04	12	01-12	01-15	-7.8	192	47.22	44	—	2	23	5	02-27	830	45.99	858
1958～1959	12-31	18	01-04	01-17	-6.9	89	44.14	7	—	1	23	1	01-23	252	44.98	900
1959～1960	01-15	6	12-18	01-21	-4.8	41	43.57	8	—	—	—	—	01-28	166	46.66	285
1960～1961	12-14	19		01-01	-1	0.43	44.93	4	—	—	—	—	01-04	148	41.93	318
	01-09	5	01-06	01-12	-3.5	120	45.92	23		1	19	16	02-03	23.5	45.60	23.5
1965～1966	12-15	19	12-16	01-02	-0.5	205	45.41	13	30	1	13	14	01-16	498	44.66	536
	01-17	13	01-02	01-29	0.9	332	45.33	4	6	1	30	3	02-01	472	44.16	472
1967～1968	01-07	36	12-07	02-11	-2.3	638	46.02	3	6	—	—	—	02-13	640	45.77	640
1968～1969	12-03	30	01-21	01-28	-8.5	125	46.22	21	18	2	7	5	02-11	2170	46.66	2650
	02-13	3	02-14	02-15	-8.9	109	45.50	19	13	3	1	5	03-05	1590	45.81	1750
1971～1972	12-21	9	12-19	12-29	1.5	335	46.00	3	8	12	31	1	12-31	465	46.00	465
1973～1974	01-09	29	01-01	02-07	-5.1	108	46.13	6	5	2	11	2	02-12	339	40.55	912
1976～1977	12-25	9	—	01-02	-8.2	330	46.33	50	15	2	18	4	02-21	265	45.37	280
1978～1979				01-03	-8.7	—	—	7	—	—	—	—	02-06	—	—	—
1979～1980				02-01	1.4	—	—	4	—	—	—	—	02-14	—	—	—

1960 年 1 月 23 日，濮阳县南小堤险工封河 250 米。

1961 年 1 月 22 日，范县河段全封，共 6 段计 17 千米。

1964 年 2 月 11 日，濮阳县南小堤险工 19～20 坝封河 350 米。

1966 年 1 月 9 日，台前县林坝至孙口封河 12.5 千米。

1966 年 12 月 27 日 22 时至 28 日 5 时，范县河段旧城湾出现卡冰壅水现象，水位抬高 2.4 米，造成漫滩。

1967 年 1 月 14 日全封 13 段，总长 162.3 千米。1 月 26 日范县彭楼以下（柿子园）出现卡冰壅水现象，彭楼险工水位抬高 1.4 米。

1968 年 2 月 2 日，范县柿子园发生壅水现象，彭楼险工水位抬高 0.3 米。

1969 年 2 月，濮阳县南小堤险工以下 125 千米河道全封。2 月 10 日苏阁湾卡冰壅水，造成彭楼引黄闸横堤决口。

1971 年 12 月 31 日，濮阳县青庄以下 144.94 千米河道全封。水位上涨迅速，多处生产堤决口，滩区进水，淹地 2400 公顷。

1974年2月8日，台前县葛集以下封河4段，共计25千米。

1977年1月5日，范县彭楼险工20坝以上封河2千米，邢庙虹吸封河1千米，林楼以上封河2.5千米，苏阁以下全封。1月28日，邢庙南出现冰坝长20米，出现壅水高0.5米。

1979年1月17日，濮阳县青庄险工封河300米，南上延控导工程封河3.1千米，尹庄控导工程封河500米，连山寺控导工程封河2.5千米，马张庄控导工程封河1.5千米；范县彭楼险工封河400米；台前县孙楼控导工程封河1.3千米，杨集至韩胡同控导工程封河3.8千米，于楼至蔡楼封河19.8千米，南姜至下界封河10千米；共封河43.2千米。

1980年12月25日，范县毛楼至梅庄封河1.5千米，史楼至林楼封河2.5千米；林楼至旧城封河10千米；台前县邵庄工程至下界全封。

1981年1月28日，范县毛楼至梅庄封河2千米，史楼至旧城封河11.5千米；台前县孙楼封河2.5千米，邵庄以下封至陶城铺。

1984年2月10日，台前县韩胡同控导工程全封3.5千米，梁路口控导工程封河1.3千米，影唐险工至贺洼控导工程封河，朱庄至申屯封河2.5千米。

1990年2月1日，濮阳县青庄险工封河300米，南小堤险工封河1.2千米，连山寺控导工程封河900米，2月2日，连山寺卡冰水位抬高0.3~0.5米。

1992年1月3日，濮阳县青庄封河4千米，南上延控导工程封河1.1千米，连山寺控导工程封河400米，尹庄控导工程封河100米；范县李桥险工封河1.5千米；台前县孙楼控导工程25坝以下封河3.5千米，梁路口控导工程新1坝以上封河。

1996年12月29日，濮阳青庄至南上延河段花封或边封，范县李桥险工至杨楼河段全封。

1997年1月10日，台前县林楼至伟那里封河24千米，姜庄至杨洪封河1千米，张堂至北张庄封河7.5千米，共封河32.5千米。台前县滩区进水，淹地6667公顷。

2000年1月29日，濮阳市共封河83千米。范县封河24千米：于庄至彭楼险工35坝全封4千米，从西吴庄至范县下界全封20千米；台前县封河59千米：从上界至孙楼控导工程11坝全封长度1.5千米，11~21坝边封长度1千米，21坝至仝庄全封长度7.5千米，仝庄开河1千米，韩胡同控导工程河段长9.7千米，其中临2坝和-新2坝开河500米，其余9.2千米全部封河，梁路口控导工程河段封河10.4千米，刘心实至王黑全部封河，王黑到16坝以上全封4.8千米，16坝往下1千米未封，再往下至赵庄封河5.9千米，枣包楼河段封河长9.5千米，赵庄至贺洼全部封河。

张堂从贺洼至张庄闸全长16.2千米（其中河洼向下1千米开河，邵庄班-8坝以下长1.5千米开河，银河浮桥1.5千米，李坝浮桥开河1千米，豫鲁浮桥开河1千米），全封长度10.2千米。

2003年1月10日，濮阳河段全封总长度为77.65千米。濮阳县全封7.1千米：连山寺控导工程40坝以上全封3.5千米，龙长治控导工程8坝以上封河2千米，马张庄控导工程20坝以上封河1.6千米；范县全封长度为36.45千米：彭楼险工27坝以上至上界全封2.9千米，梅庄以下全封9千米，李桥险工29坝以上全封2.25千米，36坝以下全封4千米，吴老家控导工程15坝以上封河4.6千米，21坝以下封河5.5千米，苏阁至孙楼封河8.2千米；台前河段全封长度为34.1千米：孙楼控导工程5坝至李清浮桥封河8.4千米，韩胡同控导工程3坝以下至陈垓浮桥封河9.7千米，赵庄控导工程至贺洼控导工程全封10.5千米，贺洼控导工程至姜庄控导工程全封1.5千米，沈吞至石桥全封4千米。

2005年1月12日，台前县白铺西南至张庄闸全封，封河长11千米。

2010年1月10日，范县邢庙至台前县京九浮桥封河18.7千米。

2011年1月19日，台前县孙楼至葛楼封河1.29千米。

1983～2015年濮阳黄河凌汛情况统计见表5-20。

表5-20　1983～2015年濮阳黄河凌汛情况统计

年度	日期（月-日）		封冻长度（千米）	首封地点	最上封冻地点	冰最厚度（米）	最大冰量（万立方米）	开河日期（月-日）	
	淌凌	封河						最早	最晚
1983～1984	12-27	02-04	4	影唐	梁路口	0.12	14	02-09	02-22
1984～1985	12-24	—	—	—	—	0.05	—	—	—
1985～1986	12-15	—	—	—	—	0.05	—	—	—
1986～1987	12-25	—	—	—	—	0.05	—	—	—
1987～1988	01-23	—	—	—	—	0.04	—	—	—
1988～1989	01-28	01-31	25	贺洼	贺洼	0.07	65.1	02-06	02-09
1989～1990	01-02	01-03	1.6	连山寺	南小堤	0.06	3.84	02-03	02-05
1990～1991	—	—	—	—	—	—	—	—	—
1991～1992	12-25	12-29	8.6	南上延	白店	0.10	26.88	01-02	01-07
1992～1993	—	—	—	—	—	—	—	—	—
1993～1994	—	—	—	—	—	—	—	—	—
1994～1995	—	—	—	—	—	—	—	—	—
1995～1996	—	—	—	—	—	—	—	—	—
1996～1997	01-04	01-01	36.5	枣包楼	韩胡同	0.11	89.4	02-01	02-04
1997～1998	—	—	—	—	—	—	—	—	—
1998～1999	01-11	01-19	35.5	程那里	孙楼	0.06	74.6	02-01	02-14
1999～2000	01-22	01-22	81	南上延	南小堤	0.10	281.4	02-06	02-16
2000～2001	01-15	—	—	—	—	0.07	—	—	—
2001～2002	12-26	—	—	—	—	0.04	—	—	—
2002～2003	12-25	01-02	82	韩胡同	龙长治	0.10	220.7	01-13	02-06
2003～2004	01-24	—	—	—	—	0.50	—	—	—

续表 5-20

年度	日期（月-日）		封冻长度（千米）	首封地点	最上封冻地点	冰最厚度（米）	最大冰量（万立方米）	开河日期（月-日）	
	淌凌	封河						最早	最晚
2004～2005	12-23	—	—	张庄闸	白铺南	0.50	—	—	—
2005～2006	01-06	—	—	—	—	0.03	—	—	—
2006～2007	01-12	—	—	—	—	0.02	—	—	—
2007～2008	01-13	—	—	—	—	0.06	—	—	—
2008～2009	12-22	—	—	—	—		—	—	—
2009～2010	01-05	01-10	18.7	京九浮桥	邢庙	0.03	18.9	01-19	01-24
2010～2011	01-02	01-19	1.29	葛集	孙楼	0.04	10.28	01-22	02-02
2011～2012	—	—	—	—	—	—	—	—	—
2012～2013	—	—	—	—	—	—	—	—	—
2013～2014	—	—	—	—	—	—	—	—	—
2014～2015	—	—	—	—	—	—	—	—	—

二、凌汛灾害

濮阳河道，上宽下窄，窄河段且多弯曲，凌汛开河时，水冰齐下，极易在狭窄弯曲或宽浅河段插塞，致使水位陡涨，冰水漫滩偎堤，造成灾害。在封河期，冰花或碎冰阻塞水道断面，能造成淹地围村的局部灾害。在开河期，上游河段的大量冰水下泄，行至尚未解冻的河段，或在弯曲、狭窄河段发生冰凌卡塞，甚至形成冰坝，轻者漫滩，淹没滩区耕地，冲毁或围困村庄。

1860～1936 年的 76 年中，黄河下游就有 21 年发生凌汛决口，口门多达 40 处，平均两年就有一次凌汛决口。其中，濮阳境内发生凌汛决口 4 次。同治元年（1861 年）十一月，范县唐梁庄因冰卡河水暴涨，大溜淘刷抢修不及而决口，口门 400 米。光绪四年（1878 年）正月十七日，黄河凌汛成灾，决口濮州李家桥，范县、寿张受重灾，大饥，人多疫死。民国 2 年（1913 年）7 月，河决开县刁城西双合岭，因军阀混战，决口未堵，是年冬，坝头河段卡凌阻水，水位抬高，12 月 19 日该口门进凌水，堤北群众受灾严重，房屋被冲塌，死亡近百人。民国 20 年（1931 年）2 月 2 日，濮县廖桥民埝因凌漫溢决口长 238 米。

中华人民共和国成立后，在各级党委和政府的领导下，濮阳河段凌汛期年年做好冰凌观测，组织群众防守，及时抢护工程险情，没有发生过决口事件。凌情灾害主要是开河时出现卡冰壅水漫滩现象，凌水淹没滩地，庄稼减产或绝收；凌水围困村庄，给滩区居民生活带来诸多不便。但未发生过人员伤亡事件。

20 世纪 50 年代初期，由于对凌汛的形成原因缺乏足够的认识，中上游洪水控制不力，濮阳黄河凌情较为严重。60年代以后，运用三门峡水库控制调节下游泄流量，为下游防凌创造了有利条件，凌汛渐趋缓和。

1957年、1969年发生两次严重凌汛，孙口河段影唐险工河湾卡凌壅高水位，由于上游大量冰块倾泻，竟把该险工11坝、12坝的坦石、根石顶揭起，乱石和冰块相混，形成冰堆，超过该坝坝顶0.5米，使影唐险工遭到严重破坏。

1970年凌汛比较严重，1月5日凌晨，气温降至-16℃，全区河段冰凌开后又封，封河23段共长100千米，冰厚15~20厘米，冰量1044.41万立方米。1月20日后，气温回升，冰凌开始融化；22日，高村以上河道主槽全部开通，25日，彭楼以上河段全部开通。由于李桥湾卡冰阻水，旧城水位抬高1.6~1.8米，造成范县彭楼至李桥滩区进水被淹；26日下午，李桥、苏阁、蔡楼等河段相继开河，孙口站流量由956立方米每秒猛增到1600立方米每秒造成位山以上“武开河”的局面。

1971~1972年度，凌汛亦很严重，1971年12月21日封河，1972年1月18日开河，封冻期28天，最大封冻长度181千米，其中，全封段93千米，边封或花封段88千米，冰厚10~20厘米，总冰量785.27万立方米。该年度凌汛的特点是：濮阳河段上下游同时封河，开河时先下游后上游，濮阳县河段开河最晚。因卡冰塞水，致高村站流量820立方米每秒时水位61.86米，比1954年洪峰流量12600立方米每秒的水位（61.61米）高0.25米，比1970年洪峰流量5200立方米每秒的水位高0.41米。生产堤偎水，滩区群众生命财产面临威胁。后因对岸生产堤决口10处（东明6处、菏泽1处、鄄城3处），水进对岸滩区，水位骤降，濮阳县渠村、郎中滩区及习城东滩幸免受灾。

1980~1981年度凌汛期，范县旧城至刘庄封河6千米，解冻开河时，卡冰阻水，壅高水位，蒲笠堌堆生产堤及于庄闸引水渠堤决口，滩区进水，凌水偎堤9千米，堤根水深1.5~3.5米，滩区受淹村庄29个，受淹人口2.7万人，淹没麦田2667公顷。同年，台前孙口河段南姜庄至周庄14.35千米，滩区进凌水，包围村庄23个，受淹群众1.5万人，淹没麦田747公顷。

1997年1月20日，台前县河段共封河32.5千米，滩区进水，淹地6667公顷。

2000年小浪底水库运用后，黄河下游洪水得到有效控制，至2015年濮阳河段未出现凌情灾害。

三、防凌措施

黄河凌洪，变化急速复杂，险情突然，难以预测。并且天寒地冻，抢护困难，对堤防安全威胁极大。晚清及民国期间，每届凌汛除在险工埽坝上挂凌排、打冰防止冰凌铲毁埽体，水涨漫滩偎堤时，则调人防守，别无其他有效措施。1949年以来，经过多年实践，不断总结经验，防凌措施日益完善，对保证凌汛安全起到重大作用。

20世纪50年代，认为凌汛发生是由于河道冰凌的存在，没有冰凌就没有凌汛，冰凌是产生凌汛的主导因素。因此，在防凌措施上主要采取打冰、撒土等多种方法破冰。实践证明，凌汛期间因受气温、水量、河道形态等多种因素影响，凌洪变化急速复杂，单纯依靠破冰措施，不能从根本上解决凌汛问题。20 世纪 60 年代，经过历年凌汛实践，分析矛盾，逐渐认识到凌汛形成危害的主要原因是封冻期河槽增加的蓄水量，在解冻开河时释放出来形成凌洪；洪峰流量随着沿程水量增加而加大，向下传送，越聚越大，由于水位涨高，水压力增大，迫使下游还较坚硬的冰层破裂开河。如遇狭窄、弯曲河段，或气温低、冰坚冰厚的河段，冰水齐下，水位上涨，鼓不开封冻的冰层时，就产生插凌堵塞河道，堆积形成冰坝，成为严重凌汛。如果没有水流作动力，冰凌就形不成危害，所以水流乃是形成冰凌危害的主导因素。如能控制河道水量，就不致形成凌峰和水鼓冰开的"武开河"。三门峡水库和小浪底水库建成投入运用，提供了蓄水防凌的有利条件，黄河两岸引黄涵闸的大量建成，也有可能分水防凌。此后，黄河下游的防凌措施，便由破冰为主发展为以调节河道水量为主，以破冰为辅。同时，加强冰凌观测和组织群众防守，以确保凌汛安全。

（一）冰凌观测

为了解、掌握冰凌情况，收集资料，研究冰凌变化规律，据以采取防凌措施，20 世纪 50 年代开始冰凌观测工作。1955 年，水电部颁布《冰凌观测规范》，每届凌汛期，各县级河务部门在险工点安排专人负责冰情观测和汇报联系。1997 年，濮阳市黄河河务局编制《濮阳黄河冰凌观测办法》，规范濮阳河段的冰凌观测工作。1998 年，河南黄河防汛办公室颁发《河南黄河冰凌观测及整编办法》，冰凌观测工作得到进一步加强。

冰凌观测的主要内容有：在结冰流冰期，主要观测结冰的长度、宽度、冰块厚度和冰量，以及最大冰块面积、行凌速度、流冰密度等；在封冻期，主要观测封冻地点、位置、长宽度、段数，封冰形势；平封、立封及局部未封河段（清沟）位置、长宽度、冰厚度等；在解冻开河期，主要观测冰色变化，岸冰脱边、滑动，解冻开河的位置、长度、速度、形势（文开河或武开河），冰凌插塞、堆积，冰堆形成的位置、发展变化及出险情况等；封冻后，冰上能上人工作时，由各县级河务部门组织专人，按河南黄河河务局规定的统一时间，普查封冻河段的冰厚、冰花分布、封冻特征，计算冰量、冰下过水面积及水流畅通情况等，分析凌情发展变化趋势，研究采取措施。冰凌观测队向县级河务部门逐日上报观测情况。当出现封冻或卡冰壅水时，加测加报；紧急情况，随时上报。当出现封河或冰塞阻水现象时，县防汛抗旱指挥部及时组织人员分析原因，预估趋势，并迅速通知有关单位，做好安全防护。濮阳河道凌情观测情景见图 5-23。

（二）水文、气象观测

水文、气象直接影响河道冰情变化，冬季布点进行观测，取得完整资料，结合河道形态变化，研究分析产生各种冰情的内在原因和相互作用。水文观测项目有水位、

图 5-23　濮阳河道凌情观测

水温、流量、流冰量、冰速、冰厚、水内冰等，由黄河水文站按规范要求进行。各县级河务部门在各险工布置水位观测点，以补充局部河段出现特殊冰情时的水位变化和影响范围。

气象观测项目主要有气温、水温、风向、风速，天气现象的阴、晴、雨、雪，由黄河水文、水位站和沿河县气象站按气象规范要求进行。

（三）组织群众防守

组织群众防守堤防，是防凌的基本措施之一。黄河防凌工作实行行政首长负责制，统一指挥，分级分部门负责，逐级签订责任书，按各自责任抓好防凌工作的检查落实。黄河防凌队伍由黄河防汛抢险专业队伍、群众队伍、人民解放军和武警支援黄河防凌部队 3 部分组成，实行专业队伍和群众队伍相结合，军民联防。群众防凌队伍按照防凌任务轻重组建，原则上按每千米堤防组织队伍不少于 100 人。濮阳县、范县、台前县每个靠河的工程组织 1 支冰凌观测队，并组建巡堤（坝）查险队、护闸队、抢险队和迁安救护队等。每届凌汛，按照防大汛的要求，恢复建立各级防凌指挥机构，在 12 月底前组织好各类防凌、抢险队伍，冬季天寒地冻要备好破土工具、料物及防寒、照明设备，凌水偎堤时听从指挥上堤，严密组织巡堤查水，遇险抢护，保证堤防安全。

（四）分水分凌

把受冰凌阻水而壅蓄在河道中的部分水量，通过引黄闸有计划地分泄出去，有效减少河道内的槽蓄水量，削减凌峰流量，避免冰水泛滥成灾。

四、重大凌汛纪实

（一）1971 ~ 1972 年度凌汛

1971 年 11 月 28 日以后，黄河下游连续降温，12 月 5 日平均气温开始降至 0℃以下。12月18日后，第3次较强冷空气入侵。21日晨，濮阳最低气温均降到-10℃以下，日平均气温降至-4.7℃。26~27日，第4次强冷空气入侵，高村、孙口站最低气温降至-19℃。高村以下大河流量在200立方米每秒以下。22日，濮阳河段自下而上以每日40千米的速度开始封河，共封河18段，长144.94千米，占河道总长的86.5%。12月31日，个别河段开始解冻，到1972年1月29日自下而上全部开河。该年度的凌汛具有封河早、开河早，封冻期短，封河发展迅速，开河顺利，封冻河段长、冰量大，局部河段卡冰严重阻水等特点，是历史上少有的反常年份。

封河后，由于上游来水增大，河槽蓄水大量增加，水位迅速上涨，与封河前相比，濮阳县涨1.11米，范县涨2.08米。濮阳南小堤比汛期最大流量4800立方米每秒的水位还高0.53米。濮阳县滩区生产堤大部漫溢或溃决，范县滩区的生产堤出现决口。滩区有69.6千米生产堤偎水，占总长度的42%。水深0.5~1.0米，堤顶出水高0.3~0.5米。生产堤外淹麦0.24万公顷，进水或水围村庄25个，其中山东省的村庄12个。生产堤偎水后，多次出现涵洞过水等险情，经及时抢堵保证了工程的安全。黄河大堤有2处偎水。其中，濮阳南小堤险工3千米，范县李桥到邢庙5千米，水深1米左右。南小堤63~66千米，有4处渗水，长达150米。濮阳县连山寺的坝顶上，涌上750多千克重的大冰块，冰凌从水下铲透生产堤，凌情十分紧张。

1971年12月23~27日，安阳地区革命委员会在濮阳县召开安阳地区黄河修防处和濮阳县、范县政府及修防段负责人参加的会议，安排布置防凌工作。会后，安阳地区革命委员会和河南黄河河务局领导两次深入各县检查凌情并督促、落实防凌准备。河南黄河河务局、安阳地区革命委员会、安阳地区黄河修防处和各县修防段的主要负责人，都到第一线检查、指挥防凌。各县、公社通过召开干部会、电话会、广播会、群众会，层层发动群众投入防凌斗争。两县共派出干部100多人，到各村宣传凌汛的危害性、紧迫性和防凌斗争的重要性，提高群众的防凌认识，消除麻痹思想。濮阳县黄河修防段组织以修防工人为骨干的防凌抢险队，范县一、二黄河修防段组织爆破队，各社、队都组织防凌队伍。濮阳河段设立14个观测站，定期观测水位和上下河段凌情；沿河社、队还设有群众凌情观测员，形成了凌情观测网。各修防段分别对险工、涵闸、生产堤等工程进行多次巡回检查，屯堵生产堤上的引水涵洞38个，适当加固一些路口、缺口、口门等薄弱堤段。重要偎水堤段，安排干部带领群众日夜巡查，一旦出险立即抢护。特别是大堤渗水段，由公社干部、黄河职工和49名群众组成的查水组，日夜轮班值班巡查。凌洪最严重时的1月6日，濮阳县和范县共出动2万多人防守工程。由于领导抓得紧，群众行动快，终于战胜凌洪，保护了30多万人民的生命财产安全和工程安全，受灾不太严重。

（二）1980~1981年度凌汛

1981年1月中旬，由于强冷空气侵入黄河下游，气温急剧下降，安阳地区河段出现严重凌情，范县、台前县河段因封河卡冰壅水，加之三门峡水库下泄流量超过规定要求（规定不超过400立方米每秒，实际下泄流量500立方米每秒），造成5个公社滩区漫滩进水，水深一般1.0～1.5米，深者3.0米多，淹地7262公顷，倒塌房屋298间，77个村庄的5.06人受灾。灾情发生后，省、地、县和河南黄河河务局、安阳黄河修防处等领导及时赶赴灾区组织救护，帮助群众解决生产、生活困难。省委、省政府拨给救灾棉指标1万千克、布3万米和部分救济粮。台前县救济面粉1万千克，现金4000元；范县救济煤32吨，现金2000元。1月30日，三门峡下泄流量减少到200立方米每秒后，凌情逐渐缓解。

（三）1996～1997年度凌汛

1996年11月25至12月中下旬，受西伯利亚寒流影响，濮阳气温骤降，沿河降至－7～－9℃，濮阳青庄至南上延河段花封或边封，范县李桥险工至杨楼河段全封。1997年1月4日，台前县河段开始淌凌，淌凌密度占河道水面的60%～70%。1月9日，台前县河道林楼湾出现封河。1月10日，封河32.5千米，冰厚一般在10～20厘米。封河造成卡冰壅水，水位急剧上涨。当时，孙口水文站流量250立方米每秒，但水位高达48.28米，相当于孙口站1996年8月8日8时的2350立方米每秒流量的水位。

由于“96·8”洪水期间的生产堤进退水口门未完全堵复，冰凌洪水通过6处口门进入台前县滩区。枣包楼控导工程以上的生产堤1号口门宽60米，10日13时进水；影唐工程上首的生产堤2号口门宽15米，10日15时进水；尚岭村北的生产堤3号口门宽60米，10日15时进水；梁集（前柴村南）生产堤4号口门宽70米，11日14时进水；赵庄正南生产堤5号口门宽60米，11日14时进水；台前县黄河河务局院东南角生产堤6号口门宽50米，11日12时进水。特别是马楼滩区尚岭村北口门水深溜急。天寒地冻，腹背皆水，进水口门无法堵复，致使凌水自马楼滩区上首向上倒灌，淹没面积迅速扩大，马楼、清河两乡滩区很快被凌水淹没。11日，滩面水深1.0～2.5米，黄河堤防偎水29千米（150＋000～166＋000、169＋000～182＋000），堤根水深2～3米。

凌情发生后，市、县级河务部门立即向同级防汛指挥部汇报。濮阳市黄河防汛办公室及时通知沿河各县紧急行动起来，堵复所有串沟及排水口门，防止凌水进滩。各级黄河防汛办公室日夜值班，密切注视凌情变化。各水位观测站加强对凌情的观测，每2小时报1次观测情况。护堤、护坝的一线职工，在零下10多℃的气温下，坚持日夜巡堤巡坝，检查冰情险情，密切关注险工险段，确保大堤和控导工程的安全。梁路口和韩胡同两处控导工程被水四面围困，工程班人员始终坚守抗凌一线，在有线通信中断的情况下，用仅有的一部防汛无线话机定时上报凌情和水位。机动抢险队全员集结待命，做好随时参加抢险的准备。

1月11日，市长黄廷远带领市直有关部门人员到台前县视察灾情。河南黄河河务局局长王渭泾受马忠臣省长的委托，于11日连夜赶赴濮阳市共商防凌措施。1月13日上午，马忠臣省长在郑州专门听取王渭泾局长的汇报，并于当日连夜带领省军区、黄委、河南黄河河务局、省民政厅、省气象局等有关部门领导，赶赴濮阳指挥防凌。14日清晨6时，马忠臣一行到现场查看凌情、灾情，慰问灾民，现场办公，落实救灾款290万元（其中，省民政厅60万元，黄委50万元，河南黄河河务局10万元，濮阳市170万元），以解决滩区群众受灾燃眉之急。并责令濮阳市各级党政部门要采取有效措施，确保滩区群众的安全；有关部门要加强观测，随时掌握凌情变化，密切关注险工险段，确保大堤安全；要尽快堵复滩区进水口门，遏制冰水倒灌；基层干部实行分片包干的办法，保证滩区群众不饿死人、不冻死人，确保滩区灾民安全度过凌汛。

1月16日，国务院副总理姜春云就濮阳市发生的凌情批示："请国家防办密切注视凌汛灾情，与两省商讨采取得力措施，必要时请求解放军支持，尽量减少灾害损失，严防发生大的问题。"各级立即行动，采取有效措施落实姜春云的批示。台前县选派224名国家干部进驻受灾村庄，动员群众围堵串沟、遏止凌水倒灌。台前县各行各业及职工群众纷纷向滩区灾民捐款捐物。县委、县政府采取种种措施把400吨煤炭、50万千克面粉、2000多床棉被发放到灾民手中。

2月1日开河，滩区凌水逐渐消退，凌情解除。这次凌情，造成0.67万公顷土地（包括嫩滩）被淹，109个行政村的8.66万人被凌水围困。由于各级重视，防守措施得力，没有出现人员伤亡事故，受灾群众安全度过凌汛。

第六节　滩区迁安救护

迁安救护是确保滩区群众生命财产安全的重要措施，是抗洪抢险的重要组成部分。迁安救护工作由地方政府组织实施，黄河河务部门配合。每当黄河大洪水到来之前，地方各级政府及时组织滩区群众连同重要财产一起迁出滩区，安置到安全的地带，待洪水过后，再回家园。长期以来，国家和地方政府投资补助群众在滩区进行避水工程建设，以保证花园口站6000立方米每秒以下洪水群众不用迁移。每年制订不同流量级洪水就地安置和迁移计划。20世纪90年代以后，开始制订《濮阳市黄河滩区蓄滞洪运用预案》，群众的避洪工作做得更为细致。

一、滩区概况

濮阳市黄河滩区由渠村南、渠村东、习城、辛庄、陆集、清河、孙口、梁集、赵桥等9个滩组成。西起濮阳县渠村乡闵城村，东至台前县张庄，全长150.5千米，沿黄河左岸呈带状分布，最大滩面宽度7千米左右。滩区总面积443平方千米，蓄洪面积为441.5平方千米，设计蓄洪水位67.22～47.41米（黄海），设计蓄洪量为22亿立方米。濮阳黄河滩区各流量级洪水淹没面积和容积关系见表5-21。

表5-21　濮阳黄河滩区各流量级洪水淹没面积和容积关系

流量级别（立方米每秒）	进水方式	蓄洪面积（万公顷）	平均水深（米）	蓄洪量（亿立方米）	经济损失（亿元）
6000	自然进水	4.04	0.8～2.8	7.27	18.91
8000	自然进水	4.10	1.4～3.4	9.85	27.77
10000	自然进水	4.18	1.9～3.8	11.91	32.55
12000	自然进水	4.24	2.4～4.7	14.29	36.39
15000	自然进水	4.32	2.9～4.9	15.296	42.48
20000	自然进水	4.40	3.2～5.4	16.71	46.69
22000	自然进水	4.41	3.4～5.7	17.66	49.00

2015年，黄河滩区涉及濮阳县、范县、台前县的21个乡（镇），共566个自然村，44.12万人，3.11万公顷耕地。其中，村庄和耕地全部在滩区的有17个乡（镇）的373个自然村，人口约26.44万人，耕地2.21万公顷；村庄没有在滩区，但部分耕地在滩区有3个乡（镇）的193个自然村，人口约17.67万人，耕地0.9万公顷。濮阳黄河滩区以农业为主，农作物有小麦、大豆、高粱、玉米、花生等。洪水漫滩，往往造成滩区秋农作物绝产，严重影响群众收益。2002年濮阳市滩区社会经济情况见表5-22，2015年濮阳市滩区社会经济情况见表5-23。

表5-22　2002年濮阳市滩区社会经济情况

行政区域	乡（镇）名称	村庄数量（个）	人口（人）			房屋（万间）	面积（平方千米）	耕地（万顷）		固定资产		
			滩外人口	滩内人口	合计			老滩耕地	嫩滩耕地	国家（万元）	个人（万元）	合计（万元）
濮阳市	合计	547	12.23	26.6	38.83	37.88	443	2.57	0.65	132782.40	180690.57	313472.97
濮阳县	小计	219	4.31	10.6	14.91	15.9	217	1.23	0.41	80187.40	99945.24	180132.64
	渠村乡	26	0.38	1.62	2	2.42	38.25	0.18	0.11	11917.80	13448.24	25366.04
	郎中乡	22	0.96	0.52	1.48	0.78	18.8	0.12	0.02	6104.80	9928.06	16032.86
	习城乡	50	0.71	2.74	3.44	4.11	56.15	0.27	0.15	19066.30	23080.83	42147.13
	徐镇镇	14	0.5	0.58	1.08	0.86	11.93	0.09	—	5172.40	7209.20	12381.60
	梨园乡	47	0.37	2.77	3.13	4.15	41.8	0.27	0.05	18808.90	20985.74	39794.64
	白罡乡	27	0.71	0.78	1.49	1.17	17.14	0.13	—	7334.20	9972.95	17307.15
	王称堌乡	33	0.68	1.61	2.29	2.41	32.93	0.18	0.07	11783.00	15320.22	27103.22

续表 5-22

行政区域	乡（镇）名称	村庄数量（个）	人口（人）			房屋（万间）	面积（平方千米）	耕地（万顷）		固定资产		
			滩外人口	滩内人口	合计			老滩耕地	嫩滩耕地	国家（万元）	个人（万元）	合计（万元）
范县	小计	141	4.95	5.92	10.87	6.65	95.00	0.73	0.09	20395.00	41901.33	62296.33
	辛庄乡	21	1.1	0.83	1.93	1.07	13.40	0.11	0.01	5835.00	6355.73	12190.73
	杨集乡	13	0.98	0.05	1.03	0.05	4.85	0.06	0	350.00	1416.82	1766.82
	陈庄乡	21	1.17	0.2	1.37	0.22	7.31	0.11	0.02	640.00	2552.53	3192.53
	陆集乡	45	0.39	2.94	3.33	3.24	50.62	0.26	0.03	8510.00	18401.43	26911.43
	张庄乡	39	1.17	1.9	3.08	2.06	18.82	0.19	0.03	5060.00	13011.93	18071.93
	高码头乡	2	0.14	0	0.14	—	—	0.01	—	—	162.90	162.90
台前县	小计	187	2.98	10.08	13.05	15.32	131.00	0.60	0.15	32200.00	38844.00	71044.00
	清水河乡	55	0.12	3.37	3.49	4.61	34.98	0.15	0.04	14000.00	11789.00	25789.00
	侯庙镇	6	0.19	0	0.19	—	1.29	0.01	—	—	83.00	83.00
	后方乡	3	0.13	0	0.13	—	0.49	-0	—	—	15.00	15.00
	马楼乡	69	0.23	4.31	4.54	6.28	56.24	0.26	0.05	11800.00	18583.00	30383.00
	孙口乡	6	0.24	0.17	0.41	0.31	5.00	0.03	0	3200.00	515.00	3715.00
	打渔陈乡	14	0.91	0.25	1.17	0.63	11.48	0.07	0.01	800.00	475.00	1275.00
	夹河乡	18	0.68	0.68	1.36	1.08	11.02	0.03	0.04	800.00	2316.00	3116.00
	吴坝乡	16	0.47	1.29	1.76	2.41	10.50	0.05	0.02	1600.00	5068.00	6668.00

表 5-23　2015 年濮阳市滩区社会经济情况

项目	计量单位	社经情况			
		濮阳市	濮阳县	范县	台前县
乡（镇）	个	21	7	6	8
村庄	个	373	166	73	134
滩内人口	万人	26.44	11.83	5.03	9.58
牲畜	头	80131	75563	1968	2600
耕地面积	万公顷	3.11	1.48	0.77	0.86
粮食年产量	万吨	41.42	15.72	12.11	13.59
食油年产量	万千克	2182.6	1738	320	124.6
棉花年产量	万千克	533.7	498.5	32	3.2
渔业年产量	万千克	78.4	20	16.8	41.6
林木年产量	万立方米	9.55	4.79	3.97	0.79
重要企业	—	26 座窑厂，4 个企业	—	15 个窑厂	11 座窑厂，4 个企业

续表 5-23

项目	计量单位	社经情况			
		濮阳市	濮阳县	范县	台前县
重要道路	千米	159.9（46 条）	38.1（10 条）	51.1（13 条）	70.7（23 条）
重要桥梁	座	10 座（天然文岩渠桥、东明公路大桥、王称堌高架桥、鄄城黄河大桥、陆集桥、尚岭桥、裴城寺桥、姜庄桥、京九铁路大桥、孙口公路大桥）			
农业年总产值	亿元	11.43	5.52	2.66	3.25
工业年总产值	亿元	22.12	1.87	2.99	17.26
固定资产值	亿元	37.41	20.69	7.28	9.44
社会资产值	亿元	70.96	28.08	12.93	29.95
经济发展模式	—	农业为主，小型加工企业为辅			
产业结构形式	—	农业以小麦、玉米、大豆、花生、棉花为主，工业以汽车配件、食品、羽绒、木制品为主			
人均年收入	元	3465	3300	3700	3532

河道整治前，濮阳河道由于主槽摆动频繁，滩槽变化快，塌滩掉村现象时有发生。濮阳滩区又属低滩区，槽高、滩低、堤根洼，漫滩概率大，小水大灾多发，灾害损失严重。1949～2015 年 67 年间，濮阳市滩区遭遇不同程度的漫滩 28 次，累计受灾人口 333.54 多万人次，淹没耕地 32.77 万公顷，倒塌房屋 113.68 万间，冲毁桥梁 1.099 万座、涵闸 1589 座，经济损失累计 94.15 亿元。20 世纪 80 年代以来濮阳市滩区运用情况见表 5-24。

表 5-24　20 世纪 80 年代以来濮阳市滩区运用情况

年度	蓄滞洪次数	高村最高蓄洪水位（米）	相应蓄滞洪量（亿立方米）	蓄滞洪历时（小时）	淹没情况		
					耕地（万公顷）	人口（万人）	财产损失（万元）
1982	1	64.13	16.83	—	2.57	36.09	—
1983	1	63.19	2.7	—	0.98	5.99	—
1992	1	63.12	1.2	—	0.44	0.84	—
1993	1	62.59	3.3	—	0.50	1.05	—
1996	1	63.87	17.82	—	2.57	26.12	126000
1998	1	63.40	1.56	—	0.74	12.51	—
1999	1	63.31	0.24	—	0.11	4.2	6118
2002	1	63.75	5.7	362	1.19	14.38	27100
2003	1	63.32	0.27	2080	0.03	1.12	5833
2004	1	63.1	0.27	496	0.11	4.2	6834

2004～2015年，调水调沙使濮阳河段主槽过洪流量扩大到4800立方米每秒，在此量级以下洪水，河水不会漫滩。但若达到6000立方米每秒以上洪水时，濮阳滩区将全部漫滩，仍会带来很大的损失。

2015年濮阳市滩区各级洪水淹没损失情况预估见表5-25。

表5-25　2015年濮阳市滩区各级洪水淹没损失情况预估

花园口流量（立方米每秒）	行政区域	迁移		固守		淹没滩地（万公顷）	淹没耕地（万公顷）	经济损失（亿元）
		村庄（个）	人口（万人）	村庄（个）	人口（万人）			
6000	濮阳市	101	7.80	272	18.64	4.26	3.11	18.91
	濮阳县	34	2.92	132	8.92	2.07	1.48	13.09
	范县	24	1.55	49	3.47	0.92	0.77	2.88
	台前县	43	3.33	91	6.25	1.26	0.86	2.94
8000	濮阳市	204	15.40	169	11.04	4.32	3.11	27.77
	濮阳县	78	6.32	88	5.51	2.11	1.48	19.74
	范县	48	3.18	25	1.85	0.93	0.77	3.92
	台前县	78	5.90	56	3.68	1.28	0.86	4.11
10000	濮阳市	272	19.53	101	6.91	4.36	3.11	32.55
	濮阳县	106	7.88	60	3.95	2.13	1.48	22.79
	范县	62	4.15	11	0.87	0.94	0.77	4.71
	台前县	104	7.50	30	2.09	1.29	0.86	5.05
12000	濮阳市	313	22.62	60	3.81	4.38	3.11	36.69
	濮阳县	125	9.38	41	2.45	2.14	1.48	25.73
	范县	67	4.45	6	0.57	0.94	0.77	5.11
	台前县	121	8.79	13	0.79	1.30	0.86	5.85
15000	濮阳市	335	24.01	38	2.42	4.41	3.11	42.48
	濮阳县	141	10.41	25	1.42	2.15	1.48	27.74
	范县	69	4.65	4	0.37	0.95	0.77	6.13
	台前县	125	8.95	9	0.63	1.31	0.86	8.61
20000	濮阳市	373	26.44	—	—	4.42	3.11	46.69
	濮阳县	166	11.83	—	—	2.16	1.48	29.92
	范县	73	5.03	—	—	0.95	0.77	6.81
	台前县	134	9.58	—	—	1.31	0.86	9.96
22000	濮阳市	373	26.44	—	—	4.42	3.11	49.00
	濮阳县	166	11.83	—	—	2.16	1.48	30.52
	范县	73	5.03	—	—	0.95	0.77	7.66
	台前县	134	9.58	—	—	1.31	0.86	10.82

二、滩区安全建设

为保证滩区群众在洪水期间的生命财产安全，减少灾害损失，长期以来，国家通过防洪基金、水毁救济工程、以工代赈和省政府匹配等渠道投资，有计划地在滩区开展避水台、撤退路和撤退桥等安全建设。

1958年大洪水后，濮阳河段滩区形势较好。1959年开始，滩区修筑生产堤。至20世纪70年代初，生产堤以内的槽、滩普遍淤高，逐步发展成“二级悬河”，不仅影响防洪安全，也不利于滩区的农业生产。1974年，根据国务院“废除生产堤，修筑避水台”的批示，濮阳黄河滩区开始建设避水工程。至1981年，沿河三县滩区安全建设共投资313.78万元，完成筑台土方1999.94万立方米。1982年的较大洪水期间，避水台上安置群众约10万人，明显减轻迁安救护负担和洪水灾害。避水台被滩区群众称为“救命台”。但户台在洪水中蛰陷严重，抗洪能力较差。当时，由于投资较少，筑台速度缓慢，滩区的安全设施还不适应大洪水和滩区发展生产的需要。1982年冬季，国家要求黄河滩区修筑高大连村台，并增加投资，加快筑台步伐。滩区台顶面积每人按50平方米规划，台顶高出1958年花园口流量22000立方米每秒设防水位2米。随后，滩区兴起筑台高潮。至1992年10年间，濮阳滩区共计完成筑台投资2601.77万元，土方5927.13万立方米，台顶面积共计2328万平方米，其中10000立方米每秒以下洪水避洪23万人，15000立方米每秒以下洪水避洪14万人，22000立方米以下洪水避洪8万人。

1993年，国务院印发的《河南黄河防汛工作座谈会纪要》要求，从1993～1997年，国家每年从第六批以工代赈中拿出1000万元，水利部增加投资1000万元，河南省投资1000万元，中原油田投入1500万元，用于河南黄河河道整治和滩区、滞洪区安全设施建设。1994年，水利部批复《黄河下游滩区和滞洪区安全建设规划（1993～2000)》，其目标是：滩区、滞洪区至2000年人员基本安全，财产尽量减少损失；安全设施按花园口水文站流量12400立方米每秒，相应2000年水平的设计水位，村台超高1.0米的标准设计。防洪标准为现状约7年一遇，小浪底运用后为20年一遇；根据预见期长短、距黄河大堤（或高地）的远近、淹没水深等，分别进行不同的安全设施建设：淹没水深小于1米的滩区村庄，群众加高房屋避水，国家不给予补助；距大堤1千米以内且漫滩水深在3米以下的村庄，采取撤离措施；其余淹没水深1～3米的修建避水台，3米以上的修建村台加平顶房，村台每人按30平方米，平顶房按每人3平方米，房顶超设计洪水位1.5米。至1996年，濮阳滩区安全建设投资1057.38万元，完成筑台土方923.38万立方米。

1996年8月洪水期间，滩区避水台尽管在保护群众生命财产安全上发挥了重要作用，但由于各户建的孤台高低不一，少数村庄的连台标准很低，防洪抗灾能力差，群众的财产损失仍然很大。濮阳市委、市政府在调查研究的基础上决定：在黄河滩区以自然村为单位，建设高标准的避水连台（村台），其高度为超过1996年8月当地洪水位1.5米；除公用面积外，各户宅台面积人均控制在50平方米。避水连台工程于1996年10月开始施工，2002年完工。380个村中除有6个村迁至堤外，共建避水连台374个（其中，濮阳县178个，范县74个，台前县122个），台顶面积2696.34万平方米。村台建设过程见本志附录中“濮阳市黄河滩区避水台建设情况”。濮阳黄河滩区避水村台状况见图5-24。

图5-24　濮阳黄河滩区避水村台

2003年，黄委亚行贷款项目办公室安排范县滩区安全建设项目陆集村台工程，总投资1.4亿元，其中，亚行贷款6500万元，群众自筹5900万元，地方政府匹配1700万元。村台建成后，附近9个村庄的2178户、8700多人搬迁至村台居住。村台上还建有学校、医院、村室、娱乐中心等公益设施。陆集村台工程设计防洪标准按小浪底水库运用后20年一遇。设计台顶高程（54.73米，黄海，下同）按花园口12370立方米每秒洪水相应2000年设计水位（53.73米），加超高1.0米确定，村台平均高度6.41米，村台边坡1∶3。设计村台南北长857米、东西宽639米，台顶总面积547942.5平方米，人均台顶面积60平方米。设计放淤土方371.65万立方米，围格堤土方23.29万立方米，盖顶土方30.09万立方米。合同投资4250.76万元。陆集村台工程于2004年11月2日开工建设，2005年12月23日主体工程全面完成，共计完成围格堤土方23.29万立方米，淤筑土方371.66万立方米。2006年8月，村台建设任务全部完成，共完成基建投资4495.34万元。

由于有的村庄迁移出滩区，至2015年，濮阳滩区共有避水连台373个，大型村台1个，台顶面积共2733.53万平方米，在花园口站出现6000立方米每秒以下洪水时，滩区群众不需外迁，为滩区群众的安居和经济发展创造了良好的条件。

濮阳滩区在修建避水台的同时，利用国家投资、地方投资和群众集资等方式，在滩区修建撤退路和撤退桥。1992 年以前，大部分为土路或砂石路，且路面高低不平，特别在汛期，天气多雨，道路泥泞，一旦水情紧急，滩区需要迁移的群众行走艰难。为改善迁移条件，使群众能在危急之时迅速撤出，保障生命财产的安全，1992 年以后开始逐渐修建沥青碎石路，按三级公路标准修建，路宽 3.5～10 米。2007 年，濮阳市政府加大农村交通建设，黄河滩区实现“村村通油路”的目标，为洪水时的顺利撤退提供了可靠保障。至 2015 年，滩区用于撤退的道路共有 46 条，总长 159.9 千米。2015 年濮阳市黄河滩区安全设施基本情况见表 5-26，2015 年濮阳黄河滩撤退路情况见表 5-27。

表 5-26　2015 年濮阳市黄河滩区安全设施基本情况

<table>
<tr><td colspan="2">滩区名称</td><td>濮阳滩区</td><td rowspan="4">安全台（村台）</td><td>座数</td><td>373</td></tr>
<tr><td colspan="2">兴建时间</td><td>1855 年</td><td>高程（米）</td><td>65.42～45.11</td></tr>
<tr><td colspan="2">所在河流</td><td>黄河</td><td>面积（万平方米）</td><td>2678.74</td></tr>
<tr><td colspan="2">所在市县</td><td>濮阳市</td><td>可安置人口（人）</td><td>264447</td></tr>
<tr><td colspan="2">设计蓄滞洪水位（米）</td><td>67.22～47.41</td><td colspan="2">就地安置人口（人）</td><td>38166</td></tr>
<tr><td colspan="2">设计蓄滞洪量（亿立方米）</td><td>22.1</td><td colspan="2">转移安置人口（人）</td><td>264447</td></tr>
<tr><td colspan="2">面积（平方千米）</td><td>443</td><td colspan="2">通讯设施</td><td>电信、移动</td></tr>
<tr><td colspan="2">耕地（万公顷）</td><td>3.11</td><td colspan="2">报警设施</td><td>电视、广播</td></tr>
<tr><td colspan="2">地面高程范围（黄海米）</td><td>41.30～62.60</td><td rowspan="2">撤退道路</td><td>条数</td><td>46</td></tr>
<tr><td colspan="2">运用概率</td><td>5～10 年</td><td>长度（千米）</td><td>159.9</td></tr>
<tr><td rowspan="3">涉及区域</td><td>乡镇（个）</td><td>21</td><td rowspan="4">蓄滞洪区堤防</td><td>堤顶高程（米）</td><td>70.40～48.47</td></tr>
<tr><td>自然村（个）</td><td>566</td><td>堤长（米）</td><td>151721</td></tr>
<tr><td>人口（万人）</td><td>44.12</td><td>堤顶宽（米）</td><td>8～12</td></tr>
<tr><td rowspan="2">区内</td><td>人口（万人）</td><td>26.44</td><td>防洪标准（立方米每秒）</td><td>22000</td></tr>
<tr><td>自然村（个）</td><td>373</td><td colspan="3">注：1. 安全设施解决人口为花园口 12370 立方米每秒时，避水台安置的人口数量；2. 运用时需转移人口为花园口立方米每秒时需转移人口。</td></tr>
</table>

表 5-27　2015 年濮阳黄河滩撤退路情况

地址	道路起止地点	路长（千米）	路面宽（米）	路面类型	路况
濮阳县	10 条	38.10			
渠村乡	三合村—大堤	3.00	4.00	水泥	良好
渠村乡	青庄—大堤	2.00	8.00	水泥	一般
郎中乡	南上延工程—坝头集	2.00	4.00	水泥	良好
郎中乡	南上延工程—赵屯	2.50	3.50	沥青碎石	差

续表 5-27

地址	道路起止地点	路长（千米）	路面宽（米）	路面类型	路况
梨园乡	尹庄工程—大堤	7.90	4.00	水泥	良好
梨园乡	屯庄—大堤	3.20	4.00	水泥	良好
白罡乡	龙长治—大堤	2.50	3.50	沥青碎石	差
王称堌乡	马张庄—王称堌闸	4.50	5.00	沥青碎石	差
徐镇乡	潘寨—张相楼	8.00	6.00	沥青碎石	差
习城乡	南习城寨—大堤	2.50	4.00	沥青碎石	差
范县	13 条	51.10			
辛庄镇	马棚—大堤	1.00	6.00	沥青碎石	好
辛庄镇	辛庄—毛楼	3.00	10.00	沥青碎石	好
辛庄镇	辛庄—安冯庄	3.00	4.00	沥青碎石	好
辛庄镇	盆窑—大堤	2.00	6.00	沥青碎石	好
陆集乡	南杨庄—大堤	5.00	6.00	沥青碎石	好
陆集乡	陆集—吴老家	6.00	6.00	沥青碎石	好
陆集乡	陆集—刘庄	7.00	6.00	沥青碎石	好
陆集乡	陆集—丁沙窝	3.00	10.00	沥青碎石	好
陆集乡	陆集—后军张	5.00	6.00	沥青碎石	好
陆集乡	前刘楼—大堤	2.10	4.00	沥青碎石	一般
陆集乡	后张庄—石大庙	3.00	8.00	沥青碎石	好
张庄乡	后张庄—丁沙窝	5.00	8.00	沥青碎石	一般
张庄乡	李菜园—李盘石	6.00	6.00	沥青碎石	好
台前县	23 条	70.70			
清河头乡	甘草—葛庄	2.30	6.00	水泥	良好
清河头乡	潘集—陆庄	4.60	6.00	水泥	良好
清河头乡	仝庄—王英楼	2.80	7.00	柏油	一般
清河头乡	清河—徐沙窝	2.50	6.00	柏油	良好
清河头乡	后王集—郭庄	2.60	5.00	柏油	一般
清河头乡	金庄—仝庄	3.30	4.00	柏油	一般
清河头乡	郭庄—蒋庄	3.70	5.00	柏油	一般
清河头乡	清河—仝庄	2.60	6.00	柏油	一般
马楼镇	吴楼—幸福闸	5.30	6.00	柏油	良好
马楼镇	前韩—马楼	5.80	6.00	柏油	一般
马楼镇	武楼—大寺张	4.40	6.00	柏油	一般
马楼镇	刘心实—陈楼	6.40	6.00	柏油	一般

续表 5-27

地址	道路起止地点	路长（千米）	路面宽（米）	路面类型	路况
马楼镇	胡那里—刘桥	2.00	6.00	柏油	良好
马楼镇	裴城寺—辛庄	4.50	6.00	柏油	良好
马楼镇	刘楼—河西赵	4.00	6.00	柏油	一般
马楼镇	葛集—河西赵	1.00	6.00	柏油	一般
打渔陈乡	赵庄—大堤	0.90	5.00	柏油	一般
夹河乡	枣包楼工程—大堤	1.70	5.00	柏油	一般
夹河乡	林楼—大堤	2.00	6.00	水泥	良好
夹河乡	张堂—浮桥	0.40	6.00	砂石	一般
吴坝镇	西赵桥—浮桥	2.10	6.00	砂石	一般
吴坝镇	李坝—浮桥	3.60	6.00	砂石	一般
吴坝镇	石桥—浮桥	2.20	6.00	砂石	一般
合计	共 46 条	159.90	3.50～10.00		

三、迁安救护准备

汛前开展防汛宣传。20 世纪 90 年代以前，县、公社和村委会以召开会议、有线广播、标语等形式开展宣传工作。90 年代及以后，市、县政府和防汛抗旱指挥部利用广播、电视、报纸、宣传车等形式，宣传防洪知识、洪水灾害、迁安救护方针和方案，提高群众的防洪意识，克服麻痹思想，充分做好避洪和撤退准备。

组织筹备迁移安置物资，主要包括冲锋舟、船只、救生衣、救生圈、漂浮工具（如竹筏、木板、轮胎等）、交通运输车辆、救灾帐篷等。冲锋舟、船只和交通运输车辆主要由交通部门负责筹集，并提供操作人员；救生衣、救生圈的筹集由交通部门主办，民政部门协办；民政部门负责救灾帐篷的筹集和发放工作。群众自有的漂浮工具、交通运输车辆，作为迁移安置物资进行登记。2000～2015 年濮阳市黄河滩区迁安救灾物资准备情况见表 5-28。

表 5-28　2000～2015 年濮阳市黄河滩区迁安救灾物资准备情况

年份	行政区域	冲锋舟（只）	船只（只）	救生衣（件）	救生圈（只）	车辆（辆）	竹竿（根）	帐篷（块）	塑料布（万平方米）	其他
2000	濮阳市	19	46	1860	618	—	—	—	—	群众备大船 12 只
	濮阳县	3	42	—	168	—	—	—	—	群众备大船 13 只
	范县	16	4	—	—	—	—	—	—	—
	台前县	—	—	1860	450	—	—	—	—	—

续表 5-28

年份	行政区域	冲锋舟（只）	船只（只）	救生衣（件）	救生圈（只）	车辆（辆）	竹竿（根）	帐篷（块）	塑料布（万平方米）	其他
2005	濮阳市	29	8	228	940	—	—	—	—	车内胎 25097 个
	濮阳县	17	—	168	—	—	—	—	—	—
	范县	4	8	—	490	—	—	—	—	—
	台前县	8	—	60	450	—	—	—	—	车内胎 25097 个
2010	濮阳市	5	31	215	1513	900	8000	160	192.28	—
	濮阳县	—	18	100	600	500	5000	60	10	—
	范县	5	5	55	465	100	2500	80	50.28	—
	台前县	—	8	60	448	300	500	20	132	—
2015	濮阳市	17	28	360	600	1800	8000	160	20.6	—
	濮阳县	6	18	100	600	500	5000	60	10	—
	范县	5	—	100	—	400	2500	80	0.6	—
	台前县	6	10	160	—	900	500	20	10	—

按照滩区迁安救护主干道宽不小于 100 米、次干道宽不小于 60 米的要求，对影响迁安救护船只通行的片林进行清除。

2000 年开始，市、县政府每年制订《黄河滩区蓄滞洪运用预案》，明确迁安救护组织，落实相关责任，落实迁安救护队伍，制订《滩区群众就地安置与迁移安置计划》。向滩区迁移群众发放迁安救护卡，注明迁安双方的村庄、户主姓名和撤退的路线等内容。

根据年度防汛形势，有的年份，县防汛抗旱指挥部组织有关乡、村开展迁移实战演习，积累迁移经验。2003 年濮阳黄河滩区群众迁安演习情景见图 5-25。

四、历年迁安救护

1950 ~ 1990 年，濮阳河段高村站发生 6000 立方米以上洪水 25 次。每当黄河洪水到来之前，由县、公社（乡）、村及时成立迁安救护队伍，调集车辆、船只，负责滩区群众的迁移和粮食、农具、家具、家畜、家禽等财产的转移。并派出干部到滩区各村协助村委会开展群众就地安置或迁移工作。1958 年洪水期间，新乡专区（当时安阳专区归入新乡专区）组织各种车辆 2600 多辆、救生船 400 多只，组织迁移安置滩区 11 万多人。1982 年洪水期间，安阳地区和沿河各县、公社派出干部 1100 多人，组织车辆 3500 多辆、救生船 500 多辆，迁移安置滩区群众 20 多万人。1991 ~ 2015 年，仅 1996 年濮阳河段高村站发生 6000 立方米以上洪水。洪水期间，县、乡向每村派 3 ~ 4 名干部负责迁移安置工作，并实行包村责任制。在组织当地车辆和船只的同时，请调舟桥

图 5-25　2003 年濮阳黄河滩区群众迁安演习

部队前来援助群众迁移，共转移滩区群众 15 万多人。

2000 年起，开始制订黄河滩区群众迁安救护预案，详细安排每年的迁安救护工作。在黄河花园口站发生洪水 4000～5000 立方米每秒流量时，滩区群众利用村台避洪。在黄河花园口站发生洪水 6000 立方米每秒以上流量时，相应洪水位加 1 米与村台平均高程进行比较，不低于该标准的固守，否则迁移。

根据汛情预报滩区群众需要迁移时，由濮阳市防汛抗旱指挥部指挥长签发迁安救护命令，部署迁安救护工作，明确各相关单位、相关部门的迁安救护任务和责任。滩区的乡（镇）党委书记、迁移村党支部书记负责向辖区内群众发布警报，传达各项警报信息指令，做到家喻户晓，人人皆知。迁移报警信号分为“警戒”“待命”“行动”“结束”4 个级别。当花园口站发生 4000 立方米每秒以上洪水时，为“警戒”信号；5000 立方米每秒洪水时，为“待命”信号；6000 立方米每秒以上洪水时，为“行动”信号；当地洪水退落为 4000 立方米每秒以下且无后续洪水时，为“结束”信号。报警信号采取鸣锣、鸣笛、焰火、电视、广播、电话、专用信号车、报警器等形式迅速向滩区群众传达。

迁安救护实行分级责任制，县领导包乡（镇），乡（镇）和县直干部包村，村干部包户。包村干部迅速到达责任村，现场指挥群众按撤退路线迁移到对口安置地。各乡（镇）滩区运用指挥部，全过程负责监督并保证滩区迁移群众能够顺利迁出和妥善安置。对少数麻痹大意不肯撤离的群众，尽力说服教育动员迁出，避免伤亡事故发生。紧急情况下，随时申请人民解放军和武警部队支援，组织船只巡查滩区水困村庄，运输外迁灾民，并逐人登记造册，交相应村庄的负责人核实，确保群众全部安全转移。滩区群众安置后的生活保障、医疗救助和卫生防疫分别由当地民政局、粮食局、供销社、卫生局等部门负责。2015 年濮阳市黄河滩区群众转移安置计划见表 5-29。

表 5-29　2015 年濮阳市黄河滩区群众转移安置计划

流量级（立方米每秒）	行政区域	村（个）	总人口（人）	就地安置人口（人）	计划转移人口（人）			本流量级迁移人口（人）
					合计	陆路	水路	
6000	濮阳市	376	250323	146833	103490	103490	—	103490
	濮阳县	166	105857	68154	37703	37703	—	37703
	范县	74	50277	25760	24517	24517	—	24517
	台前县	136	94189	52919	41270	41270	—	41270
8000	濮阳市	376	250323	84881	165442	127312	38130	61952
	濮阳县	166	105857	42295	63562	37703	25859	25859
	范县	74	50277	15189	35088	24517	10571	10571
	台前县	136	94189	27397	66792	65092	1700	25522
10000	濮阳市	376	250323	43740	206583	127432	79151	41141
	濮阳县	166	105857	21614	84243	37703	46540	20681
	范县	74	50277	8307	41970	24517	17453	6882
	台前县	136	94189	13819	80370	65212	15158	13578
12000	濮阳市	376	250323	22761	227562	127432	100130	20979
	濮阳县	166	105857	11428	94429	37703	56726	10186
	范县	74	50277	5319	44958	24517	20441	2988
	台前县	136	94189	6014	88175	65212	22963	7805
15000	濮阳市	376	250323	13855	236468	127432	109036	8906
	濮阳县	166	105857	6764	99093	37703	61390	4664
	范县	74	50277	4939	45338	24517	20821	380
	台前县	136	94189	2152	92037	65212	26825	3862
20000	濮阳市	376	250323	—	250323	127432	122891	13855
	濮阳县	166	105857	—	105857	37703	68154	6764
	范县	74	50277	—	50277	24517	25760	4939
	台前县	136	94189	—	94189	65212	28977	2152

第七节　调水调沙

调水调沙，是利用工程设施和调度手段，通过水流的冲击，将水库的泥沙和河床的淤沙适时送入大海，从而减少库区和河床的淤积，增大主槽的行洪能力。2002 ~ 2004 年，经国家防总批准，黄委连续 3 年开展基于不同条件下的大规模调水调沙试验。

2005 年起，调水调沙正式转入生产运行阶段，每年适时进行。多年的调水调沙实践，探索出了适应黄河各种水情、沙情的调度模式，逐渐形成了一套系统的做法，既保证黄河安澜，又取得黄河不断流、维持黄河健康生命的重大成效。濮阳河段过洪流量从 2002 年的 1800 立方米每秒提高到 2015 年的 4800 立方米每秒。

一、调水调沙的目的与原则

黄河防洪的根本问题在于泥沙，泥沙问题的症结在于水少沙多，水沙时空分布不均，导致黄河下游河道持续淤积。但在特殊的水沙条件下，黄河下游河道也可出现冲刷。据对实测资料的初步分析，对于含沙量小于 20 千克每立方米的低含沙水流，当花园口流量为 1000 立方米每秒左右时，冲刷可发展到高村，高村以上冲刷较弱，高村以下微淤；当花园口流量为 1000 ~2600 立方米每秒时，高村以上冲刷增强，冲刷逐步发展到艾山，艾山以下明显淤积；当花园口流量为 2600 立方米每秒左右时，艾山至利津河段微冲；当流量大于 2600 立方米每秒时，全下游冲刷，艾山至利津河段冲刷逐渐明显。因此，对不利的天然水沙过程，可通过调水调沙进行人为调节，以冲刷河道，减轻下游泥沙淤积。

小浪底水库的兴建，是实现黄河下游防洪减淤的重要举措。小浪底水库设计总库容 126.5 亿立方米，淤积库容 75 亿立方米，长期有效防洪库容 51 亿立方米（其中，调水调沙库容 10.5 亿立方米）。小浪底水库巨大的库容，不但可以拦蓄洪水，而且可以拦蓄泥沙，其 75 亿立方米的淤积库容，把中游来的大量泥沙淤在水库中。同时利用其巨大的调节库容，可对不利的天然水沙过程进行人为调节，进一步减轻下游淤积，可使下游河道 20 年不淤高。

小浪底水库调水调沙的目的就是利用水库对水沙的调蓄作用，通过人工调节使花园口站不小于 2600 立方米每秒的流量维持 6 天以上，冲刷下游河道，或避免花园口站出现 1000 ~2600 立方米每秒的流量，以防止艾山以下河道淤积。调水调沙一般在花园口流量小于 4000 立方米每秒的平水期进行。为避免河南河段现状河势发生剧烈变化，调控上限流量定为 2600 立方米每秒；调控下限流量既要满足供水、灌溉、发电等兴利要求，又不能过大而淤积山东河道。考虑 20 世纪 90 年代汛期花园口断面流量为 800 立方米每秒以下时，利津以下断流概率较高，调控下限流量定为 800 立方米每秒。

调水调沙的基本原则是根据黄河下游河道的输沙能力，利用水库的调节库容有计划地控制水库的蓄、泄水时间和数量，调整天然水沙过程，使不平衡的水沙过程尽可能协调。一是在 7 ~9 月主汛期，当来水流量小于 2500 立方米每秒时，调整到蓄水拦沙状态，避免长时期下泄清水，控制对下游河道产生不利影响的高含沙洪水，在保证发电、下游用水等基本下泄流量的同时，拦蓄一部分水沙在库中；当流量大于 2500 立方米每秒时，将水库调整到敞泄排沙状态，通过调水造峰、泄水排沙，以冲刷下游河槽，改善河床形态，增大滩槽高差，增大河槽的排洪和输沙能力，起到减轻下游河道淤积的作用。在非汛期，利用水库蓄水调节径流，满足供水和灌溉的要求，并增大发电量。二是在汛前利用汛限水位上的弃水调节水沙过程。

二、调水调沙准备及实施

调水调沙始于2002年，每年的调水调沙前，濮阳河务局成立调水调沙运行指挥部及相关工作组，启动防汛全员岗位责任制和调水调沙及防洪运行责任制，明确分工，各司其职；强调防汛纪律，落实防守措施，严格巡坝查险制度；完善调水调沙运行方案、预案；备足抢险料物和抢险设备，保证抢险所需；适时通知浮桥管理单位拆除浮桥；加强通信网络管理，保证通信畅通。

调水调沙生产运行期间，各级调水调沙指挥部及各职能组坚持24小时值班，确保防洪指令和信息上传下达；一线人员坚持巡坝查险、报险，当险情发生，及时采取抛石、推笼、抛枕等方法抢护，使险情得到有效控制，确保工程安全；坚持水位、河势、滩岸坍塌和生产堤偎水观测，时刻关注其变化，并如实记录和上报变化情况；控制用水，实现调水调沙与引黄用水两不误；调水调沙结束后，及时总结经验与教训。

三、调水调沙试验

（一）2002年首次调水调沙试验

2002年，黄河进行首次调水调沙试验，黄委确立3个目标：一是寻求黄河下游泥沙不淤积的临界流量和调水调沙的临界时间；二是力求使黄河下游河床在试验中不淤积或尽可能全线冲刷；三是检验河道整治成果，验证数学模型和实体模型，深化对黄河水沙规律的认识，掌握小浪底水库的科学运用方式。调水调沙试验从7月4日9时开始至15日9时结束，历时11天。小浪底水库平均下泄流量为2741立方米每秒，下泄总水量26.06亿立方米，出库平均含沙量为12.2千克每立方米。花园口水文站2600立方米每秒以上流量持续7天。

7月5日18时，调水调沙水头进入濮阳境内，运行17天后，于7月22日14时调水调沙洪水出濮阳河段。2002年调水调沙期间濮阳河段流量水位情况见表5-30。

表5-30　2002年调水调沙期间濮阳河段流量水位情况

高村水文站			孙口水文站		
时间	流量（立方米每秒）	水位（米）	时间	流量（立方米每秒）	水位（米）
7月6日1时	1080	62.79	7月6日8时	1000	47.37
7月11日6时11分	2930	63.75	7月17日12时	2860	48.98
7月16日22时	2490	63.47	7月18日10时	2160	48.51
高村站2500立方米每秒以上流量持续184小时			孙口站2300立方米每秒以上流量持续186小时		

调水调沙期间，濮阳河段河道工程全部靠河，其河势与2001年汛后和2002年汛前相比，没有发生大的变化，只是工程靠溜坝垛明显上提，但靠大溜坝垛又普遍下挫，工程着溜长度普遍增加；部分工程出现靠溜及主溜均下挫的现象。河势变化基本符合“小水上提，大水下挫”的河势演变规律。工程对河势的控制作用明显，近年新修工程如三合村、梁路口上延等工程，均发挥很好的控制主流、护滩保堤作用。由于近年来的持续小水作用，缺少相应的替换流量发生，致使河道冲刷部位较为固定，加之小水的能量小，河床底沙约束其运动，从而形成较为稳定的、具有上提趋势的小水河槽。当大水来时，由于水流能量大，溜走中泓，从而又使得主溜下挫，但由于河槽的约束作用，使得靠溜又出现上提现象。彭楼险工河势下挫幅度较大，主要原因是上首的营房工程为直河段，且距离较大，为8~9千米，大水时水流能量大，溜走中泓，故使彭楼险工主溜下挫。韩胡同工程河势下挫的主要原因是上首的孙楼工程河势上提，2~8坝、16~20坝靠溜，一定程度地撇开了工程中部的陡弯，使杨集险工由2002年汛前的8~13坝靠主溜下挫到11~13坝靠主溜，主溜下挫3道坝，减缓8~13坝所形成的“凹”的挑流作用，致使韩胡同工程河势下挫。

各滩区口门高程，除台前县的7个串沟底部高程低于调水调沙水位外，生产堤口门底部高程全部高于调水调沙水位，平均高出0.49米，最低的也高出0.2米以上。但由于滩区生产堤强度较差，水位表现偏高，致使部分生产堤、渠堤溃决，洪水进滩。7月7日上午11时30分，濮阳县习城滩万寨村附近渠堤，在偎堤水深不足1.5米（超高1.5米）时，即发生鼠洞漏水导致决口。当地政府随即组织群众抢堵，因口门发展较快，抢险柳料不能按要求数量到位，无法组织集中抢堵，决口堵复未能成功。8日20时，习城滩又在连集南开口进水，致使习城滩全部被淹。调水调沙洪水运行期间，濮阳黄河滩区共有4个滩进水（濮阳县习城滩和渠村东滩，台前县赵桥滩和孙口滩），进水口门达8个，其中习城滩有2个，渠村东滩有2个，孙口滩1个，赵桥滩3个，进水流量最大处达240立方米每秒。淹没滩区面积2.07万公顷，其中，老滩1.6万公顷，二滩0.29万公顷，嫩滩0.18万公顷。滩区内一般水深在1.5米左右，最大水深达3.5米。水围村庄156个，围困人数9.77万人；受影响村庄60个，围困人数4.61万人。

调水调沙期间，濮阳河段共有17处河道整治工程的167坝出险785坝次。抢险用石4.58万立方米，铅丝4.98万千克，柳料36.84万千克，麻绳3274千克，木桩1509根，土方1078立方米，人工工日1.93个，投资685.77万元。出险的原因：一是新修工程自修建以后，尚没有经受过大洪水的考验，故在较大水时一些工程出现根石走失、根石下蛰及根坦石坍塌等险情；二是调水调沙水量较大，持续时间长，工程靠溜坝垛长时间受洪水顶冲与淘刷，造成根石走失、根石下蛰、根坦石坍塌的较大险情；三是河势变化造成工程出险，近几年来的持续小水，造成较为稳定的小水河槽，而小水的河势演变规律为上提，调水调沙时的河势仍为上提的趋势，主溜对坝垛的顶冲和回溜对坝垛的淘刷，致使工程出险。

调水调沙试验后，黄委通过对520万组海量测验数据的验证验算，试验期间，用26亿立方米水量将0.664亿吨泥沙输送入海。除夹河滩至孙口河段由于洪水漫滩有所淤积外，全下游河槽具有明显冲刷，没有出现人们担心的“冲河南，淤山东”的现象，河道状况整体改善。数学模型、实体模型和河道整治工程的效果得到检验，初步研究认为，在水流含沙量为每立方米20千克的情况下，使下游河道全部冲刷的临界流量为花园口站2600立方米每秒。

（二）2003年调水调沙试验

2003年8月下旬至10月中旬，黄河流域出现历史上少有的50余天的持续性降雨，干支流相继山现17次洪水，其中渭河发生“首尾相接”的6次洪水过程。在此期间，黄委实施基于不同来源区水沙空间对接过程的调水调沙试验。试验之前，黄河出现过一次来水过程。洪水于8月30日进入濮阳境，9月8日7时出境，历时215小时。9月5日14时，高村站达到最大流量2670立方米每秒，水位63.65米；9月6日4时，孙口站达到最大流量2460立方米每秒，水位48.83米。洪峰传递时间，高村至孙口为14小时，为近几年洪水传播时间的最小值。水位表现与2002年调水调沙期间水位基本持平。

2003年调水调沙试验从9月6日9时开始，到9月18日18时30分结束，历时12天。试验期间花园口水文站调控指标为平均流量2400立方米每秒，平均含沙量30千克每立方米。调水调沙洪水自9月8日零时入濮阳境，于9月26日8时出境，历时424小时。9月8日7时，花园口站水位达到最高水位93.8米，相应流量为2670立方米每秒。高村站9月8日2时水位开始上涨，9月11日4时水位达到最高水位63.51米，相应流量为2680立方米每秒。孙口站9月8日12时水位开始上涨，9月13日12时水位达到最高水位48.88水，相应流量为2550立方米每秒。与第一次洪水过程比较，彭楼以上河段水位表现明显偏低，彭楼以下河段与第一次洪水基本持平。高村、孙口断面同流量水位较试验前分别下降0.31米、0.20米。

河道工程河势与2002年调水调沙时基本相同，只是工程靠溜坝垛明显上提，但靠大溜坝垛又普遍下挫，工程着溜长度普遍增加；部分工程出现靠溜及主溜均下挫的现象。河势变化基本符合“小水上提，大水下挫”的河势演变规律。

是年，黄河共出现4次洪水，时间长达80多天。洪水期间，濮阳滩区出现4处小范围漫滩，面积为281公顷，其中，濮阳县渠村东滩漫滩面积26公顷，范县李桥控导工程上首28坝南护滩工程决口漫滩面积33.33公顷，台前县孙口漫滩面积206.67公顷，台前县赵桥滩漫滩面积15公顷，没有出现大的损失。

洪水期间，濮阳河段的17处工程的169道坝相继出险1185次。险情主要集中在新修坝垛和一些河势不稳定的河段。台前县新修韩胡同－10坝出险次数达97次，范县吴老家27～32坝出险次数达99次，濮阳县新修南上延－4坝、－5坝出险次数达45次。处于河势不稳定河段的工程，如三合村、枣包楼工程，由于河势上提下挫频繁，出险也较多。抢险用石6.83万立方米，铅丝9.36万千克，柳料58.3万千克，麻料5389千克，木桩1651根，土方1790立方米，编织袋1.36万条，土工布1352平方米，人工工日2.6万个，机械台班652个，投资1062万元。

这次试验，黄委初步探索人工调控黄河水流量、含沙量、泥沙颗粒级配等协调水沙关系的可行性，实现四项目标：小浪底水库减淤，出库泥沙0.74亿吨，泄水建筑物闸前淤积面高程由182.8米下降到179米；利用小浪底至花园门区间的洪水资源，将小浪底水库异重流或浑水排出的1.2亿吨细泥沙输送入海，避免该区间“清水”入黄后空载运行；水沙资源成功实现空间对接，利用“清水背沙”，使花园口以下河道冲刷泥沙0.388亿吨；此外，小浪底水库为引黄济津和翌年农田灌溉存蓄6.02亿立方米水量，实现洪水资源化。

（三）2004年调水调沙试验

2004年，黄委选择“基于干流多库联合调度和人工扰动的调水调沙试验”。利用黄河干流万家寨、三门峡、小浪底水库蓄水，充分而巧妙地借助自然的力量，通过联合调度上述三库，使三库水量在千里河道接力前行。同时辅以人工扰动措施，在小浪底库区塑造人工异重流调整其库尾段淤积形态，加大小浪底水库排沙量；利用进入下游河道水流富余的挟沙能力，在黄河下游“二级悬河”及主槽最为严重的卡口河段试验河床泥沙扰动，扩大主槽过洪能力。

在调水调沙试验前，小浪底水库实施防洪预泄，出库流量控制在2250立方米每秒，含沙量不大于5千克每立方米，最大预泄流量为2360立方米每秒，19日6时结束。这次洪水于6月18日0时进入濮阳境，21日8时出境，历时80个小时。花园口至高村、高村至孙口洪峰流量传播时间依次为30小时、12小时。

试验总体分2个阶段。第一阶段自6月19日9时至6月29日0时，小浪底水库按控制花园口流量2600立方米每秒下泄清水冲刷下游河道主槽，库水位自249.1米下降到236.6米。这次洪水于6月21日20时进入濮阳境，7月2日12时出境，历时256个小时。花园口至高村、高村至孙口洪峰流量传播时间依次为24.5小时、14小时。第二阶段自7月2日12时至7月13日8时，万家寨、三门峡、小浪底3座水库经过联合调度，下泄水沙过程实现“对接”，在距小浪底大坝57千米处成功塑造出异重流并使其顺利地运行至坝前排沙出库。随着下游河道主槽过流能力的逐步加大，花园口控制流量也由2600立方米每秒逐渐增至2900立方米每秒，含沙量不超过25千克每立方米，直至7月13日8时小浪底库水位下降至汛限水位225米，水库调度完成试验控泄任务。这次洪水于7月5日12时进入濮阳境，7月17日8时出境，历时284个小时。各水位站水位除个别站外，大部分较第一次洪水低0.02～0.41米，较2003年最后一次洪水低0.23～0.46米，较2002年洪水低0.47～1.01米。表明调水调沙试验第二阶段较第一阶段河床刷深0.02～0.41米，较2003年最后一次洪水河床刷深0.23～0.46米，较2002年调水调沙试验洪水河床刷深0.47～1.01米。连续3年的调水调沙，使濮阳河段河床呈下切趋势，窄河固槽效果明显。2004 年调水调沙期间濮阳河段最大流量水位情况见表 5-31。

表 5-31　2004 年调水调沙期间濮阳河段最大流量水位情况

阶段	高村水文站			孙口水文站		
	时间	流量（立方米每秒）	水位（米）	时间	流量（立方米每秒）	水位（米）
防洪预泄	6 月 19 日 6 时	2040	62.46	6 月 19 日 18 时	2050	47.92
第一阶段	6 月 24 日 9 时 42 分	2750	62.90	6 月 25 日 0 时	2820	48.57
第二阶段	7 月 11 日 12 时	2870	62.90	7 月 12 日 9 时 6 分	2950	48.72

河势变化规律与 2002 年和 2003 年调水调沙试验期间的规律基本一致。调水调沙试验期间，濮阳河段河道工程有 102 道坝相继出险 418 次，大部分属于根坦石下蛰或根石走失。抢险用石料 2.43 万立方米，铅丝 3.15 万千克，柳料 23.14 万千克，土方 486 立方米，木桩 881 根，麻料 1768 千克，袋类 2840 条，装载机 1331.54 台时，挖掘机 507.49 台时，自卸车 378.4 台时，人工 7172 工日，投资 530.51 万元。

由于河槽过洪流量的提高和对串沟的堵复，2004 年没有发生河水漫滩现象。

2002～2015 年濮阳河段调水调沙基本情况见表 5-32。

表 5-32　2002～2015 年濮阳河段调水调沙基本情况

年份	调水调沙起止时间（月-日 T 时）	调水调沙历时（小时）	高村水文站		孙口水文站	
			最大流量（立方米每秒）	水位（米）	最大流量（立方米每秒）	水位（米）
2002	07-05 T 18～07-22 T 14	404	2930	63.75	2860	48.98
2003	09-08 T 00～09-26 T 08	424	2680	63.51	2550	48.88
2004	06-21 T 20～07-02 T 12	256	2750	62.90	2820	48.57
	07-05 T 12～07-17 T 08	284	2870	62.90	2950	48.72
2005	06-11 T 03～07-04 T 20	569	3510	62.93	3430	48.89
2006	06-12 T 08～07-02 T 12	484	3900	62.85	3720	48.81
2007	07-31 T 08～08-10 T 08	240	3720	62.65	3740	48.68
2008	06-21 T 01～07-06 T 00	359	4170	62.79	4090	48.89
2009	06-20 T 01～07-06 T 12	395	3890	62.28	3900	48.46
2010	06-20 T 00～07-10 T 08	488	4700	62.42	4510	48.62
2011	06-19 T 09～07-10 T 16	452	3640	61.91	3560	47.93
2012	06-22 T 00～07-12 T 20	500	3810	61.84	3770	48.21
2013	06-20 T 08～07-11 T 08	504	3810	61.78	3880	48.00
2014	07-02 T 00～07-11 T 20	236	3480	61.41	3350	47.51
2015	07-01 T 08～07-15 T 08	336	3220	61.21	3300	47.43

四、濮阳河段调水调沙取得的成果

从2005年起，黄河调水调沙正式转入生产运行阶段。从此调水调沙作为21世纪黄河治理的一项关键技术投入常规运用，每年都要进行1次或2次，至2015年已进行19次。14年的调水调沙，黄河下游主河槽全线冲刷，有效遏制了黄河河道持续恶化的趋势，使河道形态最终得以良性维持。濮阳河段主河槽平均累计刷深2.38米，濮阳三合村最深为2.95米，台前邵庄最浅为1.22米。高村站相似同水位过洪流量比较，2002年水位62.00米时过洪流量为456立方米每秒，2010年水位62.00米时过洪流量为3700立方米每秒，2010年的过洪流量是2002年的8.11倍；孙口站同水位过洪流量比较，2002年水位47.00米时过洪流量为470立方米每秒，2010年水位47.00米时过洪流量为2660立方米每秒，2010年的过洪流量是2002年的5.09倍。濮阳河道平滩流量由2002年的1800立方米每秒提高到2015年的4200～4800立方米每秒。2004年以来，濮阳黄河滩区没有发生过河水漫滩现象，为滩区的经济发展创造了良好的条件。调水调沙对于治理黄河下游河道淤积已见成效，对维持黄河健康生命具有十分重要的作用。2002～2010年调水调沙期间同水位过洪流量比较见表5-33，2010～2015年调水调沙期间同水位过洪流量比较见表5-34。

表5-33　2002～2010年调水调沙期间同水位过洪流量比较

年份	高村水文站		孙口水文站	
	水位（米）	流量（立方米每秒）	水位（米）	流量（立方米每秒）
2002	62.00	456	47.00	470
2003	62.00	542	46.97	556
2004	62.04	1830	47.01	800
2005	62.01	2260	46.98	850
2006	62.00	2420	47.01	1330
2007	62.00	2210	47.00	1600
2008	62.02	2940	46.99	2060
2009	62.00	3200	46.97	2130
2010	62.00	3700	47.00	2390

表5-34　2010～2015年调水调沙期间同水位过洪流量比较

年份	高村水文站		孙口水文站	
	水位（米）	流量（立方米每秒）	水位（米）	流量（立方米每秒）
2011	60.52	1350	45.56	1100
2012	60.55	1650	45.56	910
2013	60.54	1680	45.56	1060
2014	60.51	1870	45.58	1240
2015	60.53	2070	45.58	1180

但调水调沙后，也出现一些新问题：一是堡城至青庄河段主溜沿右岸行河，导致三合村控导工程常年脱河，渠村引黄闸引水困难；张闫楼至连山寺局部河段主溜靠左岸行进，致使该河段之间的焦集至马海河段滩岸严重坍塌。一些整治工程需要进行改建或续建，以使主河槽河势得到有效控制。二是河槽刷深后出现个别引水闸引水困难的现象等。

附：

黄河滩区居民迁建

黄河下游滩区是黄河河道的组成部分，既是黄河行洪、滞洪、沉沙的场所，也是区内群众生产生活的基本空间。长期以来，受汛期洪水淹没威胁等因素影响，滩区基础设施较为薄弱，经济社会发展相对落后，滩区群众生命财产安全保障程度低。2015年，国家实行特殊支持政策，组织黄河下游滩区居民迁出滩区建设新家园，从根本上保障黄河下游滩区防洪安全，减轻黄河下游防洪压力，减少洪水造成的灾情发生；有效改善滩区发展环境，优化滩区经济结构，从根本上实现滩区群众脱贫致富。搬迁安置分为集中安置和分散安置两种方式，以集中安置为主，分散安置为辅。迁建人口安置房面积按人均30平方米控制。住房类型分为多层、小高层，以多层为主。规划到2020年，濮阳市黄河滩区有18个乡（镇）126个行政村29147户102961人外迁。

2015年，濮阳市启动实施第一批迁建试点工程，涉及范县张庄乡6个村庄1295户4707人，陈庄镇2个村742户2277人。

2016年，濮阳市启动第二批迁建试点工程，涉及濮阳县习城乡、徐镇镇、梨园乡共9个村2224户7775人，台前县吴坝镇、孙口镇共2个村585户2050人。

2017年5月，李克强总理考察河南黄河滩区居民迁建工作时，再次做出重要指示，指出进一步推进黄河滩区居民迁建工作，既是保障黄河长治久安的重大战略需要，也是实现滩区群众脱贫致富的治本之策，事关国家全局。2017年8月，国家发展改革委印发《河南省黄河滩区居民迁建规划》，从2017年至2019年，用3年时间将河南黄河滩区地势低洼、险情突出的24.32万人整村外迁安置，2020年完成搬迁任务。其中，濮阳市有2.4万户8.6万人整村外迁安置。2017年启动搬迁5296户1.9万人，2018年启动搬迁8954户3.2万人，2019年启动搬迁10051户3.5万人。

截至2018年11月，第一批迁建试点全部完成搬迁任务；第二批迁建试点中，濮阳县习城安置区完成279户群众搬迁，入住率达到66%，其他安置区主体工程完工率96%。三年规划迁建安置区大部分开工建设。

第六章　黄河水资源管理与开发利用

黄河是濮阳的重要过境河流，开发黄河水资源是濮阳的一大优势，是濮阳经济社会发展的重要基础产业。濮阳利用黄河水始于1957年，至1962年濮阳境内修建引黄闸5座，金堤河水库8座，引黄灌区4个。由于引黄大水漫灌，灌排工程不配套，地下水位上升，造成大面积涝碱灾害，农业减产。1962年开始拆除阻水工程，恢复自然流势。1965年，开始有计划地恢复引黄。20世纪80年代初，濮阳境内建引黄涵闸8座、虹吸13座，灌区9个，设计灌溉面积13.3万公顷，有效灌溉面积6.6万公顷。1983年以来，修建濮清南引黄灌溉补源工程，灌溉面积进一步扩大。2014年建成濮阳市引黄灌溉调节水库。至2015年，全市共有引黄涵闸11座，设计引水流量310立方米每秒，设计灌溉面积38.29万公顷。濮阳市设计引黄灌溉面积25.80万公顷，有效灌溉面积20.35万公顷。除保证全市引黄灌溉外，还为濮阳市、中原油田的工商业生产和居民生活供水，跨区为山东和河北两省部分地区供水。1966～2015年，共引用黄河水264.48亿立方米，黄河水已成为富民兴濮不可或缺的基础性资源。

第一节　水资源管理

濮阳地区比较干旱，除黄河外，地表、地下水资源贫乏。黄河是濮阳宝贵的水资源，20世纪50年代以来，濮阳河段年均径流量345亿立方米。随着经济社会的快速发展，沿河工农业用水迅速增加，20世纪70～90年代黄河下游还出现断流现象。用水矛盾日益突出，从而提出了黄河水资源统一管理的问题。1990年，黄委会成立水资源管理局。之后，省、市级河务局成立相应的管理机构。1999年，黄河水量实施统一调度。2000年，濮阳黄河正式实施取水许可制度；2001年，开始实施计划用水制度，用水单位制订年、月、旬用水计划。供水单位严格按计划供水。并制定相关制度，督促用水计划的执行。通过加强黄河水资源的管理，引用黄河水做到了依法用水、计划用水、节约用水，杜绝了无序用水、浪费用水的现象。

一、濮阳水资源概况

濮阳市位于中纬地带，常年受东南季风环流的控制和影响，属暖温带半湿润大陆性季风气候。年均降水量为502.3~601.3毫米，年内降水量分配不均，多集中在7~9月。濮阳市属比较干旱的地区之一，水资源贫乏。境内地表径流靠降水补给，年均径流量为1.86亿立方米，径流深为44.4毫米；浅层地下水资源量为6.73亿立方米，其中可开采资源量6.24亿立方米。全市多年平均水资源总量7.37亿立方米，人均水资源为220立方米，仅相当于全省人均占有量的1/2，不足全国人均占有量的1/10，属极度缺水地区（小于500立方米每人）。一般干旱年缺水1.89亿立方米，中等干旱年缺水2.96亿立方米。濮阳县、清丰县、南乐县还有1800多平方千米的地下水漏斗区，约占全市总面积的44.1%。由于受到地理环境及降水时空变化的影响，且没有蓄水工程，濮阳市的地表水资源实际可利用量很小。

濮阳跨海河、黄河两大流域，主要入境河流有黄河、卫河、金堤河、天然文岩渠等，唯有黄河水资源最为丰富。据高村水文站1951~2015年水文资料统计，黄河流经濮阳境的水量年均为345.74亿立方米，年均输沙量为7.53亿吨。黄河来水年际变化大，年内分配不均，丰枯水量相差很大，是开发利用水资源的不利因素。高村水文站1964年来水872.9亿立方米，1997年来水103.4亿立方米，丰枯水量相差8.4倍。大于历年平均年水量的有28年，小于历年平均年水量的有37年。由于黄河流域降雨集中，因此造成下游来水来沙年内分配也特别集中。高村站7~10月历年平均水量约占年水量的59.4%，11月至翌年6月历年平均水量约占年水量的40.6%，个别年份更为突出。冬季（11~12月）多年平均水量占年水量的13.3%，而灌溉季节（3~6月）仅占年水量的21.8%。黄河水质肥沃，含盐量少，含有机质多，黄河泥沙每立方米一般含氮0.8~1.5千克、含磷1.05千克、含钾21.4千克，适用农田灌溉和放淤改土。黄河水矿化度、硬度都较低，是较好的饮用水。濮阳工农业用水主要依靠引黄，21世纪以来年均引黄水量为8亿立方米以上。在濮阳市用水结构中，农业用水量约占全市总用水量的70%左右，工业用水量占全市总用水量的14%~18%，生活用水占7%左右，其余的是城镇公用和生态环境用水。

二、黄河水资源管理沿革

20世纪五六十年代，随着黄河流域经济社会的发展，需水不断增加，开始根据各用水部门的需求制定水资源开发利用的规划，确定水利工程和水资源管理任务。这一时期，黄河水资源管理以开发利用为重点，没有建立相应的黄河水资源统一管理机构和制度。其管理主要侧重于水资源规划、水文监测、水文资料整编等基础工作，以行政手段为主，经济手段为辅。

20世纪七八十年代，随着工农业生产的进一步发展和人口增长等因素，区域用水量进一步增加，水资源的供需在局部地区和部分时段出现紧张状态。水体环境质量开始下降，对局部地区社会经济发展造成了一定的影响。这一时期，黄委会组织有关部门和地区开展黄河流域水资源评价、开发利用预测及分水方案的编制等工作。1987年，黄委会成立水量筹备组，开展全河水量调度研究工作。1990 年，黄委会成立水政水资源局，统管全河水政水资源工作。

20 世纪 90 年代，随着流域经济社会的发展，两岸对黄河水资源的用水需求越来越大，供需矛盾日益突出，黄河断流日益加剧，黄河水资源短缺严重，水质不断恶化，演变为流域性的普遍问题，成为制约经济发展的主要因素，从而引起国家领导人的重视和社会各界的关注。为提高黄河水资源的利用效率，缓解供需矛盾，黄委加强了对黄河水资源的统一管理。在黄河可供水量分配方面，加强水资源规划；在取水许可管理方面，初步实施取水许可制度；在水量调度方面，制订水量调度方案和办法，实施黄河水量实时调度。并开始实施黄河流域水资源统一管理调度。

1991 年 3 月，河南黄河河务局成立水政水资源处，濮阳市黄河河务局成立水政水资源科，统一管理管辖范围内的黄河水资源。1993 年国务院出台《取水许可制度实施办法》后，黄委会以实施取水许可制度为契机，进一步加强流域水资源的统一管理工作。1994 年，水利部印发《关于授予黄河水利委员会取水许可管理权限的通知》，授权黄委对黄河干流及其重要跨省（区）支流的取水许可全额管理或限额管理的权限，按国务院批准的黄河可供水量分配方案对沿河各省（区）黄河取水许可实施总量控制。

根据国务院《取水许可制度实施办法》和《河南省取水许可制度和水资源费征收管理办法》，濮阳市黄河河务局开始对所管辖范围内取水许可项目的取水许可证换发、取水许可证年审、取水许可总量控制和新建、改建、扩建工程取水许可（预）申请的审批等进行规范管理。取水许可制度的实施，将黄河水资源的宏观调控和分配方案落到实处，各地区、各部门的用水得到合理调整，取水用户的合法权益得到保护。濮阳市黄河河务局根据河南黄河河务局下达的配水指令，结合不同时期上游来水、前期降雨、需水要求等情况，采取调水、限水、轮灌、加强监督检查等，优化调度濮阳黄河水资源。

1998 年 12 月，国家计委、水利部颁布《黄河水量调度管理办法》，授权黄委负责黄河水量调度统一管理工作，并对调度的原则、权限、用水申报、用水审批、特殊情况下的水量调度、用水监督等方面的内容做出规定。1999 年 3 月，黄委设立水量调度管理局，正式对黄河干流水量实施统一调度，以合理配置黄河水资源，缓解断流和水资源供需矛盾。

2002 年 6 月，黄委成立水资源管理与调度局，河南黄河河务局设立水资源管理与调度处。2002 年 11 月，濮阳市黄河河务局升格为副局级，机关设水政水资源处，下设水资源科，其职责是："统一管理濮阳黄河水资源（包括地表水和地下水），依照黄委和河南黄河河务局批准的黄河水量分配方案，制订濮阳市黄河水供求计划和水量调度方案，并负责实施调度和监督管理，审核涵闸放水计划，执行用水签票制度；负责《黄河下游水量调度工作责任制》的贯彻落实；组织或指导涉及黄河河道管理范围内建设项目的水资源论证工作；负责濮阳黄河河段水量调度系统建设的行业管理；在授权范围内组织实施取水许可制度、水资源费征收制度，保护和利用黄河水资源。"沿黄三县级河务局设水政水资源科，统一管理辖区内黄河水资源（包括地表水和地下水），依照上级水量分配方案指导闸管部门实施，执行用水签票制度。

2003 年起，濮阳境内的 10 座引黄涵闸相继安装远程监控系统，实现涵闸自动化测流、适时图像传输，为黄河水量的精细调度奠定了基础。

2006 年 7 月，国务院公布《黄河水量调度条例》，对水量分配、水量调度、应急调度、监督管理、法律责任等方面做出明确规定。根据《黄河水量调度条例》规定，濮阳河务局负责濮阳范围内黄河水量调度的实施和监督检查。2007 年 11 月，水利部根据《黄河水量调度条例》发布《黄河水量调度条例实施细则》，黄河水资源步入法律化、制度化管理新时期。

2011 年，黄委制定《黄河水资源管理与调度督察办法（试行）》，明确各级水调督察责任，规范督察的内容与执法程序、督察的处理与报告制度。2012 年，国务院印发《关于实行最严格水资源管理制度的意见》，要求确立水资源开发利用控制红线，确立用水效率控制红线，确立水功能区限制纳入红线。2013 年后，根据国务院《实行最严格水资源管理制度考核办法》，黄河水资源管理得到进一步加强。

三、取水许可制度

20 世纪 70 年代，黄委会在水资源利用调研的基础上，提出沿黄各省（区）用水现状及发展趋势预测。1983 年 7 月，水利电力部召开沿黄各省（区、市）和国务院有关部委参加的黄河水资源评价与综合利用审议会，对黄河水量分配提出初步建议。1984 年 8 月，在全国计划会议上，国家计委就水利电力部报送的《黄河河川径流的预测和分配的初步意见》，约请同黄河水量分配关系密切的 12 个省（区、市）计委和水电、石油、建设、农业等部门座谈，调整并提出在南水北调工程生效前的黄河可供水量分配方案。1987 年 9 月，国务院办公厅批准并转发国家计委和水利电力部《关于黄河可供水量分配方案的报告》。

1994 年 5 月，水利部印发《关于授予黄河水利委员会取水许可管理权限的通知》，规定黄河水利委员会负责黄河流域取水许可制度的组织实施和监督管理。根据通知要求，濮阳黄河河段（包括在河道管理范围内取地下水），以及金堤河干流北耿庄以下至张庄闸（包括在河道管理范围内取地下水）范围内取水由黄委实行全额管理，受理、审核取水许可预申请，受理、审批取水许可申请，发放取水许可证。濮阳市黄河河务局是濮阳境内黄河管理范围内的取水许可监督管理机关，负责濮阳境内黄河管理范围内的取水许可监督管理。

1994 年 10 月，黄委制定《黄河取水许可实施细则》，明确规定在取水许可管理方式和范围、审批权限和程序、取水许可预申请、取水许可申请、取水登记等方面的内容。是年 12 月，濮阳市黄河河务局在 1993 年冬和 1994 年春两次调查摸底的基础上，再次组织人员对濮阳市黄河滩区内的 366 个行政村以及 18 处引黄口门的取水现状进行调查。其中，有65个行政村或无井或井已毁坏无法取水不予登记外，对其余能正常使用的水井和口门等共计319个取水单位全部进行登记核对。其中，行政村301个，水井2343眼，年取水总量1433.07万立方米；各类引黄口门共18处，实际引水总流量199.9立方米每秒，年取水总量57110.98万立方米，其中，堤上取水口门12处，实际引水总流量189.1立方米每秒，年取水总量55437.36万立方米；滩区引水口门6处，引水总流量10.8立方米每秒，年取水总量1673.62万立方米。地表、地下年取水总量为58544.05万立方米。水井全部用于滩区农业生产；取水口门有16处全部用于农业生产，有2处在用于农业生产的同时，还为工业生产和城市生活提供水源，工业生产年取水量为386.4万立方米，城市生活年取水量为524万立方米。1996年上半年，濮阳境内取水登记和发证工作全部完成，共发证319份。

1996年，水利部颁布《取水许可监督管理办法》，在计划用水、节约用水、取水许可证年度审验制度、水资源管理统计等方面的管理提出明确规定。之后，濮阳市黄河河务局的取水许可工作的重点逐渐转向取水许可的监督管理，监督持证人是否按照取水许可证规定的用途、水量和方式取水。

2009年4月，黄委制定《黄河取水许可管理实施细则》，在审批权限、取水的申请和受理、取水许可的审查和决定、取水许可证的发放和公告、监督管理、罚则等方面管理提出新的规定。2010年，河南黄河河务局制定《河南黄河取水许可监督管理办法（试行）》。按照该办法的要求，濮阳河务局建立取水许可监督管理台账，对取水许可制度的执行情况进行全面监督。重点督查取水口的许可水量、实际取水量、计量设施运行等情况，从而及时避免水资源浪费和违反取水许可管理规定的行为发生，保障取水合法、合规。濮阳市取水许可办理流程见图6-1。

取水许可制度实施后，在控制用水规模、促进计划用水和节约用水方面起到了积极的作用。同时，有关取水许可的申请、审批以及用水统计、年终审验等工作逐步规范化。按照水利部《取水许可申请审批程序规定》中关于取水许可证有效期最长不超过5年的要求，濮阳河务局每隔5年对取水许可证进行审验换发，主要审验“取水人的法定代表是否变动，取水标准是否变化，取水量年内分配是否变化，取水工程（设施）安装的量水设施运行是否正常，取水地点是否变化，经批准的取水许可申请书中所规定的要求以及其他有关事项”等内容，将审验结果逐级上报黄委，批准换发。

2000年，濮阳境内取用黄河水资源共32户，发放黄河取水许可证29套，其中引黄涵闸10处，金堤河柳屯闸取水口1处，滩区小型取水口18处。审批年许可水量9.22亿立方米。2010年，濮阳境内取用黄河水资源共32户，发放黄河取水许可证29套，其中，引黄涵闸10处，金堤河柳屯闸取水口1处，滩区小型取水口18处。审批年许可水量8.45亿立方米，其中，工业用水许可量3200万立方米，农业用水许可量77026万立方米，生活用水许可量3800万立方米，生态用水许可量500万立方米。2015年，濮阳境内取用黄河水资源共32户，发放黄河取水许可证30套，其中，引黄涵闸11处，金堤河柳屯闸取水口1处，滩区小型取水口18处。审批年许可水量8.69

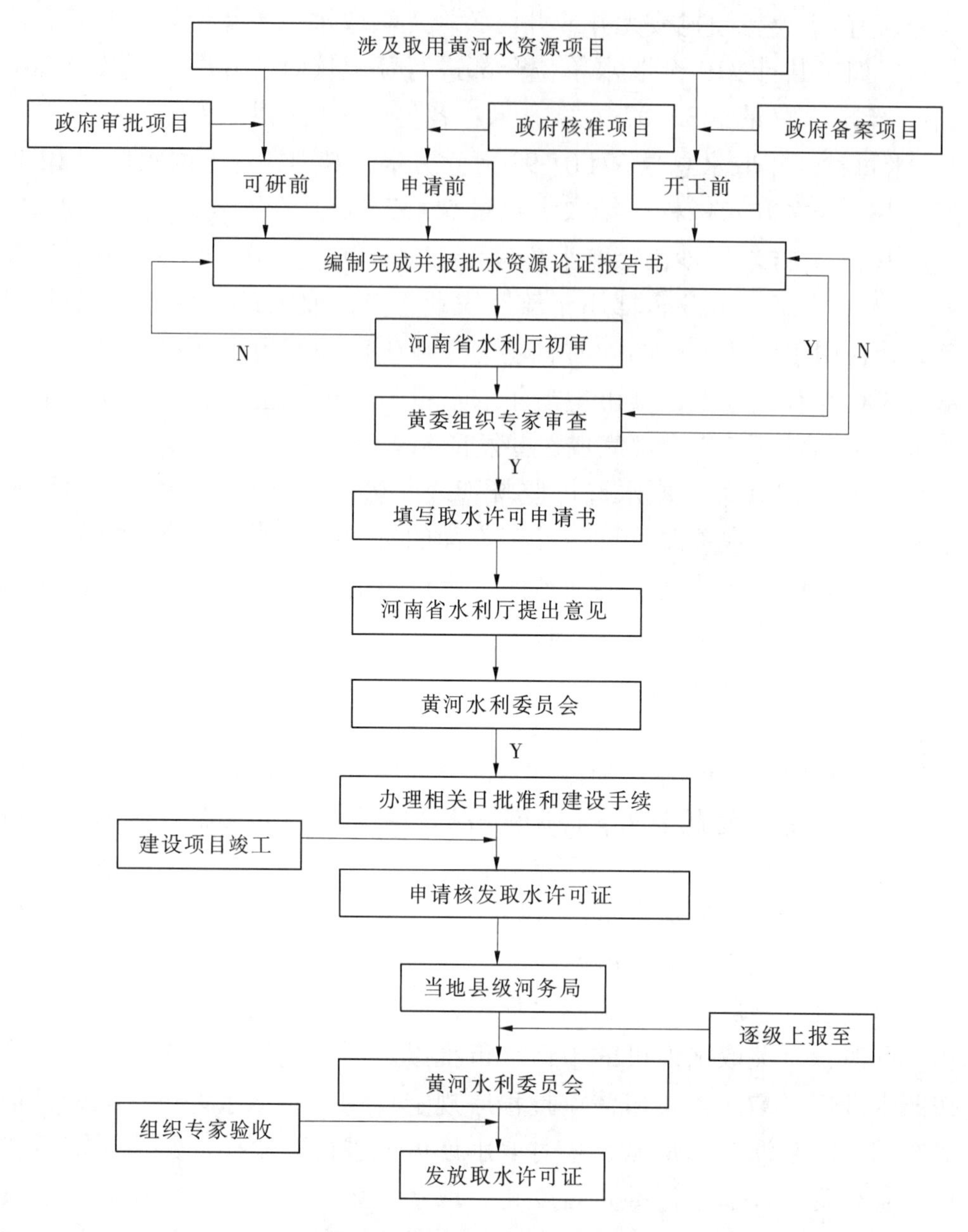

图6-1 取水许可办理流程

亿立方米，其中，工业用水许可量3200万立方米，农业用水许可量79426万立方米，生活用水许可量3800万立方米，生态用水许可量500万立方米。2000～2009年濮阳黄河取水许可情况见表6-1，2010～2014年濮阳黄河取水许可情况见表6-2，2015年濮阳黄河取水许可情况见表6-3。

四、水量调度

黄河流经地区大部分为干旱、半干旱地区，黄河是其主要的供水水源。随着沿河地区国民经济的发展，生产和生活引用黄河水量急剧增加，同时，不同地区和部门对

表6-1　2000～2009年濮阳黄河取水许可情况

序号	取水（国黄）字编号	许可证号	取水单位	取水工程	批准水量（万立方米）
1	〔2000〕第56001号	56001	濮阳第一河务局	渠村引黄闸	31685
2	〔2003〕第56001号	56002	濮阳县渠村乡	大芟河引水闸	18
3	〔2003〕第56002号	56003	濮阳县郎中乡	安头引水闸	6
4	〔2000〕第56003号	56004	濮阳第一河务局	南小堤引黄闸	15000
5	〔2003〕第56003号	56005	濮阳县习城乡	山东坝引水闸	360
6	〔2003〕第56004号	56006	濮阳县习城乡	王占引水闸	90
7	〔2003〕第56006号	56007	濮阳县梨园乡	焦集引水闸	294
8	〔2003〕第56007号	56008	濮阳县梨园乡	王刀庄西引水闸	210
9	〔2003〕第56008号	56009	濮阳县梨园乡	王刀庄东引水闸	612
10	〔2000〕第56002号	56010	濮阳第一河务局	梨园引黄闸	600
11	〔2003〕第56005号	56011	濮阳县白堽乡	辛占村东引水闸	270
12	〔2003〕第56009号	56012	濮阳县水务局	马张庄1闸	208
13	〔2003〕第56010号	56013	濮阳县水务局	马张庄2闸	208
14	〔2000〕第56004号	56014	濮阳第一河务局	王称堌引黄闸	4000
15	〔2003〕第56011号	56015	濮阳县王称堌乡	前项城闸	80
16	〔2003〕第56005号	56016	范县河务局	彭楼引黄闸	18500
17	〔2000〕第56008号	56017	范县水务局所	马棚引黄闸	300
18	〔2000〕第56006号	56018	范县河务局	邢庙引黄闸	7000
19	〔2000〕第56009号	56019	范县水务局	吴老家闸	300
20	〔2000〕第56007号	56020	范县河务局	于庄引黄闸	1300
21	〔2000〕第56014号	56021	台前县清河乡	岳楼闸	70
22	〔2000〕第56013号	56022	台前县清河乡	孟楼闸	40
23	〔2000〕第56010号	56023	台前河务局	刘楼引黄闸	1900
24	〔2000〕第56015号	56024	台前县清河乡	阎丁闸	30
25	〔2000〕第56017号	56025	台前河务局	幸福闸	600
26	〔2000〕第56011号	56026	台前河务局	王集引黄闸	1500
27	〔2000〕第56012号	56027	台前河务局	影唐引黄闸	2000
28	〔2000〕第56016号	56028	台前县吴坝乡	邵庄提灌站	30
29	〔2000〕第61001号	56029	濮阳第二河务局	柳屯闸	5000
	合计				92211

水的需求在数量和时程分配上的差异较大，使得黄河干流水资源供需矛盾日益加剧。因此，客观上需要对黄河水量进行调度，在时间和空间上重新配置黄河水资源，以适应不同地区和部门的黄河水资源需求。

表 6-2　2010～2014 年濮阳黄河取水许可情况

序号	取水许可证 取水（国黄）字编号	取水权人名称	取水地点	取水流量	许可水量（万立方米）				
					总量	工业	农业	生活	生态
1	〔2010〕第 71069 号	渠村闸管所	濮阳县渠村引黄闸	100	33000	3200	27500	1800	500
2	〔2010〕第 71070 号	南小堤闸管所	濮阳县南小堤闸	50	14000	—	14000	—	—
3	〔2010〕第 71071 号	南小堤闸管所	濮阳县梨园引黄闸	10	500	—	500	—	—
4	〔2010〕第 71072 号	南小堤闸管所	濮阳县王称堌引黄闸	10	2400	—	2400	—	—
5	〔2010〕第 71073 号	彭楼闸管所	范县彭楼引黄闸	50	15700	—	13700	2000	—
6	〔2010〕第 71074 号	彭楼闸管所	范县邢庙引黄闸	15	5500	—	5500	—	—
7	〔2010〕第 71075 号	彭楼闸管所	范县于庄引黄闸	10	1200	—	1200	—	—
8	〔2010〕第 71076 号	影堂闸管所	台前县刘楼引黄闸	15	1500	—	1500	—	—
9	〔2010〕第 71077 号	影堂闸管所	台前县王集引黄闸	30	1300	—	1300	—	—
10	〔2010〕第 71078 号	影堂闸管所	台前县影堂引黄闸	10	1700	—	1700	—	—
11	〔2010〕第 72079 号	濮阳县渠村乡政府	大芟河闸	4	18	—	18	—	—
12	〔2010〕第 72080 号	濮阳县郎中乡政府	安头闸	2	6	—	6	—	—
13	〔2010〕第 72081 号	濮阳县习城乡政府	曹楼村闸	4	360	—	360	—	—
14	〔2010〕第 72082 号	濮阳县习城乡政府	王占闸	1	90	—	90	—	—
15	〔2010〕第 72083 号	濮阳县梨园乡政府	焦集闸	4	294	—	294	—	—
16	〔2010〕第 72084 号	濮阳县梨园乡政府	王刀庄西闸	4	210	—	210	—	—
17	〔2010〕第 72085 号	濮阳县梨园乡政府	王刀庄东闸	3	612	—	612	—	—
18	〔2010〕第 72086 号	濮阳县白堽乡政府	辛占村东闸	3	270	—	270	—	—
19	〔2010〕第 72087 号	王称堌灌区管理所	马张庄 1 闸	5	208	—	208	—	—
20	〔2010〕第 72088 号	王称堌灌区管理所	马张庄 2 闸	5	208	—	208	—	—
21	〔2010〕第 72089 号	濮阳王称堌乡政府	前项城闸	2	80	—	80	—	—
22	〔2010〕第 72090 号	彭楼灌区管理所	马棚引黄闸	2	300	—	300	—	—
23	〔2010〕第 72091 号	邢庙灌区管理所	吴老家闸	4	300	—	300	—	—
24	〔2010〕第 72092 号	台前清水河乡政府	甘草村岳楼闸	1	70	—	70	—	—
25	〔2010〕第 72093 号	台前清水河乡政府	孟楼村孟楼闸	1	40	—	40	—	—
26	〔2010〕第 72094 号	台前清水河乡政府	阎刘村阎丁闸	1	30	—	30	—	—
27	〔2010〕第 72095 号	台前县马楼乡政府	韩胡同村幸福闸	2	600	—	600	—	—
28	〔2010〕第 72096 号	台前县吴坝乡政府	邵庄提灌站	1.6	30	—	30	—	—
29	〔2010〕第 71097 号	濮阳第二河务局	北金堤柳屯闸	30	4000	—	4000	—	—
	合计	—	—	379.6	84526	3200	77026	3800	500

表 6-3 2015 年濮阳黄河取水许可情况

序号	取水许可证编号 取水（国黄）字	取水权人名称	取水工程名称	许可水量（万立方米）				
				总量	工业	农业	生活	生态
1	〔2015〕第 711085 号	渠村闸管所	渠村引黄闸	33000	3200	27500	1800	500
2	〔2015〕第 711086 号	南小堤供水处	陈屯引黄闸	3000	—	3000	—	—
3	〔2015〕第 711087 号	南小堤闸管所	南小堤引黄闸	14000	—	14000	—	—
4	〔2015〕第 711088 号	南小堤闸管所	梨园引黄闸	500	—	500	—	—
5	〔2015〕第 711089 号	南小堤闸管所	王称堌引黄闸	2400	—	2400	—	
6	〔2015〕第 711090 号	彭楼闸管所	彭楼引黄闸	15100	—	13100	2000	—
7	〔2015〕第 711091 号	彭楼闸管所	邢庙引黄闸	5500	—	5500	—	—
8	〔2015〕第 711092 号	彭楼闸管所	于庄引黄闸	1200	—	1200	—	—
9	〔2015〕第 711093 号	影堂闸管所	刘楼引黄闸	1500		1500	—	—
10	〔2015〕第 711094 号	影堂闸管所	王集引黄闸	1300	—	1300	—	—
11	〔2015〕第 711095 号	影堂闸管所	影唐引黄闸	1700	—	1700	—	—
12	〔2015〕第 713096 号	濮阳县渠村乡政府	大芟河引水闸	18	—	18	—	—
13	〔2015〕第 713097 号	濮阳县郎中乡政府	安头引水闸	6	—	6	—	—
14	〔2015〕第 713098 号	濮阳县习城乡政府	山东坝引水闸	360	—	360	—	—
15	〔2015〕第 713099 号	濮阳县习城乡政府	王占引水闸	90	—	90	—	—
16	〔2015〕第 713100 号	濮阳县梨园乡政府	焦集引水闸	294	—	294	—	—
17	〔2015〕第 713101 号	濮阳县梨园乡政府	王刀庄西引水闸	210	—	210	—	—
18	〔2015〕第 713102 号	濮阳县梨园乡政府	王刀庄东引水闸	612	—	612	—	—
19	〔2015〕第 713103 号	濮阳县白堽乡政府	辛占村东引水闸	270	—	270	—	—
20	〔2015〕第 713104 号	王称堌灌区管理所	马张庄 1 闸	208	—	208	—	—
21	〔2015〕第 713105 号	王称堌灌区管理所	马张庄 2 闸	208	—	208	—	—
22	〔2015〕第 713106 号	濮阳县王称堌乡政府	前项城闸	80	—	80	—	—
23	〔2015〕第 713107 号	彭楼灌区管理所	马棚引黄闸	300	—	300	—	—
24	〔2015〕第 713108 号	邢庙灌区管理所	吴老家闸	300	—	300	—	—
25	〔2015〕第 713109 号	台前县清河乡政府	岳楼闸	70	—	70	—	—
26	〔2015〕第 713110 号	台前县清河乡政府	孟楼闸	40	—	40	—	—
27	〔2015〕第 713111 号	台前县清河乡政府	阎丁闸	30	—	30	—	—
28	〔2015〕第 713112 号	台前县马楼乡政府	幸福闸	600	—	600	—	—
29	〔2015〕第 713113 号	台前县吴坝乡政府	邵庄提灌站	30	—	30	—	—
30	〔2015〕第 713114 号	濮阳第二河务局	柳屯闸	4000	—	4000	—	—
	合计	—	—	86926	3200	79426	3800	500

1972～1998年，黄河下游有22个年份发生断流。其中，有6年断流延伸到濮阳河段。黄河断流不仅造成局部地区生活、生产供水危机，破坏生态系统平衡，并带来巨大的经济损失。黄河日益严峻的断流形势引起党中央、国务院和社会各界的高度关注。1997年，国务院及国家计委、国家科委、水利部分别召开“黄河断流及其对策专家研讨会”，对黄河断流的原因和对策进行研讨。1998年1月，中国科学院和中国工程院163位院士联名签署“行动起来，拯救黄河”的呼吁书。部分院士和专家在对黄河进行实地考察后，向国务院提出《关于缓解黄河断流的对策与建议》的咨询报告，建议黄河水资源“依法实施统一管理和调度”。

1998年12月，国家计委、水利部联合颁布实施《黄河可供水量年度分配及干流水量调度方案》和《黄河水量调度管理办法》，授权黄河水利委员会从1999年3月开始对黄河水量实施统一调度。《黄河水量调度管理办法》规定，黄河水量调度实行统一调度，总量控制，以供定需，分级管理，分级负责，并实施年度水量分配和干流水量调度预案制度。实行年计划月调节的调度方式。黄河水量调度方案规定，应优先安排城乡生活用水和重要工业用水，其次是农业、工业及其他用水。2000年，按照黄委下达的引水总量和省际断面流量双控的原则，河南黄河水量调度正式下达用水指标。濮阳市黄河河务局实行总量控制、分级管理、旬调度与日调度相结合的水量调度制度，结合濮阳各灌区需水实际，审核编报年、月、旬用水计划，合理调配用水指标。在用水紧张时期实行日调度指令制度，根据需要实行轮灌制度。

2001年11月，开始实行订单引水、退水收费制度，将水量调度细化到周。引水订单每旬报一次，批一次。各用水户在申报年用水计划的基础上，结合墒情、雨情申报月用水计划和旬引水订单。2002年，开始对引水计量进行稽查，实行水调管理人员责任制，以保证计划用水和水量调度指令的执行和水资源的优化配置。是年，涵闸配置LSL20B旋浆流速仪15套，实现流量实测，结束了沿用多年的查流量曲线表计算流量的历史。2003年初，实行岗位责任制、持证上岗制、测流测沙签名制。上半年，濮阳境内发生严重干旱，濮阳河务局制定《旱情紧急情况下濮阳黄河水量调度督查预案》，明确责任人，成立督查组，确保水量调度有序进行。同时，利用实测和预测雨情、墒情、农情等信息，指导计划用水，做到实时调度，保证抗旱用水。是年，濮阳境内10座引黄闸全部安装涵闸远程监控系统。2004年，按照《河南黄河引黄工程“两水分离、两费分计”工作实施方案》，实行农业用水和城市生活及工业用水“两水分离、两费分计”制度，通过引黄渠道取水口或进水口的改造，完善计量方法，界定农业用水和工业及城市生活用水等非农业用水的比重，实行两水单独计量，分别收费。“十五”期间，根据上级对水量调度工作的要求和水量调度中出现的新问题，濮阳河务局相继制定《濮阳黄河订单供水调度管理办法》《濮阳市黄河水量调度巡查办法（试行）》《濮阳市黄河水量调度管理人员责任制（试行）》《濮阳市黄河引水计量稽查管理办法（试行）》《濮阳黄河水量调度突发事件应急处置规定实施细则》《濮阳黄河水资源管理与调度内业资料管理办法》等制度，为水量调度工作提供制度保障。

2006年7月，国务院公布《黄河水量调度条例》，规定黄河水量调度实行年度水量调度计划与月、旬水量调度方案和实时调度指令相结合的调度方式。水量调度年度为当年7月1日至次年6月30日。2007年11月，水利部颁布《黄河水量调度条例实施细则》。濮阳河务局贯彻执行《黄河水量调度条例》和《黄河水量调度条例实施细则》，结合各灌区土壤墒情、农情等信息编报月、旬用水计划，遵守河南黄河河务局批准的年度水量调度计划和下达的月、旬水量调度方案以及实时调度指令实施水量调度，并按照灌区实际用水需求合理调配各个时期的用水指标；开展定期和不定期的引水巡查，以保证水量调度指令的落实。2007年，开展涵闸引水能力及灌区种植面积调研，测算用水量，以保证实时用水需求。2009年春和2011年春，针对濮阳出现的旱情，启动濮阳黄河Ⅱ级抗旱应急响应，按照河南黄河河务局的的各项调水指令实施水量实时调度，及时向灌区通报大河流量、水位等信息，详实掌握灌区受旱面积、受旱程度和实时灌溉情况，实行“五日滚动订单”制度，合理申报灌区用水计划，合理调配引水指标，2009年春共引水2.2亿立方米，2011年春共引水1.76亿立方米，使麦田得到及时灌溉，为濮阳市大旱之年的农业丰收提供了可靠的保障。濮阳灌区主要农作物灌溉时间和定额见表6-4，用水计划及取水报表工作流程见表6-5。

表6-4　濮阳灌区主要农作物灌溉时间和定额

作物名称	生育期	灌水起止时间（月-日）	灌水天数（天）	灌水定额（立方米/公顷）	灌溉定额（立方米/公顷）
冬小麦	越冬前期	11-25～12-05	10	450	2775
	返青	02-25～03-06	10	600	
	拔节	03-26～04-06	10	450	
	抽穗	04-11～04-20	10	600	
	灌浆	05-16～05-25	10	675	
玉米	抽穗	08-01～08-09	9	675	1425
	灌浆	08-26～09-06	9	750	
棉花	蕾期	05-28～06-05	9	675	1350
	花铃	08-11～08-19	9	675	
水稻	秧田	06-05～06-14	10	1200	4950
	返青	06-21～06-25	5	600	
	分孽	07-05～07-14	10	600	
	拔节	07-26～07-31	6	750	
	抽穗	08-06～08-15	10	750	
	灌浆	08-29～09-02	5	600	
	黄熟	09-17～09-23	7	450	

表6-5　用水计划及取水报表工作流程

类别	名称	用水计划和取水报表编报与下达时间				
		濮阳河务局	河南河务局	黄委	水利部	河南河务局
用水计划管理	年度用水计划	10月20日报省局	10月25日报黄委	10月31日报水利部	11月10日水利部下达	11月25日下达计划报黄委备案
	月用水计划	24日报省局	25日报黄委	28日黄委下达	—	5日下达计划报黄委备案
	旬用水计划	逢4日报省局	逢5日报黄委	逢8日黄委下达	—	逢1日下达计划报黄委备案
	用水订单调整		提前48小时报黄委	—	—	—
取水报表管理	年度报表	7月20日报省局	7月25日报黄委	—	—	—
	汛期报表（7~10月）	10月20日报省局	10月25日报黄委	—	—	—
	月报表	4日报省局	5日报黄委	—	—	—
	旬报表	逢4日报省局	逢5日报黄委	—	—	—

2011年，黄委制定《黄河下游水量调度订单管理办法》，规定订单实行总量控制，动态管理，逐级审批，分级管理，分级负责的原则。从订单的申报与审批、订单的实施与管理两个方面规范订单管理，提高水量调度精度。2013年以后，由县级河务局受理管辖范围内各用水户的用水申请，濮阳河务局汇总后上报河南黄河河务局。濮阳河务局将根据批复用水量，将各口门的引水时段、引水流量、引水量分别下达到各县级河务局，各县级河务局以此为依据向用水单位签发水量调度通知单。制订《濮阳黄河干流年度水量分配调度计划》，为用水单位拟订年、月、旬用水计划和用水方案提供依据。对各取水口门的年度用水量和阶段引水量逐一核查对比，严格控制引水误差，实现引水总量控制。采取实时调度方式，指导用水单位及时调整用水订单，提高用水计划的准确性和有效性。实行水量调度责任制和引水督查稽查，保证水量调度指令的落实。采取告知用水户年度取水许可水量及当年的用水形势、每季提醒用水户做好用水统筹管理、用水量达到许可水量85%时向用水户发出引水总量预警、用水量达到许可水量95%时向用水户发出紧急告警等措施，推进计划用水、节约用水。

自1999年实施黄河水量统一调度以来，成效显著，其一，黄河未出现断流现象。在流域来水持续偏枯，沿黄地区连年干旱，水资源供需矛盾异常尖锐的情况下，通过强化水量统一调度，濮阳河段实现连续17年（1999~2015年）不断流。其二，用水需求得到保障。实施黄河水量统一调度后，按照用水计划，合理分配，避免了争水、抢水和盲目引水情况的发生，各农田灌区、城市居民生活、工业生产和生态等用水需求得到落实。其三，促进节约用水。实施水量统一调度，加之水价改革，引黄灌区用水、管水无序的局面得到改变，依法用水、计划用水和节约用水的观念增强，水资源的利用率得到提高。

第二节　供水管理

1961 年以前，沿河涵闸、虹吸等渠首工程由地方政府管理，引水按河务部门的通知进行。1961 年，渠首工程归河务局部门管理，引水按省水利厅批准的年、季度用水计划供水。20 世纪 80 年代初，在计划供水的基础上实行签票供水制度。80 年代以前，尽管国家有收缴水费的政策，但在引黄供水中没有得到执行。1982 年，濮阳开始收缴引黄水费，开始收缴率很低。1996 年以后，收缴率达到 100%。

1998 年，濮阳市黄河河务局成立供水管理处，负责引黄供水和水费收缴工作。2001 年，按照黄河水量统一调度的要求，实行订单供水、退水收费制度，将供水量细化到周。各引水闸安装自动流量测量仪，实现流量实测。2003 年开始，供水单位与用水单位签订供水协议，明确双方权利和义务、供水量、水费收缴等事宜。2006 年，水管体制改革，河南黄河河务局组建河南黄河河务局供水局濮阳供水分局，负责濮阳境内引黄供水的管理。

一、管理机构

1961 年以前，渠村、南小堤、彭楼、王集、刘楼 5 处引黄闸和南小堤虹吸工程，由当地县政府管理，引水工程的启闭时间和引水量的大小由河务部门通知安排。1961 年，河南省人民政府召开沿河地、市及各灌区管理局工程管理会议，明确沿河引黄工程统一归黄河部门管理。1963 年，按黄委会有关规定，濮阳境内的渠首闸和虹吸工程均由其所在地的黄河修防段管理，灌区仍由地方政府管理。20 世纪 70 年代，安阳地区黄河修防处曾设立引黄组（科），负责引水管理。1983 年引黄组（科）撤销。

1998 年 8 月，根据河南黄河河务局《关于濮阳市黄河河务局体制改革方案的批复》，组建濮阳市黄河河务局供水公司，按法人企业注册。其职责是：统一管理和协调各县局所属闸管单位的供水和水费收缴事宜。濮阳、范县、台前三县级河务局组建供水分公司，列为供水公司的分支机构。供水分公司的主要任务是：供水设施及附属堤段的管理和维护，汛期抢险，水费收缴等。

2002 年 12 月，根据河南黄河河务局《关于濮阳市黄河河务局职能配置、机构设置和人员编制方案的批复》，成立濮阳黄河供水管理处，列为经营开发类事业单位。濮阳、范县、台前三县级河务局成立涵闸养护大队。濮阳黄河供水管理处主要职责是：负责濮阳黄河供水生产的协调、监督和管理；负责濮阳黄河各类引水工程（含地方自建自管引水工程）的供水计量和水费计收；负责审查、汇总承担有防汛等社会公益性任务的供水工程投资计划（或部门预算）编制上报的审批下达，并监督落实；负责濮阳黄河供水资产的管理及保值增值，做好濮阳黄河水资源费的收缴工作；负责局属各单位涵闸养护大队的工作，并按照防汛责任制的要求协助有关部门做好引黄涵闸工程范围内的防汛工作。

2006年6月，根据黄委《黄河供水管理体制改革指导意见》，河南黄河河务局成立供水局濮阳供水分局，为河南黄河河务局供水局的分支机构，隶属于濮阳河务局管理，不具备法人资格。濮阳供水分局行政级别为正科级。撤销濮阳黄河河务局供水处和濮阳、范县、台前河务局3个涵闸养护大队。设渠村、南小堤、彭楼、影唐、柳屯5个供水水闸管理所，归濮阳供水分局管理。渠村闸管所负责管理渠村引黄闸，南小堤闸管所负责管理陈屯、南小堤、梨园、王称堌4座引黄闸，彭楼闸管所负责管理彭楼、邢庙、于庄3座引黄闸和李桥虹吸，影唐闸管所负责管理刘楼、王集、影唐3座引黄闸和王集渠首闸、毛河虹吸，柳屯闸管所负责管理北金堤上的柳屯闸和濮阳县城南回灌区。

濮阳供水分局的主要职责，一是水行政管理职责，执行水行政主管部门的水量调度指令；负责本分局成本核算、预算的编报和实施；做好辖区内的引黄供水服务；负责本分局职工队伍的管理工作。二是水利工程管理职责，负责辖区内引黄供水的生产和管理；负责汇总编报辖区内用水需求计划，根据河南黄河河务局供水局授权，与用户签订引黄供水协议书，及时完成辖区内引黄供水订单的汇总上报；负责辖区内引黄供水计量、水费计收；负责辖区内引黄供水工程管理、供水工程日常维修养护计划与更新改造计划的编报和实施；按照防汛责任制要求，做好辖区内引黄供水工程范围内的防汛工作等。

闸管所的主要职责是：负责辖区内引黄供水的生产和管理；执行水行政主管部门的水量调度指令；根据上级授权，与用户签订引黄供水协议书，及时完成辖区内引黄供水订单的汇总上报；负责辖区内引黄供水计量、水费计收；负责辖区内引黄供水工程的运行观测、维修养护等日常管理工作；按照防汛责任制要求，做好辖区内引黄供水工程范围内的防汛工作；做好辖区内的渠道管理看护工作等。

二、供水的实施

（一）供水程序

20世纪50年代后期，引黄涵闸的启闭运用和引水量大小，按河务部门的通知进行。1959年、1960年枯水季节供水紧张，各闸的引水量按河南黄河河务局规定的水量控制。1964年，河南省水利厅与河南黄河河务局印发《关于引黄闸有关用水和闸门启闭的联合通知》，要求各地凡需引黄河水放淤、灌溉和城市工业用水者，应编造年度、季度用水计划，报水利厅批准，闸门启闭由河南黄河河务局根据批复文件，通知各涵闸管理单位按计划供水。未经批准用水计划的，各引黄涵闸管理单位不得擅自开闸放水。1965年以后，曾一度出现引水无序失控现象，一年引水期长达200多天。

20世纪80年代初，水利部要求控制引水、合理用水，按照农作物的合理灌溉制度，定额配水，编制引水方案，将引水纳入计划管理。其具体做法是：各灌区根据农作物需要编制每年灌溉用水计划。3～6月，逐月按旬做出引水流量、水量、灌溉面积及作物种植等计划逐级审核上报。河南省水利厅会同河南黄河河务局汇总审定后于每年2月中旬报黄委会。河南省水利厅和河南黄河河务局根据黄委会平衡后的水量，将修订后的计划下达到市、县和修防处、段及涵闸管理部门。灌区管理单位和渠首管理单位，在批准的旬引水指标内，直接办理签票手续进行引水，超计划引水和计划调整，按审批权限，报请上级批准后执行。为防止乱指挥启闭闸门和过量引水问题的发生，实行灌区负责人签票开闸责任制。开始两年，计划供水和用水签票制度因用水单位不习惯而流于形式，没有约束力。随着管理制度的健全和水费征收工作的推进，对计划供水和用水签票认识有所提高，执行也比较认真。

2000年实行黄河水量统一调度管理以后，引黄供水严格按照河务局部门水量调度的指令进行。2002年1月起，濮阳市黄河河务局贯彻执行《黄河下游订单供水调度管理办法（试行)》，开始实行订单供水管理。各用水单位于每旬的5日、15日、25日将下一旬的计划引水指标申请报送濮阳市黄河河务局；濮阳市黄河河务局于每月23日将濮阳市引水计划上报河南黄河河务局，申请引水指标。濮阳市黄河河务局根据河南黄河河务局批复的引水指标，向各用水单位下达月水量调度通知单。濮阳黄河供水管理处依据濮阳市黄河河务局下达的水量调度通知单向各用水单位下达供水通知单，并向各涵闸下达供水指令。但在实施过程中，曾出现一些用水单位在申报用水订单时随意性较大，盲目要水，要而不引，引而不足，浪费水资源的现象。

2003年，河南黄河河务局出台《河南黄河订单供水管理若干规定》，要求各用水单位在申报引水订单时，要参考农业气象和墒情预报信息，分析农作物各生长期用水需求，科学、合理编制引水订单，减少误差。若用水单位的旬引水订单指标与实际引水指标之差大于旬实际引水指标的15%，用水单位应缴纳退单退水费，其标准为超过规定之外的水量，按申报水量时期供水价格的20%计收退单退水费。若供水单位无原因退水的，应抵顶供水管理单位下一旬引水指标，取消下一旬优先配水权。对违反规定的，给予行政、经济和取消配水优先权、核减水量等方式的处罚。

2006年后，引黄供水和涵闸统一由濮阳供水分局直接管理。涵闸管理人员凭供水分局按上级下达的供水指标给用水单位签发的《供水通知单》开闸放水。2007年12月，濮阳河务局制定《濮阳黄河引黄供水管理办法》，在用水申请程序、引水计量、引水计量统计、计量稽查和管理、水费征收等方面做出具体规定。

（二）供水协议

自2003年开始，濮阳市黄河河务局于每年初，组织用水单位召开引黄供水座谈会，总结上年供水取得的效益和存在的问题，共同协商解决的措施。向用水户宣传有关引黄供水方面和水费征收方面的政策，与用水户签订年度供水协议。

供水协议依据《河南黄河订单供水管理若干规定》《取水许可办法》《水利工程供水价格管理办法》等规定，明确供水单位和用水户双方的权利与义务。供水协议的主要内容有：用水单位计划引水量，水费计量的依据、标准和缴纳时限，双方责权等。

供水单位的责权主要有：按照批复的引水指标，向用水单位签发《引黄放水通知单》；负责与用水单位人员一起进行引水计量，与用水单位逐月签订《引黄供水结算单》；根据用水单位实际用水量计收水费；搞好引黄供水工程的维修与养护，确保正常运行等。

用水单位责权主要有：服从黄河统一调度水量的指令，逐旬与供水单位签订《引黄供水通知单》，逐月与闸管所签订《引黄供水结算单》，及时交纳水费等。

其他事项主要有：实行计划供水，超计划用水的部分实行加价收费，超计划 20% 以内的，加价 50%，超计划 20% 以上的，加价 100%；实行退水、退单收费制度；若用水单位拒交或拖欠水费，供水单位有权限制或停止供水；《引黄供水结算单》累计引水量为水费结算依据等。濮阳市引黄供水协议座谈会见图 6-2。

图 6-2　2006 年度引黄供水协议座谈会

（三）引水计量

2002 年以前，引水计量主要采用查流量曲线表计算流量的办法，流量计算不够准确，且随意性较大。2002 年，在各引黄闸安装自动流量测量仪，实现流量实测。并培训测量人员，制定引水计量管理制度，引水计量管理逐步加强。濮阳供水分局成立后，引水计量由其具体负责，市、县级河务局负责对其监督管理。各闸门配备计量专业技术人员 1 名。引水计量实行工作岗位责任制、工作人员持证上岗制、测流及记录人员签名制。引水计量规定使用流速仪或流量计实测，严格按《河流流量测验规范》（GB 50179）操作，确保引水计量准确，误差不超过 ±5%。引水计量每日实测两次（早 8

时和晚16时)。当闸前闸后水位变化较大或启闭闸门时，增加测流次数。各用水单位参加计量实测，并双方签字认可所测流量。渠村引黄闸和彭楼引黄闸实行“两水分离、两费分计”，在非农业取水口安装电磁流量计，实现自动计量。对自动显示的流量和累计流量，每天至少观测和记录4次。在停电或仪表出现故障时，详细记录停电或仪表出现故障的起止时间，并及时采用人工计量补救。引水计量情景见图6-3。

图6-3　引水计量

引水计量实行日报、月报和年报统计制度。日报由各闸管所于每日9：00时前(含双休日、节假日)将上一日的实测流量、上一日平均流量和累计引水量报濮阳供水分局，供水分局于每日9：30前上报河南黄河河务局。月报由各闸管所于每月3日前将上一月的引水量汇总表报濮阳供水分局，年报于下一年1月7日前报濮阳供水分局。各闸管所引水计量统计人员，将各用水单位的引水量每旬统计1次，并及时与用水单位校对，双方签字认可。引水量统计应如实填报，不得多引少报或引而不报、弄虚作假。

濮阳、范县、台前三县级河务局成立计量稽查小组，配置便携式计量仪，每月稽查不少于4次，稽查的范围包括引黄供水的各个环节。濮阳河务局水政水资源处和濮阳供水分局分别组成稽查小组，采用定期或不定期的稽查方式进行引水计量稽查。重点稽查引水程序是否按照规定进行，各项记录是否齐全，引水流量是否存在多引或少引现象，引黄供水条件是否具备，是否存在私自开闸放水和偷水现象等，如在稽查过程中发现此类事件，按《河南黄河引水计量管理办法》有关规定对当事人进行处理。

(四)渠道防淤减淤

黄河水含沙量较高，长期引水会使渠道淤积，减少引水量，影响正常引水。2002年调水调沙以后，引渠淤积的现象愈来愈频繁，渠道的防淤减淤和清淤逐渐成为一项重要的工作。

2009年以后，濮阳河务局每年都制订《濮阳黄河引黄工程防淤减淤实施方案》，安排渠道防淤减淤工作。渠道防淤减淤主要采取拉沙冲淤方式进行。拉沙冲淤，即利用水流冲拉淤积的泥沙，防止淤积或减少淤积。拉沙冲淤的条件：在调水调沙后期，花园口断面流量低于2000立方米每秒时，对可能发生严重淤积的取水口门实施拉沙冲淤；在洪水期，当花园口站发生大于2000立方米每秒或含沙量大于每立方米35千克的洪水时，在洪水退水过程中对可能发生严重淤积的取水口门实施拉沙冲淤。拉沙冲淤前，组织技术人员对取水口门水位进行观测，确定拉沙冲淤最佳时机，以达到最佳效果。拉沙冲淤每年都进行多次，水调、供水部门和灌区管理单位，各负其责，共同实施。及时的拉沙冲淤，达到了防淤减淤的目的，渠道正常引水基本得到保证。如2015年，濮阳境内11座引黄闸有3座引水口脱河，3座引水口淤积。当年闸前引渠清淤23千米，清淤土方84万立方米；闸后渠道清淤310千米，清淤土方314万立方米。

调水调沙后期，河势变化大，有的取水口门出现脱河或淤塞现象，致使无法引水。这时，需要及时进行渠道疏浚或开挖。2010年7月10日，渠村引黄闸引水口处黄河主槽外移2.2千米，造成渠村引黄闸无法正常引水。市政府组织水利专家，现场查看，会商研究，决定采取疏通青庄险工6坝到渠村取水口回水通道的方案，并安排以濮阳河务局为主组织实施，市水利局、财政局、电业局、引黄工程管理处等相关单位通力配合。7月14日上午，引渠开挖施工正式开始，投入机械设备41台（套），施工高峰期投入人力近千人。7月24日8时，开挖引渠1.7千米，开挖土方23万立方米，引水恢复正常。渠村引黄闸引水口脱河现象自2010年以来多次发生，每次都要耗费大量的人力、物力进行处理。2015年濮阳引黄渠道清淤情况见表6-6。

表6-6　2015年濮阳引黄渠道清淤情况

取水口门	清淤土方				投入资金（万元）	投入劳力（人次）	清淤时间
	闸前引渠清淤		闸后渠道清淤				
	长（米）	土方（万立方米）	长（米）	土方（万立方米）			
渠村闸	1000	36	8500	65	800	600	2月1～15日，7月10～30日
陈屯闸	50	0.15	1000	1.65	9.0	150	2～11月
南小堤闸	1000	18	34000	27	225	2500	11月10日至12月15日
梨园闸	4600	6.2	1500	2	41	500	—
王称堌闸	4600	5	3000	19	192	200	10月20日至11月20日
彭楼闸	500	2	101496	70.2	290.92	15000	10月15日至11月15日
邢庙	80	0.2	105953	52.4	211.72	14300	11月3～10日
于庄闸	1940	5.8	22111	63	387	26000	10月25日至11月30日
刘楼闸	3700	3.95	6568	4.5	25	5000	11月1日至12月30日
王集闸	5460	6.236	8360	5.1	34	6000	
影唐闸	180	0.654	17800	4.9	19	5500	
合计	23110	84.19	310288	314.75	2234.64	75750	—

三、水费征收

1957 年，全国灌溉管理工作会议要求从 1958 年开始征收水费，管理机构所需岁修养护及人员经费均从水费收入中自行解决，国家不再补助。1965 年，国务院批转水电部《水利工程水费征收使用和管理试行办法》后，黄委会制定《黄河下游引黄涵闸和虹吸工程水费征收使用和管理试行办法的几点意见》。但由于种种原因，这个办法没有得到贯彻执行。1980 年，黄委会规定引黄灌区管理单位将所收水费的 5% 交渠首管理单位。是年，黄委会征收水费 12 万元，实现渠首供水从无偿到有偿的飞跃。1980 年全河济阳会议提出工程管理“安全、效益、综合经营”三项基本任务后，涵闸管理除做好安全运行外，主要抓水费征收工作，濮阳地区开始征收部分水费。

1982 年 6 月，水电部制定《黄河下游引黄渠首工程水费收交和管理暂行办法》，规定“工农业用水按引水量收费，不穿越堤防的引黄工程以渠首引水量为准，扬水站以实际提水量为准”。水费标准：灌溉用水，4 ~6 月枯水季节每立方米 1 厘，其余时间每立方米 0.3 厘；工业及城市用水，由引黄渠首工程直接供水的 4 ~6 月枯水季节，每立方米 4 厘，其余时间每立方米 2.5 厘。在水源紧张，为保工业和城市供水，而停止或限制农业用水时，工业及城市用水加倍收费；用水单位自建自管的引黄渠首工程，按上述标准减半收费；河务部门管理的其他堤防上的引水渠首工程引水，每立方米 0.2 厘，由地方管理的减半收费；超计划引水，超 20% 以内的加价 50%，超 20% 以上的加价 100%。水费收缴：灌区用水由灌区管理单位向河务部门缴纳，工业及城市用水以渠首直接供水的由用水单位向河务部门缴纳，从灌区取水的，由灌区管理单位向用水单位收费，再按上述标准规定向河务部门缴纳。自建自管的渠首单位应向所在河段黄河河务部门缴纳。灌区水费分夏、秋两季收缴，年终结清，工业及城市用水按季或月收，年终结清。过期欠缴的部分按月收 5% 的滞纳金，拒缴或拖欠不缴的，黄河河务部门有权停止供水，预缴水费可减收 1% ~2%。

1985 年，国务院发布《水利工程水费核订、计收和管理办法》。1989 年，国务院召开全国水费改革工作会议，检查贯彻执行国务院《水利工程水费核订、计收和管理办法》的情况和存在问题，交流经验，部署加快贯彻实施的要求和措施。会议指出，水费收入是水利工程管理单位的主要经费来源。因此，水费应由水管单位管理，保证用于水利工程的管理、维修和更新改造，任何部门不得截留和挪用。各地水利部门要根据国务院《水利工程水费核订、计收和管理办法》的规定，制定水费管理使用的实施细则，建立监察、审计制度，对截留、挪用水费者，应依法严肃处理。是年，在对黄河下游渠首供水成本进行测算的基础上，水利部颁发《黄河下游引黄渠首工程水费收缴和管理办法（试行）》，规定“引黄渠首工程农业水费以粮计价，按当年国家中等小麦合同订购价折算，用人民币交付，工业水价执行货币定价”。水费收缴标准：农业用水 4 ~6 月每万立方米 44.4 千克小麦，其他月份每万立方米 33.4 千克小麦，工业和城市生活用水4～6月每立方米4.5厘，其他月份每立方米2.5厘。

1990～2000年，由于受国家宏观调控政策等方面的影响，黄河下游水价标准一直未能得到调整。随着物价指数的不断上涨，供水生产资料成本和各项生产费用也逐年上升，水价与生产成本的差距越拉越大，水管单位亏损严重，供水简单再生产难以维持。2000年10月，国家发展计划委员会颁发《关于调整黄河下游引黄渠首工程供水价格的通知》，规定农业用水价格标准4～6月每立方米1.2分，其他月份每立方米1分；工业及城市生活用水价格标准，4～6月每立方米4.6分，其他月份每立方米3.9分。

2005年，根据《国家发展改革委关于调整黄河下游引黄渠首工程供水价格的通知》，国家再次调整黄河下游引黄渠首工程工业和城市生活用水价格，2005年7月1日至2006年6月30日，4～6月每立方米6.9分，其他月份每立方米6.2分；2006年7月1日以后，每年4～6月每立方米9.2分，其他月份每立方米8.5分。

2013年3月，国家发展改革委印发《关于调整黄河下游引黄渠首工程和岳城水库供水价格的通知》，调整黄河下游引黄渠首工程供水价格，工程供非农业用水价格，自2013年4月1日起，4～6月调整为每立方米0.14元，其他月份调整为每立方米0.12元。供农业用水价格暂不做调整，仍维持4～6月每立方米0.012元，其他月份每立方米0.01元。

1982年后，濮阳水费收缴率逐年提高，1996年以后收缴费率达100%。1981～2015年，全局共收缴水费18660.53万元。其中1981～1990年收缴水费97.41万元，1991～2000年为931.89万元，2001～2005年为4488.74万元，2006～2015年为13142.49万元。2006～2015年濮阳供水量及水费收缴情况见表6-7。

表6-7　2006～2015年濮阳供水量及水费收缴情况

年份	引水量（万立方米）			水费收缴（万元）
	合计	农业	工业	
2006	89341.69	87739.45	1602.24	1042.63
2007	63684.47	60435.20	3249.27	1008.98
2008	64430.88	60948.97	3481.91	1050.14
2009	86530.72	82376.65	4154.07	1361.69
2010	80378.01	75427.30	4950.71	1362.96
2011	98100.98	93170.69	4930.29	1448.11
2012	85313.53	80510.63	4802.90	1309.93
2013	103325.70	98464.07	4861.63	1655.34
2014	97790.41	93128.16	4662.25	1580.80
2015	87804.14	84574.05	3230.09	1321.91
合计	856700.53	816775.17	39925.36	13142.49

第三节　引黄灌溉

濮阳引黄灌溉始于20世纪50年代，当时有虹吸1座、引黄闸5座。由于采取大引、大蓄、大灌的方式引黄，大面积土地发生盐碱化，于1962年被迫停止引黄灌溉。1965年，大旱，濮阳恢复引黄。1968年再次停引。1974年后，连年干旱，于是再次恢复引黄灌溉，并开始进行灌排配套建设。20世纪70年代，建虹吸11座。80年代初，濮阳县、范县、台前县初步建成9个大中型灌区，并不断改建和续建。1986～2000年，相继建成3条濮（阳）清（丰）南（乐）引黄补源灌溉工程。2014年，建成濮阳市引黄灌溉调节水库1座。至2015年，濮阳境内有引黄闸11座，设计引黄能力310立方米每秒；引黄补源灌溉工程3条，水库1座；大中型灌区9个，设计总灌溉面积25.80万公顷，补源面积13.43万公顷。

一、发展历程

1855～1949年，由于当时政府腐败，战争不断，很少顾及黄河治理，濮阳河段主流迁徙频繁，常常决溢成灾，无引黄条件，因此黄河在濮阳境内基本是有害无利。

中华人民共和国成立后，在1955年7月第一届全国人民代表大会第二次会议通过的《关于根治黄河水害和开发黄河水利的综合规划的决议》指导下，濮阳才开始发展引黄灌溉事业。1957年3月，濮阳县在习城乡南小堤13坝修建虹吸1处，铺设管道4条，11月竣工，设计引水13.3立方米每秒，灌溉面积1.23万公顷。工程运用后，所灌耕地获得丰收，深受当地群众欢迎。这是黄河在铜瓦厢改道后，濮阳境内引黄兴利的首建工程。

1958年以后，在“大跃进”形势影响下，沿河掀起大办水利的群众运动，大搞引黄蓄灌。河南、山东两省规划兴建大功引黄蓄灌工程，是年3月，河南新乡专区大功指挥部和山东聊城专区大功指挥部在封丘达成协议，设计大功总干渠引水40立方米每秒，加大至50立方米每秒；向黄庄河、柳青河各输水20立方米每秒，加大25立方米每秒；大功干渠至五爷庙汇入金堤河，向东至濮阳金堤闸往北分水10立方米每秒，向东分水30立方米每秒，以解决濮阳、清丰、南乐及山东的范县、寿张等县的灌溉用水问题。4月27日，大功引黄蓄灌渠首闸开工，同时动工开挖总干渠，从封丘大功三姓庄起，经延津、长垣、滑县、浚县、内黄等县，至濮阳县西，北折经清丰县入南乐境，群众称为“大功河”，9月竣工后，命名为“红旗渠”。总干渠长161千米，下分12条干渠。其中，濮阳八一干、八二干，清丰九干，南乐十干4条，长86千米。各类大小建筑物1万余座，蓄水库60余座。利用渠槽蓄水19万～24万立方米，设计灌溉11个县的农田67万公顷，其中濮阳县、清丰县、南乐县13.5万公顷。

为蓄水灌溉，金堤河干流上筑起数道拦河大坝，节节拦蓄。濮阳县在姚庄修建水库。范县在上起高堤口、下至古城长31.86千米的河段上修筑4道高7米的拦河坝，以北金堤为北围堤，新修筑高1.5~3.0米、顶宽6.0米、边坡1∶6的南围堤，形成葛楼、十字坡、姬楼、古城4座水库，出水闸4座、水电站4座。寿张县在斗虎店、明堤、台前修建3道高5米的拦河坝，形成明堤、台前、张秋3座水库及台前水电站。以上水库总蓄水量2500万立方米。水库自1958年6月开工兴建，到9月底基本结束，1959年春开始蓄水灌溉。

沿河各县开始修建引黄闸。濮阳县于1958年6月，在临黄大堤40+700处建渠村引黄闸，设计流量为30立方米每秒，加大为36立方米每秒；寿张县（今台前县）于1958年12月，在临黄堤147+100处建刘楼引黄闸，设计引水流量23.5立方米每秒，加大为40立方米每秒；范县于1960年1月，在临黄堤105+500处建彭楼引黄闸，设计引水量50立方米每秒，加大为100立方米每秒；是年3月，寿张在临黄堤154+700处建王集引水闸，设计引水流量30立方米每秒；是年9月，濮阳县在临黄堤65+800处建南小堤引黄闸，设计引水量80立方米每秒。从而大搞“引、蓄、灌”联合运用。

1958~1962年，引黄灌溉发展很快，在当时旱情严重的情况下，引黄灌溉对农业增产起到一定的作用。但由于对黄河冲积平原旱、涝、碱的自然规律认识不足，片面强调灌而忽视排，灌区缺乏合理的规划设计，灌排工程不配套，又没有大面积灌溉的经验，采取大水漫灌的方法，用水量很大。又贯彻“以蓄为主，以小型为主，以社为主”的水利建设方针，把原有部分除涝排水沟河占用为引黄输水渠道，灌区内自然降水和灌区退水无法排泄，金堤河上修建水库，进一步破坏灌区原有的自然排水系统，地下水位上升，加上耕作粗放，肥料不足，造成大面积内涝和大面积次生盐碱化。到1961年冬，濮阳、清丰、南乐、范县四县涝灾由2.4万公顷扩大到10.33万公顷：盐碱地由1.63万公顷扩展为6.97万公顷，粮食产量由每公顷1500千克左右下降到750千克左右。

1962年2月17~22日，河南省在郑州召开除涝治碱工作会议，提出平原地区水利工作以除涝治碱为中心，排、灌、泄兼施的方针，扒除阻水工程，恢复自然流势，大搞排涝治碱。是年3月17日，国务院副总理谭震林在范县主持召开会议，专门研究引黄灌溉问题。参加人员有水电部副部长钱正英、黄委会副主任韩培诚、中共河南省委书记吴芝圃、副省长王维群、水利厅厅长刘一凡，山东省委副书记周兴、副省长陈雷、水利厅厅长江国栋，河北省省长刘子厚，以及安阳、聊城两专区负责人吕克明、段俊卿、夏子凡等。会议认为“三年引黄造成了一灌、二堵、三淤、四涝、五碱化的结果”，“在冀、鲁、豫三省范围内，减少耕地1000亩（66.67万公顷）、耕地盐碱化2000万亩（133.33万公顷），粮食减产50亿千克，造成严重灾害”，“今后十年、二十年不要再希望引黄”等。会议确定：①由于引黄大水漫灌，有灌无排，引起大面积土地碱化，根本措施是停止引黄，不经水电部批准不准开闸；②必须把阻水工程彻底拆除，恢复水的自然流向，降低地下水位；③积极采取排水措施，为金堤河排水找出路，以解决冀、鲁、豫三省水利纠纷。

范县会议后，黄河下游引黄涵闸，除河南省的人民胜利渠、黑岗口引黄闸，山东省的盖家沟、簸箕李引黄闸，由于供应航运和城市工业生活用水继续少量引水外，其余涵闸均相继暂停使用。安阳专区决定停止引黄灌溉，平渠还耕，拆除一切阻水工程，恢复水的自然流向。同时，开挖金堤河、天然文岩渠，并搞台田、条田、百亩一眼井等，开展排涝治碱为中心的水利工程建设。

1964 年，河南省农委组织农业科技部门在郑州花园口 69.4 公顷盐碱荒地上搞引黄种稻试验，当年收获水稻 26.8 万千克，每公顷产 3861 千克。1965 年 10 月，在郑州召开河南省稻改工作座谈会，濮阳县、范县派人参加。会议讨论了《河南省沿黄地区稻改工作规划（草案）》。不久，河南省成立引黄稻改委员会，在河南黄河河务局设引黄稻改办公室，总结经验，建立试点，提出“积极慎重”的原则，有计划地恢复引黄，发展水稻。1965 年秋，沿黄地区干旱严重，沿黄涵闸相继启闸引水抗旱种麦。

1966 年 3 月，水电部对恢复引黄灌溉做出批示：凡灌溉面积在 1.33 万公顷以上的，报国家计委或水电部审批，特别重大工程报国务院审批；灌溉面积在 1.33 万公顷以下的，征求黄委会意见后由省审批。同时，河南省人委对引黄灌溉问题也做了批示：绝不要因为抗旱重犯引黄灌溉引起土地盐碱化的教训，一定要做好渠系、田间配套工程，经常观察地下水位和土壤的变化情况，注意总结经验，改进工作。是年，河南农科所与长江规划办公室在范县东桑庄搞引黄种稻试点，当年获得丰收。

1968 年，由于缺乏管理，用水无度，乱扒乱堵成风，盐碱化再次回升，灌区再次停用。1974 年后，又遇连续干旱，促使引黄灌溉再次复兴。此后，在抗旱、发展水稻的推动下，引黄灌溉逐渐得到恢复与发展。广大干部群众汲取多年引黄灌溉的经验教训，采取井渠结合，排灌配套，兴建沉沙池控制泥沙淤垫。在用水上采取以提灌为主，部分自流，强调畦灌，严禁大水漫灌，压缩放水时间，并对主要渠道进行衬砌防止侧渗等措施，引黄灌溉逐渐完善。

1980 年以后，对灌区进行整顿，实行用水签票制，征收水费，不设沉沙池不准引黄，退水含沙量超过 2 千克每立方米不准入排水沟等，引黄工作逐步走上规范化道路。

20 世纪 80 年代初，濮阳县、范县、台前县初步建起 9 个引黄灌区，设计灌溉面积 13.3 万公顷，配套面积 1.91 万公顷。由于引黄配套面积小，主要依靠井灌，濮阳市有效灌溉面积 18.88 万公顷，其中引黄渠灌 3.97 万公顷，占总有效灌溉面积的 21%（见表 6-8）。

1983 年 6 月，濮阳市第一濮清南引黄补源干渠动工兴建。1986 年 5 月，第一濮清南引黄补源干渠建成通水，为解决金堤以北地区地下水位急剧下降问题找到出路。是年 11 月，濮阳市开始黄河背河洼地综合治理，扩种水稻 1.13 万公顷。1987 年 4 月，濮阳市城市供水工程开工建设。1987 年 11 月，开始兴建第二濮清南引黄补源工程，当年完成 11 千米总干渠和 4 千米西干渠。1988 年 4 月，第二濮清南引黄补源工程继续建设，当年汛期前完成金堤河以南14.7千米输水总干渠和过金堤涵闸工程建设任务。

表6-8　1982年濮阳引黄灌区情况

灌区名称	设计灌溉面积（万公顷）	配套面积（万公顷）	干渠			支渠			斗渠			沉沙池		
			条数	长度（千米）	建筑物（座）	条数	长度（千米）	建筑物（座）	条数	长度（千米）	建筑物（座）	处数	面积（公顷）	沉沙容积（万立方米）
渠村灌区	4.47	0.2	3	47	58	7	36.3	40	131	128	113	1	322	81
南小堤灌区	4.33	0.75	4	53.6	149	17	160	581	716	489	551	2	400	480
范县灌区	3.8	0.53	17	142.5	179	48	195.7	193	322	289	1948			
台前灌区	0.7	0.43	4	35	41	25	30	29	60	30				
合计	13.3	1.91	28	278.1	427	97	422	843	1229	936	2612	3	722	561

1990年3月，河南省引黄工作会议在濮阳市召开，会议肯定濮阳市引黄工作的成绩，推广濮阳市的经验。是年8月，濮阳城市引黄供水工程完工，每日供水能力6吨。是年11月6日，第三濮清南引黄补源第一期工程开工。在引黄补源工程建设的同时，进行9个引黄灌区工程配套建设，开展2万公顷背河洼地综合治理，2万公顷黄河滩区治理，基本形成灌排骨干工程体系。1995年12月，彭楼引黄入鲁工程开工建设。1996年11月，第二濮清南引黄补源工程整修，干渠输水能力提高到30立方米每秒。

2000年10月，第三濮清南引黄补源工程全线贯通正式通水，濮阳西部高亢沙区缺水问题得到解决。是年12月，引黄入鲁工程竣工。2009年引黄入邯工程开工建设，2010年11月，建成通水。2012年6月，濮阳市引黄灌溉调节水库开工建设，2014年9月建成正式蓄水运用。2015年12月，引黄入冀补淀工程开工建设。

截至2015年，濮阳市有引黄渠首工程11处，引黄灌区9个，补源灌区3个，水库1座，设计总灌溉面积25.80万公顷，补源面积13.43万公顷；引黄有效灌溉面积达20.35万公顷，占全市总有效灌溉面积的87%。引黄生活供水工程2处，跨区供水工程2处。黄河水资源的开发利用，为发展工农业生产，振兴濮阳经济发挥着重要作用。

二、引黄渠首工程

濮阳境内引黄渠首工程始建于1957年，主要有涵闸、虹吸和扬水站3类。20世纪五六十年代，先后建渠村、南小堤、董楼、彭楼、刘楼、王集6座引黄闸，除董楼为顶管式水闸外，其余为涵洞式水闸；建南小堤虹吸1座。20世纪70年代，建王称堌、于庄顶管式水闸2座；先后建老大坝、邢庙、影唐、李桥、陈屯、毛河、王窑、辛庄、白罡、武祥屯10座虹吸；建彭楼、影唐、姜庄、邵庄4座扬水站。80年代，由于原引黄闸设计防洪标准低，工程质量差，达不到防洪要求等原因，除渠村引黄闸于1979年移址改建外，先后对刘楼、南小堤、彭楼、王集、邢庙5座老闸移址改建；废除影唐虹吸，移址建影唐涵洞式水闸；新建杜寨、陆集2座虹吸。90年代，废除董楼顶管式水闸，新建梨园涵洞式水闸；拆除王称堌顶管水闸，改建为涵洞式水闸。2006年，因渠村引黄闸取水口受天然文岩渠污染，上移新址新建渠村引黄闸。2007年，拆除陈屯虹吸，原址建陈屯涵洞式水闸。虹吸引水工程，由于设计防洪标准低，逐渐成为防洪薄弱环节，在大堤加高加培中有9座相继拆除。扬水站因引黄灌溉作用不大，彭楼、影唐扬水站于20世纪90年代初拆除，姜庄、邵庄扬水站交地方政府管理运用。

根据防洪的要求，对废除的引黄闸和虹吸，按照堤防防洪要求，及时进行开挖回填处理，以保证堤防的完整和抗洪能力。

截至2015年，濮阳境内临黄大堤上有引黄闸11座，均为钢筋混凝土箱形涵洞结构，属于一级水工建筑物。其中渠村引黄闸和彭楼引黄闸为工农业混合引水闸，其余9座均为农业引水闸。设计总引水量为310立方米每秒，设计总灌溉面积为38.29万公顷，补源面积13.43万公顷。11座引黄闸建设总投资9040.92万元。另有王窑虹吸1处。2015年濮阳引黄涵闸工程统计见表6-9。

表6-9　2015年濮阳引黄涵闸工程统计

涵闸名称	形式	孔数	孔径（米）		启闭能力（吨）	设计流量（立方米每秒）	防洪水位（米）	灌溉面积（万公顷）	闸底高程（米）	闸身长度（米）	始建年份	改建年份	总投资（万元）
			高	宽									
渠村引黄闸	涵洞	6	3.6	3.0	40	100	66.91	12.67	56.34	96	1958	2006	7000.00
陈屯引黄闸	涵洞	1	2.5	3.0	20	10	66.29	1.00	56.2	178.6	2009	—	372.60
南小堤引黄闸	涵洞	3	2.8	2.8	30	50	65.66	3.30	56.26	70	1960	1984	167.80
梨园引黄闸	涵洞	1	2.7	2.5	25	10	63.52	0.50	52.8	90	1992	—	230.66
王称堌引黄闸	涵洞	1	2.7	2.5	25	10	61.3	0.63	51.2	90	1974	1995	310.8
彭楼引黄闸	涵洞	5	2.7	2.5	30	50	60.1	0.67	50.52	80	1960	1985	189.00
邢庙引黄闸	涵洞	1	2.8	3	30	15	58.2	1.33	48.2	80	1988	—	140.00
于庄引黄闸	涵洞	1	2.7	2.5	25	10	56.04	0.67	46	80	1978	1993	220.00
刘楼引黄闸	涵洞	1	2.8	2.8	30	15	54.66	0.47	44.16	80	1958	1984	120.00
王集引黄闸	涵洞	3	2.5	2.1	15	30	53.83	2.00	43.22	80	1960	1987	127.60
影唐引黄闸	涵洞	1	2.7	2.5	30	10	52.37	0.67	41.61	80	1989	—	162.46
合计	—	—	—	—	—	310	—	23.91	—	—	—	—	9040.92

（一）引黄涵闸

1.渠村引黄闸

该闸位于濮阳县境内，黄河左岸大堤桩号48+700处，始建于1958年，由河南黄河河务局设计，濮阳县水利局施工。该闸为3孔涵洞式水闸，孔口宽2.2米、高2.0米，设计流量30立方米每秒，设计灌溉面积4万公顷。由于黄河河床淤积，河水水位相应升高，该闸渗径长度不足，加之闸身出现局部沉陷，遂于1978年废除，重建新闸。

新建渠村引黄闸位于黄河北岸大堤桩号48+850处，由黄河勘测规划设计院设计，濮阳县水利局施工，建成于1979年，完成工程土方23.59万立方米，石方5135立方米，混凝土2350立方米，总投资227.5万元。该闸为4孔涵洞式水闸，孔口宽3.4米、高3.6米，设平板钢闸门，40吨卷扬式启闭机。设计引水流量100立方米每秒，设计灌溉面积18.53万公顷。

2003年以后，渠村引黄闸取水口上首的天然文岩渠严重污染，濮阳市生活用水受到影响。2005年10月，渠村引黄闸再次改建（原闸未拆除），2006年12月19日竣工。新闸位于黄河左岸大堤桩号47+120处，设计引水量100立方米每秒。该闸为Ⅰ级建筑物，年均引水量约为4.5亿立方米。该工程包括渠首防沙闸、输水干渠、穿天然文岩渠倒虹吸、穿堤引水闸、引水渠道等，由河南黄河河务局规划设计院设计，河南省中原水利水电集团有限公司施工，共完成土方89万立方米，砌石1.14万立方米，混凝土2.04万立方米，工程总投资约7000万元。其中，穿堤引黄闸工程总投资1413.01万元，完成土方21.24万立方米，混凝土8900立方米，基础处理粉喷桩3.4万米。穿堤引黄闸为一联6孔钢筋混凝土涵洞式水闸，设计流量为100立方米每秒。左侧5孔，每孔宽3.9米、高3.0米，设计流量90立方米每秒，设计灌溉面积18.53万公顷，用于渠村灌区农田灌溉和生态补源用水，以及引黄入邯；右侧1孔，宽2.5米、高3.0米，设计流量为10立方米每秒，用于濮阳市及中原油田的工业和城市生产、生活用水（见图6-4）。

图6-4　渠村引黄闸

2. 陈屯引黄闸

该闸由陈屯虹吸改建。原陈屯虹吸建于1977年，位于濮阳县郎中乡境内，黄河左岸大堤桩号61+650处，虹吸管3条，设计流量3立方米每秒。由于原设计管道长度不足，影响堤防加宽加高，加之管道锈蚀穿孔，成为黄河防汛险点。2007年虹吸拆除，在原址建闸。2007年2月1日开工，2007年5月23日涵洞及闸室段完工。因当地群众多次干扰造成工期延误，2009年7月31日全部竣工。完成土方4.46万立方米，石方1433立方米，混凝土1271立方米，投资372.6万元。该闸由黄河勘测规划设计有限公司设计，河南省中原水利水电工程集团有限公司施工。工程为单孔箱形涵洞，孔口宽2.5米、高3.0米，4.5吨手动电动两用螺杆式启闭机。设计引水流量10立方米每秒，设计灌溉面积1万公顷（见图6-5）。

图6-5　陈屯引黄闸

3. 南小堤引黄闸

该闸位于濮阳县境黄河左岸大堤桩号65+800处，为5孔涵洞式水闸。设计引水流量80立方米每秒，设计灌溉面积3.53万公顷，始建于1960年，由黄河勘测规划设计院设计，濮阳县水利局施工。由于黄河河床逐年淤积，洪水位相应升高，不能满足防洪要求，遂于1982年废除，重建新闸。

新闸建成于1984年，位于黄河左岸大堤桩号65+870处，为3孔涵洞式水闸。孔口宽2.8米、高2.8米，设钢筋混凝土平板闸门，30吨手摇电动两用螺杆式启闭机。设计引水流量50立方米每秒，设计灌溉面积4万公顷。该闸由河南黄河河务局设计院设计，河南黄河工程局施工，完成工程土方12.41万立方米，石方915立方米，混凝土2379立方米，总投资167.8万元（见图6-6）。

4. 梨园引黄闸

该闸位于濮阳县境内，黄河左岸大堤桩号83+350处，为1孔涵洞式水闸，孔口宽2.5米、高2.7米，25吨手摇电动两用螺杆式启闭机。设计流量10立方米每秒，设计灌溉面积0.5万公顷。该闸由河南黄河河务局规划设计院设计，濮阳市黄河河务局施工队和濮阳县黄河河务局共同施工，闸基土在第四节涵洞以前为粉质黏土，以后为粉质土，闸后采用土工织物作反滤。该工程于1992年1月开工，年底竣工，完成工程土方8.54万立方米，石方900立方米，混凝土816立方米，投资230.66万元。

董楼顶管式引水闸位于黄河左岸大堤桩号85+641处，建于1969年，由于设防标准低，涵管结构强度不足，在梨园闸建成后拆除（见图6-7）。

图 6-6　南小堤引黄闸

图 6-7　梨园引黄闸

5. 王称堌引黄闸

该闸原为顶管式引水闸，位于濮阳县王称堌乡境内，黄河左岸大堤桩号 98 + 502 处。始建于 1974 年，由濮阳县水利局设计，设计流量为 6.6 立方米每秒，投资 27.3 万元。

由于黄河河床逐年淤积，洪水位升高，致使顶管渗径不足，加之顶管本身强度不足和灌区面积扩大等原因，决定拆除顶管，在原位置建 1 孔涵洞式水闸。该闸由河南黄河河务局规划设计院设计，濮阳市黄河河务局第一工程处施工，1995 年建成，完成工程土方 8.3 万立方米，石方 700 立方米，混凝土 804 立方米，投资 310.80 万元。

该闸孔口宽 2.5 米、高 2.7 米，手摇电动两用螺杆式启闭机。设计流量 10 立方米每秒，设计灌溉面积 0.63 万公顷。曾用该闸放淤加固堤防 8.9 千米（见图 6-8）。

图 6-8　王称堌引黄闸

6. 彭楼引黄闸

该闸位于范县境内，黄河左岸大堤桩号 105 +500 处，始建于 1960 年，由黄委会设计院设计，山东省水利厅施工。该闸为 5 孔涵洞式水闸，孔宽 7.5 米、高 2.5 米。设计流量 50 立方米每秒，设计灌溉面积 6.67 万公顷。该闸的修建主要解决河南范县、山东莘县的农业用水问题。

由于黄河河床淤积，洪水位升高，该闸不能满足防洪要求，于 1984 年废除，在大堤桩号 105 +616 处重建新闸，闸基土系粉土和黏土夹层。由河南黄河河务局设计室设计，河南黄河河务局施工总队施工。该闸为 5 孔涵洞式水闸，单孔宽 2.5 米、高 2.5 米，采用塑料油膏作混凝土砌块护坡缝防渗。钢筋混凝土平板闸门，30 吨手摇电动两用螺杆式启闭机。最高运用水位 57.72 米，闸底板高程 50.52 米，设计流量 50 立方米每秒，加大流量 75 立方米每秒，设计灌溉面积 9.33 万公顷。新闸于 1985 年竣工，完成工程土方 14.6 万立方米，石方 2014 立方米，混凝土 2781 立方米，投资 189 万元（见图 6-9）。

图 6-9　彭楼引黄闸

7. 邢庙引黄闸

该闸由虹吸改建而成。邢庙虹吸位于范县境内，修建于 1972 年。由于虹吸管锈蚀严重，引水量无法满足农田用水和加固堤防所需，于 1988 年初决定拆除虹吸，在原位置上改建引黄闸。

邢庙闸位于黄河左岸大堤桩号 123 + 170 处，由河南黄河河务局设计院设计，濮阳市黄河修防处第一施工队承建。邢庙闸基土为易液化的粉细沙及粉土层，闸室段及涵洞基础均进行旋喷桩加固处理。1988 年 8 月邢庙闸竣工，共完成工程土方 5.8 万立方米，石方 1583 立方米，混凝土 896 立方米，投资 140 万元。

该闸为 1 孔涵洞式水闸，孔口宽 3 米、高 2.8 米，钢筋混凝土平板闸门，手摇电动两用螺杆启闭机。设计引水流量 15 立方米每秒，设计灌溉面积 1.33 万公顷（见图 6-10）。

图 6-10　邢庙引黄闸

8. 于庄引黄闸

该闸由顶管改建而成。于庄顶管位于范县境内，黄河左岸大堤桩号 140 + 280 处，为 2 孔直径 1.5 米的钢筋混凝土涵洞（管）式水闸，设计流量 5.5 立方米每秒。始建于 1978 年，由范县黄河修防段设计和施工。由于洞（管）壁与土结合不密实、渗径偏短、洞身强度不足，加之闸底板偏高、过流偏小等原因，不能适应防洪和灌溉的需要，于 1992 年汛后改建。

新闸位于黄河左岸大堤桩号 140 + 275 处，基土为粉土，闸基以下 2 米处有 1 米厚的粉质黏土夹层。该闸由河南黄河河务局规划设计院设计，濮阳市黄河河务局第一施工队和范县黄河河务局共同施工。该闸为 1 孔涵洞式水闸。孔口宽 2.5 米、高 2.7 米，设铸铁闸门，25 吨手摇电动两用螺杆式启闭机。设计引水量 10 立方米每秒，设计灌溉面积 1 万公顷，并担负滩区排水和放淤固堤任务。该闸于 1993 年 5 月竣工，完成工程土方 6.3 万立方米，石方 980 立方米，混凝土 800 立方米，总投资 220 万元（见图 6-11）。

图 6-11　于庄引黄闸

9. 刘楼引黄闸

该闸始建于 1958 年，由山东省位山工程局施工，位于台前县境内，黄河左岸大堤桩号 147 + 100 处。为 8 孔涵洞式水闸，孔口宽 1.2 米、高 1.2 米，设计引水流量 28.5 立方米每秒，灌溉面积 6.13 万公顷，实际灌溉面积 0.87 万公顷。该闸未正式设计，地质情况不明。运用 1 年后发现闸室和洞身有较大的不均匀沉陷，渗水、冒水严重，且防洪标准偏低，因此停用。1983 年决定废除该闸重建新闸。

新闸位于黄河左岸大堤桩号 147 + 040 处，为 1 孔涵洞式水闸，孔口宽 2.8 米、高 2.8 米，设钢筋混凝土平板闸门，30 吨手摇电动两用螺杆启闭机，设计引水流量 15 立方米每秒，设计灌溉面积 0.63 万公顷。闸基坐落在壤土及粉土上，为防止地基液化，地基用旋喷桩加固。新闸由河南黄河河务局规划设计院设计，河南黄河工程局承建，建成于 1984 年，完成工程土方 13.63 万立方米，石方 873 立方米，混凝土 900 立方米，总投资 120 万元（见图 6-12）。

图 6-12　刘楼引黄闸

10. 王集引黄闸

该闸始建于1959年12月，由山东省水利局施工，位于台前县境内，黄河左岸大堤桩号154+700处，为3孔涵洞式水闸。设计引水流量30立方米每秒，灌溉面积4.67万公顷，实际灌溉面积0.87万公顷。由于黄河河床淤积，洪水位相应升高，渗径长度不足，不能满足防洪要求，遂于1986年废除重建。

新闸位于黄河左岸大堤桩号154+650处，为3孔涵洞式水闸。孔口宽2.5米、高2.5米，设钢筋混凝土平板闸门，30吨手摇电动两用螺杆式启闭机，设计引水流量30立方米每秒，加大引水流量45立方米每秒，设计灌溉面积0.69万公顷。

该闸基土为沙壤土和粉土。由河南黄河河务局规划设计院设计，濮阳市黄河修防处施工队施工，建成于1987年。完成工程土方14.32万立方米，石方1100立方米，混凝土1500立方米，工程总投资127.6万元（见图6-13）。

图6-13　王集引黄闸

11. 影唐引黄闸

该闸由虹吸改建，原虹吸位于台前县境内，黄河左岸大堤桩号166+320处，共有4条虹吸管。1972年建成2条，1975年建成2条。设计引水流量2.84立方米每秒，设计灌溉面积6667公顷。由于引水流量不能满足灌溉要求，以及虹吸的设防标准偏低，1989年拆除虹吸建引黄闸。

影唐引黄闸位于黄河左岸大堤桩号166+340处，为1孔涵洞式水闸。孔口宽2.5米、高2.7米，设钢筋混凝土平板闸门，30吨手摇电动两用螺杆式启闭机。设计引水流量10立方米每秒，设计灌溉面积0.63万公顷。

该闸基土主要为粉质沙壤土、粉质黏土。由河南黄河河务局规划设计院设计，濮阳市黄河修防处施工队施工，1989年11月建成，完成工程土方11.59万立方米，石方1171立方米，混凝土823立方米，总投资162.46万元（见图6-14）。

图 6-14　影唐引黄闸

（二）虹吸

黄河沿岸多险工，临堤常年靠水，背河低洼，利用临河水位一般高于背河地面的有利条件，采用虹吸管工程引黄灌溉农田和放淤改土，具有投资小、见效快的特点。濮阳自 1957 年兴建南小堤虹吸管工程后，至 1983 年共建虹吸 13 处、管 31 条，设计流量 46.82 立方米每秒。

1972 年以后，虹吸工程建设有所改进。邢庙、毛河、影唐等虹吸设计，将活节部分橡胶管改为球形活节。在吸水方法上，将灌水式改为真空泵抽气式。虹吸工程设计引水水位及其推算方法与涵闸相同，属一级建筑物。设计防洪水位，采用工程建成后第 10 年相应于花园口站 22000 立方米每秒的洪水位，防洪超高大于 0.5 米。

虹吸工程具有小型、分散、运用方便的优点。修建时不必深挖大堤，施工较易。虹吸引表层水多，含沙量小，颗粒细，利于放淤改土。工程规模小，投资少，适用于小型引黄灌区，深受沿河群众欢迎。缺点是钢管容易锈蚀，维修任务大，容易形成堤防隐患。虹吸引水与防洪矛盾突出，为有利引水，多数虹吸管底设置过低，大河流量 1000～2000 立方米每秒时圆球活节即浸入水下，若管子拆卸不及，会造成防守被动。有的虹吸管底抬得过高，如邢庙虹吸，引水不利，工程搁置不用，不能发挥效益。范县虹吸工程见图 6-15。

由于虹吸设计防洪标准偏低，随着堤防多次加培加固，虹吸成为防洪的薄弱环节，9 处相继拆除，3 处改建成引黄闸。至 2015 年仅存王窑虹吸 1 座。濮阳引黄虹吸工程统计见表 6-10。

（三）扬水站

20 世纪 70 年代，濮阳境内建有彭楼、影唐、姜庄、邵庄 4 座引黄扬水站，设计引水量 9.2 立方米每秒。彭楼、影唐扬水站分别建在引黄渠首闸下游，曾在 20 世纪 70～80 年代淤填大堤背河低洼地带固堤改土中发挥过作用，90 年代初，因灌溉作用不大，

图 6-15　范县虹吸工程

以及管理等方面的原因相继拆除。1993 年，姜庄和邵庄两处临河固定式机械扬水站交当地政府管理运用。1983 年濮阳临黄扬水站基本情况见表 6-11。

表 6-10　濮阳引黄虹吸工程统计

县别	虹吸名称	工程位置大堤桩号	管数（条）	管口尺寸（米）		设计流量（立方米每秒）	防洪水位（米）	设计水位（米）		气室管底高程（米）	开启方法	实灌面积（公顷）	建成年份	总投资（万元）
				内径	长			临河	背河					
濮阳县	王窑	43 +525	2	0.80	71.00	2.50	66.80	61.50	60.00	66.55	充水	1000	1979	3.50
	陈屯	61 +650	3	0.70	71.40	3.00	64.00	59.40	57.50	64.00	抽气	1000	1977	2.40
	老大坝	63 +040	1	0.70	64.10	1.50	63.70	59.25	57.80	63.65	充水	667	1972	2.10
			1	0.50										
	南小堤	—	2	0.965	84.31	7.32	61.8	58.5	57.00	—	—	12333	1957	15.00
			2	0.9	83.05	6.00								
	杜占	77 +041	2	0.95	76.30	3.18	62.00	57.50	56.50	61.20	抽气	1333	1983	7.22
	辛庄	80 +800	2	0.80	70.60	2.50	61.40	56.60	55.20	61.12	抽气	1000	1979	3.50
	白堽	88 +788	2	0.95	69.60	4.00	60.60	57.70	54.50	59.15	抽气	2000	1979	4.45
			1	0.65										
	武祥屯	102 +508	2	0.80	65.80	2.50	57.17	54.20	53.00	59.15	抽气	800	1979	3.50
范县	李桥	118 +670	1	0.90	91.80	5.28	57.47	51.20	—	56.20	充水	667	1976	0.50
	邢庙	123 +170	2	0.90	—	2.00	57.00	56.60	—	56.30	—	—	1972	—
	陆集	132 +300	2	0.90	82.75	2.78	56.10	48.50	47.00	53.10	抽气	1000	1983	16.90
台前县	毛河	161 +860	2	0.90	78.26	1.42	52.80	45.48	45.08	50.48	充水	1333	1977	15.00
	影唐	166 +340	2	0.90	34.05	1.42	57.00	51.00	50.53	49.54	—	9413	1972	9.25
			2	0.90	33.85	1.42	49.44	44.42	44.02	52.29	—			2.70

表 6-11　1983 年濮阳临黄扬水站基本情况

扬水站名称	大堤桩号	设计流量（立方米每秒）	机组数	水泵		配带动力		总投资	建站时间
				台数	型号	台数	单机马力		
范县彭楼	105 +500	3	6	6	20ZLB－70	6	80	20	1974 年
台前影唐	166 +340	3	8	8	污工泵	8	20	19	1973 年
台前姜庄	182 +000	1.6	4	4	16“丰产”35	4	110	—	1977 年
台前邵庄	186 +500	1.6	4	4	16“丰产”35	4	110	—	1977 年

三、引黄灌区

濮阳、范县、台前三县毗邻黄河，具有得天独厚的引黄灌溉条件。20 世纪 80 年代，初步建成渠村、南小堤、王称堌、彭楼、邢庙、于庄、满庄、王集、孙口等 9 个大中型引黄灌区，涉及 50 个乡（镇），1837 个自然村。灌区设计引水能力 300 立方米每秒，设计灌溉面积 13.3 公顷，配套面积 1.91 万公顷，灌区共有各类渠道 1354 条，长 1636 千米，建筑物 3882 座。20 世纪 80 年代后，9 个灌区的骨干工程不断改建和续建，以解决渠道输水利用率低、工程不配套、灌溉用水不合理等突出问题，充分发挥灌区效益。同时，积极争取大型灌区续建配套与节水改造项目，2000 年以来渠村灌区、南小堤和彭楼灌区相继列入国家大型灌区续建配套与节水改造项目。截至 2015 年底，三大灌区完成投资 5.8 亿元，干渠过水能力大大提高，灌溉面积得到扩大，水利用系数也明显提高。至 2015 年，9 个灌区引黄能力 310 立方米每秒，设计总灌溉面积为 25.80 万公顷，补源面积 13.43 万公顷，总有效灌溉面积 20.35 万公顷。灌区共有渠道 3.6 万条，长 8 万千米，共修建各类建筑物 3.4 万余座。

（一）渠村灌区

渠村灌区始建于 1958 年，由于 1958～1961 年大引大蓄大灌，地下水位急剧上升，造成灌区大面积土地次生盐碱化，1961 年停灌。1966 年恢复灌溉。1979 年，渠村灌区改建。

渠村灌区位于濮阳县西南部，南濒黄河大堤，北抵卫河及省界，西至滑县境内黄庄河及市界，东抵董楼沟、潴龙河、大屯沟，东与南小堤引黄灌区毗邻。涉及濮阳县、华龙区、清丰县、南乐县和安阳市滑县等 5 县（区）48 个乡（镇）的 1313 个自然村，总土地面积 2019 平方千米，耕地面积 12.87 万公顷，受益人口 157.9 万人，其中农业人口 143 万人。灌区设计灌溉面积 11.21 万公顷，有效灌溉面积 8.87 万公顷。

渠村灌区经过多年建设，灌排渠系基本形成，灌溉系统骨干工程初具规模。渠村引黄闸和陈屯引黄闸为渠村灌区引水工程，设计流量 110 立方米每秒；输水总干渠 1 条，长 35.4 千米；总干渠 2 条，长 149.6 千米，分别是第一濮清南输水总干渠和第三濮清南输水总干渠；干渠 13 条（南湖、郑寨、安寨、高铺、牛寨、桑村、东一、东

二、东三、岳涟沟、引潴入马、顺河、石村），长151.6千米；分干渠及支渠共33条，长799.9千米。共有各类建筑物约4502座。曾建沉沙池8个，沉沙容积2330万立方米，现有沉沙池1个，面积186.67公顷。骨干排水沟有回木沟、三里店沟、水屯沟、五星沟及董楼沟等，总长242.92千米，均按3年和5年一遇标准治理过。渠村引黄灌区基本情况见表6-12。

表6-12　渠村引黄灌区基本情况

灌区所在区域	濮阳县、清丰县、南乐县及滑县		
管理机构名称	濮阳市引黄工程管理处	管理机构地址	濮阳市
受益县、乡	濮阳县、清丰县、南乐县及滑县的48个乡（镇）		
平均年均降水（毫米）	551.05	灌区农业人口（万人）	143
土地面积（万公顷）	20.19	灌区乡数（个）	48
耕地面积（万公顷）	12.87	主要作物	水稻、小麦、玉米
引黄渠首名称	渠村、陈屯引黄闸	渠首地址	48+700、61+650
设计引水流量（立方米每秒）	100+10	2000年以来年均引水量（亿立方米）	3.67
设计灌溉面积（万公顷）	11.21	有效灌溉面积（万公顷）	8.87
配套面积（万公顷）	4.67	2012年实灌面积（万公顷）	8
干渠长度（千米）	336.16	干排长度（千米）	170.35
支渠长度（千米）	799.9	支排长度（千米）	72.57
斗渠以上建筑物（座）	3305	斗排以上建筑物（座）	1197
现有沉沙池数	1	沉沙池面积（公顷）	186.67
机井数（眼）	36544	井灌面积（万公顷）	10.27
灌区总投资（万元）	49953	其中国家投资（万元）	13420

（二）南小堤灌区

南小堤灌区始建于1957年，1960年重建，1983年改建，设计灌溉面积3.21万公顷，设计补源面积4.13万公顷。南小堤灌区位于濮阳市的东南部，南临黄河大堤，北到河北省界，西与渠村灌区毗邻，东至王称堌灌区、山东莘县，南北长约85千米，东西宽约33千米，涉及濮阳县、清丰县、南乐县及华龙区26个乡（镇）的893个自然村，总人口80多万人，总土地面积1060平方千米，耕地面积7.35万公顷。灌区共分两大部分，以金堤为界，金堤以南属正常灌区，有耕地面积3.21万公顷；金堤以北属补水灌区，有耕地4.14万公顷。灌区设计灌溉面积7.35万公顷，有效灌溉面积5.53万公顷。

正常灌区位于濮阳县东南部，南临黄河大堤，北抵金堤河，西至董楼沟与渠村灌区为邻。南北长35千米，东西宽17千米，控制面积413平方千米，涉及濮阳县郎中、习城、徐镇、梨园、白罡、梁庄、八公桥、胡状、鲁河、文留、柳屯11个乡（镇）的

374个行政村（389个自然村），总人口30.1万人。设计灌溉面积3.71万公顷，2012年，有效灌溉面积达2.84万公顷。

灌区工程有南小堤引黄闸和梨园引黄闸（原白堽、辛庄2处虹吸已拆除）2处引水工程，设计引水能力60立方米每秒，多年平均引水量1.63亿立方米。区内总干渠1条，长34.98千米；干渠6条，长69.15千米；支渠19条，长121.3千米；斗农渠1247条，长1206.6千米。排水工程有董楼、胡状、杜固和房刘庆4条排水干沟，长121.3千米；支沟10条，长79.94千米；各类建筑物3681座；机电井1882眼。灌区内沟渠纵横，机电井星罗棋布，基本实现旱能浇、涝能排。灌区曾建沉沙池5处，容积460万立方米。南小堤正常灌区基本情况见表6-13。

表6-13　南小堤正常灌区基本情况

灌区所在区域	濮阳县		
管理机构名称	濮阳县南小堤灌区管理所	管理机构地址	濮阳县徐镇镇东九章村
受益县、乡	习城、朗中、梨园、徐镇、梁庄、八公桥部分、胡状、鲁河、文留部分、白堽、柳屯		
平均年均降水（毫米）	551.6	灌区农业人口（万人）	30.1
土地面积（万公顷）	4.13	灌区乡数（个）	11
耕地面积（万公顷）	3.21	主要作物	小麦、水稻、玉米
引黄渠首名称	南小堤，梨园引黄闸	渠首地址	65+870，85+350
设计引水流量（立方米每秒）	50+10	2000年以来年均引水量（亿立方米）	1.46
设计灌溉面积（万公顷）	3.71（南小堤3.21、梨园0.5）	有效灌溉面积（万公顷）	2.84（南小堤2.44、梨园0.4）
配套面积（万公顷）	4.67	2012年实灌面积（万公顷）	2.87
干渠长度（千米）	104.13	干排长度（千米）	132.3
支渠长度（千米）	121.3	干排长度（千米）	79.94
斗渠以上建筑物（座）	3305	斗排以上建筑物（座）	376
机井数（眼）	1882	实用机井数（眼）	1882
机井配套数（眼）	1586	井灌面积（万公顷）	0.5
灌区总投资（万元）	10466	其中国家投资（万元）	2746

（三）王称堌灌区

王称堌灌区始建于1974年，1995年改建，位于濮阳县东南部，西部为大张沟，东至范县界，南为黄河大堤，北到金堤河，为一南北狭长地带。涉及王称堌乡、户部寨乡、文留乡的一部分，总面积168平方千米，总土地面积1.47万公顷，耕地面积0.9万公顷。灌区设计灌溉面积0.89万公顷，有效灌面积0.87万公顷。多年平均引黄水量1500多万立方米。灌区工程有王称堌引黄闸1座；干渠1条，长15.1千米；支渠

13条，总长65.2千米；干排长44.5千米，支排15千米；各类建筑物670座。灌区尚未建沉沙池，直接用浑水灌溉。灌区除浇地外，曾放淤改土733公顷。王称堌灌区基本情况见表6-14。

表6-14　王称堌灌区基本情况

灌区所在区域		濮阳县			
管理机构名称		濮阳县水利局王称堌灌区管理所		管理机构地址	濮阳县王称固镇
受益县、乡		濮阳县王称固镇、户部寨镇、文留镇			
平均年均降水（毫米）		750		灌区农业人口（万人）	11.18
土地面积（万公顷）		1.47		灌区乡数（个）	3
耕地面积（万公顷）		0.9		主要作物	小麦、玉米、大豆、水稻
引黄渠首名称		王称堌引黄闸		渠首地址	98+502
设计引水流量（立方米每秒）		10		2000年以来年均引水量（万立方米）	1550
设计灌溉面积（万公顷）		0.89		有效灌溉面积（万公顷）	0.87
干渠长度（千米）	15.1	衬砌	9.1	干排长度（千米）	44.5
支渠长度（千米）	65.2	衬砌		支排长度（千米）	15
斗渠以上建筑物（座）		460		斗排以上建筑物（座）	210
机井数（眼）		930		实用机井数（眼）	930

（四）彭楼灌区

彭楼灌区始建于1960年。初始，灌区常年引水，致使土地次生盐碱化，至1962年盐碱地发展到1.17万公顷，被迫停灌，灌区废弃。1965年，灌区以改良低洼涝碱为主，小面积种稻放淤，逐步恢复引黄灌溉。1971年后，又扩大以旱作为主，结合局部种稻。1985年重建。灌区设计灌溉面积6.67万公顷（其中，范县2.07万公顷，山东4.6万公顷），有效灌溉面积6.07万公顷（其中，范县1.87万公顷，山东4.2万公顷），补源面积9.13万公顷。

灌区位于范县中西部，南临黄河大堤，北依金堤河，西与濮阳县相接，东以大屯沟为界与邢庙灌区相邻，南北宽14.1千米，东西长23千米，控制面积323.9万平方千米，涉及范县濮城镇、城关镇、辛庄乡、王楼乡、杨集乡、白衣乡6个乡（镇）的313个行政村，总人口25.83万人，农业人口21.53万人，土地面积207平方千米，耕地1.87万公顷；山东莘县21个乡（镇），农业人口90万人，土地面积933平方千米，耕地7.6万公顷，以及冠县6万公顷补源。

灌区引水工程为彭楼引黄闸，设计引水能力50立方米每秒；灌区有总干渠1条，长2.4千米；干渠4条，总长66.7千米，设计流量35.81立方米每秒。支渠34条，长98.73千米；斗渠133条，长53.2千米；排水干沟4条，长61.6千米；支沟25条，长84.89千米；以及各种建筑物1400座。灌区建沉沙池2处，面积2平方千米，沉沙容积150万立方米。彭楼灌区基本情况见表6-15。

表 6-15　彭楼灌区基本情况

灌区所在区域	范县及山东莘县、冠县			
管理机构名称	范县彭楼灌区管理所	管理机构地址	范县杨集乡杨集	
受益县、乡	范县6个乡、镇和莘县21个乡、镇及冠县（补源）			
平均年均降水（毫米）	750	灌区农业人口（万人）	范20、莘90、冠50	
土地面积（万公顷）	范2.07、莘9.33、冠县6.33	灌区乡数（个）	范6、莘21及冠县	
耕地面积（万公顷）	范2.07、莘7.6、冠6	主要作物	水稻、小麦、玉米、大豆	
引黄渠首名称	彭楼引黄闸	渠首地址	105+616	
设计引水流量（立方米每秒）	50	2000年以来年均引水量（亿立方米）		1.8
设计灌溉面积（万公顷）	6.67（范2.07）	有效灌溉面积（万公顷）	6.07（范1.87、鲁4.2）	
配套面积（万公顷）	范境1.6	2012年实灌面积（万公顷）	范境1.87	
干渠长度（千米）	63.55	干排长度（千米）	57.38	
支渠长度（千米）	95.8	支排长度（千米）	75.4	
斗渠以上建筑物（座）	637	斗排以上建筑物（座）	763	
机井数（眼）	2473	井灌面积（万公顷）	0.4	
灌区总投资（万元）	1027	其中国家投资（万元）	231	

（五）邢庙灌区

邢庙灌区始建于1972年，1989～1993年重建，设计灌溉面积1.33万公顷，有效灌溉面积1.13万公顷。

灌区位于范县中东部，北靠金堤河，南临黄河大堤，西界大屯沟与彭楼灌区相接，东至张大庙干沟，控制面积172.9平方千米。受益乡（镇）有陈庄、孟楼、龙王庄、颜村铺、陆集、高码头、白衣7个乡和城关镇的部分土地，共有行政村189个，总人口15万人。

1988年5月以前，邢庙灌区使用2个虹吸管引水。1985年虹吸改闸后，使用邢庙引黄闸引水，设计引水能力15立方米每秒，多年平均引黄水量7200多万立方米。灌区总干渠1条，长3.3千米；干渠3条，长41.5千米；支渠26条，长67.7千米；斗渠266条，长186千米。灌区内主要排水河道有东部的张大庙沟、西部的大屯沟、中部的廖桥沟，均排入孟楼河，干排长52.1千米，支排长60.3千米。各类建筑物2755座。2000年以前建有沉沙池2处，容积分别为64万立方米和130万立方米。邢庙灌区基本情况见表6-16。

表 6-16　邢庙灌区基本情况

灌区所在区域	范县		
管理机构名称	范县邢庙灌区管理所	管理机构地址	范县新区朱堌堆
受益县、乡	范县陈庄、孟楼、龙王庄、颜村铺、陆集		
平均年均降水（毫米）	750	灌区农业人口（万人）	15
土地面积（万公顷）	1.4	灌区乡数（个）	5
耕地面积（万公顷）	1.33	主要作物	小麦、玉米、大豆、水稻
引黄渠首名称	邢庙引黄闸	渠首地址	123 + 170
设计引水流量（立方米每秒）	15	2000 年以来年均引水量（万立方米）	7222
设计灌溉面积（万公顷）	1.33	有效灌溉面积（万公顷）	1.13
配套面积（万公顷）	1	实灌面积（万公顷）	1.11
干渠长度（千米）	41.5	干排长度（千米）	52.1
支渠长度（千米）	67.7	支排长度（千米）	60.3
斗渠以上建筑物（座）	2132	斗排以上建筑物（座）	623
机井数（眼）	3197	实用机井数（眼）	2360
机井配套数（眼）	3120	井灌面积（万公顷）	0.53
灌区总投资（万元）	1100	其中国家投资（万元）	1100

（六）于庄灌区

于庄灌区建于 1979 年，1993 年改建，位于范县东北部，东临台前县界，西至张大庙沟，南至临黄大堤，北到金堤河，面积 70 平方千米。涉及张庄、高码头 2 个乡和陆集、龙王庄、颜村铺乡的部分土地，耕地 0.93 万公顷，共有行政村 114 个，农业人口 7.7 万人。设计灌溉面积 0.69 万公顷，有效灌溉面积 0.49 万公顷，多年平均引水量达 1300 多万立方米。灌区工程有于庄引黄闸、防沙闸各 1 座；干渠 3 条，总长 22.3 千米；支渠 26.4 千米。灌区内排水沟主要有张庄、高码头 2 条，干排 18.9 长千米，支排长 25 千米。各类建筑物 435 座。于庄灌区基本情况见表 6-17。

表 6-17　于庄灌区基本情况

灌区所在区域	范县		
管理机构名称	范县于庄灌区管理所	管理机构地址	范县高码头丁庄
受益县、乡	范县张庄乡、高码头乡		
平均年均降水（毫米）	750	灌区农业人口（万人）	7.7
土地面积（万公顷）	1.07	灌区乡数（个）	2
耕地面积（万公顷）	0.93	主要作物	小麦、玉米、大豆、水稻
引黄渠首名称	于庄引黄闸	渠首地址	140 + 250
设计引水流量（立方米每秒）	10	2000 年以来年均引水量（万立方米）	1303

续表 6-17

灌区所在区域	范县		
防沙闸名称	于庄拦沙闸	防沙闸地址	于庄引黄闸前 60 米
设计灌溉面积（万公顷）	0.68	有效灌溉面积（万公顷）	0.49
配套面积（万公顷）	0.45	实灌面积（万公顷）	0.49
干渠长度（千米）	22.3	干排长度（千米）	18.9
支渠长度（千米）	26.4	支排长度（千米）	25
斗渠以上建筑物（座）	199	斗排以上建筑物（座）	236
机井数（眼）	999	实用机井数（眼）	811
机井配套数（眼）	811	井灌面积（万公顷）	2
灌区总投资（万元）	141	其中国家投资（万元）	0

（七）满庄灌区

满庄灌区建于 1959 年，由于灌区地下水位上升，土地发生大面积次生盐碱化，1962 年停灌。后因连续干旱，于 1964 年恢复引黄灌溉。1983 年改建，位于台前县西部，北靠金堤河，南临黄河大堤，西起范县界，东与王集灌区为邻，总面积为 119 平方千米。涉及清河、侯庙、后方、城关镇 4 个乡的 33 个行政村，灌区人口 4.7 万人。设计灌溉面积 0.9 万公顷，有效灌溉面积 0.45 万公顷，多年平均引水量达 1240 万立方米。灌区工程有刘楼引黄闸、甘草防沙闸各 1 座；干渠 3 条，总长 101.7 千米；支渠 9 条，总长 60.1 千米；斗渠 36 条，总长 32 千米；灌区内排水河道主要有苗口沟、大杨沟、翟庄沟、刘口沟、四合村沟等，均排水入金堤河，干排长 9 千米，支排长 4.2 千米；各类建筑物 230 座。满庄灌区基本情况见表 6-18。

表 6-18　满庄灌区基本情况

灌区所在区域	台前县		
管理机构名称	满庄灌溉所	管理机构地址	侯庙镇兰赵村
受益县、乡	台前县侯庙镇、清河乡		
平均年均降水（毫米）	515.3	灌区农业人口（万人）	4.7
土地面积（万公顷）	1	灌区乡数（个）	2
耕地面积（万公顷）	0.9	主要作物	小麦、大豆
引黄渠首名称	刘楼引黄闸	渠首地址	147 +040
设计引水流量（立方米每秒）	10	2000 年以来年均引水量（万立方米）	1245
防沙闸名称	甘草防沙闸	防沙闸地址	孙楼控导工程
设计灌溉面积（万公顷）	0.9	有效灌溉面积（万公顷）	0.45
配套面积（万公顷）	0.2	实灌面积（万公顷）	0.45
干渠长度（千米）	101.7	干排长度（千米）	9
支渠长度（千米）	60.1	支排长度（千米）	4.2
斗渠以上建筑物（座）	157	斗排以上建筑物（座）	73
机井数（眼）	884	机井配套数（眼）	683
灌区总投资（万元）	881.62	其中国家投资（万元）	613.22

（八）王集灌区

王集灌区建于1960年，由于当时大引大蓄，灌排不分，致使灌区地下水位升高，土地发生次生盐碱化，1962年停止引黄灌溉。1964年恢复引黄灌溉。1987年改建，1996年重建。王集灌区位于台前县中部，南临黄河大堤，北与山东省接壤，东以梁庙沟台孙公路为界，西与满庄灌区相接，面积106平方千米。涉及马楼、后方、城关、孙口4个乡的122个行政村，灌区农业人口5.34万人，耕地0.94万公顷。灌区设计灌溉面积6900公顷，有效灌溉面积5700公顷，平均年引水量达970多万立方米。灌区工程有王集引黄闸1座，干渠长8.5千米，支渠长8.7千米；灌区内排水河道主要有梁庙沟、刘口沟、武口沟3条，均排水入金堤河，干排长9千米，支排长13千米；各类建筑物360座。王集灌区基本情况见表6-19。

表6-19　王集灌区基本情况

灌区所在区域	台前县		
管理机构名称	王集灌溉所	管理机构地址	台前县马楼乡
受益县、乡	台前县后方乡、城关镇		
平均年均降水（毫米）	515.3	灌区农业人口（万人）	5.34
土地面积（万公顷）	0.97	灌区乡数（个）	2
耕地面积（万公顷）	0.94	主要作物	小麦、大豆
引黄渠首名称	王集引黄闸	渠首地址	154+650
设计引水流量（立方米每秒）	30	2000年以来年均引水量（万立方米）	976
设计灌溉面积（万公顷）	0.69	有效灌溉面积（万公顷）	0.57
配套面积（万公顷）	0.2	实灌面积（万公顷）	0.57
干渠长度（千米）	8.5	干排长度（千米）	9
支渠长度（千米）	8.7	支排长度（千米）	13
斗渠以上建筑物（座）	300	斗排以上建筑物（座）	60
机井数（眼）	1050	机井配套数（眼）	700
灌区总投资（万元）	81.6	其中国家投资（万元）	64.6

（九）孙口灌区

孙口灌区建于1972～1977年，1989年重建，位于台前县东部黄河与金堤河汇流处的三角地带，南面和东面临黄河大堤，西与王集灌区为邻，北为金堤河，面积105.88平方千米。涉及孙口、打渔陈、夹河、吴坝4个乡的144个行政村，农业人口13.38万人，耕地0.88万公顷。灌区设计灌溉面积6840公顷，有效灌溉面积5700公顷，平均年引水量达1780多万立方米。1989年以前，灌区有影唐虹吸、毛河虹吸和姜庄、邵庄抽水站4处引水工程，形成4个独立的小灌区。影唐灌区建干渠1条，长9千米，建筑物60多座，配套面积1333公顷；毛河灌区建干渠1条，长6千米，建筑物25座，配套面积1067公顷；姜庄灌区建干渠1条，长4.5千米，配套面积667公顷；邵庄灌区建干渠1条，长8千米，配套面积667公顷。1989年5月，影唐引黄闸建成启用后，灌区进行重建。重建灌区工程有影唐引黄闸1座；干渠2条，长24.4千米；支渠6条，长30.4千米；灌区排水河道有郑三里沟、晋城沟和吴坝沟，干排长11.4千米，支排长38.5千米；各类建筑物619座。孙口灌区基本情况见表6-20。

表6-20　孙口灌区基本情况

灌区所在区域	濮阳市台前县		
管理机构名称	孙口灌溉所	管理机构地址	台前乡孙口乡
受益县、乡	台前县孙口乡、打渔陈乡、夹河乡、吴坝乡		
平均年均降水（毫米）	515.3	灌区农业人口（万人）	13.38
土地面积（万公顷）	1.06	灌区乡数（个）	4
耕地面积（万公顷）	0.88	主要作物	小麦、大豆
引黄渠首名称	影唐引黄闸	渠首地址	166+346
设计引水量（立方米每秒）	10	2000年以来年均引水量（亿立方米）	1786
设计灌溉面积（万公顷）	0.68	有效灌溉面积（万公顷）	0.57
配套面积（万公顷）	0.68	实灌面积（万公顷）	0.57
干渠长度（千米）	24.4	干排长度（千米）	11.4
支渠长度（千米）	30.4	支排长度（千米）	38.5
斗渠以上建筑物（座）	607	斗排以上建筑物（座）	12
机井数（眼）	2631	实用机井数（眼）	120
机井配套数（眼）	2307	井灌面积（万公顷）	0.64
灌区总投资（万元）	1441.13	其中国家投资（万元）	864.67

四、引黄补源与调蓄

濮阳县金堤河以北部分、清丰县、南乐县、华龙区、高新区和濮阳县的4个乡，面积1991平方千米，耕地12.27万公顷，是濮阳市主要的产粮区，原属纯井灌区。20世纪70年代后，随着农业的迅速发展，用水量不断增加，中等干旱年年用水量达到6.30亿立方米，而实际可供水量只有4.65亿立方米，每年缺水1.65亿立方米。所缺水量依靠超量开采地下水，从而造成地下水位大幅度下降，每年下降0.7米以上。为解决干旱缺水问题，1986年，濮阳市建成第一濮清南引黄补源灌溉工程，1987年11月至2000年12月，又相继兴修第二、第三濮清南引黄补源工程。三条濮清南干渠总长252千米。该工程以灌代补，蓄灌补源，以现有河沟为主体，引、蓄、灌、排综合利用，沟、塘、井、站密切结合，进行田间工程配套，完善蓄灌补源系统。至2015年，濮阳县、清丰县、南乐县、华龙区等近12.35万公顷农田受益。为解决濮阳市水资源紧缺问题，改善灌区用水条件，2014年9月，濮阳市在城乡一体化示范区建成濮阳市引黄灌溉调节水库，库容1612万立方米。

（一）濮清南引黄补源工程

第一濮清南补源工程自濮阳县渠村引黄闸取水，总干渠沿濮（阳）渠（村）公路至濮阳县南关倒虹吸穿过金堤河与一段明渠连接后穿过金堤回灌闸和金堤与马颊河连接，然后利用马颊河送水到金堤以北的濮阳县、华龙区、清丰县、南乐县。干渠全长97.16千米（其中北金堤以南35.535千米），输水能力为30立方米每秒，设计效益面积3.97万公顷。1982年11月经河南省计委批准，1983年开工，1986年总干渠建成通水。1991~1996年，第一濮清南灌区利用世界银行贷款进行工程配套。主要工程项目有总干输水渠混凝土衬砌12.13千米，其中3.13千米渠道坡、底全部衬砌，其余9千米只做渠坡衬砌；建干渠、斗渠、口门41座，桥3座，排水涵洞16座，总投资838.66万元；马颊河上段衬砌1.87千米，投资106.28万元；上段清淤27.59千米，土方117.7万立方米，总投资545.3万元，全部由效益区濮阳县、华龙区、清丰县、南乐县集资；马颊河上马庄桥、西吉七节制闸各1座，投资分别为96.8万元和162.55万元；东一干渠及三条支渠配套，总面积0.62万公顷，配套渠道长度12.66千米，修干、支渠建筑物51座，总投资574.39万元；孟轲支渠建桥5座，清淤17.15千米，投资65.35万元；东一干渠上933.33公顷蓄灌试验区建设投资261.07万元；马颊河下段清淤等其他项目共投资520.6万元，合计总投资3171万元。至2000年共建节制闸21座，其他各类建筑物400余座，提灌站33座，新建、改建沟渠30条，总长500多千米，补源区河、沟、坑、塘蓄水能力达2600万立方米，年引水量1.8亿立方米左右，补源配套面积2万公顷。

2003~2010年，国家投资对濮清南工程实施续建配套与节水改造，其中衬砌渠道44.544千米（其中，第一濮清南干渠28.844千米，第三濮清南干渠15.7千米），堤防整修加固45.88千米（其中，第一濮清南干渠33.18千米，第三濮清南干渠12.7千米），重建总干节制闸4座，金堤河倒虹吸进水闸和回灌闸各1座，新建、重建、维修桥梁、斗涵等各类建筑物400余座，新建、重建管理所16处，扩大灌溉补源面积2.67万公顷，渠道输水能力由15立方米每秒提高到68立方米每秒，20天的引水量就可达到1.1亿立方米以上，使工程效益区普浇一遍。第一濮清南干渠照片见图6-16。

第二濮清南补源工程自濮阳县南小堤引黄闸引水。总干渠上游通过扩建原南小堤灌区总干渠和一干渠的四支渠建成，至柳屯镇南穿过金堤河和金堤，向北到清丰县六塔乡黄龙潭节制闸止，总长43.7千米（其中金堤以南34.88千米），输水能力为30立方米每秒。其下有西干渠，至潴龙河止，长2.86千米；北干渠经清丰县的瓦屋头、六

图6-16　第一濮清南干渠

塔、仙庄、马村4乡（镇）进入南乐县杨村乡、张果屯乡、韩张镇，至永顺沟止，全长38.6千米。第二濮清南工程设计效益面积4.13万公顷。1987年11月开始兴建，1988年6月经河南省计委批准计划任务书，开始全面施工。至2000年，完成蓄灌补源配套面积0.67万公顷。补源区与南小堤灌区合用渠首闸引水，增加沉沙池2处。

第三濮清南补源工程在濮阳市西部，从渠村引黄闸引水，向下扩建南湖干渠穿过金堤河，过新习、王助、胡村、王什等乡（镇），送水到清丰县和南乐县西部，效益面积4.05万公顷。其中，濮阳县0.45万公顷，华龙区0.73万公顷，清丰县1.75万公顷，南乐县1.1万公顷。该区大部分属沙区，水资源极缺，1990年地下水位降到地面以下20米。1990年11月开始兴建第一期工程。自马庄桥镇马颊河节制闸前引水，向西沿顺河沟至顺河村折向北，沿加五支沟入卫河，干渠全长38.2千米，输水能力15立方米每秒。清丰县出动民工15万人，当年完成448万立方米土方开挖任务。建成交通桥3座、生产桥18座。1996年，濮阳市委、市政府再次提出兴建第三濮清南工程。1998年3月，河南省计委正式批准立项，批复总投资1.06亿元，其中，河南省投资3600万元，其余由濮阳市自筹解决。第三濮清南工程与第一濮清南工程共用沉沙池和19千米总干渠，从3号枢纽分水向西3千米后沿南湖四支向北，在岳辛庄北倒虹吸穿过金堤河，从新习乡、王助乡西经过，入赵北沟，在高新区王什乡顺河村入加五支沟，在清丰县阳邵乡范石村向东北入翟固沟，过十干渠排水沟、西西沟、元马沟至南乐县寺庄乡张浮丘入黄河故道，直至豫冀两省界。第三濮清南干渠全长111.2千米，全线新开挖段34千米，扩建段36.6千米，可利用段40.6千米，引水能力25立方米每秒，年引黄水量1.56亿立方米，效益面积4.25万公顷。1998年2月，开始兴建过金堤河倒虹吸工程，7月15日竣工。干渠工程于10月全线动工，建筑物工程由国家投资，土方工程由效益区群众集资，全部采取招标形式施工。是年，完成从分水口至清丰顺河村38.2千米渠道的施工任务，共做土方463万立方米，建筑物138座，当年建设当年通水。1999年，在下段36.7千米干渠上建设建筑物51座。2000年，完成该段的土方开挖任务，共做土方260万立方米，新修建筑物10座。12月27日全线通水。

（二）濮阳市引黄灌溉调节水库

濮阳市引黄灌溉调节水库位于濮阳市城乡一体化示范区，在第三濮清南干渠以东、京开大道以西、濮范高速以南、卫都大街以北。工程总占地面积550.93公顷。其中，水域面积320公顷，库容1612万立方米，属中型水库。水库正常蓄水位51.50米，平均水深5.04米，最大水深6.5米。工程投资20.7亿元。该工程于2012年6月15日开工建设，2014年9月29日正式蓄水运用。

引黄灌溉调节水库主要从黄河引水，通过渠村引黄闸，进入第三濮清南干渠，在第三濮清南干渠附近，通过进水闸、提水泵站、自流引水或提水至引水河道和水库。水库库区共分为东库和西库两个部分（称为东湖、西湖），东、西库采用河道连接，从省道101线与卫都大道交叉口的进水闸至京开大道的东库，全长10余千米。

该水库用于改善渠村灌区下游引黄供水条件，使灌区下游5.93万公顷农田灌溉有保证，城市生态环境得到有效改善，还可作为城市应急备用水源。同时，带动城市水系建设，城区的防洪能力由不足20年一遇提高到50年一遇。

2012年，经河南省水利厅批准，濮阳市建设南乐县杏元、濮阳县、范县、台前县4处引黄调蓄工程。其中，南乐杏元工程占地501.6公顷，库容556万立方米，2014年9月开工建设；濮阳县工程占地264.3公顷，库容890万立方米；范县工程占地166.7公顷，库容750万立方米；台前县工程占地262.7公顷，库容202万立方米。后3座水库还未开工。

第四节　非农业供水和跨区供水

濮阳市区非农业供水未形成统一体系，城区和中原区各自独立供水。城区供水主要分居民生活供水和工业供水两部分。非农业供水水源来自黄河。跨区供水，主要有引黄入鲁工程和引黄入邯、入冀补淀工程。

一、非农业供水

（一）城区供水

濮阳市1983年成立时，市区各单位均自建供水设施，水源为浅层地下水。1984年市政府确定采用黄河水作为供水源，建设城区供水系统。第一水源位于濮阳县渠村集南300米处，从渠村引黄闸引水，设预沉池和一级泵站各1座。预沉池库容100万立方米，用于沉淀黄河水泥沙，兼部分水量调节。在濮阳县县城以西、西大街以南，建调节池、二级泵站各1座，调节池库容160万立方米，用于蓄水和调节水量。自预沉池至调节池建有36千米长的DN1200预应力钢筋混凝土管输水管线，担负自预沉池至调节池的输水任务。设计原水供应能力10万吨每天，实际原水供应能力12万吨每天。1987年4月1日，动工建设自渠村引黄闸至濮阳市的引黄工程，1990年8月11日完工，日供水能力6吨。

濮阳市净水厂建在胜利西路北、西环路东，占地面积6.54公顷。1984年4月始建，1987年3月竣工通水。净水厂建设有反应沉淀池、虹吸滤池、清水池、回收水池、三级泵站等。自调节池至净水厂建3条各长6千米的2×DN800+1×DN1000预应力钢筋混凝土管线，负责自调节池至净水厂的输水任务。净水厂处理后的黄河水，经三级泵房加压提升送入城市输配水管网，供水至西部工业及城市各用户。

1995年12月，濮阳市净水厂改为濮阳市自来水公司，担负濮市城区生活和工业生产供水任务。至2015年，濮阳市自来水厂输配水管网总长度268.3千米（其中，输水管线93.5千米，配水管线174.8千米），年供水量达4950.71万吨，平均日供水量为13.56万吨，其中，工业用水5.13万吨，生活用水8.44万吨。生活用水供水区域为站前路以北、卫都大街以南、马颊河以西、西环路以东地区及高新区，面积22平方千米，供水受益人口约20万人。供给工业用水单位有河南省中原化肥厂、濮阳市热电厂和中原乙烯厂等。2002年以来，年均引水量2534万立方米。

（二）中原油田供水

中原油田黄河供水源彭楼水厂位于濮阳市范县辛庄乡彭楼村，距离黄河主渠道约1千米，占地16万平方米。该厂始建于1984年，主要任务是提取黄河水经过净化，作为油田矿区供水第二水源。在彭楼引黄闸引水，日供水能力10万立方米，建输水管道长22.4千米，通过濮城加压站送往矿区。

1987年改建，工程设计取水量14万立方米每天，主构筑物包括提升泵站、排泥泵站、闸室、2座直径为100米的辐射式沉淀池、4座直径为25米的机械搅拌澄清池、3组虹吸滤站和1座外输加压泵站，建立临时取水系统和排泥系统。主要工艺流程：黄河源水—提升泵站—百米辐射池—25米加速澄清池—虹吸滤站—消毒—清水池加压—外输至各配水厂—各用水户。该系统于1993年6月开始投产，初期主要负责向总部和二厂地区供应居民生活用水。

2005年6月，实施黄河水源系统完善工程，其目的是提升取水的安全性、扩大提升取水的能力、加大黄河水的供水区域以及提高系统出水水质。完善工程的主要内容有：新建输水管线3条，分别向天然气、龙城和五厂等区域输送黄河水；新建取水口、取水管道及配套的提升泵站1座；改建排泥泵线800米；取消濮城中途加压站，实施管线跨越；改造站内的加药系统、加氯系统和虹吸滤站；新建一套厂区自动化监控系统。完善工程于2006年9月投入使用，设计处理能力调整为9万立方米每天，可供应二厂、井下、天然气、总部地区、龙城和五厂等地区的居民生活饮用水。2008年，建成第三社区黄河水输水管线建设工程。2009 年，建成第一社区黄河水输水管线，实现黄河以北地区除皇甫、马庄桥外油田区域生活饮用水的全覆盖。2009 年以来，年均引水量 1773.32 万立方米。

二、跨区供水

（一）引黄入鲁

彭楼引黄入鲁灌溉工程位于山东省聊城市西南部，与冀豫两省毗邻，南依金堤，北至冠县、临清市界，东临陶城铺和位山灌区，西靠冀、鲁、豫省界和漳卫河。彭楼引黄入鲁灌溉工程于 1995 年 12 月开工建设，2000 年 12 月竣工。主要建设项目包括：扩建和延伸河南境内的原濮西干渠 17.5 千米；修建辛杨、濮东干渠分流建筑物 2 处；修建重点跨渠公路桥、交通桥和分水口门 40 处，穿金堤河倒虹吸 1 处（30 立方米每秒）；修建穿北金堤涵洞 1 座和北金堤以北的渠系田间配套工程等。彭楼引黄入鲁灌溉工程总投资 1.8 亿元。工程完工后，灌溉保证率达到 50%，年恢复和增加引黄入鲁水量 3 亿 ~4 亿立方米，新增北金堤以北莘县、冠县灌区灌溉面积 4.2 万公顷，补源改善灌溉面积 9.1 万公顷。实际运行灌溉面积 8.67 万公顷，其中，灌溉面积 4.2 万公顷，补源 4.47 万公顷。工程运用后，年均引水量约 7500 多万立方米。

（二）引黄入邯

引黄入邯工程是河北省引黄西线工程的一期工程，总投资 7321.39 万元。邯郸市引黄灌溉始于 1959 年，1960 ~1962 年曾试通水 2 年，灌溉面积 39.33 万公顷，后因境外引黄干渠毁坏停用。2006 年，邯郸市生态水网建成后，境内骨干河渠全部得以恢复，具备引黄入邯条件。2009 年，邯郸市决定启动引黄入邯工程，与濮阳市签订《引黄入邯工程建设与供用水合同》，明确两市各自承担的工程建设任务、水价、供水指标等内容。是年 12 月，引黄入邯工程开工建设，2010 年 11 月建成通水（见图 6-17）。至 2015 年共引水 18329.98 万立方米，年均引水量 3055 万立方米。

黄河水通过濮阳市第三濮清南渠道穿卫河后入邯郸市境。邯郸境内供水干渠为东风渠和老漳河，并新建北张庄提水泵站等枢纽建筑物，利用超级支渠（含小引河）、魏大馆排水渠、民有总干渠（含三干、三分干）、沙东干渠、王封干渠、西支渠、安寨渠（老沙河）及其配套渠道工程，形成邯郸市东部 7 县引黄灌溉体系。供水范围主要在东风渠以东区域，包括魏县、大名、馆陶、广平、肥乡、曲周、邱县等 7 县的部分地区。远期河北省引黄西线工程全部实施后，入境流量将达到 100 立方米每秒。供水目标扩大到邢、衡、沧等地区，其中邯郸市控制灌溉面积达到 11.33 万公顷，受水区面积约 3000 平方千米，受益人口 180 万人。

图 6-17　2010 年引黄入邯成功通水

第五节　引黄效益

濮阳是比较干旱的地区，通过引黄彻底改变了濮阳水资源贫乏的状况，年均引水量从 4 亿立方米提高到 8 亿立方米，不断满足经济社会发展的用水需求。引黄灌溉不断发展，其有效灌溉面积从 1983 年的 6.61 万公顷提高到 2015 年的 20.35 万公顷，占全市土地面积的 72%，为濮阳市农业连年丰收奠定了坚实的基础。引黄放淤改良土壤 2.58 万公顷、治理洼地 3.87 万公顷、治理盐碱地 3.67 万公顷，扩大了耕种面积。发展引黄种稻，至 2015 年，全市水稻种植面积达 4.71 万公顷。濮清南引黄灌溉工程，解决了濮阳境内地下水漏斗区灌溉和地下水位下降问题，同时生态环境也得到明显改变。

一、引黄供水量

通过几十年的建设，濮阳境内引黄灌溉系统比较完善，从渠首工程到田间毛渠，纵横交错，星罗棋布，基本遍布濮阳全部耕地。随着经济社会的发展，引黄供水量呈现上升趋势，基本满足濮阳工农业生产、居民生活、生态环境等方面的用水。1966 ~ 2015 年，濮阳市累计引用黄河水 264.48 亿立方米。20 世纪 70 年代年均引水 4.14 亿立方米，80 年代年均引水 4.11 亿立方米，90 年代年均引水 5.02 亿立方米，21 世纪以来年均引水 8.1 亿立方米。同时，引黄还作为濮阳市区和中原油田工商业生产与居民生活供水源，濮阳市区年均引水 2500 多万立方米，中原油田年均引水 1800 多万立方米。1966 ~ 2015 年濮阳市逐年引水引沙量统计见表 6-21。

表 6-21 1966～2015 年濮阳市逐年引水引沙量情况

年份	引水量（亿立方米）	引沙量（亿吨）	年份	引水量（亿立方米）	引沙量（亿吨）	年份	引水量（亿立方米）
1966	3.8817	0.1230	1985	4.8390	0.1273	2002	9.8827
1967	2.3144	0.0525	1986	5.0536	0.1329	2003	6.0608
1970	3.9641	0.1404	1987	5.9241	0.1558	2004	5.2900
1971	1.5304	0.0403	1988	5.6129	0.1476	2005	7.4200
1972	2.5211	0.0499	1989	5.9645	0.1569	2006	8.3000
1973	1.6992	0.0638	1990	3.8329	0.1008	2007	6.3685
1974	2.8739	0.0665	1991	4.3135	0.1134	2008	6.5082
1975	4.7235	0.1075	1992	4.6811	0.1231	2009	8.6531
1976	4.9156	0.0694	1993	3.6069	0.0949	2010	8.0300
1977	3.0610	0.0909	1994	2.6712	注：1994 年以后没有输沙量统计	2011	10.2029
1978	8.2027	0.2179	1995	3.3710		2012	9.7699
1979	6.8171	0.1931	1996	6.0308		2013	10.8714
1980	5.0323	0.1227	1997	5.0440		2014	9.7791
1981	6.0400	0.1589	1998	3.3829		2015	8.7804
1982	5.0100	0.1318	1999	4.4437		—	—
1983	5.1170	0.1346	2000	3.6000		—	—
1984	2.8540	0.0751	2001	5.6300		引水量总计	264.4771

二、灌溉与补源

1965～1983 年，全市引黄灌溉面积 6.61 万公顷，抗旱面积 2.77 万公顷，年均引水量 4.23 亿立方米，小麦平均亩产是开灌前的 5.5 倍，玉米平均亩产是开灌前的 4.9 倍，水稻平均亩产是开灌前的 2.28 倍。1984～2000 年，全市引黄灌溉面积发展到9.93 万公顷，年均引水量 4.42 亿立方米，小麦、玉米、水稻平均亩产是 1983 年的 1.6 倍。2001～2015 年，全市引黄灌溉面积发展到 20.35 万公顷，涉及全市各县（区），年均引水量 8.1 亿立方米，小麦、玉米、水稻平均亩产分别是 2000 年的 1.4 倍、1.7 倍、1.2 倍，分别是开灌前的 13 倍、10 倍、5 倍。1983～2015 年濮阳引黄灌区灌溉面积变化情况见表 6-22。

黄河水性温，水质肥，发苗快，引黄灌溉大部分采取自流形式，大部分灌区比井灌成本低 1 倍，产量高 10% 以上。表 6-23 是南小堤灌区井灌与引黄灌溉每公顷单产比较情况，引黄灌溉与井灌相比，小麦每公顷单产增长 19.9%、水稻增长 22.2%、玉米增长 42.2%、棉花增长 44.3%，灌溉成本下降 60%。

表 6-22 1983~2015 年濮阳引黄灌区灌溉面积变化情况 （单位：万公顷）

灌区名称	1983 年	2000 年		2015 年	
	灌溉面积	设计灌溉面积	有效灌溉面积	设计灌溉面积	有效灌溉面积
渠村	1.63	3.3	2.23	11.21	8.87
南小堤	2.53	3.01	2.41	7.35	5.53
王称堌	0	0.89	0.54	0.89	0.87
彭楼	0.9	1.72	1.87	2.07	1.87
邢庙	0.43	1.14	1.11	1.33	1.13
于庄	0.08	0.68	0.49	0.68	0.49
满庄	0.5	0.7	0.33	0.90	0.45
王集	0.3	0.69	0.57	0.69	0.57
孙口	0.24	0.68	0.38	0.68	0.57
合计	6.61	12.81	9.93	25.80	20.35

表 6-23 南小堤灌区井灌与引黄灌溉每公顷单产比较情况

灌溉方式	作物单产（千克）				柴油（千克/次）
	小麦	水稻	玉米	棉花	
井灌	5400.00	6750.00	4950.00	525.00	45
引黄灌溉	6475.50	8250.00	7047.00	757.50	18
增幅（%）	19.9	22.2	42.2	44.3	-60

1987~2015 年，濮清南引黄补源工程共计引黄河水 100 亿立方米，濮阳市金堤河以北地区水资源紧缺的问题得到解决，补源区的地下水位下降趋势基本得到遏制。清丰县补源区与非补源区相比，地下水位平均上升 4~5 米。清丰、南乐县有 5100 公顷的苦水区，水质很差，群众吃水困难。濮清南工程运行后，长期困扰群众的吃水问题得到解决，土壤得到改良。3 条濮清南干渠紧密配合使用，形成供水网络，增大供水保证率，消灭灌溉死角，农业生产和国民经济发展的制约因素被消除。

三、放淤改土

引黄放淤可以改良土壤，变坏地为良田。1957 年，濮阳县习城乡试用自流放淤淤填洼地，改洼地为耕地。1967 年，范县马楼、侯庙两区（今归台前县）于盐碱涝洼地带搞沉沙池 2 处，实行沉沙压碱，改造土壤 400 公顷。1970 年以后，开始有组织、有计划地开展自流放淤，将渠村、南小堤、彭楼 1300 公顷洼地坑塘和盐碱地淤成高产田。结合放淤固堤，将部分背河洼地淤高 0.5~1 米。还利用背河洼地作为引黄灌溉沉沙池，进行放淤改土。1980~1983 年，台前县在孙口、清水河公社设沉沙池 4 处，压碱改土1033公顷。濮阳县自1983～2014年，建沉沙池9处，沉沙2100万立方米，改土造田2067公顷。并利用汛期黄河水量大且颗粒细的特点淤田改土，将一部分清水退入下游渠道，供下游灌溉使用，一部分退入坑塘，养鱼种藕。至2015年，沿河淤垫改土面积达2.58万公顷，土壤得到改良，肥力提高。

四、背河洼地治理

黄河大堤外侧，历史上黄河决口泛滥遗留下的坑塘、荒沙、洼地，以及历年修堤取土挖成的土塘，称背河洼地。濮阳境内的背河洼地涉及濮阳县、范县、台前县的20个乡（镇），552个行政村，40万人。东西长163千米，宽1～5千米，耕地3.87万公顷，其中，盐碱地面积1.6万公顷，长年积水地面积913公顷，坑塘占地面积450公顷。濮阳市背河洼地大致分为近堤部分和远堤部分，近堤部分宽度一般在1000米左右，除个别地段位于黄河决口扇或泛道而地势稍高外，大部分是历史上黄河泛滥冲积或复堤取土形成的一个个大小不等的封闭型槽形洼地。地面一般低于滩区2～4米，黄河侧渗每100平方米每昼夜达0.3立方米，在低洼处积聚出露。远堤部分属黄河冲积平原，地势虽有升高，但坡降小，只有1/8000～1/10000。远堤部分黄河侧渗变弱，地下水位一般在2米左右。背河洼地因受“悬河”侧渗浸渍的影响，大面积土地盐碱化，土地瘠薄，农作物产量低下，每公顷产量只有750千克，人均粮食114千克，年人均纯收入115元。

20世纪50～70年代，濮阳曾对境内的背河洼地进行治理。治理的方法主要是发动群众刮碱土，搞台田、条田，挖截碱沟，取得一定的成效。1986年后，濮阳对背河洼地综合治理，清挖沟渠，治水改土，引黄种稻，成效显著。

背河洼地旱、涝、碱、渍、薄五害俱全，阻碍农业发展，但因紧邻黄河，坑塘水面多，有引黄种稻的自然流势。1986年3月，濮阳市人民政府在批转《关于综合治理黄河背河洼地意见的报告》中，提出综合治理黄河背河洼地总体规划，确立“以治水为中心，以种稻改土为重点，旱、涝、碱、渍、薄综合治理，农、林、牧、水产、乡镇企业全面发展”的治理方针，开始对背河洼地进行大规模综合治理。

背河洼地治理自1986年11月开工，清挖沟渠，治水改土，至1987年春，改建大堤引黄工程5处，扩大引黄能力55立方米每秒，开挖清理引黄排涝沟渠6700条。按照干沟3年一遇，支、斗沟5年一遇的标准进行清挖疏浚，开挖疏浚干支沟58条，长291千米，治理面积350平方千米，新挖、清淤斗、农沟1159条，长687千米，共动土1270万立方米。新修桥涵595座，经治理后达到日降雨100～120毫米，稻田不产生径流，旱作区基本不受灾。同时加强田间工程配套建设，以乡（镇）为单位，实行沟、渠、井、田、路、林统一规划，建成渠村乡、徐镇镇、杨集乡、陈庄乡4大片，共5300公顷高标准农田配套方。为弥补背河洼地引黄不足，新打和修旧机井1075眼，新建和改建各类建筑物2170座，开挖土石方2500万立方米。除涝控制面积350平方千米，灌排配套面积2.07万公顷，除涝达到3年1遇标准，灌溉保证率达到75%。背河洼地的治理，建成2.2万公顷稻麦高产基地，小麦每公顷产量由过去的2250千克增至6000千克。背河洼地的农民人均产粮1200千克，比治理前增长6倍，人均纯收入2552元，是治理前的51倍，背河洼地群众彻底摆脱贫困，走上富裕之路。

五、引黄种稻

濮阳境内引黄种稻始于1958年。是年，随着渠村引黄闸的建成，濮阳县渠村、海通、庆祖、子岸、五星等公社种植水稻1.1万公顷。但因水利工程不配套，引水渠道频频决口，扒堵成风，大部分稻田用水困难，只有少部分稻田获得较好收成，仅种3年就全部下马。1965年，在渠村公社孟居潭坑边盐碱地上抽水种稻，取得每公顷3000千克的收成。是年9月，河南省组织沿黄各县到郑州花园口、山东历城等地参观学习引黄种稻经验。1966年，濮阳县在沿河7个公社背河洼地种稻2400公顷，平均每公顷产量4500千克。是年，河南省农科院和长江规划办公室，在范县杨集东桑庄大队建立种植水稻试验点，试种水稻21公顷，当年平均每公顷产量4500千克，最高达9201千克。1968年，引黄灌溉再次停止，濮阳县仅剩徐镇公社曹庄种稻20公顷。之后，随着引黄灌溉形势的好转，种稻面积逐年增加。至1980年，范县东桑庄扩种水稻40公顷，平均每公顷产量7875千克。范县东桑庄种稻前的1965年粮食总产量1.2万千克，1980年粮食总产量31万千克，增长近26倍。但东桑庄这一成功经验，长期未总结推广。

经过1986~1987年对背河洼地的综合治理，沿河土地沟渠通畅，具备种稻条件。至1989年，濮阳境内沿河土地宜稻区基本都种植水稻。20世纪90年代，供水条件较差的乡镇，水稻面积缩小，部分稻田改旱作，供水条件较好的乡（镇）扩大水稻种植面积。至2000年，全市水稻面积达2.53万公顷。

水稻有黄河水做保障，稳产高产，逐渐成为濮阳市重点推广的农作物之一，种植面积逐年增加，至2015年，全市水稻种植面积发展到4.71万公顷，面积、单产分别是1986年稻改初期的16.8倍、3.6倍。21世纪以来，水稻面积、质量、产量和效益大幅度提升，优质稻米产业化经营格局已初步形成，水稻生产呈现出强劲的发展势头，已成为濮阳沿河地区实现农业增效、农民增收的主导产业。在2007年第六届中国优质稻米博览交易会上，濮阳市的“叁真牌”无公害富硒大米被评为全国十大“金奖大米”，“家家宜”“永合利”牌大米获“优质大米”称号。

在引黄种稻的基础上，濮阳市建立10多个大米加工厂，对大米进行深加工；开展稻田综合养殖，开展坑塘养鱼、种藕、稻草加工等工副业生产，提高农产品附加值，增加农民收入。濮阳背河洼地稻田见图6-18，范县陈庄乡万亩荷花生态园见图6-19。

六、盐碱地治理

由于黄河历史上在濮阳不断决口改道，造成沿河土地岗洼相间，又加上黄河是地

图6-18　濮阳背河洼地稻田

图6-19　范县陈庄乡万亩荷花生态园

上河，临河土地常年受到侧渗的影响，地下水位长期超过返盐临界深度，加之强烈的蒸发（蒸发量为降雨量的3倍），致使土地大面积次生盐渍化，土壤耕层含盐量平均在0.4%以上，高者达0.8%，故在引黄之前就有很多低洼沼泽盐碱地。20世纪50年代后期的引黄，由于人为的因素，盐碱地起伏变化较大。黄河水本身含盐量少，不致因引黄而积累盐分，但灌水不当能够改变土壤水盐动态，促进盐碱化发展。如在1959～1961年，推行以蓄为主的方针大引、大蓄、大灌黄河水，只灌不排，地下水位抬高，盐碱地迅速扩展。1962年，濮阳沿河盐碱地增加到5万公顷。1958～1971年沿黄各县灌溉面积及盐碱地情况见表6-24。

表 6-24　1958～1971 年沿黄各县灌溉面积及盐碱地情况　（单位：万公顷）

县别	耕地面积	灌溉控制面积	盐碱地面积			
			1958 年前盐碱地	1960～1963 年盐碱地	1965 年盐碱地	1971 年盐碱地
濮阳县	11.19	5.53	0.58	3.9	2.63	1.6
范县	3.53	3	0.44	0.8	0.77	0.45
台前县	1.98	0.93	0.13	0.3	0.21	0.18
合计	16.7	9.46	1.15	5	3.61	2.23

1962 年范县引黄灌溉会议后，安阳地区提出“挖河排涝，打井抗旱，植树防沙，水土保持”的方针，治碱工作逐步全面铺开。当时的治碱原则是“以防为主、防治结合，以水为纲、综合治理”。在治理方法上，主要是降低地下水位。1963 年后，所有引黄灌区全部停灌，并结合打井抗旱，以此降低地下水位。在台、条田建设中，开挖深沟，沟深至临界深度以下。1965 年，境内地下水埋深普遍超过 2 米。同年，濮阳县、范县进行引黄放淤和引黄种稻，对改造盐碱地起到一定作用。在 1986 年后的背河洼地治理中，盐碱面积集中的背河洼地通过放淤改土、引黄种稻，盐碱面积大大减少。至 2000 年，濮阳市的盐碱地基本改造成为高产良田。

附：

一、引黄入冀补淀工程

引黄入冀补淀工程，2013 年 11 月获得国家发改委批准立项，2015 年被国务院列为当年开工的 27 项重大水利工程之一，是国家战略工程，也是雄安新区生态水源保障项目。该工程输水干渠总长度 482 千米（其中，河南省境内 84 千米，自南向北穿过濮阳县、开发区、城乡一体化示范区、清丰县；河北省境内 398 千米），从濮阳市渠村引黄入冀补淀渠首闸和渠村引黄闸引水，利用南湖干渠拓宽改造，穿金堤河入第三濮清南输水干渠，经卫河倒虹吸进入河北省邯郸魏县，经东风渠、老漳河、滏东排河至献县枢纽，穿滹沱河北大堤后，利用紫塔干渠、古洋河、小白河和任文干渠输水至白洋淀。工程沿线受水区涉及 22 个县（市、区），灌溉面积 31 万公顷（其中，河南省境内 12.87 万公顷，河北省境内 18.13 万公顷）；每年可向白洋淀实施生态补水 1.1 亿立方米，改善白洋淀生态环境和当地生活生产条件；并可作为沿线地区抗旱应急备用水源。

设计渠首引水流量 150 立方米每秒，入河北境流量为 61.4 立方米每秒，入白洋淀流量为 30 立方米每秒。年最大引黄水量为 12.3 亿立方米，其中，河南引黄水量为 3.3 亿立方米，河北最大设计引水量为 9.0 亿立方米；多年平均引水量 7.37 亿立方米，其中，河南省 1.17 亿立方米，河北省 6.2 亿立方米。

该工程由国家和河北省共同投资兴建，工程总投资42.41亿元，其中，濮阳段22.69亿元，河北省境内投资19.72亿元。2015年12月，该工程全线相继开工。2017年11月，主体工程基本完工，具备通水条件。

二、渠村引黄入冀补淀渠首闸

渠村引黄入冀补淀渠首闸在拆除1979年建设的渠村引黄闸的原址（48+850）上而修建，设计引水量100立方米每秒，防洪水位66.91米。涵闸部分由上游连接段、闸前铺盖段、闸室段、涵洞段、出口消力池段、出口渐变段组成，消力池后接灌溉渠道，闸前引黄口大河设计引水位58.83米。

上游连接段，前接引渠为梯形断面土渠道，是涵闸与引渠连接的渐变段部分。底板高程55.30米，底板宽度从28米渐变到31.62米。顺水流向长度为15米，包括浆砌石连接段7.5米和干砌石连接段7.5米。砌石护坡边坡为1:2。

铺盖段，长度25米。涵闸铺盖底板采用C30钢筋混凝土结构，两侧设混凝土挡土墙与浆砌石边坡连接。

闸室段，闸室顺水流向长度14米，总宽度31.62米。闸室布置为6孔，其中5孔灌溉，1孔供城市生活用水，净宽4.4米×5+2米×1=24米。闸底板高程55.30米。闸室形式采用整体式，共分两联，均为三孔一联。墩顶高程为65.40米，高出最高运用水位（64.90米）0.5米。闸门设有检修门和工作门各一道，均采用平板钢闸门，工作门布置有胸墙。5孔灌溉闸门每孔设160千牛启闭机2台，城市生活用水闸门设400千牛启闭机1台。

涵洞段，长度为168米，纵坡1/500。涵洞每节长10米。根据涵洞覆土厚度的不同，涵洞壁厚设计不同，堤身部分7管节覆土较厚，涵洞设计顶板厚度10米，底板厚度1.20米，侧墙厚0.8米；淤区覆土较薄，涵洞布置有10管节，涵洞设计顶板、底板、侧墙厚均为0.8米。涵洞两侧外墙为便于大堤回填采用1:0.1的斜面。

消力池段，总长20米，闸后设1:4斜坡段。

闸基础处理：闸基液化处理采用水泥搅拌桩防渗墙围封方案，桩径0.6米，双排壁状布置，深度10米。对于基础承载力不足问题，采用高强度预制混凝土管桩（PHC桩）刚性桩复合地基方案，采用桩径0.5米，桩长20米，正三角形布置，桩间距1.75米，桩顶设0.3米厚水泥土垫层；上游挡墙及涵洞出口挡墙，采用水泥土深搅拌法加固，桩长10米，桩径0.8米，间距1.1米。下游渐变段挡墙，采用水泥土深层搅拌法（湿法），桩长10米，桩径0.6米；穿堤涵洞采用水泥搅拌桩进行地基处理，桩径0.6米，正三角形分布，长度7米，间距1.2米。

大堤恢复：大堤填筑包括新闸涵洞上覆堤身和老闸拆除后大堤回填。复堤段位于大堤转段且与函闸轴线斜交，总长度105米，设计堤顶高程为69.83米。

渠村引黄闸拆除重建工程于2016年10月开工，2017年9月底竣工。

三、山东灌溉用水纠纷与协调

1957 年以后，山东省的寿张县、范县和河南省的濮阳县在金堤河流域修筑很多引黄灌溉工程。至 1964 年初，各县均自成灌溉体系，彼此之间没有灌溉上的矛盾。

1964 年 4 月，河南、山东两省根据国务院关于以金堤为界的指示，进行区划调整，将山东省寿张县、范县金堤以南的大片土地划归河南省管辖。山东省寿张县的王集、刘楼引黄闸和范县的彭楼引黄闸全划归河南省所有，因此金堤以北原属王集、刘楼、彭楼 3 个引黄灌区的山东省部分土地的灌溉水源被切断。1962 ~ 1964 年间，突出问题是涝碱灾害，上下游都怕水，排水是主要矛盾，加上范县会议决定停止引黄灌溉，因而在当时灌溉用水矛盾尚未反映出来。

1965 年以后，金堤河流域及其邻区气候偏旱，降雨量偏少，为发展农业生产，不得不恢复引黄灌溉和打井抗旱。濮阳县、范县、台前县相继修建引黄涵闸和虹吸工程，恢复原有引黄灌区，开辟新的引黄灌区，大力发展引黄灌溉事业。由于区划调整后，山东省的莘县、阳谷县失去引黄灌溉条件，一方面积极发展井灌，另一方面，不仅没有废除、堵塞北金堤上的涵闸，且增建新闸，改建老闸，尽量引河南省引黄灌溉退入金堤河的尾水，积极发展引金灌溉。每到抗旱灌溉季节，山东省莘县、阳谷县的领导人，便亲赴河南省范县、台前县，要求多引黄河水，退入金堤河，以满足金堤以北引金灌溉的需要。

1980 年，编制《金堤河流域综合治理规划》时，山东省水利厅要求灌溉用水要上下游兼顾，统一规划，涝、旱、碱综合治理。由于国家财力等方面原因，金堤河流域综合治理规划一直未能实施。

1983 年 11 月，黄河水利委员会批复同意范县彭楼引黄闸废旧建新，新闸设计引水流量由 50 立方米每秒改为 30 立方米每秒，闸下防冲消能设施仍按过流 50 立方米每秒核算。1984 年 3 月，莘县人民政府提出彭楼引黄闸仍按原设计引水向莘县供水的要求。8 月，范县人民政府同意莘县的要求。在这种情况下，黄河水利委员会通知河南黄河河务局，将范县彭楼引黄闸设计引水流量 50 立方米每秒加大为 75 立方米每秒。1986 年 4 月，彭楼引黄闸改建工程竣工，但由于输水工程不配套，向莘县送水一直未能实现。

1988 年 3 月，金堤河治理被列入黄淮海平原综合治理开发项目。9 月，山东省聊城地区向水利部提出《关于要求恢复原彭楼引黄灌区解决西部贫水区缺水问题的报告》。11 月，水利部通知黄委会："请本着'统一规划、统筹兼顾、团结治水、互利互让和更好地发挥已成工程效益'的原则，与豫鲁两省进行协商，争取尽快达成协议。"

1989 年 3 月，河南省水利厅在向省政府的请示报告中表示："我厅意见，在基本不影响彭楼灌区用水的情况下，尽量给山东省送水。送水流量最大为 30 立方米每秒。供水时间主要在冬季 4 个月（11 月、12 月、1 月、2 月）。"同时又提出："当金堤河涝水入黄困难时，山东应允许接受金堤河涝水北排。近期北排流量100立方米每秒，远期请黄委进一步研究规划。”8月，山东省人民政府向水利部要求“将恢复彭楼引黄灌区向金堤以北我省送水，作为金堤河近期治理的组成部分予以同步实施”；并要求“金堤以南部分国家投资，金堤以北部分由国家和地方共同负担”。河南省人民政府向水利部表示：“关于山东省要求从我省范县彭楼闸引黄灌溉问题，本着互利互让、团结治水精神，我们同意送水，支持山东发展引黄灌溉。但应将此作为一个独立的问题来考虑，不能作为金堤河治理的一个部分来研究。由彭楼给山东送水，需要做好工程设计，送水渠道不应成为新的阻水工程。关于沉沙等问题，可请黄委会与两省协调解决。”9月，根据山东、河南两省政府的意见，黄河水利委员会向水利部提交书面报告，主张“金堤河干流治理与彭楼引黄灌溉两工程同时考虑，统筹安排。实施步骤视准备工作情况，可分先后”“金堤河干流治理与彭楼引黄干渠（金堤以南包括穿金堤建筑物）两工程，国家投资与地方配套投资比例同为2:1”。10月，黄河水利委员会向水利部计划司报送《彭楼引黄入鲁输水工程规划提要》，输水路线有两种方案：一是利用范县现有濮西干渠进行扩建，二是紧靠濮西干渠西侧新建一条输水渠道（三堤两渠形式）。从有利施工、有利管理考虑，推荐新建渠道方案。输水渠由彭楼总干渠上段取水，在总干渠上增建节制闸及分水闸。输水规模、输水渠设计流量按过金堤20立方米每秒考虑，加大流量30立方米每秒。引黄补水范围暂按4万公顷考虑。根据豫、鲁两省共同意见，决定将浑水送到北金堤以北，在莘县境内沉沙。输水干渠全部衬砌，干渠比降拟定1/5000，与金堤河交叉建筑物拟采用倒虹吸方案。11月，水利部在北京召开金堤河干流近期治理工程和彭楼引黄入鲁输水工程协调会议，没有达成协议。

1990年4月，水利部在北京召开金堤河干流治理和彭楼引黄入鲁工程第二次协调会议。形成的《会议纪要》中提出：“穿越河南境内的彭楼引黄输水工程，同意设计单位推荐的三堤两渠布置方案，沿濮西干渠西侧修一条新渠，以利于管理和减少淤积。”“关于彭楼引黄进水闸，保持原状不变，仍由原单位管理，并在闸下游附近增建一座分水枢纽，由金堤河管理局统一管理。同意引黄入鲁输水干渠按设计流量20立方米每秒，加大流量30立方米每秒考虑。”“关于彭楼引黄入鲁输水渠穿越金堤河建筑物形式，建议在初步设计中进一步比较选定。”6月，山东省人民政府致函水利部，基本上同意《会议纪要》中引黄入鲁工程的协调意见。但河南省濮阳市和范县人民政府对《会议纪要》有不同意见，他们同意扩大濮西干渠向山东送水，而不同意三堤两渠专线送水。因此，河南省人民政府复函水利部时，对彭楼引黄入鲁输水工程没有表态。12月，水利部致函豫、鲁两省，再次征求对彭楼引黄入鲁输水工程的意见。

1991年3月，河南省复函水利部，同意扩建原灌区引水渠、总干渠和濮西干渠方案，这样占压耕地少，节约投资；建议输水渠纵坡改为1/4000，以增大渠道挟沙能力；同意穿越金堤河工程采用倒虹吸方案。而山东在复函中要求采用三堤两渠高线布置方案；过金堤河建筑物采用底板固定、侧墙提升式渡槽。5月，水利部组织有关单位对彭楼引黄入鲁输水工程设计任务书进行审查，审查意见认为：进水闸和输水干渠由黄河水利委员会统一管理，统一调度，并考虑可节省土地和投资，渠线采用扩大原有濮西干渠方案。输水干渠比降采用 1/5000 为宜。为有利于金堤河排涝行洪和考虑投资省、管理方便，跨金堤河交叉建筑物采用倒虹吸方案。7 月，山东省复函水利部，认为采用三堤两渠向山东专线送水方案是切实可行的。

1992 年 8 月，金堤河管理局提出协调意见：扩大原有濮西干渠作为引黄入鲁专线输水渠道，主要向山东送水，豫、鲁两省签订供水协议，减少纠纷；输水渠正常设计流量按 25 立方米每秒，加大流量为 30 立方米每秒；输水渠两侧各留 10 米宽度，作为渠道清淤和护渠用地；跨金堤河交叉建筑物采用倒虹吸形式，有利排涝行洪，方便管理。山东省基本上同意协调意见，但对跨金堤河交叉建筑物仍坚持采用活动渡槽，认为这样有利于输送浑水至金堤北沉沙。12 月，水利部计划司会同金堤河管理局起草《金堤河干流近期治理工程和彭楼引黄入鲁灌溉工程项目建议书》（以下简称《项目建议书》）。

1993 年 2 月，河南省人民政府在《项目建议书》上签字盖章表示同意。但河南省水利厅对《项目建议书》中关于引黄入鲁输水渠道“专线”供水，认为含义不清楚，建议改为“扩大濮西干渠，主要为引黄入鲁输水”，并提出为保证金堤河行洪安全，濮西干渠过金堤河交叉建筑物宜采用倒虹吸。山东省人民政府没有签字盖章，并在致水利部的函中提出：《项目建议书》只提“濮西干渠现过水能力 5 立方米每秒，灌溉河南部分耕地 1867 公顷。在保证原灌溉效益的基础上，引黄入鲁输水工程拟扩大濮西干渠的输水能力……”，按《项目建建议书》扩大后的濮西干渠显然不是引黄入鲁专线输水渠道。经过协调，5 月 5 日山东省在会签件上签字盖章，但在备忘录中再次提出上述意见。在正式文件盖章时，河南省水利厅再次建议将“扩大原有濮西干渠作为引黄入鲁专线输水渠道”改成“引黄入鲁灌溉工程输水渠道”。在管理问题上，认为既然北段由山东省管理，南段则应由河南省管理，或者由金堤河管理局统管。10 月，山东省人民政府致函水利部，请求扩大彭楼引黄入鲁工程规模。并要求跨金堤河工程应按“高线布置、渡槽过河”专线送水的方案实施，北金堤涵洞出口水位不低于 48.09 米，以便于金堤北沉沙。建议由水利部和黄委主持两省签订供水协议，并由金堤河管理局具体负责工程的管理和供水。12 月，黄河水利委员会对山东省要求扩大彭楼引黄入鲁工程规模等意见认真研究后向水利部报告，认为主要牵涉到两个问题：一是扩大输水规模，将占压河南省更多的土地，需征得河南省的同意；二是目前引黄入鲁金堤以南投资仅 4000 万元，尚且不能满足，若扩大工程规模，增加的投资还要进一步落实。根据近几年彭楼引黄入鲁工程两省协调情况，上述两个问题短期内难以落实。主张现阶段仍维持两省一部达成的协议，按国家农业综合开发办公室批复意见执行。

1994 年 2 月，黄河水利委员会在向水利部和国家农业综合开发办公室报送《可研报告》的函中，对彭楼引黄入鲁灌溉工程的具体意见是：①输水线路同意采用濮西干渠扩建方案。②输水规模同意北金堤以南的干渠输水能力按 30 立方米每秒设计；跨金堤河立交建筑物，根据工程实践经验，采用倒虹吸或渡槽，在技术上都是可行的。如从有利于沉沙，防止淤堵，采用渡槽方案为好。③如从节省工程量和投资，采用倒虹吸方案为好。但如从输送浑水到山东沉沙处理的地形条件和自流灌溉的要求综合考虑，以采用渡槽方案稍优。唯采用渡槽方案要防止对金堤河行洪时的阻水。④彭楼引黄入鲁为跨省灌溉补水工程，北金堤以南部分，由金堤河管理局统一管理调配。按照有关规定征收水费，签订协议执行。基建施工成立临时指挥机构，负责组织施工，实行投资包干。与此同时，山东省水利厅致函黄河水利委员会，就输水干渠与金堤河立交工程方案问题重申山东省的意见，要求采用渡槽方案，建议采用侧槽提升式渡槽，其整体工程经济，输水运用安全可靠，便于管理，对金堤河排洪影响甚小。并再次请求扩大彭楼引黄入鲁工程引水规模，将彭楼引黄入鲁工程穿北金堤河建筑物的正常输水能力增加到50立方米每秒，加大到80立方米每秒。3月，国家农业综合开发办公室、水利部规划计划司和水利水电规划设计总院在河南省濮阳市召开会议，审查《可研报告》。主要审查意见是：同意扩建现有河南范县濮西干渠，输送浑水，在北金堤以北莘县境内沉沙，然后通过配套工程进行灌溉的工程总体布局方案；同意引黄入鲁北金堤以南输水工程设计规模为彭楼闸至辛杨干渠段设计流量50立方米每秒，加大流量75立方米每秒，辛杨干渠至濮东干渠段设计流量38立方米每秒，濮东干渠以下至沉沙地，按正常输水30立方米每秒设计。金堤河以北莘县、冠县发展灌溉面积4.2万公顷，补源改善灌溉面积3.33万公顷，灌溉面积应根据供水量进一步核定。同意灌溉保证率为50%，在不影响黄河下游用水及河南彭楼灌区灌溉要求的前提下，相机增引水量补源。基本同意输水干渠比降采用1/5000，单一梯形断面形式。同意采用土工膜结合预制混凝土板进行防护。对穿金堤河建筑物，设计的活动渡槽和倒虹吸两种方案在技术上都是可行的。权衡两种形式的优缺点，从有利于管理和实施考虑，经研究宜采用倒虹吸方案。山东省人民政府致函国家农业综合开发办公室和水利部，对《可研报告及其初审意见》提出两个方面意见："一、彭楼引黄入鲁灌溉工程输水规模按30立方米每秒设计不能解决莘县、冠县极度缺水的问题，要求过北金堤的输水流量设计50立方米每秒，加大80立方米每秒。仍要求'专线送水，高线布置，渡槽过河'的方案。由于该项工程是浑水过河，金堤北沉沙，而金堤北地势高亢，沉沙条件不好，因此我们不同意《初步审查意见》中提出的倒虹吸过河方案，仍应维持《可研报告》中推荐的渡槽过河方案。二、彭楼引黄入鲁灌溉工程金堤以南工程超批复数额大，且由贷款解决，致使水价高达每立方米0.04~0.096元，莘、冠两县都是贫困县，群众无力承担。要求金堤南输水工程的投资由国家支持，水价应参照临近引黄灌区的水价确定。"

1994年5月，水利部规划计划司、水利水电规划设计总院、水政水资源司、水利管理司、国家防总办公室、黄河水利委员会等单位就山东省所提出的问题进行认真的讨论研究，并形成会议纪要：关于对彭楼引黄入鲁输水规模问题，彭楼引黄闸现设计流量为50立方米每秒，规划灌区包括河南范县1.72万公顷和山东莘县4.2万公顷耕地，以及山东冠县新要求扩增的灌区。根据《项目建议书》和《可研报告》提出的过金堤河设计流量30立方米每秒的工程规模，灌溉期除满足河南现有灌区灌溉用水外，向山东莘县可送水1.10亿~1.35亿立方米，能满足4.2万公顷农田灌溉要求，并有一定的多余水量可用于冠县部分农田抗旱补源。扣除不可引水时间外，非灌溉季节向山东尽可能多供水用于补源，充分利用山东境内的河道、洼地等调蓄，可进一步扩大抗旱补源效益，预计年引黄总水量可达到3.45亿~4.22亿立方米，基本满足山东的用水要求。在彭楼引黄闸不改扩建的情况下，通过对濮西干渠的改扩建，按30立方米每秒向山东送水规模是适宜的，不需再扩大。关于输水线路问题，可研报告采用项目建议书确定的扩建濮西干渠为山东送水方案，比另修专用渠道的“三堤两渠”方案具有占地少、工程量省、交叉建筑物改扩建少、投资节省等优点。认为，原方案是合理可行的，不宜再作变动。关于跨金堤河建筑物的形式问题，两省认识不一致。《可研报告》所研究的渡槽方案和倒虹吸方案，从技术上看，都是可行的。但倒虹吸方案更具有结构简单、施工方便、易于运行管理、无碍金堤河行洪排涝、工程造价较低等优点，经水规院初审，同意采用倒虹吸方案。只要采用合理的运用方式和有效的技术措施，山东省担心送浑水过河倒虹吸洞内可能会出现的淤积问题是可以避免的。

1994年7月，山东省人民政府致函国家农业综合开发办公室和水利部，对《可研报告》再次提出修改意见：莘县、冠县已列入全国“八七”扶贫县，为解决莘县、冠县高亢缺水问题，恳请扩大彭楼引黄入鲁输水规模，过北金堤设计流量加大到50立方米每秒，供水量按75%保证率每年4亿立方米。彭楼引黄入鲁工程系浑水过金堤河，金堤北沉沙。为有利沉沙，防止淤堵，同意渡槽过河方案，不同意倒虹吸过河方案，并请求将输水干渠比降调整为1/6000，维持年内冲淤平衡，提高过金堤后的水位，便于安排沉沙工程，莘、冠两县都是贫困县，群众负担能力低，请求金堤南输水工程投资由国家支付。

1994年11月，水利水电规划设计总院在北京召开金堤河干流近期治理工程和彭楼引黄入鲁灌溉工程可行性研究报告审查会，对《可研报告》（修改稿）再次进行审查。会上，山东省代表仍提出：要求设计中的加大流量为50立方米每秒，灌溉期供水量不少于3亿立方米；仍推荐渡槽方案，如按倒虹吸方案实施，我们要求将金堤南输水干渠比降调整为1/6000，以弥补因倒虹吸而增加的水头损失，按倒虹吸方案实施时，如发生淤堵，应承担改建责任，以确保送水入鲁畅通；莘、冠两县都是贫困县，群众负担能力低，同意金堤南输水工程投资全部由国家解决的建议。

经专家审查，并经国家农业综合开发办公室和水利部审批，同意扩建河南省范县现有的濮西干渠，输送浑水，在北金堤以北莘县境内沉沙，然后利用现引金道口干渠向北送水，通过配套工程进行灌溉的工程总体布局方案；同意引黄入鲁北金堤以南输水工程设计规模为彭楼闸至辛杨干渠段设计流量50立方米每秒，加大流量75立方米每秒，辛杨干渠至濮东干渠段设计流量38立方米每秒，濮东干渠以下至沉沙地，按正常输水30立方米每秒设计。基本同意金堤北灌区发展灌溉面积4.2万公顷，相机补源灌溉面积9.13万公顷的灌区规划。同意灌溉保证率为50%，原则同意灌溉期入鲁水量

1.28 亿立方米，扣除汛期、封冻期及检修期后，尽量送水入鲁，总水量 3.0 亿～4.0 亿立方米。同意在不影响黄河下游用水和河南省彭楼现有灌区灌溉要求的前提下，相机增引水量补源。引黄入鲁水量应计入国家分配山东引黄水量的指标。同意本工程为二等工程，穿北金堤的涵洞按一级建筑物设计；穿金堤河建筑物按二级建筑物设计，采用 20 年一遇防洪标准；金堤南输水干渠及其他建筑物按三级建筑物设计。基本同意输水干渠比降采用 1/5000，单一梯形断面形式。原则同意采用土工膜结合预制混凝土进行防护，下阶段应进一步优化设计，节省投资。穿金堤河建筑物，同意《可研报告》推荐的倒虹吸方案。

山东、河南省代表同意按审批意见执行。1995～2001 年，随着彭楼引黄入鲁灌溉输水工程的实施，山东省莘县、冠县境内 4.2 万公顷的耕地得到有效灌溉，4.47 万公顷土地得到补源。至此，灌溉纠纷得到解决。

第七章　治河科技与信息化管理

自20世纪50年代以来，濮阳黄河河务局各级管理部门不断开展工程建设、工程管理、抗洪抢险、河道整治、经济发展等方面的群众性技术革新和小发明、小创造活动，并引进先进的技术应用到治河中，解决各项工作中的诸多难题，促进了濮阳黄河治理开发与管理事业的发展。据不完全统计，至2015年，濮阳河务局获河南黄河河务局科技进步奖、科技火花奖，黄委“三新”推广应用成果，黄委、河南黄河河务局创新成果奖等共379项。

黄河汛情传递，最早的记载是明万历元年（1573年）的“塘马报汛”。清光绪年间开始使用电话传递汛情。民国时期，黄河下游传递水情的电话、电报发展不大。中华人民共和国成立后，濮阳黄河通信得到快速发展。20世纪60年代，濮阳境内已形成上至河南黄河河务局，下至一线班组的黄河通信专网。80年代，开始配备无线电台，并组建北金堤滞洪区无线通信网。90年代，有线传输、磁石交换技术被现代的微波传输、程控交换技术所替代。2003年，濮阳市黄河河务局组成省、市、县三级黄河计算机专用网。通信、计算机网络不仅仅是防汛的必备工具，更是黄河治理开发与管理的重要的、必备的工具。

自1946年以来，濮阳黄河治理开发与管理中形成大量的文字、图片、实物档案，反映各个时期濮阳治河历程和所取得成果，以及经验教训，为濮阳治黄事业的发展积累了宝贵资料。至2015年，文书、科技、会计档案库藏共13844卷和6958件。

第一节　治河科技管理

科技进步促进濮阳黄河治理事业的发展。20世纪50年代，濮阳黄河修防处及各修防段成立技术革新小组，结合治黄工作开展群众性技术革新活动。60年代，各单位组织开展以改革落后生产工具、改进施工方式和管理方法、提高劳动效率、增强工程抗洪能力为内容的群众性发明创造和技术革新活动。70年代，开展机械压力灌浆加固堤防、深基筑坝等修防技术革新，试制运石机、捆枕机、抛枕器、抢险、整险器械，试制挖泥船等技术革新活动。80年代、90年代在组织开展群众性的技术革新活动的同时，重点开展铲运机修堤技术的试验与应用，河道整治工程马杈坝试验等，并配合河南黄河河务局开展堤防加固技术、河道整治技术、机械化抢险等方面的研究试验。进入21世纪后，先进的科学技术在黄河治理中得到广泛应用，堤防加固、河道整治等防洪工程建设中推广应用新技术、新材料和新工艺，工程建设施工全部实现机械化；防洪抢险由传统的人工抢险逐步过渡到机械化抢险；广大干部职工结合实际工作中存在的问题，不断开展小创造、小发明、小革新活动，促进了各项工作的进步。

一、科技管理体制

20世纪五六十年代，濮阳（安阳地区）黄河修防处和各修防段由1名单位领导兼抓科技工作，以工务部门为主，其他部门为辅，组织开展技术革新活动。1970年，安阳地区黄河修防处明确1名领导和主任工程师主管科技工作，在工务处设科技工作管理人员，修防段明确1名领导兼管科技工作。

1990年，濮阳市黄河修防处建立科技领导小组，日常办事机构在工务科，设2名科技情报联络员，处属各单位都建立相应的科技管理机构。1992年，制定《濮阳黄河科学技术管理办法》，规范科技管理工作。其主要内容有：科技管理职责范围、科技经费管理、科技计划管理、科技成果管理、科技情报管理、科技工作考评、科技奖励等9章30条。是年，濮阳市黄河河务局建立学术委员会，负责科技项目的立项审查、科技火花奖评定、科技成果的验收鉴定与推荐等。局属各单位建立科技活动小组，发动职工开展科普活动。科技经费列入年度防汛岁修事业费计划，专款专用。科技工作列入各单位目标责任书，实行目标管理。

1998年事业单位机构改革时，局机关设总工室，兼管全局科技管理工作。

2002年机构改革时，撤销局总工室，在工务处设科技管理科，负责全局科技管理工作。

2003年，对《濮阳黄河科学技术管理办法》进行修订，进一步明确濮阳市黄河河务局科学技术委员会的职责：负责科技发展规划、科研课题立项、重大科技决策的论证和技术咨询等。新增设“科技项目管理”一章，对各类科技项目地申报、立项等管理做出明确规定。局属各单位的科学技术管理组织，负责本单位科技计划和科技立项的审查论证，科技火花奖、科技成果、“三新”认定的初审和推荐申报等。从此科技项目的立项、申报、评审和奖励，以及科技发展规划的编报等工作走上正轨。

2003年，按照河南黄河河务局的安排，开展科技创新工作，成立濮阳河务局创新工作领导小组，其办公室设在局办公室，具体负责管理全局科技创新工作，制定《濮阳黄河河务局激励创新实施办法》。

科技管理主要贯彻执行《河南黄河河务局科学技术管理办法》《河南黄河河务局科学技术研究专题项目管理办法实施细则（试行）》《河南黄河河务局科技进步奖励条例（试行）》《河南黄河河务局科技火花奖励办法（试行）》《河南黄河河务局自主投

入科研经费以奖代补办法》《河南黄河河务局重大科技贡献奖励办法》《河南黄河河务局科技成果推广计划项目管理暂行办法》《河南黄河河务局科技计划项目管理办法》等有关制度。

二、科技队伍

中华人民共和国成立初期，濮阳黄河科技人员较少，队伍发展缓慢。至1977年，全局科技人员只有57人，仅有1名中级专业技术人员。1982年后，经过文化补课、教育培训和成人学历教育，职工队伍的整体素质逐渐提高，科技人才队伍不断发展壮大，20世纪80年代末有高级职称2人、中级职称28人。1995年实施“科教兴水”战略后，濮阳市黄河河务局进一步加大人才开发培养力度，科技人才队伍建设进入快速发展阶段，20世纪90年代末有高级职称10人、中级职称99人。2010年，濮阳河务局的各类专业技术人员达到763人，高级专业技术职务任职资格的有52人、中级317人。至2015年，濮阳河务局的各类专业技术人员达到909人，高级专业技术职务任职资格的有79人、中级429人。科技队伍的不断发展壮大，为濮阳治河科技持续快速发展奠定了基础。

三、科技项目的研发与应用

濮阳河务局的科技主要围绕堤防建设、河道整治、抗洪抢险等方面开展工作。堤防建设方面，20世纪五六十年代，组织群众性的技术革新活动，最早是对堤防施工工具的改革。运土工具，由最早的挑篮到手推车，再到手推胶轮车，并用小型拖拉机拉坡，从而提高功效，降低劳动强度。至20世纪80年代，引进铲运机修堤技术后，结束了人海战术的修堤方式。压实工具，由灯台硪到碌碡硪，1959年用履带式拖拉机进行压实试验后，结束了人工硪压实方式。由于濮阳黄河大堤是在民埝的基础上逐渐修建的，又遭受自然和战争的破坏，堤身隐患很多。20世纪50年代起，濮阳修防处把消除堤身隐患作为一项长期的工作，不断改进隐患探测工具和隐患处理方法，至70年代发展为机械锥探和机械灌浆施工方式，完成了濮阳堤段隐患的查找和处理任务；同时，逐段勘查堤身土壤成分和渗水情况，为堤防加固提供基础数据。放淤固堤是加固堤防的一种有效措施。开始采取自留放淤，到自制简易吸泥船放淤，再到泵泵联合、船泵联合运距输沙，将背河淤宽80～100米。

在河道整治方面，20世纪50年代，曾开展护滩工程、柳石沉坝试验。1966年，濮阳河道开始集中整治，在整治实践中逐步探索适合濮阳河道的工程布局，提出“小裆距、拐头坝”的工程类型，并用于实践，在控制河势、工程防守、工程投资等方面都取得很好的效果。在河道整治工程日常维修养护方面，不断改进根石探摸和加固方法，提高探摸速度和准确率，提高根石加固质量。

在抗洪抢险方面，研制堤坝查险工具、柳石枕捆抛工具、搬石工具、打桩机械设备和改进、创新抢险方法等，提高查险、抢险速度，降低劳动强度。21世纪以来，研究机械抢险方式，将挖掘机、装载机、自卸车等大型机械设备进行改装用于工程抢险，打桩、捆枕、抛枕、抛石、压土等均能使用机械操作，使人工抢险方式逐步发展到机械抢险方式，结束了人海战术的抢险方式，不仅提高抢险速度和质量，还节约大量的人力物力。

在筑路、建桥、建闸等建筑工程施工方面，不断对施工设备和施工工艺进行技术革新，解决施工中的技术难题，在保证工程工期和质量的同时，提高了经济效益。

以下收录各方面技术研发和革新项目24项。

（一）堤防工程

1. 堤防施工工具改革和引进

（1）运土工具改革。1952年以前，复堤的运土工具主要是挑篮、木轮车、地排车。1952年以后，挑篮全部换为木轮车。木轮车运1立方米土需14次。1955年，改用青岛加重胶轮车，滚珠轴承胶轮代替木轮，推土轻便；使用红车安装荆条、席包篓，一般7~9车可运土1立方米，较木轮车效率提高1倍。1974年以后的第三次大修堤期间，范县第一修防段（今范县河务局）利用小拖拉机牵引上坡胶轮车、地排车；范县第二修防段（今台前河务局）引进拉坡机1台，制造拉坡机百余台，投入施工，省工省力，工效由原来的每天每车运土2~4立方米提高到8立方米。1979年，安阳地区黄河修防处组建机械化施工队，用“东方红”拖拉机牵引铲运机运土。其中2.5立方米的铲运机46台，由75马力“东方红”拖拉机牵引；8立方米的铲运机5台，由100马力“红旗”拖拉机牵引。铲运机具有自动装卸土的功能，每台班运土可达221立方米。机械化施工在降低施工成本、提高施工工效和工程质量等方面，成效十分显著。从此以后，濮阳黄河堤防施工走上专业化和机械化的道路，结束了人海战术的复堤方式。

（2）压实工具改革。1954年以前，修堤的压实工具主要是烧饼硪和灯台硪，每台硪重25千克，硪花切边压肩打4遍，拉高2~2.4米。1954年冬修和1955年春修，寿张修防段全部推广碌碡夯实，每碌碡重75千克，底径25厘米，9人操作拉高1米，每平方米25个硪花，先横后纵打两遍，干幺重达1.5吨每立方米以上。石磙硪重140千克，铅丝、木杠摽扎，10人操作，拉高0.6米，因太笨重，使用未推广开。1959年修堤试用“东方红”履带式拖拉机压实，每层虚土厚25厘米，碾压6遍，干幺重达到1.5吨每立方米以上。1960年以后，修堤压实普遍使用拖拉机，拖拉机每台班碾压2500~3000平方米，1台拖拉机相当10架碌碡的压实效率。1979年复堤实现机械化后，虚土压实和堤坡整理使用履带式拖拉机和推土机。

2. 堤防隐患查找和处理技术

1949年，濮阳黄河修防处封丘修防段职工靳钊，把过去用钢丝锥在黄河滩地探摸煤块的方法，用来探摸坝基下河床土质，凭借不同土质的感觉，判断不同土质的土层厚度，对工程进行加固，解决了跑坝问题。1950年开展群众性普查堤身隐患时，靳钊用钢丝锥查找大堤隐患，10 天内发现藏物洞 1 个、红薯窖 1 个、獾狐洞 1 个、鼹鼠洞 84 个、堤身裂缝 1 条。这一查找堤防隐患的方法很快普遍推广。后来，钢丝锥改为锥径为 10～16 毫米的铁锥，并利用向锥孔中灌泥浆的方法判断是否存在隐患，并逐渐发展为利用锥探灌浆方法加固堤防的技术。20 世纪 70 年代初期，引进手推或电动打锥机。锥杆直径 22 毫米，锥头直径 30 毫米，锥孔增大，采用压力 1.2 千克每平方厘米泥浆泵进行压力灌浆。1974 年，引进河南黄河河务局研制的“黄河 744 型打锥机”，每台班打孔 250～300 眼，比人工打锥提高效率 10 倍。随着打锥机的不断改进，原用混凝土灌浆机改为铁壳泥浆泵，压力 50 千克每平方厘米，出浆量每分钟 250 升。拌浆机也由原来的卧筒式、立筒式改为就地拌浆机，用网滤泥浆代替人工筛土。

3. 葛巴草固堤方法

葛巴草的环境适应性和繁殖能力很强，其枝蔓顺着地皮爬，节节生根，根如鸡爪形，盘扎堤坡地面，有很好的固土作用。1950 年 3 月，在第一次大修堤时，濮县黄河修防段副段长王尊轩指导东桑庄护堤员吴清芝在新修 5 千米大堤的堤坡上试验栽植葛巴草。雨后长势茂盛，蔓延迅速，对保护堤身、防止风吹雨冲效果显著。黄委遂在全河推广种植。

4. 堤防土质勘察分析与处理

濮阳黄河堤防由黏土、壤土、粉沙、细沙等土质组成。1955 年，根据河南黄河河务局的要求，各修防段利用钢锥、螺旋钻和洛阳铲，对大堤和基础土质进行普遍勘察。每 250 米 1 个断面，历史老口门处适当加密。每个断面 5 个孔，孔深 7～10 米，共钻探断面 617 个，根据钻探情况绘制出土质、纵横断面图。1965 年，对重点部位又进行专题钻探。

通过钻探情况分析，濮阳黄河堤防桩号 K42～104 堤段基础深 7～10 米，至堤顶的各类土质含量分布情况如表 7-1 所示。

表 7-1　临黄堤土质分布情况　　（%）

大堤桩号	临河堤脚			堤身			背河堤脚		
	沙土	壤土	黏土	沙土	壤土	黏土	沙土	壤土	黏土
42～64	10	70	20	10	84	6	80	20	—
64～70	13	80	7	75	21	4	87	7	6
70～104	17	74	9	15	75	10	85	10	5

经过勘察，初步摸清堤身、堤基土质和历史老口门处的基础情况。临黄堤 K42～104 堤段之间，背河堤脚下沙土比重较大，占 80%～87%。沙土颗粒粗，土体空隙大，透水性强，是历年洪水时堤防渗水的主要原因。钻探的土样，经河南黄河河务局利用“卡的斯基野外渗透仪”进行野外试验，濮阳堤段土质渗透系数为 1.07×10^{-3} 厘米每秒。濮阳孟居历史老口门处，背河堤脚 2 米以下有 6～8 米厚的秸土料混合物，隐患严重。根据“临河截渗”的原则，对渗水堤段采取修筑“抽槽换土”和“黏土斜墙”、

背河修筑后戗压渗等措施消除堤身隐患。因孟居老口门背河系深水潭，无法处理其基础存在的深厚腐殖层，采取在临河侧修筑前进堤圈围的措施。

5. “浸润线”观测技术

1957 年，为确定堤防浸润线数据，在濮阳堤防桩号 K64 ~ 65 之间选择 2 个断面，每个断面设 5 眼“浸润线”观测井，井深 7 ~ 10 米，每年 6 ~ 10 月对堤防浸润线进行观测。7 月初无洪水时，背河地下水位低于井口 2.5 米。洪水漫滩偎堤时，地下水位上升，2 个断面的背河 5 号井地下水位均升高 1.2 米，即低于井口 1.3 米。随着洪水位抬高，临河 1 号井水位涨得快，背河 5 号井水位涨得慢。到达洪峰水位时，临河坡的 1 号井水位升高与井口平。2 个断面背河的 5 号井水位升高 0.5 米，水位距井口 0.8 米。洪水过后，由于地下水位的滞后性，地下水位持续 40 天，才有明显回落。“浸润线”观测示意图见图 7-1。

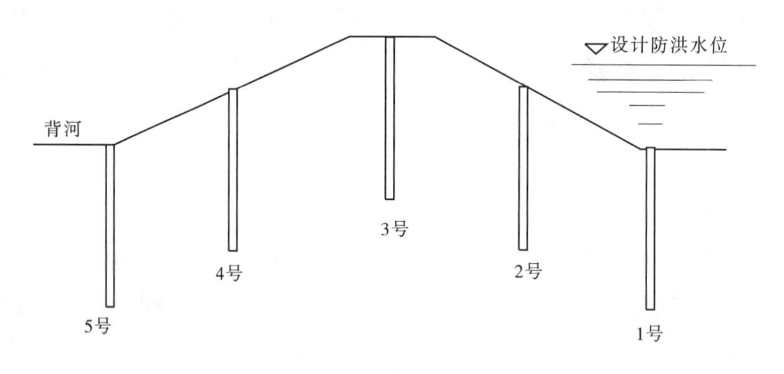

图 7-1　“浸润线”观测示意图

通过观察，得出濮阳观察堤段 2 个断面的浸润线为凹形曲线的结论，在临河入渗处比降为 1：1 ~ 1：1.5，其后至背河为 1：45 ~ 1：70。若从临河入渗点至背河溢出点（5 号井地下水位），画斜线为 1：10 ~ 1：12.5。经河南黄河河务局土工试验室计算，濮阳观测堤段的浸润线为 1：12.1，对原堤防断面 1：8 的浸润线予以修正。

6. 简易吸泥船大小泥浆泵联合挖沙输沙在放淤固堤施工中的应用

1988 年，水上抢险队在开挖濮阳市城市引黄供水工程渠村预沉池时，在小泥浆泵挖沙的基础上，试用大泥浆泵输沙，并取得成功。遂采用 11 台 4 英寸小泵挖泥，用功率 120 马力、输沙 800 立方米每小时的大泵输沙，最远距离可达 3000 米。此技术的优点是：施工所占场地面积减小，功效高，成本低。1991 年，水上抢险队将此技术应用到范县堤段的淤背工程，取得成功。大小泥浆泵联合挖沙输沙放淤固堤技术克服了自流放淤固堤和吸泥船放淤固堤受地势与输沙距离限制的弊端。是年，该技术获得河南黄河河务局科学技术进步五等奖。1994 ~ 1999 年，水上抢险队将此技术应用到温孟滩移民安置区放淤改土工程施工，并被河南黄河河务局在温孟滩移民安置区放淤改土工程中进行推广。2004 年，水上抢险队研发出 LQS750 型抽沙船，提高挖沙效率，并与大泥浆泵联合实现远距输沙，应用于标准化堤防建设放淤固堤施工。LQS750 型抽沙船获河南黄河河务局科技创新成果特等奖、黄委科技创新成果二等奖。LQS750 型抽沙船见图 7-2。

图 7-2　LQS750 型抽沙船

（二）河道整治

1. 工程结构及工程材料的改进

20 世纪 50 年代以前，濮阳黄河险工形式为埽工。它是以薪柴（高粱秆、柳枝、苇料）、土料为主体，用桩绳盘结连系，形成整体的防冲建筑物，在保护堤防安全，尤其在抢险和堵口中发挥过重要作用。埽工的缺点主要有：薪柴易于腐烂，需经常维修，故适于临时性工程；埽工上宽下窄，重心靠上，体轻易浮，在水流条件经常变化的情况下，易生险情；修厢时逐坯压土要求严格，压土少时埽不易到底，压土过多时会引起断绳，造成跑埽；埽工施工需一气呵成，若停工等料，会导致重大险情。为提高险工的性能，20 世纪 50 年代起，对原有的埽工进行“石化”改建，即将柳土工或秸土工改变为柳石工或土石工；新修建的险工和控导工程都采用“石化”形式，一般由坝基、护坡、护根 3 部分组成。护坡、护根在新修及抢险时，多为柳石结构，柳枝腐烂后用石料补充。坝基一般由壤土筑成。外部用抗冲材料裹护，按照护坡的形式将坝、垛、护岸分成乱石坝、扣石坝和砌石坝。坝垛靠溜后，易被水流淘刷形成冲刷坑，需及时向坑内抛投石块、铅丝笼、柳石枕等措施护根，以保护坝体安全。

2. 柳石沉排坝试验

1959 年春季黄河断流期间，在濮阳青庄险工 10 号、11 号坝进行柳石沉排护底试验，取得成功。柳石枕沉排坝用于水下护根结构时，易闭气，保土防冲性能好，能适应河床冲刷变形，起到缓冲落淤作用。结构所用主要材料有柳料、麻绳、铅丝、木桩、石料等。

沉排的做法：在坝根泥滩上，用柳把捆扎上下两层十字格，中间铺柳，上压石块，成一整体。上下两层十字格用直径0.15米的柳把捆成方格。方格边长1米；在下十字格的交叉处，将捆扎所余的铅丝头两端系于小支架上（直径2~3厘米），支架高度稍大于沉排的计划厚度，以免铺料时找不到铅丝头；然后在下十字格上铺梢料两层，下层称底梢纵铺，上层称复梢横铺。复梢铺定后，将捆扎好的上层十字格安置于复梢铺料上，并与下十字格相对应，把十字格交叉点用压杠压紧。解开支架上的两根铅丝捆扎牢固，勿使沉排回松；最后在上十字格中压石。如河底靠岸坡度较陡，在沉排上打木桩（长1.3~1.5米，直径3.5~4.5厘米），编柳篱，在柳篱内压实，防止石料滚出。沉排厚度0.8~1.5米。沉排宽度按当时水深确定为8~9米，随着水流的淘刷，排体随排前冲刷坑的发展逐步下沉，自行调整为1∶1.5~1∶2的坡度，以期达到稳定护坡、护底、护脚、防止淘刷，保护坝体的作用。

3．控导工程坝型和裆距的改进

1966年，修建孙楼控导工程，共20道坝垛。其坝型为圆头坝，一般裆距100~125米。汛期溜势入弯顶冲和回流淘刷，裹护体两头抢护接长，小坝垛便形成大坝头，不仅浪费工料，还增加工程的防守难度。经过观察、研究，安阳地区黄河修防处提出缩小裆距、改变坝头形状的整改措施，并应用到梁路口、韩胡同和后来的控导工程中，取得显著效果。

1968年，修建的梁路口控导工程长2400米，有坝垛38道。设计时重点将裆距缩短至70米以下。上段1~8坝为直线，裆距65米，便于迎溜入弯和工程藏头；中间弯陡，8~22坝弯曲半径1170米，裆距60米，便于调整溜向；下段变缓，22~38坝弯曲半径3180米，裆距70米，以利送溜方向稳定。缩小坝裆距起到上坝挑出的溜落在下坝上跨角，避免发生兜水窝溜现象。1970~1972年修建韩胡同控导工程1~25坝时，应用抛物线形拐头坝，拐头长40米，并向下游偏转30度，坝裆距70~75米。抛物线形拐头坝和小裆距配合，具有迎溜顺、送溜好的优点。

抛物线形拐头坝和小裆距工程布局，还具有节省投资的优点。韩胡同工程1~25坝按工程控制长度计算，每米用石料36立方米、柳料1072千克，投资1041元；梁路口工程1~38坝，每米用石料27立方米、柳料267千克，投资609元。同样类型的工程，由于圆头坝、裆距大，用料、投资显然偏多。如周营上延工程5~17坝圆头型，裆距100~135米，河床土质和建设年度与韩胡同工程基本相同，每米用石料78立方米、柳料6563千克，投资4655元，为韩胡同工程的4倍多。

4．青庄混凝土杩杈坝试验

1980年，濮阳县黄河修防段在濮阳青庄险工进行混凝土杩杈坝试验，以寻找一种适合黄河下游情况的透水建筑物。

青庄混凝土杩杈坝由导流坝和减速坝组成。沿整治工程位置线投放2排杩杈作为导流坝，长365米，目的是稳定河势。由导流坝延伸至岸上为减速坝，共7道，坝长45~85米，间距60米，与水流成60度夹角。每道减速坝用3根固定桩固定，桩埋深2.7米，桩长3米，横截面30厘米×30厘米，内设置主筋和分布筋。每个杩杈构件由

3 根混凝土直角板组成，角板长 4 米、宽 20 厘米、厚 5 厘米，角板内设主筋和分布盘。角板中间预留两个孔，以直径 24 毫米和直径 16 毫米两种螺栓互相垂直联结装成杩杈构件，用直径 11 毫米的钢丝绳绑扎串联各构件，组成杩杈坝。

1980 年 6 月 20 日至 7 月 5 日投放杩杈坝，当时高村流量 840 ~ 1590 立方米每秒，杩杈区水深 0.5 ~ 5 米，流速 0.34 ~ 1.33 米每秒。投放杩杈后削速约为 73%，平均淤厚 0.85 米。大河主流沿导流坝切线方向运动，杩杈构件挂草成功，导流缓溜效果明显。7 月 6 ~ 8 日，高村流量 2350 ~ 3670 立方米每秒，大河流速 2.5 ~ 3.0 米每秒，导流坝全部沉入水中。7 月 10 日，对减速坝进行探摸，1 ~ 4 坝下沉 0.5 ~ 1.5 米，5 ~ 7 坝全部下沉河底。边溜进入杩杈区，流速 0.34 ~ 1.0 米每秒，导流效果降低。10 月 19 日，高村流量 1300 立方米每秒，流速 0.44 ~ 0.85 米每秒，导流坝全部下沉河底，1 ~ 3 坝减速坝下沉 1.5 ~ 2.5 米，4 ~ 7 坝减速坝全部沉入河底。

杩杈坝下沉的主要原因是，设置杩杈坝后，河流形成马蹄形漩涡流，在漩涡水流作用下，构件角板周围河床泥沙被冲起形成冲刷坑，在构件角板重力作用下产生下沉。此次试验虽然失败，但为寻找适合黄河下游透水建筑物进行了有益的探索和尝试。

5．坝垛根石加固新方法

2006 年，范县河务局开展利用“充填沙枕”管袋代替石料加固坝垛根石试验，并取得成功。该根石加固方法的设备由沙袋放置平台、抽沙平台、沙袋缝合器、沙袋抛出装置等部分组成。先将缝制的聚乙烯编织布沙袋放置好，用抽沙泵从河底抽沙装入管袋，当充填泥沙约占管袋总体积的 70% 以上时，用单相串激电动机缝合袋口，使其形成体积庞大的“充填沙枕”。启动双体自动驳船上的卷扬机，将充填沙枕抛至根石加固部位。范县河务局“充填沙枕”管袋代替石料加固坝垛根石施工现场见图 7-3。

2006 年调水调沙前，范县河务局在李桥控导工程 31 坝裹护段 0 + 52 ~ 0 + 62 根石部位抛置充填沙枕。调水调沙期间，李桥控导 30 坝、31 坝均长时间靠大溜，但该部位未发生险情。而相应的 29 坝、32 坝工程则出险较多。利用沙枕管袋加固坝垛根石，较石料加固根石，具有取材容易、造价低廉、稳定性强（由于沙枕体积大）、抗急流冲刷等优点，是一种有实用价值的好方法。该成果获河南黄河河务局创新应用技术类特等奖、黄委创新成果应用技术类二等奖。

（三）抗洪查险抢险

1．KPZ - 1 型捆抛枕机

1998 年 4 月，范县黄河河务局研制出 KPZ - 1 型组合式捆抛枕机。捆抛枕机由框架、绷紧轴、工作架、液压缸、电动机、移动轮、牵引架等 7 部分组成。捆抛枕机操作时，把铅丝的一端挂在底座上的底钩上（相当于人工捆枕时拿铅丝的一端把木棍插在枕中），电动机带动绷紧轴捆扎柳石枕（相当于人工捆枕时十几个人拉麻绳束紧柳石枕），柳石枕捆好后，开动电动机带动液压缸，将工作架支起（相当于人工捆枕时众人掀木桩的一头），把枕抛向预定位置。捆抛枕机操作需用 4 人，捆抛 1 个长 9 米的枕用时 6 分钟。人工捆抛 1 个同长度的枕，16 人需 30 分钟。捆抛枕机的研制与应用不但提

图7-3 “充填沙枕”管袋代替石料加固坝垛根石

高效率，还降低劳动强度。是年，该成果获河南黄河河务局科学进步三等奖，被黄委列入1999年推广的防汛抢险新技术、新机具计划项目。2007年，濮阳第一河务局和台前河务局结合工程抢险实际应用，相继研发出手动快速捆枕器和简易式柳石枕捆抛机，均获得河南黄河河务局创新成果二等奖。

2. 铅丝笼网片编织机

铅丝笼网片编织机由濮阳市黄河河务局总工室1998年研制，是年获河南黄河河务局科学进步三等奖。该项技术用机械操作代替手工编织网片，工效和质量都有很大提高。铅丝笼网片编织机由动力系统、计程系统、控制织网系统、防腐处理系统4部分组成。根据铅丝规格，可分为半自动编制和全自动编制两种方式。半自动编网可生产面积较大的网片，全自动编网最佳生产3米×5米或5米×5米的网片。铅丝笼网片编织机操作简便，共需3人，先根据网片大小规格安装成型器，把铅丝盘放置在旋转盘上，让铅丝进入调直器、计程器、成型器，选择调速器挡位，调整编制台高度，然后开机编制。利用该机生产网片具有速度快、产量高、网片规格标准等优点。用于抗洪抢险和河道整治工程施工。

3. 软帘覆盖堵漏抢险法

1998年，台前县黄河河务局研发的软帘覆盖堵漏抢险技术，获河南黄河河务局科技火花一等奖和黄委优秀科技信息成果二等奖。软帘覆盖堵漏技术是通过支杆固定滑动轮转动，拉力反向转换的物理工作原理，使帆布蓬沿堤（坝）坡面展开堵漏洞，并能调节帆布篷位置，达到覆盖漏洞闭气、截断水流的目的。它由活结支杆、滑轮、滚动钢管、帆布篷、拉绳、留绳、固定木桩等部件组成。操作时，首先将拉绳穿入两支杆支点端的滑轮；在洞口两侧迅速将两支杆顺堤坡深入水中，并在洪水位以上0.5米处及时打桩固定两支杆位置和软帘的牵拉绳桩；将篷布卷抬到两支杆中间的地坡上，然后把拉绳挂在卷棚布的滚动钢管两端滑环上；将两端拉绳通过滑轮上拉，将帆布篷沿堤（坝）迅速展开盖堵洞口；然后用机械设备迅速浇土闭气进行加固，同时将两端支杆抽出，以备再用。

4. 万向杆探摸漏洞技术

1999 年，台前县黄河河务局为解决尽快在短时间内查找到漏洞进水口这一技术难题，经过多次研讨和模拟试验，成功研制“万向杆探漏技术”。此技术具有工具携带方便、操作简单、探漏准确、节时省力等优点。该成果获河南黄河河务局科技火花二等奖。

万向杆漏洞探摸器由伸缩杆、多项绞轮、细尼龙绳、软布块、沙袋配重、电源、报警器、指示灯（小红旗）等部分组成。若在背河发现漏洞，首先要在相应的临河部位查找进水口，将万向探漏杆伸出，放松绞轮，使探漏杆上的 1 排吊绳布沉到水中，人沿堤坡行走，当水下布块遇到进水口时，进水口将布块吸入洞内，警报器报警，通过点亮的指示灯判定进水口的准确位置，达到快速查险的目的。

5. 锥体橡皮包深水堵漏洞技术

2000 年，台前县黄河河务局研发的锥体橡皮包深水堵漏洞技术，获河南黄河河务局科技花火二等奖和黄委科技信息成果优秀奖。2002 年 6 月，参加全国抗洪抢险新技术、新产品演习展示会。

锥体橡皮包的外形像一个大楔子，锥体长有 1.2 米、1.5 米、2.0 米三种规格，圆锥底面直径分别为 0.5 米、0.8 米、1.0 米。在圆锥底面配有注气嘴与注气保险阀，用 1 条长橡皮气管作为气带，使橡皮包与堤岸上的氧气瓶连接。并在锥体橡皮包的顶点处拴 1 块 2 平方米的软布，并做沙袋配重，导引锥体进入漏洞。漏洞位置一旦确定，将锥体橡皮包抛入水中，通过支杆或冲锋舟把橡皮包推至洞口附近，软布在水流吸入的作用下带动橡皮包入洞，堤岸上的氧气瓶即刻充气，橡皮包通过气体膨胀挤压洞壁截断水流，再用机械设备及时浇土做前戗盖压加固。

6. “土工布袋式软排”在抢险中的应用

2002 年 7 月，台前县枣包楼控导工程 19 号坝迎水面根坦石发生猛墩、土胎外露险情。在缺少柳料的情况下，台前县黄河河务局采用新研制的“土工布软体排”进行抢护，并获得良好效果。其方法是：用聚乙烯编织布双层若干幅，按险情出险部位的大小缝制成排布袋，在坝垛出险部位的坝顶上展开已缝制好的排体，将横袋内装满土或沙石料后封口，然后以横袋为轴卷起并移至坝顶边沿，排体的上游边应与未出险部位搭接，在排体上、下游侧及底钩绳对应处的坝顶上打顶桩，将排体上边及两端的留绳分别拴在桩上，然后将排体推入水中，同时控制排体下端、上下游侧留绳，避免排体在水流的冲刷下倾斜，使排体展开并均匀下沉，竖袋上口用钢筋作支架，最后向软体排竖袋内装土或沙石料，并根据横袋沉降情况适当调整留绳和底钩绳的松紧度，直到软体排横袋端将坝体土胎全部护住，起到控制险情的作用。“土工布袋式软排”抢险方法，适用于河道工程和堤防工程抢险，具有抢护速度快、适应性强、易掌握、运输方便、节资省力，又能随土坡及河床的变化而变化的优点。该抢险方法在濮阳河务局得到广泛推广应用。2005 年，该项目被黄委认定为新技术、新方法、新材料及其推广应用成果。

7. 防汛抢险打桩机

防汛抢险打桩机由濮阳第二河务局 2005 年研发。该打桩机主要由动力机械、夯锤、夯锤滑槽、主臂、导向滑槽、旋转平台、卡桩器和辅助系统 7 部分组成（见图 7-4）。打桩时需用 2 人，1 人将卡桩器卡住木桩，由打桩机操作人员操作打桩机将木桩放置打桩的位置，启动电夯锤打桩。打 1 根 1.5 米长的木桩约需 1 分 30 秒。该打桩机具有节省人力和投资、降低劳动强度、保护人身安全等优点，适用于工程抢险和工程施工。该成果获河南黄河河务局创新成果一等奖、黄委创新成果二等奖，以及黄委新技术、新方法、新材料及其推广成果。

图 7-4　防汛抢险打桩机

8. 防汛抢险插桩器

2005 年，范县河务局在研究应用大型机械抢险中，研制出防汛抢险插桩器，利用挖掘机打木桩。插桩器主要由与挖掘机铲斗连接装置、夹桩锁紧装置、卡口张开装置 3 部分组成。插桩时将插桩器固定在挖掘机铲斗左侧。若水中插桩，先在岸上将木桩放入插桩器夹口上并夹紧，挖掘机将木桩送至插桩位置后，向下摁压木桩，达到水下入泥要求深度后，岸上人工操作插桩器松紧旋转轮上的绳索，使卡口张开，实现插桩器与木桩的脱离，即完成一个插桩作业。岸上插桩时，首先将岸上插桩专用活动性钢筒卡死在插桩器的卡口中，使二者成为一体，再把木桩插入钢筒内，可不直接使用卡口，进行连续插桩，当木桩被摁压到要求入土深度后，将铲斗升起，即可完成一个打桩作业。2006 年，在范县辛庄滩区护滩工程抢修护岸过程中，利用现场抢险的挖掘机进行水中插桩。抢修护岸共 80 米，每 2 米布桩 1 根，在水中插桩 40 根用时 1 小时，平均每根 1.5 分钟，是人工手硪打桩效率的 3 倍。

此技术实现水中和旱地打桩机械化，具有提高工效、解放人力、减少抢险安全隐患的特点。该成果获河南黄河河务局创新成果特等奖、黄委创新成果三等奖、河南黄河河务局科技火花二等奖。

9. 多用抓抛一体机

2006 年，台前河务局结合大型机械抢险成功研发“多用抓抛一体机”（见图 7-5）。该机具适用于大型堵口合龙进占、水中进占筑坝、捆枕、筑埽抢险及柳石混杂对险情的紧急抢护。一可用于抢险或工程施工时的供柳，完成柳料的抓放、整平、摁压、捆刹等；二可应用于抢险或工程施工时的抛枕，一机完成抓柳、铺柳、盖柳、摁压、刹枕和推抛工序。该机具有抓柳量大、供柳快速、能缩短抢险时间、提高抢险成功率的优点。它的应用，改变了以往抢险时手拉肩扛供柳的人海战术。2007 年，在影唐险工 1 坝重大险情抢护中应用该机具抢险，其效率是传统人工供柳的 54 倍，并节约资金 7 万余元。该成果获河南黄河河务局科技火花二等奖、创新成果一等奖。

图 7-5　工程施工与抢险多用抓抛一体机

10. 多功能驳船的研发与应用

2004 年以来，水上抢险队结合黄河调水调沙、“二级悬河”治理、防汛抢险和生产经营等工作需要，对 214 号自动驳船进行多方面的改造，使其成为具有河道扰沙、放淤固堤挖沙、水上抢险、河道巡查等多项功能的驳船，并发挥了显著的作用。2004 年 6 月，以该船为载体改造为人工扰沙船，参加徐码头河段人工扰沙，拓宽河面 80 多米，疏浚深 1.5 ~2 米，使河段的平滩流量增加 510 ~ 640 立方米每秒。2006 年 10 月份，该船改造为挖泥船，参加放淤固堤施工，在近 2 个月的时间内放淤 70 多万立方米。2007 年 6 月调水调沙期间，该船载黄委领导在 11 个小时内安全行程 220 千米，进行河道巡查，受到领导好评。该成果获河南黄河河务局创新成果特等奖。多功能驳船参加放淤固堤施工见图 7-6。

图 7-6　多功能驳船参加放淤固堤施工

（四）涵闸与桥梁工程

1. 引进新技术修建顶管闸

1969～1979 年，修建董楼、王称堌、于庄顶管涵闸，闸洞长 42～45 米。工程采取当时较为先进的工艺，以提高工效和工程质量。首先，预制钢筋混凝土涵管，内径 1.5 米，管壁厚 17 厘米。每节长 2 米，两端为平头接口的 44 节（含损耗 8 节）；每节长 2 米，一端为平头接口，一端为大头接口的 4 节；每节长 1.2 米，一端为平头接口，一端为大头接口的 4 节，共 52 节。其次，在预制涵管的同时，开挖工作坑、砌筑千斤顶后座墩，铺设托管钢轨等部件。再次，涵管顶进，先顶临河 2 孔，每孔 9 节涵管，共 18 节；再顶背河 2 孔，每孔 9 节，共 18 节管。动力用 45 马力柴油机带动 200 吨千斤顶，必要时用 2 台。顶进时，管内堤土掘进断面小于涵管 1 厘米，掌握洞身圆心与涵管圆心在同一轴线上。观测要求管道每前进 50 厘米，用经纬仪、水平仪测量一次，首节前端与顶进的后续接管允许误正负 1 厘米，超出误差范围，采取措施纠正。然后，昼夜连续施工，每日分 3 个台班，每台班 20 人，其中管内作业 5 人，担负挖土、装土、运土；涵管接口止水修补 4 人；运管、安装、顶铁等 6 人；司车、观测、指挥等 5 人。最后，穿堤涵闸便桥基座施工预制，改为现浇筑的施工技术。

2. 自制先张预应力张拉台和龙门吊机

1994 年，濮阳市黄河河务局第二施工队在承建范县姬楼金堤河滞洪撤退桥施工中，组织技术人员开展技术攻关，自制先张预应力张拉台 1 座及简易龙门吊机 2 部，解决了原来预应力空心梁板不能自制自安的问题。张拉台采用双槽顶柱式，单槽耐拉力 200 吨，槽长 75 米、宽 1.6 米，为活动装配式。采用龙门吊机作张拉动力，单根钢丝拉力为 2 吨，拉力控制靠张拉小车。龙门吊机跨度 15 米，高 6 米，单架吊 10 吨。吊机行走采用 24 千克轻型钢轨，枕木用混凝土结构。模板采用钢结构定型式。张拉横梁和定位板采用厚钢板焊接。锚具用圆柱插销式。松锚采用 200 吨千斤顶，垫块松锚法。钢丝墩头用 ZB4/500 型油压墩头机。胶囊充气用小型 0.5 立方米充气机。混凝土搅拌用

0.35 立方米强制式混凝土搅拌，运输用 1 吨机动翻斗车。混凝土浇注时用龙门吊机和料斗吊浇，振捣用小型振动插入式振捣棒和平板振捣器振捣。成品梁松锚后用两个龙门吊将其吊至张拉台的堆放端，按规范平放 3 层。先张预应力张拉台和双龙门吊机的研制，使第二施工队具备建设全桥的施工能力，结束建桥购买桥板的历史。

3. 平行管式降水法的研发与应用

2005 年 11 月，水上抢险队承接渠村引黄闸改建中的天然文岩渠倒虹吸工程施工任务。在基坑开挖时出现严重渗水和流沙、基坑边坡坍塌等现象。采取井点方式降水效果很差，被迫停工。经过对地质情况的分析和多种降水方案的尝试，终于研发适应黏泥夹层以上表层降水的平行管式降水方法。

平行管式降水系统由滤管、连接管、集水总管、真空泵、离心泵等组成。在需要降水的地基内埋置一定数量的与地面平行的滤水管，利用抽水设备从基础的土层中抽水。随着土体中水的抽出，使滤水管周围形成一个负压，在土体中产生压差，空隙水压力向滤水管区域转移，同时土体中水分流向滤水管，并被抽出，从而达到降水的目的。这一方法有效地解决了基坑降水问题，保证工程建设的顺利进行和提前竣工。后来此方法在多处工地得到推广应用。该成果获河南黄河河务局创新成果一等奖。

四、科技获奖成果评审及奖励

1984 年，濮阳河务局开始申报河南黄河河务局科技进步奖，1991 年开始申报河南黄河河务局科技火花奖，2002 年开始申报黄委“三新”（新材料、新技术、新工艺）推广应用认定项目，2003 年开始申报黄委和河南黄河河务局创新成果奖。1984～2015 年，濮阳河务局获得河南黄河河务局科技进步奖 55 项、河南黄河河务局科技火花奖 146 项、黄委“三新”推广应用成果 87 项、黄委创新成果奖 19 项、河南黄河河务局创新成果奖 91 项。

（一）科技进步奖

1984 年，开始组织申报河南黄河河务局科学技术进步奖励。1989 年后，按照《河南黄河河务局科技进步奖励条例》，濮阳河务局对全局参加评审的成果先进行初审，对符合评审标准要求的推荐上报河南黄河河务局科技进步奖评审委员会评审。申报的科技成果，必须是完成验收后的科研项目，并经过河南黄河河务局及其以上科技管理机构组织的科技成果评审或鉴定。

河南黄河河务局科技进步奖励的范围是：在基础研究中阐明自然现象、特征和规律，取得科学发现，为国内外同行认可，对治黄实践具有指导意义的科技成果；在实施应用技术项目中，取得科学技术创新，提高了治黄生产的科技含量，并经实践证明具有明显效益的科技成果；在大中型水利工程或系统工程建设中，依靠科技进步，保证工程的先进性、实用性，被实践证明对黄河的治理开发与管理产生明显效益的科技成果；在管理科学、系统科学和决策科学等方面做出有价值的研究，并被实践证明对治黄科技进步产生明显效益的科技成果；引进、消化、推广应用国内外先进技术并有所创新，或推广应用自主知识产权成果，提高治黄生产的科技含量，取得明显效益的科技成果等。

1989 年，河南黄河河务局设科技进步奖为 5 个等级：一等奖颁发奖励证书和奖金 1200 ~ 1500 元，二等奖颁发奖励证书和奖金 700 ~ 900 元，三等奖颁发奖励证书和奖金 450 ~ 600 元，四等奖颁发奖励证书和奖金 250 ~ 350 元，五等奖颁发奖励证书和奖金 150 ~ 200 元。2007 年后，河南黄河河务局设科技进步奖为三等：一等奖颁发奖励证书和奖金 5000 元，二等奖颁发奖励证书和奖金 3000 元，三等奖颁发奖励证书和奖金 1500 元。

1984 ~ 2006 年，濮阳河务局获得河南黄河河务局科技进步奖励共 19 项，其中，一等奖 3 项，二等奖 2 项，三等奖 8 项，四等奖 2 项，五等奖 4 项。2007 ~ 2015 年，获得河南黄河河务局科技进步奖励共 36 项，其中，一等奖 7 项，二等奖 24 项，三等奖 5 项。1984 ~ 2015 年濮阳河务局获河南黄河河务局科技进步奖情况见表 7-2。

表 7-2　1984 ~ 2015 年濮阳河务局获河南黄河河务局科技进步奖情况

序号	获奖项目	完成单位	获奖等级	获奖年度
1	渠村分洪闸前围堤爆破方案试验	濮阳市黄河修防处	三等	1984
2	无线通信天线活动支架	濮阳市黄河修防处	五等	1988
3	防汛抢险铅丝笼网片编织机	濮阳市黄河修防处	三等	1989
4	防汛抢险 KPZ－1 型捆抛枕机的研制	范县黄河修防段	三等	1989
5	大小泥浆泵配合挖送土方试验应用	濮阳市黄河河务局	五等	1991
6	供电自动转换器	局通信科	五等	1991
7	濮阳市黄河防汛滞洪资料手册	局防汛办公室	五等	1992
8	装配式活动张拉设施	濮阳市黄河河务局	四等	1995
9	ZT1－5 全自动钢筋调直机	水泥预制厂	四等	1995
10	链式冲击钻的研制	台前县黄河河务局	一等	2003
11	县级黄河防洪预案编制技术	范县黄河河务局	二等	2003
12	二级悬河治理研究与应用	濮阳河务局	一等	2004
13	彭楼引黄入鲁灌溉渠道冲淤机理及工程应用研究	张庄闸管理处	二等	2004
14	巡堤查水报警器技术	濮阳第一河务局	三等	2004
15	黄河可视化防汛预案管理系统	濮阳河务局	一等	2005
16	住宅楼废水利用装置研制与应用	天信监理公司	三等	2005
17	分洪闸过流量配孔表生成系统	渠村分洪闸管理处	三等	2005
18	普通泥浆泵潜水应用技术	濮阳第一河务局	三等	2006
19	濮阳县黄河防洪综合信息查询系统（一点通）	濮阳第一河务局	三等	2006
20	范县滩区迁安救护运行决策系统	范县河务局	二等	2007

续表 7-2

序号	获奖项目	完成单位	获奖等级	获奖年度
21	LQS750 型抽沙船研制与应用	水上抢险队	二等	2007
22	堤防道路多功能养护机	范县河务局	二等	2007
23	防汛抢险液压自动打桩机的研制及应用	濮阳第二河务局	二等	2007
24	黄河涵闸引水渠减淤防淤技术的研究与应用	濮阳第一河务局	三等	2007
25	黄河下游河道整治工程沙枕加固坝垛技术研究及应用	范县河务局	二等	2008
26	边墙挤压机的研制与应用	中原工程集团公司	二等	2008
27	防洪工程综合养护车的研制及应用	濮阳第二河务局	三等	2008
28	濮阳黄河防洪工程建设移民信息管理系统	濮阳第一河务局	三等	2008
29	三刀盘自行式割草机的研制及应用	濮阳第二河务局	二等	2009
30	手动快速捆枕机研制与应用	濮阳第一河务局	二等	2009
31	OUV－1D 型明渠流量速测速算仪	濮阳第一河务局	二等	2009
32	防汛抢险液压打桩拔桩机的研制及应用	濮阳第二河务局	二等	2009
33	大坡度小断面长隧道施工技术研究	中原工程集团公司	三等	2009
34	堤防混凝土排水沟成型机的研制与应用	濮阳第一河务局	一等	2010
35	多功能抓抛一体机	台前河务局	二等	2010
36	改制泥浆船下河新技术	濮阳第一河务局	三等	2010
37	挖掘机插桩器的研制及应用	范县河务局	一等	2011
38	船用 LQ 潜水渣浆泵技术改造及应用	中原工程集团公司	二等	2011
39	便携式捆枕机的研制及应用	台前河务局	二等	2011
40	25 米跨先张法折线配筋预应力混凝土组合箱梁施工技术	中原工程集团公司	二等	2011
41	树木根系注水式浇灌器的研制及应用	台前河务局	一等	2012
42	声光活节探水杆的研究与应用	局信息中心	二等	2012
43	桁架式钢管拱施工技术研究与应用	中原工程集团公司	二等	2012
44	超越冲击钻机的研制与应用	濮阳河务局	一等	2013
45	黄河濮阳河段河道整治关键技术及整治措施研究	濮阳河务局	二等	2013
46	YHTB－02 型树木涂白机的研制与应用	范县河务局	二等	2013
47	超声波根石探测仪的研究与应用	濮阳第一河务局	二等	2013
48	钢板桩支护技术在黄河河道深基坑开挖中的研究与应用	濮阳第一河务局	一等	2014
49	八角拐抢险新机具的研制与应用	濮阳第一河务局	二等	2014
50	滑膜施工技术在超高闸中的应用研究	中原工程集团公司	二等	2014
51	钢板桩支护技术在黄河河道深基坑开挖中的研究与应用	濮阳第一河务局	二等	2015
52	TDP－624 型双栖堤防铺膜机研制与应用	濮阳第一河务局	一等	2015
53	长距离输沙管道监控与调节技术研究及应用	中原工程集团公司	一等	2015
54	黄河下游典型滩区淹没运用分析研究	濮阳河务局	二等	2015
55	搂厢船组合式装置的研制与应用	濮阳第一河务局	二等	2015

（二）科技火花奖

1991 年，按照《河南黄河河务局科技火花奖励办法（试行）》，开始组织申报河南黄河河务局科技火花奖。科技火花奖每年评审 1 次，由河南黄河河务局组织评审。申报的项目由基层单位推荐，经濮阳河务局初审，对符合火花奖励条件的项目上报河南黄河河务局评审。

科技火花奖励的范围是：针对治黄生产实践中的某一技术问题开展研究，已投入使用并取得良好效果的成果；推广应用新技术、新方法和新材料产生的成果；解决某一生产环节的技术难题，改进或完善某一机械、设备、工具的性能，提高生产效率、减轻劳动强度、节省投资、降低消耗的技术革新成果；在水行政、防汛、工程建设与管理、科技等管理工作中，提出的改进、办法和合理化建议，经有关单位正式发文认可，并在实际工作中应用的成果等，已获得河南黄河河务局科学技术进步奖及其以上奖励的成果，不再奖励。科技火花奖设 2 个等级：一等奖颁发奖励证书和奖金 300 元，二等奖颁发奖励证书和奖金 200 元。

1992 ~ 2015 年，濮阳河务局获得河南黄河河务局科技火花奖 146 项，其中，特等奖 11 项，一等奖 45 项，二等奖 82 项，三等奖 8 项（见表 7-3）。

表 7-3 1992 ~ 2015 年濮阳河务局获河南黄河河务局科技火花奖情况

序号	获奖项目	完成单位	获奖等级	获奖年度
1	机淤爆破除淤还沙	台前县黄河河务局	二等	1992
2	闸门电动测流桥环系统改进	濮阳县黄河河务局	二等	1992
3	拔丝机制作	水泥预制厂	一等	1992
4	自动送料工艺	水泥预制厂	特等	1992
5	内外压试验台	水泥预制厂	一等	1992
6	青庄河势变化分析及稳定河势措施	濮阳县黄河河务局	二等	1992
7	濮阳市防汛滞洪资料手册	局防汛办公室	特等	1992
8	濮阳市防汛预案汇编	局防汛办公室	特等	1992
9	机械施工管理办法	局工务科	特等	1992
10	河道整治工程的几点体会	局工务科	二等	1992
11	淤临、淤背、淤区开发	局工务科	二等	1992
12	渠村分洪闸工作手册	渠村分洪闸管理处	特等	1992
13	浅析全面质量管理在黄河复堤中的应用	濮阳县黄河河务局	一等	1993
14	采取有力措施切实加强质量控制	濮阳县黄河河务局	一等	1993
15	工程管理措施提高工程管理水平	濮阳县黄河河务局	一等	1993
16	深水堵漏管见	濮阳县黄河河务局	二等	1993
17	青庄杩杈坝试验及失败原因	濮阳县黄河河务局	二等	1993
18	对黄河下游现代化工程管理的几点建议	濮阳县黄河河务局	一等	1993

续表 7-3

序号	获奖项目	完成单位	获奖等级	获奖年度
19	全自动送料工艺的改造	水泥预制厂	特等	1993
20	三辊卷管机	范县黄河河务局	特等	1993
21	拌浆机的改进	范县黄河河务局	一等	1993
22	养护坑的改造	水泥预制厂	一等	1993
23	泰山-250 型车床联接盘	水上抢险队	一等	1993
24	浅谈传统埽工结构坝存在的几点不足	水上抢险队	一等	1993
25	螺旋式横木成型器	水上抢险队	特等	1993
26	卧式 0.3 m^3空气压缩机	水上抢险队	一等	1993
27	对獾狐捕捉方法及洞穴消除初步探讨	濮阳县黄河河务局	特等	1993
28	黄河下游堤坝隐患成因及其防护途径	濮阳县黄河河务局	一等	1993
29	抛石滑板	范县黄河河务局	一等	1993
30	浅谈黄河下游群管护堤队伍存在的问题处理办法	濮阳市黄河河务局	二等	1994
31	潜水机钻头的改进	第二施工处	特等	1994
32	软黏土层钻孔缩径处理	第二施工处	二等	1994
33	孙口黄河铁路大桥 N8-6#孔落钻打捞	第二施工处	一等	1994
34	二次清孔工艺	第二施工处	二等	1994
35	空堤闸便桥基座施工预制改为现浇的分析	第一施工处	二等	1994
36	装配式活动张拉设施	濮阳市黄河河务局	特等	1994
37	ZW1-3509 型自动稳压系统	水泥预制厂	一等	1995
38	ZR1-1206 型自动绕丝机	水泥预制厂	一等	1995
39	自制平移小车配合简易龙门吊车安装桥板	第二施工处	二等	1995
40	自动载波机四线转接电路改造	濮阳市黄河河务局	二等	1995
41	水利部预警反馈系统工程的设计与施工	濮阳市黄河河务局	三等	1995
42	关于堡城至青庄河段整治意见	濮阳市黄河河务局	三等	1995
43	KQ2500 潜水钻机钻头改造	濮阳市黄河河务局	三等	1995
44	黄河堤防漏洞探测	濮阳市黄河河务局	一等	1997
45	黄河土方工程施工管理办法	濮阳市黄河河务局	一等	1997
46	潜水钻机在大孔径超深灌注桩施工中的应用	第二施工处	一等	1997
47	龙门吊的一吊多用	濮阳黄河工程公司	二等	1997
48	菏东一级公路水泥石灰土稳定层重皮原因浅见	第二施工处	三等	1997
49	软帘复盖堵漏	濮阳市黄河河务局	一等	1998
50	WCB200 型稳定土厂拌设备的改制	濮阳市黄河河务局	三等	1998
51	移动式通信天线架	濮阳市黄河河务局	三等	1998

续表 7-3

序号	获奖项目	完成单位	获奖等级	获奖年度
52	濮阳市黄河河务局办公自动化网络系统	濮阳市黄河河务局	一等	1999
53	黄河张庄闸改建加固工程静态爆破拆除技术的应用	濮阳市黄河河务局	三等	1999
54	收缩高强无灌浆料在插筋孔灌浆中的应用	濮阳市黄河河务局	三等	1999
55	DUZOI-60175 整流器缺相保护	濮阳市黄河河务局	二等	2000
56	锥体橡皮包堵深水漏洞	濮阳市黄河河务局	二等	2000
57	万向杆探漏新技术	台前县黄河河务局	二等	2001
58	行走式软帘堵漏机	台前县黄河河务局	二等	2001
59	链式冲击钻	台前县黄河河务局	一等	2002
60	SMA 路面新材料及其平整度控制	濮阳黄河工程公司	二等	2002
61	林泰阁沥青混凝土拌合站燃油系统改造	濮阳黄河工程公司	二等	2002
62	LBQ-100 型微控沥青拌合站技术改造	濮阳黄河工程公司	二等	2002
63	影响路面施工平整度的主要因素和控制方法	濮阳黄河工程公司	二等	2002
64	发电机励磁电路改进	局信息中心	二等	2002
65	砂浆滚块在钻孔灌注桩中的应用	濮阳黄河工程公司	二等	2002
66	振冲截渗板墙施工技术的应用	濮阳黄河工程公司	二等	2002
67	范县 2002 年黄河防洪预案	范县黄河河务局	一等	2002
68	简易漂浮式组合泥浆泵	台前县黄河河务局	一等	2003
69	涵闸测压管水位浮子法观测技术	濮阳县黄河河务局	二等	2003
70	黄金槐嫁接结合扦插繁殖技术的研究与应用	濮阳县金堤管理局	二等	2003
71	预应力箱梁简易超长张拉台及予应力钢绞线张拉技术	濮阳天信监理公司	二等	2003
72	LQS 型两相流潜水渣浆疏浚系统改进	濮阳县黄河河务局	二等	2003
73	折叠式混凝土养护棚在桥梁施工中的应用	第二施工处	二等	2003
74	应用 Excel 实现职工工资纳税额的自动计算	局信息中心	二等	2003
75	EQ140 东风汽车改制电感储能式电子点火	濮阳市黄河河务局	二等	2003
76	排泥管内泥沙清理“一拉得”	濮阳黄河工程公司	二等	2003
77	钢筋剥肋滚压直螺纹连接技术	第二工程处	二等	2003
78	三相交流电缺相过压保护器技术	濮阳县黄河河务局	二等	2003
79	住宅楼废水利用装置	濮阳天信监理公司	一等	2004
80	分洪闸过流量管理系统	渠村分洪闸管理处	一等	2004
81	GT3-5 自动式钢筋调直切断机的研制	水泥制品厂	二等	2004
82	预留透水竖井解决大坝基坑排水	中原工程集团公司	二等	2004
83	网络管理手册	濮阳河务局	二等	2004
84	土工布袋式软排	台前河务局	一等	2004

续表 7-3

序号	获奖项目	完成单位	获奖等级	获奖年度
85	普通泥浆泵潜水应用技术	濮阳第一河务局	一等	2005
86	平行花管降水技术的研制和应用	濮阳第一河务局	二等	2005
87	险工控导工程险情无线报警器技术	濮阳第一河务局	二等	2005
88	防汛抢险打桩的研制	濮阳第二河务局	二等	2005
89	太阳能电池防雷系统	局信息中心	二等	2005
90	ASR 制动技术开发及应用	濮阳河务局	二等	2005
91	LS1206B 型旋浆测流仪改进	范县河务局	二等	2005
92	范县滩区迁安救护规范化系统	范县河务局	一等	2006
93	濮阳黄河工程建设移民信息管理系统	濮阳第一河务局	二等	2006
94	堤防道路多功能综合养护机	范县河务局	二等	2006
95	渠村分洪闸启闭机分段集中控制技术	渠村分洪闸管理处	二等	2006
96	混凝土搅拌站的改进	濮阳河源路桥公司	二等	2006
97	范县滩区迁安救护规范化系统	范县河务局	一等	2007
98	堤防道路多功能综合养护机	范县河务局	二等	2007
99	混凝土搅拌站的改进	濮阳黄河路桥公司	二等	2007
100	搬石器的研制及应用	范县河务局	一等	2008
101	移动式钢丝绳涂油器的研制及应用	渠村分洪闸管理处	一等	2008
102	FX-07 型温控散热器	范县河务局	二等	2008
103	实用型测沙取样器	范县河务局	二等	2008
104	便携式坡度检测仪的研制及应用	范县河务局	二等	2008
105	抛铅丝笼平板架的研制及应用	台前河务局	二等	2008
106	防汛抢险液压打拔桩一体机的研制及应用	濮阳第二河务局	一等	2009
107	挖掘机插桩器的研究与应用	范县河务局	二等	2009
108	液压式自动黄油加注机研制及应用	范县河务局	二等	2009
109	工程车刹车降温装置的研制及应用	中原工程集团公司	二等	2009
110	面板无轨滑模机的研制与应用	中原工程集团公司	一等	2010
111	黄河堤坝工程抢险规范化技术流程的研究及应用	范县河务局	一等	2010
112	混凝土排水管生产模具一模多用研制及应用	濮阳第二河务局	二等	2010
113	多用抓抛一体机的研制与应用	台前河务局	二等	2010
114	浮球式水位观测自动报警器	濮阳第一河务局	二等	2010
115	玻璃纤维格栅在黄河堤防道路维修上的应用	濮阳黄河工程养护公司	一等	2011
116	多功能工程坡度器的研制及应用	台前河务局	二等	2011
117	渣浆泵抽沙技术的改进与应用	水上抢险队	二等	2011

续表 7-3

序号	获奖项目	完成单位	获奖等级	获奖年度
118	YDG-1000 型高压喷雾作业车研制	濮阳第一河务局	二等	2011
119	自卸车配合长臂挖掘机浇筑大体积混凝土的应用	中原工程集团公司	二等	2011
120	远距离无线坝岸坍塌险情监视器的研制及应用	台前河务局	一等	2012
121	一线班组综合防雷技术	濮阳第一河务局	二等	2012
122	新型汽车安全带的研究与应用	濮阳河务局	二等	2012
123	电源插座自动节能保护器的研制及应用	台前河务局	二等	2012
124	JF141 多功能大型综合养护车的研制与应用	濮阳第二河务局	二等	2012
125	全断面混凝土衬砌模板液压台车的研制与应用	中原工程集团公司	一等	2013
126	树木涂白机的研制与应用	范县河务局	一等	2013
127	节能环保水压光面爆破技术的应用	中原工程集团公司	二等	2013
128	自动式根石探测机的研制与应用	濮阳第一河务局	二等	2013
129	菱形制石器的研制与应用	濮阳第一河务局	二等	2013
130	远距离无线防火防盗报警器的研制与应用	台前河务局	二等	2013
131	混凝土排水管钢筋笼成型机的研制与应用	濮阳第二河务局	二等	2013
132	八角拐抢险新机具研制与应用	濮阳第一河务局	一等	2014
133	自动化控制在后张预应力中的应用	中原工程集团公司	一等	2014
134	多功能新型机淤工程尾水排放管的研制及应用	濮阳第一河务局	二等	2014
135	水位监测实时传输系统研究与应用	范县河务局	二等	2014
136	PCM 综合业务光端机在黄河通信网中的应用	局信息中心	二等	2014
137	TDP-624 型土工膜水下铺设设备研制与应用	濮阳第一河务局	一等	2015
138	DPK-70 型堤防排水沟开槽机的研制与应用	濮阳第一河务局	一等	2015
139	新型软轴水泵创新技术研究与应用	范县河务局	一等	2015
140	现浇箱梁模板支撑新技术的应用	中原工程集团公司	一等	2015
141	黄河滞洪区及滩区洪后环境重建及研究	濮阳第一河务局	二等	2015
142	便携式丝杆校正器革新技术	濮阳第一河务局	二等	2015
143	浮子式水位计在涵闸监控中的应用	濮阳第一河务局	二等	2015
144	堤防工程有害动物鼠类捕捉器的研制及技术	台前河务局	二等	2015
145	运输过程中沥青混凝土保温措施的改进	中原工程集团公司	二等	2015
146	预应力梁板混凝土裂缝成因与控制	中原工程集团公司	二等	2015

（三）黄委“三新”推广应用成果

2002 年，按照《黄委新技术、新方法、新材料及其推广应用成果的认定暂行办法》，组织开展黄委新技术、新方法、新材料及其推广应用成果的认定申报活动，每年申报一次。“三新”推广应用成果申报程序：一个单位完成的成果，由完成单位作为申报单位，按其行政隶属关系逐级上报；多个单位共同完成的成果，由第一完成单位作为申报单位，按其行政隶属关系逐级上报；申报成果者填写成果申请书和成果报告各2份，并缴纳项目认定费。被认定的成果予以公布。

“三新”推广应用成果包括：解决治黄生产实践中的某一技术问题，由基层单位自筹经费或基层科技人员结合生产实践自发开展的项目所形成的，并具有较强新颖性的成果，包括新技术、新方法、新材料等；推广应用新技术、新方法、新材料产生的成果等。

2002～2015年，濮阳河务局“三新”成果推广应用项目被黄委认定87项（见表7-4）。

表7-4 2002～2015年濮阳河务局“三新”成果推广应用被黄委认定情况

序号	获奖项目	完成单位	获奖年度
1	核子密度仪新技术的推广应用	濮阳市黄河河务局	2002
2	行走式软帘堵漏机	范县黄河河务局	2003
3	混凝土配料机的改进	第二施工处	2003
4	链式冲击钻	台前县黄河河务局	2003
5	SMA路面新材料及其平整度控制	濮阳黄河工程公司	2003
6	林泰阁沥青混凝土拌合站燃油系统改造	濮阳黄河工程公司	2003
7	LBQ-100型微控沥青拌合站技术改造	濮阳黄河工程公司	2003
8	砂浆滚块在钻孔灌注桩中的应用	濮阳黄河工程公司	2003
9	黄金槐嫁接结合扦插繁殖技术的研究与应用	濮阳第二河务局	2004
10	排泥管内泥沙清理“一拉得”	濮阳黄河工程公司	2004
11	红外巡堤查水报警器技术	濮阳第一河务局	2005
12	住宅楼废水利用装置	濮阳天信监理公司	2005
13	分洪闸过流量管理系统	渠村分洪闸管理处	2005
14	土工布袋软排在抢险中的应用	台前河务局	2005
15	堤防道路沥青洒布机	范县河务局	2006
16	输沙管道内壁清洗机	范县河务局	2006
17	濮阳县黄河防洪一点通	濮阳第一河务局	2006
18	普通泥浆泵潜水应用技术	濮阳第一河务局	2006
19	混凝土拌和系统的改进	中原工程集团公司	2006
20	防汛抢险打桩机研制	濮阳第二河务局	2006
21	濮阳黄河防洪工程建设用地及移民安置信息管理系统	濮阳河务局	2007
22	滩区迁安救护决策支持系统	范县河务局	2007
23	液压式自动黄油枪	范县河务局	2007
24	抛铅丝笼平板架的研制及应用	台前河务局	2007

续表 7-4

序号	获奖项目	完成单位	获奖年度
25	边墙挤压技术在红瓦屋水电站工程中的成功应用	中原工程集团公司	2008
26	混凝土防渗墙施工新技术新工艺的应用	中原工程集团公司	2008
27	OUV-1D 型明渠流量速测速算仪	濮阳第一河务局	2008
28	超声波电感水位观测仪	濮阳第一河务局	2008
29	三刀盘自行式打草机	濮阳第二河务局	2008
30	防汛抢险液压打拔桩一体机	濮阳第二河务局	2008
31	电子声光水平仪的研制	台前河务局	2008
32	便携式坡度检测仪的研制及应用	范县河务局	2008
33	挖掘机插桩器的研究与应用	范县河务局	2008
34	堤防混凝土排水沟成型机的研制与应用	濮阳第一河务局	2009
35	手动快速捆枕机	濮阳第一河务局	2009
36	混凝土排水管生产模具一模多用研制及应用	濮阳第二河务局	2009
37	电气设备节能降耗控制器的研制及应用	范县河务局	2009
38	二次衬砌施工新方法在小断面大坡度长隧道施工中的应用	中原工程集团公司	2009
39	“节能环保水压爆破”新技术在隧道开挖工程中的应用	中原工程集团公司	2009
40	多刀式平坡两用割草机的研制与应用	台前河务局	2010
41	多用抓抛一体机的研制与应用	台前河务局	2010
42	“大跨度钢桥单头进占施工”新技术在水利工程中的应用	中原工程集团公司	2010
43	大直径顶管技术改进的成功应用	中原工程集团公司	2010
44	多刀式平坡两用割草机的研制与应用	台前河务局	2011
45	多用抓抛一体机的研制与应用	台前河务局	2011
46	“大跨度钢桥单头进占施工”新技术在水利工程中的应用	中原工程集团公司	2011
47	大直径顶管技术改进的成功应用	中原工程集团公司	2011
48	改制泥浆船下河新技术	濮阳第一河务局	2011
49	一线班组语音通信数字化改进项目	范县河务局	2011
50	黄河涉水人员安全防护背带	范县河务局	2011
51	电源插座自动节能保护器的研制及应用	台前河务局	2011
52	濮阳黄河非防洪工程管理系统的研制与应用	濮阳第二河务局	2011
53	混凝土排水管生产模具的改造及应用	濮阳第二河务局	2011
54	高压旋喷桩在涵闸基础处理工程中的应用	中原工程集团公司	2011
55	玻璃纤维格栅在黄河堤防道路维修中的应用	濮阳黄河维修养护公司	2011
56	便携式多功能应急电源的研制与应用	信息中心	2011
57	25 m 跨先张法折线配筋预应力混凝土组合箱梁施工技术研究	中原工程集团公司	2012

续表 7-4

序号	获奖项目	完成单位	获奖年度
58	船用 LQ 潜水渣浆泵技术改造及应用	中原工程集团公司	2012
59	菱形制石机的研制与应用报告	濮阳第一河务局	2012
60	堤防混凝土排水沟成型机的研制与应用	濮阳第一河务局	2012
61	无堵塞绞刀泥浆泵的研制与应用	濮阳第一河务局	2012
62	防汛现场图像记录、照明和安全集成帽	局信息中心	2012
63	远距离无线防火防盗报警器的研制及应用	台前河务局	2012
64	JZL-350 型两用铅丝笼缝合机的研制与应用	濮阳第一河务局	2013
65	JD400-2 型净路面机的研制与应用	濮阳第一河务局	2013
66	新型软轴水泵研究与应用	范县河务局	2013
67	混凝土排水管钢筋笼成型机的研制与应用	濮阳第二河务局	2013
68	桁架式钢管拱施工技术研究与应用	中原工程集团公司	2013
69	节能环保水压光面爆破技术的应用	中原工程集团公司	2013
70	全断面混凝土衬砌模板液压台车的研制	中原工程集团公司	2013
71	智能化输沙管路吹填施工工艺研究与应用	中原工程集团公司	2013
72	黄河防洪工程建设施工成本核算管理系统的研制与应用	濮阳黄河河务局	2014
73	大直径 PCCP 管道安装施工方法研究与应用	中原工程集团公司	2014
74	沥青心墙施工机械化施工	中原工程集团公司	2014
75	黄河河道拉森钢板桩深基坑支护技术	濮阳第一河务局	2014
76	黄河通信专网太阳能供电系统三重防雷关键技术研究及应用	局信息中心	2014
77	声光活节探水杆的研究与应用	局信息中心	2014
78	真空预压法处理软土地基技术及应用	中原工程集团公司	2015
79	自动收卷篷布技术研究与应用	中原工程集团公司	2015
80	长距离大管径顶管施工中继间施工方法	中原工程集团公司	2015
81	拱涵拱圈混凝土简易模板台车制作及使用工法	中原工程集团公司	2015
82	介质雾化技术在沥青搅拌站中的应用	中原工程集团公司	2015
83	TDP-624 型土工膜水下铺设设备研制与应用	濮阳第一河务局	2015
84	浮子式水位计在涵闸监控中的应用	濮阳第一河务局	2015
85	黄河防汛抢险多功能装载机铲斗研究与应用	濮阳第一河务局	2015
86	FXHH2011 型刷树机研究与应用	范县河务局	2015
87	堤防道路沥青灌缝机研究与应用	范县河务局	2015

（四）创新成果

自 2003 年起，按照黄委、河南黄河河务局安排，濮阳河务局开展激励创新活动，成立创新工作领导小组，制订《濮阳市黄河河务局激励创新实施办法》，围绕治黄中心工作，制订年度创新计划，全方位、多层次地开展创新工作。

2004～2007年，创新成果每年评审1次，2007年以后改为2年评审1次，2009年以后不再评审。由濮阳河务局推荐评出的一等奖（含一等奖）以上的成果，或获得黄委科技进步奖和河南黄河河务局科技进步二等奖（含二等奖）以上的成果，由濮阳河务局组织申报河南黄河河务局创新成果奖。《河南黄河河务局激励创新实施办法》规定，理论技术创新成果和体制管理创新成果均设3个奖励等级：特等奖颁发奖励证书和奖金15000元，一等奖颁发奖励证书和奖金10000元，二等奖颁发奖励证书和奖金5000元；应用技术创新成果设3个奖励等级：特等奖颁发奖励证书和奖金10000元，一等奖颁发奖励证书和奖金6000元，二等奖颁发奖励证书和奖金2000元。2004～2010年，濮阳河务局获黄委创新成果奖19项，其中，一等奖1项，二等奖5项，三等奖13项；获河南黄河河务局创新成果奖91项，其中，特等奖17项，一等奖33项，二等奖41项（见表7-5）。2009年河南河务局创新成果濮阳的评审现场见图7-7。

表7-5　2004～2009年濮阳河务局获黄委和河南黄河河务局创新成果奖情况

序号	获奖项目	类别	获奖级别		完成单位	获奖年度
			黄委	省局		
1	引黄入滑跨区供水	管理类		二等奖	濮阳河务局	2004
2	链式冲击钻的研制	应用技术类	二等奖	一等奖	台前河务局	2004
3	黄金槐嫁接结合扦插繁殖技术的研究与应用	应用技术类		二等奖	濮阳第二河务局	2004
4	“软硬兼施”促进经济发展	管理类		一等奖	办公室	2005
5	交通安全、施工安全专项管理制度的制定与实施	管理类		二等奖	人事劳动处	2005
6	巡堤查水报警器	应用技术类	二等奖	一等奖	濮阳第一河务局	2005
7	浮船泥浆泵系统技术改进及应用	应用技术类		一等奖	台前河务局	2005
8	EQ140东风汽车电感储能式电子点火系统的改进	应用技术类		二等奖	机关服务中心	2005
9	防洪工程与洪水位表现可视化设计	应用技术类		二等奖	台前河务局	2005
10	分洪闸过流量配孔表生成系统	应用技术类		二等奖	渠村分洪闸管理处	2005
11	住宅楼废水利用装置	应用技术类		二等奖	监理公司	2005
12	建立职工救助保障机制破解“大病致困致贫”难题	管理类		特等奖	人事劳动处	2006
13	岗位绩效问责激励机制的创建与实施	管理类		一等奖	监审室	2006
14	技能人才培养“立交桥”模式的构建与实施	管理类		一等奖	人事劳动处	2006
15	防洪工程维修养护规范化管理探索与实践	管理类		二等奖	工务处	2006
16	财务管理规范化长效机制的创建与实施	管理类		二等奖	财务处	2006
17	新技术新工艺在渠村引黄闸工程中的探索与应用	应用技术类	三等奖	一等奖	水上抢险队	2006
18	濮阳黄河防洪综合信息查询系统	应用技术类	二等奖	特等奖	濮阳第一河务局	2006
19	LQS750抽沙船研制及应用	应用技术类	二等奖	特等奖	水上抢险队	2006

续表 7-5

序号	获奖项目	类别	获奖级别		完成单位	获奖年度
			黄委	省局		
20	简易液压小吊车	应用技术类		一等奖	台前河务局	2006
21	平管降水技术在渠村引黄闸改建工程中的应用	应用技术类		一等奖	水上抢险队	2006
22	堤防道路多功能综合养护机的研制与应用	应用技术类		一等奖	范县河务局	2006
23	混凝土搅拌站的改造	应用技术类		一等奖	路桥公司	2006
24	三相交流缺相过压保护器	应用技术类		一等奖	濮阳第一河务局	2006
25	防汛抢险液压自动打桩机的研制	应用技术类	二等奖	一等奖	濮阳第二河务局	2006
26	渠村分洪闸启闭机分段集中控制技术研究与应用	应用技术类		二等奖	渠村闸管处	2006
27	潜水钻机改造为冲击钻机研制与应用	应用技术类		二等奖	范县河务局	2006
28	黄河涵闸引水渠减沙防淤技术的研究	应用技术类		二等奖	濮阳第一河务局	2006
29	整体移动式涵洞内膜施工技术	应用技术类		二等奖	路桥公司	2006
30	通信与网络设备运行管理系统	应用技术类		二等奖	信息中心	2006
31	WLB2100 稳定土拌和机技术改造	应用技术类		二等奖	路桥公司	2006
32	职工互助基金管理机制的建立与实施	管理类		一等奖	范县河务局	2007
33	将军渡黄河风景浏览区创建与成效	管理类		一等奖	台前河务局	2007
34	基层河务部门宣传工作激励机制探索与实践	管理类		一等奖	办公室	2007
35	河道修防工技师协会的建立与实践	管理类		一等奖	人事劳动处	2007
36	思想政治工作管理体系的建立与实践	管理类		二等奖	党委办公室	2007
37	黄河防汛责任公示牌优化创新及应用	管理类		二等奖	台前河务局	2007
38	防洪工程综合养护车研制及应用	应用技术类		特等奖	濮阳第二河务局	2007
39	范县坝垛根石加固新方法研究及应用	应用技术类	一等奖	特等奖	范县河务局	2007
40	多功能自动驳船的研发与应用	应用技术类	三等奖	特等奖	水上抢险队	2007
41	挖掘机插桩器的研制及应用	应用技术类	三等奖	特等奖	范县河务局	2007
42	利用河沙、石屑和水泥制作预制块体新技术	应用技术类	三等奖	一等奖	范县河务局	2007
43	便携式坡度检测仪的研制及应用	应用技术类		一等奖	范县河务局	2007
44	搬石器的研制及应用	应用技术类		一等奖	范县河务局	2007
45	实用型测沙取样器的研制及应用	应用技术类		一等奖	范县河务局	2007
46	液压式自动黄油加注机的研制及应用	应用技术类		二等奖	范县河务局	2007
47	手动快速捆枕机研制与应用	应用技术类		二等奖	濮阳第一河务局	2007
48	FX-07 型温控散热器的研制及应用	应用技术类		二等奖	范县河务局	2007
49	超声波电感水位观测仪研制与应用	应用技术类		二等奖	濮阳第一河务局	2007
50	便携式多功能电源的研制应用	应用技术类		二等奖	信息中心	2007
51	移动式钢丝绳涂油器的研制与应用	应用技术类		二等奖	渠村闸管理处	2007

续表 7-5

序号	获奖项目	类别	获奖级别		完成单位	获奖年度
			黄委	省局		
52	浮子法观测涵闸测压管水位技术的研发与应用	应用技术类		二等奖	濮阳第一河务局	2007
53	水泥素浆喷洒车研制与应用	应用技术类		二等奖	路桥公司	2007
54	三相交流电源相序判别器的研制及应用	应用技术类		二等奖	范县河务局	2007
55	可移式斜坡人工观测水尺的研制及应用	应用技术类		二等奖	范县河务局	2007
56	抛铅丝笼平板架的研制及应用	应用技术类		二等奖	台前河务局	2007
57	内置式施工机械坡度器的研制与应用	应用技术类		二等奖	台前河务局	2007
58	濮阳黄河水利执法体系建设	管理类		特等奖	水政水资源处	2009
59	范县滩区迁安救护决策运行系统的研究及应用	管理类		二等奖	范县河务局	2009
60	防洪工程建设管理规范化的探索与实施	管理类		一等奖	工务处	2009
61	安全信息库的开发与应用	管理类		一等奖	人劳处	2009
62	黄河工程生态建设管理模式的探索与实践	管理类		二等奖	濮阳第二河务局	2009
63	党建网络化建设与管理	管理类		二等奖	党委办公室	2009
64	简易式柳石枕捆抛机的研制与应用	应用技术类	三等奖	特等奖	台前河务局	2009
65	滩区迁安预警发布系统研制及应用	应用技术类	三等奖	特等奖	范县河务局	2009
66	多刀式平坡两用割草机的研制与应用	应用技术类		特等奖	台前河务局	2009
67	三刀盘自行式打草机的研制及应用	应用技术类		特等奖	濮阳第二河务局	2009
68	防汛现场图像记录储存系统的研究与应用	应用技术类	三等奖	特等奖	信息中心	2009
69	堤防混凝土排水沟成型机的研制与应用	应用技术类	三等奖	特等奖	濮阳第一河务局	2009
70	黄河堤坝工程抢险规范化技术流程的研究及应用	应用技术类	三等奖	特等奖	范县河务局	2009
71	《埽工抢险指南》的研编与应用	应用技术类	三等奖	特等奖	工务处	2009
72	边墙挤压机的研制与应用	应用技术类	三等奖	特等奖	中原集团公司	2009
73	OUV-1D 型明渠流量速测速算盘	应用技术类		一等奖	濮阳第一河务局	2009
74	大型船用自动抛沙枕袋机的研发与应用	应用技术类		一等奖	水上抢险队	2009
75	电子声光水平仪在防洪工程施工中的应用及成效	应用技术类		一等奖	台前河务局	2009
76	新技术新工艺在隧道工程施工中的应用及成效	应用技术类		一等奖	中原集团公司	2009
77	电器设备节能降耗控制器的研制及应用	应用技术类		一等奖	台前河务局	2009
78	濮阳黄河防洪工程建设移民信息管理系统	应用技术类		一等奖	濮阳第一河务局	2009
79	自动式 1600 型根石探摸机	应用技术类		一等奖	濮阳第一河务局	2009
80	多功能新型机淤工程尾水排放管的研制与应用	应用技术类		一等奖	濮阳第一河务局	2009
81	麻料防腐通风管	应用技术类	三等奖	一等奖	濮阳第一河务局	2009
82	多用抓抛一体机的研制与应用	应用技术类	三等奖	一等奖	台前河务局	2009
83	混凝土排水管模具一模多用研制及应用	应用技术类		二等奖	濮阳第二河务局	2009

续表 7-5

序号	获奖项目	类别	获奖级别		完成单位	获奖年度
			黄委	省局		
84	车载式多功能巡逻、抢险探照灯的研制与应用	应用技术类		二等奖	台前河务局	2009
85	便携式捆枕机的研制及应用	应用技术类		二等奖	台前河务局	2009
86	水位监测系统及设备研究应用	应用技术类		二等奖	范县河务局	2009
87	三头鱼舀式探漏堵漏器	应用技术类		二等奖	台前河务局	2009
88	防汛抢险大型自卸车安全警示器的研制与成效	应用技术类		二等奖	台前河务局	2009
89	新技术新工艺在白浪河水库除险加固工程中的应用	应用技术类		二等奖	中原集团公司	2009
90	多功能启动工具盘的集成与应用	应用技术类		二等奖	信息中心	2009
91	网络终端配置及应用	应用技术类		二等奖	范县河务局	2009

图 7-7　2009 年河南河务局创新成果濮阳评审现场

第二节　通信与计算机网络

黄河报汛，自古以来就得到重视。明万恭在《治水筌蹄》中记述："黄河盛发，照飞报边情摆设塘马，上自潼关，下至宿迁，每三十里为一节，一日夜驰五百里，其行速于水汛。凡患害急缓，堤防善败，声息消长，总督者必先知之，而后血脉通贯，可从而理也。"这是黄河从上游潼关向下游传送水情的最早记载。在当时条件下，"塘马"制（驿站快马）是传送水情最快的办法。光绪年间，西方电信技术传入中国后，黄河开始用电话、电报报汛。民国期间，黄河上的电话、电报建设有所发展，但规模不大。

中华人民共和国成立后，黄河通信事业得到快速发展。20世纪50年代，濮阳黄河修防处架通与河南黄河河务局及各修防段的电话。60年代，电话线路延伸到各护堤连、险工班、控导工程班。70年代，对河南黄河河务局开通载波机，扩大了通话容量。80年代，开通到范县、台前县修防段的载波机；采用发报和单工、双工无线电台通话，弥补有线通信的不足。90年代，有线通信技术被淘汰，一跃发展为以微波传输、程控自动交换为主的现代通信技术。1998年10月，开始组建濮阳市黄河河务局局域网。2003年，基本建成上至河南黄河河务局、下至局属各单位的三级黄河计算机网络。基于计算机网络，防洪工程查险管理系统、水情实时监测及洪水分析系统、黄河水情信息查询及会商系统、黄河水情整编系统、防洪预案管理系统、涵闸监控系统、电子政务系统等各方面应用软件的广泛使用，推进了濮阳黄河治理开发与管理信息化水平的不断提高。

一、濮阳黄河通信

（一）有线通信

1. 线路架设

民国21年（1932年），上自沁河两岸，下至河北堤段（今濮阳河段）下界沿河各段汛，均安装电话。民国22年，东明刘庄险工与黄河左岸濮阳县习城架设一条过河电话线路，这是黄河上架通的第一条专用电话过河线路。1938年6月，国民党军队在花园口掘堤使黄河改道后，濮阳脱河近9年，所有通信线路设施尽遭破坏。

1946年，冀鲁豫解放区开展人民治黄时，濮阳还没有黄河通信专线。1947年3月，冀鲁豫军区黄河河防指挥部成立，为便于指挥联络，在今台前县常刘村—孙口—十里井等地，架设沿河单路电话线。是年，还架设山东观城县百寨（冀鲁豫黄委会所在地）—范县李桥30余千米线路，又架设从长垣经渠村、坝头、闵子墓、孙口至关山250余杆千米的郑（州）关（山）电话干线，其中濮阳河段149.35杆千米。同时还架通濮阳北坝头至鄄城苏泗庄30多杆千米线路。1948年，濮阳北坝头（濮阳黄河修防处）至马屯（濮阳修防段）架设2.5千米电话线路，安装2部单机。1949年11月，黄河指挥部撤销，台前县常刘村至十里井的电话线路及设备移交黄河部门使用管理。是年，濮阳黄河修防处上至平原黄河河务局下至各修防段都架通了电话线路。1952年，随着北金堤滞洪区的建设，架设濮阳县北坝头至濮阳金堤管理段（濮阳县城西街）的4线担线路，其中1对铜线连接安阳地区卫河管理处（濮阳县城东街）。还架设从卫河管理处沿北金堤—山东莘县—关山的线路（铜线），作为郑关干线在北金堤滞洪区的迂回线路。至1954年，安阳黄河修防处至各修防段以及县政府的通信干线初步建成。各护堤连和险工的电话随着干线的架设而逐步架通。各控导工程班和引黄涵闸的电话线路列入工程预算，与工程同时建设。1962年，濮阳境内黄河通信专线有491对千米，1964年达到1333对千米。

1979 年，成立安阳地区黄河滞洪处后，架设范县闵子墓至范县县城以及台前县孙口至台前县县城 26.7 杆千米线路。1985 年，滑县滞洪办公室从八里营冢上搬迁至滑县城关镇大西关村，拆除旧线路，新架濮阳县南关至滑县滞洪办公室 50 杆千米线路。

至 1991 年，濮阳市黄河河务局有架空通信线路 445.05 杆千米，其中干线 243.05 杆千米，支线 202 杆千米。

1992 年 12 月，濮阳市黄河河务局从濮阳县南关搬迁濮阳市金堤路 45 号，局机关的通信主要靠 2 台（共 6 路）无线设备在濮阳县南关机关原址接入濮阳黄河通信网，不能满足工作需要。1993 年冬，濮阳市黄河河务局（市金堤路 45 号）至濮阳县黄河河务局（濮阳县南关）总长 12.5 千米的高频通信电缆（4×7 对）工程开始筹备，1994 年 1 月 5 日开工建设，1 月 25 日竣工。汛前利用高频通信电缆开通载波通信。该电缆的铺设，解决了濮阳市黄河河务局搬迁后的通信问题。

2. 线路改造

濮阳河段开始架设的黄河通信线路所用的是杂木线杆，易于腐烂。1952 年，将杂木线杆更换为耐腐的杉松木杆，并将原来的单线线路改成双线线路。20 世纪 60 年代初，杉松木杆超过使用年限，部分杆根腐朽，加上自然灾害袭击，线路故障频繁。1964 年，安阳地区黄河修防处按河南黄河河务局的安排，完成辖区内 149.35 杆千米的郑（州）关（山）干线改造任务，将杉松线杆全部更换为水泥杆，并将原四线木担更换为 8 线槽钢担。1979～1982 年，相继完成坝头至濮阳县、闵子墓至范县、孙口至台前县的木杆更换为水泥杆的任务。1983 年，到各险工和控导工程班的木杆全部更换为水泥杆。1988 年，濮阳河段的郑关干线进行全面整修，提高了线路通话质量（见图 7-8）。

图 7-8　维修通信线路

3. 载波通信及传真机、电话汇接机

20 世纪 60 年代后期，北坝头（安阳地区黄河修防处）对郑州（河南黄河河务局）开通军用单路载波机，1970 年更换为 3 路载波机。1984 年，北坝头对范县黄河河务局和台前县黄河河务局开通 ZM203 型铁三路载波机。1986 年，濮阳县南关（濮阳市黄河修防处）—北坝头开通 ZZD19 型 12 路载波机和 ZM203 型铁三路载波机。1993 年，对河南黄河河务局的载波机更换为 12 路。载波机的使用，使线路的利用效率得到提高，通话容量得到扩大，满足了不同时期的通话需求。

1980年，河南黄河河务局和安阳地区黄河修防处配置喷墨式文字传真机，但由于当时线路质量达不到开通传真机的要求，该传真机没有能发挥作用。1989年，濮阳市黄河修防处对河南黄河河务局开通感热纸传真机。

1982年，在载波开通的基础上，建设电话会议网络，安阳地区黄河修防处安装会议电话汇接机和会议电话终端机，各修防段安装会议电话终端机，供召开全处电话会议和收听河南黄河河务局召开的电话会议。

20世纪90年代以后，濮阳河务局的通信事业发生质的变化，建成上至河南黄河河务局，下至局属各单位、一线班组的无线通信网络，所有的有线通信被全部淘汰。由架空明线传输、人工磁石交换机、手摇磁石电话机的传统通信技术，飞跃发展为微波传输、程控自动交换、电话自动拨号的现代通信技术。

（二）无线通信

1. 短波通信

中华人民共和国成立初，濮阳黄河管理部门没有专用的无线通信设备。为防止有线通信发生故障而造成通信中断，每年汛期租用当地邮电部门无线电台，以保障水情、工情地及时传递。1975年8月，河南淮河流域发生大洪水期间，因有线通信中断，指挥失灵，造成巨大损失。1976年春，水利部、黄委会确定："黄河线路，在现有有线设施基础上，增设一套黄河防汛专用无线电通信设备"。1980年10月，安阳地区黄河修防处、滞洪处和渠村分洪闸管理处分别选派人员去洛阳学习无线电通信技术。1981年汛期，修防处、滞洪处、渠村分洪闸管理处分别开通至河南黄河河务局的10瓦单边带短波电台，通过电报形式传递水情、工情。1981年，安阳地区黄河修防处有705无线对讲机14部，824无线对讲机2部，735无线电台4套。

按照有线、无线相互配合的通信保障方案，1982年汛期，安阳地区黄河修防处组建以北坝头为中心的超短波多路接力无线通信网。北坝头（安阳地区黄河修防处）—长垣（长垣县修防段）—开封（开封地区黄河修防处）—郑州（河南黄河河务局）开通M753型超短波电台；北坝头（安阳地区黄河修防处）—闵子墓（范县黄河修防段）—孙口（台前县黄河修防段）开通3JDD-2超短波电台，在是年大洪水期间发挥了重要作用。

2. 微波通信

1979年，黄河下游建设204型微波通信干线，在安阳地区黄河修防处机关（北坝头）设中继站。1980年10月，北坝头中继站微波铁塔建成，塔高74.5米。1981年10月，安阳地区黄河修防处和长垣县黄河修防段派人到桂林电子工程学院学习微波技术。1982年，安阳地区黄河修防处和长垣县黄河修防段建设微波机房，所有机器设备全部安装竣工。是年，安阳地区黄河修防处选派人员到黄委会通信站接受微波值机技术培训。1983年汛期，北坝头—东坝头—开封—万滩204型微波干线开通运用。但由于东坝头站时常发生中断现象，204型微波未能正常使用。20世纪80年代濮阳坝头微波塔和有线通信线杆见图 7-9。

图 7-9　20 世纪 80 年代濮阳坝头微波塔和有线通信线杆

随着通信事业的发展，20 世纪 90 年代初，黄委会决定将黄河下游模拟微波干线改造为数字微波干线，实现全河联网，电话自动直拨。在渠村分洪闸处新建中继站，废除北坝头中继站。1990 年，在渠村分洪闸管理处院内新建通信楼（2 层 576 平方米）和高 80 米微波塔。微波通信设备为意大利产品，1992 年 5 月底设备安装完毕，并开通上对长垣、下对山东刘庄的微波干线和对濮阳市黄河河务局支线。1993 年 12 月，安装开通濮阳市黄河河务局对渠村干线中继站的 32M（480 路）微波，实现濮阳市黄河河务局上对水利部、黄委、河南黄河河务局的通信微波传输和电话直拨。20 世纪 90 年代濮阳河务局微波传输网络见图 7-10。

1997 年，黄委对黄河下游通信网进行全面改造。濮阳市黄河河务局建设一点多址微波通信网，用微波传输替代有线传输。以局机关为中心站，建设濮阳县老城、北坝头、彭楼、闵子墓 4 个中继站和邢庙抢险队、范县滞洪办、台前县滞洪办、台前孙口 4 个外围站，除局机关和北坝头以外新建铁塔 6 座。1997 年 6 月，开通以濮阳市黄河河务局机关为中心的一点多址微波通信网，实现了局机关到局属各单位通信的微波传输。

1998 年 7 月，濮阳市黄河河务局建设黄河 ETS450 无线接入系统，它具有安装简

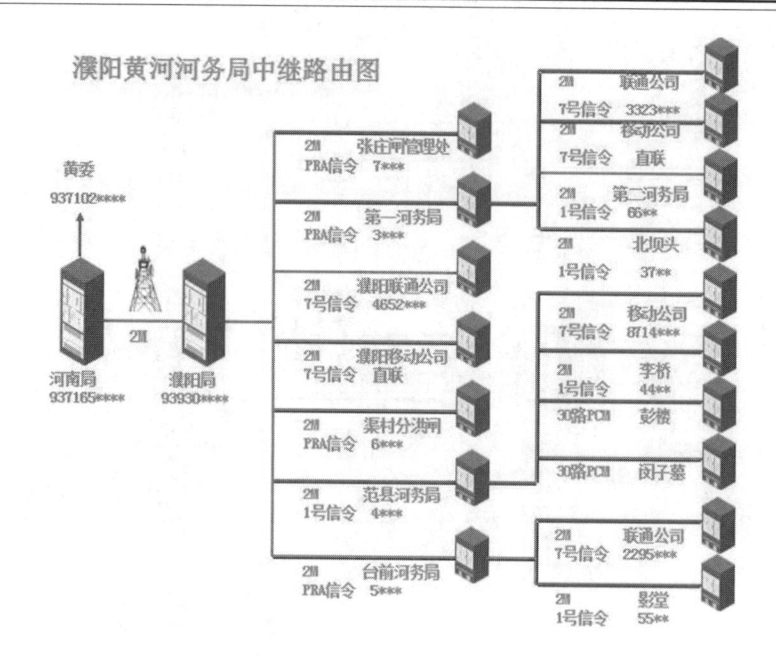

图 7-10　20 世纪 90 年代濮阳河务局微波传输网络

单、便于维护等优点，是解决县级河务局至所属基层防汛单位和一线班组固定通话问题较为适用的通信手段。在濮阳县北坝头和台前县孙口设 2 个无线接入基站，在各险工、控导工程班和各引黄闸管所安装无线接入固定电话和太阳能供电系统，实现了县级河务局到各险工、控导工程班及涵闸管理所的自动拨号。

2002 年，黄委以郑济微波干线为依托，利用宽带无线接入技术，开始建设黄河下游引黄涵闸远程监控系统。2004 年，濮阳河务局建成由 15 跳富士通 16 路 E 微波传输系统（局机关、濮阳第一河务局、北坝头、彭楼、闵子墓、孙口）和利用宽带无线接入技术建立的 3 个基站（彭楼、闵子墓、孙口）、4 个端站（梨园闸、王称固闸、邢庙闸、刘楼闸）、3 条光纤（渠村分洪闸至渠村引黄闸、闵子墓至于庄闸、孙口至影唐闸）所组成的涵闸远程监控传输通道，所有引黄闸实现远程监控。

2004 年，利用涵闸远程监控宽带无线接入传输网，在渠村分洪闸、梨园引黄闸、彭楼引黄闸、闵子墓、孙口建设 5 个信息传输基站，组建濮阳河务局治黄信息移动采集系统，配备应急信息移动采集车 1 辆（见图 7-11）。信息移动采集车采用宽带无线接入、数字视频处理、IP 数据通信等先进技术，实现远程图像、语音及数据的实时采集和传输，具有现场信息采集、固定或移动会商、多媒体网络交互、后台录像等功能，能够与电子政务系统、黄河工情险情会商系统、黄河水情实时查询系统、黄河工程管理系统、黄河水量调度系统等授权的应用系统互联互通，为上级防汛指挥机构提供及时、准确、快捷的实时防汛工情和险情，更好地为防汛决策和远程会商服务。

2005 年，由于意大利生产的微波设备使用频点过期，设备性能下降，抗干扰能力差，通信质量降低，不能满足防汛通信的要求，黄委信息中心将渠村中继站的干线微波更换为日本 NEC 公司生产的 155M 微波通信设备。2010 年 7 月，又将濮阳市（濮阳

图 7-11　信息移动采集车

河务局）至渠村（渠村分洪闸管理处）的微波设备更换为日本 NEC 公司生产的 16E1 微波通信设备（见图 7-12）。

图 7-12　2010 年濮阳河务局微波通信设备

3．专用移动通信系统

1992 年 8 月，濮阳市黄河河务局开通摩托罗拉 800M 集群移动通信系统，主要用于一线职工查险时报告险情和防汛应急指挥。开始安装车台 3 部、手机 2 部，后来车台增加到 11 部、手机增加到 8 部。1996 年 8 月黄河大水期间，抗洪一线应用该系统上传实时水情、险情，接受抗洪抢险指令，在抗洪斗争中发挥了重要作用。1998 年，摩托罗拉 800M 集群移动通信系统被淘汰，更换为台湾东讯 800M 查险、报险移动集群系统，共建局机关、渠村、彭楼、闵子墓、孙口 5 个基站。该系统具有群呼、组呼、网内拨号等功能。全局共配发手持机 250 部、指挥车载台 17 部。2005 年以后，随着国家移动通信的快速发展，台湾东讯 800M 查险、报险移动集群系统也逐步被淘汰。

4．北金堤滞洪区无线通信网

1983 年汛前，根据群众迁安救护信息传达和指挥的需要，水利部组织河南省政府、黄委、河南黄河河务局等技术人员对北金堤滞洪区进行实地勘查研究，决定在滞洪区组建以濮阳市黄河滞洪处为中心的无线通信网，以解决迁安救护时的通信问题。是年汛期，在濮阳县和滑县的6个乡（镇）搞试点，1984年5月开始全面建设，8月14日全部竣工。共建长垣滞洪办（所在地长垣孟岗乡）、滑县滞洪办、濮阳县滞洪办、范县滞洪办、台前滞洪办5个中心分站（其中中继站3个），37个乡（镇）站，共安装3JDD-2型和JDD-2/308Ⅱ型无线电台87部。1985年7月，在滞洪区内11个乡（镇）、68个基点村配发洛阳632厂生产的450M单工对讲机。至1988年，滞洪区19个乡（镇）的113个基点村，共配备450M单工对讲机376部。同时对基点村的民兵骨干进行无线通信技术培训。1988～1990年，相继开通濮阳市黄河修防处至各修防段、滞洪办无线6路接力机，共8部电台。

1990年，水利部决定在黄河滩区和北金堤滞洪区建设防汛迁安救护预警系统。1992年7月，预警系统全部建成投入应用。该系统由广播式预警网和反馈网两部分组成，铁塔和设备由水利部直接配发。1990年7月，在北坝头和闵子墓分别建成预警铁塔1座，各安装发射机1台，在黄河滩区、滞洪区配发接收机296部。滩区的接收机直接发放到各村镇使用保管，滞洪区由各县滞洪办汛期发放，汛后收回。预警系统的建设，保证了北金堤滞洪区运用时，区内136万群众能在1小时内接到迁移防守命令，做到及时转移和防守。1995～1997年，又相继配装预警反馈系统（日本健伍450M设备），设6个基地站、66部固定台、404部手持机。1998年以后，随着通信技术的发展和滞洪区投资基本停止，北金堤滞洪区无线通信网逐渐被淘汰。

（三）交换与汇接

1949年，濮阳黄河修防处安装30门磁石电话交换机，1964年更换为50门，1977年更换为100门。20世纪50年代后期，所辖范县第一修防段、范县第二修防段、金堤修防段相继安装磁石交换机。1978年渠村分洪闸管理处建立和1979年安阳地区黄河滞洪处建立时，两个单位分别安装30门磁石电话交换机。至1991年，濮阳市黄河河务局共有磁石交换机8台，其中100门3台（局机关、濮阳县黄河河务局、范县黄河河务局）、60门1台（范县黄河河务局李桥大院）、50门2台（濮阳县金堤管理局、台前县黄河河务局）、30门1台（渠村分洪闸管理处）、20门1台（范县黄河滞洪办公室）。磁石交换机主要由人工转接电话，话务员的工作量大，效率低。在几个一线工程班合用1条线路时，按连续铃声多少区别呼叫电话，通信十分不便。

随着通信事业的发展，磁石电话交换机在实现通信微波传输的同时很快被淘汰。1992年5月，黄河下游郑济微波干线渠村中继站建成，同时安装程控交换机，渠村分洪闸管理处实现电话自动交换和电话自动拨号。1995年，濮阳市黄河河务局机关安装哈里斯20型800门程控交换机和自动拨号电话机，中层以上领导家庭也安装自动电话机，逐步扩展至职工家中。1993～1996年，是电话人工交换与自动交换的过渡时期，为实现人工交换与自动交换的连接，在磁石电话交换机上安装拨号盘和铃流发生器。

1997年，随着一点多址微波、无线接入的开通，全局相继安装11部程控交换机，容量1500线，电源设备16套，发电机组7部，局内通信电缆26千米，电话单机1000余部，淘汰所有的磁石电话交换机和磁石电话机。以濮阳市黄河河务局机关为汇接中心，利用郑济微波干线汇接河南黄河河务局，通过光缆汇接濮阳市通信网，通过一点多址微波汇接局属各单位和一线班组。

2003年10月，实现濮阳市市话直拨。2008年，一点多址微波设备出现老化现象，畅通率降低，利用涵闸监控传输微波改造原来的中继方式，提升了接通率和通话质量。

2010年后，随着河南黄河河务局程控交换机更新改造工程建设，濮阳河务局有5部程控交换设备（局机关、渠村分洪闸管理处、濮阳第一河务局、台前河务局、张庄闸管理处）进行更新，同时调整信令方式和全国水利系统字冠，实现全局电话来电显示。

二、计算机网络

（一）局域网建设

20世纪90年代初，濮阳市黄河河务局一些部门逐渐配置计算机，至1998年，局机关有计算机17台、打印机12台。当时的计算机主要用于数据的简单处理和文字处理。为便于各计算机用户之间数据信息的相互传输，是年10月，局机关开始组建局域网，应用集线器和同轴电缆将各个计算机联接，共建信息点36个，实现各计算机资源的共享。这是濮阳市黄河河务局局域网建设的雏形。

2001年7月，局机关局域网进行改造，新建濮阳县黄河河务局、台前县黄河河务局局域网（范县黄河河务局由于机关搬迁未组建）。3个局域网各安置1台IBM5100应用服务器，各楼层安装TCL4024或TP-LINK16交换机，通过8芯双绞网线接至模块化信息插座，再通过双绞网线连接计算机。局机关局域网建75个信息点，濮阳县黄河河务局建86个信息点，台前县黄河河务局建71个信息点，濮阳市黄河河务局局域网建设初具规模。

2003年以前，计算机网络建设缺乏全局统一规划，处于各单位按其所需自由建设的状态，网络布线不规范，使用的设备技术较落后，网络服务功能少，不适应“数字黄河”建设的要求。2003年3月，按照河南黄河河务局统一规划，编制《濮阳市黄河河务局信息建设规划》，结合实际应用需求，采用交换式百兆以太网技术和综合布线技术，对局域网进行改造。主要项目包括改建局机关、濮阳县黄河河务局、台前县黄河河务局、张庄闸管理处、中原集团公司局域网和新建范县黄河河务局、濮阳县金堤管理局和渠村分洪闸管理处局域网。局机关计算机中心机房安装华为R2621路由器、华为S3526三层以太交换机和2米标准机柜，局属事业单位分别安装华为R2621路由器、迈普5124以太交换机，新建信息点213个，全局共有信息点445个。濮阳市黄河河务局局域网全部建立。

2007年12月，局机关办公环境布局调整，局域网进行整改升级，楼区间全部采用光纤连接，楼层交换采用10/100/1000Mbps交换机，综合布线系统采用超5类网线。

2010年后，按照河南黄河河务局网络设备更新改造的要求，局网管中心的三层交换更新为功能多、吞吐量大、方便管理的H3CS-5800万兆路由交换机，各局域网中心交换升级更新为H3CS-5120千兆以太网交换机。濮阳河务局计算机网络结构见图7-13。

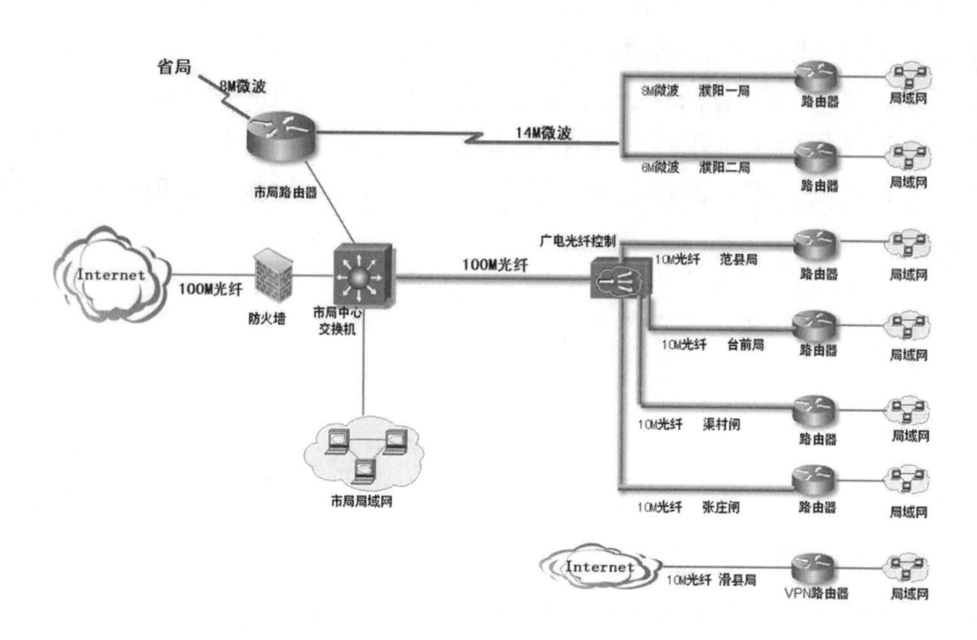

图7-13 濮阳河务局计算机网络结构

（二）广域网建设

广域网建设始于2000年。是年4月，局机关的局域网通过2M微波线路和路由器与河南黄河河务局局域网进行广域连接；局机关与濮阳县黄河河务局、台前县黄河河务局通过远程拨号（54K）实现广域连接。

2002年7月，局机关局域网通过ADSL宽带数据传输服务技术与公用互联网连接，带宽1M。

2003年8月，在全局局域网建设、优化的同时，对网络系统的广域联接技术进行全面改造，局机关局域网通过黄委SDH数字微波提高的捆绑8M数字电路和三层交换机与河南黄河河务局进行广域网连接；与局属各单位采取租用濮阳市广电通讯公司的10M光纤数字线路和路由器进行广域联接。为保障网络系统的正常运行和安全，局网管中心配置5千瓦UPS不间断供电源，所有的网络设备均完善接地防雷措施。至此，濮阳河务局多业务宽带计算机网络平台建成。该网络平台能够进行语音、文字、图像、数据、视频各类信息传输和处理。2005年5月，与公用互联网连接的光纤数字线路扩容至100M。

2010年后，对局网管中心的设备更新改造，并开通VPN功能做备用的广域通道。

（三）网络安全

局域网建成初期，还没有与互联网连接，计算机病毒传播渠道少，危害较轻，各计算机用户安装 KV300 单机版杀毒软件，防范计算机病毒侵入。2003 年，全局各局域网相互连接，并通过局机关网管中心接通互联网。同时进行网络安全建设，全局局域网共享 1 个互联网端口，以减少病毒及黑客攻击的入口；内部局域网与互联网之间运用天融信（FW4000）防火墙，保护内部网免受非法用户的侵入；利用路由器、三层交换机的配置规则进行安全管理；安装“熊猫卫士防病毒软件（网络版）”和“任子行安全管理软件”，对网络用户实施权限管理，网络访问实施安全审计，最大限度消除计算机网络系统的安全隐患；定期更换关键网络设备的登录密码和数据库备份；用户计算机全部安装 360 安全卫士软件。

（四）应用系统

随着计算机网络的不断升级和完善，各方面的应用软件得到广泛使用，办公自动化的范围逐步扩展，其水平不断提升，在濮阳黄河治理开发与管理工作中发挥了显著的作用。

1995 年，中芬合作开发黄河防洪减灾系统。是年 5 月，黄委在濮阳市黄河河务局安装 1 套卫星云图处理分析系统。该系统利用微波线路传输，通过 64K 基带调制解调器接入计算机终端。

2000 年 5 月，由黄委开发的 LOTUS 办公自动化和水情查询系统在濮阳市黄河河务局投入应用，初步实现局机关各部门办公信息上网、工作动态网上发布和实时掌握防汛水情信息。

2001 年 6 月，濮阳县黄河河务局、台前县黄河河务局实现网上办公和水情查询。

2002 年 6 月，河南黄河信息服务系统投入应用。系统以公用基础数据库为基础，采用三层体系结构（用户界面层、业务应用层、数据库层）的 B/S 模式，实现对实时气象信息、雨水情信息、工情信息、工程管理、滩区滞洪区、险情信息、灾情信息、防汛组织、防汛料物、音像资料、历史洪水、工程图片、数字地图、电子公告等信息的在线查询、分析统计和数据管理的功能。

2003 年，濮阳市黄河河务局多业务宽带计算机网络平台建成后，办公应用系统的开发及应用进入高潮。是年 5 月，创建濮阳黄河网站，面向社会宣传濮阳黄河治理开发与管理，以及服务经济社会等方面的工作情况和取得的成绩，同时实施行业政务公开。6 月，防汛办公室使用工情险情信息管理系统，建立濮阳黄河防洪工程信息库，实现工情、险情信息网上查询，为工程险情的及时处理提供可靠的依据。9 月，局机关使用档案管理系统（网络版），实现文件登记、文件立卷、档案利用查询等档案自动化管理。10 月，河南黄河河务局防汛电视会商系统建成，濮阳市黄河河务局设分会商中心，并实现移动式实时图像转播车的会议接入。

2004 年 8 月，淘汰 LOTNS 政务办公系统，试运行河南黄河河务局开发的电子政务系统，实现省、市、县三级河务部门公文管理、信息发布、综合办公、会议管理、数据传送、通知公告发布等工作的网上办公。

2008 年，防汛电视会商系统与黄委会议系统相连接，形成黄委、省级局、市级局及部分县级局的多方或点对点的会议形式。

2010年5月，电子政务系统开发应用公文电子印章，收、发文件全部网上处理，实现无纸化办公，公文运行速度大幅度提高。

至2015年，使用的应用软件还有防洪工程查险管理系统、水情实时监测及洪水分析系统、黄河水情信息查询及会商系统、黄河水情整编系统、防洪预案管理系统、黄委用友财务管理软件系统、固定资产管理系统、水利统计信息系统、工资查询系统、人力资源管理系统等。

三、运行管理与设备维护

（一）管理体制

濮阳河务局通信管理机构始建于1947年，其前身为冀鲁豫黄委会第二修防处（濮阳黄河修防处）电话队，为股级。各修防段一般配备2~3名电话管理人员。随着电话线路增多，业务量扩大，各修防段也都成立电话队。处、段的电话队归处、段办公室（秘书科、秘书股）管理。1984年，安阳地区黄河修防处电话队更名为安阳地区黄河修防处电话分站。1985年，濮阳市黄河修防处成立通信分站，列为机关部门。通信分站设处机关和北坝头2个点，配备通信人员26人，设正、副站（科）长3人。局属各单位设通信股，每单位培养技术骨干1~2人，外线管理技术工人3~5人，全局共有通信管理人员136人。

1990年11月，濮阳市黄河修防处通信分站更名为濮阳市黄河河务局通信管理科。1991~1993年，通信任务较重、通信设备较多的濮阳县、范县和台前县黄河河务局及渠村分洪闸管理处设通信科（正科级）。

1998年9月，在濮阳市黄河河务局体制改革中，通信管理科成建制转化为通信管理处（正科级），列为濮阳市黄河河务局二级机构，编制25人，设主任1人、副主任2人。设办公室、有线管理科、无线管理科、财务科4个管理部门。主要职能是统一管理和协调全局通信事宜，保证通信畅通、设备完好和通信队伍稳定。

2002年机构改革中，濮阳市黄河河务局通信管理处更名为濮阳黄河河务局信息中心（正科级），列为基础公益事业单位，编制20人，设主任1人、副主任2人。其财务由局财务处代管。濮阳县、范县、台前县黄河河务局和渠村分洪闸、张庄闸管理处分别设信息中心。信息中心的主要职责是：负责濮阳黄河通信与计算机网络的运行管理、设备维护、通信与信息网络规划和建设，确保汛期黄河防汛信息传递和通信调度等工作。

2006年水管体制改革后，局属单位的信息中心被撤销，其人员和业务归运行观测科管理。

（二）管理制度

通信管理根据不同时期的通信要求及通信设备的不断增加和更新，都建立与之相适应的管理办法和制度。

20 世纪 70 年代以前，黄河通信参照邮电部和解放军通信兵总部有关要求，制定《话务员安全保密制度》《线务员巡线制度》。

80 年代开始，黄河通信管理各方面的管理制度逐步建立完善。1985 年制定《通信机房管理制度》《通信值机交接班制度》《话务员安全保密制度》《线务员巡线制度》《载波值机员安全保密制度》《无线值机员安全保密制度》《电源供电安全管理制度》等，各方面的管理不断加强。

1996 年，根据河南黄河河务局的要求开展“标准化通信站”创建活动，进一步规范各项规章制度。渠村分洪闸管理处通信站、濮阳市黄河河务局通信站、北坝头通信站、濮阳县黄河河务局通信站、范县黄河河务局通信站通过河南黄河河务局“标准化通信站”验收。

2000 年以后，计算机网络管理逐步提入日程，参照黄委提出的有关规定，制定《濮阳市黄河河务局计算机网络系统管理办法（试行）》《濮阳市黄河河务局计算机网络系统安全管理办法（试行）》《濮阳市黄河河务局网络机房管理制度》《濮阳市黄河河务局网络系统管理手册》，明确管理人员和岗位职责，建立系统设备技术文档，坚持对本单位网络运行情况进行月巡查和向上级主管理部门月汇报制度，保证系统的安全运行。

随着通信设备的不断更新换代，每年都举办 1 ~2 次通信技术培训班，强化通信管理人员通信技术的更新，使其适应新时期通信管理的要求。1980 年后，黄委和河南黄河河务局不定期地举办通信和信息系统技术大比武，濮阳河务局先后有 15 人获得名次，其中 5 人获技术能手。

（三）设备维护管理

1. 有线通信设备维护管理

通信线路维护除日常维护管理外，每年春季都组织线务员集中进行全面维护，其内容主要有：调整倾斜电杆、紧固拉线、校正横担、更换扎线和破损瓷瓶、清擦瓷瓶、调整线路垂度等。线务员每人都明确有线路管理责任段，执行日常巡线制度，及时清除线路障碍物，排除线路故障，保证线路质量和畅通。1965 年后，修防处、段线务员配备自行车巡查线路。20 世纪 70 年代，处、段电话队还配置两轮或三轮摩托，供线路故障应急处理。为提高线路故障位置判断准确率，安阳地区黄河修防处在 60 年代配置“电桥”，利用测混线环路阻值，判断故障点。但误差很大。70 年代，配备“MST－1B 型线路故障脉冲遥测仪”，利用电波反射图像计算断线或混线故障点，误差较小，提高了线路故障排除效率。

暴风雨雪往往给通信线路造成灾难性的破坏，致使通信中断。1972 年 1 月 22 日夜，寒流突然侵袭，雨雪交加，造成电话线路断线或混线 400 多处。安阳地区黄河修防处及所属修防段除值机话务员外，所有的通信人员全部出动，冒寒风踏积雪，全力以赴抢修线路。1979 年 2 月 21 日，濮阳境内遭遇强冷空气侵袭，最大风力达 9 级，风雨交加，刮断水泥线杆132根，刮断木杆443根，造成经济损失10万多元，通信全部中断。安阳地区黄河修防处及时召开紧急会议，安排抢修工作。经过一个月的努力，线路得到修复。1985年8月3日，濮阳县和范县境内突遭龙卷风袭击，黄河大堤、北金堤上的树木、通信线路和防汛建筑物遭到严重破坏。其中电话线杆被刮倒113根、断裂28根，断线651档，294对千米线条变形，郑关干线和安阳地区黄河修防处至范县、台前县黄河修防段的通信中断。大风过后，安阳地区黄河修防处立即组织处机关和范县、台前县黄河修防段及濮阳金堤管理段的电话队人员分几路出发，连夜抢修线路。经过8天的紧张工作，通信得到恢复。

磁石电话交换机和磁石电话机，每季度维护一次。主要内容有：检查塞绳阻值、调整吊牌灵敏度、清擦簧片触点、为手摇发电机加油、检查送话和受话器灵敏度、更换电池和破损零件等。1990年以前，处机关通信部门担负全处所有磁石电话交换机和处机关、濮阳县黄河修防段机关和一线班组所有电话机的维护任务。载波维护主要是做好发出和接收电平的日常观测，定期与对方调整各项指标，保证载波机发出和接收电平正常，保证传输质量。配线分线维护主要是跳线整理、保险放电测试、分线盒清擦、局内线布设整理等。

2. 无线通信设备维护管理

20世纪90年代末，随着微波传输和程控自动交换的实现，设备维修方式和组织发生很大的变化。黄委和河南黄河河务局明确的设备维护权限：郑济干线微波机、微波铁塔、一点多址微波机、800兆集群系统等，出现的大故障由黄委信息中心负责维护；程控交换机及无线接入设备出现的大故障，由河南黄河河务局信息中心负责维护；滩区、滞洪区预警反馈系统和滞洪区无线通信设备由濮阳河务局负责维护；电缆、电话机、会议汇接机由所在单位负责管理维护；计算机网络由濮阳河务局信息中心负责管理维护。

3. 维修经费

1986年以前，通信日常维护费用列入本各单位行政支出，线路大修、改造或设备更新，由上级统一安排实施，组织各单位通信技术工人参与施工。1986年开始，通信运行维护经费，按照线路长度、设备多少列入防汛岁修预算管理，明确专款专用。2000年以后，市场经济不断深入发展，计划经济投资项目逐渐压缩，原来防汛岁修费中的通信运行维护经费不再列入年度预算，维护费由各单位办公经费或经济收入垫支，影响了通信设备的正常维护，其运行质量降低。2007年，根据黄委有关对水利信息系统运行维护经费进行测算的要求，依照《水利信息系统运行维护定额标准》和《编制使用说明》，开展濮阳河务局信息系统运行维护经费测算工作，上报了测算结果。2009年后，上级下达信息系统运行（维护）经费，使信息化设备运行维护管理得到保障。

第三节　档案管理

濮阳黄河档案是濮阳黄河治理开发与管理的宝贵财富。中华人民共和国成立后，濮阳黄河在进行有计划地全面治理开发和管理中，形成了大量的系统完整的黄河治理与管理的档案。1958 年以前，机关的文件材料由部门或个人保管。1958 年，秘书部门设兼职档案员，集中管理机关文书档案，技术、会计档案仍由有关部门管理。1965 年，秘书科设专职档案员，集中管理机关文书和技术档案，会计档案由财务部门管理。1984 年以后，机关文书、技术、会计档案实行集中统一管理。1990 年，濮阳市黄河修防处成立综合档案室，负责全处的档案管理工作。是年后，相继开展黄委级、水利部级和国家级档案管理工作达标升级活动，全局文件材料整理、立卷、归档的质量得到大幅度提高，档案管理设施达到现代管理的要求。至 2015 年，濮阳河务局机关档案室库存文书档案 2512 卷、6958 件，技术档案 7730 卷，会计档案 3602 卷。

一、档案行政管理

（一）管理体制

1946 年 6 月，濮阳治河机构刚建立时，未设置档案管理部门。中华人民共和国成立后，濮阳河务局档案管理机构从无到有，档案管理工作逐渐完善提高。

1958 年以前，濮阳修防处和各修防段机关的文件材料由部门或个人保管。1958 年，处、段机关秘书部门设兼职档案员，负责机关文书档案的集中管理，技术、会计档案仍由各业务部门分别管理。

1965 年，黄委会《关于加强档案工作的几点意见》规定，“治黄档案的统一管理以垂直系统为主，同时受各所在地方各级档案管理部门的指导和监督。黄河水利委员会所属局、处等单位负责对其下属单位的档案管理工作进行指导”。安阳地区黄河修防处秘书科设专职档案员，集中管理机关文书和技术档案（会计档案仍由部门管理），并指导各修防段的档案管理工作。

1980 年，根据黄委会《治黄档案管理办法》，安阳地区黄河修防处的档案管理工作由秘书科领导，技术档案工作由技术负责人分工领导。业务上实行以黄委会、河南黄河河务局档案管理部门指导、监督和检查为主，安阳地区档案管理部门指导为辅的领导管理体制。

1984 年以后，机关文书、技术、会计档案实行集中统一管理。

1989 年 5 月，《黄委会及所属各级机关档案工作等级标准》规定，“黄河水利委员会下属系统各级机关档案工作均实行统一领导，分级管理，把档案工作纳入机关工作计划和机关目标管理责任制，列入分管、主管档案工作的领导及部门的职责之内”。

1990 年 3 月，濮阳市黄河修防处成立综合档案室，归属办公室领导。其主要职责是：宣传、贯彻、执行上级有关档案工作的方针、政策、法律、法规，制定本单位档案管理的规章制度；指导本单位文件、资料的整理和归档，负责本单位档案、资料的接收、整理、鉴定、保管、提供利用，并按规定将永久、长期的档案定期向黄河档案馆移交；对所属单位档案工作进行监督、检查和指导；组织全处档案人员培训，做好档案基本情况的统计工作等。同时，濮阳市黄河修防处成立档案管理领导小组，由修防处分管领导任组长，机关各部门负责人为成员。局属各单位也都成立相应的管理组织。

2002 年机构升格后，档案管理仍是办公室的一项重要工作，濮阳市黄河河务局成立档案工作领导小组，局办公室设综合档案室，负责全局的档案管理工作。

（二）监督指导

1965 年，安阳地区黄河修防处秘书科设专职档案员，对各单位档案管理工作负有检查指导职责。

1987 年，《中华人民共和国档案法》颁布后，各级档案管理工作普遍得到重视，把对所属各单位档案工作的监督、检查和指导作为秘书科一项重要的工作内容。

1988 年，开始印发年度档案管理工作要点，具体安排全处（局）年度档案管理工作，档案工作实行目标管理，与治黄业务工作一起进行月、季和年度考核。并每年组织一次由各单位档案员参加的档案管理工作联合检查。检查的主要内容有领导重视程度、上年度文件材料立卷归档情况、案卷质量、档案利用情况、档案保护现状等。对查出的具有共性的疑难问题，共同讨论，探讨整改办法，从而达到共同提高的目的。年度检查结束后，评出年度档案管理先进单位，给予表彰。

1990～1992 年，开展档案管理黄委标准达标升级活动，对局属各单位在组织领导、硬件建设、具体档案业务等方面进行监督指导，以保证顺利晋级。检查指导档案工作情景图 7-14。

图 7-14　检查指导档案工作

1996 年后，组织有关单位开展档案管理部颁标准达标升级活动，及时前去检查指导。除帮助解决技术上的难题外，还协调督促解决硬件等方面的问题。

1998 年，工程建设实行“三项制度”改革后，工程档案得到重视。为保证工程档案的质量，赋予局机关档案管理人员对工程档案的形成和移交具有监督指导的责任。档案员参加工程建设进度检查，重点检查施工单位、监理单位所形成的档案资料是否齐全完整和是否符合档案管理要求，并负责帮助解决立卷中的技术问题。

1999 年后，督促指导有关单位开展档案管理国家级标准达标活动。

2003 年以后，局机关推行部门立卷，对各部门立卷人员进行必要的培训，立卷时进行监督指导。

2005 年以后，各单位档案管理工作通过达标活动，都晋升到一定级别的管理标准，不再组织联合检查和评先活动，于每年 7 月，局办公室负责到各单位检查上年度文件材料立卷归档、档案保护、档案安全等情况。

2014 年后，督促指导局属各单位档案工作规范化管理建设。

（三）档案管理工作达标升级活动

1989 年，《黄委会及所属各级机关档案工作等级标准》将黄河系统的档案工作划分为三个等级，以第三级为基础，第一级为最高标准。达标考核内容分为 3 个部分、12 个方面、50 个指标，要求各级机关档案工作在 3 年之内全部达到三级标准，并有 30% ~40% 的单位达到一、二级标准。1990 年，濮阳市黄河修防处全面开展档案工作达标升级活动。

1992 年，经河南黄河河务局验收，濮阳市黄河河务局、濮阳县黄河河务局、范县黄河河务局、濮阳县金堤管理局等单位达到黄委档案工作一级标准，台前县黄河河务局、渠村分洪闸管理处达到二级标准，其他单位达到三级标准。是年，水利部印发《水利部科技事业单位档案升级办法实施细则》，将科技事业单位档案管理分为国家一级、国家二级和部级三个等级。河南黄河河务局要求全局科技事业单位今后的档案管理升级工作执行《水利部科技事业单位档案升级办法实施细则》，停止执行黄委会档案工作等级标准。1993 年起，按照档案管理部级标准，全局各档案室开展达标升级活动。是年，濮阳市黄河河务局被濮阳市评为档案管理最佳系统。1995 年，被河南省档案局和河南黄河河务局分别评为档案管理最佳系统。

1997 年 1 月 13 日，局机关档案室通过由黄委、濮阳市档案局和河南黄河河务局组成的档案目标管理部级联合考评组的验收；1 月 16 日，又通过由河南省档案局和濮阳市档案局组成的档案目标管理省级标准考评组的验收。1997 年 2 月 13 日，水利部批准濮阳市黄河河务局为部级档案目标管理单位。1998 年 3 月 11 日，水利部验收批准濮阳县黄河河务局、范县黄河河务局、台前县黄河河务局为部级档案目标管理单位。

1999 年，按照《科技事业单位档案管理国家二级标准及考核办法》，濮阳市黄河河务局开展档案管理晋升国家二级标准工作。2000 年 6 月，局机关和濮阳县黄河河务局档案管理晋升国家二级标准工作，通过由黄委档案馆、河南省档案局、濮阳市档案局和河南黄河河务局组成的档案验收考评小组的验收。7 月 4 日，水利部批准濮阳市黄河河务局和濮阳县黄河河务局为国家二级标准档案目标管理单位。同时，水利部验收批准濮阳县金堤管理局、渠村分洪闸管理处为部级档案目标管理单位。

2002年10月，范县黄河河务局和台前县黄河河务局同时晋升为国家二级档案目标管理单位。

2003年12月，濮阳县金堤管理局晋升为国家二级档案目标管理单位、濮阳黄河工程有限公司晋升为部级档案目标管理单位。

2014年起，按照水利部《水利档案工作规范化管理评估办法》和河南黄河河务局的要求，开展档案规范化管理工作。水利档案工作规范化管理级别分为特级、一级、二级和三级。对照水利档案工作规范化管理综合评估标准，从档案保障体系建设、档案收集整理归档质量、档案保管及信息化管理等方面着手，查缺补漏，逐项逐条落实评估标准，并列专项经费用于库房整理和设施更新。2014年11月，濮阳河务局机关档案工作规范化管理通过黄委组织的评估小组的验收，被评估为水利档案工作规范化管理二级标准。2015年9月，濮阳第一河务局、范县河务局、台前河务局同时通过二级标准验收。

二、档案整理与保护

（一）文件材料收集

2003年以前，各单位文件材料的日常管理比较松散，机关发文一般由打字室保管，建有发文登记簿。收文（包括会议文件）由办公室登记分发，文件由处理部门或领导保管。每年初，档案员按照收、发文登记到单位各领导、各部门、打字室收集上年度归档范围内的文件材料，然后由档案室整理立卷归档。

2003年，局机关开始实行部门立卷，每年初各部门明确专人负责本部门上年度文件材料的收集，在档案员的指导下立卷，然后移交给档案室。

2005年，各部门设兼职文书，负责本部门发文、收文的日常管理和本部门文件材料的立卷工作，这样可以防止文件的散失，有利于文件的安全保管和归档文件材料的齐全完整，也便于本部门工作人员对文件的查阅和平时文件的收集。

2010年5月，濮阳河务局实施无纸化办公，所有公文都通过局域网的电子政务系统处理，不再发纸质文件。随之，文件材料收集立卷工作也发生了变化，每年初各部门将上年度通过电子政务系统处理的文件材料全部打印成纸质文件，然后整理立卷。至2015年，电子档案库尚未建立。

（二）档案整理

濮阳黄河档案共分文书、科技和会计3大类，按照黄委和河南黄河河务局规定的档案保管期限和分类办法进行整理。根据不同时期档案工作的要求，档案的分类办法进行过多次改革。

1. 文书档案整理

1981年以前，文书档案执行黄委1965年颁发的《黄河下游修防处文书档案保管期限试行草案》，共分党团政治、秘书、人事、财务、工会5个类别。

1981～1986年，执行河南黄河河务局制定的《文书档案分类办法及保管期限表》（讨论稿），共分6个类别，原来的党团政治类改为党务、团务2个类别，秘书类改为综合类。

1987～1992年，执行黄委会颁发的《治黄文书档案分类及保管期限表》，共分9个类别，比原来增加计划统计、审计、多种经营3个类别。

1992年，根据黄委会印发的《黄河水资源档案保管期限表》，文书档案新增水政水资源类，共10类。

1996年，文书档案的分类开始执行黄委颁发的《治黄文书档案分类及保管期限表的通知》，新增会计类，共11类。

2007年以后，档案整理改革，文书档案按部门分类，每个部门为1类，共13个类。濮阳河务局文书档案分类变化情况见表7-6。

表7-6　濮阳河务局文书档案分类变化情况

<table>
<tr><th>1981年以前</th><th>1981～1986年</th><th>1987～1992年</th><th>1992～1996年</th><th>1996～2007年</th><th>2008年～</th></tr>
<tr><td>党团政治类</td><td>党务类</td><td>综合类</td><td>综合类</td><td>综合类</td><td rowspan="11">按机关部门分类：办公室、水政水资源、防汛、工务、财务、人事劳动、监察审计、党委、工会、经济管理、信息中心、服务中心、供水等13类</td></tr>
<tr><td>秘书类</td><td>团务类</td><td>劳动人事类</td><td>劳动人事类</td><td>劳动人事类</td></tr>
<tr><td>人事类</td><td>综合类</td><td>计划统计类</td><td>计划统计类</td><td>计划统计类</td></tr>
<tr><td>财务类</td><td>人事类</td><td>财务物资类</td><td>财务物资类</td><td>财务物资类</td></tr>
<tr><td>工会类</td><td>财务类</td><td>审计类</td><td>审计类</td><td>审计类</td></tr>
<tr><td>—</td><td>工会类</td><td>党务类</td><td>党务类</td><td>党务类</td></tr>
<tr><td>—</td><td>—</td><td>团务类</td><td>团务类</td><td>团务类</td></tr>
<tr><td>—</td><td>—</td><td>工会类</td><td>工会类</td><td>工会类</td></tr>
<tr><td>—</td><td>—</td><td>多种经营类</td><td>多种经营类</td><td>多种经营类</td></tr>
<tr><td>—</td><td>—</td><td>—</td><td>水政水资源类</td><td>水政水资源类</td></tr>
<tr><td>—</td><td>—</td><td>—</td><td>—</td><td>会计类</td></tr>
</table>

文书档案保管期限为永久、长期（16～50年）、短期（15年以下），2007年以后，为永久、定期（10年、30年）两类。

2. 技术档案整理

1965年以前，按黄委会颁发的《黄河下游修防处、段技术档案保管期限表试行草案》进行分类和划分期限，共分12个类别。

1981年起，按黄委会制定的《黄河下游治理科学技术档案分类办法》进行分类和划分期限，共分为14类，用工字拼音声母的大写G来代表黄河工务方面的科技档案。

1996年起，执行黄委制定的《黄河河务科技档案分类办法及保管期限表》，共分14类。

2008年起，科技档案按照《黄河河务科技档案分类及归档办法》进行分类整理，共分4类。濮阳河务局科学技术档案分类变化情况见表7-7。

科技档案保管期限为永久、长期、定期。

表7-7 濮阳河务局科学技术档案分类变化情况

1981年以前	1981～1996年	1996～2008年	2008年～
综合类	G1 综合类	G1 综合类	日常维修养护类（GR）
查勘调查类	G2 堤防类	G2 堤防类	专项维修养护类（GZ）
工程施工类	G3 河道治理类	G3 河道整治类	工程建设项目类（GC）
堤防管理类	G4 黄河涵闸虹吸扬水站工程类	G4 涵闸、虹吸、扬水站工程类	工程规划设计类（GS）
防汛防凌类	G5 引黄淤灌类	G5 引黄开发利用类	—
计划统计类	G6 黄河防洪防凌类	G6 防汛类	—
水文气象类	G7 水利枢纽工程类	G7 水利枢纽工程类	—
地质测绘类	G8 水文水情类	G8 水文水情类	—
涵闸虹吸类	G9 科学研究技术革新类	G9 科学研究类	—
科研技术类	G10 机械设备仪器类	G10 设备仪器类	—
建房设备类	G11 计划统计类	G11 计划统计类	—
其他类	G12 通信类	G12 通信类	—
—	G13 房屋建筑类	G13 房建类	—
—	G14 其他类	G14 其他类	—

3．会计档案整理

1970年以前，按国家财政部和国家档案局制定的《财会档案归档办法》进行分类和划分期限。1984年，根据河南黄河河务局《关于财会档案清理整理归档工作意见》，对1970年以来的会计档案进行整理，共分三大类：①账簿类。其中，水利事业费总账、基本建设总账、固定资产账为永久，水利事业明细分类账、现金出纳账、银行存款账为短期。②报表类。其中，水利事业费年度决算、基本建设年度决算、物资器材年度报表为永久，水利事业费年度预算、基本建设年度预算、物资器材年报，以及所属段、队、办、厂预决算为长期，水利事业基本建设半年、季、月报表和物资器材年、月、季报表为短期。③凭证类。工资花名册为永久，各种记账凭证为短期。

1985年，按国家财政局、国家档案局颁发的《会计档案管理办法》划分期限。

1998年后，黄委档案馆依据财政部、国家档案局印发的《会计档案管理办法》，结合黄河系统的特点，将黄河系统会计档案分为会计凭证类（原始凭证、记账凭证、汇总凭证、其他会计凭证）、会计账簿类（总账、明细账、日记账、固定资产卡片、辅助账簿、其他会计账簿）、财务报告类（月度、季度、年度财务报告，包括会计报表、附件、附注及文字说明，其他财务报告）。会计档案的保管期限分为永久、定期两类。定期保管期限为3年、5年、10年、15年、25年5类。

4. 文书、科技档案整理改革

2007年，按照《黄河水利委员会归档文件整理办法》进行文书档案立卷改革：取消“卷”级管理，“卷”不再作为文书档案的保管单位和统计单位；对归档文件实行以“件”为单位进行整理和装订，一般以每份文件为一件；归档文件实行纸质文件和电子文件两套制，电子文件与纸质文件对应收集整理归档；文件分类采用“年度－机构－保管期限”分类法，原则上一个机构（机关部门）设置一个类，机构名称就是类名；归档文件的编号主要有：编件号、盖归档章并填写归档章内容；归档文件目录主要有件号、责任者、文号、题名、日期、页数、备注等；归档文件保管期限定为永久和定期两种，定期分别为30年、10年。

2008年，《黄委科技文件材料整理办法》规定，科技文件材料按“卷”为单位进行整理。按照《黄河河务科技档案分类及归档办法（试行）》，河务科技档案的归档范围限于工程的规划设计、建设与维修养护方面，其他的文件材料于2007年开始归入文书档案。河务科技档案分日常维修养护类（GR）、专项维修养护类（GZ）、工程建设项目类（GC）、工程规划设计类（GS）等4个类别。保管期限定为永久、长期、短期。

（三）档案移交

1. 第一次档案进馆

1989年4月，根据黄河档案馆1988年制定的《关于进馆档案工作的规定（试行）》和河南黄河河务局的安排，濮阳市黄河修防处和濮阳县、范县、台前县黄河修防段，以及濮阳县金堤管理段5个单位相继开展档案进馆工作。此次进馆的档案为1966年以前的档案。根据黄河档案馆要求，中华人民共和国成立之前的革命历史档案不需要重新整理，可全部进馆；1950～1966年的档案需要按要求进行整理，符合要求验收合格后方能进馆；原濮阳市黄河滞洪处档案全部进馆。

各有档案进馆任务的单位抽调人员，培训骨干，集中开展进馆工作。1991年9月全部完成进馆任务，从5个档案室共调出案卷5200多卷，修补裱糊文件1233张，抄写678张，复印325张，重新组卷1352卷，其中，处机关档案库房调出档案1100卷，文书档案重新组卷99卷，其中，永久68卷，长期31卷；技术档案重新组卷187卷，其中，永久139卷，长期48卷。文书、技术共286卷。1990年10月，濮阳市黄河修防处共移交黄委档案馆档案1352卷，其中，文书档案399卷，科技档案953卷。其中，1946～1949年间历史档案36卷，原濮阳市黄河滞洪处档案162卷，原濮县修防段档案58卷。濮阳河务局第一次档案进馆情况见表7-8。

2. 第二次档案进馆

2010年，根据黄委档案工作要求，濮阳河务局及濮阳第一河务局、范县河务局、台前河务局、濮阳第二河务局、渠村闸管理处等6个单位开展1967～1985年期间需要永久保存档案的进馆工作。同时，张庄闸管理处整理接收的原金堤河管理局的档案，移交黄河档案馆。

表 7-8　濮阳河务局第一次档案进馆情况

单位名称	合计（卷）	文书档案（卷）	技术档案（卷）	形成时间（年）	进馆时间（年-月）	说明
濮阳市黄河修防处	35	18	17	1946～1949	1990-10	历史档案
	286	99	187	1950～1966	1990-10	—
	162	52	110	1979～1985	1990-10	原濮阳市黄河滞洪处档案
濮阳县黄河修防段	13	5	8	1946～1949	1989-11	历史档案
	190	39	151	1950～1966	1989-11	—
范县黄河修防段	18	7	11	1946～1949	1990-10	历史档案
	244	67	177	1950～1966	1990-10	—
	58	17	41	1950～1958	1990-10	原濮县修防段档案
台前县黄河修防段	278	63	215	1950～1966	1990-10	—
濮阳县金堤管理段	68	32	36	1950～1966	1990-10	—
合计	1352	399	953	—	—	—

是年 5 月，组织有关单位档案员一起开展局机关档案进馆工作。局机关档案室 1967～1985 年期间的文书、技术、会计档案共 516 卷，经全面鉴定，确定有永久保存价值的有 281 卷。按照《黄河档案馆关于接收档案的规定》和《关于接收档案进馆工作相关事项的通知》的要求，提取进馆文件 615 件，修裱破损文件材料 237 张，复印不耐久字迹书写的文件及表格 5026 张，重新组卷 171 卷。根据黄委档案馆“应将进馆纸质档案的正本文件，按照中华人民共和国档案行业标准《纸质档案数字化技术规范》，转化为存储在光盘上并能被计算机识别的数字图像”的要求，将纸质档案转化成 JPEG 格式的数字图像，输入档案管理系统，将数据打包后与档案原件一并移交黄河档案馆。共扫描档案 1015 件、5163 页，录入机读目录案卷级 2266 条，机读目录文件级 7134 条。历时 50 天，完成局机关档案进馆任务。在取得经验的基础上，所属单位的档案进馆工作全面铺开。2011 年 4 月上旬，濮阳河务局 7 个单位的进馆档案全部通过黄委档案馆的验收，共移交黄委档案馆档案 2266 卷，其中，文书档案 750 卷，科技档案 1314 卷，会计档案 202 卷；其中，濮阳县、范县、台前县滞洪办公室档案 570 卷，原金堤河管理局档案 1089 卷。濮阳河务局第二次档案进馆情况见表 7-9。

3. 撤销单位的档案

1985 年以后，濮阳河务局下属机构进行过多次调整，被撤销单位的档案，按照有关规定随时移交给所归属单位的档案室。撤销的单位有：濮阳市黄河滞洪处、濮阳县滞洪办公室、范县滞洪办公室、台前县滞洪办公室、范县造船厂、水泥制品厂、运输处等单位。2002 年金堤河管理局撤销时，其档案由张庄闸管理处接收。1991 年范县造船厂撤销时，由于管理不善，其档案在撤销后遗失。1996 年运输处撤销时，档案移交给第一工程处，但因查不到交接手续而无法统计数据。濮阳河务局撤销单位档案移交情况见表 7-10。

表 7-9　濮阳河务局第二次档案进馆情况

单位名称	合计（卷）	文书档案（卷）	技术档案（卷）	会计档案（卷）	形成时间（年）	进馆时间（年-月）	说明
濮阳河务局	171	63	84	24	1967～1985	2011-04	—
濮阳第一河务局	175	26	106	43	1967～1985	2011-04	—
	266	85	166	15	1979～1998	2011-04	原濮阳县滞洪办档案
濮阳第二河务局	66	25	25	16	1967～1985	2011-04	—
范县河务局	76	34	29	13	1967～1985	2011-04	—
	149	58	87	4	1979～1998	2011-04	原范县滞洪办档案
台前河务局	86	11	57	18	1967～1985	2011-04	—
	155	31	93	31	1979～1998	2011-04	原台前县滞洪办档案
渠村闸管理处	33	25	0	8	1978～1985	2011-04	—
张庄闸管理处	1089	392	667	30	1989～2002	2011-04	金堤河管理局档案
合计	2266	750	1314	202	—	—	—

表 7-10　濮阳河务局撤销单位档案移交情况

撤销单位	单位成立与撤销时间（年-月）	档案接收单位	文书（卷）	科技（卷）	会计（卷）
濮阳市黄河滞洪处	1979-05～1985-03	濮阳市黄河修防处	52	110	—
范县造船厂	1977-07～1991-03	范县黄河河务局	—	—	—
运输处	1978-01～1996-04	第一工程处	—	—	—
濮阳县滞洪办公室	1979-05～1998-07	濮阳县黄河河务局	278	155	378
范县滞洪办公室	1979-05～1998-07	范县黄河河务局	206	148	237
台前县滞洪办公室	1979-05～1998-07	台前县黄河河务局	233	156	419
水泥制品厂	1986～2005-02	濮阳第二河务局	252	45	735（件）
第一工程处	1978-03～2005-01	濮阳河源路桥公司	—	—	—
第二工程处	1985-04～2005-01	濮阳河源路桥公司	—	—	—

（四）档案保护

档案的保管条件随着国民经济的发展，以及不同时期档案管理工作的要求，而逐步得到改善和加强。1985 年以前，局机关在濮阳县坝头时，档案库房为 2 间平房，档案装具是木柜，房屋及设施简陋，不利于档案的长期保存。

1984 年 10 月，局机关搬迁濮阳县南关，在办公楼三楼建档案库房 30 平方米。1990 年，开展黄委档案目标管理达标升级活动时，库房安装防盗门和遮光窗帘，购置一些铁皮档案柜。

1992年10月，局机关搬迁濮阳市区后，建档案室45平方米。1996年，晋升档案目标管理部级标准时，库房配置除湿机、空调、温湿度计和防火设施，淘汰木柜，全部使用铁皮柜。

2000年，晋升国家档案管理二级标准时，在西二楼重建库房118平方米，装具更换为48节密集架，案卷排架总长度290米，新增声像柜、卡片柜各1组。库房达到防盗、防火、防晒、防尘等“七防”标准，并能控制库房的温湿度。为防虫、防霉，常年在库房放置防虫、防霉剂。

局属单位的档案保护，在档案管理达标升级中按标准进行配置，达到了标准的要求。

三、库藏档案与档案利用

（一）库藏档案

1946～1949年，由于机构刚刚成立，又正值战争状态，在堤防修复和抗洪抢险等方面形成的文件材料大部分在个人手里，所形成和保存下来的治河档案甚少，仅有36卷。中华人民共和国成立后，濮阳黄河在进行有计划的全面治理开发和管理中，形成大量的系统完整的治河档案，其中包括工程建设、工程管理、防洪防凌、引黄灌溉、滞洪区建设等方面的科学技术档案及文书、会计等档案。至2015年，濮阳河务局机关档案室库存文书档案2512卷、6958件；技术档案7730卷、底图238张；会计档案3602卷；房地产档案19卷；声像档案14盘，照片档案2038张，电子档案64张（盘）；荣誉实物档案：证书133件、牌匾160块、锦旗19面、奖杯20个。

1. 文书档案

文书档案主要是由机关的办公室、财务、工务、水政水资源、防汛、人事劳动、综合经营、党群组织等管理部门形成的档案，共2512卷、6958件，声像档案14盘，照片档案1122张。主要包括：历次治河工作会议及机关各管理部门召开会议的文件；工作计划、总结；各项管理工作的规定、办法、条例；机构设置、人员编制、干部任免和聘用、离休退休、人员录用、转正、定级、调资、人员调动、评定职称、转业安置、奖惩、死亡抚恤等文件材料；党政工团会议记录、组织关系、财务、物资、档案交接底稿；机关成立、合并、撤销、更改名称、启用印信、停止使用印章、各种综合统计年报、基层单位的报表以及多种经营等方面的材料。1947～2006年濮阳河务局文书档案历年库藏情况见表7-11，2007～2015年濮阳河务局文书档案历年库藏情况见表7-12，1947～2006年濮阳河务局文书档案分类统计情况见表7-13，2007～2015年濮阳河务局文书档案分类统计情况见表7-14。

表7-11 1947~2006年濮阳河务局文书档案历年库藏情况 （单位：卷）

年份	历年库藏	合计	永久	长期	短期	年份	历年库藏	合计	永久	长期	短期
1947	3	3	2	0	1	1977	702	13	5	4	4
1948	6	3	3	0	0	1978	718	16	6	2	8
1949	18	12	4	5	3	1979	735	17	7	1	9
1950	33	15	5	6	4	1980	772	37	16	8	13
1951	45	12	4	3	5	1981	813	41	19	5	17
1952	73	28	4	8	16	1982	848	35	16	5	14
1953	96	23	3	3	17	1983	889	41	15	10	16
1954	125	29	5	5	19	1984	937	48	18	9	21
1955	154	29	6	6	17	1985	988	51	18	11	22
1956	189	35	7	5	23	1986	1026	38	11	7	20
1957	224	35	7	10	18	1987	1066	40	15	7	18
1958	257	33	7	8	18	1988	1127	61	15	14	32
1959	291	34	9	7	18	1989	1167	40	8	13	19
1960	328	37	6	9	22	1990	1205	38	9	14	15
1961	353	25	8	5	12	1991	1246	41	14	11	16
1962	395	42	10	11	21	1992	1282	36	12	11	13
1963	439	44	13	10	21	1993	1330	48	11	13	24
1964	492	53	10	6	37	1994	1366	36	11	11	14
1965	534	42	14	4	24	1995	1408	42	11	10	21
1966	565	31	9	3	19	1996	1479	71	22	18	31
1967	578	13	5	3	5	1997	1534	55	13	15	27
1968	594	16	8	3	5	1998	1609	75	20	29	26
1969	597	3	0	3	0	1999	1686	77	17	26	34
1970	607	10	2	4	4	2000	1751	65	19	25	21
1971	618	11	4	3	4	2001	1853	102	23	27	52
1972	635	17	4	7	6	2002	1984	131	30	33	68
1973	650	15	7	6	2	2003	2112	128	15	35	78
1974	664	14	7	5	2	2004	2264	152	20	42	90
1975	678	14	7	2	5	2005	2391	127	21	36	70
1976	689	11	4	4	3	2006	2512	121	16	24	81

表 7-12　2007～2015 年濮阳河务局文书档案历年库藏情况　　（单位：件）

年份	历年库藏	合计	永久	长期	短期	年份	历年库藏	合计	永久	长期	短期
2007	827	827	304	234	289	2012	4815	859	370	190	299
2008	1580	753	303	223	227	2013	5610	795	308	190	297
2009	2309	729	257	217	255	2014	6355	745	234	206	305
2010	3084	775	305	184	286	2015	6958	603	222	190	191
2011	3956	872	352	209	311	—	—	—	—	—	—

表 7-13　1947～2006 年濮阳河务局文书档案分类统计情况　　（单位：卷）

1947～1980 年					1981～1990 年					1991～2006 年				
类别	永久	长期	短期	合计	类别	永久	长期	短期	合计	类别	永久	长期	短期	合计
党团政治类	5	8	10	23	综合类	24	20	33	77	综合类	80	57	110	247
秘书类	21	24	49	94	劳动人事类	75	32	63	170	劳动人事类	73	93	120	286
人事类	76	77	100	253	财务类	6	23	55	84	财务物资类	38	64	153	255
财务类	116	59	226	401	党务类	34	4	10	48	审计类	3	25	29	57
工会类	—	1	—	1	工会类	4	8	20	32	党务类	33	45	98	176
—	—	—	—	—	多种经营类	1	5	3	9	工会类	21	15	36	72
—	—	—	—	—	审计类	—	3	10	13	多种经营类	15	25	46	86
—	—	—	—	—	—	—	—	—	—	水政水资源类	12	42	74	128
合计	218	169	385	772	合计	144	95	194	433	合计	275	366	666	1307

表 7-14　2007～2015 年濮阳河务局文书档案分类统计情况　　（单位：件）

部门	数量	部门	数量	部门	数量	部门	数量
办公室	955	财务处	910	工会办公室	159	濮阳供水分局	95
水政水资源处	560	人事劳动处	1374	机关服务中心	13	—	—
防汛滞洪办公室	453	监审室	437	信息中心	87	—	—
工务处	1338	党委办公室	600	经济发展管理局	183	合　计	7164

2. 濮阳黄河科技档案

主要是濮阳河段治理工程计划、堤防建设与管理、河道整治、防洪、防凌、抢险、滞洪区建设、引黄淤灌及各项工程竣工验收等方面形成的档案，共 7730 卷，其中，1947～1980 年 781 卷，1981～1991 年 580 卷，1992～2007 年 4762 卷，2008～2015 年

1607卷。底图238张，照片916张。堤防类档案主要有：堤防大规模加高培修的组织领导、施工管理、工程标准、质量要求等，堤身隐患处理方面的锥探灌浆、抽水洇堤、放淤固堤，堤防管理方面的制度、护堤政策等，堤身维修和险工整修改建，堤身绿化、林木管理、综合经营等；河道治理类档案主要有：历年河势查勘报告、河势图、洪水及塌滩河势图、河道观测图及河道纵横剖面图等，控导工程修建；引黄淤灌类档案：引黄涵闸、虹吸主要工程的设计、施工、竣工、管理、观测和引黄灌溉、放淤改土的效益及各阶段的实践经验与教训等；防洪、防凌类档案：历年防御各类洪水的方案、措施、组织领导、水情预报，对防洪抢险专业技术队伍和沿河群众抢险队员的组织领导、技术培训、巡堤查险方法和制度等，历年重大险情的抢护过程和技术措施、参加人员、用工、用料、经费等，历年防凌计划、方案，以及组织群众防守、破冰措施、凌情预报等，战胜凌汛的系统材料等。1947～2015年濮阳河务局科技档案历年库藏情况见表7-15，1947～1980年濮阳河务局科技档案分类统计情况见表7-16，1981～1991年濮阳河务局科技档案分类统计情况见表7-17，1992～2007年濮阳河务局科技档案分类统计情况见表7-18，2008～2015年濮阳河务局科技档案分类统计情况见表7-19。

表7-15　1947～2015年濮阳河务局科技档案历年库藏情况　（单位：卷）

年份	年度库藏	合计	永久	长期	定期	年份	年度库藏	合计	永久	长期	定期
1947	3	3	3	0	0	1966	527	30	13	11	6
1948	5	2	1	1	0	1967	543	16	6	8	2
1949	18	13	4	7	2	1968	556	13	5	7	1
1950	30	12	7	4	1	1969	564	8	5	3	0
1951	44	14	6	4	4	1970	588	24	15	6	3
1952	63	19	8	7	4	1971	604	16	6	6	4
1953	85	22	7	13	2	1972	626	22	12	5	5
1954	114	29	9	17	3	1973	639	13	5	7	1
1955	145	31	9	16	6	1974	658	19	7	11	1
1956	171	26	7	15	4	1975	681	23	14	5	4
1957	210	39	10	25	4	1976	705	24	16	5	3
1958	244	34	12	17	5	1977	722	17	10	5	2
1959	276	32	10	15	7	1978	742	20	11	2	7
1960	312	36	8	20	8	1979	758	16	7	5	4
1961	341	29	11	15	3	1980	781	23	14	2	7
1962	377	36	10	16	10	1981	820	39	20	5	14
1963	416	39	14	14	11	1982	858	38	20	10	8
1964	459	43	16	17	10	1983	907	49	24	7	18
1965	497	38	9	16	13	1984	955	48	18	15	15

续表 7-15

年份	年度库藏	合计	永久	长期	定期	年份	年度库藏	合计	永久	长期	定期
1985	1009	54	26	14	14	2001	3375	264	98	141	25
1986	1071	62	25	13	24	2002	3444	69	25	15	29
1987	1128	57	16	16	25	2003	4436	992	345	572	75
1988	1202	74	37	12	25	2004	4630	194	55	94	45
1989	1255	53	21	12	20	2005	5524	894	329	519	46
1990	1302	47	25	13	9	2006	5685	161	48	72	41
1991	1361	59	28	14	17	2007	6123	438	161	231	46
1992	1430	69	32	16	21	2008	6573	450	162	280	64
1993	1493	63	37	8	18	2009	6990	417	172	196	49
1994	1555	62	28	13	21	2010	7027	37	20	15	0
1995	1629	74	33	16	25	2011	7514	487	198	274	15
1996	1693	64	31	15	18	2012	7669	155	118	37	0
1997	1765	72	43	15	14	2013	7714	45	27	16	2
1998	1833	68	30	16	22	2014	7730	16	9	7	0
1999	1939	106	55	27	24	2015	7730	0	0	0	0
2000	3111	1172	544	596	32	—	—	—	—	—	—

表 7-16　1947～1980 年濮阳河务局科技档案分类统计情况　（单位：卷）

类别	合计	永久	长期	定期	类别	合计	永久	长期	定期
综合类	40	19	19	2	涵闸虹吸类	49	29	9	11
查勘调查类	70	39	30	1	科研技术类	19	1	10	8
工程施工类	86	30	16	40	建房设备类	9	0	8	1
堤防管理类	67	21	34	12	其他类	11	0	4	7
防汛防凌类	101	28	49	24	滩区类	6	3	1	2
计划统计类	167	59	94	14	引黄类	53	31	14	8
水文气象类	77	38	28	11	—	—	—	—	—
地质测绘类	26	9	11	6	合计	781	307	327	147

表 7-17　1981～1991 年濮阳河务局科技档案分类统计情况　（单位：卷）

类别	合计	永久	长期	定期	类别	合计	永久	长期	定期	类别	合计	永久	长期	定期
综合类	55	17	16	22	防汛防凌类	62	15	13	34	建房类	18	13	1	4
堤防类	71	30	18	23	水文水情类	28	22	2	4	其他类	29	16	3	10
河道治理类	67	52	6	9	科研技术类	9	0	2	7	—	—	—	—	—
涵闸虹吸类	41	29	5	7	计划统计类	169	60	56	53	—	—	—	—	—
引黄淤灌类	14	2	6	6	通信类	17	4	3	10	总　计	580	260	131	189

表 7-18　1992～2007 年濮阳河务局科技档案分类统计情况　（单位：卷）

类别	合计	永久	长期	定期	类别	合计	永久	长期	定期	类别	合计	永久	长期	定期
综合类	233	44	60	129	防汛类	192	34	47	111	通信类	40	11	10	19
堤防类	2732	1103	1558	71	水文水情类	53	37	2	14	房建类	88	54	13	21
河道治理类	1080	459	574	55	科学研究类	44	4	12	28	其他类	4	0	0	4
涵闸虹吸类	136	69	48	19	设备仪器类	5	0	2	3	—	—	—	—	—
引黄开发利用类	3	0	1	2	计划统计类	144	79	39	26	总 计	4762	1894	2366	502

2008 年，科技档案执行《黄河河务科技档案分类及归档办法》后，县级河务部门整理保管工程日常维修养护类、专项维修养护类、工程建设项目类科技档案，局机关保管工程建设项目类档案。2008～2015 年，濮阳河务局机关档案室共有工程建设项目类档案 1618 卷。

表 7-19　2008～2015 年濮阳河务局科技档案分类统计情况　（单位：卷）

项目	合计	永久	长期	定期
工程建设	1618	720	756	131

3．会计档案

会计档案主要有财务和器材的账本、凭证、决算、会计档案交接手续等，共 3602 卷，其中，报表 594 卷、账簿 645 卷，凭证 2363 卷（见表 7-20）。

4．荣誉档案

荣誉实物档案库藏主要有证书 133 件、奖牌 160 块、锦旗 19 面、奖杯 20 个。荣誉实物档案记录了 1982～2015 年濮阳河务局受到各级各部门的表彰情况。濮阳河务局荣誉实物档案见图 7-15。

表 7-20　1947～2015 年濮阳河务局会计档案历年库藏情况　（单位：卷）

年份	年度库藏	合计	报表	账簿	凭证	年份	年度库藏	合计	报表	账簿	凭证
1947	2	2	2	0	0	1982	1096	47	7	5	35
1948	5	3	3	0	0	1983	1109	13	7	1	5
1949	11	6	6	0	0	1984	1131	22	18	2	2
1950	18	7	7	0	0	1985	1163	32	25	1	6
1951	25	7	7	0	0	1986	1177	14	7	1	6
1952	35	10	10	0	0	1987	1177	0	0	0	0
1953	51	16	16	0	0	1988	1279	102	16	13	73
1954	65	14	13	1	0	1989	1351	72	5	7	60
1955	79	14	13	1	0	1990	1590	239	13	24	202
1956	97	18	18	0	0	1991	1643	53	6	9	38
1957	125	28	21	7	0	1992	1700	57	6	9	42
1958	150	25	18	7	0	1993	1762	62	7	11	44
1959	169	19	18	1	0	1994	1818	56	7	8	41
1960	195	26	19	7	0	1995	1873	55	6	5	44
1961	214	19	15	4	0	1996	1959	86	23	13	50
1962	250	36	26	10	0	1997	2030	71	8	16	47
1963	283	33	23	10	0	1998	2118	88	9	22	57
1964	312	29	19	10	0	1999	2203	85	4	24	57
1965	333	21	21	0	0	2000	2272	69	12	18	39
1966	354	21	18	3	0	2001	2353	81	5	20	56
1967	367	13	9	4	0	2002	2470	117	15	29	73
1968	381	14	8	6	0	2003	2588	118	11	30	77
1969	381	0	0	0	0	2004	2698	110	3	28	79
1970	403	22	1	3	18	2005	2804	106	9	25	72
1971	423	20	2	5	13	2006	2850	46	0	8	38
1972	448	25	2	4	19	2007	2945	95	3	24	68
1973	511	63	3	7	53	2008	3029	84	2	18	64
1974	572	61	4	7	50	2009	3138	109	3	20	86
1975	638	66	4	8	54	2010	3237	99	0	26	73
1976	711	73	3	6	64	2011	3332	95	6	13	76
1977	786	75	3	6	66	2012	3422	90	1	13	76
1978	885	99	2	7	90	2013	3497	75	3	15	57
1979	952	67	2	6	59	2014	3573	76	3	15	58
1980	1008	56	3	6	47	2015	3602	29	0	29	0
1981	1049	41	5	7	29	—	—	—	—	—	—

图 7-15 濮阳河务局荣誉实物档案

（二）档案利用

档案管理的根本目的在于为黄河的治理开发与管理服务，为社会经济发展服务。档案管理工作人员的直接服务对象主要是来自黄河系统和社会上的借阅者。管理人员对借阅者做到热情接待、耐心服务，积极主动地向借阅者提供所需要查阅的有关库藏档案和资料。局机关档案室相应地开展多种服务方式，并结合档案、资料的保管、保密，制定一套较为完备的借阅制度和检索工具。据不完全统计，从 1989 ~ 2015 年共接待档案、资料借阅者 4101 人次，提供档案、资料 22882 卷（件、册），复印档案、资料 9967 张。

1. 档案检索

1980 年以前，档案检索工具只有单一的案卷目录。1980 年后，随着国家对档案工作的重视及档案数量的增加，档案检索工具不断充实完善，并逐步形成一套较完整的档案检索体系，包括手工检索和计算机检索两种形式。手工检索工具主要包括案卷目录、全引目录、文号与档号对照表、专题目录、发文汇集等。其中，案卷目录 13 本，全引目录 23 本。案卷目录按照类别、问题以案卷为单位检索档案，全引目录按类别、问题、案卷、文件级同时检索。文号与档号对照表按文件编号检索。专题目录按某一专项问题检索。发文汇集按机关部门的发文号检索。

2003 年，濮阳市黄河河务局档案室开始使用飞扬综合档案管理系统，将档案资料录入计算机，建成电子档案索引信息库和图像资料光盘，通过局域网向机关各部门提供档案资料的网上检索、查询、阅读服务。该系统从文书处理、自动组卷归档、档案管理都使用同一套数据，实现文书与档案数据的共享，一次输入、多次输出、多处使用，节约人力、物力和财力，保证了所建档案的一致性、有效性和完整性。在功能上，整个文书处理过程包括收文、发文、内部文件、资料等的登记、处理、传阅、催办、分发等；档案管理过程包括档案的收集（著录）、整理、保管、统计、检索、编研、开发利用工作等，同时，它还能实现全文检索。该系统的利用，提高了公文处理、档案管理的质量和效率，以及档案资料的利用率。利用计算机检索首先要对原来的档案进行著录标引，建立库藏档案数据库。截至2015年底，录入文书、科技、会计、荣誉档案案卷级条目4675条，文件级条目3万多条。并上传进馆的1967～1985年的档案扫描文件。

2. 档案资料汇编

1990年以后，档案资料汇编逐步得到重视，相继汇编《全宗介绍》《机关大事记》《组织机构沿革》《会议简介》《濮阳河务局治黄工作总结汇编》《濮阳黄河堤坝工程出险原因及抢险经验汇编》《濮阳市黄河防汛文件汇编》《濮阳市黄河防汛会议材料汇编》《濮阳市黄河工程建设情况汇编》《目标责任书汇编》等多种编研成果，还收集历年《濮阳黄河防洪预案》和有关治黄方面的图书、杂志、报刊等参考资料，使档案室成为融档案、资料、图书、杂志为一体的档案信息资料中心。

3. 档案利用效果及案例

历年来，濮阳黄河档案为黄河的治理开发与管理以及社会经济发展提供了大量的档案资料，均取得较好的经济效益和社会效益。

1985年，濮阳县白罡乡后辛庄村干部张克芳等3人，以濮阳县黄河修防段1958年汛前修建辛庄险工4道坝时占地2公顷，27年来没给赔偿费为由，多次到濮阳县黄河修防段要求赔偿征地款15.89万元。为澄清事实真相，该段档案员在当年的会计档案中，查找到1958年4月的购地合同凭单，证明当时建险工购地2公顷（29.698亩），赔偿款569.56元由后辛庄李鸿章、张克芳领取。以此凭证，纠纷消除。

1985年，工务科科长肖文昌在档案室查阅技术档案堤防类和河道治理类等23案卷，收集历年来濮阳河段新修、整修的控导工程和各工程抢险的资料，并结合观察险工和控导工程坝前黄河流势作用坝的情况，拟写出《河道整治工程的坝型与垱距》论文，发表在1985年第四期《人民黄河》上。1987年范县杨楼、吴老家2处控导工程，均采用该文提出的“拐头坝，小裆距”坝型，取得很好的效果。

1997年8月，濮阳县郎中乡张屯村民以濮阳市黄河河务局运输队实际占地面积比征用土地面积多为由，要求运输队补交征地款，并据此在运输队闹事。运输队办公室主任李忠民到局档案室查找到1978年时的征地合同，证实实际占地与征用土地一致的事实，一场土地纠纷随即解决。

2000年3月，局机关西办公楼根据工作需要计划向上续建1层，在局档案室查找到西办公楼的竣工图纸，为办公楼的续建提供了可靠的地基情况及相关的数据材料。

1997年，濮阳黄河工程有限公司承建沈锦高速公路中标的绕阳河特大桥工程，1998年底竣工。在工程结算时，甲方中铁十八局少付工程款150多万元。工程公司多次讨要未果。2001年，濮阳黄河工程有限公司从档案室收集有关证据，提起诉讼。2002年8月胜诉，讨回中铁十八局拖欠工程价款及利息，挽回经济损失190万元。

2002年4月，局工务科工程师史新国在档案室查阅技术档案河道治理类、堤防类等防洪工程建设方面的案卷，整编了20世纪90年代以后的防洪基建工程资料。

2003年3月，局工务处江新宇通过查阅技术档案计划统计类永久卷56卷，获得濮阳河务局 1983～1995 年基建岁修年报的详细数据，为整理濮阳河务局 20 年的基建工程效益资料提供了可靠依据。

档案是编写志书所需资料的重要来源。2013～2015 年，濮阳河务局写志办公室齐长征编纂《濮阳黄河志》时，在机关档案室查阅 1946 年以来的文书、科技、会计等方面档案 2166 卷，对原稿内容做了大量修改和补充，新编濮阳黄河概况、河道整治、工程建设管理、水政管理、财务管理、黄河经济、党务、工会、水事纠纷等方面的章、节和内容，并全部续写至 2015 年，完成了《濮阳黄河志》的编纂工作。

第八章　工程建设与运行管理

工程建设管理主要是工程建设施工组织管理、施工方法管理、工程质量管理、建设资金管理等。20 世纪 80 年代以前，工程施工主要依靠沿河群众。大中型工程由地区（专区）、县、公社组成工程施工指挥部，组织群众自带工具参加大堤施工。施工方法是用挑篮、推车运土，硪夯实。修防单位负责工程质量管理。涵闸虹吸工程由专业队伍施工。工程资金结余全部上缴国家。1980 年以后，黄河水利工程施工逐渐机械化。1988～1998 年，工程建设实行投资承包责任制，濮阳市黄河河务局为建设单位，各县级河务局为施工单位，施工基本全部机械化，并逐步建立健全工程建设管理制度。1998 年工程建设“三项制度改革”以后，工程建设实行项目法人责任制、招标投标制和建设监理制。工程施工和工程监理通过招标确定。随着工程建设“三项制度”的实施，工程建设管理进一步加强，确保了黄河水利工程建设质量和国家基本建设投资效益的发挥。

1947 年黄河回归故道前，冀鲁豫解放区先后建立治河机构和群众性护堤组织。1948 年，冀鲁豫解放区行政公署在沿河村村政委员中增设护堤委员 1 人，专管护堤工作。20 世纪 50 年代以来，黄河堤防工程运行管理实行专业队伍和群众队伍相结合的管理模式，其他工程由专业队伍管理。1978 年，水电部提出将水利工程重点转移到管理上来的方针，工程运行管理被列入各级领导的重要议事日程。1979 年 4 月，黄委颁发《黄河下游工程管理条例》，工程运行管理逐步迈上正规化和规范化的道路。之后，濮阳黄河工程管理大致经历 7 个阶段：1980～1983 年，主要解决水利工程“重建设，轻管利”的问题，从政策入手，调动管理单位和管理人员的积极性；1984～1986 年，按照“安全、效益、综合经营”三项基本任务，在加强工程管理的同时向工程要效益；1987～1990 年，贯彻《中华人民共和国水法》，依法管理初见成效，管理水平有新的提高；1991～1995 年，积极开展工程管理达标活动，实行河道目标管理；1996～2000 年，主要是强化工程日常管理，巩固达标成果；2001～2005 年，抓景点、亮点和示范工程建设，以点带面全面提升工程管理水平。2006～2015 年，水利工程管理体制进行改革，取消“专管与群管”相结合的管理模式，成立专业队伍，实行专业化管理，建立健全各方面管理制度和管理标准，工程管理进入依法管理、科学管理的新时期。

第一节　工程建设管理

濮阳黄河基本建设的发展主要经历三个阶段。第一阶段（20世纪50~80年代），国家实行计划经济管理体制，当时，由于施工技术和工具落后，黄河水利工程施工主要依靠沿河广大群众。每次复堤，地区、县、公社临时成立三级施工指挥部，动员几万以上群众，组成民工施工队。指挥部具体负责施工管理。濮阳黄河修防处为建设单位，也纳入指挥部领导。第二阶段（1988~1998年），国家逐步实行市场经济管理体制，濮阳黄河基本建设实行投资承包责任制。濮阳市黄河河务局为建设单位，各县河务局为施工单位。其间，工程施工技术和工具都有很大发展，一般规模的工程实现机械化施工，并逐步建立健全工程建设管理制度，效率和质量得到大幅度提升。第三阶段（1998年以后），濮阳黄河工程建设实行项目法人责任制、招标投标制和建设监理制。濮阳市黄河河务局为濮阳黄河工程建设项目法人，按照有关法律法规履行建设管理职责。施工单位、监理单位均通过招标确定。随着工程建设三项制度的实施，濮阳河务局不断加强工程建设管理，完善各项制度和办法，基本建设管理水平不断提高，确保了国家基本建设投资效益的发挥。

一、基本建设管理体制

（一）计划经济管理体制

1950~1986年，濮阳黄河工程建设管理主要是计划经济体制下的“修、防、管、营”为一体的自营制建设管理模式。在这种管理体制下，国家是唯一的工程建设投资主体，建设资金按照条块分层拨付，使用不完的资金须上交国家重新安排项目。大中型工程建设项目，一般由当地县、公社（乡）成立施工指挥部，行使项目建设指挥权力。施工队主要由民工组成。民工报酬按验收土方计算。修防处（修防段）为建设单位，主要负责技术指导、质量检查、工程验收和收方算账等工作。工程完工后，由修防段负责运行管理。

（二）投资包干责任制

1986~1998年，根据水利部、黄委会的有关规定，濮阳黄河基本建设项目实行投资包干（承包）责任制。建设单位对国家计划确定的建设项目按建设规模、投资总额、建设工期、工程质量和材料消耗包干，实行责、权、利相结合的经营管理责任制，是基本建设管理的一项重大改革。1986年，按照河南黄河河务局《河南黄河建设项目投资包干责任制暂行办法》的要求，濮阳黄河基本建设项目均实行以“四包”（包投资、包质量、包工期、包安全生产）、“三保”（保建设资金、保材料设备、保施工图纸）为内容的承包责任制。河南黄河河务局为主管单位，濮阳市黄河修防处（河务局）为建设单位，县修防段（县河务局）为施工单位，工程建设完成后修防段（县河务局）又是管理单位。

濮阳市黄河修防处（河务局）以河南黄河河务局批准的工程设计概算和年度计划为依据，实行工程项目和投资总承包（投资包干）。每年，按核定的年度计划投资和工程量，主管单位与建设单位、建设单位与施工单位分别签订基本建设项目投资包干合同（协议）。建设单位的投资包干节余，上交主管部门50%，用于包干项目之间调剂和新技术开发、优质工程奖励等；建设单位留成50%，一般按6∶2∶2的比例分别作为生产发展基金、集体福利基金和职工奖励基金。

（三）项目法人责任制、招标投标制和建设监理制

1998年9月，按照水利部《关于进一步加强水利建设与管理工作的通知》的要求，濮阳黄河水利建设项目实行项目法人责任制、招标投标制和建设监理制。从此，建设管理体制由原来的“修、防、管、营”四位一体的模式，逐步转向省、市、县分级、分层次的管理体系。

按照黄委有关规定，濮阳黄河基本建设工程项目的主管单位为河南黄河河务局，濮阳市黄河河务局为工程建设的项目法人。项目法人对项目建设的全过程负责，其主要职责为：负责组建项目法人在现场的建设管理机构，落实工程建设计划和资金，对工程质量、进度、资金等进行管理、检查和监督，协调项目的外部关系。

1998年10月，濮阳市黄河河务局组建濮阳市黄河防洪工程建设领导小组，行使项目法人职责，开始对所管辖的黄河防洪工程项目实行公开招标，选择施工单位和监理单位。与中标的单位签订合同，并依法实行合同管理。工程建设现场管理机构由项目法人组建项目建设管理办公室或直接负责。

1999年，河南黄河河务局成立招标投标办公室，首次对防洪工程项目进行招标，并对防洪工程建设管理实行建设监理制度。2001年以后，濮阳市黄河工程建设项目的招标委托河南黄河建设工程有限公司代理。

2003年3月，濮阳黄河防洪工程建设管理局成立，承担濮阳市范围内黄河防洪工程建设项目法人职责，对项目建设的工程质量、建设进度、自建管理和生产安全负总责，并对项目主管部门负责。建设管理局下设工务处、财务处、综合处和3个现场派出机构（濮阳县、范县、台前县黄河防洪工程建设项目办公室）。濮阳黄河建设管理除执行国家、水利部、黄委、河南黄河河务局制定的有关法律、法规、规程、规定、规章制度外，濮阳市黄河防洪工程建设管理局还制定有《濮阳黄河防洪工程基本建设管理工作办法》《濮阳黄河防洪工程建设合同管理办法》《濮阳黄河防洪工程建设质量管理办法》《濮阳黄河防洪工程建设财务管理办法》《濮阳黄河防洪工程建设管理工程验收管理办法》《濮阳黄河防洪工程建设现场管理机构县项目办公室管理办法》等10多个有关建设管理的办法和制度。

2011年12月，河南黄河河务局成立工程建设局。2012年11月，更名为河南黄河河务局工程建设中心。建设中心代表河南黄河河务局履行各类基本建设项目的项目法

人职责。主要职责是对工程建设的全过程（从初步设计批复至竣工验收阶段）管理负责，按照基本建设程序和批复的建设规模、内容、标准组织工程建设，对项目建设的工程质量、工程进度、资金管理和生产安全负总责，并接受上级主管部门和项目主管部门监督。从此，濮阳黄河防洪工程建设管理局不再履行濮阳黄河防洪工程建设项目法人职责。濮阳河务局成立濮阳黄河工程建设管理部，受河南黄河河务局工程建设中心委托，行使濮阳黄河工程建设项目现场管理职责。

二、基本建设程序

20 世纪 50～90 年代，黄河防洪工程基本建设程序是：首先编报可行性研究报告，经批准后进行设计。凡列入年度计划的工程项目，设计单位应做出施工图设计、编制施工图预算；施工单位必须编制施工组织设计，报上级审查。工程项目施工准备、组织、备料达到规定要求后，才准予开工。大、中型工程建立施工指挥部，负责施工组织；小型工程，由修防段直接负责组织施工。工程完工后，施工单位按竣工验收有关规定，及时提出申请验收报告，报请主管单位验收。水闸、桥梁工程，由河南黄河河务局组织验收；大堤加培、放淤固堤、险工及河道工程，均由修防处组织验收，河南黄河河务局抽验。中间（阶段）验收由建设单位会同项目工程施工、管理、设计单位组织验收。

1998 年，黄河防洪工程建设“三项制度”改革后，工程建设程序发生重大变化。根据水利部《水利工程建设项目管理规定》，水利工程建设程序一般分为项目建议书、可行性研究报告、初步设计、施工准备（包括招标设计）、建设实施、生产准备、竣工验收、后评价等阶段（黄河防洪工程往往是建成后即投入运行，生产准备一般不作为一个阶段）。

项目建议书是对拟建项目的初步说明，由市级河务局委托有相应资质的设计单位承担，并按国家现行规定权限向主管部门申报审批。可行性研究报告由项目法人委托有资质的设计单位按照《水利水电工程可行性研究报告编制规程》组织编制。报告对项目进行方案比较，对在技术上是否可行和经济上是否合理进行科学的分析和论证。申报项目可行性研究报告，必须提出项目法人组建方案及运行机制、资金筹措方案、资金结构及回收资金办法，并依照有关规定附具有管辖权的水行政主管部门或流域机构签署的同意书、对取水许可预申请的书面审查意见。审批部门委托有相应资质的工程咨询机构对可行性研究报告进行评估，并综合行业归口主管部门、投资机构（公司）、项目法人等方面的意见进行审批。经批准的可行性研究报告，是项目决策和进行初步设计的依据。在可行性研究报告批准后，正式成立项目法人，并按照项目法人责任制实行项目管理。

初步设计，依据批准的可行性研究报告和必要而准确的设计资料，按照《水利水电工程初步设计报告编制规程》和有关的设计规范进行。工程初步设计由项目法人委托具有相应资质的设计单位承担。初步设计由项目法人组织审查后，按国家和流域机构现行规定权限向主管部门申报审批。

施工准备，在开始前，项目法人须向主管部门办理报建手续。工程项目进行项目报建登记后，方可组织施工准备工作。开展施工准备必须满足的条件是：初步设计已批准；项目法人已建立；项目已列入水利建设投资计划，筹资方案已确定；有关土地使用权已批准；已办理报建手续等。施工准备主要包括：施工现场的征地、拆迁；完成施工用水、电、通信、路和场地平整和必需的生产、生活临时建筑工程；组织招标设计、咨询、设备和物资采购等服务；组织建设监理和主体工程招标投标，并择优选定建设监理单位和施工承包队伍等。

建设实施阶段，项目法人按照批准的建设文件，组织工程建设，保证项目建设目标的实现。项目法人必须按审批权限，向主管部门提出主体工程开工申请报告，经批准后方能正式开工。项目法人要为施工创造良好的建设条件，授权工程监理独立负责项目的建设工期、质量、投资的控制和现场施工的组织协调，建立健全质量管理体系，重要建设项目，须设立质量监督项目站，行使政府对项目建设的监督职能。

竣工验收，当建设项目的建设内容全部完成，并经过单位工程验收（包括工程档案资料的验收），完成档案资料的整理工作；完成竣工报告、竣工决算等必需文件的编制后，项目法人向验收主管部门提出竣工验收申请，由主管部门组织验收。

工程建设后评价，一般在项目投入运行一段时间后进行，主要内容包括影响评价、经济效益评价、过程评价等。其目的是通过分析、评价工作，肯定成绩、总结经验、研究问题、吸取教训、提出建议、改进工作，不断提高项目决策水平和投资效果。

三、基本建设计划管理

基本建设计划工作是随着治黄事业发展逐步建立起来的，并逐步形成了适合黄河工程情况的计划管理体制和办法。

1946 年，冀鲁豫解放区成立治河机构，组织黄河大堤修复工作，统一编制全区工程施工计划。1947 年 9 月，冀鲁豫黄河水利委员会提出修建工程必须有精确的测估，建立工程初估、复估制度。除汛期临时抢险外，修建工程都必须经修防处、段初估，报经冀鲁豫黄河水利委员会复估后，方准动工和支付材料粮款。

1950 年 2 月，黄河水利委员会改组为流域机构后，黄河走向统一治理，各项治河工程计划和经费都须报黄委会审查，然后转呈水利部审批。1952 年，编报治河工程计划的制度、程序初步形成。由各修防处工务科及各修防段工务股负责计划编制，并由 1 ~2名主要工程技术人员专管。平原黄河河务局专设计划科负责各项工程计划地编制上报和审批下达。在一般情况下，每年的年度计划都是上年的 9、10 月进行工程勘估，年末将全处的工程计划汇总上报。

1953 年，黄河工程建设计划开始正式纳入国家计划和财政拨款，建立年度计划的编审程序。是年，水利电力部规定黄河防洪工程为简单基本建设，仍按基本建设计划的程序管理。采取“两上两下”的办法，即上报投资建议数字、下达投资控制数字，上报年度计划、下批年度计划。1955年，黄河重大工程如北金堤滞洪区工程等列入中央基本建设计划。

1957年，根据黄委会规定，河南黄河河务局明确计划变更的审批权限、工程标准、工资标准、赔偿办法、房屋建设面积和标准变更，以及堤防工程、整险工程等大项目之间的变更调剂，均需上报黄委会审批。各项工程改变修做方法，修防段与修防段之间的投资调剂，新架电话线路或线路较大维修项目的变更，均需报河南黄河河务局审批。其他变动由修防处掌握，报河南黄河河务局备查。列入基本建设的项目，按河南黄河河务局批准的计划施工，若有变更，需报河南黄河河务局转黄委会同意后执行。对汛期抢修工程的审批制度和权限分为三类。第一类为经常性工作，是指事先可以准备和考虑到的一些开支，由修防段编造财务预算，报修防处审批，报河南黄河河务局备查，并据此拨款。第二类为临时性抢险工程，不再编制计划和财务预算，采用专用代电，按照规定的权限，由修防段报修防处及河南黄河河务局审批。紧急抢险，修防段可一边抢险一边报告。修防处批准的工程，以专用代电综合报河南黄河河务局备查。第三类为一般性防护工程，系指汛前工程检查需加修的工程，须编制计划报经河南黄河河务局审批。1958年，计划管理工作打破常规，实行边勘查、边设计、边施工的办法，使计划基本失去控制。

1962年，总结以前计划工作的经验教训，逐渐恢复和建立健全计划管理的规章制度。制定勘估工程标准，编报建议数字和年度工程计划、颁发控制数字，以及变更计划审批权限和管理办法，汛期工程管理办法等，基本上做到由年度计划全面控制黄河工程建设。1969年，修防处开始成为一级计划单位，各项工程计划由河南黄河河务局下达到修防处，再由修防处负责审批到各修防段，改变了过去由河南黄河河务局直接审批到各修防段的做法。

1978年以后，基建计划由河南黄河河务局按工程项目下达到修防处。工程预算和修做方法，由修防处审批到修防段。防汛岁修计划，基本上是根据河南黄河河务局下达的计划，由修防处提出具体计划安排下达到基层。勘估工程制度也恢复起来，并较前有所改进，普遍勘估的工程由修防处为主进行，河南黄河河务局着重抓重点项目的审查。

1980～1981年，基建计划由河南黄河河务局直接审批到修防段（基层单位）。这一做法，虽然增强计划的集中统一，但河南黄河河务局工作量大，且过于集中，处理问题不够及时，不能发挥修防处一级的积极作用。针对计划管理中存在的问题，河南黄河河务局进行改革，实行统一计划、分级管理的办法，把修防处作为一级计划管理单位，明确修防处的职责。工程建设计划由河南黄河河务局按工程项目下达到修防处；工程预算和修做方法由修防处审批到修防段；防汛岁修计划由河南黄河河务局将黄委会下达的计划指标分配到修防处，修防处提出具体计划安排，经河南黄河河务局同意后再由修防处具体下达到修防段实施。

1984～1987年，工程计划管理主要是以修防段为工程建设单位，修防处组织工程设计，河南黄河河务局审批。新修河道工程、水闸由河南黄河河务局负责设计，黄委会审批。建设重点以险点消除和应急度汛为主。

1988年以前，基建投资基本为单一的国家投资，使用不完的资金，须上缴国家重新安排项目。

1988～1998年，基建计划管理以市级河务局（修防处）为建设单位。黄河防洪基建工程年度计划实行统一计划、分级管理，工程量和投资分单位切块包干控制。县修防段（河务局）每年根据黄河长期治理规划和近期防洪实际需要，上报下年度的基本建设建议计划，濮阳市黄河修防处（河务局）审核、汇总后上报河南黄河河务局。河南黄河河务局根据黄委下达的计划，负责设计新修河道工程和水闸工程，待黄委审批后，将年度计划下达到濮阳市黄河修防处（河务局）；堤防加固（放淤、后戗）工程由濮阳市黄河修防处（河务局）组织人员设计，河南黄河河务局审批。这一时期，当年下达的计划要求必须当年完成。对计划执行和完成情况，除建设单位自行检查外，河南黄河河务局对濮阳市黄河修防处（河务局）实施动态检查和监督。对于有单项设计的工程，使用预备费，需要报河南黄河河务局批准；对其他项目，若由于各种原因影响计划完成，提出计划调整意见报河南黄河河务局。这一时期，工程建设资金来源包括国家投资、以工代赈（1992～1996年）、地方投资（1993～1997年）以及水利专项经费（1997年）。

1998年以后，工程建设管理由计划管理实行按项目管理。按照《水利部水利建设项目管理规定（试行）》《黄河水利委员会水利前期工作项目管理实施办法（试行）》等规定，河南黄河河务局为河南黄河基本建设计划主管部门，负责所辖区域内黄河治理开发项目的中长期计划、年度计划地编报及工程项目地申报和下达，并组织做好单项工程前期工作和权限规定内项目设计的审批工作；濮阳市黄河河务局作为建设单位，负责组织单项工程设计，编制、上报年度计划及贯彻执行上级批准的年度基建计划，履行计划执行的职能，承担项目法人的职责，并对项目的建设管理负总责。濮阳黄河防洪工程设计由濮阳市黄河河务局委托有设计资质的单位进行，报送河南黄河河务局审查批复。

1998～2002年，濮阳黄河水利工程的建设重点为大堤加高帮宽；2003～2015年，濮阳黄河水利工程的建设重点为标准化堤防。投资来源为国家财政预算内专项资金、水利建设基金、非经营性资金以及亚洲开发银行贷款项目等。按照1998年财政部《基本建设财务管理规定》，工程竣工以后，如有结余，则70%上交国家，其余30%作为留成，其中，濮阳市黄河河务局20%，河南黄河河务局5%，上交黄委5%。2002年财政部修订为：如有结余，30%作为建设单位留成收入，主要用于项目配套设施建设、职工奖励和工程质量奖，70%按投资来源比例归还投资方。

1946～2015年，濮阳黄河水利工程建设共投资432167.21万元。其中，堤防建设

350106.08 万元，河道整治 36612.37 万元（险工 12606.2 万元，控导工程 24006.17 万元），北金堤滞洪区 36407.84 万元，引黄闸 9040.92 万元。

四、基建项目实施

（一）施工组织

20 世纪 50～80 年代中期的三次黄河大复堤，由于任务大、时间紧，又集中在春、冬两季施工，每年都组织几万人参加，因此必须依靠地、县、公社各级党委、政府加强对施工的领导。地、县政府抽调有关部门干部组成地、县两级复堤工程指挥部，由行署、县政府的负责人任指挥，下设工务、财务、政宣、保卫、卫生等办事机构，分工负责民工的政治思想工作，掌握工程进度及质量，搞好民工生活和治安、卫生等工作。公社施工指挥部进驻工地，具体组织施工，解决施工中发生的问题。以各村民工为主组成施工大队，村支部书记、队长和民兵营长带队参加施工。施工队组织贯彻“精工壮工”的原则，防止老弱病残和有宿疾者参加。黄河修防部门具体负责施工计划、放样、质量检查、工程验收、收方算账等业务工作。在三次大修堤期间，施工组织形式主要有包工包做、征工包做和自愿包工合同制等。征工包做是第二、三次修堤的主要形式。施工任务按参加施工的公社、大队划分堤段，按参加人数分给相应的土方，划定土塘。劳力征用系半义务性质，在当时工资水平不高的条件下，采用这种形式，保证了治黄任务的顺利完成。引黄闸和虹吸修建，主要由县水利部门组织专业队伍施工。

首先，各级指挥部在开工前召开施工会议，安排施工任务，落实劳力、机具，做好民工食宿安排等，会后深入乡、村，发动群众，开展民工队伍的组织；其次，根据施工设计要求，铺工定线，测量断面，计算工程量，按出工单位划分工段和取土场，核实挖压占地面积，安排施工道路，做好清基工作等；再次，培训施工人员，主要培训施工员、边锨、硪把、机长、质量检查人员，贯彻施工规范、质量要求和工程标准；然后，制定施工的各项规定，根据上级有关规定制定工地的实施办法和细则，包括工资办法、民工记分记工办法、工程质量要求、安全操作规程、征用挖压土地赔偿补偿办法、开支标准、奖惩制度等；最后，搞好迁占赔偿工作。

1979 年，随着安阳地区黄河修防处机械化施工队的建立，黄河土方施工基本采用机械施工方式，由专业施工队伍完成，不再大规模组织民工。工程量较大的工程一般由指挥部选择多个施工队参加，由指挥部与施工单位签订施工合同。

1986～1997 年，濮阳黄河基本建设土石方工程施工采取组建工程建设指挥部和自建自管相结合的组织管理模式。大堤加培和水闸工程建设，单靠县级河务局的施工力量难以完成，施工组织多沿用传统的组建工程建设指挥部的做法，即由当地政府和黄河河务部门共同组建工程建设指挥部，一般由政府负责人任指挥，黄河河务部门负责人任常务副指挥。施工指挥部在当地党委、政府统一领导下开展工作，做好前期土地迁占赔偿，协调与地方部门及群众的关系，确保施工顺利进行。放淤固堤和险工、控导工程建设，主要由修防段（县河务局）组织。放淤固堤由修防段（县河务局）组织进行前期迁占和铺工放线，安排挖泥船施工；险工、控导工程建设，以土石方为主，一般由修防段（县河务局）根据计划安排情况进行铺工放线，安排工程队施工。

1998年以后，随着基本建设三项制度的实施，一般不再成立工程建设指挥部，由项目法人组建项目建设办公室等现场建设管理组织，代表项目法人进行前期土地迁占、移民安置和现场建设管理。通过招标确定施工单位，由项目法人与其签订工程建设合同，县级河务局仅作为工程管理单位，不再参加工程建设管理。2003年开始，土地迁占、移民安置等工作交由地方政府组建的迁占办公室，并实施移民监理，确保项目建设顺利开展。

（二）质量管理

1. 三次大复堤时期（1950～1985年）

在每次的复堤施工中，各级施工指挥部始终把工程质量放在首位，加强质量管理，确保工程质量。首先对参加施工的干部民工进行“百年大计、质量第一”的教育，树立质量意识，自觉执行质量标准。在组织施工中强调工程质量是中心环节，参加施工的干部民工必须认真执行倒毛、封底、勾坯、坯头、接头、硪花、硪高、硪实或拖拉机碾压遍数、验收等方面的工程质量要求，不符合要求的坚决返工。

第一次修堤初期，各项质量要求均处于试验阶段。1950～1954年，黄委会水科所对硪实工具、土质、坯厚、含水量等进行试验，当初提出虚土坯厚0.4米，硪实后为0.3米，1953年以后改为虚土坯厚0.3米，硪实后为0.2米。1955年，开始执行水利部颁发的《土方工程施工技术规范》和黄委会颁发的《黄河下游修堤土方工程施工技术规范（草案）》。1974年，黄委会颁发《黄河下游修堤工程质量的几项要求》，其中对拖拉机碾压的方法和参数做出规定，将原来的虚土坯厚改为0.25米，拖拉机碾压5～8遍，要求干容重达到1.5吨每立方米。

第一次大修堤期间，实行群众性的检查验收。一般以施工队为单位，由带工干部、边铣和硪工积极分子组成检查验收小组，按坯厚逐坯检查每盘硪的硪实质量。验收合格发给验收证后，方准上土。第二、三次修堤，各级指挥部都建立质量检查验收组织，地区称委员会，县称领导小组，都有地、县负责人参加。乡（镇）设质量检查员，负责本段施工质量管理。拖拉机设专人检查碾压遍数，并有专人做干幺重检查，实行逐坯检查验收，如有不合格者，随即令其返工。为奖励优质工程，实行以质定等，以等按平方米计资的办法。一般县指挥部3～5天巡回检查一次，地区指挥部10天巡回检查一次。竣工后，要经上一级组织验收。1983年，按照《河南黄沁河基本建设工程施工质量检验办法》，实行作业班组初验、作业队复验、施工单位（修防处、施工指挥部）终验的三级施工质量管理体制。每项工程必须建立质检组织，设质检员3～5人，制定质检员守则，建立质检制度，监督执行上级颁发的各项施工规范和设计要求。施工检查按工种分阶段、按工序逐项检查，前一道工序经检查合格后方能进行下一道工序。此后，质量管理逐步进入规范化。

土方工程干密度检测。1950～1954年，修堤检查硪实密度用硪打沉陷法。该法系在待验的实坯上，用重75千克、底径0.25米的碌碡硪，拉高1.0米，连打3下，若虚坯厚0.4米，打实0.3米的沉陷量不超过0.25厘米者为合格；若虚坯厚0.3米，打实0.2米的，沉陷量不超过1.0厘米为合格。1955年春修，引进苏联检验土坝压实程度的验硪锤法。该法是将验硪锤直立在压实的土坯上，将铁锤提高到把手处再放下，自由下落击在下面铁盘上，使圆铁杆击入土中，如此反复锤击，直到铁盘下195毫米长的铁板全部击入土中，记录击数。同样检验3～5处，取平均击数，即为该土层压实程度的指标。1958～1962年，用硪实测验器测定土壤干幺重。1962年以后一直沿用称瓶法。该法是将容积100立方厘米的环刀所取的土样，倒入罐头瓶中，加水搅拌到无气后，称其重量，减去瓶加清水重的数值差，查表求干幺重。

在施工过程中，严格按照清基压实、工段接头、起毛开蹬、虚坯厚度、压实干容重、土料调配、淤土包边封顶、工程尺度等8项指标规定进行施工。

清基压实：在上土之前，须先清基，即将施工范围的堤基消除堤坡、堤顶等处，所有草皮、树木、坟墓、房屋、水井、地面腐植土一律清除；对基础内的树坑、坟坑、水井等，分层填实，帮宽地面打封底硪或机压封底，封底范围要超过铺土界限0.2米，然后上土填筑。

工段接头：要求“三大一平”，即大班作业、大工段、大茬平衡上土，实行“分挖土塘合倒土”，以减少接头，统一碾压。如相邻工段进度不平衡，高度相差两坯土以上，则做成斜插肩或1∶5以上的缓坡，以利结合。两工接头处，硪打要互压半硪，或机压互越0.5米以上。

铲草开蹬：对旧堤坡、堤顶要开蹬倒毛，以利新旧结合。帮宽时将老堤坦上的葛巴草移植到新堤坦上，逐层压植或统一栽植，每平方米3丛，露出草尖。

虚坯厚度：每层铺土厚度一般为25厘米，最厚不宜超过30厘米，最薄不宜小于20厘米。

压实干容重：压实干容重要求不低于1.5吨每立方米，黏土加固工程干容重不低于1.6吨每立方米。拖拉机碾压要求走得直、压得严、碾压均匀、到头到边、碾压够遍。

碾压参数规定：砂土、两合土铺土厚度0.25米，履带拖拉机碾压7～8遍，轮胎式拖拉机压6遍，以达到干容重1.5吨每立方米的要求。

土料调配：土料尽量选用两合土、风化淤为宜。未经风化的牛头淤块、稀淤泥、冻土块、飞砂、腐殖土不得使用。土块直径大于5厘米的硬土块不得多于15%。土料含水量要适宜（黏土16%～26%，沙土15%～25%，两合土12%～26%），对于含水量过高或过低的土料，采取措施，使之适应修堤的要求。

淤土包边封顶：用沙土筑堤，应用淤土或两合土包边、封顶，厚度为0.3～0.5米。包边垂直厚度不少于0.3米；堤顶一律淤土盖顶，并做成“花鼓顶”，坡度为1∶20。

工程尺度：帮宽应比设计水平宽超出0.1米，误差在0.2米以内；边坡误差在5%以内；高度不得低于设计高程，超高误差不大于5厘米。

2．工程项目实行投资包干责任制时期（1988～1998年）

随着基本建设管理体制的改变，质量管理体系亦愈来愈完善。1989年后，根据《黄河水利委员会基本建设工程质量管理实施办法》，濮阳市黄河修防处作为建设单位对濮阳黄河基本建设工程质量负总责，设置质量检验机构和专职质量管理人员，明确质量检验机构和质量管理人员的职权，负责工程建设项目全过程的质量管理。建设单位与施工单位签订质量承包合同。继续推行初验、复验、终验的三级施工质量管理体制。建设单位加强对施工单位质量管理的指导与监督，保证施工单位具有完善的工程质量管理体系和有效的质量管理办法。

1992年，河南黄河河务局批复成立濮阳市黄河河务局基本建设工程质量监督站，受河南黄河河务局的委派，对濮阳黄河防洪工程质量进行强制性的监督管理，建设、设计和施工单位必须接受质量监督站的监督。监督站的主要职责是贯彻国家、水利部有关工程建设质量管理、质量监督的方针、政策、法律、法规以及黄委和河南黄河河务局的有关文件。是年起，施工单位在工地设置质量管理小组，实行质量管理责任制、质量管理全过程跟班检查制，濮阳市黄河河务局质量监督站采取重点监督、巡回监督、驻地监督等形式对工程质量进行监督检查。

3．1998年工程建设三项制度改革以后

1998年以后，黄委要求各级都要把工程建设质量管理摆在首位，把工程质量管理列入目标管理，实行质量一票否决制；建立工程质量行政领导责任制、项目法人责任制、参建单位工程质量领导责任制、工程质量终身负责制。濮阳市黄河河务局重点构建完善建设单位质量检查、监理单位质量控制、施工单位质量自检、质量监督部门实施监督等方面的工程质量管理体系。

濮阳黄河防洪工程建设管理局（项目法人）设质量管理组，对工程项目的质量负全责，由总工程师任组长。濮阳、范县、台前3县的工程建设项目办公室各由1名主管副主任任副组长，抽调有施工经验的工程师参加质量管理。配备质量检测仪器，对施工现场进行随机检查和阶段检查，对监理的质量控制体系及其运行状况进行抽查和阶段检查，对工程建设进行阶段性检查、验收等。大中型建设项目，成立工程建设指挥部，局领导和有关管理人员和技术人员长驻工地进行现场管理，并向各标段派驻甲方代表，协助施工单位开展施工管理和质量管理。甲方代表参加重要隐蔽工程及工程关键部位的施工质量评定和工序验收。濮阳黄河防洪工程建设管理局的质量管理工作接受质量监督机构和社会的监督。

工程监理单位从参与施工招标、组织图纸会审、施工图纸签发、审查施工单位的施工组织设计和技术措施，到指导监督合同有关质量标准、要求的实施和参加工程质量检查、工程质量事故调查处理以及工程验收等，建立严格的质量控制体系，重点抓好单元工程的检查和验收，质量控制贯穿于工程建设始终。同时，其质量控制工作接受建设单位和监督机构以及社会监督。

施工单位建立相应的质量保证体系，从组织、制度、方案、措施、方法等方面实施全员和全过程质量控制，并接受监理单位、建设单位以及工程质量监督机构的检查和监督。施工单位执行“三检制”（初验、复验、终验），做好隐蔽工程的质量检查和记录。施工中出现质量问题的建设工程或者竣工验收不合格的建设工程，施工单位负责返修。工程发生质量事故，施工单位必须按照有关规定向监理单位、项目法人及有关部门报告，并保护好现场，接受工程质量事故调查，认真进行事故处理。

1998年，濮阳市黄河河务局完善质量项目监督站，受河南黄河河务局质量监督站委派，对各项防洪工程质量进行强制性监督管理。质量监督项目站的工作方式以抽查为主。发现违反技术规程、规范、质量标准或设计文件的施工单位，及时通知建设单位和监理单位采取措施予以纠正；问题严重时，可向建设主管单位提出整改的建议。对使用未经检验或检验不合格的建筑材料、构配件及设备等情况的，责成建设单位采取措施纠正。工程竣工验收时，质量监督项目站对工程质量等级进行核定，未经质量核定或核定不合格的工程，不得进行竣工验收或投入使用。

2000年，黄委、河南黄河河务局开始对建设实施中的黄河水利工程建设质量进行突击性随机抽样检测（简称飞检）。飞检的工段主要是监理认证合格或进行下道工序的工段。

2001年，河南黄河河务局开始对河南黄河水利工程建设实施督查制度，主要任务是检查、监督工程建设项目的管理和工程建设质量等。2001年以后，黄河防洪工程建设中的工程质量检测，使用核子水分密度测试仪测定土、混凝土等建筑材料原位密度和含水量。它具有准确率高、无损、快速等优点。

2011年以后，工程施工质量管理执行《黄河防洪工程施工质量检验与评定规程》。该规程规定土方、裹护、水中进占、锥探灌浆、防渗墙、混凝土、道路等工程的施工质量检验标准，以及工程质量检验与评定办法。工程质量检验与评定项目划分为单位工程、分部工程、单元工程等三级。工程质量评定分为合格和优良两级。

（三）民工工资

20世纪80年代以前，黄河水利工程建设都要动用大量民工。在1946～1949年解放战争时期，修堤是义务征工性质，仅给民工必要的生活补助。中华人民共和国成立后，民工工资贯彻“多劳多得，按方计资”的政策。1986年以后，按承包合同付资。

1. 计资的单位标准

1950年，全国水利会议提出修堤土方工资执行“义务劳动和统一计算标准”的原则。1951年，民工工资用小米以市斤（1市斤等于500克）为计资单位，黄委会确定土方工资每工日3.8市斤小米，并规定每完成1标方（100米运距1方土），给小米2.625市斤。远于或近于100米其增减数为：70米以内按6%计算，每级递减0.1575市斤；70～200米按5%计算，每级减米或增米0.13125市斤；210～400米按4%计算，每级增米0.105市斤；410～600米按3%计算，每级增米0.0787市斤；600米以上按

2%计算，每级增米0.0525市斤。硪工按级给米，特级每人每日米10市斤，一级每人每日米9市斤，二级每人每日米7.5市斤，三级每人每日米6.5市斤，四级每人每日米6市斤。

1952年，改为以人民币计资方式。实行按方计资，每标方0.225元，硪工按平方米计资，每平方米0.027元，优质的每平方米0.03元，采用片硪、灯台硪的仍实行评等计资的办法（分5等，特等每工日1.1元，一等0.9元，二等0.8元，三等0.7元，四等0.65元）。边锨工分等计资，每工日0.7~0.75元，特等每工日0.8元。1957年，统一民工工资标准，木轮车每标方0.24元，胶轮车每标方0.22元。1958年，降为每标方0.15元，出现平调现象。

1962年，每标方升至0.5元，冬季则统一调为0.33元，硪工每平方米0.083元。

1972年5月，河南黄河河务局制定《河南省治黄民工工资试行办法》，规定民工工资标准：非定额工（包括普通工、技工、船工、锥探工、防汛员等）每日工资为1.00~1.60元，土方每标准立方米（包括挖、装、起卸、平距运输100米）单价为0.22元，硪实每平方米单价0.045~0.05元，拖拉机碾压每平方米0.03元，边锨每平方米0.0045~0.005元。1974年，民工工资统一为1.2元，土工每标方单价0.3元，人工夯实每平方米0.05~0.06元，边锨工每100平方米0.61~0.68元。

1981年4月，根据黄委会《关于提高治黄民工工资标准的通知》精神，民工每日工资提高到1.4元，民技工工资为1.6元，人工培堤土方工资每标准立方米单价提高到0.35元。1985年，民工日工资调增为2元，土方每标方单价调增至0.5元。每次调增的同时，硪、机、边工都相应调增。20世纪50、70、80年代土工、普工工资情况见表8-1。

表8-1　20世纪50、70、80年代土工、普工工资情况

年度	土方工资（元）			普工（元）
	一级土	二级土	三级土	
1952	0.225	0.250	0.262	0.600
1974	0.300	0.340	0.380	1.200
1981	0.350	0.400	0.440	1.400

2. *工资支付办法*

土方单价按每立方米平距100米为标准单价，超、欠100米者，每10米为一级，以标准单价之百分率增减。

3. *运距丈量*

运距丈量以土塘中心至倒土中心，加之重运上下坡折平距、施工段的1/2~1/4和土塘深折平距为总运距。20世纪50年代初期，对上下坡，只丈量堤斜坡长，依堤坡之陡缓，乘以不同倍数。1954年后，改为丈量修堤的垂直高，把垂直高在7米以内的分为7级，超过7米高者，增1米运距增加70米（见表8-2）。

表 8-2　20 世纪 50 年代～80 年代运土升高折距

坡状	垂直高（米）						
	1	2	3	4	5	6	7
上坡	24	57	99	142	185	246	315
下坡	8	22	41	60	85	116	150

4. 难土增资

治河工程所用土料一般有沙土、两合土、黏土三种，但取土难易程度差别较大，因而对费力大、费时长的难土给予难土增资，分花淤、稀淤、牛头淤一级、牛头淤二级、牛头淤三级五个等级，增资 5%～100%。以上是 20 世纪 50 年代执行的标准。60 年代以后，由黄委会确定，把土分为四类，一类土相当于沙土、两合土，二类土相当于花淤和一级牛头淤，三类土相当于二级牛头淤，四类土相当于三级牛头淤。这样同一个运距 4 种单价，制成运距单价对照表，随时可以查得各种单价。例如 100 米运距，一类土 0.30 元，二类土 0.34 元，三类土 0.38 元，四类土 0.43 元，在收方时由收方员根据土塘内土质情况，确定土质类别和单价。

5. 土牛土方工资

土牛土为堤防上备用土，除按运距计算外，还按其高度适当增资。例如，以万元计算单位时，土牛高度在 1.5 米者，每方土增资 217 元，高 2 米者，每方土增资 266 元（20 世纪 50 年代前期的币值），不足 1 米高者，不增资。

6. 硪工和边锨工的工资办法

在 1954 年以前，采用分等按工计资的办法。分等的标准是根据工作态度，硪具的重量、技术、效率、质量、标准等，90 分以上为一等，80 分以上为二等，70 分以上为三等，60 分以上为四等。1955 年以后，改为分等按件计资，边锨重点试行按件计资。到 20 世纪 60 年代以后，硪工不分硪具种类，一律按硪实面积计算工资，并以质定等，硪实干容重达到每立方米 1.52 吨者为一等质量，在每立方米 1.5 吨以上而小于每立方米 1.52 吨者为二等，不足每立方米 1.5 吨者，必须返工。工资按返工后的质量计算，不另加工资。拖拉机压实，也按平方米计算，办法同硪工，一般不分等。同时，边锨也实行按平方米计算，并执行“以质定资”的办法。

7. 其他

技工（包括医生、饮事员等）和普工一律执行按工计资。自 1954 年起，执行农忙季节（指收麦、收秋季节，每年约为两个月）施工加资额政策，其标准系按原工资增加 20% 计算。自 20 世纪 60 年代以后执行“例假工资和休假工资”。

五、工程竣工验收

20 世纪 70 年代以前，濮阳黄河水利工程一般由建设单位（修防处、段）组织竣工验收，河南黄河河务局抽验，然后移交修防段进行运行管理。工程竣工验收时编制竣工验收报告、工程竣工图、工程竣工验收财务报告等文件。

1984年，黄委会《关于黄河下游防洪基建工程十年规划已完工程进行竣工验收的通知》，要求对1974～1983年的已竣工工程进行全面验收。工程项目的工程量和投资，依据1974～1983年批准的年度基建计划或年度调整基建计划和设计文件；工程质量和标准，依据批准的设计图纸、文件和水电部、黄委会、河南黄河河务局颁发的技术规程、规范等。已完工程、水闸工程单独验收，其余竣工验收项目由修防处、段等有关单位组织进行全面自检，并编写绘制竣工验收文件、图纸、资料，做好上述工作后，由修防处报河南黄河河务局进行初步验收，然后按程序由黄委会、水电部进行正式验收。

1986年，河南黄河河务局规定1984～1985年完成的工程作为十年规划工程的尾工进行验收。并规定从1986年起，每年下达的基建工程完成后，都要及时进行竣工验收，整编验收资料，并逐渐形成制度。

1988年，工程建设实行投资包干责任制后，濮阳市黄河河务局（修防处）为建设单位。每项工程完成后，由建设单位、承包单位和濮阳市建设银行有关人员组成工程验收小组，对工程项目的规模、进度、投资、材料等逐项检查验收，验收合格后，出具基本建设投资包干项目竣工验收报告。工程验收执行的文件主要有《水利基本建设工程验收规程》《水利基本建设项目竣工决算报告编制规程》《建设项目（工程）档案验收办法》，以及黄委会、河南黄河河务局有关文件。

1998年，竣工验收执行《黄河水利委员会水利基本建设工程验收规程》。竣工验收实行分级负责制，黄委直属各类基本建设工程在一定建设期内的总项目（某一类）以及直属建设单位单项工程的验收由黄委负责，河南黄河范围内各类基本建设工程总项目下的单项工程验收由河南黄河河务局负责，一般小型单项工程可委托下属建设单位组织验收。工程验收分为分部工程验收、阶段验收和竣工验收，或初步验收和竣工验收。验收的依据是有关法律、规章、技术标准和主管部门有关文件、批准的设计文件及相应设计变更、修改文件、施工合同、监理签发的施工图纸和说明、设备技术说明书等。初步验收阶段形成初步验收工作报告和竣工验收鉴定书初稿；竣工验收形成《竣工验收鉴定书》，对于工程遗留问题，则写入《竣工验收鉴定书》，由项目法人负责处理。

工程建设达到竣工验收条件时，由濮阳市黄河河务局向竣工验收主管单位河南黄河河务局提交竣工验收申请，并同时提供初步验收工作报告和工程质量检测报告。河南黄河河务局在接到竣工验收申请报告后28天内，同有关部门（单位）进行协商，拟定验收时间、地点及验收委员会组成单位等有关事宜，同时，批复竣工验收申请，组织验收。工程验收后，形成竣工验收鉴定书，其内容包括工程概况，概算执行情况及分析，阶段验收、单位工程验收及工程移交情况，工程初期运用及工程效益，工程质量鉴定，存在的主要问题及处理意见，验收结沦，验收人员签字等。

2005 年 8 月，黄委印发《黄河防洪工程竣工验收管理规定》，规定黄河防洪工程竣工验收实行统一监督管理、分级负责的原则。黄委负责全河防洪工程的竣工验收管理工作，河南黄河河务局负责管辖权限内黄河防洪工程的竣工验收工作。在黄河河道管理范围内，由黄委批准兴建的黄河防洪工程建设项目，不管其投资来源如何，均由黄委或黄委直属单位按照项目管理权限，负责工程竣工验收。同年 10 月，黄委对《黄河防洪工程竣工验收管理规定》做了补充，规定竣工验收按照工程类别和投资规模分别由黄委和山东、河南黄河河务局组织。

2011 年后，工程建设项目验收执行《黄河防洪工程竣工验收规程》。工程验收由分部工程验收、单位工程验收、合同工程完工验收、阶段验收、专项验收和竣工验收组成。分部工程验收、单位工程验收、合同工程完工验收由项目法人主持，项目法人、勘测、设计、监理、施工单位代表参加。竣工验收时，由验收主持单位、质量与安全监督机构、运行管理单位的代表及有关专家组成验收委员会。验收分现场检查工程建设情况及查阅有关材料和召开会议两个阶段。召开会议的主要内容有：宣布验收委员会人员名单，观看工程建设声像资料，听取工程建设管理报告，听取工程技术预验收工作报告，听取验收委员会确定的其他报告，讨论并通过竣工验收鉴定书，验收委员会和被验收单位代表在竣工验收鉴定书上签字。工程竣工验收后，由项目法人将工程移交运行管理单位。

第二节　工程运行管理

工程运行管理的目标是，通过对黄河水利工程的日常管理，保持工程完整及抗洪能力，保证防洪安全。20 世纪 50 年代始，濮阳黄河堤防工程实行群众队伍管理和专业队伍管理相结合的管理模式。涵闸、虹吸工程先由所在地政府管理，20 世纪 60 年代初交河务部门管理。60 年代，濮阳河道开展集中整治后，河道整治工程由河务部门专业队伍管理。2006 年水管体制改革时，堤防管理撤销群众管理队伍。黄河水利工程由县级河务局负责工程运行观测和工程维修养护年度计划的编制及维修养护项目验收；工程日常维修养护由专业的维修养护队伍按照与县级河务局签订的合同逐项完成。

历代对黄河堤防工程管理都极为重视，建立相关的组织和制度，实施堤防的维修和防守。20 世纪 50 年代以来，黄委和沿河省政府分别制定黄河水利工程管理制度，保证了工程运行管理的依法管理和有效管理。2006 年水管体制改革后，黄委出台有关黄河水利工程维修养护计划编制、工程维修养护质量管理、工程维修养护项目验收等方面的制度，进一步规范工程管理和维修养护工作。河南省政府对《河南省黄河工程管理条例》进行再次修改。

20 世纪 80 年代以前，工程管理没有统一的质量标准，管理比较粗放。80 年代初，河南黄河河务局和黄委会，先后制定工程管理考核标准，依据考核标准进行工程管理，开展日常维修养护工作，工程面貌不断改善，工程抗洪能力得到提高。2003年，黄委首次制定《黄河水利工程维修养护标准（试行）》，2007年分别制定堤防、河道整治、涵闸等工程的管理标准，2014年又制定《黄河水利工程维修养护技术质量标准（试行）》，使工程管理和维修养护工作更为精细。

工程管理检查评比，是促进工程管理水平不断提高的一项重要措施。检查评比始于20世纪80年代初，市、县级河务部门负责月、季和半年检查评比，河南黄河河务局负责年终检查评比。黄委每5年进行1次。80年代末和90年代，开展工程管理达标活动。90年代后，开展示范工程建设活动。

一、管理目标

黄河下游防洪工程管理目标总体要求是：加强工程管理，保持工程完整，监测运行状态，不断提高工程抗洪能力，保证工程防洪安全。随着治黄事业的发展，不同时期侧重面有所不同。20世纪50～70年代，逐步建立健全工程管理组织和规章制度，但存在“重建设，轻管理；重骨干，轻配套；重工程，轻实效”的问题。1978年，水利电力部在全国水利管理会议上提出把水利工作的重点转移到管理上来的要求以后，工程管理被列入重要议程，把“安全、效益、综合经营”作为管理工作的三项基本任务。自20世纪80年代起，根据防洪工程建设情况、防洪要求以及国民经济发展情况，黄河下游工程管理工作开始制定五年管理规划，提出每五年期间的工程管理指导思想和目标任务。

（一）“六五”时期（1981～1985年）

“六五”时期工程管理工作的指导思想是：以安全为中心，以消灭险点隐患为重点，加强经营管理，讲究经济效益，提高科学管理水平，不断增强抗洪能力，保证防洪安全，充分发挥工程效益，积极开展综合经营，把管理工作提高到新的水平。

主要目标是：全面完成工程的补残加固；重点薄弱堤段普遍压力灌浆；消除有妨碍防洪安全的违章建筑；完善排水工程，大搞草皮植被，提高防雨冲刷能力，逐步做到降暴雨时不出大的水沟浪窝；达到堤顶平坦，堤身完整，堤肩林木整齐美观，树草齐全茂盛，土牛规整，各种工程标志清晰醒目，柳荫地树木茂盛。并把可绿化面积全部绿化起来。

（二）“七五”时期（1986～1990年）

“七五”时期工程管理工作的指导思想是：以安全为中心，以巩固工程强度为重点，提高抗洪能力，全面加强技术管理，各项工作努力达到规范化、标准化，积极开展综合经营和征收水费，充分发挥工程效益，以改革的精神，把工程管理工作提高到一个新的水平。

主要目标是：基本完成现有险点、薄弱堤段的加固处理任务。清除近堤潭坑及严重渗水、管涌堤段，采取压力灌浆措施，争取把第三次修堤中质量比较差的堤段处理一遍；淤背区凡已达到计划高度的全部包坡盖顶，开发利用；堤身防暴雨冲刷的能力达到日降雨100毫米时不出现1立方米以上的水沟浪窝。

（三）“八五”时期（1991～1995年）

“八五”时期工程管理工作总的指导思想是：以安全为中心，以除险加固为重点，坚持依法管理，确保防洪安全，充分发挥工程的综合效益。

主要目标是：初步建立起水立法、水管理和水执法三个体系，走上依法治水、依法管理的轨道；逐步建立“修、防、管、营”四位一体具有良性循环的管理运行机制；全面实现工程管理的正规化、规范化，整体管理水平有较大提高。

（四）“九五”时期（1996～2000年）

“九五”期间工程管理工作的指导思想是：以防洪安全为中心，确保工程完整。强化工程管理，深化管理改革，加大执法力度，突出管理效益，加强管理科学技术研究，提高综合管理水平。

主要目标是：确保防洪安全，保持工程完整，完成黄委挂号的病险工程的除险加固，提高工程的抗洪强度；突出管理效益，大力开发水土资源，扶持发展支柱产业，并形成一定规模，增强水管单位的内部活力，供水工程经济收入达到维持简单再生产水平，力争实现工程管理的良性循环；提高综合管理水平，建立健全各项管理规章制度，加大科技管理力度，使工程管理的正规化、规范化和科学化建设在“八五”初具规模的基础上步入正常发展轨道；加强管理队伍的自身建设，采取多种措施提高管理人员素质，“九五”末所有在职专业管理人员实行持证上岗。

（五）“十五”时期（2001～2005年）

“十五”期间工程管理工作的指导思想是：以保持工程完整、消除工程隐患、提高工程抗洪强度为重点，以深化管理体制改革和完善运行机制为动力，以实现管养分离、工程管理的良性运行为目标，以依法管理、科学管理、经常性管理为手段，使工程管理水平再上新台阶。

主要目标是：加强工程的正规化、规范化、科学化管理；在市场经济条件下，深入进行工程管理体制改革，引入竞争机制，在管理中试行招标机制，逐步实现公司化管理，探索以工程养工程的新路子，达到管养分离；对工程的各类险点、隐患进行加固处理，保持工程管护范围内的完整，最大限度地发挥工程效益，确保防洪安全；改变传统观念，做好工程管理与改善治黄生态环境，建设黄河风景林带的试点；加强工管和管理队伍自身建设，在闸门引黄供水、管理资料等方面实现省、市、县局计算机联网。工程管理人员均接受不同层次的岗位培训。

（六）“十一五”时期（2006～2010年）

“十一五”时期工程管理工作的指导思想是：以国家经济社会发展“十一五”规划为指导，全面贯彻落实科学发展观，坚持可持续发展的治水思路，围绕“维持黄河健康生命”的治河新理念，以水管体制改革统揽全局，不断完善运行机制，实施管理创新战略，全面提高工程管理现代化水平，确保工程运用安全，充分发挥工程的综合效益。

主要目标是：全面完成水管单位体制改革任务，建立与完善符合市场经济发展要求的工程管理运行机制；以防洪安全为中心，强化日常管理，保持工程完整，确保工程运用安全；加快“数字建管”系统建设，不断增加科技含量，全面提高工程管理现代化水平；继续开展“示范工程”体系建设，以点带面促进工程面貌的不断改善；完善工程管理考核体系，积极开展国家级水管单位创建；坚持依法管理、科学管理，进一步促进工程管理法制化、规范化；积极推动土地确权划界工作，为工程运行管理提供保障。

（七）“十二五”时期（2011~2015年）

“十二五”时期工程管理工作的指导思想是：以国家水利发展“十二五”规划为指导，全面贯彻落实科学发展观，坚持可持续发展治水思路，围绕“维持黄河健康生命”治河新理念，转变观念，提高认识。以安全管理为中心，完善制度建设，强化规范管理、精细管理；实行最严格的河道管理制度，维持水工程完整与防洪安全，促进治黄事业的可持续发展；以工程管理信息化建设为核心，积极推动管理技术创新，全面提高黄河工程管理的现代化水平。

主要目标：一是强化工程安全检查、年度方案审核、实施过程监督、项目验收等环节管理，维持工程完整，确保防洪安全。二是80%的堤防外业考核达到920分以上，其他堤防不低于850分；50%的河道整治工程外业考核达到920分以上，其他不低于800分；50%的引黄水闸和分泄洪闸外业考核达到920分以上，其他不低于750分。研究制定示范工程建设标准、合同管理责任追究、岗位责任激励制度与考核等规范性文件，保障工程管理工作有序、高效开展。三是2011年底前在全局全面推广应用黄河工程管理巡查系统；采用根石探测船进行河道工程根石探测，采用直流电阻率法进行堤防隐患探测，建成工程基础信息、堤防隐患、根石分布状况和工程历史险情等4个完整数据库；配置工程养护设备和工程观测设备，初步实现工程维修养护机械化、自动化。四是“十二五”末示范工程长度或数量达到各类工程总量的50%以上；依据水利部管理办法及标准，争取70%的水管单位达到920分以上。

在各个时期，濮阳河务局全面贯彻黄河下游工程管理的指导思想和工作目标，按照上级的工作安排，制定每年的工程管理意见，开展工程管理工作，保证工程的完整和抗洪能力，充分发挥工程的综合效益。

二、管理组织形式

（一）堤防工程

1947年黄河归故前，冀鲁豫解放区在濮阳境内成立的冀鲁豫黄河水利委员会第二修防处和第五修防处，以及濮阳、昆吾、濮县、范县、寿北（今台前）修防段，建立护堤委员会，组织沿河群众护堤防汛。

中华人民共和国成立后，全河实行统一管理，省、地（市）、县健全各级修防机构，县以下建立群众性护堤组织，实行专业队伍管理与群众队伍管理相结合的管理模式。

1955 年前后，沿河各县、乡相继建立堤防管理委员会和管理小组，由当地政府负责人兼任管理委员会主任，下设委员若干名。管理委员会和管理小组的任务是，负责组织、协调、检查、监督管辖范围内的堤防管理工作。护堤员由管理委员会选派，负责本段堤防管理，同时与沿河各村订立护堤合同，增强其对堤防管理的责任心。

1956 年农业合作化后，堤防普遍执行由农业合作社分段包干管理的办法，由农业合作社确定长期护堤员，并组成护堤班，负责管理养护工作。农村实现人民公社化后，堤防管理仍由社、队分段承包管理养护。每千米堤段有 2 ~ 3 人，常年居住大堤平整堤顶，填垫水沟浪窝，捕捉害堤动物，植树种草，保持堤防完整和林草旺盛。县堤防管理委员会由当地县政府负责人兼任主任，公安局长、修防段长兼任副主任，沿堤社（乡）长为委员，办事机构设在修防段。修防管理委员会的主要职责是：向群众宣传护堤政策、条例、办法；组织护堤员学习管理技术；制定多种经营规划，发动群众绿化堤防，发展河产，增加国家和护堤队的收入；开展检查评比，总结推广护堤经验；同破坏堤防的坏人做斗争，协助处理违章案件。县堤防管理委员会定期召开堤防管理工作会议，部署、检查护堤工作。

1960 年，安阳黄河修防处和各县修防段增设公安特派员。

1978 年，根据水电部“把水利工作的重点转移到以工程管理为中心上来”的指示，安阳地区黄河修防处和各修防段相继调整充实管理组织，由单位 1 名副职分管工程管理工作。按照黄委会颁发的《黄河下游水利工程管理单位编制定员标准（试行）》整顿充实专管人员，全处配备专职护堤管理人员 59 人，并把一些技术骨干人员充实到管理队伍中来，使工程管理队伍不断巩固和加强。

按照黄委会《黄河下游工程管理考核标准》的要求，对县、乡、村三级管理组织和护堤员进行调整充实。一般按 5 千米左右堤防配备 1 名专职堤防管理人员，其职责是：负责组织宣传、发动群众，管理护堤员与护堤村的联系工作。沿堤每 500 米设 1 防汛屋，配 1 名护堤员。在沿堤 2500 米以内的村庄中，选择便于经常护堤的村庄作为护堤村，并划分各村养护堤段，树立明显标志，民主推选护堤员。濮阳河段沿堤共有 341 个护堤村，护堤员 564 人。护堤员的主要职责是：经常保持堤身完整，堤顶平坦，及时填垫水沟浪窝；经常检查堤身，发现隐患及时报告处理，发动群众捕捉害堤动物；保持树草旺盛，旱天浇树保活，夏季治虫修树，冬春季补植树草，有计划地更新树木；保护堤上防汛备料、千米桩、坝头桩、边界桩、分界牌标志等；雨雪天堤上禁止车辆通行（防汛车除外）；禁止在堤防管理范围内挖土、打井、建窑、埋葬、盖房、开沟、挖洞、放牧、种植农作物、铲草、爆破、排放废物废渣等。群众护堤队伍经过调整和整顿，护堤员从年龄、身体状况、文化程度、政治素质等方面都有一定改善。

1982年以后，根据水利电力部、公安部有关通知，各修防段先后建立黄河公安派出所或派遣公安特派员。在当地公安部门的领导下，向沿黄干部、群众进行法制宣传教育，制止违章行为，清除违章建筑，查处违章案件，有效地打击盗伐树株、偷盗防汛物料、偷盗通信电线、破坏工程设施的不法分子的破坏活动，维护工程管理秩序，保障堤防管理工作的正常开展。

1988年，各修防段撤销分段，成立工程管理股，专抓工程管理工作，负责堤防、险工和水闸工程管理工作的安排、监督实施和检查。根据择优上岗、量才使用的原则聘任股长、队长和班组长。

这种“专业队伍与群众队伍相结合”的黄河堤防工程管理模式，一直持续到2003年水利工程管理体制改革。

（二）河道整治工程

河道整治工程管理的组织形式，以专业管理为主。各修防段以工程队为主要力量，常年驻守工地，实行班坝责任制。控导工程和险工，均驻守固定职工1个班或2个班，对工程进行观测、整修养护。遇有较大险情时，则召集附近村组织的临时工程队参加抢险，保证工程安全。

20世纪80年代前，河道整治工程管理人员配备没有严格的标准。1982年5月，黄委会颁发的《黄河下游水利工程管理单位编制定员（试行）标准》规定，险工工程管理人员每千米2人，维护人员1人（200～250米）；北金堤险工管理人员每千米1～1.5人，维护人员1人（300～400米）；护滩控导工程管理人员每千米1.5人。2003年前，濮阳险工和护滩控导工程共配备管理人员516人。

（三）水闸、虹吸工程

1961年以前，濮阳境内的引黄水闸、虹吸工程由所在地的县水利部门管理，承担闸门的启闭放水等工作。1961年，河南省人民政府召开沿河地（市）及各灌区管理局工程管理会议，明确沿河引黄水闸统一归黄河河务部门管理。1963年，按照黄委会的规定，引黄水闸、虹吸工程不再由地方水利部门负责，分别由工程所在地的修防段负责管理，配备专职人员进行日常维修养护和启闭操作。2003年以前，按照黄委会“关于水闸流量小于30立方米每秒的配备3～5人，30～50立方米每秒的配备5～10人，50～100立方米每秒的配备10～15人。虹吸工程每处5条管以下者配2～4人”的有关规定，濮阳引黄水闸和虹吸工程共配备管理人员56人。

（四）水管体制改革后

在“专管与群管相结合”的工程管理体制下，水利工程管理（简称水管）单位政、事、企不分，管理人员和维修养护人员职责不明，缺乏竞争力，难以形成有效的监督、激励机制。

2002年，国务院批准《水利工程管理体制改革实施意见》，要求水管体制改革分三步走，首先，在水管单位内部实行管理和维修养护机构、人员、经费分离，对维修养护实行内部合同管理，维修养护部门实行企业化管理；其次，将维修养护部门转变为企业，与水管单位分离，但仍以承担原单位的养护任务为主；再次，将工程维修养护业务从所属水管单位彻底剥离出来，独立或联合组建专业化养护企业，水管单位通过招标方式择优确定维修养护企业。

2003 年，根据黄委安排，基层水管单位进行体制改革，核心是“管养分离”，旨在建立符合市场经济的运行机制，实现水利工程的专业化、科学化管理与维护。局属 7 个水管理单位均成立工程养护处，共配备职工 623 人，其中，堤防管理人员 246 人，险工和控导工程管理人员 132 人，水闸管理人员 95 人。主要负责堤防、险工、控导、水闸等防洪工程的维修养护，负责河势、工情、险情观测和工程抢险，负责引黄供水调度等。群众护堤员开始下堤。

2005 年，濮阳第一河务局和渠村分洪闸管理处作为试点，进行水管体制第三步改革。2006 年 5 月，在全局全面展开。濮阳河务局组建濮阳黄河水利工程维修养护有限公司，7 个基层水管单位撤销工程养护大队，分别组建工程维修养护分公司。濮阳黄河水利工程维修养护有限公司是具有独立法人资格，实行独立核算、自负盈亏的企业，人员总编制 425 人。经营范围是：从事黄河堤防、险工、控导、水闸等各类工程和设施的维修养护。是年，群众护堤员全部下堤。河南黄河河务局供水局在濮阳河务局设供水分局，在负责供水生产的同时负有水闸管理的责任。

堤防每 8 ~ 10 千米设 1 处工程养护基地，作为维修养护职工的生产生活区。濮阳堤段计划建 17 处养护基地，其中，濮阳县境内 6 处，范县境内 5 处，台前县境内 6 处。每处为 1 个管护班，配备维修养护机具，逐步实现维修养护机械化，降低劳动强度，提高维修养护质量。原来的险工、控导工程班的职能转为工程运行观测。图 8-1 为台前影唐工程维修养护基地照片，图 8-2 为濮阳县连山寺工程管理班庭院。

图 8-1　2012 年台前影唐工程维修养护基地

水管体制改革后，濮阳黄河防洪工程管理按照“统一领导、分级管理”的原则，由水管单位工程管理部门、运行观测部门和维修养护公司共同完成，各司其职，各负

图 8-2　2008 年濮阳县连山寺工程管理班庭院

其责。工程管理职能由县级水管单位工务部门承担，工程维修养护任务由维修养护公司承担，工程运行观测和工程维修养护监督由水管单位运行观测部门承担。

水管单位工程管理部门的职责是：贯彻执行国家有关工程管理工作的法律法规和相关技术标准；负责编制本单位工程管理规划、年度计划并负责实施；掌握工程运行状况，及时处理运行过程中的技术问题；承担堤防工程、险工（控导）工程、生物防护工程的运行管理工作；负责签订工程养护合同及质量监管、验收等工作；负责工程运行技术管理统计工作，组织技术资料收集、整理及归档工作；协助做好管理范围内水利工程建设项目的建设管理；负责治河科技工作管理，组织科技成果的交流、推广和应用，研究提出本单位科技发展的规划及治河关键技术的攻关和科技项目的申请立项；负责工程管护范围内的水土资源开发的规划、计划与管理工作；根据授权完成辖区河道内防洪工程建设项目的技术审查工作的相关事宜。

水管单位运行观测部门的职责是：按照水利工程运行观测的有关规定或调度指令，实施运行观测作业；负责各类防洪工程的巡视、检查工作，发现问题及时报告或处理；负责通信设备及系统的运行工作，发现故障及时处理；负责防汛物资的保管和观测探测设施、设备、仪器保管及保养工作，保证料物、设施、设备、仪器的安全和完好，及时报告储存和保管情况；负责防汛抢险机构的日常管理，保证防汛抢险机械的正常使用；按照操作规程和各项规章制度进行各类防洪工程的观测、探测工作；参与观测、探测分析及隐患处理等工作；负责河势、水位观测和水质监测工作；及时发现并报告水污染事件；做好各项运行、观测记录，及时整理归档。

濮阳黄河水利工程维修养护有限公司的职责是：按照合同要求负责实施各类工程和设施的维修养护工作；负责工程维修养护资料管理工作；负责维修养护工程投标和施工管理；负责合同管理工作；负责公司经济发展规划、计划的编制和实施；负责公司经营项目的可行性论证、开发工作；负责经济纠纷的协调与处理。

工程维修养护的质量监督由水管单位依据上级对年度维修养护实施方案的批复，

同河南黄河水利工程维修养护质量监督濮阳项目站签订维修养护工程质量管理与监督协议书，由濮阳项目站对维修养护工程质量进行监督，其主要工作内容包括：制订质量管理与监督工作计划，参加隐蔽工程及工程关键部位验收、阶段验收和工程竣工验收，编制工程质量管理与监督报告等。

工程维修养护监理工作，由河南黄河河务局统一招标，选定工程监理公司对各水管单位维修养护项目进行监理，主要负责质量、进度、投资、安全控制与信息管理及现场组织协调，工作内容主要包括：根据监理规划和监理实施细则对工程维护实行旁站、跟踪、巡回监理，填写监理日志，组织或参加隐蔽工程及工程关键部位验收、阶段验收和工程竣工验收，编制监理工作报告等。

水管体制改革后，管理单位和维修养护单位机构、人员、资产彻底分离，运行几十年的“专管与群管”相结合的“修、防、管、营”四位一体传统的管理体制被打破，初步建立了新的工程管理体制和运行机制。

三、工程运行管理制度

（一）中华人民共和国成立前管理制度

《管子》一书中，记载春秋前期黄河下游河堤常年维修制度：“常令水官之吏，冬时行堤防，可治者章而上之都。都以春少事作之。已作之后，常案行。堤有毁作，大雨，各葆其所，可治者趣治，以徒隶给。大雨，堤防可衣者衣之。冲水，可据者据之。终岁以毋败为固。”国家设置管理治水的官吏，冬天治水官吏检查堤防，并将查出的隐患报告都水官。都水官在春季安排修堤。修做后，还要经常检查。河堤若毁坏，如遇到大雨，就派人分段保护，需要修补之处抓紧修补，拨给徒隶充役完成其事。大雨中，堤防需要覆盖的及时覆盖；水冲堤防时，需要屯堵就组织力量屯堵。一年到头以保持堤防不坏为治水工作的成效。

汉代，重视堤防维修，其制度较为稳定，每年都安排并投入相当大的力量进行堤防岁修养护。《汉书・沟洫志》记载，“堤防备塞”，“岁增堤防”，“濒河十郡治堤岁费且万万”，“不豫修治，北决病四五郡，南决病十余郡，然后忧之晚矣”。若堤防有失，处罚也非常严厉。汉成帝建始四年（公元前29年），河泛滥兖、豫等州，御史大夫尹忠因所对方略过于简略，“上切责之，忠自杀”（《汉书・沟洫志》）。东汉王景治河之后，“诏濒河郡国置河堤吏如西京旧制”（《后汉书・王景传》），其管理制度一如既往，保持不变。

唐代，堤防管理人员的责任、堤防修缮的要求和有关禁令以及盗决、破坏堤防的处罚办法等，已比较完善。“近河及大水有堤防之处，刺史、县令以时检校，若须修理，每秋收讫量功多少，差人夫修理。若暴水泛滥损坏堤防，交为人患者，先即修缮，不拘时限。若有损坏，当时不即修补或修而失时者，主司杖七十……盗决堤防者杖一百”。“诸侯堤水，内不得造小堤及人居，其堤内外各五步并堤上种榆柳杂树”。“修城郭、筑堤防，兴起人功，有所营造，依《营缮令》，计人功多少，申尚书省听报，始合役功”（《唐律疏仪》和《文苑英华》）。五代后晋，曾一度在黄河下游建立堤长、县令每年定期上堤检巡的制度。

宋代，州府长吏兼本州河堤使，并各置河堤判官一员，加强黄河堤防的管理养护。太祖乾德五年（公元967年），开始实行每年定期检查、及时维修和绿化堤防制度。“分遣使行视，发畿甸丁夫缮治，自是岁以为常，皆以正月首事，季春而毕”。“应缘黄、汴、清、御等河州县，除准旧制种蓺桑枣外，委长吏课民别树榆柳及土地所宜之木”。“长吏以及迩河主埽使臣，经度行视河堤，勿使坏隳，违者当置于法”。“滑州、浚州界万年堤，全藉林木固护堤岸，其广行种植，以壮地势”（《宋史·河渠志》）。

宋太祖乾德五年（公元967年），黄河下游开始实施“岁修”制。宋代黄河堤防分段管理的制度已颇为正规。州县之间堤上已设有界碑，界碑之上除标有上下界起止地名外，还标注有其间的里程。宋代，黄河堤上设立铺房（河夫守堤居住的地方），铺与铺之间，相距约一里。

金泰和二年（1202年），颁布《河防令》，“每岁选旧部官一员，诣河上下，兼行户工部事，督令分治都水监及京府州县守涨部夫官，从实规措，修固堤岸”，“州县提举管勾河防官，每六月一日至八月终，各轮一员守涨，九月一日还职”，“河埽堤岸遇霖雨涨水作发暴变时，分都水司与都巡河官往来提控，官兵多方用心固护，无致为害。仍每月具河埽平安申覆尚书工部呈省”等。金代沿用北宋堤防设立铺房的制度。

《元史·河渠志》有“差募”和“差倩”之说，所谓“差”，即指科派，“募”乃是出钱招雇，“倩”为临时雇用。此期间，堤上铺房的设置是由当时的河夫派造制度决定的，远路河夫驻守在堤，自不能没有居住之所。

明代中期开始，驻堤铺夫不再远路差雇，代之以近堤居民驻守。“三代之下，力役之征，莫善于雇役。黄河千里若带，堤铺千里若星，力役者守，非便也”，“令近堤之民，各居铺而代之守；远堤之民，各输直而续之食。役者庐其庐，食其食，长子孙焉。鸡犬相闻，彼非守堤也，自守其居也。役者永利其利，征者永乐其乐，其益百世”（《治水筌蹄》）。临黄大堤，“每堤三里，原设铺一座，每铺夫三十名，计每夫分守堤一十八丈”（潘季驯《修守事宜》）。潘季驯还建立“四防”“二守”的守堤制度。所谓“四防”，即昼防、夜防、风防、雨防，“二守”乃是指官守和民守。

清初，黄河堤防管理维持明代遗留下来的铺夫制。康熙十七年（1687年），设立河防营，“按里设兵，画堤分守”，铺夫制则一度废止。雍正九年（1731年）时，铺夫制恢复，形成兵夫共存制。咸丰五年（1855年），黄河决兰仪县铜瓦厢改道，“下游修守之工，其在开州（今河南濮阳县）、东明、长垣者，则责之直隶总督，其在曹州、兖州等属者，则责之山东巡抚”（《再续行水金鉴》）。光绪十年（1884年），山东新河设立河防总局，专司本省河防。总局之下设上、中、下三游分局，沿堤修建堡房，“按三里建堡房一座，设防兵三名。随时修整堤基，裁植柳树。十堡派一守备、千总、把总管辖，有警飞报，防汛各员，督率勇丁，前往抢护”，“三汛期内，仍需添雇土夫，帮同抢护”（《再续行水金鉴》）。

民国时期，战乱不断，河防工程失修。在下游河南、河北、山东三省黄河管理机构逐步建立健全的同时，也制定一些堤防管理的规章制度。

（二）中华人民共和国成立后管理制度

中华人民共和国成立后，黄委及沿河省人民政府分别制定和颁发有关工程管理的通令、布告、条例、办法等，并在沿河广泛宣传工程管理的重要意义和有关规定，依靠和发动群众，管好堤防工程，保证防洪安全。随着河道整治工程和引黄渠首工程的建设，有关工程的管理制度也逐步建立。随着工程管理工作的发展，管理制度日臻健全和完善。濮阳黄河防洪工程管理主要执行平原省、河南省、黄河水利委员会、平原黄河河务局、河南黄河河务局制定的有关工程管理方面的法律、法规和制度。

1949 年，冀鲁豫行政公署颁发《保护黄河大堤公约》，依靠和发动沿河群众护堤护林。1950 年，平原省人民政府颁发《保护黄河、沁河大堤办法》。1951 年 8 月，平原黄河河务局制定《平原省黄沁河堤防工程养护暂行办法》，明确堤防管理的组织、任务和要求。1955 年，黄委会制定《黄河下游堤防观测办法》，要求一般险工堤段进行水位、险情观测，选择重点数处，增加浸润线观测。1962 年 1 月，河南省人民委员会颁发《河南省黄河沁河堤防工程管理养护办法》。1964 年 4 月 7 日，水利电力部颁发《堤防工程管理通则（试行）》的规定。濮阳境内各级人民政府和河务管理部门贯彻执行上述通令、规定，组织开展工程管理工作。

1978 年，河南省人民政府颁发《河南省黄（沁）河工程管理办法》。1979 年，黄委会颁发《黄河下游工程管理条例》，条例中对堤防工程管理规定如下：①堤防工程是防洪的屏障，必须加强管理，经常保持工程完整坚固。②堤防工程，实行统一领导，分级分段管理，各修防处、段要配备专职干部，负责此项工作，同时，在当地党委领导下，沿堤县、社、队应分别建立堤防管理委员会，组织发动群众，搞好护堤工作。护堤员一般 1 华里（1 华里等于 500 米）1 人，由沿堤大队挑选政治觉悟高，热爱护堤工作，身体健康者担任。③发动群众，捕捉害堤动物，经常检查和处理堤身隐患，有计划地进行锥探灌浆，不断提高堤防抗洪能力。④禁止在堤身和柳荫地内取土、种地、放牧。黄河大堤临河 50 米、背河 100 米以内，不准打井、挖沟、建房、建窑、埋葬和修建其他危害堤身安全的工程。⑤禁止在堤顶行驶铁木轮车和膛带式拖拉机，雨雪泥泞期间，除防汛车外，禁止其他车辆通行。⑥凡在黄河大堤上破堤修建工程，必须报黄河水利委员会批准。⑦按照“临河防浪，背河取材，速生根浅，乔灌结合，以柳为主”的原则，积极植树造林，临河堤坡原则上不植树，普遍种植葛芭草。也可在 1983 年防洪水位以上种植紫穗槐等灌木。淤背区淤到设计标准的堤段，应积极培植成林带，有条件的地方，也可适当划出一定范围作为开展多种经营的生产基地。淤临区按大堤绿化原则执行。树木管理采取国家所有生产队经营、收益分成的办法，由修防部门有计划地组织更新。更新时要把树根清除，以免留下隐患。严禁任何部门和个人擅自砍伐。堤草收入全部归队。⑧交通、石油等单位，长期在堤顶上行车应按有关规定向黄河部门交纳维修养护费。⑨沿黄专用铁路，必须在保证堤身巩固，有利防洪的前提下，管好用好，具体办法由铁路部门制定，报河务局批准。

1982年6月26日，河南省第五届人民代表大会常务委员会第十六次会议通过《河南省黄河工程管理条例》。该条例共有总则、组织管理、堤防管理、河道工程管理、水闸管理、汛期管理、绿化管理、法律责任、附则等9章46条。条例规定，沿黄各级人民政府和各级黄河河务部门都要认真贯彻执行“安全第一，常备不懈，以防为主，全力抢险”的方针和“专管与群管相结合”的原则，充分发动群众，依靠群众，切实把黄河工程管理好、运用好。省、市、县（市、区）黄河河务部门依法统一管理黄河河道和黄河工程；沿黄县（市、区）、乡（镇）的工程管理委员会、村民委员会的工程管理领导小组是黄河工程管理的群管组织，负责组织、动员人民群众，参加工程管理和抗洪抢险。

1988年，濮阳市黄河修防处推行工程管理承包责任制。堤防工程管理，各修防段与护堤员签订堤防维修养护合同，并由村委会和乡政府签字盖章。承包的主要内容是堤防平时维修养护、堤防附属设施的管理、堤防草皮和树木的管理等，承包年限为10～15年。实行承包责任制以后，护堤员都坚持吃住在堤上，日常维修养护扎实到位。护堤员的责任心大大提高，雨后护堤员带领全家人员及时平垫堤顶和水沟浪窝，树木丢失、工程标志损坏现象大为减少。堤防达到堤顶平整，土牛、边埂规整、美观，门树整齐划一，堤防标志醒目的要求。河道工程管理，实行包“整修、养护、观测、抢险”4包岗位承包责任制。各修防段根据各险工、控导工程的整修工程量与各班班长签订全年任务承包合同。各班把整修土石方和管理任务分解落实到每个队员，提出质量、工期要求，并实行奖罚制度。平时各自精心管理，大的维修养护项目集中突击。坝垛整险实行定额承包、超产补助的办法，以提高工程的维修养护质量。水闸工程管理，实行定人员、定任务、定责任，包运转、包维修、包观测的岗位承包责任制，并与工资挂钩；制定闸门启闭灵活、运转安全、引水及时、服务周到和资料齐全等方面的管理制度，保证工程完整，闸门启闭灵活，庭院绿化美化，三季有花、四季常青。

1994年、1997年河南省人民代表大会常务委员会对《河南省黄河工程管理条例》进行修改，内容变动不大。

2003年水管体制改革初期，黄委为规范水管单位和维修养护企业的正常运行，在进行体制改革的同时，编制《黄河水利工程维修养护监理管理办法》《黄河工程经常化管理考核办法（试行）》《黄河工程管理突发事件应急处理与报告制度》等15个规范性文件，初步建立起管理科学、运作规范的运行新机制。1988年推行的工程管理承包责任制不再实行。

2006年水管体制改革后，黄委先后出台《黄河水利工程维修养护程序管理规定》《黄河水利工程维修养护计划编制规定》《黄河水利工程管理与维修养护业务范围划分规定》《黄河水利工程维修养护质量管理规定》《黄河水利工程维修养护监理管理办法》《黄河水利工程维修养护项目验收管理规定》《黄河水利工程管理技术资料管理办法》《黄河水利工程运行观测人员“一岗双责”管理规定》《黄河水利工程维修养护责任与追究办法》等20多个规范性文件，对工程普查观测、维修养护计划编制、合同签订、维修养护、质量管理、合同管理、项目验收等项工作及其运行进行规范，明确责任主体和工作标准，以保证工程管理和维护工作规范运作。在工程维修养护合同管理方面，黄委制定工程日常维修养护和工程维修养护专项合同示范文本，针对维修养护的业务特点，采用“1+X”的合同管理模式，即堤防、河道整治、水闸工程日常养护分别签订1个年度合同，对工程量较大或技术要求高的维修项目实行专项管理，签订若干个维修养护专项合同；建立水管单位、维修养护公司一线人员岗位责任制，促进一线人员规范操作、奖惩兑现、有序运转；在全河统一印制运行观测与维修养护日志，为规范日常维修养护和专项管理，全面提高维修养护管理水平提供制度保障。

2007年12月3日，河南省第十届人民代表大会常务委员会第三十四次会议通过再次修订的《河南省黄河工程管理条例》。新条例共有总则、堤防管理、河道工程管理、水闸管理、汛期管理、附属工程及设施管理、法律责任、附则等8章36条。删除原条例中有关工程管理群管方面的内容，增加以下新的内容：“黄河工程管理，应当坚持统一规划、分级管理、精简高效的原则，实行建管并重、管养分离、合理开发、有偿使用；沿黄河的各级人民政府应当加强对黄河工程建设的领导，组织有关部门、单位和当地群众支持黄河工程建设，协调做好工程建设用地、安置补偿等工作，确保工程建设顺利进行；各级黄河河务部门应当建立健全管理责任制，逐步建立市场化、专业化和社会化的黄河工程维修养护体系。维修养护单位应当严格按照合同约定，完成维修养护任务；禁止非管理人员操作黄河水闸闸门，禁止任何组织和个人干扰工程管理单位的正常工作；还增加有关供水方面的内容等。法律责任一章修改为：违反本条例第十条、第十五条第二款、第二十二条第二款、第三十二条第四款、第三十四条规定的，县级以上黄河河务部门除责令其纠正违法行为、采取补救措施外，可以并处警告、罚款、没收违法所得，具体罚款的标准由省人民政府依照国家法律、法规规定另行制定。

2011年，黄委印发《黄河水利工程维修养护工作责任制（试行）》，规定黄委、省级河务局、市级河务局和基层水管单位在维修养护公司队伍建设管理、维修养护方案编制、维修养护经费预算上报及下达、维修养护合同的签订与执行、检查监督、责任追究等方面所承担的责任，从各个方面规范工程维修养护行为，保障工程安全运用和效益的充分发挥。是年，河南黄河河务局印发《河南黄河防洪工程管理月检查制度（试行）》《河南黄河防洪工程管理运行观测与维修养护人员岗位责任制实施管理办法（试行）》《河南黄河防洪工程管理绿化管理办法（试行）》《河南黄河防洪工程管理水雨毁修复管理办法（试行）》《河南黄河防洪工程管理巡查报告制度（试行）》《河南黄河堤顶道路管理维护办法（试行）》等管理办法和制度，进一步规范工程管理工作。

四、管理标准

濮阳黄河工程管理历年贯彻执行黄委、河南黄河河务局制定的相关标准，结合濮阳工程管理实际，制定具体的实施细侧。

1982年，黄委会颁发《黄河下游工程管理考核标准（试行）》，开始对工程管理质量提出考核标准。

1988年，河南黄河河务局在《河南黄（沁）河工程管理考核标准》中提出的工程管理标准更具体。

在堤防管理方面：①工程完整坚固，达到“一平、二顺、三无”标准。一平，即堤顶、戗顶饱满平整；二顺，即临河、背河堤坡顺；三无，即无残缺，无潭坑、渗水、管涌、裂缝、獾狐洞穴，无违章活动（近堤无取土、挖洞建窑、开渠打井、埋葬、建房等违章活动）。②实现绿化美化，达到“五化”标准，即堤坡堤肩草皮化，覆盖率98%（无杂草），达到防雨冲要求；柳荫地园林化（临河防浪、背河取材）；戗顶草条化；行道林规格化（树种和间距一样）；淤区园田化，利用率90%以上。③管理设施完好，达到“五好”标准，即土牛备防石按规定堆放规整，防汛屋齐全完整，标志里程桩、界桩齐全醒目，通信设施完好，测量及观测设施保护良好。④管理组织健全，建有四项制度，即管理组织机构健全，定编定员落实；护堤干部岗位责任制明确，工人实行定额管理，护堤员推行承包制；巡堤查水及报告制度健全；检查评比及奖罚制度健全。⑤各类资料齐全。设计施工资料齐全，历史险情资料齐全，隐患及处理记录齐全，水位资料齐全，堤防管理问题、报告表及大事记记载齐全。⑥综合经营效益。河产收入年平均宜林面积每亩20元，并努力开展综合经营。

河道整治工程：①工程完整坚固，达到“一平、二顺、三无”标准。一平，即丁坝连坝的顶饱满平整；二顺，即临河、背河土坡顺，根石坦石规整平顺；三无，即无残缺无活石，无隐患，无违章现象。②实现绿化美化，达到“三化”标准，即土坝顶、坡草皮化，无杂草；护坝地园林化；连坝行道林规格化（树种和间距一样）。③管理设施完好，达到“五好”标准，即备防石堆放整齐划一，守险屋和仓库完好，标志（坝号桩、界桩、险工标牌）齐全醒目，通信设施完好，测量及观测设施完好。④管理组织健全，建有四项制度，即管理组织机构健全，定编定员落实；护堤干部实行险工（控导）岗位责任制，工人实行班（人）坝责任制，维修工程实行定额管理；观测河势、检查工情、探摸根石、报险、抢险等制度健全；检查评比及奖罚制度健全落实。⑤各类资料完整齐全，做到“七齐全”，即设计施工资料齐全，根石探摸资料齐全，整险抢险记录齐全，水位资料齐全，河势资料齐全，坝垛鉴定完整齐全，管理日志、大事记完整齐全。⑥综合经营效益。河产收入年平均宜林面积每亩20元，并努力开展综合经营，增加收入。

水闸、虹吸工程管理：① 工程完整坚固。土工部分按照堤防“一平、二顺、三无”要求。其他部分做到“八无”，即土石结合部位无缝无隐患，砌石无坍塌蛰裂松动，混凝土无脱皮掉角损伤，铁件无锈蚀，电器无损坏，木件无糟朽，止水工程完好无损。②搞好绿化美化。所辖堤段按照堤防“五化”标准要求。闸位和闸管所做到环境优美，庭院整洁，四季常绿，三季有花。③管理设施（备）完好（四完好），即启闭机机电设备完好，开启灵活；观测设施（测流测沙、沉陷位移、测压管）完好；工程标志齐全醒目，美观大方；闸房及管理房完好。④管理组织健全，建有五项制度，即管理机构健全，定编定员落实；闸管干部实行岗位责任制，工人实行定岗和定额管理；严格按照操作规程启闭，做到安全运转；严格执行放水制度，签票放水，按标准核收水费；检查评比及奖罚制度健全。⑤各类资料齐全。水闸设计施工资料齐全，测流、测沙、沉陷、位移、裂缝观测及放水统计资料齐全，水位资料齐全，水闸虹吸工程管理大事记齐全完整，水闸虹吸存在问题及处理情况记录资料齐全完整。⑥综合经营效益显著。按水费征收标准积极核收水费，不断提高水费征收率，并努力开展综合经营。《河南黄（沁）河工程管理考核标准》在以后的实施中也曾进行过修订，但总体变化不大，一直运用至2002年。

2003年8月，黄委印发《黄河水利工程维修养护标准（试行）》，对工程维修养护范围、项目、标准等方面做出规范性的规定。

堤防工程：维修养护范围为自临河护堤地（防浪林）外边线至背河护堤地外边线。维修养护项目为堤顶、前戗、后戗、淤背区、淤临区、堤坡（淤区边坡）、护堤地、辅道等。维修养护标准为：堤顶、前戗、后戗、淤背区、淤临区的高程、宽度、坡度等主要技术指标应符合设计或竣工验收时的标准；未硬化堤顶应保持花鼓顶，达到饱满平整，无车槽及明显凸凹、起伏，降雨期间及雨后无积水；平均每5.0米长堤段纵向高差不应大于0.1米，横向坡度宜保持在2%～3%；硬化堤顶应保持无积水、无杂物，堤顶整洁，路面无损坏、裂缝、翻浆、脱皮、泛油、龟裂、啃边等现象；泥结碎石堤顶保持顶面平顺，无明显凸凹、起伏；堤肩边埂应达到埝面平整，埝线顺直，无杂草；无边埂堤肩应达到无明显坑洼，堤肩线平顺规整，应植草防护；堤防土牛应达到顶平坡顺，边角整齐，规整划一；备防石位置合理，摆放整齐，便于管理与抢险车辆通行，无坍垛、无杂草杂物，垛号、方量等标注清晰；淤背区、淤临区、前戗、后戗应保持顶面平整，沟、埂整齐，内外缘高差符合设计要求；堤坡（淤区边坡）应保持竣工验收时的坡度，坡面平顺，无残缺、水沟浪窝、陡坎、洞穴、陷坑、杂草杂物，无违章垦殖及取土现象，堤脚线明确；砌石堤坡和混凝土堤坡按险工、控导工程养护标准执行；护堤地要达到地面平整，边界明确，界沟、界埂规整平顺，无违章取土现象，无杂物；上堤辅道应保持完整、平顺，无沟坎、凹陷、残缺，无蚕食侵蚀堤身现象。

河道整治工程：维修养护范围为，险工每道坝岸沿坝轴线方向自护坝地外边线（靠河险工为水边线）至坝堤结合部；每处工程沿堤轴线方向自上游护坝地外边线至下游护坝地外边线。控导、护岸、防护坝工程，每道坝岸沿坝轴线方向自临河护坝地外边线（靠河工程为水边线）至背河护坝地外边线，每处工程沿联坝轴线方向自上游护坝地外边线至下游护坝地外边线。维修养护项目为坝（垛、护岸）顶、护坡、根石、备防石、联坝等。维修养护标准为：坝（垛、护岸）顶、高程、宽度、坝坡坡度及险工根石台的高程、宽度等主要技术指标符合设计或竣工验收时的标准；坝（垛、护岸）顶、根石台顶面平整，无凸凹、陷坑、洞穴、水沟浪窝，无乱石、杂物及高秆杂草等；

沿子石规整、无缺损、无勾缝脱落；眉子土（边埂）平整、无缺损；备防石位置合理，摆放整齐，便于管理与抢险交通，无坍垛，无杂草杂物，坝号、垛号、方量标注清晰；土坝坡坡面平顺，草皮覆盖完好，无高秆杂草、水沟浪窝、裂缝、洞穴、陷坑；散抛块石护坡坡面平顺，无浮石、游石，无明显外凸里凹现象，保持坡面清洁；干砌石护坡坡面平顺、砌块完好、砌缝紧密，无松动、塌陷、架空，灰缝无脱落，坡面清洁；浆砌石护坡坡面平顺、清洁，灰缝无脱落，无松动、变形；根石台平整，宽度一致，无浮石、杂物；根石坡平顺，无明显外凸里凹现象，无浮石、游石；联坝参照堤防工程标准执行。

水闸工程：维修养护范围为上游防冲槽前沿至下游防冲槽后 100 米，两侧为水管单位划定的界线。虹吸工程为建筑物本身的管理范围。维修养护项目为土工建筑物、石工建筑物、混凝土建筑物（含钢丝网水泥板）、水下工程、闸门、启闭设备、机电设备及防雷设施、安全防护设施等。维修养护标准为：管理范围内环境应保持整洁美观，搞好绿化美化；土工建筑物无水沟浪窝、塌陷、裂缝、渗漏、滑坡和洞穴等；排水系统、导渗及减压设施无损坏、堵塞、失效；土石结合部无异常渗漏；石工建筑物块石护坡无塌陷、松动、隆起、底部淘空、垫层散失；墩墙无倾斜、滑动，无勾缝脱落；排水设施无堵塞、损坏、失效；混凝土建筑物（含钢丝网水泥板）无裂缝、腐蚀、非正常磨损、剥蚀、露筋（网）及钢筋锈蚀等情况；水下工程无冲刷破坏；消力池、门槽内无砂石杂物；伸缩缝止水无损坏；门槽、门坎的预埋件无损坏；闸门无变形、锈蚀、焊缝开裂或螺栓、铆钉锈蚀、松动；支承行走机构运转灵活；止水装置完好；门体表面涂层无大面积剥落；启闭设备运转灵活、制动性能良好，无腐蚀，运用时无异常声响；钢丝绳无断丝、锈蚀，端头固定符合要求；零部件无缺损、裂纹、非正常磨损，螺杆无弯曲变形；油路通畅，油量、油质合乎规定要求；机电设备及防雷设施的设备、线路正常，接头牢固；安全保护装置动作准确，指示仪表指示准确，接地可靠，绝缘电阻值合乎规定；防雷设施安全可靠；备用电源完好。

2007 年，黄委颁布《黄河堤防工程管理标准》《黄河河道整治工程管理标准》《黄河水闸工程管理标准》《黄河工程维修养护内业资料管理标准》《黄河工程管理考核标准》，形成具有黄河特色的“4 + 1” 工程管理标准体系。

2014 年，黄委印发《黄河水利工程维修养护技术质量标准（试行）》，共有总则、一般规定、堤防工程、河道整治工程、水闸工程、生物防护措施、附属设施及工程保护、附则等 8 章。该标准要求，堤防、河道整治及水闸工程等水工建筑物通过维修养护，其主要技术指标应达到设计或竣工验收时的标准；工程管理范围内无取土、爆破、打井、钻探、挖沟、池塘、建窑、建房、葬坟、违章垦殖、堆放杂物、破堤开道、打场晒粮、摆摊设点、违规设置广告牌等现象，无害堤动物较严重危害及其他危害堤防安全的活动。用于工程维修养护的材料和设备应符合有关规定。维修养护全面推行质量管理，建立健全质量保证体系，完善质量管理制度，明确岗位质量责任及考核办法，落实质量责任制，做好工程质量的全过程控制。严格遵守安全生产管理相关规定，对有安全风险的工程维修养护作业，应落实安全管理制度，制定安全措施，并严格落实。特殊工种及关键岗位应严格落实有关规定，持证上岗。该标准对堤防、河道整治、水闸工程和生物防护措施、附属设施及工程保护等都制定有详细的质量标准（详见附录《黄河水利工程维修养护技术质量标准（试行）》）。

五、工程维修养护

水管体制改革前，国家每年在防汛岁修经费中安排专款，开展工程维修养护工作，以保证工程完整。水管体制改革后，工程的运行管理分为运行观测和维修养护两部分。工程运行观测由水管单位运行观测部门负责；工程维修养护由维修养护公司负责，实行合同制和监理制。

（一）堤防工程维修养护

1. 堤防日常维修养护

主要包括整修堤顶、辅道、堤身补残、填垫水沟浪窝、锥探灌浆、捕捉害堤动物、翻修隐患和备积土牛等。堤防维护情景见图8-3、图8-4。

图8-3　维护堤顶

图8-4　清除堤坡高秆杂草

黄河大堤经常性的维修养护，水管体制改革前由护堤员承担。根据堤身土质、气候、降雨等不同特点，采取不同的养护方法。冬、春干旱季节，沙土堤段堤顶剥蚀严重，凸凹不平，护堤员需经常洒水撒土，填垫夯实，维护堤顶平整。夏秋季节雨多，冲刷堤身易生水沟浪窝，雨后及时填垫平整。护堤员总结出“平时备土雨天垫，雨后平整是关键”的经验。对于大的浪窝，护堤员个人承担不了的，需列入计划，专门组织护堤员集体完成，按劳动工日或土方计资，补贴生活费。工程量大的锥探灌浆、盖顶补残、备积土牛等项目，编报岁修计划，于汛前组织民工和沿堤群众修做。为减少和防止水沟浪窝的发生，还采取以下措施：一是堤身广种葛巴草护坡。二是修做排水沟。一般间隔100米左右，在临背河堤坡上修一条小排水沟，与堤顶两侧集水沟相通，可排泄200～400毫米的日降雨量。其形式结构有混凝土预制梯形槽、砖砌槽、三合土槽及淤泥草皮排水沟等。三是坚持冒雨排堵制度。一般在下暴雨时，护堤员到没有修建排水沟的地方冒雨排水，防止水沟浪窝的发生。四是平整堤顶。20世纪70年代以前，只靠铁锨、丁耙平整，工效低，由于面积大，用工多。1978年以后，逐渐向机械化发展，使用拖拉机牵引刮平机平整、碾压机碾压、洒水车喷水养护堤顶的方法，效率与质量得到提高，劳动强度减轻。2004年堤顶修建成沥青碎石路面后，不再有堤顶平整的任务。2006年，河南黄河河务局印发《河南黄河堤顶道路维修养护管理办法（试行）》，规定堤顶道路维修养护参照《公路养护技术规范》执行，整修标准不低于原设计标准。

2．群众护堤员的劳动报酬

20世纪50年代初期，护堤员的劳动报酬以堤草、树枝收入为主，也可在柳荫地内种植少量农作物。填垫水沟浪窝在1天以上时，每天发0.4元生活补助费。每到汛期护堤员每天领取1.2元的防汛工资，每月发3～5元奖金，汛期过后取消。1955年以后，按照“国有队营，收益分成”的办法执行。护堤员由生产队记工参加统一分配，一般堤草和修剪树枝归生产队，成材树木按比例分成。1962年的成材树木社队与国家按二八或四六分成；果林结果后社队与国家按五五或二八分成；对收益特少的护堤员，国家酌情补助。中共十一届三中全会后，农村以户为单位实行联产承包责任制，社队给护堤员记工分的形式取消，义务性质的群众管护队伍受到影响。为稳定护堤员队伍，与当地乡、村结合，使护堤员收入略高于同等劳动力水平。1982年《河南省黄河工程管理条例》中规定“护堤员的报酬，由黄河河务部门从堤防管理收益中统筹解决。”护堤员的劳动报酬一般通过以下几个方面解决：一是河务部门每月支付护堤员5元的补贴；二是修整树木的树枝和堤草收入；三是工程上的树木分成收入。树木分成比例为河务部门50%、村委会30%、护堤员20%；四是承包本人管理堤段上的一些工程维修养护项目，如平垫水沟浪窝、修整土牛等获得收入。

3．消除堤身隐患

“千里金堤，溃于蚁穴”。历史上黄河因堤身隐患形成漏洞决口的现象屡见不鲜。20世纪50年代，把消灭堤身隐患作为堤防管理的一项重要内容来抓，采取群众性普查隐患、捕捉堤防害物、锥探灌浆等措施，查处堤防隐患，成效显著。

（1）工程隐患普查。1947年黄河归故后，冀鲁豫黄委会和沿河人民政府领导濮阳沿河群众开展大堤隐患调查，对查出的洞穴、水沟浪窝、战壕、地堡等隐患，进行开挖填实处理。

1950年汛前，根据黄委会《堤防大检查实施办法》的要求，濮阳黄河修防处和各修防段与地方政府组成堤防隐患普查领导小组，大力宣传发动，掀起群众性的普查工程隐患工作，同时还抽调干部对堤线、坝埽进行全面检查。主要检查堤顶高度不足、堤坦残缺、大堤辅道缺口、军沟树坑、碉堡壕沟等隐患；旧有穿堤涵洞、闸板及放淤工程、进水口等不安全因素，共查处各类隐患1250处，用挖填土方4.51万立方米。

1953年，濮阳黄河修防处执行河南黄河河务局制定的检举隐患实行奖励的规定，调动沿河群众的积极性，查处很多洞穴隐患，并全部开挖，按大堤土质的夯实度进行回填。

1955 年，濮阳黄河修防处根据黄委会《关于调查堤身及基础情况和黄河下游堤防观测办法》，组织各修防段对所辖范围内的堤身、堤基和老口门等基础情况进行调查。各修防段成立普查领导小组，全处共组织钻探普查队 340 人，用长锥 20 杆、洛阳探铲 40 把、螺旋钻 8 杆，经过 1 个多月的工作，对临黄堤、北金堤探查 190 千米，共钻断面 876 个、老口门 25 处，完成钻眼 10250 眼，钻深在地面下 2 ~5 米，老口门用长锥探摸深 8 ~10 米。对钻出的土质逐层记录，并绘出大堤横断面土质柱状图。通过普查，濮阳黄河堤防的堤身、堤基、地质和老口门的基础情况得到全面了解。其堤防土质为沙土、两合土、淤土，沙土比重大，两合土次之，淤土较少，基本属于粉质土堤防。普查成果为加固堤防、消灭险点提供了可靠的依据。

1964 年，根据黄委会《关于开展大堤埽坝普查鉴定的指示》，安阳黄河修防处开展工程普查鉴定工作。1973 年，按照全国水利管理会议的要求，又进行一次大规模的工程大检查。通过检查，每一处大堤的工程现状、历年培修沿革、不同部位的质量情况与洪水时期曾出现的险象及抢护经过、加固处理效果、现存主要问题等基本搞清。在摸清工程底细的基础上，进行资料整理和分析研究，做出抗洪能力鉴定。对查出的堤身隐患及薄弱堤段等，分别采取措施，进行维修加固。还充实工程管理人员，健全群众性管理组织，消除工程无人管理的现象。

1994 年，开展防汛工作正规化、规范化建设以后，把工程隐患普查作为每年汛前必做的一项重要工作，逐渐形成每年固定的工程隐患检查制度。每年 2 月底 3 月初，由河务局部门组织工程技术人员对堤防、河道整治、水闸虹吸等防洪工程及设施进行徒步拉网式检查，对查出的獾狐洞穴、水沟浪窝、坍塌蛰陷等工程隐患逐项登记造册，并于 6 月 20 日前全部处理完毕。

2011 年以后，每年采用直流电阻率法对堤防隐患进行探测，为堤防的维修养护项目编制提供依据，逐年消除堤防隐患。

（2）捕捉害堤动物。獾、狐、鼢鼠、地鼠、黄鼠狼等动物在堤防内挖的洞穴对堤防安全威胁极为严重。清代河务部门曾沿堤分段设置捉獾专职“獾兵”，常年坚持捕捉大的害堤动物。1949 年以后，濮阳黄河修防处发动与鼓励沿堤群众组织捕捉獾狐小组、专业队，利用农闲时间，采用跟踪追迹、寻找洞口、掌握其昼伏夜出的活动规律等方法积极捕捉害堤动物，及时处理查出的洞穴，对巩固堤防起到很大作用。1949 ~1969 年，是群众性捕捉害堤动物的高潮时期。在捕捉害堤动物的实践中，群众逐步掌握害堤动物的生活习性和活动规律，总结出大开膛法、截击法、烟熏法等灵活多样的捕捉方法。

对捕捉的害堤动物按其危害性大小给予捕捉者不同奖励，距大堤 2.5 千米以内捕捉的獾、狐，根据捕捉的地点、害堤动物大小每只发 3 ~5 元奖金；1977 年以后奖励有所提高；1984 年捕獾 1 只奖 15 ~25 元，在堤坝工程发现 1 处獾狐洞口奖励 5 ~10 元，在堤身或柳荫地内捕捉的地鼠、黄鼠狼、地狗等，每只发 0.2 ~0.5 元奖金。1997 年，濮阳县黄河河务局在渠村大堤 51 +500 背河堤坡查处獾洞 1 个，直径 0.4 米，开挖长

20 米、宽 8 米、深 2 米，开挖土方 320 立方米；在习城大堤 69 +200 临河堤坡，发现獾洞 1 个，直径 0.6 米，开挖长 25 米、宽 7 米、深 3.5 米，开挖土方 613 立方米；在徐镇大堤 74 +450 背河堤坡发现獾洞 1 个，直径 0.35 米，开挖土方 525 米。1949 ~ 2015 年，在濮阳黄河工程管理区域内捕捉害堤动物共 28.4 万只，发奖金 6.5 万元，其中捕獾 65 只，最大的 1 只 17.25 千克。

（3）锥探灌浆。锥探是一种探查堤身隐患的一种方法，在大堤上用人或机械操作，将圆形或管状铁杆插入堤身，凭借操作人的感觉或灌沙检验，判断大堤密实程度和是否存在有隐患。灌浆是将一定配比的黏土泥浆经锥孔借机械压力输送进堤身、堤基的裂缝、接缝或空洞、隐患中，使其充填密实，以提高大堤的抗渗御水能力。锥探灌浆是消除堤身隐患、提高堤防御水能力的一项有效措施（详见第二章第三节中锥探灌浆）。

（二）河道整治工程维修养护

1978 年以前，河道整治工程的重点在险工，对坝垛加高改建、根坦石整修维护、根石探测等工作抓得很紧很细，但对坝顶管理设施未予以重视，料垛很乱，水沟浪窝也多，无标志桩牌。对控导工程的维护不够重视，认为控导工程修在河滩上，一遇大水全部冲垮，由此除抢险外，一般不安排加固任务，有的还反对安排备防石料，致使工程面貌长期处于失修状态。1978 年以后，河道整治工程的管理与维修养护逐渐被重视起来，所有的河道整治工程都设立标志桩牌，建立健全管理制度，实行班坝责任制等。

濮阳黄河控导（护滩）工程一般都是在枯水季节旱地挖槽（1 ~2 米）修建，或者浅水做工（大溜顶冲抢险工程例外）修建，工程根基浅，只相当于稳定基础工程的1/4或1/3，大量的加固工作在修坝之后，形成三分修建、七分养护的局面。因黄河历史悠久，险工、控导工程兴建的年代不同，经受洪水考验的历史不同，维修养护措施也各有侧重。对老坝主要是防止根石走失，对新坝主要是加深工程根基。河道整治工程维修养护除平垫水沟浪窝、保持土基工程完整、植树植草绿化等任务外，大量的工作是根石增补。

为便于了解工程情况，为抢险、整险提供依据，1957 年开始，濮阳各险工和控导工程建立坝埽档案，其内容主要包括工程现状，锥探坝岸根石基础情况和根石平面图与断面图，各坝兴建历史、整险、抢险、用工用料、河床土质，历次洪水最高水位，以及河道整治工程着河与对岸的关系等。

1. 工程检查

河道整治工程检查分定期检查、不定期检查和特殊检查。

（1）定期检查。定期检查一般有汛前检查和汛后检查。汛前检查是普遍性检查，方法上是发动众多人员采用拉网式普查工程各个部位，无论大小问题一律登记造册，然后分类，确定处理措施，目的是使工程处于完好状态安全度汛。汛前检查十分重要，为防止疏漏，汛前拉网检查有时进行 2 次或 3 次，其中后面检查要对前面检查发现问题的处理情况进行复核，处理不彻底的要重新处理。汛后检查重点是检查坝垛经过一个汛期的运用后根石、坦石及土坝体的损坏情况，对检查中发现的问题要登记造册，并估算整修工程量，为编制冬修计划提供依据。汛期如有大水，工程损坏严重，还要为编制水毁工程修复计划提供资料。

（2）不定期检查。汛期经常巡视工程，特别对坝垛靠溜较重的部位，要检查有无根石坍塌、坦石慢蛰、土坝体裂缝等险情险象发生，必要时进行根石探测，及时加固根石，以防出现大的险情。非汛期检查次数较少，主要查勘有无人为破坏工程及管理设施，凌汛时要检查冰凌对工程的损坏情况等。

（3）特殊检查。特殊检查主要是指坝垛遇洪水、暴雨、地震等特殊情况时进行的检查。一场洪水，从起涨至回落，有些坝一直受大溜顶冲，在洪水期要进行监测，发现问题，及时处理并登记上报。一场暴雨降落，管护人员要冒雨查水，及时疏通排水道，防止出现浪窝，如浪窝已经出现，要用土埂圈围进口，防止扩大，雨后遍查坝基各个部位，对大小浪窝一律垫平。地震发生后，要遍查工程各部位，有损坏的要统计上报，并迅速处理。

2. 日常维修养护

坝垛维修养护的部位是土坝体、坦石和根石3部分。

（1）土坝体。土坝体要求顶部平整，无坑洼和天井，边口整齐，边坡平顺，无水沟浪窝，草皮护坡无高秆杂草和带刺的荆棘草等。一般汛前应对土坝体进行检查整修，铲除高秆杂草。坦石顶与坝体间的土石结合部可用黏土培修土眉子，对水沟浪窝一律进行平垫。根据经验，一处出现水沟浪窝平垫后，往往在该处能连续出现多次。其原因主要是进水口地势低洼，易积水，填垫质量不高等，故对水沟浪窝填垫，一要保证质量，分层填土，分层夯实；二要加高进口处，防止积水；三要将坝顶雨水引向排水沟。

（2）坦石。坦石损坏形式主要是局部出现外凸或内凹现象，砌石坝是沿子石与腹石脱离，往往伴有裂缝发生。乱石坝常是内外石料同时变形，产生的原因一般是土坝体出现较大浪窝，先是内部石料塌陷，然后反映到表层石料。另外，根石慢蛰有时也影响到表层石料。

坦石维修的一般方法是将损坏的部位及其影响范围全部拆除，然后填垫水沟浪窝，并恢复坦石。对于扣石坝和砌石坝，恢复坦石要自下而上逐层填沿子石和腹石。拆除时，如上部石料不多，可一并拆除；如石料较多，则拆除部位顶部应是拱形，以防坍塌。翻修时注意与周边旧石紧密衔接，以保证坦石质量。

（3）根石。根石经受水流冲刷时间最长，也最易遭受损坏。一般表现为根石外坡不平整，产生的原因，一是局部根石走失，二是局部根石坍塌（尚未构成险情），三是抢险抛石时水下抛石不均匀，枯水期显露。根据历年对根石探摸资料的分析，根石走失基本形式有两种：一是根石下的基土被水流淘空，随冲刷坑逐渐扩大，根石随之蛰坍，滚向坑底，形成坍塌走失；二是急流将表层石块掀动，冲揭走失。走失的重点部位主要是坝的上下跨角及迎水面，其范围大多在根石顶以下 3 ~5 米处，根石坡度形成上缓下陡，迎水面又较背水面为陡。维修的方法是在枯水期进行整坦，自下而上将接近水面的根石找平找齐，按设计坡度向上逐层排整，直至根石顶，如根石顶达不到设计高程要求，则应补石。根石顶用较大石块粗排或丁扣，宽 2 米。丁坝根石坚实，抗冲能力强，顶平有利查险和抛笼。整修根石有时与根石加固一起进行，一般安排在春季。控导工程按规定不设根石台，但在枯水季节，应对水上部分连同坦石一并整修。坝坦石整修施工情景见图 8-5。

图 8-5　整修坝坦石

3. 根石探摸

根石是维护坝岸稳定的重要部分，其用石数量约占坝岸总用石量的2/3。在水流长期作用下，根石易发生走失，使根石坡度变陡，最后失去稳定，发生坍塌，甚至坦石也一并坍塌，出现险情。根石由稳定到不稳定到出现险情有一个发展过程，能够及时掌握这一变化过程，在根石发生坍塌之前就进行加固，则会减少许多险情发生。为此，根石探测为一项经常性的工作。探摸根石可以了解水下根石的坡度、宽度、深度和河床土质情况，还可以提高整险计划的精度，避免盲目性和浪费人力物力。按照规定，每年汛前、汛后都需对根石进行普遍探测，汛前探测是为了解根石状况，分析出险可能性及研究防守对策；汛后探测则是为编制岁修计划，为根石加固提供依据。坝、垛、护岸整修后，须再探摸一次根石，以检验整修后的根石坡度是否达到计划要求，作为验收的依据。对经过严重抢险的坝垛，在抢险结束后进行一次探摸，以了解该工程抢险后的水下根石坡度深度情况，对于水下坡度不足 1∶1 ~1∶1.5 者，应及时补抛根石，保持坝基稳定。探测河道整治工程根石情景见图 8-6。

1998 年起，贯彻执行《黄河河道整治工程根石探测管理办法》，规范根石探测工作，根石探测后，及时开展资料整理与分析、资料存档和成果上报工作。2014 年起，贯彻执行《黄河河道整治工程根石探测管理规定》，新增浅地层剖面非接触式探测方法。水下根石探测必须利用探测船作为作业载体，禁止采用探水杆探测。规范探测资料整理与分析、绘制图表和探测报告编制工作。要求探测成果及时归档，并录入《黄河河道整治工程根石探测管理系统》。

（1）根石探测方法。探摸根石的方法主要有以下几种：一是旱地探摸法。即采用锥探大堤隐患的方法进行探摸。这个方法适用于老险工和脱河工程，具有速度快、效率高的优点。二是解剖法。对常年不靠河的老坝可以采取人工开挖断面，了解根石厚度。三是水下探摸根石法。这种方法有3种，即单船垂坝探摸法、单船顺坝探摸法和双船顺坝探摸法。四是浅地层剖面非接触式探测法。

（2）断面图绘制。根石断面图比例一般取1∶100或1∶200，自坝顶绘至河床。坝顶及河床宽各绘2~3米。坝坡与根石坡依平距和垂高（水深）逐个点绘。然后自根石台顶或水面取一点为起点，用直尺适线法，目估直尺边缘根石坡凸出的面积大致等于凹入的面积时则定线，此线的坡度即为根石的平均坡度线。至此根石断面图绘制完毕，然后标注工程名称、坝垛编号、断面位置及编号、坝顶高程、根石顶高程、河床高程、探测日期及当地流量和水位、探测方法。也可根据观测数据利用计算机绘图。

（3）断面图分析。根石设计稳定坡度采用1∶1.3~1∶1.5，根石探测平均坡度陡于1∶1.3时即认为不稳定，需要抛石补至1∶1.5。抛石数量按稳定坡度1∶1.5与探测平均坡度计算单位根石长度所需根石量。

图8-6　探测河道整治工程根石

（三）水闸、虹吸维修养护和控制运用

1．日程维修养护

水闸工程维修养护分为经常性的维修养护、岁修、大修和抢修，均以保持和恢复工程原设计标准或局部改善原有结构为原则，如需大的变更，必须做出计划批准后才能进行。

工程建成后，对水闸、虹吸、顶管工程的土与石之间、土与混凝土之间、土与钢管之间这些部位都进行2~3次的压力灌浆处理，以消灭隐患，预防高水位发生渗水和管涌。经常性的维修养护，由管理单位根据平时发现的工程缺陷和问题进行经常的保养维护与局部修补，如砌石结构的表面平整，重新构缝、混凝土结构表面脱落的修补，填垫水沟浪窝，以及机电设备、钢丝绳、动力设施等养护、润滑、防尘等。工程维修养护，均编列计划，报上级主管部门审核后进行，一般每年汛前完成。工程发现有较大损坏或对安全有较大的影响，修复工作量大，技术复杂的问题，需进行大修时，由管理部门编写专题报告，逐级报批后进行。

2. 工程检查

工程检查依照水闸、虹吸工程管理办法和规定进行，以及时发现异常情况，进行工程维修加固，确保工程完整和安全运行。水闸工程检查分为经常检查、定期检查、特别检查和安全鉴定。经常检查是结合岗位责任制，固定专人对建筑物各部位、闸身和启闭机械，观测设施，水流形态，闸前河势和闸上、下冲淤变化等进行经常性的检查，以及时发现异常迹象，分析原因，采取措施，防止发生事故。定期检查多在汛前、汛后、启闭运用前后或冰冻期等时期进行。汛前着重检查岁修工程完成情况，度汛措施的落实及启闭设施的完好情况；汛后着重检查工程建筑物和主要附属设施的损坏情况，据以编制岁修计划；引水前后，重点检查能否保证工程正常运用，工程设备有无损坏等。特别检查是在特殊的情况下，如遇特大洪水、地震、暴风雨、工程出现异常现象或发生重大事故时进行。

检查方法，主要是通过对工程各部位细致的察看、探摸、分析运用时出现的异常现象（如启闸时声音异常、闸墩震动、机械操作不顺利、水流不规律、启闭闸门不顺畅等）和对各项观测成果的分析。水闸检查较彻底的方法是采取清淤检查，虹吸管检查则要钻到管内逐段地查看。经常运行的引黄闸一般每2～3年汛前或汛后进行一次清淤检查。检查结果做出记录，问题较多的写出报告，提出维修建议。

3. 工程观测

水闸工程是按照工程管理条例和水工建筑物观测办法进行经常的、系统的观察和测量，以便了解和摸清建筑物的动态、出现的异常变化，以及时采取措施，保证工程安全。1959年1月，黄委会颁发《关于黄河下游引黄渠首涵闸管理养护初步意见》，要求各水闸开展观测工作。观测项目主要有水位、流量、垂直变形（沉陷）、水平位移、渗压、裂缝及伸缩缝、闸前后冲淤等。是年，河南黄河河务局要求各水闸管理机构，应经常地进行管理养护和观测研究工程；各水闸须根据该处工程具体情况，制定水闸操作注意事项、建筑物养护检查和修理等管理养护办法，观测水位、流量、流态、水跃，含沙量、冲淤、大河流势变化、建筑物沉陷、位移、倾斜、裂缝、伸缩缝、渗压等项目；指定专人按水工建筑物观测技术规范，进行经常性的观测，定期整理资料，分析研究问题。按此要求，濮阳沿黄各县水利部门组织对各水闸进行水位、流量、含沙量的观测。

1963年，黄委会转发水电部《闸坝工程管理通则》，结合黄河具体情况，制定《黄河下游闸坝工程观测办法（试行）》，规定水位、流量、泄水能力、沉陷、水平位移、渗压、土坝渗透、伸缩缝及裂缝、水流情况、建筑物上下游的冲刷和淤积等观测任务与操作方法，并附必要的图表。

1965 年恢复引黄以后，一度管理制度松弛，水闸观测工作时断时续，观测资料不够完整。1978 年全国水利管理工作会议后，重申和制定水闸管理观测制度，水闸增设水准标点，为沉陷观测奠定基础。各水闸固定专人负责水位、流量、含沙量的观测工作，各项观测资料要求保持完整、准确，及时分析，整理上报。之后，工程观测逐渐成为水闸管理中的重要工作之一。

渠村分洪闸和张庄退水闸，每年汛前在全面维修养护的基础上都进行一次启闭试验，观测设备运行情况。

4．控制运用

引黄水闸的运用原则是：必须在保证工程安全的条件下，发挥工程效益，引黄兴利应服从防洪。引黄水闸、虹吸工程，当灌溉和防洪有矛盾时，灌溉服从防洪；当黄河花园口站发生 10000 立方米每秒以上流量洪水时，为保证安全，各水闸、虹吸停止运用。凡是因堤防加高防洪标准不足而未改建的水闸，每年汛期在闸前修围埝，只留小口过水，围埝两端备足土方；当黄河花园口站发生 22000 立方米每秒洪水时，一律屯堵停止运用；水闸运用，不得超过设计最高运用水位、最大水位差、最大过闸流量和相应单宽流量等。因特殊情况需要超设计运用时，必须进行技术鉴定，报请上级主管部门批准。启闭闸门时，要同步对称启开，避免发生折冲水流和单宽流量集中过大的现象发生；为避免渠道严重淤积，大河含沙量超过 50 千克每立方米时，停止引水，躲过沙峰之后再放水。在汛期有放淤任务的水闸，为促进放淤改土和固堤的效果，在干渠节制闸关闭的情况下，无论沙峰多大都要抢沙峰，满负荷，利用闸后提灌站提水放淤。

5．水闸安全鉴定

2002 年，黄委下发《黄河下游水闸安全鉴定规定（试行）》，规定水闸工程投入运用后每隔 15 ~ 20 年，进行一次安全鉴定。引黄水闸的安全鉴定由管理单位报请河南黄河河务局组织实施，分泄洪闸的安全鉴定由黄委组织实施。鉴定范围包括闸室，上、下游连接段，闸门、启闭机，电气设备和管理范围内的上、下游河道。安全鉴定的程序包括工程现状调查分析、现场安全检测、工程复核计算、水闸安全评定、水闸安全鉴定工作总结。2008 年，水利部印发的《水闸安全鉴定管理办法》规定，水闸安全鉴定包括水闸安全评价、水闸安全评价成果审查和水闸安全鉴定报告书审定三个基本程序。水闸安全类别划分为四类：一类闸，运用指标能达到设计标准，无影响正常运行的缺陷，按常规维修养护即可保证正常运行；二类闸，运用指标基本达到设计标准，工程存在一定损坏，经大修后，可达到正常运行；三类闸，运用指标达不到设计标准，工程存在严重损坏，经除险加固后，才能达到正常运行；四类闸，运用指标无法达到设计标准，工程存在严重安全问题，需降低标准运用或报废重建。对三类闸，应尽快进行除险加固；对四类闸，应逐级上报，申报降低标准运用或报废重建。在未除险加固或报废重建前，必须采取应急措施，确保工程安全。

自 2006 年开始，濮阳境内的引水闸相继进行安全鉴定，至 2015 年，其中有 6 座被鉴定为二类闸，3 座被鉴定为三类闸，有 2 座不到鉴定年限。濮阳河务局引水闸安全鉴定情况见表 8-3。

表 8-3　濮阳河务局引水闸安全鉴定情况

水闸名称	建成时间	鉴定与否	安全类别	鉴定日期
渠村引黄闸	2005 年 11 月	否	无	无
陈屯引黄闸	2007 年 10 月	否	无	无
南小堤引黄闸	1984 年 12 月	是	二类闸	2009 年 3 月
梨园引黄闸	1992 年 12 月	是	二类闸	2014 年 9 月
王称固引黄闸	1995 年 1 月	是	二类闸	2013 年 4 月
彭楼引黄闸	1986 年 4 月	是	二类闸	2006 年 5 月
邢庙引黄闸	1988 年 4 月	是	二类闸	2009 年 3 月
于庄引黄闸	1994 年 4 月	是	三类闸	2014 年 9 月
刘楼引黄闸	1984 年 11 月	是	二类闸	2009 年 3 月
王集引黄闸	1987 年 11 月	是	三类闸	2013 年 4 月
影堂引黄闸	1989 年 11 月	是	三类闸	2011 年 12 月

（四）水管体制改革后的工程运行观测及维修养护

1. 工程观测

（1）堤防。观测的主要内容有堤身沉降、渗流和水位等。堤身沉降量观测可利用沿堤埋设的测量标点做定期或不定期观测，每一观测断面的观测点不宜少于 4 个。渗流观测断面宜布设在对控制渗流变化有代表性的堤段，一个堤段观测断面不少于 3 个，断面间距为 300～400 米。水位观测可根据河道水流情况和防洪需要，在堤防临河适宜地点布设水尺或自记水位装置。

堤防隐患探测，一般规定每 10 年对全堤线普查一次。探测由具有资质的专业单位进行。探测分普查和详查，详查堤段不小于普查堤线的 1/10。探测完成后应提交堤防隐患探测分析报告，内容主要包括隐患性质、数量、大小及分布等技术指标。

（2）河道整治工程。河道整治工程的观测主要是丁坝、垛、护岸的根石探测、水位观测，以及河势观测与滩岸坍塌观测等。

丁坝、垛、护岸的根石变化情况对工程的安全至关重要。探测分为汛前、汛期及汛后探测。汛前及汛后探测的坝垛数量不少于靠主溜坝垛的 50%。汛期探测，主要对洪水期靠溜时间较长或出现险情的坝垛适时进行探测，并根据出险情况及时采取抢险加固措施。每次探测工作结束后，及时对探测资料进行数据录入、整理分析和绘制有关图表，并编制探测报告。

水位观测按照防汛制度规定的时间间隔，在汛期进行水位观测，填写观测记录，汛后进行系统整理。

河势观测分为汛前、洪水期及汛末观测。根据黄河溜势情况，通过观察和仪器观测，针对靠溜状况，对坝垛做出靠大溜、边溜、靠水等判断，填写观测记录，并在河道地形图上绘出河势图，并编写河势观测报告。

滩岸坍塌观测主要对河岸淘刷及造成滩岸坍塌较严重的情况，及时进行观测，编写滩岸坍塌观测报告。

（3）水闸。水闸工程观测主要有水工建筑物的沉陷、位移和渗压观测，上下游水位观测，闸下过流量测量。水闸建设时，观测设施均需安装到位。

管好水闸安全监测和闸门运行远程监控装置，保证监测和监控设备的正常工作，数据准确，图像清晰。

2．维修养护项目编制

根据黄委《黄河水利工程维修养护项目管理规定》和河南黄河河务局《河南黄河工程维修养护设计标准》、《河南黄河水利工程维修养护工作流程及资料管理细则》，濮阳河务局于每年11月，组织各县级水管单位编制下一年度本单位《黄河水利工程维修养护项目实施方案》，并于当月20日前上报上级部门审批。水利工程维修养护项目包括年度日常维修养护项目和维修养护专项。维修养护专项是堤防隐患探测、堤防黏土盖顶、堤坡整修、道路整修、根石探摸、根石加固、根石及坝坡整修等工程量大、技术含量高的其他维修养护项目。

水利工程维修养护项目编制遵循“统筹兼顾，合理安排，严格标准，确保安全”的原则，以确保工程管理年度目标的实现。工程日常维修与专项的进度安排应符合工程管理的特点，按照“经常养护、及时修复、养修并重”的原则合理编制，确保工程完整与运行安全。根据工程设计标准在完成工程观测、探测、普查及河势预测等技术资料收集分析的基础上，依据《水利工程维修养护定额标准》中维修养护项目分类，合理确定维修养护专项，确保年度日常养护项目与维修养护专项工程量的全面完成。日常维修养护项目依据工程观测、查勘分析成果编制。

编制工程维修养护专项按照“实事求是，突出重点”的原则，依据黄委相关规定，合理计算维修养护工程量及所需经费。维修养护专项编制主要内容包括专项设计申报文件、设计报告、图纸等。设计报告包括：工程基本情况，与维修养护规划及年度工程管理要点的关系，专项编制的依据、原则及预期目标，项目的名称、内容、工程量及经费预算，工作进度安排，维修养护质量管理、监督检查等主要工作措施。维修养护专项设计文件由濮阳河务局组织，河南黄河河务局主持审查。审查通过后，报河南黄河河务局批复。

3．维修养护项目的实施

水利工程维修养护项目的实施，是指日常维修养护项目和维修养护专项的作业过程。各县级水管单位负责日常项目与维修养护专项的实施，并按合同约定对维修养护实施过程进行监督检查，确保项目的顺利开展和工程质量。

（1）日常维修养护项目。每月底由县级水管单位工程管理科编写下月的《日常维修养护合同》或《日常养护任务通知书》，并与维修养护人员签订工程维修养护合同。《日常维修养护合同》包括工程维修养护内容、质量标准与技术要求、工程维修养护实施、质量检查与验收、价款结算与支付、合同变更、双方权利和义务、违约责任、争议的解决等内容。维修养护人员履行合同，按时完成合同规定的维修养护任务。当月日常养护项目合同期满后由县级水管单位组织质量监督、设计、监理、施工等相关单位对维修养护实体进行验收。验收包括工程面貌评分和维修项目工程量核实、质量标准认定。经过月验收，凡工程面貌达到堤防、险工（控导）维修养护标准，完成各维修养护项目工程量，且质量符合规范要求的，按其实际完成工程量的质量和数量，经维修养护、监理、水管单位三方签字后，结算当月的工程量维修养护价款。

（2）维修养护专项。县级水管单位与濮阳黄河水利工程维修养护有限公司签订维修养护专项施工合同。由养护公司组织某分公司实施。维修养护专项施工管理参照工程建设管理程序。工程完工后，由水管单位、质量监督、设计、监理、维修养护单位的代表及有关专家组成专项验收委员会进行验收。验收合格后支付职工相应的劳动报酬；对系统外专业队伍承担的专项养护项目，验收合格后支付合同价款，并根据合同约定扣留质保金。

（3）年度维修项目的验收。年初，濮阳河务局组织相关人员成立验收委员会，依据《黄河水利工程维修养护项目管理规定》对上年度的维修养护工作进行验收。验收的主要内容有：查阅内业资料，实地检查外业管护情况，重点复核年度工程量及投资完成情况，分析年度维修养护投资计划执行情况、内业资料编报情况等，依据验收情况给出质量鉴定结果及验收评定结论。

4．工程运行观测与维修养护岗位责任制

2005年，濮阳河务局制定《濮阳黄河水利工程管护责任制实施细则》，在全局推行“工程管护责任制”。其主要内容是：划定每个养护职工的工程管护范围，与每个养护职工签订工程维修管护合同，在合同中明确管护范围内的工程、工程附属设施、树木、草皮等项目的管护责任、内容、标准及与经济利益挂钩的奖罚规定等事项。其主要目的是强化工程的日常管理。

2009年，黄委制定《黄河防洪工程运行观测与维修养护岗位责任制实施办法（试行）》。2010年后，贯彻执行《河南黄河防洪工程运行观测与维修养护人员岗位责任制实施管理办法（试行）》，规定水管单位与维修养护公司分别实行运行观测和维修养护岗位责任制。对于日常工程管理，运行观测与维修养护人员对所管辖的堤防工程实行分段责任制，河道整治工程实行坝垛责任制，水闸工程实行按岗位分区域管理责任制。对于维修养护专项工程，实行项目管理。

水管单位按照黄委颁发的黄河工程管理标准及运行管理需要，合理划分运行观测责任区段，设定运行观测岗位。根据所辖工程各区（段）运行观测工作量，明确每个运行观测人员的工作内容、工作量及工作标准，将具体区（段）内的工程、附属设施、设备的运行观测任务落实到人。

维修养护公司按照与水管单位签订的维修养护合同要求，将所承担的堤防、河道整治与水闸工程维修养护任务，合理划分维修养护责任区（段），设定维修养护岗位，明确每个养护岗位的责任区（段）内的维修养护内容、工作量及工作标准，将具体的维修养护责任落实到人。

水管单位和维修养护公司将每个人员的工作岗位、职责、内容、考核标准等以表格形式加以分解，印发给每个责任人。同时，县级河务局在各工程管理段或维修养护基地附近的适当位置、河道整治工程主要上坝路口分别设立工程管理责任牌。水闸工程以每座闸为单元，在水闸管理区内醒目位置设立工程管理责任牌。责任牌应标明县级河务局局长、分管副局长和养护公司经理、分公司经理姓名，运行观测及维修养护责任人姓名，相应堤防工程责任段桩号、河道整治工程责任坝号、水闸工程责任部位或设施设备名称等。

六、工程管理检查评比

检查评比活动是衡量工程管理水平和不断促进管理水平提高的主要措施。通过工程管理检查评比活动，各水管理单位相互学习，取长补短，达到共同提高的目的。黄委、河南黄河河务局制定工程管理考核标准和检查评比办法。县级水管单位坚持“月检查”制度，濮阳河务局组织“季评比”和“半年初评”，河南黄河河务局组织“年终总评”，黄委一般 5 年组织一次全河工程管理大检查。工程管检查情景见图 8-7、图 8-8。

图 8-7　20 世纪 90 年代堤防工程检查

1982 年，黄委颁发《黄河下游工程管理考核标准（试行）》，开始对工程管理进行年度考核。1983 年，河南黄河河务局按照考核标准，对堤防、险工、护滩控导工程、引黄水闸等管理工作进行检查评比，台前县黄河修防段管理的堤段基本上达到堤身完整、堤顶平坦、树草旺盛、土牛堆放整齐、各种工程标志界牌清晰的要求，被评为先进单位。1984 年，河南黄河河务局制定《河南黄河工程管理检查评比试行办法》，规定修防段实行“月检查，季评比”制度，修防处实行半年初评制度，河南黄河河务局

图 8-8　2002 年引水闸检查

派人参加修防处的检查评比，年终由河南黄河河务局进行检查总评。评比的办法按照黄委颁发的《黄河下游工程管理考核标准》及对堤防、险工（控导）和水闸检查评比办法，把考核标准内容按项分解为百分进行考评。在 1985 年河南黄河河务局的检查评比中，台前县黄河修防段被评为工程管理全面先进单位，范县黄河修防段被评为堤防管理先进单位。1988 年，河南黄河河务局印发《河南黄河工程考核评分标准》，规范工程管理考核工作。

1990 年，贯彻执行黄委会制定的《工程管理正规化、规范化暂行办法》，开展工程管理正规化、规范化建设。1992 年，黄委会颁发《工程管理正规化、规范化细则（暂行）》。考评按千分制评分，每年与工程管理达标检查同时进行。考评项目有管理责任制（150 分）、工程检查（150 分）、工程维修养护（300 分）、工程管理达标（200 分）、制度建设（200 分）5 大项。950 分以上为优秀，小于 950 分、大于等于 800 分为优良，小于 800 分、大于等于 600 分为良好，低于 600 分为不及格。

2001 年，河南黄河河务局对《河南黄河工程考核评分标准》进行重新修订，制定《河南黄河工程管理检查内容与评分标准》，在“十五”期间，以此标准对各单位的工程管理工作进行检查评比。堤防工程检查评比内容有工程完整坚固、组织制度健全、技术管理、综合经营 4 大项，满分 1000 分；河道工程检查评比内容有工程完整坚固、实现绿化美化、管理设施完好、管理组织健全、技术资料齐全无缺、经济效益共 6 大项，满分 1000 分；水闸工程检查评比内容有工程完整坚固、绿化美化、管理设施完好、管理组织制度健全、各类观测资料分析和上报及时、综合经营、日常检查计分办法共 7 大项，满分 1000 分。

2008 年，河南黄河河务局印发《河南黄河工程管理考核办法》。该办法的考核形式采用点名抽查与抽查、巡查、督查、飞检、年终总评的方式。汛前工程管理检查采用点名抽查与抽查的方式，其分值占全年总分值的 15%；不定期工程管理检查采用巡查、督查、飞检的方式，其分值计入年终总评分值；年终一次全面工程管理检查采用年终总评方式，其分值占全年总分值的85%。水管单位考核中河道工程分值占总分的40%。该办法包括市级局工程管理评分办法和水管单位工程管理评分办法，以及河南黄河工程管理检查内容与评分说明（主要说明加分与扣分措施）和堤防、河道、水闸工程的工程管理检查内容和评分标准，分值各为1000分。

2011年，河南黄河河务局印发《河南黄河防洪工程管理月度检查制度》，对堤防、河道整治、水闸工程维修养护情况、月合同执行情况、绩效考核、内业资料等提出检查验收标准，实行月检查制度。印发《河南黄河工程管理年度考核办法》，规定年度考核由日常巡查、半年检查、年终考评、整体面貌4个部分组成。考核得分中，整体面貌占15%，日常管理占35%，半年检查占25%，年终考核占25%，并对各类工程逐项制定出评分标准。

1982年以来，濮阳河务局按照上级有关工程管理检查评比标准，制订工程管理年度计划，提出达标工程和检查评比上等级的目标和付诸实施措施，坚持“月检查、季评比、半年初评”制度，及时整改工程管理中存在的问题和不足，保证年度目标的实现，工程管理水平得到不断提高，在历年的工程管理检查评比中都取得较好的成绩。2012年起，河南黄河河务局在工程管理年度考核中不再进行评比。1982～2011年濮阳河务局历年工程管理检查评比受奖情况见表8-4。

表8-4　1982～2011年濮阳河务局历年工程管理检查评比受奖情况

年份	奖励名称	受奖单位	颁奖单位
1982	工程管理先进单位	台前县黄河修防段	河南黄河河务局
1983	工程管理先进单位	台前县黄河修防段	河南黄河河务局
		濮阳县黄河修防段	
1985	工程管理全面先进单位	台前县黄河修防段	河南黄河河务局
	堤防管理先进单位	范县黄河修防段	
1988	工程管理十佳单位	濮阳县黄河修防段	河南黄河河务局
1989	工程管理第一名	台前县黄河修防段	河南黄河河务局
	险工管理第一名	范县黄河修防段	
	水闸管理第一名	濮阳县黄河修防段	
1991	工程管理成绩突出单位	范县黄河河务局	河南黄河河务局
		台前县黄河河务局	
1992	工程管理第一名	范县黄河河务局	河南黄河河务局
	水闸管理先进单位	濮阳县黄河河务局	

续表 8-4

年份	奖励名称	受奖单位	颁奖单位
1993	工程管理十佳单位	范县黄河河务局	河南黄河河务局
1993	工程管理十佳单位	濮阳县黄河河务局	河南黄河河务局
1994	工程管理十佳单位	范县黄河河务局	河南黄河河务局
1994	工程管理十佳单位	濮阳县黄河河务局	河南黄河河务局
1991 ~ 1995	工程管理先进集体	范县黄河河务局杨楼工程班	黄河水利委员会
1991 ~ 1995	工程管理先进集体	台前县河务局影唐工程班	黄河水利委员会
1995	工程管理十佳单位	濮阳县黄河河务局	河南黄河河务局
1996	工程管理十佳单位	濮阳县黄河河务局	河南黄河河务局
1996	工程管理显著进步单位	范县黄河河务局	河南黄河河务局
1997	工程管理十佳单位	濮阳县黄河河务局	河南黄河河务局
1997	工程管理十佳单位	范县黄河河务局	河南黄河河务局
1997	十佳工程	台前县河务局影唐工程班	河南黄河河务局
1998	工程管理十佳单位	濮阳县黄河河务局	河南黄河河务局
1999 年	工程管理先进单位	台前县黄河河务局	黄河水利委员会
1999 年	工程管理先进单位	台前县黄河河务局	河南黄河河务局
1999 年	工程管理先进单位	范县黄河河务局	河南黄河河务局
1996 ~ 2000	工程管理先进集体	台前县局工程管理处	黄河水利委员会
2000	工程管理先进单位	台前县黄河河务局	河南黄河河务局
2000	工程管理先进单位	范县黄河河务局	河南黄河河务局
2000	工程管理先进单位	濮阳县黄河河务局	河南黄河河务局
2001	工程管理优胜单位	台前县黄河河务局	河南黄河河务局
2001	工程管理优胜单位	濮阳县黄河河务局	河南黄河河务局
2002	工程管理先进单位	台前县黄河河务局	河南黄河河务局
2002	工程管理先进单位	台前县黄河河务局	河南黄河河务局
2003	工程管理先进单位	范县黄河河务局	河南黄河河务局
2003	工程管理先进单位	濮阳县黄河河务局	河南黄河河务局
2004	工程管理十佳单位	台前县黄河河务局	黄河水利委员会
2004	河南河务局考核的国家一级管理单位	范县黄河河务局	河南黄河河务局
2004	黄委验收的国家二级管理单位	濮阳第一河务局	河南黄河河务局
2004	工程管理先进单位	台前河务局	河南黄河河务局
2004	工程管理先进单位	张庄闸管理处	河南黄河河务局
2001 ~ 2005	工程管理先进单位	范县河务局	黄河水利委员会
2001 ~ 2005	工程管理先进单位	濮阳第一河务局	黄河水利委员会

续表 8-4

年份	奖励名称	受奖单位	颁奖单位
2007	工程管理达到国一标准先进单位	范县河务局	河南黄河河务局
	工程管理达到国二标准先进单位	濮阳第一河务局	
	工程管理达到国二标准十佳单位	台前河务局	
	绿色、魅力、活力工管突出贡献水管单位	濮阳第二河务局	
	水闸管理先进单位	濮阳供水分局彭楼闸管所	
		张庄闸管理处	
		渠村分洪闸管理处	
2008	水利部验收的水管单位	范县河务局	黄河水利委员会
	黄委标准水管单位	台前河务局	
	黄委标准引黄水闸	濮阳供水分局南小堤闸	
2008	通过国家一级水管单位复验	范县河务局	河南黄河河务局
	工程管理先进水管单位	濮阳第一河务局	
	水闸管理先进单位	濮阳供水分局彭楼闸	
2009	工程管理先进水管单位	范县河务局	河南黄河河务局
		濮阳第一河务局	
	绿色、魅力、活力工管显著进步水管单位	台前河务局	
	水闸管理先进单位	张庄闸管理处	
		濮阳供水分局南小堤闸	
2010	工程管理先进水管单位	濮阳第一河务局	河南黄河河务局
		范县河务局	
	绿色、魅力、活力工管显著进步水管单位	濮阳第二河务局	
		台前河务局	
	水闸管理先进单位	渠村闸管理处	
		濮阳供水分局彭楼闸	
		濮阳供水分局南小堤闸	
2011	工程管理先进水管单位	范县河务局	河南黄河河务局
		濮阳第一河务局	
		台前河务局	
	绿色、魅力、活力工管显著进步水管单位	濮阳第二河务局	
	水闸管理先进水管单位	渠村分洪闸管理处	
		张庄闸管理处	
	水闸管理先进单位	濮阳供水分局彭楼闸管所	

七、工程管理达标活动和示范工程建设

（一）工程管理达标活动

1988 年，按照《河南黄（沁）河工程管理达标验收办法》的要求，濮阳市黄河河务局组织开展工程管理达标活动，制订工程完整、绿化美化、设施完好和制度健全、资料齐全、效益显著 6 个方面管理计划。根据堤防、险工（控导）、水闸（虹吸）三大工程的管理内容，定出指标，实行目标管理，把达标任务分解到工管股、工程队，落实到每个管理人员。通过自查、季检查、半年初评、年终总评的方式对每个单位和个人进行考核验收，并把考核结果与经济利益和管理水平挂钩，调动职工的积极性。至 1996 年，濮阳市黄河河务局在工程管理达标活动中，共完成堤防达标工程 29 段总长 70.36 千米；险工达标工程 6 处 90 道坝，控导达标工程 11 处 180 道坝；水闸达标工程有渠村、彭楼、王集、南小堤、邢庙、影堂、刘楼引黄闸 7 座。1997 年起，工程管理达标活动不再开展。1989 ~ 1996 年濮阳市黄河河务局达标工程情况见表 8-5。

表 8-5　1989 ~ 1996 年濮阳市黄河河务局达标工程统计

年份	达标堤段		险工、控导达标工程			达标坝道		达标水闸
	起止桩号	长度（米）	工程名称	起止坝号	道墩	起止坝号	道墩	
	合计	70362	—	—	—	—	270	7
1989	87 +000 ~ 92 +000	5000	南小堤险工	6 ~ 24	19	6 ~ 24	19	—
	118 +000 ~ 112 +000	2000	邢庙险工	1 ~ 12	12	1 ~ 7	7	
			杨楼控导	6 ~ 20	15	6 ~ 12	7	
	166 +450 ~ 169 +450	3000	影堂险工	1 ~ 16	16	3 ~ 16	14	
			梁路口控导	新 3 ~ 34	37	9 ~ 34	25	
1990	69 +300 ~ 74 +300	5000	龙常治控导	1 ~ 23	23	17 ~ 21	5	渠村引黄闸
	137 +000 ~ 140 +000	3000	李桥险工	27 ~ 31	5	41 ~ 52	10	
				36 ~ 61	25	—	—	
	159 +700 ~ 163 +000	3300	马张庄控导	10 ~ 23	14	17 ~ 20	4	
	180 +050 ~ 183 +400	3350	韩胡同控导	新 9 ~ 35	33	6 ~ 30	25	
1991	47 +000 ~ 48 +677	928	南上延控导	新 2 ~ 35	37	8 ~ 20	13	彭楼引黄闸
	42 +764 ~ 47 +000	4236	马张庄控导	10 ~ 23	10 ~ 16	—	7	
				—	21 ~ 23	—	3	
	97 +500 ~ 99 +500	2000	彭楼险工	6 ~ 36	31	12 ~ 24	13	
	116 +000 ~ 118 +000	2000	张堂险工	1 ~ 8	8	1 ~ 7	7	
	142 +46 ~ 145 +486	3000	—	—	—	—	—	
	152 +000 ~ 154 +000	2000	—	—	—	—	—	
	174 +000 ~ 177 +000	3000	—	—	—	—	—	
	17 +150 ~ 19 +640（金堤）	2490	—	—	—	—	—	

续表 8-5

年份	达标堤段		险工、控导达标工程			达标坝道		达标水闸
	起止桩号	长度（米）	工程名称	起止坝号	道墩	起止坝号	道墩	
	合计	70362	—	—	—	—	270	7
1992	80 +500 ~ 84 +100	3600	连山寺控导	26 ~ 47	21	23 ~ 35	13	王集引黄闸
	103 +891 ~ 108 +000	4109	吴老家控导	4 ~ 13	10	4 ~ 13	10	
	145 +486 ~ 149 +200	3714	孙楼控导	1 ~ 30	30	21 ~ 30	10	
1993	86 +600 ~ 88 +280	1680	龙常治控导	6 ~ 23	23	6 ~ 16	13	南小堤闸
				—	—	22 ~ 23	—	
	108 +000 ~ 111 +000	3000	李桥险工	27 ~ 31	5	36 ~ 40	8	
				36 ~ 61	25	53 ~ 55	—	
			梁路口控导	新 3 ~ 34	37	1 ~ 8	8	
1994	85 +400 ~ 86 +600	1200	南上延控导	新 2 ~ 35	37	20 ~ 29	10	邢庙引黄闸
	88 +280 ~ 89 +080	800	杨楼控导	3 ~ 20	18	13 ~ 20	8	
	111 +000 ~ 112 +250	1250	韩胡同控导	新 9 ~ 35	33	新 6 ~ 老 2	8	
	149 +200 ~ 150 +500	1300						
1995	89 +080 ~ 90 +575	1495	青庄险工	1 ~ 18	18	11 ~ 15	5	影唐引黄闸
	124 +820 ~ 126 +020	1200	彭楼险工	6 ~ 36	30	25 ~ 29	5	
	150 +500 ~ 151 +500	1000	枣包楼控导	17 ~ 21	5	17 ~ 21	5	
1996	90 +600 ~ 91 +200	600	尹庄控导	1 ~ 3	4	1 ~ 3	4	刘楼引黄闸
	151 +300 ~ 152 +410	1110	彭楼险工	30、31	2	30、31	2	
			枣包楼控导	22、23	2	22、23	2	

（二）示范工程建设

1999 年，河南黄河河务局编制《河南黄河示范工程标准及考核办法》，提出创建示范工程意见，以促进工程管理水平全面提高。示范工程按千分制考评，其中，堤防、河道工程的最低分数为 950 分（申报的堤防、险工堤段应相互包含），水闸工程的最低分数为 960 分（凡有管理堤防、险工任务的一并进行考核）。申请验收的示范工程必须在设防流量（或相应水位）以下洪水时未发生工程或其他重大责任事故，否则取消当年和次年的申请资格。堤防示范工程共分工程完整、堤防绿化、管理设施完好、管理组织制度和主要技术资料、管理队伍人员素质、综合经营等 6 项，险工控导工程共分工程完整、实现绿化美化、管理设施完好、管理组织健全及各种责任制明确、技术资料完整无缺、管理人员素质、综合经营等 7 项，水闸工程共分组织管理、工程管理、管理人员素质、综合经营等 4 项。示范工程验收，以每 5 千米堤防（或以乡为单位）、每1处险工控导工程、每1座水闸（虹吸）为单位，分自检、初验、验收发证等三个阶段进行。县级河务局进行自检，市级河务局进行初验，河南黄河河务局负责考核验收。考评验收采取抽检方式，堤防抽检长度不少于申请验收长度的30%，坝垛护岸抽验数量不少于管理总数的40%，水闸工程全部考评验收。2004年修订的《河南黄河示范工程考评办法》，将堤防示范工程以每5千米堤防为验收单元，更改为“以每10千米以上堤防”为验收单元。

2003年，黄委提出“按照突出重点、全面提高的原则，大力加强管理标准化‘示范工程’建设”的意见，要求各单位以管理标准化示范工程建设为切入点，以强化日常管理检查考核、评比为手段，采取必要措施，坚持硬件、软件两手抓，积极开展工程管理标准化、规范化建设。2004年，黄委又提出“工程管理五个十‘示范工程’建设任务”。黄委工程管理“十一五”工作意见中指出，“继续推进工程管理‘示范工程’体系建设，要高起点、高标准的建设一批堤防、水闸、险工、控导、管护基地等精品‘示范工程’，以点带面促进黄河工程面貌的全面改善。各单位要结合所辖工程实际，围绕防洪保障线、抢险交通线和生态景观线的建设要求，2006年务必完成《工程管理示范工程体系建设规划》，做到有计划、有步骤地开展示范工程体系建设，不断丰富工程管理内涵，促进工程面貌的全面改善，建立人水和谐的良好界面，维持黄河健康生命”。

2010年，黄委印发《黄河示范工程建设标准（试行）》，要求建设“三点一线”示范工程。黄河示范工程是达到设计标准和工程管理标准以及能充分展现现代管理水平的堤防、险工和控导工程。示范工程展示点是指在建成的示范工程中选定的能充分展示防洪工程功能，展现防洪工程管理水平的堤防、险工和控导工程。“三点”，即堤防、险工和控导工程展示点；“一线”，即选取的堤防、险工和控导工程展示点之间的堤防及通往控导工程的防汛路。对“三点一线”示范工程建设分别提出选址原则、平面布置的要求和建设标准。

根据河南黄河河务局和黄委关于开展示范工程建设的安排，濮阳河务局每年都制订年度计划，明确示范工程建设目标，投入人力、物力，按照《河南黄河示范工程标准及考核办法》中的标准，精心打造示范工程，以达标工程为龙头，带动濮阳河务局工程管理的正规化、规范化建设。2001年，河南黄河河务局组织第一次示范工程建设验收，濮阳县黄河河务局尹庄控导工程、台前县黄河河务局枣包楼控导工程获得“河道工程示范工程”称号。2005年，示范工程建设开始由黄委组织验收，河南黄河河务局不再验收。至2015年，濮阳河务局通过河南黄河河务局验收的示范工程有：堤防12段、21.27千米，险工3处，控导工程5处，水闸4座；通过黄委验收的示范工程有：堤防8段、65.24千米，险工4处，控导工程4处，水闸1座，堤防管护基地1处。2001～2004年濮阳市黄河河务局河南黄河务局标准示范工程情况见表8-6，2004～2015年濮阳河务局黄委标准示范工程情况见表8-7。

表 8-6　2001～2004 年濮阳市黄河河务局示范工程情况（河南河务局标准）

年份	堤防示范工程		险工、控导示范工程			水闸示范工程
	起止桩号	长度（米）	工程名称	起止坝号	道数	
2001	—	—	尹庄控导工程	—	—	—
	—	—	枣包楼控导工程	—	—	—
2003	42+764～47+000	4236	尹庄控导工程	1～3	3	南小堤引黄闸
	103+891～112+000	8019	杨楼控导工程	3～23	21	彭楼引黄闸
	145+486～153+500	8014	张堂险工	1～8	8	王集引黄闸
2004	103+891～113+891	1000	李桥险工	36～41、43～61	25	张庄退水闸
	—	—	影堂险工	-1～4、1～16	20	—
	—	—	三合村控导工程	-1～5、1～13	18	—

表 8-7　2004～2015 年濮阳河务局示范工程情况（黄委标准）

年份	堤防示范工程		险工、控导示范工程			水闸示范工程
	起止桩号	长度（米）	工程名称	起止坝号	道数	
2005	135+500～145+486	9986	南上延控导工程	-1～6、1～35	41	—
	—	—	张堂险工	1～8	8	邢庙引黄闸
2006	125+000～135+000	10000	李桥险工	22～34	13	—
2007	42+764～51+050	8286	—	—	—	—
2009	98+500～103+891	5391	—	—	—	—
2010	75+000～80+000	5000	—	—	—	—
2011	93+800～103+891	10091	杨楼控导工程	—	—	—
2012	126+000～134+000	8000	三合村控导工程	—	—	—
2013	137+00～0145+486	8486	尹庄控导工程	—	—	—
2014	—	—	南小堤险工	—	—	—
	—	—	邢庙险工	—	—	—
	—	—	孙楼控导工程	—	—	—
2015	彭楼堤防管护基地	—	—	—	—	南小堤引水闸

八、河道目标管理评定

1994 年，水利部颁布《河道目标管理考评办法》。河道管理标准分三个等级，按千分制考评。901～1000 分为一级（其中各类考评得分均不低于该类总分的 80%），751～900 分为二级（其中各类考评得分均不低于该类总分的 65%），601～750 分为三级（其中各类考评得分均不低于该类总分的 55%），低于 600 分为合格（由本单位制订合格整改措施)。河道管理的分项考评，依据《河道目标管理等级评定标准》进行。黄委负责黄河河道二级和三级标准的考评验收，一级标准由水利部考评验收。河道堤防工程的考评验收采取抽验方式。堤防工程抽验长度不少于该河道管理单位管辖总长度的20%，坝（垛、护岸）抽验数量（以坝、垛座数为单位）不少于管理总数的30%。凡等级验收合格者，由水利部颁发其相应等级的证书，并按有关规定予以表彰和奖励。《河道目标管理考评办法》是衡量河道综合管理水平的标准，通过对管理单位全面工作的考评，找出自身差距，明确今后的工作方向和目标，以促进管理工作的深入开展和管理水平的不断提高。

1995年，河南黄河河务局根据黄委关于开展河道目标管理考评工作安排，制定“九五”期间河道目标管理上等级规划。1996年，濮阳市黄河河务局制定的河道目标管理计划为：濮阳县黄河河务局达到二级管理水平，其他单位达到三级管理水平。各单位比照《河道目标管理考评办法》、《黄河下游河道目标管理考评实施细则》、河南黄河河务局《河道目标管理上等级实施细则》要求，本着缺啥补啥的原则，结合日常检查和管理中的问题与不足，制定措施进行整改，持续开展河道目标管理上等级活动，至2015年，范县河务局被验收为国家级水管单位，台前河务局和濮阳第一河务局曾被验收为河道目标管理二级单位。

第九章　综合管理

1991年，濮阳市黄河河务局自上而下建立水行政管理机构和队伍，开始行使黄河水行政执法职能，依法对河道内建设项目实施规范管理，查处河道管理范围内和工程管理范围内的违法水事案件，维护濮阳黄河正常水事秩序。

濮阳河务局依据国家不同时期的财务管理制度和要求，依法、依规管理事业经费、防汛岁修经费和基本建设资金，使各项经费做到合理、合规地应用和保证资金的安全。1996年以前，治河物资由河南河务局负责采购与供应。之后，随着市场经济的建立与完善，基本建设物资由中标施工单位采购；防汛储备物资和岁修物资通过政府采购更新补充与供应。国有资产管理主要对资产占有、使用、收益等方面进行监督，以保证国有资产的保值和增值。审计工作始于1987年，开展事业预算、各项费用支出、基本建设资金、工程运行管理资金、内部企业财务及领导干部任期经济责任等方面的内部审计。

濮阳治河专业队伍始于1946年，中华人民共和国成立后，通过招工、招干、人才引进、调入、退伍转业军人安置、大中专和技校毕业生分配等，队伍逐渐发展壮大。1985年以前，濮阳治河队伍中正式干部很少，大部分干部为“以工代干”。之后，通过“以工代干”转正和干部制度改革，干部队伍逐步得到充实。专业技术职务在1987年以前实行任命和评定制，之后实行评聘制。20世纪80年代以来，持续对工人开展技术培训、技术等级评定、技能鉴定等工作。80年代，开展初中、高中文化补习，在此基础上，一些职工考入大中院校接受学历教育；90年代实施职工继续教育制度。

20世纪80年代以前，濮阳黄河经营只是种植少量的树木、农作物和蔬菜。80年代，随着经济体制改革，种植、养殖、商业、建筑施工等经营项目快速发展。90年代后，提出重点发展建筑施工、供水和土地开发三大支柱产业。

第一节　水行政执法管理

20世纪90年代以前，濮阳市黄河河务局没有单独的水行政职能部门。1988年7月1日《中华人民共和国水法》（以下简称《水法》）实施后，水行政执法有了明确的法律依据。1991年3月，濮阳市黄河河务局自上而下组建水行政管理机构，建章立制，培训人员，配置设施等，开始行使黄河水行政执法职能。开展普法教育，广大干部职工牢固树立起法制观念，运用法律法规处理黄河治理开发与管理中的问题；沿河广大群众依法治河意识和水忧患意识不断增强，支持黄河治理开发与管理事业。开展水行政执法，依法管理河道，规范河道内工程建设秩序，查处河道管理范围内和工程管理范围内的违法水事案件，维护濮阳黄河正常水事秩序。

一、水行政机构与政策法规

（一）水行政机构

20世纪80年代，濮阳市黄河修防处水行政工作没有单设职能部门，其水政职能由工务科兼管，主要任务是对《水法》、《中华人民共和国河道管理条例》（以下简称《河道管理条例》）、《河南省黄河工程管理条例》等水利法规进行宣传贯彻执行。

1990年12月，河南黄河河务局《关于市、县河务局机关职能设置的通知》要求"增设水政机构。市级局水政机构对外称'河南黄河河务局××市水政监察处'；县级局水政机构对外称'××市黄河河务局××县水政监察所'；无单独设水政机构的县级局，其水政职能归属工务科。挂两个牌子，配置专兼职监察员"。

1991年3月，濮阳市黄河河务局成立水政水资源科和河南黄河河务局濮阳市水政监察处。濮阳县、范县、台前县黄河河务局设水政科和水政监察所，濮阳县金堤修防段和渠村分洪闸管理段水政机构挂靠工务科。水政机构主要职责是：负责贯彻《水法》、《中华人民共和国防洪法》（以下简称《防洪法》）等水法规的宣传、贯彻实施；保护黄河水资源、水域、水工程、防汛和水文监测等有关设施；对黄河水事活动进行监督检查，维护正常的水事秩序。对公民、法人或其他组织违反水法规的行为实施行政处罚或者采取其他行政措施；配合和协助公安与司法部门查处水事治安和刑事案件；对下级水政监察队伍进行指导和监督；负责采砂、渡口许可，按规定征收管理费。

1998年9月，濮阳市黄河河务局体制改革时，局机关和濮阳县、范县、台前县黄河河务局保留水政科。濮阳县金堤管理局和渠村分洪闸管理处水政机构仍挂靠工务科。

1999年1月，根据《黄委会水政监察规范化建设工作意见》，市级水行政管理单位建立水政监察支队，县级水行政管理单位建立水政监察大队。支队和大队领导职数均按一正一副设置。支队长、大队长由所在单位分管水政工作的领导兼任；副支队长、副大队长由所在单位水政水资源部门负责人兼任；支队、大队的人员编制，根据本单位水政水资源工作的实际需要，本着精简、高效，有利于开展工作的原则，按水法规宣传、水资源管理和保护、水行政立法、水行政执法、水行政许可、水行政执法统计和水行政执法档案管理等岗位设定。濮阳市黄河河务局共组建水政监察支队1个（濮阳市黄河河务局水政监察支队），水政监察大队3个（濮阳县黄河河务局水政监察大队、范县黄河河务局水政监察大队、台前县黄河河务局水政监察大队），共配置水政监察人员39人；是年10月，组建水政监察大队3个（濮阳县金堤管理局水政监察大队、渠村分洪闸管理处水政监察大队、滑县滞洪管理局水政监察大队），共配置水政监察人员23人。2002年，濮阳市黄河河务局张庄闸管理处成立时，组建张庄闸管理处水政监察大队。水政机构负责水利执法综合管理工作，水政监察队伍负责具体的执法事项。

水政监察支队的主要职责是：依法履行黄河水行政执法的综合职能，按照规定的授权范围依法实施直接的水政监察。宣传贯彻水法规和有关的水利方针政策，参与制定所辖区域内水行政管理配套法规和有关规定；负责所辖河段的水利执法工作，依法对水事活动进行监督检查，调查处理重大水事违法案件，进行有关水事活动的诉讼和行政复议。协调水事纠纷，维护正常的黄河水秩序；依法对黄河河道管理范围内建设项目实行审查、审批、报批、检查、监督和行政许可，对违规行为依法做出行政裁定、行政处罚或其他行政措施；归口管理水政监察队伍，督促指导县级局水政监察大队的水行政监察工作。负责水政监察人员的培训、考核和奖惩。负责管理黄河水政监察人员的证件、着装、装备、水政监察车辆等工作；归口管理水利公安队伍；负责办理水行政复议的有关事宜；负责督办水费、水资源费、渡口管理费、堤防养护费等水行政收费的征收工作；配合公安、司法机关查处水事治安和刑事案件。

水政监察大队的主要职责是：依法履行黄河水行政执法的综合职能，按照规定的授权范围依法实施直接的水政监察。宣传贯彻《水法》《防洪法》等水法规及其他水利方针政策；负责所辖河道管理范围内的水利执法工作，依法对水事活动进行监督检查，查处水事违法案件，协调水事纠纷，开展水事诉讼，维护黄河水事秩序；负责河道管理和采砂许可，加强河道管理范围内建设项目的审查、批复和实施监督，对违规行为依法做出行政裁决、行政处罚或其他行政措施；负责水费、堤防养护费和采砂、渡口、浮桥管理费等各项规费的征收与管理；归口办理有关行政诉讼事项，为单位的经济实体提供法律服务；归口管理水利公安队伍。加强水利公安队伍建设，加大治安案件的查处力度，配合地方公安、司法机关查处黄河水利治安和刑事案件；负责制定地方政府或人大颁发的有关黄河水法规文件的草拟工作。

2002年机构改革后，濮阳市黄河河务局成立水政水资源处，设水政科和水资源科；各县级河务部门设水政水资源科。水政人员编制共41人。水政监察体制不变。其职能无大的变化。

2006年水利工程管理体制改革时，各县级河务部门水政机构发生变化。濮阳第一河务局、范县河务局、台前河务局保留水政水资源科，濮阳第二河务局、渠村闸管理处、张庄闸管理处和滑县滞洪管理局设水政水资源防汛科。各县级河务部门加挂"××黄河水政监察大队"的牌子，上挂一级。水政监察大队大队长由县级河务部门分管副局长兼任，水政监察大队办公室设在水政水资源科。

2007年7月，濮阳河务局组建4支由县级河务局水政水资源科统一管理的水政管理、水政监察、水利公安三位一体的黄河水利专职执法队伍。濮阳县黄河第一水利执法大队，定编14人，其中，水政监察8人（渠村分洪闸管理处1人），水利公安6人，负责濮阳第一河务局和渠村分洪闸管理处所辖范围内的黄河水利执法工作。濮阳县黄河第二水利执法大队，人数定编10人，其中，水政监察6人，水利公安4人，负责濮阳第二河务局所辖范围内的黄河水利执法工作。范县黄河水利执法大队，人数定编12人，其中，水政监察7人，水利公安5人，负责范县河务局和水上抢险队所辖范围内的黄河水利执法工作。台前县黄河水利执法大队，定编13人，其中，水政监察8人（张庄闸管理处1人），水利公安5人，负责台前河务局和张庄闸管理处所辖范围内的黄河水利执法工作。

至2015年，濮阳河务局共有水政监察支队1个，水政监察大队7个，水利执法大队4个，水政工作人员80人。

（二）水行政执法体系建设

1993年，根据《黄委会水政工作近期达标规范及考核办法》，范县黄河河务局作为黄委会水政工作正规化、规范化建设试点，开展“两化”建设达标工作。在一年的“两化”建设达标活动中，范县黄河河务局理顺水政机构，充实培训水政监察人员、完善各项管理制度、完备执法手段、开展依法行政工作等，顺利通过黄委会的达标验收。在此基础上，全局全面开展水政工作“两化”建设活动。1995年，各单位都通过上级的达标验收。范县黄河河务局被评为“水政工作正规化、规范化先进单位”。

1999年7月，按照《黄河系统水政监察规范化建设实施方案》，根据河南黄河河务局的安排，濮阳市黄河河务局开展水政监察规范化建设，实现“执法队伍专业化、管理目标化、行为合法化、文书标准化、统计规范化、装备系列化、监督经常化、学习培训制度化”的“八化”目标。

水政监察人员培训，除组织参加黄委、河南黄河河务局举办的培训班外，濮阳河务局每年都举办水政人员培训班，全方面培训水政监察人员。1999年10月，濮阳市黄河河务局举办为期1周的首次水政监察培训班，邀请法律专家授课，主要学习水行政执法、行政取水许可、行政诉讼法、行政处罚法和行政复议法。还邀请濮阳军分区教官对水政监察人员进行军事素质训练。

2006年，按照《黄委水政监察人员培训大纲（试行）》，制订年度培训计划，开展培训工作，不断提高水政监察人员的业务素质和执法办案水平。培训的内容主要包括宪法及法学基础知识、水法规知识、行政法规知识、民商法及刑法知识、水行政管理知识、水行政执法实务、水利专业知识等。

2011年后，聘请法官和法律专家对全局执法人员进行法律宣传贯彻、行政执法、案件查处、行政许可、文书制作等方面的业务培训。

截至2015年，濮阳河务局共举办水政监察培训班50个，培训968人次。参加黄委和河南黄河河务局举办的水政监察脱产培训班54次，培训356人次。濮阳河务局水政人员培训课程见表9-1。

表 9-1　濮阳河务局水政人员培训课程

序号	类别	课程名称	学时
1	宪法及法学基础知识	宪法、法学概论、立法学、法治国家理论	8 ~ 16
2	水法规知识	水法、防洪法、水污染防治法、河道管理条例、取水许可和水资源费征收管理条例、黄河水量调度条例	18 ~ 36
3	行政法规知识	行政法基本理论、行政处罚法、行政复议法、行政诉讼法、行政许可法、国家赔偿法	12 ~ 24
4	民商法及刑法知识	民法通则、合同法、民事诉讼法、刑法总论	8 ~ 16
5	水行政管理知识	水行政管理基础知识、河道管理范围内建设项目管理、取水许可管理、采砂管理、入河排污口管理	12 ~ 24
6	水行政执法实务	调查取证技术、执法程序与文书制作、案卷管理	6 ~ 12
7	水利专业知识	水利部新时期治水思路、黄委治河新理念、黄河防汛、黄河水文泥沙、黄河水资源	10 ~ 20
8	道德作风教育	职业道德教育、水政监察工作章程、队列训练	8 ~ 10

（三）水行政队伍装备建设

1991 年水政机构建立后，按照上级有关水政监察队伍装备的要求，濮阳河务局不断投资，用于水政监察队伍装备建设。1991 年，投资 10 万元为水政人员配置水政监察服装（以后按年限更新），购置办案器材（采访机、对讲机等）、宣传器材（扩音设备、小型发电机等）、办公设施等。1993 年，投资 7 万元，用于监察支队购置水政监察专用车。1994 年，投资 3.5 万元，用于濮阳市黄河河务局水政监察支队和各监察大队购置执法办案设备。1994 年，投资 4 万元，用于水政监察支队购置办案设备。1997 年，投资 6 万元，用于水政监察支队购置水政监察车。1998 年，投资 7.9 万元，用于水政监察支队购置水政监察车和微机。1999 年，投资 23 万元，用于台前县黄河河务局水政监察大队建设。2000 年，投资 30 万元，用于水政监察支队购置水政监察车。2002 年，投资 70 万元，用于水政监察支队购置勘察设施和濮阳县金堤管理局水政监察大队水政监察车。2006 年，投资 32.7 万元，用于范县河务局水政监察大队购置水政监察车和办案设备。2007 年，投资 31 万元，用于滑县滞洪管理局水政监察大队购置水政监察车和办案设备。2008 年，投资 73 万元，用于水政监察支队和台前河务局水政监察大队、渠村分洪闸管理处水政监察大队购置水政监察车和执法处理设备（摄像机、照相机、录音机、笔记本电脑、便携式打印机、对讲机、望远镜、手持 GPS 定位系统）、执法信息处理设备（计算机、复印机、扫描仪、打印机）、听证复议设备（录扩音设备、放像设备、投影仪、听证室设备）等。2009 年，投资 25 万元，用于濮阳第一河务局水政监察大队购置水政监察车和执法处理设备、执法信息处理设备、听证复议设备等。2010 年，投资 26.5 万元，用于濮阳第二河务局水政监察大队购置水政监察车和执法处理设备、执法信息处理设备、听证复议设备。2015 年，投资 6.86 万元，用于范县河务局水政监察大队购置执法办公设备。2015年濮阳河务局水政监察装备配置情况见表9-2。

表9-2 2015年濮阳河务局水政监察装备配置情况

序号	装备名称	单位	数量
1	水利公安车	辆	3
2	水政监察车	辆	8
3	摄像机	台	8
4	照相机	台	8
5	录音笔	个	12
6	打印机	台	15
7	微机	台	80（每人1台）
8	传真机	台	8
9	扩音宣传器材	套	7
10	勘查包	个	8
11	桌椅	个	按人数多少配备

（四）政策法规

濮阳河务局水政执法的依据是国务院、水利部、黄委、河南省、河南黄河河务局、濮阳市等颁布的水利法律、法规、规章和行政法律、法规、规章。濮阳河务局水行政执法依据法律、法规、规章目录见表9-3，濮阳河务局水行政执法通用法律、法规、规章目录见表9-4。

表9-3 濮阳河务局水行政执法依据法律、法规、规章目录

类别	序号	法律、法规、规章名称	制定、发布机关
法律	1	中华人民共和国水法	全国人大常委会
	2	中华人民共和国防洪法	全国人大常委会
	3	中华人民共和国水土保持法	全国人大常委会
	4	中华人民共和国水污染防治法	全国人大常委会
行政法规	1	中华人民共和国河道管理条例	国务院
	2	中华人民共和国防汛条例	国务院
	3	取水许可制度实施办法	国务院
	4	取水许可和水资源费征收管理条例	国务院
	5	黄河水量调度条例	国务院
地方性法规	1	河南省黄河工程管理条例	河南省人大常委会

续表 9-3

类别	序号	法律、法规、规章名称	制定、发布机关
部门规章	1	河道采砂收费管理办法	水利部、财政部等部门
	2	黄河下游浮桥建设管理办法	水利部
	3	关于水利工程用地确权有关问题的通知	国家土地管理局、水利部
	4	河道管理范围内建设项目管理有关规定	水利部、国家计委
	5	关于黄河水利委员会审查河道管理范围内建设项目权限的通知	水利部
	6	取水许可监督管理办法	水利部
	7	水行政处罚实施办法	水利部
	8	关于流域管理机构决定《防洪法》规定的行政处罚和行政措施权限的通知	水利部
	9	水行政复议工作暂行规定	水利部
	10	水政监察工作章程	水利部
	11	水政监察证件管理办法	水利部
	12	入河排污口监督管理办法	水利部
	13	水行政许可实施办法	水利部
	14	水行政许可听证规定	水利部
	15	水利部实施行政许可工作管理规定	水利部
	16	重大污染事件报告办法	水利部
政府规章	1	河南省黄河河道管理办法	河南省人民政府
	2	关于进一步做好黄河滩区黏土砖瓦窑厂整顿规范工作的通知	河南省人民政府
	3	河南省浮桥安全管理办法（试行）	河南省人民政府
规范性文件	1	黄河流域河道管理范围内建设项目管理实施办法	黄委
	2	黄河下游跨河越堤管线管理办法	黄委
	3	黄河河道管理范围内建设项目技术审查标准（试行）	黄委
	4	黄河河道管理范围内非防洪建设项目施工度汛方案审查管理规定（试行）	黄委
	5	黄河取水许可实施细则	黄委
	6	黄河取水许可水质管理规定	黄委
	7	河南黄河河务局水行政许可工作制度（暂行）	河南黄河河务局
	8	黄河中下游浮桥度汛管理办法（试行）	黄河防汛总指挥部
	9	关于加强浮桥建设管理工作的通知	河南黄河河务局
	10	关于全年禁止在黄河河道采淘铁砂的通知	黄河防汛总指挥部
	11	河南省黄河河道采砂收费管理规定	省财政厅、物价局、河务局
	12	关于河南黄河河道内全面禁止采陶铁砂的通知	河南省安全监督局
	13	关于印发黄河下游滩区砖瓦窑厂建设控制标准有关规定的通知	黄委

续表 9-3

类别	序号	法律、法规、规章名称	制定、发布机关
规范性文件	14	关于在黄（沁）河河道内采挖泥沙设置窑厂有关意见的通知	河南黄河河务局
	15	黄河水利委员会实施《入河排污口监督管理办法》细则	黄委
	16	黄河河道巡查报告制度	黄委
	17	河南黄（沁）河河道行洪障碍巡查管理规定	河南黄河河务局
	18	黄河水行政联合执法工作制度（试行）	黄委
	19	黄河重大水污染事件报告办法（试行）	黄委
	20	黄河滩区生产堤破除管理办法（试行）	黄河防汛总指挥部
	21	黄河防汛行洪障碍清除督察办法（试行）	黄河防汛总指挥部
	22	黄河下游河道清障管理办法	黄委
	23	黄河下游河道内片林生产堤清障管理办法	黄河防汛总指挥部

1988 年 1 月，《水法》颁布实施，为建立完备的水法规体系、全面推进水利工作法治化奠定了基础，使水利事业逐步走上法制化管理轨道。为切实履行黄河河道主管部门的职责，有效维护黄河各类防洪工程的安全和完整，规范各项水事活动，确保黄河防洪安全，黄河水利委员会依据相关的国家法律法规，颁布河道综合管理、水事活动管理、河道巡查、河道清障、水工程建设、水工程管理、水政监察、责任追究等方面的一系列黄河配套的水行政管理规章和文件。

河南黄河河务局结合河南黄河实际，拟定并提请河南省人大和政府颁布有关河南黄河配套的水利法规及实施细则。1984～2015 年，先后出台《河南省黄河河道管理办法》《河南省黄河工程管理条例（修订）》《河南省黄河河道采砂收费管理规定》《河南省浮桥安全管理办法（试行）》等法规和规章。河南黄河河务局也颁发有关河南黄河水行政管理方面的规定、办法、意见、制度等。

表 9-4　濮阳河务局水行政执法通用法律、法规、规章目录

类别	序号	法律、法规、规章名称	制定、发布机关
法律	1	中华人民共和国行政许可法	全国人大常委会
	2	中华人民共和国行政处罚法	全国人大常委会
	3	中华人民共和国行政复议法	全国人大常委会
	4	中华人民共和国行政赔偿法	全国人大常委会
	5	中华人民共和国国家赔偿法	全国人大常委会
	6	中华人民共和国行政诉讼法	全国人大常委会
	7	中华人民共和国行政强制法	全国人大常委会
地方性法规	1	河南省行政机关执法条例	河南省人大常委会
政府规章	1	河南省行政机关执法条例实施办法	河南省人民政府

二、水法规宣传与教育

1985年11月，中共中央、国务院转发中宣部、司法部《关于向全体公民基本普及法律常识的五年规划》。12月，全国人大常委会做出《关于在公民中基本普及法律常识的决定》。由此展开持久的全民普法活动。濮阳河务局结合黄河实际，制订普法五年规划和年度计划，坚持以水法规宣传教育为重点，在做好“世界水日”“中国水周”“全国法制宣传日”集中宣传的同时，注重创新形式、挖掘深度、强化效果，形成集中宣传和经常宣传相结合、学法和用法相结合、普法和依法治理相结合的水法规宣传机制，依法行政的能力和水平逐步增强，全方位推进了濮阳黄河事业的依法治理。

（一）“一五”普法（1985～1990年）

“一五”普法的基本目标是：通过普及法律常识教育，使全体干部职工增强法制观念，知法、守法，养成依法办事的习惯。“一五”普法的重点对象是：全体干部职工。“一五”普法的主要内容有：《中华人民共和国宪法》（以下简称《宪法》）、《中华人民共和国民族区域自治法》、《中华人民共和国刑法》（以下简称《刑法》）、《中华人民共和国刑事诉讼法》（以下简称《刑事诉讼法》）、《中华人民共和国民法通则》、《中华人民共和国民事诉讼法》（以下简称《民事诉讼法》）、《中华人民共和国婚姻法》、《中华人民共和国继承法》、《中华人民共和国经济合同法》（以下简称《经济合同法》）、《中华人民共和国兵役法》、《中华人民共和国治安管理处罚条例》（以下简称《治安管理处罚条例》），以及颁布的水法规。

“一五”普法期间，濮阳市黄河修防处在对“十法一条例”法律常识的学习和普及的同时，重点学习宣传贯彻已颁布的水法规。1988年7月，《水法》实施后，濮阳市黄河修防处把学习宣传贯彻水法作为一项重要工作，成立学习宣传贯彻水法规领导小组，安排布置《水法》《河道管理条例》《河南省黄河工程管理条例》的学习宣传教育活动。处机关和各修防段采取“二、五”集中学、自学、举办学习班等多种形式组织干部职工学习水法和管理条例，还开展水法规知识竞赛，对干部职工进行水法规知识考试。同时，与地方政府一起，采取宣传车、墙报、标语、广播等形式在沿河村庄、繁华街道、贸易集市等场所开展水法规宣传活动。

（二）“二五”普法（1991～1995年）

1991年，制定《濮阳市黄河河务局第二个五年普法教育工作规划意见》，确定“二五”普法的基本目标是：提高全局干部职工的社会主义法律意识和遵守水法、运用水法的自觉性，做到依法治河、依法管水，促进治河事业的发展和社会政治、经济的稳定。重点对象是：全局全体干部、职工和护堤员；濮阳市黄河河务局范县子弟小学的全体师生；沿河乡（镇）的群众（特别是用水单位，以及水利工程经常遭受破坏的堤段的村庄及渡口、浮桥周围的干部群众）。主要内容有：《宪法》、《刑法》、《中华人民共和国行政诉讼法》（以下简称《行政诉讼法》）、《民事诉讼法》等有关法律，重点安排学习《水法》、《河道管理条例》、《中华人民共和国防汛条例》（以下简称《防汛条例》）及地方各级政府有关水法规。各级领导干部在全面学习国家《宪法》《刑法》《行政诉讼法》《民事诉讼法》的同时，重点学习《水法》《河道管理条例》《防汛条例》及省、市、县有关水法规；水政、水利公安人员主要学习《刑法》《治安处罚条例》《行政诉讼法》《民事诉讼法》《水法》《河道管理条例》《防汛条例》，学习各级政府有关水法规；一般干部和职工，在认真学习《水法》《河道管理条例》《防汛条例》的基础上，学习一般法律基础知识和法律常识；向重点用水单位和有关部门印送国家有关取水许可和水行政管理方面的规章及学习宣传材料。根据规划意见，各单位每年制订年度普法计划，具体安排全年的普法任务。

“二五”普法期间，濮阳市黄河河务局统一编印普法学习资料2600册，发给干部职工人手1册。全局各单位坚持以每周二、五学习为主，采取集中辅导与自学相结合的方法组织干部职工学习法律法规。举办水法规学习培训班2期，水政、水利公安学法、执法、立法研讨班2期。在“二五”普法期间，每人参加学习时间不少于120天。1993年7月，在全局组织水法规知识测验，测验的内容主要有《水法》《河道管理条例》《防汛条例》《黄河防御特大洪水方案》《黄河防汛管理工作规定》《河南黄河河道管理办法》《黄河下游浮桥建设管理办法》《黄河下游引黄渠首工程水费收缴管理办法》《关于蓄滞洪区安全与建设管理办法》等，对取得好成绩的干部职工给予奖励。还举办水法规知识竞赛10次。

在每年的“世界水日”和“中国水周”期间（1993年联合国确立每年的3月22日为“世界水日”，1994年将每年7月1日至7日的“中国水周”调整为每年的3月22日至28日），各单位采取宣传车、标语、电视、广播等多种形式深入沿河乡、村，掀起向群众宣传《水法》《河南省河道管理条例》《河南省黄河工程管理条例》《水费计收管理办法》等水法规的高潮。通过宣传，在提高沿河干部群众的依法治河意识的同时，黄河水行政执法部门的知名度和法律地位都得到提高。

1991年，黄委会颁发《黄河渡口管理办法》。1993年，黄委会颁发《黄河取水许可实施细则》。1994年，河南省颁发修改后的《河南省黄河工程管理条例》。上述规章颁发后，濮阳市黄河河务局及时组织干部职工进行认真学习，并在沿河地区进行深入宣传。

（三）“三五”普法（1995～2000年）

“三五”普法的基本目标是：通过在全体干部职工中继续深入进行以宪法、基本法律和水法规知识为主要内容的宣传教育，进一步增强干部职工的法律意识和法制观念，不断提高干部职工依法治河、依法管河的水平和能力。“三五”普法的重要对象是：科级以上干部、水政执法人员、水利公安保卫人员、中级职称以上人员和经济实体的经营管理人员；黄河水利设施周围、沿河村镇、重要用水单位、水事纠纷多发河段和水利设施遭受破坏严重地区的广大干部群众。“三五”普法的主要内容有：全局干部职工全面学习《宪法》、《水法》、《防汛条例》、《河道管理条例》、《行政处罚法》、《中华人民共和国国家赔偿法》（以下简称《国家赔偿法》），以及省人大、省政府颁发的有关水法规；各级水政水资源工作人员、公安保卫人员重点学习《行政诉讼法》、《中华人民共和国行政处罚法》（以下简称《行政处罚法》）、《中华人民共和国行政复议法实施条例》（以下简称《行政复议法条例》）、《治安管理条例》、《国家赔偿条例》、《取水许可实施办法》等国家基本法律；企业经营管理人员重点学习掌握《中华人民共和国公司法》（以下简称《公司法》）、《中华人民共和国劳动法》（以下简称《劳动法》）、《中华人民共和国经济合同法》（以下简称《经济合同法》）、《中华人民共和国商标法》、《中华人民共和国税法》（以下简称《税法》）等与社会主义市场经济密切相关的法律、法规，提高依法经营管理水平；各部门重点掌握与各自工作职责相关的法律、法规，如：《中华人民共和国档案法》（以下简称《档案法》）、《中华人民共和国保密法》、《中华人民共和国会计法》（以下简称《会计法》）、《中华人民共和国统计法》等，认真做好各项法规的贯彻实施。

“三五”普法期间，普法学习资料仍由濮阳市黄河河务局统一编印，全局干部职工每人1册，同时还购买多种普法材料。各单位都建立普法学习考核制度，采取自学与辅导相结合的方式学习法律知识，学习时间每人达到240个小时以上。培训普法骨干36人。举办法律知识讲座23场，邀请司法部门资深人员讲课。播放水法规讲座录像58场次。每年进行1～2次法律知识测试，合格率达到99%。1999年，全局副科级以上干部全部参加法律知识考试，发给合格者干部普法合格证，并将成绩归入个人档案。

水法规宣传采取定期和不定期相结合的方式进行。“世界水日”和“中国水周”是水法规宣传高潮。各单位组织宣传队伍，在沿河乡、村巡回宣传，散发传单，张贴标语，设水法规咨询台，大力宣传《水法》《河南省黄河河道管理条例》《河南省黄河工程管理条例》《防洪法》《取水许可制度实施办法》《行政处罚法》《治安管理处罚条例》等法律法规。还利用市、县电视台、广播电台播放水法规。在夏收、秋收时节，沿堤宣传《河南省黄河工程管理条例》，禁止在堤上打场晒粮。在渡口和易被破坏工程周围的村庄开展有关水法规和案例的宣传，提高群众保护、爱护黄河防洪工程的自觉性。1997年《防洪法》颁布后，立即组织全局干部职工认真研读《防洪法》各条款，领会精神实质，掌握法律原则，提高依法防洪的水平。同时面向社会开展《防洪法》的宣传教育活动，做到家喻户晓，人人皆知，进一步提高沿河干部群众的防洪意识。1998年，开展国务院颁发的《水利产业政策》学习宣传活动，增强社会对水利产业政策的熟悉和了解程度，为《水利产业政策》的实施创造良好的社会氛围。濮阳市黄河河务局2000年水法宣传见图9-1。

（四）“四五”普法（2001～2005年）

“四五”普法的基本目标是：实现由提高干部职工法律意识向提高干部职工法律素质的转变，实现由注重依靠行政手段管理向注重运用法律手段管理的转变，全方位推进黄河事业的依法治理。“四五”普法的重要对象是：各级领导干部、水行政执法人员、水资源管理人员、防汛管理人员、防洪基建管理人员、财务物资管理人员和企业经营管理人员等。“四五”普法的主要内容有：学习宪法、国家基本法律和水法规知

图9-1　2000年水法宣传

识，努力做到知法、守法、用法。各级领导干部重点学习《宪法》《水法》《防洪法》《行政复议法》《国家赔偿法》及新颁法律法规；水行政执法和水资源管理人员深入学习、熟练掌握《水法》《防洪法》《行政处罚法》《行政复议法》《河南省黄河工程管理条例》等法律法规；防汛管理人员认真学习和宣传《水法》《防洪法》《防汛条例》《河南省〈防洪法〉实施细则》等法律法规，贯彻落实《黄河防洪工程抢险责任制》《河南省黄河防汛督察办法》《河南省黄河巡堤查险办法》等；防洪基建和财务物资管理人员，着重学习和宣传《防洪法》、《中华人民共和国招投标法》、《财政部政府采购管理暂行办法》、《中华人民共和国建筑法》（以下简称《建筑法》）、《建设工程质量管理条例》、《会计法》等法律法规；企业经营管理人员重点学习《中华人民共和国公司法》（以下简称《公司法》）、《经济合同法》、《税法》、《会计法》、《劳动法》、《中华人民共和国社会保险法》（以下简称《社会保险法》）、《中华人民共和国工会法》（以下简称《工会法》）等与企业相关的法律法规。

"四五"普法期间，濮阳市黄河河务局统一编印《"四五"普法法律法规选编》600册，汇编《宪法》《水法》《防洪法》等57部法律、法规、条例、办法；编印《普法宣传教育材料汇编》1200册，汇编《中华人民共和国行政许可法》等10部法律法规。还购置《宪法》《水法》《防洪法》《行政许可法》《行政诉讼法》《行政处罚法》《行政复议法》《中华人民共和国道路交通安全法》《河南省黄河工程管理条例》《水利系统"四五"普法通用教材》《河南省干部法律学习手册》等普法学习宣传材料6000册。

探索法制宣传教育工作规范化、制度化建设的新措施、新方法，制定《濮阳市黄河河务局领导干部法制讲座制度》《濮阳市黄河河务局理论学习中心组学法制度》《濮阳市黄河河务局机关工作人员、水政执法人员、企业经营管理人员法律培训考核制度》《濮阳市黄河河务局普法骨干法律培训制度》等，为法制宣传教育工作的不断深入开展提供制度保障。在机关部门各选拔1名有法律基础的人员作为本部门的普法骨干，局属单位分别选拔2名普法骨干。除组织普法骨干参加上级组织的学习培训外，濮阳市黄河河务局还加强对普法骨干的培训，使他们熟悉掌握《宪法》、《水法》、《防洪法》、《中华人民共和国行政许可法》（以下简称《行政许可法》）、《河道管理条例》等法律、法规和规章，以此带动本单位、本部门、本班组普法工作的开展。"四五"普法期间，全体干部职工全部完成安排的学习任务，并对阶段性的学习内容进行考核，保证了学习质量。

"世界水日"和"中国水周"水法规宣传期间，濮阳市黄河河务局统一组织，认真安排，利用电视、广播、宣传车、标语、宣传板报、散发传单、组织水法宣传方队、水法规知识竞赛、召开水法规座谈会等多种形式，在濮阳市区、濮阳县、范县、台前县开展声势浩大的宣传活动，沿河地区受教育人数达60多万人。

自2001年国务院确定每年的12月4日为全国法制宣传日后，濮阳市黄河河务局每年都围绕宣传主题制作大型横幅和条幅，设立咨询台、插彩旗、散发传单、出宣传板报等开展宣传活动。同时组织职工收看中宣部、司法部、中央电视台联合制作的法制宣传日系列专题节目，参加"12·4"网上知识竞赛等，进一步提高广大干部的法律意识，增强法治观念，提高依法行政、依法管理、依法办事的能力和水平。

（五）"五五"普法（2006~2010年）

"五五"普法的基本目标是：通过深入扎实的法制宣传教育和法治实践，进一步提高沿河群众的水法律素质和水忧患意识；进一步增强干部职工社会主义法治理念，提高依法行政能力和水平；进一步增强各单位依法治河的自觉性，提高依法管理黄河和服务社会的水平。"五五"普法的重要对象是：沿河地区一切有接受教育能力的公民，河务部门广大干部职工。特别是领导干部、公务员、企业经营管理人员和水行政执法人员是"五五"法制宣传教育的重点对象。"五五"普法的主要内容有：深入学习宣传宪法；深入学习宣传《水法》《防洪法》《取水许可和水资源费征收管理条例》《黄河水量调度条例》《河南省黄河工程管理条例》《河南省黄河河道管理办法》等水利法规；深入学习宣传《行政处罚法》《行政许可法》《行政复议法》等规范行政行为的法律法规；深入学习宣传《中华人民共和国安全生产法》（以下简称《安全生产法》）、《劳动法》、《招标投标法》、《合同法》等规范企业经营管理的法律法规；深入学习宣传维护社会公平正义的相关法律法规；组织开展法制宣传教育专题活动；充分发挥网络传媒在法制宣传教育中的作用。

"五五"普法期间，濮阳河务局累计购置《宪法》、《水法》、《中华人民共和国公务员法》（以下简称《公务员法》）、《合同法》、《防洪法》、《行政许可法》、《行政复议法》、《中华人民共和国水污染防治法》、《国家公务员处分条例》、《取水许可和水资源费征收管理条例》等法律法规条例3200册，购买电视系列片《人、水、法》光盘68张、《生命的呼唤》16张。2007年，复印修改后的《河南省黄河工程管理条例》2600册，编印《"五五"普法教材》1800册。

“五五”普法期间，根据《河南黄河河务局公务员法律培训考核制度》《机关工作人员法律培训考核制度》《水政执法人员法律培训考核制度》《企业经营管理人员法律培训考核制度》的要求，各单位利用每周二、五学习时间，采用集中或者自学、聘请法律专家学者授课等方式，组织干部职工学法。公务员重点学习《公务员法》、《国家公务员处分条例》、《水法》、《防洪法》、《行政许可法》、《中华人民共和国审计法》（以下简称《审计法》）、《安全生产条例》、《黄河水量调度条例》等相关的法律法规，组织《公务员法律》和《行政机关公务员处分条例》知识考试。水行政执法人员重点学习《宪法》《水法》《公务员法》《防洪法》《行政许可法》《行政处罚法》《行政复议法》《国家赔偿法》《河道管理条例》《河南省黄河工程管理条例》《河南省黄河河道管理办法》等法律法规；企业经营管理人员重点学习《公司法》《合同法》《税法》《招标投标法》《安全生产法》等与企业相关的法律法规条例。坚持干部职工普法知识年度考试制度，对每个人的考试成绩记录在案。

“世界水日”和“中国水周”活动期间，先后5次组织濮阳第一河务局和第二河务局、范县和台前河务局、渠村分洪闸和张庄闸管理处等单位，联合开展大规模的水法规宣传活动。

（六）“六五”普法（2011～2015年）

“六五”普法的主要目标是：通过深入扎实的水利法制宣传教育和法治实践，深入宣传宪法，广泛传播水利法律知识，进一步增强濮阳黄河流域经济社会的水法律意识、水忧患意识、节约保护水资源意识、关心支持濮阳黄河治理开发管理的良好社会氛围；进一步增强全局广大干部职工的法律素质，提高依法行政的能力；进一步增强全局各级组织和单位依法行政、依法治理，提高运用法律手段进行社会管理和公共服务、处理实际问题的能力和水平，促进濮阳黄河综合管理能力的明显提升。“六五”普法的对象是：濮阳市沿河一切具有接受教育能力的公民和青少年，重点是全局各级领导干部、公务员、企业经营管理人员、水行政执法人员等。“六五”普法的主要内容有：重点学习宣传宪法；深入学习宣传中国特色社会主义法律体系和国家基本法律；深入学习宣传《水法》《防洪法》《河道管理条例》《黄河水量调度条例》《河南省黄河工程管理条例》《河南省黄河河道管理办法》等水利法规；深入学习宣传《行政处罚法》《行政许可法》《行政复议法》《行政诉讼法》等规范行政行为的法律法规；深入学习宣传《安全生产法》《劳动法》《招标投标法》《合同法》《社会保险法》《建筑法》等规范企业经营管理的法律法规；继续开展“法律六进”活动（法律进机关、进乡村、进社区、进学校、进企业、进单位）；深入推进依法治河进程；加强黄河法制文化建设等。

“六五”普法期间，全局累计购置《宪法》《水法》《公务员法》《合同法》《防洪法》《行政许可法》《行政复议法》《水污染防治法》《国家公务员处分条例》《取水许可和水资源费征收管理条例》等法律法规条例共3000余册，购买电视系列片《人·水·法》光盘60余张。汇编印发《水法规宣传手册》《黄河下游河道采砂管理办法》《濮阳河务局常用法律汇编》等共5000余册，《普法教材》1000余册。

“六五”普法期间，领导干部重点学习《宪法》《水法》《防洪法》《行政许可法》《行政处罚法》《工会法》《中华人民共和国合伙企业法》《合同法》《河南省黄河工程管理条例》等法律法规，并与解决工作中的实际问题结合起来，在提高理论修养和法律素质的同时，提高依法决策的能力。机关人员重点学习《公务员法》《国家公务员处分条例》《水法》《防洪法》《行政许可法》《审计法》《安全生产条例》《黄河水量调度条例》等相关的法律法规。根据不同专业工作的需要，还专门安排学习《工会法》《劳动法》《会计法》《档案法》《安全生产管理条例》《计划生育管理条例》《妇女权益保护法》等法律法规。按照上级要求，组织公务员参加系统内部法律培训，开展《公务员法律知识》《行政机关公务员处分条例》等方面的考试。水行政执法人员重点学习《宪法》《水法》《公务员法》《防洪法》《行政许可法》《行政处罚法》《行政复议法》《国家赔偿法》《河南省黄河工程管理条例》《河南省黄河河道管理办法》等法律法规，进一步提高执法队伍自身的法律素质和办案水平。企业经营管理人员重点学习《公司法》《合同法》《税法》《招标投标法》《安全生产法》等与企业相关的法律法规条例，定期组织有关人员进行法律、消防、安全生产、环境保护等知识培训，培养企业经营管理人员树立诚信守法、依法经营、依法办事、安全生产、环境保护的观念。

“六五”普法期间，共举办普法业务、水政执法培训班6次，聘请普法专家、法官等专业讲师授课，重点培训普法主管领导、骨干和部门负责人，培训人员300多人次；组织参加上级举办的普法业务培训5次，培训人员50人次。

“六五”普法期间，在组织好“世界水日”“中国水周”“12·4”法制宣传活动外，每年都组织局属水管单位在沿河乡（镇）、村庄联合开展大规模的水法宣传活动，投入人力1000余人次，投入宣传资金20余万元。投资近70万元，在一线工程班附近建设法治文化宣传基地20处，在10个重要上堤路口和4处所管辖的浮桥旁边设置永久性普法宣传牌24个。开展“法律六进”活动，宣传防汛、工程建设、工程管理、河道管理、涉水安全等法规常识，不断提高沿河干部群众的以法治河意识。2015年，濮阳河务局获得“全国水利系统‘六五’普法先进集体”荣誉称号。

三、水行政执法

濮阳河务局水行政执法的范围是：河道管理与保护、水工程和防洪设施保护、水资源管理与保护、水事纠纷调处、执法监督等。主要内容有：河道管理范围内非防洪工程建设项目许可和监督管理；开展河道巡查，对河道范围内水事违法行为进行制止和处罚，对破坏防洪工程违法行为进行制止和处罚，对阻扰工程管理和工程建设违法行为进行制止和处罚等。2015年，制定《濮阳河务局河道清障分段划分责任人制度》《濮阳河务局水政公安联合河道巡查报告制度》《濮阳河务局水事治安案件会商制度》《濮阳河务局治安工作定期报告制度》等，进一步明确各级河道管理职责，强化依法治河管理职能，要求及时有效地查处濮阳黄河河道内各类水事违法活动，以保障濮阳黄河防汛和防洪工程的安全。

（一）河道管理范围内建设项目管理

1988年，国务院颁布的《河道管理条例》规定，“有堤防的河道，其管理范围为两岸堤防之间的水域、沙洲、滩地（包括可耕地）、行洪区、两岸堤防及护堤地”。1992年，河南省颁布的《河南省黄河河道管理办法》规定，黄河河道及其主要水工程的管理范围是“（一）堤防护堤地：……东坝头以下的黄河堤、贯孟堤、太行堤、北金堤……临河30米，背河10米，……堤防的险工、涵闸、重要堤段的护堤地宽度应适当加宽。护堤地从堤脚算起，有淤临、淤背区和前后戗的堤段，从淤区和堤戗的坡脚算起；各段堤防如遇加高帮宽，护堤地的宽度相应外延。（二）控导（护滩）工程护坝地：临河自坝头连线向外30米，背河自联坝坡脚向外50米。工程交通路坡脚外3米为护路地。（三）涵闸工程从渠首闸上游防冲槽至下游防冲槽末端以下100米，闸边墙和渠堤外25米为管理范围”。

1992年4月，水利部颁发《河道管理范围内建设项目管理有关规定》，要求在河道（包括河滩地、湖泊、水库、人工水道、行洪区、蓄洪区、滞洪区）管理范围内新建、扩建、改建的建设项目，必须按照河道管理权限，经河道主管机关审查同意后，方可按照基本建设程序履行审批手续。

1993年11月，黄委会制定《黄河流域河道管理范围内建设项目管理实施办法》，规定“黄河流域河道管理范围内新建、扩建、改建的开发水利水电、防治水害、整治河道的各类工程，跨河、穿河、跨堤、穿堤、临河的桥梁、码头、道路、渡口、管道、缆线、取水口、排污口等建筑物，厂房、仓库、工业和民用建筑以及其他公共设施”等建设项目，须经河道主管机关审查，同意后方可按照基本建设程序，履行审批手续。根据黄委会和河南黄河河务局的有关规定，濮阳黄河河道管理范围内和北金堤滞洪区管理范围内（包括金堤河）兴建大型建设项目及各类穿堤建设项目，由河南黄河河务局受理提出意见，报黄委会审查；兴建其他建设项目，由濮阳河务局受理提出意见，报河南黄河河务局审查。受理单位在受理申请后5个工作日内将初步意见、受理通知单和申报材料等直接送达审查单位；对不需办理许可或不符合法定形式的，向申请单位出具不予受理通知单，并说明不予受理理由。审查工作在25个工作日内完成。建设项目批准后，凡是跨汛期（凌期）施工的建设项目，建设单位组织编制施工度汛方案或防凌方案。濮阳黄河河道管辖范围内的建设项目施工时，受河南黄河河务局的委托，由濮阳河务局负责对建设项目施工进行监督，组织检查建设单位是否按照审查意见和批准的施工安排施工。发现建设单位未按照法律、法规、规章和水行政许可决定的要求履行义务的，责令建设单位限期改正。建设单位逾期不能改正的，依照有关法律、法规的规定予以处理。建设项目竣工后，需经填发审查同意书的河道主管机关或其委托的河道管理部门检验合格后方可启用。濮阳河务局对濮阳黄河河道管理范围内建设项目实施平时管理，每年汛前，对已建、在建工程和穿堤管线等进行全面系统的检查，对发现的问题向有关单位及时提出处理措施，并督促解决，以保障防汛安全。

1991～2015年，濮阳黄河河道和北金堤滞洪区范围内的非防洪工程建设项目主要有桥梁、管道、公路、涵闸、高压线路、养殖等，共40项（见表9-5）。

表9-5　1991～2015年濮阳黄河河道管理范围内非防洪工程建设项目统计

序号	项目名称	建设地点	建设单位	审批单位	批准日期（年-月-日）	监督管理单位
1	京九铁路孙口黄河特大桥	台前县大堤桩号163+030	济南铁路局	黄委会	1991-09	濮阳河务局
2	东明黄河公路大桥	濮阳县大堤桩号63+200	山东省交通厅	黄委会	1991-01	濮阳河务局
3	台前县张堂浮桥	台前县张堂险工8坝下游30米处	台前县张堂浮桥股份公司	河南河务局	2002-09-05	台前河务局
4	黄河南天然气外输管道改建工程	濮阳县大堤桩号69+090	中原油气高新公司	河南河务局	2002-11-19	濮阳第一河务局
5	范县恒通黄河浮桥	范县大堤桩号124+285	范县恒通浮桥有限公司	河南河务局	2004-02-25	范县河务局
6	阿深高速公路穿越北金堤工程	北金堤桩号－14+650	濮安高速公路有限公司	河南河务局	2005-04-20	濮阳第二河务局
7	范县昆岳黄河浮桥	范县大堤桩号140+425	昆岳黄河浮桥公司	河南河务局	2005-06-28	范县河务局
8	S209卞张线公路改建工程穿越金堤	北金堤桩号24+200	濮阳市公路管理局	河南河务局	2005-06-28	濮阳第二河务局
9	濮阳至范县高速公路穿越北金堤滞洪区	北金堤桩号39+971	濮阳濮范高速公路有限公司	黄委	2005-07-20	濮阳第二河务局
10	鄄城黄河公路大桥	范县大堤桩号125+080	山东鄄城黄河大桥投资公司	黄委	2005-07-21	范县河务局
11	濮阳市渠村引黄闸改建工程	濮阳县大堤桩号47+120	河南河务局供水局	黄委	2005-10-24	濮阳河务局
12	渠村水质观测穿堤管线工程	濮阳县大堤桩号47+001	濮阳市环境保护监测站	濮阳河务局	2006-08-01	渠村闸管理处
13	台前县幸福引黄闸	韩胡同控导工程28～29坝	台前县水务局	濮阳河务局	2006-09-28	台前河务局
14	台前县甘草引黄闸	孙楼控导工程19～20坝	台前县水务局	濮阳河务局	2007-04-06	台前河务局
15	台前孙口铁路桥执勤岗楼	孙口铁路桥与大堤交汇处下首6米	聊城房建生活段	濮阳河务局	2007-06-13	台前河务局
16	台前县打鱼陈乡枣包楼引黄涵洞	台前枣包楼控导工程10～11坝	台前县枣包楼村委会	濮阳河务局	2007-06-13	台前河务局
17	濮范公路穿越金堤改建工程	北金堤桩号28+900	濮阳县交通局	濮阳河务局	2007-08-08	濮阳第二河务局
18	德商高速山东鄄城黄河公路大桥	范县大堤桩号199+150～204+773	山东鄄城黄河公路大桥公司	河南河务局	2007-08-25	范县河务局
19	金堤河张庄提排站改扩建工程	台前县大堤桩号193+550～193+794	濮阳金堤河治理工程管理局	河南河务局	2008-04-03	台前河务局
20	濮阳县渠村乡东滩干渠引水工程	青庄工程连坝	濮阳县水务局	濮阳河务局	2008-10-08	濮阳第一河务局

续表 9-5

序号	项目名称	建设地点	建设单位	审批单位	批准日期(年-月-日)	监督管理单位
21	濮阳县安头防淤闸	南上延控导工程5~6坝	濮阳县水务局	濮阳河务局	2009-03-08	濮阳第一河务局
22	濮范高速公路建设田地补充耕地项目范县2009年第一期耕地储备项目	范县堤桩号126+950~132+700	范县国土资源局	濮阳河务局	2010-01-07	范县河务局
23	京九铁路电气化改建工程488+926通信基站	台前县大堤桩号163+020	京九铁路电气化工程建设指挥部	濮阳河务局	2010-01-08	台前河务局
24	台前县王庄排涝闸	台前梁路口工程15~16坝	台前县马楼乡政府	濮阳河务局	2010-11-22	濮阳第二河务局
25	澶都至范县220 V线路工程跨越北金堤	北金堤桩号35+860	濮阳电力公司	濮阳河务局	2010-12-01	濮阳第二河务局
26	濮阳县渠村浮桥	濮阳县大堤桩号50+600	东明县钟川船舶工程公司	黄委	2012-07	濮阳第一河务局
27	中原—开封输气管道穿越黄河工程	濮阳县大堤桩号68+800	中原油田工程建设公司	黄委	2012-11	濮阳第一河务局
28	南气北输管道更新改造穿越黄河工程	濮阳县大堤桩号68+788	中原油田建设集团公司	黄委	2012-11	濮阳第一河务局
29	梨园大河肉牛养殖场	濮阳县大堤桩号80+650~80+730	梨园大河肉牛养殖场	濮阳河务局	2012-08	濮阳第一河务局
30	金堤回灌闸维修工程	北金堤桩号3+100	濮阳市引黄建设管理局	濮阳河务局	2013-03-05	濮阳第二河务局
31	台前县辛鑫畜牧开发公司改扩建项目	距大堤桩号149+200处2.5千米滩区	台前县辛鑫畜牧开发公司	濮阳河务局	2013-06-10	台前河务局
32	濮阳县扶农生态牧业	濮阳县大堤桩号51+450~51+550	濮阳市扶农生态牧业公司	濮阳河务局	2013-06-12	濮阳第一河务局
33	450头奶牛标准化养殖项目	范县大堤桩号133+950~134+080	范县黄河滩养殖场养殖农民专业合作社	濮阳河务局	2013-10-14	范县河务局
34	台前县甘草引黄闸改建工程项目	台前孙楼控导工程19~20坝	台前县满庄灌区建管局	河南河务局	2014-03-22	台前河务局
35	年存栏200头生态肉牛场项目	范县大堤桩号140+000~142+000	范县兴旺养殖专业合作社	濮阳河务局	2014-04-26	范县河务局
36	年存栏200头生态肉牛场项目	范县大堤桩号132+000~133+000处滩区	范县喜旺畜牧专业合作社	濮阳河务局	2014-04-26	范县河务局

续表 9-5

序号	项目名称	建设地点	建设单位	审批单位	批准日期（年-月-日）	监督管理单位
37	年存栏 200 头生态肉牛场项目	范县大堤桩号 112＋000～113＋000 处滩区	范县犇犇生态养殖种植农民专业合作社	濮阳河务局	2014-06-28	范县河务局
38	200 头肉牛改扩建项目	距范县大堤桩号 131＋800 处 4.3 千米滩区	范县绿生源畜牧养殖农民专业合作社	濮阳河务局	2014-09-20	范县河务局
39	年存栏 500 头肉牛养殖场项目	濮阳县大堤桩号 90＋500～90＋650	濮阳县福丰养殖专业合作社	濮阳河务局	2014-08	濮阳第一河务局
40	年存栏 450 头奶牛建设项目	台前县距大堤桩号 178＋300 处 1.5 千米，距主河槽 0.5 千米滩区	濮阳市黄河养殖有限公司	濮阳河务局	2015-06-24	台前河务局

（二）河道巡查管理

20 世纪 80 年代后，随着经济社会的快速发展，在黄河河道管辖范围内的经济活动日益增多，个别单位和个人在河道范围内违规设障、违法建设、乱采滥挖等影响防洪的违法现象时有发生，损毁黄河防洪工程设施、盗窃黄河防汛备防石、违章种植片林等违法案件屡见不鲜。这些违规行为严重干扰黄河河道内正常的水事秩序，给黄河防洪安全带来隐患。1990 年以后，黄委会先后制定《黄河河道管理巡查报告制度》《水事违法案件快速反应规定》《正确履行河道管理职责规定》等有关河道巡查管理的规章。河道监督管理，实行各级各部门负责制，水政监察部门负责所辖河道管理范围内违反法律、法规、规章规定的水事行为的预防、巡查、报告和查处，建管部门和防办予以配合；建管部门负责所辖河道管理范围内直管水工程及其设施（包括大堤临河 50 米、背河 100 米，控导工程临河 30 米、背河 50 米管护范围）发生违反法律、法规、规章规定的水事行为的巡查、报告和制止，案件查处由水政部门负责，建管和防办予以配合；对河道管理范围内阻碍行洪障碍物的清除，由各级防办负责，水政和建管部门配合。

2003 年，濮阳市黄河河务局成立河道巡查工作小组，制定《濮阳市黄河河道管理巡查报告制度实施细则》，明确巡查的范围、时间、方式，以及对水事违法案件的处理要求等，规范河道巡查工作。

河道巡查工作的主要任务是：及时发现和报告法律、法规、规章等规定禁止的、未经许可擅自进行的、可能影响防洪或引发水事纠纷的水事行为以及河道内开发、利用、建设等活动。河道巡查的重点是：河道管理范围内建设妨碍行洪的构筑物、建筑物；河道保护范围内弃置、堆放阻碍行洪的物体，种植阻碍行洪的林木及高秆作物；损坏涵闸等各类水工建筑物及水文、通信、供电、观测等设施；在防洪工程保护范围内取土、打井、挖坑、埋葬、建窑等；在河道内非法采砂、取土和乱堆沙土等；在浮桥码头、丁坝及连接道路路基中抛投块石、编织袋、滩区道路高于当地滩面等；未经批准或未按照批准要求修建桥梁、码头和其他拦河、跨河、临河建筑物、构筑物，铺设跨河管道、电缆；其他影响防洪安全的水事违法行为。图 9-2 为水政人员乘船进行河道巡查。

图 9-2　河道巡查

濮阳河务局负责制订所辖范围内河道巡查计划，组织定期和不定期巡查；对辖区河道巡查报告工作进行检查、监督和指导；按规定向河南黄河河务局报送河道巡查报告。各县级河务管理机构负责制订所辖河道巡查计划，组织开展经常巡查和不定期巡查；对巡查中发现的违法、违章行为依法查处；按规定向濮阳河务局报送河道巡查报告。

河道巡查采用经常巡查、定期巡查和不定期巡查相结合的方式。经常巡查：县级河务局水政监察大队对所辖河道每月至少巡查 2 次。在冬、春林木种植季节，每周至少巡查 2 次。定期巡查：局水政监察支队对所辖河道每季度至少巡查 2 次。在冬、春林木种植季节，每两周至少巡查 1 次。不定期巡查：对所辖范围内水事违法行为多发季节和多发河段进行的巡查，巡查次数、组织形式视情况而定。河道巡查一般由水政监察人员进行；汛前组织水政、监察、工管、养护、运行、闸管等部门开展联合执法，对所辖区域进行拉网式排查。

巡查实行登记和报告制度。定期巡查后写出专题报告，县级河务部门巡查专题报告于巡查结束后 3 日内报至濮阳河务局；濮阳河务局汇总报告或巡查报告 5 日内上报至河南黄河河务局。报告内容包括巡查人员组成、巡查时间、巡查范围、巡查中发现的问题、采取的措施及处理结果、意见和建议等。河道巡查中发现的重大或有特殊影响的水事违法案件，应当在发现后 3 小时内电话上报，6 小时内书面上报，并密切监控案件进展，逐日上报情况。县级河务部门发现发生在本单位管辖河段、工作现场的水事违法案件，应当在发现后 1 小时内向单位负责人报告。

河道巡查规范河道范围内的水事秩序，有效地维护黄河河道的行洪安全，减少或避免不必要的经济损失。1990 ~ 2015 年，在濮阳黄河水行政管辖范围内，共查处各类水事违法案件 1083 起，其中，现场处理 773 起，立案查处 308 起，结案 301 起，结案率 98%。

（三）河道清障

黄河河道行洪障碍是指妨碍行洪的建筑物、构筑物，倾倒垃圾、渣土，壅水、阻水严重的桥梁、引道、码头和其他跨河工程设施，河道内种植阻碍行洪的林木和高秆作物及法律、法规、规章规定的其他阻碍行洪的障碍物。河道行洪障碍每年 6 月 15 日前必须全部清除。

濮阳河务局负责本辖区内的河道清障管理工作，编制辖区内河道清障工作计划，提请濮阳市防汛抗旱指挥组织实施；负责跨县（市、区）行政区域河道设障行为的依法立案查处，并对辖区河道清障工作进行检查、监督和指导。县级河务管理机构负责辖区河道清障工作的管理，负责辖区河道巡查和对河道设障行为的依法立案查处；编制本辖区内黄河河道清障工作计划，提请同级防汛指挥机构组织实施。

各级河务管理机构内部实行部门分工责任制。水政部门（包括各级水政监察队伍）负责所辖河道管理范围内除直管水工程管理与保护范围以外的河道巡查，向主管领导和上级部门报告有关情况，依法及时制止、查处设置行洪障碍的水事违法行为，并及时向防汛管理部门通报情况；工程管理部门负责直管水工程管理与保护范围内的巡查，向主管领导和上级部门报告有关情况，现场制止设障行为，及时向防汛部门和水政部门通报管辖范围内的设障情况；防汛办公室在接到水政、工管部门的巡查通报后，对需要提请防汛指挥机构实施清障的，负责核查河道行洪障碍情况，提出河道行洪障碍清除的对象、范围和时间要求，提请同级防汛指挥机构对河道行洪障碍进行清除，对河道清障进行督察，核查清障结果，并向水政、工管部门通报清障情况。

河道清障是河道巡查中的一项重要工作。发现河道设障行为后，须及时采取措施予以制止，同时对设障行为的性质、特点进行分析研究，严格按照法律规定的行政程序对河道设障行为进行查处。

1. 阻水片林清除

阻碍行洪的林木包括：黄河河槽内的任何林木和高秆作物；两岸大堤之间除以下规定范围以外未经河道主管机关批准的任何林木：控导工程背河 50 ~ 100 米范围内的抢险用材林，滩区内村庄及其周围 50 ~ 100 米范围以内的树木，滩区撤退道路、渠堤两侧均不超过二排树木，近堤 50 ~ 100 米范围以内的树木。

2003 年初，濮阳河务局根据黄河防总的要求，对濮阳黄河河道内的违章种植片林、违章建筑情况进行全面调查、核查，并登记造册。6 月 2 日，根据黄河防汛总指挥部下达的《黄河河道行洪障碍清除令》，河南省防汛抗旱指挥部下发《关于对黄河滩区阻水片林进行清除的紧急通知》。据此，濮阳市政府及时向沿河三县安排布置阻水片林清除工作。6 月 10 日，濮阳河务局召开由工务、水政部门负责人及濮阳、范县、台前三县河务局局长和分管副局长参加的清障工作落实会，进一步安排违章片林清障工作。6 月 13 日，省政府副秘书长受省长委托，带领河南黄河河务局局长、省林业厅副厅长，以及省退耕还林办和省防指的有关领导，到濮阳检查黄河河道清障工作。6 月 19 日，濮阳市政府再次召开会议，安排部署阻水片林清除工作。阻水片林清除工作实行责任制，濮阳市政府成立督查组织，对清除片林工作实行全过程监督与督察，还采取给予群众一定经济补偿的措施。县、乡领导深入各村，从黄河防洪大局出发，开展群众思想工作，动员群众清除阻水片林。全市迅速掀起清除阻水片林高潮。7 月 19 日，濮阳市滩区阻水片林清除工作通过黄河防汛总指挥部的验收，濮阳市黄河滩区共清除阻水片林 844 公顷，共 69.62 万株。其中，濮阳县 205 公顷，16.90 万株；范县 435 公顷，35.92 万株；台前县 204 公顷，16.80 万株。2003 年河道内阻水片林清除情景见图 9-3。

图 9-3 2003 年清除河道内阻水片林

2003 年以后，河道内违章片林清除作为清障工作的重点常抓不懈。2005 年 8 月，河南黄河河务局出台《河南黄（沁）河河道行洪障碍巡查管理规定》，在巩固 2003 年阻水片林清除成果的基础上，对河道范围内阻水林木做了进一步的界定，要求“根据迁安救护需要，现有控导工程至大堤之间片林，顺大堤方向每 1 千米至少清出一条垂直于大堤、宽度 200 米的迁安救护航运通道。……村村必须有迁安救护通道，宽度不少于 50 米。坚决遏制河道内产生新的片林，对于新增片林坚决查处”。2008 年 12 月，黄河防汛总指挥部印发《黄河下游河道内片林生产堤清障管理办法》，对阻水片林、生产堤清障管理工作实行统一领导、分级负责制，明确各级防汛抗旱指挥部和黄河防汛办公室的管理职责。省、市、县级黄河河务管理机构的职责是：负责本辖区河道内阻水片林、生产堤的巡查、预防和监督管理工作；负责阻水片林、生产堤的普查；对辖区河道内新增的阻水片林、生产堤依法进行查处；拟订清障工作计划报同级防汛指挥机构下达清障指令。每年 4 月 30 日前将辖区阻水片林、生产堤巡查情况，6 月 30 日前将辖区阻水片林、生产堤清除情况分别报上一级主管机构和同级防汛指挥机构。濮阳河务局贯彻执行上级有关阻水片林管理方面的所有规定，每年春季坚持增加河道巡查次数，及时发现制止违章片林的种植，并继续开展违章片林清除工作，2005 年清除 112 公顷，2009 年清除 111 公顷，2010 年清除 110 公顷。之后，禁止种植阻水片林作为一项经常性、规范性的工作，常抓不懈，河道内种植阻水片林的现象不再发生。

2. 禁止河道内采淘铁砂

采淘铁砂作业起源于伊洛河，其规模不断扩大，逐步发展到黄河下游。2008 年 6 月初，铁砂石价格大幅上涨。在经济利益的驱动下，黄河下游河道内出现未经许可擅自采淘铁砂的活动，并迅速发展。河道内采淘铁砂的作业方式，会改变河道冲淤形态，引发黄河河势变化，威胁河道工程和滩区安全，从而对黄河防洪安全带来不利影响；黄河汛期，黄河下游及支流沁河、伊洛河来水概率高，且预见期短，采淘铁砂人员的生命财产安全无法得到保障；枯水期间，大量采淘铁砂船只运行造成的柴油泄漏、生活垃圾等将污染黄河水质，直接影响黄河下游沿河城镇的生活饮用水安全等。

是年 8 月 12 日，黄河防汛总指挥部发出“全面禁止在河道内采淘铁砂的紧急通知”，并派出两个督察组分别赶赴河南、山东，对两省河段的禁采铁砂工作进行巡回督察。8 月 19 日，濮阳市防指成立全面禁止河道内采淘铁砂治理工作组和 3 个督查组，抽调河务、交通海事、公安、安监部门人员分别派驻濮阳县、范县、台前县督查禁采工作。沿河 3 县级河务部门首先向采淘铁砂人员宣传国家有关法规政策，宣传汛期在河道内采淘铁砂对河道行洪畅通和采淘铁砂人员生命财产安全的危害性，敦促采淘铁砂人员主动配合停止违法采砂行为，撤离采淘铁砂船只。在县、乡政府的配合下，各县级河务局水政、黄河派出所、防办、工务等部门人员参加，一起开展联合执法行动。濮阳县组织 60 多人、5 台车辆、2 艘冲锋舟、吊装设备 3 台，范县出动 20 多人、5 台车辆、2 艘冲锋舟、吊装设备 2 台，台前县出动 30 多人、6 台车辆、3 艘冲锋舟、吊装设备 2 台，市、县督察组现场办公，督促进度。至 8 月 31 日，濮阳河段内的 382 只采淘铁砂船全部清除。其中，濮阳县 210 只，范县 52 只，台前县 120 只。9 月 2 日，濮阳市副市长带领河务、水利、公安、安监、交通、土地等有关部门领导及沿河三县政府负责防汛工作的副县长检查黄河河道禁止非法采铁工作，并现场召开禁采淘铁砂工作会，对专项整治河道采淘铁砂工作进行再部署，巩固禁采铁砂工作成果。2008 年查处河道内采淘铁砂船情景见图 9-4。

2008 年 9 月 27 日，黄委发出《关于全面巩固黄河河道采淘铁砂工作成果的通知》，要求采取加强宣传教育、加大河道巡查力度、建立举报制度等措施，全面巩固禁采工作成果，防止采淘铁砂现象反弹。2009 年，河南省安全生产监督管理局发出《关于河南黄河河道内全面禁止采淘铁砂的通知》，成立由各级政府安全委员会牵头，安监、水利、河务、海事、工商、公安、环保、节能减排、新闻宣传等有关单位参加的联合执法指挥部，负责统一开展全年禁止河道内非法采淘铁砂活动。之后，禁采铁砂成为河道清障的一项主要内容，每年都作为重点工作来安排。

3. 浮桥管理

黄河浮桥有缓解两岸交通需求、促进当地经济发展的作用，但浮桥会引起其下游

图 9-4　2008 年查处河道内采淘铁砂船

一定范围的河道河势发生变化，出现一岸滩岸坍塌、另一岸淤积的现象，并能影响浮桥工程下游一定范围内的险工或控导工程的安全。

至 2015 年，濮阳河段浮桥共有 15 座，其中属濮阳市有关县乡建设的有濮阳县渠村浮桥（位于黄河左岸大堤桩号 50 +600 处）、范县恒通浮桥（位于黄河左岸大堤桩号 124 +285 处）、范县昆岳浮桥（位于黄河左岸大堤桩号 140 +425 处）和台前县张堂浮桥（位于黄河左岸大堤桩号 186 +700 处）4 座，其他浮桥由山东省有关县、乡建设。

濮阳河务局负责对这 4 座浮桥履行监管职责，一是按黄河防汛总指挥部《关于进一步加强黄河下游浮桥管理工作的通知》要求，对浮桥运行情况进行日常检查和定期检查。县级河务局负责日常检查；濮阳河务局每年定期检查不少于 4 次。检查主要内容包括：防汛责任落实情况；执行防汛指令和接受黄河河道主管机关监督管理情况；浮桥运营对防洪工程、河势稳定、水流形态、冲淤变化的影响情况；是否存在违规建设现象；是否编制浮桥拆除预案，拆除预案是否可行；浮桥水路运输许可证、船舶登记证、船舶检验证是否齐全有效；是否遵守其他有关规定和协议等。二是每年汛前，督促浮桥运营管理单位制订《浮桥度汛方案、措施》和《浮桥应对大洪水预案》，并报防汛部门审查、备案。汛期，对各浮桥的度汛方案、预案的落实情况进行不定期的检查和抽查。三是督促浮桥运营管理单位严格落实一舟一锚的要求，以及锚固墩的材料、质量等控制指标，按照海事部门要求定期检查锚固钢缆，及时排除隐患。四是禁止浮桥裹护码头等违规行为。五是当预报花园口洪水流量达到 3000 立方米每秒以上时，第一时间向浮桥管理单位书面送达浮桥拆除指令，限时按要求拆除浮桥，保证行洪安全。2009 年 10 月，由于河势变化，范县恒通浮桥和昆岳浮桥桥头均侵入河道，影响河道正常行洪，范县防汛抗旱指挥部及时责令浮桥运营单位对浮桥进行整改，保障了河道行洪的安全、畅通。

2015 年 4 月，按照黄委《关于开展黄河浮桥专项执法检查及建立浮桥管理档案工作的通知》精神，对濮阳河务局管辖的 4 座黄河浮桥开展专项执法检查。重点检查浮桥度汛方案制订、浮桥运营单位管理制度建设和防汛责任落实情况；检查落实浮桥拆除方案和浮舟锚固措施，特别是在大洪水和特大洪水情况下的浮舟锚固、存放措施；检查浮桥运营单位执行防汛指令和接受黄河河务部门的监督管理等情况。并根据各浮桥的基本信息资料和运营动态变化情况，逐桥建立管理档案。

4. 黄河滩区砖瓦窑厂整治

随着经济社会的发展，黄河滩区建造砖瓦窑厂的现象时有发生。2006 年，省政府对全省的黏土砖瓦窑厂进行大规模整治，但未涉及黄河滩区。在此背景下，黄河滩区的砖瓦窑厂突然增多，对全省禁止生产实心砖工作带来消极影响。在黄河滩区建设黏土砖瓦窑厂、随意取土、大量生产黏土砖，不但破坏耕地、浪费土地资源、不利于改善黄河滩区生态环境，而且影响黄河行洪和大堤安全。

2008 年，根据省建设厅等 6 个部门印发的《关于整顿规范黄河滩区黏土砖瓦窑厂指导意见》，河南省政府对黄河滩区的黏土砖瓦窑厂进行全面的整顿规范，但黄河滩区黏土砖瓦窑厂数量多、规模小、设备差、管理落后等状况没有得到实质性的改变，布局不合理、审批不规范、监管有盲区等现象依然突出。2009 年 4 月 24 日，河南省政府办公厅下发《关于进一步做好黄河滩区黏土砖瓦窑厂整顿规范工作的通知》，对沿河的郑州、开封、新乡、濮阳等市黄河滩区黏土砖瓦窑厂整顿规范工作进行部署。5 月 5 日，河南省住房和城乡建设厅召集黄河滩区黏土砖瓦窑厂整顿规范工作的 8 个省直主管部门在郑州市召开专题会议，进一步研究部署黄河滩区黏土砖瓦窑厂整顿规范工作。

2009 年 5 月 14 日，濮阳市人民政府印发《濮阳市黄河滩区黏土砖瓦窑厂整顿规范工作实施方案》。其整顿规范工作的目标任务是：加大关闭拆除力度，加快改造升级速度，大幅度削减生产企业数量，提高产品质量，实现规模化生产、规范化管理。全市黄河滩区黏土砖瓦窑厂总量控制在 50 座以内，其中，濮阳县 23 座，范县 14 座，台前县 13 座。濮阳市政府制定实施方法和步骤，成立督导检查组，明确各县政府和河务、建设、国土资源、发展改革、工商、环保、电力、公安等部门的职责。于 5 月上旬开展黄河滩区黏土砖瓦窑厂整顿规范工作。按照整顿规范要求，确定应关闭拆除窑厂和拟升级改造窑厂的名单；集中拆除影响河道行洪安全的、占用基本农田和耕地的、2008 年以后新建的和在整改限期内未能达到规定要求的窑厂；升级改造的企业，于 8 月 25 日前完成企业升级改造；保留的砖瓦窑厂必须符合河务部门的规划，在达到规模、设备、工艺、质量等整顿规范要求的基础上，依法完善项目准入、采矿许可、土地使用、环境评价、工商营业执照、税务登记等手续。经过多方努力，于 9 月底完成既定目标任务，并通过省政府验收。

四、行政收费管理

（一）堤防养护补偿费

黄河堤防是黄河防洪的重要屏障。随着经济社会的发展，黄河堤防也逐渐成为沿河群众和社会车辆的交通要道，对堤防的安全和管理带来诸多不利的影响。1982 年，河南省政府发布的《河南省黄河工程管理条例》第十八条规定："黄河堤顶不作公路使用，必须使用时，应按省有关规定向黄河河务部门交纳使用堤段的养护补偿费。"2002 年，黄委发布的《黄河堤顶道路管理与维修办法（试行）》第八条规定，堤顶道路"除防汛车辆外，过往车辆应按照有关收费标准缴纳堤顶道路养护补偿费"，"堤顶道路养护补偿费主要用于堤顶道路的维修养护，补偿费管理实行收支两条线"。根据上述规定，濮阳黄河堤防上设堤顶道路养护补偿费收费站 2 处，对除防汛车辆外的过往车辆收取堤顶道路养护补偿费。

（二）河道采砂管理费

1993 年 1 月，河南省财政厅、物价局、黄河河务局联合发布《河南省黄河河道采砂收费管理规定》，指出河南黄河河道采砂是指在河南黄、沁河干流河道管理范围内的采挖砂、取土、淘金（包括其他金属和非金属）。市、县（区）黄河河务局是该行政区域的黄河河道主管机关。采砂必须服从河道整治规划，并实行河道采砂许可证制度。

根据《河南省黄河河道采砂收费管理规定》的要求，濮阳河务局对濮阳黄河道内的采砂进行规划，划出许可开采区和禁止开采区。规划的采砂许可开采区限于河道主槽以内范围。禁采区的划定主要是为保护防洪工程和其他共用设施的安全，使防洪工程完整，河势不发生变化，避免出现横河、斜河的现象。划定的禁采区为：黄河大堤临河距堤脚 500 米以内，险工控导工程背河坡脚 200 米以内；险工控导工程上、下首沿坝头连线顺河各延伸 500 米和临河从坝头连线算起 50 米以内所对应的区间，对于近期规划治导线安排新建、续建工程要留足工程建设规划长度后延伸 500 米；水文断面两侧 200 米以内；过河缆线钢塔基础承载台为中心，以 50 米为半径形成的圆面积；各种桥梁上下游 200 米以内，水文观测断面、引黄涵闸两侧各 200 米以内；张庄入黄闸顺河方向两侧各 500 米以内；防汛道路和非防洪道路两侧坡脚向外 100 米以内；河道内的地下电缆、光缆、线杆、管道等非防洪设施两侧 200 米以内。禁采期为：黄河大汛期间每年 7 月 1 日至 9 月 30 日及凌汛期 12 月 1 日至翌年 2 月 30 日，调水调沙期间，花园口站流量 2000 立方米每秒以上洪水期间，因防汛工作需要采取紧急措施期间。

《河道管理条例》第四十条规定："在河道管理范围内采砂、取土、淘金，必须按照经批准的范围和作业方式进行，并向河道主管机关缴纳管理费。"1990 年 6 月，水利部、财政部、国家物价局联合制定《河道采砂收费管理办法》。1993 年 1 月，河南省财政厅、物价局、黄河河务局发布《河南省黄河河道采砂收费管理规定》，规定采砂运输车辆"应按指定的路线行驶。经批准须在大堤或其他防洪工程上通行的，应按有关规定交纳工程养护补偿费"。"在黄沁河河道采砂，必须交纳河道采砂管理费。其收费标准：砂、石、土料按当地销售价格的 10% ~20% 收取。具体收费标准，由当地物价、财政、河道主管机关共同核定。采砂管理费由发放河道采砂许可证的黄河河道主管机关计收。收费单位应按规定向当地物价部门申领收费许可证，并使用财政部门统一印制的收费票据"。"黄河河道采砂管理费用于黄河河道与堤防工程的维修、工程设施的更新改造及黄河河道主管机关的管理费。县级黄河河道主管机关应按年度向省、市黄河河道主管机关分别上交当年河道采砂管理费总收入的5%。结余资金可连年结转使用，其他任何部门不得截留或挪用。黄河河道主管机关要加强收费管理，建立健全财务制度，收好、管好、用好河道采砂管理费”。

1996 年，濮阳市物价局核定濮阳黄河河道采砂、取土管理费收费标准为每立方米 0. 51 元。2009 年，每立方米河砂（土）售价为 5～10 元，濮阳市物价局对濮阳黄河河道采沙取土管理费收费标准调整为每立方米 1. 00 元。

五、水事案例

（一）阳谷县电信局废弃穿堤电缆拆除案

1999 年 1 月，台前县黄河河务局水政监察大队在巡查时，发现黄河大堤 163 + 700 处的穿堤电缆管底高程在设防洪水位之下，不符合爬堤管线建设要求，属堤防安全隐患。经现场勘测和调查，该电缆管道长 119. 8 米，底宽 4 米，位于堤顶以下 5. 1 米处，低于设防水位 2. 53 米；管理使用单位是山东省阳谷县电信局。台前县黄河河务局水政监察大队遂与阳谷县电信局取得联系，协商处理事宜。由于该电缆铺设于 20 世纪 60 年代，已废弃多年，阳谷县电信局不愿承担拆除义务。依据《河南省黄河工程管理条例》第十七条“黄河堤防工程管理范围内已建工程，凡不符合防洪安全规定的，管理使用单位必须进行加固、改建或废除，费用由管理使用单位负担”和《黄河下游跨河越堤管线管理办法》第十五条“管线工程废弃时，使用单位应及时拆除，拆除后应及时恢复堤身完整，……费用由使用单位承担”的规定，台前县黄河河务局水政监察大队向阳谷县电信局送达《限期整改通知书》，要求阳谷县电信局于汛前拆除废弃电缆，并恢复堤防工程原貌。经多次协商，没有达成共识。之后，台前县防汛抗旱指挥部黄河防汛办公室向阳谷县电信局连续发出《关于拆除穿堤通信电缆的函》和《关于限期拆除穿堤通信电缆的紧急通知》，讲明已废弃的电缆对黄河防洪安全的危害性和拆除废弃电缆的法律法规依据，若不限期整改，将依据《防洪法》第五十八条的规定，对阳谷县电信局处以 10 万元的罚款。最终阳谷县电信局出资 30 万元，在汛前拆除废弃电缆和管理房，并进行回填，恢复堤防工程原貌。

（二）濮深 15#钻井案

1999 年 5 月，中原油田钻井三公司在没有履行建设项目申请手续的情况下，在濮阳县徐镇乡前杜寨村南滩区布设 1 处钻探井，并开工钻探。濮阳县黄河河务局水政监察大队巡查时发现这一情况，当即前往施工现场，向施工负责人讲解《河道管理范围内建设项目管理的有关规定》，告知对方“河道管理范围内的建设项目，必须按照河道管理权限，经河道主管机关审查同意后，方可按照基本建设程序履行审批手续”。濮阳县黄河河务局水政监察人员对现场进行取证，随后下达《停止水事违法行为通知书》和《行政处罚告知书》，责令停工，并按有关规定办理建设项目申请。中原油田钻井三公司认识到自己的违法行为，当即停工，并及时提出在黄河滩区进行建设钻井的申请。在规定的审查时间内，黄委批准该项目的建设，给予办理建设许可证。在钻井施工过程中，濮阳县黄河河务局水政监察大队对其进行全程监督管理。

（三）李桥险工违法取土案

2002年5月27日上午8时，范县黄河河务局工程管理处办公室向水政监察大队报案称："陈庄乡赵庄村民赵某带领本村群众10余人，用三轮机动车在李桥险工46号坝背河坡脚取土垫街，我工程队员制止不理。"接到报案后，水政监察人员立即向局领导汇报。经研究决定立案查处，水政监察人员迅速赶赴现场调查取证，发现3辆三轮机动车正在拉土，装土的有10余人。经对46号坝背河坡脚挖土现场调查，挖土坑长15米、宽2米、深1米，实挖土方为30立方米，水政监察人员当即制作勘验笔录，并当场下达《责令停止水事违法行为通知书》，责令违章行为人立即停止挖土，恢复工程原貌，由工程管理处负责监督检查验收；工程管理处负责人检查验收出据合格证明后，听候处理。

在水政监察人员依法办案的强大压力下，违章行为人在工程管理人员的监督下对46号坝进行回填，当天下午工程管理人员出具回填合格的证明材料。同时，范县黄河河务局水政监察大队对当事人赵某进行询问，制作《水事违法案件询问调查笔录》。赵某对带领村民在李桥险工46号坝背河坡脚挖土的事实供认不讳。至此，案件事实清楚，证据记录在案。

根据上述情况，范具黄河河务局研究认为，赵庄赵某等人在李桥险工46号坝背河坡取土，属破坏堤防工程，性质严重。《河南省黄河工程管理条例》第四十一条第一款规定，违反本条例规定，在黄河堤（坝）身、护堤地内取土、打井、开渠、挖窖、挖鱼塘、建窑、埋葬、建房的，由县级以上黄河河务部门给予警告、责令其纠正违法行为、采取补救措施、没收非法所得、赔偿损失，可以并处罚款，并处罚款的标准按国家和省人民政府规定执行。《河南省黄河河道管理办法》第四十三条第一款规定，违反《条例》（指《河道管理条例》）和本办法规定的，由县级以上黄河河道主管机关或者有关主管部门按照《条例》第六章的规定责令纠正违法行为、采取补救措施、没收非法所得、赔偿损失、给予行政处分、依法追究刑事责任的处理外，对其中并处罚款的，按下列标准执行：损毁堤防、护岸、闸坝、水工程建筑物的，罚款100～5000元。依据上述规定，范县黄河河务局水政监察大队随即送达《水行政处罚告知书》和《违反水法规行政处罚决定通知书》，做出"赔偿直接经济损失费（包括工程养护费）1500元，罚款200元，恢复工程原貌"的处罚决定。

此案件在执行过程中出现不少困难，赵某等人以挖土所办事项为公共事业为由，找当地政府说情，企图规避处罚。范县黄河河务局水政监察大队顶住压力，强调防汛抢险实行的是地方行政首长责任制，防洪工程建设和管理都离不开地方人民政府的支持，强调依法处理此案的意义。经过半个多月的艰苦工作，最终当地政府及有关部门支持范县黄河河务局的行政决定，使本案得以圆满执行。

（四）台前县吴坝乡邵庄修建浮桥案

2003 年 2 月 7 日，台前县黄河河务局堤防养护处接到职工报告，有人正在大堤桩号 185 +600 处拉土垫辅道。台前县黄河河务局水政监察大队立即派人前往调查，其结果是台前县吴坝乡邵庄村在未向河道主管机关申请、批准的情况下修建黄河浮桥，在此处修建跨堤辅道，向滩区倾倒大约 3 万多立方米土，辅道初步形成，并继续向主河槽方向铺设。水政监察人员当场责令停止施工。施工人员不听劝阻，继续施工。

水政监察人员耐心地向当事人讲，按照水利部颁发的《黄河下游浮桥建设管理办法》的规定，建设浮桥必须按照河道管理权限，于开工前两个月将浮桥的建设方案报送当地黄河河道主管机关，即报送台前县黄河河务局，经审查同意后，方可按照有关规定履行建设审批手续。邵庄在没有办理浮桥建设申请和批准的情况下私自建设黄河浮桥，是违规的行为，应当停止施工。在耐心细致、有理有据的劝说下，邵庄村民认识到自己的错误行为，停止施工。几天后，邵庄向台前县黄河河务局提交浮桥建设申请书。经濮阳市黄河河务局审查研究，认为在该处建设浮桥将影响到堤防安全和防洪安全，不同意邵庄的浮桥建设申请，并根据“谁设障，谁清除”的原则，要求邵庄限期拆除已建的辅道，恢复工程原貌。

在台前县黄河河务局水政监察大队的监督下，邵庄在规定的时间内拆除已建辅道，恢复了工程的原貌。

（五）梁山县灿东黄河浮桥有限公司违章建筑案

2014 年 7 月 21 日上午 10 时，台前河务局防汛办公室接举报电话，称有人在台前县打渔陈镇沙楼河道管理范围内违章修建房屋。

台前河务局水政执法人员及时赶到举报的修建房屋地点，责令停止施工，等候调查处理。当日下午，台前河务局向当事人送达《责令停止水事违法行为通知书》和《责令改正通知书》，由当事人签收。

7 月 28 日，台前河务局对现场进行勘验，制作《勘验笔录》和《现场勘验图》。经勘验，违章修建的房屋长 35 米、宽 5 米，建筑面积 175 平方米。墙体为普通砖混结构，屋顶为彩钢泡沫板。房屋轴线与浮桥轴线基本平行，两者相距南北 20 米，相应左岸黄河大堤桩号 172 +000。经询问，确认该违章房屋系山东省梁山县灿东浮桥公司所建。

7 月 30 日，根据《防洪法》第四十二条规定，台前河务局黄河防汛办公室向台前县防汛抗旱指挥部报送《关于对梁山县灿东浮桥左岸违章阻水建筑物强制清除的请示》。

8 月 4 日，按照台前县防汛抗旱指挥部“请打渔陈镇及河务局按照有关程序尽快清除”的批复，台前河务局向建设单位送达《水行政处罚告知书》，告知当事人，其行为已违反《防洪法》第二十二条“禁止在河道管理范围内建设妨碍行洪建筑物”的规定。根据《防洪法》第五十六条“责令停止违法行为，排除阻碍或者采取其他补救措施”的规定，责令灿东浮桥公司拆除其所建房屋，将现场建筑物料残渣运离河道管理范围，恢复建设地原有地貌。灿东浮桥公司以所剩违障建筑为临时工棚，如果现在拆除将无法满足施工人员基本生活需要为由，提出《暂缓拆除申请》。经与打渔陈乡政府协商，原则上同意当事人暂缓拆除的申请。

8 月 6 日，在台前河务局水政人员的监督下，灿东浮桥公司拆除部分房屋。12 月 20 日前，当事人全部拆除违章建筑物，并恢复建设地原来地貌。

第二节　财务物资资产与审计管理

财务管理主要是对事业经费、基本建设资金和企业财务进行统一管理。20 世纪 80 年代以前，濮阳黄河部门实行“统收统支”“统一领导、分级管理”的财务管理体制，治河经费主要靠国家拨款。80 年代，实行“划分收支、分级包干、结余留用”到“统一核算，以收抵支，财务包干”的财务管理体制。80 年代后期起，治河经费不足问题逐渐显现。20 世纪 90 年代初，所属单位分别实行全额、差额和自收自支 3 种财务管理体制，经费不足部分靠发展黄河经济弥补。1996 年后，取消全额、差额和自收自支 3 种财务管理体制，实行“核定收支、定额或者定项补助、超支不补、结余留用”的财务管理体制。事业管理单位经费不足仍通过发展黄河经济弥补，企业管理单位自主经营，独立核算，自负盈亏。2003 年以后，实行部门预算、资金国库支付的财务管理体制。2006 年水管体制改革后，工程岁修费纳入年度项目预算管理，岁修经费得到保障。之后，濮阳治河经费不足问题逐步好转。

物资管理主要是对黄河水利工程建设物资、防汛岁修物资和抗洪抢险物资进行采购和供应。20 世纪 50 年代，物资实行两级管理体制，河南黄河河务局负责物资的采购和供应。修防处、修防段负责工程施工现场物资管理、石料采运和管理等。这一体制一直延续至 1996 年。之后，随着市场经济的建立与完善，防洪工程建设物资随用随买，1998 年以后由中标单位采购。国家储备的防汛物资，通过政府采购形式进行更新补充。2006 年起，岁修物资纳入水利工程维修养护年度项目预算，实行政府采购。

国有资产管理是对国有资产的占有、使用、收益和处置进行管理，实现国有资产的保值和增值。1997 年，濮阳市黄河河务局国有资产由财务部门具体负责，不再由多部门管理。1993 年以来，濮阳河务局资产进行过多次清产核资，以摸清资产的规模、数量、质量和存在问题，核实确认国有资产。资产的处置，根据数额大小逐级上报，按批复实施。

财务、物资和国有资产管理，在执行国家有关法律、法规和黄委、河南黄河河务局有关制度、办法的同时，濮阳河务局及时制定并不断完善内部控制制度，以保证各项资金的合理、合规应用和充分发挥资金的效益，保证各种物资的及时、保质保量的供应，保证国有资产的增值和保值。

1987 年，濮阳市黄河修防处成立审计科后，按照国家和黄委、河南黄河河务局的有关规定，逐渐开展财务收支、领导干部经济责任、基本建设项目、经济效益、维修养护经费、施工项目部等方面的审计工作，并形成一套较为完善的内部审计制度，保证了各项经费的合理合规使用和安全。

一、财务管理

（一）财务管理机构

1946 年 5 月，冀鲁豫黄河水利委员会第二修防处设会计科和材料科。

1948 年，会计科和材料科合并为供给科。

1950 年 3 月，濮阳修防处供给科更名为财务科，所属修防段供给股更名为财务股。

1968 年 3 月，财务科更名为财务组。9 月，撤销财务组，其财务业务归办事组。

1979 年 7 月，恢复财务科。

1990 年，局属修防段升格为副处级单位，财务股升格为财务科。

2002 年 12 月，濮阳市黄河河务局单位升格为副局级，机关设财务处。其下设预算科、会计科、国有资产管理科。

2010 年 5 月，财务处增设会计核算中心，负责直属企业的会计核算工作。

（二）财务管理体制与运行机制

1949 年以前，黄河治理经费贯彻执行预算、计算和决算。但事业经费有决算而无预算。1950 年，财务管理实行“统收统支”体制，各种经费都必须先做预算，无预算的不得开支，无计算的不得报销。治河经费由水利部拨款，财务预算、决算、计划、表报由河务局报黄委会转呈水利部核批。河务局将经费下达到修防处，修防处再下达到基层单位修防段。以修防段为基层单位，形成局、处、段的三级财务管理。

1951 年，开始执行政务院《预算决算暂行条例》，按“事前成立预算，事后编造决算”的规定，编制上报机关预算和编制上报决算。是年，撤销修防处一级的拨款业务，修防段直接到平原黄河河务局领款与报销，修防处对修防段财会工作只作业务上的督导与检查。

1953 年，执行《各级人民政府单位预算会计制度》，财务实行“统一领导、分级管理”的体制，工程事业费按每一期或每一项工程造一个预算，报一次计算。人员机构经费按项、按季度编制预算，经上级核批后实施。

1954 年，执行河南黄河河务局制定的有关水利事业财务管理制度和办法，恢复局、处、段三级财务管理体制。

1956 年，将水利工程事业费的岁修工程预算改为年度编制。防汛费预算仍按大汛、凌汛分期编造。汛期临时工程、抢险等还规定可专用代电代替预算。

1960 年，将岁修养护、河道整治、涵闸管理的预算与工程计划合并为水利事业费计划预算，以工务部门为主，财务部门配合编制。

1966年，黄委会确定省河务局为二级会计单位，下属单位均为基层会计单位。据此河南黄河河务局确定修防处为一级计划预算管理单位。黄委会每年将年度计划和预算指标下达给省河务局。河南黄河河务局将年度计划、预算指标核定分配到修防处，修防处再核分到修防段；明确修防处财务会计为河务局二级单位会计，负责所属单位预算报表的审核汇总和经费资金的请领转拨。从而形成黄委会、河务局、修防处、修防段四级财务管理体制。

1972年，按照《黄河水利委员会财务管理暂行办法》，事业费预算分为全额预算和差额预算两种管理形式。凡事业单位编制全额预算，附属生产单位编制差额预算。预算编制贯彻“厉行节约”的方针，收入打稳打足，支出保证重点。

1980年，根据《水利部直属事业单位实行预算包干和收入留成的暂行规定》，实行“预算包干、结余留用”的办法，对某些预算项目采取投资包干形式。首先是机构经费，随之基建工程、防汛岁修相继实行分项包干。包干结余连同事业费收入按规定比例提成。基层单位留用部分转作事业发展基金和福利、奖励基金存储专用。应上缴部分层层解缴，各级按规定均有留成。对铲运机施工队和运输队实行企业核算。

1984年，制定《濮阳市黄河修防处经济责任制试行办法》，事业费实行“预算包干和增收节支分成”的办法，河产收入和其他综合经营收入定额上交，三年不变；水费收入、包干节余和其他事业收入，实行比例分成。

1986年，开始对全额事业单位试行“以收抵支”的管理办法。

1987年，全面推行“统一核算，以收抵支，财务包干”的管理办法，规定工程管理单位（全额预算单位）继续执行“收入抵顶预算支出”的办法；对事业、综合经营等经济收入项目进一步划分；对各项收入实行按净收入提成，收入抵顶预算支出和定额上交的办法，并进一步明确提成比例；对罚没收入、以前年度支出收回、固定资产变价收入、房租、家具等收入等做出统一规定。

1988年，根据河南黄河河务局有关规定，印发《濮阳市黄河修防处关于深化财务改革的若干意见》，明确事业单位仍实行预算包干、收入抵顶预算支出的办法。事业单位承包基建工程收入，按基建投资总额的3%上交，事业单位按事业净收入（单位提成前）的6%上交。建安单位实行企业财务管理制度。

1991年，按河南黄河河务局要求，直接为防汛抢险服务的附属生产单位实行“定额上交和定额、定项补贴，超收、减亏全留，超亏不补”的管理办法；自收自支单位实行“核定收支，定额上交”的管理办法。

1992年，执行国务院颁布的《国家预算管理条例》，按照河南黄河务局的要求编制预算。预算收入包括基金收入、专款收入、事业收入和其他收入。预算支出包括事业支出、国家管理费用支出、各项补贴支出和其他支出。是年，根据《水利部直属事业单位财务管理办法》，将事业单位明确划分为三种预算管理形式，即全额、差额和自收自支预算管理，并要求有条件的全额单位逐步向差额单位过渡，差额单位逐步向自收自支单位过渡，自收自支单位向企业过渡。

1994年，根据河南黄河河务局有关深化事业单位财务改革的规定，制定《濮阳市黄河河务局关于深化事业单位财务改革有关问题的暂行规定》，重新核定预算管理形式，按照“增人不增钱，减人不减钱”的原则，对执行全额预算会计制度的单位，实行收入全部抵顶预算支出、增收节支定额上交、超收节约全部留用、减收超支不补的预算包干办法；对差额预算管理单位，区别不同情况分别实行收支全额管理、定额或定项补助、增收节支定额上交、超收节约全部留用、减收超支不补的预算包干办法；对自收自支单位实行收支全额管理、自收自支、增收节支、定额上交的预算包干办法。经济实体按照行业性质，可以执行相同行业的财务制度和会计制度。是年，河南黄河河务局对濮阳市黄河河务局实行总体差额管理单位，濮阳市黄河河务局对所属事业单位也实行差额管理，其差额部分通过经济创收弥补。

1995年，执行《中华人民共和国预算法》，按照河南黄河务局的规定编制预算。预算收入包括专项收入和其他收入。预算支出包括事业发展支出、国家管理费用支出、各项补贴支出和其他支出。

在计划经济时期，濮阳黄河河务部门实行行政一体化管理，所属单位之间存在着全额、差额与自收自支财政供给的差别，存在着事业单位与企业单位管理的差别。在事业单位、企业单位与建设单位之间，还存在资产界限不够清晰、会计核算体系不够分明等问题。1996年后，随着经济体制从传统的计划经济体制向社会主义市场经济体制的转变，濮阳黄河河务部门的财务管理体制不断深化改革，逐渐形成适应市场经济形势下的财务管理体制。

1996年，执行财政部《事业单位财务规则》，对所属事业单位实行核定收支、定额或者定项补助、超支不补、结余留用的预算管理办法。取消“三种预算管理形式”，进一步加强预算管理，以收定支，量入为出，将单位的各项收入全部纳入单位预算。

1998年，财政部出台《事业单位会计准则（试行）》和《事业单位会计制度》后，事业单位会计制度实行重大改革。濮阳市黄河河务局取消原全额预算管理、差额预算管理和自收自支管理3套会计科目，使用统一的预算管理方式和统一的事业单位会计制度，实行新的会计报表体系。实行企业管理的各差额预算单位事业性质不变，原则上执行相应行业的企业财务会计制度。实行自负盈亏、独立核算的各综合经营实体，继续执行相应行业的企业财务会计制度。

2000年，国家推行财政体制三项改革（部门预算、国库集中支付、政府采购）。2002年，濮阳市黄河河务局按照预算改革要求，将传统的功能性预算改为部门预算。依照财政部《中央部门基本支出预算管理试行办法》和《中央部门项目支出预算管理试行办法》，组织编报濮阳市黄河河务局本级及局属事业单位2003年度部门基本预算和项目预算。

2004年，执行《水利部中央级预算管理办法（试行）》。编制预算坚持“综合预算，收支平衡；合法真实，公平透明；统一管理，分级负责；严肃纪律，追踪问效”的原则。各单位预算由收入预算和支出预算组成。收入预算包括财政拨款、预算外资金收入、其他收入；预算支出包括基本支出、项目支出、经营支出、上缴上级支出、对附属单位补助支出等。所有收支（包括预算内、外收支）全部编入预算统一管理，统筹安排，量入为出，不编赤字预算。基本支出逐步实行“定员定额”管理。

2006年，执行《水利部中央级项目支出预算管理细则》，建立单位预算项目库，按规定编制项目支出预算、执行项目支出预算，并开展项目的储备工作。

2008年预算编制时，基本支出预算全部实行定员、定额管理。从编报《2009年年度中央部门预算财政拨款结余资金情况》起，中央级事业单位基本支出当年未使用的财政拨款，不再提取职工福利基金和转入事业基金。财政拨款形成的项目支出结余资金，全部统筹用于编制以后年度部门预算，按预算管理有关规定，用于本部门相关支出。

2010年，制定《濮阳河务局预算管理内控制度》，规定预算编制依据是：上级主管部门核定的机构、职责与人员编制，单位实有人数、占用的资产、资源情况，经批准的规划、事业发展计划，单位年度中心工作任务等。财政拨款收入预算，按照下达的预算控制数编制，未经允许不得随意改变；其他收入预算，结合本单位的实际情况，按来源逐项测算、编制。基本支出预算，按照上级下达的财政拨款控制数及其他收入资金进行编制；项目支出预算，由业务部门结合本单位事业发展的实际需要编制，财务部门统一汇总、审核上报。政府采购预算，按照政府采购的有关规定，对列入政府采购范围和限额规定标准的采购品目或项目编制。

2011年，按照财政部《关于将预算外资金管理的收入纳入预算管理的通知》精神，濮阳河务局将预算外资金全部纳入预算管理。

2013年后，执行《水利部预算项目储备管理暂行办法》，规范预算项目的申报、审查、入库，以及储备预算项目的申请等方面的管理；执行《水利部预算执行动态监控暂行办法》，实行节点预算执行情况通报制度，及时发现和解决预算执行过程中的问题，确保预算执行的顺利进行和按时完成。是年，印发《濮阳河务局预算执行考核实施细则》，对各单位的预算执行情况进行月度、季度、年度考核，以确保预算执行序时、均衡、安全、有效。

（三）事业费管理

黄河水利事业费的构成在不同时期有所变化。20世纪60年代，水利事业费由防汛费、岁修养护费、工程管理机构经费（包括人员经费、业务费、设备购置费）、水文经费、勘察设计费、科学研究费、中等专业教育费、干部培训费、其他水利事业费等9类构成。

20世纪70年代，水利事业费由防汛岁修费、勘测设计费、科学研究费、中专技工学校经费、其他水利事业费5类构成。

1984年以前，每年8月各修防段提出下年度水利事业计划概要，由修防处汇总，上报至河南黄河河务局、黄委会、水利电力部。经水利电力部审核与综合平衡后，在10月份前将核定后的计划控制指标下达到各单位，据以编制年度计划。修防处、段依据下达的计划控制指标编制年度事业计划，然后逐级上报至水利电力部，由水利电力部批准下达。各单位在年度预算范围内，根据事业（基建）计划进展程度，编制上报季度分月用款计划。根据单位的用款计划，结合事业（工程）进度和材料资金结余情况掌握拨款，不办理超预算、无计划的拨款。

1984年起，水利事业费预算“项”级科目包括防汛费、岁修费、大洪水费、干部培训费、其他水利事业费（包括人员工资、补助工资、职工福利、离退休人员费用、公务费、其他费用等）。1988年后，水利事业费报表的主要指标是核定支出预算数、拨款限额累计数和实际支出数。

20世纪80年代中期以前，安阳地区黄河修防处（濮阳市黄河修防处）属全额预算管理的事业单位。经费来源主要有预算拨款和事业收入抵支。由于开支标准比较低，财政拨款基本能够满足支出需要。1986年起，濮阳市黄河修防处水利事业费为财政限额拨款，上级根据批准的预算逐级下拨用款限额，实行银行支出，年终结余予以注销，冲减当年拨款；第二年由财政返还额度。1987年后，经费不足问题逐渐显露，防汛费、岁修费常年超支挂账，单位日常公用经费、人员经费、离退休人员费用和社会保障费等经费缺口最大达支出的47%。资金缺口主要靠承包内部工程、水费、劳务输出等方式组织创收来弥补，其中承包内部工程是创收的主要方面。

1994年，贯彻执行财政部、水利部《特大防汛抗旱补助费使用管理暂行办法》，规定特大防汛补助费用于应急度汛、抗洪抢险、水毁水利工程和设施的修复，以及分蓄洪区群众的安全转移；特大防汛补助费的开支范围包括伙食补助费、物资材料费、防汛抢险专用设备费、通信费、水文测报费、运输费、机械使用费和其他费用；特大防汛抗旱补助费必须专款专用，任何单位不得以任何理由挤占挪用。

1995年，执行财政部《中央级防汛岁修经费使用管理办法（暂行）》，规定防汛费的使用范围是：防汛和抢险用器材、料物的采购、运输、管理及其保养所必需的费用；防汛期间调用民工补助，防汛职工劳保用品补助；防汛检查、宣传和演习所必需的费用支出；防汛专用车船和通信设施的运行、养护、维修费用，汛期临时设置或租用通信线路所支付的费用以及水文报汛费；防洪工程遭受特大洪水后的抗洪抢险和水毁修复所需经费。岁修费的使用范围是：堤防工程维修、绿化、养护等所支出的费用；险工、控导、护滩工程的整修所发生的人工、材料、机械使用、赔偿等费用；防洪用涵闸的检查、维修、加固费用；为防洪工程岁修而进行的勘测、设计等发生的支出。防汛岁修费中有实物工作量的实行项目管理。本年度未支出的防汛岁修费可结转下年度，与下年度经费一并预算安排使用，但不得以拨代支，以领代报。

1997年，水利事业费增加水政管理费，取消大洪水费。是年，贯彻执行《水利部中央级防汛岁修经费项目管理办法（暂行）》，将防汛岁修经费项目分为工程抢险、工程维护、工程修复、防汛器材设备购置和其他项目。防汛岁修经费实行项目管理，按照“总量控制、统筹安排、保证重点、严格标准”的原则编制项目预算。项目预算由人工费、材料费、机械使用费、赔偿费和其他费用组成。濮阳市黄河防汛岁修经费项目预算由河南黄河河务局审批。濮阳市黄河河务局严格执行《水利部中央级防汛岁修经费项目管理办法（暂行）》，保证防汛岁修经费的专款专用。但由于黄河下游经常发生中常洪水，防汛抢险频繁，致使防汛、岁修费的超支现象连年发生。超支的防汛费往往不能当年解决，靠单位临时垫支，造成单位财务预算资金紧张，流动资金减少。

1998年起，国家财政拨款改限额拨款为逐级实拨资金。国家财政取消事业单位“全额、差额和自收自支”预算管理形式，统一按照《事业单位会计制度》进行会计核算，取消“抵支收入”等核算科目，增加预算外资金收支、行政事业性收费收支、单位资产负债简表、行政事业单位住房基金收支及公有住房出售收入情况表、水利建设基金收支等。是年起，水利事业费报表的主要指标更改为收入数、财政拨款数和实际支出数。

1999年起，行政事业单位离退休人员经费和住房改革支出与水利事业费在“类”级科目并列，单独反映。国家财政预算科目“项”与“目”的变化，有利于解决存在的离退休人员经费困难和解决住房改革支出的实际问题。水利事业费的预、决算科目与财务报表，随财政管理的改革而发生变动。是年，执行财政部、水利部修订后的《特大防汛抗旱补助费使用管理办法》。

2000年后，根据《水利事业费管理办法》，水利事业经费支出分机构经费支出和专项经费支出。机构经费支出包括人员经费、业务经费、公用经费、社会保障费和其他费用。专项经费支出包括防汛费、岁修费、水文专项经费、水资源保护和水质监测费、水政水资源管理费、勘测设计费、技术推广费和其他专项费用。水利事业费的使用贯彻“分类分项管理”和“专款专用”的原则，严格划清人员机构经费与专项经费的界限，不得相互挤占挪用。

黄河治理的各项资金由于要求专账核算、专户管理，造成一些单位银行账户重复开设、多头管理的状况。2001年，根据财政部《关于清理整顿行政事业单位银行账户的意见》，对全局事业单位的银行账户进行全面清理整顿，严格按照国家有关规定开设和使用银行账户。

2003年实行部门预算后，水利事业费支出预算从基层单位编起，单位所有收支统一纳入部门预算，一个单位一本预算。各级财务部门为预算管理职能部门。收入预算主要包括财政拨款、预算外资金、事业收入、事业单位经营收入、其他收入。支出预算包括基本支出预算和项目支出预算两部分。基本支出包括人员经费和日常公用经费；项目支出包括基本建设类、行政事业类和其他项目，由各单位根据上年预算执行情况和当年事业专项业务需要，编报项目预算。预算一经批复，必须严格执行，如有调整，按规定程序上报。未完工程项目预算结余，结转下年继续完成。已完项目净节余，纳入部门预算重新安排使用。基本支出预算结余留单位，50%建立事业发展基金，50%建立职工福利及奖励基金。

2004年，按照国家财政国库管理体制改革的总体要求和河南黄河河务局的安排，濮阳河务局本级的水利事业费、基本建设等财政资金开始实行国库集中支付。经财政部批准后，濮阳河务局及所属各预算单位由财政部驻河南省财政监察专员办事处在银行开设零余额账户，按上级下达的部门预算（预算控制数），编制季度分月用款计划；根据批复的用款额度和核定的预算内容、范围办理财政资金支付（直接支付、授权支付）。2005 年起，中央预算单位银行账户实行年检制度，对预算单位账户管理违反规定的，给予处理。2007 年 5 月，范县河务局、台前河务局、渠村分洪闸管理处、张庄闸管理处开始实施国库集中支付。2009 年，濮阳河务局事业单位全部实行国库集中支付。

根据黄委《关于转发财政部中央行政事业单位资金往来结算票据使用管理等有关问题的通知》精神，自 2010 年 7 月 1 日起，事业单位停止使用资金往来收据，启用资金往来结算票据。在清理资金往来收据的同时，规范各单位资金往来结算票据的使用和管理，以保障资金往来结算票据使用管理的安全。

2011 年，根据黄委《关于进一步加强财务管理工作的通知》精神，加强预算和资金管理。要求各单位在编制部门预算时，必须全面、合理、准确地预计各项收入和支出，提高部门预算的编制质量；加强预算收入、预算支出和企业收支的管理，严格执行预算法规和财务会计规章制度；单位的全部资金和一切经济活动必须纳入财务统一管理和核算；严格按照现金管理规定的使用范围和额度使用现金，不得大额使用现金支付等。

2012 年后，执行财政部修订的《事业单位财务规则》和《事业单位会计准则》。《事业单位财务规则》规定的事业单位收入包括财政补助收入、事业收入、上级补助收入、附属单位上缴收入、经营收入、其他收入；事业单位支出包括事业支出（基本支出、项目支出）、经营支出、对附属单位补助支出、上缴上级支出、其他支出。原“结余留用”修改为“结转和结余按规定使用”；取消“预算外资金”的提法，将原“从财政专户核拨的预算外资金”修改为“从财政专户管理资金”。《事业单位会计准则》规定事业单位的会计核算一般采用收付实现制；事业单位会计要素包括资产、负债、净资产、收入、支出或费用；调整净资产项目构成，增加“财政补助结转结余”和“非财政补助结转结余”项；财务会计报告报表有资产负债表、收入支出表、财政补助收入支出表。

1986～1996 年，濮阳市黄河河务局总收入 19675. 76 万元，其中，上级财政拨款 12528. 37 万元（其中，水利事业费 50638. 30 万元，以工代赈 2333. 89 万元，中央水利建设基金 133129. 30 万元），事业（抵支）收入 6561. 37 万元，动用上年结余 586. 02 万元。全局总支出 16096. 70 万元，其中，人员经费支出 5064. 80 万元，离退休人员费支出 1576. 50 万元，公用经费支出 9455. 40 万元（见表 9-6）。

1997～2015 年，濮阳河务局总收入 488350. 09 万元，其中，财政补助收入 242151. 34 万元，事业收入 28609. 17 万元，经营收入 1139. 14 万元，动用上年结余 199996. 41 万元，其他收入 16454. 03 万元。全局总支出 323385. 61 万元，其中，基本支出 115979. 16 万元，项目支出 60126. 35 万元，上缴上级支出 87. 45 万元，经营支出 1113. 79 万元，基本建设支出 146078. 86 万元（见表 9-7）。

表 9-6 1986～1996 濮阳市黄河河务局财务收支情况

年份	收入合计（万元）	收入（万元）								支出（万元）				收支结余（万元）	说明
		上年结余	预算拨款（以工代赈）	事业（抵支）收入											
				承包工程收入	水费收入	河产农牧收入	堤防收入	劳务收入	其他收入	支出合计	人员经费	离退休人员费	公用经费（以工代赈）		
1986	554.54	1.59	451.72	68.64	7.26	4.57	12.32	3.27	5.17	440.80	152.60	30.25	257.95	113.74	
1987	648.13	16.26	454.16	113.82	7.77	35.95		2.12	18.05	471.51	135.54	47.84	288.13	176.62	
1988	688.26	91.03	489.86	47.54	7.22	6.86	15.66	2.78	27.31	663.47	144.87	50.09	468.51	24.79	
1989	773.98	8.06	573.74	101.63	13.51	3.41	29.78	6.11	37.74	664.39	161.19	64.01	439.19	109.59	
1990	1009.67	39.67	671.80	152.95	14.88	4.80	24.91	1.16	99.50	877.65	244.64	84.40	548.61	132.02	
1991	1293.21	109.29	764.65	151.83	22.93	2.80	33.27	1.11	207.33	934.67	274.67	97.02	562.98	358.54	
1991～1992	2333.89	—	2333.89	—	—	—	—	—	—	2333.89	—	—	2333.89	—	以工代赈
1992	1187.17	43.62	678.50	201.55	21.18	4.84	44.47	181.01	12.00	1036.18	370.30	122.21	543.67	150.99	
1993	1672.80	93.22	956.77	385.75	35.58	1.68	38.14	0.02	161.64	1461.73	412.06	133.51	916.16	211.07	
1994	2233.44	142.47	1042.23	575.20	37.00	3.31	36.01	—	397.22	1975.15	994.80	259.31	721.04	258.29	
1995	2474.59	11.00	1272.11	644.40	39.82	—	—	44.67	462.59	1985.94	1037.07	337.65	611.22	488.65	
1996	4806.08	29.81	2838.94	1286.69	77.65	—	28.47	410.17	134.35	3251.32	1137.06	350.21	1764.05	1554.76	
合计	19675.76	586.02	12528.37	3730.00	284.80	68.22	263.03	652.42	1562.90	16096.70	5064.80	1576.50	9455.40	3579.06	

表 9-7　1997～2015 年濮阳河务局财务收支情况

年份	收入（万元）						支出（万元）						收支结余（万元）
	收入合计	上年结余	财政补助收入	事业收入	经营收入	其他收入	支出合计	基本支出	项目支出	上缴上级支出	经营支出	基本建设支出	
1997	4840. 97	676. 23	1767. 61	2336. 23	—	60. 90	4483. 42	3094. 06	1389. 36	—	—	—	357. 55
1998	8941. 86	1431. 64	1436. 41	5589. 25	421. 50	63. 06	7351. 41	6336. 98	611. 15	—	403. 28	—	1590. 45
1999	8408. 00	1485. 00	1960. 00	3858. 00	34. 00	1071. 00	5144. 00	4246. 00	831. 00	33. 00	34. 00	—	3264. 00
2000	40233. 67	12013. 71	24072. 15	773. 42	7. 13	3367. 26	25008. 08	5007. 53	657. 82	—	—	19342. 73	15225. 59
2001	26390. 87	4789. 40	17794. 69	301. 87	376. 71	3128. 20	24755. 67	2250. 61	3735. 04	54. 45	376. 71	18338. 86	1635. 20
2002	12246. 36	1046. 03	7813. 35	654. 49	13. 01	2719. 48	8759. 28	4261. 67	1103. 59	—	13. 01	3381. 01	3487. 08
2003	13760. 29	2906. 30	10387. 82	64. 17	282. 79	119. 21	8916. 03	3418. 88	1138. 43	—	282. 79	4075. 93	4844. 26
2004	17682. 64	8142. 92	9150. 04	225. 50	4. 00	160. 18	10790. 42	3394. 12	753. 12	—	4. 00	6639. 18	6892. 22
2005	14228. 76	6892. 22	5743. 66	565. 26	—	1027. 62	8515. 70	3694. 32	612. 18	—	—	4209. 20	5713. 06
2006	10682. 75	3745. 01	5244. 04	598. 92	-	1094. 78	9000. 72	5703. 65	711. 11	—	—	2585. 96	1682. 03
2007	5766. 67	348. 03	4687. 43	364. 36	—	366. 85	5766. 67	5123. 43	643. 24	—	—	—	—
2008	80492. 86	46920. 48	32872. 74	205. 23	-	494. 41	31560. 85	6960. 36	4997. 56	—	—	19602. 93	48932. 01
2009	89460. 10	49024. 01	38964. 67	206. 90	—	1264. 52	45441. 05	7103. 53	4876. 56	—	—	33460. 96	44019. 05
2010	56201. 43	44019. 05	11678. 51	335. 11	—	168. 76	32915. 42	6352. 28	5070. 60	—	—	21492. 54	23286. 01
2011	27978. 82	13462. 11	12573. 21	1724. 20	—	219. 30	26762. 45	7815. 51	6297. 59	—	—	12649. 35	1216. 37
2012	15962. 80	1216. 37	12667. 72	1974. 46	—	104. 25	14970. 93	8772. 09	5963. 84	—	—	235. 00	991. 87
2013	15521. 60	988. 92	12448. 84	1969. 46	—	114. 38	14597. 89	8773. 48	5759. 20	—	—	65. 21	923. 71
2014	18972. 81	851. 15	13904. 92	3843. 40	—	373. 34	18111. 87	10265. 63	7846. 24	—	—	—	860. 95
2015	20576. 83	37. 83	16983. 53	3018. 94	—	536. 53	20533. 75	13405. 03	7128. 72	—	—	—	43. 08
合计	488350. 09	199996. 41	242151. 34	28609. 17	1139. 14	16454. 03	323385. 61	115979. 16	60126. 35	87. 45	1113. 79	146078. 86	164964. 49

（四）基本建设和企业财务管理

1. 基本建设财务管理

20世纪80年代以前，基本建设财务管理主要贯彻执行财政部《基本建设会计制度》，实行“消耗有定额，开支按标准，成本有核算，设计有概算，施工有预算，竣工有决算”的管理方法。在基本建设年度预算范围内，根据基本建设计划进度程度，编制季度分月用款计划，结合基本建设进度和材料资金结余情况掌握拨款，不办理超预算或无计划的拨款。

20世纪80年代，国家对濮阳黄河工程的基本建设投资主要是“防洪基建基金”。初期，按照河南黄河河务局的规定，各修防段承包基本建设工程实现的投资包干结余一律作为事业单位的净收入处理，并按照“分成事业收入”的有关规定在事业账上进行管理和核算；在基建会计核算上，按结算的工程价款单列投资完成，不再核算和反映承包工程的实际成本和包干结余，也不再建立“事业发展基金”及“职工集体福利和奖励基金”；对不实行投资包干的工程项目，按实际支出数列报投资完成，并核算其实际成本。

1985年，国家预算内基本建设投资全部由拨款改为贷款，濮阳黄河基本建设投资由河南黄河河务局向河南省建设银行统一贷款，以资金下拨形式拨付。“拨改贷”投资由计划部门根据国家批准的计划进行安排，纳入国家五年计划和年度基建计划，贷款利息计入固定资产价值，防洪、排涝工程等项目不计利息，免还全部本金等。1987年起，贯彻财政部《国营建设单位会计制度——会计科目和会计报表》。

1988年，制定《濮阳市黄河修防处基本建设项目投资包干责任制暂行办法》《基本建设财务管理和会计核算若干规定》，对基本建设项目实行投资包干责任制管理。河南黄河河务局为基建工程项目主管部门，濮阳市黄河修防处为建设单位，施工单位由建设单位按黄委会和河南黄河河务局有关规定确定。实行投资包干的建设项目，建设单位按批准的设计概预算包干，施工单位按批准的施工预算包干。建设单位投资包干结余上交主管部门50%，建设单位留成50%，按“六、二、二”分别作为生产发展基金、集体福利基金和职工分成。是年，按照水利电力部《水利电力工程基本建设竣工决算编制试行办法》和“补充说明”的规定，编制工程项目竣工决算。

1990年起，濮阳市黄河河务局所报年度财务收支计划中申请的预拨下年度基本建设款，都在所在地建设银行开设预拨款资金户，专户储存，专款专用。当下年度投资计划下达并收到上级基本建设拨款时，濮阳市黄河河务局按规定通过建行预拨款资金户将预拨款上交河南黄河河务局。1991年，贯彻执行水利部《水利基本建设财务管理暂行办法》。

1994年，濮阳市黄河河务局印发《关于基本建设财务会计核算中的几点意见》，规定工程价款结算一律按工程进度实行分期结算。对工程款结算单的填写做进一步的明确。要求各单位编写财务活动情况说明书，重点反映基建核算、工程施工等方面的情况。

1995 年，濮阳市黄河河务局制定《关于加强基本建设财务管理和会计核算工作的若干规定》，进一步强化建设单位的基本建设财务管理，保证基本建设投资的正确使用和经济效益的提高。

1996 年，贯彻执行财政部《国有建设单位会计制度》和黄委《关于加强基本建设财务管理和会计核算工作的意见》，基本建设工程继续推行承包经营责任制。基本建设项目实行统一规划，分级建设，分级管理，分级负责，按项目核算的制度，严禁在建设成本中列支与建设项目无关的费用和擅自改变建设内容、突破投资计划，保证建设工程成本的真实性与完整性。濮阳市黄河河务局留成的包干结余，除缴纳税金后，按“六、二、二”分别用于收入、职工福利和职工奖励。

1997 年，贯彻执行《黄河水利委员会基本建设财务管理暂行办法》，加强基本建设财务管理的基础工作，指定专人负责基本建设财务工作，正确核算基本建设支出和工程的实际成本，建设成本包括建筑安装工程投资支出、设备投资支出、待摊投资支出和其他投资支出。包干项目留成收入 70% 用于组织和管理建设项目方面的开支，30% 用于职工奖励和福利。是年，基本建设投资增加“水利基本建设基金”。

1998 年，国家大幅度提高黄河防洪工程基本建设投资，在前两项基金投资的基础上，又增加“国债”资金的投入。是年，执行《河南黄河河务局基本建设财务管理和会计核算若干规定》，进一步规范工程建设项目的核算，提高投资效益。

1999 年，制定《濮阳市黄河河务局基本建设财务管理若干规定》，要求依据建设项目投资计划，分清投资资金来源，单独设立银行账户，单独建账，分别进行财务管理和会计核算，不虚列基本建设支出和截留挤占、挪用建设项目资金，做到专款专用；财务部门参与施工合同的签订和项目建设全过程管理，及时掌握工程进度。参加阶段性竣工验收，及时编报竣工财务决算；工程款结算时，施工单位必须提供合法票据；与工程所在地县级河务局签订《基建工程赔偿委托协议书》，委托办理土地征用、挖地、占地、压地、踏地和土地附着物赔偿工作。

2003 年，修订《濮阳市黄河河务局基本建设财务管理办法》，增加新的规定：按基本建设项目投资来源渠道的不同，分别设立非经营性基金、水利基金、国债专项资金 3 套账进行总分类和明细类会计核算；对工程价款结算采取分次结算方式，并对结算程序和票据做进一步的规范；建设项目赔偿费的支付，从程序、原始凭证，以及县、乡、村的责任等方面都提出规范的要求；明确建设单位管理费的开支范围和标准；基本建设项目竣工后，及时编制基本建设项目财务决算，明确决算编制的依据、责任单位和组织。

2010 年，按照黄委《关于规范黄河下游防洪工程移民资金使用管理的通知》精神，濮阳市黄河防洪工程建设管理局与地方政府共同成立移民管理办公室，具体负责移民迁占赔偿工作。濮阳市黄河防洪工程建设管理局与移民管理办公室签订委托协议，根据签订的合同、移民管理办公室提交的移民资金结算资料和合法票据，经移民监理签字后将移民资金结算给移民管理办公室。土地赔偿资金中安排的设计费、监理检测费、专项复检费、土地复耕费等项目，项目法人直接与相关单位签订合同，根据合同和相关部门提供的合法票据列支出。是年，再次修订《濮阳河务局基本建设财务管理办法》，增加新的内容：根据年度下达的基建投资计划，及时编制年度基本建设支出预算。根据上级批复的基本建设支出预算，及时申报国库季度（分月）用款计划，保证工程建设用款；建立基本建设项目财务管理信息反馈制度，及时报送资金到位、工程进度、竣工财务决算、投资效益分析等相关资料。

2012 年后，濮阳河务局不再为工程建设单位，基建财务管理职能随着在建项目的完成而撤销。

2. 企业财务管理

1980 年，根据《河南黄河河务局局属单位实行预算包干和收入留成实行办法》，对安阳地区黄河修防处铲运机施工队和运输队实行企业管理，独立核算，暂行自收自支；核算管理按基本建设会计制度中的施工单位实行企业核算。

1984 年，对附属生产和建安单位全部实行企业管理，执行《国营施工企业会计制度——会计科目和会计报告表》。

1988 年，附属生产和建安单位执行河南黄河河务局制定的《建安生产单位财务管理办法（试行）》《河南黄河河务局建安生产单位会计基础工作的规定》《建筑安装和生产单位财务管理办法》等企业财务管理制度。

1992～1993 年，国家对企业会计制度实行重大改革，发布《企业会计准则——基本准则》《企业会计通则》和行业的企业财务会计制度。1993 年 7 月起，濮阳市黄河河务局施工企业单位执行财政部印发的《施工企业会计制度》，实行“定额上交、定项补贴，超收、减亏全留，超亏不补”的管理办法。

1998 年，财政部取消全额、差额预算管理和自收自支管理会计科目后，原实行差额预算管理和自收自支管理单位，基本上执行企业单位会计制度。

2005 年起，濮阳河务局内部管理企业执行《企业会计制度》和《施工企业会计核算办法》。

2006 年，濮阳黄河水利工程维修养护有限公司成立。维修养护公司财务管理执行《黄河水利委员会水利工程维修养护单位财务管理办法》和《河南黄河河务局水利工程维修养护单位财务管理与会计核算实施细则（试行）》，对维修养护单位的资产管理、负债管理、所有者权益、成本费用核算、收入、利润及利润分配、财务报告和财务分析、监督和责任等方面做出详细规定。

2007 年起，依据《企业会计制度》《企业会计准则》《企业财务通则》《会计法》等有关政策法规，结合濮阳河务局企业财务管理的实际，制定《濮阳河务局企业财务管理办法》，规范收入管理、成本支出核算管理、财务合同管理、内部施工项目财务管理、民主理财、资金管理、资产设备管理等，并制定与其配套的《濮阳河务局企业财务管理考核办法》，以加强对企业财务管理的监督。

2012 年 5 月，局属各企业单位开通网上银行，设置基本账户、一般账户和临时账户，并建立网上现金管理平台。

二、物资管理

1946～1949 年，黄河治理物资实行一级管理，即黄河修防处、修防段所需物资经人民政府就地就近发动群众献料，就地储备、就地管理和就地使用。

中华人民共和国建立后，随着河务局、修防处、修防段三级管理体制的建立，为方便供应和管理，减少库存和节省开支，物资管理体制实行两级管理。河务局物资部门负责物资的采购和供应。修防处、修防段是基层使用和管理单位，负责三类物资的计划和采购、施工现场的物资管理、石料的采运和管理、本单位防汛物资的储备和库存物资的管理及物资统计等工作。

1996 年以后，随着市场经济的建立与完善，防洪工程建设所需材料由中标单位采购，国家储备的防汛物资，根据储备定额通过政府采购形式进行更新补充。2006 年起，岁修物资纳入水利工程维修养护年度项目预算，实行政府采购。

（一）物资储备

1. 防洪基建和岁修物资

计划经济时期，防洪基建和岁修物资由河南黄河河务局直属仓库储备，按批准的工程建设计划和工程岁修计划供应，修防处、修防段基层单位存有少量维修用料。随着改革和市场经济的发展，防洪基建物资的储备由计划经济逐步向市场经济模式过渡，国家不再储备基建物资，根据工程建设所需，随用随买。1998 年，水利基本建设实行“三项制度”改革后，防洪基建物资全部由工程中标单位自行采购，建设单位对建设项目实行合同管理，不再负责基建物资的采购供应。

2. 防汛物资

防汛物资采取国家储备、社会团体储备和群众备料 3 种形式。

国家储备物资由黄河业务部门负责。国家储备防汛物资是解决遭受特大水灾时防汛抢险物资不足的一项重要措施。防汛常备物资主要有石料、铅丝、编织袋、麻袋、麻料、冲锋舟、救生船、救生衣、救生圈、照明设备、炸药、抢险用具等。为便于就近供应，按照河南黄河河务局《库存物资周转定额》以及堤防、险工、控导工程任务大小，核定防汛物资储备定额，分点设库储存，并根据实际需要，定期调整库存，减少仓库物资积压。

1986 年，黄河防总制定《黄河防汛主要物资储备定额（草案）》，防汛物资的管理由各修防段根据所承担的防汛任务和各类防汛物资储备定额，编报防汛物资采购计划，经濮阳市黄河修防处审核汇总上报河南黄河河务局核准批复后，由修防段采购入库。

1998 年，执行《河南黄（沁）河防汛物资储备管理制度》。1999 年，根据《黄河防汛物资管理办法（试行）》，在管理职责与任务、物资种类及定额、物资储备、物资管理、物资使用与调度等方面提出具体的要求，并提出“主要防汛物资采购实行招标投标制和监理制”。是年，制定《濮阳市黄河防汛主要物资、常用工器具储备定额量》，按定额采购和储备防汛物资。1999 年濮阳市黄河河务局主要物资定额储备量见表 9-8、表 9-9。

表 9-8 1999 年濮阳市黄河河务局主要物资定额储备量（一）

物资名称	工程名称	储备定额	计量单位	储量合计	濮阳县河务局	范县河务局	台前县河务局	渠村闸管理处
石料	合计	—	立方米	162745	62358	43190	55197	2000
	险工	3000/千米	立方米	61260	19530	26640	15090	—
	控导护滩	2500/千米	立方米	88425	32968	15950	39507	—
	防滚河工程	3000/千米	立方米	2700	2700	—	—	—
	重点平工段	1500/千米	立方米	6360	6360	—	—	—
	分泄洪闸	2000/千米	立方米	2000	—	—	—	2000
	其他闸门	200/千米	立方米	2000	800	600	600	—
铅丝	河防工程	0.0005/立方米备石	吨	81	31	21	28	1
麻料	河防工程	0.0005/立方米备石	吨	81	31	21	28	1
袋类	临黄堤	5000/千米	条	758500	301850	207950	244950	3750
篷布	临黄堤	1/千米，5/队	块	152	60	42	49	1
抢险活动房	县局抢险队	5/局，2/队	个	25	5	5	5	5
土工布	临黄堤	200/千米	立方米	30340	12074	8318	9798	150
编织布	临黄堤	200/千米	立方米	30340	12074	8318	9798	150
救生衣	险工控导	40/千米	件	2268	824	610	834	—
沙石料	临黄无淤背堤	100/千米	立方米	14000	5527	3909	4489	75
冲锋舟	县局	2 艘/局	艘	8	2	2	2	2
油锯	临黄堤	0.2/千米	只	30	12	8	10	—
查水灯具	临黄堤	5/千米	个	459	2	208	245	4
发电机组	险工控导	10/千米	千瓦	566	206	152	208	—

表 9-9 1999 年濮阳市黄河河务局主要物资定额储备量（二）

物资名称	更新年限	工程名称	储备定额	计量单位	储量合计	濮阳县河务局	范县河务局	台前县河务局	金堤管理局	渠村闸管理处
木桩	5 年	河防工程	0.05/立方米备石	根	8038	3118	2160	2760	—	—
摸水杆	5 年	险工控导	2/千米	根	114	41	31	42	—	—
探水器具	10 年	险工控导	1/千米	套	57	21	15	21	—	—
打桩机	15 年	堤防长度	0.1/千米	个	18	6	4	5	3	—
打桩锤	20 年	堤防长度	2/千米	个	361	120	83	98	58	2
手硪	20 年	堤防长度	1/千米	盘	181	60	42	49	29	1

续表 9-9

物资名称	更新年限	工程名称	储备定额	计量单位	储量合计	濮阳县河务局	范县河务局	台前县河务局	金堤管理局	渠村闸管理处
月牙斧	5年	堤防长度	5/千米	把	903	302	208	245	144	4
铁锨	3年	堤防长度	20/千米	把	3612	1208	832	980	577	15
锛	5年	堤防长度	2/千米	把	361	120	83	98	58	2
断线钳	5年	堤防长度	0.5/千米	把	90	30	21	25	14	—
手钳	5年	堤防长度	2/千米	把	361	120	83	98	58	2
木工斧子	5年	堤防长度	2/千米	把	361	120	83	98	58	2
手锯	3年	堤防长度	2/千米	把	361	120	83	98	58	2
镐	10年	堤防长度	5/千米	把	903	302	208	245	144	4
架子车	3年	堤防长度	2/千米	辆	361	120	83	98	58	2
对讲机	5年	堤防长度	0.2/千米	对	36	12	8	10	6	—
报警器	8年	堤防长度	3/千米	个	542	181	125	147	87	2
口哨	5年	堤防长度	5/千米	个	903	302	208	245	144	4
安全杆	5年	临黄堤	2/千米	根	303	120	83	98	—	2
安全帽	5年	临黄堤	2/千米	顶	303	120	83	98	—	2
安全绳	3年	临黄堤	2/千米	根	303	120	83	98	—	2
标志旗	用后补	堤防长度	4/千米	面	722	242	166	196	115	3
标志帽	用后补	县局闸管	50/局	顶	250	50	50	50	50	50
防寒服	5年	临黄堤	2/千米	身	303	120	83	98	—	2
橡皮船	10年	堤防长度	0.1/千米	只	18	6	4	5	3	—
救生圈	10年	堤防长度	5/千米	个	903	302	208	245	144	4
下水衣	10年	堤防长度	2/千米	件	361	120	83	98	58	2
望远镜	10年	堤防长度	0.1/千米	个	18	6	4	5	3	—
帆布屋	8年	堤防长度	1/千米	项	181	60	42	49	29	1
探照灯	10年	险工控导	2/千米	盏	114	41	31	42	—	—
探照灯泡	5年	险工控导	20/千米	只	1140	410	310	420	—	—
防水灯头	5年	堤防长度	20/千米	只	3612	1208	832	980	577	15
普通灯泡	5年	堤防长度	20/千米	只	3612	1208	832	980	577	15
碘钨灯	5年	堤防长度	10/千米	盏	1806	604	416	490	288	8
碘钨灯管	5年	堤防长度	20/千米	只	3612	1208	832	980	577	15
电线杆	10年	堤防长度	10/千米	根	1806	604	416	490	288	8
布电线	10年	堤防长度	3/千米	千米	542	181	125	147	87	2
防水线	10年	堤防长度	0.3/千米	千米	54	18	12	15	9	—
水尺板	用后补	水位站	10/站	块	150	50	40	50	—	10

2001年以后，抢险物料、救生器材、小型抢险机具等国家防汛储备物资的购置，执行国家防汛抗旱总指挥部《防汛储备物资验收标准》，成立验收小组，按照标准，对采购的物资组织验收，并填写《防汛储备物资验收报告单》，办理入库手续。

2006年以后，随着水管体制改革，防汛费纳入部门预算，每年按定额补充的少量的防汛物资和防汛物资的使用情况在防汛费中反映，补充的防汛物资实行政府采购。2006~2015年，通过清仓查库，报废超过库存年限的麻袋、土工布和编织袋，并按定额及时采购补充。1961~1995年濮阳河务部门物资储存情况见表9-10，2000~2015年濮阳河务局物资储存情况见表9-11。

表9-10　1961~1995年濮阳河务部门物资储存情况

序号	品名	单位	不同年度物资储存数量					
			1961	1971	1980	1985	1990	1995
1	石料	万立方米	1.62	13.87	23.65	18.4	13.28	14.41
2	铅丝	吨	3.68	117.88	131.48	201.2	203.8	94.1
3	麻袋	万条	2.59	12.04	15.79	17.27	12.23	11.74
4	麻料	吨	—	—	—	—	—	66
5	草袋	万条	10.66	3.97	—	—	—	0.94
6	木桩	根	18730	10.329	7767	3340	5900	7300
7	苇席	领	10.14	—	—	7284	5780	—
8	布电线	千米	2.9	97.79	136.97	190.99	75.2	73.8
9	电石	吨	29	9.6	11.76	8.87	5.3	3
10	帆布篷	块	—	54	40	515	505	44
11	橡皮船	只	—	97	44	88	88	—
12	冲锋舟	只	—	—	21	37	55	42
13	救生衣	件	22	141	130	6039	5995	96
14	救生圈	个	12	61	54	153	109	14
15	探照灯	只	8	45	35	58	22	23
16	电石灯	盏	233	259	307	278	101	96
17	提灯	盏	1770	4756	—	2716	2716	1835
18	手硪	盘	8	11	—	18	18	14
19	油锤	把	85	139	—	102	102	31
20	手锤	把	63	23	—	187	187	134
21	手钳	把	115		—	84	84	90
22	月牙斧	把	73	143	—	474	474	387
23	铁锨	张	633	575	—	508	508	685

表 9-11　2000～2015 年濮阳河务局物资储存情况

序号	品名	单位	不同年度物资储存数量			
			2000	2005	2010	2015
1	石料	万立方米	22.47	16.64	17.76	15.9
2	铅丝	吨	173	149.67	120.02	53.9
3	麻料	吨	106	106.61	93.11	95.15
4	麻袋	万条	7.69	6.68	5.44	—
5	编织袋	万条	65.95	59.87	57.93	26.85
6	篷布	块	432	415	413	12
7	活动房	个	—	6	6	2
8	土工布	平方米	11237	3076	—	14700
9	编织布	平方米	3600	944	—	—
10	救生衣	件	7751	7050	7120	710
11	沙石料	立方米	500	500	500	500
12	冲锋舟	艘	74	68	67	19
13	发电机组	千瓦/台	557/30	932/22	432/20	606/28
14	油锯	个	3	3	4	18
15	查水灯具	个	400	384	374	322
16	木桩	根	20375	5443	4537	4545
17	摸水杆	根	114	6	46	—
18	探水器具	套	9	9	8	—
19	打桩锤	个	85	125	89	56
20	手硪	盘	30	27	27	21
21	月牙斧	把	301	151	161	210
22	铁锨	把	1276	990	1041	1093
23	锛	把	94	46	57	—
24	断线钳	把	2	10	32	32
25	手钳	把	97	149	126	324
26	木工斧	把	133	109	194	171
27	手锯	把	130	90	155	—
28	镐	把	225	21	39	14
29	架子车	辆	114	77	68	—
30	对讲机	对	28	—	—	—
31	报警器	个	2	3	3	1
32	口哨	个	206	60	60	—

续表 9-11

序号	品名	单位	不同年度物资储存数量			
			2000	2005	2010	2015
33	安全杆	根	—	38	38	20
34	安全绳	根	—	145	17	17
35	防寒服	身	—	65	33	—
36	下水衣	件	2073	—	—	—
37	标志旗	面	98	28	—	—
38	标志帽	顶	—	60	—	—
39	橡皮船	只	18	57	42	—
40	救生圈	个	9	1929	2449	—
41	望远镜	个	4	3	2	6
42	探照灯	只	31	62	34	8
43	探照灯泡	只	80	70	350	—
44	防水灯头	只	740	357	—	—
45	普通灯泡	只	300	1032	881	—
46	碘钨灯	套	20	20	20	—
47	碘钨灯管	只	20	—	20	—
48	布电线	千米	25	1.36	3.7	10.6
49	防水线	千米	3	3.2	3.2	12.2
50	口罩	个	—	—	60	—
51	皮棉鞋	双	d	—	59	—
52	防寒帽	顶	—	—	68	30
53	防（水）寒手套	双	—	—	142	—
54	冰穿	支	8	—	28	—
55	抛枕架	个	—	—	14	—
56	抛石排	个	—	—	2	1

（二）物资日常管理

1. 石料管理

20 世纪 50 年代起，石料采取“宽 2 米，高 1 米，顶平、边齐、心实”的标准垛方管理。为克服亏方，石料验收过磅抽查率不得少于 30%，石料重量与体积的折算标准为 1700 千克/立方米（片石）。

1980 年开始，石料账物管理具体到坝头和垛号，实现账、坝、垛三相符。

1999 年，执行黄委《黄河防汛石料管理办法》，按照“统一管理，分级负责”的原则进行管理。黄委、省级河务局负责石料的计划安排、监督检查等工作；市级河务局负责石料采运、管理、使用、核算的督促检查和验收等工作；县级河务局负责石料的采运、初验、管理、使用、核算的具体实施工作。石料管理工作以财务部门为主，工程、防汛等有关部门紧密配合。

2003年起，执行黄委《黄河防洪工程备防石规范化管理规定（试行）》，按防洪抢险实际需要，重新规划防洪工程备防石摆放位置。备防石摆放要求做到整齐美观、整体划一。石料码垛高度、宽度尺寸保持一致，垛高1～1.2米，每垛20～50立方米，且每垛方量以10的倍数为准。常年不靠河的险工、控导、护岸工程的备防石垛采用水泥抹边、抹角，边角抹面宽度15～20厘米。在每垛石料距坝、垛顶30厘米处标明管理单位、工程名称、坝号、方量。

2. 其他物资管理

在20世纪五六十年代，国家储备物资较少，濮阳黄河防汛物资库存总值19万元。库存物资分类编号，设置账簿，进出库登记。

20世纪70年代，机电设备和建筑材料迅速增加，旧的管理办法已不适应国家储备物资管理工作的需要。1978年后，学习大庆油田物资管理先进经验，建立岗位责任制、验收、出入库、安全消防、保养维护、盘点、报告和检查评比等仓储管理制度。物资管理要求按照物资类别、规格、型号确定货架、货层号、货位号，实行“五五摆放”“四号定位”。“五五摆放”，即根据各种物料的特性和开头做到“五五成行、五五成方、五五成串、五五成堆、五五成层”，使物料叠放整齐，便于点数、盘点和取送。“四号定位”，即库、架、层、位。库是指货物存放在几号库，架是指货物存放在几号库几号架，层是指货物存放在几号架几层。仓库物资按类设账管理，物资进库验收完毕，根据验收单，将物资名称、规格型号、验收数量金额、存放地点、四号定位号码逐项计入物资明细账。同时，填写料卡挂在货位上，做到账、物、卡三相符。仓库保管人员坚持定期盘点，清仓查库，做到日清、月结，保持账、物、卡三相符。对库内库外物料做到上盖下垫，及时翻晒、养护、更新、防潮、防霉、防锈、防火、防盗，保证出库物料件件管用。每年都对库存物资进行翻仓查库，补充缺额，维护设备，以保持汛前库存物资达到定额要求和设备安全运行。还对物资管理情况进行检查评比，促进物资管理水平的提高。

1999年后，根据《黄河防汛物资管理办法（试行）》有关规定，对国家储备物资中实物储备部分，在确保防洪需要和物资保值增值的前提下，结合社会市场情况，不断吞吐更新，盘活资产存量，减少库存损失。对防汛设备实行“平战结合”的管理方式，非汛期利用防汛设备参与社会经营活动，按规定提取设备折旧等费用，即充分发挥设备效益，增加经济收入，又能保证防汛工作不受影响。对于国家储备物资中资金储备部分，严格按照专款专用的原则进行管理，严禁挪作他用。

（三）物资供应

1. 材料供应

1946～1949年，黄河工程施工使用的工具如铁锨、筐篓、木轮车、石硪等都是民工自带。整险和防洪抢险所需料物，如柳秸料、木桩、砖石和麻绳等，依靠解放区人民来解决。发动沿河群众献砖献石，征集软料，义务运到工地，保证治河所需。

20世纪50年代，险工坝岸逐步“石化”，新建、改建、加高皆以石料为主，石料来源，采取建场采石与民间收购相结合的办法满足工程需要。60年代，随着引黄灌溉涵闸工程的修建、改建，自制简易吸泥船开展放淤固堤，以及滞洪区内桥梁建设、水泥船制造等，材料采购供应量增大。尤其是石料供应，既靠陆运，又靠航运。濮阳黄河治理石料供应，大部分靠河南黄河河务局东坝头石料转运站经航运供到各险工和控导工程，另一部分靠购买汲县（卫辉市）铜山群众开采的石料，陆运到濮阳县连山寺及其以上险工和控导工程。濮阳县龙长治以下，以及范县、台前县的黄河防洪工程用石主要靠山东梁山、银山的群众开采，经航运供到各工程点。险工、控导工程修建及抢险所有的铅丝、木桩、麻料等由国家物资储备库供应，柳秸料主要由当地群众就地取材供应。

1996年以后，物资供应的体制由计划经济逐步向市场经济转变，治河物资的供应除防洪抢险部分物资按计划供应外，大部分靠市场调剂解决。

2. 设备供应

中华人民共和国成立前，濮阳黄河没有机械设备，黄河治理施工和防汛主要是依靠群众自带工具。中华人民共和国成立初期，抢险照明用的是汽灯、电石灯，巡堤查水用提灯，交通工具仅有2辆马车、7辆自行车。

随着治河事业的发展，机电、运输等设备从无到有，逐年增加。1961年，安阳地区黄河修防处有南京产“跃进”汽车1部，发电机组2台，抽水机4台。1980年后，施工机械有较大发展。1983年，全处机电设备总值达1183万元，有机电设备539台（套）2.3万马力。到1985年，濮阳市黄河修防处拥有载重汽车31辆，“黄河”牌自卸车10辆，工具车10辆，油罐车4辆，洒水车1辆，汽吊2辆，吉普车14辆，摩托7部，内燃机车4台，翻斗车24台，拖拉机21台，推土机10台，铲运机40台，简易吸泥船13只，铰吸式挖泥船7只，自动驳14只，冲锋舟37只，活动提灌船6只。还有发电机组、柴油机、泥浆泵、电动机、车床等27种500余台（套）。

1997年以后，随着治河建设和内部施工企业的快速发展，各种设备的数量增长较快，尤其是企业管理单位为增强市场竞争能力，提高经济效益，根据实际需要筹集资金自行购置一部分大型施工机械。2015年，濮阳河务局拥有各种设备1571台（套），设备总价值达11106.42万元，其中，通用设备112台（套），专用设备368台（套），电气设备246台（套），电子产品及通信设备659台（套），交通运输设备97台。在各类设备中，有相当一部分属高科技产品，如拌和楼、摊铺机等大型施工设备，居全国领先水平。

（四）政府采购

2003年，根据《中华人民共和国政府采购法》，濮阳市黄河河务局成立政府采购工作领导小组，在财务处设政府采购办公室，制定《濮阳市黄河河务局政府采购办工作制度》，开始实行政府采购。在政府采购实施过程中，按照“统一领导、分级负责、归口管理”的原则和政府采购权限，明确局采购办和局属各单位政府采购的职责、范围、程序。成立采购询价小组，从同种商品的质量、价格、售后服务等方面进行比较，择优采购。政府采购项目主要有办公设备用品、劳保用品、燃料、福利用品及车辆维修等。

2010 年，制定的《濮阳河务局政府采购实施办法》规定，各预算单位要严格按照政府采购批复预算，编报政府采购实施计划；各种小汽车和面包车等车辆购置、各预算单位的车辆保险、单项或批量 50 万元以上的货物和服务、60 万元以上的工程项目由黄委组织实施集中采购；在黄委集中采购限额以下，单项或批量预算金额 25 万元以上的政府采购项目，由河南黄河河务局组织实施；在河南黄河河务局采购限额以下，单项或批量预算金额 3 万元以上的政府采购项目，由濮阳河务局组织实施；政府采购组织形式分为政府集中采购、部门集中采购和单位分散采购；政府采购采取公开招标、邀请招标、竞争性谈判、询价、单一来源等形式。

2004 ~2015 年，全局共计划采购各类用品费用 1741 万元，实际采购费用 1654 万元，节约资金 86 万元（见表 9-12）。

表 9-12　2004 ~2015 年濮阳河务局政府采购情况

年份	计划采购数（万元）	实际采购数（万元）	节约资金数（万元）	节约资金比例（%）
2004	132. 34	126. 43	5. 91	4. 47
2005	161. 45	150. 28	11. 17	6. 92
2006	206. 75	199. 44	7. 31	3. 54
2007	294. 32	281. 15	13. 17	4. 47
2008	298. 57	291. 76	6. 81	2. 28
2009	84. 66	79. 2	5. 46	6. 45
2010	61. 93	56. 07	5. 86	9. 46
2011	14. 13	13. 68	0. 45	3. 18
2012	42. 69	40. 48	2. 21	5. 18
2013	66. 74	63. 39	3. 35	5. 02
2014	311. 28	289. 25	22. 03	7. 08
2015	66. 22	63. 54	2. 68	4. 05
合计	1741. 08	1654. 67	86. 41	2. 28 ~9. 46

三、国有资产管理

濮阳河务局占有和使用的资产主要有流动资产、固定资产、长期投资、无形资产和其他资产等。其中，固定资产种类繁多、数额巨大，具体表现为黄河堤坝、险工、控导工程、涵闸、房屋、建筑物、工程机械、抢险设备、抢险工器具、防汛料物、公务车辆、生产与生活基础设施、办公机具等。

1997年前，国有资产监管分别由财务、工务等部门负责。之后，由财务部门负责。2002年机构改革时，财务处设国有资产管理科，具体负责全局国有资产监督管理工作。其主要任务是：建立健全资产管理规章制度；明晰产权关系，实施产权管理；保障资产安全和完整；推动资产合理配置和节约有效使用；对经营性资产实行有偿使用，并监督其实现保值增值；遵照国家有关部委的规定和要求专项开展清产核资、产权登记、资产评估、非经营性资产转经营性资产申报审批等。主要职责包括产权的登记、界定、变动和纠纷的调处，资产的使用、处置、评估、统计报告和监督等。资产管理的重点是对非经营性资产的完整性、占有和使用合理的有效性、国有资产处置的申报审批等进行监督控制。局属各单位（包括国有企业）的国有资产管理工作由财务部门负责。

截至2015年，濮阳河务局事业单位共拥有各类资产总额18.5亿元，其中，流动资产1.09亿元，固定资产16.8亿元，对外投资0.61亿元。企业管理单位总资产5.69亿元，其中，流动资产5.22亿元，非流动资产0.47亿元；流动负债4.62亿元，所有者权益1.07亿元（其中，实收资本0.98亿元）。这些资产的形成主要来源于国家基本建设投资完成后交付使用的资产，企、事业单位长期经营自我发展积累形成的资产，以及仍属流动资产的库存材料、周转资金等。

（一）资产日常管理

1984年，按照河南黄河河务局《关于财产管理和坏账损失审批权限的通知》明确的财产审批权限开展资产管理工作。1987年，按照河南黄河河务局《关于局属事业、基本建设及建安生产单位财务管理权限划分规定的通知》精神，开展固定资产购置、调拨、盘亏、报废和库存器材盘亏、报废，以及在建工程报废等方面的资产管理工作。

1991年，执行《河南黄河河务局财会工作有关问题的补充规定》，各单位小汽车的购置、调拨、报废、更新、变价处理等事宜，由濮阳市黄河河务局审查上报河南黄河河务局批准后实施。1995年，根据河南黄河河务局《关于1995年国有资产管理暨清产核资工作安排意见的通知》，建立水利企业产权登记（年检）和国有资产保值增值制度。

1997年，根据河南黄河河务局《国有资产监督管理办法（试行）》，明确各级财务部门为国有资产监督管理部门，其职能为：负责制定并组织实施本单位水利国有资产管理的具体办法；负责国有资产的账卡管理；负责本单位的资产清查、登记、统计、报告及日常监督检查；负责办理资产的调拨、出售、报损等申报（批）手续；参与设备的选型、采购、验收入库、维修、保养等；参与本单位的生产经营活动，履行资产投入的申报手续，并对投入经营的资产实施监督管理等。是年，建立产权界定、登记与报告制度，明确资产性质、处置权限及审批程序、考核评价及责任等。

1998年，根据河南黄河河务局《关于加强国有资产管理、防止国有资产流失有关问题的通知》精神，要求各单位在产权制度改革中，严格规定的审批权限处置资产，未经审批不得擅自处置。资产处置前进行资产清理，按规定由县具有评估资格的机构进行资产评估，出具资产评估报告，防止低价出让、出售或入股而造成国有资产流失。国有资产处置收入全部纳入单位财务统一管理，按会计核算程序管理和核算。

2001 年，根据财政部《企业国有资本与财务管理暂行办法》的有关规定，制定并完善企业管理单位的国有资本与财务管理办法。是年，执行《河南黄河河务局国有资产监督管理办法》。

2003 年，按河南黄河河务局的要求，开始开展国有资产统计工作。是年，《河南黄河国有资产管理信息系统》投入运用，建成省、市、县三级河务部门资产监督管理网络。

2006 年，转发财政部《事业单位国有资产管理暂行办法》，规定事业单位国有资产表现形式为流动资产、固定资产、无形资产和对外投资等；事业单位国有资产实行国家统一所有，分级监管，单位占有、使用的管理体制。在资产配置及使用、资产处置、产权登记与产权纠纷处理、资产评估与资产清查、资产信息管理与报告、监督检查与法律责任等方面做出详细的规定。

2007 年以后，按照河南黄河河务局《关于开展 2006 年中央水利经营性国有资产效绩评价工作的通知》要求，河南省中原水利水电工程集团有限公司每年都进行国有资产效绩评价。

2009 年，贯彻全国人大颁发的《中华人民共和国企业国有资产管理办法》，管理局属企业单位的资产。

2010 年后，贯彻执行《河南黄河河务局国有资产管理实施办法》，新的资产配置纳入单位预算，实施政府采购；国有资产对外投资、出租、出借的审批权限和国有资产处置权限：黄委为单项价值 500 万元以下，水利部 500 万～800 万元，财政部 800 万元以上；增加“水利资源性国有资产”科目，即依法取得的水资源、水域、岸线、土地等自然资源使用权，以及林木、植被、沙、石等资产；规定产权登记与产权纠纷处理、资产评估与资产清查的内容、程序及要求。是年，实行国有资产管理事项专家评议机制，全局凡涉及国有资产配置、使用及处置等大宗管理事项的技术性工作时，组织相关专家实行专项评议。

（二）清产核资

1993 年，按照《黄河水利委员会清产核资实施办法》，对全局 9 个全额单位、4 个差额单位和 3 个经济实体的各类资产（包括固定资产、流动资产、专项资产、无形资产、长期投资、在建工程、企业留成外汇额度）和债权等，进行全面清查登记；对所占用的各项国家资金（包括固定资金、流动资金、专项资金）和债务进行全面核对查实。经过清查，截至 1992 年 12 月 31 日，濮阳市黄河河务局清查前的全部资产账面数为 1.53 亿元，清查核实后为 6.3 亿元，净增 4.8 亿元。其中，固定资产清查前原值为 1.15 亿元，清查核实后为 5.92 亿元；流动资产清查前原值为 0.38 亿元，清查核实后为 0.39 亿元（见表 9-13）。

表 9-13　1993 年濮阳市黄河河务局资产清查情况　（单位：万元）

序号	项目	清查前账面数	清查情况			固定资产提高标准增减数	清查核实数	
			盘盈数	按规定处理和经批准核销数	其中盘亏数			其中：待处理资产损失
	总计	15313.8	48016.26	241.77	103.52	-0.26	63088.03	300.74
一	固定资产原值	11544.77	47869.49	238.71	103.31	-2.11	59173.44	272.21
	减折旧	61.39	1.42	3.98	0	0	58.83	0
1	土地类	50.08	17.04	0	0	0	67.12	0
2	房屋建筑类	9575.42	47116.16	64.62	34.41	0	56626.96	0
3	通用机械设备类	153.56	40.01	44.33	27.25	-0.51	148.73	2.83
4	专用机械设备类	574.82	82.7	27.36	0.29	-0.95	629.21	19.75
5	交通运输设备类	846.11	29.79	21.75	3.35	0	854.15	249.63
6	电子设备类	178.5	25.16	25.56	8.5	-0.05	178.05	0
7	电子产品及通信设备类	71.48	539.69	22.43	21.2	-0.06	588.68	0
8	仪器仪表及量具衡器类	15.37	5.14	2.34	1.36	0	18.17	0
9	文化体育设备类	0.15	0.01	0.06	0	0	0.1	0
10	图书、文物类	0.02	0	0.02	0	0	0	0
11	家具用具及其他	79.26	13.79	30.25	6.95	-0.54	62.26	0
二	流动资产	3765.48	146.77	3.06	0.21	1.85	3911.04	28.53
1	材料	742.63	38.8	0.56	0.21	0	780.87	0
2	低值易耗品	0	0	0	0	1.85	1.85	0
3	应收款	2260.07	90.83	2.5	0	0	2348.4	28.53
4	货币资金	762.78	17.14	0	0	0	779.92	0
三	其他资产	3.55	0	0	0	0	3.55	0

1995 年，按照财政部《1995 年清产核资价值重估实施细则》的规定，对濮阳市黄河河务局劳动服务公司、水泥制品厂、汽车修配厂和濮阳市黄河工程公司等企业的资产进行清产核资和价值重估，并上报清产核资和资产价值重估情况。1996 年，经黄委、水利部清产核资办公室审核，报财政部清产核资办公室同意，黄委清产办对重估结果

进行批复。濮阳市黄河河务局劳动服务公司、水泥制品厂和汽车修配厂3个企业单位按批复结果和《清产核资价值重估实施细则》进行会计账务处理，按规定办理国有资产产权登记。1998年，濮阳市黄河工程公司清产核资结果得到批复。按批复要求，濮阳市黄河工程公司及时处理了有关账务问题。通过清查资产，全局国有企业资产总量结构和分布使用情况，以及企业经营性国有资产总量结构、分布及效益情况得到核实，明确和确立了国有资产产权和管理的关系。1995年濮阳市黄河河务局企业单位固定资产价值重估批复明细见表9-14。

表9-14 1995年濮阳市黄河河务局企业单位固定资产价值重估批复明细

单位名称	全部固定资产合计（万元）				重估增值（万元）		属重估的固定资产（万元）			
	前原值	后原值	前净值	后净值	原值	净值	前原值	后原值	前净值	后净值
劳动服务公司	16	16	11	11	—	—	—	—	—	—
水泥制品厂	137	152	137	146	15	9	29	44	17	26
汽车修配厂	2	2	1	1	—	—	—	—	—	—

2000年，按照财政部《关于开展中央预算单位清产核资工作的通知》和河南黄河河务局的安排，开展清产核资工作，为细化预算单位编制和编制部门预算提供真实依据。清产核资的主要内容包括预算单位基本情况清理、资产清查、资产核实和建章建制。参加清产核资的事业单位8户，企业管理单位3户。清产核资工作分为资产清查和资金核实两个阶段进行。

经清查核实，截至1999年12月31日，濮阳市黄河河务局事业单位总资产账面数为9.05亿元，其中，流动资金1.36亿元，对外投资4.55万元，固定资产7.68亿元。总资产核实数为8.92亿元，其中，流动资金1.36亿元，对外投资4.55万元，固定资产7.55亿元。净资产账面数为8.54亿元，其中，事业基金4029.27万元，固定基金7.68亿元，专用基金3124.25万元，其他净资产1401.19万元。净资产核实数为8.41亿元，其中，事业基金4023.43万元，固定基金7.55亿元，专用基金3124.25万元，其他净资产1401.19万元。是年，全局共有职工2659人，上级拨付年人均经费0.3万元，实际支出年人均2.6万元（见表9-15）。

企业单位总资产1920.31万元，负债1523.85万元，所有者权益396.46万元。实收资本账面数1156.14万元。总资产核实数为1559.34万元，负债1523.85万元，所有者权益35.49万元。实收资本核实数795.07万元（见表9-16）。

各单位依据上级资金审核审批的结果，以及在单位权限范围内自行处理的结果，进行账务处理和账面资产数额的调整。各预算单位通过建章立制，强化财务资产管理措施。

表 9-15　2000 年濮阳市黄河河务局事业单位资产清查资金核实情况　（单位：万元）

项目	账面数	处理数		核实数
		自行处理	确认处理	
一、资产	90457.03	-945.38	-348.41	89163.24
（一）流动资产	13640.59	-5.84	—	13634.75
其中：应收账款	3943.41	-5.84	—	3937.57
存货	1947.82	—	—	1947.82
（二）对外投资	4.55	—	—	4.55
（三）固定资产净值	76811.89	-939.54	-348.41	75523.94
小计	90457.03	-945.38	-348.41	89163.24
三、负债合计	5090.43	—	—	5090.43
四、净资产合计	85366.60	-945.38	-348.41	84072.81
（一）事业基金	4029.27	-5.84	—	4023.43
其中：一般基金	4024.72	-5.84	—	4018.88
投资基金	4.55	—	—	4.55
（二）固定基金	76811.89	-939.54	-348.41	75523.94
（三）专用基金	3124.25	—	—	3124.25
（四）其他净资产	1401.19	—	—	1401.19
小计	90457.03	-945.38	-348.41	89163.24

表 9-16　2000 年濮阳市黄河河务局企业单位资产清查资金核实情况　（单位：万元）

项目	账面数	资产盘盈	自行列损益	确认核减权益	核实数
一、流动资产	385.31	0.10	21.53	—	385.41
其中：应收账款	211.85	—	5.18	—	211.85
应收账款净额	211.85	—	5.18	—	211.85
存货	85.89	0.10	13.69	—	85.99
待处理流动资产净损失	2.53	—	—	—	2.53
二、固定资产	1535.00	—	228.31	361.07	1173.93
其中：固定资产原价	2107.09	—	228.31	361.07	1746.02
减：累计折旧	594.53	—	—	—	594.53
固定资产净值	1512.56	—	228.31	361.07	1151.49
资产总计	1920.31	0.10	249.84	361.07	1559.34
负债总计	1523.85	—	—	—	1523.85
三、实收资本（股本）	1156.14	—	—	361.07	795.07
国家资本	1156.14	—	—	361.07	795.07
四、盈余公积	93.81	0.10	—	—	93.91
五、未分配利润	-853.49		249.84	—	-853.49
所有者权益总计	396.46	0.10	249.84	361.07	35.49

2003 年，转发国务院国有资产监督管理委员会《关于印发国有企业清产核资工作规程的通知》《关于印发国有企业资产损失认定工作规则的通知》《关于印发国有企业清产核资资金核实工作规定的通知》《关于印发国有企业清产核资经济鉴定工作规则的通知》。2004 年，转发国资委《国有企业清产核资办法》《关于印发清产核资工作问题解答的通知》，以加强企业管理单位的清产核资工作。

2007 年，按照《濮阳河务局行政事业单位资产清查工作实施方案》，11 个事业单位开展资产清查工作，以全面摸清“家底”，为编制以后年度部门预算和建设资产管理信息系统提供真实可靠的数据基础，建立起资产管理与预算管理、资产管理与财务管理相结合的运行机制，完善资产管理制度。资产清查工作主要内容包括单位基本情况清理、账务清理、财产清查和完善制度等。经清查，截至 2006 年 12 月 31 日，濮阳河务局现有账面资产共计 15.95 亿元，其中，固定资产 14.38 亿元，现金 6.99 万元，银行存款 1066.89 万元，应收账款 3013.77 万元，预付账款 1660.38 万元，其他应收款 3000.47 万元，存货 1484.89 万元，对外投资 5508.24 万元。清查出的资产损失 1191.12 万元。

（三）资产处置

濮阳河务局的资产处置须报请上级审批。河南黄河河务局具有 20 万元及以下资产的报废、有偿调拨、意外损失、“非转经”等事项的审批权限，超过权限的，由河南黄河河务局报请黄委，直至财政部审批。

20 世纪八九十年代，资产处置执行《河南黄河河务局非经营性资产转经营性资产管理暂行办法》《河南黄河河务局关于引黄供水资产划分及确认问题的通知》《河南黄河河务局小汽车管理暂行办法》《河南黄河河务局关于小汽车报废、中途退役、出售、报废等有关问题的通知》等有关规定。

1998 年，根据河南黄河河务局《关于对经营性资产、“非转经”资产进行清理、确认的通知》，濮阳市黄河河务局开展经营性资产、“非转经”资产的清理、确认工作，全局非经营性资产转为经营性资产共 8184.99 万元（见表 9-17）。1998 年，全局兴办经济实体 31 个，有经营性资产 12909.83 万元、非经营性转经营性资产 8512.90 万元（见表 9-18）。

1999 年，按照河南黄河河务局《关于非经营性资产转经营性资产有关事项处理意见的通知》，对经营性资产、“非转经”资产的清理、确认结果进行完善。是年，经河南黄河河务局批准，对库存 10 年以上的 9050 个塑料桶、497 张橡胶气床垫，使用 17 年以上的 18 艘冲锋舟、6 台发电机组和使用 20 年以上的 2 艘自动驳船等设备进行报废处理，设备原值共 78.37 万元。

2000 年 9 月，河南黄河河务局批复濮阳市黄河河务局非经营性资产转经营性资产为 1772.22 万元，其中，投资濮阳市黄河工程公司 1167.23 万元、第一工程处 27 万元、第二工程处 101 万元、水上抢险队 83.49 万元、机动抢险队 3.08 万元、水泥制品厂 360.42 万元，其他投资 30 万元。是年 12 月，根据财政部《中央预算单位清产核资资金核实办法》有关规定，对各单位清产核资申报（5万~10万元、10万~20万元权限内）的报废交通运输类资产和报废房屋建筑类资产进行处置，总价值243.41万元。

表9-17　1998年濮阳市黄河河务局非经营性转经营性资产情况

<table>
<tr><th>资产名称</th><th>单位</th><th>合计</th><th>投资</th><th>出租、出借承包经营</th><th>内部经营</th><th>说明</th></tr>
<tr><td>一、资产总额</td><td>万元</td><td>8451.76</td><td>2.23</td><td>264.54</td><td>8184.99</td><td rowspan="10">1. 包括：濮阳县、范县、台前县河务局和滞洪办6个单位，以及濮阳金堤管理局、渠村分洪闸管理处、局机关行政科和财务科4个单位
2. 台前县河务局土地33.27公顷，范县河务局土地7.6公顷，濮阳县河务局土地3.7公顷</td></tr>
<tr><td>（一）固定资产</td><td>万元</td><td>7608.24</td><td>—</td><td>236.24</td><td>7372.00</td></tr>
<tr><td>1. 房屋建筑物</td><td>万元</td><td>563.91</td><td>—</td><td>145.10</td><td>418.81</td></tr>
<tr><td>2. 机械设备</td><td>万元</td><td>1070.30</td><td>—</td><td>91.14</td><td>979.16</td></tr>
<tr><td>3. 土地</td><td>万元</td><td>11.12</td><td>—</td><td>—</td><td>11.12</td></tr>
<tr><td>4. 引水闸</td><td>万元</td><td>5939.47</td><td>—</td><td>—</td><td>5939.47</td></tr>
<tr><td>5. 其他固定资产</td><td>万元</td><td>23.44</td><td>—</td><td>—</td><td>23.44</td></tr>
<tr><td>二、流动资金</td><td>万元</td><td>843.52</td><td>2.23</td><td>28.30</td><td>812.99</td></tr>
<tr><td>其中：货币资金</td><td>万元</td><td>802.81</td><td>2.23</td><td>28.30</td><td>772.28</td></tr>
<tr><td>材料</td><td>万元</td><td>40.71</td><td>—</td><td>—</td><td>40.71</td></tr>
</table>

表9-18　1998年濮阳市黄河河务局经营单位基本情况

项目内容 兴办形式	单位	合计	投资	出租、出借承包经营	内部经营	说明
一、兴办实体（项目）数	个	31	7	1	23	
二、资产总额	万元	12909.83	9479.88	37.90	3392.05	
三、负债总额	万元	8606.25	7603.08	23.30	979.87	
四、净资产总额	万元	4298.58	1876.80	9.60	2412.18	
其中：固定资产	万元	4849.74	2357.91	37.90	2453.93	
五、注册资金	万元	1110.00	1110.00	—	—	事业单位未填
六、实收资本	万元	1784.58	1784.58	—	—	事业单位未填

2002年12月，转发《河南黄河河务局非经营性资产转经营性资产管理暂行办法》。该办法确定非转经的基本原则、非转经方式及其范围、申报与申报程序、非转经资产管理、非转经资产收益管理，以及责任追究事项等。

2003年9月，制定《濮阳市黄河河务局非经营性资产转经营性资产管理实施细则》。

2004年，转发国务院机关事务管理局《中央国家机关国有资产处置管理办法》。该办法规定的资产处置方式主要有调拨、变卖、报损、非转经等，并明确每种处置方式的审批权限和程序，规定每年向上级报送2次国有资产处置和非转经情况汇总表。

2007年12月，根据河南黄河河务局《关于对濮阳河务局资产清查损益事项的批复》，核销资产损失415.70万元，其中，流动资产3.81万元，固定资产411.89万元。

2008年，根据水利部《关于黄河水利委员会水管体制改革资产管理事项的批复》，将河南黄河河务局经济发展管理局和濮阳河务局与水利工程维修养护有关的设施、设备和工程管理专用工器具等资产无偿调拨给濮阳黄河水利工程维修养护有限公司，其资产原值为1014.49万元（其中，河南黄河河务局经济发展管理局307.35万元，濮阳河务局717.14万元），评估值为643.12万元（其中，河南黄河河务局经济发展管理局193.12万元，濮阳河务局450万元）。

四、审计管理

中华人民共和国成立至改革开放前，国家没有设置独立的专职审计机构。1982年，《中华人民共和国宪法》规定实行审计监督制度。1983年9月15日，国务院正式设立审计署，受国务院总理直接领导。此后，各级审计机关相继建立。

1987年4月，濮阳市黄河修防处成立审计科，始有审计工作，根据黄委会出台的有关审计的办法与制度开展工作。1990年，贯彻执行河南黄河河务局制定的定期审计制度、审计工作年度计划报批制度、审计统计报表的编报制度、审计工作考核办法等。

1991年，根据《黄河水利委员会内部审计工作暂行规定》，明确审计科对下列事项进行审计监督：事业预算、财务计划、基建投资计划、工程概（预）算的执行和决算；财务收支及其有关经济活动的合规合法性与有效性；内部控制制度的健全、有效性；国家资产的管理情况和营运效率；专项资金的提取、使用；承包、租赁经营的有关审计事项；技术经济合同的有关事项；所属企事业单位主要负责人任期经济责任和离任审计；国家财经法纪的执行情况；成本、利润的核算，债权、债务清理的真实性与正确性等。

1998年，审计科与纪检监察科合并为监察审计室，其中审计职责是：组织制定各项内部审计规章制度，对投资计划、经费预算、专项资金使用等进行审计监督；对局属单位负责人进行任期（离任）审计；对严重违反财经纪律的问题进行审计等。2002年机构改革时，仍设监察审计室。

2003年后，贯彻执行《河南黄河河务局联合审计办法》《河南黄河河务局企业经济效益审计暂行办法》《河南黄河河务局内部控制审计办法（试行）》《河南黄河河务局内部审计公告办法》《河南黄河河务局重大经济合同审计签证暂行办法》《河南黄河河务局领导干部经济责任审计评价办法》《河南黄河河务局基本建设项目审计办法（试行）》《河南黄河河务局水利工程管理及维修养护经费审计暂行办法》《河南黄河河务局水利工程管理及维修养护经费审计办法》等。

至2015年，濮阳河务局形成一套以财务收支审计、领导干部经济责任审计、企业经济效益审计、维修养护经费审计及内部控制审计为框架的较为完善的内部审计制度。

（一）领导干部任期经济责任审计

1999年6月，中共中央办公厅、国务院办公厅颁布《县级以下党政领导干部任期经济责任审计暂行规定》，要求领导干部任期届满，或者任期内办理调任、转任、轮岗、免职、辞职、退休等事项前，接受任期经济责任审计。领导干部任职期间对其所在部门、单位财政收支、财务收支真实性、合法性和效益性，以及有关经济活动应当负有的责任，包括主管责任和直接责任。对所在部门、单位财政收支、财务收支审计的主要内容是：预算的执行情况决算或者财务收支计划的执行情况和决算；预算外资金的收入、支出和管理情况；专项基金的管理和使用情况；国有资产的管理、使用及保值增值情况；财政收支、财务收支的内部控制制度及其执行情况；其他需要审计的事项。

2001年，根据《河南黄河河务局干部离任经济责任审计实施细则》，濮阳市黄河河务局开始开展领导干部离任经济责任审计。是年，对濮阳县黄河河务局、范县黄河务局、台前县黄河河务局、濮阳县金堤管理局、渠村分洪闸管理处等离任的5名领导干部进行经济责任审计，审计金额64380.98万元，提出审计建议24条；审计评价客观地肯定成绩，指出不足；也为其今后的选拔、任用提供重要的有参考价值的审计信息。

2008年，受河南黄河河务局委托，分别对濮阳第一河务局、濮阳第二河务局、渠村分洪闸管理处3个单位任职满5年的主要负责人和张庄闸管理处离任的主要负责人进行经济责任审计，共审计资金31606.49万元，提出审计意见17条。其中，审计濮阳第一河务局资金25938.5万元，提出问题8条，提出审计建议4条，均被采纳；审计濮阳第二河务局资金3519.99万元，提出问题1条，提出建议2条，均被采纳；审计渠村闸管理处资金1620万元，提出问题5条，提出建议6条，被采纳5条；审计张庄闸管理处资金528万元，提出审计问题6条，提出审计建议5条，均被采纳。

2012年，对濮阳第一河务局、濮阳第二河务局、范县河务局、台前河务局、渠村分洪闸管理处、张庄闸管理处主要负责人进行离任经济责任审计。其中，审计濮阳第一河务局金额6349.08万元，提出整改意见6条；审计濮阳第二河务局金额4092.70万元，提出整改意见4条；审计范县河务局金额6507.40万元，提出整改意见2条；审计台前河务局金额21193.24万元，提出整改意见4条；审计渠村分洪闸管理处金额4143.44万元，提出整改意见3条；审计张庄闸管理处金额5442.38万元，提出整改意见3条。

2015年，对滑县河务局主要负责人进行任期经济责任审计，审计金额3038.44万元，提出整改建议3条。

（二）财务收支审计

财务收支审计是对实行预算管理事业单位或实行企业管理单位的财务收支情况进行的审计。事业单位财务收支审计的主要内容是：财务收入来源的合法性、入账的完整性，财务支出范围的合法性、合规性、合理性，资产的安全性，账务处理的正确性等。企业管理单位财务收支审计的主要内容是：企业会计资料的真实与合法性，企业资产的安全完整与保值增值、企业负债情况、企业所有者权益的真实与合法性，企业损益情况等。

1987 年，濮阳市黄河修防处开展财务会计决算审计，审计事业单位金额 1406 万元；审计建安生产单位金额 385.42 万元。之后，每年都对各单位的财务会计决算进行审计，促进财务会计决算质量的提高。

1989 年，按照上级“覆盖面不小于 30%”的要求，开始对各单位进行财务收支定期审计、水费和防汛岁修经费使用方向等审计。

2001 年后，企业管理单位的财务会计决算委托地方会计事务所审计。

2002 年，对濮阳县黄河河务局 2001 年度财务收支情况进行审计，审计金额 1920.73 万元，提出整改意见 16 条。

2005 年，对原濮阳市黄河河务局第二工程处 2002 ~ 2004 年财务收支情况进行审计。

2006 年，对濮阳第二河务局（包括所属水电工程有限公司、水泥制品厂）2005 年度的财务收支、主营业务收支情况及利润的实现进行审计，共审计资金 555.06 万元，提出审计意见及建议 7 条。

2007 年，对台前河务局 2006 年度财务收支情况进行审计，审计金额 1865.48 万元。

2008 年，对濮阳河务局 2007 年事业费决算、基本建设财务决算进行审计，审计资金 41648.51 万元。

2009 年，配合河南黄河河务局，对濮阳河务局 2008 年度财务决算进行审计，共审计金额 11961.95 万元，提出审计建议 3 条。

2010 年，配合河南黄河河务局对濮阳河务局 2009 年度财务决算报表进行审计，共审计资金 89622.77 万元，提出审计建议 4 条。

2012 年，对渠村分洪闸管理处 2011 年度部门预算执行情况进行审计，审计资金 593.39 万元；开展 2011 年度濮阳河务局财务决算审计，审计资金 26753.49 万元。

2013 年，对滑县河务局 2006 ~ 2012 年财务收支情况进行审计，共审计资金 3193.27 万元，查出问题 8 个，提出审计建议 7 条。

2014 年，对濮阳河务局部门预算、固定资产投资方向决算进行同步审计，审计资金 14528.09 万元；对滑县河务局 2013 年预算执行情况进行审计，共审计资金 324.65 万元，提出审计建议 3 条。

2015 年，对张庄闸管理处 2014 年预算执行情况进行审计，审计金额 557.64 万元，提出整改建议 3 条。

（三）基本建设项目审计

基本建设项目审计贯彻执行《水利部水利基本建设项目竣工决算审计暂行办法》《河南黄河河务局防洪基本建设项目审计监督的规定》《河南黄河河务局基本建设项目

审计实施细则》《河南黄河河务局基本建设项目审计办法（试行）》等。

1999年，制定《濮阳市黄河河务局工程项目竣工决算审计方案》，其规定的审计内容是：竣工工程概算表、竣工财务决算表、交付使用资产总表、交付使用资产明细表的真实性和合法情况；竣工决算说明书的真实与准确情况；各种资金渠道投入的实际金额；资金不到位的数额、原因及影响；实际投资完成数额；概算调整原则，各种调整系数，设计变更和估算增加的费用、核实概算总投资；核实建设项目超概算的金额，分析其原因并查明扩大规模、提高标准和批准设计外投资情况；交付的固定资产是否真实，是否办理验收手续；尾工工程是否留足投资和有无新增工程内容等。

2000年，审计濮阳市黄河河务局1998年汛后至1999年汛前大堤加培加高工程、河道整治工程、防浪林工程竣工决算，共审计金额12875.82万元，提出审计建议12条。审计濮阳市黄河河务局1999年汛前大堤加培加高工程、河道整治工程的竣工决算，共审计金额14194.61万元，提出审计建议13条。是年8月，黄委对濮阳市黄河河务局1999年度基本建设决算（主要有大堤加高加培、河道整治、防浪林、机动抢险队建设、堤防道路、水利事业费基建、部属自筹基建、水政建设等项目）进行审计，审计金额41183.68万元，提出审计建议5条。

2001年，审计濮阳市黄河河务局2000年汛前河道整治工程和1999年汛后至2000年汛前大堤加培加高工程竣工决算，审计金额13142.82万元，提出审计建议9条。

2002年，对濮阳市黄河河务局1999年汛后大堤加培加高和2000年汛前河道整治、堤防道路、放淤固堤等工程进行竣工决算审计，审计金额9824.94万元。

2003年，对濮阳市黄河河务局1999～2000年放淤固堤、滚河防护坝、截渗墙等工程进行竣工决算审计，审计金额8091.26万元，提出审计建议11条。

2004年，对濮阳河务局2000～2001年根石加固、河道整治、截渗墙、放淤固堤等16个工程项目进行竣工决算审计，审计金额7835.85万元，提出审计建议16条。

2005年以后，基本建设项目审计由河南黄河河务局主持，濮阳河务局配合。是年，对濮阳河务局1999～2001年防洪工程项目竣工财务决算进行审计，编写审计报告29个。

2006年，受河南黄河河务局委托，对范县河务局、台前河务局2个堤防道路基本建设项目进行审计，审计金额4587.05万元，提出审计建议和意见9条；对范县河务局吴老家控导工程、李桥控导工程与险工和台前河务局韩胡同控导工程、枣包楼控导工程、白铺护滩工程等6个根石加固基本建设项目的竣工决算进行审计，共审计金额504.10万元，提出审计建议和意见6条；对台前河务局孙楼、梁路口、影堂险工，张堂控导工程，贺洼、姜庄、朱庄护滩工程根石加固，以及濮阳第二河务局北金堤（13+000～16+000段）堤防加固等8个基本建设项目进行竣工决算审计，审计资金287.70万元，提出审计建议8条。

2010年，对濮阳河务局2009年度基本建设财务决算进行审计，审计资金77642.68万元，提出审计建议1条；配合河南黄河河务局对范县徐码头河段人工扰沙等4个工程项目竣工财务决算进行审计，审计金额647.99万元，提出审计建议4条。

2011年，对濮阳河务局2010年度事业基本建设决算进行审计，共审计金额11422.87万元，提出整改建议2条。

2012年，配合河南河务局审计处对金堤河入黄口治理、基层单位饮水工程、水上抢险队防汛指挥中心工程、水上抢险队配套项目等基建工程项目竣工决算进行审计，审计资金1745.04万元，提出整改建议12条；对濮阳第一河务局青庄险工、三合村控导工程应急除险加固项目及青庄险工险情抢护工程项目竣工决算进行审计，审计资金140万元，提出整改建议2条。

2013年，完成台前刘楼—毛河防洪坝项目竣工决算审计，审计资金1203.09万元。

2015年，受河南黄河河务局委托，对2013年濮阳青庄险工和龙长治控导工程水毁修复项目、台前枣包楼控导工程抢险及水毁修复项目特大防汛费进行审计，共审计资金108.00万元；对台前孙楼控导工程3~5坝、17~19坝应急修复项目竣工决算进行审计，审计金额74万元。

（四）经济效益审计

经济效益审计是依据一定的审计标准，就被审计单位的业务经营活动和管理活动进行审查，收集和整理有关审计证据，以判断经营管理活动的经济性、效率性和效果性，评价经济效益的开发和利用途径及其实现程度所实施的审计。

1998年，对濮阳市黄河河务局第一工程处进行1997年度经济效益审计，审计金额476.45万元，提出整改建议和意见4条。

2001年，对濮阳黄河工程公司和水上抢险队进行2000年度经营效益审计，共审计金额15792.57万元（其中，濮阳黄河工程公司14000.00万元，水上抢险队1792.57万元），提出审计建议12条。

2005年，濮阳河务局委托中州会计师事务所，对原濮阳市黄河河务局水泥制品厂2002年至2005年2月的经营效益情况及全部资产和家底进行审计。

2006年，对濮阳市金堤水电工程有限公司2005年度经济效益进行审计，共审计资金415.52万元，提出审计建议4条。

2008年，对濮阳天信工程咨询监理有限公司2006~2008年经济效益情况进行审计。

2009年，对台前河务局堤顶道路工程项目部经济效益进行审计，审计金额268.93万元，提出审计建议5条。

（五）维修养护经费审计

按照《河南黄河河务局水利工程管理及维修养护经费审计暂行办法》《河南黄河河务局水利工程管理及维修养护经费审计办法》开展维修养护经费审计工作，其主要内容包括水利工程管理及维修养护经费预算编制情况、水利工程管理及维修养护经费预算执行情况、水利工程管理及维修养护经费管理和使用情况。

2006年，配合河南黄河河务局对濮阳第一河务局和渠村分洪闸管理处2005年度水管体制改革试点单位养护经费使用情况进行审计，共审计资金 2248.12 万元，提出审计建议 6 条。

2007 年，对张庄闸管理处 2006 年度维修养护经费进行审计，审计资金 33.28 万元，提出审计建议 4 条。

2008 年，对台前河务局 2007 年度维修养护经费的管理和使用情况进行审计，共审计资金 1974.43 万元，提出问题 3 条，提出审计建议 1 条。

2009 年，对局属各水利工程管理单位和濮阳黄河水利工程维修养护有限公司的 2008 年度维修养护专项竣工决算进行审计，审计金额 4239.86 万元，提出审计建议 30 条。

2010 年，对局属各水利工程管理单位和濮阳黄河水利工程维修养护有限公司的 2009 年度维修养护费使用情况进行审计，审计金额 4563.86 万元，提出审计建议 31 条。

2011 年，对濮阳河务局 2010 年度工程维修养护项目进行审计，共审计金额 5115.38 万元，提出整改建议 12 条。

2012 年，对濮阳河务局 2011 年维修养护工程项目竣工决算进行审计，共审计资金 5118.38 万元。

2013 年，对局属 7 个水管单位 2012 年的养护专项、日常养护合同签订、已完石方、土方工程量、设备租赁等情况进行审计，共审计资金 5100 万元。

2014 年，对濮阳河务局 2013 年维修养护项目中的养护专项、日常养护合同签订、已完石方、土方工程量、设备租赁等情况进行审计，共审计资金 5100.02 万元，提出整改建议 30 条。

2015 年，对濮阳河务局 2014 年维修养护项目进行审计，共审计资金 5100.20 万元，提出建议 58 条，均被采纳。

（六）项目部跟踪审计

2011 年，开始开展项目部跟踪审计。是年，对濮阳堤防加固工程台前一标、四标和范县堤防加固工程一标、五标项目经理部进行跟踪审计，共审计金额 7183.55 万元，查出问题 39 个，提出整改建议 15 条。

2012 年，对濮阳堤防加固工程范县一标、范县五标、台前一标、台前四标 4 个项目部进行跟踪审计，审计资金 7527.06 万元，提出整改建议 13 条；对中原公司北汝河治理工程七标段项目经理部进行跟踪审计，审计资金 528.36 万元。

2014 年，对濮阳堤防加固工程范县一标、范县五标、台前一标、台前四标项目部进行跟踪审计，审计资金 7776.22 万元，提出整改建议 5 条。

2015 年，对中原集团公司在建工程项目进行审计，审计资金 3859.51 万元，提出问题 10 项、审计建议 7 项。

（七）审计调查

审计调查是审计人员在审计实施过程中，针对账面审计发现的疑点，通过合法程序和手段开展外围调查，以获取审计事项证明材料的活动。

1988 年，濮阳市黄河修防处对濮阳县、范县、台前县 3 个修防段的防汛岁修费使用方向进行审计调查，发现水管费和自收自支人员经费有挤占防汛岁修费的现象。

1998 年，对范县黄河河务局 1997 年度基本建设投资完成情况进行审计调查，审计调查金额 1540.77 万元，发现问题 4 项，提出审计意见和建议 4 条。

1999 年，对濮阳县黄河河务局 1998 年度防洪基建、台前县黄河河务局专项资金、濮阳县金堤管理局 1998 年财务收支等专项进行审计调查，分析存在的问题，提出整改的意见。

2002 年，对局属事业单位 2002 年度政府采购情况进行审计调查，此次审计调查的重点是政府采购的组织、管理、资金、程序执行、合同的履行、绩效作为等，审查出存在的问题 10 项，提出整改建议 3 条。

2005 年，根据《河南黄河河务局水利工程管理体制改革试点单位“管养分离”经费管理和使用情况审计调查实施方案》，配合河南黄河河务局对濮阳第一河务局及渠村分洪闸管理处 2004 年 9 月至 2005 年 10 月水利工程管理体制改革试点单位“管养分离”经费管理和使用情况进行审计调查。主要审计调查“管养分离”经费执行情况、资产划分情况、会计机构和制度建设、经费预算编制和执行情况、经费管理情况、经费核算和财务处理情况、经费管理和使用中的问题等。

2005 年，对濮阳河务局机关 2005 年度政府采购，以及台前县黄河河务局 2003 年度政府采购进行审计调查。对原濮阳市黄河河务局第二工程处 2002 ~ 2004 年职工工资实际发放和欠发工资情况进行审计调查。

2006 年，对范县河务局民主理财情况进行审计调查，提出审计建议 1 条。

2007 年，对濮阳第二河务局民主理财情况进行审计调查，共审计资金 58.30 万元，提出审计意见 4 条。

2008 年，对滑县黄河滞洪管理局进行民主理财审计调查，共审计资金 26.72 万元，提出审计建议 4 条。对河南省中原水利水电工程集团有限公司进行民主理财审计调查，共审计资金 674.57 万元，提出审计建议 3 条。

2009 年，对局属企事业单位的民主理财情况进行审计调查，审计理财金额 5168.65 万元，经审计节约资金 12.87 万元；对濮阳黄河河务局大病救助资金使用情况进行审计调查，审计资金 118.09 万元。

2011 年，受审计署委托对濮阳堤防加固工程二标段项目部李培璞借备用金事宜进行审计调查。

2012 年，开展濮阳河务局内部控制制度审计调查，共调查正在执行的内控制度 641 个，其中，执行上级制度 188 个、濮阳河务局制度 89 个、下属单位制度 364 个。

2014 年，对濮阳河源路桥工程公司 2008 ~ 2012 年财务状况进行审计调查，共审计资金 5796.59 万元。

第三节　人事劳动教育管理

20世纪80年代以前，在计划经济管理体制下，濮阳黄河治理与开发实行专业队伍和群众队伍相结合的管理模式，堤防工程的建设与维修养护主要依靠沿河群众来完成。专业队伍发展缓慢，20世纪70年代末，全处干部职工600多人，且整体文化水平低，技术力量薄弱。20世纪80年代初，根据黄河治理的需要，濮阳黄河部门招收一大批工人。之后，开展职工扫盲、文化补课、学历教育和技术补课活动，使职工队伍的文化素质和业务技术水平能够较快地适应改革开放形势下黄河治理的需求。当时，濮阳黄河部门国家正式干部较少，大部分干部岗位上是“以工代干”，即以工人代替干部身份。1985年，通过考核，一些“以工代干”转为正式干部。1987年，开始在“五大”毕业生中录用干部和实行技术职务评聘制度。20世纪90年代，干部制度不断深化改革，通过公开选拔、竞争上岗等，符合“四化”标准的青年干部脱颖而出，有的走上行政领导岗位或技术领导岗位；同时，持续开展工人业务技能培训，通过技能等级鉴定，不同工种的职工取得相应等级的职业资格证书，职工队伍的技能水平得到大幅度提升。之后，通过大中专毕业生招录、退伍军人安置等方式，濮阳黄河治理开发与管理队伍不断壮大。2006年，根据国家水利工程管理体制改革政策，全部解除群众护堤员，濮阳黄河治理开发实行专业队伍管理。至2015年，濮阳河务局共有职工3164人，其中，在职职工1770人，离退休职工1394人。随着国家不同时期的经济发展，职工工资制度不断完善。通过多次工资制度改革，濮阳黄河部门基本建立起“按劳分配，兼顾公平与效益”分类管理的工资制度，职工整体收入水平逐步提高。计划经济体制下，濮阳黄河职工实行国家公费医疗政策。20世纪90年代进行医疗制度改革，实行职工医疗费包干；2001年，医疗制度再次改革，全局职工纳入社会医疗保险，实行社会医疗保险制度。

一、队伍建设

1946年，冀鲁豫解放区濮阳治河机构共有干部职工23人。1949年，濮阳黄河修防处有下属单位5个，共有干部职工278人。1955年，濮阳黄河修防处有下属单位4个，共有干部职工209人。1965年，安阳黄河修防处有下属单位6个，共有干部职工413人。1971年，安阳地区黄河修防处有下属单位7个，共有干部职工510人。1980年1月，安阳地区黄河修防处招工1394名，其中，从民技工中选招1236名，招收社会知青158名。1983年，濮阳市黄河修防处有下属单位9个，共有干部职工1993人。2001年，濮阳市黄河河务局有下属单位12个，共有干部职工2704人，其中在职人员

2178 人。2010 年，濮阳河务局有下属单位 12 个，共有干部职工 3010 人，其中在职职工 1942 人（参公管理人员 173 人、事业人员 975 人、企业人员 794 人），离退休职工 1068 人。2011～2015 年，招录公务员 39 名、企事业人员 57 名，共接收安置退伍军人 246 人。2015 年底，濮阳河务局有下属单位 12 个，共有干部职工 3164 人，其中，在职职工 1770 人（其中，参公管理人员 166 人，事业人员 918 人，企业人员 686 人），离退休职工 1394 人（见表 9-19）。

表 9-19　2015 年濮阳河务局职工分布情况

单位	在职职工							离退职工							总计
	公务员	事业	供水	养护企业	施工企业	内聘人员	合计	离休	退休					合计	
										公务员	事业	养护企业	施工企业		
濮阳河务局机关	64	—	—	—	—	—	64	9	123	17	106	—	—	132	196
经管局	—	15	—	—	—	—	15	—	—	—	—	—	—	—	15
机关服务中心	—	38	—	—	—	1	39	—	—	—	—	—	—	—	39
信息中心	—	14	—	—	—	—	14	—	—	—	—	—	—	—	14
供水分局	—	—	12	—	—	—	12	—	—	—	—	—	—	—	12
濮阳第一河务局	19	163	47	79	—	4	312	2	383	6	326	51	—	385	697
范县河务局	18	160	25	62	—	4	269	3	269	7	212	50	—	272	541
台前河务局	20	182	13	67	—	3	285	3	326	7	234	85	—	329	614
濮阳第二河务局	10	40	10	28	—	—	88	—	88	3	70	15	—	88	176
渠村分洪闸管理处	12	33	—	37	—	—	82	—	67	1	51	15	—	67	149
张庄闸管理处	12	11	—	13	—	4	40	1	32	1	31	—	—	33	73
滑县河务局	11	12	3	5	—	1	32	2	31	1	23	7	—	33	65
水上抢险队	—	140	—	—	—	—	140	—	50	—	50	—	—	50	190
养护公司	—	—	—	8	—	—	8	—	0	—	—	—	—	—	8
中原公司	—	—	—	—	45	3	48	—	0	—	—	—	—	—	48
路桥公司	—	—	—	—	274	1	275	—	5	—	—	—	5	5	280
监理公司	—	—	—	—	17		17	—	0	—	—	—	—	—	17
黄龙公司	—	—	—	—	28	2	30	—	0	—	—	—	—	—	30
合计	166	808	110	299	364	23	1770	20	1374	43	1103	223	5	1394	3164

（一）干部队伍

1. 干部队伍建设

20世纪五六十年代，由于缺乏正常的吸收录用干部制度，干部不足问题比较突出，为满足干部工作岗位的需要，选调一些具有干部素质的工人从事干部岗位工作，即“以工代干”，但没有办理转干手续。20世纪80年代初，安阳地区黄河修防处具有正式干部身份的人员仍然较少，干部岗位上大部分是“以工代干”身份。1984年，根据中组部、劳动人事部《关于整顿“以工代干”问题的通知》精神，对“以工代干”人员进行整顿。通过考试、考核，于1985年，将符合条件的93名“以工代干”人员转为正式干部。1986年、1987年，根据黄委会《关于电视大学、职工大学、职工业余大学、高等学校举办的函授和夜大学毕业生若干问题的通知》和劳动人事部《吸收录用干部问题的若干规定》精神，并经河南黄河河务局批准，为30名夜大、函授大学、广播电视大学、职工大学、自学考试毕业生和符合吸收录用干部条件的工人办理干部录用手续。1989年，开始在具有中专及其以上学历的工人中聘用干部。是年，经河南省人事厅和河南黄河河务局批准，在全处具有大中专学历的工人中聘用干部16人。

1991年后，根据中共中央《关于抓紧培养教育青年干部的决定》，濮阳市黄河河务局加强对干部的选拔任用和管理工作，建立后备干部人才库，促使优秀年轻干部尽快走上处、科级领导岗位。同时，加大培训和学历教育力度，不断提高领导干部的理论素质和创新思维能力。1992年，濮阳市黄河河务局共有干部371人。1998年内部体制改革时，按照《濮阳市黄河河务局科级领导干部竞争上岗实施办法》，通过竞争上岗程序，全局新选拔、聘任75名正、副科级干部。

2002年事业单位机构改革时，在调整163名副科级以上干部的基础上，采取竞争上岗的办法，全局新聘任64名正、副科级干部。2004年，根据人事部、水利部联合印发的《流域机构各级机关依照公务员制度管理人员过渡实施办法》，事业单位机关开始实行依照公务员管理制度。是年，濮阳市黄河河务局对全局各事业单位机关符合依照公务员管理的188名人员的资格进行初审。按照公开、平等、竞争、择优的原则，对具有干部身份（不含聘用制干部）的机关工作人员采取考核的办法过渡，对聘用制的机关工作人员采取参加黄委组织的统一考核的办法过渡。通过考核和考试，全局过渡依照国家公务员制度管理的人员175名。之后，按照单位编制和年度计划，采取国家公务员统一考试录用和公务员调任两种方式，对依照国家公务员制度管理的人员进行补充。

2006年，在水管体制改革中，通过竞争上岗的方式，全局提拔副科级干部16人。2007年，濮阳河务局印发《关于进一步加强干部队伍建设的意见》，要求从“加强干部教育培训，提高政治素质和业务能力；加强作风建设，提高执行力和工作效率；加强党性教育，保证廉洁从政；强化政绩考核，把好干部任用关；创新干部管理机制，加快经营型人才的培养；坚持党管干部原则，充分发挥人事部门的作用”等6个方面规范干部管理工作。2010年，河南黄河河务局按照《关于公开选拔优秀青年干部到基层任职的实施方案》，通过公开选拔、竞争上岗的方式，任用一批青年干部。其中，濮阳河务局有 6 名优秀青年干部走上领导岗位。2010 年，濮阳河务局共有副科级以上在职干部 551 人，其中，副厅级 1 人，正处级 14 人，副处级 20 人，正科级干部 178 人，副科级干部 194 人（见表 9-20）。

2011～2015 年，招录公务员 39 名和企事业人员 57 名，补充干部队伍。按照干部选拔任用程序提拔调整正、副科级干部 213 人次；从基层交流到局机关挂职 2 人，从局机关选派到基层挂职 3 人。按照公务员调任相关规定，从事业岗位调任公务员 4 人。至 2015 年底，濮阳河务局共有副科级以上在职干部 524 人，其中，副厅级 1 人，正处级 9 人，副处级 23 人，正科级干部 166 人，副科级干部 148 人（见表 9-21）。

表 9-20　2010 年濮阳河务局在职干部情况

单位	干部人数	文化结构				其中：行政职务					其中：技术职务		
		本科	专科	中专	高中及其以下	副局	正处	副处	正科	副科	高级	中级	初级
濮阳河务局机关	72	46	19	7	—	1	14	11	18	14	9	39	24
机关服务中心	17	5	4	4	4	—	—	1	9	3	3	8	6
信息中心	3	1	1	1	—	—	—	—	1	2	—	2	1
经济发展管理局	6	6	—	—	—	—	—	—	4	1	1	3	2
濮阳第一河务局	72	32	16	15	9	—	—	1	28	26	4	27	36
范县河务局	56	19	19	5	13	—	—	1	23	17	2	20	24
台前河务局	46	22	9	12	3	—	—	1	16	17	2	23	17
濮阳第二河务局	41	26	11	0	4	—	—	1	10	11	2	15	20
渠村闸管理处	30	15	3	4	8	—	—	1	15	12	1	12	13
张庄闸管理处	31	13	12	4	2	—	—	1	12	8	4	14	9
滑县滞洪管理局	11	4	5	2	—	—	—	—	1	4	—	2	9
水上抢险队	12	1	6	1	4	—	—	—	4	4	—	2	7
濮阳供水分局	29	14	3	4	8	—	—		10	11	1	6	20
濮阳黄河维修养护公司	69	45	17	2	5	—	—	1	13	46	1	17	37
中原集团公司	28	22	2	3	1	—	—	1	11	6	6	15	7
濮阳河源路桥工程有限公司	16	12	3	1	—	—	—	—	1	6	—	8	6
濮阳天信工程监理咨询公司	12	8	4	—	—	—	—	—	2	6	2	6	3
合计	551	291	134	65	61	1	14	20	178	194	38	219	241

表 9-21　2015 年濮阳河务局在职干部队伍情况

单位	干部人数	文化结构				其中：行政职务					其中：技术职务		
		本科	专科	中专	高中及其以下	副局	正处	副处	正科	副科	高级	中级	初级
濮阳河务局机关	64	53	5	2	4	1	9	13	23	11	20	30	11
机关服务中心	12	5	3	2	2	—	—	1	4	5	—	6	3
信息中心	5	4	—	1	—	—	—	—	1	1	2	—	3
经济发展管理局	14	10	2	1	1	—	—	1	4	2	3	8	2
濮阳第一河务局	71	40	20	9	2	—	—	1	23	24	8	29	31
范县河务局	56	31	17	2	6	—	—	1	20	18	3	22	20
台前河务局	65	47	12	6	—	—	—	1	15	20	5	25	24
濮阳第二河务局	16	11	4	—	1	—	—	1	10	2	—	11	5
渠村闸管理处	25	11	6	3	5	—	—	1	12	8	1	12	8
张庄闸管理处	15	7	6	2	—	—	—	1	7	1	1	8	6
滑县滞洪管理局	14	9	5	—	—	—	—	1	5	3	1	5	6
水上抢险队	26	9	10	1	6	—	—	—	7	12	1	9	6
濮阳供水分局	25	15	6	3	1	—	—	—	11	5	2	11	14
濮阳黄河维修养护公司	62	43	15	1	3	—	—	—	9	14	1	18	41
中原集团公司	27	22	2	3	—	—	—	1	10	9	10	13	5
濮阳河源路桥工程公司	15	12	2	1	—	—	—	—	3	7	—	11	4
河南宏宇工程监理公司	12	11	1		—	—	—	—	2	6	3	7	3
合计	524	340	116	37	31	1	9	23	166	148	61	225	192

2．干部制度改革

濮阳河务局干部制度改革始于 20 世纪 80 年代初。1984 年，濮阳市黄河修防处按照河南黄河河务局的安排，在台前县黄河修防段试行股、队长聘任制，1985 年在全处推广，并由股级干部逐渐扩展到科级干部。1986 年，根据河南黄河河务局《关于干部考核工作的意见》，建立领导干部定期考核制度。1987 年，对领导干部实行在本人所在单位干部职工中进行民意测验或民主推荐的制度。1988 年，河南黄河河务局对修防处、段领导干部实行任期制和行政首长负责制，每届任期 3 年，明确行政首长在各项治河工作中处于中心地位，负全面责任，并负责副职人选的提名；对企业干部实行聘任制。是年，贯彻执行《河南黄河河务局技术岗位规范》《河南黄河河务局局管干部岗位规范》，对工程管理、规划设计、财务审计等中级以上职称的岗位和局管干部（副科级以上领导干部）岗位的主要职责、知识、能力、经历等方面提出具体的要求；贯彻执行《河南黄河河务局干部管理制度》，从干部任免、领导班子建设、任期目标管理、干部考核、干部培训、干部调配、吸收录用干部、干部回避、专业技术干部管理、奖惩、福利待遇和离休、退休、退职等12个方面对干部实施管理。

20世纪90年代，干部制度改革进一步深化。1991年，贯彻执行黄委会《聘用干部管理暂行办法》，开始从社会上招收“五大”（国家教育部备案或审定的广播电视大学、职工大学、职工业余大学、高等学校举办的函授大学和夜大学）毕业生和在工人中聘用干部，要求年龄40周岁以下、大专及其以上学历。1992年，贯彻执行《黄河水利委员会聘任制干部管理暂行规定》，局属企业和实行企业管理的事业单位的各级领导岗位，以及事业单位基层科级及其以下的干部岗位实行聘任制；贯彻执行河南黄河河务局《关于实行干部交流的几项规定》，开始干部交流；贯彻执行河南黄河河务局《干部调配工作实施办法》，按照干部调配的原则、范围、条件、程序、纪律等要求进行干部调配。1995年，贯彻执行中共中央《党政领导干部选拔任用工作暂行条例》，对符合选拔任用条件的人员，通过民主推荐、考察、酝酿、讨论决定的程序确定选拔的干部，并实行依法推荐提名与民主协商、交流与回避、辞职与降职、纪律与监督等制度，从而规范干部选拔任用工作，防止和纠正了用人上的不正之风。1996年，贯彻执行黄委《关于提拔任用干部进行鉴定的办法（试行）》，在提拔任用干部时，开始实行由纪检监察部门进行廉政鉴定制度。是年，濮阳市黄河河务局印发《关于实行干部诫勉制度的通知》，规定对有错误行为但构不成纪律处分的干部，按照一定的程序给予警告、劝勉处分，促使其在一定期限内改正错误，达到关心、爱护、保护干部的目的。

2001年，贯彻执行中组部《关于推行党政领导干部任前公示制度的意见》和《党政领导干部任职试用期暂行规定》，对拟提拔的干部在一定范围和时限内进行公示，听取群众的反映和意见后，再确定是否任用；领导干部任职试用期为1年，试用期满经考核合格的，办理正式任职手续。是年，转发河南黄河河务局党组《关于加强局管干部管理工作的暂行办法》和《关于在选拔任用工作中实行用人失察失误责任追究制度的暂行规定》，明确选拔任用工作过程中推荐、考察决定等环节的责任主体和责任内容，对干部的选拔任用、考核、培训、交流、工资、奖惩、退休和监督提出具体的要求。

2002年，贯彻执行中共中央《党政领导干部选拔任用工作条例》，从源头上预防和治理用人上的不正之风。2003年，贯彻执行河南黄河河务局《关于贯彻实施〈党政领导干部选拔任用工作条例〉的意见》和《干部考察预告暂行办法》，提拔任用领导干部须经民主推荐、提出考察对象、出示干部考察预告、考察拟提拔对象、经党组酝酿集体确定等程序，进一步加强对干部选拔任用的监督管理。

2007年，贯彻执行《黄河水利委员会领导干部公开选拔、竞争上岗工作暂行办法》，公开选拔、竞争上岗的程序是：发布公告，公布竞争职位名称与数量、报名条件与资格、选拔的程序和时间安排等；采取组织推荐、群众举荐、个人自荐等方式报名，干部人事部门审查；组织笔试和面试；按分数从高到低确定考察人选；组织考察，研究提出人选方案；党组讨论决定；经公示后按程序办理任职手续。

2014年后，贯彻执行中共中央《党政领导干部选拔任用工作条例》，把信念坚定、为民服务、勤政务实、敢于担当、清正廉洁作为好干部标准，坚持群众公认原则，树立注重基层的导向。选拔干部的程序为：动议，民主推荐（会议或个别谈话形式），考察（以推荐票确定被考察人），党组讨论决定，任前公示，任职。还可通过公开选拔、竞争上岗的方式选拔干部。

3. 领导班子建设

1985年以前，领导班子建设的主要任务是加强政治学习，开展批评和自我批评，增强团结，提高班子的凝聚力、战斗力。1985年，濮阳市黄河修防处制定《干部工作意见》，提出领导班子建设的指导思想是搞好新老干部的合作与交替，加速各级领导班子"革命化、年轻化、专业化、知识化"的建设。总的目标是：当年基本实现新老交替的正常化，到1990年全面实现各级领导班子的"四化"。主要措施是：调整年龄结构和学历结构，严格执行退休制度，抓好干部培训，落实知识分子政策，建立第三梯队等。1985年后，加强对各级领导干部的教育培训和优秀青年干部的选拔培养工作。1989年，濮阳市黄河修防处制定《关于加强各级领导班子建设的意见》，对领导班子的年龄结构和知识结构进行优化调整，选拔中青年干部进入各级领导班子，并妥善安排老干部退出领导岗位。1990年，贯彻执行河南黄河河务局《关于下放干部管理权限的通知》精神，实行分层管理、层层负责、"下管一级"的干部管理体制。是年，全局各级领导班子配备达到"四化"的要求。

1990～1997年，结合修防段机构升格和领导班子调整，副科级及其以上干部交流121人，安排退出领导职位42人，选拔269名优秀中青年职工进入各级领导班子。其中，选拔处级干部1人，副处级干部12人，科级干部87人，副科级干部169人，领导班子的整体结构得到全面改善。1997年，中共河南黄河河务局党组制定《关于干部任免工作的若干规定》，规范干部任免工作。1998年内部体制改革时，制定《濮阳市黄河河务局科级领导干部竞争上岗实施办法》。通过竞争上岗，全局选拔聘任正科级领导干部33人、副科级42人，对保留原职位或平级调整的124名正、副科级干部，重新办理聘任手续。同时，安排11名中层干部退出领导岗位，并在组建新领导班子的过程中，实现领导干部的自主结合和自然交流。2000年，濮阳市黄河河务局实行领导干部任前公示制，并建立领导干部任期制、试用期制和用人失察、失误责任追究制。

2002年事业单位机构改革时，调整副科级以上干部163人，通过考察、考核，全局选拔推荐处级领导干部2人、副处级5人。采取竞争上岗的办法，聘任科级干部10人、副科级54人。安排34名正、副科级干部退出领导岗位。2003年，贯彻实施中共中央《党政领导干部选拔任用工作条例》，建立干部选拔任用机制和监督管理机制，推进干部工作科学化、民主化、制度化。2003 年后，进一步加强各级领导班子和领导干部的日常管理，领导干部的整体素质不断提高，领导班子的知识结构、年龄结构不断得到优化。

2006 年，按照《河南黄河河务局党政领导班子后备干部工作暂行规定》，明确局管领导班子正职后备干部的选拔、培养、管理工作由局党组及人事劳动教育处负责，局属副处级单位的正职由河南黄河河务局负责审批、任用；局属单位领导班子副职后备干部由局党组及人事劳动教育处负责审批、任用，局属单位党组及其人事部门负责选拔、培养、管理工作。是年，水利工程管理单位进行管理体制改革，对局属 7 个水管单位及其二级机构的领导班子，全部进行调整，重新优化组合，进一步加强水管单位各级领导班子的力量。同时，为新组建的濮阳黄河水利工程维修养护公司和河南黄河河务局供水局濮阳供水分局配备副处级干部 2 人、科级干部 9 人、副科级干部 26 人。2009 年，根据中共河南黄河河务局党组《关于进一步加强领导班子建设的实施意见》，对各级领导班子建设提出“思想政治素质和领导力有新的提高、年龄结构更加合理、专业知识结构更加优化、干部交流得到加强、有计划地锻炼培养年轻干部、制度建设进一步完善”的 6 个目标，以及班子建设的 7 项措施，努力建设一支思想解放、能力卓越、素质优秀、作风过硬、业绩突出、群众信赖的领导干部队伍。

2011 年以后，随着一些领导干部的退休，及时提拔青年干部补充，共调整各级领导班子成员 40 人，其中，下属单位 35 人，使各级领导班子年龄、文化、专业知识结构更加合理。截至 2015 年底，全局各级领导班子成员共有 61 人，平均年龄 48 岁，其中，35 岁以下的 2 人，36～40 岁的 3 人，41～45 岁的 11 人，46～50 岁的 21 人，51～55 岁的 20 人，56～59 岁的 4 人；博士研究生 1 人，硕士研究生 1 人，本科学历 42 人，大专学历 13 人，中专及以下学历 4 人。

（二）专业技术人才队伍

1. 职称评聘

1987 年前，专业技术职务实行任命制和评定制。1987 年，根据《黄委会工程技术职务聘任（任命）实施细则》，改革职称评定制度，实行专业技术职务聘任制，逐级建立职称改革领导小组和专业技术职务评审委员会。职工申报初、中、高级专业技术职务，先由本级专业技术评审委员会进行资格审查，职称改革领导小组同意后，逐级推荐上报，根据审批权限分级审批。职称评聘工作每年进行一次。1987～1991 年，濮阳市黄河修防处共评聘专业技术职务人员 294 名，其中，高级 4 人，中级 41 人，初级 249 人。

1993 年，开展政工专业技术职务评聘工作。是年，经济、审计、会计、统计等专业的中、初级和卫生类初级等专业技术职务任职资格，通过参加国家及河南省组织的统一考试取得，不再进行内部评审。1994 年起，实行专业技术职务评、聘分开的制度。职工申报专业技术职务任职资格，不再受聘任指标限制。聘任专业技术职务，按照河南黄河河务局下达的高、中级专业技术职务聘任指标（高级 3 人、中级 23 人，后分别增加至7人和54人），在具有专业技术职务任职资格的人员中聘任（企业管理单位不受聘任指标限制）。是年，职称评审实行赋分加表决的办法，将评审条件量化。1999年，根据人事制度改革的要求，职称评审打破干部、工人界限，变身份管理为岗位管理。1999～2003年，经黄委和河南黄河河务局审查认定，在专业技术岗位上工作的技术工人，有9人取得中级专业技术职务任职资格，118人取得初级专业技术职务任职资格。2003年后，专业技术职务评审赋分标准变更，取消学历、资历、外语、计算机和专业理论分值，加大经历、业绩成果及论文著作分值，并增加必备条件的附加分。是年，即按新赋分标准进行职称评审。

2005年，全局有高级职称任职资格31人、中级193人、初级356人；2010年，有高级职称任职资格52人、中级317人、初级264人；2015年，有高级职称任职资格79人、中级429人、初级401人。

2．专业技术人才队伍建设

濮阳河务局专业技术人才队伍建设，始于20世纪80年代初。20世纪八九十年代，专业技术人才队伍建设的主要任务是解决知识分子入党难的问题和落实有关政策。对有入党要求的知识分子，进行重点培养，按照成熟一个发展一个的原则，及时吸收条件具备的知识分子加入中共党组织。对于符合干部“革命化、年轻化、专业化、知识化”要求、有组织领导能力和管理能力、有胆有识和勇于创新的知识分子，提拔到领导岗位。1995年，结合治河改革与发展的实际，实施“科教兴水”战略，以防洪为中心，以经营创收为重点，围绕“治河、致富、育人”三大工程，发挥专业技术人员的积极作用。同时关心专业技术人才的生活，注重解决其生活困难问题，逐步改善工作和生活条件。

1997年，根据《河南黄河河务局1997～2005年人才开发工作意见》，组织开展“人才开发年”活动。制定濮阳市黄河河务局人才开发工作规划，提出“争取经过5～10年的努力，建立一支规模适度、素质优良、结构优化、布局合理、配置科学的人才队伍”的总体目标。2002年，印发《濮阳市黄河河务局关于加快人才资源开发培养工作的实施意见》，制定推行领导职位竞争上岗，开展岗位练兵、技术比武，广开门路、快出人才、引进人才的具体措施和办法。

2003年后，根据《河南黄河人才队伍建设实施意见》，进一步加大人才培养力度，加快对高科技拔尖人才的培养选拔工作，并建立激励机制，对在黄河治理开发和经济发展工作中做出突出贡献的人才，给予重奖。2015年濮阳河务局在职专业技术队伍情况见表9-22。

（三）技能人才队伍建设

濮阳黄河河务部门技术工人较多，占干部职工总人数的74%，是濮阳黄河治理开发与管理的主要力量。20世纪50年代初期至2015年，濮阳黄河技能人才队伍建设，开展了扫盲文化教育、“双补”教育、技术等级培训、技术本等级培训考核、职业技能培训鉴定及技师考评等方面的工作。

表 9-22　2015 年濮阳河务局在职专业技术队伍情况

单位	专业技术队伍职务任职资格				专业技术人才队伍文化结构				
	人数	高级	中级	初级	人数	研究生	本科	专科	中专
机关服务处	10	—	6	4	11	—	6	3	2
信息中心	5	2	—	3	5	—	4	—	1
经济发展管理局	13	3	8	2	13	—	10	2	1
濮阳第一河务局	50	7	22	21	52	—	32	15	5
范县河务局	32	1	15	16	36	2	20	13	1
台前河务局	42	3	20	19	47	2	31	11	3
濮阳第二河务局	6	—	3	3	5	—	3	2	—
渠村闸管理处	9	1	4	4	10	—	8	2	—
张庄闸管理处	4	1	2	1	4	—	2	1	1
滑县滞洪管理局	4	—	2	2	4	—	4	—	—
水上抢险队	16	1	9	6	20	—	9	10	1
濮阳供水分局	28	2	11	15	26	2	16	6	2
濮阳黄河维修养护公司	53	—	9	44	52	—	38	12	2
中原集团公司	28	10	14	4	28	1	23	3	1
濮阳河源路桥工程有限公司	8	—	4	4	8	—	7	1	—
河南宏宇工程监理咨询公司	6	1	2	3	6	1	5	—	—
合计	314	32	131	151	327	8	218	81	20

扫盲文化教育，始于 1950 年，20 世纪 80 年代初结束；文化、技术“双补”教育始于 1982 年，1987 年结束（详见本节“职工教育”）。通过文化和技术教育，职工队伍的文化素质和技术水平得到不同程度的提高，以适应新形势下治河工作的需要。

1986 年，根据《河南黄河河务局 1986～1990 年中级技术工人培训工作规划》的要求，分期分批地组织中级工进行技术培训，并把班（组）长、生产骨干和关键技术岗位的技术工人作为重点技术培训对象。

1988 年，河南黄河河务局建立技师评聘制度，首次进行工人技师评定，开辟了技术工人岗位成才之路。是年，于顺卿、刘连科两位常年从事防汛抢险工作，有丰富实践经验和埽工抢险堵口传统技术经验的老河工，被河南黄河河务局评聘为工程师级技师；有 4 人被确认为技师职务任职资格。

1990年，根据劳动部《工人考核条例》，对工人考核管理和技术等级晋升做出具体规定。是年，将工人技术本等级培训纳入目标管理。

1991年，贯彻《黄河水利委员会工人技师管理办法》，对工人技师的权利和义务、技师的评聘、技师的使用与考核、技师的退休管理等方面做出具体规定。1993年，开始工人专业技术职务考评工作，全局有18个工种的技术工人参加考试。通过考试、考核，有8人获得工人技师任职资格，131人获得优秀技术工人任职资格。

1995年，对技术工人进行本等级思想道德、工作业绩、技术业务考核。为考核合格、并取得《技术等级证书》的工人换发《中华人民共和国技术等级证书》。为思想道德、工作业绩考核合格，但未取得《技术等级证书》的技术工人，举办培训班继续进行业务技术培训。

1997年，在水利部开展首届全国水利行业评先表彰活动中，水泥制品厂坝工钢筋工孙来波获“全国水利技能大奖”荣誉称号。

1998年，河南黄河河务局进行河道修防高级工职业技能鉴定试点工作，濮阳市黄河河务局176人参加技能鉴定。1999年，全国水利行业实行“统一命题、统一考试时间、统一发证”的“三统一”技能等级鉴定制度，濮阳市黄河河务局998名在岗技术工人全部参加技能等级鉴定。技术工人通过技能培训和鉴定，取得相应的职业资格证书，实现了持证上岗。

2000年后，开展“一人多岗，一专多能”岗位资格考核和岗位练兵、技能竞赛活动。在活动中，濮阳市黄河河务局有1人获得“中华技能大奖”，1人获得“全国水利技能大奖”，3人获得“全国技术能手”，1人获得“全国水利技术能手”，2人获得“全河技术能手”荣誉称号。台前县黄河河务局高级技师刘孟会，继2000年被国家劳动和社会保障部授予“全国技术能手”，获得水利部“全国水利技能大奖”后，又于2002年，在第六届中华技能大奖和全国技术能手表彰大会上，获得“中华技能大奖”荣誉称号。

2001~2005年，全局中级工升高级工328人，高级工升技师80人，技师升高级技师11人。2006年，范县河务局和台前河务局获得水利部“水利行业技能人才培育突出贡献奖”荣誉称号。

2006年后，重点培养技师以上技能人才。2008年，制定《濮阳河务局职业技能鉴定实施办法》，在职业技能鉴定的工种范围和对象、职业技能鉴定的管理体制、鉴定费用、职业技能鉴定的申报条件和职业资格的认定等方面做出进一步的规范。

2010年，濮阳河务局共有在职技能人才1272人，其中，高级技师41人，技师375人，高级工565人，中级工126人，初级工122人。其中有5人获河南黄河河务局“首席技能人才”荣誉称号。

截至2015年，濮阳河务局共有在职技能人才1223人，其中，高级技师36人，技师306人，高级工388人，中级工219人，初级工246人。2010年和2015年濮阳河务局技能人才队伍情况分别见表9-23、表9-24。

表 9-23　2010 年濮阳河务局技能人才队伍情况

单位	人数	文化结构				行政职务					技术职务		
		本科	专科	中专	高中及其以下	高级技师	技师	高级工	中级工	初级工	高级	中级	初级
局机关	7	6	—	—	1	—	—	4	—	3	—	1	5
机关服务中心	27	1	5	5	16	1	15	7	—	4	—	1	3
信息中心	9	1	2	2	4	2	3	3	—	1	—	—	—
经济发展管理局	1	1	—	—	—	—	—	—	—	—	—	1	—
濮阳第一河务局	164	17	30	15	102	5	39	82	12	26	—	16	18
范县河务局	135	13	18	15	89	14	54	49	18	—	—	—	—
台前河务局	166	7	30	41	88	5	61	47	17	36	—	5	21
濮阳第二河务局	110	13	7	18	72	3	32	48	11	12	—	3	8
渠村分洪闸管理处	22	8	1	—	13	—	10	9	3	—	—	—	—
张庄闸管理处	42	9	17	7	9	1	8	11	8	14	—	3	6
滑县滞洪管理局	16	—	4	3	9	1	1	12	—	2	—	—	5
水上抢险队	56	4	7	10	35	—	14	32	4	6	1	—	—
濮阳供水分局	106	2	6	6	92	2	37	58	8	1	—	—	—
维修养护有限公司	275	21	20	11	223	6	82	151	26	10	—	—	—
中原工程集团公司	10	4	3	1	2	1	3	5	1	—	—	—	—
濮阳河源路桥有限公司	124	13	22	10	79	—	15	46	18	7	—	6	12
濮阳天信监理公司	2	1	1		—	—	1	1	—	—	—	1	1
合计	1272	121	173	144	834	41	375	565	126	122	1	37	79

（四）考核工作

1986 年，濮阳市黄河修防处始建考核制度。按照河南黄河河务局《关于干部考核工作意见》，采取领导与群众相结合、平时考察与定期考察相结合、定性与定量相结合的办法，对各级干部的品德、才能和绩效情况进行考核。1987 年后，建立年度考核和民主评议干部制度，按照目标责任书或承包任务书，对处管干部进行德、能、勤、绩全面考核，以实绩为主做出全面评价。

1996 年，贯彻执行人事部《事业单位工作人员考核暂行规定》，明确考核的范围为事业单位的各级干部、专业技术人员和工人。考核的内容包括德、能、勤、绩 4 个方面，重点考核工作实绩。考核结果分为优秀、合格、不合格 3 个等次。是年，各级领导干部考核的主要内容是：领导班子的思想政治建设和工作实绩，包括党的路线、方针、政策和民主集中制执行情况，班子整体发挥作用情况，工作目标完成情况等；领导干部的履行岗位职责和实绩，包括政治理论学习情况、遵纪守法和廉洁自律情况、深入基层联系群众情况、分管工作完成情况等。是年，开始对技术人员进行考核。1997 年，按照《河南黄河河务局工作人员年度考核暂行办法》，开始对一般干部和工人进行考核。

表 9-24　2015 年濮阳河务局技能人才队伍情况

单位	人数	文化结构				行政职务					技术职务		
		本科	专科	中专	高中及其以下	高级技师	技师	高级工	中级工	初级工	高级	中级	初级
机关服务中心	26	7	5	4	10	2	12	6	3	2	—	6	4
信息中心	9	1	3	1	4	1	3	2	2	1	—	1	1
经济发展管理局	1	1	—	—	—	—	—	1	—	—	1	—	—
濮阳第一河务局	110	18	24	8	60	5	46	42	14	3	—	13	14
范县河务局	169	70	23	19	57	4	50	33	18	14	—	5	29
台前河务局	125	28	36	2	59	7	47	56	21	4	—	8	23
濮阳第二河务局	34	8	10	6	10	2	15	8	9	—	—	5	7
渠村分洪闸管理处	20	9	2		9	—	9	8	3	—	—	2	9
张庄闸管理处	7	3		1	3	1	5	1	—	—	—	—	3
滑县滞洪管理局	8	1	4	1	2	—	2	5	—	1	—	—	6
水上抢险队	114	21	30	14	49	1	22	53	27	11	—	4	15
濮阳供水分局	83	8	10	5	60	3	23	47	7	2	—	2	4
濮阳黄河工程维修养护公司	237	26	54	28	129	9	55	83	41	46	—	4	27
中原水利水电工程集团公司	17	8	6	1	2	1	5	4	3	4	—	6	6
濮阳河源路桥公司	259	12	87	14	146	—	10	38	70	158	—	5	11
河南宏宇工程监理咨询公司	4	3	1	—	—	—	2	1	1	—	—	2	1
合 计	1223	224	295	104	600	36	306	388	219	246	1	63	160

1999 年 12 月，濮阳市黄河河务局印发《领导班子及领导干部年度考核暂行规定》，对考核内容、考核组织、考核程序、考核纪律、考核结果处理等做出具体规定。考核领导班子的主要内容是：政治、政策水平，驾驭全局的能力，重大经济管理水平和能力；民主集中制执行情况，班子协作和解决自身问题的能力；年度目标任务完成情况；公众评价和满意率等。考核领导干部主要是德、能、勤、绩、廉 5 个方面的内容：工作主动性和创造性以及敬业精神，分管工作目标完成情况，执行民主集中制、团结协作、联系群众情况，综合协调能力和经济工作能力，廉洁自律情况，群众评价

和公众信任支持率等。

2004年，印发《濮阳河务局局管领导班子、领导干部及其公务员、专业技术人员等工作人员考核办法》，对领导班子考核的内容有思想政治建设、领导能力和工作业绩3个方面；对领导干部考核的内容有思想政治素质、组织领导能力、工作作风、工作实绩和廉洁自律等5个方面。对依照公务员管理人员的考核主要是德、能、勤、绩、廉5个方面，重点考核工作实绩。对专业技术人员主要考核政治素质、工作成绩、业务能力和学识水平4个方面。对一般工作人员主要考核德、能、勤、绩4个方面。考核等级分为优秀、称职、基本称职、不称职4个标准。

2008年，印发《濮阳河务局局管领导班子、领导干部、公务员、专业技术人员、工作人员年度考核办法（试行）》，规定事业单位领导班子的考核内容是思想政治建设（包括政治方向、政治纪律、责任意识、执行民主集中制）、领导能力（包括科学决策、驾驭全局、改革创新、依法行政、选人用人）、工作实绩（包括重点工作、创新成果、队伍建设、内部管理）、党风廉政建设（包括廉洁从政、履行党风廉政建设职责）、群众信任度等。企业领导班子的考核内容是思想政治建设、经营能力（包括战略决策、创新与发展、现代企业管理、开拓市场）、经营业绩（包括发展规划、经营收入与利润、资产保值增值、经营管理、职工生活保障、人才培养）、党风廉政建设、群众信任度等。机关部门领导班子的考核内容是思想政治建设、领导能力、工作实绩、党风廉政建设、群众信任度等。部门领导干部的考核内容是德、能、勤、绩、廉、群众信任度6个方面。对依照公务员管理人员、专业技术人员和一般工作人员的考核内容没有变化。考核等级仍分优秀、称职、基本称职、不称职4个标准。该考核办法一直执行到2015年。

（五）离退休职工管理

1987年前，离退休职工管理工作，由濮阳市黄河修防处政工科负责。1987年，成立濮阳市黄河河务局老干部科，建立老干部管理服务和节日慰问制度。1988年3月，老干部科改称离退休职工管理科。

1991年，贯彻中组部《关于进一步加强老干部工作的通知》精神，把老干部工作列入重要议事议程；从政治上关心爱护离休退休干部，建立老同志阅文、学习制度，及时向老干部传达重要会议精神和定期通报工作开展情况；组织老干部指导防汛、工程建设和工程管理等工作，发挥老干部的作用；认真落实老干部的生活待遇，及时帮助离休退休干部解决实际困难；组织老同志开展有益活动，丰富他们的生活。是年，成立濮阳市黄河河务局老干部参谋咨询委员会，组织老干部为黄河的治理开发与管理工作出谋献策；成立濮阳市黄河河务局老干部关心下一代协会，发挥老干部的政治优势，开展职工青少年子弟的思想教育工作。1992年，建立老干部活动室，作为老干部学习和娱乐的场所；1995年，改善老干部活动条件，增加活动室面积，购置沙发、彩电、娱乐用品和部分健身器材。为老干部活动室订阅《人民日报》《河南日报》《黄河报》《濮阳日报》《中国老年报》等10多种报刊杂志；制定《老干部活动室管理制度》，配备专职服务人员，定期组织离退休职工参加集体学习和棋艺比赛等有益于老年人身心健康的文体活动，丰富离退休职工的文化生活。

1996 年，根据《河南黄河河务局离退休职工管理工作职责》和《河南黄河河务局离退休管理工作年终考核办法》，开始将离退休职工管理工作纳入年度目标管理，进一步加强和规范离退休职工的管理工作。是年，在全局离退休职工中开展“热爱黄河、献计献策”活动，注重发挥离退休职工作用。1997 年，建立在职领导与离退休干部职工联系制度。邀请老干部代表参加重要工作会议和参与重大活动，定期向离退休职工报告黄河治理开发与管理、经济发展、重大决策等情况，听取离退休干部职工的意见和建议，争取他们对现职领导工作的支持与指导。2000 年，开展“老有所为奉献奖”活动，对发挥作用突出的离退休职工进行表彰。

2001 年，按照河南黄河河务局《关于发挥离退休专家作用的意见的通知》精神，组织离退休治河专家成立防汛督导组，协助在职领导检查指导度汛工程建设、工程管理和防汛等工作。是年，为退休职工办理社会医疗保险。2002 年，离退休职工管理科归属于人事劳动教育处。

2006 年后，贯彻执行《水利部黄河水利委员会离退休工作管理办法》，保证离退休人员老有所养、老有所医、老有所学、老有所乐、老有所为，使其晚年生活水平和生活质量逐步得到提高。

二、职工教育

20 世纪 50 年代，濮阳黄河修防处组织职工开展扫盲活动。60 年代，职工文化教育工作得到进一步发展。“文化大革命”期间，职工文化教育中断。

20 世纪 80 年代，职工教育得到高度重视和发展。1980 年，安阳地区黄河修防处及各修防段成立职工教育委员会。1981 年，安阳地区黄河修防处增设教育科，各修防段设教育股，配备教育专职管理干部和专、兼职教师，制定职工教育管理制度，建立职工教育基地。职工教育工作开始走上经常化、制度化。

1981～1985 年，在抓思想、计划、组织、措施四落实的同时，着重对青壮年职工进行文化和技术“双补”教育。

1986～1990 年，制定《濮阳市黄河修防处“七五”职工教育规划（草案）》和《1986～1990 年中级技术工人培训工作规划》。按照规划和河南黄河河务局的统一安排，因地制宜，因材施教，采取自己办班、联合办班、委托培训和“请进来，送出去”等多种形式开展职工教育工作。

1991～1995 年，制定《濮阳市黄河河务局职工教育管理暂行规定》，并承担水利部岗位培训试点工作。1995 年，根据黄委和河南黄河河务局科技工作会议精神，制定《濮阳市黄河河务局实施“科教兴水”战略与“九五”职工教育规划纲要》。

2002 年，《濮阳市黄河河务局职工教育培训管理规定》印发实施，之后，职工教育工作进入规范的科学化管理阶段。

（一）扫盲与“双补”教育

1. 扫盲运动

中华人民共和国成立初期，濮阳黄河职工中文盲较多，难以适应新形势和黄河治理工作的需要。1950 年，在全国各地开展大规模的扫盲运动中，濮阳黄河修防处和处属各修防段配备文化教员，到工人驻地巡回教学。1953 年，濮阳黄河修防处和封丘县、长垣县、濮阳县 3 个修防段成立速成识字班，扫盲运动由业余学习转为脱产学习。至 1954 年共扫除文盲 236 人。1957 年，组织大批职工参加文化学习，其中，参加高小班学习的有 121 人，参加初中班学习的有 65 人。20 世纪 60 年代初期，文化教育又进一步发展。1966 年，“文化大革命”运动开展后，职工文化学习工作中断。

1980 年，根据《国务院关于开展扫除文盲的指示》精神，在濮阳县黄河修防段举办扫盲学习班试点，对新增的文盲、半文盲职工开展扫盲工作，总结经验后，在全处推广。是年，全处共办脱盲班 10 个，参加学习的有 186 人。1981 年 6 月，经黄委会、河南黄河河务局和安阳地区黄河修防处三级考试验收，有 169 人脱盲，全处仍有文盲、半文盲 181 人。1981 年，安阳地区黄河修防处及所属各单位开办高小文化学习班，组织脱盲的 169 人继续学习提高，对 181 个文盲、半文盲继续扫盲。1982 年 6 月，全处 181 个文盲全部扫除，并编入高小班继续学习。这些职工，通过扫盲和高小班学习，全部达到会默、会认、会读、会写 2000 字的要求，能阅读报刊、通俗书籍，会写简单的通知、书信等。

2. 文化、技术补课

文化和技术补课始于 1982 年，1987 年底结束。

1982 年，全国职工教育管理委员会、教育部等五部委联合颁发《关于切实搞好青壮年职工文化、技术补课工作的联合通知》，规定：“凡 1968 年至 1980 年初、高中毕业而实际文化水平达不到初中毕业程度的职工，和未经专业技术培训的三级工以下的职工，均应补课。凡‘文化大革命’以后参加工作的青壮年职工，其语文、数学、物理、化学的实际水平不及初中毕业程度者，一般都应补课。尤其对生产骨干、技术工种和关键岗位的工人，应首先进行补课。专业技术补课，主要是通过学习技术理论和开展岗位练兵，达到工人技术等级标准规定的三级工应知应会水平。补课结业由业务部门严格考试，为合格者发合格证书。文化、技术补课考核成绩应列入职工档案，并作为晋级的依据之一。”

1982 年 3 月，黄委会和河南黄河河务局在范县黄河修防段搞初中文化脱产补课班试点。5 月和 8 月，安阳地区黄河修防处组织全处青壮年职工参加河南黄河河务局统一组织的文化摸底考试测验，摸清全处 1417 名 45 岁以下的青壮年职工的文化状况，其中，需补文化课的 866 人。在范县黄河修防段初中文化补课取得经验后，1983 年大规模的文化补课在全处迅速开展起来。至 1984 年底，濮阳市黄河修防处共办高、初中文化脱产学习班 38 个，参加文化补课的职工 1114 人。经统一考试，3 科全部合格者

1092人，占应补课对象的98%。其中，有26人考入黄河水利学校和广播电视大学，32人考入中等专业技术学校和技校继续学习。

自1983年开始，本着“干什么学什么，缺什么补什么”的原则，对青壮年职工开展专业技术补课。按照黄委会编印的复习提纲，组织专业技术干部和老工人上课辅导，指导操作练习，并开展岗位练兵活动，提高青壮年职工专业理论水平和实际操作能力。按照黄委会统一制定的标准，河南黄河河务局和濮阳市黄河修防处联合组织对技术补课人员进行考试验收。应知验收采取闭卷考试，应会考核采取现场操作和答辩形式进行。为应知应会两项都及格的职工，颁发专业技术补课合格证书。至1985年，全处共有1193人参加技术补课，经考试验收，有1110人取得合格证书，合格率93%。

1985～1987年，濮阳市黄河修防处开展高中文化补课，举办补习班4个，开设政治、语文、数学、历史、地理5门课程，使用全国统一教材。补课的178名学员，通过河南黄河河务局组织的考试，验收合格143人，合格率80%。高中文化补课后，一些职工通过参加成人高考，进入大中专院校继续学习。

（二）学历教育

1984年，濮阳市黄河修防处制定职工考入大、中专院校学习，其差旅费、住宿费由单位报销的优惠政策，鼓励职工积极参加成人高等教育招生和自主考试，进入大、中专以上院校继续学习。

1986年，贯彻执行河南黄河河务局《关于职工教育若干问题的暂行规定》，严格职工报考大、中专院校程序，报销学费（培训费），毕业后进行工作分配。

1995年，制定《濮阳市黄河河务局职工教育管理暂行规定》。1997年，贯彻执行《河南黄河河务局职工学历教育管理暂行办法》，进一步规范职工学历教育申请、费用报销、学历教育认证的程序和办法等，并明确职工参加学历教育的具体奖励办法。

2002年，根据黄委和河南黄河河务局的要求，对1980年以后职工取得的学历证书进行全面检查清理。通过个人自查、核对档案，然后送相关学历管理部门和大专院校进行核对认证。全局共检查清理学历证书378份，对虚假学历按有关规定进行严肃处理。

2003年，执行《河南黄河河务局学历、学位证书审验管理办法》，坚持职工学历、学位证书审验管理的原则，规范职工学历、学位证书的审验管理工作。

至2010年，通过在职教育，全局有532人提高学历层次，其中，大学本科144人，专科219人，中专169人。2010年以后，职工学历教育不再作为教育工作的重点。

（三）继续教育和岗位培训

继续教育和岗位培训是对干部职工的知识进行更新、补充、拓展，使其掌握更多的新知识、新技能和新本领，不断适应新形势下工作需要的重要措施。1985年，濮阳市黄河修防处制定《关于做好干部工作的意见》，有计划地选派中层领导干部和科技人员到黄委会和其他培训班学习和考察，进行知识更新。1988～1989年，按照河南黄河河务局《技术岗位规范》《修防处处管干部（部分）岗位规范》，对工程管理、规划设计、财务审计等中级以上职称的岗位职责、知识、能力、经历等提出具体要求，对修防段段长、业务副段长、修防处办公室主任以及人事劳动科、工务科、财务科、审计科科长的职责、文化程度、能力与经历做出明确规定，并提出不断学习提高的要求。1989年后，各类岗位培训工作逐步得到重视和开展。1990年，按照岗位需求，在一定文化基础上，对河道管理维护班、组长进行以提高政治思想水平、工作能力和生产技能为目标的定向培训。至1994年，共培训各类干部241人次，各工种岗位的技术工人786人次。

1994年10月，濮阳市黄河河务局受水利部委托，承担全国水利行业岗位培训制度试点工作。1995年2月，濮阳市黄河河务局岗位培训制度试点工作领导小组成立，制定《濮阳市黄河河务局岗位培训制度试点实施意见》《濮阳市黄河河务局关于举办岗位培训班的意见》。岗位培训以青壮年职工为重点，以防洪、抢险、安全和质量管理岗位为重点，确定在12个岗位上开展培训。新从业人员或转岗人员，上岗前必须进行岗位技能培训，取得合格证后方能上岗。岗位培训成绩与人员使用、待遇相结合。是年9月，各类岗位培训工作全面启动。至1997年，送地方有关单位培训党政领导干部、汽车驾驶员、锅炉工、电工等共300人；自办防汛抢险、人事劳动、安全生产、工程管理、涵闸管理、财务会计、审计、工会、监察、水政、计算机应用、养殖种植、现代化管理等各类岗位资格培训和适应性培训班26期，共培训职工1660人次，占在职职工总人数的80%。1997年后，干部职工继续教育和岗位培训工作进入经常化、制度化、规范化管理，每年都根据工作需要，组织开展各方面的专业培训班。

1999年，贯彻执行《河南黄河河务局专业技术人员继续教育管理暂行办法》，建立专业技术人员继续教育登记制度。专业技术人员每次参加学习、进修、培训、考察、调研、学术交流等活动的形式、内容、时间、考试成绩、考核结果等情况，由本人单位教育部门负责审查，并分别记入《专业技术人员继续教育证书》和《专业技术人员继续教育登记卡》。专业技术人员接受继续教育的情况，是对其考核的重要内容和任职、评审职称及人才流动的重要依据。

2003年，贯彻执行《水利部干部教育培训管理办法》和《关于全面实施干部教育培训登记制度的通知》精神，规定以领导干部、公务员、专业技术骨干和优秀青年后备干部为重点对象，紧密围绕治河工作中心任务和工程建设、工程管理、科研等实际工作需要开展教育培训工作。各级干部每5年参加脱产培训的时间累计不少于3个月，专业技术干部每年参加脱产培训的时间累计不少于12天。并全面实施干部教育培训登记制度，建立干部学习档案，把教育培训与干部的选拔、培养、使用相结合。

2005年起，按照《黄河水利委员会关于进一步加强职工教育培训工作的实施意见》，在3年时间内对市、县级河务局局长和副局长轮训一遍，每年专业技术人员参加脱产培训累计不少于12天，对公务员进行初任培训、任职培训、专门业务培训和更新知识培训，对经营管理人员开展相关知识培训，对技能人才按照“不培训不上岗，不培训不晋升”的原则开展培训等。职工继续教育逐渐成为职工教育的重点。

自2006年起，濮阳河务局每年选派副科级以上依照公务员管理人员参加黄委和河南黄河河务局举办的以公共管理为核心内容的培训班，以增强其行政意识和提高行政能力。

2011～2015年，以提高职工队伍的政治与业务素质为目的，持续开展继续教育工作，共举办各类培训班173次，参加培训的人员达7000余人次，使职工队伍的文化素质、业务知识和技能水平不断得到提高。

三、劳动工资与安全卫生

（一）劳动工资

1. 工资

1949年前，黄河职工工资实行供给制。1951年，实行包干供给制。1952年，执行工资分制，即职工工资数额按工资分作为计算单位，1个工资分包含面粉0.16千克、小米0.24千克、细布6.67厘米、花生油0.025千克、盐0.01千克、煤炭1千克。1956年工资制度改革时，建立干部职务等级工资制和工人级别工资制，开始实行货币工资。濮阳境内执行3类工资区标准。

1963年，为简化工资标准，减少工资制度方面的混乱，给等级以下的低工资部分人员调整工资，其中修防处机关调整23人。

1972年，调整部分干部职工工资，少数低于规定两个等级的可以升两级，全处共有230人升级。

1977年，各单位按单位职工人数40%的升级指标，采取民主评议、领导批准的方法调整职工工资，其中修防处机关有27人调升一级工资。

1979年，安阳地区由3类工资区改为4类工资区，在全处为符合升级条件的397名职工调整工资。

1983年，为行政10级（含相当行政10级）以下的职工调整工资，全处共有834人升级。

1984年，为全处767名职工增加工资。是年，在修防一线工作的科技人员，开始执行浮动一级工资的制度。

1985年，濮阳市由4类工资区改为5类工资区，并进行工资制度改革，由原来职务等级（级别）工资制改为以职务工资为主的结构工资制（由基础工资、职务工资、工龄津贴、奖励工资4个部分组成）。

1986年，濮阳市由5类工资区改为6类工资区。是年，实行奖励工资制度，奖励工资标准为每年不超过本人1个月基本工资（基础工资与职务工资之和）的数额，并开始解决“老二、三级工”的工资问题。至1987年，全处分两次为1750名老二、三级工增加工资。

1987年，为解决1985年工资改革中部分工作人员存在的突出问题，全处有455名职工增加工资。

1988 年，在解决部分中年专业技术人员和行政人员的工资问题时，有 123 人调资升级。1988 年后，为合同制工人、中小学教师和医护人员增加工资性补贴，补贴标准均为本人基本工资的 10%。

1990 年，职工工资普调。全局共升级调资 2329 人，其中，在职职工 1925 人，离退休职工 404 人。

1991 年，解决工资普调后职工工资存在的突出问题，为全局 1126 名偏低工资的职工增加一级工资，其中，在职职工 1060 人，离退休职工 66 人。

1992 年，调整工龄工资标准，由原来每年 0.5 元提高到 1 元。是年，制定《濮阳市黄河河务局辞职、解聘、停薪留职人员的工资管理办法》。

1994 年，根据国务院 1993 年印发的《关于印发机关、事业单位工资制度改革三个实施办法的通知》和水利部《关于印发水利部直属事业单位工资制度改革实施意见的通知》精神，按照黄委会《关于印发黄河水利委员会事业单位工资制度改革实施意见的通知》规定，濮阳市黄河河务局对工资制度进行改革。由原来结构工资制改为职务工资制（由职务工资、对应津贴和保留奖金 3 部分组成），工资构成中，固定部分为 60%，浮动部分为 40%。河南黄河河务局批复濮阳市黄河河务局 2469 人参加工资制度改革，其中，在职职工 2054 人，离退休职工 415 人，月增加工资 32.2 万元。新工资标准从 1993 年 10 月开始执行。从 1994 年起，对年底考核合格及以上的人员，年终发给一次性奖金，奖金数额为本人当年 12 月的职务工资与津贴之和。

2000 年，全局提前或越级晋升工资档次 56 人，月增资 0.21 万元。

2001 年，根据《国务院办公厅转发人事部、财政部关于调整机关、事业单位工作人员工资标准和增加离退休人员离退休费四个实践方案的通知》，为在职人员调整两次工资标准，为离退休人员增加两次离退休费。

2004 年，机关工作人员执行公务员工资标准，由原来职务工资制改为职务级别工资制（由基础工资、职务工资、级别工资、工龄工资 4 部分组成）。全局共有 174 名工作人员参加公务员工资标准的套改。机关执行公务员工资标准后，取消 3% 的提前或越级晋升职务工资制度。是年，全局有 211 人正常增加工资，月增资 0.63 万元。

2006 年，按照《黄河水利委员会机关事业单位工资收入分配制度改革实施意见》，为全局 2336 人的工资进行套改，其中，公务员 176 人，事业单位在职人员 1310 人，离休人员 36 人，退休人员 814 人，月总增资额为 51.44 万元。

2007 年，按照《黄河水利委员会事业单位工作人员收入分配制度改革实施意见》的规定，为全局 1310 名事业单位人员晋升薪级工资，月总增资额为 3.41 万元。

2011 年以后，在年度考核合格的基础上，参照公务员法管理的机关工作人员每两年晋升一个工资档次，事业单位人员每年增加一级薪级工资。是年，为 15 名机关工作人员晋升级别工资，为 172 名机关工作人员晋升级别工资档次。按照《黄河水利委员会事业单位工作人员收入分配制度改革实施意见》的规定，为 1105 名事业单位工作人员晋升薪级工资。

2012 年，参照公务员法管理的机关工作人员津、补贴落实到位。按照《河南黄河河务局水利工程维修养护企业薪酬分配制度改革实施办法（暂行）》规定，自 2012 年 11 月 1 日起，养护企业执行新的薪酬分配办法。

2015 年 7 月，根据国务院批复的人力资源社会保障部和财政部《关于调整机关工作人员基本工资标准的实施方案》《关于调整事业单位工作人员基本工资标准的实施方案》《关于增加机关事业单位离退休人员离退休费的实施方案》，从 2014 年 10 月 1 日起，调整机关事业单位工作人员基本工资标准，增加机关事业单位离退休人员离退休费，每月人均增资 515 元。7 月底，将 2014 年 10 月至 2015 年 7 月的工资调整部分补发到位，8 月开始实施新工资标准。

2011～2015 年，全局职工年人均收入由 2011 年的 2.73 万元，增长到 2015 年的 3.89 万元，增长率为 42%。

2. 岗位津贴类工资

1982 年，根据财政部、劳动部以及全国总工会的安排，职工享受洗理费、书报费津贴，每人每月 8 元。

1992 年 7 月 1 日，局属各事业单位直接参加工程建设的人员开始执行施工津贴，每人每天 5.3 元，建安生产单位施工津贴的最高标准每人每天不得突破 5.3 元。

1993 年，职工书报费、洗理费调整为每人每月 18 元，交通费在原标准的基础上每人每月增加 4 元。

1995 年 3 月，纪检监察办案人员开始执行工作补贴，补贴标准为每人每天 1.5 元；4 月起，审计人员执行外勤补贴，每人每天 1.5 元。

1996 年 9 月，专职档案管理员开始执行每人每月 25 元的保健津贴；11 月起，专职安全监察员执行每人每天 3 元的岗位津贴。

1997 年 6 月，开始实施防汛津贴，每年 6 月至 10 月和 12 月至次年 2 月，一线职工每人每天 5 元，二线职工每人每天 3 元；7 月起，修防一线职工享受浮动一级工资的待遇，累计满 8 年的，其浮动工资予以固定。

1998 年 1 月，纪检监察办案人员工作补贴调整为每人每天 2 元，并改为按月发放，每人每月 60 元；4 月，审计人员执行工作补贴，每人每天 2 元。

根据《水利部直属事业单位提前或越级晋升职务工资暂行办法》和《黄委会关于贯彻水利部直属事业单位提前或越级晋升职务工资暂行办法的补充通知》，濮阳市黄河河务局严格按照河南黄河河务局年度下达的提前或越级晋升职务工资的指标，1993～2003 年累计升级 715 人次。2003 年以后，该办法停止执行。

2004 年 1 月，离退休管理人员开始执行每月每人 80 元岗位津贴。

2010 年 1 月，防汛津贴统一执行每人每天 5 元；信访管理人员开始执行每人每月 120 元的岗位津贴。

2012 年 1 月，防汛津贴调整为防汛抗旱津贴，全年每人每天 5 元；信访岗位津贴调整为每人每月 235 元；9 月，安全管理人员开始执行岗位津贴，每人每月 220 元。

2014 年 7 月，防汛津贴调整为每人每月 400 元。

2015 年，职工交通费补贴调整为每人每月 400 元。

（二）职工养老金制度

1986 年 7 月，国务院颁发《关于发布改革劳动制度四个规定的通知》，其中规定国家机关、事业单位今后招用工人，应当比照《国营企业实行劳动合同制暂行规定》和《国营企业招用工人暂行规定》执行。合同制工人的养老保险和待业保险基金的来源，机关从行政费中列支，事业单位从事业费中列支。1988 年，濮阳市黄河修防处招工开始实行合同制，并按规定缴纳养老保险金。1993 年 11 月，濮阳市黄河河务局原归地方管理的全民合同制工人养老保险金移交河南黄河河务局管理。

1995 年 8 月，执行水利部《关于部直属事业单位劳动合同中职工养老保险暂行规定》，事业单位劳动合同制职工（包括农民合同制职工），一律参加水利行业养老保险统筹。养老保险费用，由单位和个人共同负担。缴费标准为：单位缴纳部分，按本单位劳动合同制职工上年度总额 15% 的比例提取；个人缴纳部分，以上年度 12 月个人工资收入作为计征基数，按 3% 的比例提取。

2001 年，根据劳动和社会保障部、财政部、水利部联合印发的《关于水利部直属事业单位劳动合同制职工基本养老保险移交地方管理的通知》和河南省劳动和社会保障厅《关于做好水利部直属驻豫事业单位劳动合同中职工基本养老保险工作的通知》精神，濮阳市黄河河务局劳动合同制职工基本养老保险工作由河南黄河河务局移交河南省机关事业单位社会保险基金管理中心管理。

2006 年，水利工程管理体制改革后，按照黄委的要求，开展企业转制职工纳入省直养老保险统筹准备工作。

2007 年 7 月，根据河南省机关事业单位社会保险基金管理中心《关于调整在职职工缴费基数和离退休人员养老保险待遇的通知》要求，事业合同制职工基本养老保险缴费比例为 20%，其中，单位缴纳 15%，个人缴纳 5%。

2009 年 3 月，河南省人力资源和社会保障厅印发《关于黄河水利委员会驻豫第二批转制为企业的水利工程管理单位参加省直企业职工基本养老保险统筹的复函》和《关于黄河水利委员会驻豫第三批转制为企业的水利工程管理单位参加省直企业职工基本养老保险统筹的复函》，同意黄委驻豫第二批、第三批转制为企业的水利工程管理单位及其职工，参加河南省城镇企业职工基本养老保险，直接纳入省直统筹。第二批从 2005 年 7 月 1 日起，按省直统筹企业缴费比例，分别以 2005 年 6 月的单位工资总额和职工缴费工资为基数，缴纳基本养老保险费，并建立基本养老保险个人账户。第三批从 2006 年 9 月 1 日起，按省直统筹企业缴费比例，分别以 2006 年 8 月的单位工资总额和职工缴费工资为基数，缴纳基本养老保险费，并建立基本养老保险个人账户。2009 年 12 月，濮阳黄河水利工程维修养护有限公司作为第三批转制为企业的水利工程管理单位纳入省直统筹，共有 487 人参保。2010 年 4 月，河南省中原水利水电工程集团有限公司、濮阳河源路桥工程有限公司和濮阳天信工程咨询监理有限公司作为第二批转制为企业的水利工程管理单位纳入省直统筹，共有93人参保。

2010年底，濮阳河务局参加省直机关事业养老保险的共有382人；参加省直企业职工基本养老保险的有587人，缴费比例为28%，其中，单位缴纳20%，个人缴纳8%。

截至2015年底，事业合同制职工参保人员有392人，其中，在职359人，退休33人；企业职工参保人员有1048人，其中，在职820人，退休228人。

（三）安全生产

20世纪60年代，修防处、段配备公安特派员，开展以防火、防盗为主要内容的安全生产工作。20世纪70年代，随着交通运输车辆、船只、施工机械、设备的日益增多，安全生产工作逐步得到重视和加强。修防处、段先后成立安全生产领导小组，建立安全生产检查制度，定期、不定期地对防洪设施、车辆、船只、仓库、油库等重要部位的安全情况进行检查监督。20世纪80年代后，各类机械、设备的操作规程和仓库、油库等管理制度逐步建立和完善。1984年，制定《驾驶员安全管理暂行规定》。1985年，建立机动车安全生产管理制度。1989年，根据《河南黄河河务局石油库安全管理暂行规定》，对油库管理制度做进一步修订，规范油库管理工作。

1991年，濮阳市黄河河务局成立安全生产委员会，安全生产委员会办公室设在劳动人事科，负责全局安全生产的日常管理工作。

1995年，按照《黄河水利委员会劳动安全条例》要求，安全生产实行责任制。是年，建立安全生产考核制度，按照河南黄河河务局安全生产考核办法和标准，对局属各单位的安全生产工作进行百分制考核，并根据考核结果，奖优罚劣。

1997年，首次将职工私人摩托车、机动三轮车纳入安全生产目标管理。

1998年，制定《濮阳市黄河河务局安全生产目标管理风险抵押金与奖惩办法》，实行安全生产目标管理风险抵押金和安全生产一票否决制度。

1999年，按照河南黄河河务局《职工劳动安全卫生教育管理规定》《民工安全卫生管理规定》《劳动安全卫生检查管理规定》，着重加强对工程施工人员、管理人员和民工的安全教育与培训工作，并从安全检查制度、检查内容、程序、形式、事故隐患整改、监督、检查报告等方面，规范劳动安全卫生检查管理工作。

2000年，建立安全生产责任制，与各单位和部门签订安全生产目标责任书，明确规定各单位主要负责人是安全生产第一责任人，对本单位安全生产负全面领导责任；分管其他工作的副职，在其分管工作中涉及安全生产内容的，承担相应的领导责任；各职能部门在各自的工作范围内，对安全生产负责。

2001年，制订《濮阳市黄河河务局安全生产专项整治工作方案》，对道路交通安全、消防安全、天然气使用安全、水上作业安全和炸药仓库安全等开展专项整治工作。

2002年，进一步加强安全生产制度建设，制定《濮阳市黄河河务局交通安全管理规定》《濮阳市黄河河务局关于加强安全生产管理工作的若干规定》《濮阳市黄河河务局定期召开安全生产联席会议制度》。

2007年，制定《濮阳河务局安全生产联保责任制度》《濮阳黄河河务局工程施工项目安全风险抵押实施方法》《交通安全、施工安全管理禁令》等制度，并在全局开始进行岗位安全培训和安全生产研讨活动。至2010年，全局共培训特种岗位作业人员600人次，组织撰写安全生产论文150篇。

2011年后，全局逐岗、逐人签订安全生产承诺书，强化安全责任；把黄河水利工程建设施工安全作为重点监督管理，开展安全教育和安全隐患排查；坚持全局每季度安全生产检查和节假日、汛期不定期安全检查，及时整改查出的不安全因素和事故隐患，对较大的安全隐患，实行立、销案制度，限期整改，直至隐患消除结案。

（四）医疗卫生

1992年前，濮阳市黄河河务局执行国家公费医疗政策。基本原则是积极防病治病，保证干部职工基本医疗，防止医药浪费。机关设立卫生室，负责“预防为主，防治结合”方针的贯彻实施，做好机关职工疾病防治、创伤救护和离退休职工医疗保健工作。局属各基层单位，执行劳动保险政策，职工的直系亲属可以享受部分医疗待遇。

1992年医疗制度改革时，成立濮阳市黄河河务局医疗制度改革领导小组和医药费管理小组，制定《关于改革医药费开支办法暂行规定》和《关于贯彻执行“改革医药费开支办法暂行规定”的实施办法》，对健康职工实行基数加工作年限补贴的医药费包干办法；对长期慢性病患者，由卫生室负责管理，其医药费实行单位与个人共同分担的办法。经确诊为长期慢性病的职工，在机关卫生室用药按进价计费，单位报销90%，个人承担10%；对急性重大疾病患者，实行年终一次性救济的办法。机关医疗制度改革后，基层单位不再执行劳动保险政策，改为实行医药费包干，其具体办法和标准由各单位自行确定。

自1995年始，离休干部的医药费不再受限制。原则上由机关医务室负责看病供药，除国家规定的限用药品外，全部报销。需要住院治疗的，经批准在指定医院就医，由离退休职工管理部门派专人管理服务和负责医药费的结算工作。住院期间的住院费、检查费、医药费，经医药小组审核后，按规定据实报销。同时，为解决退休职工和在职职工日常看病问题，为其建立医疗基金。医疗基金从1995年1月起包干使用，节约归己，原医药费包干办法同时停止执行。

1999年，制定《濮阳市黄河河务局机关医疗用药报销管理暂行办法》，对机关卫生室职责、离休人员医疗、退休人员医疗、在职职工医疗，以及医疗基金的使用、职工看病借款及报销办法等，做出具体规定。

2000年，印发《濮阳市黄河河务局机关医疗用药报销管理补充办法》，对内部住院和外部治疗实行申请审批制度，对卫生室用药和药品管理做出具体规定。

2001年，实行社会医疗保险制度。除离休干部外，在职职工和退休职工全部参加属地的社会医疗保险。是年，濮阳市黄河河务局为机关在职职工办理大额医疗保险。社会医疗制度建立，原医疗基金制度随之废止。

2006年，建立濮阳河务局重大疾病救助基金，出台《濮阳河务局职工重大疾病医疗救助试行办法》，对因患重大疾病陷入困境的职工给予经济救助。至2015年，全局共救助重大疾病职工70人（80人次），救助资金273.77万元。

第四节　濮阳黄河经济管理

20世纪80年代以前，在计划经济体制下，濮阳黄河治理开发与管理作为社会公益事业，主要注重社会效益，人员机构经费和黄河防洪工程建设与管理经费全部由国家拨付，国家拨款以外的收入仅限于柳荫地、堤防树株和草的零星收益。80年代初，根据经济体制改革的要求，开展有组织、有计划的综合经营，发展濮阳黄河经济。80年代，种植、养殖、加工、商店、服务、运输、建筑工程施工等经营全面开展，至1990年底，全局从事综合经营的职工占总职工人数的35%，有经营项目20多个。20世纪90年代初，调整经营结构，重点发展建筑施工业和种植、养殖业，缩减商业、服务业和加工业。其间，建筑施工业得到快速发展壮大，具备修建高等级公路、特大桥梁和大型水利工程等能力，至2000年底，濮阳黄河工程公司旗下有13个工程处，从事建筑施工的人员达1890人，年产值从272万元增加到18018万元。土地开发面积逐年增大，建成3大种植基地和3大养殖基地。2001～2015年，种植、养殖业因效益低或亏损而相继下马，建筑施工业、土地开发和引黄供水逐步发展为三大支柱产业。濮阳黄河经济的发展，相应弥补了一些事业经费的不足。

一、生产经营发展历程

1955年4月，黄委会制定的《河产管理暂行办法》规定："凡黄河所有柳荫地，各种树木、土地、房屋、池塘（小坑）、苗圃等均属河产管理范围，应由各基层单位成立河产管理委员会，负责管好现有河产，并在维护大堤的原则下，绿化堤防，养护大堤，培养财源，增加国家收入。"根据上述规定，20世纪50年代，濮阳黄河综合经营主要是河产收入，并仅限于柳荫地、堤身树株及历年修建工程征购挖毁的土地，就近交由护堤村发展适宜生产，如种藕、养鱼等。柳荫地及堤身树株均属国有，一切河产收入，由群众护堤员所在村和国家分成。

1965年9月，中共中央、国务院批转水电部《关于当前水利管理工作的报告》指出："水利部门必须坚持自力更生精神，通过征收水费和综合开发工程周围的水土资源，做到管理经费自给，并力争有余。"20世纪60年代，由于对中央的批示精神认识不足，对发展综合经营缺乏信心，安阳地区黄河修防处的综合经营一直没有发展起来，经营收入仍仅限于树株方面。

1978年，全国水利管理会议明确工程管理的基本任务是“安全、效益、综合经营”，把综合经营提到重要位置。通过学习贯彻这次会议精神，安阳地区黄河修防处提高对开展综合经营重要性的认识，促进了综合经营工作的开展。十一届三中全会后，随着经济体制改革的不断深入，水利事业经费统收统支的体制被打破，黄河治理开发与管理事业经费不足的问题日益突出，经济发展逐步成为治河工作的一项重要的任务。

1980年，黄委会在《关于加强工程管理开展综合经营工作的意见》中提出：“为搞好黄河现有工程管理工作，确保防洪安全，发挥工程效益，利用水土资源，因地制宜，大搞综合经营，增加国家收入，改善职工生活。”要求各级领导将综合经营列入议事日程，固定专人，明确职责，制定各项规章制度，稳定管理人员。工程管理部门实行四定：定安全效益，定人员，定综合经营项目、规模、任务，定收支。是年，安阳地区黄河修防处增设综合经营办公室，负责全处综合经营工作，综合经营项目主要是堤防植树造林和因地制宜种植农作物和蔬菜等。是年11月，黄委会在山东济阳县召开黄河下游工程管理综合经营经验交流现场会。会议明确今后综合经营的发展方向，规定综合经营收入实行“定额上交，超收留用，三年不变”的办法，对开展综合经营起到了推动作用。濮阳县黄河修防段作为综合经营工作先进单位在会上受到表彰。

1982~1983年，黄委会印发《黄河水利委员会经济体制改革意见》和《综合经营管理办法》，进一步明确经营发展方向和具体政策措施。据此，安阳地区黄河修防处明确“以种植、养殖业起步，以建筑施工业为基础，带动工程管护地开发和加工业、服务业等全面发展”的经营思路，综合经营有了大的发展。1983年，在全处推行施工承包责任制和浮动工资制，凡是能承包的项目都进行承包。对建安生产单位进行整顿，完善经济责任制，在内部施工任务不足的情况下，主动到社会上承包工程。

1986年，制定《濮阳市黄河修防处经济体制改革实施意见》，提出“在保证完成治河任务的前提下，大力开展多种经营，提高事业单位自我维持和发展的能力”的要求，构建防洪、经营两个体系，以及工程管理、施工生产和多种经营三套人马的管理体制。基建任务实行包投资、包质量、包工期、包安全生产为主要内容的承包责任制；防汛费、岁修费和其他水利事业费包干使用。事业单位的事业收入按不同项目分别实行定额分成和比例分成的办法。定额分成收入（包括河产收入、堤防养护收入和其他收入等）分配仍实行“定额上交，超收留用，三年不变”的办法。建安生产单位实行“事业性质不变，独立核算，计算盈亏”的管理办法，对经济上能够独立的濮阳市黄河修防处运输队、施工队，国家不再拨事业费，生产盈余年人均300元以下部分全部留单位使用，超出部分的40%上缴、60%单位留用；对经济上不能自立的濮阳市黄河修防处航运队实行“定额补差，包干使用，超支不补，结余留单位使用”的管理方式。是年8月，组建濮阳市黄河建筑公司，其经营范围主要是黄河防洪工程施工和承包社会工程建设项目，同时对建安生产单位进行协调和业务指导。至1986年底，全处有桥梁涵闸施工队、土石方施工队、运输队、汽车修配厂等经济实体，种植、养殖也逐渐发展起来。是年，施工一、二队承揽社会工程7项，创利润3.47万元。运输队创利润

1.1万元。

1987年，全处12个单位兴办多种经营项目25个。

1988年，实行管理和经营两类人员分离改革，濮阳县、范县和台前县黄河修防段共分离出经营人员269人，占总人数的28%。是年，全处在承包工程、商业、种植、养殖、加工、服务等方面的经营项目37个，共安排富余人员420人，全年创利润55万元。

1990年，按照河南黄河河务局的要求，对种植、养殖、加工、运输、商业、服务业等综合经营项目进行全面清理整顿。通过清理整顿，经营情况好、经济效益高的项目，予以巩固提高；发展前景好，但管理混乱的项目，改进管理方式，走向良性发展；效益不好、管理混乱的项目，根据实际情况，进行关、停、并、转。是年底，全处事业单位从事综合经营的人员近300人，建安单位400多人。综合经营有工程施工、种植、养殖、商业服务、汽车运输、产品加工5大类20多个项目。综合经营初步实现盈利，有效地缓解了富余人员出路和经费不足问题。

20世纪90年代，国家明确把水利作为国民经济的基础产业。特别是中共十四大的召开，使国家的经济体制改革和发展进入一个新的时期。这一时期，国家对黄河部门先后实行自收自支、以收抵支、差额补贴的管理政策，事业经费严重不足，费用缺口逐年加大。迫于严峻的经济形势，按照河南黄河河务局的要求，提出建立和发展黄河产业经济的思路，促使经济发展逐步走上规范化的道路。

1991年，在对综合经营项目清理整顿的基础上，转变经营思想，调整经营结构，重点发展水利工程施工和利用土地资源发展种植、养殖业，缩减商业、服务业。建安生产单位购买施工设备，壮大施工力量，以承包社会工程为主，兼顾劳务输出。

1994年，濮阳市黄河河务局印发《关于加快发展综合经营的若干规定》，提出综合经营的目标、措施、经营项目的审批、综合经营项目财务管理等方面的规定。是年，濮阳市黄河工程公司取得水利水电工程施工二级资质。

1995年，根据黄委提出的“一手抓黄河治理，一手抓经济发展”的指导思想，强调正确处理濮阳黄河治理与发展经济的关系，要求在搞好各项黄河治理工作的同时，增强发展濮阳黄河产业经济的责任和紧迫感，立足黄河，面向社会市场，发挥优势，大力发展濮阳黄河经济。濮阳市黄河河务局制定的《关于加快发展综合经营和建安生产的意见》，提出今后综合经营和建安生产的发展目标与主要措施。建立竞争机制和风险机制，改革工资分配办法，设立目标任务奖和效益突出奖。

1996年，按照河南黄河河务局“一局两制、建立两支队伍（防洪、经营两个管理体制，防洪、经营两支队伍）”的构想，濮阳市黄河河务局所属事业单位分别组建水费征收、堤防养护费征收、土地开发、土石方施工等方面的经济实体，濮阳黄河经营队伍得到快速发展，并初具规模。是年初，确定建筑施工、引黄供水和土地开发为今后经营的三大优势产业，作为经营重点持续发展。

1998年“三江”大洪水后，党中央、国务院做出整治江湖、兴修水利的重大决策，加大对大江、大河、大湖水利基础设施的建设投资，在这一形势下，濮阳市黄河河务局在总结经验教训的基础上，调整经济布局，抓住国家加大水利投资的机遇，重点发展建筑施工企业，以及工程监理、土地开发、供水等经营项目，并把工程施工和种植绿化苗木作为重点产业进行突破，工程施工收入比例逐年提高。是年，根据黄委《关于加快发展黄河水利经济的若干指导意见》和河南黄河河务局《关于经济体制改革的意见》，濮阳市黄河河务局进行体制改革，要求建立与市场经济和濮阳市黄河河务局相适应的管理体制。濮阳黄河工程公司按有限责任公司进行企业法人注册登记，列为局二级机构，实行企业化管理，自主经营，自负盈亏，自我约束，自我发展。成立公司董事会，下设办公室、信息合同处、施工处、设备处、财务处。第一工程处、第二工程处、第三工程处、服务公司、汽车修配厂为公司紧密型企业管理单位，实行模拟企业法人管理，由公司统一核算；濮阳县、范县、台前县黄河河务局和濮阳县金堤管理局、渠村分洪闸管理处成立的第四至第八工程处为公司松散型企业管理单位，由主管单位管理，公司对其起带动和指导作用。各修防单位成立的工程队、涵闸管理所、土地开发公司作为经济实体，实行内部独立核算的管理方式。

20 世纪 90 年代，濮阳市黄河河务局建安生产和综合经营得到较快发展。濮阳市黄河工程公司所属工程处发展到 12 个，从事建筑施工的有 1890 人；拥有各类机械施工设备 184 台（套），具备高等级公路、大型桥梁及土石方施工的能力。至 2000 年，濮阳市黄河工程公司年产值达 1.3 亿元，每个工程处都有活干、有盈利。修防单位依靠土地、场地等优势，开展种树、种菜、种植农作物和养鱼、养鸡、养猪、养羊等项目，有的单位还办了服装厂、挂面加工厂、商店等。1998 年，种植、养殖达到高潮。由于综合经营项目规模小，且受技术、人才等方面的制约，项目收益低，难以形成经营优势而先后下马。

2001 年，根据《河南黄河河务局土地开发管理办法》，土地开发重点开始向生态林和绿化苗木种植方面转移。是年，按照“产权明确、政企分开、自主经营、自负盈亏”的改革目标，对局属企业进行股份制改造，濮阳市黄河工程公司和水泥制品厂首先改制为有限责任公司。

2002 年机构改革时，濮阳黄河经济发展管理处、濮阳市黄河河务局供水处 2 个经济开发类事业单位成立，分别负责全局经济管理工作和濮阳黄河供水管理工作。是年，各企业开始注重资质晋升，以适应工程建设“三项制度”改革的要求。

2003 年 12 月，在 2000 年成立的河南立信工程咨询监理有限公司濮阳分公司的基础上，筹建濮阳天信工程咨询监理有限公司，列入局直属二级机构，按内部企业独立法人单位管理。

2004 年 7 月，在濮阳黄河工程有限公司的基础上，组建河南省中原水利水电工程集团有限公司（简称中原集团公司），下属 14 个子公司。至 2004 年底，全局有 6 家有限责任公司，注册资本金达到 1.62 亿元。是年底，有 5 家企业获得不同等级的资质。各企业制定投标制度，培养投标人才，面向社会承揽水利水电、公路、桥梁等工程，建筑市场涉足全国18个省（区、市）。

2005年，第一工程处与第二工程重组为濮阳河源路桥工程公司。

2006年水管体制改革后，全局施工企业的人员减少到326人。

2008年，全局建筑施工经营项目达100多个，遍及全国各地，中原集团公司及有关企业加强项目管理，以防范经营风险。

2010年，河南黄河河务局提出“建立健全经营管理制度、运营机制和法人治理结构，逐步形成以总承包企业为龙头、专业承包企业为骨干、劳务分包企业为补充的产业格局”。至2010年，全局共有企业11个，职工396人。具有水利水电施工总承包资质一级1个、二级1个、三级4个，公路施工总承包一级资质1个，甲级工程监理资质1个，园林绿化资质三级2个。

2001～2010年，全局承揽内部和社会工程共308项，合同价款32.77亿元；共拥有土地1177.1公顷，其中利用936.72公顷，主要种植经济价值较高的适生林和苗木花卉。

2011～2015年，全局施工企业共承揽工程461项，合同价款41.9亿元；种植高收益风景林89公顷、130万株；全局实现经济总收入27.29亿元，实现企业利润4460万元。2015年，按照“减少企业数量，提高质量，转型升级”的要求，保留中原集团公司、濮阳黄龙水利水电工程有限公司、河南宏宇工程咨询监理有限公司和濮阳黄河水利工程维修养护有限公司等4家具有一、二级资质的企业，其余施工企业合并转型或直接关闭。1951～2015年濮阳河务局经营总收入65.88亿元，其中，河产0.21亿元，供水（收缴）1.87亿元，建筑施工60.12亿元，生产经营0.44亿元，第三产业0.96亿元，其他2.28亿元（见表9-25）。

二、建筑施工业

1978年9月，安阳地区黄河修防处成立铲运机施工队，主要任务是黄河堤防建筑施工。当时共有职工90人，两年后发展到278人，拥有拖拉机、铲运机、推土机等施工设备114台。

1980年，铲运机施工队和其他生产单位实行差额补助管理，通过承担黄河堤防工程弥补经费不足，维持发展。

1982年，铲运机施工队参加沁河杨庄改道工程施工，实现年产值194.91万元，盈利62.95万元。1983年后，因内部生产任务不足，使其难以发展，并出现亏损现象。

1985年3月，在撤销濮阳市黄河修防处铲运机施工队的基础上，成立濮阳市黄河修防处第一施工队、第二施工队。第一施工队主要承担桥梁、涵闸及基础处理等建筑工程施工。第二施工队主要承担土方工程施工。是年，第一施工队承担长垣县大车集引黄闸施工任务。在技术力量和设备条件较差的情况下，白手起家，开创新业。是年8月，河南黄河河务局批复濮阳市黄河修防处成立濮阳市黄河建筑公司，对其实行事业

表 9-25　1951～2015 年濮阳河务局经营收入情况　（单位：万元）

年度	合计	经营类别					
		河产收入	供水收缴	建筑施工	生产经营	第三产业	其他
总计	658832.41	2145.08	18660.53	601232.39	4424.42	9601.6	22768.39
1951～1984	150.13	78.88	17.61	45.22	—	—	8.42
1985	51.79	16.46	6.00	18.86	9.55	—	0.92
1986	101.23	16.89	7.26	68.64	3.10	—	5.34
1987	177.71	35.78	7.77	113.82		—	20.34
1988	107.38	22.52	7.22	47.55	16.89	—	13.20
1989	256.04	42.93	24.97	131.44	—	—	56.70
1990	375.73	37.14	26.58	191.18	—	5.00	115.83
1991	630.92	49.69	38.54	272.99	3.07	13.00	253.63
1992	730.59	66.59	36.30	356.45	15.61	22.00	233.64
1993	898.04	50.02	59.80	556.86	60.29	27.00	144.07
1994	1084.14	3.31	54.20	575.20	243.25	18.20	189.98
1995	1232.51	39.87	62.45	644.40	287.66	18.40	179.73
1996	9073.00	180.00	127.00	6385.00	548.00	1833.00	—
1997	19406.00	374.00	172.00	14801.00	1540.00	2519.00	—
1998	18509.00	192.00	109.00	16983.00	328.00	897.00	—
1999	19332.00	162.00	119.00	18018.00	298.00	735.00	—
2000	17250.60	17.00	153.60	15206.00	284.00	774.00	816.00
2001	21304.00	325.00	583.00	18030.00	620.00	858.00	888.00
2002	28842.00	387.00	1210.00	20680.00	—	1251.00	5314.00
2003	29747.00	33.00	711.00	26416.00	94.00	293.00	2200.00
2004	19111.24	4.00	1060.24	15437.00	73.00	213.00	2324.00
2005	17844.50	—	924.50	11883.00	—	69.00	4968.00
2006	32468.63	11.00	1042.63	29396.00	—	56.00	1963.00
2007	33689.65	—	1008.98	32154.00	—	—	526.67
2008	41199.41	—	1050.14	39641.66	—	—	507.61
2009	42852.68	—	1361.69	40996.37	—	—	494.62
2010	52975.98	—	1362.96	51073.03	—	—	539.99
2011	47308.57	—	1448.11	45220.43	—	—	640.03
2012	47389.23	—	1309.93	45754.19	—	—	325.11
2013	51282.89	—	1655.34	49587.99	—	—	39.56
2014	48536.76	—	1580.80	46955.96	—	—	—
2015	54913.06	—	1321.91	53591.15	—	—	—

单位企业管理，经济上独立核算。其服务范围除确保黄河防汛及施工外，可承担社会工程项目建设。濮阳市黄河建筑公司设办公室、施工科、财务科和技术设计室，对第一施工队、第二施工队、运输队、航运队等生产单位实施管理。各建安生产单位机构独立，自主经营，濮阳市黄河修防处对其实行“独立核算、自负盈亏、多劳多得、定额上交”的管理办法。

1986年，第一施工队、第二施工队承包并完成社会工程7项，其中，1项全优，4项良好，2项合格。完成年产值76.91万元，创利润3.54万元，扭亏为盈。在施工管理上推行经济承包责任制，实行定额承包，超产分成，联产计奖的承包办法。是年，投资14万元，为第二施工队购置潜水钻机和吊车等施工设备。

1987年，第二施工队承包台前王集引黄闸和台前南关金堤河桥施工任务，完成产值320.02万元，还承包一些社会工程。

1988年，濮阳市黄河建筑公司承揽濮阳市供水预沉池工程，总投资850万元。参加施工的单位有台前县黄河修防段、濮阳县黄河修防段、水上抢险队和第二施工队等。该工程的施工，取得较好的经济效益，同时锻炼了建筑施工队伍。是年，第一施工队、第二施工队承包范县孟楼河桥、第二濮清南柳屯桥桩基、预沉池进水闸等社会工程和范县邢庙引黄闸工程。1988年濮阳市供水预沉池开工仪式和施工现场情景分别见图9-5、图9-6。

图9-5　1988年濮阳市供水预沉池开工仪式

1989年，第一施工队承包台前县影唐闸工程，第二施工队承包濮阳县回木沟桥工程。

1990年，第一施工队承包渠村分洪闸200平方米微波机房建设任务，第二施工队参加培堤施工，完成8万立方米施工任务。是年，更新一些老化的施工机械设备，增强了生产能力。

1991年，濮阳市黄河河务局调整经营发展思路，决定重点发展水利工程施工业，投资80多万元，为建安生产单位配置东风汽车3辆、铲运机3台、推土机2台、翻斗车8辆、发电机组4台等机械设备，以承包内外部工程为主，兼顾劳务输出。建立内部企业管理体制，核定建安生产单位固定资产，明确法人代表，自主经营，自负盈亏，

图 9-6 1988 年濮阳市供水预沉池施工现场

鼓励参与社会竞争，自我维持发展。是年 5 月，濮阳市黄河建筑公司更名为濮阳市黄河工程处。是年，两个施工队除参加复堤施工外，还承包中原乙烯厂的路和桥、东濮黄河公路桥基础钻孔桩、滑县黄庄滞洪撤退桥等工程。

1992 年，第二施工队承包京九铁路台前黄河大桥钻孔桩工程，实现年产值 400 多万元。濮阳市黄河河务局水上抢险队参加温孟滩移民安置区放淤改土工程施工。

1993 年，第二施工队承包台前京九铁路金堤河大桥工程。第一施工队承包东明黄河大桥北岸接线立交桥工程。是年 4 月，濮阳市黄河工程处更名为濮阳市黄河工程公司，具体负责建安生产队伍管理，承揽大型建筑工程。

1994 年 2 月，施工队更名为工程处。是年，第二工程处承包范县姬楼滞洪桥、濮阳市金龙桥施工任务，投资 80 多万元自制活动式桥梁预应力张拉台设施，结束了不会制造桥梁板的历史。第一工程处承揽王称堌引黄渠首闸、濮阳县黄河堤防维修工程，以及濮阳市热电厂的工程。是年，濮阳市黄河工程公司取得水利水电工程施工二级资质。1994 年第二工程处建成的濮阳市金龙桥见图 9-7。

1995 年，第二工程处承揽河北省磁县石安高速公路部分基础桩和新郑公路部分土方工程。水上抢险队贷款 60 多万元购置泵淤设备，加强温孟滩移民安置区放淤改土工程施工力量，并承包山东省东阿泵淤工程。

1996 年，对内部企业管理体制进行改革，濮阳市黄河工程公司与河务局脱钩，实行内部企业管理，内部企业管理单位全部归属工程公司管理，并制定人事劳动、财务、资质、信息、项目、合同、施工质量、机械设备等方面一套企业管理的规章制度。以濮阳市黄河工程公司为龙头，带动内部管理企业良性发展。濮阳市黄河工程公司重点承揽水利水电建筑工程和组织工程施工。水上抢险队成立第三工程处。撤销运输处，人、财、物划归第一工程处。是年，濮阳市黄河工程公司签订社会工程合同 11 个，合同价值 2000 多万元，保证了建安生产单位生产任务的饱满。在济德高速公路济南黄河

图 9-7 1994 年第二工程处建成的濮阳市金龙桥

大桥桩基施工中，第二工程处创造国内潜水钻机大孔径（直径 2 米）最深（102.5 米）的钻孔记录，实现钻孔灌注桩施工技术重大突破，提高了市场竞争力。

1997 年，濮阳市黄河工程公司承揽工程 18 项，合同价款近亿元。其中，菏泽至东明高速公路和辽宁省京沈高速公路绕阳河特大桥工程都在 3000 万元以上。是年，筹资 1000 多万元购置混凝土砂石厂拌机、沥青厂拌机、沥青摊铺机、压路机、路拌机等公路施工大型设备。第二工程处投资 150 万元购置大型回旋钻机和潜水钻机。第三工程处完成温孟滩移民安置区放淤改土工程施工任务。是年，根据河南黄河河务局《关于开展河南黄河产业经济调查的通知》，濮阳市黄河河务局开展产业经济发展情况调查。截至 1997 年 11 月，全局经营性固定资产 2350.82 万元，拥有大型机械施工设备 124 台（套）。

1998 年，河南黄河河务局正式批复濮阳市黄河工程公司为濮阳市黄河河务局二级机构，是具有法人资格的经济实体。濮阳市黄河工程公司成立董事会和监事会，设财务处、设备处、信息合同处、施工处、办公室等部门。全局所有建筑施工企业全部归属濮阳市黄河工程公司管理。其中，第一工程处、第二工程处、第三工程处（水上抢险队）、机动抢险队等为紧密型管理单位，对其实行模拟法人管理，统一计算盈亏；濮阳县、范县、台前县黄河河务局成立的第四、五、六工程处和濮阳县金堤管理局、渠村分洪闸管理处成立的第七、八工程处为松散型管理单位，濮阳市黄河工程公司对其起带动和指导作用。11 月，濮阳市黄河河务局汽车修配厂成建制划归第一工程处。是年，濮阳市黄河工程公司承揽的社会工程有长东铁路桥基础桩、馆陶公路桥基础桩、滕州高速公路荆河桥和郭河桥及张庄闸拆除改建工程等，工程价款 2550 万元。全年完成产值 7000 万元，创利润 279 万元；开展技术攻关，在高速公路施工、钻孔灌注桩、后张法桥梁板预制等施工技术上有了重大突破。是年，台前县黄河河务局承揽辽宁省京沈高速公路绕阳河特大桥梁板预制、京九铁路砌石护坡、菏东高速公路部分路面、东平黄河河务局堤防加固等工程，完成年产值 600 万元。范县黄河河务局成立钻孔灌注桩施工处，投资100万元，购置施工设备4套，承揽山东冠县308国道立交桥基础桩等工程，完成年产值300万元。

1999年，濮阳市黄河工程公司承揽堤防加高、河道整治、截渗墙等黄河内部工程19项，当年完成产值2111万元，实现利润110万元。第一、二工程处承揽工程7项，当年完成产值912万元。第三工程处承揽工程4项，当年完成产值349万元，实现利润11万元。

2000年，投资600万元购置德玛克摊铺机、ABG摊铺机和英格索压路机等大型机械施工设备。投资1200万元购置大型沥青拌和站。濮阳市黄河工程公司完成“AAA”企业认证和ISO9000认定，为晋升一级企业做准备。是年，承揽工程9项，签订工程合同价款6015万元。

2001年，濮阳市黄河工程公司承揽黄河内部工程较多，全局13个工程处全部参与施工，完成年产值1.2亿元。4月，濮阳市黄河工程公司改制为濮阳市黄河工程有限公司。截至2001年12月，濮阳市黄河河务局建筑企业共有资产14120万元，其中，流动资产8528万元，固定资产净值5592万元（原值9062万元）；共负债9144万元；实收资本6793万元，所有者权益合计5217万元（见表9-26）。主要建筑施工设备338台（套）。

表9-26　2001年濮阳市黄河河务局建筑企业资产情况　（单位：万元）

企业名称	资产								资产合计	负债合计	所有者权益		
	流动资产					流动资产小计	固定资产				实收资本	未分配利润	所有者权益合计
	货币资金	应收账款	其他应收款	预付账款	存货		固定资产原值	固定资产净值					
合计	1273	3348	2050	1311	546	8528	9062	5592	14120	9144	6793	-1576	5217
濮阳市黄河工程公司	153	1730	113	311	—	2307	2753	1945	4252	1985	1734	311	2045
第一工程处	8	41	85	—	10	144	427	164	308	508	260	-964	-704
第二工程处	2	196	76	19	53	346	511	246	592	503	475	-508	-33
第三工程处	21	280	276	120	6	703	529	355	1058	627	603	-155	448
第四工程处	130	141	137	17	79	504	855	376	880	635	584	20	604
第五工程处	189	254	379	8	5	835	1720	959	1794	970	981	-58	923
第六工程处	208	287	390	522	246	1653	989	741	2394	1625	759	195	954
第七工程处	175	139	97	131	59	601	79	59	660	487	341	-102	239
第八工程处	58	86	103	—	—	247	103	91	338	289	46	3	49
第九工程处	5	12	44	—	—	61	24	17	78	103	19	-29	-10
第十工程处	6	105	14	—	50	175	376	338	513	284	329	-72	257
第十一工程处	1	—	203	18	—	222	102	81	303	477	—	3	3
第十二工程处	63	61	97	165	10	396	546	196	592	212	662	-210	452
第十三工程处	254	16	36	—	28	334	48	24	358	439	—	-10	-10

2002年，濮阳市黄河工程有限公司及所属事业单位共承揽内外部建筑工程项目22个标段，签订合同价款1.15亿元，其中社会工程5590万元，完成建筑工程施工产值1.92亿元。是年6月，濮阳市黄河工程有限公司取得水利水电总承包一级资质和公路路面工程专业承包工程二级资质。

2003年，制定《濮阳黄河工程有限公司工程承揽办法（试行）》，把投标作为工作重点，工程公司资质实行全局范围内共享，鼓励各单位使用工程公司资质参与社会工程投标。工程公司成立4个投标处承揽建筑工程。是年，全局新签订工程项目34项，总价款1.65亿元。完成工程施工收入2.29亿元。

2004年7月，在濮阳市黄河工程有限公司的基础上组建河南省中原水利水电工程集团有限公司（简称中原集团公司），控股子公司有第一工程处、第二工程处、濮阳瑞丰水电工程有限公司、濮阳安澜水利工程有限公司、濮阳黄河建筑工程有限公司、濮阳黄河水利水电工程有限公司、濮阳三河建设工程有限公司、濮阳金堤水电工程有限公司、濮阳市黄龙水利水电工程有限公司、安阳市黄河工程有限公司10家。中原集团公司注册资金7387万元，总资产1.73亿元，各种施工设备1123台（套）。是年，全局新承揽工程项目45个，合同价款2.3亿元，其中社会工程项目38个，合同总价款1.9亿元。主要工程项目有河北迁安市滦河堤防、范县城区道路、华龙区城市道路、X016阳子公路高新区段道路改建、S208段道路改建、郑州南绕城高速稳定碎石、彰湖水库除险加固龙奎引流、安徽长丰县瓦埠湖蓄洪区保庄圩等工程。全年在建项目96个，完成年施工产值2.6亿元。

2005年，新承揽各类工程项目30项，合同总价款1.9亿元，其中外部工程27项，价款1.66亿元。年内有在建项目72项，完成年施工收入2.89亿元。是年，中原集团公司取得公路工程施工总承包一级资质。11月，第一、第二工程处合并，与中原集团公司公司分离，成立濮阳河源路桥工程有限公司，注册资金2060万元，固定资产1391万元，拥有大型机械设备31台（套）。2005年濮阳河务局企业资质情况见表9-27。

表9-27　2005年濮阳河务局企业资质情况

企业名称	主项资质名称与等级	资质批准时间（年-月）	资质证号
河南省中原水利水电工程集团有限公司	水利水电总承包一级 公路工程施工总承包一级	2002-06 2005-04	A1054541090101
濮阳市黄龙水利水电工程有限公司	水利水电总承包二级	2004-02	A2054041090102
濮阳瑞丰水电工程有限公司	水利水电总承包三级	2003-04	A3054041090102

2006年，中原集团公司组织人员参加吉林、新疆、陕西、安徽、广州、山东、浙江、湖南、重庆、甘肃等地的工程投标，全局新承揽工程项目48个，签订工程合同价款2.5亿元，其中社会工程44项，合同价款2.4亿元。完成建筑施工年产值1.48亿

元。濮阳河源路桥公司承揽禹登高速4标段和濮阳县防汛路修复改建工程，合同价款2000万元，还承担渠村引黄闸改建穿堤闸主体工程施工任务。第三工程处承担渠村引黄闸改建倒虹吸施工任务，完成产值1291万元。是年，水管体制改革后，濮阳河务局保留的建筑施工企业有河南省中原水利水电工程集团有限公司（30人）、濮阳河源水利水电工程有限公司（98人），以及濮阳第二河务局的濮阳市金堤水电工程有限公司和渠村分洪闸管理处的濮阳市黄龙水利水电工程有限公司。

2007年，全局新承揽社会工程45项，合同额2.5亿元。其中，中原集团公司资质中标23项，签订合同价款1.82亿元。路桥公司签订各类经济合同3117.49万元，完成产值2692.6万元。年内全局完成建筑工程产值1.5亿元。

2008年，多渠道、全方位收集投标信息，发挥各地投标办事处的作用，参与重庆、广州、江苏、甘肃、云南、内蒙古等地的工程投标，新签工程合同48个，总价款2.82亿元。完成建筑施工年产值1.9亿元。濮阳河源路桥公司签订台前堤防道路和三合村透水坝及交通桥工程，合同价款912万元，签订设备合同价款135万元。其中，以中原集团公司资质中标25个项目，签订合同额3.57亿元。

2009年，中原集团公司承揽社会工程25项，合同价款5亿元，其中千万元以上项目8个，亿元以上项目2个。在建工程项目54个，其中有22个项目完工，共完成施工产值2.1亿元，其中，社会工程完成产值1.69亿元，内部工程完成产值4100万元。

2010年，全局新签一包社会工程81项，合同价款5.8亿元，其中中原集团公司签订社会工程12项，合同价款3.48亿元。全局在建项目117项，其中中原集团公司在建工程项目48个，13个项目完成施工任务，施工产值2.84亿元，其中，外部施工产值2.62亿元，内部施工产值2226万元。

2003～2010年，承揽工程项目数量和合同额逐年攀升，工程施工力量逐年下降。在内部工程施工方面，组织3个工程处以及各事业单位的建筑施工队，参加标准化堤防建设中的堤防道路施工和放淤固堤施工；在外部社会工程方面，大多项目是与外部企业合作的项目，自营率很低，尽管中标项目多，项目合同额大，但效益很低，而且风险大。

截至2010年，濮阳河务局建筑施工企业总资产5.33亿元，其中，流动资产4.93亿元，固定资产净值3776万元（原值1.21亿元），负债4.18亿元，所有者权益9456万元（见表9-28）。2010年濮阳河务局建筑施工业情况见表9-29。

2011年，调整经营结构，中原集团公司以承揽工程施工项目为重点，并负责组织管理内部专业队伍施工；扩大经营范围，中原集团公司在全国各地设8个分公司、4个办事处，监理公司设5个分公司、1个办事处。2011～2015年，全局施工企业共承揽工程461项，合同价款41.9亿元（见表9-30）。其中，社会工程438项，合同价款36.67亿元；内部工程23项，合同价款5.23亿元。在建工程835项，合同价款118.95亿元。其中，社会工程785项，合同价款107.65亿元；内部工程50项，合同价款11.30亿元。实现企业利润4460万元。截至2015年底，濮阳河务局企业总资产10.15

亿元，负债8.32亿元，所有者权益1.83亿元（见表9-31）。

表9-28　2010年濮阳河务局建筑施工企业资产情况　（单位：万元）

企业名称	资产			资产合计	负债合计	所有者权益				所有者权益
	流动资产	固定资产				实收资本	资本公积	盈余公积	未分配利润	
		固定资产原值	固定资产净值							
合计	49296	12110	3676	53381	41817	9417	93	177	-230	9456
濮阳市黄河建筑工程有限公司	2459	1488	235	2694	1675	1247	—	—	-228	1019
濮阳黄河水利水电工程有限公司	4858	1655	210	5068	3104	1323	—	—	641	1964
濮阳三河建设工程有限公司	3701	1962	1114	4869	3412	1033	—	11	413	1457
濮阳市金堤水利水电工程有限公司	1207	1060	729	1952	1328	649	—	—	-25	624
濮阳市黄龙水利水电工程有限公司	2445	39	4	2449	2233	25	—	0	191	216
濮阳华龙黄河水利水电工程有限公司	1457	330	130	1587	1279	300	—	—	8	308
滑县黄河水利工程有限责任公司	257	303	146	403	255	332	—	—	-184	147
河南省中原水利水电工程集团有限公司	27706	2825	208	33584	24120	7675	87	72	1629	9463
濮阳河源路桥工程有限公司	1801	1860	641	2477	3624	1255	—	63	-2465	-1147
濮阳安澜水利工程有限公司	957	588	259	1216	787	603	7	31	-211	429

表9-29　2010年濮阳河务局建筑施工业情况

企业名称	主办单位（控股股东）	经营范围	主项资质及等级	批准时间（年-月-日）	资质证号
河南省中原水利水电工程集团有限公司	濮阳河务局	水利水电工程、公路工程、市政公用工程、房屋建筑工程施工	水利水电工程施工总承包一级、公路工程施工总承包一级、市政公用工程三级、房屋建筑工程三级	2002-06-28	A1054541090101
濮阳市黄河建筑工程有限公司	濮阳第一河务局	水利水电工程、公路、桥梁工程施工	水利水电工程施工总承包三级	2009-07-01	A3054041090202
濮阳市丰泰建筑工程劳务有限公司	濮阳第一河务局	砌筑、钢筋混凝土、抹灰石制作	砌筑作业分包一级	2005-11-01	
濮阳黄河水利水电工程有限公司	范县河务局	水利水电工程施工	水利水电工程施工总承包三级	2011-07-29	A3054041092601
濮阳三河建设工程有限公司	台前河务局	水利水电工程施工	水利水电工程施工总承包三级	2003-07-04	A3054041090201

续表 9-29

企业名称	主办单位（控股股东）	经营范围	主项资质及等级	批准时间（年-月-日）	资质证号
濮阳市金堤水电工程有限公司	濮阳第二河务局	市政、桥梁、给排水、水利水电工程施工	—	—	—
濮阳市黄龙水利水电工程有限公司	渠村分洪闸管理处	水利水电工程施工	水利水电二级	2002-06-12	A2054041090105
濮阳华龙黄河水利水电工程有限公司	张庄闸管理处	土方工程、河道疏浚工程施工	—	—	—
安阳市黄河工程有限责任公司	滑县河务局	水利水电工程施工	水利水电工程施工总承包三级	2003	A3054041052601
濮阳安澜水利工程有限公司	水上抢险队	河道疏浚、灌溉排水、土石方工程施工	—	—	—
河南濮裕置业有限公司	中原集团公司	房地产开发与经营；物业管理；建筑装饰工程、土石方工程施工	房地产开发经营	2012-12-18	41092685
濮阳黄河路桥工程有限责任公司	濮阳河务局	水利水电工程施工和公路、桥梁、基础工程设计及施工	—	—	—

表 9-30　2011～2015 年在建工程和新承揽工程统计

年度	在建工程项目						新承揽工程项目					
	项目数（个）	合同价款（万元）	社会项目		内部项目		项目数（个）	合同价款（万元）	社会项目		内部项目	
			项目数（个）	合同价款（万元）	项目数（个）	合同价款（万元）			项目数（个）	合同价款（万元）	项目数（个）	合同价款（万元）
2011	212	247867	204	222223	8	25645	167	79993	162	75543	5	4450
2012	276	278639	262	264310	14	14329	104	128315	96	109966	8	18349
2013	82	253400	76	235981	6	17418	52	71418	49	62054	3	9365
2014	142	180538	130	156786	12	23752	77	41422	74	35298	3	6124
2015	123	229088	113	197191	10	31897	61	97860	57	83831	4	14029
合计	835	1189532	785	1076491	50	113041	461	419009	438	366692	23	52317

表 9-31　2015 年濮阳河务局企业资产情况　（单位：万元）

企业名称	资产			资产合计	负债合计	所有者权益				所有者权益
	流动资产	固定资产				实收资本	资本公积	盈余公积	未分配利润	
		固定资产原值	固定资产净值							
合计	88575	14120	4505	101470	83161	15512	93	177	2527	18309
濮阳市黄河建筑工程公司	3247	1482	1200	5127	3345	1247	—	—	535	1782
濮阳黄河水利水电工程有限公司	3418	1633	125	3542	1370	1323	—	—	849	2172
河南创业水利水电工程有限公司	3144	2600	1068	4212	2545	1033	—	11	623	1667
金堤水利水电有限责任公司	1443	1068	735	2179	1483	649	—	—	47	696
濮阳市黄龙水利水电工程公司	18090	65	17	18107	17680	25	—	—	402	427
濮阳华龙黄河水利水电工程公司	736	335	0	736	421	300	—	—	15	315
滑闲黄河水电工程有限责任公司	459	314	15	474	244	332	—	—	-102	230
濮阳安澜水利工程有限公司	707	588	237	944	518	603	7	31	-215	426
河南省中原水利水电工程集团公司	52742	2877	136	60548	49737	7675	87	72	2977	10811
河南宏宇工程监理咨询有限公司	946	163	47	993	684	200	—	—	109	309
濮阳黄河水利工程维修养护公司	1676	1133	613	2289	1251	871	—	—	167	1038
濮阳河源路桥工程有限公司	1967	1862	311	2318	3881	1255	—	63	-2881	-1563

三、综合经营

（一）多种经营

20 世纪 80 年代以前，濮阳黄河部门的河产收入仅限于柳荫地、堤身树株和草的收益。80 年代初，才有组织、有计划地在工程管理中开展综合经营。1985 年，水利部提出推行“两个支柱，一把钥匙”（即水费收入和综合经营为两个支柱，加强经济责任制为一把钥匙）的指导思想后，综合经营逐步得到重视和发展。至 1989 年，全处所属单位都成立综合经营队伍，开办以承包内外部工程为主的施工、商业、种植、养殖、加工、服务等方面的 37 个经营项目，如处机关的大理石厂、水泥制品厂，濮阳县滞洪办的草酸厂，范县滞洪办的制蜡厂，范县黄河修防段的拔丝镀锌厂，濮阳县黄河修防段的黄河商店，水上抢险队的防腐队等。各修防段利用护堤地、护坝地开始种植一些少量的农作物，还利用堤防试种龙须草、玄参、葡萄 17 公顷。渠村分洪闸管理处利用 13 万平方米水面试养鱼 8.4 万尾。由于项目的考察具有一定的盲目性，且缺乏管理经验，所上的项目部分亏损倒闭。

1990年，通过对综合经营项目的清理整顿，改变不切实际的贪多求大的思想和不经充分论证盲目上马的做法，在保留原来11个项目的情况下，提出以种植业为主的综合经营方向，开发护堤地、护坝地和成品淤区，并发展庭院经济。是年，全局共开发淤区土地34.33公顷，其中，种植小麦、大豆、棉花等农作物28.73公顷，中药材5.6公顷，植树5136棵。各工程班、险工班开垦院内空闲土地2.4公顷，共收蔬菜8.2万千克，职工吃菜达到自给。

1991年，濮阳县、范县、台前县黄河河务局成立种植专业队，开发淤区土地，种植农作物，建温室大棚种植蔬菜，植桑等。之后，范县黄河河务局在邢庙大院建设种植、养殖基地，濮阳县黄河河务局在南小堤建设种植、养殖基地，台前县黄河河务局在影唐淤区建设13公顷银杏园，渠村分洪闸管理处依靠闸前闸后水面建设养殖基地，濮阳县金堤管理局在堤坡植桑养蚕等，从而带动全局种植、养殖业的发展。由于土地数量地变化、市场行情地变化，引发每年种植、养殖数值多有调整。至2000年，全局开发土地达135公顷，年最多开发土地32公顷；年种蔬菜最多达3.8公顷，收蔬菜22万千克；年种植农作物最多达23公顷，创利7.97万元；年植桑最多达7.6公顷，养蚕80张，收蚕茧2125千克；年植树苗最多12.4公顷，年植树最多60万株。开发养鱼水面年最多23公顷，养鱼35万尾；年最多养鸡达3.6万只、养鸭5000只、养羊350只、养肉兔350只、养蜂21箱；年养猪最多出栏数720头。2000年以后，种植、养殖业逐渐滑坡，除庭院种植保留外，大部分项目下马。濮阳县南小堤蔬菜大棚见图9-8，台前县甘草工程班养鸡场见图9-9。

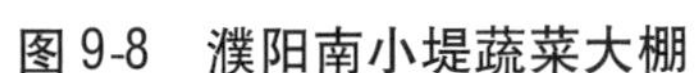

图9-8　濮阳南小堤蔬菜大棚

图9-9　台前甘草工程班养鸡场

（二）土地开发利用

1996年，按照《河南黄河河务局“九五”期间土地开发意见》，把淤背区、护坝地（包括新出滩地）作为土地开发的重点，发展经济作物和高效农业，以形成规模经营，计划“九五”末土地开发达到167公顷。1999年，根据黄委的要求，对全局的土地基本情况进行调查统计。截至1999年8月，全局共有土地708.68公顷，已利用281.69公顷。其中，淤背地91.22公顷，已利用8.2公顷；护坝地142.13公顷，已利用74.36公顷；戗台226.48公顷，已利用76.14公顷；护堤地227.06公顷，已利用105.31公顷；庭院地11.11公顷，已利用7.01公顷；水面10.67公顷，已利用10.67公顷（见表9-32）。

表9-32　1999年濮阳市黄河河务局土地基本情况　　（单位：公顷）

单位	总面积	确权划界情况		土地类型					
		已确权	未确权	淤背地	护坝地	戗台	护堤地	庭院地	水面
濮阳县黄河河务局	270.94	270.94	—	29.40	—	135.20	105.20	1.14	—
范县黄河河务局	109.95	81.13	28.82	8.02	6.52	15.14	74.82	5.42	—
台前县黄河河务局	309.59	286.62	22.97	53.80	135.61	76.14	43.04	1.01	—
渠村分洪闸管理处	15.53	15.53	—	—	—	—	4.00	0.87	—
濮阳县金堤管理局	2.67	2.67	—	—	—	—	—	2.67	10.67
合计	708.68	656.89	51.79	91.22	142.13	226.48	227.06	11.11	10.67

2001年，《河南黄河河务局土地开发管理办法》将土地开发利用列为三大支柱经济产业之一。土地资源均为国有资产，产权归属国家所有。土地资源包括淤背区、护坝地、护堤地、前后戗台、新出滩地、庭院地。要求土地开发收益率（含增值率）每公顷达到2250元。根据河南黄河河务局的要求，调整开发土地的种植结构，向生态林和绿化苗木种植方面转移。是年，按照黄委制定的三倍体毛白杨造林操作技术要点和技术规程种植三倍体毛白杨。至2002年，全局共种植三倍体毛白杨94公顷，107杨树92公顷。

2003年，濮阳市黄河河务局印发《关于加强土地开发工作的指导意见》，引导土地开发种植结构向绿化苗木方向发展。各县级河务局因地制宜，把土地集中连片，实行专业化、规模化种植，使土地开发真正成为濮阳市黄河河务局经济结构的支柱产业之一。开发的土地以培育名优苗木为主，适当辅以花卉种植，其次为经济林和用材林种植。土地开发总体目标为：截至2010年，全局土地开发面积达666.67公顷，年度价值总额达到1600万元，资产增值力争实现200万元。是年，新开发淤区土地54公顷。组织人员到鄢陵县考察学习苗木花卉种植技术，种植苗木37公顷、64.58万株，主要品种有国槐、松柏、白蜡、栾树、大叶女贞等。护堤地、护坝堤结合工程管理，营造黄河防浪林和生态林，植树88.71万株。2003年濮阳南小堤淤区苗圃见图9-10。

2004年，按照《河南黄河河务局绿化苗木管理办法》，建立绿化苗木动态管理档案，内容主要有种植时间、品种、堤段、管理责任人、管理方式、养护情况等，对苗木花卉加强日常管理。是年，共新种植少球法桐、国槐、大叶女贞等苗木21公顷、20万株。

图 9-10 濮阳南小堤淤区苗圃

2005 年，全局共种植绿化苗木 76 公顷，其中，种植非洲菊 1.67 公顷，白蜡树 7.67 公顷，银杏和国槐 27.2 公顷，栾树 9.27 公顷，大叶女贞 3.33 公顷，少球法桐 10 公顷，百日红 0.33 公顷，黄金槐 1 公顷，北京栾 0.53 公顷。

2006 年以后，开展管理模式的探讨，规范土地开发利用工作，对现有的土地、林木及花卉实行合作经营、管理承包、土地租赁等多种管理模式，取得了较好效益。

2007 年，按照河南黄河河务局《关于进一步加强经济工作的若干意见》，开展工程用地开发规划工作，使防护林、景观林、成材林、绿化苗木、水利风景区建设等合理搭配，扩大速生林和绿化苗木面积，以苗木种植为依托，发展园林绿化产业，承揽社会园林绿化工程。

2010 年，土地资源的开发利用和管理由濮阳黄河水利工程维修养护公司负责。按照统一规划，对树木种植实行管护责任制，养护公司与职工签订绿化联营合同，建立树木台账，单位与职工为共同的利益体。是年，渠村分洪闸管理处和张庄闸管理处分别组建具有三级资质的园林绿化公司，发展园林绿化业。

截至 2010 年底，濮阳河务局共拥有土地 1177.1 公顷，已利用 936.72 公顷，其中，淤背区土地 704.4 公顷，已开发利用 464.3 公顷，全部种植杨树、国槐、法国桐等成材林和大叶女贞、火棘球、红叶李等观赏性苗木；护堤地、护坝地和庭院土地共 472.7 公顷，已开发利用 472.50 公顷，主要种植柳树、蔬菜和苗木。2010 年濮阳堤防淤区适生林和观赏林见图 9-11。

2011～2015 年，重点种植高收益风景林木 89 公顷，其中，濮阳第一河务局种植 18.4 公顷，范县河务局种植 34.8 公顷，台前河务局种植 35.87 公顷，共种植美国红枫、红叶梨、栾树、雪松、海棠、白蜡、红叶枇杷、法桐、国槐、桧柏等 130 万株。种植管理采取单位与职工合作的经营方式，单位提供土地和配套设施，职工负责树苗投资及日常管理，收益单位与职工按 3∶7 分成。1996～2015 年濮阳河务局淤区土地开发情况见表 9-33，1999～2015 年濮阳河务局护堤（坝）地开发情况见表 9-34。

图 9-11　2010 年濮阳堤防淤区适生林和观赏林

表 9-33　1996～2015 年濮阳河务局淤区土地开发情况

大堤桩号	长度（米）	宽度（米）	面积（公顷）	种植品种	种植年份	成活率（%）
合计	—	—	464.30	—	—	—
濮阳第一河务局	—	—	313.61	—	—	—
42＋764～47＋015	4251	50	21.26	杨树	2001	95
48＋850～49＋350	500	50	2.50	杨树	2010	95
49＋350～54＋500	5250	100	52.50	杨树	2010	95
56＋050～61＋600	5150	100	51.50	杨树	2010	95
62＋859～64＋064	1106	100	11.06	杨树	2010	95
64＋064～65＋100	1036	50	5.18	杨树	2003	95
77＋900～80＋500	2600	100	26.00	杨树	2010	95
80＋500～80＋900	400	100	4.00	红叶李	2008	95
80＋900～81＋300	400	100	4.00	大叶女贞	2008	95
81＋300～81＋950	650	100	6.50	杨树	2008	95
81＋950～82＋050	100	100	1.00	红叶李	2008	95
82＋050～83＋200	1150	100	11.50	杨树	2008	95
83＋200～83＋400	150	100	1.50	白蜡	2008	95
83＋850～86＋700	2850	100	28.50	杨树	2008	95
86＋700～90＋000	3300	100	33.00	杨树	2010	95
98＋530～101＋600	3070	100	30.70	杨树	2008	95
101＋600～103＋891	2291	100	22.91	杨树	2010	95
台前河务局	—	—	144.83	—	—	
145＋486～146＋000	—	—	2.57	红叶李	2005	95
150＋836～151＋886	1050	100	10.50	大叶女贞、杨树、法国桐	2005	90
152＋386～153＋666	1280	100	12.80	大叶女贞、杨树、白蜡	2004	

续表 9-33

大堤桩号	长度（米）	宽度（米）	面积（公顷）	种植品种	种植年份	成活率（%）
158 +450 ~ 158 +850	400	100	4.00	大叶女贞、杨树	2005	
166 +000 ~ 166 +150	22.5	100	1.50	银杏	1996	85
166 +320 ~ 166 +900	580	100	5.80	银杏	2003	
166 +900 ~ 167 +184	284	100	2.84	国槐	2003	
167 +184 ~ 167 +774	590	65	3.84	国槐、侧柏苗	2003	
167 +774 ~ 169 +500	1726	100	17.26	107 杨、毛白杨	2002	
171 +500 ~ 172 +000	500	50	2.50	107 杨	2002	
173 +000 ~ 174 +000	1000	50	5.00	107 杨、毛白杨	2002	
175 +000 ~ 176 +960	1960	80	15.68	杨树、栾树	2005	85
176 +960 ~ 178 +000	1040	100	10.40	107 杨	2003	
180 +050 ~ 181 +080	1030	100	10.30	国槐、合欢苗	2003	
182 +150 ~ 183 +329	570	135	15.92	银杏	1996	
185 +100 ~ 185 +600	500	70	3.50	梧桐	1996	
187 +000 ~ 188 +800	1800	100	18.00	107 杨	2003	
194 +000 ~ 194 +486	486	50	2.43	毛白杨	2002	
渠村分洪闸管理处	—	—	5.87	—	—	—
47 +230 ~ 47 +550	320	50	1.60	杨树	2007	95
48 +525 ~ 48 +850	325	100	3.25	杨树	2010	95
48 +550 ~ 48 +677	127	80	1.02	杨树	2010	95

表 9-34　1999 ~ 2015 年濮阳河务局护堤（坝）地开发情况

桩号及河道工程名称	位置	长度（米）	宽度（米）	面积（公顷）	苗木品种	种植年份	成活率（%）
合计	—	—	—	472.50	—	—	—
一、濮阳第一河务局	—	—	—	199.03	—	—	—
44 +000 ~ 47 +000	临河	3000	50	15.00	柳树	2003	90
49 +780 ~ 50 +600	临河	820	50	4.10	柳树	2002	90
50 +750 ~ 65 +200	临河	14450	30	43.35	柳树	2001	90
66 +100 ~ 66 +500	临河	400	30	1.20	柳树	2002	90
66 +700 ~ 72 +400	临河	5700	30	17.10	柳树	2001	90
72 +650 ~ 73 +700	临河	1050	30	3.15	柳树	2002	90
74 +300 ~ 78 +300	临河	4000	30	12.00	柳树	2002	90
79 +100 ~ 79 +600	临河	500	30	1.50	柳树	2001	90

续表 9-34

桩号及河道工程名称	位置	长度（米）	宽度（米）	面积（公顷）	苗木品种	种植年份	成活率（%）
79+800～80+500	临河	700	30	2.10	柳树	2001	90
80+500～84+500	临河	4000	30	12.00	柳树	2001	90
88+500～103+891	临河	15391	30	46.17	柳树	2002	90
42+764～47+230	背河	4466	3.5	1.56	柳树	2003	90
48+850～54+500	背河	5650	3.5	1.98	柳树	2010	90
54+500～56+050	背河	1550	10	1.55	柳树	2001	90
56+050～61+600	背河	5550	3.5	1.94	柳树	2010	90
61+600～62+859	背河	1259	10	1.26	柳树	2001	90
62+859～64+064	背河	1205	3.5	0.42	柳树	2010	90
64+064～65+150	背河	1086	10	1.09	柳树	2001	90
65+150～65+700	背河	550	3.5	0.19	柳树	2003	90
65+700～77+900	背河	12200	10	12.20	柳树	2001	90
77+900～90+000	背河	12100	3.5	4.23	柳树	2010	90
90+000～98+530	背河	8530	10	8.53	柳树	2001	90
98+530～103+891	背河	5361	3.5	1.88	柳树	2008	90
三合村控导工程	5～7 坝背河	200	50	1.00	柳树	2000	90
三合村控导工程	工程班院	80	55	0.44	菜和银杏	—	—
青庄险工工程	工程班院	50	30	0.15	菜地	—	—
青庄险工工程	工程班院	40	25	0.10	女贞	2003	90
南上延控导工程	工程班院	50	40	0.20	菜地	—	—
南小堤险工工程	工程班院	55	30	0.17	菜地	—	—
南小堤险工工程	14～23 坝背河	1700	10	1.70	柳树	2008	90
连山寺控导工程	工程班院	80	30	0.24	菜地	—	—
尹庄控导工程	工程班院	50	30	0.15	菜地	—	—
龙长治控导工程	工程班院	50	40	0.20	菜地	—	—
马张庄控导工程	工程班院	50	35	0.17	菜地	—	—
二、范县河务局	—	—	—	95.93	—	—	—
112+400～115+400	临河	3000	25	7.50	柳树	1999	95
116+400～120+400	临河	4000	25	10.00	柳树	2001	95
129+000～134+000	临河	5000	25	12.50	柳树	2008	95
104+660～105+460	临河	800	25	2.00	柳树	2008	95
105+610～112+400	临河	6790	25	16.98	柳树	2008	95

续表 9-34

桩号及河道工程名称	位置	长度（米）	宽度（米）	面积（公顷）	苗木品种	种植年份	成活率（%）
115+590~115+920	临河	330	25	0.83	柳树	2008	95
115+940~116+010	临河	70	25	0.18	柳树	2008	95
124+350~129+000	临河	4650	25	11.63	柳树	2008	95
134+000~145+486	临河	11486	25	28.72	柳树	2008	95
李桥控导	背河	1300	10	1.30	柳树	2002	90
李桥险工	背河	500	10	0.50	柳树	2008	90
吴老家控导	背河	2320	15	3.48	杨树	2003	90
彭楼险工	—	60	30	0.18	国槐树苗	2003	90
吴老家控导	—	30	15	0.05	菜地	—	—
杨楼控导	—	50	15	0.08	菜地	—	—
三、台前河务局	—	—	—	136.83	—	—	—
145+486~149+486	临河	4000	30	12.00	柳树	1999	90
151+720~151+820	临河	100	30	0.30	柳树	2000	90
152+200~154+600	临河	2400	30	7.20	柳树	2002	90
154+800~159+200	临河	4400	30	13.20	柳树	2000	90
159+700~162+800	临河	3100	30	9.30	柳树	2000	90
163+700~164+300	临河	600	30	1.80	柳树	2000	90
165+000~165+750	临河	750	30	2.25	柳树	2002	90
166+500~170+550	临河	4050	30	12.15	柳树	2000	90
170+750~174+181	临河	3431	30	10.29	柳树	2002	90
174+281~185+550	临河	11269	30	33.81	柳树	2002	90
186+000~186+900	临河	900	30	2.70	柳树	2002	90
187+160~190+840	临河	3680	30	11.04	柳树	2002	90
190+990~192+000	临河	1010	30	3.03	柳树	2002	90
194+150~194+486	临河	336	30	1.01	柳树	2002	90
孙楼工程	背河	3580	10	3.58	杨树	2000	90
韩胡同工程	背河	4930	10	4.93	杨树	2000	90
梁路口工程	背河	3330	10	3.33	杨树	2000	90
枣包楼工程	背河	2120	10	2.12	杨树	2000	90
孙楼工程班院	—	31	55	0.17	菜地	—	—
韩胡同工程班院	—	110.5	45	0.50	桧柏	2002	100
梁路口工程班院	—	58	44	0.26	桧柏	2002	100

续表 9-34

桩号及河道工程名称	位置	长度（米）	宽度（米）	面积（公顷）	苗木品种	种植年份	成活率（%）
影唐工程班院	—	78	78	0.61	菜地	—	—
枣包楼工程班院	—	100	50	0.50	菜地	—	—
张堂工程班院	—	95	80	0.76	桧柏、国槐	2002	100
四、张庄闸管理处	—	—	—	3.97	—	—	—
193+895	临河	190	104	1.97	杨树	2011	97
193+895	临河	160	125	1.99	杨树	2011	97
五、濮阳第二河务局	—	—	—	36.73	—	—	—
北金堤 1+700~39+964	临河	38264	7.2	27.55	杨树	2006	96
	背河	38264	2.4	9.18	杨树	2006	96

（三）引黄供水

1980 年以前，黄河下游引黄灌区不直接向渠首管理单位缴纳水费。

1980 年，水利电力部规定引黄灌区管理单位将所收水费的 5% 交渠首管理单位。据此规定，濮阳黄河河务部门开始征收渠首工程水费，引黄灌区供水单位和用水单位初步树立水费征收和缴纳的观念。

1982 年，水利电力部规定引黄渠首工程供水收费标准为：农业用水每年 4~6 月每立方米为 1 厘，其他月份为 0.3 厘；工业及城市用水每年 4~6 月每立方米为 4 厘，其他月份为 2.5 厘。由于用水缴费的意识淡薄，水费征收率很低，至 1985 年，全处年均收费不足 5 万元。

1985 年以后，制定“用水签票、预交水费、凭票供水、按时结清”的制度，水费征收率有所提高，1986~1988 年全处年均收费 7 万多元。

1989 年，水利部规定水费以量计价，按当年国家中等小麦合同订购价折算，用人民币支付。即农业用水每年 4~6 月每万立方米为 44.44 千克小麦，其他月份为 33.33 千克小麦；工业及城市用水 4~6 月每立方米为 4.5 厘，其他月份为 2.5 厘。

1991 年，黄委会印发《关于进一步做好水费征收有关问题的通知》，加强水费征收管理。河南黄河河务局明确把水费征收率作为考核单位工作的主要指标之一，把足额缴纳水费作为今后审批新建和改建引黄渠首工程的依据之一，并加强用水签票制度的执行力度，水费征收率有很大的提高，1989~1995 年全局年均收费 37.85 万元。

1996 年以后，加大水费征收政策的宣传和水费征收管理力度。1996~2000 年，全局年均收费 136.12 万元。

按照国家计委《关于调整黄河下游引黄渠首工程供水价格的通知》精神，自 2000 年 12 月 1 日起，执行新的引黄供水价格，即农业用水每年 4~6 月每立方米为 1.2 分，其他月份为 1.0 分；工业及城市用水每年 4~6 月每立方米为 4.6 分，其他月份为

3.9分。

2002年12月，濮阳黄河供水管理处成立，负责濮阳市黄河供水管理和水费征收。新水价的执行和供水管理机构的成立，使水费征收率得以大幅度提高。2001～2005年，全局年均收费897.75万元。

2006年供水体制改革，河南黄河河务局供水局濮阳供水分局成立，下设5个闸管所，供水管理走向正规化和规范化，引黄供水真正成为三大支柱产业之一。是年7月1日，执行国家发改委调整的供水价格，即工业和城市生活用水价格每年4～6月每立方米9.2分，其他月份每立方米8.5分；农业用水价格暂不作调整。2006～2010年，全局年均收缴水费1165.28万元。

2011年后，供水产业紧紧围绕“扩大供水总量，增加水费收入”这一工作目标，在做好本地用水市场开发的同时，积极拓宽供水区域，并实现“供水协议法制化、供水管理有序化、测流仪器精确化、测流过程标准化、引黄供水安全化”，提高供水管理标准和质量。2011～2015年，共引黄供水47.23亿立方米，收缴水费7316.09万元。

1981～2015年，全局共收缴水费18660.53万元，其中，1981～1990年为97.41万元，1991～2000年为931.89万元，2001～2005年为4488.74万元，2006～2010年为5826.4万元，2011～2015年为7316.09万元。

（四）工程监理咨询

濮阳天信工程咨询监理有限公司是濮阳河务局所属企业之一。1998年10月，濮阳市黄河河务局成立工程监理公司筹备处。2000年2月，组建河南立信工程咨询监理有限公司濮阳分公司。2002年10月，正式成立濮阳天信工程咨询监理有限公司，为濮阳市黄河河务局内部企业管理二级机构，内设综合管理部、工程监理部2个职能部门，有注册监理工程师53人，造价师3人，监理员40人。公司以各等级水利工程施工监理、各类各等级水利工程建设环境保护监理等为主营业务，兼营技术咨询、造价咨询、项目代建等业务。

2003年4月，濮阳天信工程咨询监理有限公司取得水利工程施工监理乙级资质。在承揽黄河放淤固堤、堤防道路、引黄涵闸等工程监理项目的同时，走上社会承揽工程监理业务，逐渐发展壮大。

2007年，濮阳天信工程咨询监理有限公司晋升为水利工程施工监理甲级资质。

2008年10月，获得水利工程建设环境保护监理增项资质，通过ISO9001质量管理体系认证以及质量管理体系、环境管理体系、职业健康管理体系三位一体认证。

2009年11月，获得河南省信用建设示范单位称号。

2010年10月，获得河南省AAA信用等级证书。公司检测试验设备齐全，能够运用先进的测量仪器、检验仪器、试验设备对监理项目实施检验、复核和控制，能够及时对所监理工程项目进行工程质量的认定。

2010年，濮阳天信工程咨询监理有限公司在社会上承揽的工程监理项目有100多项，主要有河道清理、大型沉井、水闸、水库、泵站、浅滩围涂、水电站堆石坝等方面的工程。所监理的工程项目全部合格，优良工程率达70%以上。

至2010年，濮阳天信工程咨询监理有限公司共有注册监理工程师81人，造价师5人，监理员60人；拥有资产363.46万元，其中，流动资产298.22万元，固定资产净值65.24万元（原值117.61万元），负债106.76万元，实收资本200.3万元，所有者权益合计256.68万元。

2011年，濮阳天信工程咨询监理有限公司更名为河南宏宇工程监理咨询有限公司。2012年10月，获得全国水利建设市场主体信用评价AAA级信用等级证书。2015年，获得水土保持工程施工监理丙级资质增项。2011~2015年，经营范围不断扩展，遍及河南、山东、广东、江苏、福建、新疆、西藏、北京、黑龙江等10余个省（区、市），共承揽监理项目160项，合同价款6500万元，实现经济总收入3700万元。所完成的工程项目全部合格，工程优良率达到60%。至2015年底，河南宏宇工程监理咨询有限公司拥有总资产993万元，负债684万元，所有者权益309万元。

（五）水泥制品

1986年，濮阳市黄河修防处在第一施工队的基础上筹建水泥制品厂。该厂占地面积2.87公顷，厂房900平方米，固定资产60万元，以生产水泥低压排水管为主，计划年生产能力100万元，安排职工92人。

1987年7月，水泥制品厂建成投产，当年生产管道1792米，销售600米。通过宣传和主动寻找用户，销售市场逐渐打开。1987~1990年，水泥制品厂拥有固定资产43万元，年生产能力100万元。

1993年，投资120万元，增加桁吊、悬辊机、搅拌机、滚焊机等设备，生产能力提高到年产值500万元，产品规格发展到12种。还在濮阳市经济开发区与谢庄联合建设年产值100万元的水泥制品分厂（该厂1998年撤销）。是年，水泥制品厂加强质量管理，提供优质服务，销售市场不断扩大，产品供不应求。

1994年，水泥制品厂被河南省批准晋升为二级企业。至1995年，年产值从1990年的50万元提高到500万元，职工人数从1990年的37人发展到110人；1995年被省计委、体改委、总工会授予“民主管理优秀企业”称号，厂女工钢筋班获中华总工会“三八先进集体”。

1996年，在濮阳县城西国道101线3千米处路南筹建预应力高压供水管厂。

1998年，生产的预应力高压供水管经苏州水泥制品研究院检验，合格率达99%。是年12月，水泥制品厂改制为濮阳市黄河河务局水泥制品有限公司。

1999年，高压供水管销售额181万元。

1996~1997年，由于濮阳市及各县市政建设基本完成，水泥排水管销售市场缩小，年产值不足300万元。之后，年产值维持在200万元以下。

2002年，水泥制品厂拥有资产1008万元，其中，流动资产243万元，固定资产净值742万元（原值918万元），无形资产23万元；负债504万元；实收资本562万元，所有者权益合计504万元。

2005 年 2 月，水泥制品厂机构撤销，其人员、财产分别划归濮阳第二河务局和渠村分洪闸管理处。

（六）水利风景区

2003 年以后，濮阳市黄河河务局在保证水利工程功能正常发挥、安全运行的前提下，以渠村分洪闸、范县彭楼险工、台前影唐险工为依托，开展观光、娱乐、休闲、度假和科学、文化、教育活动为主体的黄河水利风景区建设，增强区域景观效果、改善生态环境、促进人水和谐、统筹区域经济发展，突显经济效益、社会效益和生态环境效益三者的统一。

1. 濮阳黄河水利风景区

濮阳黄河水利风景区距濮阳市约 45 千米，于 2005 年被水利部授予国家级水利风景区。整个景区以渠村分洪闸工程为依托，南临滔滔黄河、东临濮阳青庄险工，两侧连接黄河大堤，前后有 5 个大型水面，浑然一体，自然天成，形成独特的自然风光。渠村分洪闸占地面积 52 公顷，整个工程规模宏大，雄伟壮观，有“亚洲第一分洪闸”之称。整个景区分为工程雄姿、龙湖泛舟、鱼塘秋月、黄河听涛、大河观日、民族风情、高塔浮云、春花秋实等八大景观。景区建设把优美的景观与深厚的黄河文化相结合，以绿水、绿草为骨架，着意渲染田园风光，人与自然和谐相处，是一个集生态、观光、休闲、娱乐、度假等多功能为一体的水利风景区。

2. 范县黄河水利风景区

范县黄河水利风景区于 2006 年被水利部授予国家级水利风景区。该区以范县黄河彭楼险工为依托，包括彭楼引黄闸、黄河大堤、中原油田水厂湖面等，形成一个综合性的游览观赏整体景观。整个景区规划面积 4.5 平方千米，建成黄河揽胜、天然浴场、郑板桥纪念馆、垂钓中心等 4 个景点和黄河奇观、秋塘采莲、激流飞舟、大河观览、月下听涛、沙滩消夏、河边赛马、池塘垂钓等八大景观，形成了融水利、生态为一体的旅游景区。范县黄河水利风景区见图 9-12。

图 9-12　范县黄河水利风景区

3. 台前县将军渡黄河水利风景区

台前县将军渡黄河水利风景区于 2007 年被水利部授予国家级水利风景区，其核心部分占地 54 公顷。景区建设计划分三期实施，工期 5 ~ 7 年，规划总投资 1.04 亿元。景区设刘邓大军渡黄河纪念碑、引黄渠南淤区、万人纪念广场、纪念馆、将军亭、连心桥等 10 余个景点。其中刘邓大军渡黄河纪念馆占地面积 300 平方米，馆内展出珍贵历史图片 240 余幅、历史文物 30 余件。治河成就展厅展出 1946 年以来台前县治理黄河的图片，反映其所取得的治河成就。景区集红色爱国主义教育与旅游观光为一体，充分发挥工程的防洪、旅游、教育、经济等多重功能。该景区是人们接受红色爱国主义教育、领略母亲河风采的好去处。台前黄河水利风景区见图 9-13。

图 9-13　台前黄河水利风景区

四、生产经营管理

（一）管理机构

1980 年，安阳地区黄河修防处设多种经营办公室，挂靠在财务科，负责全处的经营管理工作。

1987 年以前，按照“修、防、管、营”四位一体模式进行经营开发。

1988 年 3 月，多种经营办公室被撤销。

1989 年 3 月，成立综合经营科，负责全处的综合经营开发，负责指导、协调局属各单位综合经营开发工作的开展，负责年度经营计划和进行经营统计等。局属事业单位成立综合经营科，负责本单位的经营管理。

1995 年，又赋予综合经营科以下职责：主管经营政策的研究及经营制度的制定、项目审批、信息服务等业务工作，保证国有固定资产、资金的合理投放和管理，以及资金的回收。

1998 年 9 月，濮阳市黄河河务局体制改革时，经营管理办公室更名为经济管理办公室，主要职责是：负责全局经济发展方向及其政策研究；负责投资项目的考察和论证，提出建议；负责全局经济工作的管理和考核等。局属事业单位的综合经营科被撤销，其职责划归工程管理处。

2002 年 9 月，濮阳市黄河河务局事业单位机构改革时，撤销经济管理办公室，成立濮阳市黄河经济发展管理处，列为局二级管理的经营开发类事业单位。其主要职责是：负责全局经济发展的宏观管理和行业指导，组织制定全局经济发展的意见和管理办法，拟订经济体制改革和经济结构调整方案，指导和审查局属企业改革、改组方案，并监督实施；负责局属国有经营性资产运营的管理协调和监督；负责评估、审查局投资项目的监督实施；参与对局属企业领导班子和领导干部的考核，协调人事部门对企业经营人员的培训；负责全局经营报表的统计和对经济信息的收集、整理、分析工作，代表局发布全局的经济工作信息等。局属事业单位成立经济发展管理办公室，负责本单位的经济发展管理工作。

2005 年 11 月，濮阳河务局经济发展管理处，更名为濮阳河务局经济发展管理局，其规格和职责不变。

2006 年 5 月，濮阳河务局进行水管体制改革时，局属事业单位的经济发展管理办公室被撤销。

（二）管理制度

20 世纪 80 年代及其以前，安阳地区黄河修防处的经济管理主要是单一的分散性管理，基本上是计划经济下的管理模式。

1987 年 8 月，濮阳市黄河修防处印发《关于加强建安生产单位经营管理工作几个问题的通知》，强调各建安生产单位必须加强经营的财务、成本、资金、物资、费用提取及效益分配等方面的管理。

20 世纪 90 年代后，经营管理逐步加强和规范。1991 年 3 月，濮阳市黄河河务局制定《综合经营管理暂行办法》和《综合经营工作评比（试行）办法》。《综合经营管理暂行办法》对综合经营项目选择的原则、项目类型、项目立项审批、经营形式、项目管理及奖惩等方面都做了详细的规定。特别强调，局及所属单位都必须明确一名领导分管经营工作，并设置专门机构负责综合经营的行业管理；所有综合经营项目实行单独核算，纳入本单位的财务部门管理；经营方式一般采取全民所有制的集体经营，或由系统内职工个人承包经营。《综合经营工作评比（试行）办法》规定的评比范围是全局所有的综合经营项目（建安生产单位参考本办法进行评比），评比内容主要有组织领导、计划安排、政策法令和规章制度的执行、经济效益、统计报表和信息交流与上报、技术培训和经验交流等 6 个方面。年终进行检查评比，评出综合经营先进单位和先进个人。

1995 年 8 月，濮阳市黄河河务局《关于加快发展综合经营和建安生产的意见》，规定局及其所属单位建立一套有利于综合经营发展的管理体制，把综合经营工作列入重要议事日程，坚持防洪和经营两手抓，分管领导全力抓，“一把手”抽出一定时间亲自抓。综合经营科具体负责全局综合经营的“服务、指导、扶持、规划、协调”的管理工作。对超额完成目标任务和效益特别突出的全额单位、经济实体、建安单位进行奖励，其中受奖单位的领导班子按颁奖总额的 10% ~30% 提取分配。

1996 年，濮阳市黄河河务局提出对所有企业管理单位和事业单位组建的各种经济实体，全部实行企业模拟法人资产经营承包制管理，重点管好“一个模拟法人代表，一个经营承包合同，一个工效挂钩比例”，努力提高经济效益。8月，制定《濮阳市黄河河务局综合经营考评办法》，明确对事业单位的综合经营实行目标管理，对经济实体实行合同管理。对事业单位的经营目标主要考核经营创收和净收入，对建安生产单位主要考核产值和利润。年终，事业单位的人均净收入、建安生产单位的人均考核利润分别达到当年受奖标准的，予以奖励；对考核分数在60～80分的单位领导班子给予黄牌警告处分；对考核分数在60分以下单位，给予领导班子通报批评，同时，给予单位一把手和分管经营的领导降低一个工资档次的处分。

1997年，转发《河南黄河河务局综合经营项目资金有偿使用管理办法》《河南黄河河务局土地开发管理办法》。对《濮阳市黄河河务局综合经营考评办法》进行修订，考核指标由总收入、净收入两项，改为考核总收入、经营性净资产增值、人均工资收入等3项。

2001年4月，濮阳市黄河河务局制定《关于对经营工作进行全面督察的意见》和《经营督察工作实施细则》，建立经营督察组织，定期、不定期地对施工管理、设备管理、种植、养殖管理的重要环节进行全面督察，以解决经营项目管理粗放、成本高、效益低、暗箱操作等问题。7月，分别制定《濮阳市黄河河务局事业单位经营工作考核办法》《濮阳市黄河河务局企业单位经营工作考核办法》，事业单位主要考核经济总收入、经营性净资产增值、土地开发指标、经营管理水平等；企业单位主要考核经济总收入、社会工程施工收入、经营性净资产增值、产业增加值、经营管理水平等。

2003年，制定《濮阳黄河河务局经济工作管理办法》，局及所属单位成立经济工作领导小组、经营督察领导小组、土地开发领导小组，成立濮阳市黄河河务局经济目标考核领导小组，明确各自职责。依据该办法逐步建立《全员经营责任制度》《经营目标考核及奖惩办法》《经济工作例会制度》《经济督察实施细则》《经营性资产运营管理办法》《资质管理意见》《土地开发管理办法》《经营项目专家咨询制度》等制度与办法。全面推行经营工作全员责任制，明确主抓经济发展的单位领导，将全年的经济指标逐项细化、量化，层层分解到责任单位、责任部门、责任领导和责任人，并建立经济岗位责任体系和经济目标运行监控体系。实行经济工作例会制度，每季度召开一次经济工作例会，听取各项经济工作的进展情况，研究解决经济工作中存在的问题，保证经济工作健康发展。执行《河南黄河河务局经营项目效益和资产保值增值责任追究制度》，规范各级投资主体、经营主体、监管主体对经营项目从调研、咨询、立项、审批、筹资、经营、管理、监察等方面的权利和责任，以及责任追究事项。

2004年，执行《河南黄河河务局施工企业项目经理部管理办法（试行）》，对项目经理部的设立、项目经理的产生、项目部财务管理、工程项目施工组织的监督与管理、奖惩等方面提出具体的管理意见。修订《濮阳河务局经济工作考核奖惩办法》，事业单位经济工作定量考核指标分为3类：基本指标、所属企业经营状况指标、土地开发指标。其中，基本指标为经济总收入、总体经费自给率、职工收入状况，定性指标为基础管理水平、改革创新与发展能力。企业单位的考核指标分为定量指标和定性指标。其中，定量指标为经济总收入、承揽社会工程合同额、完成收入、职工收入及社会保障状况、人均现金拥有量、利润总额、资本保值增值率、净资产收益率、主营业务利润率、应收账款周转率、销售现金比率等，定性指标为基础管理水平、改革创新与发展能力。

2005 年，执行《河南黄河河务局加强对外承揽工程管理的意见》，强化投标活动中的法律意识和风险防范意识，完善资质（资信）管理制度，建立合同管理机构和制度，对企业经营和财务管理实施监督机制，建立重大经济活动汇报和法律咨询、专家咨询制度。

2006 年 4 月，制定《濮阳河务局施工设备管理办法》，规范施工企业设备购置、使用、维护和租赁管理，提高设备利用率，防止国有资产流失。

2007 年 6 月，转发《河南黄河河务局施工企业项目经理部检查监督办法》，成立局项目经理部监督检查领导小组，对项目经理选聘、项目经理施工组织、项目经理成本管理等实施监管机制。印发《濮阳河务局经济发展长效机制监测预警机制意见》，加大经济运行监测力度和监控协调，掌握重点经济指标，重点企业运行态势，防微杜渐，确保濮阳黄河经济朝着预定目标又好又快地发展。是年 11 月，印发《濮阳河务局企业施工项目管理办法》，局成立施工项目管理领导小组，负责全局施工项目的管理工作。工程承揽单位编制施工预算，作为成本控制和选择施工队伍的依据。施工队伍选择引入竞争机制，社会队伍可报名参加竞聘。工程承揽单位组建项目部，项目部费用包干使用。

2008 年 12 月，在《濮阳河务局企业施工项目管理办法》的基础上，参照《河南黄河河务局重大施工项目管理办法》和《河南黄河河务局施工企业项目经理部管理办法》制定实施细则，共 11 章 40 条。

2009 年，执行《河南黄河河务局企业外部工程合作项目暂行管理办法》，对资质管理、投标管理、施工管理、分支机构管理等方面进行规范。在投标方面，企业在投标前必须开展投标项目的风险评估；中标后，及时与合作方签订合作协议或合同。合作方必须是在工商注册的有相应资质的企业或建筑劳务公司；严禁为合作项目及合作方提供任何形式的担保。在施工管理方面，企业选派项目经理、技术负责人、财务负责人等对项目实施全过程有效管理等。

2010 年 3 月，印发《濮阳河务局企业财务监督管理办法（试行）》，对局直企业的财务实行监管，规范企业财务管理和会计核算工作。5 月，《濮阳河务局企业施工项目管理办法》废止。6 月，印发《濮阳河务局企业合同管理制度》《濮阳河务局企业法律顾问管理制度》，经济发展管理局设合同管理岗位，对局属各企业对外签订的各类合同实施管理。主要内容有合同的签订、审查、批准、履行、变更、解除，以及合同纠纷的处理等。建立濮阳河务局企业法律风险防范机制，规范法律顾问工作，依法维护企业的合法权益。印发《濮阳河务局施工企业资质使用管理办法》，对资质管理、资质共享管理、风险管理、外地办事处管理，以及责任追究提出具体的管理办法。9月，再次修订《濮阳河务局经济工作考核办法》，事业、企业单位经济工作定量考核指标分为收入、合同额、单位积累、职工保障、企业管理及内部工程项目利润管理等6项，定性指标为基础管理水平、改革创新以及专项工作落实情况等3项。濮阳供水分局经济工作考核定量指标为水费收入、水费征收率2项，定性指标为基础管理水平和改革创新2项。养护公司经济工作考核指标为总收入、企业利润、职工收入水平、召开股东大会等5项，定性指标为基础管理水平和改革创新2项。

2012年后，不断完善经济管理制度，制定《濮阳河务局重大社会工程施工项目巡视督查实施细则》《濮阳河务局企业工程项目经理部财务工作指导意见》《合作项目管理手册》《社会工程投标管理办法》《濮阳河务局“量价双控”管理办法》等，以降低经营风险，提高经济效益。

第十章　中共濮阳河务局党组织和工会组织

20世纪50年濮阳治河机构成立党组以来，一直是濮阳黄河管理机构的领导核心。1982年以前，安阳地区黄河修防处机关设党支部。1982年，中共安阳地区黄河修防处直属机关委员会成立。由于行政区域调整，其名称多次变化。2004年，更名为中共濮阳黄河河务局直属机关委员会至今。直属机关党委成立后，宣传和执行党的路线、方针、政策，宣传和执行党中央、上级组织和本组织的决议；组织党员认真学习党的指导思想，党的路线、方针、政策以及决议；开展党员理论教育、党风党纪廉政教育；对党员进行严格管理，督促党员履行义务；对入党积极分子进行教育、培养和考察，做好发展党员工作。持续开展以爱国主义、集体主义、社会公德、职业道德、家庭美德为主要内容的社会主义精神文明建设活动，引导党员干部职工树立正确的世界观、人生观、价值观。

20世纪50年代濮阳黄河工会建立后，坚持开展劳动竞赛和群众提合理化建议活动；建立职工代表大会制度，行使职工参政议政、民主管理、民主监督的权利；开展职工之家和班子建设，不断改善和提高一线职工的工作、生活条件；实施劳动模范管理，发挥劳模爱岗敬业的示范作用；组织开展文体活动，丰富职工文化生活。

第一节　中共濮阳河务局党组织建设与精神文明建设

中共濮阳黄河河务局党组沿革大致分3个阶段。1953~1966年，称党分组；1970年7月至1979年9月，称党的核心小组；1979年9月后，称党组。

1980年以前，安阳地区黄河修防处机关中共党员发展较为缓慢，从中华人民共和国成立初的17人发展到30人，设党支部1个。1980年，安阳地区黄河修防处新增4个直属单位，党员增加到145人。1982年6月，中共安阳地区黄河修防处直属机关委员会（直属机关党委）成立，下设4个党支部。多年来，由于机构调整，党支部和党员的数量多有变化。至2015年，中共濮阳黄河河务局直属机关委员会共有党支部14个，党员421名；共召开9次党员代表大会。20世纪80年代以来，在党员队伍中开展

“创先争优”“民主评议党员”“整党”等活动。90年代及其以后，党建和党员队伍建设实行目标管理。在不同的时期，除对党员进行党章、党史教育外，还结合当时形势开展不同内容的党的理论、党风党纪等方面的教育，以提高理论水平、执政能力和反腐防变能力，牢记全心全意为人民服务的宗旨，做到执政为民，勤政廉政。

20世纪80年代及其以后，全局各级党组织持续开展精神文明建设活动，对党员干部和职工进行以爱国主义、集体主义为主要内容的思想教育、道德教育，结合改革开放开展解放思想、更新观念活动，使党员干部和职工与时俱进，适应形势发展，爱岗敬业，做好新时期的治河工作。开展文明单位创建活动，至2015年，全局创有市级文明单位5个，省级文明单位5个。

一、中共濮阳河务局党组

1953年，根据党章规定，中共濮阳黄河修防处党分组成立。1966年，党分组撤销。1970年7月，中共安阳地区革命委员会黄河修防处党的核心小组成立。1979年9月，中共安阳地区黄河修防处党组成立，党的核心小组撤销。党分组、党的核心小组、党组，分别在不同时期的濮阳黄河治理开发与管理中发挥着领导核心的作用。其任务主要是：负责贯彻执行党的路线、方针、政策；讨论和决定本单位重要工作规划、重大工作部署、人事任免、重大改革措施等方面的重大问题；按照干部管理权限，做好单位干部职工的教育、培养、选拔、任用、考核和监督工作，提名或推荐处级后备干部；团结党外干部和群众，完成河南黄河河务局及其党组、濮阳市委和市政府交给的任务；指导机关和直属单位党组织的工作。

（一）党组沿革

1953年，中共濮阳黄河修防处党分组成立，李延安任书记，苏金铭任成员。1954年9月，区划调整，濮阳黄河修防处更名为安阳黄河修防处，李延安任中共安阳黄河修防处党分组书记，苏金铭任党分组成员。1957年3月，李延安调离。是年6月，赵又之接任党分组书记。1958年3月，区划调整，安阳黄河修防处更名为新乡第二黄河修防处。是年11月，赵又之调离，苏金铭主持工作。

1960年5月，苏金铭任中共新乡第二黄河修防处党分组书记，张兆五任党分组成员。1962年1月，区划调整，新乡第二黄河修防处恢复为安阳黄河修防处。1964年8月，艾计生增补为中共安阳黄河修防处党分组成员。1966年，“文化大革命”开始，安阳地区黄河修防处党组织生活中断。1968年2月，安阳地区黄河修防处成立革命委员会。1969年，解放军毛泽东思想宣传队进驻，并开始恢复党组织和党员的组织生活。

1970年7月，安阳地区革命委员会政治部以安政发〔1970〕37号文通知，成立中共安阳地区革命委员会黄河修防处党的核心小组，由李占元任组长，王景洲、苏金铭任副组长，张兆五、李成良任成员。1973年7月，中共安阳地委组织部批准成立中共河南黄河河务局安阳修防处革命委员会党的核心小组，由王景洲任组长，苏金铭任副组长，张兆五、姚朋来、李明伦、张金库任成员。1975 年 3 月，董文虎任河南黄河河务局安阳修防处革命委员会党的核心小组组长，韩洪俭、张兆五、姚朋来、李明伦、张金库任党的核心小组成员。1976 年 12 月，岳海岭任党的核心小组副组长。1977 年 2 月，岳海岭、李明伦调离，卫平增补为党的核心小组成员。是年 10 月，何文敬、王棠、张凌汉、孟祥凤、李主信、姚朋来增补为党的核心小组成员。

1979 年 9 月，中共安阳地委组织部以安组〔1979〕229 号文撤销中共河南黄河河务局安阳修防处革命委员会党的核心小组，成立中共安阳地区黄河修防处党组，姚朋来任党组书记，苏金铭、张凌汉任副书记，张兆五、王棠、卫平任党组成员，何文敬、孟祥凤、李主信、赵凤岐调离。

1981 年 2 月，卫平调离；3 月，赵庆三、胡全舜增补为党组成员；5 月，苏金铭离休。

1982 年 6 月，张兆五离休。

1983 年 3 月，陆书成增补为党组成员；6 月，姚朋来、赵庆三离休，慕光远任中共安阳地区黄河修防处党组书记，王棠、胡全舜、陆书成、戴耀烈任党组成员，张凌汉调离；9 月，区划调整，成立濮阳市，中共安阳地区黄河修防处党组更名为中共濮阳市黄河修防处党组，党组书记和成员不变；12 月，王棠退二线。

1985 年 3 月，增补张凌汉、李元贵、张再业为党组成员；4 月，王云亭增补为党组成员。

1986 年 5 月，慕光远调离，陆书成主持工作。

1987 年，陆书成任中共濮阳市黄河修防处党组副书记，张凌汉、戴耀烈、李元贵、张再业、王云亭任党组成员。

1988 年 1 月，苏茂林增补为党组成员；3 月，濮阳市委批复陆书成任中共濮阳市黄河修防处党组书记。

1989 年 1 月，苏茂林调离；3 月，张凌汉调离；8 月，王德智、商家文增补为党组成员。

1991 年 4 月，王云亭离休。

1993 年 3 月，陆书成调离，商家文任中共濮阳市黄河河务局党组书记，戴耀烈任党组副书记，李元贵、郭凤林、赵明河、张学明任党组成员，王德智调离，张再业退休。

1997 年 1 月，戴耀烈、李元贵退二线；3 月，王玉俭、杨增奇增补为党组成员。

1998 年，商家文、郭凤林调离；4 月，王金虎接任中共濮阳市黄河河务局党组书记，赵明河、王玉俭、杨增奇、王云宇、张学明任党组成员。

1999 年 3 月，单恩生增补为党组成员。

2000 年 4 月，张学明退休。

2001 年 2 月，王金虎调离，郭凤林接任中共濮阳市黄河河务局党组书记，赵明河、王玉俭、杨增奇、王云宇、单恩生任党组成员；5 月，郑跃华增补为党组成员。

2002年2月，王玉俭退休；11月，濮阳市黄河河务局升格为副厅级单位，郭凤林任中共濮阳市黄河河务局党组副书记，周念斌、王云宇、刘云生、杨增奇、赵明河、郑跃华任党组成员，单恩生调离。

2003年6月，郭凤林任中共濮阳市黄河河务局党组书记；8月，河南黄河河务局以豫黄党〔2003〕30号文通知，周念斌、王云宇、刘云生、杨增奇、赵明河、郑跃华任党组成员。

2004年4月，周念斌调离，朱麦云增补为党组成员。

2005年3月，刘云生调离，王伟增补为党组成员。

2006年7月，吴修柱增补为党组成员。

2008年4月，赵明河退休。

2009年9月，边鹏接任中共濮阳黄河河务局党组书记，张献春任党组副书记，王云宇、杨增奇、王伟、郑跃华任党组成员。郭凤林、朱麦云调离。

2010年4月，柴青春增补为党组成员。

2011年3月，张献春调离；4月，仵海英增补为党组成员。

2012年11月，王云宇退休；12月，王益民增补为党组成员。

2013年10月，杨增奇退休。

2014年12月，耿新杰接任中共濮阳黄河河务局党组书记，王伟、郑跃华、柴青春任党组成员。边鹏、王益民调离。

2015年2月，李永强增补为党组成员。

1979~2010年中共濮阳河务局党组成员变化情况见表10-1。

表10-1　1979~2010年中共濮阳河务局党组成员变化情况

时间（年-月）	党组书记	党组副书记	党组成员
1979-09~1981-02	姚朋来	苏金铭 张凌汉	张兆五、王棠、卫平
1981-02~1981-05			张兆五、王棠、赵庆三、胡全舜
1981-05~1982-06		张凌汉	张兆五、胡全舜、王棠、赵庆三
1982-06~1983-03			胡全舜、王棠、赵庆三
1983-03~1983-06			胡全舜、王棠、赵庆三、陆书成
1983-06~1983-12	慕光远	—	胡全舜、王棠、陆书成、戴耀烈
1983-12~1985-03		—	胡全舜、陆书成、戴耀烈
1985-03~1986-05		—	张凌汉、陆书成、戴耀烈、李元贵、张再业、王云亭
1986-05~1987-02	—	—	张凌汉、陆书成、戴耀烈、李元贵、张再业、王云亭
1987-02~1988-02	—	陆书成	张凌汉、戴耀烈、李元贵、王云亭、张再业
1988-02~1988-03	—		张凌汉、戴耀烈、李元贵、王云亭、张再业、苏茂林

续表 10-1

时间（年-月）	党组书记	党组副书记	党组成员
1988-03~1989-01	陆书成	—	张凌汉、戴耀烈、李元贵、王云亭、张再业、苏茂林
1989-01~1989-03		—	张凌汉、戴耀烈、李元贵、王云亭、张再业
1989-03~1989-08			戴耀烈、李元贵、王云亭、张再业
1989-08~1991-04		—	戴耀烈、李元贵、王德智、商家文、王云亭、张再业
1991-04~1993-03		—	戴耀烈、李元贵、王德智、商家文、张再业
1993-03~1997-03	商家文	戴耀烈	李元贵、郭凤林、赵明河、张学明
1997-03~1998-04			郭凤林、赵明河、杨增奇、王玉俭、张学明
1998-04~1993-03	王金虎	—	赵明河、王玉俭、杨增奇、王云宇、张学明
1999-03~2001-02		—	赵明河、王玉俭、杨增奇、王云宇、张学明、单恩生
2001-02~2001-05	郭凤林	—	赵明河、王玉俭、杨增奇、王云宇、单恩生
2001-05~2002-02		—	赵明河、王玉俭、杨增奇、王云宇、单恩生、郑跃华
2002-02~200211		—	赵明河、杨增奇、王云宇、单恩生、郑跃华
2002-11~2003-06	—	郭凤林	周念斌、王云宇、杨增奇、赵明河、郑跃华
2003-06~2004-04	郭凤林	—	周念斌、王云宇、杨增奇、赵明河、郑跃华、刘云生
2004-04~2005-03		—	王云宇、朱麦云、杨增奇、赵明河、郑跃华、刘云生
2005-03~2006-07		—	王云宇、朱麦云、王伟、杨增奇、赵明河、郑跃华
2006-07~2008-04		—	王云宇、朱麦云、王伟、杨增奇、赵明河、郑跃华、吴修柱
2008-04~2009-09		—	王云宇、朱麦云、王伟、杨增奇、郑跃华、吴修柱
2009-09~2010-04	边鹏	张献春	王云宇、王伟、杨增奇、郑跃华
2010-04~2011-04			王云宇、王伟、杨增奇、郑跃华、柴青春
2011-04~2012-11		—	王云宇、王伟、仵海英、杨增奇、郑跃华、柴青春
2012-11~2012-12		—	王伟、仵海英、杨增奇、郑跃华、柴青春
2012-12~2013-10		—	王伟、仵海英、杨增奇、郑跃华、柴青春、王益民
2013-10~2014-12		—	王伟、仵海英、郑跃华、柴青春、王益民
2015-01~2015-01	耿新杰	—	王伟、郑跃华、柴青春
2015-02~		—	王伟、郑跃华、柴青春、李永强

（二）党组议事

1990 年 10 月，制定《中共濮阳市黄河修防处党组工作规则（试行）》，结合濮阳黄河治理开发与管理工作，细化党组的职责。其中事关全处的重大问题由党组决策，其程序是：在调查研究的基础上集体讨论，各抒已见，集思广益，按照少数服从多数的原则，拟订出符合实际、可行性强、目标明确的方案和意见。党组议事的主要内容是：重大的工作部署，干部的重要任免、调动和处理，群众利益方面的重大问题，以及上级领导机关规定应由党组集体决定的重大问题等。议事坚持民主集中制的原则，自觉遵守党组集体领导的权威，并对党组民主生活会进行规范。

2004年，贯彻执行《河南黄河河务局党组会议制度》。党组会议是讨论研究濮阳河务局重大问题的最高决策形式。会议的内容主要是：传达、学习、贯彻党的路线、方针、政策和上级的重要工作部署；研究确定和落实本局黄河治理开发与管理的规划、计划；讨论上报局属单位机构设置和人员编制；讨论决定局管干部的任免、奖惩；讨论决定各类毕业生、复员军人的接收和安置；讨论研究关系职工群众切身利益的重大问题；讨论研究全局党的建设、纪检监察和工会工作等。会议由党组书记主持召开。会议的议事规则是：贯彻党的民主集中制原则，按少数服从多数的原则决议事项。党组成员对讨论的事项可以充分发表自己的意见；根据议题情况，主持人也可以让出席和列席会议的人员发表意见。最后由主持人或召集人做出决议。任何人不得随意改变决议意见或在党组会议之外发表与决议不同的意见。凡会议决定的事项，都必须贯彻执行和落实。

2007年8月，中共濮阳河务局党组印发《濮阳河务局重大事项决策规则》，由党组会议决策的重大事项主要包括：学习贯彻党的路线、方针、政策及上级党组重要文件、会议精神；研究确定濮阳治河事业发展思路、中长期发展规划；研究制订濮阳黄河管理体制和运行机制的重大改革方案；研究全局机构设置、人员编制及分配制度改革问题；研究决定局管干部的培养、选拔、任免、考核、奖惩、调动、离职；研究决定大中专毕业生招聘、复员退伍军人接收安置方案；研究讨论全局党的建设、精神文明和政治文明建设，以及廉政建设、局管干部违纪案件的调查处理建议或意见等。重大事项的决策程序一般包括：会前准备，会议讨论与决策，形成纪要。会议由党组书记主持召开。与会人员对讨论的议题应当充分发表自己的意见和建议。党组书记听取其他领导成员的意见后发言，阐述自己的意见。除有特别规定的外，党组书记一般不先发言表明态度。表决讨论的议题，必须在与会人员充分讨论的基础上进行，采用逐人表态或无记名投票方式表决，最后本着民主集中的原则，由会议主持人综合各方面意见做出最终决策，形成《会议纪要》。强调决策纪律，一旦形成会议决定，与会人员都应坚决执行，但可以保留不同意见。会议内容需要保密的，与会人员不得外泄；对尚未决议的事项和讨论中发表的不同意见，与会人员不得外传。讨论干部人事等问题，涉及与会人员本人及其亲属的，实行回避制度。重大事项决策后，原则上由分管领导和承办部门负责组织实施。

2013年12月，中共濮阳黄河河务局党组印发《濮阳黄河河务局工作规则》，其中规定，重要事项的决策，须按《濮阳河务局重大问题决策规则》的要求，经党组会议或局长办公会议集体讨论决定。在做出重要决策前，可根据需要，通过多种方式，听取各方面的意见和建议；在重要决策执行过程中，应跟踪决策的实施情况，了解相关方面和社会公众对决策实施的意见、建议，全面评估决策执行效果，及时调整完善。党组会议和局长办公会议讨论决定的事项，除依法需要保密的外，应在一定范围内公布。

二、中共濮阳黄河河务局直属机关委员会

（一）机构沿革

20世纪80年代以前，濮阳专区（安阳地区）黄河修防处机关党员从不足20人发展到30多人，设机关党支部，归属区委（地委）直属机关党委领导。1977~1978年，安阳地区黄河修防处先后成立长南铁路管理段、运输队、铲运机施工队、挖泥船队4个直属单位。各直属单位均设临时党支部。至1980年，处机关和4个直属单位共有党员145名。是年11月，中共安阳地区黄河修防处党组请示中共安阳地区直属机关委员会，要求成立中共安阳地区黄河修防处直属机关委员会。

1981年5月，中共安阳地区黄河修防处直属机关委员会筹建办公室成立。1982年6月，中共安阳地区黄河修防处直属机关委员会正式成立，下设处机关、长南铁路管理段、铲运机施工队、挖泥船队4个党支部，有党员152名。

1983年9月，随着濮阳市的成立，安阳地区黄河修防处更名为濮阳市黄河修防处。1984年4月，濮阳市委组织部批准成立中共濮阳市黄河修防处直属机关委员会。下设处机关、长南铁路管理段、机械化施工队、运输队、挖泥船队、航运队6个党支部，共有党员168人。

1985年2月，处机关成立第一党支部、第二党支部。5月，撤销铲运机队，成立施工一队和施工二队，2个施工队分别成立党支部。中共濮阳市黄河修防处直属机关委员会下设党支部由6个增至8个。1985年3月，濮阳市黄河滞洪处、渠村分洪闸管理处合并到濮阳市黄河修防处后，增加渠村分洪闸管理段党支部和范县水泥造船厂党支部，中共濮阳市黄河修防处直属机关委员会下设党支部增至10个，共有党员239人。

1986年3月，行政区划调整，长垣县划归新乡市。是年12月，长南铁路管理段和挖泥船队2个党支部共有党员61人移交新乡市委直属机关工委。中共濮阳市黄河修防处直属机关委员会下设党支部减少至8个，共有党员188名。

1987年6月，机关老干部党支部成立。1988年4月，预制厂党支部成立；8月，航运队党支部更名为水上抢险队党支部。1990年11月，因机构名称变更，中共濮阳市黄河修防处直属机关委员会更名为中共濮阳市黄河河务局直属机关委员会（简称：濮阳黄河河务局直属机关党委），下设10个党支部，共有党员189名。

1991年4月，撤销范县水泥造船厂；5月，预制厂更名为水泥制品厂。至1992年底，直属机关党委下设机关第一、机关第二、机关第三、机关第四、机关老干部、渠村分洪闸管理处、水上抢险队、第一施工处、第二施工处、水泥制品厂、运输队等11个党支部，共有党员194名。1995年12月，直属机关党委下设党支部没有变化，党员增至241名。

1996年，分别增设机关第五党支部、汽车修配厂党支部和机动抢险队党支部，运

输处于4月撤销。直属机关党委下设机关第一、机关第二、机关第三、机关第四、机关第五、机关老干部、渠村分洪闸管理处、第一施工处、第二施工处、水泥制品厂、水上抢险队、机动抢险队、汽车修配厂等13个党支部，共有党员263名。

1998年9月，汽修厂划归第一工程处。1999年7月，机动抢险队划归范县黄河河务局。是年12月，直属机关党委下设机关第一、机关第二、机关第三、机关第四、机关第五、机关老干部、渠村分洪闸管理处、第一施工处、第二施工处、水泥制品厂、水上抢险队等党支部11个，党小组33个，党员272人。

2000年6月，通信处党支部成立，机关党支部由5个调整为3个。12月，直属机关党委下设党支部10个，党小组30个，共有党员282名。

2001年4月，第一工程处、第二工程处、第三工程处（水上抢险队）和水泥制品厂归属濮阳黄河工程有限公司管理；12月，濮阳黄河工程有限公司党支部成立，直属党委下设党支部11个，共有党员282人。

2002年1月8日，中共濮阳黄河工程有限公司委员会成立，隶属中共濮阳市黄河河务局直属机关委员会，孙廷臣任书记，黄同春任副书记，李忠华、周家胜、郭玺章、张怀东、刘根田等任委员，下设第一工程处、第二工程处、水上抢险队，水泥制品厂和公司机关5个党支部，共有党员147名。

2002年4月，濮阳市黄河河务局张庄闸管理处成立，随之增设张庄闸管理处党支部。2003年3月，局机关调整党支部，通信处党支部撤销。5月，濮阳市黄河水泥制品厂分设水泥制品厂党支部和马庄桥镇大河水泥制品厂党支部。年底，直属机关党委共有党支部12个，党员337名。

2004年10月，因濮阳市黄河河务局更名为河南黄河河务局濮阳黄河河务局，中共濮阳市黄河河务局直属机关委员会更名为中共濮阳黄河河务局直属机关委员会。

2005年2月，水泥制品厂撤销；10月，第二工程处归并第一工程处，更名为濮阳河源路桥公司。由于机构的变更，中共濮阳黄河工程有限公司委员会撤销。12月，直属机关党委有局机关第一、机关第二、机关第三、机关老干部、渠村分洪闸管理处、张庄闸管理处、水上抢险队、河南省中原水利水电工程集团有限公司、濮阳河源路桥公司等9个党支部，共有党员348名。

2006年，机关党支部调整，新增机关第四党支部。调整后，直属机关党委共有10个党支部，党员共计335名。

2011年，党支部调整，机关党支部由4个调整为6个，新增濮阳黄河水利工程维修养护公司与河南省宏宇工程监理咨询公司党支部和信息中心党支部。调整后，直属机关党委共有党支部14个，党员共计381名。

至2015年12月，局直属机关党委共有党支部14个，党员421名。其中，35岁以下党员90人，占党员总数的21.37%；女党员81人，占党员总数的19.24%；大专以上文化学历276人，占党员总数的65.56%。

1980~2015年中共濮阳黄河务局直属机关委员会党员变化情况见表10-2。

表10-2　1980~2015年中共濮阳黄河务局直属机关委员会党员变化情况

时间	总数	性别		年龄结构					民族		文化程度					
		男	女	25岁以下	26~35岁	36~45岁	46~55岁	56岁以上	汉族	少数民族	大专以上	中专	高中	初中	小学	文盲
1980	145	143	2	—	36	55	32	22	145	—	8	13	20	68	36	—
1981	149	147	2	2	37	55	33	22	149	—	8	13	20	70	38	—
1982	152	149	3	2	38	57	33	22	152	—	8	15	20	71	38	—
1983	158	155	3	3	40	58	35	22	158	—	9	15	21	73	40	—
1984	168	163	5	3	40	63	38	24	168	—	10	16	21	78	42	1
1985	239	229	10	5	60	90	50	34	238	1	13	19	34	112	60	1
1986	188	183	5	4	49	70	36	29	187	1	11	17	28	81	50	1
1987	191	185	6	5	45	74	34	33	190	1	10	22	30	82	47	—
1988	192	186	6	5	45	76	32	34	191	1	18	22	30	81	41	—
1989	190	183	7	4	49	67	36	34	189	1	18	22	30	80	40	—
1990	189	182	7	3	29	82	37	38	188	1	19	21	30	80	39	—
1991	183	173	10	2	29	78	38	36	182	1	18	23	37	71	34	—
1992	194	182	12	4	31	80	39	40	193	1	23	26	39	72	34	—
1993	214	199	15	5	36	80	50	43	213	1	28	34	46	74	32	—
1994	230	212	18	10	39	87	50	44	229	1	35	37	52	76	30	—
1995	241	218	23	11	44	87	55	44	240	1	41	38	57	76	29	—
1996	263	234	29	12	51	94	61	45	262	1	44	43	63	85	28	—
1997	269	240	29	9	56	92	65	47	268	1	45	48	62	88	26	—
1998	270	242	28	4	54	96	72	44	269	1	48	44	66	87	25	—
1999	272	241	31	4	45	99	80	44	271	1	57	42	67	88	18	—
2000	282	252	30	9	44	94	84	51	281	1	61	43	74	86	18	—
2001	282	253	29	6	50	94	76	56	280	2	63	46	77	80	16	—
2002	329	290	39	9	54	111	88	67	327	2	104	48	87	77	13	—
2003	337	297	40	11	55	110	92	69	335	2	109	49	89	81	9	—
2004	344	304	40	66		108	102	68	342	2	126	49	85	81	3	—
2005	348	303	45	68		104	97	79	347	1	137	55	74	82	—	—
2006	335	284	51	69		104	65	97	334	1	164	53	57	61	—	—
2007	342	293	49	68		98	104	72	341	1	175	57	60	50	—	—
2008	355	301	54	81		98	104	72	354	1	186	57	58	54	—	—
2009	367	309	58	98		98	100	71	366	1	198	55	58	56	—	—
2010	380	318	62	109		101	100	70	379	1	209	54	58	59	—	—
2011	381	321	60	83		113	96	89	381	0	226	40	65	50	—	—
2012	403	340	63	96		91	99	117	403	0	248	41	62	52	—	—
2013	410	341	69	102		90	94	124	410	0	257	47	58	48	—	—
2014	409	326	83	93		79	109	128	409	0	263	48	46	52	—	—
2015	421	340	81	92		90	108	131	420	1	276	48	47	50	—	—

（二）历次代表大会

1. 中共安阳地区黄河修防处直属机关委员会第一次代表会议

1982年6月27~28日，中共安阳地区黄河修防处直属机关委员会第一次代表会议在濮阳县坝头处机关召开。从处机关和处直4个单位的152名党员中，选出代表23人，参加会议的20人，因事缺席3人。会议通过《中国共产党安阳地区黄河修防处机关党委筹建工作报告》和《中国共产党安阳地区黄河修防处机关第一届代表会议决议》，以无记名投票方式选举中国共产党安阳地区黄河修防处直属机关第一届委员会，选举产生委员5人，姚朋来兼任党委书记，刘连科任党委副书记（兼组织委员），黄炳灿任党委工青委员，芦东升任党委宣传委员，位保军任党委监卫委员。

2. 中共濮阳市黄河修防处直属机关委员会首次代表大会

1984年4月26~27日，中共濮阳市黄河修防处直属机关首次代表大会在濮阳县坝头处机关会议室召开。从168名党员中选出代表33人，出席会议代表30人，因事缺席3人，应邀列席代表5名。会议听取中共安阳地区黄河修防处直属机关委员会副书记刘连科做的工作报告，通过《中共濮阳市黄河修防处直属机关委员会首届代表大会决议》。决议对下步工作进行安排：加强对整党文件的学习，做好整党准备；加强对治河工作的领导；加强思想和组织建设；坚持党员标准，积极做好发展新党员工作；加强智力开发，尽快培养人才；继续开展打击经济犯罪活动；加强党对共青团的领导；深入开展“五讲四美三热爱”活动等。

会议选举中共濮阳市黄河修防处直属机关第一届委员会，产生委员7人，陆书成任机关党委书记，郭云合任机关党委副书记，张运生、师洪勤、刘连科、王传信、于朝忠任机关党委委员。

3. 中共濮阳市黄河修防处直属机关委员会第二次代表大会

1988年11月29日，中共濮阳市黄河修防处直属机关委员会在濮阳县南关处机关三楼会议室召开第二次代表大会。大会正式代表38人，其中，党政干部18人，专业技术人员11人，工人8人，离休干部1人。大会应到代表38人，实到32人。陆书成代表中共濮阳市黄河修防处机关第一届委员会做工作报告。报告认真总结过去4年多来在整党、思想建设、组织建设等方面取得的成绩和经验。安排今后的工作：认真学习三中全会精神，统一思想认识；加强党的自身建设；做好党员评格和发展新党员工作；搞好党的作风建设；学好马列主义原理，提高理论水平等。

会议选举中共濮阳市黄河修防处直属机关第二届委员会，产生委员9人，陆书成任机关党委书记，李元贵任机关党委任副书记，王传信、王协亮、王相林、师洪勤、刘继续、李宗林、商家文任机关党委委员。1990年9月，因李宗林退休，师洪勤调离，增补田永昌、孟庆石为党委委员。

4. 中共濮阳市黄河河务局直属机关委员会第三次代表大会

1992年4月25日，在濮阳县南关局机关三楼会议室召开中共濮阳市黄河河务局直属机关委员会第三次代表大会。大会正式代表57人，其中，党政干部10人，专业技术人员 26 人，工人 15 人，离退休干部 6 人。实到会代表 49 人。陆书成代表中共濮阳市黄河修防处机关第二届委员会做工作报告，全面总结 3 年来在党的建设、党员队伍建设、廉政建设、治河和经济工作等方面取得的成绩和经验，要求各支部和广大党员解放思想、深化改革，抓好党的建设，加强支部建设，把“团结奋进、振兴濮阳、搞好治河”的目标落到实处。

大会选出中共濮阳市黄河河务局直属机关第三届委员会，产生 7 名委员，李元贵任机关党委书记，崔庆华任机关党委副书记，王相林、贾云峰、郑跃华、刘梦兴、孙廷臣任机关党委委员。

5. 中共濮阳市黄河河务局直属机关委员会第四次代表大会

1995 年 5 月 4 日，在濮阳市金堤路 45 号局机关五楼会议室召开中共濮阳市黄河河务局直属机关委员会第四次代表大会。大会正式代表 104 人，其中，党政干部 43 人，专业技术人员 31 人，工人 19 人，离退休干部 11 人。实到会代表 103 人。李元贵代表中共濮阳市黄河河务局直属机关第三届委员会做工作报告，全面总结 3 年来在党的建设、经济建设、廉政建设等方面取得的成绩，要求各支部和广大党员在今后的工作中深入学好理论和党章准则，加强组织建设和党的作风建设，以扎实的作风，真抓实干，为促进治河事业发展和振兴濮阳经济而努力奋斗。

大会选举中共濮阳市黄河河务局直属机关第四届委员会，产生 9 名委员，李元贵任直属机关党委书记，崔庆华任机关党委副书记，郑跃华、李方立、刘梦兴、贾云峰、王德顺、孙廷臣、柳云峰任机关党委委员。1997 年 7 月，李元贵退休，杨增奇兼任直属机关党委书记。

6. 中共濮阳市黄河河务局直属机关委员会第五次代表大会

2001 年 12 月 30 日，在局机关西四楼会议室召开中共濮阳市黄河河务局直属机关委员会第五次代表大会。大会正式代表 104 人，实到会代表 104 人。大会选举中共濮阳市黄河河务局直属机关第五届委员会，产生 7 名委员，刘梦兴任机关党委书记，崔庆华任机关党委副书记，黄同春、吴兴明、宗正午、江云濮、刘从波任机关党委委员。（会议资料遗失）

7. 中共濮阳市黄河河务局直属机关委员会第六次代表大会

2003 年 6 月 18 日，在局机关西四楼会议室召开中共濮阳市黄河河务局直属机关委员会第六次代表大会。大会正式代表 104 人，其中，党政干部 37 人，专业技术人员 28 人，工人 29 人，离退休干部 10 人。代表中，先进模范 10 人，女代表 16 人。实到会代表 78 人。黄同春代表中共濮阳市黄河河务局直属机关第五届委员会做工作报告，全面总结本届党委在党员队伍思想建设、廉政建设、基层党组织建设等方面取得的成绩，提出新一届党委的工作目标：进一步推进思想政治建设；切实加强党的基层组织建设、推进党的作风建设和精神文明建设；着力塑造勤政廉洁的机关形象；加强党务干部自身建设。

大会选举中共濮阳市黄河河务局直属机关第六届委员会，产生 7 名委员，王云宇任机关党委书记，倪鸣阁任机关党委副书记，江云濮、吴兴明、张志林、张如海、黄同春任机关党委委员。

8. 中共濮阳黄河河务局直属机关委员会第七次代表大会

2008 年 8 月 8 日，在局机关五楼会议室召开中共濮阳黄河河务直属机关委员会第七次代表大会。大会正式代表 108 人，其中，党政干部 38 人，专业技术人员 31 人，工人 28 人，离退休干部 11 人。代表中，先进模范 14 人，女代表 23 人。实到会代表 84 人。王云宇代表中共濮阳黄河河务局直属机关第六届委员会做工作报告，全面总结本届党委在提高党员队伍整体素质、廉政建设、基层党组织建设、思想政治工作和精神文明建设、围绕中心工作抓党建等方面取得的成绩，提出下步工作和主要任务（见图 10-1）。

大会选举中共濮阳黄河河务局直属机关第七届委员会，产生 9 名委员，王云宇任机关党委书记，倪鸣阁、李忠华任机关党委副书记，张振江、卢立新、江云濮、吴兴明、张永伟任机关党委委员。

图 10-1　2008 年濮阳黄河河务局直属机关党委召开第七次党代会

9. 中共濮阳黄河河务局直属机关委员会第八次代表大会

2012 年 3 月 30 日，在局机关五楼会议室，中共濮阳黄河河务局直属机关委员会召开第八次党员代表大会。大会正式代表 98 人，其中，党政干部 31 人，专业技术人员 26 人，工人 27 人，离退休干部 14 人。代表中，先进模范 14 人，女代表 16 人。实到会代表 86 人。王云宇代表中共濮阳黄河河务局直属机关第七届委员会做题为《立足新起点，为全面建设和谐治河事业新局面而努力奋斗》的工作报告，对第七届机关党委所取得的成绩、经验和存在的不足进行全面回顾和总结，并为下届机关党委的工作提出思路和建议。

大会选举中共濮阳黄河河务局直属机关第八届委员会，产生 9 名委员，郑跃华任机关党委书记，倪鸣阁、丁世春任机关党委副书记，刘伟、于成勋、贾庆伟、黄德海、李忠华、张振江任机关党委委员。2012 年 8 月，局党组成员分工调整，王伟兼任直属机关党委书记。2015 年 3 月，局党组成员分工调整，李永强兼任直属机关党委书记。

中共濮阳黄河河务局直属机关党委历届党代会选举情况见表 10-3。

表 10-3　濮阳黄河河务局直属机关党委历届党代会选举情况

届次	召开时间（年-月）	党员总数	代表数	党委书记	党委副书记	党委委员	说明
一	1982-06	152	23	姚朋来	刘连科	黄炳灿、芦东升、位保军	安阳地区黄河修防处
一	1984-04	186	33	陆书成	郭云合	张运生、师洪勤、刘连科、王传信、于朝忠	濮阳市黄河修防处
二	1988-11	192	38	陆书成	李元贵	王传信、王协亮、王相林、师洪勤、刘继续、李宗林、商家文	濮阳市黄河修防处
	1990-09					王传信、王协亮、王相林、刘继续、商家文、田永昌、孟庆石	
三	1992-04	183	57	李元贵	崔庆华	王相林、贾云峰、郑跃华、刘梦兴、孙廷臣	濮阳市黄河河务局
四	1995-05	241	104	李元贵	崔庆华	郑跃华、李方立、刘梦兴、贾云峰、王德顺、孙廷臣、柳云峰	濮阳市黄河河务局
				杨增奇			
五	2001-12	282	114	刘梦兴	崔庆华	黄同春、吴兴明、宗正午、江云濮、刘从波	濮阳市黄河河务局
六	2003-06	329	104	王云宇	倪鸣阁	江云濮、吴兴明、张志林、张如海、黄同春	濮阳市黄河河务局
七	2008-08	355	108	王云宇	倪鸣阁、李忠华	张振江、卢立新、江云濮、吴兴明、张永伟	濮阳河务局
八	2012-03	403	98	郑跃华	倪鸣阁、丁世春	刘伟、于成勋、贾庆伟、黄德海、李忠华、张振江	濮阳河务局
	2012-08			王伟			
	2015-03			李永强			

（三）组织建设

1. 党员发展

1949~1965 年，濮阳专区黄河修防处（安阳地区黄河修防处）机关人员基本稳定在 50 人以下，其中，干部占 74%，工人占 26%。1965 年，机关有党员 15 人，占职工人数的 35%。1976 年，安阳地区黄河修防处机关有职工 73 人，其中党员 33 人（技术干部党员 4 人）。1980 年，安阳地区黄河修防处及直属 4 个单位共有党员 145 人，其中处机关党员 32 人。20 世纪 80 年代以前，处机关及直属单位党员发展比较缓慢。

1982 年 6 月，中共安阳地区黄河修防处直属机关委员会成立以后，把发展党员作为直属机关党委一项重点工作，每年都制订党员发展计划，重点培养入党积极分子。1984 年，把发展党员与培养建设“第三梯队”的战略任务结合起来，注意吸收具备党员条件的中青年知识分子入党。1985 年，重点解决优秀知识分子“入党难”的问题。1981~1985 年，处直属机关党委发展新党员 11 人，其中知识分子、技术人员 9 人。

1986 年以后，按照“坚持标准、保证质量、改善结构、慎重发展”的原则，开展党员发展工作。1988 年，执行濮阳市组织部《关于发展党员问题的若干规定》，规范党员培养和发展工作。1986~1990 年，在保证质量的前提下，把发展对象放在生产一线的优秀工人、干部以及党的力量薄弱的地方，共发展新党员 33 人。

1990 年 9 月以后，贯彻落实《中国共产党发展党员工作细则（试行）》，坚持入党自愿的原则和个别吸收的原则，对入党积极分子和发展对象进行系统的培养教育，成熟一个，发展一个，严把培养关、考察关、审批关。并注意吸收先进工作者、劳动模范和生产骨干中的入党积极分子。至 1995 年底，共发展党员 53 人，其中，专业技术人员 32 人，一线工人 14 人，共青团员 10 人，女职工 10 人。

1996~2005 年，一直坚持严格入党标准，把质量放在首位，把着力点放在对入党积极分子的培养和教育上，放到对入党动机的考察上，并注意在生产一线、青年和妇女中发展党员。贯彻落实濮阳市组织部《关于在发展党员工作中实行失察、失误责任追究制的规定》，党员发展进一步规范。这一时期共发展党员 89 人。

2006~2010 年，坚持发展党员工作的“十六字”方针，采取举办培训班的方式，对入党积极分子进行培训教育，严格党员发展程序，加大对发展党员工作的监督力度，以确保发展党员的质量。其间，共发展党员 56 人。

2014 年以后，按照中共中央办公厅颁发的《中国共产党发展党员工作细则》，发展党员工作贯彻党的基本理论、基本路线、基本纲领、基本经验、基本要求，按照控制总量、优化结构、提高质量、发挥作用的总要求，坚持党章规定的党员标准，始终把政治标准放在首位；坚持慎重发展、均衡发展，有领导、有计划地进行；坚持入党自愿原则和个别吸收原则，成熟一个，发展一个。不搞突击发展，反对“关门主义”。2011~2015 年，共发展党员 47 名。

1981~2015 年中共濮阳黄河河务局直属机关党委党员发展情况见表 10-4。

表 10-4　1981~2015 年濮阳黄河河务局直属机关党委党员发展情况

时间	总数	性别		年龄结构					文化程度						职业		
		男	女	25 岁以下	26~35 岁	36~45 岁	46~55 岁	56 岁以上	大专以上	中专	高中	初中	小学	文盲	干部	技术人员	工人
1981	1	1	—	—	—	—	1	—	—	—	—	1	—	—	1	—	—
1982	1	1	—	—	—	1	—	—	—	—	—	1	—	—	—	1	—
1983	2	2	—	—	1	—	1	—	—	1	—	1	—	—	1	1	—
1984	4	3	1	—	1	2	1	—	—	2	1	1	—	—	—	4	—
1985	3	2	1	—	2	1	—	—	—	2	—	1	—	—	—	3	—
1986	8	5	3	1	4	2	1	—	4	3	1	—	—	—	5	3	—
1987	13	12	1	—	11	—	2	—	1	3	4	5	—	—	5	4	4
1988	3	3	—	—	—	2	—	1	1	2	—	—	—	—	1	1	1

续表 10-4

时间	总数	性别		年龄结构					文化程度						职业		
		男	女	25岁以下	26~35岁	36~45岁	46~55岁	56岁以上	大专以上	中专	高中	初中	小学	文盲	干部	技术人员	工人
1989	5	5	—	—	3	—	2	—	2	2	1	—	—	—	1	2	2
1990	4	4	—	—	1	1	2	—	1	1	1	—	1	—	—	2	2
1991	5	5	—	—	3	—	2	—	—	2	2	—	1	—	1	2	2
1992	10	9	1	2	2	2	3	1	3	3	4	—	—	—	2	5	3
1993	15	12	3	—	5	8	2	—	6	3	6	—	—	—	4	9	2
1994	10	9	1	1	5	4	—	—	4	2		4	—	—	—	6	4
1995	13	8	5	—	9	4	—	—	5	2	3	3	—	—	—	10	3
1996	11	7	4	—	6	5	—	—	3	3	1	4	—	—	2	3	6
1997	4	4	—	—	—	4	—	—	—	—	3	1	—	—	—	1	3
1998	10	9	1	—	—	5	5	—	4	1	1	4	—	—	—	5	5
1999	8	6	2	—	2	6	—	—	1	2	2	3	—	—	1	1	6
2000	7	5	2	1	4	1	1	—	3	1	3		—	—	1		6
2001	7	6	1	—	5	2	—	—	3	1	2	1	—	—	—	2	5
2002	8	5	3	—	4	4	—	—	6	1	—	1	—	—	—	4	4
2003	7	7	—	2	1	—	4	—	1	2	3	1	—	—	2	3	2
2004	13	6	7	—	5	8	—	—	5	4	3	1	—	—	—	10	3
2005	14	12	2	4	4	6	—	—	9	4	1	—	—	—	8	2	4
2006	14	9	5	10		4	—	—	10	3	1	—	—	—	6	6	2
2007	7	5	2	6		1	—	—	6	1	—	—	—	—	2	3	2
2008	13	8	5	12		1	—	—	12	1	—	—	—	—	5	5	3
2009	12	8	4	10		2	—	—	12	—	—	—	—	—	6	4	2
2010	10	9	1	10		—	—	—	10	—	—	—	—	—	8	—	2
2011	8	8	—	8		—	—	—	8	—		—	—	—	5	3	—
2012	12	10	2	8		4	—	—	12	—	—	—	—	—	10	—	2
2013	9	6	3	9		—	—	—	9	—	—	—	—	—	3	4	2
2014	6	4	2	6		—	—	—	6	—	—	—	—	—	1	4	1
2015	2	1	1	2		—	—	—	2	—	—	—	—	—	—	2	—

2. 党员管理

局直属机关党委和各党支部通过建立健全党内各种生活制度，如“三会一课”制度、民主评议党员制度、党员活动日制度等，增强党员的党性观念，规范党员的行为。党小组生活会规定每月召开 1 次，要求党员联系实际，开展批评和自我批评。要求党的各级领导干部过双重民主生活会，除以一般党员身份参加党小组生活会外，还要参加党的各级委员会的生活会。还根据各个时期党的中心工作和政治形势的需要开展多种形式的活动，以加强对党员的管理。

（1）“创先争优”活动。“创建先进基层党组织，争做优秀共产党员”是在基层党组织中广泛开展并富有成效的一种活动形式。1982 年 6 月，中共安阳地区黄河修防处直属机关委员会成立后，机关直属党委就一直持续组织开展这项活动。2007 年，党的十七大提出“在党的基层组织和党员中深入开展创先争优活动”的部署。2010 年，中央组织部、中央宣传部《关于在党的基层组织和党员中深入开展创先争优活动的意见》中指出，先进基层党组织的基本要求是：学习型党组织建设成效明显，出色完成党章规定的基本任务，努力做到“五个好”（领导班子好、党员队伍好、工作机制好、工作业绩好、群众反映好）；优秀共产党员的基本要求是：模范履行党章规定的义务，努力做到“五带头”（带头学习提高、带头争创佳绩、带头服务群众、带头遵纪守法、带头弘扬正气）。

根据不同时期的任务和要求，局（处）直属机关党委制订年度创先争优方案，组织各党支部和全体党员广泛开展“创先争优”活动，在基层党组织和党员队伍中，发现、培养、树立先进基层党组织和优秀党员，发挥其带动作用，调动和激发广大党员干事创业的积极性和创造性，促进濮阳黄河治理开发与管理事业的持续健康发展。

中共安阳地区黄河修防处直属机关第一届委员会期间，共评出先进党支部 2 个，优秀共产党员 27 人次，其中受地直工委表彰先进党支部 1 个，优秀党员 5 人。

中共濮阳市黄河修防处直属机关第一届委员会期间，评出先进党支部 3 个，优秀共产党员 55 人次，其中受市直工委表彰先进党支部 1 个，优秀党员 13 人。

中共濮阳市黄河河务局直属机关第二届委员会期间，评出先进党支部 3 个，优秀共产党员 67 人次，其中受市直工委表彰先进党支部 2 个，优秀党员 14 人。

中共濮阳市黄河河务局直属机关第三届委员会期间，评出先进党支部 3 个，优秀共产党员 71 人次，其中受市直工委表彰先进党支部 1 个，优秀党员 9 人。

中共濮阳市黄河河务局直属机关第四届委员会期间，评出先进党支部 12 个次，优秀共产党员 157 人次，其中受市直工委表彰先进党委 1 个、党支部 1 个，优秀党员 4 人。

中共濮阳市黄河河务局直属机关第五届委员会期间，评出“五好”党支部 3 个，优秀共产党员 32 人次。

中共濮阳黄河河务局直属机关第六届委员会期间，评出先进党支部 12 个次，优秀共产党员 145 人次；局直属机关党委被市直工委评为先进基层党委，水上抢险队党支部被评为河南省委先进基层党组织。

中共濮阳黄河河务局直属机关第七届委员会期间，评出先进党支部 8 个次，优秀党员和先进党务工作者 127 人次。2010 年，局直属机关党委被濮阳市委授予“五个好基层党组织”，被省委组织部授予全省“五好”基层党组织；渠村分洪闸管理处党支部被市直工委授予先进党支部。

2011~2015年，评出先进基层党支部15个次，优秀党员150人次，优秀党务工作者70人次。

（2）“民主评议党员”活动。民主评议党员就是按照党章规定的党员条件，对全体党员进行“做新时期合格党员”的教育，通过自我评价、民主评议和组织考核，检查和评价每个党员在坚持党的基本路线的实践中，发挥先锋模范作用的情况，并通过组织措施，达到激励党员、纯洁组织、整顿队伍的目的。民主评议党员的原则，一是坚持实事求是的原则，二是坚持民主公开的原则，三是坚持平等的原则。

1989年以后，根据濮阳市委组织部和市直工委的安排，开始一年一度的“民主评议党员”活动。在局直属机关党委的领导下，以党支部为单位，有计划、有步骤地进行。第一，学习教育，使每个党员都明确评议的目的、意义和要求，以及新时期合格党员的标准是什么；第二，自我评议，组织党员对照党员标准，围绕评议内容，认真总结本年度自己在思想、工作、学习、纪律、作风等方面的情况，肯定成绩，找出差距，在是否合格上进行自我认定；第三，民主评议，党员本人在党支部大会或党小组会上做自我总结，汇报自我评议情况，然后，对照党员标准，组织党员互相评议；第四，组织考察，召开支部委员会，在个人总结、党内评议和征求群众意见的基础上，进行实事求是地分析、综合，形成组织意见，向支部大会报告。评价有合格、基本合格、基本不合格、不合格4个格次。对确定为优秀党员和不合格党员的，报上级党委审批。对优秀党员，党组织给予表彰。凡被评为不合格的党员，原则上劝退或除名。要求被评为基本不合格的党员，限期达标。1989~2015年，各支部在“民主评议党员”活动中，没有评出不合格的党员。

3. 队伍整顿

1984年11月14日，中共濮阳市黄河修防处党组按照《中共中央关于整党的决定》和濮阳市委的部署，组织全处10个党支部的239名党员开展整党活动，历时8个多月。经过学习文件、对照检查、深入整改、组织处理和党员登记、总结验收5个阶段，按上级要求完成了整党任务。这次整党的任务是“统一思想、整顿作风、加强纪律、纯洁组织”。处整党工作领导小组着重抓6个方面的工作：统一思想，重点是统一对改革的认识，努力做好治河工作，为濮阳市经济发展做好服务；加深对“否定文化大革命”的认识，消除派性，增强党性和团结；开展宗旨、理想和纪律教育，纠正严重的官僚主义和以权谋私的不正之风，特别是新的不正之风；调整各级领导班子，制定规章制度和岗位责任制；以整党促改革、促治河工作；认真清理三种人（“文化大革命”中造反起家的人、帮派思想严重的人、打砸抢分子），纯洁党的组织。整党过程中，领导班子、领导干部和每个党员在学习提高的基础上，针对“和党中央保持一致；彻底否定‘文化大革命’，消除派性，增强党性；端正业务工作指导思想；纠正新的不正之风和以权谋私、官僚主义”等4个方面开展对照检查，自觉地对自己的问题进行清理，深挖根源，并制定措施整改。按照濮阳市委的要求，对全处符合和基本符合党员标准的237名党员履行党员登记手续，占正式党员总数的99.16%。根据中央精神和濮阳市委的要求，开展“三种人”核查工作，澄清“文化大革命”中的2起案件，对2名重点对象进行调查处理。

4. 党建和党员队伍建设目标管理

1990年，根据中共濮阳市委《关于实行党建目标管理责任制的意见》，直属机关党委对党建工作开始实行目标管理。本着“因地制宜，综合配套，简便易行，注重实效”的原则，把年度党建工作逐项量化分解，确定分值，实行百分考评。对有些不便量化的，采取提出具体要求或建立必要制度的形式明确责任，使党建工作由软任务变成工作有据、考核有度的硬指标。党委书记与各支部签订《党建目标责任书》。责任书的主要内容有思想作风建设（20分）、制度建设（15分）、党员教育（15分）、组织建设（15分）、党员管理（15分）、服务经济和治河工作（20分）6大项27小项，共计100分，规定了考核时的增减分标准。根据增减分标准，每年年终组织考核。

2006年开始，根据中共濮阳市直属机关委员会的要求，党员队伍建设实行目标管理，党委书记与各支部签订《党员队伍建设目标管理责任书》。责任书共分自身建设、组织建设、党员发展、党员教育、党员管理5大指标。自身建设包括思想建设、团结协调、工作成效、联系群众4方面内容，考评分数20分；组织建设包括组织设置、组织生活、组织活动3方面的内容，考评分数18分；党员发展包括入党积极分子队伍建设、发展党员程序、发展党员规划、发展党员质量4方面的内容，考评分数16分；党员教育包括制度建设、培训建设、阵地建设3方面的内容，考评分数13分；党员管理包括组织关系、模范作用、监督约束、党费收缴、党内统计、理论研究6方面的内容，考评分数33分。目标管理坚持半年初评，年终总评，实行百分制量化考核。考评总分在90分以上的为优秀，在80~90分的为良好，在60~79分的为合格，在60分以下的为不合格。考评结果作为推荐先进党支部、优秀党务工作者和优秀共产党员的主要依据。对当年考核不合格的党支部，通报批评，限期整改；对连续2年考评不合格的党支部，由党委派专人进行整顿，并对主要负责人进行调整和处理。

2015年，印发《中共濮阳河务局党组落实党建工作主体责任制实施办法》，明确局党组、党委、党支部、党小组在党建工作中各自的职责。提出党建工作新的目标：把局领导班子建成学习创新、民主决策、勤政为民、清正廉洁、团结和谐的“五好”领导班子；把基层党支部建成团结、带领、教育职工完成各项工作任务的战斗堡垒；把党员队伍建成在各项工作中发挥先锋模范作用的骨干力量；把干部职工队伍建成数量充足、结构合理、思想素质好、综合素质高、专业能力强的黄河职工队伍。各级党组织党建主体责任：局党组8项，直属机关党委11项，党支部8项，党小组8项。各级党组织第一责任人责任：局党组书记7项，局党组成员7项，党委书记7项，党支部书记7项，党小组组长6项。

（四）党员理论教育

中共安阳地区黄河修防处直属机关委员会成立以后，历届直属机关党委都重视党员的理论教育工作，按照濮阳市直工委的要求，服从党的中心工作任务，联系濮阳治河实际，采取不同形式对党员干部进行理论教育。

1982 年 9 月，党的十二大召开后，认真宣传贯彻十二大精神。组织各单位各选派 1 名党员干部到安阳地委党校学习培训，作为本单位学习十二大精神的宣讲辅导员。处机关举办 3 期干部轮训班，每期半个月，对全处的 155 名干部进行培训。1983 年，采取以单位“小集中”的办法，举办读书班，主要学习《十一届三中全会以后文件汇编》《陈云文稿选编》《邓小平文选》3 本书和《中共中央关于整党的决定》。1984~1986 年，组织党员干部学习马列主义哲学、政治经济学、科学社会主义。1987~1989 年，在政治思想领域开展反对资产阶级自由化的斗争，组织党员干部学习讨论《建设有中国特色的社会主义》《坚持四项基本原则，反对资产阶级自由化》2 本书，要求搞清资产阶级自由化的实质和危害，以及坚持四项基本原则的重要性。

1990~1992 年，相继开展基本国情、基本路线“双基”教育，世界观、人生观、价值观“三观”教育，学理论、学党章、迎党的生日、迎香港回归“双学双迎”教育。其中，“双基”教育面向全体职工，重点是 35 岁以下的青年职工，主要采取脱产轮训的方式进行。还开展共产主义理念、全心全意为人民服务，以及职工“四有”（有理想、有道德、有文化、有纪律）教育；开展爱国主义、革命传统、法制、公民权利和公民道德、职业道德，以及职业纪律等方面的教育；开展学习先进活动和一系列宣传纪念活动等。

1993 年，贯彻落实濮阳市委《关于进一步加强思想理论建设的意见》，在学习党的十四大文件的基础上，深入学习建设有中国特色社会主义理论，以《邓小平同志关于建设有中国特色社会主义理论专题摘编》为必读书目，全面准确地理解十四大关于建设有中国特色的社会主义理论的新论述和新概括。1994 年，举办学习《邓小平文选》第三卷读书班，组织党员干部参加濮阳市委举办的建设有中国特色社会主义理论、市场经济知识培训班。1995 年，濮阳市黄河河务局党组印发《关于认真学习〈邓小平同志建设有中国特色社会主义理论学习纲要〉和〈党章〉的通知》，组织全局党员干部和职工进一步深入学习中国特色社会主义理论。

1996~2000 年，推动学习邓小平理论向纵深发展，以党组（党委）中心组学习为龙头，以自学为基础，进一步加强党员干部理论教育工作。1997 年，组织党员和群众认真地、原原本本地学习党的十五大报告，并重点围绕初级阶段的基本路线和纲领、邓小平理论的历史地位、公有制实现形式、党的建设等进行深入的学习探讨。1998 年，按照中央和省委、市委通知精神，局直属机关党委制订学习制度、学习计划和内容，邀请濮阳市党校老师辅导，组织党员干部掀起学习邓小平理论高潮。2000 年，以讲学习、讲政治、讲正气的“三讲”教育为契机，广泛开展“三个代表”重要思想的学习、宣传活动，并同进一步加强党的建设紧密结合起来，同全面落实以经济建设为中心的方针、切实做好实际工作结合起来。

2001 年，组织开展“三个代表”重要思想学习教育活动，认真学习贯彻江泽民在庆祝中国共产党员成立 80 周年大会上的讲话和党的十五届六中全会精神。2002 年，在认真学习贯彻党的十六大精神的基础上，按照省委、市委的要求，在全局组织开展“解放思想大讨论”活动。2003 年，把深入学习贯彻十六大精神，用“三个代表”重要思想武装广大干部职工作为重中之重，通过召开中心组（扩大）学习交流会、知识竞赛、论文评选等活动，促进学习贯彻“三个代表”重要思想的不断深化。2004 年，认真组织学习贯彻十六大三中全会精神，弘扬求真务实精神和求真务实之风；开展党的基本理论、基本路线、基本纲领和基本经验教育，引导党员干部树立正确的世界观、人生观、价值观。

2005 年，开展保持共产党员先进性教育活动，组织党员学习《保持共产党员先进性教育读本》，引导党员坚定理想信念，坚持党的宗旨，增强党的观念，发扬优良传统。在学习提高的基础上，组织党员和党员领导干部，总结近年来自己在理想信念、宗旨观念、组织纪律、思想和工作作风等方面的情况，认真查找存在的突出问题，剖析思想根源，明确努力方向。党员领导干部还认真剖析在权力观、地位观、价值观上存在的问题。各党支部广泛征求群众的意见，并向党员本人如实反馈。党员领导干部多层次征求群众的意见，在开展谈心活动的基础上，召开民主生活会，开展批评与自我批评。局直机关党委 10 个支部的 348 名党员全部参加民主评议，评出优秀党员 23 人，合格 314 人，基本合格 11 人。参加评议的群众 78 人。根据查处的问题和民主评议的意见，每个党员制定整改措施，认真整改。

2006 年，开展社会主义荣辱观教育，组织党员学习《党章》和胡锦涛关于“坚持以热爱社会主义为荣、以危害祖国为耻，以服务人民为荣、以背离人民为耻，以崇尚科学为荣、以愚昧无知为耻，以辛勤劳动为荣、以好逸恶劳为耻，以团结互助为荣、以损人利己为耻，以诚实守信为荣、以见利忘义为耻，以遵纪守法为荣、以违法乱纪为耻，以艰苦奋斗为荣、以骄奢淫逸为耻”（八荣八耻）的论述，教育党员和党员领导干部要树立社会主义荣辱观，坚持正确的世界观、人生观、价值观，保持共产党员的先进性。2007 年，将社会主义荣辱观教育引向深入，在全局开展“知荣辱、讲正气、促和谐”为主体的道德教育实践活动，积极倡导爱国、诚信、友善、勤俭、敬业等道德规范，教育引导广大党员干部职工树立与时代进步相适应的文明和谐意识。

2008 年，开展科学发展观理论教育。局党组（党委）制定中心组科学发展观专题学习安排意见，组织党员干部重点学习《科学发展观读本》和十七大报告，掌握中国特色社会主义理论，把科学发展观作为经济社会发展的指导方针，坚定不移地走科学发展的道路，改善民生，筑牢和谐文明建设的坚实基础。

2009 年，开展“讲党性修养、树良好作风、促进科学发展”教育活动，采取局直属机关党委中心组学习、支部学习、个人自学等形式，学习胡锦涛在十七届中央纪委三次全会上的重要讲话、习近平视察河南时的重要讲话等，经过撰写剖析报告、召开专题民主生活会、群众评议 3 个环节，查找在党性、党风和党纪等方面存在的突出问题，制定整改措施，按时限要求整改，达到了统一思想，提高认识，端正态度，进一步增强讲党性修养，树立良好作风，促进科学发展的目的。

2010年，根据濮阳市委安排开展社会主义核心价值体系和“四个一”（实现“一个执政本质”，体现“一个根本要求”，明确“一个重要途径”，完善“一个执政方式”）学习实践活动，组织党员干部职工学习《社会主义核心价值体系学习读本》，举办以社会主义核心价值体系为主要内容的知识讲座，组织开展以社会主义核心价值体系为内容的知识竞赛等，提高党员干部职工对社会主义核心价值体系和“四个一”的认识与理解。开展“重在持续、重在提升、重在统筹、重在为民”为主题的党课活动。党组（党委）书记和各支部书记，根据濮阳市委的要求，结合治河工作实际、经济发展思路和举措、党员和职工群众关心的热点难点问题，联系党员群众的思想实际、身边的先进模范人物等方面准备党课内容，分别向党员授课。

2013~2014年，开展党的群众路线教育实践活动，教育引导党员干部树立群众观点，弘扬优良作风，解决突出问题，保持清廉本色，使干部作风进一步转变，干群关系进一步密切，为民务实清廉形象进一步树立。教育实践活动的主要任务是集中解决形式主义、官僚主义、享乐主义和奢靡之风这“四风”问题。经过学习教育、听取意见，查摆问题、开展批评，整改落实、建章立制3个环节，局党组制定出改进调查研究、精简会议活动、精简文件简报、规范出访活动、改进新闻报道、严格文稿发表、厉行勤俭节约等方面的制度。

2015年，在局处级以上领导干部中开展“三严三实”（严以修身、严以用权、严以律己，谋事要实、创业要实、做人要实）专题教育，延展深化党的群众路线教育实践活动，在守纪律讲规矩、营造良好政治生态上见实效，在真抓实干、推进濮阳治河改革发展上见实效。针对“不严不实”问题，建制度、立规矩，扎紧制度笼子，强化刚性执行，推动践行“三严三实”制度化、常态化、长效化。

三、纪检监察

1982年7月，中共安阳地区黄河修防处党组成立纪检组，设组长、副组长各1名，设纪检员2人。1989年，机关增设行政监察科，与纪检组合署办公，一套人马，两块牌子，承担党的纪律检查和行政监察双重任务。1996年，行政监察科与审计科合署办公，并改称监察审计室。2015年，监察审计室升格为监察审计处，进一步加强纪检监察工作。

（一）党风党纪廉政教育

党风、党纪、廉政教育主要围绕马克思主义基本理论教育、党的基本路线和方针政策教育、理想信念教育、根本宗旨教育、党纪国法教育、反腐防变教育等6个方面进行。

20世纪80年代中后期，党风党纪教育着重围绕整顿党的作风开展工作。1984年11月，濮阳市黄河修防处成立整党工作领导小组，开展为期8个月的党风整顿活动。

重点是纠正不正之风，一是纠正利用职权和工作条件谋取私利的歪风，二是纠正对党对人民不负责任的官僚主义作风。1985~1987 年，在全体党员中开展“党性党风党纪教育活动”，整顿党纪，端正党风，纠正新的不正之风，促进社会风气扭转。通过党风整顿，党员干部中的官僚主义、以权谋私、经商谋利等不正之风得到遏制和整改。1988~1990 年，围绕改革开放，坚持四项基本原则，反对资产阶级自由化，开展政治纪律、组织教育和党的基本路线教育。在同各种错误倾向做斗争的同时，对党员队伍中暴露出来的思想、作风方面的问题，组织党员进行回顾和反思，教育党员清理思想，分清是非，吸取教训。在思想上、政治上与党中央保持高度一致，坚持四项基本原则，反对资产阶级自由化，抵御国际敌对势力对我国实施和平演变的图谋。

1991 年，重点开展党纪条规教育，组织全体共产党员系统学习中纪委颁发的 9 项党内条规。播放党纪条规录像 20 余场，收看人数达 800 余人次。1992 年，对党员进行法律法规和党建理论教育，以《马克思主义党的建设理论学习纲要》为基本教材，以“二五”普法教材为主，进行党纪基本知识学习。组织党员干部参加上级举办的党建理论学习班 13 期，上党课 96 次，放录音、录像 36 场，受教育人数达 2863 人次。1993~1995 年，组织党员学习党的十四大通过的新党章，进行党的性质、宗旨、传统教育；开展党的思想作风建设，认真解决官僚主义、形式主义、自由主义、个人主义等方面的问题。1996~2000 年，开展以讲学习、讲政治、讲正气为主要内容的党性党风教育，着重解决思想信念和思想作风方面存在的突出问题。组织党员干部学习《中国共产党纪律处分条例》《党员领导干部廉洁从政若干准则》，观看胡长清、成克杰等重大典型案例录像，并采取购买党风党纪学习资料、自编廉政手册、巡回播放有关录像、撰写廉政论文等方式，扎实开展党风廉政教育，引导党员干部树立正确的世界观、人生观、价值观，增强群众观点，提高廉政意识，在思想、道德、纪律上构筑三道防线。

2001~2005 年，坚持“立足教育，关口前移”的原则，开展党风廉政教育，主要内容有“三个代表”重要思想、“两个务必”，以及党纪条规和国家法律法规等。组织党员干部重点学习《中国共产党党内监督条例（试行）》《中国共产党纪律处分条例》《建立健全教育、制度、监督并重的惩治和预防腐败体系实施纲要》《国有企业领导人员廉洁从业规定》和“四大纪律，八项要求”等。开展以预防为主、以领导干部为主，以从政道德为主要内容的经常性的廉政教育。坚持每年开展党风廉政建设宣传月活动，采取出板报、办宣传栏、播放党风廉政教育录像、召开典型案例剖析座谈会等方式开展党风廉政教育。利用正、反两方面的典型案例，开展示范教育和警示教育。在局域网开设“廉政之窗”，上传时代先锋、廉政先锋等典型事例，向党员干群传播廉政理念和廉政规范。

2006~2010 年，党风廉政教育主要是通过理论教育，引导党员干部加强党性修养和世界观改造，解决好理想信念问题，做到执政为民，廉洁从政。每年初制订全局党风廉政宣传教育计划，将其任务分解到各职能部门，明确教育内容和职能部门责任。在党纪政纪和法律法规教育方面，主要是组织党员干部学习《中国共产党党员领导干部廉洁从政若干准则》《关于实行党政领导干部问责的暂行规定》《中国共产党巡视工作条例（试行）》《国有企业领导人员廉洁从业若干规定》《关于开展工程建设领域突出问题专项治理工作的意见》《河南省工程建设廉洁准入暂行办法》等。组织观看《焦裕禄》《生死牛玉儒》《村官李天成》《人生的败笔——王有杰受贿案警示录》《玩火者必自焚》《职务犯罪九大警示》等正、反两方面的电影和专题片，参观濮阳市反腐倡廉警示教育展览等，开展先进典型和警示教育。采取廉政文化进机关、进企业、进工地、进家庭活动形式，拓宽党风廉政教育领域。自2006年起，将管钱、管人、管物、管工程建设等重要岗位人员纳入警示教育范围。图10-2为濮阳河务局干部赴兰考学习焦裕禄精神。

图10-2　2010年濮阳河务局组织干部参观焦裕禄展览馆

2011~2015年，开展以“以人为本、执政为民”“保持党的纯洁性”“学条规、守纪律、转作风”“守纪律、讲规矩”为主题的党风廉政宣传月活动，每年组织党员干部到濮阳市廉政警示教育基地，观看警示教育专题展览、模拟看守所羁押场所、廉洁警示教育宣传片等，以身边案教育身边人，持续增强党员干部廉洁从政意识，提升拒腐防变能力。

（二）廉政制度建设

1984~1987年，整党工作与反腐败斗争紧密结合，贯彻执行党和国家有关廉政方面的规定，纠正利用职权和工作条件谋取私利的不正之风。要求党员领导干部对自己的子女、亲友的劳动就业和工作分配、调动，一律不得插手干预，由有关部门按政策和法令办理；住房分配一律由本单位的分房组织在党组的统一领导下办理，任何党员领导干部不得私自决定；必须遵守国家财经纪律，不允许请客送礼，更不允许行贿受贿等。1988年，濮阳市黄河修防处党组印发《领导干部和工作人员为政清廉的几项规定》，要求领导干部和工作人员要正确使用权力，做到不贪污、不行贿、不受贿、不搞权钱交易；下基层按规定就餐，并交纳伙食费，不准要吃要喝；公开办事制度和程序，接受群众的监督；人事管理实行公开、公平、竞争的原则，凡涉领导亲属晋升、调动、就业等事项实行回避制度；建立廉政建设责任制，将廉政建设作为干部政绩考核的重要内容等。

1990年，执行《为政清廉的规定》，树立“实干、廉洁、公正、奉献”的良好形象。1991年，贯彻执行中共中央《关于认真检查对严禁用公款吃喝送礼等有关规定执行情况的通知》和河南省委《关于保持廉洁整治腐败的若干规定》。濮阳市黄河河务局制定《领导干部为政廉洁的十条规定》，要求领导干部带头参加义务劳动，检查工作按标准用餐，坚持政务公开，解决在招工、招干、人事、住房分配等方面群众反映的问题等。是年，对防汛经费使用情况进行监察。水利部、黄委、河南黄河河务局要求各基层单位不准向上级机关和个人送礼，上级机关和个人不准收受基层单位的钱物和吃请等。1992年，重点解决“三风一案”（三风：行业不正之风、公款吃喝送礼风、干部人事工作中的不正之风；一案：违纪案件）问题。1993年，纠正用公款请客送礼、挥霍浪费的不正之风。加强职称评定、住房分配、人事调动、参军就业、收入分配等方面的监督检查，防止拉关系、走后门、弄虚作假等不正之风的发生。健全党内外监督制度，针对直接掌管人、财、物的岗位建立有效防范以权谋私和行业不正之风的约束机制。濮阳市黄河河务局制定《近期反腐败斗争实施意见》，要求党员干部要贯彻落实好中央提出的廉洁自律5条、省委的8条、市委的6条规定。1994年，濮阳市黄河河务局制定《党员领导干部廉洁自律的实施规定》和《干部职工反腐倡廉的有关规定》。

1996年，贯彻河南黄河河务局《关于提拔任用干部进行廉政鉴定的办法（试行）》，把由纪检监察部门对提拔任用干部提出鉴定意见作为提拔任用干部的一个必要程序。1997年，重申单位之间不准以任何理由用公款相互宴请或赠送礼金、礼品、红包及有价证券，严禁用公款大吃大喝，挥霍浪费。1998年，濮阳市黄河河务局制定《关于加强防洪基本建设资金监察审计监督的实施意见》，保证建设资金合法、合规安全使用，严禁挪用或变相挪用。制定《濮阳市黄河河务局公务接待规定》，规定凡到基层检查工作的人员一律在机关食堂就餐，严格控制接待标准，不准饮酒等。1999年，濮阳市黄河河务局印发《关于对党员领导干部加强党内纪律监督的实施办法》，对党员和各级领导干部加大监督力度。贯彻建设部和监察部《工程建设若干违法违纪行为处罚办法》和黄委《关于工程建设项目及水利资金使用违法违纪行为的行政处分规定（试行）》，制定《濮阳市黄河河务局防洪工程廉政规定》，对防洪工程建设中的违法违纪行为进行惩处，维护建筑市场秩序，确保工程质量。2000年，贯彻河南黄河河务局《关于实行诫勉谈话制度的实施办法（试行）》，对有群众反映或发现有违纪苗头的干部和领导集体，进行诫勉谈话，指出其存在的问题，督促整改。贯彻黄委《关于对几种严重违反财经纪律行为的行政处分办法（试行）》，强化财务管理和监督，确保资金安全。

2001年，为局机关副科级以上干部和局属各领导班子建立领导干部廉政档案，内容主要有本人基本情况、廉政谈话情况、廉政方面奖惩情况、群众信访情况、民主生活会自查自纠情况等。2002年制定《濮阳市黄河河务局关于开展工程施工项目管理效能监察工作的实施意见》和《濮阳市黄河河务局关于对政务厂务公开工作中违纪行为追究党纪政纪责任的暂行办法》，开展对内外部工程施工项目效能实施监察和保证政务厂务公开制度的全面实行。2003~2004 年，贯彻执行黄委《黄河防洪工程项目法人建设管理责任追究办法（试行）》和《黄河防洪工程项目建设管理责任追究办法》，明确项目法人责任、防洪工程施工准备、招标投标管理、质量管理、工程进度和投资控制、合同管理、工程验收等环节的管理职责和责任追究的行为，以及处罚规定等。贯彻执行黄委《关于基本建设资金使用管理若干规定（试行）》、河南黄河河务局《关于违反水利建设资金管理规定行为的行政处分办法》，规范治河基本建设资金管理，对违反规定的给予通报批评、警告、记过、撤职、开除公职等处分。2004 年，濮阳河务局印发《关于违反“五不准”规定的处理办法（试行）》，对违反“不准有令不行、不准暗箱操作、不准办事拖拉、不准吃拿卡要、不准吃喝浪费”的给予党纪政纪处分。2005 年，濮阳河务局成立惩治和预防腐败体系建设领导小组，印发《关于建立健全惩治和预防腐败体系的实施意见》，计划利用 4 年时间，建立、完善教育和防范机制，落实党和国家反腐倡廉法规制度，健全权力运行的制约监督机制，建立完善查案惩处机制。是年，贯彻河南省纪委《关于严禁机关工作人员影响公务和形象饮酒行为的暂行规定》，对工作时间和工作日的午间饮酒，以及因饮酒发生的 7 种行为的人员给予批评教育或党纪政纪处分。

2006 年，濮阳河务局印发《经营施工项目行政监察实施办法》，纠正和预防经营施工项目建设过程中存在的不正之风和腐败行为。是年，开展商业贿赂行为专项治理活动，对水利工程建设领域、政府采购领域、资源开发领域存在的“回扣、提成、礼金、贵重物品、介绍费、好处费”等贿赂行为进行整顿治理。2007 年，更加重视对拟提拔任用干部进行廉政鉴定，由纪检监察部门对拟提拔任用的干部在“遵守廉洁从政各项规定、党风廉政建设责任制履行、违法违纪”等方面的情况进行调查核实，然后出具廉政鉴定意见。2008 年，贯彻《河南黄河河务局反腐倡廉预警机制》，对在党风廉政方面存在的苗头性、倾向性问题，向相关人员采取廉政提醒、廉政谈话、廉政函询、信访告诫、诫勉谈话等措施，责令整改；局党组制定《建立健全惩治和预防腐败体系 2008~2012 年工作规划》，继续推进惩防体系建设。2009 年，印发《濮阳河务局关于影响防洪基建工程建设责任追究的暂行规定》，对影响工程建设进度、质量的行为和违纪行为的人员实行责任追究，最重处罚为降职、责令辞职、免职等。是年，各级干部实行廉政知识考试制度，规定每 3 年考试 1 次。为成绩合格者颁发“河南黄河河务局干部廉政知识考试合格证书”。2010 年，贯彻落实《中国共产党党员领导干部廉洁从政若干准则》，组织党员领导干部对照廉政准则“8 项禁止，52 条不准”查摆自身和工作中存在的不足，制定整改措施，加以整改，以解决领导干部廉洁自律方面存在的突出问题。是年，印发《濮阳河务局水利工程维修养护责任追究暂行规定》，对维修养护工作人员不履行或不正确履行职责的行为，以及腐败行为实行责任追究。

2014 年，制定《中共濮阳黄河河务局党组党风廉政建设承诺制度》《中共濮阳黄河河务局党组党风廉政建设报告制度》《中共濮阳黄河河务局党组党风廉政建设约谈制度》。党风廉政建设实行承诺自下而上，逐级承诺制度；逐级签订承诺书，各级党组织认真履行职责，党员干部自觉兑现承诺，做到知行合一、有诺必践、违诺必纠，并自觉接受干部职工的监督。党风廉政建设实行报告制度，各级党组向上级党组专题报告履行主体责任情况和党风廉政建设工作，班子成员向同级党组织报告履行主体责任情况和个人廉洁自律情况，纪检监察部门向同级党组织和上级纪检监察工作机构报告线索处置和案件查办情况。党风廉政建设实行约谈制度，约谈对象为：局领导，局属各单位、机关各部门主要负责人和领导班子其他成员，有必要约谈的其他领导干部；约谈内容主要有：贯彻执行党的路线、方针、政策和上级党组重大决策部署情况，履行党风廉政建设和反腐败工作主体责任情况，贯彻执行民主集中制情况，贯彻落实干部选拔任用规定情况，贯彻落实中央八项规定等各项廉洁从政制度、规定方面的情况，需要约谈对象了解、提醒的其他方面的情况。

2015 年 1 月，转发中共河南黄河河务局党组《省局机关工作人员在国内交往中收受礼品、礼金、有价证券和支付凭证的登记和处置办法》，规定机关参照公务员法管理的工作人员（包括其父母、配偶、子女），在国内交往中一律不得收受与该工作人员行使职权有关系的单位和个人赠送的礼品、礼金、有价证券和支付凭证；因各种原因未能拒收的，一律登记上交。登记上交的礼品、礼金、有价证券和支付凭证由局机关纪检组会同局办公室、财务处等部门处置。若查实既不退还，也不在规定时限内登记上交的，根据有关规定对其严肃处理。

2015 年 10 月，中共濮阳黄河河务局党组印发《濮阳河务局巡察工作办法（试行）》，成立巡察组织，开展常规巡察和专项巡察。常规巡察的主要内容有：贯彻执行党的路线方针政策，遵守国家法律法规，执行局党组决定、工作部署情况；维护党的纪律和规矩，严明党的政治纪律、组织纪律、财经纪律、工作纪律、生活纪律、廉政纪律的情况；贯彻中央八项规定精神和濮阳河务局实施意见情况；落实党风廉政建设责任情况；执行民主集中制的情况；选拔任用干部的情况；问题线索处置情况等。专项巡察的主要内容有：单位（部门）的重点项目、重大问题和重要事件，经济合同签订及履行，财务监督管理，干部职工勤政廉政及违纪违规情况等。

2015 年 12 月，印发《濮阳河务局工程项目和资金资产管理办法（试行）》，规范工程建设和维修养护项目、大额资金收支、大宗物资采购，以及房产、设备、场地出租和资产处置等方面的管理，明确工管、财务、经管、监察审计等部门对本办法执行情况实施监督检查。对违反本办法的，给予责任追究。

（三）党风廉政建设责任制

1998 年后，贯彻落实中共中央、国务院《关于实行党风廉政建设责任制的规定》，明确各级党组（总支）及其领导班子、领导干部在党风廉政建设中应当承担的责任；各级领导班子及其成员为党风廉政建设的责任主体，其正职为本单位、本部门党风廉政建设第一责任人，实行“一岗双责”制度。濮阳市黄河河务局成立党风廉政责任目标管理领导小组，将上级下达的责任目标分解为廉政建设、案件查处、宣传教育、纠风工作和加强自身建设5大类20条，并以签订目标责任书的形式下达到局属15个单位和机关各部门。

2000年，濮阳市黄河河务局成立党风廉政建设责任制领导小组，正式实行党风廉政建设责任制，自上而下制定责任制任务书。局领导班子成员对党风廉政建设责任制和反腐败工作进行责任分工，分别抓好分管工作、部门和联系单位的责任制落实。是年，执行河南黄河河务局《局党组对违反党风廉政建设责任制行为实施责任追究的办法（试行）》，以保证党风廉政建设责任目标的实现。

2001年以后，印发年度局属单位领导班子、领导干部，以及党员干部党风廉政建设责任制考核细则，加强对党风廉政建设责任制落实的管理。2006年以后，制定年度党风廉政建设责任制考核标准，要求领导干部年终撰写述责述廉报告，并增加党风廉政建设工作调查问卷和民主测评内容，征求广大干部职工对本单位领导班子和成员落实党风廉政建设责任制情况的意见。2007年以后，制定年度党风廉政建设和反腐败工作要点。

2010年11月后，执行中共中央、国务院颁布修订后的《关于实行党风廉政建设责任制的规定》，充实完善责任内容、检查考核与监督的措施，以及责任追究的具体情形、追究方式、办理程序、集体责任与个人责任划分等。

2012年开始，建立年度党风廉政建设工作台账和党风廉政建设重点工作台账，并按照时间节点把党风廉政建设各项任务完成情况报市纪委，以促进党风廉政建设责任制的落实。

2014年，按照党的十八届三中全会强调的“落实党风廉政建设责任制，党委负主体责任，纪委负监督责任”的要求，局党组印发《关于进一步落实党风廉政建设主体责任的实施意见》，明确局党组及所属各级党组织是党风廉政建设的责任主体，对党风廉政建设负全面领导责任；党组书记是其单位党风廉政建设的第一责任人，党组班子成员和各级党组织班子成员根据工作分工对职责范围内的党风廉政建设负领导责任；党组纪检组负监督职责。

2015年，印发《中共濮阳黄河河务局党组党风廉政建设主体责任清单（试行）》，明确局党组责任11项，党组书记11项，党组成员（副局长、总工）、工会主席7项，纪检书记（党组成员）9项。党风廉政建设主体责任的具体内容有：严明党的纪律，选好用好管好干部，构建作风建设长效机制，加强党风廉政教育，突出源头治理，加大案件查办力度，加强领导班子自身建设。

（四）监督检查

1990年，濮阳市黄河河务局开始执法监察工作。围绕各个时期的治河中心任务，对局属各单位、机关各职能部门正确履行职责情况进行监督检查，重点监督人、财、物权力职能部门。同时，对濮阳治河工作中的重大问题，有重点、有计划地进行监督检查。

1991年，重点对防汛专项经费管理使用情况进行执法监察。1992年，对局属各单位治河经费中的一些项目，开展执法监察。1993年，对业务经营活动中的违纪与非违纪界限进行监督检查。1994年，重点对废旧物资处理情况进行全面监督检查，有效遏制了废旧物资处理中的不正之风和违纪行为。1995年，对各单位的小汽车、小金库、各种欠款等方面进行监督检查。1997年，开展防汛执法监察和干部选拔任用及人事管理工作专项检查，以及对本年度34个工程项目的执法监察。1998~2000年，对全局贯彻中共中央、国务院《关于党政机关厉行节约制止奢侈浪费八条规定》情况进行专项执法监察；对防洪基本建设资金、通信费用、公务接待等方面开展监督检查。

2001年，对濮阳县、范县、台前县黄河务局和濮阳黄河工程公司贯彻招标投标法情况开展专项监察，对机关财务收支情况进行监督审核。2002年，开展《中共中央关于加强和改进党的作风建设的决定》贯彻落实情况监督检查，对局属各单位领导班子的廉政勤政情况开展重点监督检查。是年，成立濮阳市黄河河务局效能监察领导小组，开始对工程施工项目管理效能进行监察。2003年，将效能监察范围扩大到机关工作各个方面，印发《机关效能建设工作意见》，以及相应的实施方案、责任追究办法。2004~2005年，重点开展防洪基建国债、大额资金使用情况监督检查。开始把防汛工作、民主理财、民主评议干部、政（厂）务公开、政府采购等列入效能监察范围。

2006年，以提高经济效益为目的，对投资50万元以上的经营项目进行监察；对水管体制改革整个过程实行监督检查，保证了改革的顺利实施。2007年，加强对各单位、各部门“一把手”和关键部门、关键岗位的监督，防止以权谋私。2008~2010年，重点对防洪工程建设项目部开展监督检查，督促施工进度，并对水利工程建设项目进行专项执法检查。

2011~2015年，加强重要领域、关键环节的监督检查，对全局政府采购、民主理财、民主评议干部、民主恳谈会、人员招聘、干部提拔等工作开展监督和检查。对防洪工程建设项目、黄河水利工程维修养护管理，以及国家审计署审计报告中提出的问题整改情况进行重点监督。

（五）纪检信访工作

纪检监察信访职责是：受理涉及党政纪问题的检举、控告和申诉。纪检监察信访受理的事项是：对党员、党组织违反党章和其他党内法规，违反党的路线、方针、政策和决议，利用职权谋取私利和其他败坏党风行为的检举、控告；党员、党组织对所受党纪处分或纪律检查机关所做的其他处理不服的申诉；其他涉及党纪党风的问题；国家行政机关及其工作人员和国家行政机关任命的其他人员有违反国家法律、法规、政策和决定、命令以及政纪的行为。受理事项处理的基本原则是：按照党章和政策规定处理问题；实事求是，以事实为依据；贯彻党的民主集中制；维护当事人的民主权利；分级负责、分工归口处理检举、控告和申诉；解决实际问题同思想教育相结合。

20世纪80年代，濮阳市黄河修防处自上而下明确专兼职纪检监察人员负责纪检监察信访工作，按照“健全制度、完善手续、分级负责、归口办理”的要求，围绕打击经济犯罪活动开展工作，处理信访案件6起。

20世纪90年代，纪检监察信访工作把群众反映强烈的热点问题作为重点，进行了解、调查、核实，根据群众反映问题的性质和调查的情况，筛选分类后，依照党和国家的政策与规定，进行妥善处理。1992年以后，监察信访工作贯彻执行国家监察部制定的《监察机关举报工作办法》。1993年5月后，纪检信访贯彻执行中纪委制定的《中国共产党纪律检查机关控告申诉工作条例》。20世纪90年代，濮阳市黄河河务局共受理干部、群众来信来访59件次。

2001年后，濮阳市黄河河务局把纪检监察信访工作纳入年度目标管理，并在全局开展"无越级上访、无重信重访、无信访积案"活动。2006年以后，纪检监察信访案件大幅度减少，信访举报案件按期结案率、优质结案率明显提高。2008年，贯彻执行黄委《关于规范黄委纪检监察信访举报工作意见》，明确规定纪检监察信访举报受理范围是：对党组织、党员、国家行政机关、公务员等违法、违纪和严重不正之风的检举、控告；受理纪检监察部门对违法违纪案件处理不服人员要求复查、复议、复审、复核的申诉；受理对党和政府机关及其工作人员的缺点、失误提出的各类批评；对纪检监察部门提出的意见或建议。要求"按照分级负责、归口办理的原则，由相应的纪检监察部门办理，做到事事有交代、件件有结果"。对信访举报案件，采取"转办承办、直接查办、信访监督"程序办理。通过对信访案件的查处，各类违法违纪的行为得到惩处，有效提高了党员干部的廉洁自律意识；同时也及时澄清一些反映失实的问题，解脱一些党员干部，保护了广大党员干部干事创业的积极性。2001~2010年，共受理干部、群众来信来访73件次。

2011~2015年，按照"事实清楚、证据确凿、定性准确、处理恰当、手续完备、程序合法"的24字办案方针查办信访案件，做到有案必查、有贪必肃、有腐必惩、件件有结果，着力形成有力震慑，不断强化"不敢"氛围，全局共查处通过短信、邮箱举报和上级转来的纪检监察信访案件39件，挽回经济损失近60万元。

四、精神文明建设

20世纪50年代，向职工进行共产主义、社会主义基本理论教育，还结合抗美援朝进行爱国主义和国际主义教育，提高职工思想政治水平，树立新的劳动态度。60年代，在职工中开展总路线再教育和学习毛泽东著作活动，提高职工思想和政策水平。开展学雷锋、学大庆、学"王铁人"活动，成为推动治河工作的动力。80年代以后，坚持"两手抓，两手都要硬"和"精神文明重在建设"的方针，广泛深入地进行共产主义人生观、社会主义思想道德、社会主义精神文明的学习教育和宣传贯彻，动员组织指导各单位广大干部职工开展形式多样的社会主义思想道德和精神文明建设实践活动。思想道德教育方面，开展以坚持共产主义理想和社会主义信念，坚持党的领导，坚持社会主义制度和爱国主义为主要内容的思想道德教育、公民道德教育、职业道德教育，取得明显效果。精神文明创建方面，以创建文明单位为基础，以创建文明科室、文明工地、文明家庭为补充的创建格局，形成了制度化、规范化的创建体系。

（一）思想道德建设

思想道德建设集中体现着精神文明建设的性质和方向，是精神文明建设的核心内容和中心环节。从20世纪80年代初至2015年，濮阳河务局在组织开展精神文明建设活动中，始终把着力点放在提高干部职工的思想道德素质上，注重加大思想道德教育的含量，使精神文明创建过程成为对干部职工进行思想熏陶和教育引导的过程，取得了良好的效果。

1. 思想教育

（1）爱国主义、集体主义教育。1982年以后，针对青年职工多的状况，采取报告会、集中学习、读书、图片展览、热爱黄河演讲等形式，向青年职工进行爱国主义和集体主义教育。1984~1985年，在中华人民共和国成立35周年、“一二·九”运动50周年、抗日战争和世界反法西斯战争胜利40周年、“五一”国际劳动节100周年等庆祝、纪念活动时，向干部职工广泛宣传爱国主义精神。1986年，纪念红军长征胜利50周年，号召全处干部职工学习和发扬中国工农红军坚定的共产主义信念、高度的组织纪律性、勇于献身的牺牲精神。1987年，开展坚持四项基本原则、反对资产阶级自由化的教育活动。

1990~1991年，开展基本国情、基本路线的“双基教育”活动，购买教材，举办学习班，全处在职干部职工全部接受教育。1994年，中共中央印发《爱国主义教育实施纲要》后，濮阳市黄河河务局把爱国主义、集体主义教育常规化，持续开展，至2015年，采取爱国主义教育读书活动、典型示范、知识竞赛、歌咏比赛、组织参观学习和收看爱国主义教育影视片等形式，并结合中华人民共和国成立每10年大庆、人民治河每10年大庆、香港和澳门回归等事件，开展以“知我中华、爱我中华”为中心内容的爱国主义教育，同时还开展以“热爱集体、奉献社会”为主要内容的集体主义教育，把广大干部职工的爱国热情引导和凝聚到热爱黄河、热爱本职工作上来。2009年，濮阳市黄河河务局被濮阳市评为爱国主义教育先进单位。

（2）“解放思想、更新观念”大讨论活动。按照濮阳市委和河南黄河河务局的安排，1994年濮阳市黄河河务局开展“解放思想、更新观念”大讨论活动，2002年开展“整顿思想作风，优化创业环境”和“解放思想大讨论”活动，2010~2015年持续开展“一创双优”活动。这些活动旨在打破计划经济体制下形成的条条框框，冲破思想藩篱，进一步解放思想，更新观念，改进工作作风，为濮阳黄河治理开发和管理事业的发展创造良好的环境；同时，激发广大干部职工的工作热情，集思广益，团结一致，推进濮阳黄河治理开发与管理事业的发展。

（3）“三讲”教育活动。2000年，根据濮阳市委和河南黄河河务局的安排，在全局开展“三讲”（讲学习、讲政治、讲正气）教育活动，主要解决“理想信念不坚定，组织原则不强，思想作风不正，带头作用不好”等问题。1月13日，召开动员大会。经过“思想发动，学习提高”“自我剖析，听取意见”“交流思想，开展批评”“认真整改，巩固成果”4个阶段，于3月21日结束，历时3个月。11月，又开展“三讲”教育“回头看”活动，进一步落实整改方案。“三讲”教育活动，取得整顿思想、提高素质、解决问题、改进作风和全面推动治河工作的双丰收。

（4）“三个代表”重要思想学习教育活动。2000~2004年，在全局干部职工中持续开展“三个代表”（代表中国先进生产力的发展要求、代表中国先进文化的前进方向、代表中国最广大人民的根本利益）重要思想学习教育活动。濮阳市黄河河务局印发《关于深入贯彻“三个代表”重要思想实施计划的通知》，局机关和各单位分别组织全体干部职工认真学习“三个代表”重要思想，深刻领会其基本精神，统一思想认识，并结合治河工作，着力解决工作中的实际问题。各级领导干部分别召开专题民主生活会，对照“三个代表”重要思想的要求查摆和整改思想上、工作上存在的突出问题，明确努力方向。

（5）文明行为规范教育。2000年以后，组织广大干部职工学习《濮阳市市民应知应会手册》《市民文明指南》《市民文明公约歌》等文明行为规范材料，规范职工文明行为，做到待人谦恭和气，谈吐文明有礼，举止端庄大方。2005年，开展以“告别陋习、倡扬文明”和“争创‘文明城市’‘文明社区’”为主题的教育活动，对机关工作人员的语言行为、仪表举止等进行规范。2006年，开展以讲文明、讲礼貌、讲卫生、树新风为重点的“维持黄河健康生命，携手共创治河文明”和“我与文明同行”的主题活动，倡导“文明交通”“文明言行”“文明生活”，进一步规范干部职工的文明行为。2010~2015年，在“三优三创”（优美环境、优良秩序、优质服务，创文明城市、创文明社区、创文明景区）为载体的国家级文明城市创建活动中，组织全局干部职工开展“讲文明树新风”“志愿服务”等集中教育实践活动。

2. 道德教育

（1）社会公德教育。20世纪80年代，从开展“五讲四美三热爱”（讲文明、讲礼貌、讲卫生、讲秩序、讲道德，心灵美、语言美、行为美、环境美，热爱党、热爱祖国、热爱社会主义）活动起，濮阳市黄河修防处的社会公德教育逐步展开，组织干部职工学习《社会公德教育读本》《市民文明指南》《市民文明公约》《市民应知应会手册》等教材，以“五爱四有三德”（爱祖国、爱人民、爱劳动、爱科学、爱社会主义，有理想、有道德、有文化、有纪律，社会公德、职业道德、家庭美德）为主要内容开展社会公德宣传教育。

1993~1994年，濮阳市黄河河务局派人参加濮阳市社会公德教育骨干培训班，并组织有关单位的200多名干部职工参加全市社会公德宣传教育和统一考试。1996年，围绕《中共中央关于加强社会主义精神文明建设若干重要问题的决议》提出的“大力倡导文明礼貌、助人为乐、爱护公物、保护环境、遵守纪律的社会公德”这一总体目标开展教育，逐步使社会公德教育渗透到治河工作各个方面。1999年，组织干部职工学习《市民文明素质教育读本》《濮阳市黄河河务局文明手册》等，组织参加濮阳市“创建文明城市、做文明市民、为濮阳争光”电视演讲比赛，并取得第一名、第二名的好成绩。2000年，紧密围绕“讲文明，树新风”为主题开展社会公德教育。

2001~2002年，重点对干部职工进行爱国守法、明礼诚信、团结友善、勤俭自强、敬业奉献的道德规范教育。2001年9月，中共中央颁布《公民道德建设实施纲要》后，濮阳市黄河河务局成立“道德规范进万家活动”领导小组，制订《濮阳市黄河河务局道德规范进万家活动实施方案》，持续开展“道德规范进万家”活动。2003年，濮阳市黄河河务局曾被河南省委宣传部、精神文明建设指导委员会办公室评为“道德规范进万家活动先进单位”。

2006年，在全局开展树立实践社会主义荣辱观实施“三和行动”（家庭和美、邻里和睦、人际和谐）活动，大力倡导干部职工树立以“八荣八耻”为主要内容的社会主义荣辱观。2007~2009年，持续开展以“知荣辱、讲正气、促和谐”主题道德教育实践活动，积极倡导爱国、诚信、友善、勤俭、敬业等道德规范，引导广大干部职工养成良好的道德品格和行为习惯。2010年，组织全局干部职工学习《社会主义核心价值体系学习读本》，开展社会主义核心价值体系“四个一”学习实践活动。

2011~2015年，在全局持续开展社会主义核心价值观教育，组织广大党员干部职工认真学习党的十八大以来文件精神，组织专题理论学习，印发社会主义核心价值观学习资料，普及社会主义核心价值体系建设有关知识，倡导富强、民主、文明、和谐，倡导自由、平等、公正、法治，倡导爱国、敬业、诚信、友善，使核心价值观教育真正入耳、入脑、入心，进一步提高全局干部职工的人文素养和政治素养。在全局持续开展以“文明礼貌、助人为乐、爱护公物、保护环境和遵纪守法”为核心的社会公德讲堂活动，使“讲道德、知荣辱、树新风”成为干部职工的积极追求。

（2）职业道德教育。20世纪80年代起，濮阳市黄河修防处开展以“爱岗尽职、忠于职守、方便群众、优质服务”为主要内容的职业道德教育。1988年，根据《河南黄河职工职业道德规范》，明确领导干部、人事管理、财务物资管理、通信、司机、后勤等岗位的职业道德规范，并开展相关的职业道德教育。2001年以后，在全局开展以“爱岗敬业、诚实守信、办事公道、服务群众、奉献社会”为主要内容的职业道德教育。2002年，印发《濮阳市黄河河务局职工职业道德规范》，主要包括《领导干部道德规范》《工程技术人员职业道德规范》《财务工作人员职业道德规范》《人事劳动教育工作者职业道德规范》《执法执纪工作者职业道德规范》《经营工作者职业道德规范》《党群工作者职业道德规范》《后勤服务人员职业道德规范》等，从职业理想、职业责任、职业作风等方面规范各工种、各岗位的职业行为。

2006年，以纪念人民治河60年活动为载体，宣传黄河治理的光荣传统，弘扬“艰苦奋斗、团结治河、无私奉献、求实开拓”的黄河精神，引导职工树立良好的职业道德，爱岗敬业，努力钻研业务。是年，在全局还开展以“关爱单位，关爱自我，忠诚黄河，敬业爱岗”为主要内容的职业道德教育活动。2008年，濮阳河务局被评为“濮阳市职业道德建设优秀单位”。2010年，局党组就广大干部职工最关心的问题，就如何开创濮阳治河事业和谐发展新局面的话题，在电子政务上连续编发19篇论述文章，多层面、多角度地引导广大干部职工加强团结，凝聚力量，做到爱岗敬业，甘于奉献，积极做好本职工作，不断提高工作质量和工作效率。并制定《濮阳河务局加强作风建设若干规定》，进一步强调干部职工加强职业道德建设，做到爱岗敬业，多做贡献；钻研技术，精益求精；关心集体，团结友爱；文明上岗，安全生产。

2012 年以后，在全局持续开展以“对党忠诚、服务人民、秉公执法、清正廉明、勇于奉献”为核心的职业道德讲堂活动，进一步树立机关干部以人为本、民生为重的理念，牢固确立以爱岗敬业、诚实守信、办事公道、服务群众、奉献社会为主要内容的职业道德。

（二）文明单位创建

文明单位是在社会主义物质文明和精神文明建设活动中，成绩突出、效果显著、群众满意、社会公认的先进单位，是由地方党委和政府命名的综合性最高荣誉称号。濮阳河务局的文明单位创建活动始于 20 世纪 80 年代。1984 年，濮阳市委、市政府制定以“领导班子建设、思想政治工作、文明细胞建设、社会和经济效益、环境建设”为主要内容的文明单位标准。据此，濮阳市黄河修防处制定文明单位创建规划，并将其作为目标管理的一项重要内容，进行督促检查。1985 年，濮阳县黄河修防段、范县黄河修防段、台前县黄河修防段和濮阳县金堤修防段被县委、县政府命名为县级文明单位，1986 年，台前县黄河修防段被市委、市政府命名为首批市级文明单位。

1990 年，范县黄河修防段和范县黄河滞洪办公室被命名为市级文明单位。1993 年，台前县黄河河务局成功创建省级文明单位，是河南黄河河务局基层单位中最早的省级文明单位。1995 年，濮阳市黄河河务局被市区委、区政府命名为县级文明单位。1996 年，水上抢险队和濮阳县金堤管理局分别创建为县级和市级文明单位。1997 年，濮阳市黄河河务局印发《关于进一步开展文明单位建设的实施意见》，成立创建领导小组，制定《1997 年文明单位创建规划》和《文明单位建设（1998~2000）三年规划》，提出在巩固提高现有文明单位的基础上创建文明系统的目标。1998 年 3 月，濮阳市黄河河务局被命名为市级文明单位。1999 年，水上抢险队被命名为市级文明单位。2000 年，渠村分洪闸管理处被命名为市级文明单位。

2002 年，濮阳县金堤管理局被命名为省级文明单位。是年，濮阳市黄河河务局制定创建省级文明单位规划，成立相应组织，明确各部门责任，全面开展创建工作，于 2003 年 3 月，被省委、省政府命名为省级文明单位。是年，濮阳市黄河河务局被河南黄河河务局评为文明单位创建工作先进单位，被河南省爱国卫生运动委员会命名为省级卫生先进单位。2004 年，濮阳市黄河河务局被市委、市政府命名为市级“文明系统”。2004 年，濮阳县黄河河务局、范县黄河河务局同时被命名为省级文明单位。是年，濮阳河务局第一工程处被命名为市级文明单位。2006 年，张庄闸管理处被命名为市级文明单位。2007 年，范县河务局、台前河务局分别被黄委命名为黄委文明单位。2008 年，濮阳第二河务局被黄委命名为黄委文明单位。2010 年，濮阳河务局申报全国先进文明单位。在创建文明单位的同时，濮阳河务局还组织开展文明窗口、文明科

（处）室、文明工地、文明家庭等创建活动。

文明单位不实行终身制，县级和市级文明单位3年届满，省级5年届满。届满后，参与下一届竞选。市文明委每年对文明单位进行考核检查验收，优胜劣汰，实行动态管理。自2000年以后，濮阳市黄河河务局每年都制订文明单位创建计划，要求各单位在巩固现有文明单位级别的基础上，积极创建更高级别的文明单位。1985年，濮阳市黄河修防处共有县级文明单位4个；1990年，濮阳市黄河河务局有县级文明单位3个、市级文明单位2个；1995年，有县级文明单位4个、市级文明单位1个、省级文明单位1个；2000年，有市级文明单位6个、省级文明单位1个；2005年，有县级文明单位1个、市级文明单位4个、省级文明单位5个；2010～2015年，有市级文明单位5个、省级文明单位5个、黄委文明窗口单位3个。1988～2015年濮阳河务局文明单位创建情况见表10-5。

表10-5　1988～2015年濮阳河务局文明单位创建情况

单位名称	文明单位级别	首创时间	重创时间	命名单位
濮阳河务局机关（本级）	县级	1995年		市区委、市区政府
	市级	1998年		市委、市政府
	市级		2002年	市委、市政府
	省级	2003年		省委、省政府
	精神文明建设先进系统	2004年		市委、市政府
	省级		2008年	省委、省政府
	省级		2013年	省委、省政府
濮阳第一河务局	县级	1985年		濮阳县委、县政府
	县级		1988年	濮阳县委、县政府
	县级		1991年	濮阳县委、县政府
	县级		1994年	濮阳县委、县政府
	县级		1997年	濮阳县委、县政府
	市级	1998年		市委、市政府
	市级		2001年	市委、市政府
	省级	2004年		省委、省政府
	省级		2009年	省委、省政府
	省级		2014年	省委、省政府
范县河务局	县级	1985年		范县县委、县政府
	县级		1988年	范县县委、县政府
	市级	1990年		市委、市政府
	市级		1992年	市委、市政府
	市级		1995年	市委、市政府

续表 10-5

单位名称	文明单位级别	首创时间	重创时间	命名单位
范县河务局	市级		1998 年	市委、市政府
	市级		2001 年	市委、市政府
	省级	2004 年		省委、省政府
	黄委文明窗口	2007 年		黄河水利委员会
	省级		2009 年	省委、省政府
	省级		2014 年	省委、省政府
台前河务局	县级	1985 年		台前县委、县政府
	市级	1986 年		市委、市政府
	省级	1993 年		省委、省政府
	省级		1999 年	省委、省政府
	省级		2005 年	省委、省政府
	黄委文明窗口	2007 年		黄河水利委员会
	省级		2010 年	省委、省政府
	省级		2015 年	省委、省政府
濮阳第二河务局	县级	1985 年		濮阳县委、县政府
	县级		1988 年	濮阳县委、县政府
	县级		1991 年	濮阳县委、县政府
	县级		1994 年	濮阳县委、县政府
	市级	1996 年		市委、市政府
	市级		1999 年	市委、市政府
	省级	2002 年		省委、省政府
	省级		2007 年	省委、省政府
	黄委文明窗口	2008 年		黄河水利委员会
	省级		2012 年	省委、省政府
渠村分洪闸管理处	县级	1989 年		市区委、区政府
	县级		1993 年	市区委、区政府
	县级		1996 年	市区委、区政府
	市级	1999 年		市委、市政府
	市级		2002 年	市委、市政府
	市级		2006 年	市委、市政府
	市级		2010 年	市委、市政府
	市级		2013 年	市委、市政府

续表 10-5

单位名称	文明单位级别	首创时间	重创时间	命名单位
张庄闸管理处	市级	2002 年		承转金堤河管理局
	市级		2004 年	市委、市政府
	市级		2007 年	市委、市政府
	市级		2010 年	市委、市政府
	市级		2013 年	市委、市政府
滑县河务局	县级	2004 年		滑县委、县政府
	市级	2009 年		安阳市委、市政府
	市级		2012 年	安阳市委、市政府
	市级		2015 年	安阳市委、市政府
濮阳河务局水上抢险队	县级	1996 年		范县委、县政府
	市级	1999 年		市委、市政府
	市级		2002 年	市委、市政府
	市级		2005 年	市委、市政府
	市级		2008 年	市委、市政府
	市级		2011 年	市委、市政府
	市级		2014 年	市委、市政府
濮阳河源路桥有限公司	市级	2003 年		市委、市政府
	市级		2006 年	市委、市政府
	市级		2009 年	市委、市政府
	市级		2012 年	市委、市政府
	市级		2015 年	市委、市政府

（三）“五讲四美三热爱”活动

“五讲四美三热爱”活动是精神文明创建活动的开端。1983 年 6 月开始，安阳地区黄河修防处及其所属单位成立“五讲四美三热爱”活动领导小组，制订活动方案，有组织、有计划地在全处开展以共产主义教育为核心的“五讲四美三热爱”活动，主要是环境治脏、秩序治乱、服务治差。至 1986 年，全处共成立“全民文明礼貌月”活动领导小组 6 个，召开各种会议 20 多次，层层发动；利用板报、墙报等多种形式开展“五讲四美三热爱”宣传活动，营造社会主义精神文明建设的浓厚氛围。在持续 3 年的“全民文明礼貌月”活动中，全处每年都有 500 多名干部职工参加，共清除垃圾 3060 立方米，修路 9 条、长 3200 多米，植树 5100 多棵，建大小花池 48 个，挖排水沟 300 多米，各位单位机关面貌脏、乱、差现象有很大的改观。在活动中，各单位还制订“争创文明单位、文明班组”计划，并开展创建工作。

第二节　濮阳黄河工会

1950年，随着平原省黄河工会的成立，濮阳黄河修防处及所属各单位都建立工会组织。1958年8月至1962年12月，工会组织划归地方工会领导。1962年5月，回归黄河工会领导。“文化大革命”期间，工会工作停止。1981年初，安阳地区黄河修防处恢复工会工作后，各级工会组织机构逐渐完善充实，会员队伍逐渐壮大。至2015年，濮阳河务局共有工会组织13个，会员1767人。

20世纪50年代以来，濮阳河务局各级工会坚持职工教育，不断提高思想道德素质和科学文化素质，努力建设有理想、有道德、有文化、有纪律的治河队伍；坚持开展多种形式的劳动竞赛，激发职工积极参加黄河治理开发与管理的热情；参加技术革新和提合理化建议等活动，不断提高工效和质量，促进濮阳治河事业的发展；组织职工参与单位的民主管理，对单位的重大决策发挥很好的参谋作用，同时对领导干部的履职行为发挥较好的监督作用；坚持开展“职工之家”和班组建设活动，为职工办好事、办实事，不断丰富职工的文化生活，增强职工队伍的凝聚力；依法维护职工，特别是女职工的合法权益，促进职工队伍的稳定和谐。

一、工会发展历程

1950年初，中华全国总工会指示河南省和平原省工会联合会筹建黄河统一工会。是年8月，平原省黄河系统建立平原省黄河工会，王鹏程任主席，下属34个基层工会。濮阳黄河修防处设联合工会，下设封丘县、长垣县、濮阳县、濮县、范县、金堤6个修防段及处机关共7个基层工会。基层工会设主席1人，组织委员1人，劳保委员1人，文教委员1人，生产委员1人。当时，工会干部均为兼职。1952年初，濮阳黄河修防处共有在职职工307人，会员290人。是年11月，平原省建制撤销，平原黄河河务局并入河南黄河河务局，濮阳黄河修防处归属河南黄河河务局。河南省建立新的黄河工会，濮阳黄河联合工会主席由姚朋来兼任，下设封丘县、长垣县、濮阳县3个黄河修防段和处机关共4个基层工会。1953年3月，黄河总工会在开封召开第一届全河工会会员代表大会，河南省黄河工会定名为中国农林水利工会黄河河南区委员会。濮阳黄河修防处联合工会下设封丘县、长垣县、濮阳县、金堤4个修防段和处机关共5个基层工会，全处共有在职职工285人，会员220人。1954年10月，濮阳黄河修防处改称安阳黄河修防处。

1955年，河南黄河区工会改为黄河工会河南办事处。1956年，安阳黄河修防处联合工会由刘连科任主席（工会专职干部），吸收基层工会主席为委员。1958年8月，根据中华全国总工会党组关于取消工会垂直领导，实行以块块领导为主的精神，黄河工会河南办事处和各基层工会都交给地方工会领导。

1962年5月，黄委会党组决定建立全河统一的工会，河南黄河河务局恢复黄河工会河南办事处，黄河修防处、段基层工会亦重归黄河工会河南办事处领导。安阳黄河修防处联合工会主席由宋继英担任。1966年，“文化大革命”开始，工会活动停止。

1979年4月，黄委会建立工会筹备组，开始恢复和建立工会工作。随后，河南黄河河务局建立工会组织。1980年3月，经中华全国总工会批准成立中国水利电力工会黄河委员会。河南黄河河务局相应成立黄河水利工会河南区工会。

1981年初，安阳地区黄河修防处恢复联合工会，配备工会专职干部，由张守信任副主席。所属长垣县、濮阳县、范县、台前县黄河修防段，濮阳县金堤修防段和长垣溢洪堰、长南铁路管理段都建立工会委员会，配备工会专职干部。并对老会员进行登记，发展新会员。是年，全处共有在职职工2003人，原有老会员459人，新发展会员1487人，共有会员1946人，占职工总数的97.2%。1983年9月，濮阳市成立，安阳地区黄河修防处改称濮阳市黄河修防处，陆书成兼任濮阳市黄河修防处联合工会主席，刘连科任副主席。1984年4月，刘连科调出，李兰香任工会副主席。

1985年3月，濮阳市黄河滞洪处和渠村分洪闸管理处归并到濮阳市黄河修防处，干部进行调整，由张再业任濮阳市黄河修防处联合工会主席，李兰香、韩全美、张守信、刘守信任副主席。是年，全处共有17个基层单位，有在职职工2528人，会员2480人。1986年3月，长垣县黄河修防段（包括滞洪办公室）、长南铁路管理段和长垣挖泥船队先后划归新乡市黄河修防处后，濮阳市黄河修防处有下属基层单位13个，全处共有在职职工2029人，会员1993人。1990年7月，经濮阳市女职工委员会批复，李兰香任濮阳市黄河修防处女职工委员会主任。是年11月，修防处、段改称河务局，工会组织相应改称河务局工会。

1993年3月，张再业退休，张学明接任工会主席。1995年杨新检任工会副主席。1998年，濮阳市黄河河务局机构改革时杨新检离岗，贾云峰任工会副主席，赵瑞楠任女工委主任。是年，全局下属基层单位14个，共有在职职工2029人，会员2017人。

2001年2月，张学明退休，赵永贵接任工会主席。2002年11月，濮阳市黄河河务局由正处级升格为副局级机构，赵明河任工会主席，赵永贵改任工会副主席。全局共有在职职工2266人，会员2213人。2003年，濮阳黄河工会下设濮阳县河务局、范县河务局、台前县河务局、濮阳县金堤管理局、渠村分洪闸管理处、张庄闸管理处、滑县滞洪管理局、濮阳黄河工程公司、第一工程处、第二工程处、第三工程处、水泥制品厂和局机关13个基层工会，全局共有在职职工2263人（其中女职工522人），会员2236人，专职工会干部22人，兼职工会干部16人，其中女工会干部13人。2004年10月，濮阳市黄河河务局联合工会更名为河南黄河工会濮阳黄河河务局工作委员会，简称濮阳黄河工会。

2006年5月，水利工程管理体制改革时，濮阳第一河务局、范县河务局、台前河务局和水上抢险队、中原集团公司、养护公司设专职工会主席，其他单位由1名单位负责人兼职。全局共有在职职工2071人（其中女职工486人），会员2038人，专职工会干部12人，兼职工会干部15人，其中女工会干部13人。2006年9月，王兰菊任濮阳黄河工会女工委主任。2008年5月，赵明河退休，工会工作由副局长王云宇代管。2009年9月，王云宇接任工会主席。2010年，全局共有在职职工1944人（其中女职工381人），会员1941人，专职工会干部12人，兼职工会干部11人，其中女工会干部13人。

2011年4月，梁愧喜任女工委主任。2012年5月，王云宇不再担任工会主席。7月，由宋益周接任工会主席。至2015年底，全局共有在职职工1770人（其中女职工381人），会员1767人，专职工会干部15人，兼职工会干部21人，其中女工会干部18人。

二、工会工作

（一）劳动竞赛、群众性合理化建议和技术革新活动

濮阳黄河河务部门开展的劳动竞赛在各个不同的历史时期有着不同的内容、形式和特点。

1950年，平原黄河河务局和平原省黄河工会首先发动抗美援朝爱国主义治河劳动竞赛。濮阳黄河修防处制定竞赛条件，互相挑战和应战，推动治河工作的迅速发展。各修防段干砌石坝工程平均每工工效由原来的0.5~0.7立方米提高到0.8~1.5立方米，土工平均工效提高到4.9立方米。濮县黄河修防段大王庄土工队，14人平均工效达9.5立方米；大堤锥探的效率和质量也日益提高，使用大锥，每组4人，进深4~8米，每日可锥200~300眼，使用细锥，1人1锥每日可打400~600眼。工会建立初期，各修防段基层工会都设立合理化建议和技术革新委员会，负责群众性的合理化建议的收集与技术革新的推广工作。1956年以后，相继开展规模宏大的先进生产者运动和社会主义劳动竞赛，促使第一个五年计划和第二个五年计划期间的治河任务的胜利完成。

“文化大革命”期间，工会工作停止。1981年，安阳地区黄河修防处工会工作恢复以后，劳动竞赛又有新的发展。

20世纪80年代，结合经济体制改革和承包责任制的实施，各单位确定治河工作的社会主义劳动竞赛项目，制定竞赛措施，激发干部职工的劳动热情，工作效率和经济效益得到大幅度提高。1981年，台前县黄河修防段在压力灌浆和放淤固堤中开展“优质高效红旗”赛，人工锥工效超定额129%，机锥工效超定额67%，工期提前13天；船淤重点放在降低成本上，提高经济效益36%。是年，在沁河杨庄改道工程筑堤施工中，安阳地区黄河修防处铲运机队实行联产承包责任制，并开展劳动竞赛，运土工效超过定额54.4%。1988年以后，开展以“爱黄河、做主人、比贡献”为主要内容、以“理想和纪律”教育为重点的劳动竞赛。

20 世纪 90 年代，主要开展“我为防汛做贡献”“双增双节（增产节约，增收节支）”“确保黄河防洪安全”为主要内容的社会主义劳动竞赛活动。“我为防汛做贡献”活动，主要体现在防汛抢险和工程管理养护方面。通过活动的开展，职工的防汛抢险责任意识得到增强，防汛抢险技能得到提高，工程管理日常养护进度和质量得到提高。“双增双节”活动主要在建安生产和综合经营中开展，引导干部职工以主人翁的姿态从事劳动，调动发展经济的积极性，努力提高经济效益，并引导正确处理分配与积累的关系，增强经济持续发展的基础。

1997 年后，持续开展“查隐患、保安全”“我为防汛出谋划策”活动。2003～2005 年，开展名师带高徒和“师傅献一招、徒弟学一技”的“师徒金搭档”活动。2006～2010 年，劳动竞赛活动较少开展。至 2010 年，全局共查处工程隐患 7263 处，收集干部职工各方面建议 14021 条，采纳 7754 条，除社会效益外，还获经济效益 1036. 52 万元。

2011 年后，开展以“职工防汛抢险技能竞赛月”“濮阳黄河防汛抢险综合技能竞赛”“濮阳市重点工程建设竞赛”为重点的群众性建功立业劳动竞赛活动，激发广大干部职工学技术、练技能、争创新、比贡献的积极性；组织干部职工立足本职岗位，广泛开展技术攻关、技术创新、技术发明、技术协作、新技术推广、提合理化建议等活动。至 2015 年，全局获得黄委、河南黄河河务局、濮阳市等级别技术革新奖 22 项、发明创造奖 11 项，荣获国家专利 1 项，推广先进操作法 17 项；职工提出合理化建议 254 件，取得效益 198 万多元；被市总工会、市发改委联合命名为“濮阳市重点工程建设竞赛先进单位”，荣获“濮阳市建功‘十二五’技术创新竞赛活动”先进单位，5 名职工荣获“濮阳市技术竞赛能手”称号，4 名职工荣获“濮阳市百名职工技术英杰”称号。

（二）民主管理

1. 职工代表大会

1981 年 7 月 13 日，中共中央、国务院转发中华全国总工会、国家经济委员会、中央组织部拟订的《国营企业职工代表大会暂行条例》中指出，职工代表大会是企业实行民主管理的基本形式，是职工群众参加决策和管理、监督干部的权力机构。要求国营企业都要建立和健全党委领导下的职工代表大会制度。是年 8 月 29 日，黄委会在郑州召开全河第一次民主管理会议，确定在全河先企业管理单位后事业单位、先基层后领导机关、先试点再逐步推开的职工代表大会制度实施计划。濮阳县黄河修防段被确定为试点单位，是年 11 月 21 日，召开首届职工代表大会，标志着职工代表大会制度在安阳地区黄河修防处开始推行。1984 年，贯彻《关于建立河南黄河河务局各级民主管理组织机构的通知》，把加强民主管理作为工作重点，发挥办事机构的作用。把民主管理作为广大干部职工参政议政的重要渠道，作为充分发挥职工积极性和创造性，促进治河事业发展的一件大事来抓。

1988 年，处属 14 个基层单位先后建立职工大会和职工代表大会制度。各单位每年都定时召开职工代表大会，发挥职代会的作用，单位的重大措施、方案、制度的出台，都经过职代会讨论通过，坚持每年民主评议1次中层以上领导干部。是年，濮阳县和台前县黄河修防段还召开由基层工会组织的民主生活对话会，段领导倾听职工的意见，进一步了解职工的思想状况，了解职工的诉求，为开好职代会做准备。1989年，按照黄河工会《关于开展民主管理达标活动意见的通知》和《关于民主管理达标活动考核标准》，各基层工会制订计划和措施，积极开展达标工作。

1991年以后，在全局重点开展以落实职代会制度、平等协商和签订集体合同、切实保障职工合法权益的民主管理工作。至1998年，全局先后有濮阳县、范县、台前县黄河河务局和濮阳县金堤管理局、渠村分洪闸管理处、水泥制品厂6个单位获河南黄河河务局民主管理达标先进单位。

2002年，按照《河南黄河河务局民主管理若干规定》，进一步升华民主管理。2005年，印发《濮阳河务局职工代表大会民主评议领导干部实施细则》，对领导干部每年民主评议1次。民主评议以任期目标和岗位责任制为依据，对领导干部的德、能、勤、绩、廉和关心职工生活等方面进行全面评议。2006年后，职工代表大会推行恳谈会制度，“职工代表出题目，单位领导做文章，职工代表提问题，单位领导来回答”，充分听取职工的意见和建议，拓宽职工群众参政议政的渠道。

2011~2015年，在全局推进民主政治建设，进一步完善职工代表大会制度，局属各单位每年召开职工代表大会，充分发挥职工代表大会作用，深化民主管理，促进职工队伍和谐稳定。

2. 濮阳河务局职工代表大会

2002年9月，濮阳市黄河河务局召开首届职工代表大会，120名代表来自局机关和局属各单位。至2005年，首届职工代表大会共召开7次会议。会前，在全局范围内征集职工代表围绕“三条黄河建设”、维持黄河健康生命和黄河防汛、工程建设、经济发展及职工关心的热点、难点等重大问题的提案。会后，对职代会形成的决议和行政领导解答的提案进行跟踪落实。7次会议共征集职工代表提案104件，征集职工代表肯谈会内容32件，形成职代会决议19项，形成大会文件资料153份。

2006年3月，濮阳河务局获濮阳市民主管理工作先进单位。是年7月19日，濮阳河务局召开第二届职工代表大会，共有代表105人（见图10-3）。之后，每年都召开职代会，职工代表70人以下，主要听取和通过濮阳河务局领导做的工作报告和财务工作及民主理财情况报告，并对局领导班子和局中层领导干部从政治思想素质、工作能力与业务技术水平、工作态度与工作作风、工作成绩、党风廉政建设、关心职工生活6个方面进行民主测评。

3. 政（厂）务公开

1999年，范县黄河河务局作为河南黄河河务局的试点，开展政（厂）务公开工作。2001年，中共濮阳市黄河河务局党组印发《关于进一步深化政务公开实施意见》，成立政（厂）务公开领导小组，在全局大力推行政（厂）务公开制度。是年，河南黄

图 10-3　2006 年濮阳河务局第二届职代会

河河务局在濮阳市黄河河务局召开政（厂）务公开经验交流会。2003 年，按照河南黄河河务局《关于进一步深化政（厂）务公开的实施意见》的要求，濮阳市黄河河务局把政（厂）务公开提到重要的工作位置。2004 年，印发《中共濮阳市黄河河务局党组关于进一步深化政（厂）务公开实施意见》。2005 年 4 月，印发《濮阳河务局政（厂）务公开实施细则》，围绕治河工作的重大决策、治河管理方面的重大问题、涉及职工切身利益方面的问题、领导班子和领导干部党风廉政建设密切相关的问题、领导干部选拔任用情况等，制定 80 项公开内容，政（厂）务公开工作得到进一步规范。2005 年以后，每年定期通过《政务公开工作征求意见表》和《政务公开工作职工评价表》向广大干部职工征求意见，其满意率达 95.2%。2005 年，濮阳河务局获濮阳市厂务政务公开规范化管理单位。2008 年，获河南省厂务政务公开民主管理先进单位。

2011~2015 年，按照《河南黄河河务局政（厂）务公开精细化管理考核标准》，开展政（厂）务公开工作制度化、规范化建设和民主执政建设，并采取公开栏、办公例会、电子政务等形式公开政务事项。

（三）职工之家和班组建设

1.“职工之家”建设

1983 年，中央书记处做出要把工会组织建成职工之家的重要指示。1984 年，中华全国总工会决定，对全国基层工会组织进行一次整顿，用 3 年左右的时间，逐步把基层工会办成名副其实的“职工之家”。按照黄河水利工会河南区委员会《关于开展建设“职工之家”活动的方案》和黄河工会《关于创建先进“职工之家”条件的通知》，濮阳市黄河修防处以整顿工会组织为重点，开展基层工会“建家”试点工作。1985 年，处属有 10 个基层工会建成“职工之家”。1986 年，台前县、范县、濮阳县修防段和濮阳县金堤管理段、渠村分洪闸管理段 5 个基层工会建成“先进职工之家”。1987 年，处属 14 个基层工会全部建成“职工之家”。1990 年，按照《黄河系统建设“职工之家”实施细则》，开展群众评家活动，巩固和提高建家成果。

1991年以后，按照“职工之家”建设新标准，不断充实建家内容，做到年年建、年年验，常建常新。至1998年，局属14个基层工会，先后有濮阳县、范县、台前县黄河河务局和濮阳县金堤管理局4个基层工会建成黄委“模范职工之家”和濮阳市“模范职工之家”，渠村分洪闸管理处、水泥制品厂2个基层工会建成黄委“模范职工之家”，濮阳县滞洪办公室、范县滞洪办公室、台前县滞洪办公室和施工二处4个基层工会建成黄委“先进职工之家”。2000年以后，按照黄河工会修订的建设“职工之家”的实施细则，濮阳黄河工会开展“职工之家”新建和验收活动，全局“职工之家”建设成果得到进一步提高，并在“思想建家”“民主建家”“经济建家”等方面取得很好的成效。

2007年，濮阳黄河工会荣获“全国水利系统模范职工之家”和“濮阳市模范职工之家”荣誉称号；2008年，濮阳河务局荣获“河南省模范职工之家”荣誉称号，台前河务局影唐工程班荣获“全国模范职工小家”荣誉称号。2010年，按照中华全国总工会要求，积极开展会员评家活动，“职工之家”建设水平得到进一步提升，濮阳黄河工会被授予“濮阳市工会规范化建设先进单位”。是年，濮阳第一河务局南上延工程班、范县河务局李桥工程班被评为“河南省模范职工小家”。

2011年，范县河务局被评为“河南省模范职工之家”。2013年，濮阳第一河务局南上延工程班被评为“全国模范职工小家”。至2015年，濮阳河务局创建“模范职工小家”国家级2个、省级4个、黄委级15个，“模范职工之家”部级1个、省级2个，河南黄河河务局先进职工小家2个。1994~2015年模范职工之家、小家建设情况见表10-6。

表10-6　1994~2015年模范职工之家、小家建设情况

时间（年）	班组名称	建家名称	授予单位	所在单位
1994	甘草工程班	模范职工小家	黄河工会	台前河务局
1995	渠村引黄闸管理班	模范职工小家	黄河工会	濮阳第一河务局
1997	邵庄工程班	模范职工小家	黄河工会	台前河务局
	杨楼工程班	模范职工小家	黄河工会	范县河务局
	尹庄工程班	模范职工小家	黄河工会	濮阳第一河务局
1998	韩胡同工程班	模范职工小家	黄河工会	台前河务局
	彭楼工程班	模范职工小家	黄河工会	范县河务局
	连山寺工程班	模范职工小家	黄河工会	濮阳第一河务局
1999	枣包楼工程班	模范职工小家	黄河工会	台前河务局
	南上延工程班	模范职工小家	黄河工会	濮阳第一河务局
	青庄工程班	模范职工小家	黄河工会	濮阳第一河务局

续表 10-6

时间（年）	班组名称	建家名称	授予单位	所在单位
2000	影唐工程班	模范职工小家	黄河工会	台前河务局
	吴老家工程班	模范职工小家	黄河工会	范县河务局
	马张庄工程班	模范职工小家	黄河工会	濮阳第一河务局
	龙长治工程班	模范职工小家	黄河工会	濮阳第一河务局
2001	梁路口工程班	先进职工小家	河南河务局工会	台前河务局
	南小堤工程班	先进职工小家	河南河务局工会	濮阳第一河务局
2005	影唐工程班	模范职工小家	河南省总工会	台前河务局
2007	濮阳河务局	模范职工之家	全国水利系统工会	濮阳河务局
2007	南上延工程班	模范职工小家	濮阳市总工会	濮阳第一河务局
	三合村工程班	模范职工小家	濮阳市总工会	濮阳第一河务局
2008	濮阳河务局	模范职工之家	河南省总工会	濮阳河务局
2008	影唐工程班	模范职工小家	中华全国总工会	台前河务局
	三合村工程班	模范职工小家	河南省总工会	濮阳第一河务局
2010	李桥工程班	模范职工小家	河南省总工会	范县河务局
	南上延工程班	模范职工小家	河南省总工会	濮阳第一河务局
2011	范县河务局	模范职工之家	河南省总工会	范县河务局
2013	南上延工程班	模范职工小家	中华全国总工会	濮阳第一河务局

2. 班组建设

1987年，按照黄河水利工会河南区工会《关于加强班组建设，开展争创先进班组活动的意见》和省总工会《关于开展班组升级竞赛活动的意见》，濮阳黄河工会及各基层工会制订班组建设实施方案，开展班组建设和班组竞赛活动。1990年，在班组开始开展建“小家”活动，从增加职工收入、改善生活环境、丰富文化生活等方面着手，为创建“职工小家”创造条件。至1994年，全处累计建设黄委级先进班组16个、省局级22个、市级64个。

2004年，开展“一线班组建设年”活动。2006~2010年，开展以促进环境文明、收入增长、技能提高为主要内容的创新开展一线班组建设。至2010年底，全局18个河道一线班组，被濮阳市命名为“工人先锋号”2个，被河南黄河河务局先后命名为达标先进班组10个。2005年以后，濮阳河务局连续6年获河南黄河河务局“创新开展一线班组建设先进单位”称号。

2011~2015年，开展创建优秀班组活动，对照优秀班组创建标准，制订创建计划，纳入目标管理，与班组职工倾心交谈，了解职工工作生活情况及其需求。组织13名班组长参加河南黄河河务局举办的基层班组长培训班，提高班组长综合素质。5年内，共有34个班组荣获“河南黄河河务局优秀班组”称号。濮阳河务局连续5年荣获“河南黄河河务局基层班组优化管理活动先进单位”称号。

（四）劳动模范管理

中华人民共和国成立后，各级工会把劳动模范管理作为一项经常性的任务，不断选拔、培养先进人物，发展劳动模范队伍，使之成为社会主义革命和建设的一支重要力量。

1949~1951年，平原省举办2届治河劳动模范代表表彰会议。1955年，黄委会举办首届职工劳动模范代表表彰会议。1956年，黄委会举办首届先进生产者表彰会议。

1960年、1964年，黄委会举办二、三届先进集体、先进生产者代表表彰会议。“文化大革命”期间，劳动模范管理工作停止。

1979年，劳动模范管理工作得以恢复。是年，黄委会举办先进集体、先进生产者代表表彰会议。1980年、1982年、1983年，黄委会举办治河总结表模大会。1986年，黄委会举办纪念人民治河40周年暨治河表模大会。

1990年、1994年，黄委会举办先进集体、劳动模范表彰大会。1996年，黄委会举办纪念人民治河50周年暨治河表模大会。

1997年12月，黄委印发《关于省部级以上离退休劳动模范、先进生产（工作）者实行荣誉津贴的通知》，规定省部级离退休劳动模范、先进生产（工作）者每月享受荣誉津贴80元，全国劳动模范、先进生产（工作）者每月享受荣誉津贴100元。

1999年，黄委印发《劳动模范管理工作暂行办法》，规定黄委劳动模范表彰命名每4年举行一次。评选推荐劳动模范的原则是：面向基层，面向生产一线，充分发扬民主，得到群众公认。基层生产一线的占表彰命名总名额的50%。劳动模范管理工作实行分级管理。

2005年，执行《黄委劳动模范日常管理工作实施细则》，濮阳黄河工会建立劳动模范基本情况数据库、劳动模范个人档案和劳动模范情况上报制度；建立劳动模范60岁后生日祝贺制度和因病住院探望慰问制度；建立对家庭生活困难劳动模范帮扶救助制度，并为离退休的劳动模范每人订1份《黄河报》。2000~2015年，共组织98名劳动模范分别参加黄委或河南黄河河务局组织的劳动模范疗养活动。2008年4月30日劳动模范座谈会情景见图10-4。

1949~2015年，濮阳河务局共评出黄委和省部级以上劳动模范（先进生产者）108人（144人次）。其中，1949~1950年，平原省劳动模范4人，山东省劳动模范1人；20世纪50年代，全国先进工作者1人，河南省劳动模范1人，黄委会劳动模范5人，黄委会先进生产者9人；60年代，黄委会先进生产者1人、黄委会劳动模范1人，山东省先进工作者1人；70年代，黄委会先进工作者10人，黄委会劳动模范5人；80年代，黄委会先进生产者25人，黄委会劳动模范24人，河南省劳动模范1人，河南省先进工作者1人；90年代，黄委劳动模范25人，水利部先进生产者1人，河南省“五一”劳动奖章2人；2004~2015年，黄委劳动模范23人，河南省劳动模范1人，全国先进生产者1人，全国绿化劳动模范1人。

图 10-4　2008 年 4 月 30 日劳动模范座谈会

1986~2015 年，被黄河工会表彰的先进集体 17 个，被河南省总工会表彰的优秀企业 1 个，被中华总工会表彰的女职工先进集体 1 个（见表 10-7）。

濮阳黄河工会、各基层工会和党政部门，通过多种途径持续广泛宣传劳动模范、先进工作（劳动）者和先进集体的事迹，激发广大职工当主人、做奉献的生产热情。

表 10-7　1986~2015 年受工会表彰的先进集体

单位	时间（年-月）	荣誉称号	授予单位
濮阳黄河修防段	1982-01	先进集体	黄委
台前黄河修防段护堤组	1982-01	先进集体	黄委
台前县滞洪办公室	1982-01	先进集体	黄委
台前县黄河修防段	1986-10	先进集体	黄委
台前县黄河修防段	1990-03	先进集体	黄委
范县黄河河务局	1990-03	先进集体	黄委
濮阳市黄河河务局水泥制品厂	1994-01	先进集体	黄委
濮阳河市黄河务局水泥制品厂	1994-01	优秀企业	河南省总工会
濮阳河市黄河务局水泥制品厂"三八钢筋班"	1994-12	女职工先进集体	中华总工会
濮阳市黄河河务局水泥制品厂	1996-01	先进集体	黄委
濮阳县黄河河务局工务科	1996-01	先进集体	黄委
濮阳黄河工程公司	2000-12	先进集体	黄委
台前县黄河河务局工程管理班	2000-12	先进集体	黄委
濮阳河务局	2005-11	先进集体	黄委
范县河务局	2005-11	先进集体	黄委
濮阳第一河务局	2009-12	先进集体	黄委
工务处	2009-12	先进集体	黄委
濮阳第一河务局	2013-11	先进集体	黄委
渠村分洪闸管理处	2013-11	先进集体	黄委

（五）关心职工生活

20世纪80年代，资助一线班组在庭院内种植蔬菜，保证一线职工吃菜自给。1984年，在范县黄河修防段李桥大院建立范县黄河子弟学校，解决范县滞洪办公室、航运队、造船厂3个单位子女入学难的问题。

20世纪90年代，局机关和一些单位的机关、生活区搬迁至市区或县城，濮阳黄河工会和各基层工会，多次到各教育管理部门和有关学校联系、协调，解决职工子女转学、上学的问题。1995年，对全处150户离休干部职工住房情况进行调查摸底，分类排队，按上级有关规定对生活困难的给予建房补助。20世纪90年代以后，结合班组建设活动，为一线职工维修、翻修、新建房屋，保证房屋不破、不漏、安全。优化庭院环境，做到三季有花，四季常青。职工宿舍配备床、桌、椅、柜、电风扇、取暖设施等。厨房配备电冰箱、消毒柜、压面条机等。逐渐安装自来水设施，修建水冲式厕所，安装热水器，保证职工能洗热水澡。

1996年，按照黄河工会《关于开展实施“送温暖工程”有关问题的通知》要求，对困难职工进行调查摸底，建立《特困职工登记卡》《特困职工统计表》，建立困难职工救助机制，开展节日慰问送温暖、金秋助学、困难职工帮扶活动。2000年以后，把各基层工会为职工办实事列入年度目标管理，制订办实事计划和措施，从改善职工生产、生活条件，关心职工身心健康等方面着手，解决职工群众最关心、最直接、最现实的问题。2006年，制定《濮阳河务局职工重大疾病医疗救助实施办法》，建立全局职工重大疾病长效救助机制，解决职工因重大疾病致困致贫问题。

2000~2010年，全局共落实为职工办实事581项；救助困难职工622人次，救助款物114.68万元；救助患重大疾病职工38人（41人次），救助金额累计142.77万元。

2011~2015年，制定《濮阳河务局困难职工救助实施办法》，调查、统计困难职工，建立困难职工档案，对困难职工实施动态管理。修订完善局职工重大疾病医疗救助办法，持续开展职工大病救助活动。5年内，共救助困难职工254人次，救助款物73.86万元；共救助患重大疾病职工32人（39人次），累计救助金额131万元。

（六）女工工作

1. 女工组织

1950年，中华全国总工会发布《女工委员会组织条例》，要求有女职工50人以下的单位设女工委员，负责女工工作。20世纪70年代以前，安阳地区黄河修防处女职工很少，没有成立相应的女工组织。

1981年，按照中华全国总工会《基层工会女工工作委员会条例（草案）》的要求，各单位逐步建立女工组织。至1996年，濮阳黄河联合工会各基层工会全部建立女工委员会。随着女工委员会的建立，逐年选派女工委主任参加各级举办的女职工干部培训班，着力培养女工干部。2011年后，全局工会组织有8个女工委员会。

2. 女工工作

1990年，濮阳市黄河河务局开始开展“五好家庭”评选活动。1991年，组织女工开展“我为‘八五’计划做贡献，争当赵春娥女职工”活动。1993年，组织女职工学习《妇女权益保障法》，开始每年坚持为女职工检查身体。1994年，水泥制品厂“三八钢筋班”被中华全国总工会命名为“先进女职工集体”后，在全局开展向“三八钢筋班”学习的活动。1995年，为局机关50多名女职工进行健康知识培训。1996年，贯彻《河南黄河河务局工会女职工委员会条例》，女工工作进一步加强。是年8月洪水期间，濮阳县、范县、台前县黄河河务局工会女工委员会带领女职工与男职工一样日夜奋战在抢险工地上，为抗洪保安全做出突出贡献。1997年，开展“迎‘三八’、献爱心，帮扶贫困姐妹”活动和“巾帼双文明立功竞赛”活动。是年，范县黄河河务局女职工李福芹被评为“全国五好文明家庭”后，濮阳黄河工会发出通知，号召全局干部职工开展向李福芹学习的活动。1998年，对《女职工劳动保护规定》《妇女权益保障法》《劳动法》等有关规定的贯彻落实情况进行检查和总结。1999年后，每年都组织开展庆祝“三八”国际劳动妇女节纪念活动。其间，各基层工会开展丰富多彩的女职工业余文化活动，丰富节日内容，提高女职工的整体素质，增强女工组织的吸引力和凝聚力。2003年，贯彻《黄委女职工劳动保护实施细则》，进一步维护女职工合法权益和特殊利益。2006年以后，持续组织女职工开展“巾帼建功”和“双文明建功立业竞赛”活动，培养女职工树立“自尊、自信、自立、自强”精神。

1996~2010年，全局受表彰的先进女职工（“三八”红旗手）216人，先进女职工集体41个，女职工先进工作者65人，五好文明家庭74户。2005~2010年，濮阳黄河工会女工委员会连续获“濮阳市女职工工作示范单位”，2009年被河南省总工会授予“先进工会女职工委员会”，2010年被黄河工会授予“十一五”期间“全河先进女职工集体”。

2011~2015年，组织全局女职工开展“女职工素质提升工程”、“巾帼建功 ”和“双文明建功立业竞赛”及“三八”红旗手和文明家庭创建等活动，引导女职工为濮阳治河事业发展建功立业；开展以“勤俭持家、廉洁治家”为主题的家庭格言征集活动，引导女职工和家庭厉行节约，在参与中接受道德教育，提升文明程度；组织女职工参加濮阳市女职工健康管理知识讲座，增强广大女职工的健康意识，促进女职工身心健康。5年内，全局受表彰先进女职工集体37个，“三八”红旗手84人，女职工先进工作者37人，五好文明家庭8户。

（七）文体活动

1981年，安阳地区黄河修防处工会工作恢复以后，各基层工会逐渐组织开展职工文体活动，丰富职工文化生活。20世纪80年代，各单位驻地都在黄河岸边，文化生活比较贫乏。各单位机关购置电视机，为部门购置收音机，先后建设乒乓球设施和篮球场；各单位机关和一线班组购置象棋、跳棋、围棋、羽毛球等文体用具，供职工平时开展文体活动。90年代以后，为一线班组配置电视机；各单位在元旦、元宵节日期间举办棋类、拔河、羽毛球、飞镖、猜谜语等项目比赛，活跃节日气氛。2009年，中共濮阳河务局党组印发《关于广泛开展职工文化体育活动的意见》，要求各单位完善文体活动场地，增加文体设施，扩充阅览室等。经过5年的努力，做到各种文体场地和设施基本齐全，满足职工文体活动的需要，经常性参加体育活动的人数比例提高到60%以上。2010年，成立濮阳河务局文化体育协会，下设体育活动、文化活动两个小组，负责全局职工文化体育活动的开展。之后，每年都举办不同类型的文体活动。

1. 篮球乒乓球比赛

1985年，濮阳市黄河修防处在长垣、市区、范县设3个赛区，举办首届乒乓球、篮球比赛。1994年，组织参加河南黄河河务局职工男子篮球赛，获得亚军。2002年，组织参加河南黄河河务局首届职工乒乓球比赛，获得男子团体第一名、团体比赛第二名。2008年，参加河南黄河河务局乒乓球比赛，获得文明奖。2009年，荣获濮阳市市直机关迎中华人民共和国成立60周年篮球赛季军和河南黄河河务局职工篮球赛亚军。2010年，组织参加河南黄河河务局职工乒乓球比赛，获得团体第三名，参加市直机关第三届职工篮球比赛，获得优秀组织奖。2013年，组队参加濮阳市市直职工第五届蓝球比赛，荣获季军。

2. 书法、绘画与摄影

1991年以后，多次举办美术、书法、绘画、摄影作品展览和好作品评选活动，讴歌濮阳黄河治理开发与管理取得的成绩，展示黄河职工的精神风貌，也给喜爱美术、书法、绘画、摄影的职工展露才艺的机会，鼓励更多职工加入美术、书法、绘画、摄影行列。2009年，荣获河南黄河河务局庆祝建国60周年书法、绘画、摄影展览展区设计奖。2011年，举行黄河书协走进濮阳书画摄影联展，作品内容以人民治理黄河以来取得的成绩为主题，歌颂黄河、歌颂濮阳黄河治理开发与管理事业取得的成就等。

3. 广播体操与长跑

1995~2005年，濮阳河务局机关坚持上午班前做广播体操，并多次组织参加濮阳市举办的广播体操比赛。1995年，获得濮阳市广播体操比赛一等奖。2001年，获得濮阳市首届职工运动会暨全民健身活动周“房产杯”广播体操比赛优胜奖。2002年，获得濮阳市职工广播体操表演赛一等奖。2004年，获得濮阳市“工行杯”全民健身广播操表演赛一等奖。2015年，参加濮阳市第九套广播体操比赛，荣获二等奖。

1998年以后，每年12月31日组织职工参加濮阳市冬季万人长跑活动，1998年、1999年、2003年、2005年获得优秀组织奖。

4. 文艺汇演

1995年，台前县黄河河务局组织职工唱歌，并组队参加台前县举办的歌咏比赛，获得二等奖。1998年，濮阳县金堤管理局女职工排练舞蹈《洗衣歌》，参加濮阳市文明单位大型文艺晚会演出，获得二等奖。2001年，濮阳市黄河河务局组织职工学习木兰圈健身操，并组织参加濮阳市首届木兰圈比赛，获得一等奖。是年，舞蹈《踏歌起舞》获河南黄河河务局文艺汇演三等奖、建党80周年文艺演出优胜奖、“庆国庆，迎中秋”文艺汇演组织奖。2002年，组织职工唱红歌，并参加濮阳市纪念建党81周年歌咏比赛，获得一等奖。2003年，濮阳黄河工会组织编写排练舞蹈《黄河颂》，参加庆祝建市20周年大型文艺晚会演出，获得观众一致好评。2004年，在河南黄河河务局迎国庆55周年文艺汇演中，舞蹈《黄河情》获得一等奖。2006年，组织职工唱反腐倡廉正气歌，并参加濮阳市举办的反腐倡廉歌咏比赛，获得二等奖。2007年，参加濮阳市纪念建党86周年歌咏比赛，获得二等奖。2010~2015年，每年春节前夕举办局机关迎春晚会。濮阳河务局庆祝建国60年文艺演出情景见图10-5。

图10-5　濮阳河务局庆祝建国60年文艺演出

第十一章　濮阳治河机构

古代濮阳黄河河务，历朝由朝廷任命的河官办理。清朝光绪七年（1881年），直隶巡抚大名管河同知在东明组建河防营，是濮阳第一个黄河专职管理机构。民国时期，冀、鲁、豫三省均设河务局。直隶省河务局掌管长垣、濮阳、东明三县河务，濮县、范县、寿张县河务由山东上游金堤营（河防营）掌管。

1946年5月，冀鲁豫解放区行署建立冀鲁豫黄河水利委员会。从此，黄河的治理开发与管理工作在中国共产党的领导下进入新的时期。冀鲁豫黄河水利委员会下设第一、二、三、四修防处，濮阳的治河机构为第二修防处。

1949年10月中华人民共和国成立后，冀鲁豫解放区行署黄河水利委员会第二修防处改称濮阳黄河修防处，隶属平原黄河河务局。1952年，平原省撤销后，濮阳黄河修防处划归河南黄河河务局领导。1954年9月，濮阳专署撤销，其辖区并入安阳专署，濮阳黄河修防处改称安阳黄河修防处。1958年4月，安阳专署撤销，其辖区并入新乡专署，安阳黄河修防处改称新乡第二黄河修防处。1961年12月，安阳专署恢复，新乡第二黄河修防处恢复为安阳黄河修防处。1968年3月，改称安阳地区黄河修防处。1983年9月，成立濮阳市，安阳地区黄河修防处改称濮阳市黄河修防处。1990年11月，改称濮阳市黄河河务局。2002年11月，濮阳市黄河河务局升格为副局级管理机构。2004年10月，改称河南黄河河务局濮阳黄河河务局，简称濮阳河务局。至2015年，濮阳河务局下辖8个事业单位、4个企业单位和4个局直单位。

20世纪50年代初，开辟北金堤滞洪区，濮阳专署成立滞洪处。1959年，北金堤滞洪区停止使用，其管理机构撤销。1964年，北金堤滞洪区恢复，安阳专区成立滞洪办公室。1970年，安阳地区将滞洪机构移交安阳地区黄河修防处。1979年5月，滞洪机构从修防处分出，成立安阳地区黄河滞洪处。1985年3月，滞洪处并入修防处，机关设滞洪科。1998年，濮阳县、范县、台前县滞洪办公室分别并入各县河务局。

1962年，黄委会成立金堤河管理所。1963年，黄委会成立金堤河治理工程管理局。1964年，金堤河治理划归河南省管理，金堤河治理工程管理局撤销，成立安阳专区金堤河管理分局。1971年，并入安阳专区水利局，设金堤河管理处。1978年，改称金堤河马颊河管理处。1983年，金堤河马颊河管理处归属濮阳市水利局。1991年1月，黄委会成立金堤河管理局。2002年4月，金堤河管理局撤销。2003年6月，金堤河马颊河管理处改称濮阳市河道管理处。

第一节　中华人民共和国以前治河机构

古代治河设有水官，主持修堤、防洪等工作。汉武帝时，黄河开始设治河专官。五代时期，除设河堤使者专官外，还设河堤牙官、堤长等，沿河机构得到扩大。宋代，黄河多次决口改道，灾害加重，沿河各州长吏并兼本州河堤使。宋嘉佑年间，中央一级设都水监，还在澶州设派出机构“外监”。宋代治河专业队伍已成规模，常年防守堤防。清咸丰五年（1855年），黄河在铜瓦厢决口改道，流经长垣、东明、开州、濮县、范县、寿张。直隶省在东明设河防同知，并建东明河防营。山东省设河防总局，下设河防营。民国时期，南京政府成立黄河水利委员会，后改称黄河工程总局。直隶省在东明设黄河河务局，在濮阳县坝头设北岸河务局。山东省设黄河河务局，下设上、下游分局等。1937年，河北（直隶）、山东河务局改组为修防处，归属黄河水利委员会。1946年，晋冀鲁豫解放区成立冀鲁豫黄河水利委员会，下设修防处。濮阳县归属第二修防处，濮县、范县、寿张县修防段归属第三修防处。1949年8月，平原黄河河务局成立，第二修防处归属平原黄河河务局。9月，民国黄河工程总局撤销。

一、古代治河机构

黄河河政建设历史久远。据古籍记载，春秋战国时期，黄河下游已有比较完整的堤防，“修堤梁，通沟浍，行水潦，安水臧，以时决塞，使民有所耕艾”，治水之役日益频繁。当时各国除仍设“司空”负责治水事宜外，有的还设“水官”和“都匠水工”等职，专门主持开渠、治河、修堤、防洪等工作，治水治河机构得到充实、加强。秦设都水长、丞，掌管国家水政。

汉承秦制，中央治水官员仍设都水长、丞，并在太长、少府、司农、水衡都尉等官职、部门属下，都设有都水官。至汉哀帝才罢都水官员和使者，设河堤谒者。沿河地方郡县官员都有防守河堤职责。到汉成帝建始四年（公元前29年），以王延世为河堤使者，黄河开始设立治河专官。

魏、晋以后，治河机构仍承汉制，除设都水使者、河堤使者、河堤谒者、水衡都尉外，水部下又有都水郎、都水从事等。

隋初有水部侍郎，属工部，下设都水台，后改台为监，改监为令，统舟楫、河渠两署令，水利机构为常设。

唐代比较重视治河和水利工程，在尚书省工部之下专设水部，置都水监、郎中、员外，并饬令地方官吏总领河事。河堤谒者仍专司河防，以下又增添典事3人、掌固4人。唐代地方官员皆兼领河事，治河主要依靠地方政府。

五代时期，黄河决溢频繁，灾害加重，治河机构略有加强。除设河堤使者外，又设水部、河堤牙官、堤长、主簿等。治河机构、人选和职权得到扩大。

宋代河患加剧，治河机构更加扩大。乾德五年（公元967年），“诏开封、大名府，郓、澶、滑、孟、濮、齐、淄、沧、棣、滨、德、博、怀、卫、郑等州长吏，并兼本州河堤使”。开宝五年（公元972年），又下令设置专职的堤防管理官员，“州府各置河堤判官1员，以本州通判充，如通判阙员，即以本州判官充”。在中央一级，仁宗皇祐三年（1051年），置河渠司“专提举黄、汴河堤功料事”。嘉祐三年（1058年），撤销河渠司，改置都水监，设判监事1人、同判监事1人、丞2人、主簿1人，“轮遣丞一人出外治河埽之事”。都水监在澶州（今河南濮阳县西南）设有外派机构，称“外监”，有南北外都水丞各1人，都提举官8人，监埽官135人。宋时河工堤防埽坝修筑技术有相当大的发展，河工技术队伍逐步扩大，并逐渐形成长期的固定性治河专业技术队伍，终年驻守河工。

宋高宗建炎二年（1128年），黄河在滑县李固渡决口改道南流，700多年不经濮阳境。

二、晚清濮阳治河机构

咸丰五年（1855年），黄河从河南兰阳铜瓦厢决口改道。改道后的黄河流经直隶省长垣、开州和东明。光绪元年（1875年），南岸始建河堤，直隶巡抚调大名漳河同知为东明河防同知，汛期调练军上堤防守。光绪六年（1880年），大名府管河同知移驻东明高村。1881年，招募河兵，组建东明河防营（濮阳第一个黄河专职管理机构），并以大顺广兵备道兼管河道水利事宜，后又调保定练军前营管理黄河。北岸濮县、范县、寿张3县河堤为群众自修自守民埝，上起耿蜜城（今濮阳县白罡乡），下至寿张东影唐（今台前县孙口乡），长148.8千米。设廖桥、李桥、柳园、康屯、高义5个埝工局。民选埝长，专理河务。光绪十年（1884年），山东新河道河务除由巡抚总领外，设立河防总局，上、中、下三游设分局及11个河防营。提调会同知州、知县，督饬营委分段防守。上游分局驻寿张十里堡，管辖濮县、范县、寿张县河务。光绪二十八年（1902年），清政府将河东河道总督裁撤，河务由三省巡抚分别监管，黄河下游河务又走向分散管理。光绪二十九年（1903年）十二月，山东河防总局将河防营增补改组为河防18营，上游分局改为上游金堤营，设营官1员、哨官4员、勇夫130人。营部驻濮县廖桥，管辖自直（直隶）东（山东）交界濮县高堤口至东阿挂剑台的北金堤128千米，自直东交界耿蜜城至寿张东影唐的临黄堤148.8千米。直隶东明河防营、山东上游金堤营和埝工局等治河机构一直延续至中华民国成立。清代开州、濮州、寿张河防营部分治河官员情况见表11-1。

表 11-1　清代开州、濮州、寿张河防营部分治河官员情况

姓名	职务	州县	始任时间	说明
王西魁	代理千总	开州	咸丰五年（1855 年）	开州即今濮阳
党　霖	副将	开州	咸丰五年（1855 年）	
李　明	千总	开州	咸丰五年（1855 年）	
田在田	副将	开州	咸丰六年（1856 年）	
杨凤仪	把总	开州	咸丰六年（1856 年）	
景　隆	都司	开州	咸丰七年（1857 年）	
杨景泰	千总	开州	咸丰七年（1857 年）	
袁长清	把总	开州	咸丰七年（1857 年）	
文　运	副将	开州	咸丰八年（1858 年）	
程万隆	把总	开州	咸丰九年（1859 年）	
崔福泰	都司	开州	咸丰十一（1861 年）	
都允中	把总	开州	同治元年（1862 年）	
平　坤	都司	开州	同治二年（1863 年）	
陈金勇	把总	开州	同治三年（1864 年）	
珠乐杭阿	副将	开州	同治四年（1865 年）	
谭秀文	副将	开州	同治五年（1866 年）	
李九德	把总	开州	同治六年（1867 年）	
郑紫垣	都司	开州	同治七年（1868 年）	
兴　龄	副将	开州	同治八年（1869 年）	
吴金文	千总	开州	同治九年（1870 年）	
张植芳	副将	开州	同治十年（1871 年）	
杨世忠	都司	开州	同治十一年（1872 年）	
许联陛	把总	开州	同治十三年（1874 年）	
刘占魁	把总	开州	光绪元年（1875 年）	
汪玉文	把总	开州	光绪二年（1876 年）	
邓训诰	副将	开州	光绪三年（1877 年）	
陈天爵	把总	开州	光绪五年（1879 年）	
桂　林	游击	濮州	同治元年（1862 年）	濮州即今范县
禄　彰	游击	濮州	同治二年（1863 年）	
李　楹	游击	濮州	同治七年（1868 年）	德州人
刘　魁	游击	濮州	光绪十二年（1886 年）	泰安人
信元瑞	游击	濮州	光绪十三年（1887 年）	历城县人
曾辅朝	游击	濮州	光绪二十一年（1895 年）	四川乐山人
任廷英	游击	濮州	光绪三十年（1904 年）	直隶大名县人
孙丕承	千总	寿张	咸丰二年（1852 年）	
侯万邦	千总	寿张	同治三年（1864 年）	山东荷泽人
周清汉	千总	寿张	光绪三年（1877 年）	山东金乡县人

三、中华民国濮阳治河机构

中华民国时期，沿黄河的濮阳县、长垣县、东明县隶属直隶省（1928年改称河北省）管辖，沿黄河的濮县（今归范县）、范县、寿张县（今台前县）隶属山东省管辖。冀鲁两省均设黄河河务局（1937年改称修防处）管理河务。1938年，国民党军队扒决花园口堤防，使黄河南流，濮阳河段断流近9年，民国河北修防处名存实亡。1946年，冀鲁豫解放区成立冀鲁豫黄河水利委员会，管理黄河下游河务。同时，民国政府恢复河北修防处。1949年9月，河北修防处被民国政府撤销。

1912年（民国元年），官制改革，直隶省的河务改由该省都督监管。

1913年（民国2年），裁撤前清东明河防同知，在高村设立东明河务局，隶属于直隶河务局，以冀南观察使兼理河务。将原修守河防的练军改为河防营，设巡长统辖南岸上、中、下三汛。北岸仍属民修民守的民埝。

1917年（民国6年），经国务会议议决，将北岸民埝改为官民共守，北岸河务防守事宜划归东明河务局管辖。

1918年（民国7年）1月，直隶省设立黄河北岸河务局及河防营，并将长垣、濮阳两县河堤划分5个堤段，设立5个汛部修守。

1919年（民国8年）3月2日，东明河务局更名为直隶黄河河务局（驻濮阳北坝头），设南北岸两分局，共辖长垣、濮阳、东明3县两岸堤埝。北岸分局驻濮阳县坝头镇，姚联奎兼任直隶黄河河务局局长。4月6日，任命叶树勋为南岸分局局长，程长庆为北岸分局局长（驻濮阳北坝头）。

1928年（民国17年），山东上游金堤营改为上游北岸河防营。是年6月20日，经民国政府决定，将直隶省改为河北省。

1929年（民国18年）2月18日，河北省政府委员会第67次会议通过《河务局组织规程》，直隶省黄河河务局改称河北省黄河河务局，驻濮阳县北坝头，掌理长垣、濮阳、东明3县黄河河务，在南岸设办事处。

1930年（民国19年）1月，山东上游北岸河防营改称北一分段，下设两个防守汛。

1933年（民国22年）9月1日，南京民国政府黄河水利委员会正式成立，这是黄河上第一次成立的流域机构。但下游冀、鲁、豫三省黄河河务局仍由各省政府管辖，治河机构实际尚未统一。

1937年（民国26年）2月16日，全国经济委员会41423号令改河北省黄河河务局为河北修防处，并与河南、山东修防处一起归属黄河水利委员会。治河机构逐渐走上统一。

1938年（民国27年），国民党军队在花园口扒堤决口后，黄河改道南流，长垣县、濮阳县、濮县、范县、寿张县境内黄河断流，河北修防处人员大部星散，处机关随河北省政府流亡西安。

抗日战争胜利后，国民党政府在发动内战的同时，决定堵复花园口引黄归故，阴谋水淹解放区。为保护广大群众的切身利益，中国共产党以大局为重，同意黄河堵口归故。

1946 年（民国 35 年）2 月 22 日，晋冀鲁豫解放区冀鲁豫行政公署根据黄河归故的形势和防洪需要，在山东菏泽建立冀鲁豫解放区治河委员会。4 月 1 日，民国政府黄河水利委员会恢复河北修防处，负责河北省境内的黄河河务。河北修防处迁豫，仍属民国黄河水利委员会领导，由于河北省境黄河故道两岸正值解放战争，河北修防处暂设于郑州北郊花园口附近的东赵村（后迁至开封城内刘家胡同）。5 月，冀鲁豫解放区治河委员会改为冀鲁豫黄河水利委员会，下设 4 个修防处。濮阳的治河机构为第二修防处，机关设秘书科、会计科、工程科、材料科，有干部职工 23 人，办公地址始设濮阳县马屯，后驻习城。是年 6 月，沿河各县成立修防段。第二修防处下辖长垣、濮阳、昆吾 3 个修防段。

1947 年（民国 36 年）2 月，冀鲁豫黄河水利委员会第二修防处增设船管科，负责组建造船厂，为渡送解放军过黄河作战造船。5 月，第二修防处机关迁至濮阳县郎中乡北坝头村。第二修防处辖长垣、滑县、濮阳、昆吾 4 个修防段，全处共有职工 103 人。7 月 28 日，冀鲁豫黄河水利委员会增设第五修防处，辖濮县、范县、寿北、张秋黄河修防段。

1948 年（民国 37 年）4 月，冀鲁豫黄河水利委员会设曲河黄河修防段（中共冀鲁豫第三地委根据斗争形势，于 1947 年 6 月设立曲河县），编制 20 余人，归冀鲁豫黄河水利委员会第二修防处领导。年底，冀鲁豫黄河水利委员会第二修防处管辖长垣、滑县、濮阳、昆吾、曲河 5 个黄河修防段，全处共有职工 123 人。是年 8 月，民国河北修防处的部分人员随同黄河水利工程总局南迁，先后迁到江苏南京、湖南衡阳、广西桂林。民国直隶、河北省治河机构主要负责人情况见表 11-2，1948 年冀鲁豫黄河水利委员会第二修防处机构情况见表 11-3。

表 11-2　民国直隶、河北省治河机构主要负责人情况

姓名	职务	任职时间
姚联奎	兼东明河务局长	民国 4 年 11 月至 8 年 3 月
姚联奎	兼直隶黄河河务局长	民国 8 年 3 月至年 9 年 11 月
张昌庆	直隶黄河河务局长	民国 9 年 11 月至 18 年 2 月
李国钧	河北黄河河务局长	民国 18 年 2 月至 19 年
孙庆泽	河北黄河河务局长	民国 19 年至 21 年
朱延平	河北黄河河务局长	民国 21 年至 23 年 9 月
滑德铭	河北黄河河务局长	民国 23 年 9 月至 24 年 4 月
齐寿安	河北黄河河务局长	民国 24 年至 25 年

续表 11-2

姓名	职务	任职时间
马庚年	河北黄河河务局长	民国 25 年至 26 年
杜玉六	河北黄河河务局长	民国 26 年至 26 年 2 月
杜玉六	河北修防处主任	民国 26 年 2 月至 27 年
齐寿安	河北修防处主任	民国 35 年 4 月至 37 年 3 月
李宝泰	河北修防处主任	民国 37 年 3 月至 37 年开封解放
徐怀芳	河北修防处主任	民国 37 年 9 月至 38 年 9 月

表 11-3　1948 年冀鲁豫黄河水利委员会第二修防处机构情况

机关部门		管辖单位	
名称	职工人数	名称	职工人数
合计	23	合计	100
秘书科	7	长垣黄河修防段	21
工程科	5	滑县黄河修防段	11
会计科	2	濮阳黄河修防段	23
材料科	3	昆吾黄河修防段	25
船管科	6	曲河黄河修防段	20

1949 年（民国 38 年）2 月，冀鲁豫黄河水利委员会第一、第二修防处合并为第二修防处，辖东明、南华、曲河、长垣、濮阳、昆吾 6 个修防段。第三、第五修防处合并为第三修防处，辖鄄城、郓北、昆山、范县、濮县、寿张 6 个修防段。是年 8 月，区划调整，新建平原省，成立平原黄河河务局。第二修防处归属平原黄河河务局。9 月，滑县黄河修防段并入长垣黄河修防段；曲河修防段、昆吾修防段随着曲河县、昆吾县的撤销而撤销，昆曲修防段并入濮阳县修防段。

9 月 30 日，民国河北修防处随同黄河水利工程总局一并被民国政府撤销。

第二节　中华人民共和国时期治河机构

濮阳黄河段处于上宽下窄的过渡性“豆腐腰”河段，黄河防汛、工程建设与管理任务繁重，且濮阳境内有黄河最大的滞洪区。因此，濮阳的治河机构既有修防管理机构，又有滞洪管理机构。金堤河是黄河的支流，黄河水利委员会在濮阳曾设金堤河治理机构，地方政府设金堤河日常管理机构。由于区划调整和不同时期的治河任务变化等因素，濮阳治河机构多有调整。

一、濮阳河务局

1949年10月，中华人民共和国建立后，根据平原省政府《关于修防处、修防段组织与区划问题》，平原黄河河务局第二修防处受濮阳行政公署及平原黄河河务局双重领导；第二修防处的东明、南华黄河修防段划归菏泽黄河修防处，第三修防处的濮县、范县黄河修防段划归第二修防处。区划调整后，第二修防处将会计科、材料科合并为供给科，撤销船管科。下辖封丘县、长垣县、濮阳县、濮县、范县5个黄河修防段，全处共有职工278人，其中处机关47人。1949年12月平原黄河河务局第二修防处机构情况见表11-4。

表11-4　1949年12月平原黄河河务局第二修防处机构情况

机关部门		管辖单位	
部门名称	职工人数（人）	单位名称	职工人数（人）
合计	47	合计	231
秘书科	26	封丘县黄河修防段	88
工务科	12	长垣县黄河修防段	37
供给科	9	濮阳县黄河修防段	67
—	—	濮县黄河修防段	15
—	—	范县黄河修防段	24

1950年5月，平原黄河河务局第二修防处改组为平原黄河河务局濮阳修防处，设秘书科、财务科和工务科。全处共有职工297人，其中机关47人，封丘黄河修防段91人，长垣黄河修防段40人，濮阳黄河修防段74人，濮县黄河修防段18人，范县黄河修防段27人。8月，增设联合工会。

1951年7月1日，濮阳专署金堤修防段成立，直属濮阳专署领导，段部设在濮县葛楼，全段职工20人。是年，划定北金堤滞洪区，黄河水利委员会和平原省人民政府共同组成工程指挥部，修建长垣石头庄溢洪堰。8月22日，溢洪堰工程竣工。9月，石头庄溢洪堰工程管理处成立，隶属于平原黄河河务局领导。

1952年12月，黄河水利委员会遵照中央人民政府政务院关于撤销平原省建制的命令，撤销平原黄河河务局，其所属处、段分别划归河南、山东黄河河务局。濮阳黄河修防处及其所属长垣县、封丘县、濮阳县3个黄河修防段和石头庄溢洪堰管理处（后改称溢洪堰管理段）归属河南黄河河务局；范县、濮县2个黄河修防段从濮阳黄河修防处划出归属山东聊城黄河修防处领导。

1954年1月，濮阳专署金堤修防段改称濮阳金堤修防段，归属濮阳黄河修防处。9月，濮阳专署撤销，辖区并入安阳专署，濮阳黄河修防处改称安阳黄河修防处，机关设秘书科、工务科、财务科，下属单位有封丘县黄河修防段、长垣县黄河修防段、濮阳县黄河修防段、濮阳金堤修防段、石头庄溢洪堰管理段。是年底，全处共有职工 289 人。1954 年 12 月安阳黄河修防处机构情况见表 11-5。

表 11-5　1954 年 12 月安阳黄河修防处机构情况

机关部门		管辖单位	
部门名称	职工人数（人）	单位名称	职工人数（人）
合计	43	合计	246
秘书科	30	封丘县黄河修防段	80
工务科	8	长垣县黄河修防段	36
财务科	5	濮阳县黄河修防段	59
—	—	濮阳金堤修防段	20
—	—	石头庄溢洪堰管理段	51

1955 年 5 月，封丘县黄河修防段划归新乡黄河修防处领导。

1958 年 4 月，安阳专署撤销，其辖区并入新乡专署。是年 12 月，将新乡黄河修防处改为新乡第一黄河修防处，原安阳黄河修防处改为新乡第二黄河修防处。处机关仍驻濮阳坝头，全处共有职工 190 人，其中，处机关 26 人，长垣县黄河修防段（溢洪堰管理段并入长垣段）64 人，濮阳县黄河修防段 81 人，濮阳金堤修防段 19 人。

1960 年 12 月，濮阳金堤修防段并入濮阳县黄河修防段。是年，全处共有干部职工 244 人，其中，处机关 27 人，长垣县黄河修防段 97 人，濮阳县黄河修防段 120 人。

1961 年 1 月，金堤管理机构恢复，并改称濮滑金堤修防段，有职工 16 人。12 月 19 日，国务院批准，恢复安阳专员公署。

1962 年 1 月，河南黄河河务局将新乡黄河第二修防处改称为安阳黄河修防处，全处共有干部职工 280 人，其中，处机关 42 人，长垣县黄河修防段 99 人，濮阳县黄河修防段 123 人，濮滑金堤修防段 16 人。

1964 年 9 月，国务院将范县、寿张两县金堤河以南地区划归河南省。撤销寿张县，并入范县。随着行政区划调整，黄委将原山东省的范县、寿张两个修防段交由河南黄河河务局管辖，并确定将原范县黄河修防段改名为范县黄河第一修防段；原寿张修防段改名为范县黄河第二修防段，隶属于安阳黄河修防处领导；石头庄溢洪堰管理段恢复，隶属安阳修防处；修防处增设人事科。是年，全处共有职工 414 人，其中，处机关 42 人，长垣县黄河修防段（包括石头庄溢洪堰管理段）95 人，濮阳县黄河修防段 124 人，濮滑金堤修防段 19 人，范县第一黄河修防段 52 人，范县第二黄河修防段 82 人。

1965 年 2 月，安阳黄河修防处撤销人事科，设立政治处。7 月，濮滑金堤修防段改称濮阳县金堤修防段。是年，全处共有干部职工 413 人。1965 年年底安阳黄河修防处组织机构情况见表 11-6。

表 11-6 1965 年底安阳黄河修防处组织机构情况

机关部门		管辖单位	
部门名称	职工人数（人）	单位名称	职工人数（人）
合计	43	合计	370
处领导	2	长垣县黄河修防段	61
秘书科	18	濮阳县黄河修防段	128
工务科	9	范县第一黄河修防段	50
财务科	9	范县第二黄河修防段	81
政治处	5	濮阳县金堤修防段	18
—	—	石头庄溢洪堰管理段	32

1968 年 2 月，安阳黄河修防处建立革命委员会，下设政工组、办事组、行政组、工务组、财务组。3 月，安阳专区改为安阳地区，安阳黄河修防处改称安阳地区黄河修防处。治河机构由黄河系统领导为主，转变为以地区“革命委员会”领导为主。9 月，机构精简，安阳地区黄河修防处、濮阳县黄河修防段、濮阳县金堤修防段合并，成立“安濮总段革命委员会”。撤销行政组、工务组、财务组，设办事组、政工组、生产组。安濮总段共有职工 412 人，其中，机关 150 人，长垣县黄河修防段 69 人，范县第一黄河修防段 64 人，范县第二黄河修防段 87 人，石头庄溢洪堰管理段 42 人。

1969 年 8 月，濮阳县黄河修防段从安濮总段分出，建立濮阳县黄河修防段革命委员会。

1970 年 2 月，安阳地区革命委员会将安阳地区黄河滞洪办公室及长垣县、滑县、濮阳县、范县黄河滞洪办公室所管辖的滞洪工作移交安阳地区黄河修防处及各县黄河修防段管理。修防处设滞洪办公室，长垣县、范县黄河修防段设滞洪股。4 月 10 日，设立滑县黄河管理段，负责滑县的滞洪和金堤修防管理工作。5 月，濮阳县金堤修防段恢复。

1971 年 3 月，撤销安濮总段革命委员会，建立安阳地区黄河修防处革命委员会，全处共有职工 510 人，其中，处机关 55 人，长垣县黄河修防段 92 人，石头庄溢洪堰管理段 38 人，濮阳县黄河修防段 90 人，濮阳县金堤修防段 31 人，范县第一修防段 88 人，范县第二修防段 98 人，滑县黄河管理段 18 人。是年，安阳地区黄河修防处增设引黄组。

1974 年 7 月，安阳地区黄河修防处成立安阳地区长南治黄铁路指挥部。

1977 年 3 月，长南治黄铁路指挥部撤销，长南铁路管理段成立。7 月，安阳地区黄河修防处增设范县水泥造船厂。1977 年底安阳地区黄河修防处机构情况见表 11-7。

表 11-7　1977 年底安阳地区黄河修防处机构情况

机关部门	下属单位	下属单位级别
办事组	长垣县黄河修防段	正科
政工组	濮阳县黄河修防段	正科
生产组	范县第一黄河修防段	正科
引黄组	范县第二黄河修防段	正科
滞洪办公室	濮阳县金堤修防段	正科
—	石头庄溢洪堰管理段	正科
—	滑县滞洪管理段	正科
—	长南铁路管理段	正科
—	范县水泥造船厂	正科

1978 年 1 月，安阳地区黄河修防处建立运输队。3 月，安阳地区黄河修防处建立机械化施工队。根据河南黄河河务局通知，取消修防处、段的革命委员会。5 月，渠村分洪闸主体工程建成。8 月 8 日，河南黄河河务局成立渠村分洪闸管理处，隶属于河南黄河河务局。12 月，区划调整，经国务院批复将范县东部 9 个公社划出，设立台前县。年底，机械化施工队招收知识青年 74 人。

1979 年 1 月，范县第二黄河修防段改称台前县黄河修防段，范县第一黄河修防段改称范县黄河修防段。5 月，滞洪区管理工作从安阳地区黄河修防处分出，成立安阳地区黄河滞洪处。7 月，安阳地区黄河修防处机关部门改组为科，设秘书科、政工科、工务科、财务科、引黄科。

1980 年 8 月，机械施工队改称铲运机施工队。11 月，设立中共安阳地区黄河修防处直属机关委员会。是年，恢复工会组织；成立多种经营办公室，机构设在财务科，引黄科撤销。

1981 年 5 月，安阳地区黄河修防处运输队和施工队合并为安阳地区黄河修防处施工大队。

1983 年 9 月，河南省行政区划调整，设立濮阳市，安阳地区黄河修防处更名为濮阳市黄河修防处。机关部门设办公室、政工科、工务科、财务科 4 个部门，下辖 9 个单位，全处共有职工 1993 人，其中，处机关 89 人。1983 年底濮阳市黄河修防处组织机构情况见表 11-8。

1984 年 6 月，河南黄河河务局航运大队运输二队划归濮阳市黄河修防处，更名为濮阳市黄河修防处航运队，驻范县陈庄乡史楼。

1984 年 10 月 26 日，濮阳市黄河修防处机关由坝头迁至濮阳县城南路西，临北金堤北侧。

表 11-8　1983 年底濮阳市黄河修防处组织机构情况

机关部门		管辖单位	
名称	职工人数（人）	名称	职工人数（人）
合计	89	合计	1904
办公室	68	长垣县黄河修防段	269
政工科	6	濮阳县黄河修防段	372
工务科	8	范县黄河修防段	233
财务科	7	台前县黄河修防段	337
—	—	濮阳县金堤修防段	97
—	—	长南铁路管理段	169
—	—	挖泥船队	154
—	—	铲运机队	232
—	—	运输队	41

1985 年 3 月 19 日，河南黄河河务局将濮阳市黄河修防处、濮阳市黄河滞洪处、渠村分洪闸管理处 3 个单位合并为河南黄河河务局濮阳市黄河修防处。修防处增设滞洪科，负责滞洪业务。渠村分洪闸管理处降为段级单位，负责渠村分洪闸的管理和分洪工作。3 月，濮阳市黄河修防处在撤销铲运机施工队的基础上，组建第一施工队、第二施工队。8 月，濮阳市黄河修防处增设濮阳市黄河建筑公司，下设办公室、施工科、财务科，实行事业单位企业管理模式。1985 年底，濮阳市黄河修防处有下属单位 17 个，全处共有职工 2611 人，其中处机关 192 人。1985 年濮阳市黄河修防处组织机构情况见表 11-9。

1986 年 3 月 22 日，河南省人民政府将濮阳市管辖的滑县、内黄两县划归安阳市，长垣县划归新乡市。8 月，河南黄河河务局将长垣县黄河修防段、长南铁路管理段、挖泥船队划归新乡市黄河修防处。5 月，筹建安阳地区黄河修防处水泥制品厂。

1987 年 4 月，濮阳市黄河修防处增设老干部科、审计科。7 月增设行政科。

1988 年 3 月，多种经营办公室撤销，政工科更名为劳动人事科，老干部科更名为离退休职工管理科。8 月，濮阳市黄河修防处航运队撤销，组建濮阳市黄河修防处水上抢险队，其业务由航运转为以水上抢险为主。

1989 年 1 月，滑县滞洪管理段归属于河南黄河河务局。3 月 13 日，濮阳市黄河修防处机关增设防汛办公室，恢复多种经营办公室。8 月，濮阳市黄河修防处增设行政监察科。

表 11-9　1985 年濮阳市黄河修防处组织机构情况

机关部门	事业单位	内部企业管理单位
办公室	长垣县黄河修防段	濮阳市黄河建筑公司
工务科	濮阳县黄河修防段	—
政工科	范县黄河修防段	—
财务科	台前县黄河修防段	—
滞洪办公室	濮阳县金堤修防段	—
纪检组	渠村分洪闸管理段	—
工会办公室	濮阳县滞洪办公室	—
—	范县滞洪办公室	—
—	台前县滞洪办公室	—
—	滑县滞洪管理段	—
—	长南铁路管理段	—
—	濮阳市黄河修防处挖泥船队	—
—	濮阳市黄河修防处航运队	—
—	濮阳市黄河修防处第一施工队	—
—	濮阳市黄河修防处第二施工队	—
—	濮阳市黄河修防处运输队	—
—	范县造船厂	—

1990 年 3 月，濮阳市黄河修防处增设思想政治工作办公室。11 月，濮阳市黄河修防处更名为濮阳市黄河河务局。其主任、副主任改称局长、副局长，主任工程师改称总工程师。濮阳县黄河修防段更名为濮阳县黄河河务局，范县黄河修防段更名为范县黄河河务局，台前县黄河修防段更名为台前县黄河河务局，并升格为副县级，其段长、副段长改称局长、副局长。12 月，濮阳市黄河河务局增设通信管理科，滞洪办公室更名为滞洪科，多种经营办公室更名为综合经营科。是年，濮阳市黄河河务局机关部门 13 个，下辖单位 14 个，全局职工总数 1981 人，其中机关 166 人。1990 年 12 月濮阳市黄河河务局机构设置及职工分布情况见表 11-10。

1991 年 1 月，濮阳市黄河河务局劳动服务公司确定为科级独立机构。3 月，增设水政科。4 月，范县水泥造船厂撤销，在其人员的基础上，新建河南黄河河务局濮阳机动抢险队。5 月，濮阳黄河建筑公司改称濮阳市黄河工程处。8 月，汽车修配厂成立。9 月，渠村分洪闸管理段改为渠村分洪闸管理处，升格为副处级，其段长、副段长改称主任、副主任。

表 11-10　1990 年 12 月濮阳市黄河河务局机构设置及职工分布情况

部门名称	单位名称	职工人数（人）
办公室	台前县黄河河务局	312
工务科	范县黄河河务局	248
劳动人事科	濮阳县黄河河务局	405
财务科	濮阳县金堤管理段	124
滞洪科	台前县滞洪办公室	44
审计科	范县滞洪办公室	51
纪检监察科	濮阳县滞洪办公室	51
综合经营科	渠村分洪闸管理段	99
通信管理科	范县造船厂	115
思想政治工作办公室	第一施工队	43
党委办公室	第二施工队	75
工会办公室	运输队	30
离退休职工管理科	水上抢险队	167
—	水泥制品厂	51
合计		1815

1992 年 12 月，濮阳市黄河河务局机关由濮阳县南关迁至濮阳市区金堤路 45 号。

1993 年 4 月，濮阳市黄河工程处更名为濮阳市黄河工程公司。5 月，濮阳县金堤修防段更名为濮阳县金堤管理局，其段长、副段长改称局长、副局长。

1994 年 2 月，第一施工队更名为第一工程处，第二施工队更名为第二工程处，运输队更名为运输处。

1995 年，濮阳市黄河河务局机关有 15 个部门，下辖事业单位 8 个，内部企业管理单位 9 个，全局职工总人数为 2555 人，其中，在职职工 2086 人，离退休职工 469 人。局机关职工人数为 228 人，其中，在职 164 人，离退休 64 人。1995 年濮阳市黄河河务局组织机构情况见表 11-11。

1996 年 2 月 8 日，重新核定濮阳县、范县、台前县黄河河务局和滞洪办公室，以及濮阳县金堤管理局、渠村分洪闸管理处、机动抢险队等单位的职能配置、机构设置和人员编制。3 月 14 日，濮阳机动抢险队由濮阳市黄河河务局直接管理，不再由范县黄河河务局代管。4 月，运输处撤销，人、财、物分别并入第一工程处和第二工程处。滞洪科撤销，其职能划归防汛办公室。直属机关党委办公室与思想政治工作办公室合署办公，纪检组与行政监察科合署办公。7 月，水泥制品厂、汽车修配厂、劳动服务公司划归濮阳市黄河工程公司。9 月，将水上抢险队更名为第三工程处，并与第一工程处、第二工程处一起划归濮阳市黄河工程公司。1996 年濮阳市黄河河务局组织机构情况见表 11-12。

表 11-11　1995 年濮阳市黄河河务局组织机构情况

机关部门	事业单位	内部企业管理单位
办公室	濮阳县黄河河务局	濮阳市黄河工程公司
行政科	范县黄河河务局	濮阳市黄河河务局第一工程处
劳动人事科	台前县黄河河务局	濮阳市黄河河务局第二工程处
工务科	濮阳县金堤管理局	濮阳市黄河河务局运输处
财务处	渠村分洪闸管理处	濮阳市黄河河务局水上抢险队
防汛办公室	濮阳县滞洪办公室	濮阳市黄河河务局机动抢险队
审计科	范县滞洪办公室	濮阳市黄河河务局水泥制品厂
滞洪科	台前县滞洪办公室	濮阳市黄河河务局汽车修配厂
水政科	—	濮阳市黄河河务局劳动服务公司
纪检组	—	—
行政监察科	—	—
离退休职工管理科	—	—
综合经营科	—	—
通信管理科	—	—
党委办公室	—	—
思想政治工作办公室	—	—
工会办公室	—	—

表 11-12　1996 年濮阳市黄河河务局组织机构情况

机关部门	事业单位	内部企业管理单位
办公室	濮阳县黄河河务局	濮阳黄河工程公司
防汛办公室	范县黄河河务局	第一工程处
劳动人事科	台前县黄河河务局	第二工程处
工务科	濮阳县金堤管理局	第三工程处水上抢险队
财务科	渠村分洪闸管理处	水泥制品有限公司
审计科	濮阳县滞洪办公室	汽车修配厂
水政科	范县滞洪办公室	劳动服务公司
综合经营科	台前县滞洪办公室	机动抢险队
离退休职工管理科	—	—
纪检组（行政监审科）	—	—
直属机关党委办公室（思想政治工作办公室）	—	—
工会办公室	—	—
通信科	—	—
行政科	—	—

1998年7月，濮阳、范县、台前3县滞洪办公室分别划归濮阳、范县和台前3县黄河河务局，人、财、物由县黄河河务局统一调剂使用，并履行滞洪职能。8月，供水公司筹备处和工程监理公司筹备处成立。9月9日，河南黄河河务局批复濮阳市黄河河务局体制改革方案，进行体制改革。9月，汽车修配厂划归第一工程处。11月，行政科撤销，成立机关服务部，作为独立核算单位，与濮阳市黄河河务局机关完全脱钩；撤销综合经营科、离退休职工管理科和思想政治工作办公室；设立总工室和经济管理办公室；纪检组、行政监察科和审计科3个部门组建监察审计室，1个机构3块牌子；在通信科的基础上组建通信管理处，按濮阳市黄河河务局二级机构管理。同时，濮阳市黄河河务局成立水政监察支队，与水政科合署办公。局属水管单位也都相应成立水政监察大队。通过内部体制改革，濮阳市黄河河务局机关共设置办公室、工务科、财务科、防汛办公室、人事劳动科、水政科（水政监察支队、供水公司筹备处）、直属机关党委办公室、监察审计室、工会办公室、总工室和经济管理办公室11个职能部门。12月，水泥制品厂进行股份制改革，改制为濮阳市黄河水泥制品有限公司。1998年濮阳市黄河河务局组织机构情况见表11-13。

表11-13　1998年濮阳市黄河河务局组织机构情况

机关部门	事业单位	内部企业管理单位
办公室	濮阳县黄河河务局	机关服务部
工务科	范县黄河河务局	通信管理处
防汛办公室	台前县黄河河务局	供水公司
总工室	濮阳县金堤管理局	濮阳黄河工程公司
财务科	渠村分洪闸管理处	第一工程处
经济管理办公室	—	第二工程处
水政科	—	第三工程处
人事劳动科	—	劳动服务公司
纪检、监察、审计科	—	工程监理公司筹备处
党委办公室	—	水泥制品有限公司
工会办公室	—	

1999年1月，滑县滞洪管理局成建制划归濮阳市黄河河务局管理。5月8日，机动抢险队经上级批准更名为濮阳市黄河河务局第一机动抢险队，归属范县黄河河务局管理，防汛调度权归濮阳市黄河河务局。5月19日，濮阳市黄河河务局第二机动抢险队成立，编制70人，归属濮阳县黄河河务局管理，防汛调度权归濮阳市黄河河务局。

5月，濮阳市黄河河务局机关服务部划归工程公司，并更名为濮阳市黄河工程公司物业管理处。

2000年2月，工程监理公司筹备处撤销，河南立信工程咨询监理有限公司濮阳分公司成立。

2001年4月，总工室撤销。以劳动服务公司（大河宾馆）和物业管理处为基础，组建濮阳市黄河河务局机关服务中心，负责机关物业管理和后勤服务工作。同时成立濮阳市黄河河务局事业财务核算中心和濮阳市黄河河务局企业财务核算中心。事业财务核算中心设在濮阳市黄河河务局办公室，主要职责是负责濮阳市黄河河务局机关和通信管理处一切经济业务的会计核算和监督。企业财务核算中心设在濮阳市黄河工程公司财务处，主要职责是负责本公司、机关服务中心和河南立信工程咨询监理有限公司濮阳分公司一切经济业务的会计核算与监督。濮阳市黄河工程公司改制为濮阳黄河工程有限公司。

2001年底，濮阳市黄河河务局有机关部门10个、下属事业单位6个、内部企业管理单位8个，全局职工总人数为2704人，其中，在职职工2178人，离退休职工526人。局机关157人，其中，在职77人，离退休80人。2001年濮阳市黄河河务局组织机构情况见表11-14。

表11-14 2001年濮阳市黄河河务局组织机构情况

机关部门	事业单位	内部企业管理单位
办公室	濮阳县黄河河务局	机关服务中心
工务科	范县黄河河务局	通信管理处
防汛办公室	台前县黄河河务局	濮阳黄河工程有限公司
人事劳动科	濮阳县金堤管理局	第一工程处
财务处	渠村分洪闸管理处	第二工程处
水政科（水政监察支队、供水公司筹备处）	滑县滞洪管理局	第三工程处（水上抢险队）
监察审计室	—	水泥制品有限公司
党委办公室	—	河南立信监理公司濮阳分公司
工会办公室	—	—
经济管理办公室	—	—

2002年4月，黄委撤销金堤河管理局机构，将其财产和部分人员并入河南黄河河务局，组建张庄闸管理处。5月10日，河南黄河河务局批复濮阳市黄河河务局成立张庄闸管理处。11月13日，河南黄河河务局批复濮阳市黄河河务局由正处级升格为副局

级管理机构。12月，根据《河南黄河河务局事业单位机构改革实施意见》，濮阳市黄河河务局进行事业单位机构改革。改革的主要内容：一是分类改革，根据局属事业单位承担的职能、任务，划分为基础公益类、社会服务类和经营开发类三种类型的事业单位。通过改革，基础公益类的事业单位得到稳定；从事社会服务的事业单位，通过扶持实现自我维持和发展；经营开发类事业单位得到发展，并逐步向企业过渡。二是各级机关改革，调整内设机构和精简工作人员。各级机关机构数在1994年“三定”方案的基础上精简20%；机关人员编制在1994年“三定”方案的基础上精简40%~50%。改革后，局机关编制70人，设置办公室、工务处、水政水资源处（水政监察支队）、财务处、人事劳动教育处5个正处级职能部门和监察审计室、工会办公室、直属机关党委（精神文明建设指导委员会）办公室3个正科级职能部门。基础公益类事业单位有濮阳县黄河河务局、范县黄河河务局、台前县黄河河务局、濮阳县金堤管理局、渠村分洪闸管理处、张庄闸管理处、滑县滞洪管理局、信息中心、濮阳市黄河河务局水上抢险队、濮阳市黄河河务局第一机动抢险队、濮阳市黄河河务局第二机动抢险队、濮阳市黄河河务局第三机动抢险队、濮阳市黄河河务局直属机动抢险队等13个；社会服务类事业单位有机关服务中心；经营开发类事业单位有濮阳市黄河经济发展管理处、濮阳市黄河河务局供水处。濮阳县金堤管理局由正科级升格为副处级管理机构。濮阳市黄河河务局第三机动抢险队归属台前县黄河河务局，濮阳市黄河河务局直属机动抢险队归属张庄闸管理处。

局属各水管单位增设新的二级机构。濮阳、范县、台前3县黄河河务局增设机关服务中心、信息中心、经济发展管理办公室、工程养护处和工程施工处。濮阳县金堤管理局、渠村分洪闸管理处、张庄闸管理处3单位增设机关服务中心、经济发展管理办公室、工程养护处和工程施工处。滑县滞洪管理局增设经济发展管理办公室和工程施工处。

2002年，事业单位机构改革后，濮阳市黄河河务局职工总人数为2813人，其中，在职职工2266人，离退休职工547人。在职职工中，事业人员为1849人，内部企业管理人数为417人。局机关职工人数为157人，其中，在职77人，离退休80人。2002年机构改革后濮阳市黄河河务局组织机构情况见表11-15。

2003年12月，河南立信工程咨询监理有限公司濮阳分公司撤销，濮阳天信工程咨询监理有限公司成立，人员编制10人，内设综合管理部和工程监理部2个职能部门。

2004年7月，在濮阳黄河工程有限公司的基础上组建河南省中原水利水电工程集团有限公司，简称中原工程集团公司。8月，河南黄河河务局下达局属各级机关水行政执行人员（参照公务员管理）编制计划，濮阳市黄河河务局共205人，其中，局机关70人，濮阳、范县、台前3县河务局各26人，濮阳县金堤管理局15人，渠村分洪闸管理处、张庄闸管理处和滑县滞洪管理局各14人。

表 11-15　2002 年机构改革后濮阳市黄河河务局组织机构情况

机构名称	单位性质	机构规格	事业人员编制（人）	机关人员编制（人）	说明
合计			1983	246	—
濮阳市黄河河务局机关	基础公益类	副局级	—	70	—
濮阳县黄河河务局	基础公益类	副处级	489	50	—
范县黄河河务局	基础公益类	副处级	445	48	—
台前县黄河河务局	基础公益类	副处级	430	48	—
濮阳县金堤管理局	基础公益类	副处级	85	24	—
渠村分洪闸管理处	基础公益类	副处级	85	20	—
张庄闸管理处	基础公益类	副处级	83	20	—
滑县滞洪管理局	基础公益类	正科级	32	16	—
水上抢险队	基础公益类	正科级	50	20	—
第一机动抢险队	（随所在单位）	正科级	54	—	归属范县河务局
第二机动抢险队	（随所在单位）	正科级	50	—	归属濮阳县河务局
第三机动抢险队	（随所在单位）	正科级	50	—	归属台前县河务局
直属机动抢险队	（随所在单位）	正科级	50	—	归属张庄闸管理处
机关服务中心	社会服务类	正科级	20	—	—
信息中心	经营开发类	正科级	40	—	—
经济发展管理处	经营开发类	正科级	10	—	—
供水处	经营开发类	正科级	10	—	—
濮阳黄河工程公司	内部企业	正科级	—	—	—
第一工程处	内部企业	正科级	—	—	—
第二工程处	内部企业	正科级	—	—	—
水泥制品有限公司	内部企业	正科级	—	—	—
工程咨询监理公司	内部企业	正科级	—	—	—

2004 年 10 月，根据河南黄河河务局制定的《濮阳黄河河务局机构名称规范》，变更濮阳市黄河河务局及局属各单位机构名称，要求一般使用单位简称（见表 11-16）。

表 11-16　2004 年濮阳河务局机构名称变更情况

机构原名称	变更后的机构名称	
	全称	简称
濮阳市黄河河务局	河南黄河河务局濮阳黄河河务局	濮阳河务局
濮阳市黄河河务局机关服务中心	濮阳黄河河务局机关服务中心	服务中心
濮阳市黄河河务局信息中心	濮阳黄河河务局信息中心	信息中心
濮阳市黄河河务局供水处	濮阳黄河河务局供水处	供水处
濮阳县黄河河务局	濮阳黄河河务局第一黄河河务局	濮阳第一河务局
濮阳县金堤管理局	濮阳黄河河务局第二黄河河务局	濮阳第二河务局
范县黄河河务局	濮阳黄河河务局范县黄河河务局	范县河务局
台前县黄河河务局	濮阳黄河河务局台前黄河河务局	台前河务局
濮阳市黄河河务局渠村分洪闸管理处	濮阳黄河河务局渠村分洪闸管理处	渠村分洪闸管理处
濮阳市黄河河务局张庄闸管理处	濮阳黄河河务局张庄闸管理处	张庄闸管理处
滑县黄河滞洪管理局	濮阳黄河河务局滑县黄河滞洪管理局	滑县滞洪局
濮阳市黄河河务局水上抢险队	濮阳黄河河务局水上抢险队	水上抢险队

2005 年 2 月，水泥制品（厂）有限公司撤销，其人员、财产分别划归濮阳第二河务局和渠村分洪闸管理处。10 月 20 日，濮阳河务局进行企业整合，河南省中原水利水电工程集团公司职能部门合并，改设综合办公室、财务器材处、施工技术处、经营处、质量检测中心 5 个职能部门。第一工程处与第二工程处合并，并更名为濮阳河源路桥工程有限公司，简称濮阳河源路桥公司，为独立法人单位，内设办公室、财务部、经营管理部、工程技术处、设备经营处、道路施工处、涵闸施工处 7 个职能部门。11 月，濮阳黄河经济发展管理处更名为濮阳河务局经济发展管理局，简称经济发展管理局。

2006 年 5 月，濮阳河务局进行水利工程管理体制改革，一是在供水处的基础上组建河南黄河河务局供水局濮阳供水分局，简称濮阳供水分局，下辖渠村闸管理所、南小堤闸管理所、彭楼闸管理所、影唐闸管理所和柳屯闸管理所。濮阳供水分局人员编制 158 人（见表 11-17）。二是新组建濮阳黄河水利工程维修养护有限公司，简称濮阳工程维修养护公司，为濮阳河务局直属管理机构，并分别在濮阳第一河务局、范县河务局、台前河务局、濮阳第二河务局、渠村分洪闸管理处、张庄闸管理处和滑县滞洪局成立第一、第二、第三、第四、第五、第六、第七维修养护分公司，隶属濮阳工程维修养护公司管理。濮阳黄河水利工程维修养护有限公司人员编制 425 人（见表 11-18）。三是调整濮阳河务局局属各水管单位机关及其他机构设置和人员编制。2006 年底，全局共有职工 2932 人，其中，在职职工 2071 人，离退休职工 861 人（见表 11-19）。

表 11-17　2006 年濮阳供水分局组织机构与人员编制情况

机关部门		管辖单位	
部门名称	人员编制（人）	单位名称	人员编制（人）
办公室	15	渠村闸管理所	44
工程管理科		南小堤闸管理所	34
财务科		彭楼闸管理所	30
—	—	影唐闸管理所	25
—	—	柳屯闸管理所	10
合计	15	—	143

表 11-18　2006 年濮阳工程维修养护公司组织机构与人员编制情况

机关部门		管辖单位	
部门名称	人员编制（人）	单位名称	人员编制（人）
办公室	10	第一维修养护分公司	100
工程部		第二维修养护分公司	89
财务科		第三维修养护分公司	133
—	—	第四维修养护分公司	25
—	—	第五维修养护分公司	44
—	—	第六维修养护分公司	17
—	—	第七维修养护分公司	7
合计	10	—	415

表 11-19　2006 年濮阳河务局水管体制改革后局属单位机构设置和人员编制情况

单位	濮阳第一河务局	范县河务局	台前河务局	濮阳第二河务局	渠村闸管理处	张庄闸管理处	滑县滞洪局
人员编制	327 人	265 人	311 人	57 人	52 人	76 人	61 人
机构设置	10 个	10 个	10 个	5 个	5 个	5 个	4 个
1	办公室	办公室	办公室	办公室	办公室	办公室	办公室
2	水政水资源科	水政水资源科	水政水资源科	水政水资源科	水政水资源与防汛科	水政水资源与防汛科	水政水资源与防汛科
3	工程管理科	工程管理科	工程管理科	工程管理科	工程管理科	工程管理科	工程管理科
4	防汛办公室	防汛办公室	防汛办公室	财务科	财务科	运行观测科	运行观测科
5	人事劳动教育科	人事劳动教育科	人事劳动教育科	运行观测科	运行观测科	濮阳直属机动抢险队	—
6	财务科	财务科	财务科	—	—	—	—
7	党群工作科	党群工作科	党群工作科	—	—	—	—
8	滞洪管理科	滞洪管理科	滞洪管理科	—	—	—	—
9	运行观测科	运行观测科	运行观测科	—	—	—	—
10	第二机动抢险队	第一机动抢险队	第三机动抢险队	—	—	—	—

2010年3月，滑县滞洪管理局更名为滑县黄河河务局，并升格为副处级管理机构。12月，黄委对濮阳河务局机构、人员编制重新设置，防汛办公室从工务处分离，新建防汛滞洪办公室（正处级）；濮阳黄河河务局机关服务中心升格为副处级，并更名为濮阳黄河河务局机关服务处；全局事业编制总数为1794名，其中，行政执行人员编制207人，公益事业人员编制1587人。2010年末，全局共有职工3010人，其中，在职职工1942人，离退休职工1068人。

2015年8月，河南黄河河务局批复濮阳河务局机关设置监察审计处（正处级）。

2015年末，濮阳河务局职工总人数3164人。其中，在职职工1770人（其中，行政执行人员166人，事业人员808人，供水人员110人，养护企业299人，施工企业364人，其他人员23人），离退休职工1394人。

濮阳河务局历届领导班子成员情况见表11-20。

表11-20　濮阳河务局历届领导班子成员情况

单位名称	姓名	职务	任职时间（年-月）	说明
平原黄河河务局第二修防处	邢宣理	主任	1946-03～1949-04	
	刘遵孔	副主任	1946-05～1947-12	
	张建斗	副主任	1949-02～1949-03	
	仪顺江	副主任	1949-03～1949-04	
平原黄河河务局第二修防处	张慧僧	主任	1949-04～1950-05	
	仪顺江	副主任	1949-04～1950-02	
	李延安	副主任	1950-04～1950-05	
平原黄河河务局第二修防处	张慧僧	主任	1950-05～1952-12	
	李延安	副主任	1950-05～1952-12	
河南黄河河务局濮阳黄河修防处	张慧僧	主任	1952-12～1953-04	
	李延安	副主任	1952-12～1953-04	
河南黄河河务局濮阳黄河修防处	李延安	副主任	1953-04～1954-09	主持工作
		主任	1954-09～1956-04	
	苏金铭	副主任	1954-10～1956-04	
河南黄河河务局安阳黄河修防处	李延安	主任	1956-04～1957-01	
	苏金铭	副主任	1956-04～1957-02	
	赵又之	副主任	1956-12～1957-01	
河南黄河河务局安阳黄河修防处	赵又之	副主任	1957-01～1957-06	主持工作
		主任	1957-06～1958-05	
	苏金铭	副主任	1957-02～1958-05	
河南黄河河务局新乡黄河第二修防处	赵又之	主任	1958-05～1958-11	
	苏金铭	副主任	1958-05～1958-11	

续表 11-20

单位名称	姓名	职务	任职时间（年-月）	说明
河南黄河河务局新乡黄河第二修防处	苏金铭	副主任	1958-11～1960-04	主持工作
		主任	1960-04～1962-01	
	张兆吾	副主任	1960-09～1962-01	
河南黄河河务局安阳黄河修防处	苏金铭	主任	1962-01～1966-03	
	张兆吾	副主任	1962-01～1966-03	
	艾计生	副主任	1964-06～1966-03	
河南黄河河务局安阳黄河修防处	张兆吾	副主任	1966-03～1968-09	
	艾计生	副主任	1966-03～1968-09	
河南黄河河务局安濮总段革命委员会	李继元	主任	1968-09～1970-05	
	张兆吾	副主任	1968-09～1970-05	
	艾计生	副主任	1968-09～1970-05	
	王景州	副主任	1970-03～1970-05	
河南黄河河务局安濮总段革命委员会	李成良	主任	1970-05～1971-08	
	王景州	副主任	1970-05～1971-08	
	张兆吾	副主任	1970-05～1971-03	
	艾计生	副主任	1970-05～1971-03	
	苏金铭	副主任	1970-07～1971-03	
河南黄河河务局安阳地区黄河修防处革命委员会	李成良	主任	1971-03～1971-08	
	王景州	副主任	1971-03～1971-08	
	张兆吾	副主任	1971-03～1971-08	
	苏金铭	副主任	1971-03～1971-08	
河南黄河河务局安阳地区黄河修防处革命委员会	王景州	副主任	1971-08～1974-04	主持工作
	苏金铭	副主任	1971-08～1974-04	
	张兆吾	副主任	1971-08～1974-04	
河南黄河河务局安阳地区黄河修防处革命委员会	苏金铭	副主任	1974-04～1975-03	主持工作
	张兆吾	副主任	1974-04～1975-03	
河南黄河河务局安阳地区黄河修防处革命委员会	董文虎	主任	1975-03～1978-07	
	韩洪俭	副主任	1975-03～1978-07	
	苏金铭	副主任	1975-03～1978-07	
	张兆吾	副主任	1975-03～1978-07	
	岳海岭	副主任	1976-12～1977-02	
	何文敬	副主任	1977-02～1978-07	
	姚朋来	副主任	1977-09～1978-07	

续表 11-20

单位名称	姓名	职务	任职时间（年-月）	说明
河南黄河河务局安阳地区黄河修防处革命委员会	王棠	副主任	1977-09～1978-07	
	张凌汉	副主任	1977-09～1978-07	
	孟祥凤	副主任	1977-10～1978-07	
	李主信	副主任	1977-10～1978-07	
河南黄河河务局安阳地区黄河修防处	韩洪俭	主任	1978-07～1979-06	
	何文敬	副主任	1978-07～1979-05	
	姚朋来	副主任	1978-07～1979-07	
	王棠	副主任	1978-07～1979-07	
	张凌汉	副主任	1978-07～1978-07	
	孟祥凤	副主任	1978-07～1979-05	
	李主信	副主任	1978-07～1979-07	
河南黄河河务局安阳地区黄河修防处	姚朋来	主任	1979-07～1983-06	
	王　棠	副主任	1979-07～1983-06	
	张凌汉	副主任	1979-07～1983-06	
	赵庆三	副主任	1980-05～1983-06	
	胡全舜	副主任	1981-02～1983-06	
	陆书成	副主任	1982-09～1983-06	
河南黄河河务局安阳地区黄河修防处	慕光远	主任	1983-06～1983-09	
	胡全舜	副主任	1983-06～1983-09	
	王　棠	副主任	1983-06～1983-09	
	陆书成	副主任	1983-06～1983-09	
	戴耀烈	副主任	1983-06～1983-09	
河南黄河河务局濮阳市黄河修防处	慕光远	主任	1983-09～1986-05	
	胡全舜	副主任	1983-06～1985-03	
	王　棠	副主任	1983-06～1983-12	
	陆书成	副主任	1983-06～1986-05	
	戴耀烈	副主任	1983-06～1986-05	
	张凌汉	副主任	1985-03～1986-05	
	李元贵	副主任	1985-03～1986-05	
	张再业	工会主席	1985-03～1986-05	
	王云亭	纪检组长	1985-04～1986-05	
	史宪敏	主任工程师	1985-04～1986-05	

续表 11-20

单位名称	姓名	职务	任职时间（年-月）	说明
河南黄河河务局濮阳市黄河修防处	陆书成	副主任	1986-05～1987-02	主持工作
		主任	1987-02～1990-11	
	张凌汉	副主任	1986-05～1989-03	
	戴耀烈	副主任	1986-05～1990-11	
	李元贵	副主任	1986-05～1990-11	
	张再业	工会主席	1986-05～1990-11	
	王云亭	纪检组长	1986-05～1990-11	
	史宪敏	主任工程师	1986-05～1989-02	
	苏茂林	副主任	1988-02～1988-09	
	王德智	副主任	1989-02～1990-11	
	王玉俭	主任工程师	1989-02～1990-11	
	商家文	副主任	1989-06～1990-11	
河南黄河河务局濮阳市黄河河务局	陆书成	局长	1990-11～1993-03	
	戴耀烈	副局长	1990-11～1993-03	
	李元贵	副局长	1990-11～1993-03	
	王德智	副主任	1990-11～1993-03	
	商家文	副主任	1990-11～1993-03	
	张再业	工会主席	1990-11～1993-03	
	王云亭	纪检组长	1990-11～1991-04	
	王玉俭	总工程师	1990-11～1993-03	
河南黄河河务局濮阳市黄河河务局	商家文	副主任	1993-03～1998-04	
	戴耀烈	副局长	1993-03～1996-12	
	李元贵	副局长	1993-03～1996-12	
	赵明河	副局长	1993-03～1998-04	
	郭凤林	副局长	1993-03～1998-04	
	张学明	工会主席	1993-03～1998-04	
	王玉俭	总工程师	1993-03～1997-07	
		副局长	1997-07～1998-04	
	郑跃华	纪检组长	1994-02～1998-04	
	杨增奇	副局长	1997-07～1998-04	
	李玉成	副总工程师	1993-03～1998-04	
		总工程师	1997-07～1998-04	

续表 11-20

单位名称	姓名	职务	任职时间（年-月）	说明
河南黄河河务局 濮阳市黄河河务局	王金虎	局长	1998-04～2001-03	
	赵明河	副局长	1998-04～2001-03	
	王玉俭	副局长	1998-04～2001-03	
	杨增奇	副局长	1998-04～2001-03	
	王云宇	副局长	1998-04～2001-03	
	郑跃华	纪检组长	1998-04～2001-03	
	张学明	工会主席	1998-04～2001-03	
	李玉成	总工程师	1998-04～2001-03	
	单恩生	副局长	1999-02～2001-03	
河南黄河河务局 濮阳市黄河河务局	郭凤林	局长	2001-03～2002-11	
	赵明河	副局长	2001-03～2002-11	
	王玉俭	副局长	2001-03～2002-01	
	杨增奇	副局长	2001-03～2002-11	
	王云宇	副局长	2001-03～2002-11	
	单恩生	副局长	2001-03～2002-11	
	郑跃华	纪检组长	2001-03～2002-11	
	张学明	工会主席	2001-03～2001-11	
	赵永贵	工会主席	2001-11～2002-11	
	李玉成	总工程师	2001-03～2002-11	
河南黄河河务局 濮阳市黄河河务局	郭凤林	副局长	2002-11～2003-06	主持工作
		局长	2003-06～2004-10	
	周念斌	副局长	2002-11～2004-04	2002年11月濮阳市黄河河务局升格为副局级
	王云宇	副局长	2002-11～2004-10	
	杨增奇	纪检组长	2002-11～2004-10	
	赵明河	工会主席	2002-11～2004-10	
	赵永贵	工会副主席	2002-11～2004-10	
	张遂芹	副总工程师	2002-11～2004-10	
	李玉成	副总工程师	2002-11～2004-10	
	刘云生	局长助理	2002-11～2004-10	
	朱麦云	局长助理	2004-04～2004-10	

续表 11-20

单位名称	姓名	职务	任职时间（年-月）	说明
河南黄河河务局濮阳河务局	郭凤林	局长	2004-10~2009-08	
	王云宇	副局长	2004-10~2009-08	
	朱麦云	局长助理	2004-10~2005-03	
		副局长	2005-03~2009-08	
	杨增奇	纪检组长	2004-10~2009-08	
	赵明河	工会主席	2004-10~2008-04	
	赵永贵	工会副主席	2004-10~2006-07	
	张遂芹	副总工程师	2004-10~2005-03	
		总工程师	2005-03~2008-08	
	李玉成	副总工程师	2004-10~2009-08	
	刘云生	局长助理	2004-10~2007-11	
	王伟	副局长	2005-03~2009-08	
	吴修柱	局长助理	2006-06~2009-08	
河南黄河河务局濮阳河务局	边鹏	局长	2009-08~2014-12	
	张献春	副局长	2009-08~2011-03	
	王云宇	副局长	2009-08~2009-09	
		工会主席	2009-09~2012-05	
	王伟	副局长	2009-08~2014-12	
	杨增奇	纪检组长	2009-08~2013-09	
	柴青春	总工程师	2010-04~2015-02	
		副局长	2012-05~2014-12	兼总工程师
	仵海英	副局长	2011-04~2014-12	
	郑跃华	副局长	2011-04~2014-12	
	宋益国	工会主席	2012-07~2014-12	
	王益民	副局长	2012-12~2014-12	
河南黄河河务局濮阳河务局	耿新杰	局长	2014-12~	
	王伟	副局长	2014-12~	
	柴青春	副局长	2014-12~	
	郑跃华	副局长	2014-12~2015-02	
		纪检组长	2015-02~	
	宋益周	工会主席	2014-12~	
	李永强	副局长	2015-02~	兼总工程师

二、濮阳河务局下属单位

（一）直属单位

1. 信息中心

信息中心的前身为冀鲁豫黄委会第二修防处电话队，始建于1947年，股级。曾隶属冀鲁豫黄委会第二修防处、濮阳黄河修防处、安阳地区黄河修防处秘书科和濮阳市黄河修防处办公室管理。

1984年5月，改称电话分站。1985年3月，在电话分站的基础上，组建濮阳市黄河修防处通信管理站。

1990年12月，通信管理站撤销，濮阳市黄河河务局通信管理科成立，为机关独立的职能部门。

1998年9月，通信管理科撤销，濮阳市黄河河务局通信管理处成立，正科级规格，列为内部企业管理的二级机构。

2002年12月事业单位机构改革时，被确定为基础公益类事业单位，改称濮阳市黄河河务局信息中心，事业编制20人。主要职责是负责濮阳黄河通信及网络建设和运行管理等工作。

2004年10月至2015年12月，改称濮阳黄河河务局信息中心，简称信息中心。

濮阳河务局信息中心历届主要负责人情况见表11-21。

表11-21　濮阳河务局信息中心历届主要负责人情况

姓名	职务	任职时间（年-月）	说明
董书福	电话队队长	1965-05～1980-03	
冯连训	电话队队长	1980-03～1983-04	
李帅宪	电话队队长	1983-12～1984-05	
	电话分站站长	1984-05～1985-03	
宗正午	通信管理站站长	1985-03～1990-12	
	通信管理科科长	1990-12～1998-09	
	通信管理处主任	1998-09～2002-11	
齐长征	信息中心主任	2002-12～2003-04	
杨国胜	信息中心副主任	2003-04～2004-09	主持工作
	信息中心主任	2004-09～	

2. 机关服务处

机关服务处是在濮阳市黄河河务局劳动服务公司（大河宾馆）和物业管理处的基础上组建的。

1991年1月，濮阳市黄河河务局设立劳动服务公司。1996年7月，劳动服务公司划归濮阳市黄河工程公司管理。

1998年8月，濮阳市黄河河务局进行体制改革，撤销行政科，成立机关服务部，为局二级管理机构。

1999年5月，机关服务部又划归濮阳市黄河工程公司管理，并更名为濮阳市黄河工程公司物业管理处。

2001年4月，在劳动服务公司（大河宾馆）和物业管理处的基础上，组建濮阳市黄河河务局机关服务中心，列为局直属管理机构。主要职责是负责局机关和家属区物业管理。

2004年10月，改称濮阳黄河河务局机关服务中心，简称服务中心。

2010年12月至2015年12月，濮阳黄河河务局机关服务中心更名为濮阳黄河河务局机关服务处（副处级）。

濮阳河务局机关服务处历届主要负责人情况见表11-22。

表11-22　濮阳河务局机关服务处历届主要负责人情况

姓名	职务	任职时间（年-月）	说明
朱相森	劳动服务公司经理	1985～1989-03	
闫光太	劳动服务公司经理	1990-08～1991-03	
韩景彦	劳动服务公司经理	1991-01～1996-03	
管清太	劳动服务公司经理	1996-03～1998-07	
肖醒海	机关服务部主任	1998-08～1999-05	
	物业管理处处长	1999-05～2001-04	
张振江	劳动服务公司经理	1998-08～2001-04	
	机关服务中心主任	2001-04～2012-12	
	机关服务处主任	2012-02～	

3. 经济发展管理局

经济发展管理局的前身为安阳地区黄河修防处多种经营办公室，于1980年11月成立，机构设在财务科。其任务是加强对全处综合经营工作的领导，因地制宜开展综合经营，发展黄河产业经济。1988年3月机构撤销，1989年8月又恢复多种经营办公室。

1990年12月，多种经营办公室改称综合经营科。

1998年9月，综合经营科改称经济管理办公室。

2002年12月事业单位机构改革时，经济管理办公室撤销，组建濮阳黄河经济发展管理处，正科级规格，事业编制10人，为濮阳市黄河河务局二级管理机构，主要职责是负责全局经济发展的宏观管理和行业指导。

2004年10月，更名为濮阳黄河河务局经济发展管理处，简称经济发展管理处。

2005年11月，更名为濮阳黄河河务局经济发展管理局，简称经济发展管理局。至

2015 年 12 月，没有变化。

濮阳河务局经济发展管理局历届主要负责人情况见表 11-23。

表 11-23　濮阳河务局经济发展管理局历届主要负责人情况

姓名	职务	任职时间（年-月）	说明
刘洪波	经济发展管理处副主任	2002-12~2005-11	主持工作
	经济发展管理局副局长	2005-11~2006-01	主持工作
	经济发展管理局局长	2006-01~2006-05	
陈忠合	经济发展管理局局长	2006-09~2008-06	
王汉文	经济发展管理局局长	2008-06~	

4. 濮阳供水分局

1998 年 8 月，濮阳市黄河河务局成立供水公司筹备处，办公室设在水政科。

2002 年 12 月，供水公司筹备处撤销，濮阳市黄河河务局供水处正式成立。

2006 年 5 月水管体制改革时，组建河南黄河河务局供水局濮阳供水分局，简称濮阳供水分局，不具备独立法人资格，归属河南黄河河务局供水局。濮阳供水分局内设办公室、工程管理科、财务科 3 个职能部门；下辖渠村引黄闸、南小堤引黄闸、彭楼引黄闸、影唐引黄闸和柳屯引黄闸等 5 个管理所。濮阳供水分局共有人员编制 158 人，其中机关管理人员 15 人。至 2015 年 12 月，没有变化。

濮阳供水分局历届负责人情况见表 11-24。

表 11-24　濮阳供水分局历届负责人情况

姓名	职务	任职时间（年-月）	说明
王荣芳	供水公司筹备处主任	1998-08~2002-12	
	供水处主任	2002-12~2006-05	
王其霞	濮阳供水分局副局长	2006-05~2011-07	主持工作
牛银红	濮阳供水分局副局长	2011-07~2014-05	水政水资源处副处长兼任主持工作
王中友	濮阳供水分局副局长	2014-05~	主持工作

注：濮阳供水分局局长由濮阳河务局分管领导兼任。

（二）事业单位

1. 濮阳第一河务局

濮阳第一河务局的前身为濮阳县黄河修防段，始建于 1946 年 6 月，其段部驻北坝头，管辖司马集至陈寨 11.08 千米（60+623~71+700）堤段。同时，成立昆吾黄河修防段和滑县黄河修防段，分别管辖陈寨至武祥屯 32.19 千米（71+700~103+891）堤段和王窑至司马集 17.859 千米（42+764~60+623）堤段。1949 年 9 月，昆吾黄河修防段和滑县黄河修防段撤销，其所管辖的堤段划归濮阳县黄河修防段管理。至此，濮阳县黄河修防段管辖临黄大堤从王窑至武祥屯（42+764~103+891）61.127 千米。

1968 年 9 月，安阳地区黄河修防处、濮阳县黄河修防段、濮阳县金堤修防段合并，建立安濮总段革命委员会。

1969 年 8 月，濮阳县黄河修防段从安濮总段分出，改称为濮阳县黄河修防段革命委员会。

1979 年 9 月，撤销革命委员会，恢复濮阳县黄河修防段。

1984 年 2 月，撤销濮阳县建置，成立濮阳市郊区，濮阳县黄河修防段更名为濮阳市郊区黄河修防段。

1987 年 4 月，撤销濮阳市郊区建置，恢复濮阳县，濮阳市郊区黄河修防段恢复为濮阳县黄河修防段。

1990 年 12 月，改称为濮阳县黄河河务局，并升格为副处级管理机构。

1992 年，局机关由北坝头迁至濮阳县南关原濮阳市黄河河务局院内。

2004 年 10 月，濮阳县黄河河务局改称濮阳黄河河务局第一黄河河务局，简称濮阳第一河务局。至 2015 年 12 月，没有变化。

濮阳第一河务局历届主要负责人情况见表 11-25。

表 11-25　濮阳第一河务局历届主要负责人情况

姓名	职务	任职时间（年-月）	说明
张道一	段长	1946-05～1949-05	
邵　华	段长	1946-05～1949-07	原昆吾段长
苏金铭	副段长	1949-09～1950-01	主持工作
	段长	1950-01～1954-11	
万明堂	段长	1954-11～1956-07	
闫启祥	段长	1956-07～1965-05	
陈景太	副段长	1965-05～1968-04	主持工作
	段长	1968-04～1979-01	
李继元	革委会主任	1968-09～1970-03	安濮总段革命委员会
郭庆珍	革委会主任	1970-02～1972-04	
赵凤歧	革委会主任	1972-05～1978-12	
邢留生	副段长	1979-09～1982-02	主持工作
	段长	1982-02～1983-10	
田永昌	段长	1983-12～1986-01	
王德智	段长	1985-11～1988-01	
王　伟	段长	1988-01～1990-12	
赵明河	局长	1990-12～1993-03	
杨增奇	局长	1993-05～1997-06	
柴青春	副局长	1997-06～1998-04	主持工作
	局长	1998-04～2002-11	
宗正午	局长	2002-11～2010-02	
艾广章	副局长	2010-03～2011-06	主持工作
艾广章	局长	2011-06～	

2. 范县河务局

范县河务局前身为范县黄河修防段，始建于1946年6月，段部始驻范县杜吕庄、陈楼，后迁闵子墓村。

1952年12月，范县黄河修防段从濮阳黄河修防处划出，归山东聊城黄河修防处领导。

1956年3月濮县撤销，辖区并入范县，其濮县修防段改称范县黄河第一修防段，原范县黄河修防段改称范县黄河第二修防段。

1958年5月，范县黄河第一、第二修防段合并，称范县黄河修防段。

1964年2月区划调整时，寿张县撤销，金堤以南地区划归范县，并将范县划归河南省安阳地区领导，范县黄河修防段改称范县黄河第一修防段，原寿张黄河修防段改称范县黄河第二修防段，归属安阳黄河修防处。

1978年12月，区划调整，划出范县东部9个公社设立台前县，范县黄河第二修防段改称台前县黄河修防段。范县黄河第一修防段改称为范县黄河修防段，管辖彭楼至西刘楼41.595千米（103+891~145+486）堤段。

1990年12月，范县黄河修防段改称范县黄河河务局，升格为副处级管理机构。

2002年，范县黄河河务局机关由闵子墓村迁到范县新城区。

2004年10月，范县黄河河务局改称濮阳黄河河务局范县黄河河务局，简称范县河务局。至2015年12月，没有变化。

范县河务局历届主要负责人情况见表11-26。

表11-26　范县河务局历届主要负责人情况

姓名	职务	任职时间（年-月）	说明
丁奎一	段长	1946-05~1949-04	副县长兼
丁国胜	段长	1949-04~1951-10	
朱景学	副段长	1951-10~1954-01	主持工作
	段长	1954-01~1957-12	
刘永吉	段长	1957-12~1966	
	革委会主任	1971~1979-11	
	段长	1979-11~1981-03	
陆书成	段长	1981-03~1983-12	
侯家歧	段长	1983-12~1984-10	
王玉俭	段长	1985-03~1988-02	
王德智	段长	1988-02~1989-03	
管清太	副段长	1989-03~1990-01	主持工作
郭凤林	段长	1990-01~1990-11	
	局长	1990-11~1993-03	

续表 11-26

姓名	职务	任职时间（年-月）	说明
吴修柱	局长	1993-05～1995-02	
田开本	局长	1995-02～1996-04	
张献春	局长	1996-05～2001-11	
王乃臣	副局长	2001-11～2002-11	主持工作
张怀柱	副局长	2002-11～2004-07	主持工作
	局长	2004-07～2010-02	
贾敬立	局长	2010-02～2011-06	
陆相立	局长	2011-06～	

3. 台前河务局

台前河务局其前身为寿北黄河修防段，始建于 1946 年 6 月，其段部驻刘桥村，管辖临黄堤刘楼至枣包楼堤防 30. 5 千米（145+500～176+000）。1949 年 9 月，改称孙口黄河修防段。1950 年，又改为寿张第一修防段，管辖堤防 35. 5 千米（145+500～181+000）。原张秋黄河修防段改为寿张第二修防段，管辖堤段为金堤 46. 75 千米（73+600～120+350）及临黄堤 6. 1 千米（0+000～6+104），民埝 13. 6 千米（181+000～194+600）。

1958 年 12 月，寿张一、二段和东阿一段合并，称寿张黄河修防段，段部驻张秋镇郭市街。

1961 年 8 月，原东阿一段又从寿张修防段分出，改称东阿修防段，寿张修防段段部移驻孙口。

1964 年区划调整时，寿张县金堤河以南地区划归河南省范县，该段亦随划出，改称范县第二修防段。

1978 年 12 月区划调整时，将范县东部 9 个公社划出，设立台前县。

1979 年 1 月，范县黄河第二修防段改称台前县黄河修防段，管辖临黄大堤西刘楼至豫鲁交界堤防 48. 999 千米（145+486～194+485）。

1990 年 12 月，台前县黄河修防段改称台前县黄河河务局，并升格为副处级管理机构。

1998 年，局机关由孙口迁到台前县城。

2004 年 10 月，台前县黄河河务局改称濮阳黄河河务局台前黄河河务局，简称台前河务局。至 2015 年 12 月，没有变化。

台前河务局历届主要负责人情况见表 11-27。

表 11-27　台前河务局历届主要负责人情况

姓名	职务	任职时间（年-月）	说明
杨杰三	段长	1946-05～1947-05	
王正庭	段长	1947-05～1954-12	
杨　乾	段长	1954-12～1959-05	
张和庭	段长	1959-05～1960-12	
郑义民	段长	1960-12～1965-10	
赵风歧	段长	1965-10～1968-08	
蔡宝忠	革委会主任	1970-05～1982-04	
苏尚志	段长	1982-04～1985-03	
苏茂林	段长	1985-03～1988-02	
赵明河	段长	1988-02～1990-02	
王　伟	局长	1990-11～1993-03	
田开本	局长	1993-05～1995-02	
吴修柱	局长	1995-02～2002-11	
李明星	副局长	2002-11～2004-07	主持工作
丁世春	副局长	2004-07～2004-12	主持工作
	局长	2004-12～2011-06	
张学义	局长	2011-06～	

4. 濮阳第二河务局

濮阳第二河务局的前身为濮阳专署金堤修防段，始建于 1951 年 7 月 1 日，其段部驻濮县葛楼，管辖滑县、濮阳、濮县、观城、朝城等 5 县境内金堤，总长 112.1 千米。1952 年 1 月，平原省撤销，金堤修防段划归山东黄河务局。

1954 年 1 月，原濮阳专署金堤修防段回归濮阳黄河修防处，并改称为濮阳金堤修防段，段部迁驻濮阳县纺织机械厂，管辖滑县、濮阳境内金堤 78.43 千米。

1958 年 3 月至 1960 年 12 月，该段并入濮阳县黄河修防段。1961 年 1 月恢复，改称濮滑金堤修防段，段部又迁至濮阳县城西街旧县政府院内。

1965 年 7 月，濮滑金堤修防段恢复为濮阳县金堤修防段，管辖堤段为濮阳县南关至山东莘县高堤口 39.936 千米。

1968 年 9 月，濮阳县金堤修防段并入安濮总段革命委员会。1970 年 5 月，恢复为濮阳县金堤修防段。

1981 年 4 月，机关搬迁至濮阳县解放路南段桥南 199 号。

1993 年 5 月 31 日，更名为濮阳县金堤管理局。

2002 年 11 月，升格为副处级管理机构。

2004 年 10 月，濮阳县金堤管理局改称濮阳黄河河务局第二黄河河务局，简称濮阳第二河务局。至 2015 年 12 月，没有变化。

濮阳第二河务局历届主要负责人情况见表 11-28。

表 11-28　濮阳第二河务局历届主要负责人情况

姓名	职务	任职时间（年-月）	说明
王尊轩	段长	1951-06～1953-01	
翟子谦	段长	1954-01～1958-03	
黄孟卿	段长	1970-05～1972-10	
柴喜兰	段长	1972-10～1973-05	
程中华	段长	1973-05～1974-02	
陈国瑞	副段长	1974-02～1979-07	主持工作
武在丰	段长	1979-09～1981-08	
田宗栓	段长	1981-08～1983-04	
张仲学	段长	1984-03～1990-04	
赵永贵	段长	1990-04～1993-05	
	局长	1993-05～2001-02	
管金生	局长	2001-02～2010-02	
靳玉平	副局长	2010-03～2011-06	主持工作
	局长	2011-06～2013-05	
高啸尘	副局长	2013-05～2015-06	主持工作
	局长	2015-07～	

5. 渠村分洪闸管理处

渠村分洪闸管理处始建于 1978 年 8 月，隶属河南黄河河务局领导。其主要任务是负责渠村分洪闸的维修、管理、运用以及临黄大堤王辛庄至大芟河 1.677 千米（47+000～48+677）的管理工作。

1985 年 3 月，该处划归濮阳市黄河修防处领导，机构规格降为正科级，改称濮阳市黄河修防处渠村分洪闸管理段。

1992 年 2 月，渠村分洪闸管理段升格为副处级管理机构，改称濮阳市黄河河务局渠村分洪闸管理处。

2004 年 10 月，改称濮阳黄河河务局渠村分洪闸管理处，简称渠村分洪闸管理处。至 2015 年 12 月，没有变化。

渠村分洪闸管理处历届主要负责人情况见表 11-29。

表 11-29　渠村分洪闸管理处历届主要负责人情况

姓名	职务	任职时间（年-月）	说明
赵庆三	副主任	1978-07～1980-05	主持工作
张再业	副主任	1978-07～1984-03	
王云亭	主任	1980-05～1985-03	
李忠民	段长	1985-03～1987-03	
师洪勤	副段长	1987-03～1988-05	主持工作
	段长	1988-05～1990-02	
刘梦兴	副段长	1990-02～1990-12	主持工作
	段长	1990-12～1993-05	
	主任	1993-05～2001-11	
吴兴明	主任	2001-11～2010-02	
刘伟	副主任	2010-03～2011-06	主持工作
	主任	2011-06～	

6. 张庄闸管理处

张庄闸管理处是在金堤河管理局撤销后的基础上组建的新机构，成立于 2002 年 5 月，处机关设在原金堤河管理局院内。主要负责张庄闸及管理范围内水利工程的建设、管理、运行、观测、调度、维修养护和濮阳河务局直属机动抢险队的管理等。

2004 年 10 月，改称濮阳黄河河务局张庄闸管理处，简称张庄闸管理处。至 2015 年 12 月，没有变化。

张庄闸管理处历届主要负责人情况见表 11-30。

表 11-30　张庄闸管理处历届主要负责人情况

姓名	职务	任职时间（年-月）	说明
王　伟	负责人	2002-04～2002-11	主持工作
张志林	主任	2002-11～2005-05	
陈卫国	副主任	2005-05～2006-07	主持工作
	主任	2006-07～2007-07	
卢立新	主任	2007-07～2012-10	
宋伟杰	主任	2012-10～	

7. 滑县河务局

滑县河务局前身为滑县滞洪办公室，始建于 1951 年，驻滑县八里营。

1953 年 3 月，改为滑县滞洪科。1958 年 10 月，滑县滞洪科撤销。1964 年，北金堤滞洪区恢复，滑县成立滞洪办公室。

1970 年 2 月，滞洪机构由地方移交黄河部门管理。滑县滞洪办公室更名为滑县滞洪管理段，归属安阳地区黄河修防处管理。段部驻八里营冢上村时有职工 20 人。

1979 年 5 月，滑县滞洪管理段划归安阳地区黄河滞洪处管理。

1985 年 4 月，滑县滞洪管理段迁至滑县城关镇大西关村。

1989 年 6 月，滑县滞洪管理段从濮阳市黄河修防处划出，直属河南黄河河务局领导。

1990 年 12 月，滑县滞洪管理段改称滑县滞洪管理局。

1999 年 1 月，滑县滞洪管理局成建制划归濮阳市黄河河务局管理。

2004 年 10 月，滑县滞洪管理局改称濮阳黄河河务局滑县滞洪管理局，简称滑县滞洪局。

2010 年 3 月，滑县滞洪局更名为濮阳黄河河务局滑县黄河河务局，简称滑县河务局。并升格为副县级管理机构。至 2015 年 12 月，没有变化。

滑县河务局历届主要负责人情况见表 11-31。

表 11-31 滑县河务局历届主要负责人情况

姓名	职务	任职时间（年-月）	说明
卜庆元	主任	1951～1953-03	
	科长	1953-03～1958-09	
刘占庆	副段长	1970-07～1980-06	主持工作
韩全美	副段长	1980-07～1982-12	主持工作
刘继续	副段长	1983-01～1984-12	主持工作
赵亚平	副段长	1985-01～1987-05	主持工作
	段长	1987-05～1990-12	
	局长	1990-12～1997-12	
齐长征	局长	1997-12～2002-12	
李书杰	局长	2002-12～2005-04	
赵亚平	局长	2006-05～2014-02	
牛银红	局长	2014-02～	

8. 水上抢险队

水上抢险队的前身为冀鲁豫黄河司令部船运第二大队，始建于 1946 年，有职工 500 人，主要任务是渡送刘邓大军过黄河。

1949 年 8 月平原黄河河务局成立后，该队称为平原黄河河务局石料运输处船队，始驻菏泽刘庄，后迁至濮阳坝头。1951 年第三大队并入，改称为平原黄河河务局石料运输处第二大队。

1952 年 11 月，平原省及平原黄河河务局撤销，该队改称河南黄河河务局航运大队。

1976 年 5 月，航运大队撤销，组建河南黄河河务局航运一队、二队、三队。航运二队驻孙口影唐险工，1978 年迁至范县杨集乡罗庄。

1983 年 7 月，航运二队划归安阳地区黄河修防处领导。1983 年 12 月，改称濮阳市黄河修防处航运队。

1988 年 8 月，河南黄河河务局决定撤销濮阳市黄河修防处航运队，组建濮阳市黄河修防处水上抢险队，定员 80 人，主要承担汛期水上抢险和防汛运石任务。

1991 年 2 月，濮阳市黄河修防处水上抢险队更名为濮阳市黄河河务局水上抢险队。

1996 年 7 月，水上抢险队划归濮阳市黄河工程公司管理，列为第三工程处。

2002 年事业单位改革时，被确定为基础公益类事业单位，恢复濮阳市黄河河务局水上抢险队名称。

2004 年 10 月，更名为濮阳黄河河务局水上抢险队，简称水上抢险队。至 2015 年 12 月，没有变化。

水上抢险队历届主要负责人情况见表 11-32。

表 11-32　水上抢险队历届主要负责人情况

姓名	职务	任职时间（年-月）	说明
董天台	队长	1946~1949	
赵玉祥	队长	1949~1950	
姚寿山	队长	1950~1953	
商进东	队长	1953~1955	
刘静修	队长	1955~1968	
姜作元	主任	1969~1975	
李　英	书记	1969~1975	
丁敬斋	队长	1976~1983-06	
崔贵良	队长	1983-07~1990-12	
王传信	书记	1983-07~1989-12	
王卫民	副队长	1991-02~1992-02	主持工作
	队长	1992-02~1995-02	
黄同春	副队长	1995-03~1996-03	主持工作
	队长	1996-03~2001-11	
李中华	队长	2001-11~2008-06	
孙胜仓	副队长	2008-06~2010-01	主持工作
贾庆伟	队长	2010-12~2014-09	
张贵民	副队长	2014-09~	主持工作

（三）内部企业单位

1. 濮阳黄河水利工程维修养护有限公司

濮阳黄河水利工程维修养护有限公司（简称濮阳工程维修养护公司）始建于 2006

年5月，是由河南黄河河务局和濮阳河务局共同出资，具有独立法人资格的企业，实行独立核算、自负盈亏的管理模式。

濮阳工程维修养护公司内设办公室、工程部、财务部3个职能部门，下辖7个分公司，人员编制425人，其中机关管理人员10人。

濮阳黄河水利工程维修养护公司主要负责人情况见表11-33。

表11-33 濮阳黄河水利工程维修养护公司主要负责人情况

姓名	职务	任职时间（年-月）	说明
孙廷臣	总经理	2006-05~2014-09	
贾庆伟	总经理	2014-09~	

2. 河南省中原水利水电工程集团有限公司

河南省中原水利水电工程集团有限公司的前身为濮阳市黄河建筑公司，始建于1985年8月。其主要任务是在确保黄河防汛和防洪工程施工外，面向社会，承揽路、桥、涵、闸等社会工程，发展经济，并对各建安生产单位实施业务指导。

1991年5月，濮阳市黄河建筑公司改称濮阳市黄河工程处。1993年4月，更名为濮阳市黄河工程公司。

1996年，濮阳市黄河河务局将水泥制品厂、汽车修配厂、劳动服务公司、第一工程处、第二工程处作为紧密型施工队伍划归濮阳市黄河工程公司管理，并将濮阳、范县、台前3县河务局和滞洪办公室、渠村分洪闸管理处、金堤管理局等单位组织的施工队作为其松散型施工队伍进行管理。

2001年4月，濮阳市黄河工程公司改制为濮阳黄河工程有限公司。

2004年7月，在濮阳黄河工程有限公司的基础上，组建河南省中原水利水电工程集团有限公司，简称中原工程集团公司。

河南省水利水电工程集团有限公司历届主要负责人情况见表11-34。

表11-34 河南省水利水电工程集团有限公司历届主要负责人情况

姓名	职务	任职时间（年-月）	说明
李元贵	建筑公司经理（兼）	1985-08~1991-05	
	工程处处长（兼）	1991-05~1993-04	
	工程公司经理（兼）	1993-04~1996-03	
郭凤林	工程公司经理（兼）	1996-03~1998-04	
吴兴明	工程公司常务副经理	1998-04~1998-07	主持工作
	工程公司总经理	1998-07~2001-11	
孙廷臣	工程公司总经理	2001-11~2004-07	
	中原工程集团公司总经理	2004-07~2006-05	
周家胜	中原工程集团公司副总经理	2006-05~2010-05	主持工作
韦佑科	中原工程集团公司总经理	2010-05~	

3. 濮阳河源路桥公司

濮阳河源路桥公司的前身是安阳地区黄河修防处机械施工队，始建于 1978 年 3 月。1980 年 8 月，改称安阳地区黄河修防处铲运机施工队。

1985 年 3 月，铲运机施工队一分为二，分别组建濮阳市黄河修防处第一施工队、第二施工队。1990 年 12 月，改称濮阳市黄河河务局第一施工队、第二施工队。1994 年 2 月，施工队改称工程处。1996 年 7 月，两个工程处划归工程公司管理，并更名为濮阳市黄河工程公司第一工程处、第二工程处。2001 年 4 月，改称濮阳黄河工程有限公司第一工程处、第二工程处。第一工程处主要从事水利水电工程及公路工程施工，第二工程处主要从事桥涵、基础桩工程施工。

2005 年 10 月，濮阳河务局企业整合，第一工程处、第二工程处合并为濮阳河源路桥工程有限公司，简称路桥公司，为濮阳河务局直属管理的独立法人单位。主要从事水利水电、公路桥梁工程施工，并兼营设备租赁业务。当时，路桥公司共有职工 98 人，大型机械设备 31 台（套）。

濮阳河源路桥公司历届主要负责人情况见表 11-35。

表 11-35　濮阳河源路桥公司历届主要负责人情况

单位名称	姓名	职务	任职时间（年-月）	说明
机械（铲运机）施工队	于顺卿	队长	1978-07～1984-04	
	黄炳灿	队长	1984-04～1985-04	
第一工程（队）处	黄炳灿	队长（兼）	1984-09～1985-04	
		队长	1985-04～1987-01	
	晁中朋	副队长	1987-01～1988-02	主持工作
	王协亮	副队长	1988-02～1990-02	主持工作
		队长	1990-02～1992-04	
	李玉民	队长	1992-04～1993-02	
	毕景文	队长	1993-03～1994-02	
		处长	1994-02～1996-09	
	管志军	处长	1996-09～2001-11	
	刘根田	处长	2001-11～2005-10	
第二工程（队）处	刘连科	队长	1984-09～1985-04	
	郭世长	副队长	1985-04～1985-12	主持工作
	管志军	副队长	1985-12～1988-01	主持工作
	吴兴明	队长	1988-01～1993-02	
	孙廷臣	队长	1993-02～1994-02	
		处长	1994-02～1998-07	
	丁同岑	处长	1998-07～2001-11	

续表 11-35

单位名称	姓名	职务	任职时间（年-月）	说明
第二工程（队）处	郭起彰	处长	2001-11～2005-05	
	佀传铭	处长	2005-05～2005-10	
河源路桥公司	刘根田	经理	2005-10～2006-06	
	王汉文	副经理	2006-06～2007-02	主持工作
		总经理	2007-02～2008-06	
	黄德海	总经理	2008-11～2014-02	
	酒涛	副总经理	2014-02～2014-09	主持工作
	韩新科	总经理	2014-09～	

4. 河南宏宇工程咨询监理有限公司

1998 年 8 月，工程监理公司筹备处成立。2000 年 2 月，河南立信工程咨询监理有限公司濮阳分公司成立。

2003 年 12 月，河南立信工程咨询监理有限公司濮阳分公司撤销，濮阳天信工程咨询监理有限公司成立，简称濮阳天信工程监理公司，为濮阳市黄河河务局内部企业管理的二级机构。内设综合管理部、工程监理部 2 个职能部门。2011 年 4 月，更名为河南宏宇工程咨询监理有限公司。

河南宏宇工程咨询监理有限公司历届主要负责人情况见表 11-36。

表 11-36　河南宏宇工程咨询监理有限公司历届主要负责人情况

姓名	职务	任职时间（年-月）	说明
王其霞	监理公司筹备处主任	1998-08～2000-02	
	常务副经理	2000-02～2003-12	
	经理	2003-12～2006-05	
单恩生	经理（兼）	2000-02～2002-11	
巩永光	副经理	2006-05～2007-09	主持工作
	经理	2007-09～2011-03	
张坚	总经理	2011-03～	

5. 濮阳市黄河河务局运输处

1978 年 5 月，组建安阳地区黄河修防处运输队，时有职工 132 人、拖拉机 63 台。其主要任务是为濮阳县黄河修防段运石料。1981 年 3 月，运输队与安阳地区黄河修防处铲运机施工队合并。1982 年 6 月，从安阳地区黄河修防处铲运机施工队中分出，恢复运输队，时有职工 50 人，拖拉机更换成“黄河”牌自卸汽车 11 部。1983 年 12 月，改称濮阳市黄河修防处运输队。1990 年 12 月，改称濮阳市黄河河务局运输队。1994 年 2 月，更名为濮阳市黄河河务局运输处。1996 年 4 月，濮阳市黄河河务局运输处撤销，人、财、物并入濮阳市黄河河务局第一、第二工程处。

濮阳市黄河河务局运输处历届主要负责人情况见表 11-37。

表 11-37　濮阳市黄河河务局运输处历届主要负责人情况

姓名	职务	任职时间（年-月）	说明
李付东	队长	1978-05～1979	
孙世朋	副队长	1979～1980	主持工作
魏保均	队长	1980～1981-03	
井如亮	副队长	1981-11～1983	主持工作
王同保	副队长	1983～1985-02	主持工作
于治广	副队长	1985-03～1987-03	主持工作
朱丙仁	副队长	1987-03～1988	主持工作
毛献忠	副队长	1988～1991-03	主持工作
李书杰	副队长	1991-03～1992-08	主持工作
	队长	1992-08～1994-12	
	处长	1994-12～1995-10	
杨增奇	队长（兼）	1991-06～1992-08	
辛同安	副处长	1995-10～1996-04	主持工作

6. 水泥制品（厂）有限公司

1986 年，濮阳市黄河修防处开始筹建水泥制品厂，1987 年投产。该厂固定资产 43 万元，年生产能力 100 万元。1993 年，在濮阳市区谢庄筹建联营厂。1996 年，在国道 101 线濮阳县城西 3 千米处筹建预应力高压供水管厂，1997 年底建成。

1996 年 7 月，水泥制品厂划归濮阳市黄河工程公司管理，更名为濮阳市黄河工程公司水泥制品厂。1998 年 12 月，改制为濮阳市黄河水泥制品有限公司，为濮阳市黄河河务局直属管理机构，谢庄联营厂撤销。2001 年 8 月，水泥制品厂成建制划归濮阳市黄河工程有限公司，列为公司二级机构。2005 年 2 月，水泥制品厂机构撤销，其人员、财产分别划归濮阳第二河务局和渠村分洪闸管理处。

水泥制品厂历届主要负责人情况见表 11-38。

表 11-38　水泥制品厂历届主要负责人情况

姓名	职务	任职时间（年-月）	说明
晁中朋	副厂长	1988-02～1990	主持工作
柳云峰	副厂长	1990-02～1992-02	主持工作
	厂长	1992-02～1999-03	
	总经理	1999-03～2001-08	
陈更华	总经理	2001-08～2005-02	

7. 汽车修配厂

1991 年 12 月，濮阳市黄河河务局开始筹建汽车修配厂。1992 年 8 月正式生产运营。该厂为独立核算、自负盈亏的经济实体，主要任务是负责濮阳黄河内部机动车辆的维修保养，同时也面向社会承揽外部车辆的维修任务。

1996 年 7 月，汽车修配厂划归濮阳市黄河工程公司管理，更名为濮阳市黄河工程公司汽车修配厂。1998 年 9 月，又成建制划归濮阳市黄河工程公司第一工程处。

汽车修配厂历届主要负责人情况见表 11-39。

表 11-39　汽车修配厂历届主要负责人情况

姓名	职务	任职时间（年-月）	说明
张冠俊	副厂长	1992-02～1993-02	主持工作
张昭辉	厂长	1993-02～1995-02	
张冠俊	副厂长	1995-02～1998-08	主持工作

（四）其他单位

1. 滑县黄河修防段

滑县黄河修防段始建于 1946 年 6 月，段部驻濮阳渠村，共有职工 11 人，内设秘书股、工程股、供给股 3 个职能部门。管辖临黄大堤王窑至司马集 17.859 千米（42+764～60+623）。1949 年 9 月，滑县黄河修防段撤销，其人员并入长垣县黄河修防段，所管辖的临黄大堤划归濮阳县黄河修防段。

滑县黄河修防段历届主要负责人情况见表 11-40。

表 11-40　滑县黄河修防段历届主要负责人情况

姓名	职务	任职时间（年-月）	说明
高振怀	段长	1946-05～1948	
陈光	段长	1948～1949-09	又名聂在田

2. 濮县黄河修防段

濮县黄河修防段始建于 1946 年 6 月，段部驻范县桑庄，管辖彭楼至史王庄 19.83 千米临黄大堤及大王庄、史王庄 2 处险工。1952 年 11 月平原省撤销后，该段从濮阳黄河修防处划出归山东聊城黄河修防处。1956 年 3 月濮县撤销，行政区域并入范县，该段并入范县第一黄河修防段。

濮县黄河修防段历届主要负责人情况见表 11-41。

表 11-41　濮县黄河修防段历届主要负责人情况

姓名	职务	任职时间（年-月）	说明
陈幼初	段长	1946-05～1947-06	
廖玉璞	副段长	1946-06～1947-07	
胡隅平	段长	1947-06～1955-07	
徐佰荣	副段长	1947-07～1948-02	
王尊轩	副段长	1948-06～1951-06	
张和庭	副段长	1951-10～1954-03	主持工作
	段长	1954-03～1957-06	

3. 张秋黄河修防段

张秋黄河修防段建立于 1946 年 6 月，段部驻吴坝村，共有职工 13 人，内设秘书股、工程股、供给股 3 个职能部门，段长李树德。管辖枣包楼至陶城铺民埝 21.35 千米、北金堤 19.85 千米（100+500～120+350）、临黄堤 6.1 千米（0+000～6+100）。1947 年 7 月，张秋县制撤销。是年 8 月，张秋黄河修防段并入寿北黄河修防段。

三、濮阳黄河滞洪管理机构

1951 年北金堤滞洪区开辟时，国家未成立专门的滞洪区管理机构。1951 年 8 月，长垣石头庄溢洪堰建成后，长垣石头庄溢洪堰管理处成立，归属平原黄河河务局。1952 年，滞洪区开始修建避水工程，平原省濮阳专区及其所属各县都建立临时滞洪办公室，负责修建避水工程。1952 年 11 月平原省撤销后，濮阳专区及所属的滑县、长垣县、濮阳县划归河南省，聊城专区的范县、寿张县划归山东省。

1953 年，濮阳专区成立隶属地方政府建制的滞洪处，机关设办公室、秘书科、财务科、工务科。长垣县、滑县、濮阳县成立滞洪科，各乡配备滞洪助理员，负责避水工程的修建和协助乡政府进行防汛滞洪准备工作。滞洪机构共配备管理人员 141 人，其中乡滞洪助理员 44 人。1954 年，濮阳、安阳两专区合并后，滞洪处由濮阳迁至安阳，归安阳专区领导。1956 年，滞洪处合并到安阳地区水利局。1958 年 3 月，安阳专区、新乡专区合并，滞洪处随安阳专区水利局与新乡专区水利局合并。1959 年，北金堤滞洪区停止使用，管理机构撤销。

1964 年，北金堤滞洪区恢复。是年 7 月，根据河南省人民政府批复同意的《安阳专署关于恢复滞洪机构增加编制的请示》，成立安阳专署滞洪办公室（设在专区水利局），长垣县、滑县、濮阳县、范县分设县滞洪办公室。公社配备专职滞洪助理员，编制共 111 人，所需经费由治黄事业费供给。是年 9 月，因金堤河综合治理等方面的需要，河南省与山东省就有关的边界进行调整，将北金堤以南地区划归河南省，撤销寿张县，原金堤以南寿张地区划归范县，金堤以南部分耕地和金堤以北村庄，划归山东省莘县和阳谷县。至此，北金堤滞洪区大部分区域在河南省境内，涉及长垣县、滑县、濮阳县、范县。1964~1969 年，共配备滞洪干部 111 人，其中公社滞洪助理员 51 人，主要任务是管理滞洪区避水工程的建设和修复，并负责组织群众迁移安置工作。

1970 年 2 月，安阳地区滞洪办公室和长垣县、滑县、濮阳县、范县滞洪办公室移交给安阳地区黄河修防处领导。安阳地区黄河修防处机关和各县黄河修防段均成立滞洪组。至 1978 年，安阳地区黄河修防处配备滞洪干部 83 人，其中公社滞洪助理员 28 人。

1978 年，渠村分洪闸建成，废除长垣石头庄溢洪堰，长垣石头庄溢洪堰管理段撤销。是年 8 月，渠村分洪闸管理处成立，配备干部 44 人，归属河南黄河河务局。

1979 年 5 月，滞洪管理机构从黄河修防处、段内分离出去，成立安阳地区黄河滞洪处，实行河南黄河河务局和安阳地区双重领导。滞洪处编制 90 人，机关设办公室、工务科、财务科和人事科，下设长垣县、滑县、濮阳县、范县、台前县滞洪办公室。1977 年成立的水泥造船厂归属滞洪处管理。滞洪处共有干部职工 242 人，其中，滞洪人员 93 人，造船厂 149 人。

1983 年，河南省设立濮阳市，安阳地区黄河滞洪处更名为濮阳市黄河滞洪处，各县滞洪办公室建制不变。

1985 年，经中共河南黄河河务局党组决定，撤销濮阳市黄河滞洪处，所遗业务由濮阳市黄河修防处接管，机关设滞洪科。为不影响滞洪工程建设，保证滞洪工作人员的工作独立性和连续性，除长垣县滞洪办公室并入长垣县黄河修防段外，其他各县滞洪办公室建制不变，形成上并下不并的局面。

1986 年 3 月，河南省进行区域调整，将滑县划归安阳市。滑县滞洪管理段由濮阳市黄河修防处代管。1990 年，更名为滑县滞洪管理局，归属河南黄河河务局领导。1998 年，濮阳县、范县、台前县滞洪办公室分别归并于各县级河务局。1999 年 1 月，滑县滞洪管理局交濮阳市黄河河务局领导。

濮阳黄河滞洪处历届负责人情况见表 11-42，1953~1997 年滞洪管理机构人员编制情况见表 11-43。

表 11-42　濮阳黄河滞洪处历届负责人情况

单位名称	姓名	职务	任职时间（年-月）	说明
濮阳专署、安阳专署、新乡专署滞洪管理机构	赵敬芝	处长	1953~1958	行政区划改变
	王文轩	副处长	1953~1958	
	王玉章	副处长	1958~1959	
安阳专署滞洪办公室	张杰	主任	1964~1970	
	孟祥凤	副主任	1964~1970	
安阳地区黄河修防处滞洪组	孟祥凤	组长	1971~1979	
	王　棠	副组长	1971~1978	

续表 11-42

单位名称	姓名	职务	任职时间（年-月）	说明
安阳地区黄河滞洪处	董文虎	主任	1979-05～1983-06	
	何文敬	副主任	1979-05～1980-04	
	孟祥凤	副主任	1979-05～1982-06	
	娄本山	副主任	1981～1982	
濮阳市黄河滞洪处	张凌汉	副主任	1983-06～1985-03	主持工作
	张在业	副主任	1984-03～1985-03	

表 11-43　1953～1997 年滞洪管理机构人员编制情况

单位	1953～1958 年			1964～1969 年			1969～1977 年			1986 年	1997 年
	地、县	公社	小计	地、县	公社	小计	地、县	公社	小计	—	—
滞洪处	34	—	34	15	—	15	34	—	34	—	—
长垣县	10	10	20	10	10	20	2	2	4	—	—
滑县	14	10	24	10	13	23	8	6	14	37	42
濮阳县	15	13	28	10	17	27	13	17	30	51	41
范县	14	6	20	10	8	18	10	12	22	42	61
台前县（寿张县）	10	5	15	5	3	8	8	9	17	38	53
合计	97	44	141	60	51	111	75	46	121	168	197

（一）濮阳县滞洪办公室

1953 年 3 月，濮阳县人民政府设立滞洪科，1958 年 11 月撤销。1964 年 3 月，恢复滞洪机构，改称滞洪办公室。1968 年 12 月，滞洪办公室并入濮阳县水利局。1970 年 4 月，滞洪办公室从濮阳县水利局划出，并入金堤修防段，至此滞洪区工作由地方管理改为由黄河部门管理。1979 年 5 月，安阳地区黄河滞洪处成立后，建立濮阳县滞洪办公室。1998 年，濮阳县滞洪办公室成建制划归濮阳县黄河河务局。

濮阳县滞洪办公室历届主要负责人情况见表 11-44。

表 11-44　濮阳县滞洪办公室历届主要负责人情况

姓名	职务	任职时间（年-月）	说明
王合彦	科长	1953-03～1956-12	濮阳县滞洪科
孙宪仁	科长	1957-01～1958-11	濮阳县滞洪科
王宪周	主任	1964-03～1968-12	
王相林	副主任	1980-10～1984-01	主持工作
宗银凯	主任	1984-01～1985-10	
戴　建	主任	1987-01～1997-02	
王秀田	副主任	1997-02～1997-09	主持工作
	主任	1997-09～1998-07	

（二）范县滞洪办公室

范县滞洪办公室的前身为濮县滞洪科（1951 年设）和范县滞洪科（1952 年设）。1956 年 3 月濮县撤销，濮县滞洪科和范县滞洪科合并为范县滞洪科。1961 年 7 月，滞洪科撤销，其滞洪业务划归范县水利局监管。1964 年 10 月，设范县滞洪办公室，1966 年 5 月，改称范县滞洪局。1970 年该局撤销。1971～1978 年，滞洪工作由范县黄河修防段监管。1979 年 5 月，范县滞洪办公室恢复，归属安阳地区黄河滞洪处管理。1998 年，范县滞洪办公室成建制划归范县黄河河务局。

范县滞洪办公室历届主要负责人情况见表 11-45。

表 11-45　范县滞洪办公室历届主要负责人情况

姓名	职务	任职时间（年-月）	说明
房磊森	科长	1951-10～1952-08	濮县滞洪科
胡子振	科长	1952-08～1956-04	濮县滞洪科
刘永吉	科长	1952-05～1956-06	范县滞洪科
牛汉秀	副科长	1956～1961-07	主持工作
蒋福臻	副主任	1965-09～1966-05	主持工作
	局长	1966-05～1969	范县滞洪局
宋继英	主任（兼）	1980-10～1982-10	范县滞洪办公室
郭凤林	主任	1984～1990-01	
管清太	主任	1990-01～1991-05	
王广峰	主任	1991-05～1997-06	
郭玺章	副主任	1997-06～1997-09	主持工作
	主任	1997-09～1998-07	

（三）台前县滞洪办公室

台前县滞洪办公室的前身为原寿张县滞洪科，设立于 1951 年，1958 年撤销。1964 年寿张县撤销，金堤以南地区划归范县。1964～1970 年，滞洪工作由范县滞洪办公室负责。1971～1979 年，滞洪工作划归范县第二修防段。1978 年，设立台前县。1979 年 5 月，设立台前县滞洪办公室，归属安阳地区黄河滞洪处管理。1998 年台前县滞洪办公室成建制划归台前县黄河河务局。

台前县滞洪办公室历届主要负责人情况见表 11-46。

表 11-46　台前县滞洪办公室历届主要负责人情况

姓名	职务	任职时间（年-月）	说明
高凤岐	科长	1951～1956	寿张县滞洪科
刘相月	科长	1956～1958	寿张县滞洪科
王耀庭	副主任	1979-06～1985-12	主持工作

续表 11-46

姓名	职务	任职时间（年-月）	说明
王月东	主任	1986-08~1993-12	
孟庆实	主任	1993-12~1996-06	
孟宪坤	副主任	1996-06~1997-02	主持工作
	主任	1997-02~1998-07	

（四）滑县滞洪办公室

见本章第二节“滑县河务局”。

（五）范县水泥造船厂

范县水泥造船厂始建于 1977 年 7 月，厂址在范县陈庄乡西宋楼。其主要任务是为北金堤滞洪区群众迁安救护营造船只。1991 年 3 月，撤销范县水泥造船厂，其人员组建为河南黄河河务局濮阳机动抢险队。

范县水泥造船厂历届主要负责人情况见表 11-47。

表 11-47　范县水泥造船厂历届主要负责人情况

姓名	职务	任职时间（年-月）	说明
宋继英	筹备组负责人	1977-07~1980-10	
	厂长	1980-10~1982-10	
刘继续	副厂长	1981-02~1983-01	主持工作
肖醒海	临时负责人	1983-01~1984-01	主持工作
	副厂长	1984-01~1985-02	主持工作
李宗林	厂长	1984-01~1989-08	
孟庆实	副厂长	1989-08~1991-05	主持工作

四、金堤河管理机构

1949 年以前，金堤河没有统一的管理机构。中华人民共和国成立后，金堤河由平原省管理。1952 年平原省撤销后，由河南、山东两省分级管理，治理工程由国务院直接立项。20 世纪 60 年代初，金堤河流域连年大雨，水事纠纷不断。为解决金堤河水事纠纷问题，黄河水利委员会按照国务院批示，成立金堤河工程管理局。1964 年 9 月，国务院对金堤河下游行政区划进行调整，金堤河治理工程划归河南省管理。是年，金堤河工程管理局撤销，河南省成立安阳专区金堤河管理分局，后改为安阳地区水利局金堤河管理处。1983 年，濮阳市成立后，金堤河管理处划归濮阳市水利局管理，改称濮阳市水利局金堤河管理处。1989 年 3 月，黄河水利委员会成立金堤河管理局筹备组。1991 年 1 月，金堤河管理局正式成立，统一管理金堤河干流治理。2002 年 4 月，金堤河管理局撤销。黄委成立的金堤河管理机构主要是协调金堤河治理工作，地方政府成立的金堤河管理机构主要负责金堤河的日常管理工作。

（一）金堤河工程管理局

1962年6月，黄河水利委员会根据中央防汛抗旱总指挥部电文批示，抽调干部职工20人，在濮阳县组建金堤河管理所，主要负责濮阳五爷庙闸、南关闸、金堤闸，范县十字坡闸、古城闸、张秋闸等工程的管理。

1963年，黄河水利委员会成立金堤河治理工程局，局机关设在范县，机构编制60人。金堤河治理工程局的主要任务是：负责张庄闸的建设，修筑南小堤和北小堤等金堤河治理工程，以及范县至濮阳县坝头、范县至东阿关山电话线路架设和沿金堤上涵闸的管理等。是年6月，国务院批准成立金堤河工程管理局。7月，更名为黄河水利委员会金堤河工程管理局。1964年9月，国务院对金堤河下游地区的行政区划调整后，金堤河治理工程划归河南省管理，黄河水利委员会金堤河工程管理局随之撤销。

金堤河工程管理局负责人情况见表11-48。

表11-48　金堤河工程管理局负责人情况

机构名称	姓名	职务	任职时间（年-月）	说明
金堤河管理所	王云亭	所长	1962-06~1963-06	
	王好德	副所长	1962-06~1963-06	
金堤河工程管理局	韩培诚	局长（兼）	1963-06~1964-04	黄委副主任兼任

（二）濮阳市河道管理处

濮阳市河道管理处的前身是安阳专区金堤河管理分局。1964年，金堤河下游地区行政区划调整后，金堤河治理工程不再作为中央直属项目，改列为河南省大型工程项目，金堤河的勘测、规划、设计、施工及管理均由河南省负责。是年4月，河南省成立安阳专区金堤河管理分局，为副县级机构，机关驻滑县道口镇，共有职工60人，下设秘书科、财务科、工程科、灌溉科、防汛办公室5个职能部门。主要任务是：负责长垣县、滑县、濮阳县、范县4个县的排涝治碱、金堤河流域的防汛和工程管理，流域内骨干排水沟河的管理和边界沟河的设计、施工，以及协调解决县与县之间的边界纠纷等。

1971年，安阳地区金堤河管理分局更名为安阳地区革委会水利局金堤河管理处，由副县级单位降格为正科级单位，设办公室、工程组、财务组和电讯组4个职能部门，人员减少到40余人，其业务范围和工作任务不变。金堤河管理处办公地点由滑县道口镇迁至濮阳县城。

1978年，金堤河管理处兼管马颊河，更名为金堤河马颊河管理处，人员编制38人，内设办公室、工程股、财务股3个职能部门。

1983年9月，濮阳市成立，金堤河马颊河管理处划归濮阳市水利局，改称濮阳市水利局金堤河马颊河管理处，仍设办公室、工程股、财务股3个职能部门，实有职工

38 人。其职责是：负责金堤河防汛方案和应急措施的制订，金堤河洪水调度，以及岁修、度汛工程的实施等。

1988 年初，金堤河马颊河管理处不再管理马颊河，又改称濮阳市水利局金堤河管理处。1992 年，金堤河管理处从濮阳县城迁至濮阳市市区。

1994 年，濮阳市政府成立金堤河治理和彭楼引黄入鲁工程指挥部，金堤河管理处成为濮阳市金堤河治理和彭楼引黄入鲁工程指挥部的办事机构，参与濮阳市境内的金堤河治理和引黄入鲁工程建设。

2001 年，金堤河管理处又接管马颊河，并更名为濮阳市水利局金堤河马颊河管理处（正科级）。

2003 年 6 月，濮阳市水利局金堤河马颊河管理处更名为濮阳市河道管理处，规格不变。至 2015 年，没有变化。

安阳地区、濮阳市金堤河管理机构历届负责人情况见表 11-49。

表 11-49　安阳地区、濮阳市金堤河管理机构历届负责人情况

单位名称	姓名	职务	任职时间（年-月）	说明
金堤河管理分局	刘振才	局长	1964～1969	安阳地区水利局副局长兼
	吴学功	局长	1969～1971	
	牛汉三	副局长	1964～1971	
金堤河管理处	牛汉三	主任	1971～1979	安阳地区水利局副局长兼
金堤河管理分局	王玉章	副局长	1964～1971	
		副主任	1971～1979	
金堤河管理处	陈金朝	主任	1979～1988	
	管业浩	副主任	1979～1988	
		主任	1988～1995	
	李延光	副主任	1979～1988	
	葛传仓	副主任	1988～1989	
	刘俊杰	主任	1995～2001	
金堤河马颊河管理处	刘俊杰	主任	2001～2003	
濮阳市河道管理处	刘俊杰	主任	2003～2015	

（三）金堤河管理局

1989 年 3 月，黄河水利委员会建立金堤河管理局筹备组。1991 年 1 月，经水利部批准，正式成立黄河水利委员会金堤河管理局（正局级）。局机关住址在濮阳市中原路与京开大道交叉口东北隅，内设办公室、工务处、财务器材处 3 个职能部门，下属张庄闸管理所（正科级），共有职工 44 人。是年 4 月，金堤河管理局增设水政水资源处，与工务处合署办公。

1993 年 2 月，经黄河水利委员会批准，金堤河管理局成立黄河金龙经济发展总公司，下设建筑安装工程公司、物资供应中心、房产开发部等经济实体。是年末，金堤河管理局共有职工 70 人。

1994 年 9 月，黄河水利委员会下达金堤河管理局职能配置、机构设置及人员编制。主要职责是：负责《水法》《河道管理条例》等法律、法规的组织实施和监督；协调豫、鲁两省水事纠纷；代黄河水利委员会对金堤河干流耿庄以下至张庄闸范围内取水实行全额管理，受理、审核取水许可申请，发放取水许可证；负责金堤河以南引黄入鲁工程建设和管理；协助当地人民政府搞好金堤河干流防汛、抗旱和除涝工作，管理张庄入黄闸、张秋排涝闸；会同有关部门管理金堤河河道，以及金堤河南、北小堤等水利工程；会同沿岸市、县水利部门，合理开发利用金堤河水资源；负责金堤河干流水环境监测，依法管理改善水环境。局机关设办公室、河务处（水政水资源处）、计划财务处 3 个职能处室，下辖张庄闸管理所（正科级），人员编制 70 人。

金堤河管理局筹备组建立后，先后开展河南、山东两省有关金堤河的水事纠纷协调、金堤河近期治理工程和彭楼引黄入鲁工程建设等工作。金堤河近期治理工程和彭楼引黄入鲁工程分别于 2001 年 5 月和 2000 年 12 月竣工。

2002 年 4 月，黄河水利委员会撤销金堤河管理局，人、财、物并入河南黄河河务局。

金堤河管理局负责人情况见表 11-50。

表 11-50　金堤河管理局负责人情况

姓名	职务	任职时间（年-月）	说明
王福林	组长	1989-03～1991-01	金堤河管理局筹备组
	副局长	1991-01～1995-08	主持工作
	局长	1995-08～1997-12	
王德威	副局长	1993-03～1996-03	
陆书成	副局长	1993-03～1997-07	
王永山	副局长	1994-11～1997-12	
赵衍湖	副局长	1997-12～2002-04	主持工作
王震宇	副局长	1997-12～2002-03	

（四）张庄闸管理所

1964 年 3 月，金堤河工程管理局撤消后，建立张庄闸管理所，直属黄河水利委员会，规格为正科级，职工编制 24 人，下设行政组、工务组、机电组 3 个职能部门。机关驻台前县吴坝乡张庄村，主要职责是负责张庄闸、张秋闸的日常管理、运行观测、维修养护和安全运用。

1991 年 1 月，黄河水利委员会金堤河管理局成立，张庄闸管理所成建制归属金堤河管理局，改称金堤河管理局张庄闸管理所（正科级），为金堤河管理局二级管理机构，内设工务股、行政股 2 个职能部门。1993 年初，增设综合经营办公室。至 2000

年，全所共有干部职工17人。

2002年4月，黄河水利委员会金堤河管理局撤销后，濮阳市黄河河务局张庄闸管理处（副处级）成立，金堤河管理局张庄闸管理所划归濮阳市黄河河务局张庄闸管理处管理，更名为张庄闸管理处张庄闸管理所。2006年，水利工程管理体制改革时，取消张庄闸管理所建制，成立濮阳黄河水利工程维修养护有限公司第六维修养护分公司，负责张庄闸的日常管理和维修养护任务。

张庄闸管理所历届主要负责人情况见表11-51。

表11-51　张庄闸管理所历届主要负责人情况

姓名	职务	任职时间（年-月）	说明
朱宝德	所长	1964-03~1983-12	
万金海	副所长	1978-10~1985-11	1983年12月起主持工作
	所长	1985-11~1993-01	
李新生	副所长	1993-01~1994-04	主持工作
齐公元	所长	1994-04~1998-04	
郝鲁东	所长	1998-04~2001-06	
魏传文	副所长	1998-04~2002-03	2001年1月起主持工作
盛兆文	副所长	2003-01~2006-05	主持工作

第十二章　濮阳治河人物

本志人物收录坚持生不立传、详今明古的原则，以现代人物为主，兼收部分近代、古代人物。凡有功于黄河治理事业，不限身份、地位高低，皆载入史册，昭示其功德。本志人物章共设人物传略、人物简介和人物名录3节。传略、简介人物的编排均以生年为序，生年相同者，以卒年为序。生年不详者，以卒年为序。生卒年不详者，以事为序。名录人物分别以任职资格取得时间、劳模（先进生产者）授予时间、牺牲和殉职时间为序。传略、简介人物与名录所收人物存在少量交叉重复，以保持各类名录内容的相对完整性。传略和简介人物中个别人士有名无资料，或资料残缺无法使用，致使传不能立、介，实为缺憾。

本志人物章收编立传人物30人，简介人物共37人，具有高级技术职务任职资格79人，具有高级技师任职资格106人，黄委及省部级以上劳动模范、先进生产（工作）者108人，治河烈士及因公殉职人员9人。

第一节　人物传略

立传人物遵循生不立传、详今明古的原则。个别人士因资料缺失，无法立传，改收录为人物简介。现代人物传略主要收录濮阳河务局历届领导成员及濮阳河务局全国劳动模范中的去世人物。人物传略共收编30人，其中古代人物传略7人、近代人物传略5人、现代人物传略18人。

【汉武帝刘彻】（公元前156~前87年），字通，汉景帝刘启之子，公元前140年即皇帝位，执政55年，死后谥孝武帝。

汉武帝元光三年（公元前132年）春，黄河改道，从顿丘（今清丰县）东南流入渤海。五月，黄河在濮阳瓠子决口，河水南漫，注巨野，通淮、泗，淹没十六郡。武帝派汲黯、郑当时发卒堵塞决口，屡堵屡坏。因刘彻误信舅父田蚡的妄言，而暂停堵口，使水患长达20余年。元封二年（公元前109年），武帝东巡，经过东莱、泰山等地，亲眼看到黄河泛滥造成的灾害。他深感若不堵决口，齐鲁西南、豫东、苏北等地，将祸患不绝。于是，他再下决心，委派汲仁、郭昌二人，带领数万兵民堵塞瓠子决口。武帝还亲临瓠子口，沉白马玉璧，以祀河神，命随从大将军以下皆负薪塞河堤。为堵口，淇园（战国时卫国著名的园林）的竹子也被砍光以应急需。堵口采用的施工方法是："树竹塞水决之口，稍稍布插接树之，水稍弱，补令密，谓之楗。以草塞其里，乃以土填之。有石，以石为之。"瓠子堵口成功后，在堵口处修筑"宣防宫"。后代多用"宣防"表示防洪工程建设。武帝伤黄河水为害已久，屡塞不成，故作《瓠子歌》二首以抒怀。

【汲黯】（？~公元前112年），字长儒，西汉东郡濮阳人。景帝时为太子洗马，武帝时曾任东海太守、主爵都尉、淮阳太守等职。中国有史可考的黄河第一次堵口工程的主持者。汲仁为汲黯之弟，生卒不详。

元光三年（公元前132年），黄河在濮阳县瓠子（今河南濮阳县城西南）决口，向东南流入巨野泽，将淮河、泗水连成一片，梁、楚等十六郡一片汪洋。于是天子命汲黯、郑当时调发人夫堵塞决口，因口门宽、水势猛，料物不继，往往堵塞以后又被冲坏。那时朝中的丞相是武安侯田蚡，他的奉邑是鄃县，以鄃县租税为食。而鄃县在黄河以北，黄河决口水向南流，鄃县没有水灾，收成很好。所以田蚡对皇帝说："江河决口都是上天的事，不宜用人力强加堵塞，即便将决口堵塞了，也未必符合天意。"那些望云气和以术数占卜的人也都附和田蚡这样说。加以北方匈奴有入侵之势，汉武帝下令停工，堵口工程半途而废。

瓠子决口后20多年，每年土地都因水涝没有好收成，梁楚地区更为严重。元封二年（公元前109年），汉武帝派汲黯之弟汲仁与郭昌调发兵卒数万人堵塞瓠子决口。汲仁总结汲黯的经验教训，为解决东郡一带堵口料物薪柴的困难，派人到百里外的淇园（卫国古苑）将大竹砍下运回，以竹为桩，草料填塞其间，然后压石压土。汉武帝亲临工地督工。堵口终于成功，黄河仍归北流故道。

汲仁创立的沿河决口全面打桩填堵的方法，经后人不断改进，逐步发展为黄河堤防上常用的堵口方法之一，即所谓的"平堵法"。

【王延世】生卒不详，字长叔，西汉犍为资中（今四川资阳）人。汉成帝时任河堤使者，是汉代的治河水利专家。

汉成帝建始四年（公元前29年），黄河先决于馆陶，旋又决东郡（治所在河南濮阳市境）金堤，河水泛滥东下，东郡、平原、济南、千乘以及兖、豫一带均遭水灾。朝廷除调粮救济灾民，命御史大夫尹忠前往堵口。因水深流急，堵塞未成，尹忠不堪受责而自杀。第二年，朝廷授王延世河堤谒者官职，令其赴东郡主持堵口。王延世吸取前任御史的教训，亲临现场勘察，找出症结，采取竹笼堵口法，仅用36天，决口合龙，河堤始成。为纪念堵口成功，汉成帝改"建始"五年为"河平"元年，并册封王延世为关内侯，拜王延世为光禄大夫，赐其黄金百斤。

【王景】（约公元30~85年）东汉建武六年（公元30年）生，字仲通，乐浪郡诌邯（今朝鲜平壤西北）人，原籍琅邪不其（今山东即墨西南）。汉明帝时，曾任司空属官、侍御史、河堤谒者等职，后迁庐江太守，东汉治水专家。

王莽始建国三年（公元11年），黄河在魏郡决口，泛滥汴渠一带60多年，兖（今山东金乡东北）、豫（今安徽亳州）多被水患，百姓怨声载道。

永平十二年（公元69年）春，汉明帝召见王景，询问治水方略。王景禀奏道："河为汴害之源，汴为河害之表。河汴分流，则运道无患；河汴兼治，则得益无穷。"明帝很赞赏王景的见解，加上王景曾经配合王吴成功地修做过疏浚仪渠工程，于是赐王景《山海经》《河渠书》《禹贡图》等治河专著。

是年夏四月，发兵夫数十万人，诏令王景、王吴实施黄河、汴河治理工程。王景亲自勘测地形，规划堤线。据史料记载，这次治水的主要内容是"筑堤，理渠，绝水，立门，河、汴分流，复其旧迹"。"筑堤"，即修筑"自荥阳东（今河南省荥阳东北）至千乘（今山东省利津境内）海口千余里"的黄河堤防和七八百里的汴渠堤防，固定黄河第二次大改道后的新河床。这是东汉以后黄河长期安流的主要措施之一。"理渠"，即治理汴渠。经过"商度地势"，王景实施"河、汴分流，复其旧迹"。即从渠首开始，河、汴并行，然后主流北行北济河道，至长寿津转入黄河故道（又称王莽河道），以下又与黄河相分并行，直至千乘附近注入大海。在济河故道另分部分水"复其旧迹"。为实现这一规划，王景等人开展"凿山阜，破砥绩，直截沟涧，防遏冲要，疏决壅积"和"绝水，立门"等大量工作。"十里立一水门，令更相回注，无复溃漏之患"，就是在汴、河段的百里范围内，约隔十里凿一水门，实行多口引水。渠水小了，多开几个水门；渠水大了，关闭几个水门，从而解决在多泥沙善迁徙河流上的引水问题。这是王景在水利技术上的一大创造。永平十三年夏四月，工程全部完成，数十年的黄河水灾害得到平息，汴渠恢复通航功能，大面积被淹没的耕地重新焕发生机。王景治河后的黄河河道，自黄河西汉故道的长寿津改道东流，大致经浚县、滑县、濮阳县、平原、商河等地，最后由千乘（今利津）入渤海。

完工后，明帝亲自沿渠巡视，并按照西汉制度恢复河防官员编制。王吴等随从官员都因修渠有功升迁一级，王景三迁而为侍御史。永平十五年，王景随明帝东巡到无盐（今山东汶上以北约15公里）。明帝沿途目睹其治水成就，深为赞赏，又拜王景为河堤谒者。

王景治河的历史贡献，长期以来得到很高的评价，有"王景治河千年无患"之说。从史料记载看，王景筑堤后的黄河，经历800多年没有发生大改道，决溢也为数不多，确是位置比较理想的一条河道。

【沈立】（1005～1077），字立之，历阳（今安徽省和县）人，宋代水利专家。天圣八年（1030年）进士，签书益州判官，后任三司盐铁判官、提举商胡埽修河官。

宋庆历八年（1048年），黄河决于澶州商胡埽（今濮阳东北），河水改道北流，当时因年荒民困，没有立即堵口。数年后商胡埽堵口时，沈立曾参与堵口工程。嘉祐元年（1056年）塞商胡北流，引水入六塔河失败后，又奉命前往现场巡视，研究对策，后"采摭大河事迹，古今利害"，著成《河防通议》一书。原书久失传。现存本系元代色目人赡思（清代改译为沙克什）于至治元年（1321年）根据当时流传的所谓“汴本”，其中包括沈立原著和宋建炎二年（1128年）周俊所编《河事集》，以及金代都水监所编另一《河防通议》即所谓“监本”，加以整理删节改编而成的。《元史·赡思传》称作《重订河防通议》，共上、下二卷，除赡思自序外，分为河议、制度、料例、工程、输运、算法六门，分别记述河道形势、河防水汛、泥沙土脉、河工结构、材料和计算方法以及施工、管理等方面的规章制度。历来为治河工作者重视，对后代治河具有一定的借鉴作用。

【高超】生卒年不详。北宋澶州（今濮阳县）人。黄河治理能手。

北宋庆历八年（1048年）夏，黄河在澶州商胡埽（今濮阳东北）决口。冲决口门宽达557步，淹没不少村镇和良田，口门下游的很多要镇处在洪水的严重威胁中。为制止泛滥的黄河水患，北宋朝廷先后调动大量的人力和救险物资，昼夜兼程，运赴商胡地区，以期堵塞决口。当时塞决常法是：从决口两端渐次堵塞。待决口宽度剩下60步宽时，用60步长的大埽一次堵塞完工，叫作“合龙门”。三司度支副使郭申锡等人按照“合龙门”方法，指挥民工堵流，把60余步长的大埽连续投入口门（亦称龙门），连投连失，终未堵住门口，黄河为灾8年之久。

仁宗至和二年（1055年），参加堵口工程的澶州民工高超，目睹历次合龙的失败，从中悟出所用龙门埽过长，人力、物料均不能及时进前，是导致合龙失败的原因。于是他提出“三埽合龙门”的建议，主张将60步长的龙门埽一分为三，每节长20步，埽与埽用粗索连结，堵口时先将第一节、第二节依次下到水底，再将第三节做龙门截流。这样埽身较短，便于下水沉于决口底，淤泥草、石料，固缩决口龙门。高超的建议虽然很有道理，但由于他的身份低微，墨守成规的郭申锡却不采纳。直到后来，郭申锡因治理黄河屡无成效被撤职，高超的建议才被采纳，商胡决口得以较快合龙，黄河水患被解除。

高超发明的“三埽合龙门法”在北宋及以后的治河中，曾广被采用。此外，高超在治理黄河水患实践中，还发明用竹筐盛石头、草禾等沉于水中堵堤防决口、管涌的技术。此方法沿用至今。高超为一介平民，《宋史》未为他立传，只有当时著名科学家沈括在他的著作《梦溪笔谈》中，对这位平民水利专家的智慧和才能做了详细记述。

【严作霖】生卒年不详，字祐之，清代江苏丹徒人。清咸丰五年（1855年），黄河在铜瓦厢决口改道后，黄河漫流。光绪年间，寿张（今台前县）一带“三年两被灾”，“洪水所及，村聚为墟”。光绪十三年（1887年）“泛水冲决堤防，倒灌县城，城垣、官署、民庐倒塌成泽国”。州、县上奏朝廷，光绪二十四年（1898年）清廷派严作霖赈灾，并赐金丝灯笼和黄袍服饰。严抵寿张（今台前境）后，一是积极赈济灾民，二是察看河势，研究治河方略。为御洪水泛滥，他利用赈灾款，以孙口为中心监修了一条长28.35千米（工程设计：底宽15丈，埝壕15丈）的长堤，群众称“严善人堤”。自严善人堤兴修后，沿河村庄多年不受水灾，人民的生命财产一时得到保障。严作霖修堤之义举，在台前、范县一带广为传颂，德昭千秋。

【任书藏】生卒年不详，字蕴玉，濮阳县文留镇文留集人。濮阳黄河民埝修筑的首倡导者和经办人。

清代，山东、直隶黄河两岸筑堤防患工程皆由国家出资，派员督办，惟至濮阳境，借有金堤之故，无人问津。咸丰五年（1855年）黄河自铜瓦厢北决，金堤以南尽成泽国，村庄陷落，禾苗荡尽，人、畜伤亡数以万计。任书藏目睹残景，忧民生，遂生倡导救生之念，筑埝阻水之策。于是，遭灾民众共推任书藏主事，筑埝阻束黄河之水。由于他施工善事，民众求生用心，埝堤很快筑成，遂免横流之患。后来，王称堌、白堽、高寨、孟居、李忠陵、双合岭等处民埝屡有决口，任书藏总是率先发动民众，指挥堵截，防止漫延，且力请官府拨款修埝。任书藏尽力于河务、造福于乡邻的精神，为时人称颂。

【李东璧】生卒年不详，字焕文，濮阳县卫庄人。民国元年（1912年），任国会众议院议员，是力主将濮阳黄河民埝变为官办官守者。

任书藏所创黄河民埝，虽使濮阳民众幸免黄河泛滥之苦，然每次河决耗资甚巨，费工惊人。李东璧当选议员后，屡向国会提案陈述南岸黄河大堤官办官守，北岸黄河民埝民自为守，于情兴事、于理不公的道理。民国2年（1913年），濮阳县习城乡双合岭决口时，李东璧又邀濮阳县各段民埝首事者，亲赴北平（今北京市）总统府上言。黄河北岸民埝始定为官堤，且拨资由徐世光为督办前来修筑。民国4年（1915年），双合岭决口合龙，北岸民埝相连一体，称黄河大堤（又称临黄堤）。

【乔尚贤】（？～1933），字俊亭，寿张县清水河乡人，生年不详。清代禀生，受业游庠训学。宣统年间，黄河溃决，乔目睹时艰，深怀故乡“泽国之险……亦拯弱思登……为领袖一方，宣勤埝务”，组织乡民，修筑堤坝，栉风沐雨，不辞劳苦，修筑一条横贯范县、阳谷、寿张3县土地的民埝。后，民埝于罗家坟、汪家庄等3处溃决，很难堵合，乔尚贤遂倡导乡民，昼夜奋争，悉力堵复。民国5年（1916年），潘集一带民埝坍塌，乔又率众筑草坝30道，使黄河在此地带数年安澜，确保3县土地不再受灾，境内物阜民康。为感念其治水功德，社会各界联名送匾，额书“望重一方”。

民国22年（1933年），乔尚贤去世。乔尚贤“品高德厚”，民众怀念其盛德，寿张、阳谷、范县、郓城诸县区长、乡长、里长、商会会长及清遗秀才、社会志士计300余人，为其勒碑垂远。

【朱长安】（1857～1937），字静斋，原籍山东省寿张县张秋镇，后移住河北省濮阳县（今属河南省）坝头集。

朱长安青年时随父给地主干活，他不堪忍受压迫剥削，于清光绪九年（1883年）投奔清军王镇起部当兵，次年编为河防营。从此，朱长安开始黄河治理生涯，并由兵弁、什长、队长，一直到哨官、河防营长、段长、黄河水利委员会视察等职。

民国2年（1913年），直隶濮阳双合岭（今濮阳县习城集西）决口。次年朱长安奉调协助堵口，民国4年顺利合龙。因节省堵口经费，朱长安奉令留任黄河北岸河防营长，管辖濮阳、长垣两县河防。民国18年（1929年），水利行政建制变更，撤销营汛，改为工巡段，他改任北岸第三段段长。民国22年（1933年），黄河水利委员会成立，技术精湛、经验丰富的朱长安被任命为黄河水利委员会视察。

朱长安对其属下及贫民百姓十分同情，深受群众爱戴。民国15年（1926年），直隶河务局积欠职工工资20余月，工人生活苦不堪言，且时届年关，却仍无发薪信息。这时，朱长安带领员工到河务分局谈判，获得部分解决，受到员工信赖。

1937年2月，朱长安在濮阳黄河河防工地病故。

【胡隅平】（1890~1967），号安方，范县陈庄乡胡屯村人。幼读私塾，及之年长，投笔从戎，入保定陆军讲武堂。毕业后严于治军，忠于职守，累升至团长。因感军阀混战，国事日非，于1927年愤而解甲归田。

抗日战争胜利后，胡隅平被冀鲁豫边区政府聘为参议。1947年6月，出任濮县黄河修防段段长。1947年修防段奉命复堤时，上有敌机轰炸，下有隔岸敌人炮击。胡隅平年近花甲，不畏艰险，与民工共甘苦，按时完成复堤任务。胡隅平深入调查研究，与副段长王尊轩等人在堤坝两侧栽植葛巴草，以防止堤坝表土流失，保护堤坝完整，保持工程抗洪能力。此方法随即被黄河水利委员会在黄河下游千里堤坝上进行推广栽植，在保护工程安全的同时，打造了堤防良好的生态景观。

【张慧僧】（1901~1986），河南省滑县人，1938年加入中国共产党。1930年参加革命工作，历任滑县抗日武装总队长、东明县县长、冀鲁豫行署总参议、冀鲁豫第六专署专员兼滑县县长、濮阳黄河修防处主任、黄河水利委员会委员、华北局农业部监察室主任、黄河西北工程局副局长、陕西省政协委员等职。

1949年4月，张慧僧出任濮阳黄河修防处主任。他贯彻执行“确保临黄，固守金堤，不准决口”的方针，在险恶的条件下，参与领导濮阳地区复堤整险，建立人民防汛体制，为防洪安全提供了保障。1949年9月14日，黄河花园口站出现12300立方米每秒较大洪水。当时黄河归故不久，濮阳河段堤坝工程尚未彻底整修加固，抗洪能力很差。在长时间、高水位洪水的浸泡下，堤坦蛰陷，堤顶坍塌，堤背渗水，险象丛生，抗洪抢险局面严峻。他积极组织防汛抢险队伍，筹集抢险物料，与干部、工人、群众、部队一起守护堤防，抢护险情。经过40多个昼夜的艰苦奋斗，终于使洪水安全通过濮阳河段。1950年11月21日，政务院第55次政务会议通过，并任命张慧僧等为黄河水利委员会委员。

【邢宣理】（1906~1956），原名邢治化，河南省滑县人，1938年加入中国共产党。1937年参加革命工作，历任滑县第五区区长、滑县抗日基干大队队长、滑县抗日政府行政科科长、办事处主任、冀鲁豫边区卫南县县长、冀鲁豫九专署秘书、第四军分区办事处主任、专署民政科科长、冀鲁豫黄河水利委员会第二修防处（濮阳河务局前身）主任、河南黄河第一修防处主任、黄委会西北工程局副局长，兼任陕西省水土保持委员会主任等职。

1946年5月至1949年4月，邢宣理出任冀鲁豫黄河水利委员会第二修防处主任。当时黄河故道已断流8年，堤身破残不堪，险工毁坏殆尽，已无抗击洪水的能力。曲河、长垣、濮阳、昆吾4县急需修整的堤段达100多千米，任务十分繁重艰巨。他与地方领导一起带领沿黄群众开展大规模的复堤运动，黄河大堤和险工得到初步恢复。1947年刘邓大军过黄河时，他领导濮阳造船厂和沿河群众造木船、搭浮桥，为晋冀鲁豫野战军渡河南下做出了突出贡献。

【苏金铭】（1911~2004），濮阳县王称堌人，1944年10月加入中国共产党。1942年2月参加工作，1947年由昆吾县民政科调到修防段工作。1949年9月任濮阳县黄河修防段副段长，1950年1月任濮阳县黄河修防段段长。1954年10月任濮阳黄河修防处副主任，1960年4月任新乡第二黄河修防处主任、党分组书记。1962年2月任安阳地区黄河修防处主任、党分组书记。1966年3月任郑州黄河修防处主任。1970年7月任安阳地区黄河修防处革命委员会党的领导核心小组副组长，1978年7月任安阳地区黄河修防处顾问。1981年5月离休，享受副司局级政治生活待遇。

苏金铭在主持濮阳治河工作期间，大力开展基本工作和治河队伍建设，培养出一批终生献身治河事业的基层领导干部和一支作风硬、技术精、能吃苦、能打恶仗的抢险、施工技术骨干队伍。他参与组织领导濮阳河段三次大规模修堤和险工、河道整治工程建设，并处理一些工程建设中的重大问题，为建立濮阳黄河防洪工程体系做出了突出贡献。他积极发展引黄灌溉事业，组织施工，修建多处闸门、虹吸，促进了濮阳地区的工农业发展。

他在近40年的治河生涯中，认真执行“及早动手，有备无患，以防为主，防重于抢”的防汛方针，组织防汛队伍，筹集防汛物料，领导濮阳黄河职工和沿河群众，战胜濮阳河段历次大洪水，赢得了濮阳黄河岁岁安澜。在历次抗洪抢险期间，他日夜奔波在堤线，安排布置堤防防守；冲锋陷阵在抢险工地，指挥抢险，身先士卒。他从不顾及在黄河滩区的家，甚至巡堤查险路过家门而不入。

他身为领导干部，严以律己，宽以待人，艰苦朴素，联系群众，始终保持着“普通一兵”的本色。他多次长途徒步巡堤查水，每逢出现险情时，总身临一线，指挥抢修。遇特别紧急险情时，他还亲负薪石带头抢堵，赢得广大职工的爱戴和尊敬。

1981年5月离职休养后，他不顾个人年事已高和多种疾病缠身，仍时刻惦记着黄河的安危。每年汛期，特别是洪水期间，他总是到一线查勘河势，了解防汛部署，积极为抗洪抢险出谋划策。濮阳市黄河河务局成立“老干部关心下一代协会”，他是主要成员，对职工子女实施思想教育工作。鉴于他退休后的模范事迹，黄委及河南黄河河务局曾对他多次通令嘉奖。

【赵又之】（1912~1988），又名冯世民，河南省兰考县赵寨村人。中国共产党员。1939年8月参加工作。在抗日战争和解放战争期间，先后担任八路军东明县工作团主任、东明抗日县政府财政科科长、菏泽抗日县政府科长、东垣抗日县政府秘书、菏泽专署组织科科长等职。1948年，赵又之参加治河工作，先后担任冀鲁豫黄河水利委员会第一修防处工程科副科长、黄河水利委员会工务处秘书、新乡黄河修防处工程科科长、武陟黄河修防段段长、河南黄河河务局办公室副主任、河南黄河河务局工程总队总队长等职。

1956年12月，任安阳黄河修防处副主任。1957年6月至1958年11月，任安阳黄河修防处主任、党分组书记。

1958年，黄河花园口站出现22300立方米每秒的特大洪水，赵又之在上级机关的统一领导下，与安阳地委和沿河县领导一起发动群众、组织群众，全力抗洪抢险，使洪水安全过境。

1982年9月离休，享受副司局级政治生活待遇。

【仪顺江】（1915~1967），山东省鄄城县仪楼村人。1939年10月加入中国共产党。1940年3月参加工作，历任乡长、区长、县政府科长、秘书，鄄城修防段段长、公安局局长、鄄城县县长，濮阳黄河修防处科长、副主任、主任，山东河务局副局长，黄河三门峡工程局办公室主任，黄委会办公室主任等职。

1949年3月至1950年2月，他任濮阳黄河修防处副主任。1949年6月曲河修防段贯台险工出大险，他任抢险指挥部副指挥，出谋划策，组织群众，筹集物料，亲自率领抢险队员奋战50多天，工程化险为夷。

他积极研究黄河下游治理问题。他在一篇论文中指出，黄河下游河槽通过2000~5000立方米每秒洪水比较适宜，有一定的挟沙能力，一般泥沙沉淀少。大洪水时，河水含沙量大，洪水出槽漫过滩地，泥沙大量沉淀于滩地，河水相对变清，加大挟沙能力，往往形成主槽冲刷。在枯水季节，黄河流量为1000立方米每秒左右，河水含沙量较小，但由于挟沙能力减弱，泥沙仍大量沉淀于主槽内。根据这种情况，他认为黄河下游河道冲淤的规律是大水淤滩、小水淤槽，大水冲槽、小水冲滩，淤多冲少，循环往复，形成“悬河”。枯水季节流量小、泥沙多，是黄河下游河道淤积的主要原因。他建议，根治黄河必须从治理泥沙入手，治理泥沙是正本清源的根本途径。要治理黄河下游，必须对河道进行整治。

【姚朋来】（1919~2015），山东省东明县人，1950年5月加入中国共产党。1945年6月参加工作，先在东明县第一区抗日政府任财政会计，后任东明县黄河修防段财务会计、副股长。1949年4月，调濮阳黄河修防处工作，先后任财务科科员、行政科科员、工务科副科长、联合工会主席等职。1959年4月，任河南黄河河务局工程总队第四大队大队长。1960年，任河南省水利厅第三工程总队机械大队大队长。1962年3月，任河南黄河河务局工程队队长。1964年11月任河南黄河河务局工务处秘书。1970年5月任安阳地区黄河修防处工务组组长，1973年9月改称工务科科长。

1977年10月，任安阳地区黄河修防处革命委员会副主任、党的核心小组成员。1978年7月，任安阳地区黄河修防处副主任、党的核心小组成员，1979年7月任安阳地区黄河修防处主任、党组书记。1983年9月离休。

在任修防处主任期间，他组织开展第三次大修堤，修建河道整治工程和引黄工程。组织工程技术人员每年开展防洪工程大检查，及时处理查出的工程隐患，保持工程完整。与各级政府一起，组织职工和沿黄群众，战胜1981年9月黄河花园口站的8060

立方米每秒洪水和1982年8月黄河花园口站的15300立方米每秒洪水，确保了濮阳黄河安全。开展职工文化教育，使180名职工脱盲，800多名职工进行初中文化补课，并开展专业技术补课活动，职工队伍文化素质和专业技术水平得到大幅度提高。

【李延安】（1921~1999），河南省濮阳县人。1939年10月参加工作，并加入中国共产党。在抗日战争和解放战争期间，先后担任过濮阳县第一区抗日救国会总务、第十六区区长，封丘县第四区、卫河县第七区、道口市南区区长，道口游击大队大队长，冀鲁豫第四地委干部轮训队中队长，长垣县委宣传部副部长等职。

1948年8月，李延安参加治河工作，先后任长垣黄河修防段段长、中牟黄河修防段段长。1950年4月，任濮阳黄河修防处副主任，1953年4月主持濮阳黄河修防处工作，1954年9月任濮阳黄河修防处主任，1956年4月任安阳黄河修防处主任、党分组书记，中共安阳地委委员。1957年2月调离安阳黄河修防处后，历任黄委会水利科学研究所副所长、党支部书记、党委书记，黄委会政治部副主任，河南省引黄工程指挥部副指挥长，1978年1月任黄委会党组成员、副主任等职务。

在任修防处主任期间，他把黄河防汛作为第一要务来抓，组织开展各项防汛准备工作。洪水期间，他与地方政府领导一起组织群众6500多人上堤防守和进行滩区群众迁安，组织工程队员和群众抢险30多坝次，保证了工程安全和2次10000立方米每秒以上洪水、2次8200立方米每秒以上洪水顺利通过濮阳境，避免了大的洪水财产损失和人员伤亡。他组织开展防洪工程建设，复堤100多千米，帮宽5~4米，加高0.7~2.1米。复堤施工中，他组织开展运土和夯土工具改革，提高施工效率。他组织修建险工5处29道坝、防护工程5处10道坝、护滩工程1处3道坝；开展北金堤滞洪区安全建设，修建护村堰345个等，濮阳黄河防洪工程体系得到完善。

【赵庆三】（1923~1995），山东省肥城县人，初中文化，1946年6月加入中国共产党。1945年1月在冀鲁豫一专区办事处参加工作。1946年2月在冀鲁豫黄河水利委员会任警卫员。1946年9月在中共中央警卫团一营任警卫班长。1947年11月任中共中央新兵集训团警卫排副排长。1948年3月任冀鲁豫党委警卫员。1951年10月任平原省新乡市公署警卫员。1952年8月任平原省汽车公司人事科科员。1954年6月任长垣县黄河修防段秘书股股长。1958年8月任封丘黄河修防段秘书股股长，1960年10月任封丘县黄河修防段副段长。1962年10月任新乡黄河修防处原阳苗圃场主任，1965年5月任新乡黄河修防处财务科副科长。1965年8月任花园口石料转运站副站长，主持工作。1972年10月任长垣石头庄溢洪堰管理段段长。

1978年7月任渠村分洪闸管理处第一副主任。1980年5月任安阳地区黄河修防处副主任、党组成员，兼任长南铁路管理段段长。1983年6月离休。

在新乡地区黄河修防处原阳苗圃场任主任期间，他带领职工开荒植树、种粮食，解除职工生活困难，还为原阳修防段和新乡修防处提供粮食，缓解生活危机。在花园口石料转运站工作期间，他坚持生产，组织职工卸车、收方、发石料，保证防汛抢险石料所需。在渠村分洪闸管理处工作期间，他主持工作，组织干部职工完成分洪闸的验收和试验任务。之后，在缺乏技术人员和施工困难大的情况下，完成防冲槽抛石工程建设，还筹建分洪闸启闭机房。1980 年，他任安阳地区黄河修防处副主任，兼任长南铁路管理段段长。当时铁路运输任务少，职工收入低、有情绪。他耐心做职工思想工作，四处组织货源，搞活生产。离休后，他与其他老干部一起，每年汛期坚持到防汛一线查勘河势，为做好治河工作出谋献策。

【于顺卿】（1926~2001），濮阳县郎中乡于寨村人。中国共产党党员，工程师级技师。1947 年 5 月参加工作，历任濮阳黄河修防段工程队队长、安阳黄河修防处工务科副科长。1979 年任安阳地区黄河修防处机械施工队队长，1985 年任濮阳市黄河修防处工务科协理员等职。

于顺卿在长达 40 余年的治河工作中，积累了丰富的治河实践经验。他先后参加过刘邓大军过黄河时的码头修筑和高村、封丘、南小堤、苏泗庄、李桥、于林等 20 多处黄河险工、河道整治工程抢险，以及防洪截流、培堤施工等，在黄河治理中做出显著成绩。他不怕艰难困苦，抗洪抢险时总冲锋在前；他对工作尽职尽责，圆满完成所担负的工作任务。1956 年，他被评为河南黄河系统先进工作者，1959 年被评为全国先进工作者。1960 年、1964 年，被评为黄河水利委员会全河先进工作者。1980 年，他带领机械施工队参加沁河杨庄改道工程建设。施工中，他推行承包责任制，并不断总结施工经验，使生产效率成倍提高，所做工程被水利电力部评为优质工程，获得银奖；1982 年，安阳地区黄河修防处机械施工队被河南省树为先进单位；1984 年，黄河水利委员会为于顺卿特记二等功。

1985 年，于顺卿退居二线后，仍坚持调查研究，协助领导解决防汛抢险、工程施工中的技术难题，并主动承担濮阳黄河防汛抢险技术培训任务。1986 年，黄河水利委员会特邀于顺卿出席纪念人民治黄 40 周年暨治黄表模大会。

【王棠】（1928~1995），河北省卢龙县人，初中文化，1943 年 8 月加入中国共产党。1942 年 8 月在河北省迁（安）卢（龙）抚（宁）昌（黎）支队参军，1942 年 11 月在晋察冀军区某营任通信员，1945 年 1 月在冀东军区卢龙支队任通信班班长，1945 年 12 月在冀东军区某团任支部书记，1947 年 4 月在冀东军区某连任副指导员，1948 年在 46 军某营任保卫干事，1951 年 5 月在 46 军某团工部任保卫股副股长。1954 年 8 月任广东省信宜县兵役局科长，1956 年 11 月任广东省遂溪县兵役局副局长，1958 年 11 月任广东省徐闻县兵役局副局长。

参军后，他先后参加冀东反扫荡战斗、承德战役、蓟县战役、辽沈战役、平津战役、嘉蓝临战役等，身经百战，多次负伤，为抗日战争和解放战争的胜利做出了突出贡献。

1964 年 4 月，调入安阳地区黄河修防处，任人事科科长。1970 年 10 月任安阳地区黄河修防处滞洪组组长，1973 年 9 月任滞洪科科长，1977 年 10 月任安阳地区黄河修防处革命委员会副主任，1979 年 5 月，任安阳地区黄河修防处副主任、党组成员。1981 年 6 月兼任安阳地区黄河修防处施工大队大队长。1983 年 12 月任安阳地区黄河修防处巡视员，1985 年 3 月任安阳地区黄河修防处调研员。1985 年 4 月离休，享受司局级待遇。

参加治河工作以后，他干一行爱一行，对工作认真负责，兢兢业业。在任滞洪科科长期间，在做好滞洪工作的同时，他还深入基层，宣传引黄灌溉之利，帮助指导地方政府修渠建闸，改土种稻。在任副主任期间，他分管负责机械化施工队伍的组建和施工生产。1981 年 6 月至 1984 年 6 月，他带领机械化施工队参加沁河杨庄改道工程施工。他日夜操劳，精心指挥，保证工程如期完成。1982 年大洪水时期，他在范县、台前县防洪一线与地方领导一起指挥抗洪抢险，并与职工、群众一起参加巡堤抢险，日夜奋战，保证了洪水安全过境。

【慕光远】（1931~1998），河南省武陟县人。1949 年 11 月参加中国共产主义青年团，1954 年 12 月加入中国共产党。1951 年 7 月，从武陟县师范学校毕业后参加工作，历任黄委会引黄工程处人事科科员，河南省黄河工会干事，黄委会工程施工总队工会副主席、秘书科副科长，河南黄河河务局工程队副队长、财务处副科级干事，河南黄河河务局物资供应处材料科负责人、物资供应处副处长、企业管理处副处长、基建施工管理处副处长。

1983 年 6 月任安阳地区黄河修防处主任、党组书记，1983 年 9 月任濮阳市黄河修防处主任、党组书记。1984 年，在沁河杨庄改道工程中，慕光远被黄委会记为三等功。他有较强的开拓创新意识，在抓好黄河防洪工程建设与管理的同时，组建工程施工队伍，开发种植养殖项目，建设生产、生活基地，大力发展综合经营，促进了濮阳黄河治理开发和经济发展。

1986 年 5 月调离濮阳市黄河修防处，1991 年 3 月退休。

【王云亭】（1931~2003），河南省清丰县人，初中文化，1949 年 4 月加入中国共产党。1947 年 10 月在华东野战军 174 团参军，1949 年任警卫员，1952 年任卫生员、医助。1959 年 3 月至 1960 年 8 月，在中国人民解放军第一政治学校学习。1961 年 2 月任连指导员，1965 年 8 月任营教导员，1968 年 6 月后任团政治处副主任、主任，1976 年 4 月任团副政委。参军以后，他先后参加开封战役、淮海战役、渡江战役、上海战役等，1950 年 11 月至 1953 年 7 月又参加抗美援朝，为解放战争和抗美援朝战争的胜利做出了显著贡献，曾获纪念章 5 枚、解放奖章 1 枚。

1979 年 8 月转业到渠村分洪闸管理处，1980 年 4 月任渠村分洪闸管理处副主任。1985 年 4 月任濮阳市黄河河务局党组纪检组组长、党组成员。在任纪检组组长期间，他在全处组织开展政治纪律、组织教育和党的基本路线教育；在贯彻上级有关党风廉政制度的同时，制定《濮阳市黄河修防处领导干部和工作人员为政清廉的几项规定》等制度，使全处（局）党员、领导干部保持了廉洁奉公的良好风气。1991 年 4 月离休。

【张凌汉】（1934~1993），河南省濮阳县人，高中文化，1956 年 6 月加入中国共产党。1953 年 8 月参加工作，任小学教员。1957 年后在长垣县教育局、宣传部工作。

1975 年 9 月调入长垣县黄河修防段，1976 年 8 月后任安阳地区黄河修防处办事组秘书、副组长。

1977 年 10 月，任安阳地区黄河修防处革命委员会副主任。1978 年 7 月后任安阳地区黄河修防处副主任、党的核心小组成员、党组成员。1983 年 6 月任安阳地区黄河滞洪处副主任、党组成员。1985 年 3 月任濮阳市黄河修防处副主任、党组成员。1989 年 3 月，任金堤河管理局办公室主任。在从事领导工作 16 年间，主要负责人事和办公室工作，他组织开展干部职工队伍教育培训，选拔培养治河干部，使濮阳黄河治理后继有人。他不断改进完善办公室和行政工作，提高了全局办公室系统为治河服务的质量和水平。

【李元贵】（1937~2010），山东省东阿县人，大专学历，高级工程师。1966 年 5 月加入中国共产党。1959 年 9 月在山东省位山引黄闸参加工作，任技术员。1963 年 5 月调入寿张县修防段，任技术员。1967 年 9 月在范县第二修防段政工股工作，1974 年 4 月任政工组组长。1978 年 12 月任台前县黄河修防段政工股股长，1980 年 2 月任台前县黄河修防段副段长。1983 年 7 月任安阳地区黄河修防处办公室副主任。1983 年 12 月任长垣县黄河修防段段长。

1985 年 3 月任濮阳市黄河修防处副主任、党组成员，1990 年 11 月任濮阳市黄河河务局副局长、党组成员。他任副主任、副局长期间，主要负责建安生产工作。20 世纪 80 年代中期，濮阳市黄河修防处成立两个建筑施工队和水泥制品厂，还有运输队和航运队，实行自主经营、独立核算、自负盈亏的管理模式。施工队、运输队和航运队内部任务不足，水泥制品厂内部没有市场。他组织人员，面向社会，多方出击，联系工程，使建筑施工逐步走向社会，自我维持，发展壮大。1988 年，承揽濮阳市供水预沉池工程，他坐镇指挥，组织全处施工队伍，大干加巧干，在取得良好经济效益的同时，锻炼了建筑施工队伍。在施工中，他还与航运队技术人员一起研制出大小泥浆泵联合挖运土方技术，大大提高了施工效率和经济效益。该技术获得河南黄河河务局科技进步奖。20 世纪 90 年代初，为建安单位增加生产设备，培训施工技术人员，使濮阳黄河建筑公司取得水利水电工程施工二级资质，队伍施工力量和社会竞争力得到大幅度提高，具备大型桥梁、水闸和大型土石方工程的施工能力。1995 年，他组织水上抢险队参加温孟滩移民区放淤改土施工，使单位摆脱困境，并迅速发展为一支以泵淤为主的土方施工队伍。他坚持改革大方向，不断完善管理体制和机制，加强施工管理和财务管理，促进建安生产健康发展。建筑施工业的产值与效益逐年攀升，从 1985 年的 19 万元，到 1991 年的 270 多万元，再到 1996 年的 6000 多万元。

1996 年 12 月，李元贵退居二线，任濮阳市黄河河务局调研员（正处级）。1997 年 3 月退休。

【陆书成】（1937~2013），山东省阳谷县人，初中文化，1955 年 12 月加入中国共产党。1954 年 4 月在寿张黄河修防段参加工作，先后任通信员、司务长。1958 年 8 月任寿张第二黄河修防段出纳员、统计员。1965 年 1 月任安阳黄河修防处政治处干事

（科员）。1970年6月任开封马庄黄河修防段生产组组长。1977年6月任安阳地区黄河修防处工务组副组长。1979年11月任范县黄河修防段副段长，1981年2月任段长。

1982年9月任安阳地区黄河修防处副主任。1983年7月兼任安阳地区黄河修防处工会委员会主席。1983年9月，任濮阳市黄河修防处副主任。1987年2月，任濮阳市黄河修防处主任、党组书记。1990年11月，改任濮阳市黄河河务局局长、党组书记。

在任濮阳市黄河修防处主任和濮阳市黄河河务局局长期间，他把防洪保安全作为第一要务来抓，开展防汛工作规范化、正规化建设，组织防汛技术培训和实战演练，努力打造一支能拉得出、冲得上，能打硬仗、能打恶仗的防汛抢险队伍。每当工程出现大的险情，他都及时赶赴现场坐镇指挥，与地方领导一起及时协调解决抢险中的问题，保证抢险顺利进行和尽快完成。

他重视防洪工程建设，任期内加高加培加固堤防26千米，新建续建河道整治工程4处30道坝，新建引黄涵闸4座，修建滞洪撤退路20条126千米、滞洪撤退桥3座，使濮阳黄河防洪工程体系日臻完善。积极推进治河改革，在工程建设中实行承包责任制，促进工程建设的进度和质量的提高，同时为单位创造了经济效益。他组织开展工程管理正规化、规范化建设和工程管理达标活动，加大工程管理联合检查和考核力度，单位之间相互学习，取长补短。全处（局）建成达标工程：堤防20段55.73千米、险工控导16处、引黄涵闸3座等，工程管理水平大幅度提升，濮阳县、范县、台前县黄河修防段（河务局）连续获河南黄河河务局工程管理十佳单位。

他组织开展濮阳黄河经济改革，主持制定《濮阳市黄河修防处经济体制改革实施意见》，组建经营队伍，开展种植、养殖、商业、服务业、建筑施工业等多种经营，较好地解决了富余人员的出路和单位经费不足问题。

他重视职工教育和对干部的培养，在全处（局）开展初中、高中文化补习和专业技术培训，鼓励职工自学或考入大中专院校深造，全处（局）职工队伍的文化素质和专业技术素质都得到提升。他按德才兼备的标准，选拔青年干部到领导岗位重点培养，为濮阳黄河治理开发与管理培养了一批德才兼备的干部和技术人才，有的还走上黄委和河南黄河河务局的领导岗位。

他注重领导班子建设，坚持民主集中制，大事讲原则，小事讲风格，当好班长，做好表率。他精选有关领导班子建设和廉洁奉公的文章，印发至各级领导班子，组织学习交流，增强领导班子的团结和决策能力。在他任期内，全处（局）各单位领导班子都比较团结，整个职工队伍稳定，保证了治河改革的顺利进行和治河任务的圆满完成，使濮阳市黄河河务局的工作逐渐走到河南黄河河务局的前列。

1993年3月，陆书成调任黄河水利委员会金堤河管理副局长（副厅级）、党组成员。1997年7月退休。

【张学明】（1940~2014），山东省东阿县人，初中文化，1986年12月加入中国共产党。1956年4月在封丘大功黄河溢洪工程指挥部参加工作，曾任河南黄河河务局通讯员、安阳地区黄河修防处办事员、濮阳县黄河修防段秘书股副股长、安阳地区黄河修防处办公室秘书等。1985年任濮阳市黄河修防处办公室副主任，1988年任濮阳市黄河修防处办公室主任，1990年11月任濮阳市黄河河务局办公室主任。

1993年3月任濮阳市黄河河务局工会主席、党组成员。在任濮阳市黄河河务局工会主席期间，他狠抓民主管理建设，完善职代会制度，推行政务公开，维护职工的知情权、参政权和议事权，建立职工参政议政制度。在开展民主管理达标活动中，水泥制品厂被河南省总工会授予民主管理"优秀企业"称号。他组织开展"我为防汛做贡献""增产节约、增收节支""确保黄河防洪安全"等内容的劳动竞赛活动，促进了工作效率和质量的提高。组织开展模范职工之家和一线班组建设活动，为一线职工改建、新建宿舍，配备家具、厨具、电器等，改善职工生产生活条件，建成黄委"模范职工之家"6个，濮阳市"模范职工之家"4个，黄委"先进职工之家"4个，黄委"模范职工小家"15个。建立困难职工救助机制，开展节日送温暖、金秋助学、困难职工帮扶活动，及时解决困难职工燃眉之急；还把为职工办实事列入年度目标管理，制订办实事计划和措施。他重视劳动模范的选拔和培养，落实劳模荣誉津贴。在他任期内，共评出劳动模范21人，其中，黄委劳动模范19人，河南省"五一"劳动奖章1人，水利部先进生产者1人；受到黄河工会、河南省总工会、中华总工会表彰的先进集体7个。他重视女工工作，要求各单位都成立女工委员会，组织女工学习有关保护女工权益的法规和健康知识，开展"献爱心，帮扶贫困姐妹""巾帼双文明立功竞赛"等活动，鼓励女工在治河工作中建功立业做贡献。1994年，水泥制品厂"三八钢筋班"被中华全国总工会命名为"先进女职工集体"荣誉称号。

2000年10月退休。

【商家文】（1954~2013），山东省莘县人，大学专科文化，政工师。1976年1月加入中国共产党。1974年4月，高中毕业后在范县丁河乡劳动锻炼。1977年7月，在范县黄河修防段参加工作，先后任范县黄河修防段办事员、政工股副股长。1982年6月至1987年4月任安阳地区黄河修防处政工科科员。其间，参加黄河干校预习班和广播电视大学学习。1987年4月任濮阳市郊区黄河修防段副段长。1988年1月任濮阳市黄河修防处劳动人事科科长。

1989年6月任濮阳市黄河修防处副主任、党组成员，1990年11月改任濮阳市黄河河务局副局长、党组成员。1993年3月任濮阳市黄河河务局局长、党组书记。

他开展防汛正规化、规范化建设，建立健全防汛管理制度，编制防汛抢险技术培训教材和防汛抢险技术手册，培训群众抢险骨干，实行每年汛前开展工程普查和处理工程隐患制度，建设濮阳市黄河防汛指挥中心等，濮阳黄河防汛逐步走上正规化、规范化管理。

1996年8月，黄河异常洪水期间，他始终坚守抗洪一线，与地方领导一起指挥抗洪抢险。在南上延控导工程抢险中，他日夜坚守抢险现场，与职工、官兵一起与洪水搏斗，使工程化险为夷。洪水过后，他及时组织水毁工程调查，按时完成水毁工程修复和改建工作。是年，他被河南省政府授予"抗洪抢险劳动模范"称号。

他加强工程建设管理，及时组织人员完善基本建设财务管理制度，保证基建资金的专款专用和基建资金的安全。设置质量检验机构和专职质量管理人员，推行初验、复验、终验的三级施工质量管理体制，强化质量管理，使工程质量得到可靠保障。在他任期内，濮阳河段共加高堤防 15.79 千米，加培堤防 18 千米，修做大堤前后戗 10.78 千米；新建、续建控导工程 8 处、57 道坝；新建引黄涵闸 1 座；修建滞洪撤退路 18 条 90 千米、撤退桥 1 座。

他注重工程管理和日常维修养护，组织开展达标工程建设活动，新建达标工程堤防 12 段 14.63 千米、险工控导工程 12 处 78 道坝、引黄涵闸 4 座等，工程管理连续获河南黄河河务局工程管理十佳单位和先进单位。

他狠抓经营，发展经济，主持制定《关于加快发展综合经营的若干规定》《关于加快发展综合经营和建安生产的意见》，提出经济发展的目标和主要措施。在工程建设和工程管理中完善承包责任制，合理合法创收；种植、养殖等综合经营通过清理整顿得到快速发展；建安生产队伍增加设备和技术力量，走向社会承揽工程，效益显著。从而使单位实行差额管理后的经费不足问题得到缓解，保证了职工队伍的稳定和各项治河任务的圆满完成。

广大职工对商家文给予高度评价，认为他开拓进取，对工作尽职尽责，敢于担当；识大体，顾大局，讲团结，光明磊落；关心职工，联系群众，平易近人；坚持原则，秉公办事，廉洁清正。

1998 年 7 月调河南黄河河务局后，任工会副主席、主席。2006 年 3 月，任河南黄河河务局党组纪检组组长、党组成员。

第二节　人物简介

本节编选的简介人物主要收录濮阳河务局历届领导班子成员和全国劳动模范获得者。个别去世人物，因资料缺失无法立传而改收录为人物简介。人物简介共收录 37 人。

【艾计生】（1917~1999），河南省确山县人，初中文化，1938 年 4 月加入中国共产党。1938 年 1 月参加山西省汾城县抗日游击队，任班长、排长。1944 年 4 月任山西省阳城县武工队支部书记。1945 年 8 月任河南省济源县豫北支队一大队一中队政治指导员。1947 年 1 月任中条山十三旅三九团九连连长，10 月任南阳军分区白河大队大队长。1948 年 3 月任南阳军分区四十团三营营长。1949 年 9 月任河南省内乡县大队副政委。1949 年 10 月至 1950 年 5 月在河南省军区军政干校学习。

1950 年 6 月，任中牟县黄河修防段秘书股股长。1951 年 1 月，任河南黄河河务局秘书科副科长。1953 年 1 月，任陈兰（兰考）县黄河修防段段长。1958 年 10 月，任黄委会工程局工程总队一大队大队长、副总大队长。1960 年 12 月，任河南省水利厅第二工程总队副总队长。1962 年 1 月，任河南黄河河务局财务处副处长。1964 年 8 月，任安阳黄河修防处副主任。1979 年 3 月，调离安阳黄河修防处。1983 年 6 月离休，享受司局级待遇。

【李成良】（1919~1971），山西省屯留县人，1938 年 7 月加入中国共产党。1937 年 4 月参加工作，在抗日战争和解放战争期间，李成良先后担任过山西省屯留县第四区农会秘书、第三区牺牲救国同盟会协助员、第四区区政府民政助理员，中共屯留县县委秘书、第二区委组织委员、第六区委书记，屯留县委组织部长，豫西第二地委工作队长，河南省方城县县委组织部部长等职。中华人民共和国建立后，李成良先后担任方城县县委副书记、书记，洛阳第一拖拉机制造厂人事组副组长、干部处副处长、人事处处长、党委组织部副部长，河南省柴油机厂副厂长、副书记等职。1963 年 1 月，李成良参加治河工作，任黄河水利委员会人事处处长。1965 年 3 月，任黄委会政治部办公室主任兼干部处处长。1970 年 4 月，李成良任安阳地区黄河修防处革命委员会主任。1971 年 8 月，调离安阳地区黄河修防处。1982 年离休，享受司局级待遇。

【孟祥凤】（1919~1982），河南省清丰县人，初中文化，1953 年 8 月加入中国共产党。1942 年 11 月在顿丘县武工队参加工作，1943 年 5 月在内黄县保卫队任班长，1944 年 7 月任内黄县公安队副队长，1945 年 8 月任队长，1947 年 7 月任内黄县公安局侦察干事，1948 年 2 月任侦察股股长，1949 年 1 月任濮阳专属公安处科员。1953 年任濮阳专属滞洪处救护科副科长，1954 年 10 月任安阳专属滞洪处救护科副科长，1958 年任安阳专属水利局副科长。1958 年 3 月任清丰县水利局副局长。1959 年 1 月任新乡专属农干校科长，1959 年 3 月任新乡专属水利局队长，1960 年 12 月任新乡引黄红旗分局渠管段段长，1962 年 7 月任安阳专属水利局队长，1962 年任安阳专属水利局农水科科长。1964 年 5 月任安阳地区滞洪办公室负责人。1970 年 3 月任安阳地区黄河修防处党的领导核心小组成员、生产组组长，1977 年 10 月任安阳地区黄河修防处革委会副主任。1979 年 5 月任安阳地区黄河滞洪处副主任。1982 年 6 月离休。

【张兆五】（1920~1989），江苏邳县人，初中文化，1941 年 3 月加入中国共产党。1940 年 2 月，在淮北运西办事处参加新四军，1943 年 3 月任新四军骑兵团十二大队司务长，1943 年 10 月任豫皖苏独立旅政治部管理员，1948 年 12 月任豫皖苏七分区供给处军寔副股长，1949 年 3 月任淮阳军分区供给处军寔股长。1950 年 5 月参加治河工作，任河南黄河河务局工程科副科长，1952 年任工务科科长，1958 年 12 月任黄委会工程局工务处副处长。1960 年 9 月任安阳黄河修防处副主任，1973 年 4 月任安阳地区黄河修防处党的核心领导小组成员、副主任，1978 年 7 月任安阳地区黄河修防处顾问。1982 年 6 月离休，享受司局级待遇。

【李继元】（1921~?），山东省东阿县人，1945 年 9 月加入中国共产党。1944 年 7 月参加工作，先在东阿县第一区从事教育工作，后任东阿一区宣传委员、工委书记。1948 年 5 月任东阿第二黄河修防段秘书，1950 年 4 月任三门峡工程局组织部干部科副科长，1959 年 1 月任三门峡任家堆工程局组织部组织科科长、第三队党委办公室主任。1962 年 7 月任开封黄河修防段段长。1968 年 9 月任安濮总段（安阳地区黄河修防处、濮阳县黄河修防段和濮阳县金堤修防段三单位合并后称）革命委员会主任。1970 年 5 月调离。1982 年 12 月离休。

【史宪敏】（1932～ ），河南省获嘉县人，中专学历，高级工程师。1954 年 8 月在濮阳修防处参加工作，任工务科技术员。1981 年 3 月任渠村分洪闸管理处工务组组长，1984 年 7 月任渠村分洪闸管理处工务科科长。

1985 年 4 月任濮阳市黄河修防处主任工程师，1990 年 11 月任濮阳市黄河河务局主任工程师、总工程师。1993 年 12 月退休。

【董文虎】（1933～ ），河南省濮阳县人，1948 年 6 月加入中国共产党。1949 年 6 月参加工作后，任濮阳县第十三区办事员。1951 年任第七区共产主义青年团团委书记。1955 年任中共濮阳县柳屯区区委副书记、书记。1959～1965 年，先后任濮阳县农业局副局长、农工部部长、拖拉机站站长等职。1966 年 1 月任濮阳县副县长。1971 年任中共安阳县委常委、革命委员会副主任。

1975 年 3 月，任安阳地区黄河修防处主任、党组书记。1979 年 5 月，任安阳地区黄河滞洪处主任、党组书记。1983 年 6 月，任安阳地区黄河滞洪处工会主席。1985 年 3 月，任濮阳市黄河修防处调研员。1993 年离休，享受副司局级待遇。

【张再业】（1933～ ），河南省濮阳县人，初中文化，1951 年 10 月加入中国共产党。1951 年 1 月在长垣石头庄溢洪堰管理段参加工作，1955 年 3 月调河南黄河河务局工作，任监察室科员，人事科科员。1964 年 8 月任长垣石头庄溢洪堰管理段副段长，1965 年 8 月任长垣石头庄溢洪堰管理段政治副指导员。

1978 年 7 月任渠村分洪闸管理处副主任，1984 年 3 月任濮阳市黄河滞洪处副主任、党组成员。1985 年 3 月任濮阳市黄河修防处工会主席、党组成员，1990 年 11 月任濮阳市黄河河务局工会主席、党组成员。1993 年 3 月退休。

【胡全舜】（1937～ ），河南省方城县人，大学本科学历，高级工程师。中国共产党党员。1963 年 12 月毕业后分配到黄河水利委员会工务处工作，任实习生、技术员。“文化大革命”期间，曾到“五七”干校劳动锻炼 1 年半。1971 年 10 月在河南黄河河务局任技术员，1978 年 4 月任河道科副科长。

1981 年 3 月任安阳地区黄河修防处副主任、党组成员，1983 年 9 月任濮阳市黄河修防处副主任、党组成员。1985 年 4 月调离濮阳市黄河修防处。

【戴耀烈】（1937～ ），河南省确山县人，大学本科学历，高级工程师。1980 年 11 月加入中国共产党。1964 年 8 月在开封县修防段参加工作，1965 年 9 月调入长垣县黄河修防段，历任工务股技术员、副股长、股长。1981 年 3 月任长垣县黄河修防段副段长。

1983 年 6 月任安阳地区黄河修防处副主任、党组成员，1983 年 9 月任濮阳市黄河修防处副主任、党组成员，1990 年 11 月任濮阳市黄河河务局副局长、党组成员，1991

年兼任濮阳市黄河河务局副主任水政监察员，1996年12月任濮阳市黄河河务局调研员（正处级）。1997年12月退休。

【王玉俭】（1941～　），河南省濮阳县人，大学本科学历，高级工程师。1984年5月加入中国共产党。1966年7月在四川省荣昌县水利水电局参加工作，任技术员。1973年10月调入濮阳县黄河修防段，先后在引黄股、工务股工作，1979年3月任工务股股长，1980年2月任濮阳县黄河修防段副段长。1983年12月任范县黄河修防段副段长，1985年3月任范县黄河修防段段长。

1989年2月，任濮阳市黄河修防处主任工程师（副处级）。1990年11月，任濮阳市黄河河务局总工程师。1997年3月任濮阳市黄河河务局副局长、党组成员，1998年11月至1999年10月，兼任濮阳市黄河河务局水政监察支队支队长。2002年2月退休。

【单恩生】（1944～　），河南省扶沟县人，大学本科学历，政工师，1968年8月加入中国共产党。1960年在宁夏青铜峡水电站参加工作。1965年12月入伍，历任班长、排长、连指导员、营副教导员、政治部宣传科副科长、政治部主任等职。1969年10月参加中华人民共和国成立20周年庆祝活动，受到毛泽东等国家领导人接见。1985年12月，转业到开封航运队，任队长、支部书记。1990年10月任开封郊区黄河河务局局长、党组书记。1993年3月任开封市黄河河务局副局长、党组成员。

1998年12月任濮阳市黄河河务局副局长、党组成员。

2002年11月调离濮阳市黄河河务局。

【赵明河】（1948～　），山东省阳谷县人，大专学历，高级工程师，1984年12月加入中国共产党。1966年8月在范县第二修防段参加工作，1978年10月任工务股股长。1979年1月任台前县黄河修防段工务股股长。1983年12月任范县黄河修防段副段长，1985年3月任台前县黄河修防段副段长，1988年2月任台前县黄河修防段段长，1990年2月任濮阳市黄河修防处滞洪科科长，1990年11月任濮阳县黄河河务局局长。

1993年3月任濮阳市黄河河务局副局长、党组成员。2002年11月单位升格后，任濮阳市黄河河务局工会主席（处级）。2008年4月退休。

【赵永贵】（1950～　），河南省濮阳县人，初中文化。1969年7月加入中国共产党。1969年3月入伍，历任班长、排长。1978年8月转业到濮阳县黄河修防段工作，历任政工股副股长、股长。1983年12月任濮阳县金堤修防段副段长，1990年4月任濮阳县金堤修防段段长，1993年5月任濮阳县金堤管理局局长。

2001年2月任濮阳市黄河河务局工会副主席，2001年11月任濮阳市黄河河务局工会主席，2002年11月单位升格后任濮阳市黄河河务局工会副主席，2006年任濮阳河务局调研员。2010年7月退休。

【李玉成】（1952～　），河南省范县人，大学本科学历，高级工程师。1984年12月加入中国共产党。1971年11月在安阳地区黄河修防处参加工作，历任引黄科、工务科技术员，1983 年 7 月任安阳地区黄河修防处工务科副科长，1988 年 2 月任濮阳市黄河修防处防汛办公室主任，1990 年 11 月任濮阳市黄河河务局防汛办公室主任。

1993 年 3 月任濮阳市黄河河务局总工程师。2002 年 11 月单位升格后任濮阳市黄河河务局副总工程师。2006 年 7 月任濮阳河务局调研员。2012 年 10 月退休。

【王云宇】（1952~　），河南省长垣县人，大专学历，政工师。1983 年 7 月加入中国共产党。1972 年 6 月在长垣县黄河修防段参加工作，曾任秘书股副股长、股长。1983 年 12 月任长垣县黄河修防段副段长。1992 年 3 月任新乡市黄河河务局第三工程处处长。1996 年 2 月任长垣县黄河河务局局长。

1998 年 4 月任濮阳市黄河河务局副局长、党组成员，2002 年 11 月单位升格后任副局长（处级）、党组成员，2009 年 9 月任濮阳河务局工会主席、党组成员。2012 年 12 月退休。

【杨增奇】（1953~　），河南省濮阳县人，大学本科学历，政工师。1989 年 6 月加入中国共产党。1972 年 6 月在濮阳县黄河修防段参加工作，曾任秘书股副股长、股长。1988 年 11 月任濮阳县黄河修防段副段长，1990 年 12 月任濮阳县黄河河务局副局长，1993 年 5 月任濮阳县黄河河务局局长。

1997 年 3 月任濮阳市黄河河务局副局长、党组成员。2002 年 11 月单位升格后任濮阳市黄河河务局纪检组组长（处级）、党组成员。2013 年 9 月退休。

【王金虎】（1953~　），山东省菏泽县人，硕士研究生学历，高级经济师。1984 年 7 月加入中国共产党。1977 年 7 月在河南黄河河务局测量队参加工作。1983 年 7 月任河南黄河河务局劳动工资科副科长，1985 年 7 月任科长。1987 年 10 月任郑州市黄河修防处副主任，1990 年 11 月改任郑州市黄河河务局副局长。1991 年 3 月任河南黄河河务局财务器材处副处长，1994 年 6 月任综合经营办公室主任。1994 年 8 月被聘为河南黄河综合经营开发公司经理。

1998 年 4 月任濮阳市黄河河务局局长、党组书记。2001 年 2 月调离濮阳市黄河河务局。

【郭凤林】（1954~　），河南省范县人，大学本科学历，高级工程师。1984 年 7 月加入中国共产党。1970 年 4 月在范县引黄指挥部参加工作。1984 年 1 月任范县滞洪办公室副主任，1990 年 11 月任范县黄河河务局局长。

1993 年 3 月任濮阳市黄河河务局副局长、党组成员。1998 年 4 月任新乡市黄河河务局副局长，2000 年 3 月任局长、党组书记。2001 年 2 月任濮阳市黄河河务局局长、党组书记。2002 年 11 月单位升格后任副局长、党组副书记。2003 年 6 月任濮阳市黄河河务局局长、党组书记。2009 年 8 月调离濮阳河务局。

【吴修柱】（1954~　），男，汉族，河南省范县人，本科学历，1987 年 6 月加入中国共产党。1975 年 4 月在范县黄河修防段参加工作，1988 年 11 月任范县黄河修防段副段长，1989 年 12 月任范县黄河河务局副局长，1993 年 3 月任范县黄河河务局局长，1995 年 2 月任台前县黄河河务局局长。2002 年 11 月任濮阳市黄河河务局财务处副处长，2005 年 3 月任濮阳河务局财务处处长。

2006 年 6 月，任濮阳河务局局长助理、党组成员。2009 年 8 月，任濮阳河务局调研员。2014 年 8 月退休。

【刘孟会】（1954~　），河南省台前县人，台前河务局职工，河道修防工高级技师，濮阳河务局技师协会会长。1976 年 1 月参加工作，他刻苦学习黄河治理知识和技术，解决黄河防洪抢险中许多技术难题，在抢险中发挥了重要作用。1987 年被河南黄河河务局破格评为河道修防工技师，1997 年取得高级技师资格和全国水利行业高级考评员证书。2000 年 7 月，获全国水利技能大奖，10 月获全国技术能手称号。2002 年 12 月获全国第六届中华技能大奖。2004 年被评为河南省劳动模范，2005 年被评为全国先进工作者。2014 年退休。

【王德智】（1955~　），河南省范县人，工程师。1984 年 9 月加入中国共产党。1977 年 7 月在山东位山工程局参加工作。1979 年调入台前县黄河修防段，历任技术员、工务股副股长、股长。1983 年 12 月任濮阳县黄河修防段副段长，1985 年 11 月任濮阳县黄河修防段段长，1988 年 2 月任范县黄河修防段段长。

1989 年 2 月任濮阳市黄河修防处副主任、党组成员，1990 年 11 月任濮阳市黄河河务局副局长、党组成员。1993 年 3 月调离濮阳市黄河河务局。

【边鹏】（1955~　），河南封丘县人，大学本科学历，高级工程师。1983 年 12 月加入中国共产党。1972 年 10 月在河南省水利厅机械厂参加工作。1979 年 12 月调入河南黄河河务局施工总队。1988 年 3 月至 2009 年 8 月，历任河南黄河河务局工务处计划统计科副科长、科长，邙山金水区黄河河务局副局长、局长，河南黄河河务局工务处副处长、防汛办公室主任，郑州市黄河河务局局长、党组书记。

2009 年 8 月，任濮阳河务局局长、党组书记。2014 年 12 月调离濮阳河务局。

【周念斌】（1956~　），河南省获嘉县人，工程硕士学位，教授级高级工程师。1992 年 7 月加入中国共产党。1981 年 2 月在封丘县黄河修防段参加工作。1985 年 7 月任河南黄河河务局涵闸科副科长，1988 年 3 月任引黄科副科长。1989 年 10 月任新乡市黄河修防处工务科科长，1994 年 2 月任新乡市黄河河务局总工程师，1997 年 3 月任副局长、党组成员，1998 年 11 月兼任水政监察支队支队长。

2002 年 10 月任濮阳市黄河河务局副局长、党组成员，2004 年 4 月调离濮阳市黄河河务局。

【王伟】（1957~　），河南省濮阳县人，大学本科学历，高级工程师。1986 年 10 月加入中国共产党。1975 年 7 月知青下乡。1977 年 12 月在濮阳县黄河修防段参加工作。1979 年 1 月在濮阳县金堤修防段工作。1985 年 4 月任濮阳市黄河修防处工务科副科长，1987 年 4 月任濮阳市郊区黄河修防段副段长，1988 年 1 月任濮阳县黄河修防段段长，1990 年 11 月任台前县黄河河务局局长。1993 年 3 月任新乡市黄河河务局副局长、党组成员。1995 年 9 月任金堤河管理局办公室主任（处级）、党组成员，2002 年 5 月任张庄闸管理处临时负责人。

2002 年 11 月任濮阳市黄河河务局调研员。2005 年 3 月任濮阳河务局副局长、党组成员。

【宋益周】（1957～　），山东省阳谷县人，大学本科学历，政工师。1985 年 5 月加入中国共产党。1977 年 5 月在范县造船厂参加工作。1988 年 4 月任造船厂副厂长，1989 年 12 月任范县黄河修防段副段长，1990 年 11 月任范县黄河河务局副局长。1995 年 1 月任濮阳市黄河河务局办公室主任。2002 年 11 月单位升格后任办公室副主任（副处级），2006 年 7 月任濮阳河务局办公室主任。

2012 年 7 月任濮阳河务局工会主席。

【郑跃华】（1958～　），河南省濮阳县人，大学本科学历，政工师。1982 年 12 月加入中国共产党。1976 年 6 月在安阳地区黄河修防处参加工作。1981 年 10 月调长垣县政府办公室工作。1983 年 12 月任濮阳市黄河修防处政工科科员，1989 年 3 月任濮阳市黄河修防处劳动人事科副科长，1991 年 5 月任劳动人事科科长。

1994 年 2 月任濮阳市黄河河务局纪检组组长。1997 年 2 月到台前县挂职县委副书记。1999 年 3 月任濮阳市黄河河务局纪检组组长，2001 年 11 月增补为党组成员。2002 年 11 月单位升格后，任濮阳市黄河河务局党组成员、人事劳动教育处副处长（主持工作），2005 年 3 月任濮阳黄河河务局党组成员、人事劳动教育处处长。2011 年 4 月任濮阳河务局副局长、党组成员。2015 年 2 月，任濮阳河务局纪检组组长、党组成员。

【张献春】（1962～　），河南省浚县人，硕士研究生，经济师。1990 年 3 月加入中国共产党。1981 年 11 月在安阳地区黄河修防处铲运机队参加工作。1983 年 12 月任濮阳市黄河修防处财务科科员，1990 年 12 月任濮阳市黄河修防处财务科副科长，1994 年 2 月任濮阳县河务局副局长，1996 年 5 月任范县河务局局长。2001 年 11 月调河南黄河河务局工作。2002 年 7 月任河南黄河旅游开发有限公司副总经理。2004 年 4 月任郑州黄河河务局副局长、党组成员，兼惠金黄河河务局局长、党组书记。2006 年 2 月任河南黄河河务局审计处副处长（主持工作），2007 年 6 月任河南黄河河务局审计处处长。

2009 年 8 月，任濮阳河务局副局长、党组副书记。2011 年 3 月，调离濮阳河务局。

【朱麦云】（1962～　），河南省滑县人，大学本科学历，工程师。1993 年 9 月加入中国共产党。1981 年 11 月在长垣县黄河修防段参加工作，历任技术员工务股副股长、股长。1991 年 2 月任长垣县黄河河务局水政科副科长，1992 年 7 月任长垣县黄河河务局工务科科长。1994 年 5 月任长垣黄河河务局副局长，1998 年 4 月任新乡市黄河河务局工务科科长，1999 年 5 月任封丘县黄河河务局副局长。2000 年 3 月任封丘县黄河河务局局长。2002 年 11 月任开封市黄河河务局副局长、党组成员。

2004 年 4 月任濮阳市黄河河务局局长助理、党组成员，2005 年 3 月任濮阳黄河河务局副局长、党组成员。2009 年 8 月，调离濮阳河务局。

【柴青春】（1962～　），河南省濮阳县人，大学本科学历，教授级高级工程师。1987 年 7 月加入中国共产党。1981 年 11 月在濮阳县黄河修防段参加工作，曾任工务股技术员、副股长、股长。1990 年 12 月任濮阳县黄河河务局副局长，1994 年获黄委十大杰出青年荣誉称号，1998 年 4 月任濮阳县黄河河务局局长。2002 年 11 月任濮阳市黄河河务局工务处副处长，2005 年 4 月任濮阳河务局工务处处长。

2010 年 4 月任濮阳河务局总工程师、党组成员，2012 年 5 月任濮阳河务局副局长（兼任总工程师）、党组成员。2015 年 2 月，不再兼任濮阳河务局总工程师。

主要著作有《埽工抢险指南》《濮阳黄河》《濮阳黄河防洪工程体系建设与管理》。

【苏茂林】（1962~　），河南省濮阳县人，工学博士，教授级高级工程师。1984 年 6 月加入中国共产党。1982 年 8 月在安阳地区黄河修防处参加工作，任工务科技术员，1983 年 12 月任台前县黄河修防段副段长，1985 年 3 月任台前县黄河修防段段长。

1988 年 2 月任濮阳市黄河修防处副主任、党组成员。1989 年 1 月任河南黄河河务局综经办公室副主任。1991 年 3 月任郑州市黄河河务局副局长、党组副书记，1993 年 3 月任郑州市黄河河务局局长、党组书记。1995 年 9 月任河南黄河河务局局长助理，1996 年 5 月任河南黄河河务局副局长、党组成员，1998 年 7 月兼任河南黄河河务局纪检组组长。1999 年 11 月任黄河防汛办公室副主任、黄委河务局局长，2000 年 8 月兼任黄委水调局（筹）局长。2001 年 2 月任黄委副主任、党组成员。

【耿新杰】（1963~　），男，汉族，河南省孟州市人，大学本科学历，高级工程师。2003 年 6 月加入中国共产党。1985 年 2 月在河南黄河河务局工会参加工作，1988 年 12 月在河南黄河河务局防汛办公室工作，1996 年 4 月任河南黄河河务局防汛办公室（工管处）工程管理科副科长，2001 年 4 月任河南河务局防汛办公室（工管处）工程管理科科长，2002 年 6 月任河南黄河河务局建设与管理处工管科科长。2002 年 11 月，任原阳黄河河务局局长、党组书记。2006 年 2 月，任河南黄河河务局建设与管理处副处长。2008 年 1 月，任开封河务局局长、党组书记。

2014 年 12 月，任濮阳河务局局长（副厅级）、党组书记。

【刘云生】（1965~　），河南省温县人，大学本科学历，高级工程师，中共党员。1986 年 7 月在河南黄河河务局设计院参加工作，曾任设计一室主任。2001 年 11 月，任河南立信工程咨询监理有限公司总工程师。2002 年 11 月，任濮阳市黄河河务局局长助理。2003 年 8 月，任濮阳河务局党组成员。2004 年 8 月，交流到黄委规划局，任规划处副处长。2007 年 11 月，调离濮阳河务局。

【张遂芹】（1967~　），河南省西平县人，大学本科学历，教授级高级工程师。2004 年 12 月加入中国共产党。1990 年 7 月在郑州市黄河河务局赵口闸管理处参加工作，1991 年 6 月任郑州市黄河河务局技术员。1997 年 4 月调入河南黄河河务局。

2002 年 11 月任濮阳市黄河河务局副总工程师。2004 年被黄委授予“三条黄河”建设优秀青年，获得河南黄河河务局首批“治河科技拔尖人才”称号。2005 年 3 月任濮阳河务局总工程师。2005 年 8 月援疆，任新疆伊犁河流域开发建设管理局局长助理，曾被新疆维吾尔自治区党委、自治区人民政府授予“优秀援疆干部”称号。2008 年 8 月调离濮阳河务局。

【王益民】（1968～　），男，汉族，河南省荥阳县人，大学本科学历，高级工程师。2006年8月加入中国共产党。1989年7月，在黄委防汛信息化测报计算中心参加工作；1997年，在黄委信息中心工作；2004年7月，任黄委信息中心副处级干部；2004年9月，在新疆塔里木河流域管理局挂职交流，任科研信息所副所长；2007年4月，任黄委信息中心数据中心副主任（副处级）；2012年3月，任黄委信息中心数据中心主任（正处级）。

2012年12月，任濮阳河务局副局长、党组成员（挂职交流2年）。2014年12月挂职交流期满，回原单位。

【仵海英】（1971～　），男，汉族，河南桐柏县人，大学本科学历，中共党员，1994年7月参加工作。1997年2月，任郑州市黄河河务局工程公司秘书（副科级）；1997年10月，任郑州市黄河河务局工程处副处长；2000年4月，任中牟县黄河河务局副局长；2002年1月，任郑州市黄河河务局工务处处长；2004年4月，任郑州市黄河河务局副处级干部；2004年4月，在西藏日喀则地区水利局挂职交流，任副局长；2005年11月，任郑州河务局总工程师、党组成员；2006年2月，任郑州河务局副局长、党组成员，兼惠金河务局局长、党组书记。2009年10月，任河南黄河河务局规计处副处长。

2011年4月，任濮阳河务局副局长、党组成员；2014年12月，调离濮阳河务局。

【李永强】（1973～），河南省武陟县人。工学硕士研究生，教授级高级工程师。1994年6月加入中国共产党。1997年9月在河南黄河勘测设计研究院技术研究室参加工作，2002年12月任河南黄河勘测设计研究院技术研究室副主任，2004年10月任河南黄河勘测设计研究院技术研究室主任，2005年8月任河南黄河勘测设计研究院副总工程师，2008年5月任河南黄河勘测设计研究院总工程师。2012年5月，任河南黄河勘测设计研究院副院长，兼总工程师。

2015年2月，任濮阳河务局副局长、党组成员，兼任濮阳河务局总工程师。

第三节　人物名录

本节人物名录主要收录濮阳河务局具有高级专业技术任职资格人员、高级技师任职资格人员，获得国家、省、部、黄委级的劳动模范、先进工作者、先进生产者，以及治河烈士与因公殉职人员，共302人。

一、获得高级技术任职资格人员名录

截至2015年，濮阳河务局具有各类高级技术职务任职资格的人员共79人，其中，

教授级高级工程师 1 人，高级工程师 57 人，高级经济师 5 人，高级会计师 5 人，高级政工师 9 人，副研究馆员 2 人（见表 12-1）。按获得任职资格时间先后顺序排列。

表 12-1 2015 年濮阳河务局各类高级专业技术任职资格人员名录

序号	姓名	籍贯	生卒年	专业技术职务	获得时间（年-月）	所在单位
1	张学渤	四川省忠县	1925～	高级工程师	1988-04	濮阳河务局机关
2	史宪敏	河南省获嘉县	1932～	高级工程师	1988-08	濮阳河务局机关
3	戴耀烈	河南省确山县	1937～	高级工程师	1990-03	濮阳河务局机关
4	唐田红	湖南省溆蒲县	1941～	高级会计师	1991-03	濮阳河务局机关
5	王玉俭	河南省濮阳县	1941～	高级工程师	1992-08	濮阳河务局机关
6	李元贵	山东省东阿县	1937～2010	高级工程师	1993-06	濮阳河务局机关
7	邹泽华	重庆市万县	1932～	高级工程师	1993-06	台前河务局
8	赵明河	山东省阳谷县	1948～	高级工程师	1999-02	濮阳河务局机关
9	赵保森	河南省濮阳县	1952～	高级工程师	1999-02	濮阳河务局机关
10	薛克让	河南省滑县	1957～	高级工程师	1999-02	张庄闸管理处
11	边　鹏	河南省封丘县	1955～	高级工程师	2000-02	濮阳河务局机关
12	张志林	河南省濮阳县	1964～	高级工程师	2000-02	濮阳河务局机关
13	李玉成	河南省范县	1952～	高级工程师	2000-02	濮阳河务局机关
14	刘梦兴	河南省台前县	1946～	高级政工师	2000-06	濮阳河务局机关
15	王　伟	河南省濮阳县	1957～	高级工程师	2002-01	濮阳河务局机关
16	吴兴明	河南省长垣县	1957～	高级工程师	2002-01	濮阳河务局机关
17	张红杰	河南省宜阳县	1967～	高级工程师	2002-01	中原工程集团公司
18	佀传铭	河南省濮阳县	1962～	高级工程师	2002-01	中原工程集团公司
19	靳玉平	河南省濮阳县	1963～	高级工程师	2002-01	濮阳河务局机关
20	闫光太	河南省台前县	1954～	高级会计师	2002-05	濮阳河务局机关
21	李思军	河南省博爱县	1953～	高级工程师	2003-01	濮阳河务局机关
22	郭自超	河南省滑县	1960～	高级工程师	2003-01	濮阳河务局机关
23	陈运涛	河南省太康县	1956～	高级工程师	2003-01	濮阳河务局机关
24	王瑞芸	河南省社旗县	1962～	高级工程师	2004-02	濮阳河务局机关
25	鲁学玺	河南省濮阳县	1964～	高级工程师	2004-02	濮阳河务局机关
26	赵保平	山东省肥城县	1963～	高级工程师	2004-02	濮阳黄河维修养护公司
27	商美钦	河南省濮阳县	1964～	副研究馆员（档案）	2004-04	濮阳河务局机关
28	卢立新	河南省范县	1968～	高级工程师	2005-03	濮阳河务局机关
29	王中友	河北省卢龙县	1965～	高级工程师	2005-03	濮阳供水分局
30	陈国宝	河南省密县	1959～	高级工程师	2005-03	濮阳河务局机关

续表 12-1

序号	姓名	籍贯	生卒年	专业技术职务	获得时间（年-月）	所在单位
31	苏秀霞	河南省濮阳县	1959~	高级会计师	2005-05	濮阳河务局机关
32	管清太	河南省濮阳县	1954~	高级工程师	2006-04	濮阳河务局机关
33	王　萍	河南省濮阳县	1965~	高级会计师	2006-06	中原工程集团公司
34	刘洪柳	河南省台前县	1961~	高级政工师	2006-06	台前河务局
35	倪鸣阁	河南省濮阳县	1962~	高级政工师	2006-06	濮阳河务局机关
36	鲁世京	河南省濮阳县	1960~	高级政工师	2007-06	濮阳河务局机关
37	张永伟	河南省濮阳县	1967~	高级工程师	2007-07	中原工程集团公司
38	王其霞	河南省博爱县	1956~	高级工程师	2007-09	濮阳河务局机关
39	张民录	河南省范县	1970~	高级工程师	2008-04	濮阳天信咨询监理公司
40	周家胜	河南省濮阳县	1962~	高级工程师	2008-05	经济发展管理局
41	张瑞军	山东省东阿县	1965~	高级会计师	2008-06	张庄闸管理处
42	王汉忠	河南省濮阳县	1964~	高级工程师	2009-04	濮阳河务局机关
43	王锦虎	河南省安阳县	1963~	高级工程师	2009-04	中原工程集团公司
44	宗正午	河南省濮阳县	1954~	高级工程师	2009-04	濮阳河务局机关
45	杜昌亚	河南省长垣县	1965~	高级工程师	2009-04	濮阳第一河务局
46	陆相立	山东省阳谷县	1965~	高级经济师	2009-06	范县河务局
47	孙保庆	山东省平阴县	1964~	高级工程师	2010-05	张庄闸管理处
48	吴素霞	河南省范县	1971~	高级工程师	2010-05	濮阳供水分局
49	管金生	河南省濮阳县	1957~	高级工程师	2010-05	濮阳河务局机关
50	牛银红	河南省濮阳县	1966~	高级工程师	2010-05	濮阳河务局机关
51	陈更华	河南省范县	1966~	高级工程师	2010-05	范县河务局
52	艾广章	河南省台前县	1971~	高级工程师	2011-04	濮阳第一河务局
53	盛兆文	河南省台前县	1964~	高级工程师	2011-04	张庄闸管理处
54	南晓飞	陕西省兴平县	1968~	高级工程师	2011-04	张庄闸管理处
55	陆建青	河南省范县	1975~	高级工程师	2011-04	河南宏宇工程监理公司
56	张学义	河南省范县	1963~	高级工程师	2011-04	台前河务局
57	陈秀菊	河南省濮阳县	1961~	高级经济师	2011-06	濮阳第一河务局
58	陈素美	河南省濮阳县	1977~	高级工程师	2012-05	濮阳第一河务局
59	李新生	山东省菏泽市	1963~	高级工程师	2012-05	张庄闸管理处
60	王海峰	河南省周口市	1973~	高级工程师	2012-05	中原工程集团公司
61	孔玉花	河南省兰考县	1967~	高级工程师	2012-05	中原工程集团公司
62	王春雪	河南省台前县	1963~	高级政工师	2012-06	濮阳河务局机关

续表 12-1

序号	姓名	籍贯	生卒年	专业技术职务	获得时间（年-月）	所在单位
63	黄永燕	山东省阳谷县	1969~	副研究馆员（档案）	2012-06	中原工程集团公司
64	孙卫华	河南省濮阳县	1961~	高级工程师	2013-05	信息中心
65	代　兵	河南省确山县	1968~	高级工程师	2013-05	信息中心
66	桑相明	河南省南乐县	1968~	高级工程师	2013-05	中原工程集团公司
67	张怀柱	河南省范县	1965~	高级经济师	2013-07	濮阳河务局机关
68	张防修	河南省范县	1965~	高级经济师	2013-07	范县河务局
69	史冬梅	河南省获嘉县	1970~	高级经济师	2013-07	濮阳第一河务局
70	梁愧喜	河南省濮阳县	1968~	高级政工师	2013-07	濮阳河务局机关
71	杨　萍	河南省濮阳县	1976~	高级工程师	2014-05	濮阳第一河务局
72	韦佑科	河南省原阳县	1977~	高级工程师	2014-05	中原工程集团公司
73	杨国胜	河南省濮阳县	1957~	高级工程师	2014-05	信息中心
74	方　丽	河南省开封市	1973~	高级政工师	2014-07	经济发展管理局
75	刘吉安	河南省台前县	1976~	高级政工师	2014-07	台前河务局
76	刘中流	河南省台前县	1973~	高级政工师	2014-07	台前河务局
77	梁　勇	河南省范县	1973~	高级工程师	2015-04	中原工程集团公司
78	王建湖	河南省台前县	1971~	高级工程师	2015-04	台前河务局
79	柴青春	河南省濮阳县	1962~	教授级高级工程师	2015-06	濮阳河务局机关

二、获得高级技师任职资格人员名录

截至 2015 年，濮阳河务局共有高级技师 106 人，其中，河道修防类 90 人，闸门运行类 7 人，汽车修理类 1 人，汽车驾驶员类 1 人，电工维修类 4 人，水工防腐工 1 人，坝工混凝土工 2 人（见表 12-2）。按获得任职资格时间先后顺序排列。

表 12-2　2015 年濮阳河务局各类高级技师任职资格人员名录

序号	姓名	籍贯	生卒年	技术工种	获得时间（年-月）	工作单位
1	于顺卿	河南省濮阳县	1926~2001	河道修防工	1988-04	濮阳河务局机关
2	刘连科	河南省濮阳县	1927~2013	河道修防工	1988-04	濮阳河务局机关
3	刘孟会	河南省台前县	1954~	河道修防工	1997-12	台前河务局
4	姚金玉	河南省濮阳县	1948~	汽车修理工	2000-06	濮阳第一河务局
5	李振芳	河南省濮阳县	1952~	河道修防工	2000-06	濮阳第一河务局

续表 12-2

序号	姓名	籍贯	生卒年	技术工种	获得时间（年-月）	工作单位
6	吕寻月	河南省台前县	1957~	河道修防工	2001-11	台前河务局
7	林喜才	河南省范县	1964~	河道修防工	2004-12	范县河务局
8	王善学	河南省范县	1963~	汽车驾驶员	2005-08	局机关服务处
9	宋广和	山东省东阿县	1957~2015	维修电工	2005-08	局信息中心
10	于广华	山东省东明县	1958~	河道修防工	2005-08	濮阳第二河务局
11	汪庆海	河南省台前县	1962~	河道修防工	2005-08	台前河务局
12	王修法	河南省范县	1956~	河道修防工	2005-08	范县河务局
13	魏进生	河南省濮阳县	1958~	河道修防工	2005-08	濮阳第一河务局
14	孟俊岭	河南省濮阳县	1959~	河道修防工	2005-08	濮阳第一河务局
15	张保平	河南省濮阳县	1960~	河道修防工	2005-08	濮阳第一河务局
16	李怀增	河南省濮阳县	1965~	河道修防工	2005-08	濮阳第一河务局
17	陈运平	河南省太康县	1963~	河道修防工	2006-01	范县河务局
18	宋士和	河南省范县	1961~	河道修防工	2006-01	范县河务局
19	郭凤云	河南省范县	1965~	河道修防工	2006-01	范县河务局
20	刘俊奇	河南省濮阳县	1958~	河道修防工	2006-01	濮阳第二河务局
21	武模锋	河南省台前县	1959~	河道修防工	2006-01	台前河务局
22	李学章	河南省台前县	1955~	闸门运行工	2006-01	台前河务局
23	程跃进	河南省濮阳县	1958~	维修电工	2006-01	局信息中心
24	柴亚安	河南省濮阳县	1958~	河道修防工	2007-09	濮阳第一河务局
25	韩学强	河南省濮阳县	1953~2011	河道修防工	2007-09	濮阳第一河务局
26	吴东亮	河南省濮阳县	1962~2009	河道修防工	2007-09	濮阳第一河务局
27	杨文彬	河南省濮阳县	1964~	河道修防工	2007-09	濮阳第一河务局
28	李海真	河南省范县	1962~	河道修防工	2007-09	范县河务局
29	孙建军	河南省台前县	1959~	河道修防工	2007-09	范县河务局
30	凌玉红	河南省范县	1965~	河道修防工	2007-09	范县河务局
31	马法增	河南省台前县	1956~	河道修防工	2007-09	台前河务局
32	刘茂会	河南省台前县	1956~	河道修防工	2007-09	台前河务局
33	王存山	河南省台前县	1956~	河道修防工	2007-09	台前河务局
34	宋芬兰	山东省东阿县	1960~	河道修防工	2007-09	局机关服务处
35	贾厚义	山东省阳谷县	1962~	闸门运行工	2007-09	台前河务局
36	伍显然	河南省台前县	1960~	河道修防工	2008-11	濮阳黄河维修养护公司
37	郝建华	山东省菏泽市	1961~	河道修防工	2008-11	濮阳黄河维修养护公司

续表 12-2

序号	姓名	籍贯	生卒年	技术工种	获得时间（年-月）	工作单位
38	贾后新	山东省阳谷县	1964~	河道修防工	2008-11	台前河务局
39	霍红英	河南省濮阳县	1957~	河道修防工	2008-11	濮阳第二河务局
40	陈爱贤	河南省濮阳县	1963~	河道修防工	2008-11	中原工程集团公司
41	凌庆生	河南省范县	1970~	河道修防工	2008-11	濮阳黄河工程公司
42	马少峰	河南省范县	1958~	河道修防工	2009-11	台前河务局
43	赵强	河南省范县	1959~	河道修防工	2009-11	范县河务局
44	苏树祥	河南省濮阳县	1960~	河道修防工	2009-11	范县河务局
45	王心友	河南省范县	1962~	河道修防工	2009-11	范县河务局
46	宋广仁	山东省东阿县	1965~	河道修防工	2009-11	台前河务局
47	王秋风	河南省台前县	1965~	河道修防工	2009-11	台前河务局
48	白培亮	河南省范县	1961~	河道修防工	2009-11	濮阳黄河维修养护公司
49	郭艳民	山东省阳谷县	1962~	河道修防工	2009-11	台前河务局
50	姜学忠	河南省台前县	1956~	河道修防工	2009-11	台前河务局
51	王景莲	河南省范县	1961~	河道修防工	2009-11	范县河务局
52	袁凤兰	山东省莘县	1962~	河道修防工	2009-11	张庄闸管理处
53	孟凡运	河南省范县	1958~	河道修防工	2010-09	范县河务局
54	李继华	河南省范县	1962~	河道修防工	2010-09	范县河务局
55	刘静	山东省夏津县	1962~	河道修防工	2010-09	范县河务局
56	杨国智	河南省滑县	1957~	河道修防工	2011-09	滑县河务局
57	宋金玉	河南省濮阳县	1962~	河道修防工	2012-09	濮阳第一河务局
58	赵开民	河南省濮阳县	1976~	河道修防工	2012-09	濮阳第一河务局
59	王安广	山东省莘县	1959~	河道修防工	2012-09	台前河务局
60	孟庆云	山东省阳谷县	1964~	河道修防工	2012-09	台前河务局
61	王道伟	河南省台前县	1964~	维修电工	2012-09	台前河务局
62	杨爱朋	河南省滑县	1963~	河道修防工	2012-09	濮阳第二河务局
63	朱长兴	河南省清丰县	1962~	河道修防工	2012-09	濮阳第二河务局
64	卢运生	河南省濮阳县	1956~	闸门运行工	2013-01	濮阳第一河务局
65	郭艳珍	河南省范县	1972~	河道修防工	2013-01	范县河务局
66	王顺生	河南省范县	1976~	河道修防工	2013-01	范县河务局
67	宋广文	山东省东阿县	1975~	河道修防工	2013-01	濮阳第二河务局
68	郝庆霞	河南省长垣县	1967~	河道修防工	2014-12	濮阳第一河务局
69	宋玉杰	河南省濮阳县	1968~	河道修防工	2014-12	濮阳第一河务局

续表 12-2

序号	姓名	籍贯	生卒年	技术工种	获得时间（年-月）	工作单位
70	高会彩	河南省濮阳县	1980~	河道修防工	2014-12	濮阳第一河务局
71	晁全喜	河南省濮阳县	1965~	闸门运行工	2014-12	濮阳第一河务局
72	范书勤	山东省鄄城县	1972~	河道修防工	2014-12	范县河务局
73	黄忠华	河南省范县	1977~	维修电工	2014-12	范县河务局
74	刘风连	河南省范县	1974~	河道修防工	2014-12	台前河务局
75	张莉	山东省阳谷县	1977~	河道修防工	2014-12	台前河务局
76	魏红丽	河南省台前县	1978~	河道修防工	2014-12	台前河务局
77	魏梅青	河南省台前县	1978~	河道修防工	2014-12	台前河务局
78	于继清	河南省台前县	1956~	闸门运行工	2014-12	台前河务局
79	赵文丽	河南省濮阳县	1968~	河道修防工	2014-12	濮阳第二河务局
80	朱洪义	河南省濮阳县	1973~	坝工混凝土工	2014-12	濮阳第二河务局
81	马俊茹	河南省濮阳县	1971~	闸门运行工	2014-12	渠村分洪闸管理处
82	陈国	山东省阳谷县	1978~	河道修防工	2014-12	张庄闸管理处
83	冯慧平	河南省濮阳县	1974~	河道修防工	2015-12	濮阳第一河务局
84	和德庆	山东省莘县	1966~	河道修防工	2015-12	濮阳第一河务局
85	刘寸英	河南省濮阳县	1971~	河道修防工	2015-12	濮阳第一河务局
86	刘福稳	河南省台前县	1970~	河道修防工	2015-12	濮阳第一河务局
87	刘文省	河南省濮阳县	1973~	河道修防工	2015-12	濮阳第一河务局
88	岳校峰	河南省内黄县	1972~	河道修防工	2015-12	濮阳第一河务局
89	张俊奎	河南省濮阳县	1968~	河道修防工	2015-12	濮阳第一河务局
90	支前途	河南省濮阳县	1970~	坝工混凝土工	2015-12	濮阳第一河务局
91	董献光	山东省莘县	1971~	河道修防工	2015-12	范县河务局
92	陆建东	河南省范县	1977~	河道修防工	2015-12	范县河务局
93	张文奎	河南省范县	1968~	河道修防工	2015-12	范县河务局
94	赵福雁	河南省范县	1982~	河道修防工	2015-12	范县河务局
95	郑永忠	山东省齐河县	1969~	河道修防工	2015-12	范县河务局
96	韩月英	河南省台前县	1971~	河道修防工	2015-12	台前河务局
97	姜素红	河南省台前县	1980~	河道修防工	2015-12	台前河务局
98	孙风存	河南省台前县	1981~	河道修防工	2015-12	台前河务局
99	孙长征	河南省台前县	1968~	河道修防工	2015-12	台前河务局
100	张瑞涛	河南省长垣县	1976~	河道修防工	2015-12	台前河务局
101	朱明豫	河南省台前县	1968~	河道修防工	2015-12	台前河务局
102	李瑞红	河南省濮阳县	1975~	河道修防工	2015-12	濮阳第二河务局
103	陆相青	山东省阳谷县	1974~	河道修防工	2015-12	濮阳第二河务局
104	高会丽	河南省濮阳县	1979~	河道修防工	2015-12	渠村分洪闸管理处
105	禹德亮	山东省东阿县	1958~	闸门运行工	2015-12	张庄闸管理处
106	王继英	河南省范县	1972~	水工防腐工	2015-12	水上抢险队

三、劳动模范、先进生产（工作）者名录

本表收录1949~2015年濮阳河务局被评为黄委、省部级及其以上劳动模范、先进生产（工作）者，共108人，145人次，其中，全国先进工作者3人，省级劳动模范8人，省部级先进生产（工作）者3人，河南省"五一"劳动奖章获得者2人，黄河水利委员会劳动模范83人次、先进生产者20人次、先进生产（工作）者25人次，全国绿化劳动模范1人。其中，魏喜臣被表彰6次，李双成、孙来波2人分别被表彰4次，娄源东、顾双进2人分别被表彰3次，陆书成等22人分别被表彰2次（见表12-3）。按表彰时间先后编排。

表12-3 濮阳河务局省部级及其以上劳动模范、先进生产（工作）者名录

序号	姓名	籍贯	生卒年	荣誉称号	表彰时间（年-月）	所在工作单位
1	董书福	山东省东明县	1925~2003	平原省劳动模范	1949	濮阳河务局机关
2	李双成	河南省濮阳县	1923~1992	平原省劳动模范	1949	渠村分洪闸管理处
3	李广朋	河南省濮阳县	1924~2001	平原省劳动模范	1949	水上抢险队
4	张志启	河南省濮阳县	1928~	平原省劳动模范	1950	濮阳第一河务局
5	李双成	河南省濮阳县	1923~1992	山东省劳动模范	1950	渠村分洪闸管理处
6	宋继英	山东省东阿县	1927~1984	河南省劳动模范	1953	濮阳河务局机关
7	冯连训	河南省滑县	1930~	黄委劳动模范	1955	濮阳河务局机关
8	宋继英	山东省东阿县	1927~1984	黄委劳动模范	1955	濮阳河务局机关
9	秦天玺	山东省莘县	1933~1993	黄委劳动模范	1955	水上抢险队
10	黄福荣	河南省范县	1927~2005	黄委劳动模范	1955	水上抢险队
11	李金太	河南省范县	1930~2015	黄委劳动模范	1955	水上抢险队
12	张维新	河南省濮阳县	1910~1987	黄委先进生产者	1956	濮阳河务局机关
13	陈景太	河南省长垣县	1919~	黄委先进生产者	1956	濮阳第一河务局
14	曹玉堂	河南省濮阳县	1928~1996	黄委先进生产者	1956	濮阳第一河务局
15	李金太	河南省范县	1930~2015	黄委先进生产者	1956	水上抢险队
16	任国法	山东省鄄城县	1927~2012	黄委先进生产者	1956	水上抢险队
17	李双成	河南省濮阳县	1923~1992	全国先进生产者	1959	渠村分洪闸管理处
18	于顺卿	河南省濮阳县	1926~2001	全国先进生产者	1959	濮阳河务局机关
19	陆书成	山东省阳谷县	1937~2013	黄委先进生产者	1960	濮阳河务局机关
20	魏义森	河南省濮阳县	1924~1981	黄委先进生产者	1960	濮阳第一河务局
21	鲁传友	河南省原阳县	1927~2009	黄委先进生产者	1960	水上抢险队
22	任国法	山东省鄄城县	1927~2012	黄委先进生产者	1960	水上抢险队

续表 12-3

序号	姓名	籍贯	生卒年	荣誉称号	表彰时间（年-月）	所在工作单位
23	戴风臣	河南省台前县	1930～2017	山东省先进生产者	1963	台前河务局
24	于顺卿	河南省濮阳县	1926～2001	黄委先进生产者	1964	濮阳河务局机关
25	鲁传友	河南省原阳县	1927～2009	黄委劳动模范	1964	水上抢险队
26	张学渤	重庆市忠县	1925～	黄委先进生产者	1979	濮阳河务局机关
27	张曾植	河南省开封	1937～1981	黄委先进生产者	1979	濮阳第一河务局
28	王顺先	河南省濮阳县	1940～	黄委先进生产者	1979	濮阳第一河务局
29	赵玉民	河南省濮阳县	1940～	黄委先进生产者	1979	濮阳第一河务局
30	王德来	河南省范县	1927～2006	黄委先进生产者	1979	范县河务局
31	李国宝	河南省濮阳县	1955～	黄委先进生产者	1979	渠村分洪闸管理处
32	李双成	河南省濮阳县	1923～1992	黄委先进生产者	1979	渠村分洪闸管理处
33	顾玉建	山东省济南市	1956～	黄委先进生产者	1979	张庄闸管理处
34	乔新智	河南省南召县	1934～2008	黄委先进生产者	1979	张庄闸管理处
35	李宋奇	河南省范县	1936～2006	黄委先进生产者	1980	濮阳河务局机关
36	张志启	河南省濮阳县	1928～	黄委劳动模范	1980	濮阳第一河务局
37	吴春荣	河南省范县	1928～2015	黄委劳动模范	1980	范县河务局
38	王文月	河南省濮阳县	1939～	黄委劳动模范	1980	张庄闸管理处
39	顾玉建	山东省济南市	1956～	黄委劳动模范	1980	张庄闸管理处
40	万保山	河南省濮阳县	1933～2008	黄委劳动模范	1980	水上抢险队
41	李方立	河南省濮阳县	1947～	黄委先进生产（工作）者	1982	濮阳河务局机关
42	高玉生	河南省濮阳县	1937～	黄委先进生产（工作）者	1982	濮阳河务局机关
43	陆书成	河南省阳谷县	1937～2013	黄委先进生产（工作）者	1982	濮阳河务局机关
44	程跃进	河南省濮阳县	1958～	黄委先进生产（工作）者	1982	濮阳河务局信息中心
45	孔维俭	河南省清丰县	1956～	黄委先进生产（工作）者	1982	濮阳第一河务局
46	魏喜臣	河南省濮阳县	1953～	黄委先进生产（工作）者	1982	濮阳第一河务局
47	顾双进	河南省范县	1949～	河南省先进生产者	1982	范县河务局
48	顾双进	河南省范县	1949～	黄委劳动模范	1982	范县河务局
49	李宗林	河南省范县	1937～2008	黄委先进生产（工作）者	1982	范县河务局
50	赵焕章	河南省范县	1943～2003	黄委先进生产（工作）者	1982	范县河务局
51	武玉玲	河南省范县	1955～	黄委先进生产（工作）者	1982	范县河务局
52	王怀存	河南省台前县	1947～	河南省劳动模范	1982	台前河务局
53	王怀存	河南省台前县	1947～	黄委劳动模范	1982	台前河务局
54	赵慧英	山东省阳谷县	1959～	黄委先进生产（工作）者	1982	台前河务局

续表 12-3

序号	姓名	籍贯	生卒年	荣誉称号	表彰时间（年-月）	所在工作单位
55	贺龙堂	河南省台前县	1953~	黄委劳动模范	1982	台前河务局
56	刘海峰	河南省濮阳县	1927~1988	黄委先进生产（工作）者	1982	濮阳第二河务局
57	乔新智	河南省南召县	1934~2008	黄委先进生产（工作）者	1982	张庄闸管理处
58	陈传胜	山东省阳谷县	1950~	黄委先进生产（工作）者	1982	张庄闸管理处
59	宋益周	山东省阳谷县	1957~	黄委劳动模范	1983	濮阳河务局机关
60	史宪敏	河南省获嘉县	1932~	黄委先进生产（工作）者	1983	濮阳河务局机关
61	李方立	河南省濮阳县	1947~	黄委先进生产（工作）者	1983	濮阳河务局机关
62	谷同进	河南省濮阳县	1939~2014	黄委先进生产（工作）者	1983	濮阳河务局机关
63	程跃进	河南省濮阳县	1958~	黄委先进生产（工作）者	1983	濮阳河务局信息中心
64	娄源东	河南省濮阳县	1936~	黄委先进生产（工作）者	1983	濮阳第一河务局
65	田运先	河南省濮阳县	1954~	黄委先进生产（工作）者	1983	濮阳第一河务局
66	何美芝	河南省濮阳县	1956~	黄委劳动模范	1983	濮阳第一河务局
67	魏喜臣	河南省濮阳县	1953~	黄委劳动模范	1983	濮阳第一河务局
68	李登银	河南省范县	1953~	黄委劳动模范	1983	范县河务局
69	顾双进	河南省范县	1949~	黄委劳动模范	1983	范县河务局
70	赵焕章	河南省范县	1943~2003	黄委先进生产（工作）者	1983	范县河务局
71	王振富	河南省范县	1953~	黄委先进生产（工作）者	1983	范县河务局
72	贺龙堂	河南省台前县	1953~	黄委劳动模范	1983	台前河务局
73	张保才	河南省台前县	1944~	黄委先进生产（工作）者	1983	台前河务局
74	赵慧英	山东省阳谷县	1959~	黄委先进生产（工作）者	1983	台前河务局
75	王玉斌	山东省阳谷县	1930~1993	黄委劳动模范	1983	台前河务局
76	刘海峰	河南省濮阳县	1927~1988	黄委先进生产（工作）者	1983	濮阳第二河务局
77	孙来波	河南省濮阳县	1953~	黄委劳动模范	1983	渠村分洪闸管理处
78	陆言贵	河南省范县	1927~	黄委劳动模范	1983	水上抢险队
79	王　雯	河南省濮阳县	1962~1984	黄委先进生产（工作）者	1983	濮阳市黄河滞洪处
80	谷同进	河南省濮阳县	1939~2014	黄委劳动模范	1986	濮阳河务局机关
81	娄源东	河南省濮阳县	1936~	黄委劳动模范	1986	濮阳第一河务局
82	魏喜臣	河南省濮阳县	1953~	黄委劳动模范	1986	濮阳第一河务局
83	邹泽华	河北省武汉市	1932~	黄委劳动模范	1986	台前河务局
84	孟自周	河南省清丰县	1956~	黄委劳动模范	1986	濮阳第二河务局
85	孙来波	河南省濮阳县	1953~	黄委劳动模范	1986	渠村分洪闸管理处
86	万保山	河南省濮阳县	1933~2008	黄委劳动模范	1986	水上抢险队

续表 12-3

序号	姓名	籍贯	生卒年	荣誉称号	表彰时间（年-月）	所在工作单位
87	娄源东	河南省濮阳县	1936～	黄委劳动模范	1990	濮阳第一河务局
88	魏喜臣	河南省濮阳县	1953～	黄委劳动模范	1990	濮阳第一河务局
89	肖文昌	河南省阳谷县	1930～	黄委劳动模范	1990	濮阳河务局机关
90	吴帮学	河南省范县	1943～	黄委劳动模范	1990	范县河务局
91	李合顺	河南省濮阳县	1958～	黄委劳动模范	1990	濮阳第二河务局
92	魏喜臣	河南省濮阳县	1953～	河南省“五一”劳动奖章	1992	濮阳第一河务局
93	王云宇	河南省长垣县	1952～	黄委劳动模范	1994	濮阳河务局机关
94	齐长征	河南省滑县	1958～	黄委劳动模范	1994	濮阳河务局机关
95	魏喜臣	河南省濮阳县	1953～	黄委劳动模范	1994	濮阳第一河务局
96	张怀礼	河南省濮阳县	1948～	黄委劳动模范	1994	濮阳第一河务局
97	齐文君	河南省范县	1959～	黄委劳动模范	1994	范县河务局
98	王以华	河南省台前县	1955～	黄委劳动模范	1994	台前河务局
99	李合顺	河南省濮阳县	1958～	黄委劳动模范	1994	濮阳第二河务局
100	邱洪勋	河南省长垣县	1957～	黄委劳动模范	1994	渠村分洪闸管理处
101	孙绪明	河南省台前县	1956～	黄委劳动模范	1996	濮阳河务局机关
102	朱麦云	河南省滑县	1962～	黄委劳动模范	1996	濮阳河务局机关
103	杨元增	河南省濮阳县	1954～	黄委劳动模范	1996	濮阳第一河务局
104	葛孔月	河南省范县	1947～	黄委劳动模范	1996	范县河务局
105	高朝岭	河南省范县	1957～	黄委劳动模范	1996	范县河务局
106	张清广	河南省台前县	1955～	黄委劳动模范	1996	台前河务局
107	孙来波	河南省濮阳县	1953～	黄委劳动模范	1996	渠村分洪闸管理处
108	郭春梅	河南省濮阳县	1963～	水利部先进生产者	1996	渠村分洪闸管理处
109	郭春梅	河南省濮阳县	1963～	黄委劳动模范	1996	渠村分洪闸管理处
110	赵亚平	河南省濮阳县	1960～	黄委劳动模范	1996	滑县滞洪管理局
111	任保立	山东省鄄城县	1964～	黄委劳动模范	1996	水上抢险队
112	孙廷臣	河南省濮阳县	1955～	黄委劳动模范	1996	濮阳黄河维修养护公司
113	孙来波	河南省濮阳县	1953～	河南省“五一”劳动奖章	1997	渠村分洪闸管理处
114	刘梦兴	河南省台前县	1946～	黄委劳动模范	2000	濮阳河务局机关
115	赵永贵	河南省濮阳县	1950～	黄委劳动模范	2000	濮阳河务局机关
116	鲁世京	河南省濮阳县	1961～	黄委劳动模范	2000	濮阳河务局机关
117	张慧林	河南省濮阳县	1969～	黄委劳动模范	2000	濮阳第一河务局
118	陈宪路	河南省台前县	1946～	黄委劳动模范	2000	张庄闸管理处

续表 12-3

序号	姓名	籍贯	生卒年	荣誉称号	表彰时间（年-月）	所在工作单位
119	黄同春	河南省范县	1952~	黄委劳动模范	2000	中原工程集团公司
120	刘孟会	河南省台前县	1954~	河南省劳动模范	2004	台前河务局
121	柴青春	河南省濮阳县	1962~	黄委劳动模范	2005	濮阳河务局机关
122	苏秀霞	河南省濮阳县	1959~	黄委劳动模范	2005	濮阳河务局机关
123	管金生	河南省濮阳县	1957~	黄委劳动模范	2005	濮阳河务局机关
124	张怀柱	河南省范县	1964~	黄委劳动模范	2005	濮阳河务局机关
125	吴兴明	河南省长垣县	1957~	黄委劳动模范	2005	渠村分洪闸管理处
126	刘孟会	河南省台前县	1954~	全国先进工作者	2005	台前河务局
127	李忠华	山东省鄄城县	1957~	黄委劳动模范	2005	水上抢险队
128	杨增奇	河南省濮阳县	1953~	黄委劳动模范	2009	濮阳河务局机关
129	宗正午	河南省濮阳县	1954~	黄委劳动模范	2009	濮阳河务局机关
130	宋伟杰	河南省滑县	1963~	黄委劳动模范	2009	濮阳第一河务局
131	郭亚军	河南省范县	1965~	黄委劳动模范	2009	范县河务局
132	牛银红	河南省濮阳县	1966~	黄委劳动模范	2009	台前河务局
133	董信华	河南省台前县	1959~	黄委劳动模范	2009	渠村分洪闸管理处
134	于成勋	河南省长垣县	1960~	黄委劳动模范	2009	张庄闸管理处
135	孙胜仓	河南省范县	1961~	黄委劳动模范	2009	水上抢险队
136	黄德海	河南省濮阳县	1963~	黄委劳动模范	2009	濮阳河源路桥公司
137	尹善景	河南省濮阳县	1956~	全国绿化劳动模范	2011	濮阳第一河务局
138	王　伟	河南省濮阳县	1957~	黄委劳动模范	2013	濮阳河务局机关
139	郑跃华	河南省濮阳县	1958~	黄委劳动模范	2013	濮阳河务局机关
140	王汉文	河南省台前县	1963~	黄委劳动模范	2013	经济发展管理局
141	田言宏	河南省濮阳县	1967~	黄委劳动模范	2013	濮阳第一河务局
142	刘洪柳	河南省台前县	1961~	黄委劳动模范	2013	台前河务局
143	姚广朝	河南省范县	1970~	黄委劳动模范	2013	范县河务局
144	韩美增	河南省滑县	1970~	黄委劳动模范	2013	濮阳第二河务局
145	贾庆伟	山东东阿县	1970~	黄委劳动模范	2013	水上抢险队

四、治河烈士及因公殉职人员名录

收录治河烈士 8 人，主要是在 1947 年大堤修复中被国民党军队杀害（见表 12-4）。收录因公殉职人员 1 人，主要是在抢险中落水遇难（见表 12-5）。

表 12-4　濮阳河务局治河烈士名录

姓　名	性别	牺牲时间（年-月-日）	牺牲地点	牺牲原因	牺牲时单位及职务
吴心刚	男	1947-06	濮县李桥	被国民党军队 81 旅杀害	濮县修防段工程队员
黄光先	男	1947-07-15	张秋修防段	被国民党飞机轰炸而牺牲	张秋修防段工程队队员
李子义	男	1947	范县储洼	被国民党飞机轰炸而牺牲	范县修防段工程队队员
王玉章	男	1947-08	濮县王马桥防汛屋内	被国民党军队杀害	濮阳修防段防汛员
王冠福	男	1947-08	濮县王马桥防汛屋内	被国民党军队杀害	濮阳修防段防汛员
王凤五	男	1947-08	濮县王马桥防汛屋内	被国民党军队杀害	濮阳修防段防汛员
王凤可	男	1947-08	濮县王马桥防汛屋内	被国民党军队杀害	濮阳修防段防汛员
郑玉春	男	1947-08	张秋修防段	被国民党飞机轰炸而牺牲	张秋修防段民工

表 12-5　濮阳河务局因公殉职人员名录

姓　名	性别	殉职时间	殉职地点	殉职原因	殉职时单位及职务
杨石滚	男	1948	濮阳县南小堤险工	险工抢险落水遇难	濮阳修防段工程队队员

附：

限外人物简介

【刘同凯】（1963～　），河南省武陟县人，硕士研究生学历，研究员。1985 年 6 月加入中国共产党。1985 年 12 月在河南黄河河务局参加工作，1991 年 8 月任河南黄河河务局行政监察室副科级监察员，1994 年 11 月任河南黄河河务局行政监察室正科级监察员，1996 年 4 月任河南黄河河务局行政处机关服务部副主任，2001 年 4 月任河南绿源土地开发有限公司副总经理（副处级，主持工作），2005 年 3 月任河南黄河园林绿化工程有限公司总经理（正处级），2011 年 3 月任河南黄河河务局经济发展管理局局长，2014 年 3 月任黄河建工集团有限公司董事长、党委书记。

2017 年 9 月任濮阳河务局局长、党组书记。

【张怀柱】（1964～　），河南省范县人，党校本科学历，高级经济师，1994 年 12 月加入中国共产党。1980 年 12 月在台前县黄河修防段参加工作，1997 年 3 月任范县黄河河务局财务科副科长，1998 年 9 月任范县黄河河务局财务科科长，2001 年 5 月任范县河务局副局长、党组成员，2002 年 11 月任范县河务局副局长、党组成员（主持工作），2004 年 7 月任范县黄河河务局局长，2005 年 6 月任范县河务局局长、党组书记。

2010年2月任濮阳河务局财务处副处长，2011年4月任濮阳河务局财务处处长。2017年6月任濮阳河务局副局长、党组成员。

【艾广章】（1971~　），河南省台前县人，大学本科，高级工程师，1999年4月加入中国共产党。1994年7月在金堤河管理局参加工作，2000年1月任张庄闸管理所副所长，2003年1月任张庄闸管理处工务科副科长。2003年11月任台前县黄河河务局局长助理，2005年1月任台前河务局副局长、党组成员。2010年3月任濮阳第一河务局副局长、党组副书记（主持工作），2011年6月任濮阳第一河务局局长、党组书记。

2017年9月，任濮阳河务局副局长、党组成员。

【李永亮】（1977~　），河南省襄城县人，硕士研究生学历，高级工程师。2006年4月加入中国共产党。2001年7月在黄委河务局参加工作。2005年7月任黄委防汛办公室主任科员，2009年4月任黄委办公室秘书处副处级秘书，2015年1月任黄委办公室综合处副处长，2015年7月任黄委办公室综合处处长。

2017年7月任濮阳河务局副局长、党组成员，2017年9月兼任濮阳第一河务局局长、党组书记。

附　录

附录一　文献辑要

濮阳杂记（节选）

李仪祉
（1935年）

余出南门行三里，履金堤上，见水面汪洋无际。距堤八里之东西八里庄皆宛在水中央。水溜微缓，水色极清，几疑为江南水乡，非黄河之浊流矣。盖河此时含泥本无多，出贯台及九股路后，散漶于长垣、滑县地面，所挟泥沙沉淀净矣，河清之故如是。因思含泥之多如黄河，非有沉淀池以供其吐纳，难以使之就治也。顾居民繁衍，何由辟如许之沉淀池？非因其自决而急为移民，省堵塞之费，登民于衽席之安，而河道亦可图数百年之治安，惜乎莫之为也。

余奉命培修金堤。濮阳南门外道口以西，地高土坚，可谓无虑。濮阳以东至清河头，长二十里，沿岸皆沙岗起伏，岗之内则为渗过水潭，宽二三十丈不等。岗上大抵满植杨柳杜栎及果木，其同然者则流沙也。岗之厚约百公尺许，然使当溜冲，则决溃亦极易。恃以为堤，非善计也。加以培修，则直无法可施。由沙岗退后向北约里许，则有旧二道堤址，地势较高，土质较佳，向东亦至清河头。余乃主张舍沿岸之沙堤不修而修二道堤。

濮阳之城为弦月形，弦长约七里。地势则中高而四周皆低，雨潦积为寒潭，四隅皆是，惟水尚不污臭。

余初意自陈桥起，于水小时沿水际向东北筑埝连于金堤，以缩小被淹范围，故遣华冠时调查水淹西界。华来濮阳云：封丘、长垣人民大不愿。盖封丘之人虑积水不能出，而长垣之人则虑西有屏障，其地灾益深也，且云果如此金堤亦难保，其所虑亦甚是。滑县人固所愿也。

人皆知黄河之患为泥沙。余以为泥之患尚轻，而沙之患实重。盖泥可以随洪流而出海，沙则走凡于河底，不能及远也。故河南境内多沙，河北境内次之，而山东境内则沙少而泥多。豫、冀两省南北河堤相距之宽，洪水所占几何，大部皆为积沙所占。余又以为豫境河沙之来源，当以潼关至巩县两岸山谷中为最，伊、洛当占其最要成分。故欲减豫、冀两境河沙，实有于巩县以上山谷中设拦沙坝之需要也。

河于二十三年自贯台铜瓦厢决口窜入，东北冲河北大堤，复为孟岗小埝所阻，欲东不得，而九股路等处遂溃决。孟岗小埝者，孔祥榕所筑以保护冯楼合龙工程者也。事急河北河务局孙局长电请抉启孟岗小埝以让水路。当事者徘徊未决，而九股路四口已溃不可救矣。十月后乃择贯台地址以埽占堵塞，东西对筑并进，口门河底日益刷深。至二十四年三月间，深已达二十余公尺，堵塞工事益难进行。河水入口门十分之八，北向直冲太行堤。长垣官民极力防御，水不得遂，仍东折出九股路溃口，长垣县治被围于水中。水出贯台后，向西倒灌至陈桥一带，北抵太行堤，东西长三十公里，南北二十余公里。出九股路一带溃口后，泛滥长垣四周宽十余公里，至金堤下，向西漫至白道口以北七八公里。王道口为水势正冲之地，幸金堤后地势高，无虞。水沿金堤东行，至濮阳南门外及清河头犹宽七八公里。清河头以下至柳屯渐狭，至十八郎以下，则小水之时仅宽五百公尺左右，洪水之时亦不过二公里。至范县以下，经寿张则又散漫至七八公里。至张秋镇以下则又缩狭与正道相汇于陶城埠。

濮阳有蘧子（伯玉）墓、仲子（子路）墓，又为汉汲黯故里。

范县平时不困于水，便困于匪，故人生活极苦。城内瓦屋寥寥无几，大抵土屋草房，地址潮湿。郑板桥曾为范县令，余购得其所书武王十训及韩退之猗兰操碑帖数张。

范县以东有子路庙，塑像黑面狞目，殊侮大贤。又有子路堤，在东门外二十里。南门两旁城墙上嵌石碑二：一为“孟子自范之齐处”，一为“商颂所称古顾国”。“处”及“国”俱没于水中。

张秋镇有挂剑台，云吴季子挂剑徐君墓处也。徐君墓在堤下，石刻题句甚多，有乡先贤杨淳诗三首。杨淳明正德时管理河道工部都水司郎中。一首：“长剑赠烈士，寸心报知己。死者当必知，我心元不死。平生让国心，耿耿方在此。”二首：“千载悠悠让国心，新祠阶下草侵寻。定知非义都不享，未审虔诚肯一歆。”有叙云：“余为延陵季子建祠于徐君墓前，虑季子亦圣之清者也，高风凛凛弗之妥也，遂小诗以问焉。”三首：“季子重信义，挂剑徐君墓。徐君死不知，季子不忘故。所以不忘故，正以全所慕。所慕锺神学，正如挂剑树。季子信义心，千古清霜露。信义拟金石，此剑信义铸。此剑真木铎，俗淳几百度。□于今齐鲁人，□蒙此剑祚。光射牛斗间，当非神物护。张华以实讥，朱云以妄□。每遇不平事，突突生白雾。”及乡先贤张谦（一名秋水吏）题挂剑台及张秋八景咏词。其旁为一观音庙，庙前有碑，镌清嘉庆八年及九年漕运走东坡、西坡地图，坝闸及漫口地位俱详。下有前捕河董有恂跋，他一面则为捕河沈惇彝之河工纪事。益嘉庆八年河决封丘之衡家楼，漫溢至张秋而灾及漕运者也。余令人拓之以作考证。镇中有巍然大屋一所，则陕西会馆也。想见昔年漕河之盛与吾乡商民之伟。

黄河故道按《开州志》（光绪七年重修）云有二：一自滑县流入，北过之小屯庄，张家庄、聂堌等村，经戚城西转而东北入清丰县界，此西汉以前黄河经行之故道也。今州城西北有黄河故道即是。一自滑县流入，东行汇为黄龙潭，又迤逦而东过州城南门，至清河店之西，东北下经临河故城，转而西北过田村等庄，又转而东北，委折五十余里，至孙固城入清丰县界汇为潴龙河。此东汉以后历晋、唐、五代至宋仁宗时黄河经行之故道也。今州城南黄河故道即是。其自州昌湖（即古商胡）东北出经清丰，又北经大名、元城之东者，乃宋时北流故道。

周定王五年河徙自宿胥口东行至章武入海，始入州境。汉武帝元光三年河决濮阳瓠子，为州水患之始。成帝建始四年复决于东郡，王延世塞之。至王莽始建国三年河徙从千乘入海，州仍为河冲。历晋、唐、五代及宋，澶州水患屡告。至仁宗庆历八年，河决商胡，南北分流，由商胡入清丰，是为北流。至金章宗明昌五年，河愈南徙，北流闭绝，开州之河始空。是河之在州境者凡千八百余年。清咸丰五年，河决铜瓦厢，至十年渐入州南界。同治三年北徙，抵金堤。蘧村、郎中、清河头等庄俱淹没。六年复南徙，自竹林经毛庄至州司马、焦邺、安二头、习城，俱为河正流，南筑官堤，北有民埝。光绪六年初决自高家庄，横流东南。

濮水（按统志）自河南封丘县流入，经长垣县北，又东经东明县南，又东经开州东南，合洪河入山东濮州界，俗讹为普河。又呼为毛相河，以过毛相村故。毛相河西南承漆水，由山东菏泽县北下入州界，过东西兰溪等村，西南承洪河、仓马河诸水，又西南承白沟滩之水，东北流入山东濮州界，东南承东西无名河（即濮水）之水。嘉庆八年故道被黄河沙壅十余里，河自古墩台之南急转而东而北而西，再入故河。武祥屯等村甚被其害。又北过杨家楼，西纳澶州陂、马驾、柳青、瓠子河诸河，流入濮州，与魏河合。此现在经行之道也。

澶水在州西南，一名繁泉，一名浮水，今名澶州陂。宋开宝四年河决澶渊，河南徙，遂成大陂。南北约十余里，东西如之，盖亦大河分流也。其水由州南界流入，东经八里庄，为马驾河，又东为柳青河，又东为鲁家河，又东为瓠子河入濮州界。旧志云至清河头分而为二，一入濮州，一入清丰。以今考之，入濮州者会魏河东下，入清丰者即俗名波河是也。

瓠子河在州东。《史记·河渠书》载，元光中河决瓠子，东南注巨野，通于淮泗。苏林曰瓠子河在鄄城以南，濮阳以北，广百步，深五丈许。《水经注》：瓠子河出东郡濮阳县北注，县北十里即瓠子河口也。《太平寰宇记》：瓠子口在濮阳县西南十七里河津是也。今瓠子河水自澶州陂来，东南注会毛相河入濮州界。

洪河在州南（通志），自滑县卫南陂分流入东明县，经洪门村云台口，又经南关、东关东北至芠河入州界，经桥口、老君堂、冷家庄、永乐村、汉郓东注曹家楼、韩家岗，又东北注庄户村，后史家潭会毛相河入濮州界。嘉庆八年黄河漫溢，支流入洪河者，至汉郓北分为二：一北入沙河，经陈家楼之西，习城之东，东北注穆家楼、李家窑、六市忠陵东，注于仓马河，又东北入毛相河。一东注曹家楼至韩家岗，被黄河沙壅里余，上有所承，下无所泄。至九年大雨连绵，水之东注者不归庄户故道，横逆四出，至十月田方涸出。

漆河原自河南原武县黑阳山，流经东明县西漆堤北，又东抵县北关外，又东合于洪河（通志）。今漆河自东明县北注入州境，东北流至兰溪庄入毛相河。

魏河即瓠子河下游，东流至王家桥入濮州。

清河在州东二十里，碧澄汪洋，居民造纸为业。

白沟河上承滑县诸水，入州境由吕郷店北流，又东与毛相河会仓马河。清顺治六年荆隆口决，冲开此河，东流入毛相会。

《郡国利病书》曰：凿开州之南堤，疏卫南陂之水，东北合澶渊，东注之以入张秋。凿硝河东西二支，一则由内黄入大名之梅内口，一则由开州之戚城寨、赵村陂、傅家口之东折者而直入于岳儒固。大者广一十丈，小者减三之一，深特十之一，而旁甃以堤。堤之左右分疏田间水道，仿江南旱涸之法，而穿□于堤之下，以泻堤所阻捍之处。如此，则众水各有所归，当不至一遇霪潦，横逆四出。

濮县之堤有鲧堤，在州西十里，《太平寰宇记》在临河县西十五里，自黎阳入界，鲧治水所筑。有复关堤在州南门外，《太平寰宇记》：在临河县南三百步，黄河岸北。有金堤在州南，《一统志》：堤绕古黄河历开州、清丰、南乐、大名，东北接馆陶，即汉时古堤也。有宋堤在州南一里，宋熙宁间河决，明道先生判州时所筑。有南堤，《一统志》：由滑县来，经州东七十里鄄州乡分五道入山东范县界。有北堤，《一统志》：自滑县入，至清丰，与南堤皆宋时遗迹，有夹堤在州南十五里。有韩村堤，在州南七十里以御滑水。旧志此堤外为滑水，水发则入州无所泄，故筑堤御之。有司马堤在州东南，嘉庆八年封邱漫口，黄河自长垣、东明流入州境，知州李符清筑堤七十余里，西北数百村得免水患。咸丰五年河决铜瓦厢，至同治六年司马、焦郷，安二头俱为河正流，光绪元年州牧陈兆麟修堤五千余丈。

汉濮阳县在今县治西南二十里，胡三省《通鉴》注：五代以前，濮阳在河南澶州之濮阳，晋天福四年移就澶州南郭。故德胜城在开州有南北二城，今州治即北城也。其地本名德胜渡，为河津之要。五代梁贞明五年晋将李存审于德胜渡南北筑两城守之，谓之夹寨。石晋时契丹为患，遂移澶州，跨德胜津。《太平寰宇记》：晋天福三年自旧澶州移于夹河，造舟为梁。四年又移濮阳县于州之南郭。汉乾祐元年移州治德胜寨故基。周世宗令移今治。《明一统志》：德胜寨在开州南三里，汉乾祐初自夹河移澶州于此。周世宗又迁于夹河与德胜寨南北相直。故居人有南潭北潭之曰。《旧志》：宋初州治顿丘县，而濮阳县在州东门外。景德初契丹入寇，寇准劝帝亲征，驾至澶州南城驻跸，准固请渡河御北城门楼，盖此州治城南也。熙宁十年南城圮于水，移北城。惟以濮阳县为治，明初始省入州。临河故城在州东迤北三十里，《太平寰宇记》：县在澶州东六十五里，魏东黎县也。隋置临河县，南临黄河为名。《文献通考》：绍兴临河县为黄河水淹废。澶水故城在州西三十里，隋为澶渊县，唐改澶水。

汉武帝宣防宫在州西十七里瓠子堤上。

民国二十四年四月余奉命培修金堤来至濮阳，测估竣事，招标包工，首标即为兰封金健修所得。金本土人，以家没水，包工修河，已历有年，此次无意中又得首标。金堤工程可以完健培修矣，事之巧合，有如此者。

冀鲁豫行署《关于抢修黄河大堤的布告》

（1947年5月3日）

蒋介石违约堵口后，全部黄水已汹涌流入故道。在桃花水涨时，我们沿河的同胞们，很多人的房屋被冲毁，很多人的树木和麦苗被淹没，这都是蒋方加给我们的灾害。可是虽然造成了这些灾害，他并不满足。自2月以来，即不断地破坏我们修堤整险，蒋军飞机沿河轰炸扫射，破坏仲堌堆以下大堤，射击我方修堤工人及沿河人员，从此可以看出他的毒计，是想利用伏汛洪水淹死我区数百万人民的。现在距伏汛只有2个月了，我们的堤还没修好，我们各处险工还没有整理，一旦洪水到来，势必造成浩劫。为了粉碎蒋之黄水进攻，全区的同胞们，必须立即行动起来，修堤自救。本署特提出几个紧急号召：

第一，沿河各县同胞，要踊跃参加修堤，要把修堤当作自己救命的事情来做，要做的坚固，一点也不能马虎。

第二，我们光修好堤还不行，还要把各处险工修上石坝。我们要把无用的石头踊跃地献出来，以保卫我们的生命财产、土地、坟墓。这个功德大得很。

第三，蒋之军事进攻与黄水进攻是分不开的。我们要一手拿枪，一手拿锹，用我们的血汗，粉碎蒋、黄的进攻。

第四，我们要提高警惕，防止蒋之特务破坏我们的大堤和险工。

以上这几件大事，只要我们行动起来，是可以全部实现的。我们冀鲁豫的同胞，不是孤立的，太行区、太岳区、冀南区的同胞，出钱出人来大力支援我们。我们反对蒋、黄的进攻是一定能胜利的。放水淹没我们的罪魁，总会有一天要受到人民的裁判。

此布。

主　任　段君毅
副主任　贾心斋

中华民国三十六年五月三日

冀鲁豫区党委为加强河防给沿河各县委的通知

沿河各县委：

为加强河防，有以下几件重要工作希望你们按时完成：

一、河防指挥部成立水兵连，战士条件和正规军条件同，并要水手，条件是会浮（凫）水、会（撑）船，送前须经县的审查，无问题者再送来，具体分配：

县名	水兵	水手
长垣	10人	52人
昆吾	20人	105人
濮县	20人	105人
范县	40人	250人
寿张	40人	250人
张秋	40人	250人
东阿	25人	130人
河西	25人	130人

以上数目须于六月五日前送到河防指挥部。

二、各县船只不得随便动用，由河防指挥部统一使用，船只的数目大小均须统计出来，报告河防指挥部，另外船管股不得调动。

三、沿河武委会主任兼河防主任，必要时可设副主任领导民兵，领导关系：日常工作民兵仍归武委会，河防工作仍归河防指挥部。

冀鲁豫区党委

（1947年）五月二十八日

晋冀鲁豫野战军鲁西南战役作战令

刘伯承　邓小平

（1947. 6. 26）

第一，敌情如图示（图略）。

第二，根据鲁西南战役基本命令，我鲁西南作战各军渡河及作战任务，重新调整分配如下：

甲、冀鲁豫军区独立第一旅及所在军分区武装，应于本（六）月三十日拂晓，以一部秘密至代（戴）庙至孙口段黄河南岸地区隐蔽，黄昏时确实到达渡河点，掩护第一纵队渡河。该旅主力则应于同日拂晓后包围封锁郓城及割裂以北地区之敌，勿使缩集郓城固守。俟一、二纵队主力赶到后，分别歼灭该敌。自渡河起，该旅即受杨（勇）、苏（振华）指挥。独立第二旅及所在军分区武装，于本（六）月三十日拂晓以一部秘密至旧城集至临濮集段黄河南岸地区隐蔽，黄昏时确实到达渡河点，掩护第六纵队渡河。该旅主力应于同日拂晓后包围封锁割裂鄄城及其以北地区之敌，勿使缩集鄄城固守，待第六纵队赶到后分别歼灭该敌。自渡河起，该旅即受杜（义德）、韦（杰）、鲍（先志）指挥。

乙、第一纵队改于本（六）月三十日夜，分经魏（位）山、张堂、林楼（张秋以南二十里）诸渡口实行宽正面渡河，尔后即沿肖皮口向郓城以东以南地区急进，并与独一旅分别由郓城之东、西、南三面向北兜击上述地区已被包围和割裂之敌而歼灭之。

丙、第二纵队改于本（六）月三十日夜，分经林楼（旧范县西南）、孙口（寿张以南）诸渡口强行宽正面渡河，尔后即以一个旅直往包围皇姑庵之敌。主力即沿肖皮口、郓城以西地区，分别向东北协同一纵兜击被包围割裂之敌，防其向西南逃走。第一、二两纵队由黄河南岸之岳庄经黑虎庙到潘溪渡之大堤为分界线，线上属第一纵队。

丁、第六纵队改于本（六）月三十日夜，分经濮县以东南之李桥、于庄、大张村之诸渡口强行宽正面渡河，尔后即在鄄城以北地区分别包围割裂歼灭敌人，防敌向西南逃走。

戊、第三纵队为战役总预备队，于三十日夜进至白衣阁及其东西地区，尔后视渡河情况尾第六纵队或第二纵队之后渡河，适时扩张战果。

第三，敌前强行渡河应遵循事项，如役字第十五号训令所述。

第四，此次作战关键，首在迅速确实，割裂包围散布之敌。各纵队在渡河后，即应不顾疲劳地大胆实施这种割裂和包围，以便各个歼灭之。防止敌人向其西南逃走，纠正任何可能丧失战机现象。

第五，通讯联络准战字第八号通报执行。

第六，后勤事宜另行规定。

刘邓大军强渡黄河

1947年，蒋介石及国民党军事当局，违背国共两党达成的黄河归故的协定，强使黄河于3月15日提前归故，构成了从风陵渡到济南1000千米的“黄河防线”。凭着这条号称可抵“四十万大军”的防线，实施中央防御，协调其山东、陕北两个战场的战略联系，形成两头粗、中间细的“哑铃”状阵势。他们妄图沿黄河的“乙”字形流向，在陕北，把解放军压迫到黄河以东，在冀鲁豫，把解放军挡在黄河以北，在山东，把解放军赶到黄河以西，集中包围于“乙”字背兜中，聚歼解放军于华北解放区内。这就是蒋介石及国民党最高军事当局所谓的“黄河战略”。

中共中央审时度势，洞察国民党实施的新战略，其兵力分散，中间和后方空虚，机动作战力量不足等弱点，我军由战略防御转入战略进攻的时机已经到来。为实施中央突破的伟大战略，将战争引向国民党统治区，毛泽东主席和中央军委决定晋冀鲁豫野战军主力强渡黄河，千里跃进大别山。在刘邓大军渡黄河期间，沿河各县共出动民工 120 万人次，有 3.7 万人参军作战，修建大批船只，动员所有船工，保证粮秣供应，使刘邓大军 12 万人一举突破黄河天险。

1947 年 2 月 10 日，冀鲁豫区党委在今台前境长刘村成立黄河河防指挥部，任命王化云为司令员（不久，曾宪辉接任司令员），刘茂斋为副司令员，郭英为政治委员。指挥部的主要任务是负责南北交通和河防安全。为保证任务的完成，河防指挥部先后在高固（北坝头）、李桥、张庄、林楼、孙口、位山、齐河等处设立 7 个航运大队，每队 500~600 人，20~30 只船，每个大队根据人数和船只多少，编 4~6 个中队（连）。这些人全部实行部队编制，享受与军人同样的待遇，集中驻守，集中学习，集中训练。为上下统一，从行署到县、区均建立黄河河委会。

指挥部成立后，将各个渡口的船只集中到北岸修补、隐藏。这些船大部分破烂陈旧，多是花园口改道以前的船只，容量小，最大仅能乘坐 30~40 人，而汽车、大炮无法运送。为做好船只准备，冀鲁豫行署召开沿河各地专员、县长和黄河修防处主任会议，部署建厂、筹料、造船、征船等工作，确定在十里井、林楼、张堂、孙口、毛河（后移至陈楼）等地兴建 5 处较大的造船厂。会后，各地紧急动员起来，封购大树，准备苎麻，到蒋管区采购桐油，挖铁路，凑钢材，昼夜奋战，赶造船只。沿河各县还兴建一些小型造船厂。仅范县就建造小船厂 10 个，动员木工 300 余人，铁匠 100 余人，武装民兵 400 余人，修理旧船 100 余只，造新船 54 只。这些船少可坐二三十人，大可坐 100 多人。寿张县孙口附近兴建一处较大规模的造船厂，开始设在毛河村后树荫下，刚刚施工，被敌机发现目标，盘旋轰炸，造船工人冒着生命危险，将设备迅速转移到陈楼村西林带里。这里面积大，树木茂密，敌机不好发现。当时，局势严劣，造船工人们风餐露宿，生活极其艰苦，但情绪却十分高涨，翻身船工为支援大军渡河打“老蒋”，个个奋不顾身，愿为造船奉献一切。2 月上旬，陈楼造一只最大的船（“大 1 号”船，长 8 丈 5 尺，宽 4 丈），船身漆成蓝色，被称为蓝船。该船竣工后，船厂举行庆贺典礼。自此一只只大船陆续制成。造船不易，运船下河更难。陈楼船厂距渡口 5 千米，途无滴水，旱地行船极为困难。为蓝船早日下水待命，遂调集全区青壮年帮助拉船。路上铺满秫秸，上面垫盖淤泥和水搅成的泥浆，用人力前拉后推，向前滑行，奋战一天，傍晚拉到渡口促船下水待驶。与陈楼造船厂施工的同时，其他造船厂也在紧张地施工，先后制造出一只只大船。这些大船一船可渡一排人、一连人，大的能载 200 多人、5 辆汽车。木船造好以后，为防止国民党军的炮击和飞机轰炸，各船厂有的把船加上伪装藏在村子里，有的把船藏在地窖中。工程大的一些船坞，除建有藏船的地方外，还挖若干条长 400 多米、深 3 米、宽 30 米的引河。藏在村子里的船，为能顺利下水，有的安上轮子，渡河时用牛拖下水。

5 月 28 日，冀鲁豫区党委向长垣、昆吾、濮县、范县、寿张、张秋、东阿、河西 8 个县发出征调水兵、水手的通知。6 月 5 日，完成征兵任务，共征召 2000 名水手，整编为 5 个大队、20 个中队，每个中队配置五六只大船和若干小船。水兵按地方部队对待，均属参军入伍，配发武器。根据渡河作战的需要，指挥部开展水兵培训，学习刘邓野战军司令部颁发的《敌前渡河战术指导》，苦练划船、隐藏、抢救、游泳等技术。水兵战士们摩拳擦掌，斗志昂扬，还互相订立立功竞赛协定。有的党员上船前把身上仅有的钱作为自己的党费交给组织，做好牺牲的准备。

1947 年 6 月 23 日，中国人民解放军晋冀鲁豫野战军司令员刘伯承、政治委员邓小平率领主力一、二、三、六等 4 个纵队 12 万大军由安阳西北蒋村出发，奔向鲁西黄河北岸。6 月 26 日，刘伯承、邓小平发出《晋冀鲁豫野战军鲁西南战役作战命令》。

6 月 30 日，刘伯承、邓小平进驻台前境。刘、邓首长没顾得休息，当日亲临孙口视察黄河水情，部署大军夜间渡河。同时，冀鲁豫军区独立旅为掩护刘邓主力部队渡河，于是日晚 9 时，在吴坝乡十里井村等处冒着敌军炮火的阻击和 8 架飞机的轰炸，率先强渡黄河，一举突破“黄河天堑”，向南挺进，即刻打响鹅鸭厂战斗，牵制驻防在黄河南岸的国民党部队，以减轻敌军对黄河北岸各个渡口的压力。

时黄河北岸渡口，以孙口为中心，西有濮县李桥、白罡，范县林楼；东有张堂、十里井、万桥（均台前境）等处。一纵队在东线张堂一带渡河；二纵队在中心地带孙口渡河，六纵队在西线李桥一带渡河；三纵队为预备队，后在孙口、林楼、李桥渡河。东起东阿，西至濮县，全长近 150 千米的堤线上，做好了大规模渡河的作战准备。

6 月 30 日夜 12 时，指挥部下达渡河命令，二纵先遣部队首先在孙口强渡。水手们从船坞中将隐蔽的船只推出，先遣连的勇士们乘上 12 只木船，船头上架起机枪，迅速向南岸驶去，不到一刻钟就抵达对岸。敌人发觉后，猛烈阻击，此刻北岸解放军炮兵阵地，万炮齐鸣，掩护部队过河，一颗颗炮弹飞向彼岸，黄河南岸一片火海。在炮火的掩护下，一船船战士迅速过河，向敌人冲去。解放军先头部队渡河后，迅速攻破敌人严密设防的地堡群，为大军南进打通了道路。接着，一、二、三、六纵大军，以迅雷不及掩耳之势，实施渡河行动。各渡口大小船只，百舟竞发，频繁往来。有的船只一夜之间摆渡多达 20 趟。国民党守河部队虽经国防部一再严令坚守，但终因猝不及防，纷纷仓皇撤退，第 55 师师长曹福林与该师一部在郓城被围，181 旅旅长米文和逃跑。有一个渡口的国民党军队和还乡团，正在睡梦中就已做了俘虏。

大军渡河的第二天，即 7 月 1 日下午，司令员刘伯承和政治委员邓小平在孙口西北白蜡仝村召开纵队首长会议。黄河司令部司令员曾宪辉奉命参加会议。白蜡仝村绿树围绕，浓荫蔽日，村外白蜡行蔓延数里，是防御敌机空袭的良好场地。司令部设在该村孟家胡同一所农民房子里，黄泥坯墙，房间不大，四壁挂满地图，中央摆着桌子，桌面上铺着黄泥军毯。刘邓首长住下后，不顾长途跋涉的疲劳，即在此屋运筹战事。刘司令员在屋里踱步沉思，邓政委一边抽烟，一边看着地图，参谋长李达手握电话机不时地与冀南、豫苏皖部队首长通话，了解情况。各纵队首长抵达后，会议即在司令部附近的一所学校里召开，会上，刘邓首长下达实施鲁西南战役的动员令，部署大举出击、经略中原的雄伟战略。这是一次扭转全国战局，维系国家和人民命运的具有重大历史意义的会议。在这里开始了挺进中原之胜举。

7月4日夜，刘邓首长携野战军机关来到孙口黄河码头，黄河司令部司令员曾宪辉和政委郭英护送到河边。“星垂旷野，月涌中流”，在夜色苍茫中，船工程文立、程广礼等人从船坞中推出爱国号平头木船，刘邓首长敏捷地跳上船，两位首长意气风发并肩站立船头，船向河南岸急驶而去。突然两架敌军侦察机沿黄河由西向东飞来，撒下一串照明弹，将河床照得通明。站在船头解开外衣的政委邓小平见敌机临空，谈笑风生，对司令员刘伯承说：“敌人怕我们渡河寂寞，特给点亮了‘天灯’。”刘伯承赞同地说：“不明修栈道，怎么能暗度陈仓呢！这就叫临晋设疑，夏阳渡河嘛!”两位首长谈笑着渡过了黄河。

刘邓大军渡过黄河之后，国民党最高军事当局急忙调兵遣将，企图乘刘邓主力立足未稳，将其逐回黄河以北或就地消灭。7月初，鲁西南战役爆发。历时28天的鲁西南战役，共歼灭国民党军队2个师部、9个半旅共5.6万多人。接着，刘邓大军冲出重围，长驱南下，经过20多天的急行军，于8月底抵达大别山区，从而完成了挺进中原、千里跃进大别山的战略计划，揭开了全国解放战争战略进攻的序幕。此后，孙口黄河渡口被世誉为“将军渡”。

对于这次渡河作战，指挥战役的刘伯承当时曾赋诗曰：“狼日战捷复羊山，炮火雷鸣烟雾间，千万居民齐拍手，欣看子弟夺城关。”

刘邓大军突破黄河天险的消息，当时震惊了中外。美国驻华大使司徒雷登十分惊讶，认为这简直是神话，就像当年法国失守“马其诺防线”一样令人不可思议。美国著名记者杰克·贝尔登在《中国震撼世界》一书中写道：“我阅历过多次战争，但从来未见过比共产党这次强渡黄河更为高明出色的军事行动。”

刘邓大军强渡黄河天堑千里跃进大别山，是人民解放军由战略防御转入战略进攻的第一步，对人民解放战争的整个战局具有重大影响。正如毛泽东所说：“这是蒋介石的二十年反革命统治由发展到消灭的转折点。这是一百多年以来帝国主义在中国的统治由发展到消灭的转折点。”

刘邓大军夜渡黄河

刘伯承、邓小平签发嘉奖黄河各渡口员工令

黄河各渡口员工：

由于你们不顾敌人的炮火和蒋机的骚扰，不顾日夜的疲劳，积极协助我军渡过了大反攻的第一个大阻碍，完成了具有历史意义的渡河任务，使我军非常顺利地到达黄河南岸，以歼灭蒋伪军，收复失地，解救同胞，这是你们为祖国的独立和人民的解放立了大功。你们这种无比的积极性和热情，全体指战员莫不敬佩和感激。我们到达南岸后，先后收复了鄄城、巨野、曹县、郓城等地，消灭了蒋军曹福林部两个旅，这些胜利是和你们分不开的。为了慰劳你们的辛劳，特犒劳你们每人猪肉一斤，并祝你们继续努力和健康！

一九四七年七月十七日

嘉奖支援大军渡河有功人员

平原省人民政府《关于撤销平原省建制的命令》

（办字第二三九号）

中央人民政府委员会第十九次会议《关于调整省、区建制的决议》，撤销平原省建制，是完全正确的、必要的。这是适应即将到来的大规模的经济与文化建设的新形势与新任务的正确措施。我全省工作人员应当热烈地拥护中央的这一主张，努力把一切工作做好。

平原省建制撤销后，区划的划分，则根据中央人民政府第十九次委员会的决议，将原属山东省旧辖高唐、清平、博平、茌平、聊城、堂邑、冠县、莘县、朝城、阳谷、东阿、梁山、寿张、范县、观城、濮县、鄄城、郓城、南旺、嘉祥、钜野、菏泽、定

陶、城武、金乡、鱼台、单县、复程、曹县等二十九县全部划回山东省属；原为河南旧辖之林县、安阳、邺县、内黄、汤阴、浚县、滑县、淇县、汲县、辉县、新乡、延津、封邱、原阳、获嘉、修武、武陟、博爱、温县、沁阳、孟县、济源等二十二县，新乡、安阳两市及焦作矿区全部划回河南省属；原为河北省旧辖之清丰、南乐、濮阳、东明、长垣等五县，为治黄及建设工作之便，亦划归河南省属。以上所有市、县、矿区及专署的组织机构、干部等，均随区划转移不变，以利今后工作。

遵照中央人民政府第十九次委员会决议，本府已向山东、河南两省进行交代。省人民政府及其所属机关，即于十一月三十日撤销。自十二月一日始，所有行政事宜均由山东、河南两省分别接收办理。望各专署、市、县（矿区）人民政府遵照执行。

平原省人民政府结束之后，即建立平原省结束、移交工作办事处，专管结束、移交工作之未尽事宜。各专署、市、县（矿区）人民政府，所有属于前平原省之工作结束、移交问题，均可与平原省结束、移交办事处接洽解决。

此令。

主　席　晁哲甫

副主席　罗玉川　贾心斋　戴晓东

一九五二年十一月二十四日

河南省人民政府令
《撤销濮阳专区及原属该专区所辖各县分别划归安阳、新乡两专区》

（府民政字〔1954〕第96号）

濮阳、安阳、新乡三专员公署：

经报请中央人民政府政务院批准，撤销濮阳专区建制，并将其原辖的濮阳、南乐、清丰、内黄、滑县等五县并入安阳专区；长垣、封丘两县并入新乡专区。合并工作应立即抓紧进行，并于十月中旬完成；合并工作完成后，应做出总结报告报省。

以上，希即遵行！

河南省人民政府主席　吴芝圃

公元一九五四年九月十日

谭震林在范县主持召开引黄灌溉工作会议

1962年3月中旬，几辆吉普车正缓缓行驶在坎坷不平的金堤上。中共中央政治局委员、国务院副总理谭震林坐在车里，凝视着车窗外扬起的滚滚尘土，心情很不平静。近几年来，沿黄河一带在水利方面出现的失误，又在他的脑海里翻腾起来。

1958年，在以蓄为主、小型为主、社办为主的“三为主”水利工作方针指导下，全国一些地方纷纷把河道、排水沟堵上，连雨水也全部积蓄起来，做到“水不出区，水不出县”。同时，国家经委、计委批准在位山兴建引黄灌区，由山东省组织完成黄河截流（腰斩黄河）工程，聊城专区也修建一些引黄闸、干渠和水库。由于工程不配套，加上无度引水、处处蓄水、大水漫灌，致使河道淤塞，地下水位升高，水的自然流向改变，大大降低甚至基本丧失排涝防洪改碱的能力，从而加重了1961年的涝灾。许多地方上扒下堵，造成一些跨省、跨地区、跨县的水利纠纷，有的地方甚至出现群众殴斗致死人命的案件。国务院总理周恩来得知这些情况后，心里非常焦急，立即委托谭震林副总理专门前去召开有关的水利会议，处理这些问题。

3月中旬，谭震林副总理从郑州出发，沿途视察河南、山东的一些水利设施。一天，谭震林来到莘县马颊河上的马村闸，正巧遇到一位老太太，便上前问道：“老人家，水库修得好不好啊?”“奶奶的（骂人的意思）!”老太太把脸扭向一边。谭震林副总理接着问：“扒了好不好啊?”“那俺给您磕个头啦!”老太太马上转怒为喜。

这件事情对谭震林触动很大。到达范县后，谭震林马上率领赶来参加水利会议的同志，沿金堤到张秋引黄闸进行调查。通过几天的调查研究，谭震林觉察到干部群众对引黄灌溉及水利工程的不满情绪，这就更加坚定他采取果断措施，解决好豫鲁等省水利问题的决心和信心。

3月16日上午，谭震林副总理在范县县委机关院内主持召开水利工作会议。参加会议的有农业机械部部长陈正人、水利电力部副部长钱正英，中共中央中南局书记处书记金明、中共河南省委第一书记刘建勋、河南省副省长王维群，中共山东省委书记处书记周兴，黄河水利委员会副主任韩培诚，以及河南省、山东省水利厅，聊城、德州、惠民、安阳地委，范县、寿张、莘县县委及水利部门的负责人，共30多人。

会议开始后，钱正英副部长首先向大家通报了鲁豫两省接壤区在水利上所面临的严峻形势，就存在的问题、准备采取的措施等谈了详细的意见。她指出：“各省引黄灌区停灌三年的措施是完全对的，渠道该废的一定要废掉，如共产主义渠、人民胜利渠、红旗渠、葛楼干渠、彭楼干渠等。在这里，建议德州、惠民专区也这样，处理自己的渠道。

谭震林插话说：“位山总干渠应该彻底废掉。”

钱正英接着说：“还要在陶城铺修建扬水站，雨季到来的时候，把金堤河的水抽到黄河里去。”

16日下午，进行大会发言。中共山东省德州、惠民、聊城地委的负责人先后发言。

17日上午，会议继续进行。中共安阳地委的负责人发言后，中共寿张县委书记高星、范县县委书记魏景山、莘县县委第二书记马玉昌、莘县副县长王清堂等先后发了言。这几个县靠近金堤河，对水利工作中出现的一些问题感受较深，反映也较为强烈。他们各自介绍了本县遭受碱涝灾害的情况，对搞好下一步的水利工作提出了意见和建议。在会议上，大家就停止引黄等问题，展开热烈讨论。

17日下午，会议开始后，钱正英副部长首先讲话。她感慨地说："同志们，这个方案的酝酿产生，包含了我们多少苦与乐！停止引黄灌溉是对的。将来能否引黄灌溉，什么时候引黄，关键是解决好四个矛盾。对这个问题，以后可以继续研究。下了大雨，碱是会向下去的。我认为，还是打开渠道好。挖沟的时候，上下游地区应该互相照顾。"

在大家的热烈掌声中，谭震林副总理做重要讲话。他说："同志们！这次会议开得很好，揭开了引黄灌溉的'盖子'。过去有苦闷又不敢讲，看来否定这一条还真不容易，因为是人大通过的方案。具体怎么做，还没研究。我们一大搞引黄灌溉，弄了个8000万亩的计划，带来的害处很大。1958年至1961年，引了400亿方水。这些水大部分渗入地下，包括蒸发的在内，扣除50%，还有200亿方。加上河道被引黄泥沙淤塞，地下水位抬高，内涝加大。因此，出现层层设防，互相堵，土地碱化。一灌、二堵、三淤、四涝、五碱，大刮'五风'，危害很大。'盖子'不揭开，是解决不了问题的。是否对呢？回去以后向总理及中央报告，由中央来定案。大家反映的情况很实际。大搞引黄灌溉，大约减少了1000万亩耕地，2000万亩耕地碱化了，减产粮食将近100亿斤。这几年进口粮食，也不会超过这个数！"

讲到这里，谭震林果断地说："引黄灌溉危害这么大，应该当机立断，停止引黄。23个闸全部停下来，复灌要经水电部批准。将来是否还用一两个灌区，可以再研究一下，研究后再定案。今后的碱化还会有所发展，明年如何尚不能下结论。第二条，应把堵水的工程彻底消除。要拆除这些工程，还有许多问题需要解决。今后应统筹兼顾，最好是协商，最好由水电部来决断。"针对水利纠纷问题，谭震林严肃地指出："所有边界纠纷，均应彻底解决。要积极寻找排水出路。周兴同志提出利用总干线排水的办法，也是一个方案。凡是能够用来排内水的办法，都可以采用。解决这个问题，要花三至五年的时间，今年水利基本建设又增加了25%，确实可行的，要坚决干！采取的唯一办法，就是要依靠群众。要把引黄的危害一条条地向群众讲清楚，达成的协议及八条原则，还可以出布告，向群众宣布。不这样做，还会发生打架事件。"

联系到几年来水利工作中出现的问题，谭震林说："把情况及方针向大家讲清楚，把困难也要讲清。揭开'五风'的盖子，反'五风'也相当困难。基层干部是难说话了，特别是搞水利工作的，讲话就更困难。讲清道理，群众会原谅我们。我们是好心，想办好事，因为没有经验，把好事变成了坏事。这不是哪一个人的事。"谈到这里，谭震林主动承担责任说："'水不出区，水不出县'，是我们提出的口号，不是水利部门及县、专区同志的错误，应该由我来负责。"他接着说："现在要彻底改正。如不改，再过两年就危险了，现在觉悟还不迟。大家都认为现在引黄不行，意见一致，我很高兴。今后引黄有没有好办法呢？几十年后可能有用水泥砌的渠道，但近期是不可能的。”

最后，谭震林充满信心地说：“群众是讲道理的。小平同志2月6日在扩大的中央工作会议上的讲话中讲到，我们党有这么五个优点，其中一条就是有好的人民，人民对我们是信赖的。中国共产党和人民的关系是密切的，我们要依靠群众。两省都要搞个布告，告诉人民群众，引黄灌溉要停一段时间，经过调查研究后再干。对得到灌溉之利的群众，也要讲清楚，具体问题可以慢慢解决。我这次来，主要是解决引黄灌溉的问题，纠纷还要靠你们解决。”

这次水利工作会议，正值三年困难时期，群众生活十分困难。在会前的视察期间，谭震林对河南省某县设宴招待提出了严厉的批评。到范县后，谭震林提出了约法三章：“不准迎接，不准吃喝，不准请客。群众吃什么，我们就吃什么。”与会人员住在县委机关临时腾出来的简陋宿舍里，伙食标准也很低。谭震林和大家一样，顿顿都是一碗粉条炖金瓜，两个馒头，从不搞特殊。

范县会议后，黄河下游引黄涵闸，除河南省的人民胜利渠、黑岗口，山东省的盖家沟、簸箕李等涵闸，由于供应航运及城市工业用水继续少量引水外，其余涵闸均相继暂停使用。同时，平渠还耕，拆除一切阻水工程，恢复了水的自然流向。经过反复协商，解决了省与省、专区与专区、县与县之间的一些水利纠纷。聊城专区与河南省安阳专区达成了处理边界水利问题的协议。1964年，国务院批准山东、河南两省的报告，调整两省边界的行政区划，把山东省范县、寿张金堤以南地区（今属台前县）及金堤以北的范县县城和部分村庄划归河南省。

国务院批转水利电力部《关于金堤河问题的请示报告》

（国水电字〔1963〕871号）

河南、山东省人民委员会、水利电力部、黄河水利委员会并河南、山东省委、中南局、华东局：

国务院同意水利电力部关于金堤河问题的报告。为了更好地解决金堤河问题，将现属山东省范县、寿张金堤以南和范县城附近的土地划归河南省是合理的。希两省即协商具体划界问题，做好交接工作。

划界以后，河南省应当抓紧做好这一地区的治理规划，更好地处理上下游关系，使这一地区早日摆脱洪涝灾害。

金堤作为黄河大堤以后，水利电力部应当认真检查金堤的标准质量，积极培修，确保安全。金堤修守用土，过去在哪里取，今后仍在哪里取，不得因划界而引起新的纠纷。

金堤以南滞洪时，仍按过去惯例，堤南群众可向堤北村庄转移，由山东省有关地区负责妥善安置。

划界后，人在山东、地在河南的群众，关于他们的负担、征购、救灾及其他有关各项具体问题，由河南、山东两省人民委员会共同协商拟定处理办法。

中华人民共和国国务院
一九六三年十二月二十六日

国务院《关于山东、河南两省金堤河地区调整省界问题的批复》

（国内字〔1964〕421号）

山东、河南省人民委员会：

山东、河南省人民委员会1964年4月4日报告，河南省人民委员会5月5日报告，山东省人民委员会6月12日报告均收悉。同意：

（1）将山东省范县、寿张二县金堤以南和范县县城附近地区划归河南省领导。具体省界线划法：即山东省寿张县所属跨金堤两侧的斗虎店、子路堤、侯李庄、明堤、临河、大寺、关门口、赵台、李堤、孟楼、同堤、南台、刘海等十三个村庄仍留归山东省领导；范县所属金堤以北的范县县城及金村、张夫村两个村庄划归河南省领导。

（2）将山东省范县的建制划归河南省领导。范县所属金堤以北除范县县城及金村、张夫村两个村庄外划归山东省莘县。

关于撤销山东省寿张县的问题，另案办理。

中华人民共和国国务院
一九六四年九月九日

国务院《关于河南省增设台前县的批复》

（国发〔1978〕281号）

河南省革命委员会：

你省一九七八年七月十三日报告悉，同意将范县东部的九个公社划出，成为台前县。台前县归安阳地区行政公署领导，县革命委员会驻台前村。

中华人民共和国国务院
一九七八年十二月二十九日

国务院《关于河南省地方合并实行市管县体制的批复》

（国函字〔1983〕176号）

河南省人民政府：

你省一九八三年六月十五日、七日二十八日请示悉。同意你省：

一、撤销开封地区行政公署。将巩县、新郑、密县、登封、中牟五县划归郑州市管辖。将兰考、尉氏、通许、杞县、开封五县划归开封市管辖。

二、撤销安阳地区行政公署。将安阳、浚县、淇县、林县、汤阴五县划归安阳市管辖。

三、撤销濮阳县，设立濮阳市，由省直接领导，并将安阳地区的内黄、滑县、清丰、南乐、长垣、范县、台前七县划归濮阳市管辖。

四、将新乡地区的汲县、新乡两县划归新乡市管辖。

五、将新乡地区的修武、博爱两县划归焦作市管辖。

六、将许昌地区的宝丰、鲁山、叶县三县划归平顶山市管辖。

七、将洛阳地区的新安、偃师、孟津三县划归洛阳市管辖。

一九八三年九月一日

河南黄河河务局
《关于濮阳市黄河修防处等三个单位机构合并的通知》

（豫黄政字〔1985〕23号）

濮阳市黄河修防处：

根据中央机构精简精神和治黄工作需要，经请示黄委会并征得濮阳市委同意，现决定将濮阳市黄河修防处、濮阳市黄河滞洪处、渠村分洪闸管理处三单位合并，合并后的单位名称为：河南黄河河务局濮阳市黄河修防处。内设滞洪办公室负责濮阳市辖各区、县的滞洪业务工作；渠村闸设为段级单位，负责渠村闸的管理和特大洪水的分洪工作。

特此通知。

河南黄河河务局

一九八五年三月十九日

国务院《关于河南省调整扩大市管县领导体制的批复》

（国函〔1986〕14号）

河南省人民政府：

你省一九八五年十一月十五日《关于进一步调整行政区划，扩大市管县领导体制的请示》收悉。同意你省：

一、撤销新乡地区，将辉县、获嘉、原阳、延津、封丘五县划归新乡市管辖；将武陟、沁阳、温县、孟县、济源五县划归焦作市管辖。

二、撤销许昌地区，许昌、漯河两市升为地级市。将禹县、长葛、许昌、鄢陵四县划归许昌市管辖；将舞阳、临颍、郾城三县划归漯河市管辖；将郏县、襄城两县划归平顶山市管辖。

三、撤销洛阳地区，三门峡升为地级市，将渑池、陕县、灵宝、卢氏四县划归三门峡市管辖；义马市（县级市）由三门峡市代管；将栾川、嵩县、汝阳、宜阳、洛宁、伊川六县划归洛阳市管辖；将临汝县划归平顶山市管辖。

四、将安阳市的浚县、淇县划归鹤壁市管辖。

五、将濮阳市的滑县、内黄两县划归安阳市管辖；长垣县划归新乡市管辖。

中华人民共和国国务院
一九八六年一月十八日

李鹏总理视察濮阳黄河

1990年6月的中原大地，烈日当空，热浪灼人。

12日北京夏令时14时30分，李鹏总理等不顾几天来视察工厂、农村的劳累，又一路风尘，从濮阳市驱车南去，开始了黄河之行。

汽车沿濮（阳）渠（村）公路行约十几分钟，穿过北金堤，便驶入广阔的北金堤滞洪区。

宛若一个巨大“水盆”的北金堤滞洪区，位于河南、山东两省的濮阳市与聊城地区临黄堤和北金堤之间，是黄河下游防御超标准洪水的重要工程设施，1951年由政务院决定开辟兴建。1975年8月淮河大水后，为保证分洪安全可靠，1976年，国务院批准对北金堤滞洪区进行改建。改建后的滞洪区涉及河南、山东两省的7个县，总面积2316平方公里，人口144万，耕地15.6万亩，有效滞洪库容20亿立方米。

6年前，万里委员长考察黄河，李鹏等党和国家领导人在水电部长钱正英的陪同下，乘飞机视察过这里，并认真听取了有关负责同志的汇报，一起研究解决可能发生的洪水问题。今天，他亲临实地视察，透过车窗望着那郁郁葱葱的大地，农田阡陌，村庄连片，以及星罗棋布的油井、采油树，凝视沉思。滞洪区开辟近40年来，有备未用，人民群众没有切身体会，迁安救护怎样，能否安全撤退，一旦花园口站发生22000立方米每秒以上的特大洪水，运用三门峡水库拦洪和东平湖水库分洪，仍解决不了问题时，滞洪区将要分滞洪水，那时，这里就要变成一片汪洋，上百亿元的人民财产，上百万人的生命安全……黄河安全牵着总理的心。

当汽车行到濮阳县庆祖乡后贯道村时，李鹏总理要求临时停车，他要看一看防御洪水用的围村堰。在有关领导同志带领下，李鹏总理迈步登上土堰，仔细询问，陪者一一作答。当总理看到围堰背坡被挖，堰顶又有红薯窖时，说："为什么没有好好维护，来了水怎么办？能否用劳动积累工修一下。"水利部长杨振怀对站在身边的叶宗笠说："这暴露了麻痹思想，也暴露了工程管理上的问题。"并向总理介绍说，他是河南黄河河务局的局长（副局长）。李鹏总理说："出了问题可要先杀你的头呵！"看着总理慈祥而又严肃的面容，叶宗笠说："我们将竭尽全力保黄河安全，请总理放心。"后又向总理解释说，这个村的围堰是50年代修的，1978年渠村分洪闸修建后，后贯道村处于分洪主流位置，一旦分洪，村里的群众要全部撤出，这是一条废弃堰。总理这才放了心。

汽车继续南行，15时40分，李鹏总理来到渠村分洪闸。他走下汽车，当地群众和渠村分洪闸管理段的职工一下就认出了是他们经常在电视上看到的李鹏总理，激动万分，报以热烈的掌声迎接总理。李鹏总理边走边招手，向大家问好。

在西一孔闸门前，濮阳市黄河修防处副主任李元贵向总理介绍闸门基本情况：这座闸建于1978年5月，共分56孔，为钢筋混凝土灌注桩基开敞式结构，设计分洪流量10000立方米每秒，一旦分滞洪水，黄河水将从这里流入滞洪区。闸前为防止一般洪水淤积，建有1200米长的围堤，分洪运用时用液体炸药破除。

李鹏总理认真地听着，并很为关切地问：

"闸的情况怎么样呀？是不是检查过？"

"检查试验过了。"

"能启动吗？"

"能启动。"

"怎么个控制法？"

"分散控制。"

"为什么不搞集中控制呀？"

"准备搞，因为经费紧张，还没有搞成。"

"闸门启闭灵活吗？需要时能不能迅速启开？"

"请总理检查。"并问总理："开哪一孔？"

李鹏总理环视了一下大闸，指着所在的西一孔闸门说："就开这一孔吧。"

伴随着巨大的轰鸣声，重约80吨位的平板闸门便缓缓上升。

李鹏总理等手扶闸前栏杆，俯看着闸门开启的情况。杨振怀部长说："平板闸门太笨重了。”这时，闸门刚刚升到半米，突然停住了。总理说：“怎么停了?”原来，按操作规程，要错开电峰，隔孔启闭，闸门提升分 8 个档次，每个档次升启半米，由两边向中间跳孔开启，启闸均匀过流，达到分洪流量。在启闭机房控制西一孔部署的渠村分洪闸管理段副段长尚贵民，操作工尚光明、田志常，考虑到机械的强大噪声会影响中央领导同志的交谈，当闸提升一个档次后，按下了停止键。

尚贵民从启闭机房出来，叶宗笠问：“怎么停了?”

“需要启几个档次?”

“最大分洪流量。”

尚贵民传达了第二次启闭命令，闸门一直提升到 4 米高度。

总理满意地点点头，连声说：“好，好!”

接着，李鹏总理等从桥头堡拾级而上，踏着电缆槽盖板步入启闭机房。站在西一孔控制柜前的尚光明见到总理，顿时感动得热泪夺眶而出。总理微笑着伸出手，走到尚光明跟前说：“你们辛苦了。”他连忙握着总理的手，说：“总理您好!”总理俯身看了看控制柜说：“启闭机完全可以搞集中控制，特大洪水到来，确保按时分洪。”

李鹏总理就要登车启程了，他挥手向大家示意告别。见到近旁的闸管段女职工鲁盼景、刘景芝，同她们一一握手，并问：“你们是哪里的?”

“我们是大闸的职工。”

总理指着站在鲁盼景身旁的一位名叫桑丽的小女孩说：“这个小孩儿是谁呀?”

鲁盼景回答说：“是大闸的儿童。”并推推桑丽：“给爷爷说。”

“几岁了?”总理又问。

“10 岁了。”

“上学了吗?”（当地口音 10 与 7 不分，总理听成 7 岁了）

“上了。”

“上几年级?”

“三年级。”

“哦? 7 岁上三年级，5 岁就上学了，你们很重视教育呀!”

亲切的话语，温暖着大闸职工的心，总理乘坐的汽车已经远去了，他们还久久地站立在桥头向西凝望。

河南黄河河务局
《关于黄河修防处、段更名和规格问题的通知》

（豫黄劳人字〔1990〕52 号）

各修防处：

接黄委会黄劳〔1990〕58 号和黄人劳〔1990〕9 号文通知，为了贯彻执行水法，加强水行政管理职能，适应治黄事业发展的需要，经水利部批准：我局所属黄河修防处、段均更名为河务局。地（市）级河务局仍为县（处）级，县（市）级河务局为副县（处）级。

附：机构名称、级别表

河南黄河河务局
一九九〇年十一月二日

机构名称、级别表

原名	现名	级别
河南黄河河务局濮阳市黄河修防处	濮阳市黄河河务局	县级
河南黄河河务局范县黄河修防段	范县黄河河务局	副县级
河南黄河河务局濮阳县黄河修防段	濮阳县黄河河务局	副县级
河南黄河河务局台前县黄河修防段	台前县黄河河务局	副县级

河南黄河河务局
《关于渠村分洪闸更名及规格的通知》

（豫黄人劳〔1991〕38号）

濮阳市黄河河务局：

接黄委会黄人劳〔1991〕108号文件通知，为了适应治黄事业的发展，有利于黄河防汛工作，将原濮阳市黄河河务局渠村分洪闸管理段更名为濮阳市黄河河务局渠村闸管理处，机构规格为副处级。

特此通知。

河南黄河河务局
一九九一年九月十六日

国家农业综合开发办公室
《关于金堤河干流近期治理工程和彭楼引黄入鲁灌溉工程可行性研究报告及审查意见的批复》

（国农综字〔1995〕4号）

水利部：

你部水规计〔1995〕543号文及附件均收悉，经研究，批复如下：

一、对金堤河干流近期治理工程，1. 同意建设期限为1993~1997年。2. 治理任务：从河南省滑县五爷庙到台前张庄闸，在原有河道上进行干流开挖131.3公里（包括河道清障）；南小堤加培49.2公里，北小堤加培22.6公里；新建、改建跨河桥梁8座；新建南小堤涵闸2座；检修张庄抽水站。3. 投资规模：动态总投资21345万元，其中，中央财政资金7100万元，以工代赈资金7100万元，河南省自筹7145万元。4. 治理目标：工程建设结束后，干流河道防洪标准达到20年一遇，除涝标准达到3年一遇。平均每年减少洪灾面积3.55万亩，减少涝灾面积12.5万亩。

在《金堤河干流近期治理工程投资计划》中，通信工程、交通工具、生活及文化福利建筑、科研勘设等方面的支出请进一步调减，并严格控制管理费的支出范围。

二、对彭楼引黄入鲁灌溉工程，1. 总体布局方案：从彭楼闸引黄河水，经濮西干渠，穿越金堤河和北金堤，在山东省莘县境内沉沙，再利用现有的道口干渠向北输水，通过配水工程送水到田间。2. 北金堤以南输水工程主要建设内容：扩建和延伸原濮西干渠（全长17.52公里）；修建辛杨、濮东干渠分流建筑物两处；修建重点跨渠公路桥、交通桥和分水口门；采用倒虹吸管跨金堤河（30立方米/秒）；修建穿北金堤涵洞1座。3. 北金堤以南输水工程施工期为1993~1995年，北金堤以北工程建设同步实施。4. 投资规模：动态总投资为18446万元，其中，北金堤以南工程5800万元，中央财政资金4900万元，水利部投资900万元；北金堤以北工程12646万元，由山东省自筹。5. 工程效益：工程完工后，灌溉保证率达到50%，年恢复和增加引黄入鲁水量3亿~4亿立方米，新增金堤北灌区灌溉面积63万亩，补源改善灌溉面积137万亩。

在《彭楼引黄入鲁灌溉工程（金堤以南部分）投资计划》中，请适当压缩临时工程、科研勘设等投资，严格控制管理费的开支范围。

三、对两项工程的组织管理。同意黄河水利委员会为金堤河干流近期治理工程和彭楼引黄入鲁灌溉工程的主管单位，金堤河管理局为整个工程的建设单位，山东省水利厅为北金堤以北工程的建设单位，整个工程在金堤河治理领导小组统一部署和领导下，各有关单位分别负责实施。

四、对两项工程的要求。跨省水利骨干工程涉及面广，工程量大，需要有关省和部门之间加强领导、协调和配合，并切实做好以下几个方面的工作：

1. 切实落实地方配套资金，及时到位，保证项目建设的顺利进行和工程整体效益的发挥。

2. 严格按照《国家农业综合开发项目管理办法》和《国家农业综合开发资金管理办法》的规定和要求，搞好项目建设，狠抓工程质量，管好用好资金。每年3月底以前向国家农业开发办报送上年年度工作总结和资金决算。

3. 抓紧编报两个工程的环境影响评价报告，并在施工过程中把挖沙、培堤、沉沙对环境的影响降低到最低限度。

4. 深入发动沿河两岸受益区和引黄灌区的群众积极筹资投劳，搞好面上配套工程，以利更大程度地发挥两项工程的防洪、排涝、灌溉效益。

国家农业综合开发办公室
一九九四年十二月三十一日

姜春云视察濮阳黄河防汛工作

1995年6月3日下午，中共中央政治局委员、书记处书记、国务院副总理姜春云率领财政部副部长李延岭、水利部副部长周文智、国家防总办公室常务副主任赵春明等前来濮阳市视察黄河防汛工作。陪同视察的有河南省省长马忠臣、副省长李成玉，黄委会主任綦连安、副主任庄景林和省黄河河务局局长叶宗笠等。

在濮阳县渠村分洪闸，姜春云听取了濮阳市黄河河务局戴耀烈副局长关于黄河大功分洪区、北金堤滞洪区及渠村分洪闸运用情况的汇报，并详细了解“两区”的面积、涉及人口以及迁安救护等问题。他指出，要坚持有备无患的思想，做好今年的黄河防汛工作。各级防汛指挥部门要从黄河可能来大水这一点出发，做好大功分洪区和北金堤滞洪区运用的提前安排，制定具体的迁安救护规划。分洪、滞洪区内县、乡、村各级要有充分准备，关键是广泛发动群众，组织群众家家户户都要备足漂浮工具，至少要有一块木板，提高自救能力。在迁安救护问题上，当地政府要切实负起责任，但只靠政府的力量是不够的，把家家户户都发动起来，都有所准备，事情就好办了。对此，各级政府要在今年汛期来前的一个月内抓好落实，不能有麻痹思想，不能有丝毫马虎。随后，姜春云登上渠村分洪闸，察看了闸门的启动使用情况。

濮阳市黄河滩区避水台建设情况

濮阳市黄河滩区避水台建设指挥部
（1998年8月）

1996年8月黄河洪水漫滩成灾后，濮阳市委、市政府组织和动员全市各级、各部门及沿河广大干部群众，进行滩区村庄避水连台建设，以改善滩区群众的生存条件，并为滩区经济发展、实现稳定脱贫创造良好条件。计划于2000年全面完成滩区避水连台建设任务。

一、基本情况及决策背景

濮阳市黄河滩区涉及濮阳、范县、台前三县的18个乡（镇），447个村（其中纯滩区村380个、30万人），37.5万人，3万公顷耕地。濮阳河段上宽下窄，泄洪不畅，泥沙不断淤积，河床逐年抬高，滩区形成了槽高、滩低、堤根洼的地势，洪水漫滩机遇增多，往往小水成大灾。

濮阳市黄河滩区是全市扶贫开发和生产救灾的重点区域。为防洪抗灾，在河务部门的组织指导下，当地政府和群众在滩区建设了一些避水台，但由于专项资金落实较少，又各户分散施工，每家建一座孤台，且高低不一，加之村内沟壑纵横，外围参差不齐，防洪抗灾能力很差。有少数村虽形成连台，但标准很低，也不能保障防洪安全。滩区群众没有稳定的安身立命、保家聚财之所，一遇洪水泛滥，生命受到威胁，财产遭受损失。1996 年 8 月，黄河 7600 立方米每秒洪水，濮阳滩区全部漫水，秋作物绝收，房倒屋塌，直接经济损失 20 多亿元，多年的扶贫开发成果及群众劳动积累毁于一旦，已经解决温饱的 23.8 万人重新返贫，黄河滩区再次成为濮阳市乃至河南省扶贫开发、生产救灾的重点和难点区域。

《国家“八七”扶贫攻坚计划》要求：到本世纪末，基本解决农村贫困人口的温饱问题。为按期实现扶贫攻坚目标，使滩区经济得以顺利发展，劳动群众财产得以有效积累，并尽快摆脱贫困，走向富裕，必须首先解决好滩区群众基本的居住和生活条件，使滩区群众先脱险，再脱贫。

1996 年 8 月黄河洪水过后，按照省委、省政府的有关指示，市委、市政府立即组织开展调查研究、考察论证工作，积极探索可行的路子和方法。一方面，派组考察山东省黄河滩区村庄外迁经验。但结合濮阳市的实际情况，具有很大的困难而不能实现：一、山东省滩区共有 42 万人，山东省经济实力强，能拿出相当数量的专项资金补助搬迁村户建房。濮阳市滩区有 30 多万人，相对搬迁任务大，投资多，濮阳市经济实力有限，拿不出大量资金资助滩区村庄外迁。二、濮阳市背河地区村庄密度大，人均耕地少，难以协调落实滩区村庄外迁所需占用的大量土地。三、山东省黄河滩面窄，一般不超过 2.5 千米，而濮阳市滩面宽，最宽处达 10 千米，村庄搬迁滩外后，势必造成群众生产困难，并有可能出现返迁现象。四、濮阳市滩外是北金堤滞洪区，一遇分洪，搬出的村庄仍会受到洪水围困，不能彻底摆脱洪水的威胁。另一方面，组织有关部门座谈讨论，深入群众调查访问，找计策，理路子。过去曾设想在滩区建避水楼，但投资巨大，解决安居问题面小，难以实行。尽管以户为单位修建的避水台，因洪水进村串流，台陷房塌，抗灾能力差，但已有的避水台在多次洪水中都起到了一定的抗御洪水、保护财产的作用。通过分析比较，认为在黄河滩区建设以村为单位的高标准避水连台是解决滩区群众生存居住问题切实可行的最佳途径。在此基础上，市委、市政府很快做出加快黄河滩区避水连台建设的决定，并向省委、省政府呈送专题报告。在省委、省政府及上级有关部门的关心支持下，市委、市政府将加快黄河滩区避水连台建设列入重要议事日程，并确定为“九五”期间的一项重要战略任务，提出在 5 年内全面完成本市滩区村庄避水连台建设任务的奋斗目标。

二、实施情况及其措施

做出加快黄河滩区避水连台建设的决定后，市委、市政府经过认真细致的调查摸底、分析论证，制订了《濮阳市黄河滩区避水连台建设规划和实施方案》。按照“无台变有台，低台变高台，孤台变连台”的思路和原则，全市滩区除部分骑堤村就近外迁外，以自然村为单位，需建避水连台380个。为达到一定的防洪安全标准，经与黄河河务部门结合，制定统一的建台标准：村台高度为超过1996年8月当地洪水水位1.5米；村台面积除公用部分外，各户宅顶面人均控制在50平方米左右。

避水连台工程需新做土方总量约1.15亿立方米，公用部分工程项目土方9000万立方米；部分贫困户宅台抬高填平项目土方2500万立方米。据前期工程施工实际测算，每方土费用一般在5元以上，多者高达10元。按每立方米土投资6元计，共需投资6.9亿元。根据工程实施难度大小和费用高低，政府给建台村每立方米土方补贴2~3元。群众通过投工投劳和集资，共需自筹3.75亿元；共需政府补贴3.15亿元。

鉴于避水连台建设工程浩大、投资较多而濮阳市财源不足的情况，在总体规划用5年时间完成任务的前提下，具体分三个阶段实施：第一阶段，完成抬街道、垫胡同、建校台等工程项目，先保防洪安全；第二阶段，公用部分村内填空、外围帮宽补齐、打围村堰，增强防洪抗灾能力；第三阶段，部分低户台抬高填平，方便群众生活、生产。在各阶段工程实施过程中，同时加强成台保护，切实搞好硬化、绿化，防止水土流失，巩固建台成果。

第一阶段工程建设，从1996年第四季度开始，共安排四期工程，完成土方总量2600多万立方米。1998年10月，对第二阶段工程项目进行全面规划铺工，总土方量为6000万立方米。接着安排三期工程，共铺设土方1438万立方米，其中前两期工程120个村已经完工并通过验收，完成土方1179万立方米；后一期工程28个村正在施工，安排土方258万立方米，10月底完工。已完和在建工程共安排和完成土方4080万立方米，筹措落实补贴资金9600多万元，其中，市自筹资金1800多万元，争取国家以工代赈资金2472万元，安排使用黄河行滞洪区安全建设资金5373万元。今年后几个月计划从上级争取专项投资2000万元，再相应安排50~60个村的600多万立方米的工程建设任务，使一批村的避水连台得到加固完善，提高标准。本期工程计划于本月内或下月初规划施工，2000年春节前完工并进行验收。

在避水连台建设过程中，采取的措施主要有五个方面：

（一）建立组织，加强领导。市及沿河县、乡均成立专门工作机构，具体领导和组织实施全市滩区避水连台建设，并明确党政主要领导负总责，主管领导具体抓，有关部门专职抓。各村支部、村委干部全力以赴建村台。同时，层层实行目标管理责任制，纵横分解任务，定期定量，严格考核，实行奖罚。

（二）搞好试点，以点带面。1996年冬和1997年春，先期安排并完成30个试点村建台任务，在工程的规划实施和操作管理上探索路子，总结经验。在分期分批实施过程中，又选择范县的毛楼、濮阳县的屯庄和台前县的前王集等村，作为市、县的试点，建成避水连台样板村、新村建设示范村、经济发展专业村，以带动整个滩区的建设和发展。为搞好第二阶段工程规划建设，市委、市政府责成沿河三县各搞几个“填空补齐、加固完善、成台保护、硬化绿化”样板村台，在面上得以逐步推广。

（三）全民参战，共筑村台。在避水台建设过程中，各级、各部门利用多种形式进行广泛深入的宣传发动，教育滩区广大群众克服等、靠依赖思想，发扬林县人民自力更生、艰苦创业精神，坚持“自己的事情自己办，自己的家园自己建”，在争取上级有限补贴的同时，充分调动群众潜在的建台积极性，全面动员，号召全民参战，组织多种方式施工，把滩区广大干部群众引导、动员、组织到建设家园的战场上，形成男女老少齐上阵、大车小车一起转，共建避水台的人民战争。施工高潮期，日出勤劳力达3万多人，出动各种车辆9000多辆，日完成土方30多万立方米。

（四）多方筹措资金，实行补贴政策。避水连台建设工程浩大，耗资较多，而政府财力有限，本来比较贫困而又受灾后的群众经济承受能力更差。鉴于这种情况，濮阳市实行以工代赈性的补贴政策，1立方米（实方）土补贴2~3元钱。这个政策，既实现政府适量投资的可能性，又调动群众出工出力争取补贴的积极性。

在筹措落实补贴资金上，一是争取中央和省专项投资；二是争取国家以工代赈资金；三是争取河务专款；四是发动社会各界捐献和资助。

（五）坚持标准，强化督导，严格把关。每期工程铺工前，印发铺工测量技术要点，对铺工人员进行岗前培训，严格要求按规定标准铺工。各组铺工结束后，组织技术骨干对铺工结果进行抽查、复核，发现问题，及时纠正。施工期间，加强检查指导，保证施工质量。工程竣工后，按照村竣工、乡申报、县初验和市终验的程序，组成验收组，对每个村的街道、胡同、校台、填空及围堰等项目检查核实，对照图表、资料，逐一丈量，填写《竣工验收表》，严把工程质量关。对留有尾工的不予验收，限期扫尾完工。同时，还指导有关乡、村切实搞好避水台建设与村宅规划相结合，与发展庭院经济相结合，与美化环境相结合，与平整土地、挖沟清淤相结合，实现一举多得，一功多效。

三、初步成效

经过3年来的艰苦努力，濮阳市黄河滩区380个村避水连台已初步建成。滩区广大干部群众认为，修建滩区避水连台，是一项安居工程、发展工程、民心工程；滩区群众又称作保命台、聚财台，滩区人民与党和政府的连心台。

（一）群众的生存安居问题得到解决。有两首歌谣分别描绘滩区村庄建台前后截然不同的景象。建避水连台前：上街下大沟，回家登戏台，大水穿村过，要命又丢财。建避水连台后：打连台，修街道，保命聚财真可靠，从此不再水里泡，男女老少齐欢笑。滩区村避水连台增强了防洪抗灾能力，从此，滩区7万多户、30多万人的生命财产安全有了可靠保障。

（二）为滩区经济发展奠定了基础。各村连台建成后，有部分村在搞好农业生产开发的同时，在建成的连台上又着力发展种植业、养殖业和加工业等庭院经济。为切实搞好重点引导和扶持，市和沿河三县选择了一批有一定基础和发展条件的村，进行种、养、加专业村建设，以带动和加快滩区经济的发展。

（三）密切党政与群众的关系。市委、市政府组织建设避水连台，是为滩区群众创造安身立命、保家聚财场所的民心工程，是给滩区群众办的最大的一件实事、好事，充分体现了党和政府对滩区人民的关怀和爱护，深受滩区人民的欢迎和拥护。

国务院关于核定山东省与河南省金堤河地区行政区域界线及有关问题的批复

（国函〔2001〕70号）

山东省、河南省人民政府：

山东省人民政府《关于确定鲁豫两省金堤河段边界走向问题的请示》（鲁政发〔2000〕59号）、河南省人民政府《关于鲁豫线金堤段和部分黄河段勘界意见的请示》（豫政文〔1999〕251号）收悉。现批复如下：

一、山东省与河南省金堤河地区行政区域界线按《国务院关于山东、河南两省金堤地区调整省界问题的批复》（〔64〕国内字421号）及山东省民政厅1964年8月28日报内务部“山东河南两省边界调整示意图”标绘的两省在金堤河地区的界线核定。具体界线走向为：

从平面坐标 $X=3962500$，$Y=20351150$ 的点起，界线大体向东北沿金堤中心线延伸至子路堤村西金堤河北小堤与金堤交汇处，折向南偏东南转东北沿金堤河北小堤中心线延伸至东金斗营村南金堤河北小堤与金堤交汇处的金堤中心线，折向东偏东北沿金堤中心线延伸至莲花池村东南金堤河北小堤与金堤交汇处，然后大体向东沿金堤河北小堤中心线延伸至甄台村向东南方向的大车路与金堤河北小堤交叉处以东约400米处，折向北直线至小路转弯处，再沿小路向北延伸约550米，转向东北直线至小路转弯处（42.2高程点），转向西偏西北沿小路延伸至金堤中心线，转向东北沿金堤中心线延伸至侯那里村至解任的大车路与金堤中心线的交叉处，折向南沿大车路延伸约250米，然后向东直线至同堤村东大车路上的桥南约100米处，折向北沿大车路延伸至金堤中心线，大体转向东南沿金堤中心线延伸至寿张镇南公路与金堤的交叉处，折向南沿公路中心线延伸约50米，转向东偏东北从南台与于庙之间延伸至于庙东北方向的小土堤中心线，折向西北沿小土堤中心线延伸至金堤中心线，再大体向东偏东北沿金堤中心线延伸至刘核村原址西南小土堤与金堤的交汇处，然后向东南转东北沿小土堤延伸至金堤中心线，再大体向东偏东北沿金堤中心线延伸至东湖南金堤上的角点，最后折向东南直线至平面坐标 $X=3998485$，$Y=20418600$ 的点止。

上述界线已标绘在中国人民解放军总参谋部测绘局1973年出版的10-50-137-丙，1982年出版的9-50-4-乙、9-50-4-甲，1986年出版的9-50-3-丁、9-50-3-乙、10-50-136-丁共6幅1：5万比例尺地形图上（见附件）。

界线走向文字说明中涉及到的地理名称、高程点是附图上标注的，距离是从附图上量取的平面距离，点位坐标是从附图上量取的平面直角坐标。

界线走向文字说明中凡以金堤、金堤河北小堤中心线为界地段，以实地标志物中心线为准；其他地段以附图上标绘的界线为准。

二、两省金堤河地区行政区域界线划定后，双方群众在界线两侧对方境内经营的插花土地的经营权、管理权和所有权不变，具体范围以双方土地详查时明确的土地权属范围为准。山东省部分群众在金堤河南侧的居住现状维持不变，继续由山东省管理。

河南省范县县城及金村、张夫两个村仍作为河南省在山东省境内的飞地。

三、金堤河地区水利问题按“金堤由山东修守，金堤河由河南治理”的原则，由水利部黄河水利委员会和金堤河管理局统一协调解决。双方在金堤河上修建的生产生活及水利设施，在不影响整个金堤河地区水利治理的前提下，按“谁修建、谁管理”的原则处理。

四、两省人民政府要顾全大局，坚决贯彻落实上述裁决。要做好各级干部特别是县和乡（镇）干部的工作，要耐心细致地做好边界地区群众的思想工作，采取有力措施，确保边界地区的稳定。

附件：关于核定山东省与河南省金堤河地区行政区域界线及有关问题的批复（该附件的复印件只发山东省和河南省人民政府各一份）

国务院

二〇〇一年六月二十三日

豫鲁两省有关金堤河地区行政区划纠纷与协调

中华人民共和国成立后，设立平原省，省会新乡市，由中央直接领导。辖新乡、安阳、湖西、菏泽、聊城、濮阳等6专区。1952年11月，平原省撤销，将新乡、安阳、濮阳3专区划归河南省；菏泽、聊城、湖西3专区划归山东省。范县划属山东省聊城专区。在以后的10多年中，没有发生过区划争议。

1963年12月，水利电力部向国务院的《关于金堤河问题的请示报告》提出：“为便于金堤河统一治理，经过反复考虑，并于9月23日征得山东省谭启龙同志、河南省刘建勋同志的同意，建议把金堤以南的山东省范县、寿张一部分地区的1000余平方千米（包括黄河滩区）划归河南省。11月间，河南省提出为便于领导，准备在这里设县，要求将金堤以北的范县县城（樱桃园）划归河南省，作为县党、政领导机关的驻地。这一问题已征得山东省委同意，具体划界问题请两省另行商定。这样划界后，不仅有利于解决金堤河问题，对黄河特大洪水的处理也有好处。”12月26日，国务院同意水利电力部关于金堤河问题的报告，将原属山东省范县、寿张金堤以南和范县县城附近的土地划归河南省。划界后，地在河南、人在山东的居民的负担、征购、救灾等具体问题，由两省人民委员会共同协商处理。

1964年4月，两省进行交接工作。9月9日，国务院对山东、河南两省金堤河地区调整省界问题进行批复：一、将山东省范县、寿张两县金堤以南和范县县城附近地区划归河南省领导，具体省界线划法：山东省寿张县所属跨金堤两侧的斗虎店、子路堤、侯李庄、明堤、临河、大寺、关门口、赵台、李堤、孟楼、同堤、南台、刘海等13个村庄仍留归山东省领导；范县所属金堤以北的范县县城及金村、张夫两个村庄划归河南省领导。二、将山东省范县的建制划归河南省领导。范县所属金堤以北除范县县城及金村、张夫两个村庄以外的地区划归山东省莘县。

由于行政区划调整不彻底，没有达到使金堤河归一省统一管理方便治理的目的。由于沿河豫鲁两省耕地插花交叉，下游40余千米河段在山东境内，这样一来，便埋下水利矛盾和区划争议的根源。区划调整后，金堤河得到较好的治理。此后的10多年中，气候偏旱，金堤河流域径流较少，水事纠纷不多，区划争议亦不突出。随着黄河河床逐年抬高，金堤河因引黄灌溉退水退沙淤积严重，加之堤防工程年久失修，水利矛盾加剧，区划争议也随之越来越多。

1978年，豫鲁两省为解决金堤河地区的水事纠纷，曾协商同意，对行政区划做适当调整：将台前、范县仍回归山东。但在征求聊城地区意见时，遭到聊城地区反对。因而，区划调整未能实现。

1987年12月，河南省人民政府向国务院报送《关于调整我省范县行政区划的请示》："范县县城设在金堤以北的莘县境内，面积只有1.3平方千米，除县直机关和金村、张夫村外，周围其他村庄和土地全属山东省管辖，而山东省莘县樱桃园乡政府和部分乡直单位又设在范县城区内，犬齿交错，互相掣肘。这种状况是很不合理的，一方面严重限制着范县城镇建设和经济发展；另一方面两省都无法实施有效的行政管理，给社会治安、交通运输、环境卫生、县城绿化、税收及市场管理等造成很大困难。特别是遇到滞洪，数十万群众基本无法迁安。我们认为，解决这个问题的根本出路在于适当调整行政区划，现考虑出四个方案：一、恢复原范县行政区域，全部划归河南省管辖；二、将山东省莘县沿金堤河以北的古云、大张、樱桃园、古城四个乡划归河南范县；三、将沿金堤以及在金堤以南有耕地的山东村划归范县管辖；四、最低限度也应将范县县城周围的山东省莘县樱桃园乡划归河南范县管辖。同时，河南省将继续保证山东省用水和排水，进一步密切边界关系。如采取三、四方案，水电部黄委会必须建立金堤河管理局，统一指导，协调处理有关问题。"

1987年12月，水利电力部受国务院委托，在北京召开金堤河行政区划和金堤河管理座谈会，参加会议的有山东、河南两省及民政部、石油部、黄河水利委员会等有关单位。会议就行政区划调整和金堤河治理提出原则意见，待豫鲁两省代表向省政府汇报后进一步商定。至此，区划问题没有实质性进展。

1989年3月，河南省水利厅向河南省政府报送《关于金堤河治理有关问题的请示》：根据近几年来省、市、县反复酝酿的意见，归纳如下三个调整方案：一、按1964年调整的原则，进一步调整完善，即以北金堤为界，北金堤以南的土地全部划归河南省管辖，人随地走。山东省的94个村，10.5万人，0.77万公顷耕地划归河南省。调整后，可使金堤河干流全部归河南修守、管理，北金堤仍归山东修守。本方案对金堤河来说，解决了跨省矛盾问题。但是，在划归河南的94个村中，有的村可能会一部分属河南，一部分仍属山东；其次，为保证北金堤修守及度汛安全，在北金堤南侧尚需划出一定范围的护堤地。二、两省按大致等量调换的原则调整部分辖区，即将现属河南省的台前县辖区338个村庄，1.87万公顷耕地，28.69万人，全部划归山东省；将山东省莘县（老范县）的原古云、范镇、古城、王庄台、观城等5个乡所辖的353个村庄，2.6万公顷耕地，24.7万人划归河南省。这方案可使两省交接的河段大为缩短，金堤河南小堤防守、北金堤防守、北金堤滞洪区群众转移及引黄向金堤北输水等水利问题均可由各省自己解决，但金堤河仍属跨省河道，上下游排水还有一定矛盾，有关治理、管理工作需要黄河水利委员会继续统一管理、协调。三、维持原有行政建制不变，将金堤河以南的南小堤全部退建到河南省境内，修新堤结合开挖古（城）张（庄）排涝沟。这样南小堤可由范县、台前两县防守管理，南小堤以南的涝水也可以排入提排站。但南小堤48千米退建及37千米老堤加培共需做土方650万立方米，永久占地548公顷，临时占地447.47公顷，投资约5270万元，与黄河水利委员会推荐的就现有南小堤加高培厚方案比较，需多做土方470万立方米，多占地153.33公顷，多投资3170万元。此方案濮阳市表示难于实施。

区划问题是一个历史遗留下来的复杂问题，不是水利部门所能解决的。经多方面工作，河南省人民政府在1989年8月31日致函水利部阐述关于金堤河治理意见时，没有再提区划问题。但在第一次和第二次金堤河干流治理和彭楼引黄入鲁工程协调会议期间，河南省濮阳市的代表仍希望考虑范县的区划问题。

1999年、2000年，鲁、豫两省分别请示国务院，要求重新核定鲁、豫两省金堤河段边界。2001年，国务院对此进行批复：“山东省与河南省金堤河地区行政区域界线按《国务院关于山东、河南两省金堤地区调整省界问题的批复》（〔1964〕国内字421号）核定。”

河南黄河河务局事业单位机构改革实施意见

（豫黄人劳〔2002〕30号）

一、指导思想与目标

……

二、原则

……

三、主要内容

……

四、机构设置、人员编制和领导职数

……

（四）升格的事业单位

濮阳县金堤管理局由正科级升格为副处级。

……

河南黄河河务局

二〇〇二年五月十日

水利部人事劳动教育司
《关于濮阳市黄河河务局升格为副局级的批复》

（人教劳〔2002〕56号）

黄河水利委员会：

你委《关于濮阳市黄河河务局升格为副局级的请示》（黄人劳〔2002〕50号）收悉。经研究，同意你委河南黄河河务局所属濮阳市黄河河务局升格为副局级。

水利部人事劳动教育司

二〇〇二年九月十九日

水利部黄河水利委员会
关于濮阳黄河河务局滑县滞洪管理局更名并升格的通知

（〔2010〕15号）

河南黄河河务局：

根据水利部《关于印发<黄河水利委员会主要职责机构设置和人员编制规定>的通知》（水人事〔2009〕643号）规定，濮阳黄河河务局滑县滞洪管理局更名为滑县黄河河务局，同时升格为副处级。

特此通知。

水利部黄河水利委员会

二〇一〇年三月二十三日

历代治河方略简介

黄河治理方略是黄河治理和防洪建设的总方针。历史上许多治河防洪的专家名人，总结并提出许多治河主张和防洪方略，为治河留下了宝贵的财富。但由于社会制度和科学技术条件的限制，只能治标，不能治本。中华人民共和国成立后，在“除害兴利”的治河总方针指导下，先后提出“宽河固堤”“蓄水拦沙”“上拦下排”“拦、用、调、排”等一系列治河方略，引导了各个时期黄河事业的发展和跨越，使黄河治理开发取得举世瞻目的巨大成就。

一、大禹时期

其治水思想是排水入海，主要的治理措施是分流导流。大禹用“因水之流”（《淮南子·泰族训》）、“疏川导滞”（《国语·周语下》）、分流入海的措施治水。即“导河自积石，历龙门，南到华阴，东下砥柱及孟津、雒汭，至于大邳”，在黄河下游断二渠以引其河，大河北“过降水，至于大陆，播为九河，同为逆河，入于渤海”。夏商周黄河下游多道分流入海，史称禹河。

大禹以“疏川导河”的方法，取得治河的成功，受到世世代代的尊崇，对后世产生巨大的影响，被认为是符合水流自然规律的治水良法。

二、春秋战国时期

春秋时期，齐国地处黄河下游，沿河平原地势低下，各种灾害以水患为大。公元前685年，管仲向齐桓公提出筑堤防洪，约束河水流路的方法，并付诸实践。此后，沿河诸侯各自为利，先后修筑堤防。公元前602年，黄河在宿胥口改道南徙，偏离禹河故道。到战国时代，再度筑堤，其规模较春秋时为大，且连贯在一起。秦始皇统一中国后，拆除阻碍水流的工事，由各诸侯国修建，分管的黄河堤防得到统一。

三、汉代时期

西汉中后期，特别是自成帝至王莽时代的三四十年间，由于河患加重和封建统治者对黄河治理的重视，探索治河方法的人愈来愈多，治河思想空前活跃，如以冯逡为代表借鉴禹疏九河的方式，提出的分流治河方略；孙禁、王横等人根据黄河下游实际情况提出的人工改道方略；关并总结古人治水经验提出的滞洪蓄洪方略等。这些治河思想的进一步探讨和发展，有力地促进了当时的治河活动。

最早提出束水攻沙方略的是王莽时期的大司马史张戎，他拟通过修筑并巩固堤防来控制和约束洪水，借水力刷深河道，以避免和减轻河患。同一时代，贾让提出人工改道、分泄洪水和巩固堤防的治河“三策”，这一方策不仅提出防御黄河洪水的对策，还提出放淤、改土、通漕等方面的措施，成为治河史上的第一个除害兴利规划。

进入东汉后，由于河、济、汴交败的局面愈演愈烈，治河论争也日趋激烈，主要表现在治河与政治、经济的关系，以及采取什么样的治河措施上。汉明帝曾说，由于治理意见不统一，众说纷纭，一时拿不定主意而治河不能及早动手。直到永平十二年（公元69年）才决定修治，依照王景陈述的意见，开展了一场大规模的治理活动，采取当时各种可行的技术措施，自上而下对黄河、汴渠进行治理。特别是在汴口治理中，创造性地采取“十里立一水门”的措施，交替从河中引水入汴，使河、汴分流。王景这次治河活动，不仅平息数十年的黄河水患，而且从此以后，河流规顺，在八九百年间史书上少见有关黄河改道的记载。

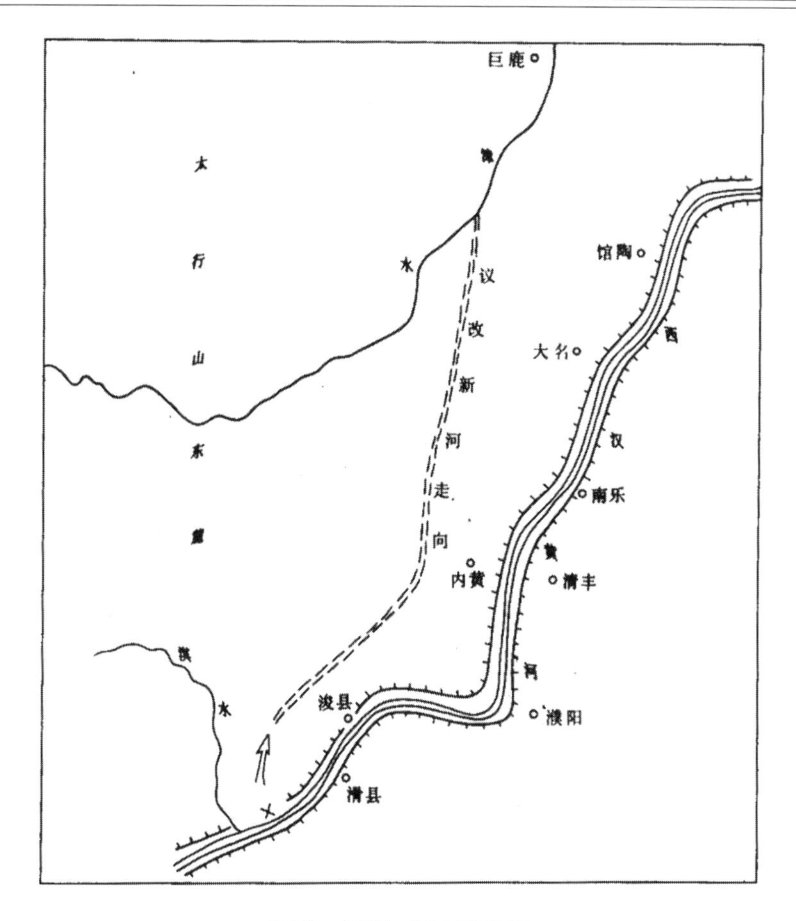

图1　贾让改河示意图

四、北宋时期

由于河患严重，而且这时的河道变迁更加剧烈，加之北宋京城开封地处黄河下游，河患与统治阶级的利害关系更为密切，因此从皇帝到朝廷大臣，许多人都卷入治河的争论。争论首先发生在李垂的分流建议上，淳化至大中祥符年间（公元900~1016年），鉴于黄河决溢多发生在今河南濮阳，山东聊城、济南、东平、惠民等地，建议采用开河分流的方法治理滑州以下的黄河河道，以减轻下游的决溢灾患。宋王朝对这一方案十分重视，召集百余人讨论。因反对意见占上风而未采纳，但对宋人的治河思想影响很大。1048年，黄河在今濮阳境内发生商胡改道后，黄河北流，经今河北省在天津附近入海。自此以后因北流多次决口，引发“北流”和恢复故道（经今河南清丰、南乐，山东聊城、惠民、滨县等地“东流”入海）长达40余年的治河大争论，三次回河“东流”均以失败而告终。

五、明清时期

朝廷为保漕运，寻求治河之策，各种主张活跃，有分流论、改道论、汰沙澄源论、北堤南分论等，人们认识到治河必须从中游着手，“正本清源”，这是治河思想的一个重要转变。明代的治河论争，主要发生在分流与合流之争上。从明初到清嘉靖年间，治河者大部分都主张分流，“以杀水势”。宋濂、徐有贞、白昂、刘大夏、刘天和等一

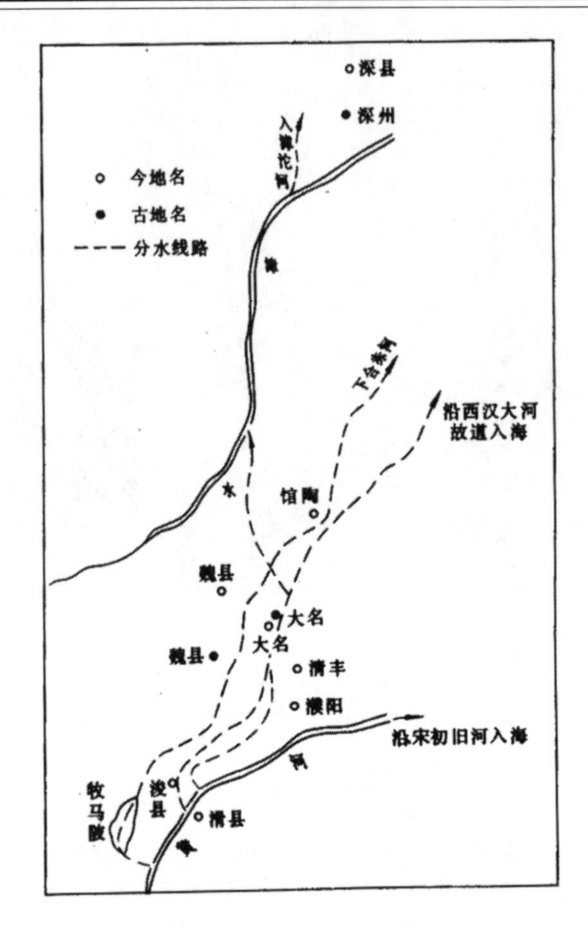

图2　李垂导河形势图

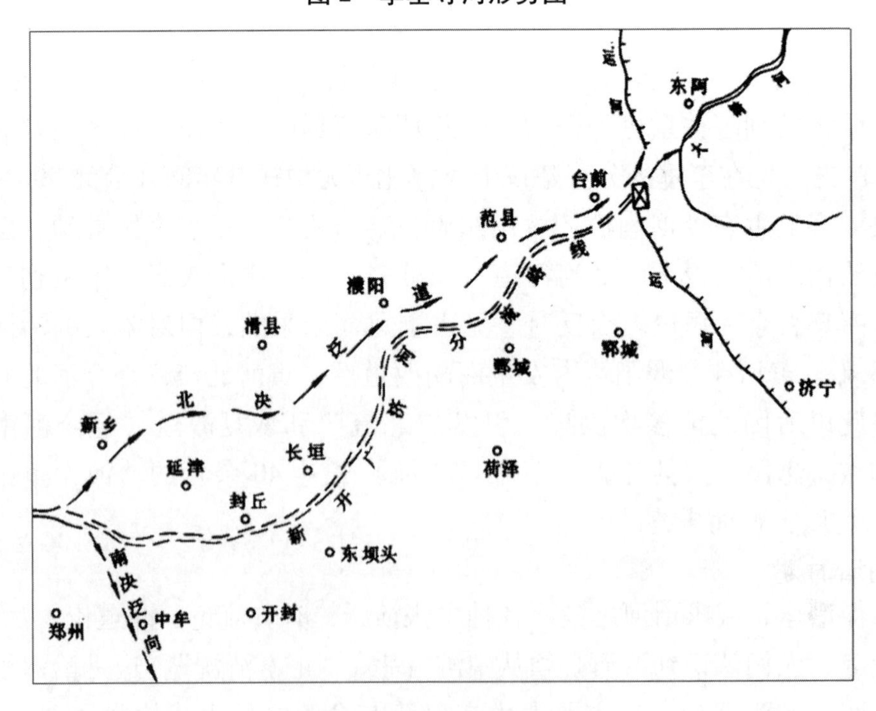

图3　徐有贞导流治河图

大批明代治河名人都持有这一观点，并进行了相当规模的实践。由于黄河多沙，水分则势弱，必然导致泥沙淤积，促使河道淤塞，因而在明代前200年中，由于过度分流，不但没有使河患减轻，反而加重了黄河的灾害。隆庆、万历年间，以万恭、潘季驯为主要代表的合流论应运而生。潘季驯在总结前人经验的基础上，提出“以堤束水，以水攻沙”“以清释浑”等一系列主张，基本解决了治河历史上长期分疏与筑堤的争论。

清咸丰五年（1855年），黄河在铜瓦厢决口，夺大清河入海。究竟是堵塞决口恢复故道，还是乘势改行新道，清廷内长期争论达30年之久。有人主张堵复决口，挽大河回归故道，恢复漕运，消除山东水患。而更多的人坚持因势利导，就新河筑堤，使河改行山东。最后，主张就新河筑堤的意见占了上风。1864年，由当局主持修筑新堤，经过20年的施工，黄河下游的新堤防才完整地修筑起来。

六、中华民国时期

20世纪30年代初，李仪祉等治河专家总结历代治河经验，吸收西方先进科学技术，打破传统的治河观念，提出治理黄河要上、中、下游结合，治本与治标结合，工程措施与非工程措施结合，治水与治沙结合，兴利与除害结合的综合治理方针，治河方略发展到一个比较高的水平。

七、中华人民共和国时期

（一）宽河固堤

20世纪50年代初期，根据下游河道上宽下窄的特点和堤防工程状况，黄河水利委员会（简称黄委会、黄委）提出“宽河固堤”的治河方针。在此方针的指导下，主要采取以下措施：一是大力培修堤防，连年不断地加高培厚，提高堤防的抗洪能力；二是石化险工，将历史上遗留下来的秸、埽工程一律改为石坝；三是锥探灌浆消除堤身隐患，并发动沿河群众，捕捉害堤动物；四是堤身两旁种树植草，防止风浪和雨水侵蚀大堤；五是废除河道内的民埝，扩大河道行洪能力；六是开辟东平湖和北金堤滞洪区，防御异常洪水；七是组织群众防汛队伍，加强人力防守。

（二）蓄水拦沙

20世纪50年代中期，为配合国家经济建设发展，也迫切需要利用黄河水沙资源兴利，变害河为利河，黄委会提出“除害兴利、蓄水拦沙”的方略，把泥沙和水拦蓄起来加以控制和利用。控制洪水和泥沙的基本方式是从高原到山沟，从干流到支流，节节蓄水，分段拦沙。主要措施：一是在黄河的干流和支流上修建一系列的拦河坝和水库，拦蓄洪水和泥沙，防治水害，同时调节水量，发展灌溉和航运，进行水力发电；二是在黄河水土流失严重的地区，开展大规模的水土保持工作，保护黄土，减少暴雨时黄土被冲下山沟和进入河流，这样既避免中游地区的水土流失，也能消除下游的水害根源。1954年，根据这一方略，制定黄河综合利用规划。1960年9月，三门峡水库建成运用后，库区淤积严重，危及关中平原。1962年3月，三门峡水库被迫改变水库运用方式，由“蓄水拦沙”改为“滞洪排沙”运用。“蓄水拦沙”方略以及按照此方略制定的治河综合规划，对黄河治理来说是一个重大的发展，并由此获得宝贵的经验教训，推动了黄河治理事业的发展。但是“蓄水拦沙”方略不全面，不完全符合黄河实际情况，在指导思想上有片面性，单纯强调“拦”，忽视了“排”，因而并不能解决下游防洪问题。

（三）“上拦下排、两岸分滞”

1975年12月，国家有关部委和河南、山东两省在郑州召开黄河下游防洪座谈会，分析防洪形势，研究防洪措施。会后，向国务院报送了《关于防御黄河下游特大洪水的报告》。报告中提出：“当前黄河下游防洪标准偏低，河道逐年淤高，远不能适应防御特大洪水的需要，今后黄河下游防洪应以防御花园口水文站46000立方米每秒洪水为标准，拟采取‘上拦下排，两岸分滞’的方针。建议采取以下重大工程措施：在三门峡以下兴建干流水库工程，拦蓄洪水；改建北金堤滞洪区，加固东平湖水库，增大两岸分滞能力；加大下游河道泄量，增辟分洪道，排洪入海；加速实现黄河施工机械化。”“上拦下排、两岸分滞”方略是总结历史上防治黄河洪水的经验，并吸取1950年以后治河的正反两方面的经验教训逐步形成的。它充分考虑黄河洪水、泥沙和下游河道特点，认识到黄河下游的水患主要是黄河水少沙多，下游河道不断淤积造成的，黄河的洪水问题必须与泥沙问题联系起来解决，必须通过多种途径、多种措施，上、中、下游综合治理来解决。

（四）上拦下排、两岸分滞和拦、排、放、调、挖

2002年7月，国务院批复的《黄河近期重点治理开发规划》，认真分析黄河存在的洪水威胁严重、水资源供需矛盾突出、生态环境恶化趋势尚未得到有效遏止等三个重大问题的根源（主要是由黄河“水少、沙多、地上悬河”的特点所决定的），提出解决黄河三大问题的基本思路。在防洪减淤方面，“上拦下排，两岸分滞”，控制洪水；“拦、排、放、调、挖”，处理和利用泥沙。在水资源利用及保护方面，开源节流保护并举，节流为主，保护为本，强化管理。在水土保持方面，防治结合，保护优先，强化治理。

治理开发目标：在防洪减淤方面，要求到本世纪中叶建成完善的黄河防洪减淤体系，有效控制黄河洪水泥沙，初步形成“相对地下河”，谋求黄河长治久安。近期规划用10年左右时间，初步建成黄河防洪减淤体系，基本控制洪水泥沙。确保防御花园口站洪峰流量22000立方米每秒堤防不决口，基本控制游荡性河道河势；相对稳定河口地区入海流路。上中游干流重点防洪河段的防洪工程达到设计标准。近期要把黄河下游防洪减淤作为治理的重点，加强堤防、河道整治工程和分滞洪工程建设，进行黄河滩区和蓄滞洪区安全建设，并完善防洪非工程措施，保障黄河下游防洪安全。

（五）黄河治理终极目标

2004年初，黄委提出“维持黄河健康生命”的黄河治理终极目标，其标志为“堤防不决口，河道不断流，污染不超标，河床不抬高”。实现这四个标志的9条治理途径为：①减少入黄泥沙；②流域及相关地区水资源利用的有效管理；③外流域调水增加黄河水资源量；④建设黄河水沙调控体系；⑤制定并实现黄河下游河道科学合理的治

理方略；⑥塑造使河道主槽不萎缩的径流过程；⑦采取满足水质功能要求的水资源保护措施；⑧治理黄河河口，以尽量减小对下游河道的反馈影响；⑨满足黄河三角洲生态系统良性维持要求的径流过程塑造。

（六）下游河道治理方略

2004 年 2 月、3 月，黄委分别组织国内外有关专家在北京和开封召开研讨会，研究制定黄河下游河道治理方略。黄委通过分析黄河的现状，预测未来进入黄河下游河道水沙条件，汇总专家意见，提出“稳定主槽、调水调沙、宽河固堤、政策补偿”的下游河道治理方略，即黄河下游河道长年维持一个稳定的中水河槽，中小洪水或调水调沙在该河槽中演进，水流不漫滩，滩区群众安居乐业；遇大洪水或特大洪水，在黄河下游两岸标准化堤防约束下下泄，淤滩刷槽，滩区群众以村台或组织撤退形式保安全；对洪水造成的滩区经济损失，由国家给予政策性补偿。

附录二　治河法规

冀鲁豫行署《黄河大堤留地办法》

1949年4月5日，冀鲁豫黄委会抄转冀鲁豫行署制定的《黄河大堤留地办法》，通知各修防处、段贯彻执行。该办法规定：

1. 金堤：在范县、徐翼、寿张三县境内者，除现在堤压之地外，在临河方面再留出6米、背河方面再留出4米划为公地。范县以西部分一般仅将堤压地留作公地，其堤身过于狭窄或堤身与沿堤耕地界限不清者，以留足26米宽为准（连堤压地在内）。

2. 临黄堤：为照顾工程需要，不论上下一律以留41米为准。一般堤的宽度为27米，自堤根量起，向临河方向扩展10米，向背河方向扩展4米，作为堤界。如现有堤宽不足或超过27米者，扩展之宽度得适当增减，以保护总宽度41米为准。

3. 围堤、隔堤及堤旁坝背：以现占地划为公地，两坝间之地，亦划为公地。

4. 险工：分三等。一等险工向背河扩展30米划为公地；二等险工向背河扩展15米划为公地；三等险工向背河扩展12米划为公地。险工处必须另划一部分公地作为窑场、料场、工程人员住房地基。险工原有公地者要尽量清理利用，原无公地者应于土地调剂时划出一部分民地供使用。

冀鲁豫行署《保护黄河大堤公约》

（1949年5月）

沿河人民均有保护堤、坝、电线及工程材料，检举破坏分子之义务；堤顶禁止铁轮大车通行，对违犯禁例，损坏堤防，砍伐树株，擅自在堤上挖土、割草、放牧牲畜，在堤坦耕种作物使大堤受损者，给予批评并处以罚金。对大量或结伙砍伐树木，偷挖堤土招致损失，纵放牲畜，窃取工程料物屡教不改者，或破坏已修工程，汛期扒堤，破坏治河电线及交通者，视情节处以罚金、修复破坏之工程直至送县政府治罪。

注：这是人民治黄后的第一部具有法律性质的文献。

河南省黄河河道管理办法

（1992年8月3日河南省人民政府豫政〔1992〕64号发布）

第一章　总　则

第一条　为加强黄河河道管理，保障防洪安全，发挥黄河河道及治黄工程的综合效益，根据《中华人民共和国河道管理条例》（以下简称《条例》），结合我省实际情况，制定本办法。

第二条　本办法适用于我省境内的黄河干流河道（包括沁河干流河道、蓄洪区、滞洪区、行洪区、库区）及其工程设施。

第三条　开发利用黄河水资源和防治水害，应当全面规划、统筹兼顾、综合利用、讲求效益，服从防洪的总体安排，促进各项事业的发展。

第四条　河南省黄河河务局是我省黄河河道主管机关。沿黄河各市、县黄河河务局（含管理局、滞洪办公室）是该行政区域黄河河道主管机关。

河南黄河河道，根据国务院水利行政主管部门划定的等级标准进行管理。

第五条　黄河河道防汛和清障工作实行地方人民政府行政首长负责制。

第六条　各级黄河河道主管机关及河道监理人员，必须按照国家法律、法规，加强河道管理，执行供水计划和防洪调度命令，维护水工程和人民生命财产安全。

第七条　一切单位和个人都有保护河道、堤防、滞洪工程安全和参加防汛抢险的义务。

第二章　河道整治与建设

第八条　河道整治与建设，应当服从流域综合规划，符合国家规定的防洪标准和其他有关技术要求，维护工程安全，保持河势稳定和行洪、航运通畅。

第九条　在黄河河道上修建开发水利、防治水害、整治河道的各类工程和跨河、穿河、拦河、穿堤、跨堤、临河的桥梁、闸坝、码头、渡口、道路、管道、缆线等建筑物及设施，建设单位必须按照河道管理权限，将工程建设方案报送黄河河道主管机关审查同意后，方可按照基本建设程序履行审批手续。

建设项目经批准后，建设单位应当将施工安排告知河道主管机关；需要破堤施工的工程，建设单位应当报送破堤开工报告，经当地黄河河道主管机关上报省黄河河道管理机关批准后，方可破堤施工。

第十条　在黄河河道上修建桥梁、码头和其他设施，必须按照国家规定的防洪标准所确定的河宽进行，不得缩窄行洪通道。

桥梁的梁底必须高于设计洪水位，并按照防洪和航运的要求，留有一定的超高。

设计洪水位由黄河河道主管机关根据防洪规划确定。

跨越黄河河道的管道、线路的净空高度必须符合防洪和航运的要求。

第十一条 黄河堤防上已修建的涵闸、泵站和埋设的穿堤管道、缆线等建筑物及设施，黄河河道主管机关应当定期检查，对不符合工程安全要求的，应通知其主管单位限期处理。工程处理的费用由工程主管单位承担。

在堤防上新建前款所指建筑物及设施，施工时，应接受当地黄河河道主管机关对施工质量的监督，跨汛期施工的工程项目，应制订施工度汛方案，报经黄河河道主管机关批准，由建设单位负责实施。工程竣工后，必须经黄河河道主管机关验收合格后方可启用，并服从黄河河道主管机关的安全管理。

第十二条 黄河堤防工程一般不作公路使用，险工、控导、护滩工程不作码头、渡口使用。必须使用时，须报经省黄河河道主管机关批准。堤身、堤顶路面的管理和维护办法，由省黄河河道主管机关商省交通厅制定。

第十三条 城镇建设和发展不得占用河道滩地。城镇建设的临堤界线为堤脚外五百米，乡村建设的临堤界线为堤脚外一百米。在编制和审查沿河城镇、乡村规划时，应当事先征求黄河河道主管机关的意见。

第十四条 黄河河道岸线的利用和建设，应当服从河道整治规划。在审批利用河道岸线的建设项目时，计划部门应当事先征求黄河河道主管机关的意见。

黄河滩区不得擅自设立新的村镇和厂矿，已从滩区迁移到大堤背河一侧的村镇和厂矿，不得迁回滩区。滩区现有村镇和厂矿的建设规划，应当征得黄河河道主管机关的同意。

第十五条 黄河修堤筑坝、防汛抢险、涵闸建设、护滩控导工程、防洪道路等工程占地以及取土，由当地人民政府调剂解决。黄河修堤筑坝用土，限定在堤防安全保护区以外就近取土。

因修建黄河河道整治工程所增加的可利用土地，属于国家所有。一半由黄河河道主管机关管理、使用，一半由县级以上人民政府统筹安排使用。

第十六条 在黄河河道内，未经有关各方达成协议和黄河河道主管机关批准，严禁单方面修建排水、阻水、挑水、引水、蓄水工程以及河道整治工程。

第三章 河道保护

第十七条 黄河河道管理范围为黄河两岸堤防之间的水域、沙洲、滩地（包括可耕地）、蓄洪区、滞洪区、行洪区、库区、两岸堤防及护堤地。

无堤防的河道，其管理范围应根据历史最高洪水位或者设计洪水位确定。由当地县级以上人民政府负责划定。

第十八条 黄河河道及其主要水工程的管理范围是：

（一）堤防护堤地：兰考县东坝头以上黄河堤左右岸临背河各三十米；东坝头以下的黄河堤，贯孟堤、太行堤、北金堤以及孟津、孟县和温县黄河堤临河三十米，背河十米；沁河堤临河十米，背河五米。以上堤防的险工、涵闸、重要堤段的护堤地宽度应适当加宽。

护堤地从堤脚算起，有淤临、淤背区和前后戗的堤段，从淤区和堤戗的坡脚算起；各段堤防如遇加高帮宽，护堤地的宽度相应外延。

（二）控导（护滩）工程护坝地：临河自坝头连线向外三十米，背河自联坝坡脚向外五十米。工程交通路坡脚外三米为护路地。

（三）涵闸工程从渠首闸上游防冲槽至下游防冲槽末端以下一百米，闸边墙和渠堤外二十五米为管理范围。

（四）三门峡库区岸顶高程在335米以下范围。

上述工程管理范围用地，原大于规定标准的，保持原边界，现达不到规定标准的，除控导（护滩）工程护坝地由当地市、县人民政府按规定标准无偿划拨外，其他工程管理范围用地由黄河河道主管机关按有关规定逐步征用。

第十九条　在黄河河道管理范围内，水域和土地的利用应当符合黄河行洪、输水和航运的要求；滩地的利用，应当由黄河河道主管机关会同当地土地管理等有关部门制定规划，报县级以上人民政府批准后实施。

第二十条　禁止损毁堤防、护岸、闸坝等水工程建筑物和防汛设施、水文监测和测量设施、河岸地质监测设施以及通信、照明等设施。

在防汛抢险和雨雪堤顶泥泞期间，除防汛抢险车辆外，禁止其他车辆通行。

第二十一条　禁止非管理人员操作河道上的涵闸闸门，任何组织和个人均不得干扰黄河河道管理机关的正常工作。

第二十二条　在黄河河道管理范围内，禁止下列活动：

（一）修建隔堤、围堤、生产堤、阻水渠道、阻水道路；

（二）种植高秆农作物、芦苇和片林（堤防防护林除外）；

（三）弃置矿渣、石渣、煤灰、泥沙、垃圾等；

（四）在堤防和护堤地建房、开渠、打井、挖窖、建窑、葬坟、取土、放牧、违章垦植、堆放物料、开采地下资源、进行考古发掘以及开展集市贸易活动；

（五）在堤顶行驶履带机动车和其他硬轮车辆；

（六）国家其他有关法令所禁止的活动。

第二十三条　在黄河河道管理范围内进行下列活动，必须报经黄河河道主管机关批准：

（一）采沙、采石、取土；

（二）爆破、钻探、挖筑鱼塘；

（三）在河道滩地存放物料、修建厂房或者其他建筑设施；

（四）在河道滩地开采地下资源及进行考古发掘；

（五）修建渡口、码头、桥梁（含浮桥）；

（六）修建引水、提水、排水工程和设置机械设施。

第二十四条 黄河河道堤防安全保护区的范围是：黄河堤脚外临河五十米，背河一百米；沁河堤脚外临河三十米，背河五十米。

三门峡库区范围均为安全保护区。

在黄河河道堤防安全保护区内，禁止擅自进行打井、钻探、开渠、挖窖、挖筑鱼塘、采石、取土等危害堤防安全的活动。

第二十五条 在黄河河道堤防两侧各二百米范围内一般不得进行爆破作业，必须进行爆破作业或在二百米以外进行大药量的爆破作业危及堤防安全的，施工单位应向黄河河道主管机关申请，经审查批准后，方可实施爆破作业。

第二十六条 在黄河河道管理范围内新建或改建的各类工程，施工时应保护原有的河道工程及附属设施，确需损毁的，须经省黄河河道主管机关批准，工程完工后，由建设单位恢复或予以赔偿。

第二十七条 黄河历史上留下的旧堤、旧坝、原有工程设施等，未经黄河河道主管机关批准，不得占用或者拆毁。

第二十八条 护堤、护岸、护坝林木，由黄河河道主管机关组织营造和管理，其他任何单位和个人不得侵占、砍伐或者破坏。

黄河河道主管机关对护堤护岸林木进行抚育和更新性质的采伐及用于防汛抢险的采伐，免交育林基金。

第二十九条 在汛期或黄河工程抢险期间，船舶的行驶和停靠必须遵守防汛指挥部的规定。

第三十条 向黄河河道排污的排污口的设置和扩大，排污单位在向环境保护部门申报之前，应当征得黄河河道主管机关的同意。

第三十一条 在黄河河道管理范围内，禁止堆放、倾倒、掩埋、排放污染水体的物体。禁止在河道内清洗装贮油类或者有毒污染物的车辆、容器。

黄河河道主管机关应当开展河道水质监测工作，协同环境保护部门对水污染防治实施监督管理。

第三十二条 滞洪区土地利用、开发和各项建设必须符合防洪的要求，保持蓄洪能力，实现土地的合理利用，减少洪灾损失。

第三十三条 在滞洪区内为群众避洪、撤离所建的避水台、围村堰、道路、桥梁、报警装置、船只、避水指挥楼、通信设施等应加强维护，保证正常运用。当地人民政府应落实乡村管理组织，明确专人管护。对专管专用设施，任何单位和个人不得擅自挪用。

第三十四条 沿黄各级人民政府应加强对黄河河道工程管理工作的领导，县（市、区）、乡（镇）人民政府应分别建立有政府领导和黄河河道主管机关及有关部门负责人参加的黄河河道管理委员会，负责组织、协调、检查、监督管辖范围内黄河河道及工程的管理工作。村应建立工程管理领导小组，确定护堤、护坝人员，负责做好日常管理养护工作。

第四章　河道清障

第三十五条　对黄河河道管理范围内的阻水障碍物，按照“谁设障，谁清除”的原则，由黄河河道主管机关提出清障计划和实施方案，由防汛指挥部责令设障者在规定的期限内清除。逾期不清除的，由防汛指挥部组织强行清除，并由设障者负担全部清障费用。

第三十六条　对壅水、阻水严重的桥梁、引道、码头、生产堤、渠道、道路、片林和其他有碍行洪的设施，及在河道工程管理范围内已建成的房屋、水井、沟渠、坟墓、鱼塘、砖窑等，由黄河河道主管机关根据国家规定的防洪标准，提出处理意见，报经当地人民政府批准后，责成原建单位或个人在规定的期限内改建或者拆除。汛期影响防洪安全的，必须服从防汛指挥部的紧急处理决定。

第五章　费用负担

第三十七条　黄河河道主管机关征用、划定的各类防洪工程占地、工程管理用地按国家有关规定免交耕地占用税。

第三十八条　受益范围明确的堤防、控导（护滩）、引黄涵闸等工程设施，黄河河道主管机关可以向受益的工商企业等单位和农户收取河道工程修建维护管理费，其标准应根据工程修建和维护管理费用确定。收费的具体标准和计收办法由省黄河河道主管机关会同省物价局、财政厅另行制定，报省政府批准后执行。

第三十九条　在黄河河道内采沙、取土、淘金，必须按照批准的范围和作业方式进行，并按规定交纳管理费。收费标准和计收办法由省黄河河道主管机关会同省财政厅、物价局按照水利部、财政部、国家物价局颁布的《河道采沙收费管理办法》制定。

第四十条　凡违反《条例》和本办法规定，损毁堤防、护岸和其他水工程设施，或造成河道淤积的，由责任者负责修复、清淤或者承担维修、清淤费用。

因在黄河河道上修建的各类工程设施，影响黄河防洪并因此造成河道防洪和整治工程费用增加的，所增加的费用由修建工程设施的单位承担。

第四十一条　黄河河道主管机关收取的各项费用，用于河道堤防工程的建设、管理维修和设施的更新改造。结余资金可以连年结转使用，任何部门不得截取或者挪用。

第四十二条　黄河河道两岸的城镇和农村，当地市、县人民政府可以在汛期组织堤防保护区域内的单位和个人义务出工，对河道堤防工程进行维修和加固。

第六章　处　罚

第四十三条　违反《条例》和本办法规定的，由县级以上黄河河道主管机关或者有关主管部门按照《条例》第六章的规定责令纠正违法行为、采取补救措施、没收非法所得、赔偿损失、给予行政处分、依法追究刑事责任的处理外，对其中并处罚款的，按下列标准执行：（注：根据豫政（1998）16号通知，将本条中“没收非法所得”的表述予以删除。）

（一）在河道行洪范围内弃置、堆放阻碍行洪物体的，每立方米罚款三十元至五十元；种植阻碍行洪片林或者高秆植物的，每亩罚款十元至五十元；修建隔堤、围堤、生产堤、阻水渠道、阻水道路的，罚款一百元至五千元。

（二）在堤防、护堤地建房、开渠、打井、挖窖、建窑、葬坟、取土的，罚款一百元至五百元；放牧、违章垦植、打场、晒粮、堆放物料、开展集市贸易活动的，罚款二十元至一百元。

（三）未经批准或者不按国家规定的防洪标准，擅自在河道内修建挑水、阻水工程的，罚款二千元至五千元；架设浮桥和其他有碍行洪设施的，罚款二千元至一万元。

（四）未经批准或者不按照河道主管机关的规定在河道管理范围内采沙、采石、取土，罚款五十元至一千元；爆破、钻探、挖筑鱼塘的，罚款一千元至五千元。

（五）未经批准在河道滩地存放物料，修建厂房或者其他建筑设施，罚款一百元至二千元；开采地下资源或者进行考古发掘的，罚款一千元至一万元。

（六）在堤顶行驶履带机动车辆或因雨雪堤顶泥泞期间行驶车辆，造成堤面破坏的，每米罚款五元。

（七）擅自砍伐护堤护岸林木的，每株罚款十元至二百元。

（八）损毁堤防、护岸、闸坝、水工程建筑物的，罚款一百元至五千元；损毁防汛设施、水文监测和测量设施、河岸地质监测设施以及通信、照明等设施的，罚款一百元至五千元。

（九）在堤防安全保护区内进行打井、钻探、爆破、挖筑鱼塘、采石、取土等危害堤防安全活动的，罚款一百元至五千元。

（十）非管理人员操作河道上的涵闸闸门或者干扰河道管理正常工作的，罚款一百元至二千元。

罚款金额二千元以下的由县级黄河河道主管机关批准；二千元以上、五千元以下的由市黄河河道主管机关批准；五千元以上的由省黄河河道主管机关批准。

第四十四条 当事人对行政处罚决定不服的，可以在接到处罚通知之日起十五日内，向做出处罚决定的上一级机关申请复议，对复议决定不服的，可以在接到复议决定之日起十五日内向人民法院起诉。当事人也可以在接到处罚通知之日起十五日内，直接向人民法院起诉。当事人逾期不申请复议或者不向人民法院起诉又不履行处罚决定的，由做出处罚决定的机关申请人民法院强制执行。对治安管理处罚不服的，按照《中华人民共和国治安管理处罚条例》规定办理。

第四十五条 对违反本办法规定，造成国家、集体、个人经济损失的，受害方可以请求县级以上黄河河道主管机关处理。也可以直接向人民法院起诉。

当事人对黄河河道主管机关的处理决定不服的，可以在接到通知之日起十五日内向人民法院起诉。

第四十六条 黄河河道主管机关的工作人员以及河道监理人员玩忽职守、滥用职权、徇私舞弊的，由所在单位或者上级主管机关给予行政处分；对公共财产、国家和人民的利益造成重大损失的，依法追究刑事责任。

第七章　附　则

第四十七条　本办法执行中的具体问题由河南省黄河河务局负责解释。

第四十八条　本办法自发布之日起施行。

河南省黄河工程管理条例

（2007 年修正本）

（1982 年 6 月 26 日河南省第五届人民代表大会常务委员会第十六次会议通过。根据 1994 年 4 月 28 日河南省第八届人民代表大会常务委员会第七次会议《关于修改〈河南省黄河工程管理条例〉的决定》第一次修正。1997 年 5 月 23 日河南省第八届人民代表大会常务委员会第二十六次会议《关于修改〈河南省黄河工程管理条例〉的决定》第二次修正。2007 年 12 月 3 日河南省第十届人民代表大会常务委员会第三十四次会议修订，并以第 81 号公告公布，自 2008 年 3 月 1 日起施行）

第一章　总则

第一条　为了加强黄河工程的管理，提高抗洪能力，发挥工程综合效益，保障经济建设、社会发展和人民生命财产的安全，根据《中华人民共和国水法》、《中华人民共和国河道管理条例》及其他有关法律、法规的规定，结合本省行政区域内黄河（包括沁河，下同）工程的实际情况，制定本条例。

第二条　本条例适用于本省行政区域内黄河工程的管理和保护。

本条例所称黄河工程，是指黄河的大堤（包括沁河堤、太行堤、北金堤、贯孟堤、温孟滩移民安置防护堤、旧堤、旧坝等）、险工、涵闸、分洪、滞洪、河道控导、护滩等工程，以及各种工程标志标牌，交通、电力、通信、管护、观测、防护林等设施。

第三条　黄河工程管理，应当坚持统一规划、分级管理、精简高效的原则，实行建管并重、管养分离、合理开发、有偿使用。

第四条　黄河沿岸依法划定的护堤地、护坝地、护闸地、淤临区、淤背区和旧堤、旧坝等，均归国家所有，由黄河河务部门统一管理使用，任何单位和个人不得擅自侵占。

第五条　沿黄河的各级人民政府应当加强对黄河工程建设的领导，组织有关部门、单位和当地群众支持黄河工程建设，协调做好工程建设用地、安置补偿等工作，确保工程建设顺利进行。

第六条　省、省辖市、县（市、区）黄河河务部门是本行政区域内黄河工程的主管机构，行使黄河水行政主管部门的职责，根据分级管理的原则，依法统一管理黄河河道和黄河工程。

黄河工程治安保卫工作由当地公安机关负责。

第七条 各级黄河河务部门应当建立健全管理责任制，逐步建立市场化、专业化和社会化的黄河工程维修养护体系。

维修养护单位应当严格按照合同约定，完成维修养护作业。

第八条 任何单位和个人都有保护黄河工程设施的义务，对破坏黄河工程的行为有权制止、检举和控告。

第二章　堤防管理

第九条 黄河堤防工程管理范围包括：堤（坝）身、护堤地和堤防工程安全保护区。

护堤地范围的划定标准：

（一）黄河堤，兰考县东坝头以上，左右岸临、背河堤脚外各不少于三十米；东坝头以下和贯孟堤、太行堤、北金堤以及孟津县、孟州市、温县的黄河堤脚外临河不少于三十米，背河不少于十米；

（二）沁河堤，堤脚外临河不少于十米，背河不少于五米。

原护堤地达不到以上规定的，由省辖市、县（市、区）人民政府按规定标准划出，黄河河务部门应当按照国家和省规定办理用地手续。

黄河堤防工程安全保护区的范围：

（一）黄河堤脚外临河五十米，背河一百米；

（二）沁河堤脚外临河三十米，背河五十米。

第十条 禁止在堤（坝）身、护堤地内取土、打井、爆破、开渠、挖窖、挖渔塘、建窑、葬坟、建房、排放废物、废渣、放牧、铲草皮、违章垦植、打场、晒粮、堆放料物、进行集市贸易以及其他有害堤身完整、安全的活动。

禁止在堤防工程安全保护区内取土、打井、挖窖、建窑、开沟、爆破、葬坟、排放废物（渣）等活动。

第十一条 在黄河堤防工程安全保护区外二百米范围内，禁止擅自进行爆破作业；确需进行爆破作业或者在二百米范围外进行大药量爆破危及堤防工程安全的，施工单位应当向当地黄河河务部门申请，由黄河河务部门会同公安部门审查批准后，方可实施。

第十二条 严格控制在黄河大堤上修建工程，确需修建的，应当事先征得当地黄河河务部门的意见，在确保防洪安全的前提下，编制设计文件，逐级上报，经省黄河河务部门或黄河水利委员会批准后方能施工。

禁止擅自破堤（坝）引水、排水、埋设管道或修建其他工程。

第十三条 在堤防工程管理范围内进行非防洪工程建设活动，造成工程损坏的，由建设单位按照原设计标准予以加固、修复、改建；建设单位不能或者不能按时加固、修复、改建的，由黄河河务部门组织加固、修复、改建，所需费用由建设单位承担。

因非防洪工程设施的运行使用，增加堤防工程管理工作量及相关工程防护责任的，建设单位或者管理使用单位应当承担相应的费用。

第十四条　在堤防工程管理范围内经批准修建的工程，必须符合防洪安全规定，黄河河务部门有权对施工进行监督、检查。工程竣工验收时，应当有黄河河务部门参加，签字同意，方为有效。工程运用期间，应当接受黄河河务部门监督。

堤防工程管理范围内已建工程，凡不符合防洪安全规定的，管理使用单位必须进行加固、改建或拆除，费用由管理使用单位承担。

第十五条　黄河堤顶不作公路使用。确需使用时，应当按省有关规定向黄河河务部门交纳使用堤段的养护补偿费。

禁止履带车辆在黄河堤上通行。堤顶泥泞期间，除防汛抢险和紧急军事专用车辆外，其他车辆一律不准在堤上通行。

第十六条　黄河修堤筑堤用土应当在堤防工程安全保护区以外取用。挖、压、踏的土地，应当按照国家和省有关土地管理的法律、法规的规定，办理相关审批手续，进行补偿、恢复土地的生产条件。任何单位和个人不准设置障碍进行干预或额外索取赔偿费用。

第三章　河道工程管理

第十七条　河道控导、护滩工程划定护坝地的范围：临河自丁坝坝头联线向外三十米，背河自联坝坡脚向外五十米。

河道工程交通路两侧坡脚外各三米为护路地。

河道工程护坝地和护路地的用地，属于集体土地的，由县级以上人民政府按规定依法征收后划拨给黄河河务部门，任何单位和个人不得侵占。

在河道合法用地范围内，因修建河道整治工程所增加的可利用土地，属国家所有，按国家和省规定统筹安排使用。

第十八条　禁止擅自在黄河河道内修建阻水、挑水工程。确需修建的，应当在不影响河道行洪和上下游、左右岸堤防安全及不引起河势变化的前提下，事先向当地黄河河务部门提出申请，按规定程序批准后，方能施工。

禁止在黄河滩区兴建生产堤。

第十九条　禁止向河道内倾倒工业废渣、城市垃圾和其他废弃物，已倾倒的，限期由倾倒单位清除。

黄河河务部门应当开展河道水质监测工作，协同环境保护部门对污水防治实施监督管理。禁止任何单位和个人将有害有毒的超标准污水排入河道。

第四章　涵闸管理

第二十条　黄河大、中型涵闸由省、省辖市黄河河务部门管理，小型涵闸由县

（市、区）黄河河务部门管理。地方建设的沿河提灌站、涵闸和工矿企业的取水工程由兴办单位管理，黄河河务部门进行业务指导和检查监督。

第二十一条　黄河涵闸、虹吸、提灌站工程的管理范围：从工程上游防冲槽起至下游防冲槽以下一百米（包括渠堤外侧各二十五米）。

第二十二条　黄河涵闸、虹吸、提灌站工程管理单位应当制定管理规范、操作规程和控制运用办法等制度，严格执行黄河河务部门下达的涵闸、虹吸、提灌控制命令，任何单位和个人不得干预。

禁止非管理人员操作黄河涵闸闸门，禁止任何组织和个人干扰工程管理单位的正常工作。

第二十三条　黄河涵闸、虹吸、提灌站工程，必须在确保工程和防洪安全的情况下进行运用。汛期闸前水位超过设计运用水位或不符合工程安全运用标准的，一律关闸停水，加强防守和维修，以保安全。

第二十四条　黄河干流水量按照国家有关规定实行统一调度和管理。

各引黄供水工程管理单位，必须遵守经批准的年度水量调度计划和下达的月、旬水量调度方案以及实时调度指令。

用水单位依照批准的用水计划向供水工程管理单位办理用水签票手续，供水工程管理单位按照用水签票进行放水或停水。

用水单位应当按照国家和省规定标准缴纳水费。

各级黄河河务部门应当做好供水协调工作，供水工程管理单位应当加强涵闸管理，做好供水服务。

第二十五条　不准在涵闸、虹吸、提灌站工程管理范围内垦植、放牧。

严禁在涵闸、虹吸、提灌站工程周围二百米范围内进行爆破及其他有碍建筑物安全的活动。

第五章　汛期管理

第二十六条　黄河汛期的工程管理运用，应当服从有管辖权的防汛指挥部统一指挥、调度，其他单位和个人无权进行指挥。

第二十七条　有黄河防汛任务的人民政府应当根据防汛需要，确定防汛区段，组织群众性防汛队伍，明确各自的任务和责任，做好防汛工作。

第二十八条　河道、堤防、涵闸工程管理人员和防汛队伍在汛期必须坚守岗位，按时进行河势、水情、工情观测，密切注视汛情变化，加强巡堤查险工作。

第二十九条　黄河工程发生险情时，当地人民政府和防汛指挥部应当及时组织人力、物力进行抢护，并按照报险办法立即上报上级主管机关。

第三十条　管理人员应当通过黄河专用通信及电信通信系统，及时准确传报雨情、水情、险情及防汛指示、命令。必要时防汛指挥部可调动应急通信系统，确保黄河防汛通信畅通。

第六章　附属工程及设施管理

第三十一条　各级黄河河务部门应当按照国家规定，加强植树绿化等防护工程和生态建设，组织营造防护林，种植防护草。

第三十二条　黄河工程管理范围内林木的修枝、间伐、更新由黄河河务部门统一安排，按计划进行。

林木的年度更新采伐计划，由省黄河河务部门报省林业行政主管部门审查批准，依照有关规定办理林木采伐许可证。因防汛抢险和度汛工程建设需要采伐林木的，可以先行采伐，但应当依法补办手续并组织补栽。

前两款规定的林木采伐，依照国家有关规定免交育林基金。

禁止乱砍滥伐黄河工程管理范围内的树木。

第三十三条　因修建黄河工程依法征收的土地（水面）属国家所有，由黄河河务部门负责管理。

对开发利用的土地、水面以及种植的林木、芦苇、荆条、草等，由国家和黄河河务部门投资并经营管理的，其收益按照国家规定管理使用；由国家和黄河河务部门投资，委托乡镇、村或他人经营管理的和合作投资经营的，其收益分配按协议执行，黄河河务部门的收益按照国家规定管理使用。

第三十四条　禁止破坏、损毁黄河工程的通信线路、水文监测、测量等工程设施及黄河工程上的备防石和抢险料物。

第七章　法律责任

第三十五条　违反本条例第十条、第十五条第二款、第二十二条第二款、第三十二条第四款、第三十四条规定的，县级以上黄河河务部门除责令其纠正违法行为、采取补救措施外，可以并处警告、罚款、没收违法所得，具体罚款的标准由省人民政府依照国家法律、法规规定另行制定。

第八章　附则

第三十六条　本条例自 2008 年 3 月 1 日起施行。

黄河水利工程维修养护技术质量标准（试行）

（2014 年 12 月）

1　总　则

1.0.1　为加强黄河工程维修养护管理，保证维修养护质量，充分发挥工程效益，依据水利部《水利工程维修养护定额标准（试行）》及水利工程管理考核标准等有关规定，制定本标准。

1.0.2　本标准所称黄河水利工程维修养护技术质量是指依据现行法律、法规和技术标准，为维持工程的设计功能，对水利工程实施维修养护后达到完整、坚固、安全、美观等综合性要求。

1.0.3　本标准适用于黄河水利委员会直管的堤防、河道整治、水闸等工程养护类与维修类项目的质量考核工作。

1.0.4　对国家、行业或黄委有明确技术标准或规范的堤防隐患探测、根石探测、安全监测设施维护等维修养护项目的质量考核，应依据相关标准或规范实施管理考核。

1.0.5　黄河水利工程维修养护工作，除符合本标准外，还应符合国家及行业现行有关技术标准。

2　维修养护标准

2.1　一般规定

2.1.1　堤防、河道整治及水闸工程等水工建筑物的主要技术指标应达到设计或竣工验收时的标准。

2.1.2　工程管理范围内无取土、爆破、打井、钻探、挖沟、挖塘、建窑、建房、葬坟、违章垦殖、堆放杂物、破堤开道、打场晒粮、摆摊设点、违规设置广告牌等现象，无害堤动物较严重危害及其他危害堤防安全的活动。

2.1.3　用于工程维修养护的材料和设备应符合有关规定，特定的维修养护材料和设备应符合下列要求：

1 产品质量检验合格证明；标明的产品名称、生产厂名和厂址；产品包装和商标式样符合国家有关规定和标准。

2 仪器设备应有产品使用说明书；实施生产许可证或实行质量认证的产品，应当具有许可证或认证证书。

3 石料规格、质量符合黄河石料管理有关规定。

4 混凝土材料及配合比应符合有关规范要求。

2.1.4　全面推行维修养护质量管理，建立健全质量保证体系，完善质量管理制度，明确岗位质量责任及考核办法，落实质量责任制，做好工程质量的全过程控制。

2.1.5　严格遵守安全生产管理相关规定，对有安全风险的工程维修养护作业，应落实安全管理制度，制订安全措施，并严格落实。

2.1.6　特殊工种及关键岗位应严格落实有关规定，持证上岗。

2.2　堤防

2.2.1　堤顶

2.2.1.1　堤顶高程、宽度应保持竣工验收标准，堤顶高程误差为0~5 cm，堤顶宽度误差为0~10 cm。

2.2.1.2　未硬化堤顶道路应达到如下要求：

1 堤顶道路保持平顺、平整、饱满。

2 沿堤轴线方向每10 m长范围内高差不大于5 cm，横向坡度保持在2%~3%；采用小粒径（不大于 2 cm）碎石铺设路面。

3 堤顶无车槽、凸凹、起伏不大于 5 cm，降雨后无积水。

2.2.1.3　硬化堤顶道路应达到如下要求：

1 硬化路面中间为黄色虚线，两侧沿路缘石为白色实线，标志线顺直、线宽一致。

2 道路运行期在 6 年以内的，应保持路面无坑槽、裂缝、起伏、翻浆、脱皮、泛油、龟裂、啃边等现象；运行期超过 6 年的，对出现的坑槽及时进行修补，局部破损面积不大于 0.5 m^2，并保持道路畅通，满足抢险需要。

3 硬化路面两侧路缘石完整无损；设置防护墩的应保持齐全完整、反光涂饰明亮清晰。

4 限宽墩应达到坚固完整，标识清晰，涂层无脱落。

2.2.1.4　堤顶排水设施应达到如下要求：

1 堤顶设有纵向排水沟的，路缘石与排水沟之间需硬化或植草防护。排水沟保持完好，无损坏、无孔洞，沟身无蛰陷、断裂，接头无漏水、阻塞，出口无冲坑悬空，沟内无淤泥、杂物。

2 堤顶无纵向排水沟的，路缘石以外应硬化或植草防护。

2.2.1.5　堤肩应达到如下要求：

1 堤肩修筑边埂的，边埂内边坡 1∶1，外边坡 1∶3，顶面 10 m 长度范围内高差不大于 5 cm。

2 堤肩没有修筑边埂的，应植草防护。

3 堤肩线线直弧圆，平顺规整，无明显凸凹，长度 5 m 范围内凸凹不大于 5 cm。

4 堤顶硬化路面路沿石两侧应硬化或植草防护。

2.2.2　堤坡

2.2.2.1　堤坡应达到如下要求：

1 坡面平顺，沿断面 10 m 范围内，凸凹小于 5 cm。

2 排水沟应达到排水顺畅，沟身无损坏、无孔洞、无蛰陷断裂，接头无漏水、阻塞，沟内无淤泥、杂物。

3 堤脚处地面平坦，10 m 长度范围内凸凹不大于 10 cm，堤脚线线直弧圆，平顺规整，明显、清晰。

2.2.2.2　前（后）戗高度、顶宽、坡度保持竣工验收标准，并应达到如下要求：

1 顶面平整，10 m 长度范围内高差不大于 5 cm。

2 前（后）戗外沿设边埂，顶宽 0.3~0.5m、高 0.3m，内边坡 1∶1，外边坡 1∶3。

3 每隔 100 m 设一条隔堤，顶宽 0.3 m、高 0.3 m，边坡 1∶1。

2.2.3　淤背（临）区

2.2.3.1　淤背（临）区围堤标准为顶宽 2 m，高 0.5 m，外坡 1∶3，内坡 1∶1.5，应做到顶面平整，10 m 长度范围内高差不大于 10 cm，植草防护。

2.2.3.2　每 100 m 设一条横向隔堤，顶宽 1.0 m，高出淤区顶面 0.5 m，边坡 1∶1；

相邻两隔堤顶部高差不大于30 cm，应做到顶面平整，10 m长度范围内高差不大于10 cm，植草防护。

2.2.3.3　淤区顶部设置纵向排水沟，同堤坡横向排水沟连接，淤区排水系统完整，沟身无损坏、无孔洞、无蛰陷断裂，接头无漏水、阻塞，沟内无淤泥、杂物。

2.2.3.4　淤区边坡应保持竣工验收时坡度，坡面平顺，沿断面10 m范围内凸凹不大于20 cm；淤区边坡堤脚线清晰，坡面无残缺、水沟浪窝、陡坎、洞穴、陷坑。

2.2.3.5　备防石存放要考虑工程管理和防汛抢险需要，尺寸及标志符合有关规定，做到整齐美观，顶面平整，侧面凸凹不超过5 cm；石垛无缺石、坍塌、倒垛、杂草等。

2.2.4　护堤地

2.2.4.1　临背河护堤地外边界修筑纵向边埂或开挖边界沟，并埋设边界桩。

2.2.4.2　护堤地应根据地形变化修筑横向隔堤，区块范围内地面平整，高差不大于20 cm。

2.2.5　上堤辅道

2.2.5.1　上堤辅道与堤坡交线顺直、整齐、分明。

2.2.5.2　上堤辅道应保持完整、平顺，无沟坎、凹陷、残缺，无蚕食堤身、淤区现象。

2.2.5.3　上堤辅道两侧应达到无高秆杂草，无垃圾、杂物。

2.3　河道整治工程

2.3.1　坝顶。顶面平整、碾压密实，每10 m长度范围内凸凹不超过5 cm。坝面无凸凹、陷坑、洞穴、水沟、浪窝、乱石、杂物及杂草。

2.3.2　沿子石。沿子石无凸凹、墩蛰、塌陷、空洞、残缺、活石；沿子石与土坝基结合部无集中渗流。

2.3.3　坦石坡应达到如下要求：

1 干砌（浆）砌结构，坡面平顺，砌缝紧密，沿横断面范围内凸凹不超过5 cm；已勾缝坝垛灰缝无脱落，坡面清洁无凸凹、松动、变形、塌陷、架空、浮石、树木及杂草。

2 散抛石结构，坡面平顺，无塌陷、架空，无树木、杂草、杂物等。

2.3.4　踏步无破损、勾缝脱落、凸凹、墩蛰、塌陷、活石。

2.3.5　险工根石顶平坡顺，沿围长方向10 m范围内高差不大于5 cm，无浮石、凸凹、松动、变形、塌陷、架空、树木。

2.3.6　排水沟保持完好，沟身无损坏、无孔洞、无蛰陷断裂，接头无漏水、阻塞，出口无冲坑悬空，沟内无淤泥、杂物。

2.3.7　联坝应达到如下要求：

1 控导（护滩、护岸）工程联坝坝面整齐、平顺，中间高、两侧低，横向坡度2%~3%，采用碎石进行砾化。无残缺、冲沟、陷坑、浪窝、破坝修路、开沟引水、铺设管道等。

2 联坝顶采用集中排水的，控导工程联坝两侧设置边埂顶平坡顺、碾压密实，外沿轮廓线平顺，每 10 m 长度范围内凸凹不超过 5 cm；联坝采用分散排水的坝肩应植草防护。

3 联坝坡坡面平顺，植草防护，沿横断面方向凸凹不超过 5 cm，坡面无水沟、浪窝、洞穴、陷坑、杂物；排水沟无损坏、塌陷、架空、淤土、杂物；联坝坡坡脚线平顺。

2.3.8　护坝地边界明确，修筑边埂，开挖边界沟，并埋设边界桩。地面平整，10 m 长度内凸凹不大于 20 cm。

2.3.9　备防石。要求同 3.3.5。

2.3.10　上坝路路面平整，坡面平顺，无水沟浪窝，路肩行道林无缺损；上坝路两侧应达到无高杆杂草，无垃圾、杂物。

2.4　水闸工程

2.4.1　水工建筑物

2.4.1.1　基础处理及铺盖

1 闸基础防渗设施完好，无破坏性渗漏。

2 混凝土铺盖无破损、侵蚀、露筋、钢筋腐蚀和冻融损坏等；浆砌石铺盖无松动、破损、勾缝脱落和冻融损坏等；粘土铺盖无不均匀沉陷、冲蚀等。

2.4.1.2　闸室

1 闸墩、胸墙、闸底板、涵洞等混凝土结构完整，无渗漏、腐蚀、剥落、冻融损坏、露筋、钢筋锈蚀及超过规定的裂缝、炭化等现象；浆砌石牢固平顺，整洁美观，无松动、勾缝脱落、破损、塌陷、隆起、底部淘空和垫层流失；表面无杂草、杂物等。

2 工作桥、检修便桥、交通桥混凝土构件无破损、断裂、露筋、钢筋腐蚀及超过规定的裂缝、炭化等现象；桥面整洁、平整。

3 闸墩、底板、涵洞永久缝完好，无错动及渗漏，止水无损坏、充填物无老化脱落现象；沥青井经常保养，并按规定加热、补灌沥青。

2.4.1.3　消能防冲工程

1 消能防冲工程混凝土无破损、空蚀、侵蚀、露筋、钢筋腐蚀和冻融损坏等；浆砌石无变形、松动、破损、勾缝脱落等。

2 排水孔无淤塞，井口完好、排水通畅。

2.4.1.4　两岸连接工程

1 岸墙及上、下游翼墙混凝土无破损、渗漏、侵蚀、露筋、钢筋腐蚀和冻融损坏等；浆砌石无变形、松动、破损、勾缝脱落等；干砌石工程保持砌体完好、砌缝紧密，无松动、塌陷、隆起、底部淘空和垫层流失。

2 上、下游翼墙与边墩间的永久缝及止水完好、无渗漏；沥青井及时保养，并按规定加热、补灌沥青；上游翼墙与铺盖之间的止水完好；下游翼墙排水管无淤塞，排水通畅。

3 上、下游岸坡及围堰符合设计要求，顶平坡顺，无冲沟、坍塌；上、下游堤岸排水设施完好；硬化路面无破损。

4 渠道

1）上、下游衬砌渠道的护底和护坡平顺，砌块完整、砌缝紧密，无勾缝脱落、松动、塌陷、隆起、淘空和垫层流失。

2）渠道两侧渠堤应达到顶面平整、坡面平顺、堤肩线顺直，无塌陷、裂缝、水沟浪窝；排水顺畅。

5 水闸与堤防结合完好，无开裂和绕渗破坏。

2.4.2 闸门和机电设备

2.4.2.1 闸门

1 闸门清洁，无水生物、杂草和污物附着。

2 闸门面板及主要构件无明显的局部变形、裂纹或断裂，防腐涂膜无破损、裂纹、生锈、鼓包、脱落等现象。

3 闸门紧固部件无松动和损坏；运转部位润滑完好、油路通畅、油量适中、油质合格。

4 闸门滑块或主轮无破损、裂纹、老化；闸门运行时无偏斜、卡阻现象，部分开启时振动无异常。

5 牺牲阳极与闸门的固定及短路连接保持良好，牺牲阳极工作面清洁，无油漆、油污。

6 闸门止水完好，无破损、老化，设计水头下每米长度渗漏量不大于0.2L/s，止水橡皮适时调整，门后无水流散射现象。

7 闸门埋件防腐涂层无脱落，埋件的二期混凝土无破损。

2.4.2.2 启闭机

1 启闭机金属结构表面卫生清洁，无铁锈、氧化皮、焊渣、油污、灰尘、锈迹及掉漆。

2 启闭机的联接件保持紧固，无松动现象，维修采用的螺栓螺母等紧固件符合有关规定。

3 启闭机各传动部位润滑良好，黄油杯注满，定期加油；齿轮箱加注符合规范的齿轮油，并保持在油尺标线位置。

4 启闭机制动装置整洁、无污物，工作灵活、可靠，刹紧时无滑动、冒烟、噪音等现象，制动带与制动轮接触面积不小于总面积的75%。

5 卷扬启闭机限位装置运行可靠，动作准确；螺杆式启闭机行程开关动作灵敏，高度指示器指示准确，电气设备无异常发热现象。

6 启闭机齿轮箱各轴头、检查孔等无漏油、渗油现象。

7 启闭机各轴系、各箱体等的定位、同轴度、同心度等保持在规定范围内。

8 启闭机运行时各机械部件均无冲击声和其他杂音。

9 启闭机金属结构有良好的接地，其接地电阻不大于4Ω。

10 电动机工作时无异常响声，三相电流不平衡率在±10%以内，电动机绝缘电阻大于0.5 MΩ。

11 启闭机钢丝绳经常涂抹防水油脂，定期清洗保养，无油污、锈蚀、断丝、硬弯、松股、缠绕等缺陷，钢丝绳端部固定连接符合规定。

12 启闭机滑动轴承的轴瓦、轴颈无划痕或拉毛，轴与轴瓦配合间隙符合规定；滚动轴承的滚子及其配件无损伤、变形或严重磨损，各滑轮组转动灵活，轴承工作时无噪音、发热，轴承室注入占其80%容量的钙基油脂，滑轮磨损量不超过有关标准。

13 启闭机各指示仪表定期检验，指示正确。

2.4.2.3　电动机

电动机保持清洁，运转灵活，润滑良好，无尘土、污渍；外壳保持无尘、无污、无锈；接线盒有防潮设施，压线螺栓无松动；轴承润滑良好，无松动、磨损，轴承内的润滑脂保持填装空腔内1/2～1/3，油脂合格；绝缘电阻值应定期检测，无绝缘老化现象，小于0.5 MΩ时，应干燥处理。

2.4.2.4　操作设备

1 开关箱应经常保持箱内整洁；设置在露天的开关箱应防雨、防潮。

2 各种开关、继电保护装置应保持干净，触点良好，接头牢固。

3 主令控制器及限位装置应保持定位准确可靠，触电无烧毛现象。

4 保险丝按规定规格使用，严禁用其他金属丝代替。

2.4.2.5　输电线路

1 各种电力线路、电缆线路、照明线路无漏电、短路、断路、虚连等现象。

2 线路接头联结良好，铜、铝接头无锈蚀。

3 架空线路畅通，无树障。

4 一次回路、二次回路及导线间的绝缘电阻值不小于0.5 MΩ。

2.4.2.6　变压器、指示仪表维护和检验符合供电部门有关规定。

2.4.2.7　自备发电机按有关规定定期维护、检修。

2.5　生物防护措施

2.5.1　根据树木的生长情况，及时进行除蘖、修枝、整形及浇水、施肥等抚育；树木生长旺盛，无病虫害，无滥砍滥伐和人、畜破坏。

2.5.2　堤顶行道林胸径不小于5 cm、存活率达到100%。

1 行道林同种树株距统一，树木修剪整齐、美观，无明显枯枝、死杈，顺堤100 m范围内最大最小胸径相差不超过4 cm。

2 联坝行道林胸径不小于3 cm，存活率达到95%。

2.5.3　防浪林、适生林、护堤（坝）地林木生长旺盛，无缺损断带，存活率达到

95%。

2.5.4 树木刷白。除苗圃外，每年入冬前林木用石灰水刷白，高度 1.3m，整齐美观。

2.5.5 宜植草的工程部位，草皮整齐美观，生长旺盛，无高秆杂草，单块裸露面积不大于 0.25 m^2，草高不超过 10 cm 为宜，入冬前不超过 5 cm。

2.6 附属设施及工程保护

2.6.1 观测设施

2.6.1.1 水平、垂直位移等观测基点完好，定期校测，能满足观测需要，并应达到如下要求：

1 表面清洁，无锈斑、无缺损。

2 基底混凝土或其他部位无损坏现象。

3 观测基点保护设施完好，保护盖及螺栓，无锈蚀，润滑良好，开启方便。

2.6.1.2 渗压计、测压管等观测设施完好，能够正常观测使用；各观测设施的标志、盖锁、围栅或观测房完好，整洁，美观；主要观测仪器、设备完好，并按规定进行检测。

2.6.1.3 监视监控设备清洁无尘，无短路、放电等故障出现；按规定现场校验检测仪表，保证其测量精度；监测监控设备工作正常，数据准确，图象清晰；按规定保养云台及设备的防雷设施。

2.6.1.4 水尺安装牢固，表面清洁，标尺数字清晰，无损坏，每年汛前、汛后进行校验。

2.6.1.5 根石断面桩、滩岸观测断面桩按规定设置，桩体完整无残缺，标志清晰。

2.6.2 标志标牌

2.6.2.1 公里桩、百米桩、边界桩、坝号桩、高标桩、警示桩、交界牌、指示牌、标志牌、责任牌、简介牌、纪念碑等材料、水法规宣传牌规格符合规定。

2.6.2.2 各类桩、牌、碑应布局合理，埋设牢固，无损坏和丢失；标示正确，字迹清晰，涂层无脱落；无乱涂、乱设广告现象。

2.6.3 管理庭院

2.6.3.1 各类建筑物整齐美观，设施无损坏；树木、草坪生长旺盛，修剪整齐；院落整洁，无垃圾、杂物堆放。

2.6.3.2 房屋坚固完整，门窗无损坏，墙体无裂缝，墙皮无脱落，房（屋）顶不漏水。

2.6.3.3 厨房、卫生间设施齐全、干净、整洁。

2.6.3.4 各类动力线、照明线、通信线、网络线布局合理，无私拉乱扯现象，容量满足要求，安全防护设施完好。

2.7 工程资料

2.7.1 工程资料包括：工程普查资料，维修养护合同，特定的维修养护材料相关资料，工程维修养护项目实施及完成情况报告考核表，维修养护大事记，维修养护工作总结报告等。

2.7.2　各类工程的维修养护资料要清晰整洁，内容真实、齐全、准确、规范，并按要求及时上报、存档。

3　附则

3.0.1　本规定由黄河水利委员会建设与管理局负责解释。

3.0.2　本标准自2015年1月1日起施行，原《黄河水利工程维修养护标准（试行）》（黄建管〔2003〕20号）同时废止。

附录三　民间传说

秦始皇跑马修金堤

传说金堤是秦始皇修的。

秦始皇刚统一中国，就提出“南修金堤挡黄水，北修长城拦大兵”。那时候，黄河年年在濮阳一带决堤成灾。秦始皇下旨要在黄河涨水前，修一条黄河大堤，取名“金堤”。然而，在哪儿修呢？秦始皇骑上马，叫监工大臣跟着，马跑到哪里，就修到哪里。他沿着黄河跑了二百多里，马蹄印就成了修金堤的路线。

当时，正修着万里长城，天下的青壮男人都被征派走了。修堤监工大臣费尽吃奶的劲，也没找来多少能干的人。后来没法，把那些老老小小的百姓，家庭妇女也都强征硬派，逼着到黄河边。

开工的时候，正是三冬严寒。多年的战乱，把老百姓们折腾得一贫如洗，个个穿着薄衣，又冻又饿，加上活重，“咕咕咚咚”地躺倒了许多人。监工大臣看着百姓们怪可怜，就由着民工们慢慢地磨着干活。一冬一春过去了，大堤没增长多少。

秦始皇听说堤修得很慢，下旨杀了监工大臣，又换个新监工大臣。这个大臣见前任被杀，一上任脖子就发麻。他白天思，夜里想，一定得如期交差。他在州州县县、村村镇镇都贴出告示，要每家每户都必须出人去修金堤，不去就抓。结果那些白发苍苍的老人、躺在床上哼哼叫的病人、上着学的玩童、刚生了娃娃的妇女，都被抓去修堤。

修堤工地上，挖土、抬筐、打夯，活重得很，每天都有人累死。监工大臣没明没夜地催着快干！快干！堤一天天见长了，高了。修堤的人一天天黑了，瘦了。

汛期快到了，秦始皇又下了圣旨，十天要全部完工，圣旨一到，吓坏了监工大臣。别说十天，再拖一个月也难完工呀！他想早晚是个死，就冒死送上奏章，说十天实难修好金堤。

秦始皇看过奏章，本要再杀这个监工大臣，又一想光杀也不是个办法，天下人还会骂自己残暴哩。但他仍不改限期，并说十天头上他要来察看大堤。

这一下更害苦了修堤的老百姓。每天日夜干，不能歇缓；没几天，堤上累死的人一堆堆一片片。

十天期限到了，秦始皇骑着马来了，问监工大臣：“金堤完工了吗？”监工大臣颤颤惊惊地说：“因没有土，还有几处没有填平。”

秦始皇说：“我骑马从西向东看看堤修得怎么样。我的马回来时，金堤要全部修好填平。不然，小心你的头。”秦始皇对监工大臣说完，骑上马，一鞭打下，马向东咴咴地跑了。

监工大臣想来想去，终于想出个办法。下令把死人填在不平的地方，上边盖些土，就省好些土了。尸体填完了，堤还填不平。监工大臣又下令把病着的、不能动的民工也要填进去。顿时堤上齐哭乱叫，百姓们谁也不愿动手。监工大臣就命士兵下手。堤上哭的哭，喊的喊，士兵们生拖硬拽，把许多活生生的人也填进堤中，盖上了土。

秦始皇骑马很快跑了回来。平坦坦光溜溜的金堤一眼望不到头。他刚过去，老百姓都咬牙切齿地骂个不停。因此，百姓又称为此堤为“秦皇堤”。

多少年来，这条金堤挡住黄河水，减少了水患。要说修金堤是秦始皇的功劳，其实金堤是老百姓的血汗和尸骨堆成的。

三娘子英勇堵口救乡亲

北宋年间，黄河在濮阳境内经常泛滥，大的改道就有 4 次，淹没大片的良田，冲跨无数房屋，夺去无数人的生命。当时人们把黄河比作凶猛残暴的虎狼。官府借故搜刮民财，耗资百万，年年治水，年年受灾。后来就下令在黄河两岸，每隔三里设一护堤官，分段防守，谁管辖的那段堤岸决口，就治谁的罪。

当时，南乐县邵庄一带正是黄河流经之地，守护这一段的护堤官有 3 个女儿，个个长得仙女一般。尤其是三女儿年少志高，聪明贤惠，勇敢果断，人称三娘子。三娘子自幼生活在黄河岸边，经常随父母躲避水患，颠沛流离。她的母亲和刚满周岁的弟弟被黄河水夺走了生命，父亲过于悲愤，也差点跳河自尽。因此，三娘子深知黄河为害之甚，她恨黄河。父亲当了护堤官后，她更知父亲身上担子的重量，处处体贴父亲。每逢夏秋雨季，她一天三顿给父亲送水送饭，夜晚她还提着灯笼，伴随父亲在堤上来回巡视。看到民工们在狂风暴雨中冒着生命危险与惊涛骇浪搏斗，她心里既担心又敬佩。

有一年九月，已经秋高气爽，父亲悬了几个月的心才说要落到肚子里，可暴雨像天上的银河决口一样，哗哗哗地下了三天三夜。黄河水如脱缰的野马，横冲直闯。民工们日夜备战，加高大堤，已经累得精疲力尽，雨仍下个不停，河水涨了又涨。突然一个巨浪打来，新筑的堤岸被冲开一个大口子，河水咆哮着、奔腾着涌出来。扔进去的石头、土袋很快被冲走了，口子越来越大，民工们惦记家中的妻儿老小，一时间人们心慌意乱、手足无措。这时，只见三娘子抱着一根木桩跳入水中，她还没站稳，一个浪头打来，差点把她打倒，她扶着木桩顽强地屹立在激流之中，又一个巨浪把三娘子吞没了……三娘子的行为激励了大家，启发了大家。于是人们就在决口两边打下两根木桩，中间拉起一根粗绳，民工们顺绳下水，很快站成两道人墙，紧接着打桩，填土……终于堵住了决口。

三娘子为堵口献出了宝贵的青春，她舍生忘死堵口救乡亲的美德在民间永世流传。

后来，人们为纪念她，在她献身的地方筑起一个高台，期望能站在台上，看到三娘子重返人间的身影。台上建有三娘子庙和九天玄女殿，红垣金顶，周围广植松柏，四季长青。每逢农历三月二十五日、九月二十七日（三娘子生死日），四方群众手捧鲜花、食品，云集三娘子台。后来形成定期庙会。每逢庙会或过年过节，这里总是人山人海，鞭炮不断。

徐有贞梦僧堵决口

明代正统年间，黄河在新乡县八柳树村决口，洪水冲溃沙湾运河东堤，漕运受阻。朝廷几次派员堵口，长达 7 年未能堵复。景泰四年，又派左佥都御史徐有贞前往治河。

徐有贞用尽千方百计，决口仍未堵住。一日，他夜宿沙湾“治水衙门”，梦一高僧，以简授之。上写道：决口下有龙窟，通东海。龙爱者，珠也。徐有贞醒来大悟。于是，化铁汁于锅内，铸长铁柱贯锅底下至决口处。铁汁蚀宝珠，龙爱其珠，速逃亡东海。片刻，决口处波浪不翻，众人遂以土石填之。决口堵塞，漕运复通。徐有贞大功告成，受到朝廷表彰。

黄河鸡心滩

1949 年春天，解放军第四野战军从孙口过浮桥南下，方圆几十里的老百姓纷纷赶来送行。浮桥南北秧歌队、高跷队、说唱队等文艺团体各显技艺，农友等剧社 3 台大戏同时开场。古老的黄河两岸热闹非凡，锣鼓声、说唱声、笑语声及口号声响彻长空。

一天，野战军的特种兵部队开过来。骡马拉着炮车，蹄声“得儿得儿”，一辆辆载满弹药的卡车接连过桥。就在这时，黄河水突然猛涨，波涛汹涌，浪大溜急，200 米长的浮桥开始左右摇摆。老百姓的心都悬了起来，暗祈河神保佑解放军平安过河。不一会儿，一个神话般的奇迹出现了，河中央出现一块鸡心滩（因水面上用船只搭起浮桥，水中泥沙、树枝、草禾等受阻淤积而致），像一条巨龙的脊背将浮桥稳稳托住。浮桥停止了摇摆，车马照常行动，老百姓这才松一口气。说：“毛主席福大，咱解放军命大，为解放全中国，惊动黄龙显灵佑护，南下大军非打胜仗不可。”第四野战军 50 万余人和辎重，从孙口浮桥上浩浩荡荡地过了 15 天，胜利完成渡河任务。

《濮阳黄河志》编纂始末

《濮阳黄河志》编撰工作始于1987年。是年5月，濮阳市黄河修防处成立写志办公室，张守立任主任，写志人员共7人。根据《河南黄河志编撰大纲》制订编写计划，确定志书下限止于1985年。并安排濮阳县、范县、台前县黄河修防段按照编写计划提供相关资料。

1989年初，肖文昌任写志办公室主任，苏尚志、申用宾、陈广建、郭凤刚、汪孟琛为成员。6月，进入撰写阶段。1992年3月，完成《濮阳市黄河志》第一稿。主要有概述、防洪、河道整治、北金堤滞洪区、引黄兴利、工程管理、财务管理、机构沿革、职工教育等共9篇，以及大事记、附录，计16万字。此稿送河南黄河河务局审查。1993年5月完成修改稿，共9篇，17万字。分送黄委、河南黄河河务局、濮阳市地方史志办公室审查。1994年6月完成修改稿，此稿下限调整至1993年，结构由篇改为章，共9章，18万字。1994年12月，召开《濮阳市黄河志》评审会，在肯定成绩的同时，提出了很好的修改意见。

1995年9月，张文彦任写志办公室主任，肖文昌、陈广建、李红强（绘图）为成员。1997年4月，完成修改稿。此稿下限调整至1995年，设概述、防洪工程、北金堤滞洪区、防汛、兴利、管理（工程管理、经济管理）、机构与人文等共7篇，以及大事记，计22万字。是年，送黄委黄河志总编室评审。写志工作暂告一个段落。

2000年，濮阳市地方史志办公室征集《濮阳市志》黄河、金堤河治理篇。由张文彦、肖文昌、鲁世广编写，2003年10月完成，设概述、河流特征、险工坝岸、河道整治、北金堤滞洪区、黄河防汛、金堤河治理等7章，13万字。

2005年5月，由宋益周任写志办公室主任，肖文昌、李方立、牛广轩、鲁世广、罗庆林、陈运涛等为成员，再次启动《濮阳市黄河志》编写工作。2007年12月，完成续写稿，此稿下限调整至2006年。设概况、防洪工程、北金堤滞洪区、防汛、兴利、管理、机构人文等共7篇及大事记，计38万字（其中大事记11万字），分送黄委、河南黄河河务局、濮阳市地方史志办公室审查。2008年4月，召开《濮阳市黄河志》评审会。评审会对志书的名称、志书的定位、志书的内容等方面都提出了宝贵的修改意见。根据评审会意见，《濮阳市黄河志》更名为《濮阳黄河志》，并确定《濮阳黄河志》为以专业志为主兼顾部门志的综合志书。2009年12月完成修改稿，设概况、防洪工程、北金堤滞洪区、防汛、引黄兴利、治河科技、治河机构、治河人物、河务管理等9篇及大事记，总计38.57万字（其中大事记10.37万字）。之后，写作班子撤销。1991~2007年，《濮阳黄河志》稿由王建霞打字，2008~2009年由王静显打字。

2011年5月，宋益周任写志办公室主任，刘梦兴、李玉成、刘婷婷为成员，再次启动《濮阳黄河志》续写工作，下限至2010年。

2013年3月，由齐长征对《濮阳黄河志》进行总编纂。根据原稿中存在下限未止于2010年，大部分止于2006年，有的止于20世纪八九十年代；个别项跳跃式记载，发展历程断线；内容大量缺失；根据兼顾部门志的原则需增项等问题，查阅1946~2010年濮阳河务局档案1256卷、有关志书30余卷、其他书籍40余册、网上有关文章90余篇等方面的资料700多万字，对《濮阳黄河志》进行改写，重新调整篇章结构，补充篇章内容，增加新项。在编写过程中，不断学习志书编写知识，掌握编写原则和要求；常向相关人员请教业务、技术知识，防止出现谬误。局领导多次安排机关各部门给予志书编写大力帮助，一些干部职工在百忙中提供相关资料，或初拟相关志稿。2015年12月，完成《濮阳黄河志》改写稿，此稿下限止于2010年，共12篇及大事记和附录，计80余万字。2016年1~2月，送局领导及各部门审核，征求意见；3月，将修改后的志稿分送濮阳市地方志办公室和河南黄河河务局评审；4月，召开评审会。根据评审会意见，将篇章目结构调整为章目结构，并将志书下限调整至2015年。2018年3月，完成修改和续写任务，送黄委黄河志总编室和濮阳市地方史志办公室评审。2018年11月全部完成《濮阳黄河志》编纂任务。此稿设濮阳黄河概况、堤防工程、河道整治、北金堤滞洪区与金堤河治理、黄河防汛、黄河水资源管理与开发利用、工程建设与运行管理、治河科技与信息化管理、综合管理、中共濮阳河务局党组织与工会组织、治河机构、治河人物等12章及大事记、附录，共计140万字。

《濮阳黄河志》主编为齐长征、肖文昌。

《濮阳黄河志》编写自始至终历经30余年，历届编志人员辛勤笔耕，多次续写，反复考据，句斟字酌，增删取舍，几易其稿，终成志书，实属不易。而今成书，凝聚了众人的智慧和心血，是集体创作、集体智慧的结晶。濮阳河务局历届领导对编志工作都极为重视，给予了大力的支持、帮助和鼓励，及时调整编志人员，满足经费所需，保证编写工作的顺利进行，并要求以质量第一为原则，编纂出一部可读、可用、可存的志书。

值《濮阳黄河志》即将付梓之际，此志编纂委员会谨向黄委黄河志总编室、河南黄河河务局、濮阳市地方史志办公室对《濮阳黄河志》编写给予关怀、指导和帮助的领导、专家致以衷心的感谢！谨向机关各部门、局属各单位对《濮阳黄河志》编写提供资料、提出建议的干部职工深表诚挚谢意！

《濮阳黄河志》编纂委员会

2013~2018年参与《濮阳黄河志》编写人员

章	节	目	初拟稿人员	提供资料人员
第一章　濮阳黄河概况	第一节　濮阳黄河自然特征及其他水系	水文特征		王瑞赟
		河道冲淤		
第二章　堤防工程	第四节　放淤固堤	放淤固堤成果	柴青春、李帅玲	
第三章　河道整治	第四节　河道整治工程	河道整治工程建设沿革	柴青春、李帅玲	
		控导工程		鲁学玺
	第五节　河道整治历程及河势演变	河槽整治历程及河势演变	柴青春、赵萌	
第四章　北金堤滞洪区与金堤河治理	第一节　北金堤滞洪区		牛银红	董桂青、赵萌
	第二节　金堤河治理			刘俊杰
第五章　黄河防汛	第四节　抗洪抢险	巡堤查险与险情抢护	魏淑华	
	第五节　防凌		王瑞赟	
	第七节　调水调沙			魏淑华、王瑞赟
第六章　黄河水资源管理与开发利用	第一节　水资源管理		牛银红	马兆现、胡西林
	第三节　引黄灌溉			王中友、吴素霞
第七章　治河科技与信息化管理	第一节　治河科技			梁东波、荆朝辉
	第二节　通信与计算机网络		杨国胜、王中友、刘秀花	
	第三节　档案管理		商美钦	
第八章　工程建设与运行管理	第一节　工程建设管理			
	第二节　工程运行管理			葛会群

续表

章	节	目	初拟稿人员	提供资料人员
第九章　综合管理	第一节　水行政管理			杨志军、卢濮芳
	第二节　财务管理		王永胜、张愧惨	张松印、张志林、王红英、张瑞军、朱磊
	第三节　人事劳动管理		杨晓丹	陆相臣、王春雪、李书杰
	第四节　黄河经济		韩美增、杨少英	田杰、方丽
第十章　中共濮阳河务局党组织与工会组织	第一节　中共濮阳河务局党组织与精神文明建设	中共濮阳黄河河务局直属机关党委	荆朝辉、刘婷婷	袁宇、吴春玲
		纪检监察	李相轩、刘秀花	
	第二节　工会组织		鲁世京	
第十一章　治河机构			刘婷婷	商美钦、王春雪、杨晓丹
第十二章　治河人物			刘婷婷	陆相臣、王春雪、靳雅婷、鲁世京
本志20世纪80年代以来照片摄影	齐长征、谷长风、董庆林、徐刚强、刘纪安、崔巍巍、李寒冰、李昂			